Malmaterial und seine Verwendung im Bilde

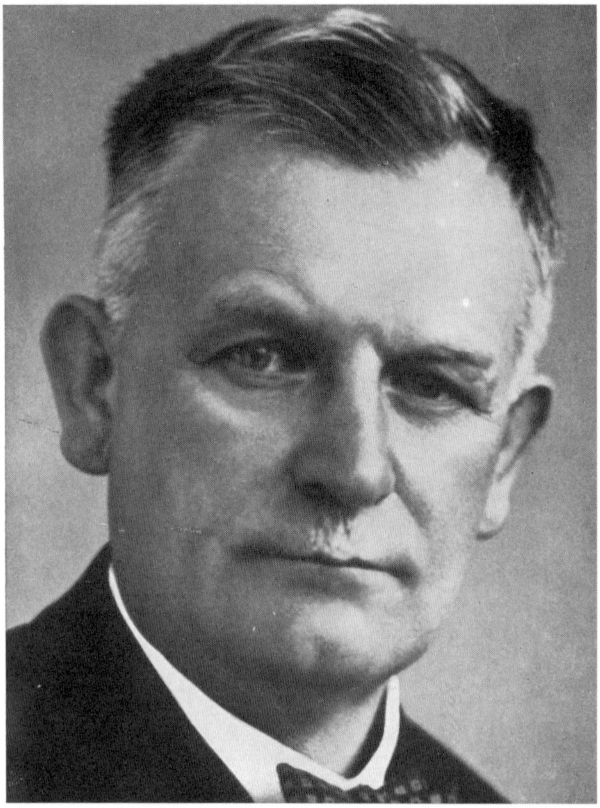

Max Doerner *1. 4. 1870 † 1. 3. 1939

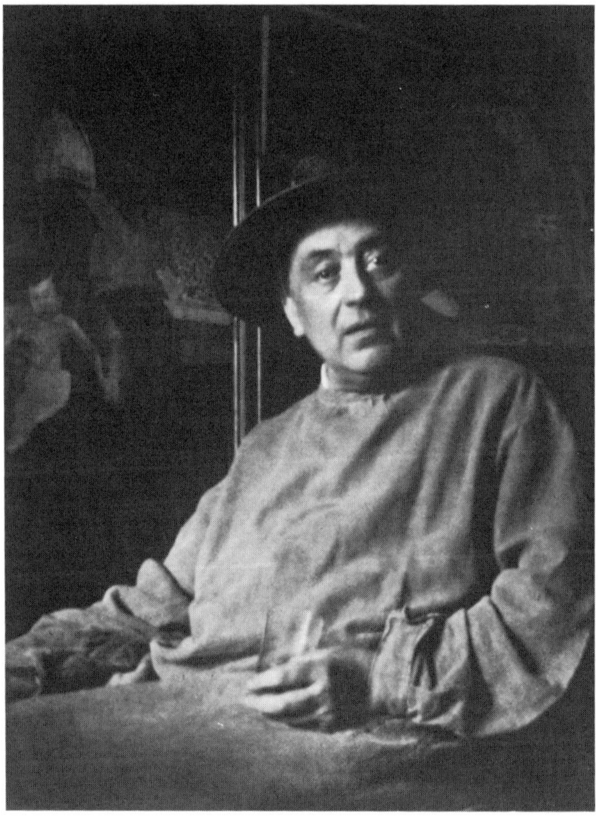

Toni Roth, Schüler und Freund von Max Doerner und Herausgeber dieses Buches von der siebten bis zur dreizehnten Auflage, ist am 12. November 1971 gestorben.

Er hat als Maltechniklehrer an der Münchener Akademie, als stellvertretender Leiter des Doerner-Instituts, als Denkmalspfleger und als Herausgeber des Doerner-Buches den Künstlern und der Kunst mit heißem Herzen gedient. Er hat als Konservator mehr getan, als einzelne Kunstwerke vor dem Verfall zu bewahren. Er hat in vorderster Linie bei denen gestanden, die das Wissen um die Malkunst und um das Malhandwerk und das Wissen um rechtes Bewahren in unsere Zeit überliefert haben.

Maler und Kunstfreunde werden es ihm danken.

Max Doerner

Malmaterial und seine Verwendung im Bilde

neu bearbeitet von
Hans Gert Müller

Siebzehnte Auflage

Ferdinand Enke Verlag Stuttgart 1989

Hans Gert Müller
Professor an der Hochschule
für bildende Künste Hamburg
4020 Mettmann

CIP-Titelaufnahme der Deutschen Bibliothek

Doerner, Max:
Malmaterial und seine Verwendung im Bilde /
Max Doerner. Neu bearb. von Hans Gert Müller. –
17. Aufl. – Stuttgart : Enke, 1989
ISBN 3-432-81047-4

NE: Müller, Hans Gert [Bearb.]

4. Auflage 1933
5. Auflage 1936
6. Auflage 1938
7. Auflage 1941
8. Auflage 1944
9. Auflage 1949
10. Auflage 1954
11. Auflage 1960
12. Auflage 1965
13. Auflage 1971
14. Auflage 1976
15. Auflage 1980
16. Auflage 1985

Satz und Druck: Druckerei Maisch + Queck, D-7016 Gerlingen
Filmsatz 9.5/10 Punkt Times (Linotype System 6)

6 5 4 3 2

Vorwort zur siebzehnten Auflage

„Max Doerner, seine Weggefährten und Nachfolger wußten gut, daß Malmaterial und Handwerk nur Vehikel sind, um künstlerische Formen und Inhalte darzustellen, zu transportieren, zu transzendieren. Die großen malerischen Bewegungen sind stets im Geistigen zuhause, sie verhalten sich zu purer Materialartistik wie Sekt zu abgestandener Zitronenlimonade. Doch genügt es nicht, künstlerische Vorstellungen nur zu haben, der Maler muß sie angemessen artikulieren können." – Das soll gleichsam als Programm auch wieder vor dieser Auflage stehen.

„Nun, was gibt es neues am Himmel?", soll *Friedrich Wilhelm IV.* den Göttinger Mathematiker und Astronomen *Karl Friedrich Gauß* schmunzelnd gefragt haben, als der wieder einmal der Einladung zu einem Empfang im Berliner Schloß gefolgt war. „Kennen Eure Majestät das Alte schon?", hat der Erzählung nach *Gauß,* sich verbeugend und lächelnd, erwidert. – Nun, was gibt es neues in dieser Auflage?

In „Maltechnische Grundlagen" und in den folgenden Texten sind die abgeänderten und die neuen international genormten Fachwörter benutzt. Das ist für die Leser der deutschen Originalausgabe zweckmäßig, es ist für Neuauflagen bereits vorhandener Übersetzungen und für anstehende neue Übersetzungen notwendig. – „Die Pigmente" habe ich gründlich überarbeitet. Nicht nur bei den direkt hergestellten organischen, auch bei manchen anorganischen Pigmenten waren neue Herstellungsverfahren und Verbesserungen der Echtheiten zu registrieren. Der Abschnitt „Metallpulverpigmente und Effektpigmente" ist neu. – Bei den Acrylharzen und bei den Alkydharzen sind Ergebnisse weiterer maltechnischer Erfahrungen berücksichtigt. Der Themenkreis Ölfarben und ihre Malmittel ist überarbeitet. Dazu und zu dem neuen Text über Ei-, Kasein- und Gummi-Öl-Emulsionen, die ein Maler einfach und preiswert selbst herstellen und konservieren kann, hat mich die Arbeit mit Studenten an der Hamburger Hochschule angeregt. – Vorhandene Texte über den Vergoldergrund und das Vergolden habe ich zusammengefaßt; sie stehen jetzt vor den Maltechniken.

In dem neuen Abschnitt „Gesammelte Beiträge zur Malgeschichte, zum Malen und zur praktischen Denkmalspflege" habe ich jene Texte von *Max Doerner, Toni Roth, Dr. Richard Jacobi, Laura von Lama, Dr. Gottfried Frenzel, Dr. Hans Sauerland* und *Dr. Christian Wolters* zusammengeführt, die seit Jahren das eigentliche, das „Erz"thema dieses Buches „Malmaterial und seine Verwendung im Bilde" am Rande begleitet haben. Hier stehen auch die alten Doernertexte aus dem Jahr 1938 „Restaurierung der Tafelbilder", „Konservierung der Wandbilder" und „Techniken alter Meister", auch später entstandene Texte mit anderen Themen.

Vor und bei der Arbeit am Manuskript für diese Auflage habe ich wieder viele Gespräche gehabt mit Malern und Restauratoren, mit Herstellern von Pigmenten und anderen Rohstoffen, mit Herstellern und Verkäufern von Malmaterial. Das ist dem Text zugute gekommen. Am meisten aber habe ich wieder gelernt in Gesprächen mit Malern, mit alten und fast noch mehr mit jungen, bei der Arbeit mit Studenten, die Fragen stellen und Zweifel haben. Allen danke ich.

Mettmann, Frühjahr 1989 *Hans Gert Müller*

Vorwort zur ersten Auflage

▶ Dieses Buch ist in seinen Grundzügen der Niederschlag der Vorträge, die ich unter dem Namen *„Malmaterial und seine Verwendung im Bilde"* seit 10 Jahren an der Akademie der bildenden Künste in München halte. Die Resultate meiner bisherigen Arbeiten auf dem Gesamtgebiete der Maltechnik sowie die praktischen Erfahrungen, die ich seit mehreren Jahrzehnten gesammelt habe, sind in diesem Buche niedergelegt.

Der leitende Gedanke meiner Vorträge ist: *Engste Anlehnung an die Praxis, bei möglichster Übereinstimmung mit den Ergebnissen wissenschaftlicher Forschung.*

Vieles auf dem Gebiet der Maltechnik ist heute noch ungeklärt. Die Kunst hat den Boden des Handwerks verlassen und entbehrt daher ihrer sicheren Grundlage. In den meisten Fällen werden Rezepte ohne Sachkenntnis und ohne kritisches Urteil übernommen. Um die notwendige Klärung zu schaffen, ist es erforderlich, die ursächlichen Zusammenhänge maltechnischer Vorgänge verstehen zu lernen und die Tatsachen der Praxis soweit als möglich wissenschaftlich zu bestätigen.

Die Wissenschaft redet oft eine dem Maler schwerverständliche Sprache. Er vermag aus ihr nicht die Schlüsse zu ziehen, die ihm in der Praxis weiterhelfen können. Der Maler kann nicht Farbenchemiker sein. Er würde nur einem Dilettantismus anheimfallen, der mehr schadet als nützt. Fast noch wichtiger als die Chemie der Farbstoffe und Bindemittel ist für den Maler die Frage nach den physikalischen Eigenschaften.

Die Probleme der Maltechnik können nur durch ein Zusammenarbeiten von Wissenschaft und Praxis gelöst werden. Für ein solches Zusammengehen fehlen aber heute noch vielfach die Voraussetzungen.

Die Gesetze des Materials gelten für alle Maler, gleichviel welcher Richtung sie angehören. Wer das Material richtig verwenden und ausnützen will, muß diese Gesetze kennen und befolgen, sonst rächen sich früher oder später die begangenen Fehler. *Erst die freie Beherrschung des Materials gibt die feste Grundlage, die eine Steigerung persönlichster Ausdrucksweise erlaubt und die Dauer und Unveränderlichkeit der Bilder gewährleistet.* Ohne diese Grundlagen sind wir Sklaven des Materials oder, wie Böcklin sagte, Abenteurer, gegenüber der festgefügten Tradition der Alten, bei denen einer auf den Schultern des andern stand. Bedenkt man, wie eingehend Dürer, Lionardo, Rubens, Reynolds und andere Meister sich mit ihrem Material auseinandersetzten, so muß man über die Sorge mancher Maler von heute lächeln, die glauben, ihre Persönlichkeit könnte darunter leiden, wenn sie sich mit dem Handwerklichen ihrer Kunst näher befassen sollen.

Das Handwerk muß wieder die feste Grundlage der Kunst werden. Anders kommen wir aus dem Chaos nicht heraus. Das ist heute die Meinung weitester Kreise der Künstlerschaft.

Die Reihenfolge meiner Vorträge entspricht dem Werdegang des Bildes. Die einzelnen Abschnitte dieses Buches wurden möglichst geschlossen gehalten, so daß kleine Wiederholungen nicht ganz zu vermeiden waren. In meiner Lehrtätigkeit habe ich übrigens erfahren, daß man auch in der Maltechnik gewisse Wahrheiten gar nicht oft genug wiederholen kann. Auf möglichste Selbstherstellung des Materials wird besonderer Wert gelegt. Wer sich sein Material selber schafft, lernt es ganz anders kennen als der, der es fertig kauft.

Nach jedem Abschnitt der Vorträge werden praktische Übungen eingeschaltet, in denen jeder Hörer das Gesehene und Gehörte selber ausprobieren kann, und hier, wie auch nach jedem Vortrag, wird durch eine oft stundenlang ausgedehnte Diskussion über alle Fragen der Maltechnik Klarheit zu schaffen gesucht. Die rege Teilnahme der Studierenden und auch früherer Schüler an meinen Vorträgen widerlegt die oft gehörte Ansicht, daß die Maler kein Interesse für ihr Handwerk hätten. Ich habe immer wieder die Erfahrung gemacht, daß das Interesse sehr groß ist, wenn etwas wirklich Brauchbares geboten wird. Eine selbstgefertigte Lehrmittelsammlung enthält eine große Anzahl Studien, in denen die Technik einzelner Schulen in ihrem logischen Aufbau gezeigt wird, und das zur Erläuterung der Vorträge erforderliche Anschauungsmaterial. Führungen durch die staatlichen Sammlungen, bei denen die Techniken der großen Malschulen eingehend erklärt werden, schließen sich den Vorträgen an.

Dem Buche fehlen naturgemäß diese Hilfsmittel. Dafür wird hier in einer dem Maler geläufigen Sprache alles so eingehend und anschaulich geschildert und erklärt, wie es in einem Buche nur möglich ist.

Dieses Buch soll das gesicherte Wissen auf dem Gebiet der Maltechnik dem Praktiker vermitteln. Es soll keine Anleitung zum Malen sein, denn aus Büchern kann man das Malen ebensowenig lernen, wie auf dem Sofa das Schwimmen. Praxis ist hier alles! ◀

München, im Januar 1921 *Professor Max Doerner*

Inhalt

Auch in dieser Auflage wird der originale Doerner-Text von späteren Bearbeiter-Texten durch ein optisches Signal (▶ ◀) unterschieden.

Maltechnische Grundlagen

Die Pigmente

Die Bindemittel und Lösemittel

Die Malgründe

Grundiermaterial

Die Maltechniken

Gesammelte Beiträge zur Malgeschichte, zum Malen und zur praktischen Denkmalpflege

Nachwort

Maltechnische Grundlagen

Mit „Farben“, die man in Tuben kaufen kann, so heißt es, malt der Maler. „Farbe“, das weiß jedermann, kann man aber auch selbst haben, wenn man viel in der frischen Luft war, und „Farbe“ hat auch ein Kleid, ein Oberhemd, eine Krawatte, die dazu allerdings keiner frischen Luft und keiner Sonne bedürfen. Wenn wir selbst durch langen Aufenthalt draußen „Farbe“ bekommen haben, dann müßte es sich dabei eigentlich um eine „Körperfarbe“ handeln, was allerdings verwunderlich ist, weil in manchen Fachbüchern steht, „Körperfarben“ wären es, die Mal- und Anstrichfarben ihre „Farbe“ gäben. Andere Bücher sagen, dazu brauche man „Farbstoffe“, wieder andere „Pulverfarben“ und noch andere sprechen in diesem Zusammenhang von „Pigmenten“ und meinen offenbar dasselbe.

Scheinbar haben es die Menschen auch früher schon schwer gehabt, wenn sie sich über Farben unterhalten wollten. *Horaz,* ein römischer Dichter, nennt den Schwan *purpureus*; aber wer mag schon an einen purpurroten Schwan in der Antike glauben? Auch in Griechenland scheint man sich mit Farbtonbezeichnungen schwer getan zu haben. *Äschylos* nennt in den „Persern“ die Blätter des Ölbaumes *xanthon*, während *Euripides* in seiner *Iphigenie* schlankweg behauptet, der Altar sei von Blut *xanthon* gewesen. Litten die beiden unter Rot-Grün-Blindheit? Zum Überfluß kann man dann auch noch an anderer Stelle lesen, die Farbe des Honigs sei *xanthon*. Es ist unwahrscheinlich, daß die antiken Klassiker samt und sonders farbenblind gewesen sind und daß ihre Leser den literarischen Niederschlag dieser physiologischen Mangelerscheinung widerspruchslos hingenommen haben.

Diese rätselhafte Sache wird sofort verständlicher, wenn wir einmal unseren Farbenbegriff beiseite lassen und hypothetisch annehmen, damals habe man das, was wir heute mit „leuchtend“ oder mit „glänzend“ bezeichnen, mit *purpureus* und mit *xanthon* wiedergegeben und alle hätten verstanden, was gemeint war.

Man sieht: Ausdrücke dieser Art, Fachausdrücke, können ihre Begriffsinhalte wechseln oder, anders ausgedrückt, ein und dieselbe Sache kann durchaus zu verschiedenen Zeiten mit verschiedenen Fachausdrücken benannt werden.

In keinem Fachbuch können deshalb Autor und Leser und in keinem Gespräch können Maler und Maltechniker ohne Fachausdrücke, ohne Fachwörter, auskommen. Über deren Begriffsinhalte muß Einigkeit herrschen, sonst schreibt, redet, denkt man aneinander vorbei.

Deshalb folgt in diesem Einleitungskapitel jetzt zuerst eine Erklärung der wichtigsten Fachausdrücke, wobei – soweit vorhanden – die national und international genormte Terminologie zugrunde gelegt wird. Dann werden ganz allgemein Echtheits- und Beständigkeitseigenschaften betrachtet. Wer diese kurze Einführung in die maltechnischen Grundlagen aufmerksam durchliest, der wird nachher maltechnische Zusammenhänge besser verstehen und die später zu behandelnden Einzelheiten besser verarbeiten können.

Die grundlegenden Fachausdrücke

Farbe
Farbtönung
Farbton
Buntton

Das Wort „Farbe“, so ist man international übereingekommen, soll nur noch verwendet werden für einen durch das Auge vermittelten Sinneseindruck, der durch die auf das menschliche Auge auftretenden Lichtstrahlen ausgelöst wird. „Farbe“ allein wird nicht mehr als Benennung für Stoffe benutzt; für Stoffe, mit deren Hilfe man Gegenständen eine andere Farbe geben kann, sollen Wortzusammensetzungen mit „Farbe“ gewählt werden, Malfarbe, Ölfarbe, Leimfarbe usw. Man sollte zur Kenntnis nehmen, daß nicht mit „Farben“, d. h. mit Sinneseindrücken, sondern mit Materie gemalt wird, die im fertigen Bild einen Sinneseindruck in uns hervorruft. – Maler werden die Wörter „Farbtönung“, „Nuance“, „Farbstich“ u. ä. stets benutzen. Nach DIN 55945 beschreiben die Wörter „Farbton“ oder „Buntton“ die Buntheit einer Farbe mit Gelb, Rot, Blau, Grün usw.

Malstoff Die Materialien, die der Maler vermalt, werden „Malstoffe“ genannt, denn nicht alle enthalten Pigmente, und nicht alle können deshalb „Malfarben“ heißen. „Malstoff“ heißen die flüssigen bis pastenförmigen, physikalisch und/oder chemisch trocknenden Stoffe oder Stoffgemische, die mit dem Pinsel oder anderen Werkzeugen auf Oberflächen aufgebracht werden und dort einen Aufstrich ergeben.

Zu den Malstoffen gehören demnach das flüssige Leinöl und das Sonnenblumen- und Mohnöl und die aus ihnen hergestellten pastenförmigen Malfarben, die alle chemisch, durch Sauerstoffaufnahme trocknen. – Weiter gehören dazu die Lösungen von Natur- und Kunstharzen in flüchtigen Lösemitteln, die als Malfirnisse dienen, aber auch als Malmittel verwendet werden können. Sie trocknen physikalisch, d. h. ohne Veränderung der chemischen Beschaffenheit des Harzes und nur durch Verdunsten des Lösemittels. Selbstverständlich gehören hierhin auch Kombinationen von trocknenden Ölen mit Harzlösungen, die sowohl chemisch als auch physikalisch trocknen. Und schließlich gehören zu den Malstoffen Leimlösungen wie Gummi- und Kaseinlösungen, das Hühnerei, Lösungen von Natur- und Kunstharzen, ihre Emulsionen mit Öl, die Kunststoffdispersionen und die aus ihnen hergestellten Malfarben.

Malmittel Malmittel heißen die nichtpigmentierten Malstoffe, die dazu dienen, die Pigmente in einen zum Malen geeigneten Zustand zu versetzen. Sie sind Anreibemittel für Pigmente bei der Herstellung von pastenförmigen Malfarben, teilweise werden sie auch den Malfarben vor dem Vermalen noch zugesetzt, um bestimmte Wirkungen zu erzielen (S. 137ff.).

Firnisse Firnisse oder auch Malfirnisse werden die nichtpigmentierten Malstoffe genannt, die – in der Regel aus einer Harzlösung bestehend und, wenn überhaupt, nur mit einer sehr geringen Menge Öl kombiniert – zum Überzug fertiger (Schlußfirnis) oder unfertiger (Zwischenfirnis) Bilder oder Bildstellen bestimmt sind. – Schlußfirnisse haben die Aufgabe, die eigentliche Bildschicht vor äußeren Einflüssen zu schützen. Firnisfilme geben dem Bild oder Bildstellen Tiefenlicht (S. 19).

Fixative Fixative sind eine Abart der normalen Firnisse, sie besitzen einen extrem niedrigen Bindemittelgehalt. Meist sind es alkoholische oder auch andere Lösungen von Harzen und/oder Collodiumwolle (= Nitrozellulose), die, auf Zeichnungen gesprüht, die nur lose auf dem Malgrund aufsitzenden Kohle- oder Pigmentpartikel mit dem Untergrund verkleben und damit die Zeichnung wischfest machen. Fixative sollen im Gegensatz zu Firnisaufträgen kein Tiefenlicht hervorrufen.

Bindemittel Die nichtflüchtigen Anteile der Malfirnisse und der Malmittel nennt man Bindemittel. In den Malfarben haben die Bindemittel die Aufgabe, die Pigmentteilchen miteinander und mit dem Malgrund zu verkleben und so mit ihnen gemeinsam den Aufstrich zu bilden. – Malmittel und Bindemittel können, sie müssen aber nicht identisch sein. In den Ölfarben sind Mal- und Bindemittel identisch; in den wässerigen Malfarben dagegen besteht das Malmittel aus einer Lösung oder aus einer Dispersion des eigentlichen Bindemittels im Wasser.

Lösemittel Lösemittel heißen die aus dem Aufstrich verdunstenden Flüssigkeiten, die organische oder anorganische Verbindungen – in unserem Falle Bindemittel – ohne chemische Umsetzung auflösen.

Malfarben Malfarben heißen die pigmenthaltigen Malstoffe,die meist eine pastenartige Konsistenz besitzen. Anders ausgedrückt: Alle Malfarben bestehen aus Malmitteln und Pigmenten.

Ölmalfarben Die Malmittel der Ölmalfarben, die trocknenden Öle, gehen im Aufstrich unter Sauerstoffaufnahme vom flüssigen Zustand über gelatineartige und zähflüssige Zwischenstufen in den festen Zustand über. Es entsteht ein Ölfilm, in dem die Pigmente eingelagert vorliegen.

Kunststoffdispersionsfarben Dispersionsfarben sind wasserverdünnbare Malfarben, die wasserunlöslich auftrocknen. In ihrem Malmittel sind mikroskopisch kleine Kunststoffteilchen gleichmäßig in Wasser verteilt, die bei Normaltemperatur einen zusammenhängenden Film bilden, sobald der Wasseranteil teils in den Malgrund eingeschlagen, teils verdunstet ist. In diesen Kunststoffilm werden die Pigmente eingebettet (S. 10f.).

Temperafarben Dieser Name sollte solchen Malfarbensystemen vorbehalten bleiben, deren Malmittel aus einer echten Emulsion besteht. Als Emulsion bezeichnet man die stabile Mischung zweier nicht miteinander mischbarer Flüssigkeiten. Die beiden wichtigsten maltechnischen Emulsionen sind die Ei-Emulsion und die Kasein-Emulsion. – Es ist eine sprachliche Unart, einfache Leim-Malfarben „Temperafarben“ zu nennen (S. 10).

Leimfarben, Gouache- oder Guaschfarben, Plakatfarben sind deckend (= opak) auftrocknende, pigmentierte Lösungen von natürlichen oder synthetischen wasserlöslichen Leimen, deren Aufstriche wasserempfindlich bleiben. Es entsteht kein Film, der als optische Brücke wirken und Licht tief eindringen lassen könnte. Die Pigmente sind im Aufstrich mehr oder weniger wischfest auf den Malgrund „geklebt“, sie sind nur von Luft umgeben und decken durch Absorption und diffuse Lichtreflexion den Malgrund ab. Früher hat der Maler sich diese Malfarben aus lasierenden Wasserfarben und Deckweiß selbst hergestellt.

Aquarellfarben sind lasierend auftrocknende Leimfarben, zu deren Herstellung Gummi arabicum, Traganth, Zucker und ähnliche wasserlösliche Klebemittel, seit einiger Zeit auch synthetische, wasserlösliche Wachse, Polyglykole, dienen. In guten Aquarellfarben sind extrem feindisperse Pigmente enthalten, so daß der Malgrund von ihnen nicht abgedeckt wird, sondern durch den Aufstrich hindurchscheinen kann.

Kalkfarben Kalkfarben entstehen durch Zusatz von höchstens 10% kalkechter Pigmente zu gut gesumpftem Weißkalk und anschließendem Verdünnen mit Wasser. Trockene Kalkfarbenaufstriche besitzen stets verweißlichte Farbtöne, weil ihr Bindemittel, der Weißkalk, nach dem Abbinden zugleich als weißes Pigment (Kalziumkarbonat = Kreide) in Erscheinung tritt.

Pastellmalfarben Pastellstifte besitzen kein Bindemittel im üblichen Sinne. Pastellmalen ist eigentlich ein Malen direkt mit Pigmenten und es wird auch von manchen Malern direkt mit Pigmenten betrieben. Eine Verklebung durch ein Bindemittel zwischen Pigment und Malgrund findet nicht statt, die Pigmente haften durch Adhäsion auf dem Grund. – Die zum Herstellen der Stifte verwendeten stark verdünnten Leime, beispielsweise Traganth, Haferschleim oder synthetische Polyglykole, dienen nur dazu, das Pigment vor der Verarbeitung in Stiftform zu bringen und damit das Malen zu erleichtern.

Farbmittel Farbmittel ist der Sammelname für alle farbgebenden Stoffe. In zwei Untergruppen kann man die Farbmittel einteilen, in die „Pigmente“ und in die „Farbstoffe“.

Pigmente werden die in dem jeweils aktuellen Anwendungsmedium praktisch unlöslichen, anorganischen und organischen, bunten und unbunten Farbmittel genannt. – Der Maler verarbeitet in der Regel Pigmente.

Wenn Künstlerfarbenhersteller und händler von *reinen Pigmenten* sprechen, dann dürfen diese Pigmente weder Verschnittmittel noch Substrate enthalten. Das Pigment darf auch nicht *geschönt* sein. *Schönen* nennt man das Verbessern der Farbtönung eines Pigments durch Zusatz anderer Farbmittel, die in der Pigmentbezeichnung nicht genannt werden.

Farbstoffe Als Farbstoffe werden die Farbmittel bezeichnet, die im jeweils aktuellen Anwendungsmedium löslich sind. – Farbstoffe werden beispielsweise in der Textilfärberei benutzt.

Farblacke Farblacke sind Pigmente, die entstanden sind aus einer Reaktion zwischen einem löslichen Farbstoff und einem Fällungsmittel; sie können auch entstehen durch Fixieren löslicher Farbstoffe auf einem Substrat. – Krapplack ist der bekannteste Farblack.

Füllstoffe Substrate Füllstoffe sind die unlöslichen, pulverförmigen, nichtfärbenden Stoffe, die zum Strecken und zum Verbilligen von Pigmenten dienen. – Substrate dagegen heißen die unlöslichen Stoffe, die am Aufbau von Farblacken beteiligt sind. Die Grenzen zu den Verschnittmitteln sind häufig nicht eindeutig zu ziehen. Manchmal führt die Auswahl der Füllstoffe oder Substrate zur Veränderung maltechnischer und/oder coloristischer Eigenschaften.

Teerfarbstoffe — In manchen Büchern wird dieser Name noch künstlich am Leben gehalten und als Begriff meist falsch angewendet. Es ist richtig, daß die mit dem Trivialnamen „Teerfarbstoff" benannten ersten synthetischen organischen Pigmente im vorigen Jahrhundert manches Unglück in der Malerei angerichtet haben, weil die technologische Prüfmethodik damals noch nicht entwickelt war. Es gibt sie aber heute nicht mehr und unter ihren Enkeln, den direkt hergestellten organischen Pigmenten, gibt es Produkte mit den höchsten Echtheitseigenschaften, wie sie sonst nur Erdpigmente besitzen.

Nun noch ein paar Fachwörter, die in der Maltechnik ebenfalls häufig verwendet werden. – *Aufstrich*, neuerdings auch Beschichtung, nennt man den Auftrag von Malstoffen auf einem Untergrund, auf dem er nach dem Trocknen haftet. Der Auftrag kann mehr oder weniger in den Untergrund eingedrungen sein und er kann auch aus mehreren Schichten bestehen. Bei mehrschichtigem Auftrag spricht man von einem *Malaufbau*. – Bildet der Aufstrich nach dem Trocknen eine feste zusammenhängende Haut, so nennt man diese einen *Malfilm* ohne Rücksicht darauf, ob sich diese Haut auf dem Untergrund befindet oder von ihm abgelöst worden ist. Ein Malfilm kann Bestandteile enthalten, die nicht an der Filmbildung beteiligt, in ihm aber enthalten sind, z. B. die Pigmente. Die Bestandteile, die für das Zustandekommen des Filmes nötig sind, werden *Filmbildner* genannt.

Festkörper ist der gewichtsmäßig bestimmte Anteil eines Malstoffes, der nach Entweichen der flüchtigen Anteile unter definierten Bedingungen übrig bleibt. *Festkörpergehalt* nennt man etwas ungenau in der Praxis den nach Entweichen der Lösungsmittel zurückbleibenden Rückstand einer Malfarbe, die in normaler Filmdicke aufgetragen und bei normalen Bedingungen getrocknet ist.

Haftfestigkeit nennt man den Widerstand, den ein Aufstrich, eine Beschichtung, gegen mechanische Trennung vom Untergrund leistet. Es gibt Untersuchungsmethoden, mit denen die Haftfestigkeit gemessen werden kann. Von *Kräuseln*, in starken Fällen von einem *Orangeschaleneffekt*, spricht man, wenn im Aufstrich feine oder sogar grobe Falten auftreten. *Kreiden* nennt man das Ablösen von Pigmenten und/oder Füllstoffen aus einem Aufstrich, das durch Abbau des Bindemittels hervorgerufen worden ist. *Quellung* wird die Volumenvergrößerung eines Aufstrichs genannt, die durch Aufnahme von Flüssigkeiten oder Dämpfen auftreten kann. Quellungen sind mit bloßem Auge meist nicht festzustellen. *Durchschlagen* nennt man bei Aufstrichen das Sichtbarwerden von Bestandteilen, die aus dem Untergrund oder einer vorhergehenden Beschichtung in die darüber liegende Schicht einwandern. Diese Erscheinung kann auch auf der Rückseite des Untergrundes sichtbar werden.

Von der farbigen Erscheinung der Pigmente und von der Lasur

Es gibt schwarze und weiße Pigmente, und jeder kennt auch die ganze Reihe der Buntpigmente, die vom Violett über Blau, Grün, Gelb und Orange zum Rot hinreicht. Diese „bunte" Reihe mit ihren kontinuierlichen Übergängen ist im Regenbogen zu sehen, und zwar genau in dieser Reihenfolge. Die entsprechenden Pigmente werden „bunt" genannt im genannt im Gegensatz zu den „unbunten", die schwarz oder weiß oder grau sein können und sich in einer kontinuierlich vom Schwarzen ins Weiß übergehenden Graureihe darstellen lassen. Nicht nur die bunten, sondern auch die unbunten Pigmente sind „farbig".

Im Regenbogen erscheint das „farblose", das weiße Licht, in seine farbigen Bestandteile zerlegt, aufgefächert. Da nun kein Mensch dauernd einen Regenbogen zur Hand hat, an dem er diese Lichtzerlegung beobachten könnte, hat man gelernt, einen Regenbogen sozusagen künstlich darzustellen.

Schickt man einen weißen Lichtstrahl durch ein Prisma auf eine Projektionsleinwand, dann erscheint dort ein Farbband mit kontinuierlichen Übergängen, das Spektrum. Dieses Spektrum zeigt die gleichen Farben wie der Regenbogen; seine Farben nennt man „Spektralfarben". Die Zerlegung des weißen Lichtes ist so zu erklären, daß die verschiedenen Lichtstrahlenarten, die im weißen Licht enthalten sind, vom Glas verschieden stark „gebrochen", d. h. aus ihrer ursprünglichen Richtung abgelenkt werden. Die roten Lichtstrahlen werden am geringsten, die blauen am stärksten abgelenkt (Abb. 1).

Nun könnte man einwenden, das Prisma verändere die Eigenschaften des Lichtes, denn Weiß, das

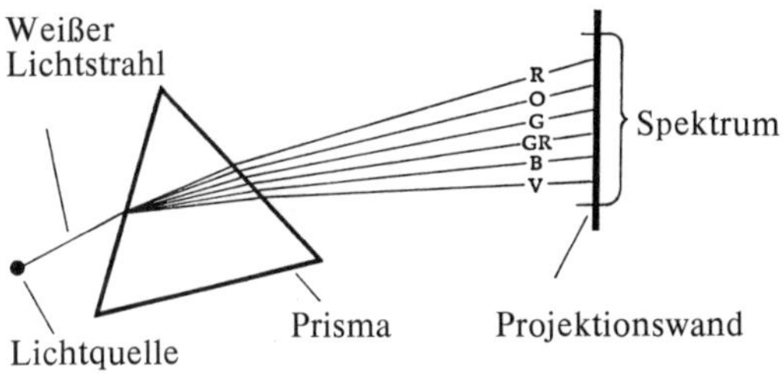

R = Rot G = Gelb B = Blau
O = Orange GR = Grün V = Violett

Abb. 1

widerspreche doch jeder Erfahrung, könne unmöglich aus allen Regenbogenfarben zusammengesetzt sein. Wer das einwendet, befindet sich in guter, wenn auch naturwissenschaftlich nicht gut informierter Gesellschaft. Auch *Goethe*, der „Augenselige“, wie ihn *Richard Wagner* nennt, war zeit seines Lebens von dieser Meinung nicht abzubringen. – Ein zweiter Versuch hilft hier weiter.

Addition von farbigen Lichtern

Werden bei gleicher Versuchsanordnung die aufgefächerten Lichtstrahlen durch eine Sammellinse geschickt, welche die Strahlen wieder „zusammenfächert“, sie sozusagen „addiert“, dann erscheint auf der Projektionsleinwand wieder das ursprüngliche weiße Licht. – Damit ist bewiesen, daß weißes Licht aus den Regenbogenlichtern zusammengesetzt ist (Abb. 2).

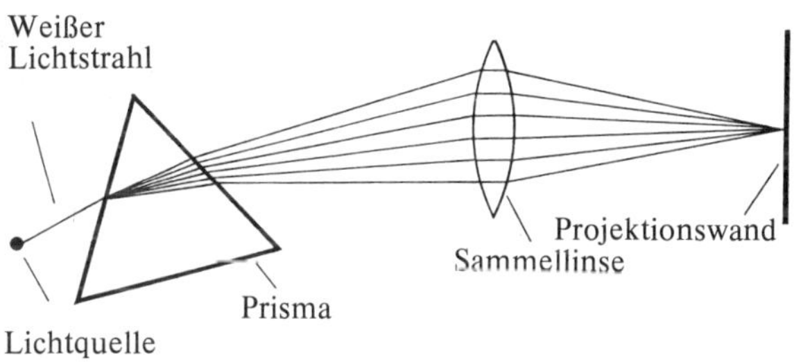

Abb. 2

Gelb + Blau = Weiß

Ein dritter Versuch, aus methodischen Gründen etwas umständlich aufgebaut, mag noch weiter in das Gebiet der Lichtstrahlenaddition hineinführen. – Ein weißer Lichtstrahl wird durch ein sogenanntes monochromatisches Filter geschickt, das nur Lichtstrahlen eines bestimmmten Spektralbereiches, ein Gelb, durchläßt. Auf dem Projektionsschirm ist dann ein gelber Fleck zu sehen. Ein zweiter weißer Lichtstrahl wird durch ein Filter geschickt, das nur blaue Lichtstrahlen durchläßt. Auf der Projektionsleinwand ist dann neben dem gelben ein blauer Fleck zu sehen. Bringt man nun durch Verschieben der Versuchsanordnung den gelben und den blauen Farbfleck zur Deckung, dann entsteht durch Addition von gelbem und blauem Licht weißes Licht (Abb. 3).

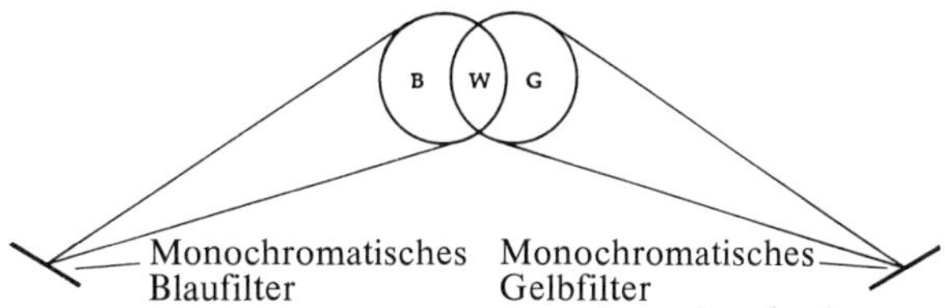

Abb. 3

Additive Farbenmischung

Das ist eine merkwürdige Erscheinung für uns, die wir gewöhnt sind, aus gelben und blauen Pigmenten Grün zu mischen. Durch weitere Versuche ähnlicher Art können auch noch andere Farbenpaare ermittelt werden, die bei Lichtstrahlenaddition, der sogenannten *additiven Farbenmischung*, Weiß ergeben. Diese Farbenpaare hat man *Komplementärfarben* genannt. Komplementärfarbenpaare sind z. B. Gelb-Ultramarin, Grüngelb-Violett, Orangerot-Grünblau, Purpurrot-Mittelgrün.

Nun wäre zu überlegen, warum eine Mischung von gelben und blauen Pigmenten grün aussieht. Dazu muß man wissen, was geschieht, wenn weißes Licht auf ein nichtleuchtendes Objekt, einen „Körper“, fällt. Auch Pigmentteilchen sind „Körper“ in diesem Sinne. Ausgeschlossen sind lediglich die *fluoreszierenden Pigmente*, die imstande sind, unsichtbare ultraviolette Strahlen in sichtbares Licht zu verwandeln.

Trifft weißes Licht auf einen Körper, so kann folgendes geschehen:

Absorption

1. Das weiße Licht wird vollständig oder fast vollständig verschluckt. Es wird absorbiert, sagt der Physiker. Das Licht dringt dabei in den Körper ein, die auffallende Lichtenergie wird in Wärmeenergie umgewandelt. – Einen Körper, der kein oder sehr wenig Licht zurückwirft, reflektiert, nennen wir schwarz.

Reflexion

2. Das weiße Licht wird vollständig oder fast vollständig zurückgeworfen.

a) Ist die Oberfläche vollkommen eben, dann tritt *spiegelnde Reflexion* ein. Einen solchen Körper nennen wir einen Spiegel. Wir haben den Eindruck, unsere Lichtquelle befände sich symmetrisch hinter der spiegelnden Ebene.

b) Ist die Oberlfäche nicht eben, kann man sie sich aus vielen kleinsten Teilflächen verschiedener Lagerrichtung zusammengesetzt vorstellen, dann wird das einfallende Licht nach allen Seiten reflektiert, und man spricht von einer *diffusen Reflexion*. Einen solchen Körper nennen wir weiß.

Das sind die beiden Extremfälle. Schwarze Pigmentteilchen sehen auch unter dem Mikroskop sehr dunkel aus, eben infolge sehr geringer Lichtreflexion, während weiße Pigmentpartikelchen dort farblos aussehen, genau wie die kleinen Eiskristalle, die wir Schnee nennen. Zwischen diesen Extremen liegt die ganze Skala der Buntpigmente, bei denen sowohl Lichtabsorption als auch -reflexion auftritt.

Absorption und Reflexion

Trifft weißes Licht auf ein gelbes Pigmentteilchen, dann geschieht *nicht* das, was wir beim Lichtdurchgang durch ein monochromatisches Filter beobachtet haben. Jetzt wird nicht ein bestimmter gelber Anteil des Lichts durchgelassen bzw. reflektiert bei Absorption der anderen Lichtarten. Die Verhältnisse liegen etwas komplizierter. Das gelbe Pigment absorbiert nämlich fast ganz die violetten und blauen Lichtanteile und reflektiert die grünen, gelben, orangefarbigen und roten Anteile. Vom reflektierten Licht mischen sich die Komplementäranteile zu Weiß, und die orangeroten mischen mit den grünblauen additiv ein Gelb. Durch Weiß und Gelb wird das reflektierte Gelb noch verstärkt: das Pigment erscheint uns gelb. Einfacher ausgedrückt: aus grünen, gelben, orangefarbigen und roten Spektrallichtern wird additiv Gelb gemischt. – Ein blaues Pigmentteilchen dagegen absorbiert vorwiegend die roten, orangefarbigen und gelben Lichtstrahlen und reflektiert den grünen, blauen und violetten Bereich. Aus grünen, blauen und violetten Lichtern wird additiv ein Blau: das Pigment erscheint uns blau.

Werden gelbe und blaue Pigmentteilchen miteinander innig gemischt, dann wird einfallendes weißes Licht notwendig sowohl gelbe als auch blaue Teilchen durchwandern und dort teils reflektiert oder durchgelassen, teils absorbiert werden. Dieser Vorgang läßt sich schematisch darstellen (Abb. 4).

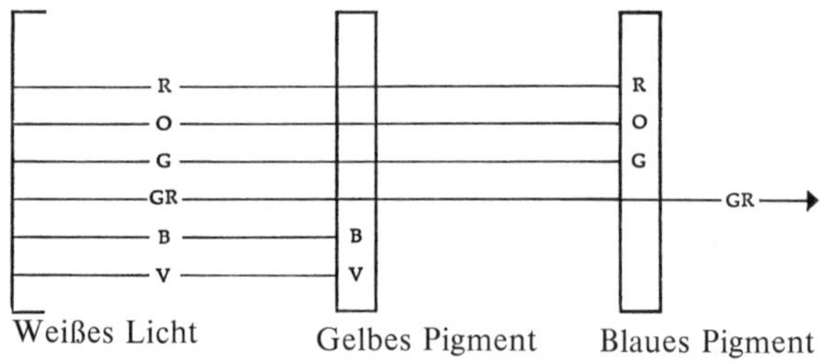

Abb. 4

Bei der Lichtstrahlenmischung entsteht durch Addition von gelbem und blauem Licht weißes Licht. Bei der Pigmentmischung dagegen werden nicht verschiedene Lichter addiert, hier werden durch Absorption Anteile des weißen Lichts subtrahiert, und deshalb hat man diese Mischungsart auch *subtraktive Farbenmischung* genannt.

Subtraktive Farben-Mischung

Aus alledem ergibt sich, daß die Farbigkeit eines Pigmentes von seiner Fähigkeit zur Lichtabsorption und -reflexion (oder -durchlassung) bestimmt wird. Diese physikalischen Eigenschaften eines Pigmentes sind vorzugsweise von dessen chemischer Konstitution und seiner Teilchengröße abhängig.
Dieses kleine Kapitel über die farbige Erscheinung der Pigmente mag zuerst sehr wissenschaftlich, theoretisch und praxisfremd erscheinen. Und doch benutzt der Maler diese „Taten und Leiden des Lichtes", die hier so profan Absorption, Reflexion und subtraktive Farbenmischung genannt worden sind, nicht nur beim simplen Mischen von Pigmenten und Malfarben. Er macht den subtilsten Gebrauch von der subtraktiven Farbenmischung, wenn er sein Bild aus Lasuren entstehen läßt.

Lasur

Der Maler *Philipp Otto Runge* schrieb am 3. Juli 1806 aus Wolgast an *Goethe* in einem Brief, es sei ein sehr natürlicher Gedanke für einen Maler, wissen zu wollen, aus welchen Stoffen gemischt ein „Effekt in der Natur“ wiederzugeben wäre, und er schildert sein „Eindringen in die Eigenheiten und Kräfte der Farben“. Dabei versucht *Runge* offensichtlich, dem seit Jahrhunderten bekannten Wesen der Lasur auf die Spur zu kommen, wenn er feststellt, daß eine Mischung der „undurchsichtigen“ Farben Gelb, Rot und Blau zu einem Grau führe, das ebensogut aus Schwarz und Weiß gemischt werden könne, während aus diesen Farben, „durchsichtig“ gemischt, und zwar so, daß keine überwiegend ist, eine Dunkelheit entstünde, die durch keine von den anderen Teilen hervorgebracht werden kann. Und weiter sagt er: „Wenn wir ein solches durchsichtiges Produkt der drei durchsichtigen Farben ... verdünnen und das Licht durchscheinen ließen, so wird es auch eine Art Grau geben, die aber sehr verschieden von der Mischung der drei undurchsichtigen Farben sein würde.“

Hier wird das Wesen der Lasur von einem Maler mit einer erstaunlichen Bewußtheit in den Griff genommen, begriffen. Es ist der gleiche Tatbestand, den der Mann der exakten Wissenschaften, *Wilhelm Ostwald*, so formuliert hat: „Am reinsten kann man objektive oder subtraktive Mischungen beobachten, wenn man zwei durchsichtige bunte Platten (bunte Gläser, bunte Gelatinefolien) aufeinanderlegt und durch beide weißes Licht fallen läßt. Die Ölmalerei verwendet in den Lasuren durchsichtige, bunte Schichten aus Firnis oder ähnlichen Stoffen und einen Farbstoff von gleicher Brechungszahl oder in kolloider Feinverteilung, die man über andersfarbige Untermalungen legt. Dann entzieht die bunte, durchsichtige Schicht oder Lasur dem Licht, das im allgemeinen bereits bunt von der Untermalung zurückkehrt, noch weitere Wellenarten und verändert dadurch sowohl Farbton wie Graugehalt oder *Valeur*. Der gewöhnliche Fall der Farbenmischung, bei dem die Farbstoffe miteinander vermischt werden, ist dem der bunten Flüssigkeiten ähnlich. Auch hier erfolgt die Wirkung anscheinend gleichzeitig. Tatsächlich geschehen die Schluckungen in den aufeinanderliegenden verschiedenen Körnchen der Farbstoffe nacheinander. Aber die Reihenfolge ist bald die eine, bald die andere in den nebeneinanderliegenden Körnchen. Deshalb ist auch der Fall nicht vollkommen rein. Die subtraktive Mischung spielt die Hauptrolle; daneben ist aber auch etwas additive Mischung durch das Nebeneinander der Körnchen vorhanden.“

Von diesem Neben- und Miteinander von subtraktiver und additiver Farbenmischung macht der Maler aber nicht nur Gebrauch, wenn er sein Bild aus übereinander aufgetragenen Lasuren entstehen läßt. Ein etwas gröberes, gleichsam abgekürztes Verfahren schlägt er ein, wenn er eine Farbtönung mit ihrer Gegenfarbe im Farbkreis mischt, eine bestimmte Rotnuance mit einer bestimmten Grünnuance zum Beispiel, sie damit auslöscht, sie vergraut, der Mischung eine Farbtönung gibt, die man kaum mehr mit einem Farbnamen, eigentlich nur noch mit *farbiges Grau* bezeichnen kann.

Weil es vieler und intensiver Farbübungen bedarf, um für eine bestimmte Farbtönung die sie fast zum Grau löschende Gegenfarbe zu treffen, sind die Maler oft einen ganz anderen Weg gegangen. Sie haben sich aus Gelb, aus Purpurrot und Blau ein möglichst neutrales, möglichst nicht farbstichiges Grau zu ermischen versucht, das sie *Neutraltinte* nannten. In der Praxis verwendet man gewöhnlich dazu einen dunklen Ocker, einen dunklen Krapplack und Preußischblau, manchmal noch eine gewisse Menge gebrannte Siena. Mit der so gemischten *Neutraltinte* sollte sich im Idealfall jeder Farbton so verdunkeln lassen, so vergrauen lassen, daß der ermischte Farbton die ursprüngliche Farbtönung nur noch als Farbstich enthält. Wird jetzt noch eine gewisse Menge Weiß zugemischt, dann entstehen farbige Grautönungen subtilster Art.

Für den Maler ist es natürlich schwer, wenn nicht unmöglich, eine *Neutraltinte* dieser Art mit einer immer gleichbleibenden Nuance und mit relativ gleichbleibendem Färbevermögen zu reproduzieren. Er arbeitet ja nicht mit der Waage beim Farbenmischen. Deshalb hat die Künstlerfarbenindustrie insbesondere den Auqarellmalern unter den Phantasiebezeichnungen *Neutraltinte* und *Payne's gray* zwei Farbtönungen geschaffen, mit denen sie jeden Farbton vergrauen, fast auslöschen können. Auf diese Weise sind diese beiden Künstlerfarbtöne zusammen mit der coloristisch sehr ähnlichen, entweder natürlich gewonnenen oder synthetisch hergestellten „Sepia" zu beliebten Aquarellfarbtönen gewoden.

Von Pigmenten und Farbstoffen

Wenn man Kochsalz in ein Glas Wasser wirft, dann löst sich das Salz auf. Weder mit dem bloßen Auge noch mit dem Mikroskop ist das gelöste Kochsalz zu sehen; ein Absetzen ist nicht zu beobachten. Es ist, so sagt der Chemiker, molekular verteilt. Der Vorgang ist noch etwas verwickelter, aber darauf soll nicht eingegangen werden. Durch Papierfilter lassen sich Wasser und Kochsalz nicht trennen.

Wird hingegen feiner Sand, dessen Teilchengröße den Kochsalzkristallen entsprechen mag, in Wasser eingerührt, dann lösen sich die Sandteilchen nicht auf. Sie sind mit dem Auge und erst recht mit dem Mikroskop sichtbar, werden im Wasser nur verteilt, bilden aber nach kurzer Zeit einen Bodensatz. Durch Papierfilter lassen sich Sand und Wasser trennen.

Man kann hier das Verhalten von Kochsalz mit dem von löslichen Farbstoffen und das Verhalten von Sand mit dem von Pigmenten vergleichen. – Beiden Gemengen ist gemeinsam, daß sie aus einer Flüssigkeit und aus Teilchen eines festen Stoffes bestehen. Und zwar ist der feste Stoff in der Flüssigkeit verteilt. Verteilen heißt auf lateinisch *„dispergere"*. Die Physiker haben solche Systeme ganz allgemein „Dispersionen" genannt. Die Bestandteile einer Dispersion nennt man „Phasen". Die Phase, welche die verteilten Körperchen umschließt, heißt „geschlossene Phase" oder auch „Dispersionsmittel", während man die verteilten Körperchen selbst als „offene Phase" oder „disperse Phase" bezeichnet. – In den obigen Dispersionen stellt Wasser das Dispersionsmittel dar, während einmal das Salz und einmal der Sand die disperse Phase bilden.

Bei der Lösung von Kochsalz in Wasser handelt es sich um eine besondere Dispersionsart. Man nennt sie eine „echte Lösung". In echten Lösungen ist der Durchmesser der gelösten Teilchen nicht größer als $^{1}/_{1000000}$ mm. – Manche wässerige und alkoholische Farbstoffauflösung gehören beispielsweise hierher.

In der Wasser-Sand-Dispersion dagegen waren die Teilchen größer als $^{5}/_{100}$ mm, und jedes Sandkorn war noch mit dem bloßen Auge sichtbar. Ein solches Gemenge gilt als „grobdispers". – Sind die dispergierten Teilchen nur mit dem Mikroskop sichtbar, d. h., liegt ihre Größenordnung etwa zwischen $^{5}/_{100}$ und $^{1}/_{10000}$ mm, dann gilt die Dispersion als „feindispers". – Ölmalfarben oder auch Temperamalfarben enthalten Pigmente, deren Teilchengrößen in der Regel zwischen $^{2}/_{1000}$ und $^{4}/_{10000}$ mm liegen. Sie stellen demnach Dispersionen dar, deren offene Phase feindispers im Dispersionsmittel verteilt ist.

In diesem System klafft aber noch eine Lücke. *Wolfgang Ostwald* hat sie „die Welt der vernachlässigten Dimensionen" genannt. In diese Lücke gehören die Teilchen, welche größer sind als $^{1}/_{1000000}$ mm, aber kleiner als $^{1}/_{10000}$ mm. Farbmittel dieser Art sind keine Farbstoffe mehr, aber auch noch keine Pigmente. Teilchen dieser Größenordnung besitzen ganz charakteristische Eigenschaften; man nennt sie „Kolloide" und ihre Lösungen „kolloide Lösungen".

Dieser Name ist vom lateinischen *colla* = Leim abgeleitet, der das bekannteste Kolloid darstellt und mit dem schon angedeutet sein mag, daß Quellungsvorgänge nicht selten in kolloiden Systemen anzutreffen sind.

Farbmittel, die Teilchen enthalten, welche größenordnungsmäßig in das Kolloidgebiet gehören, wie das sogenannte „wasserlösliche" Berliner Blau, oder sich ihm nähern können, wie manche Umbren und rote Ocker, Terra di Siena, Kasseler Braun, sind mehr oder weniger stark „oberflächenaktiv". Sie neigen dazu, andere Stoffe an ihre Oberfläche anzuziehen und sie dort festzuhalten. Auf lateinisch heißt ansaugen *„adsorbere"*, und so hat man diese Erscheinung „Adsorption" genannt.

Eine Auswirkung der Oberflächenaktivität kolloidfeiner Pigmente macht sich beispielsweise beim Lagern bemerkbar. Dabei ballen sich solche Pigmente leicht unter Luft- oder Feuchtigkeitsadsorption zusammen. Das geschieht um so stärker, je kleiner die Teilchen ursprünglich waren. Deshalb treten oft gerade beim Anreiben der feinsten Pigmente die größten Schwierigkeiten auf. – Ihre Verwandtschaft mit den löslichen Farbstoffen, die bekanntlich infolge echter Löslichkeit aus unteren Schichten in die oberen „ausbluten", beweist ihre Neigung zum „Durchschlagen" infolge kolloidaler Löslichkeit. Dieses Durchschlagen und selbstverständlich auch das Durchbluten ist eine maltechnisch sehr unangenehme Erscheinung, bei der Farbmittelteilchen im

Laufe der Zeit aus den unteren Schichten in die oberste Malschicht wandern und dort sichtbar werden.

Und schließlich zeigen noch die kolloidalen und deshalb oberflächenaktiven Pigmentteilchen in wässeriger und öliger Dispersion

- *Quellungen und Verdickungen*, wenn sie vorwiegend ihr jeweiliges Dispersionsmittel adsorbieren (Beispiel: Sulzigwerden von Karmin und Krapplacken, Verdicken von Sienaerden in der Tube),

- *Zusammenballungen oder Flocken*, wenn sie vorwiegend aneinander adsorbieren (Beispiel: Flocken von Pigmentteilchen beim Aquarellieren).

Diese Oberflächenkräfte sind oft sehr schwer zu zügeln und können zu Schwierigkeiten führen, die dadurch noch vergrößert werden, daß manche Bindemittel in Künstlerfarben, Öle und Leime z. B., selbst kolloide Systeme darstellen, wodurch wechselseitige Wirkungen begünstigt werden. Ausgenommen bei Aquarellfarben, wo Kolloiddispersität durch Pigmentauswahl und extreme Feinreibung angestrebt wird, sind deshalb Pigmente, die von Natur aus kolloidfeine Anteile enthalten können, in Malfarben erst nach genauer Prüfung zu verwenden. Der Hersteller von Malfarben sieht sich nicht selten vor dem Dilemma, eine besonders farbschöne echte Umbra z. B. nur deshalb nicht verwenden zu können, weil sie von Natur aus schon eine zu große Menge kolloiddisperser Substanz besitzt.

Nach dieser kurzen Stippvisite in das Gebiet der Kolloidchemie, bei der um der Anschaulichkeit willen manche Vereinfachung gewagt worden ist, kann man den Naturwissenschaftler wohl verstehen, der zwischen Pigmenten und Farbstoffen nur graduelle Unterschiede sieht, Unterschiede in der Teilchengröße. Es wird klargeworden sein, wie wichtig für den Maler und Restaurator eine gewisse Vorstellung über die Dispersionsverhältnisse der einzelnen Farbmittelgruppen und ihre Eigenschaften sein kann.

In der untenstehenden Übersicht stellen die angeführten Zahlen keine scharfen Grenzen dar, sie sollen die auftretenden Erscheinungen nur in eine überschaubare Ordnung bringen.

Die Löslichkeit ist keine absolute Eigenschaft eines Farbmittels. Sie muß stets auf das jeweilige Dispersionsmittel bezogen werden. Berliner Blau kann z. B. nicht nur feindispers, sondern auch „wasserlöslich“ hergestellt werden. Zinkgelb ist in Öl unlöslich und damit in öliger Dispersion Pigment; in Wasser kann Zinkgelb aber mehr oder weniger löslich sein und in Wasserfarben deshalb Farbstoffcharakter besitzen. Und schließlich gibt es organische Farbstoffe, die in Wasser unlöslich sind und als Pigmente dienen könnten, in Fetten aber wegen ihrer Löslichkeit Farbstoffcharakter haben.

Übersicht Teilchengröße und Eigenschaften der Farbmittel

Durchmesser der dispersen Phase	Bezeichnung der dispersen Phase	Bezeichnung der Dispersion	Eigenschaften der *einzelnen* dispergierten Farbmittelteilchen
kleiner als $^1/_{1\,000\,000}$ mm	Farbstoff	echte Lösung	unsichtbar kein Absetzen „Ausbluten“ durch Malfilme infolge echter Löslichkeit
$^1/_{1\,000\,000}$ mm bis $^1/_{10\,000}$ mm	weder Farbstoff noch Pigment = kolloiddisperses Farbmittel	kolloide Lösung	im Elektronenmikroskop sichtbar selbst in großen Zeiträumen kaum Absetzen „Durchschlagen“ durch Malfilme infolge kolloider Löslichkeit Quellungen oder Zusammenballungen
$^1/_{10\,000}$ mm bis $^5/_{100}$ mm	ab $^5/_{10\,000}$ mm echtes Pigment	feine Dispersion	im Mikroskop sichtbar kaum Absetzen bis zu $^5/_{10\,000}$ mm etwa Durchschlagen durch Malfilme möglich bis etwa $^5/_{10\,000}$ mm Quellungen oder Zusammenballungen möglich
$^5/_{100}$ mm und größer	ab $^5/_{10\,000}$ mm echtes Pigment	grobe Dispersion	mit bloßem Auge sichtbar rasches Absetzen kein „Durchschlagen“

Mal-Emulsionen und Kunststoff-Dispersionen

Im vorigen Kapitel haben wir Wort und Begriff „Dispersion“ zum ersten Mal gebraucht und gehört, daß im Sprachgebrauch der Physiker und Chemiker eine Ölfarbe eine Dispersion darstellt, in der die offene oder disperse Phase aus festen Pigmenten besteht, die in der geschlossenen Phase, dem flüssigen Öl, dem Malmittel, dispergiert sind.

Zwei ganz andere Dispersionsformen, und zwar Bindemittel-Dispersionen, spielen in der Maltechnik eine wichtige Rolle: von alters her die Mal-Emulsion und neuerdings die Kunststoff-Dispersion. Beide werden jetzt nacheinander dargestellt, wobei auf wissenschaftlichen Ballast verzichtet und um der Verständlichkeit willen manche modellhafte Vereinfachung gewagt wird.

Mal-Emulsionen

Emulsionen nennt man flüssige Systeme, in denen eine Flüssigkeit tröpfchenförmig in einer anderen Flüssigkeit dispergiert vorliegt. Dabei sind dispergierte Flüssigkeit und Dispersionsmittel nicht mischbar.

Wenn man Wasser in Äthylalkohol gießt, dann entsteht eine klare Lösung. Beide Flüssigkeiten sind mischbar, ihr Gemisch ist stabil. Werden Wasser und Leinöl in einer geschlossenen Glasflasche miteinander geschüttelt, so entsteht keine klare Lösung, sondern eine milchige Emulsion. Beide Flüssigkeiten sind nicht mischbar. Das mit Energiezufuhr (Schütteln) geschaffene Gemenge trennt sich nach kurzer Zeit, die Emulsion „bricht“, das Öl schwimmt oben, das Wasser setzt sich ab. In der bekanntesten natürlichen Emulsion, der Milch, sind Fett-Tröpfchen in Wasser emulgiert; das vorhandene Kasein hält diese Emulsion relativ stabil.

Maler haben es sehr früh gelernt, sich nicht nur die pigmentbindende, sondern auch die emulsionsstabilisierende Wirkung des Kaseinleims maltechnisch nutzbar zu machen. In den Kasein-Öl-Emulsionen wird die verdickende Wirkung der Kasein-Quellung benutzt, um die innere Reibung des Öl-in-Wasser-Systems zu erhöhen und damit einer frühzeitigen Entmischung vorzubeugen. Kaseinleim spielt hier vorwiegend die Rolle eines „Stabilisators“.

Bedient sich der Maler des Hühnereis, genauer gesagt des im Eigelb vorhandenen Lezithins, wenn er sich ein Emulsionsmalmittel herstellt, dann nutzt er vor allem die netzende Wirkung des Lezithins aus, um sich die Herstellung der Emulsion zu erleichtern und ihre frühzeitige Entmischung zu verhindern. Eine ähnliche netzende Wirkung besitzen auch die Alkaliseifen von Leinöl und anderen Ölen, ebenso die industriellen Haushaltswaschmittel. Die reinigende Wirkung der Waschmittel besteht im Grunde aus nichts anderem als aus ihrer Eigenschaft, die Oberflächenspannung zwischen Öl und Fett einerseits und Wasser andererseits herabzusetzen. Beim Waschen entsteht dann eine wasserverdünnbare Emulsion, die samt den eindispergierten festen Schmutzteilchen mit Wasser abgespült werden kann. Lezithinabkömmlinge, die erwähnten Alkaliseifen fetter Öle und synthetische Netzmittel erleichtern die Emulgierung; man nennt sie deshalb „Emulgatoren“. Die Herstellung einer Emulsion wird erleichtert und ihre Stabilität vergrößert, wenn sie Emulgatoren *und* Stabilisatoren enthält.

Die maltechnischen Emulsionen, denen teilweise auch Harzlösungen zugesetzt werden, stellen den Malmittelanteil der sog. „echten“ Temperafarben dar. Eine Temperafarbe läßt sich theoretisch herstellen

entweder	aus der Emulsion durch Anreiben mit Pigment
oder	durch „Magern“ einer Ölfarbe mit einer Emulsions- oder Leimfarbe
oder	durch Auffetten einer Leimfarbe mittels Ölfarbe.

In der Praxis ist der erste Weg vorzuziehen, der zweite ist durchaus gangbar, vom dritten ist abzuraten.

Von der Art des Dispersionsmittels, der äußeren Phase der hergestellten Emulsion, ist es abhängig, ob die entstandene Temperafarbe wasserverdünnbar ist, oder ob sie mit Terpentinöl oder mit Benzin verdünnt werden muß. Wird eine Leimfarbe mit einer kleinen Menge Ölfarbe aufgefettet, dann besteht das Dispersionsmittel aus wässerigem Leim: man kann mit Wasser verdünnen. Eine mit wenig Kasein- oder Leimfarbe gemagerte Ölfarbe dagegen besitzt als Dispersionsmittel Öl, in dem die wässerige Phase fein verteilt vorliegt: sie kann deshalb nur mit Terpentinöl oder mit Benzin verdünnt werden.

Im ersten Fall spricht man von einer Öl-in-Wasser-Emulsion (OW-Emulsion), im zweiten von einer Wasser-in-Öl-Emulsion (WO-Emulsion).

Während man sich das Schema der Dispersion „Ölfarbe“ leicht vorstellen kann, sind pigmentierte Mal-Emulsionen vom OW- und vom WO-Typ schon etwas kompliziertere Gebilde. Deshalb die drei Schemazeichnungen. Sie machen besonders leicht verständlich, daß jede Mal-Dispersion nur verdünnt werden kann mit einem Verdünnungsmittel, das imstande ist, die geschlossene Phase der Dispersion zu lösen oder zu verdünnen.

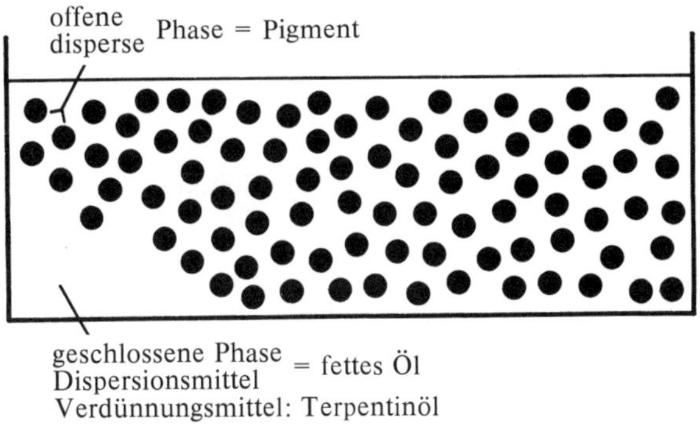

Abb. 5 **Ölfarbe**

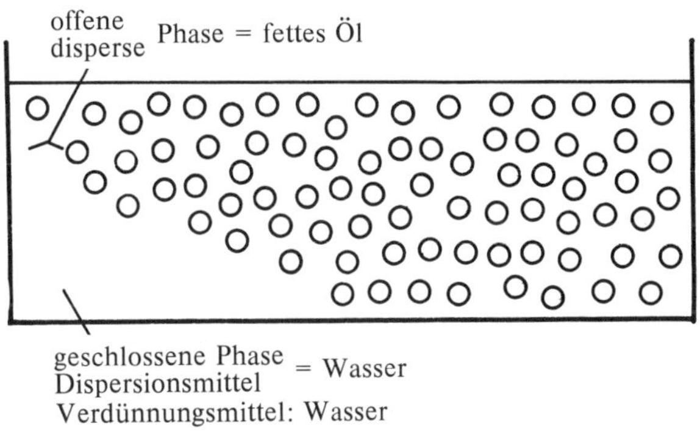

Abb. 6 **OW-Emulsion**

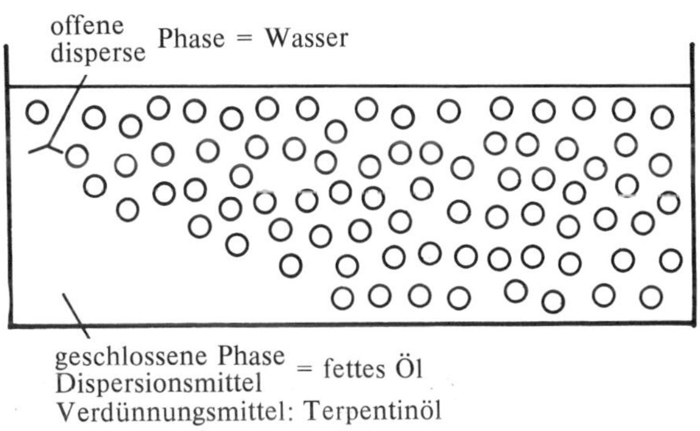

Abb. 7 **WO-Emulsion**

In den zwanziger und dreißiger Jahren hat die Anstrichmittelindustrie begonnen, Öl- und Kunstharzlacke in Kaseinleim und anderen Leimen zu dispergieren. Um eine möglichst große Stabilität und einen hohen Bindemittelgehalt zu erreichen, hat man das Emulgat, die öligen und lackartigen Teilchen, auf Homogenisierungsmaschinen zu Tröpfchen von fast kolloidaler Feinheit zerkleinert. Diese Anstrichmittelemulsionen wurden deshalb besonders geschätzt, weil sie die Einsparung von organischen Lösungsmitteln und die Verwendung von Wasser als Verdünnungs- und Reinigungsmittel erlaubten. Damals sind auch die ersten noch unvollkommenen Kunststoff-Dispersionen entstanden, die heute in der Anstrichtechnik die alten Anstrichmittel-Emulsionen vollständig ersetzt haben. Eine ganz ähnliche Entwicklung bahnt sich in der Maltechnik an, wo die alten Mal-Emulsionen immer mehr durch Kunststoff-Dispersionen ersetzt werden.

Kunststoff-Dispersionen

Die Kunststoff-Dispersionen ähneln im Aufbau den alten Mal- und Anstrich-Emulsionen, vom OW-Typ, sie enthalten allerdings anstelle von Öl, Harzlösung oder Lack als innere Phase feste Kunststoff-Teilchen. In ihnen sind also nicht etwa zwei nicht mischbare Flüssigkeiten ineinander dispergiert, sie stellen damit keine Emulsionen dar. Sie enthalten vielmehr mikroskopisch kleine Kunststoffteilchen, die in Wasser dispergiert sind. Kunststoffdispersionen werden in der chemischen Großindustrie hergestellt, indem man in Anwesenheit geringer Mengen Emulgatoren und/oder Stabilisatoren die flüssigen Vorprodukte des Kunststoffs in Wasser emulgiert und sie dann polymerisiert. Als Polymerisation bezeichnet der Chemiker den Zusammenschluß mehrerer Moleküle einer chemischen Verbindung zu einem größeren Molekül ohne Abspaltung eines Reaktionsproduktes. Bei der Polymerisation von Kunststoffdispersionen gehen die ursprünglich flüssigen Vorprodukte in ein mehr oder weniger festes Endprodukt, das kleine Kunststoffteilchen, über.

Von anorganischen und organischen Farbmitteln

Eine weitere Differenzierungsmöglichkeit der Farbmittel neben der in Pigmente und Farbstoffe besteht darin, sie in anorganische und organische Farbmittel einzuteilen. Diese Begriffe haben heute noch einen Beigeschmack nach unbelebter = anorganischer und nach belebter = organischer Natur. Man ist leicht versucht, das Prädikat organisch einfach den Farbmitteln zu verleihen, die aus dem Tier- oder Pflanzenreich stammen.

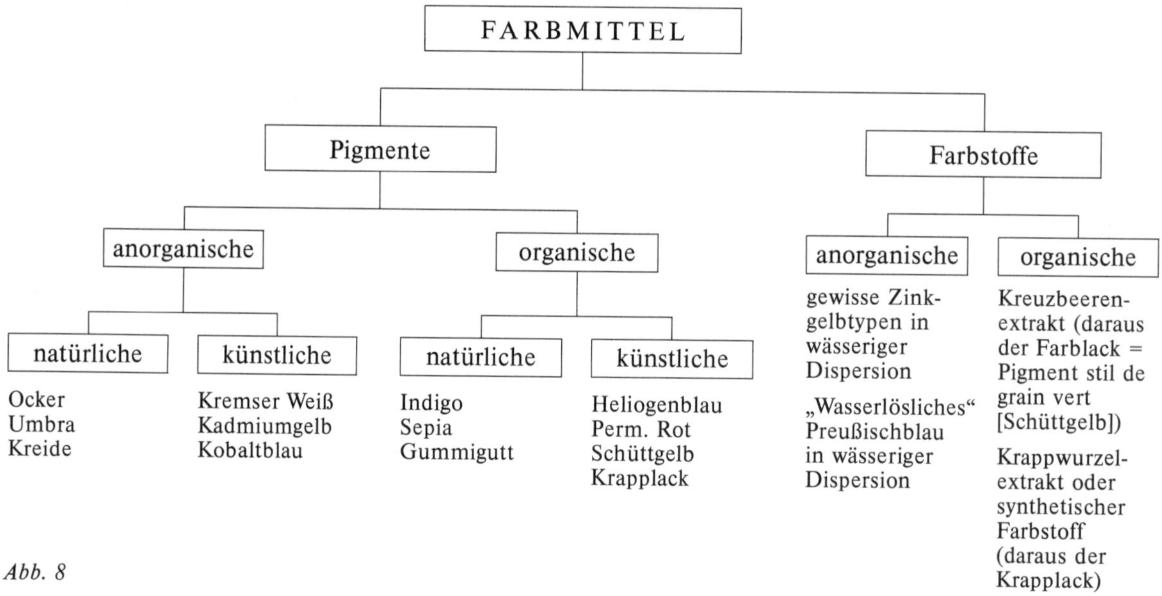

Abb. 8

Die Dinge liegen etwas anders. In der Chemie hatten sich bis zum Anfang des 19. Jahrhunderts die jahrhundertealten Denkmodelle des naturphilosophischen *Vitalismus* konserviert, die – grob gesagt – in der Vorstellung gipfelten, daß die chemischen Verbindungen, die von Tieren und Pflanzen produziert werden, ihre Entstehung einer merkwürdigen Kraft, der „Lebenskraft", verdankten. Die anorganischen, mineralischen Stoffe der unbelebten Natur sah der Vitalist sozusagen als Schlacken an, die beim Wirken der Lebenskraft irgendwann einmal abgefallen waren. Als nun von der Mitte des 18. Jahrhunderts an mehr und mehr Stoffe aus dem Pflanzen- und Tierreich analysiert worden waren und man dabei festgestellt hatte, daß diese Stoffe hauptsächlich aus Kohlenstoff und Wasserstoff und sonst nur aus wenigen anderen Elementen bestanden, da wurde der Begriff der „organischen Chemie" geboren. Die Vorstellung aber, daß nur die „Lebenskraft" organische Stoffe in Tier oder Pflanze erzeugen und daß man sie nicht im Laboratorium herstellen könne, wurde erst durch die *Wöhlersche* Synthese des Harnstoffs (1824) erschüttert. In der Mitte des 19. Jahrhunderts entstand dann unsere heutige Denkvorstellung, nach der wir alle die chemischen Verbindungen zu den organischen zählen, deren Grundlagen aus Kohlenwasserstoffen bestehen, gleichgültig ob sie in der belebten Natur oder in der chemischen Fabrik entstanden sind.

Werden die Farbmittel nach ihrem chemischen Aufbau in anorganische und organische eingeteilt, dann ergibt sich die obenstehende Übersicht (Abb. 8).

Mancher Leser mag nun den Wunsch verspüren – „zu irgend etwas muß eine solche Einteilung schließlich nützlich sein" –, eine allgemeine Qualifikation in maltechnischer Hinsicht mindestens für die vier Pigmentgruppen zu erhalten. Daß organische Farbstoffe über keine besonderen Echtheiten verfügen, ist bekannt; sie dürfen deshalb aus dem Spiel bleiben, genau wie die beiden anorganischen „Farbstoffe", die einen Sonderfall darstellen und nur aus didaktischen Gründen in das Schema aufgenommen worden sind. Dem unbefangenen Blick mag scheinen, die Gruppe der natürlichen anorganischen Pigmente verdiene die Note 1 in maltechnischer Brauchbarkeit, und man dürfe getrost von links nach rechts immer eine Note tiefer zensieren, so daß die künstlichen organischen Pigmente schließlich eine „4" verdienten.

„Maltechnische Brauchbarkeit" ist ein sehr komplexes Prädikat, das so allgemein einer Pigmentgruppe nicht verliehen werden kann. Selbst beim Vergleich zweier Pigmente ist es schon richtig, die Beurteilung auf ein bestimmtes Bindemittel oder eine bestimmte Technik zu beziehen. So gewiß man sagen darf, daß die natürlichen anorganischen Pigmente, die Erdpigmente, zu den zuverlässigsten und fast universell verwendbaren Malpigmenten gehören, so unmöglich ist der Versuch einer Allgemeinqualifikation bei den anderen Gruppen.

Nur wenige Beispiele mögen zeigen, welch unerwartete Qualitäten künstliche organische Pigmente zuweilen besitzen im Vergleich mit anderen Pigmenten, denen man viel mehr zugetraut hätte. – Kadmiumgelb zitron, von den meisten Malern für ebenso lichtbeständig gehalten wie die anderen Kadmiumpigmente, wird von einem direkt hergestellten organischen Azopigment gleichen Farbtons an Lichtechtheit klar übertroffen. Der echte Zinnober, auch der natürliche Bergzinnober, ist nicht nur künstlich hergestelltem Kadmiumrot, sondern auch manchen künstlichen organischen Pigmenten an Lichtbeständigkeit weit unterlegen. Mischungen der oben beschriebenen Azogelbpigmente mit blauen oder grünen organischen Phthalozyaninpigmenten sind oft farbschöner und genauso beständig wie das früher einmal so begehrte Schweinfurter Grün, das zudem noch den Nachteil hatte, giftig zu sein. Die Preußisch-, Pariser und Miloriblau genannten Eisenzyanpigmente, in manchen Farbnuancen immer noch unersetzlich, sehr oft aber auch entbehrlich, besitzen eine sehr zweifelhafte Lichtbeständigkeit in der Weißausmischung, wenn man sie mit Phthalozyaninblautypen vergleicht. Bei den Phthalozyaninpigmenten, die ihnen auch in Brillanz und Reinheit der Farbtönung überlegen sind, besticht vor allem ihre schier universelle Verwendbarkeit, in der sie den Erdpigmenten ähneln.

Diese wenigen Beispiele mögen verdeutlichen, daß aus der Differenzierung der Pigmente in anorganische und organische, und dieser wiederum in natürliche und künstliche, nicht von vornherein eine Qualifizierung abgeleitet werden darf. Diese schematische Einteilung ist als wertfreier Ordnungsversuch zu betrachten, dem wir bei der Einzelbetrachtung der Pigmente folgen werden.

Allgemeines zu den Pigmenteigenschaften

Die einzelnen Eigenschaften, die jetzt besprochen werden, sagen für sich allein noch nichts über die maltechnische Brauchbarkeit eines Pigmentes aus. Jede ist nur eine von vielen maltechnischen Eigenschaften, aus deren Summe – sie entsteht stets aus positiven *und* negativen Größen – man sich erst ein Urteil über die maltechnische Brauchbarkeit eines Pigmentes für eine bestimmte Technik oder einen bestimmten Untergrund bilden kann. So wie einer ein guter Mensch und doch ein schlechter Klavierspieler sein kann, so mag ein Pigment schlecht dekken, ein anderes schlecht färben, ein drittes die Öltrockung verlangsamen und ein viertes schließlich kalkempfindlich sein. Alle vier können trotzdem im konkreten Fall zu den zum Malen gut geeigneten Pigmenten gehören.

Das Prädikat „maltechnisch brauchbar“ ist für sich allein sehr vage und bedarf, wenn es überhaupt etwas aussagen soll, stets einer Beziehung auf die akute maltechnische Situation. Nur selten kann dieses Prädikat einem Pigment für alle malerischen Techniken verliehen werden. In der Regel wird es Einschränkungen erfahren.

Deshalb hat sich auch weder die sogenannte Normalfarbenliste der Gesellschaft für rationelle Malverfahren aus dem Jahre 1886 durchgesetzt, noch besteht die Aussicht, daß andere Vorschläge sich je in die Praxis werden einführen lassen. Solche Listen beschränken entweder unnötig die Freiheit der Materialauswahl, wenn sie etwa nur die in allen Techniken unbedenklichen Pigmente aufnehmen, oder aber sie verschleiern maltechnische Probleme und begünstigen unter Umständen falsche Vorstellungen, wenn sie, wie die Normalfarbenliste, Indischgelb und Zinnober enthalten. Bestünden solche verbindlichen Listen, dann müßte jedesmal entweder ein Materialpapst zu einer dogmatischen Entscheidung genötigt werden oder aber es wäre ein ganzer bürokratischer oder demokratischer Apparat in Tätigkeit zu setzen, wenn einmal ein neues Pigment ein altgewohntes ablösen oder wenn ein neues Pigment in eine solche Liste aufgenommen werden sollte.

Vom Färbevermögen der Pigmente

Färbevermögen wird genannt:

- die Fähigkeit eines weißen Pigmentes, bunte, graue oder schwarze Pigmente „aufzuhellen“. In diesem Fall spricht man besser vom „Aufhellungsvermögen“;
- die Fähigkeit eines bunten Pigmentes, ein weißes Pigment zu „färben“;
- die Fähigkeit eines schwarzen Pigmentes, ein weißes Pigment zu „verdunkeln“.

Kurz gesagt ist Färbevermögen die Fähigkeit eines Pigmentes, das farbige Erscheinungsbild eines anderen Pigmentes zu verändern.

Das Färbevermögen eines Pigmentes steigt mit sinkender Teilchengröße, und umgekehrt sinkt es mit steigender Teilchengröße. Das ist verständlich, denn bei der gleichen Gewichtsmenge Pigment wächst die Gesamtoberfläche des Pigments mit sinkender Teilchengröße an. Und von der Größe der Pigmentoberfläche ist letztlich das Färbevermögen abhängig. Es ist spezifisch für jedes Pigment. Ein Gramm Krapplack färbt eine bestimmte Menge einer weißen Malfarbe stärker als ein Gramm Kadmiumrot; Elfenbeinschwarz färbt stärker als Eisenoxydschwarz. Deswegen wird niemand behaupten wollen, Krapplack und Elfenbeinschwarz seien bessere Malpigmente als Kadmiumrot und Eisenoxydschwarz. Erst wenn in quantitativer Weißausmischung ein Krapplackmuster stärker färbt als ein anderes Krapplackmuster, wird man über das Färbevermögen dieser beiden Pigmente ein Werturteil abgeben können. Aber auch damit allein wäre noch nichts über die maltechnische Qualität der schlechter färbenden

Krapplacksorte gesagt. Vielleicht verfügt sie über eine bessere Lichtbeständigkeit, vielleicht ist sie in der Lasur reiner, weniger trübe. – Beim Vergleich des Färbevermögens zweier als „Kadmiumrot" bezeichneten Malfarben oder Pigmente könnte das schlechter färbende Muster eine Verschnittware sein. Es wäre aber auch möglich, daß beide verschieden stark verschnitten sind oder daß die stärker färbende Type mit einem organischen Pigment von höherem Färbevermögen imitiert worden ist. Seriöse Hersteller machen deshalb Verschnitte und Imitationen in angemessener Weise kenntlich und geben darüber Auskunft.

Wer das Färbevermögen eines Pigmentes einmal selbst prüfen will, der kann das auf folgende Weise tun:

Prüfung des Färbevermögens (Aufhellungsvermögens) von Weißpigmenten

Eine bestimmte Gewichtsmenge Ultramarinblau wird mit der zehnfachen Menge des zu prüfenden Weißpigmentes auf einer Glasplatte unter Zugabe von Leinöl mit einem elastischen Spachtel ausgemischt. Das gleiche geschieht mit einem Weißpigment, dessen Färbevermögen bekannt ist.

Die Helligkeitsdifferenz beider Aufstriche ist ein grobes Maß für die verschiedenen Aufhellungsvermögen beider Weißpigmente.

Prüfung des Färbevermögens von Bunt- und Schwarzpigmenten

Eine bestimmte Gewichtsmenge des zu prüfenden Bunt- oder Schwarzpigmentes wird mit der zehnfachen Menge Zinkweiß wie oben angerieben und aufgestrichen. Auch hier wird unter den gleichen Bedingungen mit einem dem Prüfenden bekannten Pigment verglichen.

Je stärker der Weißton verändert ist, desto farbkräftiger ist das geprüfte Pigment.

Die Aufstriche sollten erst in getrocknetem Zustand beurteilt werden.

Auf ähnliche Weise kann natürlich auch das Färbevermögen pastoser Malfarben geprüft werden; doch ist eine solche Prüfung schwieriger, weil hierbei Volumina und nicht Gewichte miteinander verglichen werden müssen.

Häufig werden die Begriffe Färbevermögen und Deckfähigkeit miteinander verwechselt oder gleichgesetzt. Der Vergleich zwischen Krapplack und Kadmiumrot mag ein Beweis dafür sein, daß diese beiden Begriffe gar nichts miteinander zu tun haben. Krapplack färbt stärker, ist aber ein ausgesprochenes Lasurpigment. Kadmiumrot deckt sehr gut, färbt aber weniger als Krapplack.

Vom Decken und Lasieren

Als *„Deckfähigkeit"*, neuerdings als „Deckvermögen", bezeichnet man die Fähigkeit einer Malfarbe, im getrockneten Aufstrich den Malgrund unsichtbar zu machen. Als *„Lasurfähigkeit"* bezeichnet man die Fähigkeit einer Malfarbe, im getrockneten Aufstrich den Malgrund zwar anzufärben, ihn aber in Farbtönung und Struktur durch den Aufstrich durchscheinen zu lassen.

Das sind scheinbar recht handfeste und einleuchtende Definitionen dieser beiden Begriffe. Gewöhnlich ist man versucht, die Ursache des Deckens und Lasierens allein im Pigment zu suchen, das in der jeweiligen Malfarbe vorhanden ist. Man spricht ja auch so gemeinhin von deckenden und lasierenden Pigmenten. Dem steht aber entgegen, daß man mit Kadmiumgelb, einem deckenden Pigment, auch „lasieren" kann, zumindest in der Aquarelltechnik, daß man mit Preußischblau, einem lasierenden Pigment, „deckende" Ölfarbenaufstriche machen kann und daß schließlich Ultramarinblau und Kreide z. B., wie alle sogenannten Lasurpigmente, in Leimbindemitteln ordentlich decken, während sie in Öl stark lasieren.

Was hat es also mit dem Decken und Lasieren auf sich? Warum decken alle Pigmente in Leim, während manche in Öl lasieren?

Trägt man auf einen Malgrund eine Malfarbe auf, dann ist es einleuchtend, daß diese Malfarbe um so besser deckt, je mehr Licht sie absorbiert und/oder oberflächlich reflektiert, d. h. je weniger Licht sie bis zum Malgrund durchdringen läßt. Ihre Lasurfähigkeit dagegen wird *dann* besonders ausgeprägt sein, wenn sie das auffallende Licht nur wenig absorbiert und oberflächlich nur wenig reflektiert, dagegen möglichst viel Licht zum Malgrund durchdringen und von ihm reflektieren läßt. Erreichen die Lichtstrahlen den Malgrund und werden sie von ihm ganz oder teilweise zurückgeworfen, dann wirkt der Malgrund beim Zustandekommen des farbigen Eindrucks mit. Wir sagen: die Malfarbe lasiert.

Daraus läßt sich ganz allgemein folgern:

> *Das Deckvermögen einer Malfarbe ist abhängig von der Höhe des Reflexionsvermögens und des Absorptionsvermögens ihres getrockneten Aufstriches.*

Diese Folgerung soll jetzt untersucht werden.

Jeder Körper – wenn er nicht das Licht vollständig absorbiert, d. h. schwarz ist – reflektiert mehr oder weniger das auffallende Licht. Sein Reflexionsvermögen ist um so stärker, je höher sein Lichtbrechungsvermögen ist, d. h. je stärker er auffallende Lichtstrahlen aus ihrer ursprünglichen Richtung ablenkt. Die Physiker haben ein Maß für das Lichtbrechungsvermögen gefunden, mit dessen Hilfe man angeben kann, wie stark ein Lichtstrahl gebrochen wird, wenn er aus der Luft in einen anderen Stoff eintritt. Dieses Maß hat man *Brechungsindex* genannt. Der *Brechungsindex* ist eine Materialkonstante, d. h. jeder Stoff besitzt ein ihm eigentümliches Lichtbrechungsvermögen und damit einen bestimmten Brechungsindex. Den Brechungsindex der Luft hat man mit 1,0 bezeichnet, dementsprechend die Indizes von Wasser mit 1,32, der trocknenden Öle mit 1,7 bis 1,8, der Harze mit 1,51 bis 1,53. Die Brechungsindizes der Weißpigmente beispielsweise liegen zwischen 1,5 bei Kreide und 2,8 bei Titandioxid Rutil.

Ob auffallendes Licht den Malgrund erreicht und dieser beim Zustandekommen des farbigen Eindrucks mitwirkt oder nicht, das ist nicht allein von den optischen Eigenschaften des Pigmentes abhängig, sondern auch von denen des jeweiligen Bindemittels. Das Beispiel mit der Kreide, die in Leim deckt und in Öl lasiert, ist ein Beweis dafür. Wird Kreide in einer schwachen Leimlösung angerieben und aufgestrichen, dann ist das gleiche zu beobachten, als wenn man auf einer nassen Schultafel mit Kreide geschrieben hätte: Die Kreide wird erst sichtbar, sie deckt den Grund erst ab, wenn das Wasser verdunstet ist und die Kreideteilchen nur noch von Luft umgeben sind. – Wird Kreide dagegen in Öl angerieben und aufgestrichen, dann deckt dieser Aufstrich nicht, weil der Ölfilm, der die Kreideteilchen umhüllt, eine *optische Brücke* für die Lichtstrahlen bildet und sie bis zum Grund durchdringen läßt.

Betrachtet man diese merkwürdige Erscheinung unter Berücksichtigung der jeweiligen Brechungsindizes, dann ergibt sich folgendes Bild:

Im *Ölfarbenaufstrich* ist und bleibt die Kreide von Öl umgeben.
Brechungsindex von Kreide 1,5
Brechungsindex von Leinöl 1,5
Die Brechungsindizes von Pigment und umgebendem Stoff sind gleich:
Deckwirkung tritt nicht ein.

Im *nassen Leimfarbenaufstrich* ist die Kreide von Wasser umgeben.
Brechungsindex von Kreide 1,5
Brechungsindex von Wasser 1,3
Die Brechungsindizes von Pigment und umgebendem Stoff sind ähnlich:
Deckwirkung tritt nicht ein.

Im *getrockneten Leimfarbenaufstrich* ist das Wasser verdunstet, die sehr geringe Menge an trockener Leimsubstanz spielt optisch keine Rolle, die einzelnen Kreideteilchen sind nur noch von Luft umgeben.
Brechungsindex von Kreide 1,5
Brechungsindex von Luft 1,0
Die Brechungsindizes von Pigment und umgebendem Stoff sind sehr verschieden:
Deckwirkung tritt ein.

Daraus läßt sich die Feststellung ableiten:

Das Deckvermögen eines getrockneten Malfarbenaufstrichs ist um so größer, je größer die Differenz ist zwischen dem Brechungsindex seines Pigments und dem des das Pigment umgebenden Stoffes (Bindemittel oder Luft).

Aber nicht das unterschiedliche Brechungsvermögen von Pigment und umgebendem Stoff allein verursacht das Decken oder Lasieren eines Malfarbenaufstriches. Auch die Teilchengröße des Pigmentes bestimmt diese Eigenschaften mit.

Jedes Pigment besitzt bei einer bestimmten Teilchengröße die günstigsten maltechnischen Eigenschaften, man nennt sie die *optimale Teilchengröße*. Wenn hier so allgemein von den günstigsten maltechnischen Eigenschaften gesprochen wird, so ist damit ein ganzes Paket von Eigenschaften gemeint, und es ist verständlich, daß dabei einzelne zugunsten des Gesamtverhaltens zurücktreten müssen. Hier ist nicht der Ort, ausführlich technologisch zu begründen, warum es überhaupt diesen Begriff der optimalen Teilchengröße gibt und wie er entstanden ist. Es sei einfach festgestellt, daß die optimale Teilchengröße aller Pigmente im allgemeinen zwischen $^{2}/_{1000}$ mm als oberer und $^{4}/_{10000}$ mm als unterer Grenze liegt.

Ist ein Pigmentkorn sehr grob, beispielsweise $^{1}/_{500}$ mm, dann ist seine Deckfähigkeit gering. Bei wachsender Zerkleinerung steigt die Deckfähigkeit und erreicht zwischen den oben genannten Werten ein Optimum. Man hat Grund zu der Annahme, daß die für die Deckfähigkeit optimale Teilchengröße von der Farbtönung des jeweiligen Pigmentes abhängig ist. Wird das Pigmentkorn über dieses Optimum hinaus zerkleinert, dann lenkt es auffallende Lichtstrahlen nicht mehr genügend ab, es „bricht" das Licht nicht mehr vom Aufstrich weg, sondern läßt es zum Grund durchdringen. Das Pigment ist lichtdurchlässig, transparent geworden: der Malgrund wird sichtbar.

Der Physiker sieht einen Zusammenhang zwischen einer Pigmentteilchengröße unter $^{4}/_{10000}$ mm und der Wellenlänge des Lichtes. Man kann aus seinen Beobachtungen eine zweite Feststellung formulieren:

Jedes Pigment besitzt bei einer ihm eigentümlichen Teilchengröße, die in der Regel zwischen $^{2}/_{1000}$ und $^{4}/_{10000}$ mm liegt, seine optimale Deck-

fähigkeit. Wird diese Teilchengröße über- oder unterschritten, so verliert das Pigment an Deckvermögen. Beim Unterschreiten der optimalen Teilchengröße wird es transparent, sobald die Pigmentteilchen kleiner geworden sind als die halbe Wellenlänge des Lichtes.

Schließlich ist die Deckfähigkeit eines Malfarbenaufstrichs noch von einer dritten Voraussetzung abhängig, nämlich von der Pigmentkonzentration, d. h. von der Pigmentmenge auf einer bestimmten Malfläche. Malfarbentechniker sprechen da vom Verhältnis des Pigment- und Füllstoffvolumens zum Gesamtvolumen eines getrockneten Aufstrichs. Sie nennen es die *Pigment-Volumen-Konzentration*.

Man kann sich leicht vorstellen, daß auch solche Pigmentteilchen, die kleiner sind als die halbe Wellenlänge des Lichtes, und natürlich auch die Pigmente, die den gleichen Brechungsindex wie ihre Umgebung haben, eine gewisse Menge Licht schlucken und damit weder durchlassen noch zurückwerfen. Erhöht man die Schichtdicke des Aufstriches, dann muß beim Erreichen einer bestimmten Dicke der Fall eintreten, daß das auffallende Licht fast vollständig geschluckt und nicht mehr zurückgeworfen wird. Durch übermäßig dicken Auftrag tritt dann eine Deckwirkung durch Absorption (Schluckung) des Lichtes ein. Das ist übrigens die Ursache, warum nicht nur mehrere übereinandergelegte bunte Glasplatten bei einer bestimmten Dicke undurchsichtig werden, sondern warum auch dicke Schichten von angeriebenem Preußischblau, Chromoxydgrün feurig und sogar von Krapplack sehr dunkel, fast schwarz erscheinen. Derartige, in Kunststoffnäpfchen verpackte Aquarellfarbenstücke lassen kaum vermuten, daß aus ihnen nach starker Verdünnung mit Wasser leuchtende blaue, grüne oder rote Aufstriche entstehen, die transparent auftrocknen.

Diese Beobachtung führt zur letzten Feststellung:

Bei Überschreiten einer bestimmten Pigmentkonzentration auf dem Malgrund decken durch Absorption (Lichtschluckung) auch solche Malfarbensysteme, die im normalen Auftrag lasieren.

Wer die Abschnitte „Vom Decken und Lasieren“ (S. 14), „Licht“ (S. 18), „Ölmalerei“, dort: „Das Malen“ (S. 126), „Temperamalerei“, dort: „Gefirnißte Tempera“ (S. 148) und „Pastellmalerei“, dort: „Das Malen“ und „Das Fixieren“ (S. 154) einmal nacheinander aufmerksam durcharbeitet, der wird die Begriffe *Tiefenlicht, Oberflächenlicht, optische Brücke, Farbtonbeständigkeit, Lichtechtheit* – und vor allem ihre Zusammenhänge – besser verstehen. Es wird deutlich werden, wie, wann und warum die *Nuancen*, die *Valeurs*, die *Tonwerte* ein und desselben Pigmentes in verschiedenen Bildern so verschieden erscheinen können und welche Zusammenhänge bestehen zwischen optisch-künstlerischen Wirkungen und physikalisch-technologischen Eigenschaften eines Pigments.

Vom Anreiben und vom Bindemittelbedarf der Pigmente

Durch Anreiben mit Malmitteln werden die Pigmente in einen zum Malen geeigneten Zustand versetzt. So entstehen pastenförmige Malfarben, die verdünnt oder unverdünnt vermalt werden. – Aquarellfarben kommen allerdings nicht nur als Pasten in den Handel, sie werden teilweise durch Austreiben von Wasser noch weiter verdickt und in Stücke gegossen, gestanzt oder geschnitten. Auf diese Weise entstehen die festen Aquarellfarbenstücke, die – in Kunststoffnäpfchen verpackt – in den Handel kommen. Prinzipiell vergleichbar mit dieser Art der Herstellung von Aquarell-Näpfchen ist die Herstellung von Pastellmalstiften.

Die Menge an Malmittel, die man braucht, um aus Pigment und Malmittel eine pastenförmige Malfarbe herzustellen, ist bei verschiedenen Pigmenten verschieden groß. Spezifisch leichte Pigmente brauchen mehr, schwere Pigmente weniger Malmittel. Dabei ist es gleichgültig, ob reine Bindemittel wie Leinöl oder ob Bindemittellösungen wie wässerige Leime als Malmittel dienen. Weil nun aber nicht sosehr das Malmittel, das ja u. U. auch flüchtige Lösungsmittel, wie Wasser oder Terpentinöl, enthalten kann, sondern vielmehr die Menge an nichtflüchtiger Malmittelsubstanz, das Bindemittel also, bestimmend ist für Pigmentbindung, so hat man diesen Bedarf des Pigmentes an Bindemittel *Bindemittelbedarf* genannt. Er ist abhängig von der Größe der gesamten Oberfläche der anzureibenden Pigmentmenge. Je größer die Pigmentoberfläche, desto höher ist ihr Bindemittelbedarf; das spezifische Gewicht eines Pigmentes ist eine mit der Waage meßbare Folge seiner Oberflächenausdehnung.

Es ist nicht immer ganz leicht, ein Pigment richtig anzureiben. Entgegen einer vielverbreiteten Meinung ist es nämlich nicht Sinn des Anreibens, die heutzutage von der Herstellung oder Aufbereitung her bereits in der sogenannten optimalen Teilchengröße vorliegenden Primärteilchen der Pigmente weiter zu zerkleinern. Soweit beim Anreiben überhaupt Zerkleinerungsarbeit geleistet wird, sollen nur die beim Lagern entstandenen Zusammenballungen der Primärteilchen zu sogenannten Sekundäragglomeraten zerstört und die Luft- und Feuchtigkeitshüllen ausgetrieben werden, die sich beim Transport und beim Lagern um die einzelnen Pigmentteilchen gebildet haben. Sinn des Anreibens ist es also, das einzelne Pigmentteilchen wieder in die maltechnisch günstigste Größe zu bringen und es dann vollständig mit Malmittel oder Bindemittel zu benetzen, weil sonst im Aufstrich Nester von trockenen oder unvollständig benetzten Pigmentteilchen auftreten können.

An solchen Stellen ist ein Aufstrich verständlicherweise am wenigsten widerstandsfähig; im Film eines Ölbildes beispielsweise pflegt Rißbildung dort zu beginnen, wo Lufträume in den Film eingeschlossen waren.

In einer Künstlerfarbenfabrik werden Malmittel und Pigmente in schweren Rühr- oder Knetwerken zu einer strengen Paste angeteigt und dann auf Dreiwalzenstühlen gemahlen. Ein Dreiwalzenstuhl besteht aus einem Stahlgestell, in das horizontal und parallel zueinander drei Stahl- oder Steinwalzen so angeordnet sind, daß sich die beiden äußeren Walzen im Laufen mechanisch oder hydraulisch präzise an die laufende Mittelwalze andrücken lassen. Die Walzen werden gegenläufig und mit verschiedenen Geschwindigkeiten angetrieben, so daß die Malfarbe zwischen Aufgabe- und Mittelwalze in den Malspalt eingezogen wird, zwischen Mittel- und Messerwalze wieder austritt und von der Messerwalze mit einem Messer abgestreift werden kann. Auf diese Weise tritt ein echter Reibvorgang ein, wie er von alters her dem Maler bekannt ist, wenn der mit einem Läufer auf einer aufgerauhten Reibplatte aus Stein oder Glas seine Malfarbe anreibt (s. Tafel Ia, b).

Im Labor der Künstlerfarbenfabrik werden während des Mahlvorgangs bereits Proben entnommen; nach Beendigung wird die Charge gegen ein Standardmuster geprüft und es werden die wichtigsten technologischen Kennzahlen festgestellt wie z. B. das spezifische Gewicht, Trockenzeit und Haftfestigkeit auf definiertem Grund, Reibfeinheit und Färbevermögen und vor allem natürlich die Farbtönung.

Ein Maler, der sich seine Ölfarbe mit der Hand selbst anreiben will, der benutzt dazu eine angerauhte Stein- oder Glasplatte und reibt darauf mit einem Läufer aus Stein oder Glas. Auf der Reibplatte mischt er zunächst Malöl und Pigment grob mit Spachtel oder Palettmesser an, dann reibt er portionsweise mit dem Läufer, wobei er die geriebene von der nur gemischten Malfarbe trennt. – Seltener wird ein Mörser mit Reibkeule benutzt.

Pigmente mit großer spezifischer Oberfläche, d. h. die spezifisch leichten, brauchen nicht nur mehr Malmittel als die spezifisch schweren, sie sind in der Regel auch schwerer zu benetzen. Deswegen setzen Künstlerfarbenhersteller z. B. beim Ankneten von Krapplacken, von synthetischen organischen Pigmenten und von Schwärzen zuweilen synthetische Netzmittel zu. Maler arbeiten von alters her gerne mit Ochsengalle als Netzmittel, die als alkoholisch-wässeriger Auszug benutzt wird. Die *Gallensäuren* der Säugetiere, *Cholsäure* und ihre Derivate sind hervorragende Emulgatoren. Heute kann auch der Maler synthetische Netzmittel kaufen oder er verwendet als Netzmittel den preiswerten Isopropylalkohol (tropfenweise verwenden!) aus der Apotheke. Will ein Maler Pigmente mit wässerigen Malmitteln, mit Leimen oder Kunststoffdispersionen ansetzen, dann kann er als Netzmittel ebenfalls Alkohol verwenden. Einfacher ist es aber, wenn er seine Pigmente über Nacht in Wasser einsumpft, am nächsten Morgen das überstehende Wasser abgießt und in den wässerigen Pigmentbrei die Leimlösung oder die Kunststoffdispersion einrührt. Bei dieser Arbeit haben sich einfache Haushalt-Mixgeräte ausgezeichnet bewährt.

Frische, selbst geriebene Malfarben enthalten nicht selten entweder zuviel oder zuwenig Malmittel; sie werden dann nach einigem Stehen entweder zu flüssig oder zu fest. Im ersten Fall ist noch Pigment, im zweiten Malmittel in der beschriebenen Art einzuarbeiten, bevor in Tuben abgefüllt wird. Leere Tuben kann sich der Maler bei seinem Farbenhändler oder auch in der Apotheke kaufen. Die Malfarbe wird mit einem Spachtel portionsweise in die Tube eingefüllt, dabei wird die Tube wiederholt sanft auf die Hand aufgestoßen, damit sich die Malfarbe ohne den Einschluß von Luftblasen setzt. Mit Hilfe einer Kneifzange verschließt man die Tube mit zwei oder drei Falzungen.

Es ist hier wenig Platz, die etwas abgestandene Streitfrage zu erörtern, ob hand- oder ob maschinengeriebene Malfarben vorzuziehen seien. – Die Maler selbst sind über diese Frage längst zur Tagesordnung übergegangen. Der Maler pflegt – von Ausnahmen abgesehen, die beispielsweise in der Freskomalerei in der Natur der Sache liegen – fabrikmäßig hergestellte Malfarben zu verwenden und wird bei einigem Qualitätsgefühl auch auf dem Makrt die richtigen finden. Die Frage des Selbstanreibens wird von technologischen Laien allerdings hin und wieder einmal hochgespielt, die sich dann gewöhnlich an der Befürchtung entzünden, maschinell hergestellte Malfarben könnten eine zu hohe Malfeinheit und einen zu großen Malmittelanteil besitzen.

Das wäre ein gewichtiger Einwand, wenn dabei nicht regelmäßig vergessen würde, daß es dem selbstanreibenden Maler mit einer an Sicherheit grenzenden Wahrscheinlichkeit schwerer fällt als dem Künstlerfarbenhersteller, den richtigen Bindemittelbedarf der Pigmente möglichst genau zu treffen und das gesamte Pigment vollständig zu benetzen. Und was die Pigmentfeinheit betrifft, so darf nicht vergessen werden, daß auch der Selbstanreiber heute wohl oder übel mit den gleichen, d. h. auch gleich feinen, fabrikmäßig hergestellten bzw. aufbereiteten Pigmenten arbeiten muß wie die Künstlerfarbenfabrik. Es sei denn, er wollte seine Erdpigmente selbst graben und aufbereiten und seine Mineralpigmente und die organischen Pigmente selbst herstellen. Und wer schließlich das vermeintliche oder tatsächliche „Zuviel“ an Bindemittel aus einer Ölfarbe entfernen will, der kann das schnell bewerkstelligen, indem er die Ölfarbe auf einen saugenden Grund (unglasierte

Tonscherben, Löschpapier usw.) setzt, der einen Teil des Öles rasch absaugt.

Auf eines soll aber mit aller Deutlichkeit hingewiesen werden: es ist nicht nur wünschenswert, sondern notwendig, daß jeder ernsthafte Maler sich einmal damit beschäftigt, Malfarben selbst zusammenzusetzen und anzureiben. Er gewinnt dabei nicht nur ein tieferes Materialwissen, es wird ihm auch leichter fallen, beim Kauf von Malfarben das rechte Material auszuwählen.

Von Echtheiten und Beständigkeiten

Allgemeines

Wer eine Farbtonveränderung in einem Bild vermutet oder feststellt, der sucht die Ursache dieser Erscheinung gewöhnlich zuerst in der vermeintlich mangelhaften Lichtechtheit der verwendeten Pigmente. Meist wird vergessen oder erst sehr spät daran gedacht, daß die Pigmente im Bild vielerlei Einflüssen ausgesetzt sind, die beim Überschreiten einer gewissen Schwelle farbtonverändernd wirken können. Gewiß, ein wenig lichtechtes Pigment wird niemals eine große Farbtonbeständigkeit besitzen. Deshalb kann aber keineswegs jede Farbtonänderung auf mangelnde Lichtechtheit der Pigmente zurückgeführt werden.

Eine Vorstellung muß dem Maler in Fleisch und Blut übergehen: nicht nur das Licht und jene vielzitierten, „gefährlichen" Pigmentmischungen können die optische Qualität seiner Arbeit verändern, nein, jedes Bild, ob auf der Wand außen oder auf Leinwand in Innenräumen, kann den verschiedensten Einflüssen ausgesetzt sein, welche die Farbtönung eines Pigmentes, eines Bindemittels – und damit die ursprüngliche coloristische Qualität des Bildes – verändern können.

Die Widerstandsfähigkeit der Pigmente gegen äußere Einflüsse hat man „Echtheiten" genannt und pflegt von Lichtechtheit, Kalkechtheit, Säureechtheit, Lösungsmittelechtheit usw. zu sprechen. Dabei ist es gleichgültig, woher diese Angriffe kommen. Die alkalische Wirkung des Kalks beispielsweise kann aus dem Malmittel (Kalkwasser, Kalkkasein) oder aus dem Malgrund (Kalkputz) herrühren. Säuren können aus der Außenluft (Schwefelwasserstoff, Schwefeldioxid) oder aus dem Malmittel (essigsaure Leime) auf ein Pigment einwirken. Wasser schadet einem Öl- oder Temperabild nicht nur in flüssiger Form beim „Waschen" von Ölbildern, sondern auch als Wasserdampf oder Feuchtigkeit, die aus der Luft auf die Bildoberfläche wirken oder – was viel schlimmer ist – aus einer wasseranziehenden Grundierung oder auch aus der Wand stammen können, auf der das Bild hängt.

Von diesen Echtheiten soll jetzt gesprochen werden. Die meisten dieser Echtheitseigenschaften – obschon von Technikern als Begriff klar umgrenzt, teilweise mit exakten Methoden meßbar – haben für den Nichttechniker etwas seltsam Unanschauliches. Manchmal können sie geradezu Mißverständnisse heraufbeschwören.

Licht

Licht ist eine von vielen Energieformen, wie die Wärme, die chemische und die elektrische Energie. Durch Energiezufuhr können chemische Prozesse entweder in Gang gesetzt werden, oder aber sie pflegen zumindest schneller zu verlaufen. Die farbliche Veränderung eines Pigments im Licht darf als eine durch Lichtzufuhr hervorgerufene oder beschleunigt ablaufende chemische Veränderung des Pigmentes angesehen werden.

Jeder weiß, daß Rotlicht und die unsichtbaren Infrarotstrahlen der menschlichen Haut nicht nur ungefährlich sind, sondern als intensive Wärmestrahlen sogar zu Heilzwecken benutzt und in beliebiger Menge vertragen werden. Die unsichtbare Ultraviolettstrahlung, die sich jenseits des violetten Endes im Spektrum fortsetzt und im Sonnenlicht enthalten ist, wird von der Haut aber nur kurze Zeit vertragen und kann zu unangenehmen Verbrennungen führen, die man dann als Sonnenbrand bezeichnet. Ähnlich aggressiv wirken Ultraviolettstrahlen auch auf Pigmente und Bindemittel ein. *E. A. Becker* hat denn auch sehr anschaulich die Wirkung von Infrarotstrahlen mit Regentropfen und die der Ultraviolettstrahlen mit Hagelkörnern verglichen. Die Wirkung der Ultraviolettstrahlen ist außen verständlicherweise viel größer als in Innenräumen, wo Fenstergröße und -anordnung den Lichteinfall bestimmen und das Fensterglas einen Teil der Ultraviolettstrahlung nicht durchläßt.

Selbstverständlich müssen bei Prüfung der Lichtechtheit eines Pigmentes alle nicht mit der Lichteinwirkung zusammenhängenden Einflüsse ausgeschaltet werden. Nur wird man wohl oder übel die Bindemittel mit in die Prüfung einbeziehen müssen, weil Pigmente allein – außer im ungefirnißten Pastellbild – nicht verwendet werden. Die Anwesenheit eines Bindemittels oder anderer Hilfsstoffe im Aufstrich können genau wie ihr Nichtvorhandensein die Lichtechtheit des Pigmentes beeinflussen. Zwei Beispiele seien betrachtet.

Man denke sich ein und dasselbe Pigment einmal in Leinöl und das andere Mal in einer stark verdünnten Leimlösung angerieben. Von beiden Malfarben werde ein Aufstrich gemacht.

Im ersten Fall bildet der Ölfilm eine *optische Brücke*, die auffallendes Licht tiefer eindringen läßt und damit das glänzend-satte und dunklere Aussehen des Ölfarbenaufstrichs hervorruft. Man sagt: der Aufstrich trocknet mit *Tiefenlicht* auf. Mit dem sichtbaren Licht dringt auch die Ultraviolettstrahlung tiefer ein. Bei Lasuren gehen die Strahlen bis zum Malgrund durch. Der die Pigmentteilchen umhüllende Ölfilm wirkt als Schutzfilter und schwächt die Strahlenwirkung. Da der Strahlenweg im Aufstrich lang ist – am längsten ist er bei Lasuren –, ist die Menge an Lichtenergie je Volumen Aufstrichschicht gering: jedes Pigment wird hier eine relativ gute Lichtechtheit besitzen, eine eventuelle Veränderung der Farbtönung geht langsam vor sich. *Wenn* die Farbtönung aber verändert wird, dann macht sich die Veränderung bemerkbar bis tief in den Aufstrich; die Farbtönung von Lasuren wird ungünstigstenfalls sogar bis zur nächsten deckenden Schicht zerstört.

Ganz anders sieht der Strahlenweg in einem matten Leimfarbenaufstrich aus. Hier sind die Pigmentteilchen nicht in einen zusammenhängenden Film eingepackt, sie sind nur schwach mit dem Malgrund verklebt. Im Pastellbild haften sie sogar nur durch *Adhäsion*. Die Pigmente sind in diesen Aufstrichen nur von Luft umgeben, die keine filternde Schutzwirkung besitzt. Mangels einer optischen Brücke dringen weder die sichtbaren noch die Ultraviolettstrahlen tief in den Aufstrich ein. Man sagt: der Aufstrich trocknet mit *Oberflächenlicht* auf. Die harten Ultraviolettstrahlen können ihre aggressive Wirkung vorwiegend auf der Oberfläche des Leimfarbenaufstriches voll entfalten. Bei diesem sehr kurzen Strahlenweg im Aufstrich ist die Energiemenge je Volumen Aufstrichschicht groß: ein Pigment wird hier niemals eine bessere, meist eine geringere Lichtechtheit besitzen als im Ölfarbenfilm und sich rascher verändern. Im Gegensatz zum Ölfarbenaufstrich bleibt eine Veränderung der Farbtönung auf die Oberfläche beschränkt; kratzt man die obere Aufstrichschicht ab, so wird die ursprüngliche Farbtönung wieder sichtbar.

Diese beiden Beispiele mögen für die Feststellung genügen, daß die Lichtechtheitsangabe für ein Pigment immer auf ein bestimmtes Bindemittelsystem bezogen werden muß. Ob in Öl, in fetter oder magerer Tempera oder ob im Leimbindemittel, die Widerstandsfähigkeit der meisten Pigmente gegen Licht ist in verschiedenen Bindemitteln verschieden groß.

Ein zweiter Punkt ist bemerkenswert. Erfahrungsgemäß verändern die meisten Pigmente, wenn sie dem Licht ausgesetzt sind, in Weißausmischung ihre Farbtönung stärker und rascher, als sie es im Vollton tun. Das ist für den Maler besonders wichtig, weil er seine Pigmente viel häufiger mit Weiß abgemischt vermalt als im Vollton. – Auf die Ursachen dieser merkwürdigen Erscheinung, die wissenschaftlich noch nicht ganz befriedigend geklärt sind, kann hier nicht näher eingegangen werden. Man hat jedenfalls Grund zu der Annahme, daß nicht etwa die Lichtechtheit als Pigmenteigenschaft sich in geringerer Buntpigmentkonzentration verringert, sondern daß aus Konzentrationsgründen die Ergebnisse des „Lichtangriffs" in Weißabmischung nur deutlicher sichtbar werden als im Vollton. Diese Vorstellung ist mindestens für die gut lichtechten Pigmente richtig.

Prüfung

Wer auf Lichtechtheit prüfen will, der erhält bei Belichtung von Leimfarbenaufstrichen am raschesten ein Resultat und kann sich darauf verlassen, daß die Lichtechtheit des geprüften Pigmentes in Öl nicht schlechter, meist besser sein wird. Die Prüfung kann verschärft werden, wenn nicht nur der Vollton, sondern auch eine geringe (1:10) oder eine starke (1:100) Ausmischung mit Zinkweiß belichtet wird.

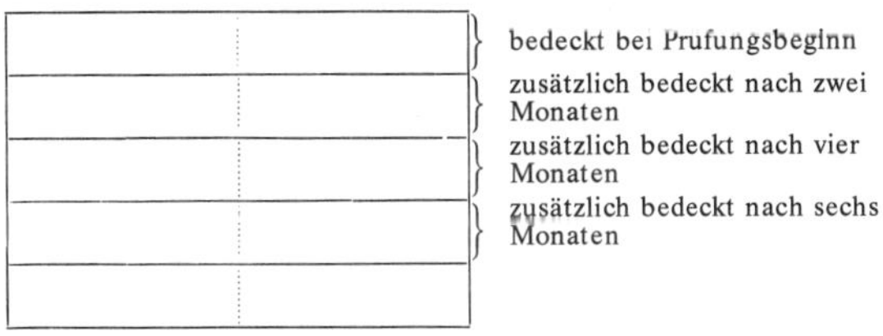

Abb. 9

Zur Prüfung wird ein genügend großer Aufstrich vertikal in zwei, horizontal in fünf gleiche Teile geteilt. Die linke Hälfte des Aufstrichs wird während der gesamten Prüfungszeit dem Licht ausgesetzt. Zu Beginn der Prüfung wird die rechte Hälfte der ersten Horizontalspalte sorgfältig mit schwarzem Papier bedeckt, nach zwei Monaten die zweite, nach vier Monaten die dritte Spalte usw. Es wird hinter Glas mit Tageslicht belichtet; Pigmente, die für außen bestimmt sind, müssen auch außen belichtet werden.

Änderungen der Farbtönung, die von zwei Monaten zu zwei Monaten erkennbar sind, gestatten Schlüsse auf die Lichtechtheit des geprüften Pigmentes. Eine parallel laufende Belichtung mit einem dem Prüfenden bekannten Pigment ist notwendig, weil andernfalls ein Maßstab fehlt und deshalb falsche Schlüsse gezogen werden.

Soll die Lichtechtheit verarbeitungsfertiger Malfarben verschiedener Hersteller miteinander verglichen werden, dann ist es nur sinnvoll, vergleichbare Qualitäten miteinander zu vergleichen; meist werden die auch zu ähnlichen Preisen angeboten.

Es ist zweckmäßig, Malfarben mit gleicher oder ähnlicher Farbtönung zu vergleichen. Namen sind zuweilen auch hier nur Schall und Rauch.

Etwa 3 cm breite Aufstriche werden untereinander auf die Schmalseite eines ca. DIN A4 großen Malgrundes aufgetragen. Links und rechts neben jeden Aufstrich wird Farbname und Hersteller notiert.

Nach vollständigem Trocknen wird der Malgrund mit den Aufstrichen halbiert. Eine Hälfte wird in einer Schublade vor Licht geschützt aufbewahrt. Die andere Hälfte wird einen Sommer lang so hinter einer Fensterscheibe befestigt, daß diese Aufstriche ununterbrochen dem Licht ausgesetzt sind.

Durch Aneinanderlegen der Hälften können Farbtonveränderungen festgestellt werden. – Es ist anzuraten, ein dem Prüfer bekanntes Produkt mitzuprüfen.

Selbstverständlich wirken die harten, kurzwelligen Strahlen des Sonnenlichtes, die UV-Strahlen, nicht nur auf die Pigmente, sondern auch auf den Bindemittelanteil des Aufstriches ein. Oberflächliche Filmzerstörungen, Bläschenbildungen im Film, Rißbildungen und Ausbleichungen sind abhängig von der Einwirkung bestimmter Wellenlängen aus dem UV-Spektrum. UV-Strahlung ist nicht gleich UV-Strahlung; aus Untersuchungen auf dem Anstrichmittelgebiet weiß man, wie differenziert verschiedene UV-Wellenlängen auf hochmolekulare Öl- und Harzfilme wirken und wie sehr sie in Anwesenheit von Feuchtigkeit aggressive Wirkungen ausüben können.

Andererseits gibt es aber neben unerwünschten Ausbleichungen etwa von Pigmenten auch erwünschte Reaktionen, wenn beispielsweise die unter Lichtabschluß eingetretenen Vergilbungen von Ölbildern wieder ausgebleicht und damit rückgängig gemacht werden.

Lichtechtheitsprüfungen und Wollfotometerskala

Pigment-, Lack- und Künstlerfarbenhersteller haben verschiedene Methoden entwickelt, um die Lichtechtheit eines Pigments möglichst genau zu bestimmen. Dabei muß natürlich berücksichtigt werden, daß in der Regel nicht Lichtenergie allein, nicht „Licht pur" sozusagen auf Bilder einwirkt. Fast immer müssen Sekundäreinflüsse berücksichtigt werden, über die wir schon gesprochen haben oder noch sprechen werden.

Seit geraumer Zeit definieren Pigmenthersteller und Pigmentverarbeiter, auch Künstlerfarbenhersteller, die sie interessierenden Lichtechtheitswerte nach der „Wollfotometerskala" oder „Wollskala". Diese Skala ist 1935 von der deutschen Echtheitskommission erarbeitet worden und hat sich wegen ihrer Zuverlässigkeit und Plausibilität fast überall in der Welt eingeführt, wo Farbstoffe und Pigmente verarbeitet werden.

Die Wollskala besteht aus acht Wollstreifen, die mit acht definierten blauen Farbstoffen unterschiedlicher Lichtechtheit eingefärbt worden sind. Diese genormte Wollskala kann zusammen mit dem zu prüfenden Pigment- oder Künstlerfarbenaufstrich belichtet werden. Der Prüfling wird dann mit der Wollskalenechtheit bezeichnet, mit der er in der Farbtonveränderung am besten übereinstimmt. Die höchste Lichtechtheit wird mit Stufe 8 bezeichnet, die geringste mit Stufe 1.

Dem Maler nützen diese exakten Werte nach Wollskala aber leider nicht viel. Ganz abgesehen davon, daß es nun einmal in der Natur der Maler und der Malerei liegt, Bilder nicht mit Waage, Filmziehgerät, bei definierten äußeren Bedingungen und auf einem definierten Malgrund zu malen, ganz abgesehen davon „übersetzen" die verschiedenen Künstlerfarbenhersteller die Bewertungen der Wollskala auf ganz verschiedene Weise in ihr firmeneigenes Lichtechtheitssystem. Auf Künstlerfarbenetiketten, Farbtonkarten und in Katalogen wird der Maler gewöhnlich mit einer gewissen Anzahl von Sternen über die zu erwartende Lichtechtheit einer Künstlerfarbe informiert. Dabei ist es natürlich durchaus möglich, daß der eine Hersteller eine Echtheit noch mit „hervorragend" oder „sehr gut" qualifiziert und mit drei oder vier Sternen schmückt, die ein kritischerer Kollege nur mit „gut" und mit zwei Sternen bezeichnen würde.

Es bleibt dem Maler hier wie in vielen anderen Fällen gar nichts anderes übrig, als die ihm erreichbaren Produkte kritisch auszuprobieren, mit seinem Händler über eventuelle Zweifel zu reden und dann auch einmal den Hersteller zu fragen, wenn etwas unklar ist. Warum eigentlich nicht? Auch Künstlerfarbenhersteller sind keine Götter und beide Seiten können bei einem solchen Gespräch nur lernen. Sieht die Industrie ernsthaftes Verlangen nach klaren und vergleichbaren Bezeichnungen auf sich zukommen, dann wäre es ein Wunder, wenn nicht einer bald den ersten Schritt tut.

Wasser und Wasserdampf

Normalerweise wird Wasserunlöslichkeit von einem Pigment verlangt, wenn es für künstlerische Arbeiten verwendet werden soll. Eine Ausnahme war in der Aquarelltechnik das gut lichtechte Zinkgelb, das heute wegen seiner Giftigkeit nicht mehr verwendet wird. Ausnahmen sind heute noch bestimmte wasserlösliche Preußischblau-Typen und in einer gewissen Weise gehören hierher auch einige sehr feindisperse Pigmente, die durch feinste Reibung in den Bereich kolloidaler Löslichkeit befördert werden.

Prüfung

a) Buntpigmente werden im Glas mit kochendem Wasser übergossen. Nach Absetzen des Pigments darf das überstehende Wasser nicht gefärbt sein.
b) Streichfertige wässerige Malfarben werden geprüft, indem man ihren gut getrockneten Aufstrich mit einem normalen Leimfarben-Deckweiß überstreicht. Wasserlösliche pigmente „bluten" durch den weißen Aufstrich hindurch.

Die Anwesenheit von Gips oder anderen weißen, mehr oder weniger wasserlöslichen Anteilen, die außen ausblühen und damit farbtonverändernd wirken können, läßt sich auf diese Weise nicht feststellen. Für Außenarbeiten sind gipsfreie, außenbeständige Pigmente zu verwenden. Eine exakte Prüfung ist nur in einem chemischen Labor möglich.

Aber nicht nur die lösende Wirkung des Wassers auf Pigmente kann maltechnisch unerwünschte Folgen haben. Greift Wasser oder Wasserdampf ein Bild an, dann bringt es sowohl Bindemittel als auch Pigmente zum Quellen. Mit dem Wort Quellung bezeichnet man ganz allgemein die mit Volumenvergrößerung verbundene Aufnahme von Flüssigkeiten, Dämpfen oder Gasen durch den Aufstrichfilm. Wärme verstärkt die Quellung noch. In extremen Fällen kann der Verband zwischen Bindemittel, Pigment, Grundierung und Bildträger derart gelockert werden, daß ein schwerer Bildschaden eintritt. Viel gefährlicher noch als die Einwirkung von Wasserdampf oder Wasser auf die Bildoberfläche kann der hin und wieder auftretende Fall sein, daß Feuchtigkeit von der Bildrückseite her, z. B. aus der Wand angreift. Letzteres ist besonders gefährlich bei Ölbildern, die auf eine wasserempfindlich bleibende Grundierung gemalt sind, beispielsweise auf einen Gips- oder Kreidegrund.

Jedoch hat die Quellung von Malfilmen nicht nur unerfreuliche und gefährliche Seiten. Wenn sie in Maßen bleibt, kann sie sogar erwünscht sein. Im jungen Ölfilm befördert die Anwesenheit geringer Mengen Feuchtigkeit beim Trocknen die Entstehung saurer Spaltprodukte, die mit aktiven Pigmenten, mit Kremserweiß und Zinkweiß, die filmstabilisierenden und deshalb erwünschten Blei- und Zinkseifen bilden. Bei allen filmbildenden Malfarben, bei Ölfarben, Acrylfarben und echten Temperafarben ist Filmquellung in einem gewissen Umfang auch deshalb erwünscht, weil auch die meisten Bildträger quellbar sind und die Filme so den Bewegungen des Bildträgers besser folgen können. – Etwas vereinfacht darf man sogar feststellen, daß Quellvermögen und Haftvermögen einander bedingen. Die Quellung eines Malfilms muß nur auf das nützliche Maß beschränkt bleiben und darf auf keinen Fall durch Zugabe im Film verbleibender, wasseranziehender Mittel verstärkt oder verlängert werden.

Zum Schluß muß aber noch eine Auswirkung von Feuchtigkeit erwähnt werden, die in einem engen Zusammenhang mit der Lichtechtheit von Pigmenten steht. Aus Wasserdampf und Luftsauerstoff entsteht unter der Einwirkung von Licht und Wärme Wasserstoffperoxid, das nicht nur organische Bindemittel angreifen, sondern auch organische Pigmente oxidieren und ausbleichen kann. Selbstverständlich ist eine derartige Gefährdung eines Bildes im Innenraum unter normalen Umständen nicht groß, aber auch kleine Wirkungen addieren sich im Laufe der Zeit, und den Museen ist diese schleichende Gefahr Grund genug, Temperatur und Luftfeuchtigkeit ihrer Räume fortlaufend zu kontrollieren.

Den Hausfrauen in aller Welt ist jene komplizierte chemische Reaktion, die Bildung von Wasserstoffperoxid aus Wasser, Luft und Licht, scheinbar wohlbekannt. Sie „bleichen" ihre Weißwäsche nicht trokken in der Sonne, sondern besprengen sie eifrig mit Wasser, um die Wasserstoffperoxid-Herstellung lebhaft in Gang zu halten.

Organische Lösemittel

Lösemittelempfindliche Pigmente

Wenn Pigmente in der Öltechnik, in der Acryltechnik oder in gefirnißter Tempera vermalt werden, dann sollen sie in den üblichen Lösemitteln wie Terpentinöl, Testbenzin und Alkohol unlöslich oder wenigstens so schwer löslich sein, daß sie sich weder beim Verdünnen der Malfarbe, noch beim Firnissen, noch bei einer später vielleicht notwendig werdenden Firnisabnahme auflösen können.

Wie man ein Pigment auf Lösemittelechtheit prüfen kann, sei am Beispiel der Spritechtheit gezeigt, die häufig von Interesse ist.

Prüfung

Das Pigment wird in verschlossenem Glas mit Spiritus übergossen, durchgeschüttelt und in warmes Wasser gestellt. Nach Absetzen des Pigmentes darf der überstehende Spiritus nicht angefärbt sein.

Von Malfarben wird ein Aufstrich gemacht, der nach guter Durchtrocknung mit einem Alkoholfirnis überzogen wird. Spritlösliche Pigmente werden gelöst und laufen im Firnis aus.

Vom Altertum über das Mittelalter bis in die neuere Zeit sind immer wieder, teils aus Mangel an geeigneten Pigmenten, teils aus Unkenntnis der Folgen, lösemittelempfindliche Pigmente in Bildern vermalt worden. Meist erscheinen sie in den Lasuren, für die sie im Firnis dispergiert verwendet worden sind. Abgesehen davon, daß sie nicht selten eine mangelhafte Lichtechtheit besitzen, können sie bei Restaurierarbeiten stören, weil sie u. U. durch Lösemittel an Bildstellen gelangen können, für die sie vom Maler nicht bestimmt waren.

Öllösliche Pigmente

Pigmente, die in Öl oder ölhaltigen Malmitteln vermalt werden, sollten nicht nur gegen die vorhin erwähnten Lösemittel beständig sein, sie sollten auch ölunlöslich sein.

Prüfung

Ein Ölfarbenaufstrich des zu prüfenden Pigmentes wird nach Durchtrocknen mit einer weißen Ölfarbe deckend überstrichen. Öllösliche Pigmente „bluten", sie wandern in den weißen Aufstrich und färben ihn.

Werden öllösliche oder kolloidal lösliche Farbmittel in der Untermalung verwendet, dann ist es nur eine Frage der Zeit, wann sie zur Bildoberfläche durchgewandert sind und diese verfärbt haben. Farbmittel dieser Art wandern aber selbstverständlich nicht nur zur Bildoberfläche, sie können auch in die Breite und Tiefe wandern, weshalb auch ihre Verwendung in Lasuren gefährlich und deshalb mindestens zu überlegen ist. Der von manchen Malern um die Jahrhundertwende noch verwendete Asphalt ist in diesen Untermalungen ein Musterbeispiel für die verheerenden Wirkungen öllöslicher Farbmittel in der Ölmalerei. Solche Bilder müssen, wenn sie wie die Münchener Bilder von Hans von Marées künstlerischen Rang haben, möglichst kühl gelagert werden, damit der thermoplastische Asphalt das Bild nicht vollständig „unleserlich" macht. – Und wenn Rembrandt Asphalt in Lasuren verwendet haben sollte, muß das nicht Anlaß sein, ihm gerade darin nachzueifern. Durch Wiederholung von meisterlichen Fehlern ist noch keiner selbst zum Meister geworden.

Lösemittelempfindlichbleibende Bindemittelbestandteile

Trocknende Öle wie Leinöl trocknen durch Sauerstoffaufnahme (Oxidation) und durch Vernetzungsreaktionen der Moleküle (Polymerisation). Dabei entsteht langsam ein *Linoxinfilm*, der sich immer mehr verfestigt, im Laufe der Jahre immer härter und immer lösemittelbeständiger wird. Junge Ölfarbenfilme sind gegen Lösemittel noch so empfindlich, daß sie bei zu frühem Firnissen durch das im Firnis enthaltene Terpentinöl oder Testbenzin wieder angelöst werden und dann kleben. Sie müssen dann aufs neue trocknen. Sehr alte Leinölfilme dagegen leisten zuweilen sogar Trichloräthylen, einem sehr starken Lösemittel, erfolgreich Widerstand.

Die aus Harzlösungen – den alleinigen oder Hauptbestandteilen der Malmittel in der Ölmalerei – entstandenen Filme trocknen physikalisch, nur durch Verdunsten der Lösemittel, nicht wie Leinöl durch Oxidation. Dabei geht das Harz wieder in seinen ursprünglichen, den festen Zustand über und bleibt nach wie vor lösemittelempfindlich, weil es nicht wie getrocknetes Öl eine chemische Umwandlung mitgemacht hat. Dementsprechend bringt man mit den üblichen Malmitteln stets eine lösemittelempfindlich bleibende Komponente in den lösemittel*un*empfindlich werdenden Ölfilm ein (S. 122f.).

Seit einiger Zeit gibt es aber auch in den Alkydharz-Malmitteln Malmittel für den Ölmaler, die nicht wie Dammar- oder Mastix-Malmittel reversibel auftrocknen. Alkydharzmalmittel trocknen chemisch durch Oxidation wie trocknende Öle und ihre Filme werden unlöslich in Terpentinöl wie die Filme reiner Ölfarben. – Bei der Besprechung der Malmittel in der Ölmalerei wird dieses Thema noch einmal behandelt.

Wird eine Lösung von Dammar oder Mastix in Terpentinöl als Firnis über ein Ölbild gelegt, dann oxidiert und polymerisiert der Harzfilm auch in längeren Zeiträumen nur wenig, bleibt deshalb sehr lange Zeiträume hindurch löslich und kann, wenn er auf einer reinen, harzfreien Ölmalerei sitzt, relativ gefahrlos abgenommen werden. Erst nach sehr langer Zeit verliert er seine Löslichkeit, wobei es nicht eindeutig feststeht, wann und wo ein weiteres Unlöslichwerden auf Oxidationen oder Vernetzungen des Harzes oder auf ein langsames Ineinanderwachsen des Firnisfilmes mit der eigentlichen Bildschicht zurückzuführen ist.

In diesem Zusammenhang ist es interessant, zu wissen, daß man bei der Herstellung von Acrylfarben für die eigentliche Malfarbe Bindemittel benutzen kann, die terpentinöl- und benzinunlöslich auftrocknen. Für den Firnis dagegen kann man als Harzkomponente Acrylharzkombinationen wählen, deren Filme ganz außergewöhnlich lange benzinlöslich bleiben und dementsprechend abgenommen werden können, ohne die eigentliche Bildschicht zu gefährden.

Ähnliche Möglichkeiten eröffnen dem Maler auch die im Laufe der Zeit terpentinölunlöslich auftrocknenden Alkydharze, wenn er deren Lösungen als Malmittel in Lasuren verwendet. Das gesamte Ölbild einschließlich der Lasuren kann dann terpentinölfest und benzinfest auftrocknen und darüber gelegte übliche Harzfirnisse lassen sich, wenn einmal nötig, mit ziemlich milden Lösemitteln abnehmen, ohne daß mit der Lasur die eigentliche Bildschicht angelöst wird.

Gilben der Filme trocknender Öle

Die alternden Filme trocknender Öle neigen in gewissem Umfang zum Gilben. Diese hauptsächlich in der Dunkelheit auftretende Erscheinung ist auf die Bildung farbiger Oxidationsprodukte der ungesättigten Fettsäureglyzeride zurückzuführen, also gerade auf die Ölbestandteile, welche das gute Trocknen des Leinöls hervorrufen. Ein scheinbares Nachdunkeln alter Ölbilder ist damit zu erklären, daß die Ölbilder im Laufe der Zeit transparenter werden, daß sich ihr *Tiefenlicht* verstärkt und das Bild deshalb dunkler wirkt (S. 16). – Dem Mohnöl und dem Sonnenblumenöl fehlen die gut trocknende Linolensäure; sie gilben zwar nicht wie Leinöl, sie besitzen aber auch nicht dessen hervorragende maltechnische Eigenschaften.

Zuweilen wird in der maltechnischen Literatur das Gilben der Filme trocknender Öle und sein Einfluß auf die farbliche Qualität eines Ölbildes stark übertrieben. Das Gilben und Bräunen alter Bilder ist meist auf Ursachen zurückzuführen, die in der Literatur selten erwähnt werden. Obskure Pigmente, die noch bis ins 19. Jahrhundert im offenen Kessel unter Luftzutritt gekochten Öle, die aus Öl und Harz zusammengekochten Malmittel und -firnisse und gilbungsfördernde Trockenstoffe dürften viel häufiger Ursache von starken Gilbungen geworden sein als das zum Anreiben eines Pigmentes notwendige trocknende Öl. Deutliche Gilbung tritt dann auf, wenn Ölfarbe zu dick aufgetragen wird, wenn zu fett, d. h. mit zuviel Öl gemalt, wenn zu stark sikkativiert wird, wenn ein Ölbild längere Zeit unter Lichtabschluß aufbewahrt worden ist oder wenn Feuchtigkeitseinwirkung ein bestimmtes Maß überschreitet. Gilbungstendenzen werden besonders in weißen Bildstellen und manchmal noch deutlicher in zarten, kühlen Blautönungen sichtbar.

Der nachteilige Einfluß des Gilbens auf die kalten Farbtönungen, besonders auf das Blau, war den alten Meistern wohl bekannt. So erwähnt *Mayerne*, daß *van Dyck* auch in seinen Ölbildern das Blau der Draperien in Tempera aufgetragen habe, um Farbtonverwerfungen zu vermeiden. Noch manche Maler des 19. Jahrhunderts, z. B. *Courbet*, haben aus dem gleichen Grund das Blau des Himmels mit Tempera gemalt.

Durch Lichtmangel gedunkelte Ölfarbenaufstriche werden im Licht in kurzer Zeit wieder hell, sie gewinnen aber ihre ursprüngliche Helligkeit nicht immer ganz zurück.

Seifenbildung aktiver Pigmente

Von den heute gebrauchten Malpigmenten besitzen vor allem Kremser Weiß und Zinkweiß basischen Charakter, können deshalb mit Ölsäuren reagieren und Metall-Ölsäure-Verbindungen bilden, die man „Seifen" nennt. Auch Chromgelbe und die früher verwendeten Pigmente Bleimennige (= Saturnrot) und die Zinkgelbe gehörten hierher.

Die Manganseifenbildung der Umbren wirkt zwar trocknungsbeschleunigend, hat aber wegen der Quellungsneigung der Manganseifen keine maltechnisch günstigen Auswirkungen. – Bleiseifen dagegen verringern nicht nur die Trockenzeit öliger Filme, sie stabilisieren auch das ganze System, indem sie saure Spaltprodukte der alternden Ölfilme neutralisieren und das Haftvermögen und die Filmfestigkeit erhöhen. In diesem Zusammenhang ist es bemerkenswert, daß die Quellung eines Ölfilmes, die allein auf die Dauer filmzerstörend wirkt, gleichzeitig eine verstärkte Seifenbildung mit entgegengesetzter, stabilisierender Wirkung in Gang bringt. Die Bedeutung von Kremser Weiß im Bild, dem Maler schon immer eine handwerkliche Selbstverständlichkeit, wird erst im Hinblick auf seine Reaktionsfähigkeit mit fetten Ölen verständlich. – Bei den einzelnen Pigmenten wird darüber noch zu sprechen sein.

Säuren

Saure Malmittel

Die üblichen Malmittel sind selten so sauer, als daß sie Pigmente angreifen oder eine Reaktion zwischen Pigmenten in Gang setzen könnten, die in neutralen Malmitteln miteinander verträglich sind. Es wird den Maler überraschen, daß Gummi arabikum-Lösungen schwach sauer reagieren. Deshalb kann bei Pigmentierung mit Zinksulfid-Pigmenten (= Lithopone, Deckweiß) und mit nicht stabilisierten Ultramarinpigmenten Schwefelwasserstoff frei werden, der sich mit Geruch nach faulen Eiern bemerkbar macht. Lithopone- wie Ultramarinpigmente enthalten schwach gebundene Schwefelanteile (S. 80). Dann muß mit Titanweiß und/oder anderen Blaupigmenten gearbeitet werden.

Der in alten Malerbüchern zuweilen empfohlene Essigsäurezusatz zur Eitempera, um deren Haftvermögen zu verstärken, ist unsinnig und wird glücklicherweise heute nicht mehr praktiziert.

Wer zweifelt, ob ein wässeriges Malmittel sauer reagiert, der kann das rasch und zuverlässig mit Indikatorpapier feststellen (erhältlich in Laborbedarfsgeschäften). Der damit zu messende pH-Wert ist (grob gesagt) ein Maß für den Säuregrad oder die Alkalität einer wässerigen Flüssigkeit. Reines neutrales Wasser hat den pH-Wert 7. Saure Flüssigkeiten haben einen niedrigeren pH-Wert, alkalisch (= basisch) reagierende einen höheren pH-Wert. – Beispiele: eine 1%ige wässerige Sodalösung besitzt einen pH-Wert von ca. 12; eine 1%ige wässerige Lösung von

Essigsäure besitzt einen pH-Wert von ca. 3. Der übliche Speiseessig ist eine 5–8%ige Essigsäurelösung.

Zur Prüfung der Säurebeständigkeit eines Pigments in einem bestimmten sauren Malmittel werden Pigment und Malmittel gründlich gemischt. Nach mehrtägigem Stehen werden evtl. Reaktionen und/oder Farbtonveränderungen sichtbar.

Gefährlicher für den Wandmaler können saure Grundiermittel sein, mit deren Hilfe er die Alkalität des Putzes rasch neutralisieren wollte. Ist ein solches Grundiermittel verwendet worden, dann muß vor dem Malen der Grund auf Neutralität geprüft und gegebenenfalls gründlich nachgewaschen werden.

Saure Gase (Industriegase)

Saure Gase wie Schwefelwasserstoff und Schwefeldioxid, die in industrialisierten Ländern häufiger und in größeren Mengen auftreten als früher, sind maltechnisch zu fürchten. Während Schwefelwasserstoffgas, das auch in ländlichen Gegenden vorkommt, bleihaltige Pigmente, wie Kremser Weiß, Chromgelb und Neapelgelb, durch Bildung von Bleisulfid bräunen und schwärzen kann, wirkt die aus Schwefeldioxid in Verbindung mit Feuchtigkeit entstehende schweflige Säure zuweilen bleichend auf organische Pigmente und kann bei dauernder Einwirkung Ultramarin entfärben. – Bei den einzelnen Pigmenten wird über deren Rauchgasfestigkeit noch gesprochen.

Alkalien

Kalkechtheit

Kalkecht ist ein Pigment, dessen Farbtönung von gelöschtem Kalk nicht verändert und das von gelöschtem Kalk nicht gelöst wird.

Prüfung

Das zu prüfende Pigment wird mit gelöschtem Kalk im Reagenzglas gut durchgeschüttelt und bleibt mehrere Tage stehen. Durch Vergleich mit einer frisch hergestellten Aufschlämmung gleicher quantitativer Zusammensetzung wird die Echtheit geprüft.

Ist die Farbtönung unverändert und das Pigment im überstehenden Wasser nicht in Lösung gegangen, dann kann das Pigment *in* Kalk gebraucht werden.

Ist die Farbtönung gering verändert und/oder ist das überstehende Wasser wenig angefärbt, dann kann dieses Pigment *nicht in Kalk*, unter Umständen bei geringeren Ansprüchen *auf Kalkputzgründen*, verwendet werden (Chromorange, bestimmte organische Pigmente). – Für dauerhafte künstlerische Arbeiten sind diese oft als „bedingt kalkecht" bezeichneten Pigmente jedoch ungeeignet.

Nicht selten wird die unbedingte Kalkechtheit eines Pigmentes mit seiner Brauchbarkeit für Fresko außen gleichgesetzt. Das ist falsch: kalkechte Ultramarinblautypen können empfindlich sein gegen Schwefeldioxid aus der Luft; das kalkechte Neapelgelb ist stets empfindlich gegen Schwefelwasserstoff; auch kalkechte Kadmiumpigmente (Gelb und Rot) werden außen oft Ausblühungen zeigen, weil sie sich mit der Luftkohlensäure teilweise zu weißem Kadmiumkarbonat umsetzen.

Zementechtheit

Zementecht ist ein Pigment, dessen Farbtönung durch Zement nicht zerstört wird und das in Zement keine Ausblühungen hervorruft.

Prüfung

Mit dem zu prüfenden Pigment wird eine Zementplatte durchgefärbt, gleichzeitig wird eine zweite ungefärbte Platte hergestellt. Zum Anrühren wird destilliertes oder Regenwasser verwendet. – Nach dem Erhärten werden beide Platten sechs Tage unter Wasser aufbewahrt und dann an der Luft getrocknet. Hat sich die Farbtönung nicht verändert und sind keine Ausblühungen aufgetreten, dann ist das Pigment zementecht.

Zementechtheit ist nicht gleichzusetzen mit Kalkechtheit; im Zement bleibt die Alkalität länger erhalten und kann deshalb längere Zeit auf das Pigment einwirken. – Im allgemeinen wird Zementechtheit von Malpigmenten nicht verlangt, doch kann ihre Feststellung bei Sgraffito-Arbeiten nötig sein.

Wasserglasechtheit

Wasserglasecht ist ein Pigment, das, mit Farbenwasserglas gemischt, weder seine Farbtönung ändert noch stockt, eindickt oder ausblüht.

Prüfung

Das zu prüfende Pigment wird mit Farbenwasserglas angerührt. Wird die Mischung zäh oder gallertig, dann ist das Pigment ungeeignet.

Bleibt die Mischung verstreichbar, dann wird auf trockenen Kalkputz aufgestrichen. Zur Kontrolle erfolgt ein Aufstrich mit unpigmentiertem Wasserglas. Zerstörung oder Ausblühungen zeigen sich meist nach wenigen Tagen.

Für dauerhafte künstlerische Arbeiten sollten nur verarbeitungsfertige Wasserglasmalfarben, z. B.

Keimsche Mineralfarben, verwendet werden. Selbstherstellung ist nicht zu empfehlen, weil zu risikoreich.

Pigmentmischungen

Über vermeintlich gefährliche Pigmentmischungen ist ungemein viel geschrieben worden, und es gibt kaum ein älteres Buch über Mal- und Anstrichstoffe, das nicht ein gewichtiges Kapitel über diese Frage enthält. Offensichtlich ist das Thema der Pigmentverträglichkeit in früherer Zeit wichtiger gewesen als heute, seit man weiß, daß die Ursachen von Verfärbungen meist mehr in Pigmentverunreinigungen und in der Verarbeitung von sauren Malmitteln zu suchen waren als in den Pigmenten selbst. Die Pigmentmischung hat an Problematik verloren, als man gelernt hatte, Pigmente und Malfarben ohne störende Verunreinigungen herzustellen und als die Kupferpigmente aus der Malerei verschwunden waren.

Musterbeispiel für eine gefährliche Pigmentmischung war stets die Mischung von bleihaltigen Pigmenten (Kremser Weiß, Chromgelb) mit schwefelhaltigen Pigmenten (Ultramarinblau, Kadmiumgelb). Vor dieser Mischung ist vielfach gewarnt worden, weil man befürchtet hat, freies Blei und freier Schwefel könnten sich zu Bleisulfid verbinden und Farbtonverwerfungen hervorrufen. Reaktionen dieser Art sind aber weder in der malerischen Praxis beobachtet worden, noch waren sie bei Versuchen zu erreichen, sofern mit einwandfreien Pigmenten und neutralen Bindemitteln gearbeitet worden war.

Mischungen von trockenen Pigmenten verändern ihre Farbtönung durch chemische Reaktionen überhaupt nicht, wenn man von einer evtl. Veränderung durch das Licht absieht. Im intakten Ölfilm sind Reaktionen auch nicht zu erwarten; kritischer kann es bei wässerigen Aufstrichen werden (S. 23f.). Aber in allen diesen Fällen bedarf es schon einer Einwirkung von außen, einer ungewöhnlich hohen Feuchtigkeit oder einem Angriff von Säuren oder sauren Gasen (Schwefelwasserstoff, Schwefeldioxid), bevor Pigmente zerstört werden. Ihre Zerfallsprodukte können dann miteinander oder mit den von außen einwirkenden Agenzien reagieren. – Diese äußeren Einflüsse sind bereits besprochen worden, an ihre Wirkung ist selbstverständlich zu denken.

Ernstlich zu warnen war früher mit Recht vor Mischungen von

Kupferpigmenten Bergblau, Bremer Blau, Schweinfurter Grün	mit	*Blei-, Kadmium-* und *schwefel-*haltigen Pigmenten
und von *echtem Zinnober*	mit	*Kremser Weiß, Chromgelb, Zinkgelb, Berliner Blau*

Da Kupferpigmente und Zinkgelb längst durch andere, weniger gefährliche ersetzt sind und echter Zinnober nur noch selten vermalt wird, sind unter der Voraussetzung, daß handwerklich richtig gearbeitet wird, die anderen Pigmentmischungen ungefährlich.

Malmaterial und Gesundheitsschutz

Mehr als noch vor 20 oder 30 Jahren ist heute jedermann aus gutem Grund „umweltbewußter" geworden und sensibler gegenüber den gesundheitlichen Gefahren, die uns allen in unserer privaten wie beruflichen Umwelt begegnen können. Der Maler hat täglich Umgang mit Pigmenten und Lösemitteln, die beide Produkte der chemischen Industrie sind und heutzutage bei vielen Malern keine „gute Presse" haben. Er will deshalb wissen, welche seiner Arbeitsmaterialien gesundheitsschädlich sind und wie er sich vor diesen Gefahren schützen kann.

Die Gesundheitsbehörden mancher Industrieländer haben schon ziemlich früh „Giftgesetze" oder entsprechende Verordnungen erlassen. Das frühere Deutsche Reich hat das im Jahr 1887 getan, im Jahr 1906 folgte dann eine Verordnung über die Verwendung von Bleifarben. – In den letzten drei Jahrzehnten sind in den Ländern der Europäischen Gemeinschaft, in den USA, in Japan und anderen Industrieländern – vor allem wohl unter dem Eindruck von schlimmen Vergiftungsfällen – die staatlichen Gesundheits- und Umweltbehörden sehr viel aufmerksamer geworden, als sie es vorher waren.

Die heutigen Gesetze und Verordnungen in der Bundesrepublik Deutschland, in der Europäischen Gemeinschaft und in vielen anderen Staaten zwingen Hersteller und Händler von Malmaterial, alle nach dem jeweiligen Wissens- und Erfahrungsstand gesundheitsschädlichen, die reizenden und die giftigen Produkte deutlich und unmißverständlich zu kennzeichnen. Das geschieht mit Gefahrensymbolen und Aufschriften auf Verpackungsmitteln und Etiketten und bei größeren Packungen zusätzlich durch Aufbringen von Sicherheitsratschlägen und Gefahrenhinweisen, deren Texte ohne weiteres verständlich sind und die deshalb hier nicht erwähnt werden müssen. Die für den Maler wichtigen Gefahrensymbole sind

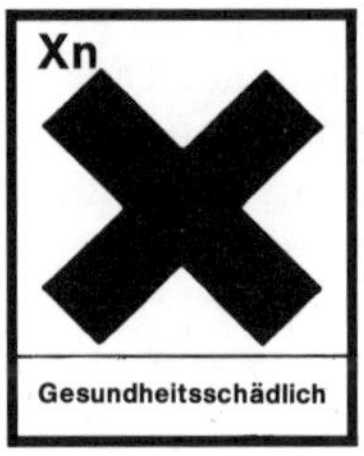

das Andreaskreuz mit der Unterschrift „Gesundheitsschädlich".

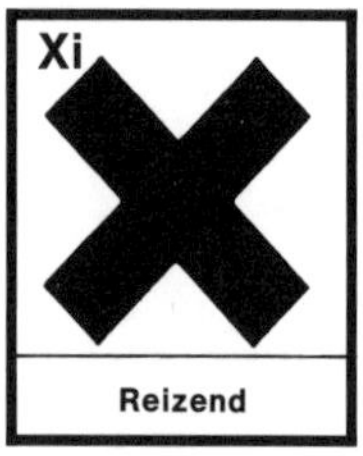

das Andreaskreuz mit der Unterschrift „Reizend".

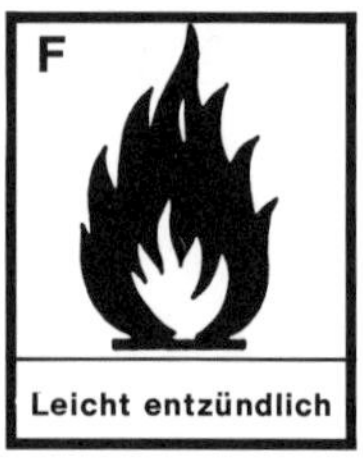

ein Flammensymbol mit der Unterschrift „Leicht entzündlich".

Die Symbole sind schwarz gedruckt auf einem orangegelben Grund. – Weil auf dem Gebiet, das hier betrachtet wird, auf dem Gebiet der entsprechenden Gesetzgebung und dementsprechend auch auf dem Gebiet der vorgeschriebenen Deklarierung vieles im Fluß ist, wird der Leser verstehen, daß auch der Text dieses Kapitels dem derzeitigen Wissens- und Erfahrungsstand des Bearbeiters dieser Auflage entspricht und daß weitere Verbindlichkeiten daraus nicht hergeleitet werden können (S. 75).

Zur Vervollständigung seien hier die Gefahrensymbole aufgeführt, die derzeit in der deutschen Arbeitsstoffverordnung aufgeführt sind.

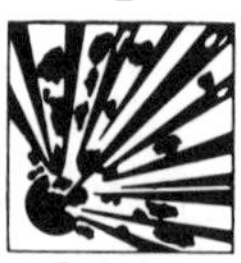
E
Explosionsgefährlich

O
Brandfördernd

F
Leicht entzündlich

T
Giftig

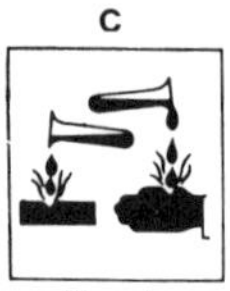
C
Ätzend

Xn
Gesundheitsschädlich

Xi
Reizend

Wie das in der Europäischen Gemeinschaft als „Gesundheitsschädlich" oder als „Reizend" geltende Malmaterial derzeit gekennzeichnet werden muß und was der Maler bei seinem Gebrauch bedenken sollte, das wird im folgenden Text jeweils bei der ersten Nennung des Malstoffes angesprochen.

Beispiele:
Kremser Weiß/Bleiweiß enthält Blei, ist deshalb gesundheitsschädlich und mit dem Andreaskreuz als „Gesundheitsschädlich" zu kennzeichnen. – Der Maler sollte das Pigment in Pulverform meiden. Will er aber trotzdem das Pigment trocken verarbeiten, dann sollte er eine geeignete Staubschutzmaske tragen, damit er es nicht einatmen kann. Beim Arbeiten mit fabrikatorisch hergestellten Kremser Weiß-Ölfarben sollte er nicht essen, nicht trinken, nicht rauchen, damit Bleiweiß auch nicht auf diese Weise in Mund und Magen gelangen kann. – Das wird nur einmal im Kapitel „Pigmente" referiert und nicht jedes Mal wiederholt, wenn im Text von Kremser Weiß die Rede ist.

Terpentinöl wird neuerdings ebenfalls mit einem Andreaskreuz gekennzeichnet. Es wird aber nicht als „Gesundheitsschädlich" sondern als „Reizend" deklariert, weil es auf verschiedene Menschen in unterschiedlicher Stärke toxisch oder ekzemauslösend wirken kann. – Auch das wird nur einmal im Abschnitt „Löse- und Verdünnungsmittel" erwähnt und nicht mehr bei der Besprechung aller Malmittel und Firnisse, obschon mindestens die für die Ölmalerei bestimmten in der Regel Terpentinöl enthalten.

An diesen beiden Beispielen Bleiweiß/Kremser Weiß, das seit 2000 Jahren von Malern verwendet wird und das bis in die Mitte des 19. Jahrhunderts das einzige deckende Weißpigment in der Ölmalerei war, und aus dem Beispiel Terpentinöl, das seit dem 17. Jahrhundert *das* Löse- und Verdünnungsmittel in der Ölmalerei ist und in jedem Maleratelier gebraucht wird, wird deutlich, daß Gesetzgeber und Verfasser der europäischen Richtlinien und der deutschen Arbeitsstoffverordnung bei Deklarationen sehr vorsichtig zu Werk gegangen sind. Mancher Maler wird vielleicht sogar denken, man habe da die möglichen Gefahren dramatisiert. Aber: In der modernen Industriegesellschaft addieren sich die Gesundheitsgefahren, und man muß sie kennen, man muß auf sie aufmerksam gemacht werden, wenn man sich vor ihnen schützen will.

Und doch bleiben für den Maler Fragen offen. Er liest und hört beispielsweise täglich von den Gefahren, die von Blei *und* Kadmium ausgehen sollen und er wundert sich – wer wollte es ihm verargen? –, daß seine Kadmiumpigmente nicht genau wie seine Bleipigmente mit dem Andreaskreuz und dem Aufdruck „Gesundheitsschädlich" versehen werden müssen. Er ist kein Chemiker und kein Toxikologe und er will das natürlich auch gar nicht werden. Aber wenn er erfährt, daß Kadmiumpigmente in der Bundesrepublik Deutschland nicht als „Gesundheitsschädlich" deklariert werden müssen, wenn er andererseits bei einem Aufenthalt in der Schweiz jedoch sieht, daß dort Kadmiumpigmente in die Giftklasse 5 eingestuft sind, dann weiß er verständlicherweise nicht recht, was er davon halten soll.

Hier kann nur festgestellt werden, daß in verschiedenen Ländern verschiedene Fachleute mögliche Gesundheitsgefahren verschieden beurteilen und daß der Gesetzgeber verschiedene Konsequenzen zieht.

Wie die Dinge liegen darf der Maler aber davon ausgehen, daß auf diesem Gebiet viel im Fluß ist und daß nicht nur Maler, sondern auch Toxikologen und Parlamentsabgeordnete als Gesetzgeber – wer wollte das nicht hoffen – nicht nur sensibler für mögliche Gefahren werden, sondern auch entschlossener, ihnen überzeugend und energisch zu begegnen.

Hier wie in allen vergleichbaren Fällen gilt aber: Maler sollten sich mit ihren nächsten Ansprechpartnern, ihren Malmaterialhändlern, über diese Fragen unterhalten und sie sollten sich hier wie in anderen Fällen nicht scheuen, auch die Hersteller des Malmaterials zu fragen. Unruhe ist hier erste Bürgerpflicht.

Informationszentren für Vergiftungsfälle

Zur Vervollständigung dieser Ausführungen seien noch einige Informationszentren für Vergiftungsfälle angeführt, an die sich Ärzte und Krankenhäuser wenden können, wenn sie Rat suchen:

• **Bundesrepublik Deutschland**

Medizinische Kliniken

• Reanimationszentrum der Freien Universität
im Klinikum Westend
1000 Berlin 19, Spandauer Damm 130
Telefon-Durchwahl: (030) 3055 / 466 oder 2215 / 436

• Medizinische Abteilung des Krankenhauses Barmbek, Giftinformationszentrale
2000 Hamburg 33, Rübenkamp 148
Telefon-Durchwahl: (040) 6385 / 345 / 346

• II. Medizinische Klinik und Poliklinik der Universität
6500 Mainz, Langenbeckstraße 1
Telefon-Durchwahl: (06131) 232466

• II. Medizinische Klinik rechts der Isar der Technischen Universität – Giftnotruf –
8000 München 80, Ismaninger Straße 22
Telefon-Durchwahl: (089) 41402211

Speziell für Vergiftungsfälle bei Kindern

• Beratungsstelle für Vergiftungserscheinungen an der Universitäts-Kinderklinik
1000 Berlin 19, Heubnerweg 6
Telefon-Durchwahl: (030) 3023022

• **Belgien**

Centre National du Prévention et de Traitement
des Intoxications
Rue Joseph Stallaert, Nr. 15, B-1060 Bruxelles
Tel. 02 / 3454545

• **Dänemark**

Centrallaboratoriet Rigshospitalet Blegdamsvej
DK-2100 Copenhagen
Tel. 01 / 394233

• **Niederlande**

National Vergiftigingen, Informatie Centrum Rijks Instituut voor Volksgezondheid
Antonie van Leeuwenhoekl N° 9, Postbus 1
Bilthofen, Utrecht
Tel. 030 / 789111 App. 1222 und 1375

• **Österreich**

I. Medizinische Universitäts-Klinik, Vergiftungszentrale
Lazarettgasse 14, A-1090 Wien
Tel. 0222 / 434343

• **Schweiz**

Toxikologisches Informationszentrum
CH-8030 Zürich, Zürichbergstraße 8
Tel. 0041 / 1 / 326666

Die Pigmente

Max Doerner hat 1938 in der letzten von ihm selbst besorgten Auflage diesem Kapitel Ausführungen vorangestellt, die hier im Auszug wiedergegeben sein sollen. Er entmythologisiert dort einige Materialsentimentalitäten, die damals wie heute manchem Maler den nüchternen Blick auf sein Handwerkszeug verstellt haben.

Max Doerner schreibt:

►... Den in der Natur vorkommenden Farbstoffen, den Erdfarben, steht eine größere Auswahl neuerer, künstlich auf chemischem Weg hergestellter Farbstoffe gegenüber. Zu diesen gehören verschiedene unserer besten Farben, wie Chromoxydgrün, Kobaltblau usw. Die Abneigung mancher Maler gegen alle chemisch hergestellten Farbstoffe und der Glaube, daß alle unliebsamen Veränderungen der Bilder diesen Farabstoffen zuzuschreiben seien, ist unberechtigt. Im Gegenteil, diese Pigmente können in immer gleicher Güte und Reinheit dargestellt werden, während die vielgepriesenen Naturfarben, wie der Ocker, häufig unrein und ungleich in ihrer Zusammensetzung sind, wie übrigens alle Naturprodukte. Oft hört man unter Malern sagen, die Alten hätten keine „chemischen" Farbstoffe gehabt, darum seien ihre Bilder so gut erhalten. Das ist ein Irrtum, denn die alten Meister hatten Bleiweiß, Neapelgelb, Zinnober, Kupfer- und Schwefelfarben. Die Ursache der größeren Haltbarkeit alter Bilder liegt an ihrem handwerklich richtigen Aufbau. ...

Unter *Schönung* versteht man eine unzulässige Manipulation, wodurch ein unansehnlicher Farbstoff auf Kosten der Güte im Aussehen verbessert wird, so z. B., wenn einem Goldocker, um ihn feuriger zu machen, Chromgelb zugesetzt wird.

„Verschnitt" bedeutet die Streckung eines Farbstoffes mit billigeren Füllkörpern wie Schwerspat, Kreide oder Ton. Raehlmanns mikroskopische Untersuchungen zeigen, daß schon antike und Renaissancefarbstoffe manchmal mit Marmorpulver versetzt wurden. Für manche Zwecke braucht man billige Farbe und es ist nichts dagegen einzuwenden, wenn diese Farbe als Verschnitt bezeichnet wird und die Streckung im Preis zum Ausdruck kommt.

... Bei „reinen" Künstlerfarben wäre Verschnittzugabe Fälschung.

Ein für Malzwecke brauchbarer Farbstoff muß körperhaft sein, damit er überhaupt streichfähig wird, wie es z. B. Bleiweiß ist. Nicht alle Farben sind an sich schon körperhaft. Manche, wie z. B. Teerfarben, sind ursprünglich tintenartige Lösungen. Solche Farben brauchen bei der Herstellung eine weiße körperhafte Unterlage, ein Substrat, das den Farbstoff unlöslich an sich bindet und ihn erst streichfähig und ölmischbar macht. ...

Die Erdfarben wie Ocker sind natürliche Substratfarben. Ton ist die Unterlage und Eisenoxyd der färbende Bestandteil. ... ◄

Weiße Pigmente

Bleiweiß Kremser Weiß

Basisches Bleikarbonat
Gesundheitsschädlich

Die früheste Nachricht von Bleiweiß, seiner Herstellung und seiner Verwendung, verdanken wir dem *Tyrtamos,* latinisiert *Theophrastus,* ✻ 372 vZ auf Lesbos, † 287 in Athen. Er war Schüler von *Aristoteles* und sein Nachfolger in der Schule der *Peripatetiker.* – Später erwähnt Gaius *Plinius* Secundus, der Ältere, (✻ 23 nZ, † 79 nZ beim Vesuvausbruch) dieses erste vollsynthetisch hergestellte anorganische Pigment in seiner „Historia naturalis". *Plinius* war als hoher römischer Offizier weit in der alten Welt herumgekommen und hat sein Wissen und seine Erfahrungen in dieser größten naturwissenschaftlichen Enzyklopädie seiner Zeit niedergelegt. Sein Zeitgenosse *Vitruv,* Vitruvius Pollio (römischer Architekt und Bauingenieur) erwähnt ebenfalls das Bleiweiß in seinem Werk „De Architectura". – Das antike basische Bleikarbonat wurde damals bezeichnet als *Psimithium,* als *Cerussa* oder auch als *Cerussa alba.*

Aus dem antiken Herstellungsverfahren ist im Lauf der Jahrhunderte das uns bekannte holländische *Loogenverfahren* entwickelt worden. *Loogen* wurden die Oxidationsräume genannt, in denen bis zu 10

Tonnen Bleiplatten, eingepackt in Steinzeugtöpfe, die – wiederum eingestellt in Pferdemist und Lohe – der Einwirkung von Wärme, Essigsäure und Luft ausgesetzt worden sind. Nach etwa vier Wochen war die Umsetzung von metallischem Blei in das weiße basische Bleikarbonat beendet. Es wurde aus den Töpfen geschlämmt, getrocknet, gemahlen.

Im sog. *Klagenfurter Verfahren* treten Weintrester, Bierhefe und gärungsfähige Obstsäfte an die Stelle von Essig, so daß diese Herstellungsmethode langsamer verläuft, aber zu einem reiner weißen und besonders lockeren Produkt führen soll. Auf diese Weise ist das erste sog. *Kremser Weiß* hergestellt worden, das dann unter Zusatz von Bleiazetat oder Pflanzenleimen zu Hütchen oder kleinen Blöcken gepreßt, in den Handel gebracht worden ist.

Im *deutschen Kammerverfahren,* das 1839 in Eisenach von *Gustav Dietel* zum ersten Mal praktiziert worden ist, werden ca. 1 mm dünne lange Bleilappen in großen gemauerten Räumen auf Holzgestelle aufgehängt und einer Atmosphäre von Wasser- und Essigsäuredämpfen, Luft und Kohlendioxid in bestimmter Dosierung ausgesetzt. Dabei wird das Blei zuerst in basisch-essigsaures Blei und dann in basisches Bleikarbonat umgewandelt. Der Bleiweißschlamm wird gewaschen, gesiebt, getrocknet und gemahlen.

Heute sind diese unwirtschaftlichen Verfahren abgelöst durch Fällungsverfahren, bei denen die Gesundheit der Arbeiter weniger gefährdet wird und die zu gleichbleibenden Produkten führen. Dabei werden Blei und Bleioxide in Essigsäure gelöst und aus dieser Bleiazetatlösung wird durch Eindrücken von Kohlendioxid das Pigment ausgefällt. Anschließend wird geewaschen, getrocknet und gemahlen.

Maltechnisch von besonderer Bedeutung sind zwei Eigenschaften von Bleiweiß. Eine gewisse Schwäche: es ist empfindlich gegen Schwefelwasserstoff und gegen Schwefeldioxid. Ein sehr bedeutsamer Vorzug: es bildet als aktives Pigment mit trocknenden Ölen Bleiseifen.

Maltechnische Schwächen von Kremser Weiß:

Das weiße basische Bleikarbonat setzt sich unter Einwirkung von Schwefelwasserstoffgas und Schwefeldioxidgas schon bei Vorhandensein geringer Mengen Feuchtigkeit in schwarz-braunes Bleisulfid um. Weil wasserlösliches Bleiazetat, das von der Herstellung her noch im Kremserweiß als Verunreinigung enthalten sein kann, besonders anfällig ist gegen diese Gase, muß es vom Pigmenthersteller, spätestens aber vom Künstlerfarbenhersteller, möglichst vollständig entfernt werden. Eine Bleisulfidbildung macht sich im Bild normalerweise nicht durch Bräunung oder Schwärzung, sondern durch eine mehr oder weniger starke Gilbung bemerkbar, die sich in der Regel auf Bilder beschränkt, die mit wässerigen Bindemitteln gemalt sind. Ölbilder und durch intakte Firnisfilme geschützte Bilder zeigen diese Art von Gilbung nicht.

Aus der Anstrichtechnik, wo es früher eine sehr bedeutende Rolle gespielt hat, ist Bleiweiß auch deshalb fast vollständig verschwunden, weil die heutige Atmosphäre aus Industrie- und Ölfeuerungsabgasen soviel Schwefelwasserstoff und Schwefeldioxid enthält, daß weiße und helle Bleiweißanstriche außen rasch gilben und bräunen. Gewiß: Bilder sind der offenen Atmosphäre niemals so ausgesetzt wie Außenanstriche, aber auch sie unterliegen heute viel stärker den Einwirkungen schwefliger Gase als noch vor 20 Jahren.

Früher hat man das – verglichen mit anderen Weißpigmenten – etwas stärkere Gilben von Kremserweißaufstrichen auf dessen angeblich geringere Lichtechtheit zurückgeführt. Läßt man aber einige, mit verschiedenen Weißpigmenten pigmentierte Ölaufstriche in schwefelwasserstoff- und schwefeldioxidfreier Atmosphäre im Licht altern, dann zeigen sich nur sehr geringe Gilbungsunterschiede. Das heißt: ein Gilben von Kremserweißaufstrichen im Licht ist hauptsächlich auf die Einwirkung von schwefligen Gasen und die Bildung von Bleisulfid zurückzuführen. – Ein intakter und geschlossener Firnisfilm ist stets ein guter Schutz gegen schweflige Gase.

Maltechnische Stärken von Kremser Weiß:

Der eben geschilderten maltechnischen Schwäche steht aber ein unvergleichlicher Vorzug gegenüber, der Kremserweiß vor allen anderen Weißpigmenten auszeichnet. Basisches Bleikarbonat reagiert mit den Fettsäuren der maltechnisch verwendeten Öle und bildet mit ihnen Bleiseifen. Solche Pigmente werden *aktive Pigmente* genannt im Gegensatz zu denen, die ohne chemisch zu reagieren, vom Ölbindemittel lediglich „eingepackt“ werden.

Diese Bleiseifen befördern die Trocknung, machen den getrockneten Ölfarbenfilm gegen Feuchtigkeit unempfindlicher, sie fördern seine Elastizität, sein Haftvermögen, seine Flexibilität und gleichzeitig seine Härte. Das basische Bleikarbonat neutralisiert die sauren Abbauprodukte des alternden Ölfilms und wirkt auch damit filmstabilisierend. Selbst bei geringen Beimischungen verbessert die Anwesenheit von Bleiweiß die maltechnische Qualität eines pigmentierten Ölfarbenfilmes ganz erheblich. *Max Doerner* schreibt dazu in einer Zeit, als man die Wirkungen von Kremser Weiß im Ölfarbenfilm noch nicht vollständig erforscht hatte: „Es ist eine gute Übung, allen Ölfarben, auch den Lasurfarben, mindestens eine Kleinigkeit Kremser Weiß beizufügen, denn das Bild wird dadurch einheitlicher im Gefüge, Spannungen werden ausgeglichen und es wird auch gleichmäßiger durchtrocknen." – Es ist sicher, daß der gute Erhaltungszustand vieler alter Bilder neben der handwerklichen Meisterschaft des Malers der Anwesenheit von Bleiweiß im Ölfarbenfilm zuzuschreiben ist.

Eine merkwürdige Erscheinung sei noch erwähnt. Beim Altern von weißen Bleiweiß-Öl-Aufstrichen verliert das Pigment in dem Umfang, wie es in Bleiseifen übergeht, seine Deckfähigkeit. Die Transparenz eines dünn aufgetragenen alten Bleiweiß-Öl-Filmes ist geradezu ein Maßstab für sein Alter. Auf manchen alten Bildern sind solche Stellen mit transparent gewordenen Bleiweißfilmen deutlich auszumachen.

Bleiweiß/Kremser Weiß ist das klassische Weißpigment der Ölfarbentechnik, in wässerigen Techniken hat es nichts zu suchen. In Öl deckt und färbt es gut bis sehr gut, seine Farbtönung geht etwas ins Gelbliche. Es ist säure- und alkaliempfindlich; in Kalk, im Fresco und in Wasserglas ist es unbrauchbar. Die oft behaupteten Gefahren einer Mischung von Kremser Weiß mit schwefelhaltigen Pigmenten (Zinksulfid, Ultramarin, Kadmiumsulfid), die in der Abspaltung von Schwefel und seiner Reaktion mit Blei ihre Ursachen haben sollen, sind theoretisch wohl begründet. Verfärbungen dieser Art sind im Ölbild wohl aber nie festgestellt worden, sofern handwerksgerecht mit neutralen Malmitteln gearbeitet worden ist.

Im europäischen, vor allem aber im außereuropäischen Ausland tritt die Bleiweißverwendung in der Malerei zurück zugunsten von Titanweiß, Zinkweiß und deren Mischungen. Diese Entwicklung hat ihren Grund in der Gesundheitsschädlichkeit von Bleipigmenten. Bleiweiß, ein basisches Karbonat von Blei ist in der Magensäure, einer 0,25%igen Salzsäure, löslich.

Weil der Maler bei Verarbeitung von Pulver-Bleiweiß sich gesundheitlich schaden kann, sollte er Bleiweiß-Pigment nicht kaufen, er sollte es nicht im Atelier lagern und er sollte es vor allem nicht zu Malgrundfarben oder Ölfarben verarbeiten. Will er aus irgendwelchen Gründen trotzdem Bleiweiß trocken verarbeiten, dann sollte er unbedingt eine Staubschutzmaske tragen. Verwendet er dagegen Bleiweiß-Ölfarben, die fabrikatorisch hergestellt worden sind, dann kann er Bleiweiß weder in Form von Pigmentstaub einatmen noch kann er es durch den Mund aufnehmen, wenn er nur die einfachsten Regeln der Sauberkeit beachtet und während der Arbeit mit Bleifarben nicht ißt, nicht raucht, nicht trinkt und sich nach getaner Arbeit die Hände gründlich wäscht. Beachtet er diese Vorsichtsmaßregeln, dann schließt er Gefahren für seine Gesundheit mit Sicherheit aus.

Zinkweiß, Permanent Chinesischweiß

Zinkoxid

Als *„Lana philosophica"* (philosophische Wolle) ist Zinkoxid zwar schon seit Ausgang des Mittelalters in Europa bekannt – bei der Messingherstellung entstand es als lästiges Nebenprodukt –, in den Jahren um 1800 taucht Zinkweiß aber erst als Pigment auf. Seit den dreißiger Jahren des 19. Jahrhunderts wird es fabrikmäßig hergestellt, und wenig später ist es auch in Malfarben verwendet worden.

Der heutige technische Sprachgebrauch unterscheidet das eigentliche „Zinkweiß" vom „Farbenzinkoxid", die beide zum wesentlichen Teil aus dem chemischen Stoff Zinkoxid bestehen. – Farbenzinkoxide werden aus bleihaltigen Zinkerzen oder Verhüttungsrückständen hergestellt, sie sind bleihaltig, nicht rein weiß und zur Herstellungn von weißen Malfarben ungeeignet.

Zinkweiß, das für Malzwecke geeignete, bläulichweiße Zinkoxid, wird hergestellt durch Verdampfen von metallischem Zink und Oxidation des Zinkdampfes durch Heißluft. Der Zinkweiß„rauch" wird in Kammern niedergeschlagen und dort in drei Fraktionen getrennt, die sich nur durch ihre Teilchengröße, nicht durch ihre chemische Zusammensetzung unterscheiden. Der Zinkoxidgehalt muß nach DIN-Norm minimal 99 Prozent betragen, in der Praxis liegt er zwischen 99,3 und 99,7 Prozent. Die Fraktion mit dem höchsten Feinheits- und Weißgrad heißt „Weißsiegel", darauf folgen mit abnehmender Feinheit „Grünsiegel" und „Rotsiegel". Die preiswertere Sorte „Rotsiegel" ist wegen ihres geringeren Bindemittelbedarfs gut zum Selbstanreiben von Ölfarben und zum Selbstherstellen von Malgrundierfarben geeignet.

Unter den Weißpigmenten nimmt Zinkweiß deshalb eine Sonderstellung ein, weil es fluoresziert, d. h. unsichtbare Ultraviolettstrahlen in sichtbare Lichtstrahlen verwandelt. Diese Fluoreszenz sichert ihm nicht nur eine rasche Erkennung unter der Analysenquarzlampe des Restaurators, sie verleiht ihm auch infolge der Restfluoreszenz im Sonnenlicht eine bemerkenswerte Leuchtkraft, durch die es sich von den anderen Weißpigmenten unterscheidet. Mit Zinkweiß pigmentierte Aufstriche reflektieren mehr sichtbares Licht, als auf sie einstrahlt, weil Zinkoxid einen Teil der unsichtbaren UV-Strahlen in sichtbare Lichtstrahlen umwandelt.

Eibner hat beobachtet, daß Zinkweiß unter dicht aufliegender Verglasung die Lichtbeständigkeit mancher organischer Pigmente sehr ungünstig beeinflussen kann. Im unverglasten Bild dagegen, das hat *Wagner* festgestellt, stabilisiert Zinkweiß die Lichtechtheit organischer Pigmente, was dadurch erklärt wird, daß es – wie oben erwähnt – die harten Ultraviolettstrahlen absorbiert und in sichtbares Licht verwandelt.

Zinkweiß bildet als aktives Pigment mit trocknenden Ölen Seifen, welche die Trocknung beschleunigen und den Film stabilisieren. Zinkweißölfilme trocknen aber härter und spröder auf, weniger flixibel als Kremser-Weiß-Filme. Sie können deshalb auf weichelastischen oder nicht vollständig durchgetrockneten Malgründen oder Untermalungen reißen oder Sprünge bilden. Die von *Eibner* beobachtete Frühsprungbildung von Zinkweißfilmen ist darauf zurückzuführen, daß diese auf einem zu weichen Grund lagen und daß die Ölfarbe mit feindispersem Zinkweiß pigmentiert worden war. *Eibner* berichtet, daß bei Verwendung von grobdispersem Zinkweiß die Sprunggefahr erfahrungsgemäß geringer ist.

Zinkweiß ist säure- und alkaliempfindlich. In sauren Bindemitteln dickt es rasch ein. In der Wasserglastechnik dient es als Abbindebeschleuniger und ist dort fast unentbehrlich. In Öl deckt es weniger gut als Kremser Weiß. Es besitzt eine Farbnuance ins Bläulich-kühle, die es auch im alternden Film behält. Seine Lichtechtheit ist einwandfrei. Zinkweiß ist für Öl-, Tempera- und Aquarelltechnik geeignet. Manche Künstlerfarbenhersteller bringen ihre Zinkweiß-Aquarellfarben mit dem pompösen Namen *Permanent Chinesischweiß* auf den Markt.

Titandioxid Titanweiß

Titandioxid

Titandioxid, ein Oxid des Metalles Titan, soll zu Anfang des 19. Jahrhunderts zum erstenmal dargestellt worden sein. Um 1870 wird von einem Versuch berichtet, Titandioxid als Pigment zu verwenden, aber erst nach dem Ersten Weltkrieg begann in den USA und in Norwegen die fabrikatorische Herstellung einer Titanweißsorte, die 25 Prozent Titandioxid als deckenden und färbenden Bestandteil enthielt.

Zur Herstellung werden Titan-Eisenerze mit Schwefelsäure aufgeschlossen, vorhandene Eisensalze entfernt; anschließend wird das Titansulfat hydrolisiert, gewaschen, zu Titandioxid geglüht und gemahlen. Die Herstellung kann heute so gesteuert werden, daß Titandioxid dabei entweder in der Anatas- oder in der Rutilmodifikation anfällt, in zwei Kristallstrukturen, die maltechnisch unterschiedliche Eigenschaften haben.

Bis 1938 wurde nur die Anatasform hergestellt, die eine Neigung zeigte, im Licht organische Stoffe – die Filme trocknender Öle oder organische Pigmente z. B. – zu oxidieren und damit vorzeitig zu zerstören. Die Kreidungstendenz der Anatasmodifikation, die darin besteht, einen Ölfilm oxidativ abzubauen und damit eingelagertes Pigment freizusetzen, stört anstrichtechnisch sehr, maltechnisch aber viel weniger, als die Fama das behauptet, denn Bilder sind den energiereichen Ultraviolettstrahlen viel weniger ausgesetzt als Außenanstriche. Maltechnisch unangenehm ist dagegen ein durch Anatasgegenwart hervorgerufenes Ausbleichen von organischen Pigmenten. Diese Aufhellung, meist allein für ein Ausbleichen des Buntpigmentes gehalten, wird verstärkt durch die Neigung des Anataskristalls, an die Aufstrichoberfläche zu wandern. Alles dies, zusammen mit hin und wieder beobachteten Farbtonveränderungen des Pigmentes selbst, hat die maltechnische Brauchbarkeit der alten Anatastypen zweifelhaft erscheinen lassen.

Die Hersteller der Titanpigmente haben es inzwischen gelernt, diese störenden Mängel abzustellen. Die ersten Maßnahmen bestanden in einer Nachbehandlung der Anatasteilchen mit Aluminium- und Siliziumverbindungen, später hat man Aluminium und Zink in die Kristallgitter der Anataspartikel eingebaut. Das hat die photochemische Aktivität dieses Pigmentes merklich herabgesetzt und hatte eine Erhöhung der Lichtbeständigkeit der im Film vorhandenen Bindemittel und Pigmente zur Folge.

Seit 1938 wird Titandioxid auch in einer anderen Kristallmodifikation, in der Rutil-Form hergestellt, die photochemisch noch weniger aktiv ist als die stabilisierten Anatas-Formen und die deshalb in der Malerei den Anatas-Pigmenten unbedingt vorzuziehen ist. Hier ist die Entwicklung weiter im Fluß, und es gibt inzwischen stabilisierte Rutil-Typen, die über ganz außergewöhnlich gute maltechnische Qualitäten verfügen. – Heute ist es nur noch dem Chemiker möglich, die für den jeweiligen Verwendungszweck am besten geeignete Pigment-Type auszuwählen.

Beim Pigmentkauf sollte der Maler auf Lieferung von Rutil bestehen und es kann nichts schaden, sondern nur nützen, wenn er sich von seinem Künstlerfarbenhersteller auch einmal darüber informieren läßt, welche Pigment-Type dieser in seinen Titanweiß-Künstlerfarben verwendet.

Die Titandioxide besitzen das höchste Deck- und Färbevermögen von allen Weißpigmenten. Die Anatas-Deckfähigkeit ist allerdings 20–30% geringer als die der Rutil-Pigmente. Anatas ist „bläulich"-weiß, der zarte Gelbstich der Rutilpigmente stört im Bild aber nicht. Beide Modifikationen sind säure- und alkalibeständig, beide sind in allen Maltechniken verwendbar; Rutil ist vom Maler jedoch unbedingt vorzuziehen. – Im Gegensatz zu den vorhin besprochenen Pigmenten Kremser Weiß und Zinkweiß ist Titandioxid kein „aktives" Pigment, es ist nicht zur Seifenbildung fähig, unlöslich in den bekannten Säuren und Laugen, nur löslich in konzentrierter kochender Schwefelsäure.

Max Doerner hat die maltechnische Zuverlässigkeit von Titandioxid noch sehr zurückhaltend beurteilt. In den vergangenen Jahrzehnten ist aber an diesem Pigment viel gearbeitet worden, so daß es heute zu den zuverlässigsten Pigmenten in der Mal- und Anstrichtechnik gehört.

Zinksulfidpigmente

Zinksulfid, Bariumsulfat als Substrate, Füllstoffe

Lithopone, Deckweiß

Auch die Lithopone war zu *Doerners* Lebzeiten gerade erst den Kinderschuhen entwachsen, so daß er auch dieses Pigment mit Recht abwartend betrachtet hat. Heute, nach Praktizierung neuer Herstellungsverfahren, weiß man aus jahrzehntealten Versuchsreihen, daß die Lithopone und auch das reine Zinksulfid zu den zuverlässigen Malpigmenten gehören.

Die Zinkblende, ein natürliches Zinksulfid, ist schon lange bekannt, wurde selten als Pigment benutzt und spielte maltechnisch nie eine Rolle. – Das erste Patent zur Herstellung von Zinksulvidpigmenten geht auf das Jahr 1850 zurück, als die Herstellung eines „Metallweiß" genannten Pigmentes geschützt wurde. Um 1870 erscheint in einem belgischen Patent der Name „Lithopone", der seither zur Bezeichnung von Pigmenten dient, deren färbender und deckender Bestandteil Zinksulfid ist und die Bariumsulfat entweder als Substrat vom Fällungsprozeß her enthalten oder denen als Verschnitt natürlicher Schwerspat zugemischt worden ist.

Aus einer Zink- und einer Bariumlauge wird die grauweißliche Rohlithopone gefällt, filtriert, getrocknet, geglüht, zur Erreichung der optimalen Teilchengröße in Wasser abgeschreckt, getrocknet und gemahlen. Vor dem Glühen werden Rohlithopone Spuren von Kobalt zugesetzt, wobei dieser Kobalteinbau in den Zinsulfidkristall die früher beobachtete Vergrauung der Lithopone im Licht verhindert. Die alte, lichtunechte Lithopone neigte dazu, metallisches Zink aus dem Zinksulfid auszuscheiden und damit den ursprünglichen reinen Weißton zu verändern.

Im Handel befindet sich reines Zinksulfid und die Lithopone genannten Substrat- bzw. Verschnittpigmente, deren Deck- und Färbevermögen mit steigendem Zinksulfidgehalt steigen. – Handelsmarken sind: Reines Zinksulfid ist unter dem Namen *Sachtolith* erhältlich; sein Deck- und Färbevermögen sind besonders gut. – Lithopone wird heute nur noch in zwei Qualitäten hergestellt, was für die Praxis vollständig ausreicht. *Lithopone Rotsiegel* mit 30% Zinksulfid und *Lithopone Silbersiegel* mit 60% Zinksulfid. Sachtolith und Lithopone gibt es in den drei Ausführungen

L = Standardware
D = mit verbesserter Benetz- und Dispergierbarkeit
DS = enthält mikronisierte, d. h. besonders feindisperse Teilchen

Für den Maler sind die Typen L und D gut geeignet. Industrielle Sondertypen sind für den Maler nicht interessant.

Zinksulfidpigmente werden von Säuren unter Schwefelwasserstoffentwicklung (Geruch) zersetzt, selbst schwache Säuren können Reaktionen in Gang bringen (S. 23). In allen Maltechniken sind sie verwendbar, auch in Wasserglas; mit allen Pigmenten sind sie verträglich. Ihre Lichtechtheit ist sehr gut; die Farbnuancen können ins Gelbliche, aber auch ins Bläuliche gehen. Hauptanwendungsgebiete sind Öl-, Acryl-, Tempera- und Aquarellfarbentechnik und die Grundierung von Malgründen. Die Zinksulfidpigmente sind nicht zur Seifenbildung befähigt, sie sind gleichsam *passive Pigmente.*

Kreide, Kalkspat, Marmormehl, Steinkreide

Kalziumkarbonat

Entstanden aus den Panzern der Kreidetiere (Kreidezeit), unterscheiden sich die Kalziumkarbonate nur durch Kristallstruktur und Körnung.

Kreide ist locker, weich und durch Tonbestandteile mehr oder weniger quellfähig. Sie wird in der Regel geschlämmt (Rügener, englische, dänische, hannoversche Kreide), um grobe Teile und Quarz zu entfernen. – Bei der französischen Champagnekreide kann meistens darauf verzichtet werden. Diese wird oft mittels rotierender Metallbürsten direkt durch „Stäuben" aus ihren Vorkommen abgebaut. – Die Kreide ist schon früh in der Maltechnik verwendet worden. Das „Paraetonium" des *Plinius* war eine Kreideart, die schon damals in Malgründen zu finden war. – Künstlich hergestellte, gefällte Kreiden sind reiner und feiner als Naturkreiden. Sie haben aber genau wie die mit Öl leicht benetzbaren, die sogenannten „ölfreundlichen" Kreidesorten in der Maltechnik keine Bedeutung erlangt. – *Cennini* berichtet von einem ganz besonderen Material, dem *Bianco di San Giovanni.* Es entsteht, wenn butterig-pastose Stücke Sumpfkalk aus der Grube gestochen, auf einem Brett getrocknet, wiederholt genäßt und dabei der Einwirkung der Luftkohlensäure ausgesetzt werden. Dabei entsteht eine Mischung von Kalziumkarbonat und Löschkalk, das *Bianco di San Giovanni.* Es ist damals besonders in der Secco-Technik verarbeitet worden, beispielsweise in Kasein.

Kreide ist lichtecht, wenig wasserlöslich, säurelöslich unter Kohlendioxidentwicklung, in Alkalien unlöslich. Sie deckt in wässerigen und ist in öligen Bindemitteln transparent; ihr Färbevermögen ist mäßig bis gut. Nicht nur wegen geringer Deckfähigkeit und der ihr eigenen Farbtontrübung und Trocknungshemmung wird Kreide in der Öltechnik nicht verwendet, sondern hauptsächlich wegen ihrer störenden Neigung zum Quellen und wegen ihrer geringen Durchlässigkeit den harten kurzwelligen Ultraviolettstrahlen gegenüber, die bei Kreidegegenwart die Filmoberfläche leicht zerstören, die Pigmentpartikel ihres Haltes berauben und besonders außen das berüchtigte „Kreiden" hervorrufen.

Kreide dient insbesondere im nördlichen Europa seit Jahrhunderten als Weißpigment in Malgrundierungen (Kreidegrund), während südlich der Alpen fast ausschließlich Gips als Pigment zum Grundieren verwendet worden ist *(Gesso)*. Kreide wird auch verwendet als Füllstoff in wässerigen Malfarben, in Pastellstiften und Kreiden, in Kitten des Restaurators und in Vergoldergrundierungen.

Kalkspat, reiner weiß, von geringerem Färbevermögen und in Wasser weniger quellend als Kreide, wird von alters her als Verschnittmittel (Pompeji, italienische Renaissance) verwendet. Heute findet man ihn als Substrat und Verschnittmittel im gipsfreien Englischrot und im Titanweiß. – *Marmormehl,* ein grobkörniger Kalkspat, ist praktisch wasserunempfindlich und wird in Freskogründen als Beischlag in den unteren Schichten verwendet. – *Steinkreide* wird ein Kalksteinmehl aus der Juraformation genannt, das in manchen alten Grundierungen eine Rolle gespielt hat und heute noch in der Vergoldertechnik benutzt wird.

Leichtspat, Lenzin, Gips, Analin, Alabaster, Bologneser Kreide

Kalziumsulfat

Entstanden aus Ablagerungen salzhaltiger Gewässer, kommt der Leichtspat in der Regel mit Steinsalz zusammen vor und wird nach Farbtönung sortiert, nicht geschlämmt, sondern nur gemahlen. Der reinweiße Leichtspat, das Lenzin, enthält Kristallwasser.

Durch Brennen kann

unter 300°C ein Teil des Kristallwassers ausgetrieben werden,
es entsteht: Modellgips (z. B. für Bildhauerarbeiten),
Stuckgips (z. B. für Stuckarbeiten),

bei 300°C Kristallwasser vollständig ausgetrieben werden,
es entsteht: totgebrannter Gips (Analin),

bei Temperaturen über 300°C der sogenannte
Baugips, Estrichgips, Diaragips

hergestellt werden.

Leichtspat ist lichtecht, wenig wasserlöslich und neigt deshalb im Fresco und außen zu Ausblühungen. In öligen Bindemitteln ist er transparent, in wässerigen deckend. In Wasserglas dickt er rasch unter Bildung von Kalziumsilikat ein. Er wird verwendet als Pigment für Malgrundierungen (Gipsgrund), als Pigmentverschnitt in wässerigen Malfarben und zur Herstellung von Kreidestiften – die vielfach nicht aus Kreide, sondern aus Gips bestehen – und von Pastellstiften.

Schwerspat, Barytweiß, Blanc fix, Permanentweiß

Bariumsulfat

Schwerspat wird bergmännisch abgebaut, nach Farbe sortiert, dunkle, durch Eisen- und Manganbestandteile gefärbte Gangarten werden aussortiert, es wird gewaschen und gemahlen.

Bariumsulfat ist lichtecht, in Wasser, Säuren und Laugen unlöslich; es trocknet transparent in öligen und deckend in wässerigen Bindemitteln auf. Schwerspat ist maltechnisch brauchbar als Verschnittmittel und Füllstoff in allen Techniken. – Reiner weiß und spezifisch etwas leichter als der natürliche Schwerspat ist das in einem chemischen Vorgang gefällte Bariumsulfat, Blanc fix genannt, das über die gleichen Eigenschaften wie Schwerspat verfügt, aber einen höheren Bindemittelbedarf besitzt.

Ton, China Clay, Kaolin, Porzellanerde, Pfeifenton, Kollerkreide, weißer Bolus, Neuburger Kieselkreide

Wasserhaltige Tonerden, Aluminiumsilikathydrate

▶ Die einzelnen Sorten sind verschieden an Farbe und Reinheit, Kaolin ist das reinste und weißeste Produkt. Ton ist ein Verwitterungsprodukt der Feldspatgesteine.

Reiner Ton ist säure- und laugenbeständig und bleibt beim Erhitzen rein weiß. Ton wird gebraucht für Grundierungen, für Pastellstifte, als Zusatz für in Öl angeriebene Farben, die „kurz" werden sollen. Ultramarinfarben, Ocker, Umbra und Grünerden haben natürlichen Tongehalt. Die Ocker sind durch Eisengehalt gefärbte Tone, ebenso die gebrannten Ocker, roter Bolus und Rötel. Ton hält lange das Wasser fest und neigt in manchen Sorten zu weiterer Verwitterung, was vielleicht das Verhalten einzelner dieser Farbkörper im Fresco, aber auch im Ölbild – Verwitterung des Firnisses über Ultramarinblau und Umbra – erklären dürfte. Ich möchte daher auch von seiner Verwendung für Grundierungszwecke abraten. Er neigt hier manchmal zum Abblättern. Die Deckfähigkeit des Tones ist sehr gering. Er könnte in ▷

▷ ungefirnißter Malerei verwendet werden, so in Guaschfarben. Als Leimfarbe ist er vorzüglich. Neuburger Kieselkreide ist ein kieselsäurehaltiger Ton. – Lehme und Mergel sind verunreinigte Tone. Letztere sind im Frescokalk sehr nachteilig durch Auswittern und Nichtabbinden. ◀

Transparentweiß, Tonerdehydrat, Tonerde

Aluminiumhydroxid-Oxidhydrat-Gemisch

Dieser synthetisch hergestellte weiße Füllstoff deckt und färbt in Ölmalmitteln nicht, in wässerigen Malfarben wird er nicht gebraucht, er ist in der Pigmentindustrie häufig Substrat bei der Herstellung von Farblacken (S. 3, 43, 57f.).

In der Künstlerfarbenindustrie und beim Selbstherstellen von Ölfarben durch den Maler kann Tonerdehydrat als Verschnitt-, Verdickungs- und Absatzverhinderungsmittel dienen, das die Farbtönung des eigentlichen Buntpigmentes nicht oder kaum verweißlicht. Als Absatzverhinderungsmittel für Tubenölfarben ist der Tonerde allerdings ein sehr kleiner Zusatz von in Leinöl gelöstem Bienenwachs vorzuziehen. *Tonerdehydrat* entsteht durch Fällen aus einer wässerigen Alaunlösung (Kalium-Aluminiumsulfat) nach Zugabe einer Lösung von Soda (Natriumkarbonat), Pottasche (Kaliumkarbonat) oder Ammoniak.

Aus Tonerdehydrat und Dammarlösung kann man praktisch farblose und in Terpentinöl löslich bleibende *Bilderkitte* herstellen. Sollen die Kitte unlöslich auftrocknen und besonders zuverlässig haften, dann ist Verwendung eines farblos auftrocknenden Alkydharz-Malmittels ratsam.

Talk, Talkum, Speckstein, Federweiß

wasserhaltiges Magnesiumsilikat

Dieser weiße, seifige und weiche Füllstoff besitzt ein sehr geringes Deck- und Färbevermögen und eignet sich deshalb genau wie Transparentweiß zur Herstellung von Bilderkitten. Talkum wird manchmal in Farbstiften verwendet und seltener bei der Herstellung von Grundierfarben.

Gelbe Pigmente

Blei-Zinn-Gelb, „Gelb der alten Meister“

Blei-Zinn-Oxid und/oder Bleiglas mit Blei-Zinn-Oxid

Vom 14. Jahrhundert bis ins 17. Jahrhundert hinein ist in der europäischen Tafel-, Wand- und Faßmalerei dieses blasse Gelbpigment verwendet worden, das dann merkwürdigerweise fast 200 Jahre lang völlig vergessen worden ist. Erst *Richard Jacobi* hat es 1941 durch spektralanalytische Untersuchungen von Substanzproben aus alten Gemälden wieder entdeckt. Heute, nach den umfangreichen Untersuchungen *Hermann Kühns,* weiß man, daß überall dort, wo man früher Neapelgelb oder auch das als Massicot bezeichnete Bleioxid vermutet hat, dieses Blei-Zinn-Gelb vermalt worden ist. *Hermann Kühn* berichtet darüber in einer umfangreichen Arbeit und nennt dabei Bilder und Malernamen von *Giotto* bis zu den Niederländern des 17. Jahrhunderts.

Die späte Wiederentdeckung dieses Pigments ist wahrscheinlich darauf zurückzuführen, daß offenbar nur in einem alten maltechnischen Traktat, im sog. Bologneser Manuskript, von diesem Pigment die Rede ist und daß die naturwissenschaftliche Bilduntersuchung noch nicht sehr lange betrieben wird. Es besteht durchaus die Möglichkeit, daß im Laufe der Zeit noch andere interessante Entdeckungen auf dem Pigmentgebiet gemacht werden.

Für die Malerei unserer Zeit hat dieses alte Pigment keine Bedeutung mehr, weil es coloristisch und qualitativ durch andere Pigmente ersetzt werden kann, die für die Lack-, Druckfarben- und Kunststoffindustrie in größeren Mengen – und das heißt billiger – hergestellt werden.

Neapelgelb

Bleiantimoniat
Gesundheitsschädlich

Herkunft und Alter der von uns Neapelgelb genannten Blei-Antimon-Verbindung sind nicht genau bekannt. Hin und wieder wird in der Literatur die Ansicht vertreten, dieses Pigment sei schon in Assyrien und Babylonien bekannt gewesen. *Plinius* hat es offenbar aber nicht gekannt. In Italien taucht in der maltechnischen Literatur von *Cennini* an ein mit „Giallorino“ bezeichnetes gelbes Pigment auf, in dem man früher Bleiantimoniat, zuweilen aber auch Massicot, gelbes Bleioxid, vermutet hat, während man heute an das erst jüngst wiederentdeckte Blei-Zinn-Gelb denken muß. – Gesichert ist die Verwendung unseres heutigen Neapelgelb in der Malerei erst vom 18. Jahrhundert an.

In mehreren Verfahren, die alle von blei- und antimonhaltigen Substanzen ausgehen, wird Neapelgelb durch Glühen hergestellt. Je nach Verfahren und Art der Ausgangsmaterialien entsteht ein Produkt, das Farbtönungen vom grünlichen Gelb bis ins rötliche Gelb zeigen kann. Eine einheitliche chemische Zusammensetzung kann für dieses Pigment nicht angegeben werden.

Neapelgelb deckt sehr gut, sein Färbevermögen ist allerdings mäßig. Licht- und Kalkechtheit sind hervorragend, so daß es oft in der Frescomalerei verwendet worden ist; auch in Wasserglas steht es gut auf der Wand. Sein Hauptanwendungsgebiet lag aber in der Öl-, Tempera- und Aquarellmalerei, wo es wegen seiner aparten Farbtönung sehr geschätzt war. Als Bleipigment beschleunigt Neapelgelb die Öltrocknung.

Neapelgelb wird, weil es gesundheitsschädlich ist, nicht mehr in der Künstlerfarbenindustrie und wegen seiner Empfindlichkeit gegen Schwefeldioxid und gegen Schwefelwasserstoff, heute auch nicht mehr in der Anstrichtechnik verwendet. – In den Nickeltitangelb genannten neuen Pigmenten stehen inzwischen unschädliche Produkte zur Verfügung, die Neapelgelb coloristisch voll ersetzen können und über hervorragende Echtheitseigenschaften verfügen, so daß sie außen und in allen Techniken verwendet werden können.

Nickeltitangelb

Titandioxid mit Nickel- und Antimonoxiden im Kristallgitter

Dieses neue Pigment, in den 50er Jahren zum ersten Mal in den USA hergestellt, besteht aus Mischkristallen der Oxide von Titan, Nickel und Antimon. Die technologischen Eigenschaften ähneln denen der Titandioxide.

Diese Pigmente ähneln in der Farbtönung dem Neapelgelb, decken gut, färben befriedigend, sind hochlichtecht, hitzebeständig und beständig gegen Industrieabgase, sie sind kalk- und zementecht und eignen sich für das Fresco. Man kann Nickeltitangelb in allen üblichen Malfarben einsetzen. Seit Nickeltitangelb dem Maler zur Verfügung steht, kann er das Neapelgelb coloristisch durch ein technologisch besseres Pigment ersetzen, das dazu noch den Vorzug besitzt, ungiftig zu sein.

In diese nicht gesundheitsschädliche Pigmentgruppe gehören auch die seit geraumer Zeit bekannten *Chromtitangelbe,* die allerdings mehr zum Orange hin tendieren. Sie sind ebenfalls Mischphasenpigmente mit Titan-, Antimon- und Chromoxiden im Molekül. Ihre maltechnischen Eigenschaften ähneln dem Nickeltitangelb.

Chromgelb

Bleichromat
Gesundheitsschädlich

Chromgrün, Zinnobergrün

Mischpigment aus Chromgelb und Preußischblau oder Phtalozyaninblau
Gesundheitsschädlich

Chromgelb wurde 1809 von dem französischen Chemiker *Vauquelin* zum ersten Mal im Laborversuch dargestellt. Schon etwa 10 Jahre später scheint es als Pigment in größerem Umfange hergestellt worden zu sein. – Dieses Mischkritall- oder Mischphasenpigment aus Bleichromat und Bleisulfat wird – heute wie damals – aus Lösungen von Blei- und Chromsalzen und Natriumsulfat gefällt, gewaschen, getrocknet, gemahlen. Die Herstellungsbedingungen und die heute möglichen Stabilisierungsmethoden bestimmen Farbtönung und Qualität des Endproduktes. Moderne, gute Chromgelbe enthalten nur wenig Bleisulfat.

Am Chromgelb und seiner Beurteilung durch *Max Doerner* in der Ausgabe letzter Hand läßt sich deutlich ablesen, wie sehr die Pigmentforschung und die Entwicklung der Pigmenttechnologie die Echtheitseigenschaften einer ganzen Pigmentgruppe von Grund auf verändert haben. *Max Doerner* schrieb damals unter anderem:

► „Chromgelbe decken vorzüglich und trocknen sehr gut. Die hellen Töne sind leider sehr wenig lichtecht, sie werden schon als Pulver im Licht schmutzig-lederfarbig, in Öl schmutzig-grünlichbraun. Die dunklen Töne von Chromgelb sind je nach dem Grad ihrer Dunkelheit entsprechend haltbarer. Chromgelb braucht einen Zusatz von Wachs (2%), sonst wird es leicht fest in den Tuben. ... Böcklin gebrauchte Chromgelb viel und trat immer für diese Farbe ein, auch *L. Ludwig,* der aber seine Bilder in Mappen verschlossen hielt, wodurch natürlich das Chromgelb sich hielt. Ein Fall ist mir bekannt, wo die Veränderungen der hellen Chromgelbe sich günstig im Bild auswirkte, nämlich bei den Sonnenblumen des *van Gogh;* diese waren früher sicher greller und weniger rätselhaft in der Farbe als heute. ..." ◄

Diese Ausführungen sind nicht nur pigmentgeschichtlich interessant, sie können auch einen Eindruck davon geben, wie manchmal in der Beschreibung von Kunstwerken Epitheta wie „rätselhaft" zustande kommen.

Deckvermögen und Färbevermögen der Chromgelbe waren immer sehr gut bis gut, während ihre Beständigkeit gegen Licht, Alkalien, Mineralsäuren und saure Gase wie Schwefelwasserstoff und Schwefeldioxid zu wünschen übrig ließen. Bei längerer

Belichtung, besonders bei Feuchtigkeitsgegenwart zerfielen die alten Chromgelbe an der Aufstrichoberfläche teilweise in schwarzbraunes Bleisulfid und in Chromoxidgrün. Auf diese Weise ist die „rätselhafte“ Farbtönung der van Gogh'schen Sonnenblumen denn auch entstanden.

Heute liefert die Pigmentindustrie den Künstlerfarbenherstellern lichtstabilisierte Chromgelbe, die im Vollton wie auch in starker Weißausmischung über die höchsten Lichtechtheitsprädikate verfügen, die Pigmentprüfer zu vergeben haben. Stabilisiert wird mit Titan-, Antimon- und Aluminiumverbindungen, die in das Kristallgitter der Chromgelbe eingebaut oder die angelagert werden. Weil es neuerdings auch möglich ist, Chromgelbe gegen schweflige Gase zu stabilisieren, sind diese neuen Sorten ganz und gar nicht mehr mit den alten Pigmenten vergleichbar. Sie gehören jetzt zu den solidesten und beständigsten Gelbpigmenten, die dem Maler heute zur Verfügung stehen. Sie sind hervorragend geeignet zur Pigmentierung von Öl, Acryl-, Tempera-, Leim- und Aquarellfarben. – Störend ist allerdings nach wie vor ihre Gesundheitsschädlichkeit, aber hier ist anzumerken, daß neuerdings Chromgelbe hergestellt werden können, deren in der Magensäure löslicher Bleianteil ganz erheblich reduziert worden ist.

Mögen manche Beständigkeitseigenschaften auch verbessert worden sein, kalk- und zementecht sind die Chromgelbe nicht geworden, auch gegen Mineralsäuren sind sie empfindlich geblieben.

Die Chromgrün oder auch Zinnobergrün genannten Mischpigmente, seit etwa 1830 bekannt, werden teils aus Chromgelb und Eisenzyanblau naß gekollert, teils wird bei Anwesenheit der einen Komponente im Fällbottich die andere Komponente gefällt. Die Farbtönung dieser Produkte hängt vom Verhältnis der beiden Komponenten ab, die maltechnischen Eigenschaften gleichen denen der Grundpigmente. – Wegen des verschiedenen spezifischen Gewichtes der Ausgangsmaterialien treten beim Mischen von Chromgelb und Preußischblau auf der Palette zuweilen „Ausblauen“ auf, d. h., das spezifisch leichtere Eisenzyanblau schwimmt an die Oberfläche des frischen Aufstrichs und dunkelt ihn nach. – Die aus Chromgelb und dem organischen Pigment Phtalozyaninblau hergestellten Mischungen, die sogenannten Chromechtgrüne, sind wesentlich brillanter und reiner in der Farbtönung und infolge Fehlens von Eisenzyanblau auch lichtechter als die billigeren Chromgrüne konventioneller Art. Für Malzwecke sind diese Chromechtgrüne ganz besonders gut geeignet und das umso mehr, wenn sie dazu noch stabilisiertes Chromgelb enthalten. Störend bleibt aber die Gesundheitsschädlichkeit des Chromgelbs, die den Benutzer zu den gleichen Vorsichtsmaßnahmen zwingt, wie sie beim Kremser Weiß genannt worden sind.

Kadmiumgelb

Mischkristalle aus Kadmiumsulfid und Zinksulfid

Kadmiumrot

Mischkristalle aus Kadmiumsulfid und Kadmiumselenid

Das Metall Kadmium ist im Jahr 1817 entdeckt worden. Um 1830 soll schon mit Kadmiumgelb gemalt worden sein, aber erst seit 1849 wird Kadmiumgelb in größerem Maße hergestellt. – Das selten vorkommende Mineral Greenockit, ein natürliches Kadmiumsulfid, ist offenbar als Pigment nie verwendet worden.

Kadmiumpigmente können hergestellt werden:

a) durch Fällung aus Kadmiumsalzlösung mit Schwefelwasserstoff oder Alkalisulfiden, bei den hellen Sorten in Gegenwart von Zinksalzen, und anschließendem Brennen oder
b) durch Brennen von Kadmiumkarbonat mit Schwefel.

Bei der Herstellung von Kadmiumrot wird Selen in den Fällungs- oder Brennprozeß eingebaut. – Die Herstellungsbedingungen beeinflussen die Teilchengröße und bestimmen damit die Nuancen in den einzelnen Farbtonbereichen.

Auch die reinen Kadmiumgelbpigmente enthalten gewöhnlich eine geringe Menge Substrat (z. B. Zinksulfid), das aber in Form von Mischkristallen in das Pigment eingebaut ist und notwendig dazu gehört. – Etwas ganz anderes sind die Kadmofix, Kadmopone oder Kadmolith genannten Substratpigmente, die aus Kadmiumsulfat und Schwefelbariumlauge gefällt werden, deshalb erhebliche Mengen (ca. 50 %) Bariumsulfat und Zinksulfid enthalten und maltechnisch und preislich entsprechend weniger wertvoll sind.

Die nach modernen Verfahren hergestellten Sorten besitzen eine höhere Lichtechtheit und bessere Beständigkeitseigenschaften als die alten Kadmiumpigmente. Außer in den zitrongelben Typen ist ihre Lichtechtheit ausgezeichnet, sie steigt vom Hellgelb zum Dunkelrot erheblich an. Deck- und Färbevermögen sind gut bis sehr gut, nur im Orangebereich ist das Deckvermögen geringer. Alle Kadmiumpigmente sind gegen Mineralsäuren empfindlich. Ihre Beständigkeit gegen Alkalien – auch gegen Kalk – ist zwar einwandfrei, jedoch sollten sie nur innen verwendet werden. Außen führt ihre Luftempfindlichkeit sehr oft zur Bildung von weißem Kadmiumkarbonat oder Kadmiumsulfat, das sich wie ein Schleier über die Malerei legt, wenn das Pigment nicht durch einen intakten Film von der Luft abgeschlossen wird. Gegen die Luft verhalten sich die dunklen, blaustichigen Sorten am besten. Aber auch sie sind nicht beständig genug, um außen empfohlen werden zu können.

Die Kadmiumpigmente können mit allen Pigmenten gemischt werden. In der Öl-, Acryl-, Tempera- und Aquarelltechnik stellen die Kadmiumpigmente die schönsten und beständigsten Pigmente im Gelb-, Orange- und Rotbereich dar.

Eine Ausnahme ist lediglich das Kadmiumgelb zitron, dessen Lichtechtheit von einem organischen Azopigment gleichen Farbtons übertroffen wird. Die maltechnischen Eigenschaften der vorhin erwähnten Substratpigmente reichen nicht an die der reinen Typen heran.

Mit *Kadmiumgrün* wird eine Pigmentmischung bezeichnet, die aus Kadmiumgelb und Chromoxidgrün feurig hergestellt ist. Auf diese Weise entstehen reine, sehr gut lichtechte Grüntönungen, die sich insbesondere in der Ölmalerei großer Beliebtheit erfreuen. Ihre maltechnischen Beständigkeiten gleichen denen ihrer Mischkomponenten und sind infolgedessen hervorragend. – Als *Brillantgelb* wird eine Pigmentmischung aus Zinkweiß und Kadmiumgelb bezeichnet.

Zinkgelb

Zinkchromat
Giftig

Vauquelin, der Entdecker des Chroms, beschrieb 1809 zum ersten Mal Zinkchromat, seit 1850 ist es als Pigment hergestellt worden.

Die alte Herstellungsart aus metallischem Zink, Schwefelsäure und anschließender Fällung mit Chromsalzen scheint die Ursache der starken Wasserlöslichkeit der früheren Zinkgelbtypen gewesen zu sein. Aus dieser Zeit stammt wohl auch die Warnung, Zinkgelb könne in Ölbildern ausblühen, wenn sie feucht würden, es sei deshalb in der Ölmalerei zu meiden. – Heute wird Zinkgelb aus einer Mischung von Zinkoxid und Zinksulfat mit einer Chromsalzlösung gefällt; anschließend wird gewaschen und getrocknet. Durch Zusatz bestimmter Chemikalien kann seine Wasserechtheit erheblich verbessert werden. Für bestimmte anstrichtechnische Zwecke aber ist eine gewisse Wasserlöslichkeit durchaus erwünscht.

Zinkgelb ist gut lichtecht. Deckfähigkeit und Färbevermögen sind gering. In Öl beschleunigt es die Trocknung; seine Fähigkeit, Seifen zu bilden, steigt mit Zunahme an wasserlöslichen Anteilen. Es kann in Öl etwas zum Vergrünen neigen. Gegen Säuren und Alkalien ist es nicht beständig. In der Malerei wurde Zinkgelb in Öl-, Tempera- und Aquarellfarben gebraucht; in letzteren wurden wasserlösliche Typen bevorzugt. Aus Zinkgelb und Preußischblau wurden durch Naßverkollerung die *Zinkgrüne* hergestellt.

Seit bekannt ist, das Zinkchromat Krebs erregt, wird es in Künstlerfarbenfabriken nicht mehr verarbeitet.

Bleiglätte, Bleigelb, Königsgelb, Massicot

Bleioxid
Gesundheitsschädlich

Bleimennige, Saturnrot

Bleiorthoplumbat
Gesundheitsschädlich

Beim Erhitzen gehen metallisches Blei und Bleiweiß durch Oxidation zuerst in gelbe Bleiglätte über, aus der schließlich die orangerote Bleimennige entsteht.

Die heutige fabrikatorische Herstellung ist recht kompliziert und kommt auf verschiedenen Wegen zu Produkten unterschiedlicher Art. – Diese beiden Bleipigmente sind nur wenig jünger als das Bleiweiß.

Schriftsteller des Altertums *(Dioscorides, Plinius, Vitruv)* berichten, das „gebrannte Bleiweiß", die „cerussa usta", sei durch Zufall entdeckt worden, als bei einem Schiffsbrand im Piräus, dem Hafen von Athen, ein mit „cerussa" (= Bleiweiß) beladenes Schiff in Brand geraten war. Dieser sagenhafte Schiffsbrand scheint die Geburtsstunde der Bleiglätte und der Bleimennige in der Literatur geworden zu sein.

Im Altertum soll Bleiglätte oder *Massicot* in der Wandmalerei verwendet worden sein, vielleicht in Wachs, was eine Erhaltung noch am ehesten erklären könnte. Daß in der Renaissance, wie man bisher angenommen hat, *Massicot* in der Ölfarbenuntermalung aber auch in oberen Schichten vermalt worden sein soll, erscheint neuerdings zweifelhaft. Man nimmt heute an, daß in allen Fällen, in denen in den Quellenschriften von *Giallorino* die Rede ist, nicht *Massicot* oder Neapelgelb verarbeitet wurde, sondern das erst neuerdings wiederentdeckte Blei-Zinn-Gelb. – *Massicot* ist nicht haltbar im Licht. Es beschleunigt als Bleipigment die Öltrocknung, ist aber in Ölanreibung nicht lagerfähig und dickt rasch ein.

Auch unsere heutige Bleimennige, vom Maler zuweilen *Saturnrot* genannt, soll im Altertum wie die Bleiglätte auf der Wand, erstaunlicherweise sogar im Fresco vermalt worden sein. Seit der Renaissance findet man sie in der Tafelmalerei. Sie beschleunigt ebenfalls die Öltrocknung sehr, auch Saturnrot-Ölfarben dicken beim Lagern ein. Ihre Lichtechtheit ist schlecht, deshalb ist sie als Malpigment schon lange bedeutungslos. Bleimennige dient heute hauptsächlich als Rostschutzpigment in der Anstrichtechnik.

Eine kulturhistorische Anmerkung verdient die Bleimennige noch. Man scheint im Altertum nicht zu allen Zeiten und nicht an allen Orten klar zwischen Bleimennige und dem echten Zinnober unterschieden zu haben, für beide Pigmente wird nämlich der Name *minium* verwendet. Zwar ist für die Mennige auch der Ausdruck *minium secundarium* üblich gewesen, doch wurden mit diesem, wie auch mit *minium falsum*, besonders farbschöne Rotockersorten bezeichnet. Das Mönchslatein des Mittelalters ging mit den beiden Namen und Begriffen nicht säuberlicher um. Jedenfalls hat bei der Herstellung mittelalterlicher Handschriften die Mennige eine wichtige Rolle gespielt. Dabei hat der *Miniator* die Initialen und Überschriften mit *minium* rot angelegt, was mit Bleimennige oder auch mit Zinnober hat geschehen können. Und seit dieser Zeit heißen alle kleinformatigen Malereien „Miniaturen", ein Name, der sich bis in unsere Zeit erhalten hat.

Sollte eines dieser beiden Bleipigmente heute überhaupt noch von einem Maler benutzt werden, dann sind die gleichen Vorsichtsmaßregeln zu beobachten wie bei Kremser Weiß ausgeführt.

Auripigment, Realgar

Natürliches Schwefelarsen
Giftig

sind zwei natürliche Schwefelarsenverbindungen, die vom Altertum bis in die Renaissance als Malpigmente verwendet worden sind. *Plinius* und *Vitruv* beschreiben sie unter den Namen *„Auripigmentum"* und *„Sandaraca"*. – *Auripigment*, ein zitron- bis orangegelbes Naturprodukt, später *Operment, Rauschgelb* und *Königsgelb* genannt und künstlich hergestellt, wurde hauptsächlich in der Temperamalerei verwendet.

Sandaraca, die rote, kristalline Schwefelarsenmodifikation, auch als *Realgar* und *Rauschrot* bezeichnet und ebenfalls künstlich hergestellt, besitzt eine leuchtend rote Farbtönung, die beim Zerkleinern in ein Orangegelb übergeht.

Gummigutt

Baumharz
Giftig

Die Gummiguttbäume, Guttiferen, eine Garcinienart in Siam, auf Ceylon und in Indien, liefern dieses gelbe Farbharz, das etwa 20 Prozent wasserlösliches Gummi enthält und damit fast eine natürliche Aquarellfarbe darstellt. Wegen der prachtvoll leuchtenden goldgelben Farbtönung wurde Gummigutt im Mittelalter in der Buchmalerei benutzt, die flämischen Maler scheinen es in Öl verwendet zu haben, später taucht es auch in Spritfirnissen auf, in denen es wie in Öl löslich ist.

Bis vor kurzem wurde es noch in Aquarellfarben als Farbmittel benutzt, und zwar nicht nur allein, sondern auch in Mischung mit natürlichem Indigo oder Preußischblau. Diese Mischfarbe ist das ursprüngliche *Hookersgrün*. – Wegen seiner mangelhaften Lichtechtheit und seiner Giftigkeit ist es jetzt durch beständigere und ungiftige Pigmente ersetzt.

Schüttelgelb, Stil de grain

Farblack

Aus den unreifen Beeren der in Südeuropa beheimateten Kreuzdornarten läßt sich mit Wasser und Soda ein Farbstoff extrahieren, der schon im Altertum auf Tonerde oder andere Substrate gefällt und als Farblack vermalt worden ist. Es entstehen dabei außerordentlich lichtunechte Lacke vom grünlichen bis zum bräunlichen Gelb, die heute, sofern Malfarben dieses Namens überhaupt noch im Handel sind, durch vollsynthetische Produkte ersetzt werden. – Auch die als gelber oder grüner Lack mit oder ohne Beinamen bezeichneten Farblacke der früheren Zeit sind auf vergleichbare Art aus Pflanzenfarbstoffen hergestellt worden und sind insgesamt wenig lichtecht.

Indischgelb

Magnesiumsalz der Euxanthinsäure

Indischgelb ist seit der Mitte des 19. Jahrhunderts als Malpigment in Europa bekannt und in Wasser- und Ölfarben verwendet worden.

Es wurde in Indien, vor allem in Bengalen, hergestellt durch Eindampfen des Urins von Kühen, die man mit Mangoblättern gefüttert hatte. Der unlösliche Rückstand, ein Magnesiumsalz der Euxanthinsäure, wurde durch Waschen gereinigt und gepreßt in den Handel gebracht. Die Lichtechtheit dieses lasierenden, trübgelben Pigmentes war sehr gut, so daß es einige Jahrzehnte lang gern vermalt worden ist. Die Gewinnung ist aus Tierschutzgründen heute verboten; das natürliche Pigment ist inzwischen durch synthetische organische Pigmente gleicher oder besserer Echtheit ersetzt. – Das Pigment ist zu seiner Zeit zu Birnen geformt gelagert und gehandelt worden. Eine echte Indischgelb-Birne ist heute eine Rarität und ein kleiner Stolz jeder Malmaterialsammlung.

Gelber Ultramarin

Bariumchromat
Strontiumchromat
Giftig

Diese beiden mit dem irreführenden Namen „gelber Ultramarin" bezeichneten Pigmente sind seit Anfang des 19. Jahrhunderts bekannt, sind aber erst später vermalt worden.

Beide sind säureempfindlich und wenig wasserlöslich, können außen ausblühen und sind deshalb trotz ihrer Alkalibeständigkeit für das Fresko ungeeignet. Ihre Lichtbeständigkeit ist gut, in Öl sind aber, wahrscheinlich durch Reduktion im Licht, Vergrünungen beobachtet worden. Deckfähigkeit und Färbevermögen sind gering. Man hat sie hauptsächlich zur Pigmentierung von Aquarellfarben benutzt, wo sie heute von ungiftigen Pigmenten abgelöst worden sind. Beide Pigmente werden jetzt in der Hauptsache als Korrosionsschutzpigmente in der Anstrichtechnik verwendet.

Aureolin, Kobaltgelb

komplexes wasserhaltiges Kobaltkaliumnitrat
Gesundheitsschädlich

Diese 1848 entdeckte, in gewissem Umfang wasserlösliche Kobaltverbindung ist seit etwa 1860 hauptsächlich in der Aquarelltechnik benutzt worden. Aureolin ist säure- und alkaliempfindlich. Seine Licht- und Luftempfindlichkeit sind unterschiedlich beurteilt worden, was, wie *Eibner* vermutet, auf verschiedenen Wassergehalt zurückzuführen sein wird. Dieses rein gelbe, deckende Pigment scheint allein und in Mischung mit anorganischen Pigmenten im allgemeinen recht beständig zu sein, während in Mischung mit organischen Pigmenten Farbtonveränderungen beobachtet worden sind. Aureolin wurde nur in sehr geringem Umfang verwendet und ist heute durch Pigmente ersetzt, deren Beständigkeitseigenschaften sicherer sind.

Urangelb

Natriumuranat, Bariumuranat, Strontiumuranat
Radioaktiv, giftig

Diesen Pigmenten, die auf komplizierte Weise hergestellt worden sind, sind wohl wegen ihrer aparten Herkunft und ihres hohen Preises sagenhafte Beständigkeitseigenschaften nachgesagt worden, die schon *Eibner* stark angezweifelt hat. – Strontiumuranat ist vor vielen Jahren einmal als Pigment für Wasserglasmalerei geeignet empfohlen worden. Diese Pigmentgruppe hat in der Maltechnik keine Bedeutung gewonnen.

Gelbe Ocker, Terra di Siena

Erdpigment

Entstanden durch Verwitterung von Eisenerzen und Feldspat, enthalten die gelben Ocker neben gelbem Eisenoxidhydrat wechselnde Mengen von Aluminiumsilikaten (Ton, Kaolin), grober kristalliner Kieselsäure (Quarz), feiner kolloidaler Kieselsäure und Kalziumsalzen. Ocker werden im Tagebau gewonnen, geschlämmt und gemahlen. Ihr Färbevermögen steigt mit dem Eisengehalt, das Deckvermögen ist ebenso vom Eisengehalt wie vom Vorhandensein von kolloidaler Kieselsäure abhängig. Mangananteile rufen bräunliche Farbtönung hervor. Durch Brennen kann das Kristallwasser aus dem Eisenoxidhydrat ausgetrieben und dieses in rotes Eisenoxid umgewandelt werden. Mit dieser Farbtonveränderung geht eine Kornvergrößerung Hand in Hand, die ein Absinken des Bindemittelbedarfs und eine Vergrößerung der Deckfähigkeit im Gefolge hat. Es entstehen die gebrannten roten Ocker bzw. die gebrannte Siena.

Die alte Einteilung in fette (tonreiche), magere (kalkreiche) und sandige (quarzhaltige) Ocker, denen von verschiedenen Autoren verschiedene Eignungen und Verwendungsgebiete zugeschrieben worden sind, ist sicher historisch und theoretisch interessant, sie hat aber für die Praxis des Malers nicht mehr die frühere Bedeutung. Den heutigen Qualitätsansprüchen und vor allem der Forderung nach möglichst gleichem Ausfall entsprechen die Naturprodukte nicht mehr in jedem Fall. Aus künstlich hergestelltem Eisenoxidgelb, Kaolin, Quarz, feindisperser Kieselsäure, Spat und aus anderen Füllstoffen können Ocker mit definierten und reproduzierbaren Farbtönungen hergestellt werden, die Erden aus natürlichen Lagerstätten nicht haben.

Selbst die früher in Farbschönheit als unerreichbar geltenden französischen Ocker werden nicht selten durch künstliche Ocker ersetzt, die ihren Vorbildern weder in Farbtönung noch in anderen Eigenschaften nachstehen. Natürliche Ocker werden aber auch, um bessere und gleichbleibende Eigenschaften zu erzielen, vielfach miteinander gemischt, ihr Färbevermögen und ihre Deckfähigkeit werden teilweise mit synthetischem Eisenoxidgelb verbessert. Die genannten Operationen sind, selbst bei Anlegen strengster Maßstäbe, technisch nicht zu beanstanden. Die Unsicherheiten in Farbtönung und in den maltechnischen Eigenschaften, die notwendig jedem Naturocker eigen sind, können auf diese Weise weitgehend korrigiert werden. Diese Korrekturmöglichkeiten haben die natürlichen Ocker durchaus nicht verdrängt, sie haben dem Verbraucher aber größere Sicherheit bei der Verwendung von Ockerpigmenten gebracht.

Ocker und Sienen sind hervorragend lichtecht, wasser- und laugenbeständig, aber säureempfindlich. Die Deckfähigkeit der Ocker in öligen Bindemitteln ist mittel bis gut. Die *Terra di Siena* genannten echten, in Italien gewachsenen und gegrabenen Ocker enthalten beträchtliche Mengen kolloidaler Kieselsäure und sind deshalb ausgesprochene Lasurpigmente. Schon in der Eiszeit wurden Ocker als Malpigmente verwendet. Als *Ochra* und *Sil* waren sie bei den Griechen und Römern bekannt. Sie sind in allen Techniken innen und außen verwendbar und mit allen Pigmenten verträglich. Ihre hervorragenden maltechnischen Eigenschaften und ihre universelle Brauchbarkeit haben sie zu einem der wichtigsten Malpigmente überhaupt gemacht.

Die ursprünglich nur bei Siena, später auch in der ganzen Toskana und auf Sardinien gewonnenen italienischen Ocker sind unter dem Namen *Terra di Siena* bekanntgeworden. Sie bestehen aus 45 bis 70% Eisenoxidhydrat und enthalten große Mengen kolloidaler Kieselsäure, die in Untermalungen unter ungünstigen Umständen zum *Durchwachsen* in die darüber liegende Malschicht (S. 8f.) neigen kann. Teilweise schwer zu reiben und von großem Bindemittelbedarf besitzen ihre guten Sorten eine hohe Lasurfähigkeit, gutes Färbevermögen und eine auffallende von Malern sehr geschätzte Farbtiefe. Trotz der durch hohen Ölbedarf hervorgerufenen langsamen Durchtrocknung, trotz ihrer Neigung, im Ölfilm durch Bildung dunklerer Hydrate zuweilen nachzudunkeln, erfreut sich die echte Sienaerde schon seit Jahrhunderten einer großen Beliebtheit und ist von der Palette des Malers nicht wegzudenken.

Versuche, Farbtiefe, Reinheit der Farbtönung und Lasurfähigkeit der echten Sienaerden durch Fällen von Eisenoxidhydrat auf kolloidale Kieselsäure zu erreichen, haben zwar zu ganz ansprechenden Ergebnissen geführt, diese Produkte konnten aber noch nicht ganz überzeugen. Neuere Versuche mit transparenten und halbtransparenten Eisenoxidpigmenten lassen jedoch vermuten, daß sich eines Tages auch eine „synthetische" Terra di Siena wird herstellen lassen mit standardisierten Eigenschaften und einer Lasurfähigkeit, Farbschönheit und Brillanz, die den Vergleich mit schönen „echten" Produkten nicht mehr scheuen muß.

Die bunten Erdpigmente darf man sich entstanden vorstellen durch „natürliche Fällung" farbgebender Substanzen, Eisen- und Manganverbindungen auf ton- und quarzhaltige Erden, wobei diese Erden als Trägersubstanzen, als Substrate, dienten. – Hier ist die Parallele sichtbar zu den künstlich hergestellten Farblacken und Substratpigmenten anorganischer und organischer Art, von denen noch gesprochen werden wird.

Erdpigmente werden über oder unter Tage abgebaut, häufig durch Schlämmen gereinigt, teils durch Brennen aufbereitet und in der Farbtönung verändert. Durch Schlämmen in terrassenartig angeordneten Gruben werden durch strömendes Wasser und unter Rühren Fremdstoffe entfernt und die leichten, kornkleinen, von den schweren, korngröberen Bestandteilen getrennt. Durch Kalzinieren, wie man das Brennen nennt, wird Feuchtigkeit und Hydratwasser ausgetrieben und/oder oxidiert und die Farbtönung und/oder die Korngröße der Pigmente verändert. Die gebrannten Ocker und die gebrannten Sienaerden, die durch Umwandlung des gelben Eisenoxidhydrats in rotes Eisenoxid im Farbton zu Rot hin verändert werden, zeigen aber oft auch eine Braunfärbung, die sich um so deutlicher bemerkbar macht, je mehr Manganbestandteile das Rohprodukt enthalten hat.

Eisenoxidpigmente

Eisenoxidgelb, Marsgelb, Eisenoxidschwarz, Eisenoxidrot, Marsrot

Künstliche Eisenoxidpigmente lassen sich in verschiedenen Farbtönungen und Reinheitsstufen herstellen. Die Farbskala reicht vom olivgelb (Eisenoxidgelb, Marsgelb) über Rot (Eisenoxidrot, Englischrot) über violettstichige Rotsorten (Caput mortuum) bis hin zum schwarzen Eisenoxid. – Künstliche braune Eisenoxide werden zumeist durch Mischung von Eisenoxidgelb, -rot und -schwarz hergestellt.

Künstliche rote Eisenoxidpigmente kannte schon *Plinius*; er berichtet, daß die künstliche *Rubrica* durch Brennen von Eisenkies hergestellt worden sei. Die Alchimisten, die ihre Schwefelsäure aus Vitriolstein herstellten, haben den eisenhaltigen Rückstand *Kolkothar* oder auch *Caput mortuum* (Totenkopf) genannt, eine Bezeichnung, die heute noch für bläuliche, substrathaltige Eisenoxidrotpigmente üblich ist. Im 18. Jahrhundert sind dann die ersten gelben Eisenpigmente durch Fällen hergestellt worden, die wir in unserem heutigen Sprachgebrauch *Marspigmente* nennen.

Die aus Eisenchloridlösungen mit Kalk gefällten, nichtkristallinen, als *Marsgelb* bezeichneten Produkte sind in der Regel so feindispers, daß sie bei hohem Ölbedarf langsam trocknen, mehr oder weniger stark lasieren und manchmal durch Ölfilme durchwachsen können. *Marsrot*, durch Glühen aus *Marsgelb* entstanden, hat praktisch die gleichen Eigenschaften wie *Marsgelb*. – Für künstlerische Arbeiten sind diese Marspigmente nicht zu empfehlen, bestenfalls sind sie auf der Wand brauchbar, wo sie hauptsächlich wegen ihrer schönen Farbtönungen beliebt sind. – Marspigmente enthielten früher stets Gips oder Kalziumkarbonat. Heute sind unter dieser Bezeichnung auch gipsfreie Sorten auf dem Markt.

Die maltechnisch wertvollsten Eisenoxidpigmente entstehen auf folgende Weise: aus Eisensalzlösungen, z. B. aus Eisenbeizlaugen, lassen sich mit gelöschtem Kalk und unter Einblasen von Luft in offenen Behältern bei niedriger Temperatur gelbe und bei höheren Temperaturen auch schwarze kristalline Eisenoxidpigmente fällen. Teilweise werden sie auch durch Oxidation von metallischem Eisen, z. B. bei der Anilinfabrikation, gewonnen. Im Drehrohrofen kann aus diesen gelben oder schwarzen Eisenoxiden Eixenoxidrot geglüht werden. – Ausgangsmaterialien, Fällungsmittel und Beischlagstoffe und demzufolge auch die Herstellungsmethoden sind zu verschieden, als daß sie hier im einzelnen besprochen werden könnten.

Diese als Eisenoxidgelb (Gehalt an Eisenoxid 84 bis 88 Prozent) oder Eisenoxidrot und Eisenoxidschwarz (Gehalt an Eisenoxid 90 bis 94 Prozent) bezeichneten sog. „reinen" Eixenoxidpigmente sind wegen ihres hohen Eisengehaltes sehr deckfähig und besitzen ein ausgezeichnetes Färbevermögen. Ihre Lichtechtheit ist hervorragend. Sie sind mit allen Pigmenten verträglich und in allen Maltechniken brauchbar. Ihr Gehalt an wasserlöslichen Salzen liegt zwischen 0,4 und 1 Prozent und ist damit so gering, daß sie auch außen unbedenklich verwendet werden können. Als technische Verunreinigung enthalten sie Silikate.

Weniger wertvoll, aber auch billiger sind die substrathaltigen oder verschnittenen künstlichen Eisenoxidpigmente. Aus Industrierückständen (Bauxit, Vitriol- und Alaunschlamm) können substrathaltige Eisenoxidpigmente durch Glühen mit Kalk oder Kalkspat gewonnen werden, deren helle Sorten als *Englischrot* und deren dunklere Sorten als *Venezianischrot, Pompejanisch-* und *Indischrot* in den Handel kommen. Ausgewitterte Kiesabbrände der Schwefelsäurefabrikation, die völlig durchoxidiert sind, werden teilweise nur gewaschen, gemahlen und dann als Oxidrot in den Handel gebracht. – Alle diese Pigmente enthielten früher entweder Gips, manche waren schwefelsauer oder andere reagierten alkalisch. Die Pigmentindustrie liefert diese Sorten aber heute auch neutral und frei von zum Ausblühen neigenden Substanzen.

Eisenoxidpigmente, die für künstlerische Arbeiten bestimmt sind, dürfen weder sauer noch alkalisch reagieren und müssen frei von Gips und allen zum Ausblühen neigenden Stoffen sein. Maltechnisch am wertvollsten sind selbstverständlich die sog. „reinen" gefällten Eisenoxidpigmente; aber auch die Sorten mit niedrigerem Eisengehalt sind brauchbar, wenn sie nur den obigen Forderungen genügen.

Deckfähigkeit und Färbevermögen steigen mit dem Eisenoxidhydrat- bzw. dem Eisenoxidgehalt. Lichtechtheit, Außenbeständigkeit, Kalk- und Zementechtheit (auch im Fresko) sind hervorragend. In starken Mineralsäuren sind die künstlichen Eisenoxidpigmente zwar teilweise löslich, ihre Widerstandsfähigkeit gegen saure Industriegase ist aber einwandfrei. Sie sind mit allen Pigmenten mischbar, mit allen Malmitteln verträglich und gehören zu den beständigsten Pigmenten in allen Maltechniken.

Caput mortuum

Ein altes synthetisches Pigment ist das caput mortuum, auf deutsch „Totenkopf", dessen merkwürdiger Name buchstäblich aus der Alchimistenküche stammt. Im 15. Jahrhundert schon haben sich die Alchimisten mit der Darstellung von Schwefelsäure beschäftigt. Neben dem Zielprodukt, der „rauchenden" Schwefelsäure, die man wegen ihrer Dickflüssigkeit auch *Vitriolöl* genannt hat, fiel beim Abrösten von Pyrit bei sehr hohen Temperaturen ein in getrocknetem Zustand sehr feines bläulich-violettes Pulver als Abfall an, den die Alchimisten dem Sprachgebrauch ihres Berufsstandes folgend als *caput mortuum,* als „wertloses Zeug" sozusagen bezeichnet haben. Und dieser geheimnisvolle Name ist den bläulichen Eisenoxiden bis heute erhalten geblieben, obschon die Pigmente nach ganz anderen Verfahren hergestellt werden.

In diesem Zusammenhang sei noch erwähnt, wie der zweite merkwürdige Name dieses Pigments entstanden ist: *Colcothar* oder *Kolkothar*. Man dachte dabei an die Schädelstätte, an Golgatha, das auf hebräisch eigentlich „golgotha" heißt. Und von Golgotha, der Schädelstätte, zu Kolkothar, dem *caput mortuum*, dem Totenkopf, ist's nun wahrhaftig nicht weit.

Der dritte Name des gleichen Pigments *Morellensalz* nimmt sich dagegen direkt simpel aus. Morellen, das sind bekanntlich die blauroten Sauerkirschen, die Schatten-Morellen genannt werden.

Rote Pigmente

Roter Ocker, Spanischrot, Persischrot, Roter Bolus, Terra di Pozzuoli, Rötel, Poliment

Erdpigment

Diese natürlichen Rotpigmente werden entweder aus verwitterten tonhaltigen Eisengesteinen (rote Ocker) oder aus Eisenerzen (Persisch- und Spanischrot) durch Schlämmen und Mahlen gewonnen. Dieser Pigmenttyp ist in vulkanischen Gegenden durch natürliches Brennen aus gelben Ockern entstanden.

In Zusammensetzung, Eigenschaften und maltechnischer Eignung ähneln sie den gelben Ockern. Sie sind hervorragend lichtecht, in allen Techniken verwendbar und mit allen Pigmenten verträglich. Manche Sorten können allerdings Sulfate enthalten und dicken dann in Wasserglas ein. – Sie werden schon seit der Eiszeit als Malpigmente verwendet, *Plinius* und *Vitruv* bezeichnen sie als *Rubrica* und *Sinopis*;

ihnen waren bekannt kapadozische Erden *(sinopis pontica)*, nordafrikanische *(sinopis africana)* und die lemnische Erde *(sinopis lemnia)*, die einmal im Jahr feierlich gegraben worden sein soll.

Die in der Vesuvgegend abgebaute echte *Terra di Pozzuoli* enthält Sulfate, die sie, mit Kalk gemischt, zu einem „natürlichen Zement" machen. Die echten Typen scheinen besonders für das *Fresco buono* geeignet, die Sulfatgegenwart läßt jedoch Ausblühungen erwarten. Deshalb ist Vorsicht angebracht. – Der echten Pozzuolierde in der Farbtönung gleichzusetzen sind auch Rotocker anderer Herkunft, die unter dem Namen *Terra di Pozzuoli* ein beliebtes Malpigment sind.

Der mit rotem Bolus pigmentierte Malgrund war im 18. Jahrhundert und vorher eine Mode, die später aber hin und wieder zu allerlei Mißhelligkeiten führen konnte, wenn kolloidal feine Bolusteilchen durch die Malschicht hindurchwuchsen und in der Bildoberfläche sichtbar wurden. – Sehr fette, tonreiche Rotocker werden als Poliment in der Poliment- oder Glanzvergoldung benutzt. Sie bilden den eigentlichen Goldträger und machen durch ihre Geschmeidigkeit das angeschossene Gold polierfähig.

Die aus Roteisenstein oder Raseneisenerz gewonnenen Pigmente Spanischrot und Persischrot, ursprünglich aus Lagern in Spanien und Persien gewonnen, haben nicht lange eine Bedeutung als Malpigmente gehabt. Ihre Namen leben aber als Farbtonbezeichnungen weiter.

Wie vorhin schon bei den gelben Ockern erwähnt, entsprechen auch die heute erhältlichen, natürlich gewachsenen roten Ocker oft weder quantitativ noch qualitativ den Ansprüchen der Künstlerfarbenhersteller und -verbraucher in bezug auf Farbschönheit und gleichmäßigen Ausfall. Deshalb ist es auch hier üblich geworden, aus künstlichen Eisenoxiden und geeigneten Substraten synthetische Ocker in reproduzierbarer Beschaffenheit herzustellen und diese zu verarbeiten. Bei den gelben und roten Ockern und Sienen werden die alten Pigmentnamen immer mehr zu Farbtonbezeichnungen des Produkts und erlauben keinen Schluß mehr auf seine Herkunft. Vorerst scheinen nur die echten italienischen Ocker, die Sienen, dem Künstlerfarbentechniker noch Rätsel aufzugeben, wenn er sie synthetisch in ihren coloristischen Eigenschaften nachstellen will.

Zinnober

Quecksilbersulfid

Natürliche Zinnober, sog. Bergzinnober, finden sich in vielen Teilen der Welt in Schiefer eingebettet. Zinnober war schon im alten China und in Ägypten als Pigment bekannt; *Plinius* und *Vitruv* nennen ihn *minium*. Im römischen Reich waren die Zinnobergewinnung in den ursprünglich karthagischen Bergwerken um Almaden und in gleicher Weise auch der Vertrieb von Zinnober kaiserliches Regal. Man hat Grund zu der Annahme, daß bis ins 16. Jahrhundert hinein natürlicher Bergzinnober vermalt worden ist, obschon der arabische Alchimist *Geber* (9. Jhdt.) und auch *Albertus Magnus* (13. Jhdt.) die künstliche Herstellung bereits gekannt haben.

Seit 1785 wird – zum ersten Mal in Idria, in Jugoslawien, wo auch heute noch Quecksilber gewonnen wird – die Zinnoberherstellung fabrikmäßig betrieben. Das geschieht hauptsächlich auf dem trockenen Weg durch Erhitzen von Quecksilber und Schwefel. Der dabei entstehende *Mohr,* die schwarze Modifikation von Quecksilbersulfid, wird dann erhitzt, wobei zuerst der freie Schwefel abdestilliert und dann das rote Quecksilbersulfid sublimiert und aufgefangen wird. – Später sind auch noch einige andere Herstellungsverfahren entwickelt worden, von denen einige auf nassem Wege, durch Fällungsreaktionen, zum Endprodukt kamen.

Zinnober ist unlöslich in Alkalien und Säuren, ist spezifisch sehr schwer und hat dementsprechend einen sehr geringen Bindemittelbedarf. Sein Deckvermögen ist hervorragend, sein Färbevermögen mäßig. In Öl trocknet er sehr langsam, in wässerigen Bindemitteln angerieben wird er zuweilen sehr rasch hart. Die Lichtechtheit des Zinnobers ist zweifelhaft, weil er wieder in die beständigere schwarze Quecksilbersulfidmodifikation übergehen kann.

Bis zur Einführung der Kadmiumrot-Pigmente in die Maltechnik konnte kein anderes Pigment den Zinnober ersetzen, und so haben die handwerklich versierten Maler stets darauf geachtet, ihn entweder mit Krapplacklasuren – die ihn gleichzeitig feuriger erscheinen lassen – oder aber mit Firnisfilmen vor allzu starker Lichteinwirkung zu schützen. Heute wird der Zinnober von den Pigmentherstellern aus Mangel an Nachfrage kaum noch hergestellt, was den Maler nicht stören muß, denn er hat im Kadmiumrot ein sicheres Pigment, mit dem sich der Zinnober coloristisch ersetzen läßt. Zinnober, ein Quecksilbersulfid, ist im Gegensatz zu Quecksilbermetall und organischen Quecksilberverbindungen weder „giftig" noch „gesundheitsschädlich". Zinnober ist unlöslich in der Magensäure und wird deshalb vom Körper nicht aufgenommen.

Molybdatrot
Mineralfeuerrot

Mischkristall von Bleimolybdat und Bleichromat
Gesundheitsschädlich

Die Molybdatrot genannten Pigmente sind Mischkristalle aus Bleimolybdat und Bleichromat und als solche eigentlich eine Weiterentwicklung des Chromgelbs. Man kann sie sich entstanden denken durch Einbau von farblosem Bleimolybdat in gelbes Bleichromat. Ihre enge chemische Verwandtschaft mit Chromgelb schafft vergleichbare maltechnische Eigenschaften. Seit es licht- und schwefeldioxidstabilisierte Chromgelbtypen gibt, sind in den roten Bleimolybdaten maltechnisch brauchbare Pigmente entstanden.

Sie decken gut, ihre Lichtechtheit ist gut, sie werden verwendet zur Pigmentierung von Öl-, Acryl-, Tempera-, Leim- und Aquarellfarben. Sie sind weder kalk- noch zementbeständig.

Wurzelkrapplack Alizarinkrapplack

Fällungen aus Alizarin und Aluminiumhydroxid

Wahrscheinlich haben Griechen und Römer die Färberröte, das Labkraut *rubia tinctorum*, durch ihren Handel mit Indien kennen gelernt. Zuerst im vorderen Orient, später dann auch in den Mittelmeerländern ist die Färberröte angebaut worden. *Dioscorides* bezeichnet die Adsorptionspigmente des roten Wurzelextrakts auf Kreide oder Gips als *erydrodanon*, *Plinius* nennt ihn *rubia*. Spätestens in der Zeit der Kreuzzüge scheint der Krapplack in Westeuropa bekannt und hergestellt worden zu sein und bis zur Entwicklung der Alizarinlacke gehörte er zu den wichtigsten Pigmenten der europäischen Malerei.

Aus den Wurzeln der Färberröte, die in Südeuropa zur Krappgewinnung in großem Umfang angebaut worden ist, lassen sich durch Behandlung mit Wasserdampf und verdünnten Säuren Farbstoffgemische extrahieren. Je nach Wahl der Aufschlußmittel und -methoden werden bestimmte Farbstoffgruppen angereichert, die dann bei der Fällung mit Tonerdehydrat, Kalkspat oder anderen Substraten Farbtönungen vom hellen Rosa bis zum dunklen Violettrot liefern. Diese *Wurzelkrapplacke* besaßen hohe Brillanz und eine sehr schöne Lasurwirkung, sie litten aber, außer in den hellrosa Tönungen, unter merklicher Lichtunechtheit, die heute kein Maler mehr hinnehmen würde. – Den sog. „gebrannten Krapplakken", die eine Mode des 19. Jahrhunderts waren, war durch Erhitzen auf über 100°C der Wassergehalt entzogen worden, wodurch sie eine dunklere Tönung annahmen.

Im Jahre 1868 entdeckten zwei deutsche Chemiker im *Alizarin* das wichtigste färbende Prinzip des natürlichen Krapplacks und entwickelten noch im gleichen Jahre ein technisches Herstellungsverfahren, durch das in kurzer Zeit der *Wurzelkrapplack* vom Markt verdrängt worden ist. Von nun an konnten Krapplacke aus reinen, definierbaren Substanzen hergestellt und damit viele Schwächen der Wurzelkrapplacke beseitigt werden, die heute nur noch als Farbname, aber nicht mehr als Pigment existieren.

Die Herstellung eines guten *Alizarinkrapplacks* ist ein recht komplizierter technologischer Prozeß. Er wird heute aus synthetischem Alizarin in Anwesenheit einiger Hilfsstoffe mit und zugleich auf Tonerdehydrat gefällt. Dabei bildet das Alizarin mit dem Tonerdehydrat eine komplexe Verbindung. – Weil Krapplack wegen seines geringen spezifischen Gewichtes beim Gebrauch stark staubt, ist früher die für den Maler zum Selbstanreiben bestimmte Ware mit geringen Mengen Leim zu Stücken gebunden worden, mit denen es sich leichter hantieren ließ.

Gute Alizarinkrapplacke sind wasser-, öl- und lösungsmittelecht, sie lasieren stark und sind brillant in der Farbtönung. Die Lichtechtheit ist gut, erreicht aber nicht die Lichtechtheit bestimmter direkt hergestellter organischer Pigmente von ähnlicher Farbtönung. Die Kalkechtheit des Krapplacks ist zweifelhaft, außen sollte er ebenfalls nicht verwendet werden. Er besitzt wegen seiner geringen Teilchengröße und seiner dementsprechend großen spezifischen Oberfläche einen hohen Ölbedarf. Krapplack-Ölfarben trocknen dementsprechend langsam, was im allgemeinen nicht stört, weil sie als lasierende Ölfarben normalerweise nur sehr dünn aufgetragen werden. Wenn der Krapplack Teilchen enthält, die sich dem Kolloidgebiet nähern, dann kann er in der Tube zum Eindicken neigen, zum *Sulzen*. Er wird verwendet in Öl-, Acryl-, Tempera-, Leim- und Aquarellfarben. Heute ist es möglich, die alten Wurzelkrapplacke, die es in der Malerei schon seit Jahrzehnten nicht mehr gibt, und auch deren Imitationen, die Alizarinkrapplacke, zu ersetzen durch direkt hergestellte, nicht zum Eindicken neigende organische Pigmente. Die müssen nur mit geeigneten Füllstoffen kombiniert werden, damit das gewünschte Lasurvermögen erreicht wird.

Diese Krapplack-„Imitationen" zeitgemäßer Provenienz können coloristisch den „echten" Krapplacken gleichen, sie sogar an Farbschönheit und Brillanz übertreffen und über hervorragende maltechnische Eigenschaften verfügen, insbesondere was die Lichtechtheit angeht. – An diesem wie an manchem anderen Pigmentbeispiel – wir werden das noch beim Kasselerbraun sehen – mag der Maler erkennen, daß auf dem Pigmentgebiet heute Imitationen zuweilen über bessere maltechnische Qualitäten verfügen können als das Vorbild. Das ändert aber nichts an der Tatsache, daß sie Imitationen sind und deshalb aus Gründen der intellektuellen Redlichkeit als solche gekennzeichnet werden müssen.

Purpur

Der Purpur gehört zu den ältesten organischen Farbmitteln. Bei den Griechen hieß er *ostreion*, *Plinius* hat ihn *purpurissum* genannt. Der in den Mittelmeerländern aus einer Drüse der Purpurschnecke *Murex brandaris L.* gewonnene wasserlösliche gelbliche Saft wurde nicht nur auf textile Gewebe, sondern auch auf Substrate, vornehmlich Kreidearten, gefällt (S. 3, 8) wo sich sein lösliches Gelb rasch in ein Purpurrot verwandelte und dabei unlöslich wurde. Durch Auswahl der Schneckenarten und Zugabe anderer Farbstoffe konnten damals schon Farblacke vom hellen Rosa bis zum tiefen Violett erzielt werden.

Später ist der Purpur, wohl wegen seines hohen Preises, vom Kermes und dem orientalischen Krapp abgelöst worden. Man nimmt heute an, daß 10000 Purpurschnecken ihr Leben lassen mußten, um ein Gramm des reinen Purpurfarbstoffs zu gewinnen. Der Purpurfarbstoff ist übrigens chemisch mit dem Indigofarbstoff eng verwandt.

Kermes, Alkermes

Die weiblichen Tiere einer Schildlausart *(Coccus ilicis)*, die auf den in Südeuropa beheimateten Kermeseichen lebt, produzieren den roten Kermessaft. Vor der Eiablage werden ihre beerenähnlichen Körper abgeerntet und getrocknet. Aus ihnen wird der Farbstoff mit Wasser extrahiert und mit alkalischer Alaunlösung verlackt.

Der Kermes- oder Karmoisinlack und auch der sog. venezianische Scharlach waren ursprünglich reine Kermesfarblacke. Aus dem arabischen Wort Kermes ist die englische Bezeichnung *crimson* entstanden; wahrscheinlich ist auch aus Kermes die Bezeichnung „Karmin" für den Farbstoff der Koschenillelaus abgeleitet worden. – Die Kermesfarblacke waren weniger farbschön und lichtecht als die späteren Koschenillelacke und sind im 16. Jahrhundert von diesen fast ganz aus der europäischen Malerei verdrängt worden.

Karmin, Koschenille

Bei der Eroberung Mexikos im 16. Jahrhundert haben die spanischen Eroberer die baumartigen Feigenkakteen, eine Opuntienart, kennengelernt und haben sie bald auch im südlichen Europa, beispielsweise auf Sizilien, heimisch gemacht. Die Feigenkakteen tragen nicht nur gut schmeckende Früchte, sie sind auch die Wirtspflanzen für die Schildlausart *coccus cacti*. Deren flügellose Weibchen wurden und werden teils heute noch von den Pflanzen abgesammelt und getrocknet als Koschenille gehandelt. Ihr wasserlöslicher roter Farbstoff kann verlackt werden wie der Kermesfarbstoff. Die Karminsäure besitzt eine ähnliche chemische Konstitution wie der Farbstoff der Kermes-Schildlaus.

Wird die lösliche Karminsäure mit alkalischem Tonerdehydrat gefällt, dann entsteht das substratarme *Karminnaccarat*, wahrscheinlich ein Salz der Karminsäure und deshalb ein Beispiel für einen fast substratlosen Farblack. Das Naccarat stellt die schönste und farbkräftigste Sorte des Karmins dar. – Karminfarblacke, die mit Hilfe von Aluminiumazetat oder Zinksalzen entstanden oder auch auf Stärke niedergeschlagen worden sind und damit mehr Substrate enthalten, werden als *Karminlack* bezeichnet.

Echtheiten und Farbschönheit der Karminpigmente sind zwar größer als die der Kermesabkömmlinge, die Lichtechtheit reicht aber insbesondere in wässerigen Malmitteln (Bräunung) doch nicht aus, so daß sie zuerst den Alizarinlacken und später den vollsynthetischen organischen Pigmenten weichen mußten. Nur selten wird noch natürliches Karmin in der Malerei verwendet, und wenn, dann sicher mehr aus sentimentalen denn aus sachlichen Gründen. Die ungiftige *Koschenille* ist lange als Farbmittel zur Herstellung von kosmetischen Produkten verwendet worden.

Blaue Pigmente

Ultramarinpigmente

Lazurit, Lapislazuli, künstlicher Ultramarin

Halbedelstein
Aluminium-Natrium-Silikat mit in das Kristallgitter eingebautem Schwefel

Lazurit

Das Mineral *Lazurit*, im Mittelalter als *Lapislazuli* oder Lasurstein bezeichnet, ist seit etwa 5000 Jahren als Schmuckstein bekannt (Mesopotamien, China, Ägypten). Der *Lapislazuli* wurde im Mittelalter aus dem Orient über Venedig nach Europa eingeführt. Das *Caeruleum scythicum* des *Plinius* ist wahrscheinlich *Lazurit* gewesen, später wurde es in Italien als *Azurrum ultramarinum*, *Lapislazuli* oder *Lasurstein* bezeichnet.

Auf mühsame Weise mußte der *Lapislazuli* von der Gangart befreit, zerkleinert und geschlämmt werden, bis er als malbereites Pigment vorlag. Dieser echte Ultramarin war schon immer sehr kostbar und soll mit Gold aufgewogen worden sein. *Lapislazuli* ist ein Lasurpigment, das in Öl und Tempera vermalt worden ist; seine Bedeutung war allerdings immer geringer als die des *Azurit*.

Künstlicher Ultramarin

Nach der ersten Analyse des echten Ultramarins im Jahre 1806 veröffentlichten 1828 drei Chemiker, *Guimet, Gmelin* und *Köttig*, unabhängig voneinander Verfahren zu seiner künstlichen Herstellung. – Seit 1829 soll die Meißener Porzellanmanufaktur künstlichen Ultramarin hergestellt haben, 1830 wurde die erste Ultramarinfabrik in Frankreich gegründet, 1834 nahm die erste deutsche Ultramarinfabrik die Herstellung auf.

Aus Kaolin, Quarz, Soda, Glaubersalz, Schwefel und unter Zugabe von Reduktionsmitteln (Pech, Holz- oder Steinkohle) wird das Ultramarin in Schamottetiegeln gebrannt. Die Höchsttemperatur bei den blauen Sorten beträgt 700–800°C, das Brennen einer Charge mit Abkühlzeit dauert etwa zwölf Tage. Der zuerst grünlich gefärbte Rohbrand erhält Farbtönung und Pigmenteigenschaft erst durch die Weiterbehandlung: Abkühlen, Waschen, Naßmahlen, Schlämmen, Trocknen und Trockenmahlen.

Ultramaringrün, reicher an Natriumsulfat, aber weniger Soda und Schwefel enthaltend, wird schnell bei Temperaturen um 900°C gebrannt und rasch abgekühlt. Die Herstellung der blauen Sorten ist oben geschildert worden. *Ultramarinviolett* und *-rot* entstehen aus blauem Ultramarin durch sukzessiven Natriumentzug mit Chlor oder Chlorwasserstoffgas und anschließendes Auswaschen.

Unterschiedliche Farbtönungen werden durch verschiedene Zusammensetzungen infolge wechselnder Zugabe von Alkalien und Schwefel erzielt. Auch der Kristallbau spielt beim Entstehen der Nuancen eine Rolle.

Die Ultramarinpigmente sind auch in starker Weißausmischung gut lichtecht. Ihr Färbevermögen differiert in den einzelnen Sorten. Alle Typen sind ausgesprochene Lasurpigmente. Sie sind mit allen Pigmenten verträglich, unlöslich in organischen Lösungs- und Bindemitteln, besitzen aber keine gute Wasserechtheit. Außen oder auch auf schlecht belüfteten oder feuchten Wänden innen ist auf diese Wasserempfindlichkeit (Gefahr des Ausblühens!) Rücksicht zu nehmen.

Im Ölfilm kann starke und andauernde Feuchtigkeitseinwirkung eine Quellung der Pigmentpartikel verursachen und in ungünstigen Fällen die Pigmentbindemittelbindung aufheben. Wenn in einem solchen Fall auch noch saure Gase auf das ungeschützte Pigment einwirken, kann Entfärbung eintreten. Diese außergewöhnlich komplexen Erscheinungen, in der Malliteratur als *Ultramarinkrankheit* bezeichnet, sind aber vermeidbar, wenn geeignete Pigmentsorten im richtigen Malmittel verwendet werden und wenn das Bild nicht anomalen Feuchtigkeits- und Säureeinflüssen ausgesetzt wird.

Alle Ultramarinpigmente sind kalkecht, jedoch sind für künstlerische Arbeiten auf der Wand (Fresko, Kalk, Zement) nur stabilisierte, kieselsäurearme Sorten geeignet, die über eine besonders gute Alkalibeständigkeit verfügen und frei von Salzen sind, die ausblühen könnten. – Die Säurebeständigkeit der Ultramarine ist von Natur aus gering. Säuren, auch saure Gase, machen aus Ultramarin unter Schwefelwasserstoffentwicklung den Schwefel frei und entfärben das Pigment. Neuerdings gibt es aber auch kieselsäurereiche Spezialsorten, die säurebeständiger sind (S. 23, 80).

Wegen ihrer außergewöhnlich guten maltechnischen Eigenschaften und ihrer spezifischen Farbtönung gehört die Familie der Ultramarine in der Öl-, Tempera- und Aquarellmalerei zu den wichtigen und unentbehrlichen Malpigmenten. Der Maler sollte aber bei einem evtl. Pigmentkauf beachten, sie in erster Linie nach dem Verwendungszweck und nicht nach der Farbtönung auszuwählen.

Kobaltpigmente

Kobaltblau

Im Jahr 1777 bei chemischen Lötrohrproben entdeckt, wurde es 1802 von dem französischen Chemiker *Thénard* durch Glühen von Tonerdehydrat mit Kobaltphosphat dargestellt. Es heißt deshalb auch Thénardsblau. Seit der Mitte des 19. Jahrhunderts wird es in der Malerei verwendet.

Die heutigen Kobaltblau-Typen, Spinelle von der Art Kobaltoxid-Aluminiumoxid, besitzen ausnahmslos hervorragende Echtheitseigenschaften. Die Farbtönung dieser Pigmentart geht ins grünliche, wenn noch Chromoxid in den Spinell eingebaut wird.

Lichtechtheit, Alkali-, Hitze- und Säurebeständigkeit sind einwandfrei. Mischbarkeit mit allen Pigmenten ist gegeben. Diese hervorragenden maltechnischen Eigenschaften und seine klaren, kühlen Blautönungen haben dem Pigment trotz des hohen Preises Eingang in alle malerischen Techniken verschafft. Kobaltblau ist ein ausgesprochenes Lasurpigment. Sein Färbevermögen ist gering. Es beschleunigt im Ölfilm die Trocknung; in Aquarellfarben neigt es infolge seiner groben Struktur zuweilen zum Gerinnen.

Coelinblau
Coeruleum

Coelinblau ist seit Beginn des 19. Jahrhunderts bekannt. Es wurde ursprünglich hergestellt durch Glühen von Kobaltsulfat mit Zinndioxid und Kieselsäure. Das Pigment, dessen Konstitution nicht genau aufgeklärt ist, stellt wahrscheinlich ein Gemisch von blauem Kobaltsilikat mit grünblauem Kobaltstannat dar. Man hat Grund zu der Annahme, daß es auch schon vor Beginn des 19. Jahrhunderts hin und wieder hergestellt und verwendet worden ist.

In seinen Echtheitseigenschaften und der Verträglichkeit mit anderen Pigmenten gleicht es dem Kobaltblau. Seine Farbtönung ist aber wesentlich grünlicher; sein Deckvermögen ist gut, das Färbevermögen gering. Als Kobaltpigment beschleunigt es die Öltrocknung, in Auqarellfarben neigt es wie Kobaltblau zum Gerinnen. – *Coelinblau* ist für alle malerischen Techniken geeignet.

Heute werden oft Mischkristalle aus Kobaltoxid-Chromoxid-Aluminiumoxid, Pigmente von hervorragenden Beständigkeitseigenschaften und geeignet für alle Techniken, zur Darstellung der Farbtönung von *Coelinblau* verwendet. In diese Gruppe gehören übrigens auch die mit *Grünblauoxid* und *Blaugrünoxid* bezeichneten Pigmente.

Kobaltviolett
Kobaltviolett hell

Das als Kobaltviolett hell bezeichnete *Kobaltarseniat* ist sehr giftig und wird deshalb nicht mehr als Künstlerpigment gebraucht.

Das rotviolette *Kobaltphosphat*, 1859 entdeckt, ist gut lichtecht, Deck- und Färbevermögen sind gering, es ist nicht kalkecht, in wässerigen Bindemitteln sind Verdickungen beobachtet worden. In Aquarellfarben neigt es zum Ausflocken.

Seit einiger Zeit steht dem Pigmentverarbeiter ein *Kobaltmagnesiumphosphat* zur Verfügung, das eine besonders klare, leuchtende Farbtönung besitzt. Es ist nicht kalk- und zementbeständig, aber selbst in starken Weißausmischungen hervorragend lichtecht und wird deshalb von Künstlerfarbenherstellern und Malern sehr geschätzt. Es wird vorzugsweise in Künstler-Ölfarben und in Künstler-Aquarellfarben verwendet, und Maler verwenden es gerne, wenn sie sich Malfarben selbst pigmentieren wollen. Auch dieses Pigment kann in Wasserfarben in der Tube nachdicken, in Aquarellfarben flockt es aus. Dieses Ausflocken im Aquarellauszug ist geradezu ein Echtheitsbeweis für die Anwesenheit von „echtem" Kobaltviolett.

Smalte — Kobaltglas

Smalte ist das älteste Kobaltpigment, ein blaues Kobaltglas, das in Varianten schon im Altertum (Ägypten, Mykenä) bekannt war. – Durch Rösten von Kobalterzen wird ein mit Kobalt angereichertes Zwischenprodukt hergestellt, das *Zaffer* oder *Saflor* genannt worden ist. Durch Zusammenschmelzen von Zaffer mit Quarz und Alkali entsteht ein durch Kobalt tiefblau gefärbtes Glas, die *Smalte*, die durch Ausgießen der Schmelze in kaltes Wasser zu einem groben, blaßblauen Pigment zerfällt. Smalte deckt und färbt wenig.

Smalte ist in Europa offenbar zuerst den venezianischen Glasmanufakturen bekannt geworden, von denen wiederum die böhmischen Glasmacher die Herstellung gelernt haben. Im 16. Jahrhundert nahmen sächsische Blaufarbenwerke die Herstellung auf. Von da an war Smalte ein Malpigment, bis es im 18. Jahrhundert durch Preußisch-Blau und von der Mitte des 19. Jahrhunderts an auch durch Kobaltblau ersetzt werden konnte.

Manganpigmente

Manganblau, Mangancoelinblau — Mischkristall aus Bariummanganat und -sulfat

Schon im 19. Jahrhundert scheint man Pigmenteigenschaften in den blauen Mischkristallen aus Bariummanganat und -sulfat vermutet zu haben, maltechnische Bedeutung können die damals bekannten Produkte aber nicht gehabt haben. Im Jahre 1907 soll ein Manganblau mit Pigmenteigenschaften zwar schon dargestellt worden sein, aber erst Anfang der dreißiger Jahre ist in Uerdingen die Herstellung dieses Pigmentes in technischem Umfang aufgenommen worden.

Manganblau wird aus Lösungen von Kaliumpermanganat und Bariumnitrat mit Natriumsulfat gefällt, anschließend geglüht, gewaschen und gemahlen. Es ist sehr gut lichtecht, in Kalk und Zement beständig; gegen Mineralsäuren, saure schweflige Gase und gegen Soda wird seine Echtheit manchmal angezweifelt. Deck- und Färbevermögen sind gering.

Wegen seiner leuchtend-kühlen, nicht rotstichigen Farbnuance, die beispielsweise mit Kadmiumgelb zusammen zu leuchtenden und lichtechten Grüntönen führt, wird es in Öl-, Acryl-, Tempera- und Aquarellfarben aus coloristischen Gründen geschätzt. – Für Freskoarbeiten stellt es eine große Bereicherung der Palette dar. Von der Pigmentindustrie wird das alte Manganblau heute oft ersetzt durch ein Pigment mit Spinell-Struktur des Systems Kobaltoxid-Chromoxid-Aluminiumoxid, das farbschön, licht- und wetterecht ist, dazu wasser-, säure-, kalk- und zementecht und in organischen Lösemitteln nicht löslich.

Manganviolett — Manganammoniumphosphat

Das 1868 von *Leykauf* in Nürnberg zum erstenmal hergestellte *Nürnberger Violett* wird heute noch in ähnlicher Weise aus Braunstein und Phosphorsäure in Anwesenheit von Ammoniak gewonnen. Um 1900 ist es zum erstenmal von Künstlerfarbenherstellern verwendet und als Manganviolett bezeichnet worden.

Das Pigment ist lichtecht, aber nicht säure- und laugenbeständig. Auf und in Kalk (Fresko) und in Wasserglas ist es nicht brauchbar, für alle anderen Techniken aber geeignet und mit allen Pigmenten verträglich. Deck- und Färbevermögen sind befriedigend bis gut.

Eisenzyanpigmente

Berliner Blau, Pariser Blau, Preußisch-, Miloriblau Ferriferrozyanid

Im Jahre 1704 hat der „Farbenkünstler" *Diesbach* in Berlin dieses tiefblaue, stark färbende Pigment entdeckt. Um 1730 wurde das Herstellungsverfahren bekannt, seit 1750 ist Eisenzyanblau in steigendem Umfang hergestellt und verwendet worden. Die verschiedenen Namen waren zuerst Herkunftbezeichnungen; der Name „Milori"blau erinnert an den ersten französischen Hersteller dieses Pigments. Heute werden meist die feindispersen dunkleren Sorten als Pariser und Preußischblau bezeichnet, während die gröber dispersen, helleren Berliner und Miloriblau genannt werden. Die Bezeichnungsweisen sind aber wechselnd; als generelle Bezeichnung hat sich Berliner Blau durchgesetzt.

Nach der alten Herstellungsweise fällte man aus Eisenchlorid und gelbem Blutlaugensalz direkt und erhielt dabei ein kolloidfeines Pigment, das sich schwer weiterverarbeiten ließ. Heute fällt man aus Eisensulfat und gelbem Blutlaugensalz den sog. *Weißteig* als Vorprodukt, der durch anschließende Oxidation in Berliner Blau umgesetzt wird. – Durch Variationen der Herstellungsbedingungen und der Oxidationsmittel werden Pigmentsorten verschiedener Farbtönung und maltechnischer Eigenschaften erzielt. Je länger beispielsweise der Weißteig gekocht wird, desto gröber werden die Teilchen und desto heller das Pigment. – Das Fertigprodukt besitzt einen Wassergehalt zwischen drei und fünf Prozent, der die Teilchen umhüllt. Dieses sog. Konstitutionswasser ist Bestandteil des Pigmentes. Es wirkt mit farbtonbestimmend und macht das Berliner Blau zu einem wasserfreundlichen Pigment, das sich nicht leicht in Öle einarbeiten läßt. – Die „wasserlöslichen" Typen, die in der Aquarelltechnik geschätzt werden, entstehen durch Zusatz von Oxalsäure zum Blauteig.

Die Eisenzyanpigmente sind beständig gegen verdünnte Säuren und im allgemeinen auch rauchgasfest. Alkalien zersetzen das Pigment aber sofort in bräunliches Eisenhydroxid. Deshalb ist Verwendung in Kalk, auf der Wand, in Zement und in alkalischen Leimen (Kasein) ausgeschlossen. In den anderen maltechnisch üblichen Bindemitteln wird Berliner Blau seit der Mitte des 18. Jahrhunderts sehr viel verwendet. Mit allen Pigmenten ist es verträglich. Es ist infolge seiner geringen Teilchengröße und seines Brechungsindex von 1,56 in Öl ein ausgesprochenes Lasurpigment, im Leimaufstrich und im dickeren öligen Auftrag deckt es durch Lichtabsorption. Sein Färbevermögen ist außergewöhnlich gut. In Öl wirkt es stark trocknungsbeschleunigend. Berliner Blau gehört wegen seiner schönen, kaum imitierbaren Farbtönung und seiner tiefen Lasurwirkung zu den beliebtesten und am meisten verwendeten Malpigmenten.

Eine Betrachtung des Eisenzyanblaus muß notwendig auf sein merkwürdiges Verhalten dem Licht gegenüber näher eingehen. Im Vollton ist die Lichtechtheit recht gut, in den meisten Buntpigmentmischungen ebenso. In der Regel sind die helleren Sorten beständiger als die dunklen, die allerdings gerade wegen ihrer größeren Farbtiefe vom Maler bevorzugt werden. – In Aufhellung mit Zink- und Titanweiß aber sinkt die Lichtechtheit mit steigendem Weißgehalt ganz rapide ab, wobei Mischungen im Ölfilm beständiger bleiben als im wässerigen Aufstrich. Dieses starke Ausbleichen bei Zinkweißgegenwart ist schon 1849 von dem französischen Chemiker *M. E. Chevreul* zum erstenmal beobachtet und beschrieben worden. *Chevreul*, Professor für Chemie und Färbereidirektor an der Gobelinmanufaktur in Paris, wird Malern besser bekannt sein durch seine 1839 veröffentlichte Arbeit über farbige Simultankontraste (De la loi du contraste simultané des couleurs), mit der er ganze Malerschulen von *Delacroix* bis *Delaunay* und in Deutschland von *Hoelzel* bis *Marc* angeregt und beschäftigt hat.

Das Ausbleichen von Berliner Blau in Anwesenheit von Zinkweiß oder Titandioxid ist auf eine durch Licht angeregte chemische Reaktion zurückzuführen, durch die Berliner Blau wieder in seine Vorstufe, den Weißteig, reduziert wird. Je feuchter die Atmosphäre ist, desto schneller läuft diese Reaktion ab, was auch erklärt, warum Mischungen dieser Art im Ölfilm farbtonbeständiger sind als im Leimaufstrich. – Es sind aber auch Fälle bekannt, in denen eine mit Weiß stark aufgehellte und in Leinöl abgeriebene Eisenzyanblaumischung in der Tube fast vollständig ihre Farbtönung verloren hatte. Die ursprüngliche Tönung kam wieder, nachdem ein Aufstrich einige Zeit dem Luftsauerstoff ausgesetzt war. Auch hier wird Reduktion zu *Weißteig* bei Oxidation des Leinöls Ursache gewesen sein. – Mischungen mit Kremser Weiß bleichen nicht so stark aus, neigen aber im Licht etwas zum Bräunen. Am besten verhalten sich Aufhellungen von Berliner Blau mit Zinksulfidpigmenten, mit Lithopone. Sie können im Bild als beständig gelten, wenn das Bild nicht gerade direktem Sonnenlicht oder der Einwirkung von Feuchtigkeit ausgesetzt wird und die Aufhellung gering war.

In der Literatur wird die Meinung vertreten, in der Dunkelheit bzw. nach der Belichtung gehe die Ausbleichung wieder zurück, dabei erscheine wieder die alte Farbstärke, wenn auch nicht die alte Farbtönung. Abgesehen davon, daß dem Maler an einer Erhaltung der Farbtönung seines Bildes gelegen ist und er es nicht hin und wieder in der Dunkelheit „farblich aufladen" will, kann auch nicht bestätigt werden, daß in allen Fällen die alte Farbstärke wiederkehrt.

Wer Preußisch-Blau aufhellen will, der sollte das nur mit Lithopone als Weißpigment tun. In manchen Fällen wird es aber richtiger sein, bei Blauaufhellungen besser lichtbeständige Blaupigmente zu verwenden. Pigmente ähnlicher Farbtönung mit außergewöhnlich hoher Lichtechtheit in Abmischung mit allen Weißpigmenten stehen in den Heliogenblau oder Helioechtblau (Phthalozyaninblau) genannten organischen Pigmenten dem Maler zur Verfügung.

Azurit, Malachit

natürliche basische Kupferkarbonate mit verschieden hohem Kristallwassergehalt

Azurit und *Malachit* sind zwei natürliche Kupferpigmente, die zusammen in Kupferlagerstätten gefunden werden. Beides sind basische Kupferkarbonate, die sich chemisch nur durch ihren Gehalt an basischen Anteilen unterscheiden. Sie waren schon in China und Ägypten, in Griechenland und Rom als Malpigmente bekannt und verschwanden in Europa zu Anfang des 18. Jahrhunderts allmählich von der Palette des Malers. Beide Pigmente sind durch Sortieren, Zerkleinern, Mahlen und Schlämmen aus der Gangart gewonnen worden. Das leuchtend blaue basische Kupferkarbonat wird *Azurblau, Azurit, Kupferlasur, Bergblau* genannt. *Azurit,* das vor dem 18. Jahrhundert am meisten gebrauchte Blaupigment in der Malerei, gab es in vielen Nuancen vom grünlichen bis zum rötlichen Blau; die Farbtönungen sind vom Hydratwassergehalt und von der Korngröße abhängig. Manche Maler haben es in ölfreien Leimbindemitteln und nicht in Ölemulsion vermalt, weil sich bei Ölgegenwart im Aufstrich grünliches Kupferoleat bilden kann. Ein Vergrünen der azurithaltigen Bildstellen kann aber auch verursacht sein durch Vergilben der Ölbindemittel oder Firnisse, die sich wie eine gelbe Lasur über den blauen Grund legen. Aber auch in wässerigen Medien sind Vergrünungen möglich, was man auf eine mögliche chemische Umwandlung des blauen Azurits in grünen Malachit zurückgeführt hat. – Das *Armenium* und das *Caeruleum* des *Plinius* werden wahrscheinlich Azurittypen gewesen sein. Man hat vermutet, daß Azurit langsam aus der europäischen Malerei verschwunden ist, als die Türken Ungarn besetzt hatten und deshalb die dortigen Lagerstätten nicht mehr zugänglich waren. Vom 18. Jahrhundert an ist *Bergblau* auch künstlich hergestellt worden; es hat jedoch seine frühere Bedeutung nicht wiedererlangt. Inzwischen stand das preiswerte *Berliner Blau* den Malern zur Verfügung, mit denen sie *Azurit, Lapislazuli* und *Smalte* ersetzen konnten. Einige Jahrzehnte später kam noch *Kobaltblau* und der künstliche *Ultramarin* als Substitutionsmöglichkeit dazu.

Das grüne basische Kupferkarbonat, von *Plinius „Chrysokolla"*, von *Cennini „verde azzuro"* genannt, uns als *Malachitgrün* oder *Berggrün* bekannt, wurde ebenfalls hauptsächlich in Temperabindemitteln oder im Fresko verwendet. Seine Neigung, infolge kolloidaler Feinheit durch Ölfilme durchzuwachsen, zwang die Maler dazu, dieses Pigment möglichst in die letzte Bildschicht zu bringen. Am Ende des 18. Jahrhunderts verschwand es aus der europäischen Malerei; eine synthetische Herstellung ist nicht bekannt. Die beiden alten Kupferpigmente können sich übrigens durch Schwefeleinwirkung zu braunschwarzem Kupfersulfid umsetzen.

Es ist erwähnenswert, daß man mit natürlichen Farbstoffen angefärbte Kupferkarbonatpigmente aus römischer Zeit gefunden hat, in denen der Malachit sozusagen das Substrat, die Trägersubstanz, für einen löslichen Farbstoff bildet. Damit liegt hier ein sehr frühes Adsorptionspigment vor, das man heute „Farblack" nennen würde.

Ägyptischblau, Pompejanischblau

Kupferkalziumsilikat

Plinius hat dieses in der Antike wohlbekannte Material als *puteolanum* bezeichnet. Es wurde hergestellt durch Schmelzen von Kupferverbindungen mit Quarz und Alkalien und ist auf Wandbildern der Antike zu finden. In der Farbtönung entspricht dieses glasartige Schmelzgemenge etwa dem Azurit. – Dieses grobkörnige kalk-, säure- und lichtbeständige Pigment wird heute noch in Frankreich als Ägyptischblau hergestellt.

Bremer Blau

Kupferhydroxid

Bremer Blau ist ein reines, nicht rotstichiges Blaupigment etwa in der Farbtönung unseres heutigen Manganblau. Es ist kalkecht, vergrünt aber in Öl und wird im Licht weißlich trübe. Deckfähigkeit und Färbevermögen sind gering.

Indigo

organisches Pigment

In Indien ist schon im Altertum die Indigopflanze *Indigofera tinctoria L* in großem Umfang angebaut worden. Nach der Blüte werden die Blätter und Stengel geerntet, zerkleinert und in Wasser gegoren.

Dabei bildet sich gelblich-weißes wasserlösliches *Indoxyl*, das sich beim Rühren durch Lufteinschlag in das wasserunlösliche blaue Indigopigment oxidieren läßt. – Zum Färben von Textilien wird üblicherweise das unlösliche blaue Indigofarbmittel mit Natriumhydrosulfit reduziert zum wasserlöslichen *Indigoweiß*, das man auf die textilen Fasern aufziehen läßt und dann dem Luftsauerstoff aussetzt. Dabei entsteht durch Oxidation auf der Faser wieder das blaue Indigo. Diesen Färbevorgang, bei dem ein unlösliches Farbmittel durch Reduktion wasserlöslich gemacht wird, um dann nach dem Färbevorgang durch Sauerstoffeinwirkung auf der Fasser wieder unlöslich zu werden, ist ein Färben mit einem sogenannten *Küpenfarbstoff* oder kurz: ein *Verküpen*.

Auch der in Europa wachsende Färberwaid *(Isatis tinctoria L)* und der chinesische Färberknöterich *(Polygonum tinctorium L)* bilden in ihren Blättern ein Vorprodukt des in Wasser und Öl unlöslichen Indigopigments. Während Indigo als Malpigment längst keine Rolle mehr spielt – seine Lichtechtheit ist nicht besonders gut – wird es zum Färben von Textilien immer noch verwendet. Jeans-Stoffe werden beispielsweise mit Indigo gefärbt, die mangelhafte Licht- und Reibeechtheit führen zu dem erwünschten „getragenen" Aussehen. – *Plinius* und *Vitruv* kennen schon das aus Indien stammende *indicum*; auch die Ägypter haben dieses Pigment verwendet.

Indigo ist schon von römischen Malern verwendet worden, wurde vom 14. bis zum 19. Jahrhundert in der europäischen Malerei gebraucht und diente als Pigment in Öl-, Tempera- und Aquarellfarben. In der Farbtönung ähnelt Indigo dem Berliner Blau, seine Lichtechtheit ist mäßig bis befriedigend. Um 1900 haben synthetische organische Pigmente das Indigo verdrängt.

Grüne Pigmente

Chromoxidgrün feurig

Chromoxidhydrat

Das stark lasierende, feurig smaragdgrüne Chromoxidhydrat ist erst 1850 zum ersten Mal exakt beschrieben worden, um 1840 soll es in Frankreich aber schon hergestellt worden sein. Die Patente von *Guignet*, welche die fabrikatorische Herstellung dieses Pigmentes zum Gegenstand haben, stammen erst aus dem Jahr 1859. Im Jahr 1865 ist es von Künstlerfarbenherstellern zum ersten Mal verwendet worden.

Das Pigment wird heute noch im Guignet-Verfahren hergestellt: Kaliumbichromat und Borsäure werden in Retorten bei etwa 600°C geglüht. Das entstandene Chromoxidborat wird gewässert. Dabei zersetzt es sich in Chromoxidhydrat und Borsäure. Die löslichen Bestandteile werden ausgewaschen, es wird filtriert, wiederholt gemahlen, gewaschen und getrocknet.

Chromoxidgrün feurig ist ein außergewöhnlich farbschönes Lasurpigment von hoher Brillanz und sehr gutem Färbevermögen. Ein dicker Aufstrich allerdings schluckt wie bei allen Lasurpigmenten, z. B. auch bei Krapplack, fast völlig das einfallende Licht. Ein solcher Aufstrich sieht deshalb fast schwarz aus. Dieses Pigment ist in allen maltechnisch gebrauchten Lösungs- und Bindemitteln unlöslich und selbst in starker Aufhellung einwandfrei beständig gegen Licht. Alkalien, Säuren und Rauchgase greifen es nicht an. Mit allen Pigmenten kann es gemischt und in allen Maltechniken kann es verwendet werden. Weil Chromoxidhydratgrün eine sehr geringe Teilchengröße besitzt, kann es in Tuben, gleich ob in Öl oder in wässerigen Bindemitteln angerieben, manchmal eindicken. Seine Farbschönheit und -reinheit haben es zusammen mit seinen hervorragenden Echtheitseigenschaften zu einem der beliebtesten Malpigmente gemacht.

Seit einiger Zeit sind auch gefällte Sorten auf dem Markt, die heller und deckender sind als die nach dem Guignet-Verfahren erhaltenen Produkte. Sie besitzen nicht die satte, tiefe Transparenz der schönen Guignet-Grüne und haben einen wesentlich höheren Ölbedarf. Insbesondere in der Ölmalerei werden sie das echte Guignet-Grün nicht vertreiben können.

Mischungen aus Chromoxidhydratgrün und Zinkgelb oder hellen Chromgelbsorten oder auch verschnittene Chromoxidhydratgrüne werden zuweilen als „Permanentgrün" in den Handel gebracht. Mischungen mit Preußischblau und Heliogenblau, aber auch mit Kadmiumgelb oder Chromgelb führen zu sehr schönen feurigen Grünfarbtönungen.

Chromoxidgrün stumpf

Chromoxid

Das etwas unansehnlich matt aussehende olivgrüne Chromoxid, 1809 von *Vauquelin* beschrieben, scheint um 1860 fabrikatorisch zum erstenmal hergestellt worden zu sein. Es entsteht durch Glühen von Kaliumbichromat zusammen mit reduzierenden Stoffen in Tiegeln oder Retorten. Der Rohbrand wird gewaschen, geglüht und gemahlen.

Chromoxidgrün stumpf ist das beständigste Grünpigment überhaupt. Seine Deckfähigkeit ist sehr gut, sein Färbevermögen gut. Es ist absolut beständig gegen alle Löse- und Bindemittel, verträglich mit allen Pigmenten, vollkommen beständig gegen Licht – auch in stärkster Weißausmischung – und widersteht allen Alkalien und allen Säuren und sauren Gasen. Außen, im Fresko, in Kalk und in Zement, widersteht es selbst den aggressivsten Einwirkungen. Chromoxidgrün stumpf ist für alle Maltechniken geeignet und wird auch in Keramikglasuren verwendet.

Kobaltgrün, Rinmannsgrün

Kobalt-Zinkoxid oder
Kobalt-Zink-Aluminiumoxid
neuerdings auch Kobalt-Aluminium-Titan-Nickel-Zinkoxid als Spinell

Ursprünglich durch Fällen von Zink- und Kobaltsulfat in Anwesenheit von Soda und anschließendes Glühen hergestellt, wurde es später durch Glühen von Zinkoxid mit Kobaltsulfat gewonnen. Es waren verschiedene Sorten auf dem Markt, die sich in Helligkeit und Blaustich unterschieden. Teilweise gibt es diese Pigmentart auch heute noch. – In der Malerei werden sie seit der Mitte des 19. Jahrhunderts verwendet.

Die Lichtechtheit der alten oxidischen Pigmente ist sehr gut, sie sind beständig gegen verdünnte Säuren, nicht aber gegen Alkalien und sind deswegen für das Fresco ungeeignet.

Heute wird der alte Typ des Kobaltgrüns meist ersetzt durch einen kompliziert aufgebauten Pigmenttyp, der über hervorragende maltechnische Eigenschaften verfügt und in allen Techniken verwendet werden kann. Es ist dies ein Spinell aus Kobalt-Aluminium-Titan-Nickel-Zinkoxid.

Grüne Erden

Eisensilikate

Entstanden durch Verwitterung von Kalzium-Magnesium-Eisensilikaten (Hornblende, Augit), werden die grünen Erden oder Sande gegraben, zuweilen geschlämmt, gemahlen. *Plinius* berichtet schon von der *„creta viridis“*, die in der römischen Wandmalerei viel gebraucht wurde. Die frühen italienischen Maler unterlegten mit grünen Erden die Fleischtöne und schufen so differenzierte optische Nuancen, die durch echte substraktive Farbenmischung zustande kamen. Später verlernte man den subtilen Umgang mit diesem Pigment und vermochte mit ihm nur noch Farbtönungen zu dämpfen. Die grobkörnig-kristallinen Grünerden können im Aufbau etwa mit den quarzreichen, sandigen Ockern verglichen werden, nur daß sie durch Eisensilikate gefärbt sind. Ihre Eigenschaften ähneln denen der Ocker, sie sind sehr lichtecht, alkalibeständig und für das Außenfresko geeignet, wenig säureempfindlich, in allen Maltechniken verwendbar, mit allen Pigmenten verträglich. In Öl lasieren sie, in wässerigen Bindemitteln ist ihre Deckfähigkeit mäßig bis gut. Ihr Färbevermögen ist gering, die Trocknung in Öl normal.

Die schönsten Grünerden stammten aus der Gegend von Verona oder wurden von dort her gehandelt, andere olivgrüne Sorten kamen aus Böhmen; deutsche Erden besitzen meist einen Graustich. Heute sind diese Namen nur noch Farbtonbezeichnungen, denn es werden ähnlich wie bei den Ockern wegen ihres niedrigen Preises kaum noch farbschöne, natürlich gewachsene grüne Erden abgebaut. Die für Malzwecke benötigten Mengen müssen deshalb oft ähnlich wie die Ocker aus Aluminiumsilikaten, Quarz und Kalkspat oder anderen Substraten zusammen mit Chrom- und Eisenoxiden abgemischt, gekollert und standardisiert werden.

Grünspan

neutrale und basische
Kupferazetate
Kupferresinate
Gesundheitsschädlich

Grünspan ist schon im Altertum durch Einlegen von Kupferblech in Essig oder sauer gewordenen Wein hergestellt worden. *Plinius* und *Vitruv* nennen dieses Pigment *aerugo*. Man hat offenbar sehr früh gelernt, verschiedene Farbtönungen vom hellen Grün bis zum dunkleren Blaugrün herzustellen, die aber alle nur eine mäßige Lichtechtheit besaßen. In Ölfilmen und in fetten Emulsionen lasiert Grünspan und ist dort einigermaßen lichtecht, vielleicht deshalb, weil dabei Reaktionen zwischen Grünspan und Ölsäuren zu Kupferoleat möglich sind, die im ölhaltigen Film übrigens auch trocknungsbeschleunigend wirken. In Leimen und ölarmen Emulsionen ist Bräunung möglich, weil sich bei Schwefelgegenwart (Pigmente, schweflige Gase) Kupfersulfid bilden kann; möglich ist auch Oxidation zu schwarz-braunen Kupferoxiden. Grünspan ist alkaliempfindlich und deshalb auf der Wand unbrauchbar.

Vom 12. Jahrhundert an bis ins 17. Jahrhundert waren die Kupferazetate wichtige Pigmente in der Buchmalerei, in der Faßmalerei und im Staffeleibild. Diese alten handwerklichen Erfahrungen haben *Mayerne*, den Zeitgenossen *Rubens'*, zu der Empfehlung veranlaßt, grünspanhaltige Filme zu firnissen, wahrscheinlich, um sie vor äußeren Einflüssen abzuschirmen.

Mayerne berichtet auch davon, daß in Flandern Herstellung und Verwendung eines grünen Kupfer-Lasurpigmentes bekannt war, das man durch Lösen von Grünspan in Terpentinen gewonnen hat. Auch dieses Produkt, ein *Kupferresinat*, entstanden aus einer Reaktion zwischen Kupfer und den Harzsäuren der Terpentine, hat sowohl Pigment- als auch Trokkenstoffeigenschaften besessen.

Schweinfurtergrün

Kupferarsenitazetat
Giftig

Dieses Pigment ist im Jahr 1800 in Wien zum ersten Mal dargestellt und 1814 in Schweinfurt zum ersten Mal fabrikatorisch hergestellt worden. Seine Lichtechtheit galt nach den damaligen Maßstäben als gut, Kalk- und Säurebeständigkeit sind schlecht, in wässerigen Bindemitteln zersetzte es sich leicht und verfärbte sich in Mischung mit blei- und schwefelhaltigen Pigmenten.

Weil farbschöne, leuchtende grüne Pigmente in jener Zeit eine Rarität waren, – Chromgelb als gelbe Mischkomponente mit dem älteren Berliner Blau wurde erst später bekannt – werden sich Maler, Anstreicher und Tapetendrucker mit großer Begeisterung auf dieses leuchtende Pigment gestürzt haben. Aber seit 1880 schon sind alle zivilisierten Staaten dazu übergegangen, dieses Pigment wegen seiner Giftigkeit entweder zu verbieten oder seine Verwendung so zu erschweren, daß es bald aus allen Mal- und Anstrichfarben verschwunden sein mußte. In der Anstrichmittelindustrie sind mit dem giftigen Schweinfurtergrün im 19. Jahrhundert allerdings noch eine gewisse Zeit Schiffsbodenfarben pigmentiert worden, um Algen- und Schneckenbefall zu verhindern.

Als Phantasiebezeichnungen leben in den Katalogen der Künstlerfarbenfabriken heute noch Namen weiter, mit denen man früher die Farbtönung von Schweinfurtergrün ebenfalls bezeichnet hat: Vert Paul Veronese, Deckgrün, Emerald Grün, Smaragdgrün.

Braune Pigmente

Umbra
Manganschwarz

Färbende Bestandteile:
Braunstein, Eisenoxide,
Eisensilikate

Die Umbren werden aus Verwitterungsprodukten manganhaltiger Eisengesteine gegraben, geschlämmt und gemahlen. Ihre Farbtönung, abhängig vom Verhältnis der Mangan- zu den Eisenverbindungen, schwankt zwischen dunklen Ockertönungen und tiefem Braun. In ihrer Zusammensetzung ähneln sie den Ockern. Man darf sie gleichsam als durch Manganbestandteile braun gefärbte Ocker ansehen, wie umgekehrt auch die Farbtönung der gelben Ocker um so reiner und gelblicher ist, je weniger Mangan sie enthalten. – Diese Umbren, Ockerumbren genannt, besitzen in der Regel einen geringen Mangan- und einen großen Eisen- und Silikatgehalt. Sie sind kristallin und nicht besonders fein im Korn.

Die sog. „echten" Umbren dagegen, vorwiegend auf Cypern, aber auch in Italien und teilweise in Deutschland gewonnen, sind durch hohen Mangangehalt und die Anwesenheit kolloidalfeiner Anteile gekennzeichnet. Die grünlichen Typen, durch Eisensilikate gefärbt, waren bei Malern immer besonders beliebt.

Nicht nur Farbtönung, sondern auch Deck- und Färbevermögen werden durch den Mangangehalt bestimmt, obschon die Anwesenheit kolloiddisperser Anteile komplexe Verhältnisse schaffen kann. Im allgemeinen steigen mit wachsendem Mangangehalt Deck- und Färbekraft. Seit der Eiszeit in der Malerei verwendet, sind die Umbren in allen Techniken brauchbar und mit allen Pigmenten verträglich. Ihre Lichtechtheit ist sehr gut, die Trockenfähigkeit in Öl steigt mit dem Mangangehalt, der in Form von Braunstein vorliegt und als Trockenstoff wirkt.

Eine maltechnische Gefahrenquelle der echten, kolloiddisperse Anteile enthaltenden Umbren sei erwähnt. *Manfred Ragg* hat 1907 auf das *Durchwachsen* oder *Durchschlagen* von umbrahaltigen Untermalungen in die obere Bildschicht hingewiesen, *Eibner* und Mitarbeiter haben die Frage genauer untersucht. Die aus Mangan und Öl entstehenden Manganseifen beschleunigen zwar die Trocknung, gleichzeitig wachsen sie aber auch mit feinen Kolloidteilchen in die obere Bildschicht durch und können auf diese Weise ein Nachdunkeln von Bildern verursachen, das zuweilen fälschlich für die Folge einer angeblichen Lichtunechtheit der Umbra gehalten wird. Ein eventuelles *Durchwachsen* fällt bei Umbren wegen ihrer Farbtönung besonders auf; diese Erscheinung ist um so deutlicher sichtbar, je heller die Übermalung ist.

Durch Brennen verlieren die Umbren Kristallwasser

und nehmen an Korngröße zu. Die Folgen sind eine Verringerung des Bindemittelbedarfs, Erhöhung der Deckfähigkeit und eine Verschiebung der Farbtönung in ein rötliches Braun (gebrannte Umbra).

Auch bei den Umbren ist es üblich geworden, daß Pigmentfabriken die gewünschten, für Umbren typischen Farbtönungen aus synthetischen Eisenoxiden, Braunstein und geeigneten Füllstoffen zusammenkollern. Das geht auf sog. *Kollergängen* vor sich, sehr schweren Maschinen, mit denen in großem Maßstab Pigmentmischungen ähnlich hergestellt werden, wie das der Maler in kleinen Mengen im Mörser mit der Reibkeule machen kann. – Auch hier ist wie bei den Ockern und den Grünen Erden maltechnisch gegen diese Produkte nichts einzuwenden, wenn einwandfreie Ausgangsstoffe verwendet werden und wenn ordentlich gearbeitet wird. Die guten Produkte besitzen einwandfreie Echtheitseigenschaften, sind in allen Maltechniken brauchbar und sie neigen nicht zum Durchwachsen wie manche natürlichen Umbren, weil sie keine kolloiddispersen Anteile enthalten.

An dieser Stelle soll auch auf das *Manganschwarz* genannte Pigment hingewiesen werden, dessen Hauptbestandteil der Braunstein ist. Neben ihm sind im Manganschwarz andere Manganoxide und wenig Eisenoxid und Kieselsäure enthalten. Die natürlichen Manganerzvorkommen dienen hauptsächlich der Gewinnung von Mangan und seiner Salze, sie können aber auch nach entsprechender Zerkleinerung als Pigment dienen.

Dieses schwarzgraue, hochlichtechte Pigment wird zwar hauptsächlich zur Zementfärbung verwendet – deshalb sein Name *Zementschwarz* –, es läßt sich aber auch in allen malerischen Techniken innen und außen verwenden. Es beschleunigt wie die Umbra die Öltrocknung.

Kasseler Braun, Van-Dyck-Braun

Erdige Braunkohle

Im Tagebau gewonnene Braunkohle wird durch Sieben und Schlämmen von Sand- und Holzanteilen gereinigt und gemahlen. Das Pigment wird seit dem 17. Jahrhundert in der Ölmalerei verwendet.

Kasseler Braun ist wenig lichtecht und bedarf zur Verbesserung seiner Lichtbeständigkeit entweder der Einbettung in einen schützenden Film (Ölmalerei) oder eines Firnisüberzuges. Es wirkt im deckenden Aufstrich bräunlich-schwarz, schöne Sorten entfalten in der Lasur eine große Farbtiefe und Leuchtkraft und in Weiß gesetzt einen Nuancenreichtum vom ockerigen Gelb über krappähnliches Rot bis hin zum satten Dunkelbraun. Maler haben dieses Pigment zum Lasieren immer gerne verwendet.

Sein Hauptanwendungsgebiet ist die Ölmalerei, wo es vorwiegend in Lasuren verwendet wird. Das Färbevermögen ist befriedigend. Sein Ölbedarf ist sehr groß, die Trocknung im Ölfilm dementsprechend langsam. Es kann kolloidale Substanzen enthalten, die zum Durchwachsen in die Übermalung neigen; bei einer beabsichtigten Verwendung in der Untermalung ist diese Durchwachsgefahr zu berücksichtigen. Wird es zu dick aufgetragen, dann bleibt sein Film lange weich und kann Übermalungen, die rascher und härter durchtrocknen, zum Reißen bringen. Kasseler Braun ist nicht säure- und alkalibeständig und kann deshalb in basischen Malmitteln nicht verwendet werden. In Öl-, Tempera- und Aquarelltechnik wird es benutzt.

Alle diese maltechnischen Mängel des Kasseler Brauns sollten den Maler veranlassen, in deckenden Aufträgen besser mit Mischungen aus Ockern, Umbren und gebrannten Sienen zu arbeiten, deren Farbtönung er mit einer geringen Menge Elfenbeinschwarz einstellen kann. Auch hier ist es üblich, daß Künstlerfarbenhersteller die Farbtönung der gemahlenen Braunkohle mit maltechnisch sicheren Pigmenten „imitieren“, wobei die „Imitation“ wertvoller ist als das originale Pigment.

In der Lasur aber, das sei der notorischen Lichtunechtheit zum Trotz angemerkt, in der Lasur entfaltet ein gutes Kasseler Braun ein Feuer und einen Reichtum an Nuancen, der mit lasierenden Oxidpigmenten schwer oder gar nicht zu erreichen ist.

Asphalt, Mumie

Glanzpeche

Die „echten“ Asphalte oder Erdpeche, *Trinidad-Asphalt* z. B., sind in der Malerei wegen ihrer Verunreinigungen seltener verwendet worden als sog. *Asphaltite* oder *Glanzpeche*, die z. B. im Jordantal durch Abschlagen aus Gängen oder durch Abschöpfen aus dem Toten Meer gewonnen werden. Aus Erdspalten und heißen Quellen gelangt flüssiger Asphalt ins Tote Meer, erstarrt dort und kann abgeschöpft werden.

Dieser syrische Asphalt ist zusammen mit Weihrauch und anderen Naturharzen von den Ägyptern zum Mumifizieren verwendet worden. Die Verwendung von Mumiensubstanz zu Malzwecken ist schon *Plinius* bekannt gewesen, er nennt sie „unbequem und neumodisch“. Seit dem 16. Jahrhundert ist in der europäischen Malerei durch Zerkleinern und Mahlen von Mumienteilen ein braunschwarzes Pulver gewonnen worden, das man in der Ölmalerei als Farbmittel verwendet hat.

Asphalt und Mumie können nur in der Öltechnik verwendet werden. Sie stellen hier kein Pigment dar, sondern besitzen wegen ihrer Löslichkeit in Öl Farbstoffcharakter. Die Asphalt-Ölfarbe wird hergestellt durch Lösen des Asphalts in heißem Leinöl. Vom 16. Jahrhundert an ist Asphalt auf dem Kontinent verwendet worden, im 18. Jahrhundert tritt er auch in der englischen Malerei auf; in Deutschland hat die Münchener Schule im 19. Jahrhundert den Asphalt in die neuere Malerei herübertransportiert.

Asphalt sollte weder in Lasuren und schon gar nicht in der Untermalung verwendet werden. In Lasuren „wandert" er und bleibt nicht auf die Stellen beschränkt, für die er bestimmt war. Aus der Untermalung wächst er in die oberen Bildschichten durch und verfäbt diese über kurz oder lang. Zudem ist der Asphalt „thermoplastisch", d. h., er wird bei der Erwärmung weich und hat deshalb schon viele Übermalungen zum Abrutschen gebracht.

Sepia

Sekret des Tintenfisches
Sepia officinalis

Sepia heißt das braun-schwarze Sekret, das in einer Eingeweidedrüse des Tintenfischs gebildet wird und das der Tintenfisch ausstößt, um bei Gefahr das Wasser zu verdunkeln. Im Mittelmeer wird der Tintenfisch in großen Mengen gefangen, sein Fleisch wird gegessen.

Zur Sepia-Gewinnung werden die Tintendrüsen herausgeschnitten, auf eine Schnur aufgereiht und in der Sonne getrocknet. Diese Sepiaschnüre sind Handelsware. Manchmal werden die getrockneten Drüsen direkt zerkleinert und ohne weitere Vorbereitung in Künstlerfarben als Pigment verarbeitet. Ein besseres Produkt wird aber erhalten, wenn man mit Ammoniak oder Alkali das eigentliche Sepia-Pigment aus den Drüsen herauslöst, filtriert und das Pigment dann mit Salzsäure wieder fällt, wäscht und trocknet.

Die *Sepia* ist eine organische Säure unbekannter Zusammensetzung und in Wasser kaum löslich. Sie ist gut lichtecht und wird trotz ihres unangenehmen Fischgeruchs besonders in der Aquarellmalerei sehr geschätzt.

Heute wird diese Farbtönung von den Künstlerfarbenherstellern coloristisch meist nachgestellt durch eine Mischung von maltechnisch zuverlässigen anorganischen und organischen Pigmenten, die dem Maler die Farbnuance „Sepia" liefern, ihm aber den penetranten Fischgeruch ersparen.

Schwarze Pigmente

Weil es nicht ganz einfach ist, sich auf diesem Gebiet zurechtzufinden, sei diesem Abschnitt eine Übersicht über die Herkunft der schwarzen Pigmente vorangestellt.

A. nicht kohlenstoffhaltige
- I. natürliche: Manganschwarz (S. 51)
- II. künstliche: Eisenoxidschwarz (S. 40)

B. kohlenstoffhaltige
- I. natürliche
  1. Kasseler Braun (S. 52)
  2. Asphalt (S. 52)
- II. künstliche
  1. aus tierischen Substanzen: Elfenbein-, Beinschwarz
  2. aus pflanzlichen Substanzen: Rebschwarz
  3. durch unvollständige Verbrennung von Holz, Teer, Erdöl, Gasen gewonnen: Ruße

Elfenbeinschwarz, Beinschwarz

Das bekannteste Schwarzpigment in der Malerei ist das aus durch trockene Destillation entfetteter Knochen hergestellte sogenannte *Elfenbeinschwarz*. Neben dem färbenden Anteil Kohlenstoff enthält es nicht unbeträchtliche Mengen Calziumphosphat, die ihm einen leichten Stich ins Grau-Blaue verleihen.

Apelles, 350 v. Chr., Malerfürst seiner Zeit und Hofmaler Alexander des Großen, soll, so berichtet *Plinius*, durch Erhitzen von Elfenbein zum ersten Mal das schwarze *elephantinum* hergestellt haben: Elfenbeinschwarz. Eine höfisch-liebenswürdige Überlieferung, die sicher keinen Anspruch auf Richtigkeit erheben kann.

Rebschwarz, Kernschwarz

Das Kernschwarz des Altertums, so berichtet wiederum *Plinius*, sei zuerst durch Verkohlen von Traubenkernen hergestellt worden. Heute wird es aus pflanzlichen Abfällen und teilweise auch aus Braunkohle gewonnen. Die kohlenstoffreicheren und deshalb farbkräftigeren Rebschwärzen besitzen einen höheren Bindemittelbedarf als Elfenbeinschwarz. Die mit ihnen angeriebenen Ölfarben trocknen deshalb etwas langsamer als Elfenbeinschwarz-Ölfarben.

Beide Schwärzen sind hochlichtecht, mit allen Pigmenten verträglich und in allen Techniken einsetzbar. Auf der Wand sind aber nur Sorten brauchbar, denen evtl. vorhandene ausblühfähige Salze entzogen worden sind.

Ruße

aus Holz: Kienruß
aus Gas: Azetylenruß
aus Erdöl: Lampenruß

Kienruß ist von der steinzeitlichen Höhlenmalerei über das Altertum bis in die Neuzeit in der Mal- und Anstrichtechnik verwendet worden. Heute spielen die Öl- und Gasruße die wichtigere Rolle.

Der Ruß unterscheidet sich von den anderen Schwärzen dadurch, daß er praktisch aus reinem Kohlenstoff besteht, noch kornfeiner ist als jene und das höchste Deck- und Färbevermögen von allen besitzt. Infolge seines extrem hohen Ölbedarfs trocknen Ruß-Ölfarben sehr langsam. Kolloidfein geriebene Ruße dienen in Tuschen als Farbmittel.

Metallpulverpigmente und Effektpigmente

Muschelgold

Muschelgold ist eine alte Bezeichnung für echtes Goldpulver, wie es Schreiber, Maler und Vergolder schon im frühen Mittelalter benutzt haben. Ihr Goldpulver mußten die sich selbst herstellen. Dazu haben sie dünn gehämmertes Blattgold, wie sie es zum Vergolden von Flächen benutzt haben, zuerst grob zerkleinert und es dann mit entwässerten, grob gestoßenen Kochsalzstücken zusammen mit Honig auf einer Reibplatte mit dem Läufer oder im Mörser mit der Keule kräftig verrieben. Die harten Salzkristalle wirkten dabei mechanisch als Zerkleinerungs- und Schmirgelmittel, der Honig diente als Gleitmittel, in dem sich weder Salz noch Gold lösen konnten. Sobald das Gold fein genug gemahlen war, wurden Honig und Salz mit Wasser ausgewaschen, zurück blieb das Goldpulver. Eine Variante zu dieser Herstellungsmethode bestand darin, Gold und Quecksilber zu legieren und dann aus dem Amalgam das Quecksilber durch Erhitzen wieder auszutreiben. Die einfachere Honig-Salz-Methode ist offenbar aber häufiger angewendet worden. In beiden Fällen entsteht Goldpulver, das man früher – in Gummi arabikum-Lösung angerieben – in Muschelschalen verpackt hat. Daher stammt der Name. Heute stellen die Blattgoldfabriken echtes Gold auch in Pulverform her.

Verschrieben und vermalt wurde und wird Goldpulver entweder mit Gummi arabikum-Lösung oder aber – häufiger – mit wasserunlöslich auftrocknendem Eiklar. Das Eiklar wird nach alter Malerüberlieferung – bevor es als Malmittel oder Malfirnis verwendet werden kann – mehrmals mit einem Schwamm aufgesogen und dann wieder ausgedrückt oder aber das Eiweiß wird zu Schnee geschlagen und durch ein feines Sieb getrieben. Auf diese Weise werden die Eiweißstränge zerstört, die den Dotter an der Schalenhaut aufhängen. Die Stränge würden in dünnen Aufstrichen stören.

Blattgold

In den indischen Veden ist Gold schon vor 6000 Jahren genannt worden; chinesische Handwerker haben vor 2500 Jahren mit dünn ausgehämmerten Goldplättchen vergoldet; ägyptische, griechische und römische Handwerker haben Tempelwände und -decken, Kultgegenstände aber auch Gegenstände des täglichen Bedarfs vergoldet. Weil Gold teuer war, hat man schon früh gelernt, das begehrte Metall durch Auswalzen und Hämmern buchstäblich zu strecken und zu verdünnen, um mit der gleichen Gewichtsmenge Gold größere Flächen vergolden zu können.

Gold ist ein Schwermetall mit der Wichte 19,32, es ist verhältnismäßig weich und dehnbar und läßt sich gut polieren. Gegen Chemikalien ist es sehr beständig; löslich ist es nur in Königswasser, einem Gemisch aus drei Teilen konzentrierter Salzsäure und einem Teil konzentrierter Salpetersäure. Wegen seiner Weichheit wird es oft mit dem härteren Kupfer oder mit Silber legiert. Die alte Reinheitsbezeichnung nach Karat – 24karätiges Gold ist reines Gold – wird inzwischen immer mehr verlassen und ersetzt durch die Definition in Tausendstel Gewichtsteilen. 24 Karat = $^{1000}/_{1000}$ Goldgehalt; 18 Karat = $^{750}/_{1000}$ Goldgehalt; 12 Karat = $^{500}/_{1000}$ Goldgehalt.

Der handwerkliche Vergolder kennt dazu noch andere überlieferte Bezeichnungsweisen: Dukatengold war 23karätiges Gold; Orangegold war 22karätiges Gold; Zitronengold hatte 18 Karat, Grüngold hatte 16 Karat. Diese alten Namen werden heute noch gebraucht. Das unechte sogenannte *Kompositionsgold* und auch das *Schlagmetall* bestehen aus Kupfer-Zink-Legierungen. Dieser Goldverschnitt kann wie Blattgold verarbeitet werden.

Die Stärke der zum Vergolden verwendeten Goldblätter liegt zwischen $^{1}/_{9000}$ mm beim *Einfachgold*, $^{1}/_{4500}$ mm beim *Doppelgold* und $^{1}/_{3000}$ mm beim *Dreifachgold*. Einfachgold ist für Innenarbeiten, Rahmungen usw. geeignet, das praktisch porenfreie Dreifachgold wird vorwiegend außen verarbeitet.

Musivgold

Im 13. Jahrhundert, vielleicht schon früher, ist ein anderes goldfarbenes Pigment bekannt geworden, mit dem das echte, teure Goldpulver coloristisch ersetzt werden konnte. Dieses Material, das *aurum musivum*, englisch *Mosaic Gold*, wird hergestellt durch Erhitzen von Zinnsalzen mit Schwefel. Dabei entsteht Zinnsulfid, das *Musivgold* in kleinen, feinen, stark glänzenden, goldfarbenen Schuppen.

Es ist genau wie echtes Goldpulver zum Schreiben, Malen und Vergolden geeignet und wie echtes Gold lichtbeständig und säurefest. Musivgold ist allerdings nicht laugenbeständig.

Silberpulver

Auch pulverisiertes Silbermetall ist ähnlich wie Goldpulver von Schreibern und Malern verarbeitet worden. Es ist allerdings seltener als Gold in Büchern und auf Tafelbildern anzutreffen, weil es – wie wir das auch vom Tafelsilber kennen – durch den Schwefelwasserstoffgehalt der Luft oberflächlich rasch in schwarzes Silbersulfid umgesetzt wird. Silber bewahrt im Bild wie im Buch sein ursprüngliches Aussehen nur in oder unter einem intakten Film oder bei Luftabschluß.

Es hat übrigens auch ein *Musivsilber* gegeben. Dieses metallische Pigment, eine Legierung aus Zinn, Wismut und Quecksilber ist in Büchern oder auf Bildern selten nachgewiesen worden, soll hier aber der Vollständigkeit wegen genannt sein.

Auch Silberpulver und Musivsilber sind mit Gummi arabikum-Lösung oder mit Eiklar als Malmittel verarbeitet worden.

Exkurs: Musivgold, Musivsilber, Musivische Arbeit, Mosaik, Musieren

Die Materialnamen Musivgold und Musivsilber und auch die Bezeichnung für eine bedeutende künstlerische Technik, die *musivische Arbeit*, das *Mosaik* und schließlich der Name einer mehr dekorativen, vergleichsweise untergeordneten Vergoldertechnik, das *Musieren*, sie alle haben etymologisch eine Wurzel. Wahrscheinlich sind sie alle zurückzuführen auf die arabischen Wörter *muzauwag* oder *musanic*, die beide „reich geschmückt", „reich verziert" bedeuten und mit denen gewöhnlich farbige Vielfalt angedeutet worden ist. Andere Sprachwissenschaftler dagegen meinen, daß der Ursprung dieser Bezeichnungen im griechischen Wort *mousa*, dt. Muse, zu finden sei und im griechischen *museios*, dt. künstlerisch oder „den Musen geweiht". So ist entstanden das lateinische *musivum opus*, dt. die musivische Arbeit, als Bezeichnung für Einlegearbeiten aus Steinen oder Glasstücken. Daraus wiederum haben sich entwickelt das mittellateinische *mosaicum*, das italienische *mosaico* und noch später das französische *mosaique*.

Mosaik nennen wir eine Einlegetechnik, in der verschiedenfarbige Stein-, Keramik- oder Glasstücke (meist) mit Kalkmörtel auf einen festen Untergrund fixiert werden. Diese alte orientalische Technik ist über Griechenland und Ostrom im gesamten Mittelmeerraum bekannt geworden und dann auch ins westliche Europa gelangt. Das erste Einlegematerial waren Kieselsteine, auch verschiedenfarbige Marmorwürfel, später kamen dazu farbige Glasstücke, blaue Smalten oder mit anderen Metallen gefärbte Gläser. Halbedelsteine sind wegen ihres Preises seltener im Mosaik verarbeitet worden.

In hellenistischen Mosaiken waren die Mosaiksteinchen manchmal so klein, daß die Mosaizisten sehr feine, fast malerische Farbübergänge haben wiedergeben können. *Plinius*, hoher Offizier und gleichzeitig der bedeutendste Wissenschaftsjournalist Roms, benutzt für diese Arbeiten das griechische Wort *Lithostroton*, was man etwa mit „Streu von kleinen Steinchen" übersetzen kann. Von dem Mosaizisten *Hephaiston von Pergamon* wird überliefert, er habe so feine Farbübergänge darstellen können wie ein Maler. Aus der Literatur kann man den Eindruck gewinnen, hellenistische Mosaizisten hätten Effekte erreichen wollen oder sogar erreicht, die wir heute mit *Trompe-l'œil* bezeichnen.

In byzantinischen und islamischen Mosaiken, von denen uns rund ums Mittelmeer großartige Zeugnisse erhalten sind, können wir Mosaik-Glassteine sehen – damit kommen wir wieder auf das Gold zurück –, in die Blattgold oder Blattsilber in Überfangtechnik kunstvoll eingearbeitet worden sind. Im frühen Mittelalter sind in Rom und in Ravenna strahlend schöne, mit Metalloxiden gefärbte und mit Gold eingelegte Glasmosaiksteine verarbeitet worden, die wir vorwiegend auf Wänden sehen, weil sie für Fußbodenbelegungen zu empfindlich waren.

Wer die großartigen Arbeiten byzantinischer und arabischer Mosaizisten im ersten oder im zweiten Rom, in Rom oder im alten Byzanz, in Monreale, in Cefalu oder in Palermo gesehen hat, der versteht das Wort *Ghirlandajos*, Mosaik sei eine *pittura per l'eternita*.

Wenn im Mittelalter Buch- oder Tafelmaler glanzvergoldete Flächen mit matten Goldpartien dekoriert, ornamentiert oder verziert haben, dann haben sie diese Arbeit *musieren* oder *florieren* genannt. Musiert wurde, indem man einen glanzvergoldeten Grund ein zweites Mal vergoldete, den zweiten Goldauftrag aber nicht polierte. Manche Vergolder haben auch in zeichnerischem Auftrag Muschel- oder Musivgold aufgetragen, das nur mit Eiklar oder mit Weichharzen auf den ersten Goldgrund fixiert aber nicht poliert wurde.

Goldbroncen, Kupferbroncen, Aluminiumbroncen

Diese in der Anstrichtechnik üblichen Bezeichnungen für verschiedene *Metallschuppenpulver* enthalten alle das Wort Bronce. Sie haben aber nur eine sehr ferne Verwandtschaft mit jener rötlich-gelben Kupfer-Zinn-Legierung, der Bronce, die Werkstoff ist für den künstlerischen Bronceguß. Die für Gußzwecke bestimmte Legierung besteht immer aus Kupfer und Zinn, sie enthält oft aber auch kleinere Mengen Zink und/oder Blei und manchmal sehr geringe Mengen Aluminium oder Beryllium. Nebenbei: *Messing* ist eine Legierung aus Kupfer und Zink, *Tombak* oder *Schlagmetall* wird eine Kupfer-Zink-Legierung genannt, die weniger als 30% Zink enthält, rötlich-goldfarben aussieht und mit der seit jeher „unechte Vergoldungen" gemacht worden sind. Die in diesem Abschnitt behandelten Materialien sind alle auch als dünn gehämmerte Blätter im Handel zu kaufen.

Im Malerhandwerk nennt man *Goldbroncen* die goldfarbigen Metallschuppenpulver, die aus einer bei ca. 1000°C erschmolzenen Kupfer-Zink-Legierung entstehen. Die etwas abgekühlte Schmelze läßt man auf rotierende, wassergekühlte Scheiben tropfen, die dort erstarrten Metallplättchen werden zuerst in Grob- und dann in Feinstampfwerken zu feinen Schuppen weiter zerkleinert und verdünnt. Dann wird nach Feinheitsgrad getrennt und poliert. Die Farbtönung der Bronceaufstriche hängt ab von der Rezeptur der Legierung, von der Feinheit der Metallschuppen, der Art ihrer Politur und der Auswahl der verwendeten Malmittel, die man hier *Tinkturen* nennt, in sehr starkem Maß von den in der Tinktur vorhandenen Lösemitteln. *Reichgold* hat eine ins gelbgrüne spielende Färbung und besitzt den höchsten Zinkgehalt; *Reichbleichgold* ist goldgelb und hat mittleren Zinkgehalt; *Bleichgold* ist rötlicher und enthält weniger Zink. Die *Kupferbroncen* besitzen den geringsten Zinkgehalt. Die fälschlich *Silberbroncen* genannten *Aluminiumschuppenpulver* werden aus Reinaluminium nach einer ähnlichen Methode hergestellt und mit ähnlichen *Tinkturen* vermalt.

Den größten Einfluß auf den Glanz der Anstrichfilme von Metallschuppenpulver-Farben – den man bezeichnenderweise auch den „Spiegel" nennt – besitzen die Tinkturen und die in ihnen enthaltenen Lösemittel. Ihre Zusammensetzung ist eine Sache für Spezialisten, weshalb die Hersteller von Metallschuppenpulvern stets auch Tinkturen herstellen und über den Handel anbieten. Für die Metallschuppenpulver gilt: je feiner die Pulver, desto matter der Aufstrich; je gröber die Pulver, desto glänzender der „Spiegel". – Die Schuppen werden im Film nicht „verpackt", wie das bei normalen Pigmenten der Fall ist. Die hauchdünnen Schuppen schwimmen in einer guten Tinktur zur Oberfläche auf und lagern sich beim Trocknen waagerecht neben- und übereinander und bilden schließlich eine dicht geschlossene metallische Oberfläche im Aufstrich.

Weil der „Spiegel" einer gut komponierten „Bronce"farbe – so werden diese Anstrichstoffe kurz und falsch, aber verständlich im Fachhandel genannt – vom Maler durch Mischen nicht zu erreichen ist, ist bei Bedarf Kauf zu empfehlen. Mit einem Tropfen Terpentinöl oder Benzin läßt sich der „Spiegel" der besten „Bronce"farbe ruinieren.

Tagesleuchtpigmente

Tagesleuchtpigmente bestehen aus einem ziemlich harten Kunststoffpulver, das mit fluoreszierenden Farbstoffen angefärbt worden ist. Schon dadurch unterscheiden sie sich von den üblichen Pigmenten. Ihre besondere Eigenart besteht aber darin, daß sie einen Teil der absorbierten, unsichtbaren, kurzwelligen UV-Strahlen umwandeln in längerwelliges Licht ihrer Eigenfarbe. Sie reflektieren demnach mehr sichtbares Licht als auf sie auffällt (S. 5). Diese Pigmentgruppe ist von *Josef Switzer* zuerst als Effektpigmente für die Lackindustrie entwickelt worden, seit den vierziger Jahren sind sie allgemein bekannt geworden.

Heute werden die Tagesleuchtpigmente hergestellt aus thermoplastischen, inzwischen aber auch aus hitzebeständigen Kunstharzen, die mit mehr oder weniger lichtechten Farbstoffen durchgefärbt werden. Sobald die Färbung vollständig ist, läßt man den farbigen Kunststoff erkalten, er wird grob gebrochen und dann fein vermahlen.

Die Lichtechtheit der fluoreszierenden Pigmente ist nie so groß wie die von nichtfluoreszierenden ähnlicher Farbtönung. Sie ist abhängig von der Menge und Qualität des Farbstoffs im angefärbten Kunststoff. Das Trägermaterial, das Kunstharz, muß wasserhell sein und bleiben, es sollte auch elastisch sein und bei der Alterung bleiben. In das Trägerharz werden vom Hersteller UV-Absorber eingearbeitet, organische Stoffe, welche die aggressiven kurzwelligen UV-Strahlen umwandeln in energieärmere, langwellige Lichtstrahlen und sie damit für den Farbstoff, das Trägerharz und das Bindemittel ungefährlicher macht. Als Malmittel eignen sich die Lösungen von Kunstharzen, zum Beispiel von Acrylharzen.

Perlglanzpigmente

Jeder kennt die merkwürdigen optischen Effekte auf Fischschuppen, die irisierenden Effekte auf dünnen Ölschichten, auf Seifenblasen und auf Vogelfedern. Diese optische Erscheinung hat man *Newtonsche*

Farben, Farbe dünner Plättchen genannt, heute spricht man von *Interferenzfarben*.

In den Metallschuppenpulvern haben wir metallisch glänzende und sehr gut deckende Pigmente kennen gelernt. Die Perlglanzpigmente besitzen die gleiche Blättchenstruktur, sie sind jedoch völlig transparent. Einfallendes Licht brechen sie im Aufstrich auf mehreren Ebenen. Dadurch kommt der merkwürdig irritierende, irisierende Eindruck zustande.

Natürliche Fischschuppen, *Fischsilber* genannt, sind ziemlich teuer und werden z. T. heute noch in Nagellacken verwendet. Die Pigmentindustrie stellt aber inzwischen auch relativ preiswerte Produkte mit diesen optischen Eigenschaften her, die beispielsweise aus extrem dünnen Plättchen von farblosem Titandioxid bestehen. Diese Perlglanzeffekte hat man vor Jahren in der Dekorationsmalerei geschätzt. Der Anstreicher hat dann die Perlglanzpigmente einfach in die pigmentierten Anstrichfarben eingerührt, um den gewünschten Effekt im Aufstrich zu erreichen.

Von den direkt hergestellten organischen Pigmenten

Die Väter: Farblacke

Organische Pigmente nennt man bekanntlich die unlöslichen Farbmittel, deren farbgebender Charakter von Kohlenwasserstoffverbindungen bestimmt wird. Diese Kohlenwasserstoffverbindungen stammen entweder aus dem Pflanzen- oder dem Tierreich oder aber sie sind in chemischen Fabriken hergestellt worden. Im ersten Fall spricht man von natürlichen, im zweiten Fall von künstlichen oder synthetischen Produkten.

Nur selten produziert die Natur Farbmittel, wie die uns schon bekannten Sepia, Indigo oder Indischgelb, die unlöslich, d. h. also Pigmente, sind. Viel häufiger können aus Pflanzen und Tieren nur lösliche Farbmittel, nur Farbstoffe, gewonnen werden. Da man mit Farbstoffen aber schlecht malen kann, weil sie keinen „Körper“, keine „Substanz“ besitzen, hat der Mensch sehr früh gelernt, die löslichen natürlichen Farbstoffe auf kunstvolle Art unlöslich und damit vermalbar zu machen. Auf diese Weise sind schon im Altertum aus natürlichen Farbstoffen künstliche, synthetische Pigmente hergestellt worden, die zu den organischen gehören, weil ihr farbgebender Charakter von Kohlenwasserstoffen bestimmt wird. Von ihnen sind schon betrachtet worden der Wurzelkrapplack, der Karminlack und das Schüttgelb. – Künstliche organische Pigmente sind, wie man sieht, schon sehr alt und stehen dem Maler keineswegs etwa erst seit der Entdeckung des Anilins zur Verfügung.

Von diesen eben genannten frühen „halb“-synthetischen organischen Farblacken unterscheiden sich die vollsynthetischen, d. h. die aus künstlichen Farbstoffen hergestellten modernen Farblacke, in der Herstellung nicht. Die modernen Produkte sind nur aus reinen, chemisch definierten Substanzen entstanden.

Jede Farblackbildung kann man sich am leichtesten vorstellen am Modell des textilen Färbens. Vereinfacht gesagt wird dabei ein Farbstoff in Wasser gelöst und dann unlöslich auf die Faser fixiert. Fixiert man nun anstatt auf eine textile Faser auf ein farbloses oder weißes Pigment, ein Substrat, dann werden bei diesem Färben die einzelnen Substratpartikelchen angefärbt. Diesen Vorgang nennt man eine *Farblackbildung* und spricht auch vom *Verlacken eines Farbstoffes.*

Teilweise werden die Substratteilchen dabei nur oberflächlich angefärbt; dann bleiben die Farbstoffeigenschaften weitgehend bestehen, und es sind keine besonderen Echtheiten zu erwarten. Es kann aber auch eine chemische Reaktion zwischen dem Farbstoff und dem Substrat eintreten, die entweder unvollständig und nur auf der Substratoberfläche vor sich geht oder auch vollständiger und tiefgreifender verläuft. Die Pigmenteigenschaften eines Farblacks, d. h. seine Echtheiten und seine Unlöslichkeit, sind um so ausgeprägter, je vollständiger und tiefgreifender die chemischen Umwandlungen waren, die ihn entstehen ließen. Je mehr aber Lichtechtheit und Löseechtheit z. B. ansteigen – so darf man etwas verallgemeinernd annehmen – um so mehr verschwinden dabei die typischen Farbstoffeigenheiten wie Feuer und Brillanz der Farbtönung.

Die Farblackbildung ist ein verwickelter Vorgang, bei dem nicht nur der Ausgangsfarbstoff, sondern auch die Auswahl der Fällungsmittel und -hilfsmittel eine gewichtige Rolle spielen und die Wahl des Substrats, das teilweise in einem Arbeitsgang mit dem Verlacken erzeugt wird. Wenn jetzt noch angedeutet wird, daß eine Farblackbildung in manchen Fällen auch in Abwesenheit von Substraten nur durch chemische Reaktion zwischen Farbstoff und Fällungsmittel praktiziert werden kann, so geschieht das, weil damit erst die Definition des Begriffes verständlich wird. „Farblacke“, so lautet nämlich die verbindliche Begriffsbestimmung, „sind durch Fällen wasserlöslicher organischer Farbstoffe erzeugte Pigmente, die zum Teil Substrate enthalten müssen“ (S. 3, 43).

Die Söhne: Direkt hergestellte organische Pigmente

Die natürlichen organischen Pigmente und auch die aus natürlichen oder künstlichen Farbstoffen hergestellten Farblacke lassen sich einigermaßen anschaulich darstellen. Entweder sind ihre Farbnamen jedem geläufig – wer denkt beim Purpur nicht an die Färbung römischer Senatorenmäntel? – oder ihre Herkunft entbehrt nicht leicht makabrer, aber einprägsamer Züge, wie das beim indischgelb oder beim Karmin der Fall ist. Wie schön schließlich läßt sich's beim Wurzelkrapp an die roten Hosen französischer Soldaten denken, die sich noch anschickten, auch die nationale Krapp-Produktion südfranzösischer Bauern zu retten, als die Leute jenseits des Rheins schon daran gegangen waren, das Alizarin synthetisch und industriell herzustellen.

Die jetzt zu betrachtenden direkt hergestellten organischen Pigmente, die heute die wichtigste Rolle in der Mal- und Anstrichtechnik und in der Druckfarbenherstellung spielen, sind Produkte nüchterner Chemikerarbeit, und für den chemischen Laien sind ihre Herstellung und ihr Aufbau unanschaulich und fremd wie das Weltbild der modernen Physik. Es seien deshalb aus der gar nicht kleinen Anzahl der zum Malen geeigneten Pigmente aus dieser Gruppe nur wenige vorgestellt, bei denen ihre maltechnische Eignung aber auch nur angedeutet werden soll. Teilweise kommen diesen Pigmenten so hohe Echtheiten zu, daß sie zu den beständigsten Malpigmenten gehören, die wir kennen.

Die direkt hergestellten organischen Pigmente werden aus technischen Gründen niemals allein, sondern stets mit Füllstoffen zusamen verwendet. Allein schon ihr enormes Färbevermögen zwingt aus Dosierungsgründen zu dieser Maßnahme; im übrigen ist nur durch Füllstoffe der „Körper“ zu schaffen, den man in Mal- und Anstrichfarben braucht.

Im Gelb- und im Orangebereich spielen bestimmte Azo- und Disazopigmente seit etwa 1910 auch in der Maltechnik eine wichtige Rolle. Ein Pigment dieser Herkunft mit einer etwas grünlichgelben Farbtönung besitzt bei sonst guter Lösemittelbeständigkeit nur eine Empfindlichkeit gegen aromatische Lösemittel wie Benzol und Toluol. Dieses Pigment ist aber gegen Säuren, Laugen und gegen Soda und ebenso gegen schwefelhaltige und saure Gase ausgezeichnet beständig. Seine Lichtbeständigkeit, auch in starker Weißausmischung, ist besser als die des zitrongelben Kadmiumgelb und etwa vergleichbar mit der der rötlicheren Kadmiumpigmente. Sein Färbevermögen ist besser als das der anorganischen Pigmente ähnlicher Farbtönung. Die Deckfähigkeit des reinen Pigments ist mäßig, sie kann aber durch Abmischung mit Füllstoffen und einer relativ kleinen Menge Lithopone oder Titandioxid erheblich verbessert werden. – Dieses Pigment ist für alle malerischen Techniken hervorragend geeignet, auch innen auf der Wand, aber nicht außen auf der Wand, wo auch Kadmiumgelb versagt und man am besten auf Nickeltitangelb zurückgreift.

Bei den direkt hergestellten organischen Rotpigmenten gibt es eine ganze Reihe, die als sehr gut bis hervorragend geeignet für die künstlerischen Techniken bezeichnet werden dürfen. Aus den verschiedenen Pigmentgruppen muß nur der Hersteller von Künstlerfarben das für den jeweiligen Verwendungszweck am besten geeignete Pigment herausprüfen, um es dann in dem betreffenden Malfarbensystem einzusetzen.

Hier bei den Rotpigmenten ist in den letzten Jahren eine Pigmentgruppe, die sog. *Chinacridone,* hergestellt worden, die in Lichtechtheit, selbst in starker Weißausmischung, in Säure-, Alkali- und Lösemittelbeständigkeit alle bisher bekannten organischen Rotpigmente in den Schatten stellt. Einzelne Pigmente in dieser Reihe gleichen in ihrer universellen Verwendbarkeit in allen Maltechniken etwa den nachher zu behandelnden *Phtalozyaninen.*

Bei Umsetzungen bestimmter organischer Verbindungen mit Kupfersalzen ist um 1930 eine Gruppe von organischen Pigmenten entdeckt worden, deren chemische Konstitution an die des Blattgrüns und des Blutfarbstoffes erinnert. Diese *Phtalozyanin* genannte Pigmentgruppe enthält einzelne Pigmente von ganz außergewöhnlichen maltechnischen Qualitäten. Ihre Farbnuancen reichen vom kühlen grünlichen Blau bis zum Grün hin, Reinheit und Klarheit der Farbtönung sind bestechend. Lichtechtheit, Säure- und Laugenechtheit, Wasser- und Lösemittelbeständigkeit sind hervorragend, so daß diese Pigmente in allen malerischen Techniken brauchbar sind. Sie haben sich auch im Außenanstrich so ausgezeichnet bewährt, daß keine Veranlassung vorliegt, sie nicht auch für künstlerische Außenarbeiten einzusetzen.

Die Trennung von Malfarbenhersteller und Malfarbenverbraucher, im 15. Jahrhundert schon intellektuell angelegt und durch den Geniekult der Romantik als Thema wieder aufgenommen, ist jetzt auch zum Preis des technischen und ökonomischen Fortschritts geworden, der vor dem Maleratelier nicht haltmacht. Er hat zur Herstellung von Malfarbenqualitäten geführt, die noch vor 50 Jahren unvorstellbar gewesen sind. Und wenn Konservatoren und Restauratoren mehr mit jungen als mit alten Bildern Sorgen haben, dann liegt das nicht nur daran, daß die überlebenden alten Bilder den harten Ausleseprozeß der Zeit schon hinter sich haben, sondern meist daran, daß heute die Zeche dafür bezahlt werden muß, daß ein Talent sich über die Erdenschwere des Materials erhaben dünkte. – Das Malen ist und bleibt zuerst einmal Handwerk und die Dauer eines Bildes ist in erster Linie Funktion der handwerklichen Fähigkeiten seines Malers und dann erst eine Funktion der Materialqualität. Die Alten haben das gewußt, und wenn sie danach gehandelt haben, dann hat das ihrem künstlerischen Rang und der künstlerischen Qualität ihrer Bilder nicht geschadet.

Will ein Maler ein reines, direkt hergestelltes oder ein nur wenig verschnittenes, direkt hergestelltes organisches Pigment verarbeiten, dann wird er regelmäßig feststellen, daß er bei deren Verarbeitung die gleichen Schwierigkeiten und Probleme bekommt wie bei der Arbeit mit einem reinen oder nur wenig verschnittenen Preußisch-Blau. Das Färbevermögen dieser Pigmente ist so groß und ihre „Körperhaftigkeit" ist so gering, daß er sie mit Füllstoffen versetzen muß, wenn er mit ihnen eine normal färbende und füllkräftige Malfarbe herstellen will.

Ein geeignetes *Füllstoffgemisch für Ölfarben* kann zum Beispiel bestehen aus 100 Gewichtsteilen Tonerdehydrat + 300 Gewichtsteilen Blanc fix. Das Gemisch wird im Mörser mit Keule gründlich vorgemischt, bevor man es mit dem färbenden Pigment zusammenbringt. In Wasserfarben arbeitet man besser nur mit Blanc fix ohne Tonerdehydrat.

Mit einem derartigen Füllstoffgemisch kann sich der Maler auf der Reibplatte oder im Mörser seine Malfarben auch selbst verschneiden und damit verbilligen.

Pigmente und der Colour Index

Inzwischen definieren einige bedeutende Künstlerfarbenhersteller ihre in Pulverform angebotenen und auch die in pastenförmigen Künstlerfarben enthaltenen Pigmente nicht mehr nur mit deren Namen oder ihrer maltechnischen Bezeichnung, sondern neuerdings auch mit ihrer „Colour Index Nummer".

Das Colour Index System, das sich inzwischen international eingeführt hat, sortiert die wichtigsten Pigmente und Farbstoffe nach Gruppen und Farbtönungen systematisch vor mit einer alphanumerischen Bezeichnung und gibt dann mit einer fünfstelligen Zahl gleichsam eine Feinabstimmung nach der chemischen Konstitution der Pigmente. – Warum das?

Die Anzahl der synthetisch hergestellten Pigmente und Farbstoffe ist fast unüberschaubar geworden. In allen Ländern der Welt werden Farbtönungen, auch die von Künstlerfarben, nicht selten mit Phantasiebezeichnungen benannt, die mißverständlich sind und zu Irrtümern und Verwechslungen führen können. Da geht es vom „Zitronengelb" über das „Indischgelb" zum „Saftgrün" und zum „Helioechtblau" und dann zum „Permanentrosa" und zum „Geraniumlack", die zu allem Überfluß dann auch noch rötlich, bläulich oder violett sein können. – Aber auch Künstlerfarben mit scheinbar ganz unmißverständlichen Namensgebungen wie z. B. „Zinnober hell" oder „Kadmiumrot dunkel" können – müssen aber nicht unbedingt – die Pigmente enthalten, die im Namen vorkommen; oft sind diese Namen vom Hersteller oder Händler nur als Farbtonbezeichnung gedacht. Woher soll dann ein Maler wissen, welche Pigmente er vermalt? – Glücklicherweise nennen einige, aber durchaus nicht alle Künstlerfarbenhersteller auf den Etiketten oder in Katalogen die verwendeten Pigmente, wobei es aber manchmal sehr kurz, unvollständig oder mißverständlich zugeht, schon allein deshalb, weil der Platz auf dem kleinen Etikett nicht ausreicht. – Erscheinen auch noch ausländische Produkte auf einem Markt – und wo ist das heute nicht der Fall? –, dann wird die Verständigung noch etwas verwickelter als sie es bei den gewohnten Inlandsprodukten schon ist. Da gibt es nämlich zum deutschen „Meier-Rot" noch ein „Dupont-Blau" und zur Vervollständigung auch noch ein „Smith-Grün". Da weiß ein Maler nur noch, daß es sich bei dieser Namensgebung um deutsch- oder fremdsprachliche Trivial- oder Firmennamen von Pigmenten handelt, unter denen er sich beim besten Willen nichts vorstellen kann. Mißtrauische fürchten manchmal sogar, sie sollten sich gar nichts vorstellen können. – Nennt ein Hersteller jedoch in dem lobenswerten Bestreben, endlich Klarheit in die Sache zu bringen, die teilweise sehr langen, sehr komplizierten und zungenbrecherischen chemischen Bezeichnungen der Pigmente, dann bessert er oft nichts. Vielleicht frustriert er sogar den Maler, der kein Chemiker ist und auch keiner werden will.

Was kann der Colour Index (CI) dem Maler nun wirklich nützen? – Die Künstlerfarbenhersteller, die neben den Pigmentbezeichnungen auch die Colour Index Nummer auf ihre Etiketten drucken und sie in ihre Dokumentationen, in die Kataloge, auf Preislisten und in die Farbkarten aufgenommen haben, beweisen nicht nur Kommunikationswilligkeit sondern auch Selbstbewußtsein. Diese Angaben werden ja nicht nur von ihren Malerkunden gelesen, sondern auch von ihrer nationalen und internationalen Konkurrenz, den „Mitbewerbern", wie man dort sagt.

Sie fordern damit ihre Mitbewerber heraus, dasselbe zu tun. Natürlich erhoffen sie sich dabei einen Aufmerksamkeitsbonus beim Maler, aber: schadet das? Solche Herausforderungen wirken häufig infektiös und es wäre kein Wunder, wenn in absehbarer Zeit dem Fach seitens der Künstlerfarbenhersteller und -händler Pigmentdeklarationen vorlägen, wie sie in dieser Transparenz und Genauigkeit bisher unbekannt waren und von denen der alte *Max Doerner* nur hätte träumen können. Dem Maler kann ein solches Wetteifern seiner Lieferanten nur nützlich und angenehm sein und er braucht dann weder chemische noch Fremdsprachenkenntnisse, um angebotene Pigmente und Pigmentangaben in fertigen Malfarben in Zusammensetzung und Preis zu vergleichen.

Gewiß, er muß zwar derzeit noch bei seinem Künstlerfarbenhersteller oder -händler nachfragen, wenn er sich für die Vorteile interessiert, die ihm das CI-System bieten kann. Es werden ihm aber in absehbarer Zeit mit großer Wahrscheinlichkeit neutrale Hilfen zur Verfügung stehen, die ihm die Orientierung erleichtern und Vergleiche einfach machen, vielleicht sogar Preisvergleiche. – Es sieht ganz so aus, als stünde man mit der Einführung der Pigmentbenennung nach dem CI-System am Beginn einer Entwicklung, die jetzt viel leichter als bisher zu einer Durchsichtigkeit des Pigmentgebietes für den Maler führt.

Wie sieht eine CI-Numerierung in der Praxis aus? Hier dazu je ein Beispiel aus dem Bereich der gelben und der blauen Pigmente.

Kadmiumgelb hell	CI Pigment Gelb 37	CI Nr. 77 199
Chromgelb hell	CI Pigment Gelb 34	CI Nr. 77 600
Monoazopigment	CI Pigment Gelb 1	CI Nr. 11 680

Diese drei Pigmente besitzen eine ähnliche Farbtönung; *coloristisch* kann eines das andere ersetzen.

Pariserblau	CI Pigment Blau 27	CI Nr. 77 510
Phtalozyaninblau	CI Pigment Blau 15	CI Nr. 74 160

Beide Pigmente sind coloristisch ähnlich; der Maler ersetzt häufig das eine durch das andere.

Hierzu ist übrigens das gleiche anzumerken wie zu den Themen „Lichtechtheitsprüfungen und Wollfotometerskala“ und zu „Malmaterial und Gesundheitsschutz“: Die Hersteller von Malmaterial werden die Käufer von Malmaterial um so genauer darüber informieren was „Sache“ ist, je mehr die Maler wissen wollen was „Sache“ ist. Wer beantwortet schon gerne Fragen, die keiner stellt?

Die Bindemittel und Lösemittel

Nichtwässerige Techniken

Trocknende Öle

Allgemeines

„Trocknende Öle" oder auch „fette Öle" nennt man jene pflanzlichen Öle, die unter Einwirkung von Luftsauerstoff einen mehr oder weniger elastischen, klebfreien, auf dem Untergrund haftenden Film bilden. Dabei absorbieren ihre ungesättigten Fettsäuren, vorzugsweise die Linolen- und die Linolsäure, Sauerstoff aus der Luft. Auf der Fähigkeit, durch Sauerstoffaufnahme, d. h. durch Oxidation, zu verfilmen, beruht ihre Verwendung in der Mal- und Anstrichtechnik.

Von den trocknenden Ölen sind maltechnisch von Bedeutung
- das Leinöl,
- das Sonnenblumenöl,
- das Mohnöl und
- das Walnußöl.

Alle diese Öle sind löslich in Terpentinöl und in Benzinkohlenwasserstoffen.

Zusammensetzung

Diese Öle bestehen genau wie die Fette vorwiegend aus einer Verbindung von Glyzerin, einem dreiwertigen Alkohol, mit Fettsäuren. Deshalb heißen sie „fette Öle". Die Worte „Öl" und „Fett" sind lediglich Zustandsbezeichnungen, die sagen, daß die eine Substanz bei Normaltemperatur flüssig, die andere salbenartig fest ist.

Die Glyzerin-Fettsäure-Verbindung wird chemisch als Ester bezeichnet. In ihm bindet ein Glyzerinrest drei Fettsäurereste. In der Regel sind in einer Ölart verschiedene Fettsäuren mit unterschiedlichen Eigenschaften enthalten. Man darf sich die Struktur eines solchen Esters etwa so vorstellen:

Glyzerinrest — Fettsäurerest
Glyzerinrest — Fettsäurerest
Glyzerinrest — Fettsäurerest

Neben diesen sogenannten *Triglyzeriden* sind in jedem trocknenden Öl noch enthalten: freie Fettsäuren, freies Glyzerin und eine geringe Menge anorganischer und arteigener organischer Beistoffe.

Trockenfähigkeit und -geschwindigkeit eines fetten Öles werden vor allem bestimmt durch

- die chemische Beschaffenheit seiner Fettsäuren, genauer gesagt, ihre Reaktionsfähigkeit mit Luftsauerstoff, d. h. ihre Oxidierbarkeit,
- den quantitativen Anteil der verschiedenen Fettsäuren und
- die im Öl enthaltenen Beistoffe.

Fettsäuren und Beistoffe beeinflussen außerdem die maltechnische Qualität des Filmes. Die Pflanzenart, aus dem ein Öl gewonnen wird, bestimmt ganz und gar die Art seiner Fettsäuren, aber nur in gewissem Umfang ihr quantitatives Verhältnis. Mit anderen Worten: Leinöl ist zwar immer Leinöl, seine Eigenschaften können jedoch je nach Herkunft, Wachstumsbedingungen der Saat und Art der Ölherstellung in gewissen Grenzen differieren. Das bekommt der Künstlerfarbenhersteller und der selbstanreibende Maler oft genug zu spüren.

Vorwiegend zwei Fettsäuren sind es, welche die Trockenfähigkeit bestimmen. Die *Linolensäure* ist die reaktionsfähigste, weil sie an drei Stellen Sauerstoff aufnehmen kann und deshalb am raschesten trocknet. Die *Linolsäure* ist etwas weniger reaktionsfähig, sie besitzt nur zwei aktionsfähige Oxidationspunkte. Die *Ölsäure* vermag den Trockenprozeß nur wenig zu beeinflussen, obschon auch sie an einer Stelle ihres Moleküls oxidieren kann. Diese drei Fettsäuren werden als „ungesättigt" bezeichnet.

Die übrigen Ölbestandteile, beispielsweise die „gesättigten" Fettsäuren, können keinen Sauerstoff aufnehmen, deshalb auch nicht trocknen und die Verfilmungsgeschwindigkeit nicht positiv beeinflussen. Sei scheinen aber einen Einfluß auf die Filmqualität zu haben. – Das folgende Schema gibt die ungefähre Zusammensetzung der vier wichtigsten trocknenden Malöle an und mag verdeutlichen, wie man schon aus der Zusammensetzung eines fetten Öles Rückschlüsse auf seine vermutliche Trocknung ziehen kann.

	Leinöl	Nußöl	Sonnenblumenöl	Mohnöl
Linolensäure	40	20	–	–
Linolsäure	30	50	52	60
Ölsäure	20	20	45	30
Rest	10	10	3	10

Ölgewinnung

Die trocknenden Öle werden aus Pflanzensamen (Ölgehalt 35–50 Prozent) durch Pressen gewonnen. Im Altertum und im Mittelalter geschah das auf einfachen Keilpressen, später auch auf Schraubenpressen. Das auf diese Weise erhaltene „Kaltschlag"öl war relativ hell und wurde nicht nur als Speiseöl, sondern auch für Mal- und Anstrichzwecke benutzt. Die Ausbeute betrug bei diesem Verfahren etwa ein Drittel des in der Saat enthaltenen Öls .

Dieses handwerklich gepreßte Öl enthält wegen der sehr schonenden Behandlung etwas weniger Schleimstoffe und geringere Mengen Farbstoffe aus den Samenhüllen als die fabrikmäßig gepreßten Öle. Es galt mit Recht so lange als zum Malen besonders gut geeignet, wie die Ölindustrie noch keine Raffinationsverfahren entwickelt hatte, mit denen man alle Verunreinigungen aus den Ölen vollständig und ohne störende Nebenwirkungen beseitigen konnte. – Aus jener Zeit stammt das Vorurteil, handwerklich hergestellte Kaltschlagöle seien zum Malen besser geeignet als die fabrikatorisch gewonnenen. Es ist etwa zu vergleichen mit der Voreingenommenheit gegen vollsynthetisch hergestellte organische Pigmente.

Heute wird in den Ölmühlen bei der fabrikmäßigen Herstellung die Saat auf Rüttelsieben von Fremdsamen befreit; bei Nußölgewinnung werden die Schalen entfernt. Dann wird feucht und warm gequetscht, vorgequollen und hydraulisch gepreßt. Das abfließende Rohöl enthält je nach Herkunft und den Herstellungsbedingungen mehr oder weniger viele Schleimstoffe, Farbstoffe und freie Fettsäuren.

Der *Schleim* ist früher durch langes Lagern der Öle, durch „Brechen" der Öle bei etwa 270°C oder durch Kohle oder Bleicherden entfernt worden. Heute wird meist mit Aluminium-Magnesium-Hydrosilikaten entschleimt und zugleich gebleicht. – Ein zu hoher Gehalt an freien, d. h. nicht an Glyzerin gebundenen *Fettsäuren* wird mit Soda oder Natriumbikarbonat gebunden.

Die zur Entschleimung, Bleichung und Entsäuerung benötigten Zusätze samt den aus dem Rohöl ausgeschiedenen Stoffen werden dann sorgfältig abfiltriert. Ein so behandeltes Öl enthält Verunreinigungen nur noch in belanglosen Spuren.

Öltrocknung und Sikkativierung

Die fetten Öle enthalten öleigene Katalysatoren und trocknen chemisch durch *Autoxidation,* d. h. durch freiwillige Sauerstoffaufnahme der ungesättigten Fettsäuren. Bei dieser Einbindung von Luftsauerstoff in die Ölmoleküle geht das flüssige Öl über halbfeste Zwischenstufen in einen festen, elastischen Film über. Der kann Pigmente einlagern und sie beim Trocknen gleichsam auf den Malgrund festkleben (S. 121 ff.). Die Aufstriche nehmen dabei an Gewicht zu, was durch die Waage festgestellt werden kann, und sie nehmen auch an Volumen zu, was man mit dem Auge feststellen kann, wenn bei zu dickem Auftrag oder zu starker Sikkativierung eine mehr oder weniger starke *Runzelbildung* auftritt. Das Runzeln ist nichts anderes als eine sichtbar werdende Volumenvergrößerung des Filmes, die dort an der Grenzfläche Luft: Film wegen der höheren Sauerstoffkonzentration stärker vor sich geht als in den unteren Schichten.

Dieser Oxidationsvorgang geht, einmal in Gang gebracht, übrigens durch die ganze Filmgeschichte weiter, er läßt den zuerst zähelastischen Film in langen Zeiträumen, in Jahrzehnten, hart und unlöslich in Lösemitteln werden und läßt ihn – wenn man sich diesen Vorgang einmal modellhaft vorstellen will – gleichsam langsam „verbrennen". Denn der Film, der zuerst durch Sauerstoffaufnahme an Gewicht zugenommen hat, der verliert im Lauf der Filmgeschichte durch oxidative Abspaltungen Substanz. Er spaltet ab z. B. Ameisen- und Essigsäure, Aldehyde, Kohlendioxid. Zu Beginn der Filmtrocknung überwiegt die Gewichtszunahme, denn Sauerstoff wird aufgenommen, später überwiegt Gewichtsverlust, weil Substanzverluste eintreten.

Leinöl, das am schnellsten trocknet, braucht zur Trocknung je nach Zusammensetzung und äußeren Trocknungsbedingungen fünf bis zwölf Tage, Nußöl, Mohnöl und Sonnenblumenöl besitzen eine noch längere Trockenzeit. Man muß deshalb wohl oder übel ölfremde Katalysatoren als Trocknungsbeschleuniger in Form von Sikkativen einarbeiten, um das Öl zu einer für die Malpraxis akzeptablen Trokkenzeit zu zwingen. Katalysatoren nennt man in der Technik Stoffe, die chemische Reaktionen einleiten oder beschleunigen, ohne selbst durch diesen Vorgang verändert zu werden. Eine Randbemerkung: Das Material des völlig durchgetrockneten Leinölfilms bezeichnet man als *Linoxin.* Wird Leinöl industriell mit Füllstoffen, Korkmehl und Pigmenten dick angeteigt, auf eine Juteunterlage aufgebracht und energisch oxidiert, dann entsteht das *Linoleum,* das früher in großem Umfang als Bodenbelag verwendet worden ist.

Die gebräuchlichen *Sikkative* sind Lösungen von Trockenstoffen in einem flüchtigen Lösemittel, in Terpentinöl oder Testbenzin. Als Trockenstoffe bezeichnet man lösliche Metallverbindungen, meist Kobalt-, Blei- oder Manganseifen, welche die Trokkenzeit der trocknenden Öle erheblich abkürzen. Diese Metallseifen sind Verbindungen des jeweiligen Metalls mit bestimmten organischen Säuren. Über die Wirkungsweise der Sikkativmetalle wie über die Öltrocknung überhaupt gibt es ebensoviele Theorien, wie es Forscher gibt, die sich mit diesem Problem beschäftigt haben. Man darf annehmen, daß diese Metalle als Sauerstoffüberträger an die ungesättigten Fettsäuren tätig werden und daß beim Trocknen nicht nur Oxidationsvorgänge, sondern auch *Polymerisationen* (Molekülzusammenschlüsse) das trocknende Öl von dem flüssigen in den festen Filmzustand überführen.

Die *Wirkungsweise der Sikkativmetalle* ist verschieden. Dem Kobalt geht der Ruf voraus, es begünstige die *Oberflächentrocknung,* bilde rasch eine Haut und lasse deshalb einen Ölfilm nicht vollständig durchtrocknen. Die Behauptung ist richtig, wenn nach der Devise „Viel hilft viel" übersikkativiert worden ist. In der richtigen Menge angewendet, ist Kobalt aber ein vorzüglicher und zuverlässiger Trockner, der rasch einsetzend zu einer gleichmäßig ablaufenden Verfilmung führt, den Film elastisch bleiben läßt und Weißfarben nicht verfärbt. – Blei setzt ebenfalls rasch ein, scheint aber mehr die Polymerisation zu fördern als die Sauerstoffaufnahme zu beschleunigen. Allein angewendet reicht seine Trockenwirkung nicht aus; es wird deshalb meist mit Kobalt kombiniert. Bleifilme trocknen härter durch als reine Kobaltfilme. – Mangan steht in seiner Wirkung zwischen Kobalt und Blei. Es wird in der Maltechnik nicht sehr geschätzt, weil es eine merkliche Neigung zur Filmvergilbung besitzt.

Die in den Ölfilm eingebrachten Trockenstoffe verlieren nach beendeter Trocknung nicht ihre Fähigkeit, Sauerstoff zu übertragen; sie dürfen nicht im Übermaß verwendet werden. Im Übermaß angewendet, können sie den Film runzeln und vergilben lassen und ein gleichmäßiges, solides Durchtrocknen verhindern. Weil der Maler nie weiß, wieviel Trokkenstoff gekaufte Ölfarben enthalten, ist es stets ein Wagnis, nachzusikkativieren. Vorsicht ist unbedingt am Platze und wenn es irgend geht, dann sollte er warten, bis die Ölfarbe getrocknet ist.

Als *Ölfirnis* bezeichnet man ein trocknendes Öl, dem in der Ölmühle bei erhöhter Temperatur, etwa bei 130°C, feste Trockenstoffe einverleibt worden sind. Ölfirnisse dieser Art werden in der Anstrichtechnik benutzt. – Wird einem schleimfreien und gebleichten Öl bei Normaltemperatur Trockenstoff in Form von Sikkativlösungen zugesetzt, dann wird ein solches Produkt als *kaltbereiteter Firnis* bezeichnet. Für Malzwecke werden in der Regel kaltbereitete Ölfirnisse verwendet.

Es ist noch gar nicht sehr lange her, daß man Trokkenstoffe oder Sikkative, wie wir sie heute kennen, zur Trocknungsbeschleunigung der fetten Öle verwendet. Im Altertum, darüber berichtet um Christi Geburt *Plinius,* und bis ins 12. Jahrhundert, darüber informieren das *Lucca-Manuskript* aus dem 8. Jahrhundert und die *Mappae clavicula* aus dem 9. Jahrhundert, hat man durch Einschmelzen von Harzen die Öle schneller trocknend gemacht. Und in der *Schedula diversarium artium,* die eine wahre Fundgrube zur Kenntnis der Maltechnik jener Zeit ist, berichtet *Theopilus presbyter* um etwa 1200 n. Chr. erstaunlich exakt von einem Firnis-, von einem Lackkochprozeß. Diese Art der Harz-Öl-Verkochung, bei der zuerst das rezentfossile Harz klar geschmolzen und dann mit dem Öl solange verkocht wird, bis ein Tropfen der Schmelze klar und die erwünschte Konsistenz des Sudes erreicht ist, ist die gleiche, nach der man noch bis in unsere Zeit hinein in der Lackindustrie Öllacke zu verkochen pflegte. Nur weiß man heute, daß ein klarer Sud das Ende der *Umesterungen* anzeigt, die aus dem ursprünglichen *Harz-Öl-Gemisch* eine *Harz-Öl-Verbindung* haben entstehen lassen mit Unlöslichkeitseigenschaften ihrer getrockneten Filme, die von den späteren Öl-Harzlösungs-Gemischen nicht erreicht werden. Durch Verkochen hergestellte Harz-Öl-Verbindungen werden „Lacke" genannt.

Metallverbindungen wie Bleioxide, Bleiweiß und Zinksulfat scheint man in rheinischen Malerwerkstätten schon im 14. Jahrhundert als Trocknungsbeschleuniger gekannt zu haben, wie das *Straßburger Manuskript* vermuten läßt. Und noch 1773 schreibt der französische Mal- und Anstrichtechniker *Matin:* „Sicatife sind Substanzen, die man unter die gemahlenen und in Öl angeriebenen Farben mischt, um sie trocknend zu machen". Er nennt als „Sicatife" ebenfalls Bleiglätte und Zinkvitriol. Die berühmten französischen Lackkünstler jener Zeit entwickelten ihre Kenntnisse weiter und schließlich stellte *Le Clair* im Jahre 1835 den ersten richtigen Mangan-Linoleat-Sikkativ her, indem er Braunstein mit Leinöl verkochte und diesen Extrakt als Sikkativ verwenden ließ. Es sollte aber noch etwa 70 Jahre dauern, bis man an die wissenschaftliche Erforschung der Trokkenstoffe, der Trockenstoffgrundlagen und vor allem an die Erforschung des gesamten Öltrocknungsprozesses heranging.

Am Ende dieses Rückblicks auf die Geschichte der Trockenstoffe seien noch drei altüberlieferte Sikkativ-Bezeichnungen genannt und ihre Zusammensetzung erklärt. *Siccativ de Courtrai* nannte man früher den Blei-Mangan-Sikkativ; *Siccativ de Cobalt* war, wie zu vermuten, ein reiner Kobaltsikkativ; *Siccativ de Harlem* war aber überhaupt kein Sikkativ, sondern eine rasch trocknende Öl-Harz-Verkochung, ein rasch trocknender, magerer Lack.

Das Wort *Seifen* im Zusammenhang mit den Sikkativen läßt an die früher besprochenen aktiven Pigmente denken, die in öligem Aufstrich mit Fettsäuren zusammen ebenfalls Seifen bilden, deshalb die Filmtrocknung beschleunigen und dazu noch andere maltechnisch günstige Wirkungen besitzen (S. 23, 29). Neben den die Trocknung fördernden Pigmenten (Blei-, Zink-, Kobalt-, Manganpigmente) gibt es aber auch Trocknungsverzögerer. Das sind hauptsächlich die von Natur aus feindispersen Pigmente, die sich dem kolloiden Bereich nähern, deshalb zur *Adsorption* (Ansaugen) *der Trockenstoffe* neigen und diese damit für die Trocknung unwirksam machen. Elfenbeinschwarz und Krapplack beispielsweise adsorbieren stets einen Teil des Trockenstoffes. Dabei verliert eine Ölfarbe beim Lagern langsam an Trocknungsfähigkeit. – Der Techniker arbeitet in solchen Fällen gern mit sog. „Futtertrocknern", welche die Adsorptionsfähigkeit der Pigmente herabsetzen und damit Einhaltung der ursprünglichen Trockenzeit gewährleisten.

Nicht nur Ölbeschaffenheit, Sikkative und Pigmente beeinflussen das Trocknen der Öle, auch Temperatur, Licht, Luftfeuchtigkeit und Auftragsstärke (Filmdicke) besitzen eine merkliche Einwirkung auf die *Trockenzeit.* – Für die Temperatur gilt die alte chemische Faustregel, daß ein *Temperatur*anstieg von 10°C die Reaktionsgeschwindigkeit etwa verdoppelt. – Im direkten *Sonnenlicht* trocknen Ölfilme wesentlich schneller als im zerstreuten Tageslicht eines Zimmers oder gar in der Dunkelheit. Hier sind es vorwiegend die energiereichen Ultraviolettstrahlen, die reaktionsbeschleunigend wirken. – *Luftfeuchtigkeit* wirkt verschieden. Während die Trokkenfähigkeit von Mangan in erhöhter Feuchtigkeit stark leidet, braucht Kobalt sogar ein Minimum an Feuchtigkeit, um seine trocknungsbeschleunigende Wirkung zu halten. Bleikobalttrockner werden von Feuchtigkeit am wenigsten beeinflußt. – Auch für die *Filmdicke* gibt es wieder eine Faustregel, die sagt, daß die Trockenzeit im Quadrat zur Filmdicke steigt. Wird ein Film doppelt so dick, so braucht er die vierfache Trockenzeit. – Bei übermäßiger Filmdicke ist immer daran zu denken, daß, abgesehen von der längeren Trockenzeit an sich, dickere Ölfilme niemals so gesund durchtrocknen können wie dünne. In solchen Fällen fördern aktive Pigmente die Durchtrocknung sehr. Harzverwendung bedingt stets auch Anwesenheit von flüchtigen Lösemitteln, die aus dicken Filmen unter Umständen nicht vollständig entwichen sind, bevor sich eine Haut gebildet hat. Dann besteht die Gefahr von *Blasenbildungen* in der Wärme, die kleine Absprengungen zur Folge haben können.

Schließlich muß noch ein Wort zu den Schleimstoffen gesagt werden, die neben anorganischen Verunreinigungen in jedem Öl vorliegen und einen erheblichen Einfluß auf Trockenfähigkeit und maltechnische Filmqualität besitzen. *Schleimstoffe* enthalten nebe anorganischen Bestandteilen vor allem Eiweißkörper, Kohlehydrate und Glyzerin-Fettsäure-Phosphorsäure-Verbindungen in der Art des Lezithins. Diese Schleimstoffe sind in der Saat enthalten und gehen beim Pressen mitsamt den Schalenfarbstoffen in um so größerer Menge in das Öl über, je feuchter die Saat beim Pressen ist. Aber selbst bei trockener Saat und auch bei kalter Pressung läßt sich ein Übergehen von Schleimstoffen in das Öl nicht vermeiden. Diese Schleime wirken nicht nur trocknungshemmend, sie sind und bleiben auch außerordentlich feuchtigkeitsempfindlich, weil sie als Wasser-Öl-Emulgatoren wirken. Ihre Entfernung ist unumgänglich, wenn man ein maltechnisch brauchbares Öl herstellen will.

Leinöl

Leinöl wird gewonnen aus dem Samen der Leinoder Flachspflanze *Linum usitatissimum L,* die uns auch die Flachsfaser liefert (S. 87). Reife und Reinheit der Samen sind ausschlaggebend für die Güte des Produktes. Man kann entweder gute Flachsfaser, die nicht völlig ausgereift sein darf, oder reife Samen gewinnen, nicht aber beides zugleich. Je nach Bodenart, Düngung, Wetter und Jahrgang ist das Öl verschieden. Argentinien, die USA, Indien und die Sowjetunion sind die bedeutendsten Anbauländer für Leinsaat. Früher galt die Saat aus den baltischen Ländern als besonders gut geeignet zur Herstellung von Mal- und Anstrichleinöl, weil sie einen außerordentlich hohen Anteil Linolensäure enthielt. Heute liefert Argentinien den größten Teil des Weltbedarfs. Der Linolensäureanteil des Leinöls, der für rasches und solides Durchtrocknen seiner Filme sorgt, ist andererseits Ursache für das Gilben und Nachdunkeln dieser Filme bei Lichtabschluß (S. 23).

Ausgangsprodukt für das zur Herstellung von Künstlerfarben geeignete Leinöl ist in Deutschland das entschleimte und sehr helle Lackleinöl gemäß DIN-Norm 55933 und 55934, für das exakte Prüfverfahren festgelegt sind, die international vorgeschlagenen Verfahren entsprechen. Die *Rohleinöle,* die noch Farb- und Schleimstoffe enthalten, werden im allgemeinen in Malfarben nicht benutzt. Der notwendige Gehalt an freien Fettsäuren im Öl richtet sich nach der Art der anzureibenden Pigmente. Als universell geeignet können Leinöle gelten, die eine Säurezahl zwischen vier und sechs besitzen, weil sich mit ihnen die Pigmente besser benetzen lassen als mit völlig neutralen Ölen.

Zur Herstellung der früher geschätzten „kaltgeschlagenen" (= kaltgepreßten) Leinöle wurde die Saat auf einem Kollergang oder Walzenstuhl gemahlen, zerkleinert und mit Wasserdampf erhitzt, um der trockenen Saat die nötige Feuchtigkeit zuzuführen. Die feuchte Masse wurde dann in Tücher eingeschlagen und hydraulisch gepreßt. Diese Arbeitsweise ist die Fortführung antiker Ölgewinnungsmethoden, die wir aus dem Puttenfries im Haus der Vettier in Pompeji kennen, wo zwei Putten damit beschäftigt sind, Keile in eine hölzerne Keilpresse zu schlagen. Daher stammt übrigens unser terminus technicus, der heute noch vom „Leinölschlagen" spricht, obschon dieses Verfahren längst nicht mehr angewendet wird.

Kaltgeschlagene Öle werden weder in der Lacknoch in der Künstlerfarbenindustrie für hochwertige Produkte verwendet, weil deren Eigenschaften und Zusammensetzung zu wechselhaft und unüberschaubar sind, so daß eine zuverlässige Fabrikation auf sie nicht bauen kann. – Will ein Maler kaltgeschlagenes Öl zum Selbstanreiben von Ölfarben verwenden, dann kann er es im Reformhaus kaufen, wo es für Speisezwecke angeboten wird.

Leinölstandöl

Ein maltechnisch zu wenig beachteter Abkömmling des Leinöls ist das durch Erhitzen in sauerstoffreier Atmosphäre gewonnene sehr helle Leinölstandöl. Es wird aus Lackleinöl bei etwa 280° C in geschlossenem Edelstahlkessel gekocht. Dabei werden inerte Gase (Kohlendioxid, Stickstoff) eingeleitet, so daß keine unerwünschte Oxidation vor sich gehen kann und das Öl ausschließlich durch molekulare Umlagerungen und Vernetzungen (Polymerisation) verdickt. Mit der Kochdauer steigt die Viskosität des Öles an. Haftfestigkeit, Feuchtigkeitsunempfindlichkeit und Elastizität von Standölfilmen sind bedeutend höher als die normaler Leinölfilme. Infolge Zerstörung der gilbungsfähigen Gruppen sinkt auch die Gilbungsfähigkeit seiner Aufstriche. Die Trockenzeit der Leinölstandöle ist allerdings länger als die des normalen Leinöls.

Diese durch Polymerisation eingedickten Leinölstandöle, sikkativiert und mit Terpentinöl auf Malmittelkonsistenz gebracht, sind in der Ölmalerei sehr zuverlässige Malmittel, die allerdings die Trocknung erheblich verlangsamen. Alle die Effekte wie Glanz, Schmelz und weiche Übergänge, welche der Maler mit wiederlöslich auftrocknenden Harzlösungen zu erreichen versucht, sind ohne Schwierigkeit mit Leinölstandöllösungen zu erreichen. Besonders in Lasuren, zu deren Anlage häufig pastenförmige Ölfarben mit Harzlösungen verdünnt werden, können stark verdünnte Leinölstandöle gute Dienste tun. Die alte Klage, daß Krapplack- und Sienalasuren zum Reißen neigen, ist hauptsächlich auf den Umstand zurückzuführen, daß sie meist mit Terpentinöl oder mit Harzlösung, den üblichen Malmitteln, hergestellt worden sind und daß diese gemagerten Ölfarben dann auf das fast fertige Bild gemalt werden, entgegen der alten Regel „fett auf mager". – In diesen sikkativierten Leinölstandöllösungen steht dem Maler ein Material zur Verfügung, mit dem er diese Reißgefahr bannen kann.

Altüberlieferte malhandwerkliche Bearbeitungsverfahren

Bleichen

▶ Um den Ölen die von Natur aus gelbliche Farbtönung zu nehmen, sind sie von den Malern vielfach gebleicht worden, bevor Pigmente mit ihnen angerieben wurden. Man setzt zu diesem Zweck die Öle in farbloser, voller und gut verschlossener Flasche der Sonne aus, wodurch sie in wenigen Wochen hell und klar werden. In halbvoller Flasche geht das wohl schneller, das Öl wird durch gleichzeitige Sauerstoffaufnahme aber dickflüssiger. Die Märzsonne bleicht am stärksten. Leider hat die Bleichung der Öle für den Maler nur sehr wenig Wert, ja sogar mehr Nachteile als Vorteile. Die Öle sehen nämlich nach dieser Prozedur nur in der Flasche schön aus und täuschen, denn erfahrungsgemäß fällt, wie viele Proben beweisen, das oft wasserklare Öl in ganz kurzer Zeit wieder in den früheren Zustand zurück. Nimmt man gleich gelbliches Öl, so stellt man seine Farbtönung von vornherein in Rechnung. ◀

Reinigen

Wichtiger als das Bleichen ist für den Maler das Reinigen evtl. verwendeter kaltgeschlagener Öle. Pflanzenschleime und andere wässerige und feste Bestandteile sind in den Ölen enthalten, schädigen die Trockenfähigkeit und fördern das Gilben. Durch Zugabe eines Stücks gebrannten trockenen Kalks, der begierig Wasser anzieht, kann man das Öl entwässern; läßt man es dann in gut verschlossener Flasche längere Zeit ruhig stehen, dann kann man das helle, saubere Öl vorsichtig vom Bodensatz abgießen.

Immer ist ein Stehenlassen des gereinigten Öles von Vorteil; die alten Maler haben das entnommene Öl durch Glaskugeln ersetzt. Etwa ein- bis zweijähriges gelagertes Öl gilt als Bestes.

An der Sonne eingedicktes Öl

▶ Das Öl wird in flachen Gefäßen, z. B. einem Teller, in dünner Schicht, etwa 2–3 mm hoch, offen der Sonne und der Luft ausgesetzt. Man kann eine Glasplatte, an der unten Korke befestigt sind, so auflegen, daß Staub möglichst wenig eindringen, die Luft aber doch zutreten kann. Das Öl wird dabei zugleich gebleicht und oxidiert, das sind Vorgänge, die normalerweise erst im belichteten Film vor sich gehen. Das Öl verdickt meist rasch, in wenigen Tagen, je nach dem Grad des Sonneneinfalls und des Luftzutritts. Wird es mit Harzlösungen vermischt, dann verdickt es rascher. Man muß es hie und da aufrühren oder mit dem Spachtel durchschlagen, damit sich keine Haut bilden kann. Hat das Öl die Dicke flüssigen Honigs erreicht, so füllt man es in Flaschen ab.

Dieses eingedickte Öl trocknet mit Glanz, es ist firnisartig und wurde seit Jahrhunderten als vorzügliches Malmittel oder als Zusatz zu Malmitteln benutzt. Es gibt dem Ölfarbenaufstrich emailartigen Charakter und erlaubt trotz seiner Dickflüssigkeit feinste Durchführung der Malerei. Da es schon Sauerstoff aufgenommen hat, trocknet es rascher als gewöhnliches Leinöl. Die alten Meister machten das Öl manchmal noch schneller trocknend, indem sie es in Bleigefäßen der Sonne aussetzen. ... *Cennini* schreibt von diesem Öl: „Besseres wüßte ich dir nicht zu geben." ◀

Walnußkernöl

Das aus den Fruchtkernen von Walnüssen meist in Kleinbetrieben handwerklich gepreßte gelbliche Nußöl liegt sowohl in seiner Zusammensetzung wie in seinen maltechnischen Eigenschaften zwischen Leinöl und Mohnöl. Es ähnelt aber mehr dem Mohnöl, weil seine Filme bei etwa 110°C schmelzen. Die geringe Menge Linolensäure läßt es zwar etwas schneller trocknen als Mohnöl, reicht aber nicht aus, seine Filme zu einem einwandfreien Durchtrocknen zu bringen.

Das Öl ist in Italien häufiger verwendet worden als im Norden. Heute spielt es in der Malerei keine Rolle mehr.

Mohnöl

Die wichtigsten Mohnanbaugebiete sind China, Indien und der vordere Orient. – Aus den gereinigten Samen wird das blaß- bis goldgelbe sog. „Weiße Mohnöl" gepreßt und seit dem 17. Jahrhundert in der Malerei verwendet. Die bei höheren Temperaturen gepreßten Nachschlagöle besitzen einen rötlichen Stich. Alte Mohnöle neigen zum „Ranzigwerden", d. h. in teilweise Spaltung in freie Fettsäure und Glyzerin, was sich durch den Geruch und kratzigen Geschmack des Öls bemerkbar macht.

Das linolensäurefreie Mohnöl neigt auch bei Lichtabschluß weniger zum Gilben als Leinöl und wird deshalb von Malern und von Künstlerfarbenfabriken schon lange zum Anreiben von Weißpigmenten verwendet. Dieser maltechnische Vorzug gegenüber Leinöl wird allerdings erkauft durch eine längere Trockenzeit und durch eine geringere Filmqualität der Mohnölfilme im Vergleich zum Leinölfilm. Nur zusammen mit den aktiven Weißpigmenten Kremserweiß und Zinkweiß erreichen Mohnölfilme eine maltechnisch gute Filmqualität. In diesem Falle wird sogar ohne Sikkativierung eine für die Praxis befriedigende Trockenzeit erreicht. Diese Trockenzeit kann man sich als Resultierende vorstellen aus der Eigenschaft des Mohnöls, sehr langsam zu trocknen, und der Eigenschaft aktiver Pigmente, die Trockenzeit zu beschleunigen.

Das Fehlen der gut durchtrocknenden, im Dunkeln allerdings gilbenden Linolensäure verursacht eine vollständig anders verlaufende Trocknung und läßt eine ganz andere Filmgeschichte erwarten, als sie Leinölfilme haben. *Eibner,* der große deutsche Malmaterialforscher, hat kurz nach der Jahrhundertwende in der Münchner Versuchsanstalt für Maltechnik auf dem Gebiet der Trocknung fetter Öle die Grundlagen erarbeitet, auf denen alle späteren Forschungen basieren. Er hat im Trocknen reiner Mohnölfilme mehr ein Gelatinieren, die Bildung einer „festen Flüssigkeit" gesehen, als einen mit der soliden Leinöltrocknung vergleichbaren Vorgang. Er hat bei diesen Arbeiten auch festgestellt, daß Mohnölfilme, besonders wenn sie nicht aktive Pigmente wie Kremser Weiß oder Zinkweiß enthalten, spontan wiedererweichen können und er hat deshalb dem Mohnöl kurzerhand „Inferiorität" gegenüber dem Leinöl bescheinigt.

Diese „Inferiorität" stört aber in der Praxis nicht, wenn genügend aktive Pigmente im Film vorhanden sind oder wenn, wie das in der Praxis geschieht, im Ölbild vor allem mit solide trocknenden Leinölfarben gemalt wird.

Reine Mohnölfarben, die weder Kremser- noch Zinkweiß enthalten, lassen sich im Bilde noch nach sechs bis acht Tagen naß in naß weitervermalen. Wegen ihrer geringen Trocknungsneigung hauten und runzeln sie auch weniger als Leinölfarben. Diese Eigenschaften haben dazu geführt, daß vom 17. Jahrhundert an bis in *Eibners* Zeiten hinein Mohnöl als Anreibemittel für Ölfarben allein oder in Mischung mit Leinöl offenbar eine nicht geringe Rolle gespielt hat. Das geschah merkwürdigerweise selten zum Schaden von Bildern im 17. Jahrhundert und häufig zum Schaden vieler Bilder des 19. Jahrhunderts. Es ist viel darüber nachgedacht worden, wie das zu erklären ist; *Eibner* selbst hat in der Art der handwerklichen Verarbeitung die Ursache gesucht, nicht im Material.

Zwei Mängel sind es vor allem, die man dem Mohnöl nachgewiesen hat und die – *Eibner* hatte gerade seine ersten Arbeiten veröffentlicht – dann dazu geführt haben, daß man heute Mohnöl mit Vorsicht betrachtet und nur noch zum Anreiben von Weißpigmenten verwendet.

1. Mohnölfilme spalten beim Trocknen so erhebliche Mengen Filmabbauprodukte ab, daß sie viel mehr als Leinölfilme zum *Frühschwundsprung* neigen. Die Frühsprungbildung unterscheidet sich vom Alterssprung dadurch, daß sie *nur* durch die noch relativ junge Malschicht geht, nicht vertikal durch die ganze Bildschicht und Grundierung. Die Frühsprungbildung kommt bei dünnen wie bei dicken Aufträgen vor; besonders stark tritt sie bei feindispersen Pigmenten auf, bei gröberen ist sie seltener.
2. Werden langsam trocknende und entsprechend lange weich bleibende Mohnölfilme mit normal durchtrocknender, rascher hart verfilmender Leinölfarbe überstrichen, dann sind Rißbildungen unvermeidlich, weil der starre Leinölfilm den Bewegungen des weichen Mohnölfilms nicht folgen kann.

Der Mohnölstreit, der vor 50 Jahren die Gemüter der Maltechniker beschäftigte, ist vorüber. Seit Mohnöl nicht mehr in Grundierungen und genau wie das ihm ähnliche Sonnenblumenöl nur noch in weißen Ölfarben verwendet wird, sind Malschäden in Art, Häufigkeit und Stärke nicht mehr zu beobachten, wie sie *Urban* und *Eibner* 1923 im Münchner Glaspalast noch registriert haben.

▶ *Max Doerner* kannte aber andererseits „unzweifelhaft alte Mohnölbilder, die, ohne zu gilben und zu reißen, tadellos gehalten haben. Das erwiesen auch die Portraits der Schönheitsgalerie von Hofmaler *v. Stieler* in der früheren Münchener Neuen Pinakothek, die mit Mohnöl gemalt und überraschend gut erhalten sind. Er verwendete ⅓ Mastixfirnis mit ⅔ Mohnöl und eine kleine Menge weißes Wachs in Terpentinöl als „Lasuranfeuchtung" (zum Hineinmalen) nach einem mir vorgelegenen Originalrezept. Alles kommt eben auf die richtige Verarbeitung an." ◀

Sonnenblumenöl

Die Samenkerne der Sonnenblume enthalten etwa 50% Öl, das wie bei der Ölgewinnung üblich, durch Pressen gewonnen wird; neuerdings wird auch extrahiert. Sonnenblumenöl ist schon immer als Nahrungsmittel verwendet worden, doch hat man es in der russischen Malerei schon früh auch als Bindemittel für Ölfarben benutzt. Heute verwenden sowjetische Künstlerfarbenfabriken genau wie überall auf der Welt Leinöl als wichtigstes Bindemittel.

In seiner Zusammensetzung und in seinen maltechnischen Eigenschaften ähnelt es dem Mohnöl, das es deshalb ersetzen kann.

Dehydratisiertes Rizinusöl, Rizinenöl

Dieses durch chemische Umwandlung des nichttrocknenden Rizinusöls hergestellte halbsynthetische trocknende Öl gilbt nicht und trocknet rasch an. Es sind deshalb allerlei Versuche gemacht worden, dieses Öl in die Maltechnik einzuführen. Hinderlich ist aber seine standölartige Konsistenz und sein Hang, sehr langsam durchzutrocknen, gleichsam „nachzukleben". Es spielt heute in der Maltechnik keine Rolle.

Harze

Naturharze

Allgemeines

Harze nennt man die zum natürlichen Wundverschluß dienenden oder durch künstliche Verletzung hervorgerufene Baumexkrete. Sie bestehen zum größten Teil aus kompliziert gebauten organischen Harzsäuren und -alkoholen. Teils enthalten diese Baumexkrete noch ihre ätherischen Öle und besitzen eine mehr oder weniger zähflüssige Konsistenz, dann bezeichnet man sie als *Balsame.* Sind die ätherischen Öle aber entwichen und sind die Harze zu festen Stücken erstarrt, gehören sie zu den *Harzen* im engeren Sinne. – Die Balsame der Nadelbäume werden *Terpentine* genannt; von ihnen werden die der Edeltannen und die der Lärchen zu den „feinen" und die aller anderen Baumarten zu den „gemeinen" Terpentinen gerechnet. Die Terpentine bestehen aus dem eigentlichen Harz und den ätherischen Ölen, die man *Terpentinöle* nennt. Harz und Terpentinöl können durch Destillation voneinander getrennt werden.

Je nach Alter unterscheidet man *rezente, rezentfossile* und *fossile Harze.* Die *rezenten* Harze werden von lebenden Bäumen gewonnen. Die *rezentfossilen,* die Jahrhunderte alt sein können und teils aus dem Boden geholt werden, haben sich je nach Alter und äußeren (Boden-)Einflüssen mehr oder weniger chemisch verändert, was sich bei den alten Sorten in einer verminderten Löslichkeit zu erkennen gibt. Zu den *fossilen* Harzen gehört nur der *Bernstein,* dem ein Alter von Hunderttausenden von Jahren zugeschrieben worden ist. – Die maltechnisch verwendeten Harze sind alle rezent.

In der Regel geht mit den chemischen Veränderungen der Harze beim Altern ein Unlöslichwerden Hand in Hand. Auch Naturharze neigen zur Autoxidation, verglichen mit fetten Ölen aber nur in sehr geringem Umfang. Die Zeiträume, die ein rezentes Harz braucht, um unlöslich zu werden, sind sehr groß. Einige rezente Harze, die in der XIX. Dynastie in Ägypten zum Balsamieren verwendet worden sind, sind heute, nach 3000 Jahren, noch einwandfrei in Alkohol löslich.

Die waserlöslichen und wasserlöslich bleibenden, harzartigen Pflanzenexkrete werden *Pflanzengummen* genannt (S. 80).

Synthetische Harze, Kunstharze, sind im 19. Jahrhundert zum ersten Mal gezielt in chemischen Labors dargestellt worden. Seit 1901, dem Geburtsjahr des ersten Glyptalharzes, wird eine Kunstharzforschung betrieben, die zur Herstellung von wichtigen Rohstoffen für die Lack- und für die Künstlerfarbenindustrie geführt hat.

Terpentine und Balsame

Lärchenterpentin, Venetianisches Terpentin

Die Lärche ist über fast ganz Europa verbreitet; Balsamgewinnung ist aber nur in der Steiermark, in Nord- und in Südtirol aus der Stammpflanze *Larix decidua* üblich. – Der Baum wird durch Anbohren bis ins Kernholz im Frühjahr verletzt, das Bohrloch wird mit einem Holzkeil verstopft und im Herbst ausgekratzt. Ein Baum liefert je nach Alter und Standort zwischen 200 und 4000 Gramm Terpentin im Jahr. Da früher der gesamte Tiroler Handel über Venedig ging, ist dieser Balsam auch *Venezianisches Terpentin* genannt worden.

Das Terpentin ist hell- bis bräunlichgelb, klar, besitzt Honigkonsistenz, schmeckt bitter und verläuft zu einem klaren, nicht fest werdenden Film. Wichtig ist seine Eigenschaft – hierdurch unterscheidet es sich vom Straßburger Terpentin –, keine Harzsäuren auskristallisieren zu lassen. Unter dem Mikroskop sind Verfälschungen des Lärchenterpentins mit gewöhnlichem Terpentin (= Kolophonium, S. 69) leicht zu erkennen, weil gewöhnliches Terpentin Harzsäuren in großer Menge auskristallisiert. Es ist löslich in Terpentinöl, Benzin und Alkohol. Lärchenterpentin ist verseifbar.

Die Zusammensetzung ist etwa:

70 Prozent Larizinolsäuren
10 Prozent Unverseifbares
20 Prozent Lärchenterpentinöl

Venetianisches Terpentin ist in früheren Jahrhunderten häufig – *de Mayerne* berichtet darüber – als Harzkomponente in Firnissen verwendet worden, die noch andere Harze oder trocknende Öle als Filmbildner enthalten haben. Allein oder verdünnt mit Terpentinöl kann es als Firnis nicht verwendet werden, einmal weil es lange klebt und auch gilbt und dann, weil es, wenn es einmal trocken ist, zum Verspröden neigt. – Man hat es in Ölfarben früher verwendet als Malmittel, und *Max Doerner* empfiehlt es auch dafür, weil es, verdünnt mit Terpentinöl oder abgemischt mit Harzlösungen oder fetten Ölen im Bilde emailleartige Wirkungen hervorrufen und das Ineinanderschwimmen von Übergängen in der Ölmalerei begünstigen kann. Dieses alte Material wird heute nur noch in relativ geringem Umfang verwendet, zuweilen auch in Malemulsionen.

Straßburger Terpentin

Die früher im Elsaß gehartzen Weißtannen *Abies alba* und *Abies pectinata* lieferten das sog. *Straßburger Terpentin.* Heute ist dieser Balsam nicht mehr zu erhalten. Es war hellgelb bis bräunlich und vollkommen durchsichtig, es enthielt etwa 35% ätherisches Öl, 65% Harz und besaß die Konsistenz von dünnem Sirup. Das ätherische Öl besitzt die technologischen Eigenschaften des normalen Terpentinöls; das Harz enthielt eine geringe Menge Abietolsäure, die in Lösungen stark zum Auskristallisieren neigte.

Seine maltechnischen Eigenschaften sind ohne Zweifel mit denen des Venetianischen Terpentins zu vergleichen gewesen, trotzdem sind diesem Material zuweilen, wie allen Malstoffen, die nicht oder kaum mehr zu erhalten sind, außergewöhnliche maltechnische Eigenschaften zugeschrieben worden.

Kanadabalsam

In blasenförmigen Sekretbehältern von Rinden und Zweigen der Baumarten *Abies balsamea* und *Abies canadensis* entsteht der Kanada- oder Oregonbalsam, der durch Anstechen dieser Harzbeulen gewonnen wird. Die Ausbeute ist außerordentlich gering, der Preis entsprechend hoch.

Der Balsam enthält etwa 25% ätherisches Öl, riecht aromatisch, ist und bleibt wasserklar und in dünner Schicht farblos, weshalb er zum Verkleben und Einbetten mikroskopischer Präparate benutzt wird. – Von *Gussow* zwar empfohlen, hat er sich in der Maltechnik nicht einbürgern können.

Elemibalsam

Dieser Balsam wird aus *Canarium*-Arten gewonnen, die auf den Philippinen oder in Südamerika beheimatet sind. Die größte Rolle spielt das weiche, das sog. Manila-Elemi. Der Balsam fließt sehr dünn aus der Rinde aus und ist von heller, rötlicher oder grünlicher Färbung. Vor der Verarbeitung werden alle Sorten erst in Alkohol gelöst und filtriert, um sie zu reinigen. In der Lackindustrie ist Elemi früher als Weichmacher in Sprit- und Nitrozelluloselacken verwendet worden, maltechnisch ist es nicht sehr oft zum Elastifizieren von Firnissen eingesetzt worden. Weil das Elemiharz dazu neigt, nach dem Entweichen der Lösemittel auszukristallisieren, hat man es immer mit Vorsicht betrachtet.

Kopaivabalsam

Kopaivabalsam ist erst im 17. Jahrhundert in Europa bekannt und zuerst nur medizinisch verwendet worden. Die Stammpflanze ist eine Leguminosenart *(Copaifera L.)*, die durch Einschlagen einer V-förmigen Kammer in den Stamm geharzt wird. Der Balsam wird gesammelt und auf 40–50°C erwärmt, dabei setzen sich Schmutz und Wasser ab.

Für maltechnische Zwecke sind verwendet worden: der dickflüssige, aus Venezuela stammende Maracaibobalsam, und in etwas geringerem Umfang der dünnflüssige, aus Brasilien stammende Parabalsam. Die Farbe wird in der Literatur mit „gelbbräunlich" angegeben, oft sind aber nur recht dunkle Sorten erhältlich.

Maracaibobalsam enthält etwa 60% Harz und 40% Kopaivaöl, ist in Terpentinöl und fetten Ölen gut, in Alkohol trübe und in Benzin nicht vollständig löslich. Der zuerst sehr helle, dann aber besonders stark nachdunkelnde Parabalsam besitzt etwa 20% Harz, 80 Prozent Balsamöl und ist in Terpentinöl gut, in Alkohol meist flockig und mit Niederschlägen löslich; in Benzin löst er sich klar, doch treten Flocken auf. Zusammensetzung und Eigenschaften sind nie gleichbleibend. Beide Balsame enthalten kristalline Harzsäuren, unterliegen der Autoxidation, „verharzen" und verbräunen im Laufe der Zeit. Die Balsamöle besitzen einen sehr hohen Siedepunkt (um 260°C) und sind kaum flüchtig, so daß sie vom Maler nicht als Lösemittel, sondern als lösende Weichmacher angesehen werden sollten, die, einmal eingebracht, im Film erhalten bleiben und auch ihre lösende Wirkung lange Zeit behalten.

Kopaivabalsam gehört in den Giftschrank des Restaurators, der Maler sollte ganz die Finger von ihm lassen.

Eibner und *Berger* haben geirrt, als sie Kopaivabalsam und seine Öle als Malmittel empfahlen. Weder das Harz selbst noch die praktisch nicht flüchtigen Öle gehören in das Bild. Es war aber natürlich verführerisch, diesen länger als venetianisches Terpentin flüssig und vermalbar bleibenden Balsam als Malmittel zum Erreichen weicher, emailleartiger Übergänge zu verwenden und es hat lange gedauert, bis *Doerners* Warnung vor Kopaivabalsam als Malmittel von den Malern allgemein beherzigt wurde.

Trotzdem hat *Max Doerner* nicht gezögert, den Kopaivabalsam in Übereinstimmung mit *von Pettenkofer* für Restaurierzwecke zu empfehlen. Er schreibt noch 1938 in der letzten von ihm selbst herausgegebenen Ausgabe dieses Buches:

► „Aber nicht genug zu schätzen ist dieses Material in der Restaurierungstechnik. Kopaivabalsam, resp. sein ätherisches Öl hat, wie *Pettenkofer* zeigte, die Eigenschaft, die brüchige, ausgetrocknete Linoxinhaut einer alten Malfarbe wieder zum Quellen bringen zu können, ebenso Harzessenzfirnisse, die krepiert sind.

Überstriche von Kopaivabalsam für sich allein vermögen ein trüb gewordenes Bild in sehr vielen Fällen allmählich wieder klar zu machen, besonders bei Harzfirnissen, die ihren molekularen Zusammenhang verloren haben, und bei Harz-Öl-Farben. Sie leisten wertvolle Dienste beim Pettenkoferschen Regenerationsverfahren. Die einzelnen Kopaivasorten sind verschieden im Grad ihrer Flüssigkeit. Sie müssen entsprechend mit Terpentinöl verdünnt werden. Für Restaurierzwecke sind die flüssigeren die besten. Selbstredend muß man auch hier mit Vorsicht vorgehen. Aber der Verständige wird mit diesem Mittel sicher Erfolge erzielen.“ ◄

Nach vielen schlimmen Erfahrungen wird Kopaivabalsam heute von allen Fachleuten strikt abgelehnt und es gibt keinen Restaurator von Rang, der einer Verwendung das Wort reden wird. Die Kopaivaöle, welche die Firnisschicht oder gar die Bildsubstanz angelöst und wieder miteinander verbunden haben, bleiben im Bild, und das Bild ist dann in dem gleichen Zustand, in dem es sich befunden hätte, wenn es mit Kopaivabalsam als Malmittel gemalt worden wäre. Das Nachdunkeln des Bildes nimmt seinen Gang.

Kopaivabalsam ist ein Paradebeispiel dafür, wie stark maltechnische Beurteilungen schwanken können bei einem Material, für das eine alte malhandwerkliche Überlieferung fehlt und für das Ergebnisse naturwissenschaftlicher Forschung entweder noch nicht zur Verfügung stehen oder nicht beachtet werden. Kopaivabalsam ist aber auch ein Paradebeispiel dafür, wie hochangesehene Fachleute irren können. Nicht nur das Kunstwerk, auch der maltechnische Wissensstand hat asymptotischen Charakter.

Rezente Harze

Kolophonium

Haupterzeugerländer von Kolophonium und Terpentinöl sind die USA, Frankreich und neuerdings auch die UdSSR und China.

Der Balsamfluß von Koniferen wird durch Anschneiden der Rinde in Gang gesetzt. Der auslaufende Balsam wird am Baum in Töpfen aufgefangen, gesammelt und in Kesseln oder Destillationsblasen durch Wasserdampfdestillation in Harz und Terpentinöl getrennt. Dabei wird nach verschiedenen Methoden entweder im Destillationsgefäß Wasserdampf erzeugt oder es wird Wasserdampf eingeblasen, mit dem zusammen das Terpentinöl abdestilliert. Die stark flüchtige „Terpentinessenz“ wird in manchen Verfahren abgetrennt, um auf diese Weise milder riechende Terpentinöle zu erhalten. Der kristalline Destillationsrückstand wird geschmolzen und stellt das Kolophonium des Handels dar, das sich weder für die Firnis- noch für die Malmittelherstellung eignet, weil es zu sauer ist, spröde auftrocknet und trotzdem im Film bei Handwärme nachklebt. Mit aktiven basischen Pigmenten wie Kremserweiß oder Zinkweiß würden kolophoniumhaltige Malmittel eindicken.

Kolophonium ist in der Restauriertechnik dagegen schon seit langem ein wichtiger und erprobter Bestandteil von Harz-Wachs-Doubliermassen, mit denen der Restaurator alte, brüchig gewordene Leinwandbilder auf eine neue Leinwand kleben kann. Diesen Vorgang nennt man *Doublieren* (S. 74, 256f.). Heute wird Kolophonium jedoch nicht selten durch Kunstharze ersetzt.

Sandarak

Das Harz Sandarak, ein Koniferenexkret der nordafrikanischen Küste, ist nicht identisch mit dem alten Pigment Sandarak, von dem man in alten Malerbüchern lesen kann. Im Mittelalter wurden die Pigmente Auripigment und Massicot zuweilen auch „Sandarak“ genannt – Sandarak, der heute kaum noch im Harzhandel zu bekommen ist, ist in gelblichen bis rotbraunen, eiszapfenähnlichen Stücken gehandelt und oft mit Kolophonium verfälscht worden.

Im Mittelalter und noch bis ins 19. Jahrhundert hinein ist dieses Harz zur Herstellung von Alkoholfirnissen verwendet worden, die aber in der Maltechnik schon lange außer Gebrauch geraten sind, weil sie spröde und ziemlich dunkle Filme liefern. Hie und da sind sie noch als Vergolderfirnisse in Gebrauch.

Mastix

Auf der Insel Chios und in der Levante wird die Mastix-Pistazie seit alters her geharzt. Dies geschieht durch leichtes Anritzen der Rinde, worauf das Harz in „Tränen“ austritt. Ein Baum liefert jährlich etwa

5 Kilogramm Harz. Die beste und sauberste Sorte „elect“ wird direkt vom Baum abgenommen. Das vom mit Platten und Tüchern abgedeckten Boden aufgelesene Harz ist stärker verunreinigt und deshalb billiger. – Mastix wird in seiner Heimat zum „Harzen“ von Wein benutzt, war und ist zum Teil heute noch als Kauharz der natürliche Kaugummi der Chioten und diente früher in der Medizin als Klebstoff Masticol zum Ankleben von Verbänden.

Die „Tränen“ sind blaßgelb, backen beim Kauen zusammen und schmecken sehr angenehm aromatisch. Das Harz erweicht bei einer Temperatur zwischen 80 und 90°C und es schmilzt zwischen 100 und 120°C. Es ist etwas härter als Dammar und in Terpentinöl und Alkohol fast vollständig löslich, die Löslichkeit in Benzin ist unterschiedlich. Die Säurezahl liegt zwischen 50 und 80. Mastix gilbt etwas stärker als Dammar, was sich aber im dünnen Firnisfilm praktisch nicht bemerkbar macht.

Mastixlösungen in Terpentinöl sind als „Mastixfirnisse“ im Handel erhältlich. Wer sich seine Mastixlösungen selbst herstellen will, der tut das am besten durch Einhängen eines mit dem Harz gefüllten Gazebeutels in eine mit Terpentinöl gefüllte Weithalsflasche. Auch sog. „Teestrümpfe“ aus weitmaschigen Baumwollgeweben haben sich ausgezeichnet bewährt. Dabei soll das Harz in das Terpentinöl eintauchen und sich langsam auflösen können. Es wäre falsch, das Harz vorher zu pulverisieren, weil es dann leicht zusammenbackt. Zeitweiliges Schütteln beschleunigt den Lösungsvorgang. Wärmeeinwirkung ist zu vermeiden, weil dabei organische Verunreinigungen wie beispielsweise Rindenteile gebräunt oder gar verkohlt würden und die ganze Harzlösung verfärben können. – Verunreinigungen werden durch einen Damenstrumpf oder eine oder zwei Lagen Kaffeefilterpapier in einem Glastrichter abfiltriert, weil Kunststofftrichter meistens durch Terpentinöl angelöst werden (S. 136f.).

Zum Herstellen von Mastixfirnis löst man das Harz in Terpentinöl im Verhältnis 1 Gewichtsteil Harz: 3–4 Gewichtsteilen Terpentinöl. Zum Herausholen eingeschlagener Stellen im Ölbild verdünnt man den Firnis noch etwas stärker, damit er besser in den matt gewordenen Ölfarbenfilm eindringen kann. Es ist besser, einen solchen Retuschierfirnis mehrmals dünn aufzutragen, als einen dicken, glasigen Auftrag zu machen, auf dem die nachfolgende Malerei nicht gut haften kann.

Malmittel zum Verarbeiten mit Ölfarben oder zum Herstellen von Malemulsionen hält man etwas harzreicher, etwa im Verhältnis 1:2–3.

Dammar

Die besten weißen Dammarsorten kommen von Sumatra und werden unter der Bezeichnung „Bataviadammar“ gehandelt. Das rezente Harz wird in Baumkulturen von künstlich verletzten Bäumen abgesammelt und nach Helligkeit und Stückgröße sortiert gehandelt. Bestimmte Stammpflanzen gibt es nicht, die Eingeborenen pflegen alles Harz als „Dammar“ zu bezeichnen. Für Malzwecke sind nur die hellsten Sorten und die in möglichst großen Stükken geeignet. Pulverware und Granulat sind zwar billiger, enthalten aber mehr Verunreinigungen und neigen beim Lösen zum Zusammenbacken.

Gute Dammarsorten sind in Terpentinöl und in Testbenzin vollständig und in Alkohol teilweise löslich. Charakteristisch für Dammarlösungen ist ihre leichte Trübung, die durch das sog. *Dammarwachs,* hochoxidierte Harzsäuren, und durch Feuchtigkeit hervorgerufen wird. Aus den üblichen Terpentinöllösungen kann die Trübung zwar durch einen geringen Alkoholzusatz beseitigt werden, wegen der Gefahr eines Farbumschlags ins Gelbliche ist es aber besser, zu filtrieren. Das kann beispielsweise im Glastrichter durch eine doppelte Lage Kaffeefilterpapier geschehen. – Der Erweichungspunkt der meisten Dammare liegt zwischen 70 und 80°C, sie schmelzen dünnflüssig bei etwa 150°C; ihre Säurezahl liegt zwischen 30 und 50.

Auch Dammarlösungen sind als „Dammarfirnis“ im Handel zu haben. Der Maler stellt sich seine Dammarlösungen selbst her in der gleichen Art und in den gleichen Verhältnissen, wie sie vorhin beim Mastix beschrieben worden sind. Auch Dammarlösungen werden als Schluß- und Retuschierfirnisse und als Bestandteil von Malemulsionen verwendet, ebenso als Malmittel in der Ölmalerei. Dammarfilme gilben in der Regel etwas weniger als Mastixfilme, sie trocknen zu im Anfang elastischen, später etwas spröde werdenden Firnisfilmen auf, deren gute Wiederlöslichkeit bei Firnisabnahmen erwünscht ist.

Kopal- und Bernsteinlacke in der Malerei

Die jetzt beschriebene Art von Lacken oder Firnissen spielt heute mit Recht keine Rolle mehr in der Malerei. Weil diese Namen aber immer noch – teils mißverstanden, teils mißverständlich – in der maltechnischen Literatur auftauchen, sei dargestellt, was es mit ihnen auf sich hatte.

Fossile Harze wie der Bernstein und rezent-fossile Harze wie der Kopal – die härtesten Naturharze, die es gibt – sind in allen üblichen Lösemitteln unlöslich. Will man sie einsetzen, um sich ihrer Härte und Widerstandsfähigkeit zu bedienen, dann muß man sie auf eine komplizierte Weise in fetten Ölen, z. B. in Leinöl, lösen. Dazu muß das Harz zuerst „ausgeschmolzen“, d. h. öllöslich gemacht werden. Das geschieht, indem man das Harz in einem Kessel in eine von der Harzart abhängige Temperatur bringt, die in der Regel um 300°C liegt. Dabei werden die langkettigen Harzsäuremoleküle zerrissen, „gecrackt“, und auf eine Länge gebracht, die eine chemische

Verbindung des Harzes mit dem fetten Öl, eine „Umesterung", erlaubt. Bei diesem Ausschmelzungsvorgang verliert das Harz bis zu 30% an Gewicht und der Sud wird deutlich dunkler. Sobald Ölverträglichkeit erreicht ist, was man durch Versuche ermittelt, wird heißes Öl zum Sud gegeben und solange verkocht, bis der Sud klar ist. Dieses Lackkonzentrat kann nach Abkühlen mit Terpentinöl oder Testbenzin verdünnt und sikkativiert werden: fertig ist der Lack.

Beim Lackkochprozeß entsteht eine völlig neue Substanz, eine Harz-Öl-Verbindung, ein Harz-Öl-Lack, ein Harz-Öl-Firnis. Man kann sie mit Terpentinöl verdünnen, während einer der ursprünglichen Bestandteile, der Kopal, terpentinölunlöslich war. Die Filme trocknen wie die Filme trocknender Öle terpentinölunlöslich auf.

Wann zum ersten Mal rezent-fossile Harze ausgeschmolzen worden sind, um Mal- oder Anstrichmittel herzustellen, das weiß man nicht. Jedoch stellt schon *Plinius* um 70 v. Chr. in seiner *Naturalis Historia* fest, *resina omnis dissolvitur oleo,* alles Harz wird von Öl gelöst. Wir wissen aber nicht, welches Öl und welches Harz er da meint. Auch das Lucca-Manuskript und die Mappae Clavicula, spätere Quellen, die uns das Handwerk der byzantinischen Malerei überliefern, berichten nur vom Lösen von Harzen in heißem Öl. Erst in der Schedula diversarium artium des *Theophilus presbyter,* eines Benediktinermönches im Kloster Helmershausen, wird zum ersten Mal ein Ausschmelzvorgang präzise beschrieben, „... siede, bis der dritte Teil verschwunden ist ..." und dann lesen wir weiter von der Verkochung mit vorgewärmtem Öl bis zur richtigen Lackkonsistenz. *Theophilus* erwähnt hier übrigens ein Harz, *quod vocatur fornis,* das *fornis* genannt wird. Hierher stammt offenbar unser Wort Firnis, das man früher gebraucht hat sowohl für Anreibemittel für Pigmente, für Malmittel also, als auch für die Malmaterialien, die wir heute noch „Firnisse" nennen.

Diese gekochten Lacke oder Firnisse trockneten zwar schneller und lieferten auch härtere, widerstandsfähigere und mit höherem Glanz auftrocknende Filme als die fetten Öle wie Leinöl oder Nußöl allein. Sie waren aber ziemlich dunkel und sehr zähflüssig. Deshalb konnte man sie nicht mit dem Pinsel auftragen, man mußte sie mit dem Handballen in die Bilder gleichsam einmassieren.

Erst seit dem Anfang des 17. Jahrhunderts, so sind die Berichte *de Mayernes* zu deuten und so wissen wir es auch aus der Entwicklung der Apothekertechnik, stand dem Maler Terpentinöl zum Verdünnen dieser Firnissude in ausreichender Menge und zu akzeptablem Preis zur Verfügung. Man konnte jetzt aber auch die rezenten Weichharze wie Dammar oder Mastix direkt in Terpentinöl lösen und sich damit hellere, ölfreie Firnisse schaffen, die auch wesentlich hellere und hell bleibende Firnisfilme lieferten. Deren Harzanteil trocknet allerdings nicht wie ein trocknendes Öl oder ein verkochter Kopallack terpentinölunlöslich auf, ihr Harz bleibt stets lösemittelempfindlich, selbst wenn ein solcher Harzfirnis mit einer gewissen Menge Leinöl gemischt worden ist.

Ein Gemisch von Harz und Öl besitzt andere Eigenschaften wie die chemische Verbindung zwischen Harz und Öl: reine Harzlösungen und Harz-Öl-Gemische trocknen lösemittelempfindlich auf, Harz-Öl-Verbindungen aber werden unempfindlich gegen Terpentinöl.

Deshalb können verkochte Lacke als Malmittel in der Bildsubstanz auch kein Unglück stiften, es sei denn, sie neigten stark zum Gilben. Die eigentliche Bildsubstanz darf ja nicht nur, sie soll sogar gegen Lösemittel beständig auftrocknen. Bei Firnisüberzügen dagegen legt man nicht nur Wert auf das Entstehen eines hellen, nicht gilbenden Filmes, hier wünscht man auch, die Wiederlöslichkeit möglichst lange zu erhalten, weil nicht abzusehen ist, wann einmal eine Firnisabnahme notwendig wird. Als Firnisse werden heute deshalb nur ölfreie Harzlösungen verwendet, die besonders hell bleibende Filme liefern und die in Terpentinöl löslich sind und lange bleiben.

Schellack

Der alkohollösliche Schellack ist das einzige Harz, das tierischen und nicht pflanzlichen Ursprungs ist. Es ist das Exkret der Lacklaus *(Coccus lacca),* die auf verschiedenen Baumarten in Indien und Siam lebt. Diese Läuse spielen in den Schellackplantagen gleichsam die Rolle unserer Haustiere, sie sind auch Handelsartikel; durch Anbinden von mit Läusen besetzten Zweigen an Äste oder Zweige unbefallener Bäume werden diese sozusagen „infiziert". Nach der Befruchtung beginnt bei den Weibchen eine starke Harzausscheidung, die das Tier und schließlich auch den Zweig umgibt und in der es nach der Eiablage verendet.

Auf komplizierte Weise, die zu schildern hier zu weit führen würde, wird der Blätterschellack des Handels hergestellt, der teils naturfarbig, teils gebleicht zu kaufen ist. – Schellack wird gebleicht, indem helle Sorten in Sodalösung gelöst und der Wirkung sauerstoffabgebender Chemikalien ausgesetzt werden. Dabei löst sich das Schellackwachs nicht mit und wird entfernt. Anschließend fällt man das wachsfreie Harz durch Säure wieder aus und wäscht gründlich nach. Die wasserhell gebleichten Schellacke kommen in Zopf- oder Knüppelform auf den Markt. Um ihre Alkohollöslichkeit zu verlängern, werden sie unter Wasser aufbewahrt; die Löslichkeit verringert sich aber im Laufe der Zeit doch und verschwindet schließlich ganz.

Schellack ist nur in Alkohol löslich, seine Filme trocknen hart-elastisch auf, sind wasserfest und mechanisch sehr widerstandsfähig. Als Firnisharz auf Öl- und Temperabildern ist er zu spröde, auf Ölfilmen stört zudem der Alkoholgehalt. Früher sind 2%ige alkoholische Lösungen als Fixative verwendet worden, heute dienen als Fixative meist stark verdünnte Kunstharzlösungen. – Schellacklösungen verfärben sich übrigens in Blechgefäßen; man sollte sie deshalb in Glasflaschen aufbewahren (S. 137).

Bevor die mit Wasser vermalbaren, dann aber wasserfest auftrocknenden Kunststoffdispersionen aufkamen, haben Maler manchmal ihre Temperafarben, auch Kaseintemperafarben, durch Zusatz von einer gewisen Menge Schellackseife besser wasserfest gemacht. Schellack ist leicht in Laugen löslich und durch einfaches Einstreuen von Schellack in wässerige Lösungen von Borax oder Ammoniumkarbonat oder auch in Salmiakgeist lassen sich diese Schellackseifen herstellen. – Heute ist diese Übung außer Gebrauch gekommen.

Die alkoholische Schellacklösung ist übrigens ein ausgezeichnetes Isoliermittel, mit dem man heute noch in der Mal- und Anstrichtechnik in altbewährter handwerklicher Manier „Harzgallen“ in Hölzern isoliert. „Harzgalle“ nennt man die innerhalb eines Jahresringes liegende mit Harz gefüllte Tasche im Holz von Nadelbäumen. Die Harzgallen werden vor der eigentlichen Isolierung gründlich mit der Lötlampe ausgebrannt und dann mit Schellacklösung überstrichen. Wird vor der ersten Grundierung nicht richtig ausgebrannt und isoliert, so gibt es später keinen Schutz mehr gegen die Harzbildung, welche die folgenden Aufstriche durchdringt oder abdrückt.

Kunstharze

Zyklohexanonharze

Aus zwei chemischen Verbindungen mit den für den Nicht-Chemiker etwas verwickelten Namen Zyklohexanon und Methyl-Zyklohexanon lassen sich, allein oder in Kombination miteinander, wasserhelle Kunstharze von höchster Lichtechtheit herstellen, die völlig neutral und gegen Säuren, Laugen und Chemikalien beständig sind. Die Harze trocknen allein und in Mischung mit fetten Ölen zu hochelastischen, gut haftenden Filmen auf und sind außer in Methyl- und Äthylalkohol in allen gebräuchlichen Lösemitteln löslich. Ihr Erweichungspunkt liegt zwischen 75 und 90°C. Durch die synthetische Herstellung ist, im Gegensatz zu den Naturharzen, gleichmäßiger Ausfall garantiert, Verunreinigungen sind nicht vorhanden.

Das in Deutschland zuerst am meisten verwendete *AW2-Harz,* ein Kondensationsprodukt aus Zyklohexanon und Methyl-Zyklohexanon, wird nicht mehr hergestellt. Es wird maltechnisch jetzt ersetzt durch *Ketonharz N,* ein Kondensationsprodukt von Zyklohexanon, das auch über längere Zeiträume seine Löslichkeit in Terpentinöl behält. Nicht nur die Künstlerfarbenfabriken verwenden inzwischen diese Kunstharztypen, auch von Seiten der internationalen maltechnischen und Restaurierinstitute sind keine Bedenken gegen diese Harzgruppe angemeldet worden.

Firnisse und Malmittel aus Zyklohexanonharzen werden in den gleichen Mengenverhältnissen zusammengesetzt, wie das vorhin beim Mastix aufgeführt worden ist.

Die Firnisfilme aus Zyklohexanonharzen neigen weniger zum *Blauen* oder *Blauanlaufen,* jener merkwürdigen Schleierbildung auf jungen Firnisfilmen, die sich zwar durch Abreiben mit einem feinen Leder vorübergehend beseitigen läßt, häufig aber wiederkommt. Man hat vor Jahren bei Untersuchungen dieser merkwürdigen Erscheinung zwar schon festgestellt, daß es sich hier um einen feinkristallinen Niederschlag von Ammoniumsulfat handelt, hat aber bisher nicht eindeutig feststellen können, wie und warum diese Erscheinung entsteht und wie sie mit Sicherheit vermieden werden kann. Temperaturschwankungen vor, während und nach dem Firnissen eine Bildes haben bestimmt einen Einfluß auf das Blauanlaufen, sie erklären aber den ganzen Vorgang noch nicht.

Acrylharze

Im Jahr 1915 ist das grundlegende Patent zur Herstellung von Acrylkunststoffen erteilt worden, das zur Herstellung von Acrylharzen und auch beispielsweise zur Herstellung des Produktes „Plexiglas“ geführt hat, die heute in der Anstrich- und Maltechnik, aber auch in vielen anderen Industriezweigen eine bedeutende Rolle spielen.

Aus zwei chemischen Grundbausteinen, der Acrylsäure und der Methacrylsäure, kann der Chemiker Kunstharze mit sehr vielfältigen und differenzierten Eigenschaften herstellen. Er läßt die Harze dabei entstehen *entweder* als festes Harz *oder* als Harzlösung gelöst in einem Lösemittel *oder* mikroskopisch fein verteilt in wässeriger Dispersion. Gleichsam im Baukastensystem werden dabei in einem chemischen Vorgang, den der Fachmann Copolymerisation nennt, Harze mit den Eigenschaften produziert, wie sie für den jeweiligen technologischen Zweck gerade gebraucht werden. Diese Herstellungsvorgänge werden in der chemischen Großindustrie vorgenommen, für Künstlerfarbenfabriken sind die Harze, die Harzlösungen und die Dispersionen Halbfertigfabrikate.

Heute sind es insbesondere Abkömmlinge der Methacrylsäure, die als Harze zur Herstellung von lichtechten, hochelastischen und gut haftenden Firnissen von den Künstlerfarbenfabriken eingesetzt werden. Die Filme sind lichtecht, alterungsbeständig und bleiben lange benzinlöslich. Besonders feindisperse Lösungen, aber auch feine Dispersionen können als Isoliermittel auf stark saugenden Malgründen dienen. Acrylharze in Lösung und in Dispersion werden auch häufig als Klebemittel in der Restauriertechnik eingesetzt. – Die gröberen Acryldispersionen sind Malmittel bei der Herstellung von Acryl-Dispersionsfarben (S. 111, 159ff.).

Alkydharze

Eine neue Gruppe synthetischer Harze ist vor wenigen Jahren in das Gesichtsfeld der Maler getreten, die *Alkydharze*. Aus dieser Gruppe sind es – der Chemiker nennt sie so – hauptsächlich die öl- und fettsäuremodifizierten Typen. Es sind dies keine festen Harze wie die den Malern wohlbekannten Dammarharze, der Mastix, das Zyklohexanonharz. Man kann sie sich vorstellen als Lackkonzentrate, als echte chemische Verbindungen von öligen und harzigen Substanzen. Sie besitzen meist eine strenge Honigkonsistenz und müssen in der Wärme mit Terpentinöl und/oder anderen Lösemiteln verdünnt werden – manchmal werden sie vorher auch noch mit Leinöl verkocht – bevor der Maler etwas mit ihnen anfangen kann.

Alkydharze werden hergestellt aus einem Harzanteil, der aus Polykarbonsäuren, z. B. aus Phtalsäure und Polyalkoholen, z. B. Glyzerin, besteht. In die entstehenden Polyester können eingebaut werden: trocknende Öle wie Leinöl, aber auch nichttrocknende wie Sojaöl, Palmkernöl und andere. Der Ölanteil der Harze liegt zwischen 20% und 70%. Neben den ölmodifizierten Polyestern können auch ölfreie hergestellt werden. – Die ersten Patente, die zur Entwicklung der Alkydharze geführt haben, stammen noch aus dem vorigen Jahrhundert. Seit etwa 70 Jahren werden sie in der Lackindustrie verwendet; große Erfahrungen liegen vor über ihr Verhalten in Hitze und Kälte, innen und außen, im feuchten Meeresklima, im Hochgebirge bei extrem starker UV-Strahlung.

Künstlerfarbenchemiker können sich heute aus dem riesigen Angebot der Alkydharzhersteller solche Produkte heraussuchen, die allein oder kombiniert mit trocknenden Ölen als Malbindemittel für ölfarbenähnliche Malfarbensysteme geeignet sind. Diese Alkydharzfarben sind mit Terpentinöl verdünnbar, trocknen in dünnem Auftrag extrem rasch an und trocknen auch in dickerem Auftrag gut durch. Je nach Auswahl der Alkydharze – und abhängig von der Gesamtrezeptur – entstehen bei geeigneter Malmittelzusammensetzung gut haftende, hornhart und elastisch auftrocknende Filme, die selbst bei Lichtabschluß kaum vergilben. Diese Filme trocknen chemisch wie Ölfarben, d. h. nach Verdunsten der Lösemittel lagern sie Sauerstoff in die Moleküle des Bindemittels ein und werden im Laufe der Zeit wie die Filme trocknender Öle in Terpentinöl unlöslich. Ihre Alterung verläuft auch ähnlich wie die der Filme der trocknenden Öle.

In der Regel können Alkydharzfarben mit Ölfarben gemischt und verarbeitet werden. Auf diese Weise lassen sich Trockenzeit und Trockenverlauf beider Malfarbensysteme variieren. Ölfarben können zu rascherem An- und besserem Durchtrocknen gebracht werden, die Antrockenzeit der Alkydharzfarben wird so verlängert. Entsprechende Instruktionen der Farbenhersteller sind zu beachten.

Die Künstlerfarbenindustrie bietet auch Alkydharzlösungen als Malmittel an, mit denen sich Maler aus einer reinen Ölfarbe eine Alkydharz-Ölfarbe ermischen können. Dabei verfahren sie genau so wie sie das gewöhnt sind, wenn sie beim Malen mit Ölfarben selbsthergestellte oder gekaufte Mastix- oder Dammarlösungen der Ölfarbe zusetzen. Auf diese Weise kann sich der Maler seine Harz-Ölfarbe und auch seine Alkydharz-Ölfarbe für die jeweilige Malsituation „maßschneidern" und ist unabhängig vom Künstlerfarbenhersteller, der mit seinen Alkydharz-Ölfarben oder seinen Harz-Ölfarben naturgemäß „Konfektionsware" liefern muß (S. 122ff., 138).

Bienenwachs

Im Bienenstock schwitzen die jungen Arbeitsbienen das Wachs aus, das zum Wabenbau verwendet wird. Frische Honigwaben liefern helles Wachs, das sog. Jungfernwachs, alte Leer- und Brutwaben bestehen aus dunkleren Wachssorten. Die Wachsfarbe ist abhängig von den Pflanzenarten, welche die Bienen abgesammelt haben, seine Bleichbarkeit ist abhängig von Menge und Widerstandsfähigkeit der im Wachs enthaltenen Pflanzenfarbstoffe. Bienenwachs besteht aus Wachssäureestern, aus Cerotinsäure und Melissinsäure, die man kurz als Cerin bezeichnet, aus hochschmelzenden gesättigten Kohlenwasserstoffen und aus geringen Mengen Geruchs- und Farbstoffen. Das Rohwachs wird mit Dampf geschmolzen und von Verunreinigungen befreit. Weil nicht genügende Mengen an hellem Bienenwachs zur Verfügung stehen, ist es notwendig, die dunklen Sorten zu bleichen. Zur Sonnenbleiche ist Bienenwachs früher in dünne Platten oder Bänder gegossen und dem Sonnenlicht ausgesetzt worden. Auch die Verwendung von Bleicherden wurde praktiziert, ist aber heute kaum noch üblich. Heute wird meist mit sauerstoffabgebenden Chemikalien gebleicht, anschließend wird gründlich nachgewaschen.

Das gebleichte Bienenwachs ist rein weiß, geruchs- und geschmacklos und etwas härter als das Rohwachs. Es enthält oft geringe Mengen Paraffin oder Ceresin, die aus künstlichen Waben stammen, an die die Waben aus Bienenwachs angebaut worden sind.

Es schmilzt zwischen 60 und 65° Celsius und ist in der Wärme leicht löslich in Terpentinöl, Benzin und fetten Ölen. In Wasser ist es unlöslich und unquellbar. In kaltem Alkohol ist Bienenwachs unlöslich, in heißem Alkohol ist es löslich, fällt aber in der Kälte wieder aus; gelöst bleibt nur sein Cerotin- und Melissinsäureanteil. Es ist lichtecht und gegen Säuren unempfindlich, durch Sauerstoff wird es nicht oxidiert. Bienenwachs gehört zu den beständigsten organischen Substanzen, die wir kennen. Man hat an Wachsresten, die am Osebergschiff gefunden worden sind – dem Wikingerschiff aus dem 9. Jahrhundert –, etwa die gleichen chemischen Kennzahlen festgestellt, die auch frisches Bienenwachs besitzt.

Seine Wachssäureester sind sehr viel schwerer verseifbar als die Ester trocknender Öle. Nur der Cerinanteil läßt sich mit Ammoniak oder Ammoniumkarbonat leicht in wasserlösliche Ammoniumseifen überführen, mit deren Hilfe man die sog. Bienenwachs„seifen“ herstellt. Diese „Seifen“ sind eigentlich Wachsdispersionen und die Ammoniumseifen der im Cerin enthaltenen Säuren wirken als Emulgatoren und machen die übrige Wachssubstanz in Wasser dispergierbar. Zuweilen werden sie Temperamalmitteln zugesetzt, um deren Wasserfestigkeit zu erhöhen. – Eine *Bienenwachsseife* kann man sich herstellen, indem man 20 g Ammoniumkarbonat in 100 g Wasser löst, nacheinander 25 g Bienenwachs zugibt und das Ganze etwa eine halbe Stunde unter Rühren erhitzt. Zweckmäßigerweise benutzt man wegen der starken Schaumbildung einen großen Topf (S. 181).

Eine Bienenwachslösung in Terpentinöl kann ohne alle Zutaten als Schlußfirnis für Öl- und Temperabilder dienen; die zuerst matte Oberfläche erhält durch leichtes Bürsten einen sanften Glanz. Störend dabei ist jedoch der niedrige Schmelzpunkt, das leichte Kleben der Wachsfläche, wodurch die Oberfläche bald verschmutzt. Wachsfirnisse lassen sich leicht wieder vom Bild entfernen. – Maler und auch Künstlerfarbenhersteller stabilisieren manchmal durch Zugabe einer sehr geringen Menge Bienenwachs ihre Ölfarben und wirken auf diese Weise einer Pigment-Bindemittel-Entmischung entgegen, die bei längerem Lagern auftreten kann.

Bienenwachs gehört zu den ältesten Malmaterialien (s. Tafel VIII) und war als *punisches Wachs* Bindemittel in der antiken Maltechnik. Die Kenntnis der Herstellung und Verarbeitung von punischem Wachs, die *Plinius* etwas unklar beschrieben hat, scheint um das 6. Jahrhundert n. Chr. verloren gegangen zu sein. Das war die Zeit, in der die trocknenden Öle langsam in das Gesichtsfeld der Maler traten und bei der Vergoldung und auch in der Enkaustik, dem Malen mit heißen Wachsfarben, eine Rolle zu spielen begannen. Vom 16. bis zum 18. Jahrhundert hat es dann an Versuchen nicht gefehlt, die enkaustischen Malverfahren der Alten wiederzuentdecken, und es sind vielerlei Rezepte zur Herstellung von punischem Wachs entwickelt worden. Heute ist man der Auffassung, daß das punische Wachs hergestellt werden kann durch „Verseifung“ von Bienenwachs mit Soda, wodurch zuerst die wasserdispergierbare Wachsseife entsteht. Wenn dann anschließend mit Meerwasser gekocht und dieser Prozeß mehrere Male wiederholt wird, dann wird dabei das cerotin- und das melissinsaure Natrium in die entsprechenden Magnesium- und Calziumsalze überführt, die beide nicht wasserlöslich sind und deshalb die Wachsseife wieder zerstören. Der Schmelzpunkt wird dabei durch die Magnesium- und Calziumsalze des Cerins um etwa 20° C erhöht. – Nach Beendigung der Umsetzung schwimmt das punische Wachs auf dem Wasser und muß nur noch gründlich nachgewaschen werden, um alle Alkalireste zu entfernen.

Man nimmt heute an, daß bei den enkaustischen Malverfahren die erwärmte, fließende Wachsfarbe mit dem *Cauterium*, einem Metallspachtel, der ebenfalls heißgemacht werden konnte, vermalt worden ist. In manchen Mumienporträts aus der Oase Fayum in Oberägypten, die wahrscheinlich um etwa 300 n. Chr. entstanden sind, darf man die ältesten erhaltenen enkaustischen Malereien vermuten. – Die verschollene Technik hat manchen Maler fasziniert und noch in den dreißiger Jahren dieses Jahrhunderts hat Dr. *H. Schmidt* in München durch Entwicklung elektrisch heizbarer Malinstrumente der Enkaustik neue Freunde zu schaffen versucht.

Der Restaurator schätzt am Bienenwachs vor allem dessen chemische Unveränderlichkeit, dessen Wiederlöslichkeit in Terpentinöl und dessen Eigenschaft, hervorragende Wasserdampfsperren zu bilden. Er verwendet es deshalb beispielsweise in *Doublier-Klebemassen*, er gebraucht pigmentierte Harz-Wachs-Massen zum Verkitten schadhafter Bildstellen und er schätzt die *Dampfsperre*, die auf der Rückseite des Bildes gleichsam als Nebeneffekt auftritt, wenn er ein Bild auf dem Vakuumheiztisch doubliert hat (S. 69).

► In der Monumentalfarbe von *H. Urban* wurde Wachsharzmischung mit Tubenölfarbe vermalt und eingebrannt. – Der Mareeschüler *Pidoll* gab eine „punische“ Wachspottasche-Eiemulsion als verbesserte Eitempera heraus. ◄

Löse- und Verdünnungsmittel

Allgemeines

Lösemittel heißen die aus dem Aufstrich wieder verdunstenden Flüssigkeiten, welche anorganische und organische Bindemittel ohne chemische Umsetzung auflösen. Man verwendet sie, um Malfarben in eine für die jeweilige Verarbeitungsart richtige Konsistenz zu bringen.

Verdunstungszahl

Neben ihrer Fähigkeit, Bindemittel homogen zu lösen, ist von großer Wichtigkeit ihre Eigenschaft, nach beendeter Aufgabe auch wieder vollständig aus dem Aufstrich zu verdunsten. Die Geschwindigkeit, mit der ein Lösemittel verdunstet, wird ausgedrückt durch eine technologische Kennzahl, die „Verdunstungszahl“. Sie gibt an, um wieviel langsamer ein Lösemittel im Vergleich zu Diethylether (Verdunstungszahl = 1) verdunstet.

Siedepunkt und Siedebereich

Eine weitere wichtige Kennzahl der Lösemittel ist ihr „Siedepunkt“. Das ist die Temperatur, bei der eine Flüssigkeit vom flüssigen in den gasförmigen Zustand übergeht ohne ihre chemische Zusammensetzung zu ändern. Weil nun aber die meisten Lösemittel keine chemisch reinen Substanzen sind, muß man häufig vom „Siedebereich“ sprechen. – Man kann die Lösemittel einteilen in „Niedrigsieder“, die unter 100° C sieden, in „Mittelsieder“, die zwischen 101 und 150° C sieden und in „Hochsieder“, die bei Temperaturen zwischen 151 und 250° C sieden. Lösende Flüssigkeiten, die über 250° C sieden, verdunsten so langsam, daß man sie nicht mehr als Lösemittel, sondern als lösende Weichmachungs- oder Weichhaltungsmittel ansieht. Sie bleiben fast vollständig im Film erhalten; in den Kopaivaölen haben wir solche Weichmacher bereits kennen gelernt (S. 68).

In der Ölmalerei werden nur Hochsieder verwendet, denn ein hier gebrauchtes Lösemittel darf nicht zu rasch flüchtig sein, damit es während der Dauer der Pinselverarbeitung wirksam bleibt. Deshalb verwendet man von alters her Terpentinöl, das Siedegrenzen zwischen 150–175° C besitzt; auch in Firnissen und Malmitteln verwendet man diesen Hochsieder. Rasch flüchtige Niedrigsieder würden u. U. auf der Filmoberfläche eine derartige Verdunstungskälte hervorrufen, daß sich Feuchtigkeit in die Aufstrichoberfläche niederschlagen, das Bindemittel aus der Lösung ausfällen und so das berüchtigte *Weißanlaufen* hervorrufen könnte. – Ein Lösemittel für filmbildende Malfarben, wie es Ölfarben sind, darf aber auch nicht zu langsam trocknen, weil es dann die Durchtrocknung über Gebühr verlangsamen und den Film weich und klebrig bleiben lassen könnte. Zudem wäre in einem solchen Fall denkbar, daß sich in dem bereits oberflächlich angetrockneten Film Lösemittelnester bilden könnten, die sich beim Erwärmen zu Blasen vergrößern und Filmschäden hervorrufen.

Feuer- und Explosionsgefahr

Von den bekannteren Lösemitteln sind unbrennbar nur Chlorkohlenwasserstoffe wie Tetrachlorkohlenstoff, Methylenchlorid usw. Die meisten anderen Lösemittel aber sind brennbar, ihre Feuergefährlichkeit ist abhängig von ihrem *Flammpunkt* und in einem gewissen Umfang auch von ihrer Wasserverdünnbarkeit. Als *Flammpunkt* bezeichnet man die Temperatur, bei der ein Lösemittel beginnt, brennbare Dämpfe zu entwickeln. – Es ist für den Lösemittelverwender wichtig, zu wissen, daß nur die Lösemitteldämpfe brennen, nicht die Lösemittel selbst. Auch Kohle und Holz sind in diesem Sinne nicht brennbar, was brennt, sind die Kohlen- und Holzgase, die entstehen, wenn sie durch eine Wärmequelle vergast worden sind. – Deswegen sollen Lösemittel grundsätzlich nicht in der Wärme, z. B. nicht in der Nähe von Heizkörpern, aufbewahrt werden.

Die Lösemittel sind durch Verordnungen in verschiedene Gefahrenklassen eingeteilt worden. Zur Klasse A gehören die mit Wasser nicht mischbaren Lösemittel, zur Klasse B die mit Wasser mischbaren. – Lösemittel wie Benzol, Toluol und Leichtbenzin mit Flammpunkten unter 21°C sind am leichtesten entzündlich und gehören deshalb zur Gefahrenklasse A I. Terpentinöl und Testbenzin, die wichtigsten Lösemittel des Malers, besitzen einen Flammpunkt über 21° C, sind weniger leicht entzündlich und gehören zur Klasse A II. Äthylalkohol und Azeton beispielsweise sind wasserlöslich, deswegen einfacher zu löschen und gehören deshalb zur Gefahrenklasse B. Räume, in denen mit Lösemitteln gearbeitet wird, sollten gut belüftet sein, damit sich keine brennbaren explosiblen und physiologisch gefährlichen Lösemittel-Luft-Gemische bilden können. Man muß auch daran denken, daß Lösemitteldämpfe schwerer sind als Luft und daß deshalb Fenster kaum etwas zur Be- oder Entlüftung taugen. Nur durch kräftigen Luftdurchzug können Lösemitteldämpfe zum Entweichen gebracht werden. – Offenes Feuer ist beim Umgang mit Lösemitteln gefährlich (S. 25).

Zur physiologischen Wirkung von Lösemitteln

Alle Lösemittel besitzen auch physiologische Wirkungen, Wirkungen auf den menschlichen Organismus. Sie lösen nicht nur fette Öle und Harze, sie entziehen auch bei häufigem Kontakt der menschlichen Haut einen Teil ihres Fettes, machen sie damit spröde und rissig und können Entzündungen und Ausschläge hervorrufen. Dagegen kann man sich schützen durch Sauberkeit bei der Arbeit, um ein Reinigen der Haut mit Lösemitteln möglichst unnötig zu machen, und durch Nachfetten der Haut mit einer guten Hautschutzsalbe, sobald man mit Lösemitteln intensiv und zu lange Kontakt gehabt hat. Terpentinöl kann bei Allergikern zu starken Hautreizungen besonders zwischen den Fingern führen, einer Erscheinung, die Terpentinöl- oder *Malerkrätze* genannt worden ist.

Unangenehmer, teils sogar sehr gefährlich und giftig sind manche Lösemittel, wenn sie entweder durch die Haut in die Blutbahn gelangen oder durch Einatmen in den Körper aufgenommen werden. So wirken

Chlorkohlenwasserstoffe von einer gewissen Konzentration an lähmend auf das Zentralnervensystem – vom Chloroform ist das allgemein bekannt – selbst Benzindämpfe können Benommenheit, Kopfschmerzen, Schwindel und Übelkeit hervorrufen. Benzol, Toluol und Xylol und ihre Dämpfe sind Gifte, Methanol kann in schweren Fällen zu Erblindung führen. Vorsicht ist am Platz!

Terpentinöl

Verdunstungszahl	70–120
Siedebereich	150–175°C
Flammpunkt	37°C
Gefahrenklasse	A II
Reizend	

Das bei der Wasserdampfdestillation des Koniferenbalsams erhaltene ätherische (= verdunstende) Öl wird als *Balsamterpentinöl* bezeichnet. Terpentinöl ist das wichtigste Lösemittel des Ölmalers. Weil sich im normalen Balsamterpentinöl noch Harzreste aus der Destillation befinden, hinterläßt es beim Trocknen auf weißem Papier einen harzigen Rückstand. Durch wiederholtes Destillieren, das man auch Rektifizieren nennt, kann das Terpentinöl aber von allen Harzbestandteilen befreit werden. Ein solches Produkt bezeichnet man dann als *rektifiziertes* oder auch als *doppelt rektifiziertes* Terpentinöl. Frisches rektifiziertes Terpentinöl trocknet vollständig rückstandsfrei auf (S. 69).

Wichtigster Bestandteil der Terpentinöle sind ringartig gebaute organische Verbindungen, die besonders im Licht rasch mit Sauerstoff reagieren und zuerst unbeständige Peroxide bilden. Diesen Peroxiden, die wieder unter Sauerstoffabgabe zerfallen, hat man die Fähigkeit zugesprochen, das oxidative Trocknen der fetten Öle zu beschleunigen. Man nimmt aber heute an, daß Terpentinöl aus normal dicken Filmen viel zu schnell verdunstet, als daß es sich in nennenswertem Umfang als Oxidationsbeschleuniger bemerkbar machen könnte.

Im Gefolge der Peroxidbildung entstehen selbst in gut destillierten Terpentinölen immer wieder gelbliche Reaktionsprodukte, Abkömmlinge des Kampfers, die teilweise sogar auskristallisieren. Dieses neuerliche *Verharzen des Terpentinöls* ist von Malern auch *Ranzigwerden* genannt worden. Es ist zu beobachten, wenn Terpentinöl lange bei Wärme und im Licht gelagert wird. Deshalb ist es empfehlenswert, Terpentinöle im Dunkeln und kühl aufzubewahren. Gescheit und eine ausgezeichnete Art von Kundendienst wäre es, wenn die Künstlerfarbenfabriken und -händler das Terpentinöl, vor allem aber die teurere rektifizierte Ware, in dunklen Flaschen verkaufen würden. Französische Terpentinöle neigen übrigens besonders stark zum Verharzen. Verwendet man ein verharztes Terpentinöl zum Verdünnen von Ölfarben oder zum Lösen von Harzen zur Firnisherstellung, dann kann es ein gewisses Nachkleben der Öl- und Firnisfilme verursachen. Selbst gut rektifizierte Terpentinöle verharzen nach einer gewissen Zeit, wenn sie nicht verschlossen, dunkel und kühl aufbewahrt worden sind.

Der Geruch eines sorgfältig destillierten Balsamterpentinöls ist milde und aromatisch, nicht stechend. Frisch rektifizierte Terpentinöle dürfen auf weißem Fließpapier nur einen rasch verdunstenden Fleck, aber keinen Rückstand hinterlassen. Terpentinöl ist *das* Löse- und Verdünnungsmittel für Ölfarben, Harze und Malmittel. Es ist kein Bindemittel, und es besitzt keine Klebekraft, es kann also keine Haftung von Pigmenten auf einem Malgrund herbeiführen.

Bei starker Verdünnung mit Terpentinöl oder einem anderen Lösemittel wird das in der Ölfarbe vorhandene Leinöl derart verdünnt, daß es in eine saugende Grundierung einschlägt. Der stark verdünnte Ölfarbenanstrich wird dadurch so bindemittelarm, daß er matt und nicht mehr mit dem üblichen Ölfarbenglanz auf dem Malgrund steht. Auf diese Weise entstehen die sogenannten *eingeschlagenen Stellen*, die schon so viele Maler bekümmert haben, weil sie den optischen Gesamteindruck des Bildes erheblich stören. Zur Einstimmung muß der Maler diesen Stellen wieder einen zur Umgebung passenden Glanz geben. Er tut das, indem er sie entweder mit einer stark verdünnten Harzlösung, einem sog. Retuschierfirnis oder mit stark verdünntem Leinöl oder mit einer stark verdünnten Alkydharzlösung überstreicht, übersprüht oder mit dem Finger einreibt. – Die Filme von Dammar- oder Mastixlösungen sind und bleiben terpentinöllöslich, nachfolgende Ölfarbenaufstriche haften auf ihnen nicht gut. Stark verdünnte Leinöl- und Alkydharzfilme dagegen trocknen oxidativ, sie sind deshalb vorzuziehen (S. 127).

Nicht zu verwechseln mit den Balsamterpentinölen ist das durch Wasserdampfdestillation aus harzreichen Holzabfällen gewonnene, wesentlich billigere *Holzterpentinöl.* Gute Sorten sind dem Balsamterpentinöl maltechnisch fast gleichwertig, sie riechen allerdings etwas strenger. Analytisch sind die beiden Terpentinölsorten kaum zu unterscheiden, wenn es sich um sorgfältig destillierte Produkte handelt.

Alle Terpentinöle, Balsamterpentinöle wie auch Holzterpentinöle, können bei Allergikern Hautreizungen hervorrufen. Auch Malmittel, die Terpentinöl enthalten, besitzen diese Eigenschaft. Um den Verbraucher zu warnen, müssen deshalb alle Verpackungen, die Terpentinöl enthalten, mit einem Andreaskreuz und der Aufschrift „Reizend" gekennzeichnet werden.

Man kann sich vor den Wirkungen einer Terpentinöl-Allergie leider nicht schützen wie vor Bleiweiß-Staub. Wer gegen Terpentinöl allergisch ist, der sollte nicht mit Terpentinöl arbeiten und wahrscheinlich ist ihm die ganze Ölmalerei versperrt, weil fast alle einschlägigen Malmittel Terpentinöl enthalten.

Mineralölabkömmlinge

Testbenzin	Verdunstungszahl	50–70
	Siedebereich	130–220° C
	Flammpunkt	über 21° C
	Gefahrenklasse	A II

Testbenzin oder Lackbenzin ist ein klares, farbloses, mildriechendes Erdöldestillat, das frei von Schwefelbestandteilen ist. Der Verdunstungsrückstand darf 0,2 g auf 100 ml Testbenzin nicht übersteigen; bei guten Produkten ist er noch geringer. Es handelt sich hier nicht um ein chemisch einheitliches Produkt, sondern um ein Gemisch verschiedener kettenförmiger (= aliphatischer) Kohlenwasserstoffe, die manchmal auch ringförmige (= aromatische) Kohlenwasserstoffe enthalten.

Gute Testbenzine sind als Löse- und Verdünnungsmittel für Ölfarben und manche Harze geeignet. Im Handel erscheinen sie zuweilen unter dem Namen *Terpentinölersatz* oder kurz und falsch *Terpentinersatz*. – *Max Doerner* schrieb 1938 vom Benzin, das er nur kurz streifte, weil es damals noch nicht die heutige Rolle spielte, es „zerteile die Farbe ganz besonders stark".

Petroleum

Petroleum ist eine Erdölfraktion, deren Siedebereich zwischen 150 und 300° C liegt, die dementsprechend viel langsamer flüchtig ist als Testbenzin und von der ein gewisser Anteil bereits als Weichmacher und nicht so sehr als Lösemittel angesehen werden muß.

Im vorigen Jahrhundert ist Petroleum mißverstanden historisierend als Harzlösemittel z. B. in den Ludwig'schen Petroleumfarben eingesetzt worden, einer Ölfarbensorte, die durch Zusatz einer Petroleum-Harz-Lösung verbessert werden sollte. Man hatte dabei offenbar das altüberlieferte *olio di sasso*, das *Steinöl* der alten Maler, im Auge, von dem man zwar nichts genaues wußte, von dem man sich aber merkwürdigerweise genau wie von löslich bleibenden Harzen vorteilhafte Wirkungen auf Ölfarben versprach.

Petroleum, darüber besteht heute Einigkeit, ist bestenfalls als Waschmittel für Werkzeuge des Malers verwendbar. Als Verdünnungsmittel für Ölfarben und als Lösemittel für Harze ist es abzulehnen, weil es nicht rasch genug und vor allem nicht vollständig aus den Filmen entweicht.

Leichtbenzine

Leichtbenzine mit einem Siedebereich zwischen 65 und 100° C, einer Verdunstungszahl um 3 und einem extrem niedrigen Flammpunkt sind keine Materialien für den Maler. Sie können u. U. Hilfsmittel für Restauratoren sein.

Vaselinöl

Vaselinöl war um die Jahrhundertwende der wichtigste Bestandteil eines viel angepriesenen Regenerierungsmittels für Ölgemälde. Vaselinöl ist ein noch höher als Petroleum siedender Bestandteil des Erdöls, es ist zwar völlig indifferent, als nichttrocknendes Mineralöl für den Maler aber völlig ungeeignet.

Steinkohlenteerabkömmlinge

Benzol, Toluol, Xylol

Benzol (Siedepunkt: 80° C, Verd. Zahl: 3) und die mit ihm chemisch und in ihren technologischen Eigenschaften nahe verwandten *Toluol* (Siedepunkt: 110° C, Verd. Zahl: 6) und *Xylol* (Siedepunkt: 140° C, Verd. Zahl: 13) werden aus dem Steinkohlenteer destilliert. Sie verdunsten rascher als Terpentinöl und Testbenzin und lösen stärker, auch angetrocknete Ölfarbenfilme. Benzol ist das stärkste dieser drei Lösemittel und wird in den Abbeizpasten der Anstrichmittelindustrie und der Restauratoren verwendet. Die Dämpfe aller dieser drei Lösemittel sind gesundheitsschädlich, Benzoldämpfe sind giftig.

Wegen ihrer Feuergefährlichkeit und wegen ihrer Giftigkeit sollten diese drei Lösemittel vom Maler nicht verwendet werden.

Alkohole

Methylalkohol (Methanol), Äthylalkohol (Ethanol), Isopropylalkohol (Isopropanol), Glyzerin

Der giftige, rasch flüchtige *Methylalkohol* (Methanol) mit einem Siedepunkt von 65° C und der Verdunstungszahl 6 hat für Maler keine Bedeutung. Er wird von Restauratoren gebraucht, beispielsweise bei Firnisabnahmen. Obschon er ein stärkeres Lösevermögen besitzt als der nächsthöhere Alkohol, der Äthylalkohol, wirkt er bei Firnisabnahmen „milder", weil er rascher verfliegt und deshalb vom Restaurator besser zu kontrollieren ist.

Als Lösemittel viel wichtiger ist der *Äthylalkohol* mit einem Siedepunkt von 78° C und der Verdunstungszahl 8, der normale Spiritus, der vergällt das Lösemittel der Alkoholfirnisse darstellt. Er läßt sich in jedem Verhältnis mit Wasser mischen; Mischungen mit Terpentinöl verwendet der Restaurator manchmal als ein in Rezeptur und Wirkung gut zu dosierendes Abbeizmittel bei Firnisabnahmen. Im Pettenkofer'schen Regenerationsverfahren dient er zur Regenerierung krepierter Firnisfilme (S. 69, 263).

Isopropylalkohol besitzt ein ähnliches Lösevermögen wie der Äthylalkohol und kann diesen in Alkoholfirnissen und in -fixativen gut ersetzen (S. 138, 156ff.).

Ein Maler, der sich alkoholische Firnisse und Fixative selbst ansetzen will, kann sich dafür Isopropylalkohol in der Apotheke kaufen. Dieser physiologisch unbedenkliche Alkohol wird auch zur Herstellung von kosmetischen Produkten verwendet, unterliegt nicht der Branntweinsteuer und ist deshalb wesentlich billiger als unvergällter Äthylalkohol.

Glyzerin mit dem Siedepunkt von 290°C ist ein dreiwertiger Alkohol, der süß schmeckt und viel stärker als die bisher betrachteten Alkohole Wasser anzieht. Wegen seiner hygroskopischen, seiner wasseranziehenden Eigenschaften wird er in manchen Wasserfarben, z. B. in Aquarell- oder Leimtemperafarben aber auch in Grundierfarben, als wasseranziehende und deshalb „weichmachende" und haftungsverbessernde Komponente eingesetzt. Als Lösemittel wird er in der Maltechnik nicht verwendet.

Beim Zusatz zu Malfarben oder zu wässerigen Grundierfarben ist immer daran zu denken, daß es sich beim Glyzerin nicht um ein flüchtiges Lösemittel, sondern um ein im Aufstrich bleibendes wasseranziehendes Weichmachungsmittel handelt, das sich besonders in der Grundierung unangenehm auswirken kann.

Äther, Ester, Ketone

Äthyläther, Methylazetat, Azeton

Verbindungen von organischen Säuren und Alkoholen nennt man Ester; Äther und Ketone sind anders konstruierte organische Verbindungen, auf deren Konstitution hier nicht näher eingegangen werden soll. Die einfachsten und zugleich bekanntesten Vertreter dieser Gruppen sind

der *Äthyläther*
Siedepunkt 34°C, Verdunstungszahl 1

das *Methylazetat*
Siedepunkt 56°C, Verdunstungszahl 2

das *Azeton*
Siedepunkt 56°C, Verdunstungszahl 2

Sie und die ihnen verwandten höheren Verbindungen dienen in der Anstrichtechnik als Lösemittel für Nitrozelluloselacke und für bestimmte Kunstharzlacke. In der Restauriertechnik können sie wegen ihres starken Lösevermögens dienen als Lösemittel für alte Firnisfilme.

Die genannten Verbindungen sind die am stärksten lösenden und zugleich die am raschesten verdunstenden Lösemittel ihrer Gruppen. Obschon die Verwendung stark wirkender *Putzmittel* in der Restaurierung von Wohlmeinenden zuweilen heftig angegriffen wird, schätzt der Restaurator sie in bestimmten Fällen sehr, eben weil sie rasch verdunsten und deshalb ihre Wirkung auf den Film besser kontrollierbar ist.

Hydrierte Naphtaline

Dekalin, Tetralin

Dekalin mit Siedegrenzen zwischen 182 und 195°C und einer Verdunstungszahl von 94 und *Tetralin* mit Siedegrenzen zwischen 200 und 210°C und einer Verdunstungszahl von 290 sind zwei Lösemittel, die maltechnisch keine Rolle spielen, obschon sie in der maltechnischen Literatur immer wieder auftauchen. Man könnte etwas grob vereinfachend sagen, daß Dekalin testbenzinähnliche Eigenschaften hat, während das selbst alte Ölfarbenfilme lösende Tetralin benzolähnlichen Charakter besitzt.

Ätherische Öle

Rosmarinöl, Lavendelöl, Spiköl, Nelkenöl

Rosmarinöl, gewonnen aus Blättern und Blüten des in den Mittelmeerländern vorkommenden *Rosmarinus offizinalis*, ist schwach grün bis farblos, riecht intensiv und löst auch trockene Ölfarbenfilme an. Es ist früher als Riechstoff in Malmitteln oder als langsam verdunstendes Lösemittel verwendet worden.

Lavendelöl wird aus den frischen Blüten der hauptsächlich im Mittelmeergebiet in Höhen über 700 m wachsenden *Lavendula fragrans* und *Levendula delphinensis* durch Wasserdampfdestillation gewonnen. Es dient hauptsächlich als Riechstoff.

Spiköl gewinnt man aus der Stammpflanze *Lavendula spika*, der lavande male oder grande lavande, die in den mittelmeerischen Bergen unterhalb 700 m wächst und größer wird als die *Lavendula fragrans*. Spiköl enthält im Gegensatz zum echten Lavendelöl Kampfer und kann deshalb als Konservierungsmittel in Leimen und Temperaemulsionen dienen.

Nelkenöl wird aus den Blüten des Nelkenbaumes *Eugenia caryophyllata*, der auf Sansibar und Madagaskar wächst, ebenfalls durch schonende Wasserdampfdestillation gewonnen. Das in ihm enthaltene Eugenol besitzt wie Kampfer desinfizierende Wirkung, bräunt aber an der Luft und sollte deshalb mit Vorsicht verwendet werden (tropfenweise zugeben).

Vor der Verwendung der oben genannten ätherischen Öle als Verdünnungs- oder Malmittel ist zu warnen, weil sie allesamt sehr langsam verdunsten und Aufstriche lange weich halten. Gegen die Verwendung von Spiköl und Nelkenöl als Konservierungsmittel in Leim- und Temperafarben ist nichts einzuwenden.

Wässerige Techniken

Kalk

Kalkstein	ungiftig
gebrannter Kalk	ätzend
gelöschter Kalk	ätzend

Auch Kalkfarben trocknen chemisch: Vom gewachsenen Kalkstein zum Kalkfarbenanstrich

– Aus Kalkstein wird Kalk gebrannt:

$CaCO_3$	$\xrightarrow[1000°C]{Brennen}$	CaO	+	$CO_2 \nearrow$
Kalkstein Kalzium-karbonat		gebrannter Kalk Kalziumoxid		Kohlendioxid entweicht

– Der gebrannte Kalk wird „gelöscht“:

CaO	+	H_2O	$\xrightarrow[wird\ frei]{Wärme}$	$Ca(OH)_2$
gebrannter Kalk Kalziumoxid		Wasser		gelöschter Kalk Kalkbrei Kalziumhydroxid

– Gelöschter Kalk als Mal-Bindemittel in der Kalkfarbe und als Bindemittel im Kalkmörtel:

$Ca(OH)_2$	+	H_2O	+	CO_2	$\longrightarrow$
gelöschter Kalk		Wasser		Kohlendioxid aus der Luft wird aufgenommen	

$\longrightarrow$	$CaCO_3$	+	$H_2O \nearrow$
	Kalzium-karbonat, Kalkstein kann Pigmente und Sand einlagern und binden		Wasser verdunstet

Der gelöschte Kalk ist in der Freskomalerei, dem *fresco buono*, und im handwerklichen Kalkanstrich zugleich Bindemittel und Weißpigment.

Er wird aus gewachsenem Kalkstein (Kalziumkarbonat) gewonnen. Der Kalkstein wird gebrannt, verliert dabei Kohlendioxid und geht über in Kalziumoxid, den *gebrannten Kalk*. Der gebrannte Kalk wird in Gruben in Wasser dick eingesumpft, er wird *gelöscht*. Dabei nimmt er gierig Wasser auf und wird zu Kalziumhydroxid, zu *gelöschtem Kalk*.

Ein für Malzwecke bestimmter Kalk sollte wenigstens drei Jahre in der Kalkgrube eingesumpft bleiben, damit er sich vollständig in gelöschten Kalk umsetzen kann und sich möglichst alle Verunreinigungen absetzen. Wird ein nicht vollständig gelöschter Kalk verarbeitet, dann besteht die Gefahr des Nachlöschens auf der Wand, was sich durch Bildung von kleinen Sprengkörnern bemerkbar macht.

Im *fresco buono* ist der Kalk nicht zum Dispergieren der Pigmente nötig – dazu dient reines Wasser oder stark verdünntes klares Kalkwasser –, sondern vielmehr zum Ansetzen eines fachgerechten Malgrundes aus Kalkputz. Aus dem Freskogrund tritt der gelöschte Kalk langsam an die Oberfläche, er schwitzt gleichsam aus und bildet dort, wenn der Farbauftrag dünn genug war, über den Pigmenten die Kalksinterhaut zum Schutz der Malerei. Beim Trockenprozeß, der sich beim Fresko über Wochen und Monate erstreckt, entsteht unter dem Einfluß von Luftkohlendioxid aus dem gelöschten Kalk wieder das Kalziumkarbonat, das als Kalkstein Ausgangsmaterial der Kalkherstellung war (S. 163f.).

Wird gelöschter Kalk als Malmittel für Pigmente gebraucht oder werden andere Bindemittel (Milch, Kasein) mit verwendet, dann ist die Trocknung eine ganz andere. Diese Technik nähert sich der *Seccomalerei*, die bekanntlich mit Leim-, Tempera-, Kasein- oder Kalkbindemitteln *auf trockenem Putz* ausgeführt wird. Für einen weißen Kalkfarbenanstrich auf Kalkputz oder Stein wird der Kalkbrei zur Streichfähigkeit mit Wasser verdünnt und ohne Pigmentzugabe aufgestrichen. Für farbige Kalkfarbenanstriche kann man dem Kalkbrei bis zu höchstens 10 Gewichtsprozente kalkechte Pigmente (S. 26) zusetzen und dann zur Streichfähigkeit verdünnen.

Wasserglas

Kaliumsilikat	ätzend

Während das *fresco buono*, das Malen auf nassem Kalkputz, schon im Altertum bekannt war, gehört die ebenfalls auf Putzgrund ausgeführte Wasserglas- oder Silikatmalerei zu den jüngsten Maltechniken. Im 16. Jahrhundert hat der Alchimist *Basilius Valentius* von einem „kaltflüssigen Glas“ berichtet, doch ist in jener Zeit mit Materialien dieser Art wohl nicht gemalt worden. *J. N. von Fuchs* stellte 1825 „ein neues Produkt aus Kieselerde und Kali“ her, indem er Quarz (Kieselsäure) und Kaliumkarbonat zusammenschmolz und dem ursprünglich festen, aber wasserlöslichen Glas durch Lösen in kochendem Wasser eine dickflüssige Konsistenz gab. *Schlotthauer, Pettenkofer* und *Keim* entwickelten aus diesem Material eine neue Maltechnik, die zuerst „Stereochromie“ und später „*Keim*sche Mineralfarbentechnik“ genannt worden ist.

Für Mal- und Anstrichzwecke ist nur Kaliwasserglas (Farbenwasserglas) brauchbar; Natronwasserglas neigt zu Ausblühungen. Farbenwasserglas ist eine wasserklare und wasserlösliche Flüssigkeit, deren Bindemittel aus in Wasser gelöstem Kaliumsilikat besteht. Wird pigmentiert und aufgestrichen, dann verdunstet das Wasser und läßt das Bindemittel wieder in den festen Zustand übergehen. Diesem physikalischen Trocknen schließt sich ein chemisches

Durchhärten an. Dabei wird unter Einfluß der Luftkohlensäure wieder die unlösliche Kieselsäure (Quarz), ein Ausgangsmaterial der Wasserglasherstellung, zurückgebildet, und Kaliumkarbonat tritt aus. Kaliumkarbonat zieht Wasser stark an, zerläuft sehr rasch und wird bald abgeregnet. Natriumkarbonat würde auf dem Anstrich kristallisieren und einen weißlichen Belag bilden. – Die Pigmente werden in die vollkommen unlöslich werdende und gegen äußere Einflüsse sehr beständige Quarzschicht eingebaut, die mit dem Putzgrund verkieselt. Es ist üblich, Zuschlagstoffe einzuarbeiten, die eine vorzeitige Kieselsäureausfällung verhindern, und man verwendet auch gern Pigmente, die wie Zinkweiß mit der Kieselsäure zusammen reagieren und Silikate bilden (S. 182).

Pflanzengummen

Kohlehydrate

Pflanzengummen werden harzartige aber wasserlösliche Pflanzenexkrete genannt, die aus Bäumen oder Sträuchern stammen. Die Gummen bilden in Wasser kolloide Lösungen, die man als Leime und Malmittel verwendet. Ihre ölfreien Aufstriche sind und bleiben wasserlöslich und unterscheiden sich dadurch von den Aufstrichen, die man aus einem Kaseinleim erhält.

Gummileime sind als Malmittel für Aquarell- und Leimtemperafarben geeignet. Sie können aber auch als Verdicker in öligen Emulsionen verwendet werden (Gummi-Öl-Tempera). – Pflanzengummen sind als Malmittel schon lange bekannt. Der Mönch *Theophilus* hat im 12. Jahrhundert das Anreiben von Pigmenten in Gummilösungen und in trocknenden Ölen beschrieben und dabei erwähnt, daß man „Gummifarben" wegen ihrer rascheren Trocknung den Ölfarben vielfach vorziehe.

Gummi arabikum

Das helle bis gelbbraune, muschelig brechende Gummi arabikum ist das Exkret einer afrikanischen Akazienart. Die sudanesische Provinz Kordofan mit ihren großen Akazienwäldern deckt den größten Teil des Weltbedarfs (Gummi Kordofan).

Die übliche 50%ige Stammlösung (50 g Gummi arabikum in 50 g Wasser) wird am besten angesetzt wie beim Mastixlösen beschrieben (S. 70). Verunreinigungen der Gummistücke durch Rindenteile, Erde usw. werden vom Gazebeutel oder vom Teestrumpf zurückgehalten. Falls nötig kann durch einen Perlonstrumpf filtriert werden. – Gummi arabikum-Lösungen reagieren schwach sauer. Werden sie mit Lithopone oder mit Ultramarinpigmenten pigmentiert, dann können wegen deren Schwefelanteile Reaktionen einsetzen, die sich durch Schwefelwasserstoffgeruch bemerkbar machen. Der Maler sollte deshalb mit Titanweiß pigmentieren und Ultramarinblau durch ein säureunempfindliches Pigment, zum Beispiel durch einen Heliogenblauverschnitt ersetzen.

Gummi arabikum dient wie Gummi traganth als Schutzkolloid in Aquarellfarben und als Leimbindemittel in Gouachefarben.

Gummi-Öl-Emulsionen kann sich der Maler einfach und rasch herstellen in einer Porzellanreibschale, in einem Mörser mit Kolben, genau so, wie sich heute noch Apotheker kleine Mengen von Emulsionen herstellen. Richtrezeptur: 80 Gewichtsanteile Gummi arabikum-Lösung + 20 Gewichtsanteile sikkativiertes Leinöl oder Alkydharzlösung. – Bei Pigmentierung von Gummi-Öl-Emulsionen tritt eine Reaktion mit Lithopone oder Ultramarinblau selten oder gar nicht auf.

Kirschgummi

Das Exkret von einheimischen und ausländischen Steinobstbäumen besitzt ähnliche maltechnische Eigenschaften wie das arabische Gummi, es lassen sich aber wegen höherer Viskosität nur geringer konzentrierte Lösungen herstellen. – Dieses Material spielt in der heutigen Malpraxis keine Rolle mehr (S. 143).

Gummi Traganth

Traganth stammt aus Leguminosenarten und wird hauptsächlich in persischer und indischer Provenienz gehandelt.

Zur Erleichterung des Lösevorgangs sollten die hellen Traganthstränge mit Alkohol vorgequollen werden, dann erst wird in Wasser gelöst. Im Gegensatz zu Gummi arabikum ist Traganth sehr hochviskos löslich. Die üblichen Traganthschleime besitzen einen Festkörpergehalt zwischen drei und fünf Prozent. Durch Kombination von dreißigprozentigen Gummi arabikum-Lösungen mit vierprozentigen Traganthlösungen läßt sich bei konstanter Dickflüssigkeit eines Malmittels sein Bindemittelgehalt variieren. Davon wird in der Aquarellfarbenherstellung zuweilen Gebrauch gemacht. – Traganth dient auch als „Bindemittel" bei der Herstellung von Pastellstiften.

Dextrine

Kohlehydrate
abgebaute Stärke

Dextrin wird aus Stärke (Kartoffel, Weizen, Mais, Reis) durch Einwirkung von Säuren und Hitze hergestellt. Dabei wird die Stärke „verkleistert" und geht bei ca. 70°C in das *weiße Dextrin* und bei Temperaturen zwischen 80 bis 160°C in die stärker abgebauten *gelben Dextrine* über, die je nach Abbaugrad dicker oder dünner in Wasser löslich werden. Bei den höheren Temperaturen entstehen die dunklen, dünn löslichen Sorten.

Dick lösliche weiße Dextrine werden warm gelöst und erstarren (im Verhältnis 1:1 mit Wasser) bei Normaltemperatur zu einer Leimpaste. Durch Verdünnen kann eine Bindemittellösung für Leim-Tempera-Farben hergestellt werden. Verwendung in Aquarellfarben ist kaum üblich.

Die Lösungen der gelben Dextrine (1:1) lassen sich schlank verstreichen und können je nach Pigmentart sowohl in Leim-Tempera-Farben als auch (seltener) in Aquarellfarben als Malmittel gebraucht werden. Bei starker Pigmentbindung trocknen sie glänzend auf.

Klebekraft und Pigmentbindevermögen nehmen vom weißen zum gelben Dextrin hin ab, die Wasserlöslichkeit nimmt zu. Alle Aufstriche bleiben wasserlöslich. Herstellung von Dextrin-Öl-Emulsionen ist zwar möglich, doch in der Maltechnik selten. – In der Regel werden den Dextrinbindemitteln wasseranziehende Mittel (Glykol, Glyzerin) zugegeben, um die Klebekraft zu erhalten.

Tierische Leime

Eiweißstoffe
Proteine

Werden die im tierischen Gewebe enthaltenen leimartigen Eiweißstoffe, die *Kollagene*, mit heißem Wasser oder Wasserdampf behandelt, dann entstehen aus ihnen die wasserlöslichen *Glutine*. Das *Glutin* ist Hauptbestandteil der tierischen Leime und Gelatinen.

Ausgangsmaterial	*Leim*
Schwimmblasen von Hausen (Stör, Hausen, Sterlet im kaspischen und schwarzen Meer)	Hausenblasen-leim Störleim
frische Haut- und Lederabfälle	Haut-, Leder-, Kölnerleim
Knochen	Knochenleim
Fischgräten und -abfälle	Fischleim
Abfälle von Kleintieren	Hasenleim

Der *Hausenblasenleim*, gewonnen aus den Schwimmblasen der Fischarten Stör, Hausen oder Sterlet, gilt als der beste Leim für Maler und Restauratoren, weil er bei hervorragendem Klebevermögen sehr lange hochelastisch bleibt. Dieser Leim ist allerdings sehr teuer, hierzulande kaum zu beschaffen und besitzt allein schon deshalb exotischen Reiz. – Sehr gute, nicht gerade billige, aber bezahlbare Leime werden im Handel als *Hasenleim* oder *Hautleim* bezeichnet. Das sind Leime, die vorwiegend aus den Häuten von Kleintieren gewonnen worden sind. – *Knochenleime* und *Fischleime* sind billiger, trocknen aber weniger elastisch auf.

Als feinste Leimprodukte gelten die farblosen Gelatinen, die in Plättchen oder neuerdings auch in Pulverform gehandelt werden. – Die länger und weniger schonend erhitzten, stärker abgebauten und deshalb dunkleren Leimsude werden nach dem Abkühlen in Platten geschnitten und auf Netzen getrocknet, wodurch sie einseitig die typischen Leimtafelabdrücke bekommen. Heute wird meist statt Tafelleim – der auch als Kölner Leim bezeichnet worden ist – in kontinuierlichem Betrieb Perl-Leim hergestellt, indem man die Leimbrühe duch Siebe in ein nichtwässeriges Lösemittelgemisch von 5–6 m Flüssigkeitssäule fallen läßt.

Der tierische Leim wird heute leider nicht mehr so streng nach Herkunft unterschieden, bezeichnet und gehandelt. Die handelsüblichen tierischen Leime sind gewöhnlich Mischungen aus Haut- und Knochenleimen, sie sind niedriger viskos, d. h. dünner löslich als früher und sie sind meist neutral. – Zur Leimbereitung läßt man 70 g Trockenleim in 1000 g = 1 l Wasser 24 Stunden vorquellen und erwärmt dann im Wasserbad auf nicht über 60°C, weil der Leim sonst zu stark abgebaut würde und an Klebekraft verlöre.

Man kann konservieren mit Salizylsäure oder ein paar Tropfen Nelkenöl oder Spiköl; besser und sicherer ist es aber, jeweils nur so viel Leim anzusetzen wie alsbald verarbeitet wird. – Alle Verleimungen und alle Grundierungen mit tierischen Leimen bleiben wasserquellbar, wenn sie nicht durch Zusatz von zehn Gewichtsprozent Alaun auf Trockenleim berechnet, „gegerbt" d. h. wasserunlöslich gemacht werden. Vom früher empfohlenen „Gerben" mit Formalin wird abgeraten, weil das darin enthaltene Formaldehyd giftig ist.

Kasein

Käsestoff
Bestandteil der Milch

Kasein, als Klebemittel schon im Altertum bekannt, ist ein wichtiger Bestandteil der Milch und wird aus ihr durch Fällung mit Säure erhalten. Das wichtigste Handelsprodukt ist das argentinische Milchsäurekasein. – Kasein ist wasserquellbar, aber nicht wasserlöslich und ist ein Eiweißkörper, dessen Ammonium- und Alkalisalze wasserlöslich sind. – Zur Leimherstellung wird es aufgeschlossen. Kaseinleime faulen leicht und müssen deshalb konserviert werden.

Milch besteht aus ca. 90% Wasser, 4% Milchzucker, 3,5% Milchöl und 3,5% Milcheiweiß = Kasein. Aus Magermilch scheidet sich durch natürliche Säuerung oder durch Milchsäurezusatz der Quark ab, der in Österreich und Bayern *Topfen* genannt wird. Nach vollständigem Trocknen des Quarks bleibt Kaseinpulver zurück.

Aufschluß mit Kalk

Wird Kaseinpulver, nachdem man es in Wasser hat quellen lassen, mit gelöschtem Kalk aufgeschlossen, verdünnt, dann pigmentiert (nur kalkechte Pigmente geeignet!) und auf der Wand vermalt, so bildet sich durch Umsetzung aus Kalk und Kasein das außergewöhnlich haltbare, wasser- und wetterfeste Kalkkasein. Ein solcher Aufstrich trocknet ungewöhnlich hart und mit viel Spannung auf, weshalb der zu bemalende Putz auf Festigkeit zu prüfen ist. Es kann vorkommen, daß ein mürber Putz von diesem Bindemittel abgerissen wird. Am besten eignen sich frische, gesunde Putzgründe. In dieser Form ist Kasein ein vorzügliches Malmittel für das sog. *fresco secco*, eine Malerei auf trockenem Putz.

Aufschluß mit nichtflüchtigen Alkalien

Kaseinaufschluß ist auch mit Natron- oder Kalilauge oder bestimmten Natrium- oder Kaliumsalzen möglich. Jedoch können deren Aufstriche nur auf frischen Putzgründen wasserfest auftrocknen, wo sie sich mit Kalk zu unlöslichem Kalkkasein umsetzen. Für alle anderen Malgründe ist dieses Aufschlußverfahren wegen mangelhafter Wasserfestigkeit der Aufstriche, wegen der Alkalität und Ausblühgefahr jedoch nicht anzuraten. Der häufig empfohlene Aufschluß mit Borax (Natriumborat) konserviert zwar gleichzeitig, doch besitzt auch dieses Aufschlußverfahren den Nachteil, daß nichtflüchtige Aufschlußmittel im Aufstrich bleiben. Wird Öl in die so aufgeschlossenen Kaseinleime einemulgiert, dann wird ein Teil des Öls verseift, was zwar den Emulgiervorgang erleichtert, maltechnisch aber nicht vorteilhaft ist, weil alkalische Ölseifen wasserempfindlich sind.

Aufschluß mit Ammoniak

Am besten eignet sich Ammoniak (Salmiakgeist) oder das ebenfalls vollkommen flüchtige Ammoniumkarbonat (Hirschhornsalz) zum Kaseinaufschluß. Aus dem Aufstrich verflüchtigen sich beide Stoffe wieder und lassen das ursprüngliche wasserquellbare, aber nicht wasserlösliche Kasein zurück.

Man kann einen solchen Ammonium-Kasein-Leim als alleiniges Malmittel benutzen. Aber auch er trocknet wie alle Kaseinleime mit großer Spannung auf und bringt deshalb flexible Bildträger wie Papier, Pappe, textile Gewebe, selbst Sperrholz-, Hartfaser- und dünne Massivholzplatten zum Verwerfen (S. 86, Kohäsion).

Emulgiert der Maler aber Leinölfirnis oder ein Alkydharzmalmittel in den Kaseinleim ein, dann „beruhigt" er damit gleichsam dieses Malmittelsystem: es entsteht eine Kasein-Öl-Emulsion, die – ausgewogen in ihren Adhäsions- und Kohäsionskräften – gut auftrocknet und je nach Stärke der Pigmentierung und Verdünnung bei normaler Aufstrichdicke gut haftende Aufstriche liefert.

Je nach dem Verhältnis von Kaseinleim zu öliger Substanz entstehen dabei Temperamalmittel, deren pigmentierte Aufstriche entweder mehr Ölfarbencharakter zeigen oder mehr Leimfarbencharakter und die gut als Untermalung dienen können für eine Weiterarbeit mit Ölfarben.

Kaseinemulsionen, emulgiert mit Harzlösungen, mit verdünntem sikkativierten Leinölstandöl, mit Schelllackseifen oder Wachsseifen, das sind Malmittel für Liebhaber und Kenner, die mit Malemulsionen spielend arbeiten wollen.

Richtrezeptur für einen Kaseinaufschluß mit Hirschhornsalz (Ammoniumkarbonat) oder Salmiakgeist (Ammoniaklösung):

In einem Einmachglas läßt man 50 g Kaseinpulver über Nacht in 250 g Wasser stehen. Dabei quillt das Kasein unmerklich vor. Am nächsten Morgen wird das Gemisch auf etwa 30–50°C erwärmt und man gibt 15 g Hirschhornsalz unter Rühren zu, das man vorher auf einem Löffel in Wasser zerdrückt hat. – An Stelle von Hirschhornsalz kann man als Aufschlußmittel auch 10 g 25%ige Ammoniaklösung verwenden.

Wenn Kaseinpulver und Hirschhornsalz einigermaßen frisch sind, dann macht sich die Aufschlußreaktion sofort durch kräftiges Aufwallen und Aufbrausen bemerkbar. Andernfalls muß noch einmal erwärmt und erneut gerührt werden.

Es ist praktisch, das Einmachglas in eine ausreichend große Kunststoffschüssel zu stellen, die den überquellenden Schaum auffangen kann.

Richtrezeptur für eine Ammonium-Kasein-Öl-Emulsion

90	70	Raumteile Ammonium-Kasein-Lösung
10	30	Raumteile sikkativierter Leinölfirnis oder Alkydharzlösung
100	100	Ammonium-Kasein-Öl-Emulsion

Emulgiert wird wie bei der Herstellung einer Gummi arabikum-Öl-Emulsion beschrieben (S. 80).

Anmerkung zur Konservierung wässeriger Malmittel

Wässerige Lösungen, Quellungen oder Emulsionen von Kohlehydraten, z. B. von Gummen und Dextrin, ebenso auch die Lösungen, Quellungen und Emulsionen von Eiweißstoffen, von Proteinen, z. B. von tierischen Leimen, Ei-Emulsionen und von Kasein, sie alle werden über kurz oder lang von Fäulnisbakterien und Pilzsporen befallen, die ihre Verarbeitung durch den Maler unmöglich machen. Auf der Oberfläche sieht man dann häufig einen weißlichen bis grau-grünlichen Pilzteppich sich ausbreiten, das Malmittel beginnt auch zu stinken.

Der Maler kann diese Erscheinungen nicht vollständig verhindern, ein Maleratelier ist nicht steril wie ein Operationsraum. Er kann aber das Auftreten von Pilzbefall und Fäulnis mindestens verzögern. Im allgemeinen hilft kühles Lagern schon ein gutes Stück weiter und eine Ei-Emulsion bleibt im Kühlschrank wesentlich länger gebrauchsfähig als im warmen Atelier. – Einfach zu handhaben sind im Maleratelier die altbewährten Konservierungsmittel *Nelkenöl* und *Spiköl*, nicht Lavendelöl (S. 78). In der Regel genügt ein Tropfen auf 100 ml Malmittel. Auch Kampfer oder tropfenweiser Zusatz von Kampferspiritus (= 10%ige alkoholische Lösung von Kampferöl) und Salizylsäure haben sich bewährt. Nelkenöl und Spiköl sind zu kaufen in guten Künstlerfarbenfachgeschäften und in Apotheken. Apotheker können auch synthetische Konservierungsmittel empfehlen, die sogar für die Verwendung in Lebensmitteln zugelassen sind. Der Apotheker muß nur wissen, in welchem Medium der Maler das Konservierungsmittel verwenden will.

Ist Pilzbefall oder Fäulnis eingetreten, dann sollten die befallenen Malmittel und Malfarben nicht mehr verarbeitet werden. Die betreffenden Gefäße müssen ausgekocht werden bevor man sie neu verwendet. Ist das nicht möglich, müssen die Gefäße weggeworfen werden.

Zelluloseleime und -kleister

Die maltechnisch wichtigen Produkte sind Zelluloseäther, meist Methylzellulosen, die in Leimfabriken hergestellt worden sind aus wasserunlöslicher Zellulose durch Umwandlung in wasserlösliche Zelluloseabkömmlinge. Die entstehenden farblosen kleinen Leimplättchen sind in Kleinpackungen und in größeren Handwerkerpackungen im Handel. Sie werden im Malerhandwerk als Anstrichleime und Tapetenkleister und in der Anstrichmittelindustrie als Verschnitt- und Trocknungsverzögerungsmittel in Kunststoffdispersionen verwendet.

Leim und Kleister setzt man durch Einrühren der Methylzellulose in kaltes Wasser in 4%iger Lösung an, läßt eine gewisse Zeit stehen und rührt kräftig durch. Dann ist die Lösung gebrauchsfertig. Leime und Kleister unterscheiden sich nur durch ihre Viskosität: Leime ergeben schlanke, gut fließende Lösungen, Kleisterquellungen sind zerrig und fließen nicht.

Methylzelluloseleime trocknen durch Verdunsten des Wassers, ihre Aufstriche bleiben aber immer wasserempfindlich. Deshalb bringen sie in die wasserfest auftrocknenden Dispersionsfarbenfilme eine gewisse Menge wasserempfindlicher Substanz ein, weshalb man in Künstlerfarben besser andere, wasserfest auftrocknende Trocknungsverzögerer einbaut. – Methylzelluloselösungen faulen und schimmeln nicht, sind ungiftig und mit allen Pigmenten verträglich.

Der Maler, der mit einer solchen Leimlösung die Offen-Zeit einer Dispersionsmalfarbe verlängern will, der sollte bei ihrer Verwendung beachten, daß ein solcher Leim außerordentlich wenig Festkörper, meist nur 4 Gewichtsprozente, besitzt und deshalb eigentlich als *verdicktes Wasser* anzusehen ist und nicht als klebekräftiger Leim. Als Emulgierhilfsmittel für Öl-in-Wasser-Emulsionen sind Methylzelluloseleime geeignet.

Das Hühnerei

Das Hühnerei war neben Gummi, Feigenmilch, tierischen Leimen und Bienenwachs schon Mal- und Bindemittel in der antiken Wand- und Tafelmalerei. Von den Griechen haben es die west- und oströmischen Maler in ihre Tafelmalerei übernommen; byzantinische Malerschulen haben den Kanon der Eimalerei den frühen Italienern überliefert.

Das Ei besteht aus Dotter und Eiklar, die sich in ihrer chemischen Zusammensetzung deutlich unterscheiden.

Eiklar enthält etwa 85 Prozent Wasser, 12 Prozent Eiweiß, nur 0,2 Prozent fettes Öl und andere Beistoffe. Allein hat es weniger in der Tafelmalerei eine Rolle gespielt als vielmehr in der Buchmalerei und bei der Illuminierung mittelalterlicher Handschriften. Eiklar muß nach Trennung vom Eidotter noch von den Eiweißsträngen befreit werden, mit dem es an der Schalenhaut aufgehängt ist (S. 54). Die Eiweißaufstriche trocknen im Licht und bei Normaltemperatur spröde, hart und wasserunlöslich auf. – Eiweißlasurfarben spielen heute in der Fotoretusche noch eine gewisse Rolle.

Eidotter besteht aus etwa 50 Prozent Wasser, 15 Prozent Eiweiß, 22 Prozent fettem Öl, 10 Prozent Lezithin und geringen Mengen Beistoffen. Infolge dieser Zusammensetzung stellt es eine natürliche Öl-in-Wasser-Emulsion dar. Wird sie allein als Malmittel verwendet, so bilden Öl und Eiweiß das Bindemittel, das in Wasser dispergiert vorliegt; das Lezithin wirkt dabei als Emulgator (Emulgierhilfsmittel).

Infolge ihres großen Anteils an Emulgatorensubstanz sind Eidotter und auch noch das Vollei in der Lage, beträchtliche Mengen wässeriger (Kasein- und Gummileim) und nichtwässeriger Malmittel (Öle, Harzlösungen) in relativ stabile Malmittelemulsionen zu überführen. Diese alte malerische Erfahrung hat dazu geführt, daß in manchen sog. „Ei"-Tempera-Rezepturen der maltechnischen Literatur und Praxis die ei-eigenen Bindemittel eine untergeordnete Rolle spielen und daß man sich, meist unbewußt, nur des Lezithins als Emulgierhilfsmittel zur Herstellung von Malemulsionen bedient (S. 138ff.).

Wird reines Eidotter – mit wenig Wasser oder dünner Leimlösung nach Bedarf verdünnt – als Anreibemittel für Pigmente benutzt, dann arbeitet der Maler infolge des hohen Ölgehalts dieser Emulsion mit einem relativ fetten Temperamalmittel, dessen Aufstriche denen der Öltechnik sehr ähneln. Die durch den Eifarbstoff anfänglich hervorgerufene Gilbung wird nach einiger Zeit durch Licht zerstört.

Häufiger wird das Vollei als Anreibemittel gebraucht; es ist magerer als Dotter, seine Aufstriche bleiben eine gewisse Zeit wasserlöslich. Durch Aufstäuben von Alaunlösungen können die Aufstriche wasserfest gemacht werden. – Reine Eimalerei ist wegen ihrer langsamen Trocknung nur in dünnem strichelndem Auftrag möglich. Die alten italienischen Maler „bauten" die Fleischpartien ihrer Bilder noch strichelnd-modellierend über dem *Verdaccio*, dem Malgrund aus grüner Erde oder Elfenbeinschwarz und Ocker auf, als sie die anderen Bildteile schon in Öl malten.

Zur Herstellung von Ei-Tempera-Malmitteln, in denen vor allem das Ei-Lezithin als Emulgator gebraucht wird, sind in der Literatur viele Vorschläge gemacht worden, und fast jeder Maler, der diese Technik schätzt, besitzt sein eigenes Hausrezept. An wässerigen Anteilen werden Kasein- und Gummileime, an nichtwässerigen werden trocknende Öle, Standöle, Harzlösungen oder auch venezianisches Terpentin gebraucht. Als Faustregel darf gelten, daß auf ein Vollei ein Eivolumen wässeriger und ein Eivolumen nichtwässeriger Malmittel kommen darf. Ein Ei vermag zwar noch wesentlich größere Mengen nichtwässeriger Anteile zu emulgieren, mit einem solchen sehr fetten Malmittel würde man sich jedoch schon sehr der Öltechnik nähern. – Mit Malemulsionen dieser Art kann auch pastos gearbeitet werden.

Eihaltige Malmittel neigen zum Faulen und werden deshalb am besten frisch verwendet (zur Konservierung: S. 82f.).

Kunststoffdispersionen

Im Kapitel „Malemulsionen und Kunststoffdispersionen" sind die technologischen Grundlagen dieser Bindemittelgattung bereits behandelt worden. Diese Systeme werden heute in der Anstrichmittel- und Klebstoffindustrie und in der Kunstleder-, Wachstuch- und Preßmassenherstellung als Bindemittel und Klebemittel verwendet. Als Malmaterial sind Kunststoffdispersionen, wie vorhin schon bemerkt, die legitimen Nachfolgerinnen der alten Malemulsionen.

Wird eine Kunststoffdispersion auf einen saugenden Grund aufgestrichen, dann schlägt ein Teil des Wassers, der Emulgatoren und der übrigen Hilfsstoffe in den Grund ein, ein anderer Teil schwimmt zur Oberfläche. Auf nichtsaugenden Gründen muß das ganze abzugebende Wasser nach außen entweichen und verdunsten. Dabei wird das ursprüngliche Gefüge der Dispersion zerstört, sie „bricht". Die Kunststoffpartikelchen legen sich dann über- und nebeneinander auf den Malgrund und „verschweißen" bei Temperaturen von wenigstens 10°C gleichsam zu einem einheitlichen, geschlossenen, elastischen und zum Schluß klebfreien und doch gut haftenden Film. Dieses Verschweißen der Kunstharzpartikel hat man mit dem Ausdruck „kalter Fluß" bezeichnet.

Nicht alle Kunststoffdispersionen, auch nicht alle Acrylharz-Dispersionen, sind als Malmittel geeignet. Manche verfilmen erst bei höheren Temperaturen, andere bilden bei Normaltemperatur einen klebrigen Film, wieder andere werden bei den üblichen Temperaturschwankungen entweder zu spröde oder zu klebrig. Die Kunststoff-Chemiker in den großen Betrieben der eigentlichen Dispersions-Hersteller und auch die Chemiker in den verarbeitenden, den Konfektionsbetrieben, sie können die technologischen Eigenschaften der Dispersionen durch „Einschießen" von Weichmachern in die einzelnen Kunststoffteilchen, durch Misch- oder Copolymerisation oder auch durch einfaches Abmischen zweier oder mehrerer Dispersionstypen so verändern, daß das Endprodukt für den anvisierten Zweck geeignet ist.

Die von nur wenigen Firmen der chemischen Großindustrie hergestellten Kunststoffdispersionen sind nur Halbfertigfabrikate für den Hersteller von Künstlerfarben, nicht etwa fertige Malmittel. Die Dispersionen werden teils aus wirtschaftlichen, teils aus technischen Gründen umkonfektioniert. Dabei erhalten sie Zusätze von stabilisierenden Verdikkungsmitteln, von Konservierungsmitteln, Pigment-Dispergiermitteln, Entschäumern und anderen Hilfsstoffen.

Dem industriellen Verarbeiter stehen heute mehrere Kunststoffdispersions-Systeme zur Verfügung:

- Polyvinylazetat-Dispersionen,
- Polyvinylpropionat-Dispersionen,
- Butadien-Styrol-Dispersionen,
- Acrylharz-Dispersionen

nebst ihren Mischungen und Copolymerisaten. Die Vielfalt der Ausgangsmaterialien mit ihren sehr differenzierten, nur vom Techniker überschaubaren Eigenschaften und die Möglichkeit weiterer Variation der Filmqualität bei der Umkonfektionierung machen es dem Maler unmöglich, die maltechnische Eignung und die zu erwartende „Filmgeschichte“ der neu geschaffenen Produkte zu übersehen. Das kann heute nur noch der Chemiker.

Polyvinylazetat-Dispersionen sind schon in den dreißiger Jahren als Bindemittel für Anstrichstoffe verwendet worden, die man damals allgemein als Binderfarben bezeichnet hat. Damit hatte man den Grund gelegt für eine Revolution auf dem Gebiet der Anstrichtechnik, denn von nun an wurden in immer größerem Umfange die altgewohnten Öl- und Lackfarben, die man mit Terpentinöl oder Testbenzin verdünnen mußte, abgelöst durch lösungsmittelfreie, wasserverdünnbare Anstrichfarben, deren Anstriche wasserfest und sogar wetterfest auftrockneten, vorausgesetzt, daß handwerklich richtig gearbeitet worden war. Das war auch die Zeit, in der die ersten Mal-Grundierfarben mit Polyvinylazetat-Dispersionen als Bindemittel auf dem Markt erschienen sind und sich bei der Grundierung von Geweben und festen Bildträgern gut bewährt haben. Heute noch wird diese Dispersionsart, oft als Copolymerisate mit Acrylharz, in großem Umfang in Malgrundierungen verwendet, sowohl in solchen, die zur fabrikatorischen Herstellung von Maltuch dienen, als auch in denen, die von der Künstlerfarbenindustrie dem Maler zum Selbstgrundieren angeboten werden.

Zur Herstellung von Dispersions-Malfarben verwendet die Künstlerfarbenindustrie heute fast ausschließlich Acrylharz-Dispersionen aus den Polymerisaten von Acrylsäure- und Methacrylsäureestern. Von ihnen liefern die Acrylester weichere Filme, während die Methacrylsäureester härtere Aufstriche liefern. Einfluß auf die Härte und andere Filmeigenschaften haben auch Länge und Verzweigtheit des Alkohols, der zur Herstellung des jeweiligen Esters gedient hat. Acrylharze mit langen Alkoholketten sind z. B. im allgemeinen weicher, benzinlöslicher und ölverträglicher als solche mit kurzen Alkoholketten, die wasserempfindlicher sind. Aus Acryldispersionen, die heute zu den wichtigsten Malmitteln gehören, lassen sich Malfarben herstellen, die sowohl für pastosen als auch aquarellartig dünnen, lasierenden Auftrag geeignet sind, und aus ihnen werden auch Spezialmalmittel und Firnisse mit sehr differenzierten Eigenschaften hergestellt (S. 159).

Die Malgründe

Allgemeines

Bildträger nennt man die Materialien wie Putz, Holz, Textilien, Pappe, Papier usw., die teils ohne Grundierung, teils nach einer Grundierung bemalt werden und dann die eigentliche Bildschicht tragen. Jeder Bildträger hat spezifische Eigenschaften, die man kennen muß, wenn man eine dauerhafte, sich nur im Rahmen des normalen, des gesunden Alterns verändernde Arbeit darauf ausführen will.

Außer Metall und Glas, die nur eine geringe Porenzahl und -tiefe besitzen und die als Bildträger nur selten benutzt werden, haben alle übrigen Materialien ausreichend viele und tiefe Poren und Kapillaren, in die das Grundiermaterial oder die Malfarbe eindringen, sie mindestens teilweise ausfüllen und sich in ihnen verankern kann. Die Grundierfarbe soll darüber hinaus auf dem Bildträger eine Schicht bilden, welche die gewünschte, sich gleichmäßig über die gesamte Fläche erstreckende Saugfähigkeit schafft und fest auf dem Untergrund haftet. Auf diese Weise soll ein solide ineinander verankertes System Bildträger-Grundierung-Malschicht entstehen.

Die Haftung der Grundierung auf dem Bildträger und die der Malschicht auf der Grundierung entsteht auf zweierlei Weise. Einmal werden die flüssigen Anteile der Grundier- und Malfarben von den Porenkanälen, den Kapillaren, des Untergrundes tief eingesaugt und verankern sich dort mechanisch. Die Kräfte, die dieses Einsaugen verursachen, nennt man kapillare Kräfte oder kurz *Kapillarität.* Man kann ihre Wirkung sehen, wenn man ein sehr dünnes Glasröhrchen in ein Glas Wasser stellt: das Wasser steigt innerhalb des Röhrchens merklich hoch und steht dann im Röhrchen höher als das Niveau des umgebenden Wassers im Gefäß. – Zum andern treten bei jedem Aufstrich zwischen den beiden Grenzflächen, die aus verschiedenen Stoffen bestehen, Anziehungskräfte auf, die der Physiker *Adhäsionskräfte* nennt. Nur bei völlig unporösen Bildträgern wird die Haftung eines Aufstrichs allein durch Adhäsion verursacht. In der Regel aber haften in der Mal- und Anstrichtechnik zwei Schichten deshalb aneinander, weil sowohl Adhäsionskräfte als auch kapillare Kräfte wirksam sind.

Eine der *Adhäsion* entgegen gerichtete Kraft, die dem Maler manchmal zu schaffen macht, ist die *Kohäsion*. Das ist die Kraft, die Moleküle ein und desselben Materials zusammenhält, sie gleichsam zusammenzieht. Sind die *Kohäsionskräfte* einer Malfarbe größer als die *Adhäsion* zwischen dem Malgrund und der flüssigen Malfarbe, dann perlt die Malfarbe und man muß Netzmittel anwenden, um die Kohäsionskräfte, die *Oberflächenspannungen* zu beseitigen und Adhäsion zu ermöglichen. Jeder Maler kennt diese Erscheinung vom Aquarellieren her, wo nicht selten die Kohäsionskräfte der stark verdünnten Aquarellfarbe stärker sind als die Adhäsionskräfte zwischen der Aquarellfarbe und dem Papier. *Ochsengalle* oder ein *Netzmittel*, das man sich aus den bekannten Haushaltsspülmitteln selbst billig herstellen kann (100 ml Wasser + 2–5 Tropfen Haushaltsspülmittel; Schütteln; Schaum vergehen lassen; tropfenweise der Aquarellfarbe zusetzen), beseitigt die Schwierigkeiten, das Papier nimmt die Aquarellfarbe wieder an (S. 10). Als Ochsengalle werden stark verdünnte Auszüge aus der Gallenflüssigkeit von Rindern bezeichnet; sie enthalten Chol-, Taurochol- und verwandte Säuren. Diese Säuren, die übrigens von allen Säugetieren produziert werden, auch von Menschen, emulgieren die Fette im Darm mit Wasser.

Neben diesen Benetzungsschwierigkeiten, die sich leicht beheben lassen, können Kohäsionskräfte auch zu sehr unangenehmen Malschäden führen. Aufstriche von Kaseinfarben und von Kunststoffdispersionsfarben, so sagt man, trocknen „mit starker innerer Spannung“ auf. Man meint damit, daß ihre Aufstriche von starken materialeigenen Kohäsionskräften gleichsam zusammen„gezogen“ werden. Das führt in der Praxis dazu, daß diese Aufstriche bei zu dickem Auftrag oft vom Malgrund abplatzen und Dispersionsfilme sich manchmal wie ein Fell vom Malgrund abziehen lassen.

Der Maltechniker hat für diese Erscheinung eine etwas verwickelt klingende Erklärung bei der Hand. Er sagt: beim Aufstrich ist die Stärke der Adhäsionskräfte und der Kapillarität nur abhängig von der Schichtdicke. Andererseits nehmen die Kohäsionskräfte mit steigender Schichtdicke zu. Deshalb wird bei wachsender Filmdicke an einem bestimmten Punkt die Kohäsionskraft im Aufstrich größer als die Summe aus Adhäsion und Kapillarität. Dann haftet der Aufstrich nicht mehr am Malgrund, er macht sich gleichsam selbständig, er läßt sich unter Umständen sogar abziehen.

Textile Gewebe

Das Weben von Textilien ist aus dem Flechten entstanden. Die Fäden, die man dazu braucht, sind teils tierischer Herkunft (Wolle), teils pflanzlicher Natur (Baumwolle), heute sind sie teilweise auch synthetisch hergestellt (z. B. Dralon). Jedes textile Gewebe wird gebildet von zwei sich kreuzenden Fadengruppen: den längs gespannten Kettfäden und den Schußfäden, die zwischen den Kettfäden durchgezogen werden. Von der Antike bis etwa in die Mitte des vorigen Jahrhunderts sind nur handgewebte Textilien aus Leinen, seltener auch aus Hanf, als Bildträger bekannt; von da an sind auch maschinengewebte möglich. Die meisten dieser Gewebe werden noch heute auf halbautomatischen Webstühlen und nicht auf Vollautomaten hergestellt, was eine gewisse Unregelmäßigkeit der Bindungsstruktur bewirk, die niemals so gleichmäßig ausfällt wie bei den auf Vollautomaten in viel größeren Mengen gewebten Konsumtextilien. Die Normalbreite der für den Maler bestimmten Gewebe beträgt bis zu 2200 mm; selten geworden sind die Breiten von drei oder gar vier Metern, die früher durchaus üblich waren.

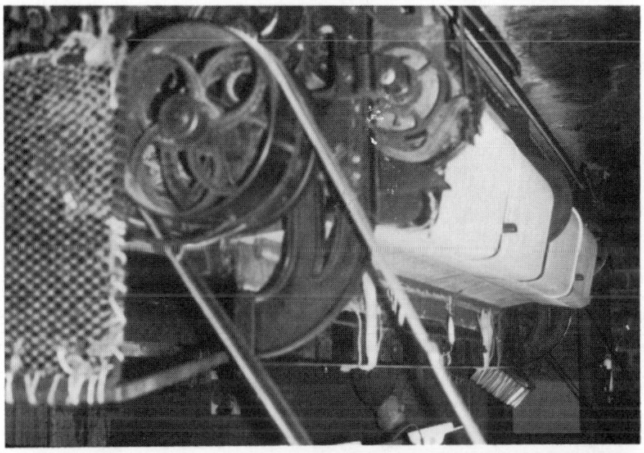

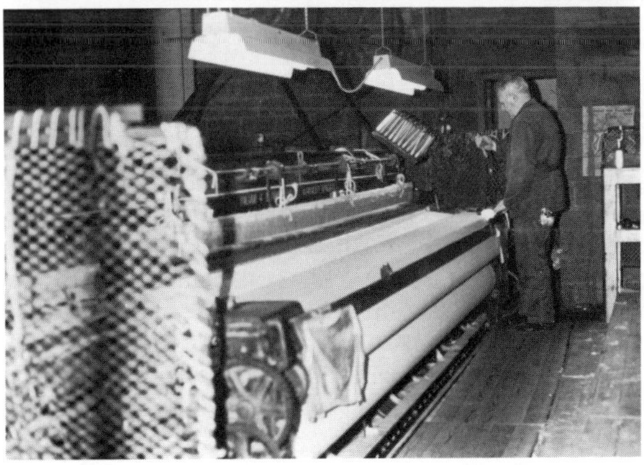

Abb. 10 und *11* *Weben von Malleinen*

Mechanischer Webstuhl zum Weben von Malleinen bis zu einer Breite von 4,30 m. Die handelsübliche Breite beträgt 2,10 m.
(Werkfotos der Maltuchfabrik V. A. Claessens, Waregem/Belgien.)

Das Muster, in dem die Kett- und Schußfäden miteinander verbunden sind, nennt man Bindung. Die drei Grundbindungsarten der Weberei sind die Leinenbindung, die Köperbindung und die Atlasbindung; bei den beiden letzten sind Variationen möglich. Die Leinenbindung ist die einfachste – ein Schußfaden kreuzt einen Kettfaden – und liefert zugleich die festesten Gewebe, weil sie die meisten Kreuzungsstellen pro Flächeneinheit hat. In der Köperbindung läuft der Schußfaden abwechselnd über zwei oder mehr und dann wieder über einen Kettfaden, was zu einer Grätenmusterung führt. Die großen Leinwandbilder der Venetianer Schule, Tintorettos, Veroneses u. a. sind auf grobes Hanfleinen gemalt, das manchmal Köperbindung, Fischgrätenmuster hatte. Die Atlasbindung, die lockerste Bindungsart, ist dadurch gekennzeichnet, daß stets wenigstens vier Kett- oder Schußfäden nebeneinander laufen und von dem jeweils fünften Faden gebunden werden. – Lockere Bindungsarten und weitmaschige Gewebe sind bei Malern wenig beliebt gewesen. Der wichtigste textile Bildträger war stets das Leinen, das auch in der Regel in der ihm gemäßen Bindung gewebt worden ist.

Leinwand, Flachsgewebe

Flachsgewebe sind schon seit etwa 6000 Jahren bekannt. Als Kaschiermaterial über Holzbrettern lernen wir eine frühe Leinwandverwendung bei den koptischen Mumienportraits kennen, die in den ersten Jahrhunderten nach der Zeitenwende in Ägypten gemalt worden sind. Besondere Bedeutung erhielten Leinwandgewebe in der europäischen Tafelmalerei aber erst später, als die Bildformate so groß geworden waren, daß die Maler sich von der Holztafel abwandten und nach einem leichteren Bildträger Ausschau hielten.

Vorhin, bei der Besprechung des Leinöls (S. 64) ist schon erwähnt worden, daß zwar die Pflanze *Linum usitatissimum L.* die Stammpflanze sowohl für den Samenflachs als auch für den Faserflachs ist, daß es aber nicht möglich ist, einen reifen Samen für die Ölpressung und eine gute Faser für Flachsgewebe von ein und derselben Pflanze zu erhalten. Die Flachsfaser muß nämlich zu einem Zeitpunkt geerntet werden, an dem der Samen noch nicht reif ist. – Zum Flachsanbau eignen sich gut gedüngte und gepflegte Böden in Gegenden, die ein gemäßigtes, ziemlich feuchtes Klima besitzen wie beispielsweise

Irland, der wallonische Hennegau, Flandern und Nordfrankreich.

Mitte März bis Mitte April wird in Belgien der Flachs gesät, nach etwa 100 Tagen wird geerntet. Vor noch nicht allzulanger Zeit wurden die Halme noch mit der Hand gerupft, heute arbeitet man mit Maschinen. Die Flachspflanze wurzelt tief, sie verzweigt sich wenig, die länglichen Blätter sitzen direkt am Stiel und sie erreicht bei einem Stengeldurchmesser von etwa 1,5 mm eine Länge von 60 bis 120 Zentimetern. Viel Erfahrung ist nötig, um den rechten Zeitpunkt für die Ernte abzupassen, denn davon ist der Ausfall der Faserqualität abhängig. Es gibt übrigens zwei Sorten Flachs: die blaublumige Sorte mit einem geringeren Ernteertrag, aber einer feineren Faser und die normalen weißblumigen Sorten. Im Juni ist Blütezeit und in der Blütezeit wird geerntet.

Die Flachsfasern stecken in der Basthülse des Stengels, wo sie durch einen Pflanzenleim, die Pectose, miteinander und mit dem Stengelrohr ziemlich fest verklebt sind. Es sind verschiedene komplizierte Operationen nötig, um die Fasern freizulegen und sie verspinnbar zu machen. Zuerst wird der Flachs auf dem Feld zum Trocknen auf Hocken gesetzt. Nach dem endgültigen Trocknen in der Scheune wird er dann vor dem Winter oder während des Winters durch „Boken“ oder durch „Riffeln“ von den unreifen Samenhülsen befreit. „Boken“ nennt man eine Arbeitsweise, die in etwa an unser Dreschen erinnert, „geriffelt“ wird über einem Riffelkamm, der nicht nur den Samen entfernt, sondern gleichzeitig auch den Flachsstengel bricht.

Die nächste Operation ist die sogenannte „Röste“. Hierbei wird der Basthalm der Einwirkung von Bakterien und Schimmelpilzen ausgesetzt, die durch einen Fäulnisprozeß mit dazu beitragen, die Fasern aus dem Baststengel herauszulösen. Es gibt verschiedene Methoden der „Röste“. Das Prinzip besteht aber jedesmal darin, durch feuchte Wärme gute Wachstumsbedingungen für Bakterien und Schimmelpilze zu schaffen. In der „Blauröste“ legt man die Flachsbündel schichtenweise in Röstgruben und bedeckt sie dann mit Rasen. In der stehenden oder liegenden „Triebröste“ werden die Bündel horizontal oder vertikal in Wasser gelegt. In der „Feld- oder Tauröste“ bleiben die Flachsbündel je nach Witterung vier bis acht Wochen lang auf dem Felde liegen und werden ein oder zweimal gewendet. Die Feldröste ist die billigste, gleichzeitig aber auch die unsicherste Methode, denn das Wetter kann einen Strich durch die ganze Röste machen. Neuere Verfahren sind die „Warmwasserröste“ und die „chemische Röste“, die das gesamte Röstverfahren abkürzen sollen, die Flachsbauern aber anscheinend noch nicht ganz überzeugt haben.

Nach der Röste muß wieder getrocknet werden. Bei belgischem Qualitätsflachs verwendet man darauf Zeit und trocknet nicht künstlich. Dem Trocknen schließt sich das sog. „Brechen“ an, d. h. die schon halb zerstörten Basthüllen werden auf Maschinen in Stücke gebrochen. Und dann kommt der Flachs auf die „Schwingmühle“, wo die Flachsfaser endgültig von verholzten Resten und Stengelteilen gereinigt wird. Heute wird das Schwingen des Flachses auf elektrisch betriebenen Mühlen oder sogar auf Schwingturbinen vorgenommen. Wenn diese ganzen Vorarbeiten getan sind, dann sind von einer Einwaage von 100 kg Strohflachs nur noch 12 kg einer zum Verspinnen brauchbaren Flachsfaser übrig geblieben. Durch das Schwingen sind übrigens die „Werg“ genannten Kurzfasern von den langen Flachsfasern getrennt worden und die langen Flachsfasern können dann – je nach ursprünglicher Länge – auf Streckenmaschinen bis auf Längen von 150 Zentimetern gebracht werden. Meist schon in der Spinnerei wird der Flachs auf Hechelkämmen „gehechelt“, das ist eine Arbeitsweise, die deshalb notwendig ist, weil der Flachs eine Bündelfaser ist, die getrennt werden muß, bevor sie versponnen wird. Nach dem Spinnen besitzt das rohe Leinengarn einen hellen, graubraunen Farbton.

Im Augenblick steht Belgien an der Spitze der europäischen Flachsproduzenten, jedoch kommen auch aus Nordfrankreich und Irland gute Flachsgewebe. Auch in Rußland, vor allem aber in Polen und in der Tschechoslowakei werden bedeutende Mengen Flachs angebaut. Die Verwendung des Flachses zur Malleinenherstellung ist für den Maler natürlich die wichtigste, im ganzen ist sie aber ein Randgebiet geblieben.

Alte, heute kaum noch gebräuchliche Gewebebezeichnungen seien erwähnt, weil sie in der Literatur am Leben gehalten und manchmal sogar noch benutzt werden. Mit „Römisch Leinen“ hat man Hanf- aber auch Flachsgewebe bezeichnet, bei denen Kette und Schuß doppelfädig in Leinenbindung gewebt worden ist. „Fadenkorn“ nannte man Gewebe, die nur in einer Richtung doppelfädig waren. „Klötzel- oder Wergleinen“ ist ein Leinen aus weniger gut aufbereiteten Fäden und Abfallfasern. Mit „Hausmacherleinen“ oder „Bauernleinen“ wird vielerorts ein gebleichtes, grobfädiges Leinen mit unregelmäßig dicken Fäden und Noppen bezeichnet. „Gobelinleinen“ ist ein schweres, dichtes Gewebe, in dem die Kette aus dünn gesponnenem Flachs oder Hanf, der Schuß aber häufig aus dicken Baumwollfäden besteht, die wegen ihrer starken Betonung im Bild waagrecht gespannt werden sollten.

Baumwollgewebe

Aus den Samenhaaren der Baumwollpflanze wird das Baumwollgarn gesponnen, aus dem sich je nach Stärke feine bis kräftige Maltücher weben lassen. Die Hauptanbaugebiete der Baumwolle sind die USA, Indien, China und die UdSSR; Ägypten liefert die feinsten Sorten. Bereits in vorgeschichtlicher Zeit ist Baumwolle versponnen und verwebt worden, als Maltuch tritt sie aber – sozusagen als Leinenersatz – erst seit der Jahrhundertwende in größerem Umfang auf.

Als Bildträger vorgesehene Baumwollgewebe werden meist in Leinenbindung, manchmal aber auch in Köperbindung gewebt. Als *Nessel* bezeichnet man dünne Baumwollgewebe in Leinwandbindung; als *Batist* bezeichnet man ein besonders feinfädiges, gutes Gewebe. Im *Halbleinen* besteht die Kette aus Leinen und der Schuß aus Baumwolle. – Auf feinem Leinwandbatist ist in Deutschland, z. B. von *Albrecht Dürer*, und in Flandern, z. B. von *Pieter Breughel*, mit Temperafarben ohne Grundierung gemalt worden. Diese „Tüchleinmalerei" hat ungemein reizvolle und subtile Bilder entstehen lassen, deren Erhaltung den Restauratoren heute allerdings große Sorgen macht, weil diese zerbrechlichen Bilder in der Vergangenheit mit manchmal recht groben Mitteln „konserviert" worden sind.

Hanfgewebe

Aus den reißfesten, wasserunempfindlichen Fasern der Hanfstaude werden vor allem Seilerwaren hergestellt. Seit Beginn des 19. Jahrhunderts werden feinere Hanfgewebe aber auch als Bildträger für große Bildformate auf Blend- und Keilrahmen aufgespannt und von Malern als hochwertiger Bildträger benutzt. – Die Hanfpflanze stammt aus Indien, wird aber heute auch im vorderen Orient, in China und in der UdSSR angebaut.

Jutegewebe

Bastfasern indischer und chinesischer Lindensträucher liefern die Jutefaser, mit der nur grobe und starre Gewebe hergestellt werden können, die maltechnisch keine besonders große Rolle spielen, obschon gegen ihre Qualität nichts einzuwenden ist. Rupfen und Sackleinen werden ebenfalls aus Jutefasern hergestellt. – In Europa kennt man Jutegewebe erst seit dem ausgehenden 18. Jahrhundert.

Zellwollgewebe

Zellwolle, „Kunstseide", kann in verschiedenen Verfahren aus Holz-Zellstoff gewonnen werden. Die Zellulose wird dabei chemisch verändert, gelöst und durch eine feine Düse zum Faden gespritzt. So wird das „Spinnen" gleichsam in die chemische Großindustrie verlegt. Reine Zellwollgewebe haben nur kurze Zeit eine geringe Bedeutung als Bildträger gehabt, später hat man Baumwoll-Zellwoll-Mischgewebe in verhältnismäßig großen Mengen als Maltuch verwendet. Diese Mischgewebe sind wegen ihres Zellwollgehalts feuchtigkeitsempfindlich. Weil Zellwolle im Kontakt mit den üblichen wässerigen Grundiermitteln stärker quillt als Baumwolle, verziehen sich diese Mischgewebe in Kette und Schuß verschieden stark. Und diese ungleiche Empfindlichkeit bleibt dem Material erhalten. Reine Leinen, mindestens aber reine Baumwollgewebe sind vorzuziehen.

Dralon

Dralon ist eine Handelsbezeichnung für eine Polyacrylnitril-Faser, eine synthetische Faser, die einen seidenähnlichen Griff besitzt und beständig ist gegen Säuren und Laugen. Dralongewebe sind auch beständig gegen Pilz- und Insektenbefall und gegen Bakterien. Sie haben sich als Bildträger bisher nicht einführen können.

Mischgewebe

Mischgewebe sind stets mit einer gewissen Zurückhaltung zu betrachten, weil ihre verschiedenartigen Fasersorten verschieden auf Temperatur und Feuchtigkeitsschwankungen reagieren und dadurch unnötig mehr Unruhe in den Verband Bildträger-Grundierung-Bildschicht gebracht wird als unumgänglich ist.

Allgemeine maltechnische Eigenschaften textiler Bildträger Rückseitenschutz. Alterssprünge und Frühschwundsprünge

Alle natürlichen Fasern bestehen in der Hauptsache aus Zellulose. Sie sind deshalb genau wie die Filme trocknender Öle einem natürlichen Alterungsprozeß unterworfen, der beschleunigt werden kann durch die Einwirkung von Sauerstoff, Feuchtigkeit, Licht, Temperatur und gegebenenfalls auch durch mechanische oder chemische Einwirkungen. Die oxidativen Einflüsse werden durch die ebenfalls dem oxidativen Abbau unterliegenden fetten Öle verstärkt.

Normalerweise können das Bild erheblich gefährdende mechanische oder chemische Schädigungen ausgeschlossen oder doch sehr gering gehalten werden. Was dem textilen Bildträger hauptsächlich schadet, das sind die Einwirkungen von Feuchtigkeit und Temperatur, besonders wenn deren Intensität häufig wechselt. Bei höheren Temperaturen altern alle textilen Fasern als organische Substanzen rascher, genau wie das die Filme trocknender Öle auch tun. Die Einwirkung von Luftfeuchtigkeit wird sie zum Quellen bringen, so daß das Gewebe auf dem Keilrahmen durchhängt. Auf Keilrahmen gespannte Bilder werden bei hoher Luftfeuchtigkeit und hohen Temperaturen schlaff und sie ziehen sich in der Trockenheit und in der Wärme wieder straff. Diese Bewegung wird bei etwaiger Leimgrundierung noch durch das anders geartete Quellen der Leimsubstanz beeinflußt. Wird ein durch zu hohe Luftfeuchtigkeit durchhängender textiler Bildträger in diesem Zustand nachgespannt, dann besteht die Gefahr, daß sich *Sprünge* und *Risse* bilden, die bis auf das

Gewebe durchgehen, wenn das Bild austrocknet, die aufgenommene Feuchtigkeit entweicht und der Bildträger sich wieder zusammenzieht. Nachspannen ist grundsätzlich nur erlaubt, wenn das Bild längere Zeit unter normalen Bedingungen zur Ruhe gekommen ist.

Wechseln Temperatur und Luftfeuchtigkeit oft, dann muß dies bei alternden Bildern im Laufe der Jahrzehnte und Jahrhunderte zu Bildschäden führen, die dadurch besonders komplex und unübersichtlich werden, daß Grundierung und Bildschicht ebenfalls diesen Einflüssen ausgesetzt sind, aber infolge ihrer anderen Dehnungsneigungen anders deformieren. Deshalb sollten Bilder dauernd unter möglichst gleichbleibenden atmosphärischen Bedingungen gehängt und aufbewahrt werden, bei möglichst 50–70% relativer Luftfeuchtigkeit und einer Temperatur um 20°C.

Maltechniker und Restauratoren bezeichnen Sprünge der eben beschriebenen Art mit dem terminus technicus *Alterssprünge*. Oft sind sie so fein, daß man von Haarrissen sprechen kann. Breite Sprünge und Risse sind jedenfalls selten. Typisch für sie ist, daß sie durch alle Malschichten und auch durch die Grundierung hindurchgehen, so daß man manchmal den Bildträger sehen kann. – Sprünge, die nach wiederholtem Ab- und Aufhängen von Bildern, nach Transporten und durch mechanische Einwirkungen wie Stoß, Schlag oder Druck entstehen, zeigen übrigens das gleiche Erscheinungsbild.

Ganz andere Ursachen führen zu den sog. *Frühschwundsprüngen*, die auf jungen Ölbildern schon in den ersten Wochen auftreten können. Im Gegensatz zum Alterssprung springen hier nur die eigentlichen Malschichten auf, die Grundierung bleibt in der Regel unversehrt, der Bildträger wird nicht sichtbar. Diese Frühsprünge sind in der Regel breiter als Alterssprünge. Dort wo spezifisch besonders leichte Pigmente mit großem Bindemittelbedarf vermalt sind, dort erweitern sie sich manchmal zu breiten Rissen. Frühschwundsprünge können nur entstehen, solange trocknende Ölfarbenfilme durch Sauerstoffaufnahme und -abgabe (S. 62, 122ff.) ihre Gewichte und ihre Volumina noch verändern, d. h. solange die trocknende Malschicht noch nicht zur Ruhe gekommen ist.

Die Tatsache, daß die Rückseite der textilen Bildträger an geschützten Stellen, z. B. unter den Keilrahmenteilen „jünger" aussehen als die offene Rückseite, hat schon manchen Maler und Sammler veranlaßt, einen Rückseitenschutz aus Pappe, Sperrholz oder ähnlichem Material auf dem Keilrahmen anzubringen. Wer das tun will, der sollte die Bildrückseite aber nicht luftdicht abschließen, sondern durch Öffnungen für eine gute Luftzirkulation sorgen. Vorteilhaft ist ein guter Rückseitenschutz ganz bestimmt.

Holz und Holzabkömmlinge

Holz

Geschichte

Massive Holzplatten als Bildträger sind bereits vor der Zeitenwende bei ägyptischen und griechischen Malern bekannt gewesen. Auch die Maler der koptischen Mumienportraits und die Ikonenmaler haben auf Holzbrettern gemalt. Handwerksregeln empfehlen den Ikonenmalern, die Tafel beidseitig zu leimen, damit sie sich nicht verzieht, Spalten und Risse mit Werg auszustopfen und sie dann mit einem weitmaschigen Leinengewebe zu kaschieren. Darauf wurde grundiert und gemalt. – Die frühen italienischen Maler haben diese Arbeitsweise übernommen und im 12. und 13. Jahrhundert aus den riesigen Altartafeln und Hängekreuzen in Toskana und Umbrien die Bildgattung der transportablen, auf Holz gemalten Tafelbilder entwickelt. In der Spätrenaissance und im Barock schließlich treten dann die Holztafeln als Bildträger wieder zurück und werden wegen der immer größer werdenden Formate von leichteren, mit Leinen bespannten Holzrahmen abgelöst.

Holzarten

Meistens haben die Maler heimische Holzarten verwendet. In Süddeutschland spielen Linde und Buche eine große Rolle, aber auch Fichte, Tanne, Esche, Kiefer und Lärche; in Norddeutschland, Nordfrankreich, Flandern, Holland und in England ist vor allem die Eiche gebraucht worden, aber auch Ulme, Erle und Weide. In Italien diente sehr häufig das Holz der heimischen Pappel, daneben Zypresse und Kastanie als Bildträger. *Vasari* schreibt, die Venetianer nähmen, wenn sie eine Tafel brauchten, nur auf der Etsch geflößtes Tannenholz. Vom 17. Jahrhundert an erscheinen dann auch exotische Hölzer wie z. B. Mahagoni in der Malerwerkstatt.

Struktur, spezifisches Gewicht

Holz ist ein kompliziert zusammengesetzter, natürlich gewachsener Rohstoff, der hauptsächlich besteht aus Zellulose, aus Lignin, der eigentlichen Holzsubstanz, und aus zuckerähnlichen Kohlehydraten. Holz ist schon im Anstrich nicht und schon gar nicht in der Malerei leicht zu handhaben, weil es auf die verschiedensten Einflüsse außerordentlich empfindlich reagiert.

Der Baumstamm ist aus verschiedenen Zellgeweben aufgebaut, deren Wände den eigentlichen festen Holzkörper bilden. Die einen haben die Aufgabe, den Holzorganismus mit nährstoffhaltigem Wasser zu versorgen, andere sind Speicher für Feuchtigkeit, Harz oder Holzbeistoffe, wieder andere dienen hauptsächlich dem Wachstum. Das älteste Holz in der Mitte des Stammes nennt man *Kernholz*. Es wird bei älteren Bäumen zum Safttransport nicht mehr gebraucht und reichert deshalb im Laufe der Zeit in sich Harz und Gerbstoffe an, weshalb es in der Regel auch dunkler ist als das nach außen folgende weichere *Splintholz*. Beim Dickenwachstum bilden sich durch das verschiedene Aussehen des weitzelligen und hellen Frühjahrsholzes und des engzelligen, dunkleren Spätholzes die bekannten Jahresringe.

Sie sind im Querschnitt deutlich zu zählen, aus ihrer Zahl kann man das Alter des Baumes ablesen. Durch die Jahresringe hindurch laufen die Markstrahlen vom Mark des Baumes radial nach außen. Das harzreichere Kernholz ist schwerer und auch widerstandsfähiger gegen die Auswirkungen von Temperatur- und Feuchtigkeitsschwankungen, beständiger gegen Holzschädlinge und es saugt weniger stark als Splintholz.

Wenn man wasserfreies Holz unter hohem Druck so preßt, daß alle noch darin vorhandenen Hohlräume verschwinden und die Luft völlig entweicht, dann stellt man fest, daß alle Holzarten in diesem Zustand ungefähr das gleiche spezifische Gewicht von etwa 1,5 besitzen. Das bedeutet, daß sich nicht nur Splintholz von Kernholz, sondern daß sich auch alle Weichhölzer von den Harthölzern hautpsächlich durch die Menge der in ihnen enthaltenen Luft unterscheiden. Je härter das Holz, desto weniger luftgefüllte Hohlräume und desto mehr Holzsubstanz ist vorhanden. Je weicher das Holz, desto mehr luftgefüllte Hohlräume und desto weniger Holzsubstanz.

Härtekatalog

Ein Härtekatalog der verschiedenen Holzarten sieht so aus:

besonders hart:	Ebenholz, Buchsbaum, Pockholz, Teak, Kirsche, Weißdorn
hart:	Eiche, Ahorn, Eibe, Buche, Palisander, Pflaume, Ulme, Esche, Nußbaum, Apfel, Mahagoni
weich:	Fichte, Tanne, Lärche, Kiefer, Zeder, Birke, Kastanie, Erle, Weide, Pappel, Gaboon

Wasserhaushalt

Der Feuchtigkeitsgehalt von frisch geschlagenem Holz kann im Extremfall schwanken zwischen 50% und 150%, er liegt im Mittel bei 70% bezogen auf das bei über 100°C bis zur Gewichtskonstanz getrocknete Holz. Etwa 30% Feuchtigkeit sind gebunden von den Holzfasern und Holzzellen; der Rest liegt ungebunden vor, gleichsam als Leitungswasser in den Hohlräumen und im Leitungssystem. Frisches Nadelholz, so heißt eine alte Malerregel, sollte ein bis zwei Jahre, Laubholz sollte drei bis vier Jahre lagern, bevor es als Bildträger verwendet werden kann.

Beim Ablagern entweicht zuerst das Wasser, das im Leitungssystem des Holzes vorhanden ist. Dabei verändert sich das Volumen des Holzes nicht, weil die Hohlräume im Holz sich nicht verändern und nur das eingeschlossene Wasser verdunstet. Erst bei längerem Trocknen und/oder bei höheren Temperaturen verdampft auch Feuchtigkeit aus der eigentlichen Holzsubstanz, den Zellwänden und Fasern. Jetzt erst schrumpft das Holz.

Beim Lagern stellt sich langsam ein Gleichgewichtszustand ein zwischen Temperatur und relativer Luftfeuchtigkeit der Umgebung einerseits und dem Feuchtigkeitsgehalt des Holzes andererseits. Bei Normalbedingungen, d. h. bei 20°C Raumtemperatur und 50–70% relativer Luftfeuchtigkeit besitzt Holz etwa 15–17% Wassergehalt. Bei gleicher Temperatur und einer relativen Luftfeuchtigkeit von nur 20% sinkt der Wassergehalt des Holzes auf nur 5%. Bei gleicher Temperatur und 90% relativer Luftfeuchtigkeit steigt der Wassergehalt des Holzes auf über 20%. – Ein auf natürliche Weise zur Ruhe gekommenes, lange gelagertes Holz ist kurzfristigen Temperatur- und Feuchtigkeitsschwankungen in der Regel besser gewachsen als ein künstlich und schnell getrocknetes, das meist rascher auf Änderung von Temperatur und Luftfeuchtigkeit reagiert.

„Arbeiten" des Holzes

Mit jeder Wasserdampfaufnahme und jeder Feuchtigkeitsabgabe ist eine Volumenveränderung des Holzes verbunden. Sie wird besonders kompliziert und folgenreich dadurch, daß Holz nicht gleichmäßig stark in allen Richtungen schrumpft oder quillt. Das sogenannte „Arbeiten" geht einmal radial in Richtung der Markstrahlen vor sich, doppelt so stark aber tangential zu den Jahresringen und nur wenig in Richtung der Baumachse, in Wuchsrichtung. Damit ändert das Holz nicht nur sein Volumen sondern auch seine Form. Leichtes Holz, das viel Hohlräume enthält, nimmt zwar sehr rasch viel Wasserdampf auf, es quillt aber wenig, weil nur Fasern und Wand, nicht aber die Hohlräume quellen können. Schweres Holz dagegen nimmt nur wenig Wasserdampf auf, quillt dabei aber merklich.

Besonders gefährlich für massives Holz ist die meist zu trockene Luft in zentralgeheizten Räumen. Eine häufige Folge auf den Bildern kann mehr oder weniger starke Blasenbildung sein, vor allem aber ein dachförmiges Aufstehen der Malschicht, weil die Holztafel schwindet, die Malschicht ihre Ausdehnung aber behält. Museen und Sammler müssen deshalb wohl oder übel viel Geld dafür ausgeben, um in ihren Räumen die vorhin genannten optimalen Temperatur- und Feuchtigkeitswerte sicherzustellen.

Herstellung der Malbretter

Zum Malen geeignete Bretter werden heutzutage – wenn sie überhaupt noch erwünscht sind und nicht durch bespannte Keilrahmen ersetzt werden – aus den gefällten Baumstämmen herausgesägt. Früher sind die Malbretter auch mit der Axt oder dem Beil aus den Stämmen herausgeschlagen worden, wie Spuren auf den Bildrückseiten manchmal noch zeigen. Wenn das radial zum Mark hin geschieht, dann entsteht zwar relativ viel Abfallholz, man erhält aber Bretter, die kaum arbeiten.

Überhaupt ist nicht nur von der Art des Holzes sondern auch von der Art des Sägens die maltechnische Zuverlässigkeit eines Malbrettes abhängig. Beim üblichen Tangentialschnitt entsteht aus dem mittleren Teil des Stammes ein Brett mit Radialschnittstruktur, das die geringste Deformationsneigung besitzt und deshalb als Bildträger auch am besten geeignet ist. Die anderen aus einem Tangentialschnitt entstandenen Bretter besitzen die in Abb. 13 angedeutete Schwundneigung, die sich von innen nach außen verstärkt. Bei einem Querschnitt senkrecht zum Baum-Mark würde eine Hirnholzplatte entstehen, die für Malzwecke wegen ihrer starken Feuchtigkeitsempfindlichkeit infolge hoher Saugfähigkeit völlig ungeeignet wäre.

In alten niederländischen und flämischen Bildern sind oft die Holzbildträger aus 2 bis 3 cm dicken Brettern mit keilförmigem Grundriß zusammengeleimt, die radial aus dem Stamm herausgehauen oder herausgesägt worden waren. Bei italienischen Bildern trifft man manchmal sehr dicke Tafeln bis zu 10 cm Stärke, nur mit dem Beil roh behauen, so auch noch bei *Böcklins* „Vinum bonum“ in der Schackgalerie. Oft hat man die Bretter zur Sicherheit auch noch aneinander gedübelt oder die Brettfugen sind

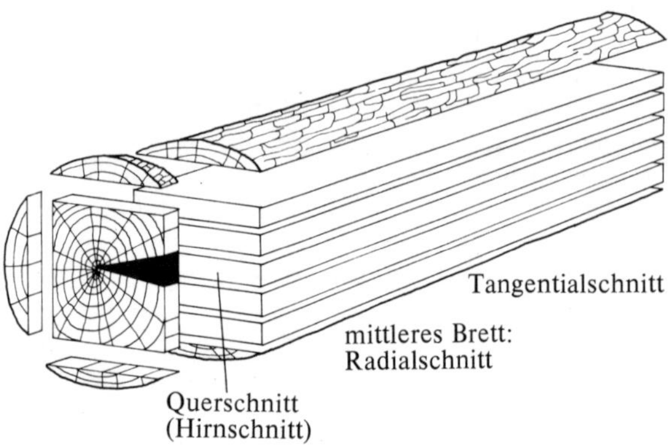

Abb. 12

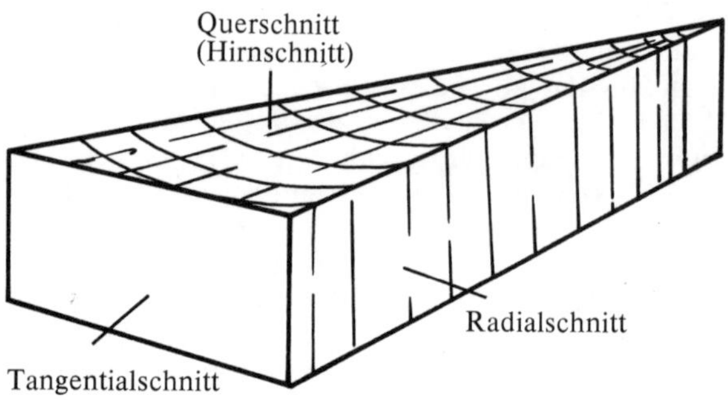

Abb. 14

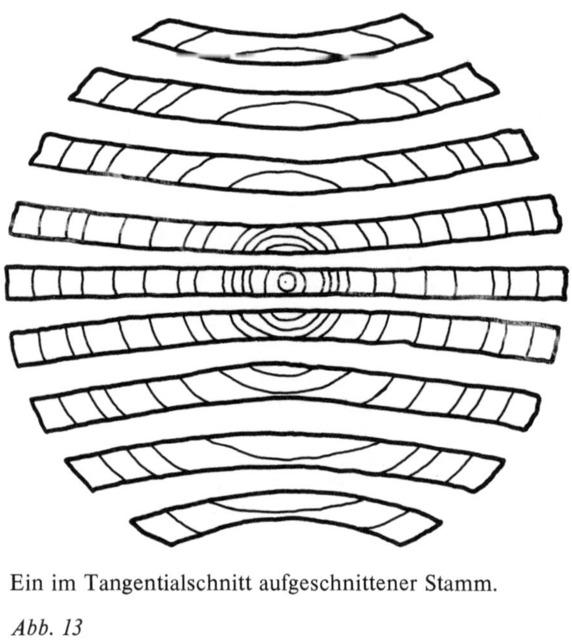

Ein im Tangentialschnitt aufgeschnittener Stamm.

Abb. 13

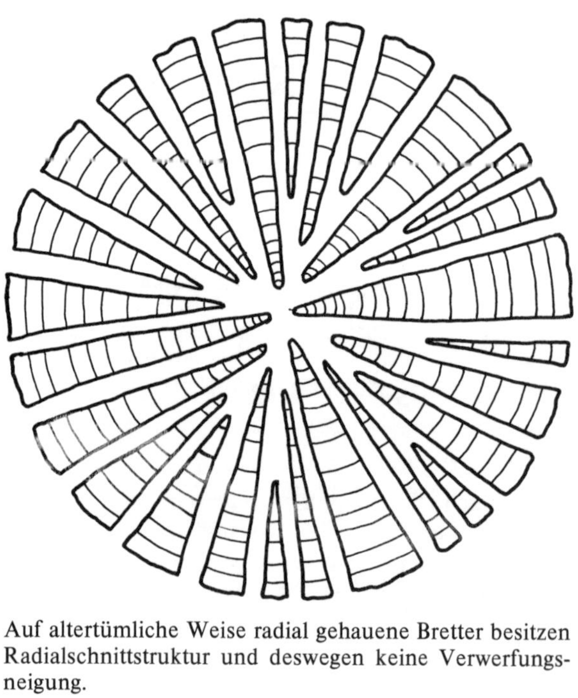

Auf altertümliche Weise radial gehauene Bretter besitzen Radialschnittstruktur und deswegen keine Verwerfungsneigung.

Abb. 15

durch *Schwalbenschwänze* auf Stoß gehalten worden. Nicht selten haben Maler die Fugen mit Roßhaar oder dünnem Gewebe überklebt, manchmal sind sogar ganze Tafeln mit Leinwand kaschiert worden, um die Fugen unsichtbar zu halten. Man hat wahrscheinlich auch deshalb gerne kaschiert, weil das weitzellige, stärker saugende Frühholz, das nach einiger Zeit deutlich einfällt, die härteren, kaum saugenden Spätholzringe erhaben über der Fläche stehen lassen würde.

Um ein Verziehen oder Werfen der Holztafeln zu verhindern, kann man sie auf der Rückseite parkettieren, d. h. man fügt wie bei Reißbrettern Einschubleisten, einen Rost, ein. Roste oder Einschubleisten auf der Rückseite dürfen nicht festgeleimt werden, sondern müssen sich in konisch vertieften Rinnen frei bewegen können, sonst zerreißt das Brett. Größere Tafeln müssen so zusammengebaut sein, daß die Markstrahlen der Kante alle senkrecht zum Bild laufen.

Die Holztafeln sind übrigens früher nicht von den Malern selbst in ihrer Werkstatt hergestellt worden, das tat ein besonderer Berufsstand, der eine eigene Zunft bildete und seine Produkte manchmal sogar mit Stolz gezeichnet hat. – Die Rahmen sind anfänglich ganz in das Bildganze einbezogen gewesen, bei kleineren Formaten bestanden Bildträger und Rahmen aus einem Stück, bei größeren Formaten ist der Rahmen fest auf die Tafel geleimt worden. Erst etwa vom 16. Jahrhundert an werden Bild und Rahmen allgemein getrennt, der Rahmen wird auswechselbar.

Die bemalte Seite einseitig bemalter Holztafeln wölbt sich nach vorne, weil die Rückseite schneller austrocknet, deren ungeschützte Seite den atmosphärischen Einflüssen ja überhaupt stärker ausgesetzt ist als die bemalte Vorderseite. Deshalb war es beispielsweise bei den Altartafeln der Gotik und auch später noch üblich, auch die Rückseite zu grundieren und zu bemalen. Diese Rückseitenbemalung hatte durchaus nicht nur liturgische Hintergründe.

Bei Nadelhölzern müssen vor der ersten Grundierung Harzflüsse entfernt werden. Das geschieht durch Auswaschen der Harzgalle mit starken Lösemitteln und anschließende Behandlung mit Schelllack. Die alte, zugleich bessere Lösung war das Ausstemmen der Harzgalle und Einleimen gleicher Holzteile, wie man das auf altdeutschen Bildern zuweilen noch feststellen kann. Äste sind ebenfalls ausgestemmt worden, denn sie werden beim Schwinden der Bretter sichtbar. – Holztafelbilder sollten stets gut belüftet und nicht an feuchten Wänden hängen, weil sonst Feuchtigkeitsstauungen auftreten können, die zu Deformationen führen und weil sich dann auch die Gefahr eines Pilzbefalls vergrößert.

Früher wurde alles Holz geflößt und verlor dabei im Wasser einen großen Teil der in ihm enthaltenen höheren Zuckerarten und anderer Holzinhaltsstoffe. Diese sind nicht nur die eigentlichen Nährböden für das Pilzwachstum, sie scheinen auch Feuchtigkeitsaufnahme und -abgabe des Holzes ungünstig zu beeinflussen. Geflößtes Holz war und ist stets ungeflößtem Holz vorzuziehen, auf dem Bau wie in der Malerwerkstatt. Heute schützen die modernen Holzkonservierungsmittel bei richtiger Anwendung alle Hölzer sicher vor Pilzbefall und Anobien (Holzwurm, Holzbock usw.), nur muß das Holz vor der Grundierung getränkt werden. Später sind Konservierungsmittel wirkungslos oder müssen mit außerordentlich diffizilen Methoden eingebracht werden.

Holzwerkstoffe

Sperrholz

entsteht durch Umleimen eines oder mehrerer dicker, sog. Blindfurniere mit dünneren Holzblättern, den Deckfurnieren, wobei jede Lage stets quer zur Maserung der benachbarten Lage verleimt wird. Früher hat man für das Verleimen von Sperrholz- und Tischlerplatten Haut-, Knochen- und Kaseinleime verwendet, was eine bleibende Feuchtigkeitsempfindlichkeit der Verleimung zur Folge hatte. Heute arbeitet man industriell mit synthetischen Kunststoffleimen, verleimt bei erhöhter Temperatur und unter Druck und erreicht damit wasserfeste Verleimungen. – Eine mehrfach verleimte Sperrholzplatte mit ausreichender Gesamtstärke ist ein ordentlicher Bildträger.

Tischlerplatten

bestehen aus zusammengeleimten Holzstäben oder -streifen, die beidseitig mit je einem Deckfurnierblatt versehen sind. Sie haben sich seit langer Zeit als sehr solide und zuverlässige Bildträger erwiesen, die nicht im geringsten arbeiten; sie werden manchmal auch als Trägermaterial bei Bildübertragungen verwendet. Ihr einziger Nachteil ist ihr hohes Gewicht. Normalerweise sind die Stäbe bündig aneinandergeleimt. Um Holz und Gewicht zu sparen, stellt man aber auch Platten her mit Zwischenräumen zwischen den parallel laufenden Holzstäben.

Holzspanplatten

entstehen durch heißes Verpressen von feinen und groben Holzspänen mit synthetischen Kunststoffleimen als Bindemittel.

Holzfaserplatten

heißen die in gleicher Weise hergestellten Platten, deren Holzfasern aus Abfallholzschnitzeln gewonnen werden. Die weichen sogenannten *Dämmplatten* sind im allgemeinen als Bildträger weniger gut geeignet und sollten rundum mit dünnem Nessel kaschiert werden, während die Hartfaserplatten sich schon seit geraumer Zeit gut bewährt haben. Ein Nachteil ist die Stoßempfindlichkeit der Ecken und Kanten und ihr Gewicht. – Auf den glatten Seiten dieser Platten befinden sich manchmal noch Rückstände der Trennmittel aus der Preßform. Diese müssen mit Lösemitteln entfernt werden, weil sie sonst die Verankerung der Grundierung im Bildträger verhindern würden. – Die Preßplatten brauchen nicht gegen Holzschädlinge imprägniert zu werden, weil beim Preßvorgang bereits Schädlingsbekämpfungsmittel eingearbeitet werden.

Papiere

Geschichte

Der Vorgänger unseres Papiers, der *Papyrus*, hat schon vor etwa 5000 Jahren als Schreib- und Malgrund gedient. Ein Papyrusblatt entsteht durch Aneinander- und Überkreuzkleben von entrindeten Markstreifen der in Nordafrika heimischen, bis zu drei Meter hohen Papyrusstaude, *Cyperus papyrus*, und anschließendes Glatthämmern des anfänglich noch welligen Papyrusblattes. Dabei übernimmt der Papyrussaft die Rolle des Leimes, der die Markstreifen miteinander verklebt. Die Blätter wurden in beliebiger Länge und Breite aneinander geklebt, dabei hat ein essigsaurer Mehlkleister als Klebstoff gedient. Auf diese Weise sind ziemlich große Formate entstanden, die nicht nur zum Beschreiben und Bemalen dienten, die auch so stabil waren, daß sie als Wickelmaterial für Mumien, als Material für Bekleidung, ja sogar für den Bau von leichten Booten und zur Herstellung von Schiffstauen verwendet werden konnten.

Um die Zeitenwende sind die *Papyri* allmählich abgelöst worden von einem neuen Schreib- und Malgrund, dem Pergament. *Pergament* wird aus ungegerbten Häuten von Kälbern, Schafen und Ziegen hergestellt. Dazu werden die Häute und Felle in Kalkbrühe gelagert, dann von Fleischresten und Haaren befreit, gewaschen, gespannt und mit Messern und Bimsstein kunstvoll *gedünnt*, was das eigentliche Kunststück beim Herstellen von feinem Pergament ist. Pergament war zwar wesentlich teurer als Papyrus, war aber auch widerstandsfähiger und stabiler als dieser und ließ sich, wenn man die Schrift, Zeichnung oder die Buchmalerei mit einem feinen Messer vorsichtig abgeschabt hatte, mehrfach verwenden. – *Palimpsest* (griech. „wieder abgekratzt") nennt man ein Pergament, das, „abgekratzt", neu beschrieben oder neu bemalt worden ist.

Chinesisches Papier – unter dem Namen *Japanpapier* lernen wir normalerweise dieses Material kennen – ist zum ersten Mal vor etwa 2000 Jahren in China hergestellt worden. *Tsai Lun*, Minister in der Zeit der Han-Dynastie, gilt als der Erfinder. Im achten Jahrhundert war die Kunst des Papiermachens auch im benachbarten Japan bekannt. Dort im fernen Osten hat sich seit den Tagen *Tsai Luns* in der Art der Papiermacherei nicht viel geändert. Pflanzenfasern aus Maulbeerbast, Gräsern, Bambus, werden mit Gewebeabfällen gemischt, zerstampft, gewässert. Der Faserbrei muß reifen und wird dann mit einem Schöpfrahmen aus Bambus geschöpft, das entstehende Blatt wird auf einer beheizten Hohlmauer getrocknet. Seit dem 17. Jahrhundert steht Japanpapier auch europäischen Malern zur Verfügung. Über niederländische Häfen ist es – wie so manche andere Ostasiatika – eingeführt worden. Heute wird dieses feste, nur wenig geleimte Papier von manchen Aquarellmalern und Druckgrafikern als Bild- und Druckträger geschätzt und in bestimmten Fällen europäischen Papieren vorgezogen. – Restauratoren gebrauchen es häufig zur vorübergehenden Sicherung gelockerter Bildstellen.

Im neunten Jahrhundert haben die Araber in Bagdad das Papiermachen gelernt. Sie waren die großen Technologen ihrer Zeit und haben die Papiertechnologie nicht nur weitergegeben sondern auch handwerklich weiterentwickelt. Bald wurde im ganzen Mittelmeerraum Papier gemacht, den die Araber politisch beherrschten. Das älteste nicht von Arabern in Europa hergestellte Papier ist wahrscheinlich in der Mitte des 13. Jahrhunderts in Fabriano, in Italien, gemacht worden. Von da an hat sich die Kenntnis des Papiermachens sehr rasch verbreitet. Merkwürdigerweise ist schon im *Theophilus*-Manuskript, um 1200 n. Chr., von einem „griechischen Pergament" die Rede, „das aus Leinengewebe gemacht ist". Seit dem 14. Jahrhundert ist Papier offenbar ein recht bekanntes Arbeitsmaterial in der Malerwerkstatt, zumindest in Italien, denn *Cennino Cennini* berichtet in seinem berühmten Traktat auch vom Papier.

Herstellung

Handgeschöpfte Hadernpapiere

Die europäischen Papiere sind ursprünglich nur aus gebrauchten Geweben, aus Leinenlumpen, aus *Hadern* hergestellt worden. Das waren gleichsam die europäischen Ersatzstoffe für die im fernen Osten zur Papierherstellung verwendeten Gras-, Strauch- und Baumfasern. Die Hadern wurden nach Farben sortiert, anfänglich von Hand mit Messern zerstückelt, in Mörsern und Stampfwerken gestampft und in Wasser aufbereitet, bis der *Zeug* genannte Papierstoff „reif" war, d. h. zur Blattbildung auf dem Sieb geeignet.

Das Handschöpfen geht so vor sich: Das reife *Ganzzeug* wird in großen Behältern, in den „Bütten", mit Wasser weiter verdünnt. Aus der Bütte schöpft dann der *Büttgeselle* mit dem Schöpfrahmen, einem rechteckigen, mit feinem Bronzegewebe bespannten Holzrahmen, eine dünne Schicht des weißlichen Papierbreis heraus. Durch leichtes Rütteln des Rahmens wird das Blatt gebildet und eine gleichmäßige Verfilzung der Fasern befördert. War auf dem Bronzegewebe ein Herstellerzeichen befestigt, dann wird bei der Blattbildung dort die Papiermasse verdünnt, so daß im Blatt ein helleres *Wasserzeichen* entsteht. Fast das gesamte Wasser läuft durch das Gewebe ab.

Der Büttgeselle übergibt dann dem *Gautschgesellen* den Rahmen mit dem trocknenden Papierbrei und dieser legt (= gautscht) ihn auf einem Wollfilz ab. Das sich langsam bildende Blatt wird sofort mit einem weiteren Filz bedeckt, auf den wiederum der nächste Papierbogen abgegautscht wird. Das wird wiederholt bis ein entsprechend starker Filz-Papier-Filz-Stoß gepreßt werden kann. Dabei läuft wieder eine beträchtliche Menge Wasser ab, ein geringerer Teil wird vom Filz abgesaugt und schließlich können die Papierbögen, nachdem sie noch einmal allein, ohne Filze, übereinanderliegend gepreßt worden sind, an einer Art Wäscheleine zum Trocknen aufgehängt werden.

Damit das Papier besser beschreibbar, bezeichenbar und bemalbar wird, werden die Bögen einmal oder mehrere Male geleimt und erneut wie oben beschrieben getrocknet. Die alte Art des Leimens im Leimbad ist heute auch beim Handschöpfen meist ersetzt durch Leimzusatz zum *Ganzzeug*.

Neben dem materiellen und ästhetischen Reiz, den handgeschöpfte Papiere in besonderem Maß besitzen, ist für den Aquarellisten wie für den Kupferdrucker der Faserlauf und die gleichmäßige Verfilzung der Fasern in Längs- und Querrichtung wichtig, weil sie eine optimale Dimensionsstabilität der handgeschöpften Papiere zur Folge haben. – Der charakteristische Büttenrand handgeschöpfter Papiere entsteht durch Verdünnung des nassen Papierstoffs am Rande der Schöpfrahmen.

Auf Maschinen hergestellte Papiere

Die Papierrohstoffe werden schon lange nicht mehr in einfachen Stampfwerken zerkleinert. Seit Mitte des 18. Jahrhunderts werden sie in schweren Mahlwerken, die von holländischen Papiermachern entwickelt worden sind, in sog. *Holländern* aufbereitet. Diese sind inzwischen aber auch schon wieder abgelöst worden von noch wirkungsvolleren Aufschlußmaschinen, von Kegelstoffmühlen. Das Ziel der Stoffaufbereitung ist es, die Faserstoffe so zu zerkleinern, zu quetschen und in Wasser quellen zu lassen, daß sie möglichst rasch zu reifem *Ganzzeug* werden, das zur Blattbildung geeignet ist.

Reine Hadernpapiere, auch hadernhaltige Papiere sind aus Kostengründen ziemlich selten geworden. Die meisten Mal- und Zeichenpapiere werden heutzutage aus den Fasern von Holzzellstoffen hergestellt, nachdem das vergilbende, holzige *Lignin* vorher vollständig entfernt worden ist. Aus den vom Lignin befreiten Zellstoffasern etnstehen die nicht gilbenden *holzfreien* Papiere. Die Qualität der Papiere ist abhängig von der Sorgfalt der Verarbeitung und selbstverständlich von der Papierrezeptur und der Qualität der verwendeten Rohstoffe. Holzzellstoff gibt es in sehr verschiedenen Qualitäten und Faserlängen. Bei den heute als Hadernmaterial verwendeten Baumwollfasern, den *Baumwoll-Linters*, ist es nicht anders. – Es ist handelsüblich und liegt im Interesse der Käufer wie der Verkäufer, bei reinen Hadernpapieren und hadernhaltigen Papieren den Hadernanteil in Prozent anzugeben.

Zur Papierherstellung werden aber nicht nur Zellstoffasern und/oder Hadernmaterial gebraucht, das Papierrezept enthält auch Leime, welche die Beschreib- und Bemalbarkeit sowie die Dimensionsstabilität und die Alterungsbeständigkeit der Papiere beeinflussen. Früher sind die fertigen Papierbögen, beispielsweise die handgeschöpften, im Leimbad mit Haut- oder Knochenleim geleimt worden. Die ständig wachsenden Produktionsmengen an Papieren ließen schließlich die papierherstellenden Handwerksbetriebe zu Industriebetrieben werden, die bald nach rationellen Fertigungsverfahren (S. 98) und entsprechenden Leimungsverfahren suchten. Ein ungeleimtes Papierblatt, z. B. ein Stück Lösch- oder Filtrierpapier, saugt so stark, daß es weder zum Malen noch zum Beschreiben taugt. Nach dem Leimen ist das getrocknete Blatt nicht nur mechanisch stabilisiert, es besitzt jetzt auch eine gewisse Naßfestigkeit. Je nach angezieltem Verwendungszweck des Papiers muß die Leimung gesteuert werden. Aquarellpapiere sollen zwar saugen, aber auch wieder nicht zu stark saugen, sie sollen stark wasserverdünnte Aquarellfarben nicht abperlen lassen.

Die Haut- und Knochenleime, mit denen die Papierblätter früher geleimt worden sind, wurden seit Anfang des 19. Jahrhunderts nach und nach überall ersetzt durch wässerige Lösungen von Kolophoniumseifen, die dem Papierbrei schon im Holländer zugesetzt werden konnten. Nach Zugabe von sauer reagierenden Alaunlösungen oder anderen sauren Chemikalien fallen die Kolophoniumseifen auf die Papierfaser aus und leimen diese ähnlich, wie das vormals die Hautleime getan hatten.

Diese rationelle Harzleimung in der Papierfabrik – *Ilg* hatte sie 1806 entwickelt – ist seit Beginn des 19. Jahrhunderts erkauft worden durch vorzeitigen Abbau der Papierzellulosen, durch Stabilitätsverluste und durch Papiervergilbungen und -bräunungen, die seitdem Malern, Druckgrafikern, Sammlern, Museen und Bibliotheken große Sorgen machen. Als die Ursache für diese Schäden durch die saure Leimung erkannt und bewiesen war und als man in die

So werden Papiere mit der Hand geschöpft

Abb. 16–23 (Werkfotos der Büttenpapierfabrik Hahnemühle, Dassel)

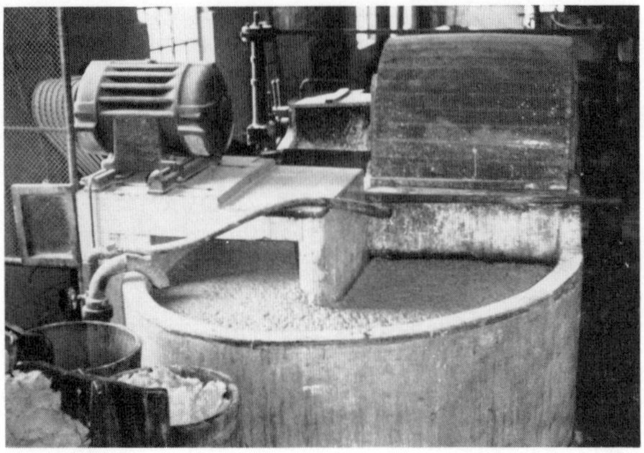

Abb. 16 Holländer

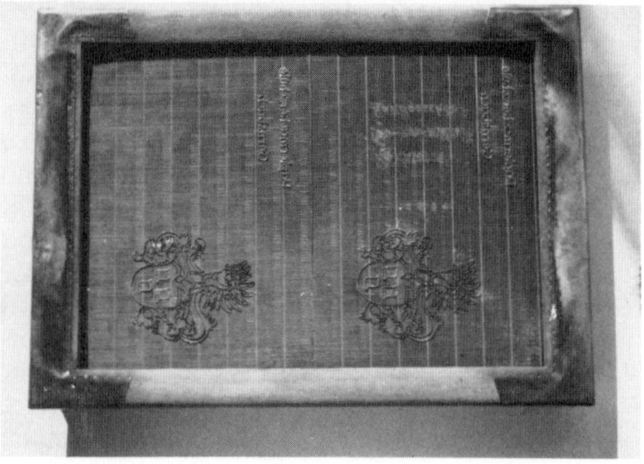

Abb. 17 Handschöpfsieb mit Wasserzeichen

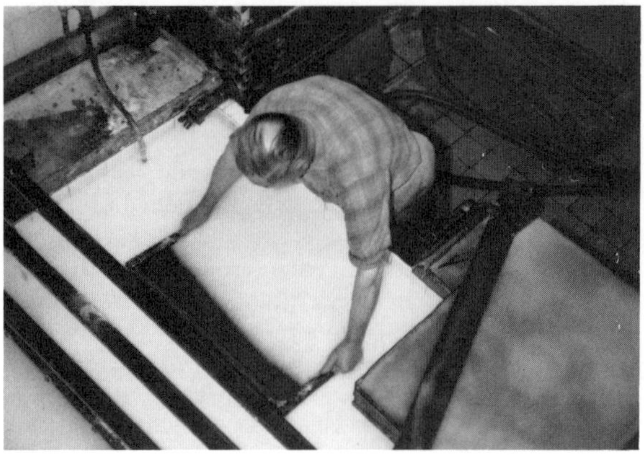

Abb. 18 Büttgeselle taucht den Rahmen in das Ganzzeug

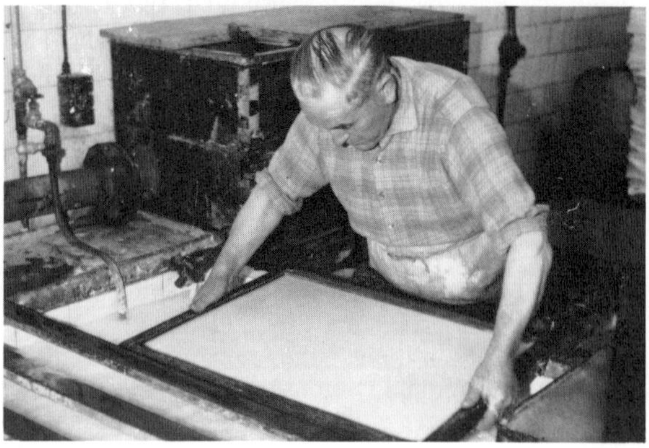

Abb. 19 Büttgeselle bei der Blattbildung

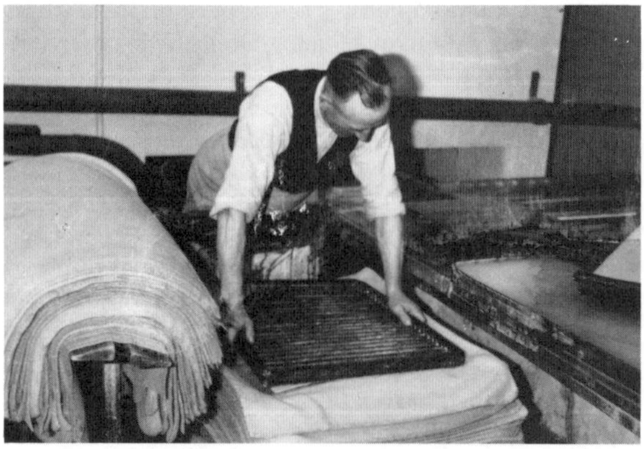

Abb. 20 Gautschgeselle beim Abgautschen

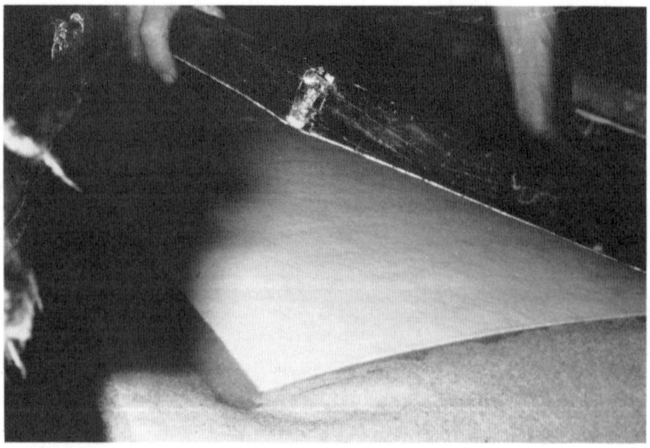

Abb. 21 Abgegautschter Bogen auf Filz

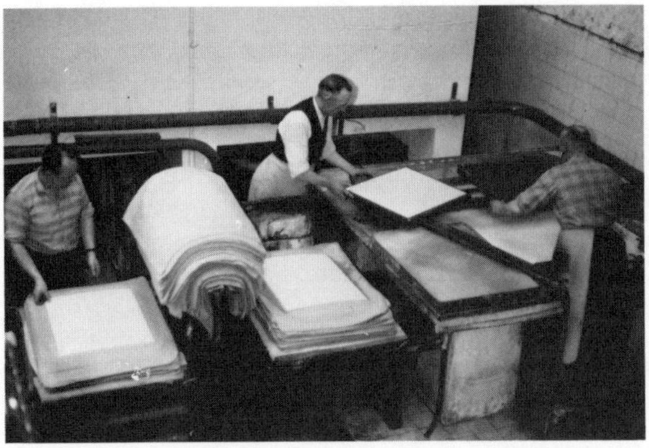

Abb. 22 Blick auf Schöpfer - Gautscher - Leger

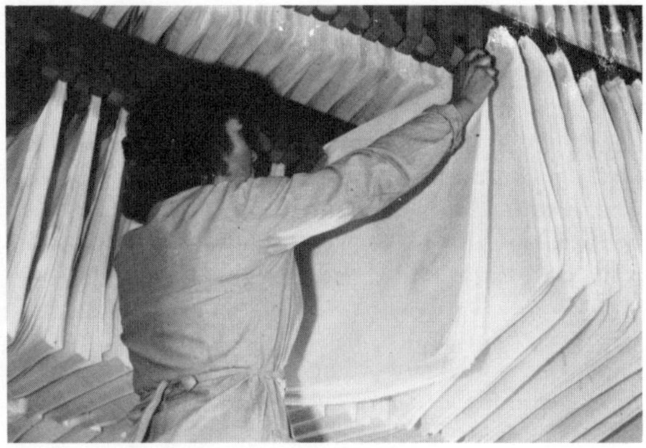

Abb. 23 Trocknen der Papierbögen

Papierherstellung auf einer Langsiebmaschine

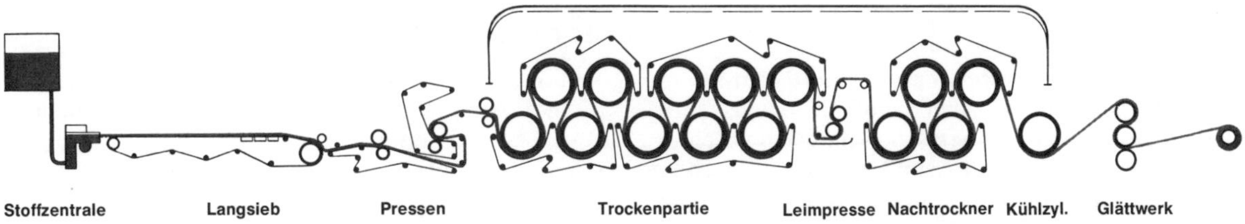

Abb. 24 Schema einer Langsieb-Papiermaschine (aus *H. G. Schwieger*: „Papierpraktikum“, PR-Verlag, Wiesbaden)

Papierherstellung auf einer Rundsiebmaschine

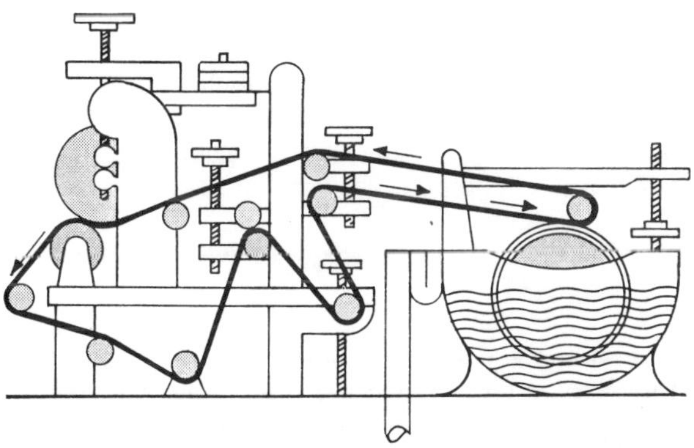

Abb. 25 Schema einer einfachen Rundsiebmaschine mit einem Siebzylinder (nach *K. Keim*, „Das Papier“ aus *H. G. Schwieger*: „Papierpraktikum“, PR-Verlag, Wiesbaden)

Überlegungen auch die möglichen Einwirkungen saurer schwefliger und nitroser Gase aus der Atmosphäre einbezogen hatte, da hat man neutrale und auch leicht alkalische, synthetische Leime entwikkelt, mit denen heute alterungsbeständige, mechanisch und coloristisch stabile Papiere hergestellt werden. So entstehen die *säurefreien Papiere* und Passepartout-Kartons, die heute den Malern und Druckgrafikern zur Verfügung stehen. – Darüber hinaus enthält die Rezeptur auch Pigmente und Füllstoffe, die das poröse Papier „färben“, es „füllen“ und mit denen man das Papiergewicht einstellen kann.

Wenn man daran denkt, daß der zu verarbeitende Papierstoff, das *Ganzzeug*, aus einer 1%igen Aufschlämmung von Fasern in Wasser besteht, dann kann man sich vorstellen, daß auch die Wasserqualität von großer Bedeutung für die Papierqualität ist.

Organische Sink- und Schwebstoffe und Eisen- und Mangansalze beispielsweise müssen sorgfältig entfernt werden, oder besser noch, sie sollten im Wasser einer Papiermühle erst gar nicht vorhanden sein. Deswegen haben sich Papiermühlen dort gerne angesiedelt, wo es weiches und reines Wasser gibt.

Auf zwei verschiedenen Maschinenarten wird Papier hergestellt, auf Langsiebmaschinen (Abb. 24) oder auf Rundsiebmaschinen (Abb. 25).

Um 1800 hat der Franzose *Nicolas Louis Robert* die erste Vorstufe für unsere heutigen Langsiebmaschinen gebaut. Er hat damals ganz einfach über der Bütte einen Schöpfrahmen installiert, der nicht mit Muskelkraft, sondern mechanisch gerüttelt wurde.

Aus dieser simplen Konstruktion sind heute riesige Papiermaschinen geworden, auf denen über ein präzise arbeitendes Dosiersystem der Papierstoff auf ein mehrere Meter breites, endloses, ständig laufendes Sieb aufläuft. Das Sieb wird quer zur Laufrichtung gerüttelt, Wasser fließt ab, dabei beginnt die Blattbildung. Die entstehende Papierbahn wird über eine Gautschpresse transportiert, auf endlosen Filtertüchern vorgetrocknet, in der Trockenpartie der Maschine vollständig getrocknet, dann gerollt und weiterverarbeitet.

Der Engländer *J. Bramah* hat, auch etwa zu Beginn des 19. Jahrhunderts, den anderen Typus einer Papiermaschine konstruiert, die Rundsiebmaschine. In ihr rotieren auf einem Zylinder gebogene Siebe in der Bütte. Der Papierstoff beginnt, sich auf dem Sieb abzusetzen, das Wasser läuft nach innen ab und das auf dem Sieb sich bildende Blatt wird von einer Gautschwalze vom Zylindersieb abgenommen. Weil auf das Zylindersieb Stege aus Metall aufgelötet sind, wird hier der Papierstoff verdünnt und beim Abnehmen des Papiers durch die Gautschwalze reißt der Bogen an diesen verdünnten Stellen und er bekommt einen ähnlichen „Büttenrand“, wie wir ihn bei den handgeschöpften Papieren kennen gelernt haben.

Die kostbaren, leider aber auch kostspieligen handgeschöpften hadernhaltigen und die reinen Hadernpapiere sind nicht nur das schönste Produkt, das die Papiermacherkunst dem Maler, Holzschneider, Kupferstecher und Radierer anzubieten hat, diese feinen Papiere besitzen auch technologische Qualitäten von höchsten Graden. Der gleichmäßige Faserlauf in Längs- und Querrichtung, die gleichmäßige Verfilzung und daraus folgend eine optimale Dimensionsstabilität und Maßhaltigkeit sind für den Künstler wie für den Sammler von größtem Wert. – Der echte Büttenrand dieser Papiere – wir haben es vorhin gehört – ist nur sichtbare Folge der Herstellungsart und ohne Einfluß auf die Papierqualität.

Die auf Rundsiebmaschinen für künstlerische Zwecke hergestellten Papiere besitzen oft eine ähnliche, manchmal sogar die gleiche Stoffzusammensetzung, wie sie für das Handschöpfen zusammengestellt wird. Auch Rundsieb-Büttenpapiere besitzen große Gleichmäßigkeit in Faserlauf und Verfilzung. Sie werden deshalb von Malern und Druckern sehr geschätzt.

Die weitaus größte Menge der für künstlerische Zwecke bestimmten Papiere aber wird auf Langsiebmaschinen hergestellt. Es ist zwar richtig, daß die Fasern der Langsiebpapiere sich vorwiegend in Laufrichtung des Siebes orientieren und verfilzen, gute Papiertechniker komponieren aber ihre Papierrezepturen so kunstvoll, daß auch auf Langsiebmaschinen für künstlerische Zwecke hervorragend geeignete Papierqualitäten entstehen.

Ein Blick auf die Preise von handgeschöpften Hadernpapieren und ein zweiter Blick auf die Preise von hadernhaltigen Rundsieb-Büttenpapieren schließlich läßt Maler und Drucker dankbar an die Tüchtigkeit der Papiertechniker denken, die es fertigbringen, gute Papiere herzustellen, ohne daß Bütt- und Gautschgesellen bemüht werden müssen.

Papiersorten

Aquarellpapiere

Auf guten Aquarellpapieren kann man stark verdünnte Aquarellfarben selbst in zarteste Nuancen verwaschen, naß-in-naß gleichmäßige Übergänge schaffen, Farbtönungen ineinanderziehen. *Albrecht Dürer* – seine Aquarelle zeigen es – hat solche Papiere noch nicht gekannt. Offenbar sind spezielle Aquarellpapiere, die etwa unseren heutigen Vorstellungen entsprechen, erst in der Mitte des 18. Jahrhunderts in England gemacht worden. Es wird überliefert, *Gainsborough* habe den Papierhersteller *Whatman* dazu angeregt und das hat dann dazu geführt, daß dessen Name von einer Herstellerbezeichnung zu einer Qualitätsbezeichnung geworden ist. Erst etwa 50 Jahre später hat man brauchbare Aquarellpapiere auch in Frankreich und in Italien hergestellt, deutsche Papiermühlen haben sich offenbar erst in diesem Jahrhundert an die Herstellung von Aquarellpapieren herangetraut. – Die Oberfläche von Aquarellpapieren ist nicht immer glatt, meist ist sie mehr oder weniger rauh oder unregelmäßig gewellt (Torchon).

Aquarellpapier kann der Maler in Bögen oder in Blöcken kaufen. Weil selbst die besten Aquarellpapiere bei einseitiger Nässung, die beim Aquarellieren unumgänglich ist, sich nach kurzer Zeit wölben, sich verziehen, ist es notwendig, die Papiere zum Malen sachgerecht vorzubereiten. Wer verhältnismäßig „trocken“ arbeitet, beispielsweise mit Gouachefarben oder mit einer nur wenig verdünnten Aquarellfarbe, der kann in der Regel gefahrlos direkt auf dem Block arbeiten. Eine geringe Wölbung des bemalten und des darunter liegenden Blattes wird bald wieder zurückgehen. Wer seine Aquarellfarben aber stark verdünnen will, der sollte daran denken, daß Aquarellbögen nicht geblockt werden, damit man ungehemmt auf ihnen naß-in-naß malen kann. Sie werden nur deshalb geblockt, damit die Papierbögen einfacher zu transportieren sind.

Soll sehr wässerig gemalt werden, dann ist es richtig, das Papier beidseitig mit einem nassen Schwamm gut anzufeuchten, das Wasser ein paar Minuten einwirken zu lassen und es dann mit einem fusselfreien Lappen vorsichtig abzutupfen. Jetzt klebt man den feuchten Bogen glatt und stramm mit gummiertem Klebeband auf eine möglichst helle Malplatte oder auf eine Glasscheibe, die man auf einen weißen Untergrund legt. Und dann erst wird gemalt. – Nach dem Trocknen wird das glatt aufgetrocknete Aquarell mit einem scharfen Messer aus dem Kleberahmen herausgeschnitten.

Ölmalpapiere

Die Ölmalpapiere und das sogenannte Universalmalpapier entstehen aus gut geleimten Papiermassen, die als fertiges Papier den erheblichen Zugspannungen beispielsweise von Acrylfarben standhalten müssen. Meist sind diese Papiere schwerer als 200 g/m^2 oder sollten es wenigstens sein, wenn sie ihren Namen verdienen wollen. – Will man sich ein kräftiges Papier, das aber noch zu stark saugt, selbst grundieren, dann tut man das beidseitig mit Kasein- oder Knochenleim oder auch mit einer stark verdünnten Kunststoffdispersion. Es gehört eine gewisse Erfahrung dazu sich einen guten Papiermalgrund mit der jeweils richtigen Saugfähigkeit selbst herzustellen.

Pastellmalpapiere

Pastellmalpapiere sind Malgründe für die Pastellmalerei, die, nachdem sie einige Jahrzehnte fast vergessen war, im 19. Jahrhundert in Frankreich wieder Mode wurde. Man braucht dazu Papiere mit besonders griffiger Oberfläche, wie es Ingres-Papier beispielsweise darstellt, teilweise werden aber auch Velourpapiere benutzt, die durch Aufsieben oder Aufstäuben von Woll- oder Baumwollstaub auf Papier oder Pappe in mehreren Farbtönungen hergestellt werden. Es gibt Maler, die auch sehr feine Schleifpapiere oder Schleifleinen als Malgrund für die Pastellmalerei verwenden.

Malpappen

Pappen werden durch Zusammenkleben mehrerer Lagen von feuchtem Papierstoff hergestellt, sie wiegen in der Regel mehr als 500 g/m^2. Reine Lumpenpappen, wie sie noch vor 50 Jahren empfohlen worden sind, sind heute nicht mehr erhältlich; den hohen Preis würde wahrscheinlich kein Maler mehr zahlen wollen. Dafür werden die weniger zäh-elastischen, dafür aber billigeren Graupappen angeboten, wie sie auch die Buchbinder verwenden. Es sind dies meist 3–4 mm starke Mischpappen aus viel Papier- und wenig Textilabfällen, die dem Maler meist schon grundiert und damit malbereit angeboten werden. Die käuflichen Malpappen sind in der Regel einseitig mit einer Leinenprägung versehen und beidseitig entweder im Spritzverfahren oder im Siebdruck grundiert, seltener auch mit einem schweren Malkarton kaschiert. Grundsätzlich wichtig ist es, daß die Malpappen stets auf beiden Seiten gleich vorbehandelt werden, weil sie sich sonst werfen würden. Trotzdem bleiben selbst gut gearbeitete und vorschriftsmäßig grundierte Pappen gegen Temperatur- und Feuchtigkeitsschwankungen empfindlich und neigen zum Verwerfen. Deshalb ist es richtig, für Formate, die größer sind als 40 × 50 cm, bespannte Keilrahmen oder Hartfaserplatten zu verwenden. Bei großen Formaten macht sich ein Verwerfen viel unangenehmer bemerkbar als bei kleinen.

Reine Zellulose- und Strohpappen sind als Bildträger nicht zu empfehlen. Aber auch alle anderen Malpappensorten sollte ein Maler kennen und seine Erfahrungen mit ihnen gesammelt haben, bevor er eine wichtige Arbeit auf ihnen ausführt.

Wer sich eine nicht malfertige Pappe selbst grundieren will, der kann sie beidseitig mit Kasein- oder Knochenleim grundieren. Je saugfähiger die Pappe ist, desto stärker ist der Leim zu verdünnen, damit er tiefer eindringen kann und desto häufiger muß grundiert werden. Dann wird weitergearbeitet wie bei „Kreidegrund“ (S. 102) oder bei „Halbkreidegrund“ (S. 106) ausgeführt. – Pappen können selbstverständlich auch mit den meist als „Grundierweiß“, „Haftgrund“ oder ähnlich bezeichneten, fabrikatorisch hergestellten Grundiermitteln zum Malen vorbereitet werden. Man sollte sich dabei an die Gebrauchsanweisung des jeweiligen Herstellers halten. Meist handelt es sich bei diesen Produkten um weiß pigmentierte Kunststoff-Dispersionsfarben, die mit Wasser verdünnt werden aber wasserfest auftrocknen. Sehr wichtig und unbedingt zu beachten ist, daß die Pappen beidseitig gleich behandelt werden, damit sie sich nicht werfen und verziehen.

Metalle

Von den Metallen hat *Kupfer* in der holländischen Kleinmalerei des 16., vor allem aber des 17. Jahrhunderts eine große Rolle gespielt. Ein Bildträger aus Kupferblech besitzt den Vorzug, gegen Feuchtigkeitsschwankungen unempfindlich zu sein, er zeigt aber auch den Nachteil, unter ungünstigen Umständen mit fetten Ölen grünes Kupferoleat zu bilden. Kupfer hat eine glatte Oberfläche, in die sich Malfarben nur schlecht verankern können; diese Glätte der Oberfläche ist es aber, welche die Miniaturmaler immer sehr gereizt hat.

Vor dem Grundieren sollte man *Kupferblech* mit einem Lösemittel, z. B. mit Feuerzeugbenzin, gründlich entfetten. Dann wird nach einer alten Werkstattüberlieferung unverdünnte, dick angeriebene Bleiweiß-Leinölfarbe sehr dünn mit einem Ringpinsel aufgestupft. Nach gutem Durchtrocknen wird diese Prozedur mehrere Male wiederholt, bis ein deckender weißer Grund entstanden ist. Auf diese etwas mühsame Weise wird durch Übereinanderlegen der vielen schleierartig dünnen Aufträge eine gut haftende Grundierschicht geschaffen, die den Bildträger mit der Bildschicht solide verbinden kann. Gleichzeitig wird auf diese Weise auch ein Durchschlagen von grünem Kupferoleat in die Bildschicht vermieden.

Seit einigen Jahrzehnten wird in geringem Umfang auch *Eloxal*, elektrisch oxidiertes Aluminium, als Bildträger verwendet. Ist eine weiße Grundierschicht erwünscht, dann wird stupfend grundiert wie bei Kupfer beschrieben oder mit einer Grundierfarbe für Kreide- oder Halbkreidegründe oder man arbeitet mit einem weißen Kunststoffdispersions-Haftgrund.

Eisenbleche müssen vor der Grundierung mittels Glaspapier sorgfältig und vollständig entrostet und dann mit einer Bleimennige-Ölfarbe mehrere Male schleierartig dünn gestupft werden. Nach vollständiger Durchtrocknung kann weiß grundiert und dann gemalt werden.

Zinkbleche und verzinkte Eisenbleche sind keine empfehlenswerten Bildträger, einmal weil auf diesem Material ein normaler Grundieranstrich schon von Anfang an schlecht haftet, und dann, weil Zink einen wesentlich anderen Ausdehnungskoeffizienten hat als die meisten maltechnisch denkbaren Aufstriche und es deshalb häufig zum Abplatzen oder Abschälen der Aufstriche kommen wird.

Mineralische Bildträger

Kalkputz

Mit *Kalkmörtel*, einem Gemisch aus 1 Raumteil gelöschtem Kalk, 3 bis 3,5 Raumteilen Sand und einer entsprechenden Menge Wasser werden Außen- und Innenwände von Bauten verputzt. In der Regel trägt man dabei zwei Putzlagen übereinander auf, selten mehr. Kalkmörtel haftet nur gut auf einem griffigen, saugfähigen Grund, zum Beispiel auf Ziegelsteinen und anderen Bausteinen und auf schalungsölfreien Zementflächen. Glatte Untergründe müssen aufgerissen oder aufgerauht werden oder sie erhalten vor der ersten Lage einen dünnen zementhaltigen Spritzwurf, sozusagen als Vorputz. Der Putz trocknet durch Verdunsten des Wassers und Einschlagen des Wassers in den Grund und er haftet hauptsächlich durch kapillare Kräfte sehr fest auf porösen Steinflächen; und zwar steigt die Haftfestigkeit im gleichen Maße wie sich der gelöschte Kalk mit der Luftkohlensäure in sein Ausgangsmaterial, den Kalkstein, Kalziumkarbonat, zurückverwandelt.

Der Fresco-Maler malt auf frischen Kalkputz mit einer Pigment-Wasserschlämme; auf frischen Putz kann man auch mit Kalkfarben oder in Kalkkaseintechnik malen. Erst nach sechs Wochen ist der Putz lufttrocken und soweit gefestigt, daß man auch mit den unverseifbaren Acrylfarben grundieren oder malen kann, vorausgesetzt, daß nur kalkechte Pigmente verwendet werden. Ein halbes Jahr etwa dauert es, bis der Putz richtig fest ist und neutral reagiert; seine größte Härte und Haftfestigkeit erreicht er aber erst nach Jahren.

Alle Kalkputzflächen sind porös und saugen deshalb ziemlich stark; sie werden wasserfest, bleiben aber wasserdampf- und luftdurchlässig. Ob und wieweit sie ihre Durchlässigkeit behalten, das hängt von ihrer weiteren mal- oder anstrichtechnischen Behandlung ab. Jeder Aufstrich verringert die *Luftdurchlässigkeit*, selbst ein Leimfarbenaufstrich verstopft in geringem Umfang die Poren. Kunststoffdispersionsfilme hemmen zwar die Luftdurchlässigkeit deutlich, sie belassen der Wand aber die *Wasserdampfdurchlässigkeit*. Ölfarbenfilme jedoch verstopfen die Poren derartig, daß die Wand nach dem Aufstrich weder Wasserdampf noch Luft durchläßt (S. 79, 163ff.).

Verlängerte Zementputze und Zementputze

Die *verlängerten Zementmörtel* werden hergestellt aus 2 Raumteilen gelöschtem Kalk, einem Raumteil Zement und neun Raumteilen Sand unter Zugabe des nötigen Wassers. Ein reiner Zementmörtel besteht aus einem Raumteil Zement und drei Raumteilen Sand. – Diesen beiden Putzsorten kann der Maler außen, aber auch an hochbeanspruchten Innenflächen begegnen. Den verlängerten Zementputz kann man optisch nicht vom normalen Kalkputz unterscheiden, den reinen Zementputz erkennt man aber in der Regel an seiner dunkleren Farbtönung. – Diese beiden Putzsorten sind nicht etwa stärker alkalisch, sie bleiben es nur länger. Alkalität kann häufig noch nach zwei Jahren gemessen werden.

Frische, zementhaltige Putzuntergründe sind deshalb maltechnisch problematisch, weil sich das beim Abbinden von Zement bildende Kalziumhydroxid unter dem Einfluß der Luftkohlensäure zu Kalziumkarbonat und unter dem Einfluß schwefelsaurer Gase zu Kalziumsulfat umsetzen kann, die sich beide als weiße *Ausblühungen* bemerkbar machen können. Solche Ausblühungen können u. U. sogar Aufstriche abdrücken. Bei alten, vollständig abgebundenen, neutral reagierenden zementhaltigen Gründen ist diese Erscheinung nicht mehr zu befürchten.

Soll ein lufttrockener, frischer, zementhaltiger Putzgrund bemalt werden, ist man sich über die Alkalität eines Putzgrundes nicht klar oder muß man den Putzgrund vor der Arbeit festigen, weil er sandet, dann ist ein Fluatieren des Grundes am Platze. Dadurch wird der Putz gefestigt und gehärtet und seine Saugfähigkeit wird verringert. *Fluate*, das ist der ungenaue Sammelname verschiedener Neutralisier- und Isoliermittel für kalk- und zementhaltige Untergründe. Teils handelt es sich dabei um Salze der Kieselfluorwasserstoffsäure, die vor der Verarbeitung in Wasser aufgelöst werden müssen, teils sind es flüssige Produkte. Wer fluatieren will, der sollte sich beim Anstrichfarbenhändler oder bei einem erfahrenen Anstreicher gut beraten lassen und das Material genau nach Herstellervorschrift verwenden. Durch Fluatieren wird gleichzeitig die Ausblühgefahr verringert.

Beton

Trockener Beton, ein Gemisch aus Zement, Sand, Kies und Wasser, behält lange eine gewisse Kernfeuchtigkeit und reagiert deshalb lange alkalisch. Frischer Beton sollte fluatiert werden, bevor man auf ihm malt. Nach etwa drei Monaten kann man mit Acrylfarben auf Beton malen. Auf Sichtbetonflächen müssen vorher die Reste von Schalölen abgewaschen werden. Nach zwei Jahren ist Beton in der Regel so weit abgebunden, daß man auch mit Ölfarben malen kann. Die Malfarben sollten mit zementbeständigen Pigmenten pigmentiert sein.

Selten werden Schieferplatten, Marmortafeln und andere Mineralien als Bildträger benutzt. Es gibt antike Wachsmalereien, wie die „Muse von Cortona“, die auf Schiefer gemalt sind, ferner Bilder von *Tizian*, wie ein „Ecce homo“ in Madrid, und Arbeiten von *Lenbach, Böcklin* und anderen. – Man kann ohne weitere Grundierung auf solchen Gründen malen oder Ölfarbenvorstriche, wie bei den Metallen beschrieben, machen.

Gipsgründe

Gipspulver wird durch Brennen von natürlichem Gipsstein, einem wasserhaltigen Kalziumsulfat (S. 33), bei 120–180°C hergestellt. Dabei entweicht ein großer Teil seines Kristallwassers. Wird später der gebrannte Gips in Wasser eingesumpft, dann erstarrt er wieder unter Wasseraufnahme. Er kann beispielsweise als Gipsputzwand oder auch als Gipsplatte Bildträger sein. – Der seit Jahrhunderten bekannte Gipsgrund, *Gesso*, des Malers ist eine mit Leim hergestellte Grundierfarbe, die nicht mit den handwerklich von Gipsern oder Putzern hergestellten Gipsgründen verwechselt werden sollte.

Grundiermaterial

Herstellung durch den Maler

Der Gips- oder Kreidegrund

Das Herstellen

Aus den Texten *Doerner – Roth – Dr. Jacobi* 1921–1971:

► Der Gips- oder Kreidegrund ist saugend und ölfrei. Er gibt luftige Töne und schöne Mattigkeit der Farbe.

1. Vorleimung, dünn gestrichen
   70 g Kölner Leim auf 1000 g Wasser
2. Nach dem Trocknen folgt die Grundierung
   Ein Raumteil Naturgips oder Kreide
   ein Raumteil Zinkweiß Rotsiegel
   werden mit einem Raumteil Leimwasser gut verrührt, bis die Masse völlig klumpenfrei ist. Dazu gibt man einen Raumteil leicht erwärmtes, flüssiges Leimwasser und mischt unter Erwärmen auf dem Wasserbad gut durch.
3. Nach oberflächlichem Anziehen erfolgt ein weiterer Aufstrich wie 2.

Will man den Grund spachteln, so nehme man höchstens einen Raumteil Leimwasser. Zum Streichen mit dem Pinsel gibt man, um den Grund in 2–3 Lagen dünn auftragen zu können, zweckmäßig 2–3 Raumteile Wasser zum Verrühren der Füllstoffe zu. Die Vorleimung ist nicht unbedingt nötig. Ungeleimte Gründe saugen stärker.

Die Masse muß rahmig und dabei gut streichfähig sein. Wenn nötig, gebe man noch etwas Wasser hinzu. Nach Untersuchungen des Doerner-Instituts kann für große Flächen oder bei schwacher Leinwand ein Raumteil Wasser dem Gipsgrund zugegeben werden, ohne daß die Leuchtkraft vermindert wird. Der Grund bleibt wischfest und ist leicht streichbar bei dünnstem Auftrag.

Der Leim soll gut gequollen sein, am besten 24 Stunden. Ungenügend gequollener Leim setzt sich zu Boden und brennt leicht an.

Das Leimwasser wird nur mäßig erwärmt, so daß der Leim zergeht, aber nicht gekocht. Kochen mindert die Klebekraft. Mit 1 l Wasser streicht man etwa 8 qm.

Die Leimung darf nicht so gemacht werden, daß die Leinwand durch und durch getränkt ist. Sie würde spröde und brüchig. Man streicht nur mit der Spitze des gut aufgedrückten Pinsels und ohne Druck leicht über die Leinwand.

Die Leimung wie alle folgenden Schichten dürfen nicht am Ofen oder an der Sonne getrocknet werden, sonst springen sie. Große Kälte verursacht ebenfalls Risse. Zum Trocknen der Leimung ist im Sommer etwa ein halber Tag, im Winter ein Tag erforderlich. Die Leinwand zieht sich durch die Leimung zusammen, der Faden quillt, die Leinwand wird straffer. Nach dem Trocknen dehnt sie sich wieder. Nachspannen ist besser als Auskeilen, wenn sie schlaff wird. Darum soll man die Spannägel nicht gleich zu tief einschlagen. Falten in der Leinwand und Knicke, die nicht sofort verschwinden, muß man mit dem Spachtelgriff ebendrücken, solange der Leim noch naß ist.

Die Klebekraft der Handelsleime ist sehr verschieden. Die Angabe: 70 g Leim auf 1 l Wasser kann daher nur eine ungefähre sein und ist je nachdem zu verringern oder zu vermehren. So nehmen manche Maler, wie *K. Wehlte*, nur 50 g, H. Urban dagegen 80 g Leim auf 1 l Wasser. Um große Formate zu grundieren, empfiehlt das Doerner-Institut 100 g Leim auf 1 l Wasser zu nehmen.

Man gibt erst nur Wasser zu Kreide oder Gips und zum Zinkweiß, verrührt dann gut mit dem Grundierpinsel, wie man Mehl zum Kuchen anteigt, gießt nachher das Leimwasser zu, und sollte die Masse brockig sein – was bei schlecht gemahlenem Gips oder Kreide der Fall ist –, dann treibt man sie vorsichtshalber durch ein Drahtsieb. Den Pinsel streift man vorher mit der Spachtelkante aus.

Die einfachste Methode ist, die Leinwand rasch mit vollem Pinsel zu streichen, etwa 30 × 30 cm, und sofort, vordem der Grund anzieht, allen Überschuß mit der schräg gehaltenen Spachtelkante wie bei einem zu dick gestrichenen Butterbrot abzuziehen. Man kann den Grund auch mit der Spachtel auftragen und abziehen, besonders wenn er zu erkalten anfängt. Gewöhnlich macht man zwei Aufstriche übereinander, bei denen man nicht das völlige Durchtrocknen des vorherigen abzuwarten braucht. Nach ¼ Stunde läßt sich der zweite Überstrich leicht aufs Angezogene ausführen. Selten verträgt ein Gewebe mehr als zwei gespachtelte Überstriche. ▷

▷ Den zweiten Überstrich macht man kreuzweise zum vorigen, um alle Poren der Leinwand zu decken, und zieht dann ab. Gips ist besser als Kreide zum Abziehen mit der Spachtel. Die Kreide ist schmieriger im Auftrag, auch weniger leuchtend.

Will man einen Grund nur streichen, statt ihn mit der Spachtel abzuziehen, so nimmt man mit der Pinselspitze nur wenig Grundmasse auf und streicht sie dünn über die Leinwand. Man macht 2–3 dünne kreuzweise liegende Aufstriche, wodurch der Grund leuchtend wird, jedoch elastisch bleibt und das Korn der Leinwand nicht verdeckt wird. Bei großen Formaten nimmt man eine Bürste, wie es im Gewerbe geschieht.

Abgezogene Gründe werden glatter, gestrichene sind um so rauher, je nasser sie aufgetragen werden. Abgezogene Gründe sind angenehm griffig. Die Farbe steht gut auf ihnen. Sie brauchen kein Schleifen, wie oft die gestrichenen, die rauher sind und das „Korn" der Leinwand zeigen.

Sehr grobe Gewebe sind, namentlich in kleinen Formaten, nicht günstig. Sie erschweren die Arbeit, schlucken viel Material, und die pastosen Stellen verlieren leicht das Korn. *Marées* sagte einmal, er wolle lieber selbst bestimmen, wo er im Bilde Rauhigkeiten der Farbe haben wolle. Es hat keinen Zweck, sehr grobe Gewebe glattzugrundieren.

Der Grund soll *dünn, nur porenfüllend* aufgetragen werden und nicht wie eine Platte auf der Leinwand liegen, sonst kann er deren Bewegungen nicht mitmachen und platzt ab. Man hüte sich vor starkem Druck beim Aufstreichen des Grundes. Drückt sich die Innenkante des Keilrahmens durch beim Grundieren, so muß man sofort den Rahmen auskeilen oder besser nachspannen. Wird die Grundiermasse stellenweise rückseitig durchgedrückt, so entstehen störende Unebenheiten in der Leinwand. Dick auf einmal aufgetragener Grund wird ungleichmäßig. Man muß dann alles abschleifen bis in die tiefsten Pinselfurchen, und die vermeintliche Zeitersparnis erweist sich als das Gegenteil. Außerdem springt er sehr leicht.

Ohne Deckfarbe, nur mit Kreide oder Gips, verdunkeln sich die Gründe beim Bemalen und damit auch das Bild.

Die nicht verwendete Grundiermasse des Gips- oder Kreidegrundes kann man aufheben für spätere Benützung. Man muß dann aber die inzwischen verdunstete Wassermenge wieder zugeben, ebenso beim Leimwasser, sonst werden die oberen Schichten stärker gebunden als die unteren und reißen diese vom Grunde ab. Ist die Masse nicht streichfähig genug, so gebe man etwas Wasser zu. Geringe Reste des Kreidegrundes gibt man der Leimlösung vorteilhaft als fäulniswidriges Mittel zu, statt der schädlichen Karbolsäure oder anderer Desinfektionsmittel.

Das Schleifen

Bei Gipsgründen ist Schleifen im Gegensatz zu Kreidegründen nicht nötig. Hier genügt leichtes trockenes Schaben mit der Spachtelkante. Geschliffen können Gründe auf nassem und trockenem Wege werden. Naß geschliffene Gründe sind glatter. Man schleift trocken mit Ossa sepiae, ebenso mit Glaspapier oder Bimsstein, indem man ein Stück Pappendeckel hinter die Leinwand und unter den Keilrahmen schiebt, damit dessen innere Kante sich nicht durchdrücken kann, und fährt ohne Druck mit leichten kreisförmigen Bewegungen über die Fläche. Beim nassen Schleifen befeuchtet man einen Schwamm mit Wasser, drückt ihn gut aus und fährt ganz leicht über den gut trockenen Grund. Hat man aus Versehen den Grund zu stark genäßt, dann muß man warten, bis er angezogen hat, weil er sich sonst löst. Dick gestrichene Gründe platzen leicht beim Schleifen, besonders wenn sie zu naß gemacht worden sind. Zum nassen Schleifen nimmt man am besten künstlichen Bimsstein, der in verschiedenen Härtegraden erhältlich ist; der natürliche Bimsstein enthält oft harte Teile, die den Grund ritzen. Knoten entfernt man, wo es möglich ist, durch Abschneiden, sonst durch schwaches Nässen und Schleifen, wobei man von der Rückseite mit der Fingerspitze leichten Druck ausübt. Man spürt so am besten, wann der Knoten weggeschliffen ist. Trocken geschliffene Gründe sind im allgemeinen rauher, naß geschliffene glatter. Starkes Schleifen, namentlich nasses, bedeutet eine Gefahr. Es stellen sich nicht selten beim Trocknen Risse ein. Auf sehr glattem Grunde kann selbst Primamalerei reißen. Darum ist das Abziehen der Gründe dem Schleifen vorzuziehen. Für sehr feine Arbeit schleift man mit Ossa sepiae oder Schachtelhalm nach.

Gerben des Leimes

Alaun, $\frac{1}{10}$ des Leimgewichtes, vermag, der Leimlösung zugesetzt, den Eiweißkörpern des Leimes die Quellfähigkeit zu nehmen, ihn also wasserunlöslich zu machen. Das ist wertvoll, wenn man mit Wasser als Verdünnungsmittel über Gips- oder Kreidegrund malen will. Dieser würde sich sonst dabei auflösen. Der Grund wird dadurch aber weder wasser- noch ölundurchlässig.

Alaun hat die Eigenschaft, den Pinselstrich hervortreten zu lassen. Solche pastosen Pinselstriche im Grunde sieht man manchmal auf Bildern der italienischen Hochrenaissance, die vermutlich von einer Alaunzugabe herrühren. Alaun vermag Ultramarine zu entfärben, darum ist Formalin vorzuziehen.

Gerbemittel wie Alaun oder Formalin werden dem Leimwasser kurz vor Gebrauch zugesetzt, nicht aber ▷

▷ dem Leimwasser, das man aufbewahren will. 4% Formalinbestäubung (das Handelsformalin ist 40%ig) mit dem Fixierrohr erfüllt den gleichen Zweck wie Alaun und ist diesem vorzuziehen, da Alaun immer ein wasserlöslicher Bildbestandteil bleibt. Die Formalinlösung kann dem Leimwasser auch vor dem Grundierungsaufstrich zugesetzt werden. Wer gegen den Geruch von Formalin empfindlich ist, kann an Stelle der 4%- eine nur 2%ige Lösung verwenden, jedoch ist dann mehrmaliges Bestäuben nötig, um die gleiche Wirkung zu erzielen. Bei Kasein, das von selbst fest wird, ist Formalin nicht nötig, die Fälle der Anwendung sind sehr begrenzt, aber es gibt Maler, die selbst den Kalk (!) im Fresco damit zu binden hoffen – eine ganz unmögliche Sache. ◀

Vom „Gerben" des Leimes durch Aufsprühen von Formalin-Lösung ist unbedingt abzuraten. Das im Formalin enthaltene Formaldehyd ist giftig!

▶ *Chromalaun* verfärbt den Leim ins Gelbe, Tannin ins Rötliche. Beide Mittel sind daher für unsere Zwecke nicht zu empfehlen.

Weitmaschige Gewebe, bei denen eine gewöhnliche Grundierung durchfallen würde, müssen erst mit Leimwasser, dem 1/10 des Leimgewichtes an pulverisiertem Alaun zugesetzt wird, bestrichen werden. Ebenso wird dann der Grundiermasse Alaun in gleicher Weise zugesetzt und diese kalt und in gestocktem Zustand aufgetragen. Wenn sie sich nicht ohne weiteres auftragen läßt, rühre man sie erst mit dem Pinsel oder der Spachtel kräftig zusammen. Die Skizzenleinen des Handels sind solche weitmaschigen, natürlich minderwertigen Gewebe, und derartiges Material kann nur als Notbehelf dienen. Man trägt den kalten Grund mit dem Pinsel auf und zieht ihn nachher mit der Spachtel ab oder man spachtelt ihn gleich. Gestockter Grund eignet sich überhaupt gut zum Spachteln und Abziehen, da er dickflüssiger ist. Will man, daß die Ansätze des Pinsels nicht zu sehen sind, was aber eigentlich nur für Handelsware einen Zweck hat, so nässe man den Grund vor dem weiteren Grundieren ganz leicht an oder grundiere auf noch feuchten Grund.

Zusätze zum Kreidegrund

In der Absicht, die Geschmeidigkeit des Grundes zu erhöhen, werden diesem oft Zusätze beigegeben, wie Seife, Schmierseife, Honig, Sirup, Glyzerin und dergleichen. Diese Stoffe haben den großen Nachteil, daß sie die hygroskopischen Eigenschaften der Gewebe noch erheblich verstärken, durch ständiges Wasseranziehen und -abstoßen die Bewegung der Leinwand vermehren und sie schlaff machen, wie es schon *van Dyck* (nach *Mayerne*) vom Honig feststellte. Der Honig blühe aus wie Salpeter, sagte er. Dasselbe sagte mir *Böcklin*. Laugen und Säuren wirken hygroskopisch und können so zeitweise erhöhte Elastizität des Leimes vortäuschen. Glyzerin zersetzt sich allerdings im Laufe der Zeit und ist dann als solches nicht mehr vorhanden, aber die Zersetzung tritt erst nach langer Zeit ein und inzwischen schadet es ungemein. Schmierseife, die um die Jahrhundertwende von manchen Malern verwendet wurde, führt außerdem zu starkem Nachdunkeln und Schwärzen der Farben, durch die scharfen Laugen, die sie enthält. Der Maler hüte sich vor solchen Zusätzen, die unbedingt zu schweren Bilderschäden führen. So wurde z. B. beobachtet, daß Bilder mit solchen Zusätzen auch nach dem Austrocknen wieder völlig feucht werden. Alle diese Zusätze sind unnötig, denn der Kreidegrund ist an sich genügend geschmeidig. Abgerahmte Milch in geringer Menge als Zugabe zur Leimlösung kann dagegen Verwendung finden.

Die Güte des Kreidegrundes prüft man durch aus der Tube dick, etwa wie eine halbe Haselnuß, aufgesetztes Kremser Weiß in Öl. Es soll sich kein Ölrand absetzen. Verbessern kann man schlechten Grund durch einen Aufstrich von verdünnter Eiemulsion, evtl. mit etwas Weiß.

Guter Kreidegrund muß beim Nässen oder Firnissen sowie beim Betupfen mit Öl möglichst seine Helligkeit behalten. Gegen das Licht gesehen soll der Grund gleichmäßig dicht sein.

Fehlerhafte Gründe. Zu dick aufgetragener Grund platzt ab, was von Veroneses Gipsgründen gelegentlich einmal berichtet wird. Der Kreidegrund darf nach dem Trocknen nicht abfärben. Das Abfärben ist ein Zeichen dafür, daß dem Grund zu wenig Leim beigemischt war. Zu stark geleimter Grund bekommt Sprünge, die sog. Leimwürmer. Der Grund darf nicht knistern, wenn man ihn gegen das Ohr hält und mit dem Finger über die Rückseite der Leinwand fährt (Zeichen zu starker Leimung). Leimwürmer kann man durch sehr dick auf der Rückseite der Leinwand aufgetragenen Halbkreidegrund manchmal beseitigen. Am besten ist es aber, einen solchen fehlerhaften Grund heiß auszuwaschen und dann nicht mehr einen Kreide-, sondern einen Halbkreidegrund darüberzulegen, denn erfahrungsgemäß springen Kreidegründe auf überleimter Leinwand leicht wieder. Übermalte Leimsprünge geben auf der Rückseite des Bildes häufig tiefgehende Furchen. Im allgemeinen pflegen diese Leimrisse nicht weiterzugehen, sondern sind mehr ein Schönheitsfehler, wenigstens bei sonst gut hergestellten Gründen und bei mäßiger Überleimung.

Überleimung zeigt sich erst beim völligen Trocknen. Risse entstehen häufig genug durch zu starkes Auskeilen quer zum ausgekeilten Eck. Der Grund darf, gegen das Licht gehalten, keine Lücken und keine Sprünge zeigen und muß vollständig gleichmäßig erscheinen. Richtig hergestellter Kreidegrund darf beim Nässen nicht wesentlich von seiner weißen ▷

▷ Farbe verlieren. Leinwand, die dabei sehr dunkel wird, wie manche Klötzelleinen, die mit Tran gefettet sind, wird auch bei Primamalerei ein Nachdunkeln des Bildes hervorrufen. Sehr naß gestrichene Gründe reißen leicht beim Trocknen durch die starke Verdunstung. Gewebe, die beim Leimen stark eingehen, können, namentlich bei grünem Holze, den Keilrahmen verziehen. Man legt dann den Rahmen flach auf den Boden und beschwert die Ecken bis zum Trocknen.

Möglichst große, auch im nassen Zustand bleibende Weiße und Helligkeit des Kreidegrundes ist eine Notwendigkeit für dauernde Erhaltung der Leuchtkraft des Bildes. Darin liegt Wert und Wichtigkeit der Zinkweißzugabe. Auf anderen, ohne Deckfarbe hergestellten Gründen, besonders bei ungenügender Leimung, ersäuft die Ölfarbe. Jedes Plus der Helligkeit des Grundes kommt dauernd dem Bilde zugute. Gute Bindung des Grundes ist eine Hauptsache. *Hodler* trug sehr oft auf gebleichtes oder ungebleichtes Rohleinen mit der Spachtel die Originalfarbe in Öl auf, malte und grundierte also zugleich. Diese Bilder sind heute so spröde, daß sie konserviert werden müssen (nach Mitteilung des Malers *E. Linck*, Bern). Nach anderen soll er auch in den noch feuchten Zinkweißleim- oder Kaseingrund mit Ölfarbe gemalt haben. So erzielte er wohl die gewünschte freskoartige Wirkung, aber oft genug auf Kosten der Haltbarkeit.

Knicke und Beulen im Grunde näßt man ganz wenig von rückwärts und treibt dann die Keile leicht an. Zerknitterte grundierte Leinwand wird beiderseits vor dem Aufspannen leicht genäßt und dann schwach gekeilt.

Eigenschaften des Kreidegrundes

sind Helligkeit und Leuchtkraft und ein magerer, duftiger und matter Farbencharakter, der sich der Freskowirkung nähern kann. Kreidegrund wird gebraucht wegen seiner günstigen optischen Wirkung.

Die schöne Mattigkeit, die durch Ölabsaugen in dem Kreidegrund erreicht wird, ist vielen Malern erwünscht. Unterstützt wird sie noch durch die neuerdings viel geübte Art, mit Verdünnungsmitteln wie Terpentinöl, manchmal unter geringer Zugabe von Wachs, die Ölfarbe fast aquarellartig oder schwach deckend auf feinfädige Leinwand aufzutragen.

Aber ebenso läßt sich pastos auf saugendem Kreidegrund arbeiten. Bei sehr starkem Saugen wird eine Vollendung der Arbeit erschwert und bei öfterem Übermalen mit dicker Ölfarbe arbeitet man eigentlich wieder auf Ölgrund. Der Reiz matter Farbwirkung geht dann verloren. Rasche Arbeit und nicht zu oftes Übermalen erhält die Wirkung des Grundes, der sich daher besonders für skizzenhafte Darstellung, für dekorative Arbeiten und außerdem für Temperamalerei eignet. Vielfach wird heute Kreidegrund prima pastos bemalt, dann die Farbe „abgehoben“ und aquarellierend dünn einzelne Drucker in die flächenhaft wirkende Farbe eingesetzt. Der magere, ölfreie Grund bringt die Schönheit der Farbe zu voller Wirkung.

Fehlerhaft wäre es, zu glauben, daß man mit Ölfarbe und viel Öl als Bindemittel auf dem Kreidegrund ganz gefahrlos daraufloswirtschaften könne, da dieser das Öl absauge und dann die Farbe doch mager sei, oder daß man nachher einfach durch Harzfirnisse das abgesaugte Bindemittel ersetzen könne, wie es Ostwald empfiehlt. Die Farbe würde speckig werden, stark gilben und schwärzen, auch bei Primamalerei; Kreidegrund kann im Notfalle sofort nach dem Trocknen verwendet werden (im Sommer noch am Tage der Herstellung). Besser und härter wird der Grund erst nach längerem Trocknen. Für alle Arten von Grundierungen gilt der Satz, daß der Grund um so besser und fester wird, die Farbe um so besser darauf steht, je länger man den Grund trocknen läßt.

Das Isolieren

Das Isolieren des Gips- oder Kreidegrundes soll das Saugen einschränken oder aufheben und so eine längere Arbeit und größere Vollendung ermöglichen. Der isolierte Kreidegrund hat den großen Vorzug, ölfrei zu sein und dadurch der Ölfarbe, die auf magerem Grund am besten steht, zu größter Materialschönheit zu verhelfen. Man kann auf richtig präparierten Gründen tagelang naß in naß malen. Es soll hier gleich gesagt sein, daß ein geringes Ansaugen des Grundes durchaus notwendig ist, um Farbschicht und Grund gut miteinander zu verbinden. Man soll den Kreidegrund nicht derart stark mit Isaoliermittel bestreichen, daß er glänzend und glasig wirkt. Auf gar nicht saugendem Grund leidet die Haftung der Farbe. Durch zu starke Isoliermittel kann man genau so Risse im Grund hervorrufen wie durch zu starke Leimung. Lieber etwas weniger als wie zuviel sollte die Regel sein, und jeder muß sich das rechte Verhältnis für die eigenen Arbeiten suchen.

Als Isoliermittel sind geeignet:
Wässerige Bindemittel wie Leimaufstriche, Ei- oder Kaseinemulsionen über die Grundierung vertragen nur wenige Gewebe. Kaseinlösungen müssen 1:3 in Wasser verdünnt werden, auch Leimaufstriche mindestens 1:3. Die Aufstriche dürfen nicht sehr naß gehalten sein. Feste Gründe wie Holz oder Pappe vertragen weitere Leimung.

Harzessenzfirnisse, Mastix und Dammar, geben sehr brauchbare Überzüge, die mit Terpentinöl beliebig verdünnbar sind und desto besser werden, je länger sie austrocknen können. Besonders geeignet zum Isolieren ist Dammarfirnis im Verhältnis 1:2 oder ▷

▷ 1:3 in reinem Terpentinöl gelöst. Der frische Firnisauftrag muß sofort mit einem sauberen Leinenlappen nachgerieben werden, damit er nicht durch einen Überschuß von Firnis glänzt. Denn auf glänzendem Grund steht jede Malerei schlecht und erhält nur schlechte Verbindung mit dem Malgrund. Völlig verfehlt wären Aufstriche fetter Öle, Leinöl, Mohnöl oder Nußöl. Der magere Charakter des Grundes ginge verloren, die Haftung würde schlecht und die Farbe würde gilben.

Sehr brauchbar erweisen sich *Alkoholfirnisse* wegen ihres raschen Trocknens, so z. B. weißer, *gebleichter Schellack,* in Brennspiritus gelöst, wie man ihn als Fixativ für Zeichnungen verwendet, nur viel dicker, wie Honig, etwa 1 Teil zu 2 Teilen Spiritus. *Diese Lösung wird dann beliebig verdünnt mit Brennspiritus.* Ebenso wäre ein *Mastixspiritusfirnis* verwendbar. Doch müssen diese Spiritusfirnisse unbedingt einen Zusatz von Rizinusöl erhalten, damit ihre Sprödigkeit aufgehoben wird. Dabei darf man aber nicht über 5% hinausgehen, sonst wird das Isoliermittel, das normal sofort trocknet und bald übermalbar ist (wobei längeres Trocknenlassen jedoch günstiger wirkt), schmierig und schlecht trocknend. Am besten macht man es so, daß man den Meterstab an die Flasche mit der Schellacklösung anlegt und 1/20 = 5% des Volumens der Schellacklösung Rizinusöl zugibt. Statt des weißen Schellacks kann auch der ungebleichte blonde Blätterschellack verwendet werden. Nur färbt er den Grund ins Gelbbraune. Ist Zinkweiß im Grunde vorhanden, so entsteht dabei rasch eine leichte Rotfärbung, wohl eine Reaktion von Resten des Farbharzes (s. unter Schellack), die aber weiter nicht gefährlich ist.

Sandarakspiritusfirnis ist unverwendbar. Öl haftet nicht auf ihm, ebensowenig sind *Kolophoniumspiritusfirnisse* verwendbar, denn auf Kolophonium stokken manche Farben, wie Bleiweiß, und dabei ist Kolophonium sehr splittrig.

Schellackisoliermittel auf Kreidegrund erwies sich bei Proben als sehr gut geeignet, die auf hygroskopischen Ursachen beruhende Bewegung der Leinwand teilweise aufzuheben. Es trat kein Schwinden der Leinwand ein beim Überbrühen, selbst wenn die Leinwand 24 Stunden im Wasser gelegen war, löste sich die Farbe und Grund nicht von der Leinwand. Schellackersatzmittel sind unbrauchbar.

Halbkreide- oder Temperagrund (Halbölgrund)

Halbkreide- oder Temperagrund (Halbölgrund) wird auf folgende Weise hergestellt:

1. Leimaufstrich mit Leimwasser 70:1000, wie beim Kreidegrund.

Nach dem Trocknen der Leimung:

2. Ein gleiches Raummaß Kreide oder Gips, ein gleiches Raummaß Zinkweiß, ein gleiches Raummaß gestocktes Leimwasser werden intensiv miteinander vermischt. Dann rührt man tropfenweise unter leichtem Erwärmen auf dem Wasserbad Leinölfirnis ein. Man kann, je nachdem man den Grund mehr oder weniger stark saugend haben will, 1/3 oder 1/2 oder 2/3 Raumteile Leinölfirnis nehmen. Nach der Firniszugabe gibt man noch unter lebhaftem Umrühren 1 Raumteil Wasser tropfenweise zu.

3. Mit dieser Masse erfolgen 2–3 möglichst dünne Aufstriche.

Gestocktes Leimwassser entsteht durch längeres Stehenlassen der abgekühlten Leimlösung. Vor dem Mischen mit den Füllstoffen zur Grundierung ist es feinkrümelig zu zerteilen. Alle diese Maßnahmen sind sehr wichtig, da sich sonst der Leinölfirnis mit dem Leim nicht zu einer Emulsion verbindet.

Wichtig ist die Reihenfolge der Zugaben. Würde man Leinölfirnis vor dem Leim zugeben, so würde sich das Zinkweiß mit dem Leinölfirnis zu einem unlöslichen Klumpen verbinden und keinen Leim mehr annehmen.

Alle Grundierungen, besonders aber ölhaltige, sind so dünn als nur möglich zu streichen und so zu verdünnen, daß sie gut streichbar sind. Eine dicke Lage würde springen, wo zwei und drei gleiche, aber dünne, elastisch bleiben.

Im Halbkreidegrund sind wässerige Bestandteile (Leimwasser) mit öligen, fetten (Leinölfirnis) innig als Emulsion verbunden. Darin liegt das Wesen der Tempera.

Die Grundiermasse muß zur Ölaufnahme dickflüssig sein, dann nimmt sie den Ölfirnis, der erst tropfenweise mit dem Pinsel eingerührt wird, leicht auf. Kalte, gestockte Kreidegrundmasse eignet sich daher sehr gut zur Herstellung des Halbkreidegrundes, heißer und daher flüssiger, dünner Grund nimmt das Öl schlecht auf, es scheidet sich leicht wieder ab.

Halbkreidegründe werden gestrichen, mit der Spachtelkante rasch aller Überschuß abgezogen und dann mit der Spachtel geebnet, so daß der Auftrag nur *sehr dünn* ist. Nach oberflächlichem Antrocknen kann kreuzweise zur ersten Lage eine zweite und eventuell dritte Lage folgen (etwa 1/4–1/2 Stunde), die ebenso dünn sein muß. Man streicht die nächste Lage kreuzweise zur vorigen, um alle Poren zu füllen, und fährt so fort. Zweckmäßig wechseln gestrichene dünnste mit gespachtelten Lagen. Man kann auch ohne vorhergehende Leimung den Halbkreidegrund ein- oder mehrmals über die Leinwand streichen und mit der Spachtel abziehen, doch saugen solche Gründe natürlich mehr. Zwei Lagen genügen ▷

▷ meistens. Der Halbkreidegrund trocknet rasch, ist schon am nächsten Tage verwendbar, wird aber besser und härter, je länger man ihn trocknen läßt.

Gestrichene Gründe zeigen Korn, sind rauher, abgezogene hingegen glatt, aber griffig und sehr angenehm zu bemalen.

Leinölfirnis trocknet rasch, in 12–14 Stunden. Für sich allein ist er als Grundierung nicht zu verwenden, denn er würde zu speckig und glänzend wirken und schlecht zu übermalen sein. Statt Leinölfirnis kann im Notfalle auch Leinöl verwendet werden, muß aber mindestens 10 Tage austrocknen.

Kutschenlack und eingedicktes Leinöl, ebenso helles Standöl, sind verwendbar wie Leinölfirnis, niemals aber Mohnöl oder Mohnölfirnis oder Nußöl, die für Grundierung ganz ungeeignet sind wegen ihres schlechten Trocknens und der besonders großen Gefahr des Springens darübergelegter Ölfarbschichten. Gerade vermeintlich recht sorgsam gemachte Vortuschungen mit terpentinölverdünnten Farben reißen hier stark, weil sie den Mohnölgrund erweichen. Mohnölzinkweiß oder Lithoponegründe trocknen (nach *Eibner*) in Jahresfrist durch. Wir müssen solche Gründe trotzdem vollkommen ablehnen.

Geschirre und Pinsel müssen bei allen ölhaltigen Gründen *sofort mit Seife gereinigt* werden. Die Reste der Grundiermasse dürfen bei *ölhaltigen Gründen nicht der Leimlösung beigegeben werden* wie bei Kreidegrund. Sie würden rasch brockig und können nur kurze Zeit brauchbar erhalten werden.

Die Grundierungsmasse für den Halbkreidegrund wird am besten nur zur sofortigen Verarbeitung gemacht; die Masse ist schwer aufzubewahren. Kurze Zeit gelingt es unter feuchten Tüchern oder vorsichtigem Aufguß von Wasser, das sich nicht mit dem Grunde vermischen darf.

Kaseingrund

Kasein wirkt wie starker Leim. In richtiger Verdünnung ist es ein hervorragendes Grundiermittel, da es von selbst „abbindet", d. h. wasserunlöslich wird. Kaseinlösung: 50 g technisch reines, wasserunlösliches Kaseinpulver werden in 125 ccm erwärmtes Wasser eingerührt. Dazu gibt man unter gutem Umrühren eine Lösung von 15 g Hirschhornsalz oder kohlensaures Ammon in wenig Wasser. Die Masse braust auf, die Kohlensäure entweicht und nach leichtem Umrühren und nach Zugabe von weiteren 125 ccm Wasser ist die Lösung fertig. Eine Kaseingrundierung braucht eine kräftige Unterlage, Brett, Pappe oder starke Leinwand.

Wegen seiner starken Klebekraft wird Kaseinleim mit 2 bis 3 Teilen Wasser verdünnt. Die Grundierung erfolgt wie beim Kreidegrund, nur wird statt Kölner Leim Kaseinlösung genommen. Vorleimung mit zwei Raumteilen Wasser verdünntem Kasein ist nicht unbedingt nötig. Kaseingründe sind in Öl und Tempera ausgezeichnet zu bemalen, müssen aber hauchdünn in allen Lagen gestrichen werden.

Topfenkalkkasein. 50 g frischer Topfen (Quark) werden mit 10 g gelöschtem, am besten eingesumpftem Grubenkalk verrieben. Die Masse zerläuft sofort zu einer flüssigen Kaseinlösung.

1 Teil Naturgips und 1 Teil Zinkweiß werden mit 2 Teilen Wasser angerührt und dazu 1 Raumteil Kaseinlösung gegeben. Bei 3 Teilen Wasser fängt der Grund an zu wischen (Mitteilung des Doerner-Instituts). Die Grundierung erfolgt wie oben, jedoch dürfen auf Leinwand nur 2 Grundierungsanstriche gemacht werden. Bei rascher Übermalung dürfen nur Freskofarben verwendet werden. Nach völligem Abbinden, etwa in 8 Tagen, ist der Grund vortrefflich für Öl- und Temperamalerei. Feste Gründe, wie Mauer, Holz, Hartplatten, Eloxal, Pappe, aber auch starke grobe Leinwand, sind hier notwendig. Zur Vorleimung, die nicht unbedingt nötig ist, muß die Kaseinlösung mit 3 Raumteilen Wasser verdünnt werden. Aber alle Gründe müssen so dünn und mager als nur möglich gestrichen werden. Dick gestrichener Kaseingrund hautet und muß geschliffen werden. Inwendig bleibt er lange feucht, reißt und krümelt beim Schleifen. Kaseinfarbe mit gleichem Mittel (2 Teilen Wasser, 1 Teil Kaseinlösung) angerieben, steht besonders gut und wird außerordentlich fest und wasserunlöslich. Mit Leinöl emulgiertes Kasein gilbt stark, wäre aber sonst für Gründe brauchbar.

Seltene wässerige Grundierungsarten

Der Eigrund

Eigelb wird Grundierungen beigegeben, um die Geschmeidigkeit des Grundes zu erhöhen, und manche Rezepte können sich darin gar nicht genug tun. Die Zugaben müssen aber sehr gering gehalten werden, sonst schmiert der Grund infolge des nichttrocknenden Eieröles und ist sehr schlecht zu bemalen. Er dunkelt dann stark, und alle Farbe reißt darauf. Die Zugabe kann immer nur erst beim Grundieren erfolgen, da das Ei die Leimlösung sonst faulen machen würde. Am günstigsten wirken solche Eigrundierungen (Eiemulsionen) als Zugabe zum Kreide- oder Halbkreidegrund in dünnen Überstrichen mit Füllstoffen zusammen über den fertigen Grund.

Eiweißgrund

Eiweißgrund, Albumingrund, wird hergestellt wie unter „Tempera" angegeben. Er kann mit Wasser vermischt als Zugabe zu Kreide- oder Halbkreidegründen verwendet werden, am besten aber als ▷

▷ Emulsion und als dünner Überstrich mit Zinkweiß und Kreide, und wird mit der Spachtel abgezogen. Eiweiß ist sehr spröde und platzt ab, wenn man zuviel nimmt oder wenn man es für sich allein ohne Grundiermasse verwendet.

Roggenkleister

Roggenkleister kann verwendet werden wie Leim im Kreidegrund, 1:15 in kochendes Wasser eingerührt. Das Roggenmehl wird mit etwas kaltem Wasser angerührt. Auch dieser Grund kann in gleicher Weise durch Zugabe von Leinölfirnis zum Halbkreidegrund gemacht werden. Mehlgründe sind aber spröde, schon *Volpato* (1588) warnt davor. Auch diese Gründe müssen recht dünn gestrichen werden. Auf festem Grund, wie auf Brett, haben sie sich gut bewährt.

In spanischen Rezepten (*Pacheco*, 1649) findet sich Roggenkleister mit Olivenöl und Honig, darüber zweimaliger Ölfarbanstrich. Kein Wunder, daß solcher Grund nicht hielt. Kleister, Leinöl und Kreide ist ein Rezept der Pilotyzeit(1850–1886) als Handelsgrundierung.

Stärkekleister

Kartoffel- oder Reisstärke, 1:15 in kochendes Wasser gerührt, dient an Stelle des Leimes. Die Verbindung dieser Gründe mit Öl ist fraglich. Abblättern wurde beobachtet.

Der Ölgrund

1. Leimung mit Leimwasser 70:1000.

Nach dem Trocknen:

2. Gestocktes Leimwasser, Gips oder Kreide, ferner Zinkweiß werden zu gleichen Raumteilen vermischt wie beim Halbkreidegrund.

3. 1–1½ oder 2 Raumteile Leinölfirnis werden eingerührt.

Das Rezept ist das gleiche wie beim Halbkreidegrund, nur die Menge der öligen Bestandteile erhöht sich. Man muß diese Gründe sofort nach dem Streichen mit der Spachtel abziehen, so daß der jedesmalige Anstrich nur *sehr dünn* ist. Je fetter und ölreicher der Grund, desto dünner muß der Überstrich sein, damit er gut austrocknet. Vom Bleiweiß statt des Zinkweißes ist abzuraten, da es sehr giftig ist, schon durch Einatmen des Staubes.

Der Grund wird leichter streichbar, durch Zugabe von 1 Raumteil Wasser, mit dem Naturgips und Zinkweiß vor der Leimzugabe angerührt werden. Mit Kreide sind die Gründe schwerer streichbar als mit Naturgips (Doerner-Institut).

Die Vorleimung ist nicht unbedingt notwendig, die Gründe saugen aber dann mehr.

Statt Leinölfirnis kann auch hier Kutschenlack, Standöl oder eingedicktes Öl verwendet werden. Man muß sparsam sein mit der Ölzugabe und die angegebenen Mengenverhältnisse keinesfalls überschreiten. Je mehr man zugibt, desto schlechter wird der Grund zum Übermalen sein und desto länger muß er austrocknen.

Mohnöl ist ganz unverwendbar, auch Nußöl und Sonnenblumenöl weniger gut als Leinöl. Mohnölgründe müßten nach *Eibner* ein Jahr lang austrocknen und wären auch dann nicht ohne Gefahr. Zu fett geratene Gründe bestreut man mit Kreide, Leichtspat oder Ton und stäubt sie ab durch Aufstoßen auf die Kante. Ganz übel wäre ein Tränken der Leinwand mit Öl, das manchmal empfohlen wird. Solche Leinwand wäre schlecht zu bemalen und alle Malerei würde darauf nicht nur ganz enorm gilben, sondern die Leinwand würde auch bald zermürben wie Zunder. Dem Ölgehalt des Grundes wird eine Grenze gesetzt, indem die Malerei darauf fetter, ölreicher sein soll als die Grundierung. Für jede Art von Anstrich oder Malerei gilt die uralte Regel: Fett auf mager!

Diese mit Leimwasser hergestellten Ölgründe sind temperaartig und magerer und elastischer als die reinen Ölfarbanstriche.

Über geleimten Grund können auch bloße Ölfarbanstriche gegeben werden. Man reibt Kremser Weiß etwas dicker an wie Tubenfarbe. Die erste Lage der Grundierung kann man streichen und zu dem Zweck mit etwas Terpentinöl verdünnen. Nach dem Trocknen (4–6 Tage) spachtelt oder streicht man die zweite Lage, aber ohne Terpentinöl. Kremser Weiß in *Tubenölfarbe* ist meist zu ölreich und dünnflüssig zum Grundieren. Man vermischt es mit der Spachtel mit Füllstoffen, wie Kreide oder Gips, zu einem sehr pastosen Brei, den man über geleimte Leinwand oder über Kreide- oder Halbkreidegrund spachteln kann.

Um solche Gründe leuchtkräftiger zu machen, kann man der Grundiermasse etwas Titandioxid zumischen, das bekanntlich eine sehr hohe Deckkraft besitzt.

Da stark ölhaltige Gründe leicht gilben, setzt man dem letzten Anstrich häufig etwas Farbe, Elfenbeinschwarz und gebrannte grüne Erde usw. zu, um einen silbergrauen Ton zu erzielen. Ölfarbgründe müssen lange trocknen, am besten mehrere Monate.

Nimmt der Grund die Farbe wegen seines Fettgehaltes schlecht an, so reibe man ihn mit Zwiebel oder Kartoffel ab oder besser mit verdünntem Salmiakgeist, auch mit Spiritus. Entschieden günstiger sind ▷

▷ von vorneherein mager aufgetragene Ölgründe, obwohl auch solche die Schönheit von Kreide- oder Gipsgründen nicht annähernd erreichen. ◀

In einem System übereinander liegender Aufstriche soll sich jede Schicht in der vorangegangenen Schicht gut verankern können. Das kann sie nur, wenn diese poröser und matter aufgetrocknet ist als die jeweils folgende. Deshalb ist ein glatter, porenverschlossener, nichtsaugender Ölgrund stets ein unsicherer Malgrund und muß abgelehnt werden. – Werden die Poren eines ursprünglich saugenden Kreide- oder Halbkreidegrundes durch Isolierung total verschlossen und wird hierauf gemalt, dann macht man den gleichen maltechnischen Fehler, als male man auf einem nichtsaugenden Ölgrund. Der Maler, der selbst grundiert, muß immer dafür sorgen, daß die getrocknete Grundierschicht eine gewisse Saugfähigkeit behält.

Farbige Grundierungen

▶ Die fertigen Kreide-, Halbkreide- und Ölgründe kann man beliebig tönen durch dünne, durchscheinende Überstriche und erhält so Lasurgründe. Man kann dafür Harzölfarbe oder gefirnißte Tempera, auf festen Gründen auch Leimaufstriche verwenden. Zumischen von etwas Farbpulver zum Schellackisoliermittel gibt ebenfalls Lasurwirkung. Die gotischen Meister und die der Frührenaissance tönten ihre weißen Gipsgründe mit rötlichen oder gelblichen, auch grünlichen Erdfarbaufstrichen *(Imprimitura)*, die das Saugen des Grundes verminderten und für die Untermalung oder Weißhöhung als Mittelton gebraucht wurden.

Die Bolusgründe der späteren Zeit waren mit braunen oder roten Erdfarben, wie armenischem Bolus, gebrannter Terra di Siena, gebranntem Lichtocker, Caput Mortuum, getönt.

Deckfarbengründe macht man am besten durch Zugabe von wenig Farbkörper zur letzten Grundierschicht. Diese Töne stehen luftiger als Lasurgründe und sind in den hellen Tönen besonders günstig. Sie fügen sich besser dem Ölbild ein. Durch mit Weiß gemischte Temperafarbe oder magere Ölfarbe als Überstrich über fertige Grundierung kann man ebenfalls Deckfarbengründe erzielen. Farbige Gründe werden zweckmäßig isoliert.

Rubens überfuhr seine blendendweißen Gipsgründe auf Holz mit einer Mischung von gemahlener harter Zeichenkohle, etwas Bleiweiß und einem Bindemittel (Leim?). Der Überstrich wurde durch ein rasches einmaliges Übergehen mit dem Schwamm aufgetragen, wirkte streifig silbergrau und gab der darauf folgenden dünnen Farbanlage etwas ungemein Lockeres und Anregendes (Tafel XIII). Fährt man mit Schwamm oder Pinsel zurück oder hin und her, so löst sich rasch der Untergrund und der Ton wird gleichmäßig grau und anstrichartig. Dagegen finden sich einfach gestrichene, graue Halbkreidegründe im Mittelton bei Arbeiten auf Leinwand bei *Rubens, van Dyck, Rembrandt* und vielen anderen Meistern. *Tizian, Tintoretto* und andere Maler verwendeten oft sehr dunkle, caputmortuumartige Gründe, auf denen durch dünneres und dickeres Übergehn mit Weiß die Form (wie auf einer Schiefertafel mit Kreide) herausgebildet wurde durch die optischen Grau.

Interessant ist ein optisch günstig wirkender Grund, der den Bolusgründen zuzuzählen ist und bei Zopfmalern, vielleicht auch schon früher, im Gebrauch war. Ich fand ihn bei Bildern von *Januarius Zick* und der *Rachel Ruysch*. Der weiße Grund war mit dunklem Caput mortuum überstrichen, darüber lag ein weiterer Anstrich von Dunkelocker und Kreide. Beim Überstreichen des saugenden Grundes mit Harzmalmitteln entstand so ein sehr brauchbarer, warmer Ton, der nicht branstig war, wie etwa ein Anstrich mit gebr. Terra di Siena, und der infolge seiner Brauchbarkeit als im Bild erhaltener Mittelton eine ungemein rasche Arbeit ermöglichte.

Über die *Wirkung farbiger Gründe* auf die Bemalung läßt sich im allgemeinen sagen: *Weiße* Gründe geben den größten Umfang an Farbigkeit in allen Werten – auf Weiß steht alle Farbe gut. Dagegen ist das richtige Einsetzen mit der Farbe auf weißen Gründen schwieriger, das Bild wirkt leicht zu kalt und flach.

Der Gefahr der Schönfarbigkeit weiß der geschulte Maler durch richtiges und lockeres Übereinanderlegen kalter und warmer und kontrastierender Farbtöne zu begegnen. Auf weißem Grund ist lasierende und deckende Malweise möglich, auf getöntem nur deckende, und zwar je mehr, je dunkler der Grund ist. Durch halbdeckendes, also durchscheinendes Übergehen ergeben sich die optischen Grau, die die alten Meister, *Rubens, Rembrandt, van Dyck* und viele andere, als Halbton im Bilde stehen ließen, wo sie lockerer wirken als gemaltes Grau.

Auf *lichtgrauem* Grunde wird wie auf Grauuntermalung die Farbe toniger und stumpfer, was vielen Malern erwünscht ist und im Fleisch gute Wirkung tut, namentlich, wenn der Grund mit zur Wirkung benutzt wird. Graue und graugrüne Tönung mit Veroneser grüner Erde wirkt für Fleischtöne günstig wie auch als großer durchgehender Ton im Bilde. Auf farbigen Gründen wie Lichtocker oder z. B. auf Rot wird der farbige Umfang des Bildes zwar vermindert, denn die Kontrasttöne von Blau oder Grün werden abgeschwächt oder auch gebrochen, durch tonig stumpfere Wirkung die Harmonie aber erhöht. Es lassen sich hier sehr feine Wirkungen erzielen, besonders, wenn man kontrastierend zum Grund in kalt oder warm einsetzt. Auf sehr stark farbigen und dunklen Gründen muß man vor allem die Helligkeit zu erreichen suchen und bedenken, daß Kontrastfar- ▷

▷ ben sich auslöschen und dabei das Bild im Eindruck schwärzen können, besonders als Lasurfarben.

Umbragrund ist nicht zu empfehlen. Auf Umbra ändern sich helle Farben und dunkeln nach. *Mayerne*, der Freund des *Rubens'*, machte schon diese Wahrnehmung bei Ölgründen.

Sicher lassen sich noch allerhand bis heute ungenützte Wirkungen durch farbige Grundierung herausholen. ◀

Anmerkung zum Thema Grundiermaterial

Die Kapitel „Grundiermaterial" und „Das Grundieren" enthalten einen Text, der wichtige alte Handwerkserfahrungen überliefert und deshalb dem Maler zur gründlichen Lektüre nur empfohlen werden kann. Experimente sind schön, ohne Zweifel, deswegen müssen wir aber das Rad nicht immer wieder aufs neue erfinden. Bildträger und Grundierung sind buchstäblich die Fundamente, auf die das Bild aufgebaut wird.

Die Grundierungsbezeichnungen *Kreidegrund, Halbkreidegrund* und *Ölgrund,* denen man noch auf Schritt und Tritt begegnet, haben heutzutage meist weder etwas mit den im Handel gekauften Malgründen noch mit den im Maleratelier entstandenen noch mit den altüberlieferten Rezepturen gleichen Namens zu tun.

Als *Kreidegrund* bezeichnet man heute jede matte, wasserempfindliche, stark saugende Grundierung, mag sie aus einer Hautleim-Grundierfarbe entstanden sein oder aus einer stark pigmentierten, matt aufgetrockneten Dispersionsfarbe. – *Halbkreidegründe* heißen heute sowohl die nach konventionellem Muster hergestellten Grundierungen wie auch die, die u. U. sogar maschinell mit Dispersionsfarben aufgetragen worden sind. Man erwartet allerdings von ihnen, daß sie wasserunempfindlich sind, mit einer Art Eierschalenglanz stehen und daß sie mittelstark saugen; d. h. man erwartet, daß sich Aufstriche gut in ihnen verankern können. – Die sog. *Ölgründe* (S. 108f.) spielen heutzutage keine Rolle mehr. Will der Maler die Saugfähigkeit eines Malgrundes weiter herabsetzen, dann tut er das gewöhnlich wie unter *Das Isolieren* (S. 105f.) beschrieben.

Grundiert der Maler mit selbst hergestellten Grundierfarben beschriebener Rezeptur, dann entstehen bei einiger Übung und ausreichender Erfahrung Malgründe in der malhandwerklich seit alter Zeit überlieferten Art. Ich glaube, damit hat es nicht etwa nur eine sentimentale oder historisierende Bewandtnis. Ganz offensichtlich haben diese alten Grundierarten und vor allem das Selbstgrundieren mit selbst hergestellter Grundierfarbe für den Maler einen ganz besonderen Reiz. Kein Wunder übrigens: hierbei werden eben Bildträger, Grundierfarbe und das Grundieren buchstäblich „begriffen" genau wie beim Selbstanreiben von Malfarben die Malfarbe „begriffen" wird. Da spielt es auch vielfach gar keine Rolle, daß man zum Selbstgrundieren „nach alter Väter Sitte" zwar an Materialkosten spart, aber einiges an Zeit, Einrichtung und „Schmierage" an sich selbst und im Atelier investieren muß beim Leimquellen, beim mehrmaligen Grundieren, beim Schleifen usw., usw. – Eine Bemerkunge noch zur Praxis: Es ist anzuraten, mit einem Ansatz Grundierfarbe eine ganze Reihe Bildträger zu grundieren und nicht für jedes Einzelstück neue Grundierfarbe anzusetzen.

Zu den alten Grundierfarbenrezepten

Leimquellung

1000 g (= 1 l)	Wasser
70 g	Hautleim, Kölner Leim, Perlleim
1070 g	Leimquellung
	Trockenleim über Nacht im Wasser quellen lassen. Im Wasserbad auf 60–70°C erwärmen; nicht kochen lassen, weil dann das Klebevermögen leidet.

Mit der warmen Leimquellung kann mit dem Pinsel dünn vorgeleimt werden. In der Kälte wird der Leim zerrig-gallertig (*gestockter* Leim) und kann dann dünn gespachtelt werden. – Vorleimen ist auf festen Bildträgern zweckmäßig; auf Geweben ist Vorleimen sehr anzuraten, damit die weiße Grundierfarbe nicht durch das Gewebe dringt. – Zusatz von 10 Gewichtsprozent Alaun auf Trockenleim berechnet läßt die Leimquellung und/oder den Kreidegrund wasserfest auftrocknen. Alaun darf aber erst kurz vor der Verarbeitung zugesetzt werden!

Kreidegrund

1 Raumteil	Kreide
1 Raumteil	Lithopone Rotsiegel, Deckweiß
1 Raumteil	Leimquellung wie oben
3 Raumteile	Kreidegrund in Spachtelkonsistenz
	Gründlich mischen am besten mit Küchenmixer.
	Dieser relativ dicke Kreidegrund kann mehrere Male *dünn* übereinander gespachtelt werden.
	Für Pinselauftrag wird noch zugesetzt
1 Raumteil	Leimquellung wie oben
4 Raumteile	Kreidegrund für Pinselauftrag

In der Regel sind zwei bis sechs *dünne* Aufträge nötig. Vor Auftrag der nächsten Schicht ist der Kreidegrund jedesmal mit Wasser zu verdünnen. – *Bei Leimfarbenaufträgen gilt die Regel „mager auf fett"; bei Ölfarbenaufträgen gilt die Regel „fett auf mager".* – Falls der Leimquellung kein Alaun zugesetzt worden war, ist der getrocknete Kreidegrund wasserempfindlich.

Halbkreidegrund

3,0 Raumteile	Kreidegrund
0,3 Raumteile	sikkativiertes Leinöl, besser: nichtgilbendes Alkydharz-Malmittel oder entsprechender Alkydharz-Lack
	mit Küchenmixer gründlich einemulgieren
3,3 Raumteile	Halbkreidegrund

Der ölige Anteil kann in weiten Grenzen variiert werden. Je höher der Leinöl- oder der Alkydharz-Anteil, desto weniger saugt die getrocknete Grundierung, desto glänzender und glatter trocknet sie auf, desto langsamer trocknet sie durch. Relativ große Leinöl- oder Alkydharz-Anteile machen die Grundierfarbe zu einer Art Ölgrund alter Art, in dem sich Ölfarbenaufstriche nicht so gut verankern können wie in stärker saugenden Grundierungen. Wird an Stelle von Leinöl eine Alkydharzlösung als Malmittel oder als Lack verwendet, dann entsteht ein nicht gilbender, elastischer und besonders gut haftender Malgrund.

Dispersionsgrund

Einmachglas zur Hälfte mit Wasser füllen. Pigmentgemisch aus 1 Raumteil Lithopone/Deckweiß + 1 Raumteil Kreide einschütten, so daß das Pigment von Wasser bedeckt ist. Rühren. Über Nacht stehen lassen. Am nächsten Tag das überstehende Wasser abgießen.

2 Raumteile	Pigment-Wasserpaste
1 Raumteil	unpigmentierte Kunststoff-Dispersion (z. B. Acryldispersion). Gründlich rühren.
3 Raumteile	wasserfest auftrocknende Dispersions-Grundierfarbe.

Ein paar Tropfen Isopropylalkohol erleichtern die Pigmentbenetzung. Wenn nötig, nicht mit Wasser, sondern mit 1:1 wasserverdünnter Dispersion verdünnen. Gewebe können mit dieser verdünnten Dispersion dünn vorgeleimt werden (wie vorhin beschrieben bei Leimquellung).

Für die erste Grundierung kann der Dispersionsgrund einen Zusatz von 20–30 % der o. a. wasserverdünnten Dispersion erhalten, damit er in saugende Träger besser eindringen kann.

Käufliches Grundiermaterial

Heute arbeiten die meisten Maler nicht mehr mit selbst hergestelltem Grundiermaterial, sondern mit gekauftem, das alle Künstlerfarbenfabriken der Welt in den Handel bringen. Diese Malgrundfarben, die unter den verschiedensten, teils ungemein wohlklingenden Bezeichnungen, gehandelt werden, sind in der Regel wasserverdünnbare, aber wasserfest auftrocknende Dispersionsfarben. Der Maler, der sie verwendet, sollte das nicht „nach Gefühl“ tun, er sollte genau nach den Verarbeitungsvorschriften des jeweiligen Herstellers arbeiten. Er sollte stets daran denken, daß kein Bild haltbarer sein kann als sein Malgrund.

Über das in den Verarbeitungsvorschriften Gesagte hinaus gilt für das Grundieren mit Dispersionsfarben folgendes:

- Wenn der Hersteller Verdünnen der Grundierfarbe vor dem ersten Auftrag vorschreibt, dann sollte der Maler das nicht „vergessen“ in der Absicht, schon mit *einem* dicken Auftrag eine dekkende Grundierung zu erhalten.

- Zwei oder drei dünne Grundierungen übereinander bilden stets einen solideren Malgrund als ein dicker Auftrag.

- Alle normal saugenden, gesunden, in sich stabilen Bildträger, die nicht abblättern, nicht absanden und deren Oberfläche nicht „fettig“ ist, können direkt grundiert werden. (Nebenbei: auf einem solchen Bildträger kann man mit einer guten Dispersionsfarbe auch direkt malen. Vorher grundieren wird man aber immer dann, wenn ein coloristisch einheitlicher, z. B. ein weißer und/oder ein gleichmäßig saugender Malgrund erwünscht ist. Auf diesen Dispersionsgründen kann mit Ölfarben, mit Dispersionsfarben, mit Temperafarben, in der Regel auch mit Aquarellfarben, gemalt werden.)
  Für besonders stark saugende Bildträger wie Gips, Gipsputz, auch für übermäßig stark saugende oder sandende Kalkputze bieten Dispersionsfarbenhersteller spezielle Acryl-Dispersionen oder auch lösemittelhaltige Acrylharzlacke an, die besonders feine Kunststoffteilchen enthalten, deshalb tief in die saugenden Bildträger eindringen, sie dabei festigen und zugleich deren Saugfähigkeit vermindern. Farbenhändler informieren über diese Materialien, andernfalls sollte man seinen Acrylfarbenhersteller um Rat fragen.

- Stark saugende Bildträger wie z. B. Gips sollte man vornässen, damit die Filmbildung der Dispersionsfarbe in Ruhe vor sich gehen kann und sie durch plötzliches Einschlagen ihres Wassers in den stark saugenden Grund nicht „trocken aufbrennt“. In einem solchen Fall könnte sich die Grundierung nicht in den Poren und Kapillaren des Grundes verankern, sie würde nur oberflächlich wie eine Haut haften können.

- Für alle stark saugenden Gründe gilt: je stärker ein Bildträger saugt, desto stärker muß die Grundierfarbe verdünnt werden und desto häufiger ist zu grundieren.

- Der entstehende Aufstrich soll nicht dick und hautig, sondern dünn, matt und höchstens mit Eierschalenglanz auftrocknen.

Neben den von Künstlerfarbenfabriken hergestellten speziellen Malgrundierfarben verwenden Maler oft auch weiße Dispersionsfarben des Farbenhandels, die eigentlich für Anstrichzwecke hergestellt worden sind. In diesem Fall sollte man nur ausdrücklich für außen geeignete Dispersionsfarben verwenden, keine Dispersionsfarben für innen. Aus einer billigen Wandfarbe für innen kann keine Grundierung werden, die den Auftrag einer mit großer Spannung auftrocknenden, gut gebundenen Dispersionsfarbe aushält. Gerade beim Einkauf von Grundiermaterial sollte man nicht am falschen Ende sparen.

Das Grundieren

Textile Gewebe

Bis in die ersten Jahrzehnte des 19. Jahrhunderts sind die Bildleinwände gewöhnlich auf einfache Rahmenkonstruktionen gespannt und anfänglich mit Schnüren, dann mit handgeschmiedeten, später mit industriell gefertigten Nägeln befestigt worden. Heute arbeiten Maler oft mit *Tackern*: mit ihnen schießt man U-förmige Klammern (am besten diagonal zur Leistenkante) durch das Gewebe in den Holzrahmen.

Einfache Rahmen kann man sich selbst herstellen durch Nageln und Kleben von vier auf Gehrung gesägten, gehobelten Dachlatten oder durch Verschränken (Kleben, evtl. Nageln) von vier, an den Leistenenden mit Säge und Stechbeitel gedünnten Dachlatten. Ob ein Rahmen im rechten Winkel steht, mißt man am einfachsten mit einem Bindfaden: die gegenüber liegenden Eckenpaare müssen gleichweit auseinanderliegen. Der rechte Winkel wird stabilisiert durch Aufnageln von dünnen Holzleisten, Dreiecken aus Hartfaserplatten oder durch Aufschrauben von Metallwinkeln.

Ein Keilrahmen besteht aus vier Keilrahmenleisten, die exakt auf Gehrung gearbeitet sind und sich durch Falze zusammenstecken lassen. Mittels kleiner Holzkeile – die längste Keilseite soll am Holzrahmen anliegen – lassen sich die gegenüberliegenden Keilrahmenleisten auseinandertreiben; auf diese Weise wird das Malleinen gespannt.

Die Leisten sollten aus abgelagertem Holz bestehen und gerade sein. Schlecht geschreinerte Leisten aus frischem Holz sind zwar billiger, sie lassen sich aber meist schlecht zusammensetzen und verziehen sich bald. Die äußere Rahmenwulst, über die das Malleinen beim Aufspannen gezogen wird, muß weich gerundet sein, damit das Gewebe weder beim Spannen noch später durch die scharfe Kante verletzt werden kann. Auch nach innen muß die Leiste deutlich abgeschrägt und die innere Kante nicht scharf, sondern weich abgeflacht sein. Breite und Höhe, d. h. die Maße der Keilrahmenleisten, müssen der Bildgröße und der Stärke des Gewebes und dem zu erwartenden „Zug" entsprechend gewählt werden. Einen Rahmen 1,90 × 1,10 m kann man nicht aus 3 cm breiten Keilrahmenleisten spannen, der wäre nach der ersten Grundierung schon so verzogen, daß er nicht mehr plan auf die Wand zu bringen wäre.

Das Aufspannen der Leinwand

► Zum Grundieren muß die Leinwand auf einen Keilrahmen gespannt werden, wobei man darauf zu achten hat, daß sie *fadengerade* ist, d. h. die Fäden müssen senkrecht und waagrecht mit dem Keilrahmen laufen. Der Keilrahmen muß nach innen gut abgeschrägt sein, damit sich seine innere Kante nicht durchdrücken kann, weil sonst schwer reparierbare Schäden entstehen. So beobachtet man oft bei alten Bildern, die an Stelle des Keilrahmens einen nicht abgeschrägten Blendrahmen hatten, daß sich die Kanten beim Bild durchgedrückt haben. Dieser Schaden ist bei der Konservierung nur äußerst schwierig zu beheben. Der Keilrahmen muß winkelrecht zusammengefügt werden, was man durch Anlegen eines Winkels in den Ecken feststellt. Auch beim nachfolgenden Spannen hat man darauf zu achten, daß man den Rahmen nicht aus dem Winkelmaß bringt. Durch Beachten dieser scheinbaren Nebensächlichkeit erspart man sich beim späteren Einfügen des Bildes in den Rahmen viel Ärger. Der Keilrahmen darf nicht aus frischem Holz gemacht sein, sonst schwindet er und die Leinwand wird dadurch faltig oder verzieht sich. Bei größeren Rahmen, von etwa 1 m an, fügt man ein Kreuz als Versteifung ein, damit sich der Rahmen beim Spannen nicht verbiegt.

Sehr praktisch, besonders für Studienreisen, fand ich die Patentrahmen, bei denen die Ecken in gleicher Gehrung geschnitten sind, so daß man aus einzelnen Rahmenteilen beliebige Formate zusammenstellen kann, was bei den gewöhnlichen Keilrahmen nicht möglich ist. Auch die Klapprahmen sind, namentlich bei größeren Formaten – besonders für den Landschafter –, eine Erleichterung.

Man legt den zusammengefügten Keilrahmen auf das Leinwandstück, das nach allen Seiten hin etwa 2½ cm größer sein muß, und befestigt es provisorisch mit einigen Reißnägeln an jeder Seite des Keilrahmens. Mit der Spannzange, die eine breite, gut auf- ▷

Niederländische Beschichtungsmethode

Die 10 Meter langen und etwa 2,10 Meter breiten Rahmen stehen während der Arbeit und beim Trocknen vertikal. (Werkfotos der Maltuchfabrik V.A. Claessens, Waregem/ Belgien.)

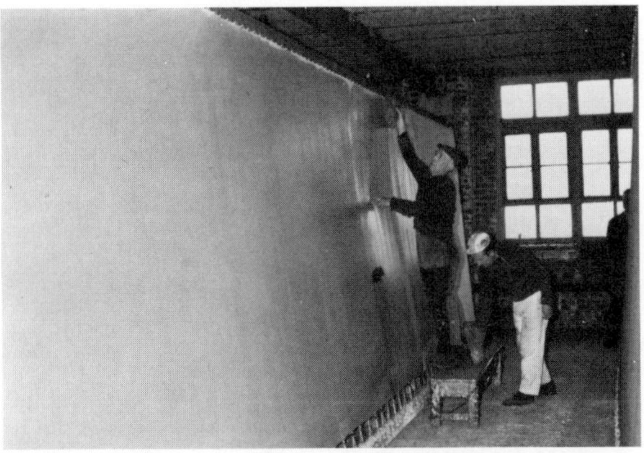

Abb. 26
Der warme tierische Leim wird mit einem Schwamm mehrere Male aufgetragen. (Seite 93ff.)

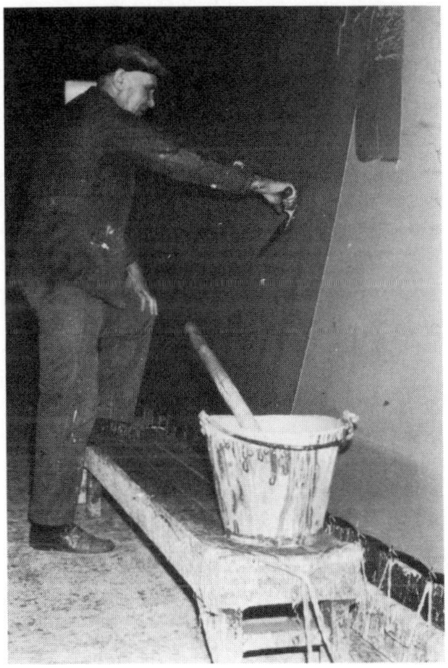

Abb. 27
Auf die getrocknete Leimung wird mit einer Kelle eine dünne Zinkweiß-Kreide-Grundierung aufgebracht.

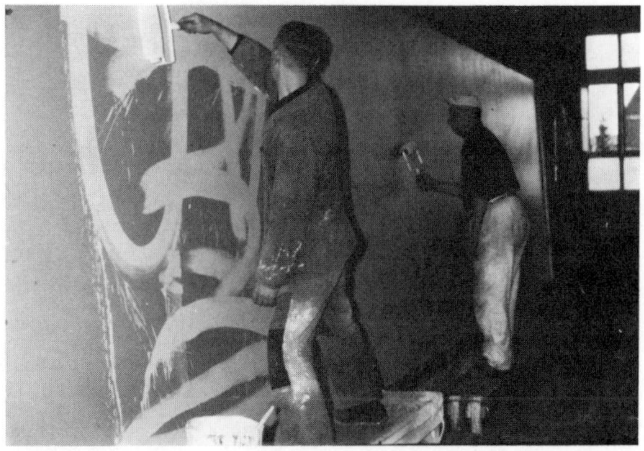

Abb. 28
Die letzte Schicht wird hier mit Farbrollern „gemalt".

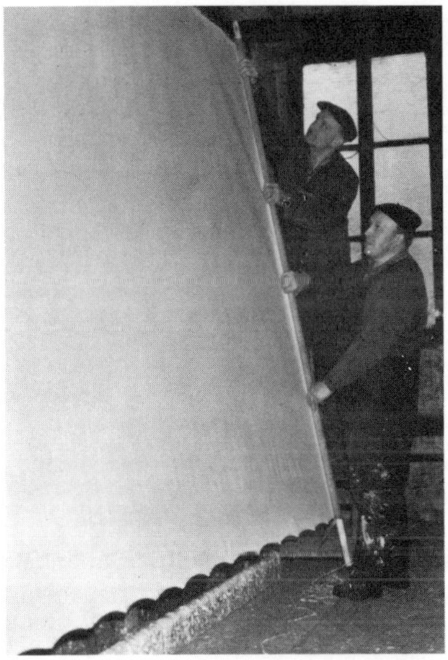

Abb. 29
Nach vollständiger Durchtrocknung wird das grundierte Gewebe abgespannt und auf ein Rundholz aufgerollt.

▷ gerauhte Greiffläche haben soll, oder auch mit den Händen zieht man das Leinwandstück in der Mitte einer Seite straff und gerade an und schlägt einen breitköpfigen kurzen Nagel ein, doch nicht gleich zu fest. Noch innerhalb der Spannbreite der Zange schlägt man in gleicher Weise den nächsten Nagel ein. Während man beim Mittelnagel die Zange oder die Hand gerade anlegt, gibt man beim Einschlagen der Seitennägel eine ganz leichte Drehung nach außen, damit man Falten vermeidet und sie nach außen zieht. Ist eine Seite fertig, so beginnt man mit der gegenüberliegenden, läßt aber überall die Ecken vorerst frei.

Bei Leinwandsorten, die sich ungleichmäßig ziehen, ist man manchmal zu einem Nachspannen genötigt. Darum ist es vorteilhaft, anfangs die Nägel nicht schon zu fest einzuschlagen.

Die Ecken legt man um und schlägt etwas längere Nägel hier ein, da die kurzen in der Gehrung nicht halten würden. Zum Ausheben der Nägel verwendet ▷

Die 10 Meter langen und in der Breite mit Spindeln auf 2,10 Meter ausdrehbaren Spannrahmen liegen während der Beschichtung horizontal auf Böcken.

(Werkfotos der LUKAS Künstlerfarben und Maltuchfabrik Dr. Fr. Schoenfeld & Co., Düsseldorf.)

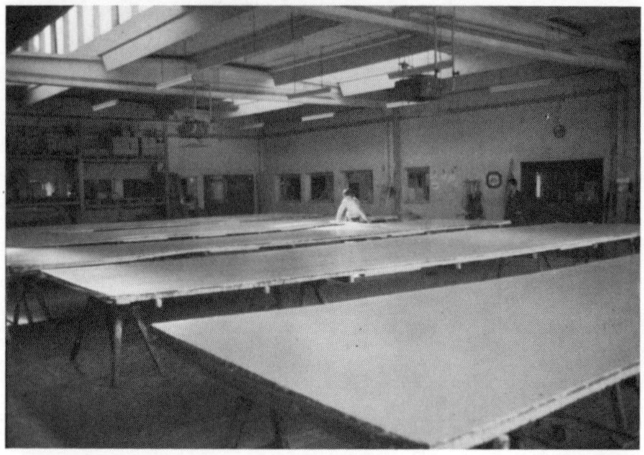

Abb. 30

Der warme tierische Leim, die erste farblose Grundierung, und die erste pigmentierte Grundierung werden mit einem Zweihand-Spachtel aufgetragen.

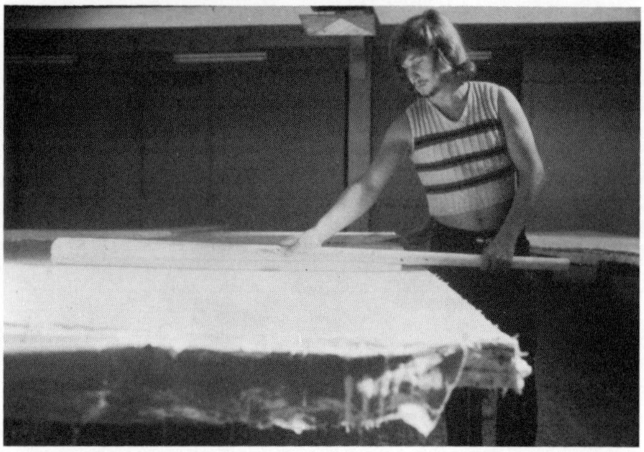

Abb. 31

Auch die zweite pigmentierte Grundierung wird mit diesem Spachtel aufgetragen. Der Rest der Grundiermasse wird „abgezogen" mit einem kurzen elastischen Stahlspachtel, der etwa Unterarmlänge hat. – Der Auftrag wird manchmal im Rakelverfahren vorgenommen ähnlich wie beim Siebdruck.

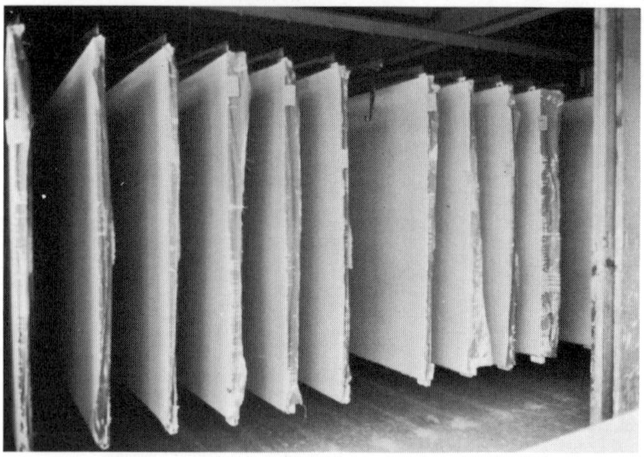

◀ *Abb. 32*

Die nassen Rahmen werden vertikal gekippt und in den Trockenraum auf ein Gestell aufgefahren. Dort wird durch Einblasen von erwärmter Frischluft getrocknet.

▷ man am besten einen Schraubenzieher. Wer seine Leinwand nach der Arbeit wieder abspannen will, erspart sich viel Arbeit, wenn er Reißnägel zum Spannen verwendet.

Spannt man andere Leinwand über einen schon verwendeten Keilrahmen, so muß man diesen vorher auseinandernehmen und neu zusammenfügen, nicht etwa den schon stark ausgekeilten Rahmen verwenden. Auch das wird viel Ärger ersparen.

Die *Keile* werden nach dem Spannen oder besser erst nach dem Grundieren in die Ecken eingeschoben und *nur ganz leicht* angetrieben. Sie sollen hauptsächlich später dazu dienen, ein schlaff gewordenes Bild wieder glattzuspannen. Starkes Keilen verursacht Risse, weil Grundierung und die Farbschicht, wenn einmal getrocknet, der Bewegung der Leinwand beim Keilen nicht mehr folgen können. Praktisch war die ältere Methode, die Keile zu durchlochen und durch Bindfaden am Keilrahmen zu befestigen, weil die Keile leicht ausfallen und so verlorengehen.

Grundierung

Ungrundierte Gewebe sind porös, sehr stark saugend, schlucken viel Farbe, die sich in den Grund einzieht, dabei einschlägt und ein Arbeiten erschwert, weil die Wirkung des Bildes nicht mehr zu übersehen ist. Dabei wird die mit dem aus der Farbe abgesaugten Öl getränkte Faser eines Gewebes bald brüchig. Man sucht daher die Gewebe durch geeignete Behandlung dichter und undurchlässiger zu machen und gleichzeitig durch hellen Untergrund die Leuchtkraft der Farbe zu erhöhen. Man kann natürlich auf ungrundierte Gewebe arbeiten, und für dekorative Zwecke genügt dies manchmal. Für feinere Arbeiten ist es Zeitverlust und Materialverschwendung. Je rascher und unmittelbarer man in ▷

▷ der Malerei sagen kann, was man zu sagen hat, desto besser ist es. Darum muß der Grund so vorbereitet sein, daß er rasche und sichere Arbeit erlaubt.

Ferner gilt allgemein, daß alle Grundierschichten so dünn als möglich, nicht aber so naß als möglich, aufgetragen werden sollen.

Es gibt eine Unzahl von Rezepten für Grundierung, und es ist manchmal unterhaltend zu lesen, was da alles zusammengebraut wird in dem Glauben: je größer das Vielerlei, um so eher wird schon etwas Gutes dabei sein! Und nicht nur in neuen Rezepten ist das so. Schon die ältesten byzantinischen und viel spätere Rezepte huldigen diesem Grundsatz. Die meisten heutigen Maler legen dem Grunde zu wenig Wert bei. Es ist ihnen gleich, auf was sie malen, und nicht wenige malen lieber über schon bemalten als auf frischen Grund. Der Grund ist aber von ganz außerordentlichem Einfluß auf die Haltbarkeit des Bildes und auf die Behandlungsfähigkeit der Farbe sowie die spätere Erhaltung und Leuchtkraft des Bildes. Die meisten Maler glauben, bei Ölfarbe sei alles erlaubt, man könne es ja leicht wieder zudecken, und darum sei der Grund ganz gleichgültig. Aber auch durch die dickste Ölfarbe wirkt der Grund hindurch und gibt entweder Leuchtkraft und Klarheit wie ein reiner weißer Grund oder trübe, speckige Farbwirkung, die sich beim Trocknen noch ungünstiger verändert und im Laufe der Jahre die darunterliegenden Farbschichten durchwachsen läßt. Es ist eben doch nicht gleichgültig, auf was man malt (S. 102ff.).

Feste Malgründe

Holz, Tischlerplatten, Spanplatten

Der *Gipsgrund auf Brett* setzt sich wie folgt zusammen:

1. Vorleimung mit Leimwasser: 70 g Leim auf 1 l Wasser. Doch kann diese Leimung im Gegensatz zur Leinwandgrundierung hier auch stärker sein, z. B. 100 g auf 1 l. Zur ersten Leimung verdünnt man 1 Raumteil Leimlösung mit 2 Raumteilen Wasser.

   Diese Leimung soll sehr dünn gestrichen werden. Unbedingt nötig ist die Vorleimung nicht. Der Grund saugt dann natürlich mehr.

2. Ein Raummaß Zinkweiß und ein gleiches Raummaß Naturgips (Leichtspat) werden mit ½–1 Raumteil Wasser gut angerührt. Dazu gibt man 1–1½ Raummaß Leimwasser und vermengt gut vor dem Aufstreichen (S. 102f.).

Die erste derartige Leim-Gips-Zinkweiß-Grundierung muß ganz *außerordentlich dünn, nicht naß,* nicht mit dem vollen Pinsel, sondern mager und nur getupft, gemacht werden, so daß sie wie ein Schleier über dem Grunde liegt. Das ist für die Haftung aller späteren Gründe unbedingt notwendig. Darüber kann nach dem oberflächlichen Antrocknen, nach 10 Minuten bis zu einer halben Stunde, ein zweiter ebenso dünner Anstrich senkrecht zum vorigen geführt werden, und so fährt man fort, etwa fünf- bis sechsmal oder auch mehr, bis der Grund auch in nassem Zustand gleichmäßig hell und weiß aussieht und nirgends mehr die Maserung durchscheinen läßt. Man kann, um Zeit oder Arbeit zu sparen, auch Gründe nur mit ein- oder zweimaligem Aufstrich machen, nie aber dort, wo man das höchste an Leuchtkraft haben will.

Man kann nach einem Anstrich den folgenden Anstrich auch mit der Spachtel auftragen und dünn abziehen und den nächsten dann wieder streichen, wodurch sich glattere Gründe ergeben. Ganz verkehrt wäre es, wenn man glaubte, dadurch Arbeit zu sparen, daß man den Grund nur ein- oder zweimal dick aufstreicht. Man ist gezwungen, das Schleifen solcher unebenen Gründe so lang zu wiederholen, bis der Grund gleichmäßig eben wird bis in die tiefsten Pinselfurchen, wobei er sich leicht schält und beim Trocknen Sprünge bekommt. Das nachherige mühsame Ausflicken macht erheblich viel mehr Arbeit als die leichten, dünnen Anstriche. Man kann im Laufe eines Vormittags eine ganze Reihe Bretter auf diese Art bequem nebenher grundieren, da man nicht ein völliges Trocknen jeder dünnen Grundierungsschicht abzuwarten braucht. Man darf die Gründe aber niemals an der Sonne oder am Ofen rasch trocknen wollen. Ein lehrreiches Probestück meiner Sammlung zeigt die eintretenden Folgen. Ein Brett wurde nach dem Leimen in zwei Teile zerschnitten. Auf der einen Hälfte wurden die Gipsgründe nacheinander im Laufe eines Vormittags beiderseitig nach oberflächlichem Anziehen aufgetragen. Der andere Teil wurde nach dem gleichen beiderseitigen Aufstrich jedesmal in die Nähe des Ofens gestellt. Am Abend waren beide Gründe scheinbar gleich gut, am nächsten Morgen war der künstlich getrocknete in großen Platten dachförmig aufgestanden und zum Teil schon abgefallen. Der andere Grund ist heute, nach 20 Jahren, noch tadellos. Beide Gründe waren einwandfrei beiderseitig grundiert.

Der Vorteil der Gipsgründe gegenüber den Kreidegründen liegt darin, daß man sie nur mit der Spachtelkante zu schaben braucht, was leicht zu machen ist, während die Kreidegründe geschliffen werden müssen. Die alten Meister pflegten die Gründe vor dem Schaben leicht mit dem Pausbeutel und pulverisierter Holzkohle anzustauben. So sieht man jede noch nicht geschabte Stelle.

Die alten Meister verklebten häufig die Leimfugen der Bretter auf der Vorder- und Rückseite mit Leinwandstreifen, und öfters wurden früher auch die gan- ▷

▷ zen Bretter mit sehr dünner Leinwand überklebt, um das Reißen der Bretter zu verhindern. Man taucht zu diesem Zweck ein dünnes Gewebe, Baumwolle oder feine Leinwand, in das Leimwasser, bestreicht auch das Brett dünn mit Leimwasser, legt die Leinwand darauf und drückt von der Mitte ausgehend nach den Ecken hin die Leinwand glatt, so daß keine Blasen und Rillen mehr in ihr zurückbleiben. Solche aufgeleimte Leinwand wird nach dem Trocknen in gleicher Weise mit dem Gipsgrund versehen. Unter anderen verwendeten *Böcklin* und *Marées* solche Gründe. Mit Leinwand beklebte Holztafeln stellen den besten Grund für wertvolle Arbeiten dar. Wergfasern wurden den alten Gipsgründen, z. B. in der Kölner Schule, beigemengt, um das Springen zu verhüten.

Bilder des *Brouwer* und verwandter Meister können den Eindruck erwecken, als sei das Brett nicht grundiert gewesen. Das ist aber eine Täuschung. Der Grund ist infolge der Bleiweißverseifung durch fettes Öl durchsichtig geworden, sonst würde auch die Maserung störend hervortreten. Bei den Rembrandts der Kasseler Galerie fand *K. Wehlte* ebenfalls diesen nur porenfüllenden Grund auf Brettern.

Beim *Schleifen* muß man darauf achten, daß der Grund völlig trocken ist und daß man nur schwach näßt, sonst reißt der Grund auf. Hat man zu stark genäßt, so muß man einen Augenblick warten, bis der Grund angezogen hat, sonst gibt es Risse, besonders bei großer Glätte. Das Schleifen darf immer nur in der Längsrichtung der Holzfaser gemacht werden, sonst wird das Brett uneben durch störendes Hervortreten der Maserung. Naturgipsgründe haben den Vorteil, daß sie nicht geschliffen zu werden brauchen wie Kreidegründe, bei ihnen genügt leichtes Schaben mit der Spachtelkante. Will man sehr große Glätte des Grundes, muß man mit Schachtelhalm oder Ossa sepiae trocken nachschleifen. Meistens schleift man nur mit künstlichem Bimsstein. Sehr glatte Gründe lassen sich erzielen durch leichtes Polieren mit ganz schwach befeuchtetem Leinwandlappen oder auch durch Abreiben mit dem Handballen. Beim Schleifen der Kasein- oder Kaseinemulsionsgründe muß man besonders darauf achten, daß der Grund gut ausgetrocknet ist, denn diese Gründe reißen und krümeln sonst beim Naßschleifen leicht auf. Kaseingründe müssen deshalb ganz besonders dünn aufgetragen werden, da sie sonst leicht an der Oberfläche stocken und inwendig dabei noch lange feucht bleiben.

Weiche Hölzer, wie Fichte, Tanne, Linde und Lärche, müssen gut grundiert werden, sonst wirkt die mit der Zeit stark hervortretende Maserung später störend, ebenso die mögliche Verfärbung des Holzes an der Luft. Dünne Lindenbretter (1–2 cm) sind ein vorzügliches Material.

Verzogene Bretter soll man nicht mit Gewalt geradebiegen wollen. Man näßt sie schwach auf der Rückseite und beschwert sie allmählich immer mehr; in schwierigen Fällen muß man den Schreiner zu Rate ziehen.

Nimmt man Pfeifenton (China clay) statt Gips, so wird der Grund glänzend beim Spachteln, was man leicht durch Reiben mit dem Handballen noch verstärken kann. Ein Wasserüberstrich macht ihn wieder matt. Für sorgfältig durchgeführte und feine Materialbehandlung erfordernde Arbeiten ist ein richtig gipsgrundiertes Brett ein vorzüglicher Grund. Für pastose Arbeiten genügen wenig Anstriche. ◀

Der Vergoldergrund und das Vergolden

Der Goldgrund hat nicht nur in der Buchmalerei, sondern auch im frühmittelalterlichen Altarbild eine bedeutende Rolle gespielt. Er war nicht nur ein besonderer Farbton auf dem Bild, er besaß in der Buchmalerei wie in der Tafelmalerei mythologische Bedeutung. Er stand für Überirdisches, für ein verdichtetes Licht der Sonne auf dieser Erde, unserer Erde. Erst um 1400 begannen die Maler, einen Teil des Goldgrundes durch gemalte Landschaften oder Architektur zu ersetzen; die Bildteile aber, welche den Himmel darstellen sollten, wurden noch lange in Gold belassen. Auf jenen Bildern kann man bei genauem Hinsehen erkennen, daß die Maler die Szenerie durch Einritzen in den Malgrund gleichsam „anrissen“, so daß die zum Vergolden vorgesehenen Bildstellen von den zu bemalenden gut zu unterscheiden waren. An den Grenzlinien liegt die Malfarbe oft über der Vergoldung; die zur Bemalung vorgesehenen Flächen sind meist nicht vergoldet worden, weil auf Gold eine Malfarbe nicht so gut haftet wie auf einem normalen Malgrund.

Es gibt zwei Arten der Vergoldertechnik. Die *Poliment-* oder *Glanzvergoldung* ist die älteste und edelste Art, sie allein führt zu hochglänzenden Goldflächen. Künstlerische Arbeiten, Bilder wie Skulpturen, sind früher stets glanzvergoldet worden, niemals ölvergoldet. – Die handwerklich geringer geachtete, matte Goldflächen liefernde, auch für außen geeignete *Ölvergoldung* bedarf im Gegensatz zur Polimentvergoldung keiner so eingehenden Grundvorbereitung. Bei dieser Arbeitsweise wird die zu vergoldende, feste, glatte und kaum saugende Fläche mit *Mixtion*, dem *Goldanlegeöl*, einem raschtrocknenden Öllack dünn überzogen. Das Blattgold wird aufgelegt, sobald der Lackfilm bei leichtem Darüberstreichen mit der Rückseite eines Fingers „singt“. Das tut er, sobald er angetrocknet, aber noch nicht ganz durchgetrocknet ist. Manche Vergolder färben das Mixtion mit hellem Ocker aus einer Ölfarbentube etwas an, damit sie genau sehen können, wieweit die Fläche mit Mixtion eingestrichen ist.

Die Polimentvergoldung kann man, – will man sie verkürzt und im Modell darstellen, – in sieben

Arbeitsgänge einteilen, von denen einige wiederholt werden müssen, um einen glatten Grund zu schaffen, auf dem das Blattgold gut steht.

1. Der Goldträger aus Holz wird mit dünnem, heißem Leim getränkt.

2. Ein Kreidegrund wird aufgetragen. Als Pigmente dienen normale Kreide, aber auch sog. Bologneser Kreide, d. h. Kalziumsulfat oder Gips, und graue Steinkreide.

3. Der Kreidegrund wird glatt geschliffen.

   Die Arbeitsgänge 2 und 3 werden wiederholt; soll graviert werden, z. B. um Brokat anzudeuten, dann werden bis zu acht Aufträge gemacht.

4. Der Kreidegrund erhält eine Zwischengrundierung, die mit gelbem oder rotem Bolus pigmentierte *Lösche.*

5. Das Poliment, ein durch Eisenoxide gelb oder rot gefärbter, mehrmals geschlämmter, fetter Ton, manchmal mit Eiweiß gebunden, wird aufgebracht und bildet dann die oberste Schicht des Vergoldergrundes.

6. Mit Hilfe der *Netze*, einer Alkohol-Wasser-Mischung, wird das Gold „angeschossen“ und haftet auf dem Polimentgrund durch Adhäsion.

7. Das Gold wird mit einem mattgeschliffenen Achat auf Hochglanz poliert.

Die Herstellung eines Vergoldergrundes und das Vergolden selbst sind komplizierte handwerkliche Operationen, die man richtig erlernen muß, wenn man vergolden will.

Eine Arbeitsanweisung für den handwerklichen Vergolder ist ausführlicher und genauer: Vor der Anbringung der Kreidegrundierung muß das zu grundierende Holz vollständig ausgetrocknet sein. Pechstellen sind gut zu entfernen, ebenso größere Aststellen, die ausgebohrt und mit demselben Holz ausgebessert werden müssen. Kleinere Aststellen und verleimte Fugen sind nach der Verleimung mit einem dünnen Gazestoff zu überkleben.

Zuerst erfolgt die Leimtränke. 100 g Leim läßt man in Dreiviertelliter Wasser 24 Stunden quellen und erwärmt das Ganze dann im Wasserbad mit dem gleichen Wasser bis zur völligen Lösung des Leimes. Zur Vorleimung verdünnt man einen Raumteil Leimlösung mit drei Raumteilen Wasser. Damit eine gute Haftung erreicht wird, soll das Leimwasser etwa 50 Grad warm auf die Fläche gestrichen werden.

Der Steingrund oder graue Grund folgt nach dem Trocknen der Leimtränkung. Er ist warm und besonders in der ersten Lage schleierhaft dünn aufzutragen. Diese Maßnahme ist wichtig, damit die weiteren Grundierungen größte Festigkeit und Verbindung mit dem Untergrund erhalten.

Herstellung des Steingrundes: Zu 2 Raumteilen Leimlösung von der obigen Leimstärke (100 g Leim und Dreiviertelliter Wasser) gibt man langsam 1 Raumteil graue Kreide und drückt das Ganze durch ein feinmaschiges Sieb. Der im Wasserbad gut erwärmte Steingrund wird dann mit einem Borstenpinsel hauchdünn auf das vorgeleimte Holz aufgeschummert.

Der weiße Grund, der auch Vergoldergrund genannt wird, wird nach dem Trocknen des Steingrundes aufgetragen. Zu seiner Herstellung werden je gleiche Teile Champagnerkreide und Bologneserkreide zusammen fein vermahlen. In einen Topf mit warmer Leimlösung von der schon besprochenen Leimstärke (100 g Leim auf Dreiviertelliter Wasser) rührt man langsam so viel von dem gemahlenen Kreidegemisch hinein, bis eine dicke Masse entsteht, die zur Vermeidung von Knollenbildung durch ein feinmaschiges Sieb getrieben wird. Es darf nicht zu stark gerührt werden, da sich sonst Blasen bilden, worunter die Glätte der Grundierung leiden würde. Besonders ist darauf zu achten, daß die Grundierungsmasse im Wasserbad nicht zu heiß wird.

Erste Grundierung mit dem weißen bzw. Vergoldergrund. Die im Wasserbad lauwarm gehaltene weiße Grundierungsmasse wird mittels eines Borstenpinsels kreuzweise über den grauen Steingrund stupfend aufgetragen. Falls für die erste Grundierung die Masse zu dick sein sollte, so kann man dieselbe mit Leimwasser von der Stärke 50 g Leim auf 1 l Wasser verdünnen.

Bei der zweiten und dritten Grundierung wird ebenfalls der im Wasserbad angewärmte Grund immer kreuzweise zum vorherigen Anstrich aufgetragen.

Bei der vierten und fünften Grundierung gibt man der Grundierungsmasse etwas Weingeist zu, d. h. 1 Teil Spiritus mit 3–5 Teilen Wasser verdünnt.

Die fünfte Grundierung ist besonders wichtig, da mittels dieser eine gleichmäßige und glatte Fläche erreicht werden soll, welchen Vorgang man in der Praxis „Ausgrundieren“ nennt. Die Masse für die fünfte Grundierung muß also besonders geschmeidig sein, damit man mit ihr auch große Flächen einheitlich glatt bekommen kann. Zu diesem Zweck gibt man der vorhandenen Grundiermasse bis zu ein Drittel Raumteil im Wasser eingeweichte Kreidemasse bei. Die so vorbehandelte Grundiermasse wird zunächst kreuzweise auf die vorhergegangene Grundierung aufgetragen, und unmittelbar danach wird in die noch feuchte Grundierung dieselbe Grundiermasse mit einem weichen Borstenpinsel flüssig aufgetragen, so daß der Grund gleichmäßig verläuft und die Fläche glatt wird. Die Zugabe von in Wasser eingeweichten Füllstoffen zur letzten Grundierung darf auf keinen Fall unterlassen werden, denn in dieser Schicht muß die Leimstärke schwächer sein als in den unteren Lagen, andernfalls sich Blasen zeigen würden und der Grund zum Abspringen neigen könnte.

Schleifen des weißen oder Vergoldergrundes. Nach dem Trocknen ist es notwendig, den weißen Grund mit Bimsstein und wenig Wasser zu schleifen. Es ist auch möglich, denselben mittels feinen Glas- oder Schmirgelpapiers beliebig zu glätten.

Für eine Branntweinvergoldung, auch Polimentvergoldung genannt, sind nun die folgenden weiteren Arbeitsgänge nötig:

Die sog. Lösche folgt auf den geschliffenen und sorgfältigst entstaubten weißen Grund. Dabei ist besonders zu beachten, daß der Grund vollkommen fett- und ölfrei ist.

Herstellung der Lösche: Eine kleinere Menge gelben Poliments wird auf einer Glasplatte mit Wasser dick und ganz fein verrieben. Zu einem Raumteil Leimlösung von der Stärke 50 g Leim auf 1 l Wasser gibt man so viel von dem angeriebenen gelben Poliment, daß der Aufstrich nur leicht gefärbt wird. Die Leimlösung mit dem Polimentzusatz, also die sog. Lösche, wird im Wasserbad gut erwärmt und mit einem sauberen Borstenpinsel auf den geschliffenen und entstaubten Grund mager aufgestrichen. Dann folgt

der gelbe Polimentanstrich. Zu dessen Herstellung gibt man der noch vorhandenen Lösche so viel fein angeriebenes, gelbes Poliment hinzu, bis der Anstrich deckender wird und dadurch auch schwächer gebunden ist als die Lösche. Die guterwärmte Masse wird ein- bis zweimal mit einem weichen Pinsel dünn und kreuzweise aufgestrichen. Nach dem Trocknen wird der gelbe Polimentanstrich mit einem weichen Lappen oder einer sehr weichen Bürste gut abfrottiert. Darauf folgt

das rote Poliment. Als Bindemittel für das rote Poliment kann der bereits erwähnte Polimentleim (Leimstärke 50 g Leim auf 1 l Wasser) oder Eiweiß, das sog. Eierpoliment, verwendet werden.

Bei der Verwendung von Leimlösung als Bindemittel ist die Herstellung dieselbe wie beim gelben Poliment, jedoch ist vor dem Auftragen etwas Weingeist zuzusetzen.

Zur Herstellung des *Eierpoliments* pulverisiert man auf einer sauberen Glasplatte zwei Hütchen rotes Poliment. Dazu gibt man das zu Schnee geschlagene Eiweiß von drei Eiern und verreibt es auf der Reibplatte möglichst fein. Ein Teil dieses mit Eiweiß feingeriebenen roten Polimentes wird, damit man es dünn aufstreichen kann, mit Weingeist verdünnt (1 Teil Spiritus und 5 Teile Wasser). Man darf immer nur kleine Teile des Eierpolimentes verdünnen, da der Weingeist zu rasch verdunstet. Mit der verdünnten Masse macht man dann mit einem weichen Pinsel ein bis zwei kreuzweise Aufstriche.

Das rote Poliment bildet den eigentlichen Untergrund zum Vergolden. Wenn es trocken ist, wird es mit einem weichen Lappen abfrottiert und sorgfältig abgestaubt. Es ist sehr wichtig, daß man immer nur eine so große Fläche mit rotem Poliment versieht, als noch am gleichen Tag mit Gold belegt wird, da das Poliment sonst zu stark austrocknet und die Haftung des Blattgoldes in Frage gestellt wird. Bis zur Vergoldung ist der angetrocknete Polimentanstrich mit einem Seidenpapier gut abzudecken, damit er weder verstauben noch zu stark austrocknen kann.

Zur Vergoldung wird der rote Polimentanstrich stückchenweise mit verdünntem Spiritus unter Verwendung eines weichen Pinsels angefeuchtet, und das zurechtgeschnittene Blattgold wird mit einem sog. Anschießer auf die feuchte Stelle aufgelegt. Beim Auflegen von Blattgold darf weder Staub noch Zugluft im Raum sein. Das aufgelegte Blattgold ist in einigen Stunden trocken und kann dann mit einem Achatstein poliert werden. Das Erkennen der richtigen Trockenzeit erfordert eine gewisse Erfahrung. Bei zu geringer Trocknung schiebt sich das Gold beim Polieren ab, bei zu starker Trocknung muß man beim Polieren zu stark aufdrücken, wodurch die Vergoldung leicht streifig wird. Es ist also wichtig, die richtige Zeit für das Polieren herauszufinden.

Man unterscheidet eine Reihe von Blattgoldarten, z. B. Orangegold, Doppelgold, Dukatendoppelgold, Hellorange-, Gelbgold, Zitron-, Grün- und Hellgrün-gold. Für besondere Zwecke wurde auch das sog. Zwischgold verwendet, das in bester Qualität auf der Außenseite aus Gold, auf der Innenseite aus Silber besteht.

Glanzversilberung. Der Arbeitsvorgang ist derselbe wie bei der Glanzvergoldung, jedoch ist die Verarbeitung weniger empfindlich, da das Blattsilber stärker geschlagen ist als das Gold. Aufgelegtes Blattsilber muß nach dem Polieren mit Zaponlack- bzw. Schellacklösung überzogen werden, da es sonst anläuft und oxidiert. Falls eine natürliche Oxidation der Glanzversilberung erwünscht ist, wird der Zaponlack- oder Schellacküberzug erst dann angebracht, wenn die Oxidation den gewünschten Grad erreicht hat. Soll die Oxidation sehr rasch erfolgen, so kann man dies auf künstlichem Wege unter Verwendung von Schwefelleber oder Ochsengalle erreichen. Vor der Behandlung wird das Glanzsilber zuerst mit Federweiß eingekehrt und wieder gut abgestaubt, damit der darauffolgende Schwefelleberanstrich gleichmäßig angenommen wird. Man löst ein Stück, etwa 3–5 g, Schwefelleber (Hepar sulfuris oder Kaliumpolysulfid) in etwa 1 l warmen Wassers und streicht diese Lösung mit einem weichen Pinsel über das Glanzsilber. Das Silber verändert sich daraufhin sehr schnell. Die eingetrocknete Lösung reibt man mit einem weichen Lappen ab. Je nachdem man die Schwefelleberlösung verdünnter oder stärker wählt, oder auch das Auftragen mehrmals vornimmt, können verschiedene Arten der Oxidierung erreicht werden.

Unmittelbar nach der Oxidierung muß man das Silber mit Zaponlack und weißer Schellacklösung überziehen, da es sonst in kürzester Zeit schwarz wird.

Vom künstlerischen Standpunkt und vom Standpunkt der Schönheit aus ist die natürliche Oxidation des Silbers der künstlichen Oxidierung vorzuziehen. Bei kleineren Ausbesserungen wird man jedoch aus praktischen Gründen meistens die künstliche Oxidierung wählen müssen.

Farblasuren auf Glanzversilberung. Wenn man Glanzsilber farbig lasieren will, so muß man es vorher mit Zaponlack bzw. Schellacklösung überziehen. Als Farben kann man spirituslösliche Beizfarben verwenden, die mit verdünnter blonder Schellacklösung gebunden werden. Will man die Spiritusfarben, die wegen des durchschimmernden Silbers oft zu grell und giftig wirken, etwas abdämpfen, so kann man eine farbige Harzöllasur darüberlegen.

Glanzsilber läßt sich auch mit Goldlack überziehen. Zu diesem Zweck mischt man sich den gewünschten Goldton aus spirituslöslichen Beizfarben selbst.

Arbeiten, wie das Überziehen von Glanzsilber mit Zapon- oder Schellack, sollen nur in einem gut temperierten Raum ausgeführt werden. In einem kalten Raum wird das Silber durch den Zapon- oder Schellack gerne blind. Ein vorübergehendes Blindwerden im Augenblick des Aufstreichens kommt zwar auch im warmen Raume vor, im kalten Raum jedoch läuft man Gefahr, daß die Trübung bleibt. Die Zaponlack- bzw. Schellacklösung wird jeweils vor dem Auftragen im Wasserbad gut angewärmt, gegebenenfalls unter Zusatz von einigen Tropfen Äther, damit eine dünne und gleichmäßige Verteilung auf dem Glanzsilber stattfindet.

Die Reinigung einer Glanzvergoldung. Bei der Wiederherstellung einer Figur, eines Bilderrahmens oder auch eines vergoldeten Tafelbildes ist der Restaurator oft vor die Aufgabe gestellt, eine sorgfältige Reinigung der Vergoldung durchzuführen. Nach der Entstaubung feuchtet man ein Schwämmchen mit Branntwein an (1 Teil Spiritus und 5 Teile Wasser) und fährt mit diesem Schwämmchen nur einmal leicht über das Glanzgold weg. Man darf für keinen Fall ein zweitesmal über die angefeuchtete Stelle wischen, da sonst der hauchdünne Goldbelag beschädigt oder entfernt wird. Nach dem Trocknen wird mit gekneteten Brotstückchen nachgereinigt und mit einem Achatstein nachpoliert, wodurch das angelaufene Gold wieder leuchtet. An Stelle von verdünntem Spiritus kann man für die Reinigung auch Essig mit Wasser verdünnt verwenden.

Frühere Fehlstellen wurden oft mit Goldbronze überstrichen, zum Teil auch über die Glanzvergoldung hinweg. Diese störende Goldbronze läßt sich in der bereits beschriebenen Weise am besten mit Panzolpaste entfernen, da durch Panzol das Echtgold nicht verletzt wird. In diesem Falle muß mit Terpentin und verdünntem Spiritus nachbehandelt werden.

Ölvergoldung. Die Ölvergoldung ist ein einfacheres Verfahren als die Polimentvergoldung, weil die Lösche, der gelbe und der rote Polimentanstrich hier nicht notwendig sind. Der Nachteil der Ölvergoldung ist, daß man Ölgold nicht polieren kann.

Bei Gegenständen, die im Freien ihren Platz haben oder sonst der Witterung ausgesetzt sind, kann man Polimentgold nicht verwenden, da der Vergoldergrund, wie aus dem Vorausgegangenen ersichtlich, nur mit Leim gebunden ist und Leim unter der Einwirkung von Feuchtigkeit wieder zum Quellen kommt. Der Grund würde also samt dem Gold abblättern.

Man muß darum in diesem Falle Ölvergoldung wählen und gibt der Grundierungsmasse Leinölfirnis bei (in Art wie beim Halbkreidegrund oder Ölgrund). Ist der Grund gut glatt geschliffen, so kann man einen gelblichen oder rötlichen Farbanstrich darüber geben. Auf diesen Anstrich erfolgt nun ein zwei- bis dreimaliger Anstrich mit blondem Schellack, wobei aber jeder Anstrich erst getrocknet sein muß, ehe man den neuen Anstrich darüber gibt. Der Schellacküberzug muß am Schluß so stark sein, daß die Fläche glänzt.

Ist die Schellackschicht ganz trocken, so kann man die sog. Mixtion (eine Art eingedickten Standöls), die man mit etwas Terpentin verdünnen kann, auftragen. Mixtion bildet die eigentliche Unterlage für die Ölvergoldung. Es ist daher wichtig, die Mixtion, damit sie sich besser verteilt, vor dem Gebrauch im Wasserbad gut anzuwärmen. Beim Aufstreichen ist vor allem auf gleichmäßigste Verteilung und gutes Verstreichen zu achten, da sonst das Gold an Stellen, wo keine Mixtion aufgetragen ist, nicht haftet. Eventueller Überschuß an Mixtion ist mit einem Seidenpapier abzunehmen. Ließe man den Überschuß an Mixtion in Gestalt stärkerer Auftragstellen liegen, so würden sich nach der Vergoldung an diesen Stellen schmierige Flecken zeigen.

Die Auftrocknungszeit der Mixtion ist sehr verschieden. Die Handelsware Mixtion, die man in die Hand bekommt, trocknet einmal nach sechs, einmal nach zwölf Stunden, und ein andermal dauert die Trocknung noch länger. Der richtige Trocknungsgrad ist erreicht, wenn die Mixtionschicht beim Darüberstreichen mit den Fingern „pfeift", wie der Fachausdruck heißt. Die Mixtionschicht soll fast trocken sein, aber doch noch eine Spur von Klebkraft haben. Ist der Trocknungsgrad noch nicht genügend erreicht, so ersäuft das Gold beim Auflegen, ist die Trocknung schon zu stark fortgeschritten, so haftet das Gold nicht mehr. Das Auflegen des Goldes selbst geschieht in der gleichen Weise wie bei der Polimentvergoldung.

Nimmt man zum Vergolden sog. Metallgold, das kein echtes Gold, sondern eine Legierung ist, so muß man das Gold nach dem Auflegen mit einem Schellacküberzug versehen, da das Metallgold sonst bald oxidiert. Bei Ölvergoldung an Objekten, die der Witterung ausgesetzt sind, kann man aus Gründen der Haftbarkeit nur echtes Gold verwenden. Am haltbarsten ist Doppeldukatengold.

Ölvergoldung ist ganz besonders am Platze, wenn es gilt, Metallgegenstände, die der Witterung ausgesetzt sind, z. B. Kirchturmspitzen, Wetterfahnen, Gitter u. dgl., zu vergolden. Eisen muß zuerst vom Rost befreit werden. Dann muß es mehrmals mit Mennige (Ölfarbe) dünn gestrichen werden. Der eine Auftrag muß immer trocken sein, ehe der andere erfolgt. Der getrocknete Mennigeanstrich wird mit Schellack überzogen – wie bei Ölvergoldung auf Holz –, bis die Oberfläche glänzt. Auf diesen Schellacküberzug wird der Mixtionanstrich gelegt. Es soll prinzipiell gesagt sein: Je glatter der Grund ist, desto schöner, glatter und glänzender wird das Gold.

Man kann Ölvergoldung auch an Gegenständen anbringen, die nicht grundiert sind. In diesem Falle werden die Stellen nur mit Schellack überzogen und mit Mixtion bestrichen. Es kommt auf den jeweiligen Gegenstand an, ob er die genügende Glätte für dieses abgekürzte Verfahren besitzt.

Es gibt dann noch ein sog. *Glanzmanierverfahren*, das den Zweck hat, dem Metallgold, das man nicht polieren kann, bestmöglichen Glanz zu verleihen. Man grundiert dabei genau so wie bei Polimentvergoldung, trägt die Lösche, das gelbe und das rote Poliment auf und poliert dann den Grund mit dem Achat. Auf diesen Grund kommt der Schellackanstrich, darüber die Mixtionschicht. Ist das Metallgold darüber gelegt, so muß selbstverständlich wie bei der gewöhnlichen Metallvergoldung noch ein Schellacküberzug erfolgen. Wenn man die Farbe des Metallgoldes etwas stimmen will, so kann man dem Schellacküberzug evtl. noch spirituslösliche Beizfarben in der gewünschten Tönung beifügen.

Die Maltechniken

Ölmalerei

Das Anreiben der Ölfarbe

▶ Das Selbstanreiben von Malfarben ist dem Maler zu empfehlen, nicht bloß der Ersparnis wegen, sondern weil er dadurch mit seinem Material vertrauter wird und weil die handgeriebene Malfarbe eine Materialschönheit besitzt, die dem Fabrikerzeugnis häufig fehlt. Zum Anreiben der Malfarbe braucht man einen mittelgroßen Läufer und eine Reibplatte und eine Hornspachtel oder saubere Stahlspachtel, die öfters mit Glaspapier zu reinigen ist. Gerauhte Glasplatten sind sehr vorteilhaft, ebenso gerauhte Glasläufer. Man unterlegt die Platte mit Filz oder einer starken Lage von Zeitungspapier, damit sie nicht rutscht oder durch den Druck des Reibens bricht (s. Tafel I).

Man gibt zu dem Pigment auf dem Reibstein oder der aufgerauhten Glasplatte anfänglich nur wenig Öl und mischt mit der Spachtel. Hornspachtel werden statt der Stahlspachteln viel verwendet. Die so angeteigte Malfarbe gibt man in die obere Ecke der Platte und reibt immer nur eine kleine Menge, etwa wie eine Walnuß, indem man sie durch kreisförmige Bewegung mit dem Glasläufer und unter leichtem Druck allmählich über die ganze Glasplatte ausbreitet. Man nimmt sie mit der Spachtel wieder zusammen, kratzt auch den Läuferrand ab und reibt nochmals nach, wenn nötig. Die anfänglich zu trocken erscheinende Malfarbe wird durch das Reiben bald flüssiger. Man darf die Ölfarbe nicht mit Öl überschütten. Zu flüssiger Malfarbe gibt man erneut Pigmente zu. Künstlerfarbe wird pastos angerieben, so dick, daß sie steht, nicht flüssig wie die Anstrichfarbe.

Die feingeriebene Ölfarbe gibt man in die andere obere Ecke der Platte. Sie darf nicht mehr knirschen unter dem Läufer; zum Schluß reibt man die gesamte Menge noch einmal kurz durch. Zweckmäßig reibt man zuerst die hellen Töne, beginnend mit Weiß.

Äußerste Vorsicht ist geboten bei den so giftigen Bleipigmenten, bei Kremserweiß, Neapelgelb, Chromgelb, Bleimennige, daß man nicht den Staub einatme beim Anmachen. Ein feuchtes Tuch vor Nase und Mund schützt am besten. – Die Reibplatte muß jedesmal sorgfältig gereinigt werden. Vorteilhaft ist es, für Weiß eine besondere Reibplatte zu haben, da diese Farbtönung am empfindlichsten ist. Manche organische Pigmente und Preußischblau ziehen in das Mattglas der Reibplatte ein und sind schwer zu entfernen. – Das Pigment soll die Hauptsache sein, das Öl ist nur ein notwendiges Übel.

Die angeriebene Malfarbe soll „kurz" sein, d. h. so stehen bleiben, wie sie mit Pinsel oder Spachtel hingesetzt wird, nicht etwa verlaufen, dabei doch flüssigen Strich erlauben und den Auftrag nicht erschweren. „Kurz" wird die Malfarbe durch sparsame Verwendung von Öl. Mohnöl ist hier günstiger als Leinöl, das einen Zusatz von Wachs oder Tonerdehydrat braucht. Die Künstlerfarbenfabriken erzielen die Kürze des Bleiweißes, indem sie es mit Wasser anteigen und dann beim Reiben auf der Farbwalze Öl zugeben. Geringe Wasserreste bleiben zurück und machen die Malfarbe kurz. ◀ Größerer Wasseranteil ist zu beanstanden. Dieser Weg über den Pigment-Wasser-Teig zur Pigment-Öl-Paste auf Walzenstühlen oder Kollergängen hat nicht nur zu butterig-kurzer Konsistenz der Bleiweißfarbe geführt, gleichzeitig wurde auch durch mehrmaligen Wasserwechsel der aus der Pigmentherstellung stammende Rest an wasserlöslichem Bleiazetat (Bleizucker), ausgewaschen, der empfindlicher gegen Schwefelwasserstoff reagiert als das wasserunlösliche Bleiweiß. – Das heutige Kremserweiß ist fast völlig frei von löslichen Bleisalzen, deshalb kann der Naßweg entfallen.

▶ Vielfach werden in der Praxis auch kleine Mengen von Kasein- oder Eitemperafarbe, selbst Kaolin, zum Kurzmachen der Malfarbe verwendet. Am meisten aber Wachs, das in Terpentinöl statt in fettem Öl gelöst, als höchstens 2%ige Zugabe zur Tubenfarbe die Menge fetten Öls nicht vermehrt. Das lästige Absetzen, das Ölabscheiden schwerer Pigmente in den Tuben, wird durch Wachszugabe vermieden. Ölfarbe mit Wachs erscheint farbkörperreicher und gibt Schmelz und guten Strich. Eine Trübung durch geringe Wachszugabe ist nicht zu befürchten.

Skizzen-Malfarbe wird durch Zusatz von Streckmitteln hergestellt, indem man Blanc fix, Schwerspat oder Tonerdehydrat den Malfarben beimengt. Das kann jeder Maler selber machen.

Man füllt die fertige Malfarbe vorsichtig mit der Hornspachtel in die Tuben; durch leichtes Aufstoßen auf weichem Grund senkt sich die Malfarbe in der Tube. Ist sie voll, so biegt man den Rand der Tube mehrmals mit der Spachtel um; leichter ist das Ver- ▷

▷ schließen mit einer Tubenzange oder (Vorsicht!) mit einer Maltuchspannzange. Ausgießen mit Zaponlack wie bei Temperafarben ist bei organischen Pigmenten ratsam, ebenso bei Aquarellfarben. Man kann die angeriebene Ölfarbe auch in weithalsigen Gläsern aufbewahren, indem man Wasser darüber stehen läßt; doch vertragen das nicht alle Ölfarben.

Die Reibplatte reinigt man mit Terpentinöl, mit Sägemehl oder Kreide, auch mit Schmierseife, die man über den Farbresten stehen lassen kann. Danach muß sauber nachgewaschen werden. – Farbtuben oder Gläser, die sich nicht öffnen lassen, kann man meist durch leichtes Anwärmen des Verschlusses zur Öffnung bringen. – Wenn in alten Malerbüchern, wie bei *Cennini*, steht, die Malfarbe könne nicht fein genug gerieben werden, so ist zu bedenken, daß die damaligen Maler die Erdpigmente, z. B. die Ocker, aus dem rohen Gesteinsmaterial heraus mühsam zerkleinern mußten und daß es sich nur um Handreibung handelte, die nach mikroskopischen Messungen ein etwa 10fach gröberes Korn als unsere heutige Maschinenreibung ergab. Die Pigmente der alten Meister waren viel grobkörniger als unsere heutigen.

Ölfarbe verändert ihre Behandlungsfähigkeit, ihre Traktabilität, nach der Temperatur. Dieselbe Malfarbe, die in der Kälte sich schwer verarbeiten läßt, kann in der Sonne von der Palette fließen. Viel Wachs vermehrt diese Extreme im Freien.

Sehr lästig sind für den Ölmaler die ungleichen Trokkenzeiten der Ölfarben. Während Kremser Weiß, Umbra, Kobaltblau beispielsweise rasch trocknen, trocknen Ölfarben mit anderen Pigmenten sehr langsam, so besonders Krapplack, Van-Dyck-Braun und die Schwärzen. Der Fabrikant sucht häufig durch Zusätze einen Mittelweg zu schaffen. Durch Malmittel kann man einen Ausgleich im Bilde schaffen, besonders aber durch Zumischen von Kremser Weiß in Pulver zu den Ölfarben, wenn auch in geringer Menge, vor dem Vermalen. Durch Zusatz von Temperaemulsionen wird gleichfalls ein Ausgleich angestrebt. ◀

Anmerkung

1 Wer gesundheitsschädliche Pigmente wie Kremserweiß, Chromgelb oder Neapelgelb z. B. verwenden will, sollte sie nicht selbst anreiben, sondern als Tubenölfarbe in der ersten Qualität kaufen. In den billigeren zweiten und dritten Qualitäten sind diese echten, wiewohl gesundheitsschädlichen Pigmente durch undschädliche imitiert oder mit Füllstoffen verschnitten.

2 Mohnöl sollte der selbstanreibende Maler aus gutem Grund (S. 66, 89f.) nicht verwenden.

3 Der erwähnte Naßweg bei der industriellen Herstellung von Kremserweiß-Ölfarben ging über die Stationen (auf dem Kollergang): Pigment-Wasser-Teig → Ölzugabe → Abscheiden des Wassers → Reiben auf dem Dreiwalzenstuhl → Abfüllen.

4 Lösemittelhaltige, Seife und/oder Sägemehl enthaltende Ölfarbenreste werden gesammelt und an Müll-Sammelstellen abgegeben.

Ölfarbensysteme

Reine Ölfarbe

▶ Reine Ölfarbe stellt ein gut zu verarbeitendes Material dar. Reine Leinölfarbe hat den Vorteil der Magerkeit und des festen Durchtrocknens. Die deutschen Künstlerfarbenfabriken liefern ein zuverlässiges Material, da es ihnen gelang, die früheren Mängel durch verbesserte Methoden der Reinigung und Entschleimung auszugleichen, während der Maler beim Selbstanreiben mit kaltgeschlagenem Leinöl mit diesen Mängeln noch zu rechnen hat. Er muß das gereinigte Öl von Künstlerfarbenfabriken kaufen, um sicher zu gehen. Leinölfarbe ist am schönsten auf magerem Grund. Sie neigt am wenigsten zum Springen. Der Maler will wissen, was in seiner Tube drin ist. Reine Leinölfarbe entspricht dieser Forderung.

Für Untermalung ist Mohnölfarbe nicht geeignet. Leinölfarbe ist hier sicherer, am besten aber Tempera. Die heutigen Ölfarben enthalten häufig Gemische von Leinöl und Mohnöl, um ihre Vorteile miteinander zu verbinden. So wird Kremser Weiß fast immer mit Mohnöl angerieben, die anderen Pigmente dagegen mit Leinöl.

Harzölfarbe

Durch Vermalung reiner Ölfarbe mit Harzessenzfirnissen, wie Mastix oder Dammar, von der Palette weg entsteht die Harzölfarbe. So war die Farbe des Rubens beschaffen, die mit Mastix, Venezianer Terpentin und eingedicktem Leinöl vermalt wurde. Sie bewies durch ihre wunderbare Erhaltung die Richtigkeit des technischen Prinzips.

Harzfirnisse können Tubenfarben normalerweise nur bis etwa 10% des Bindemittels zugesetzt werden, um ein Zäh- oder Festwerden in Tuben zu verhüten. Beim Anreiben für den sofortigen Gebrauch ist der Maler hieran nicht gebunden.

Gute Harzölfarbe ist ein vortreffliches Material. Sie erlaubt Unter- und Übermalung und trocknet fest durch. Harzölfarbe kann auf lange hinaus des Firnissens entbehren. Sie hat genügend Schutz in sich selbst.

Pettenkofers Schrift über Ölfarbe und Konservierung der Ölbilder war die Veranlassung, daß man *Kopaivabalsam* den Farben zusetzte, im Glauben, ▷

▷ ihre Halbarkeit zu erhöhen, das Gilben und Runzeln der Ölfarbe einzuschränken und eine leichtere Vermalbarkeit insofern herbeizuführen, als man bei den Harzölfarben nicht unbedingt gezwungen war, das völlige Trocknen der Unterschicht abzuwarten. Die meisten Farbenfabriken wandten früher Kopaivabalsam und Kopaivabalsamöl, das speziell das Runzeln und Schwinden aufheben sollte, in erheblichen Mengen in ihren Farben an, nach Eibners Rat. Man konnte sich nicht genug tun an solchen Zugaben und glaubte die endgültige Lösung der Farbenfrage gefunden zu haben. Auch heute noch findet man in Lehrbüchern, wie *Berger-Bouvier* und *Jännicke*, die irrige Anschauung, Kopaivabalsam könne unbedenklich den Farben in beliebigem Maße zugesetzt werden, er gilbe weder, noch reiße er und dunkle auch nicht nach. Kopaivabalsam und sein Öl sind in Tubenfarben äußerst schädlich und müßten verboten werden. ◀ (S. 68)

Anmerkung
Charles E. Eastlake hat 1847 in „Materials for a history of oil painting" Teile des sog. *Mayerne-Manuskripts* veröffentlicht, er hat dort zum ersten Mal auch die Meinung vertreten (*Max Doerner* ist ihm hierin 1921 gefolgt), im 17. Jahrhundert seien Harz-Ölfarben (sikkativiertes Leinöl + Harzlösung aus Naturharzen in Terpentinöl + Pigmente) *das* Malmaterial gewesen, mit dem *Rubens*, seine Schüler und die großen Maler jener Zeit gearbeitet hätten.

T. de Mayerne, Arzt, Apotheker und Kunstfreund, hatte 1620 in „Pictoria Sculptoria & quae subalternarum artium" die bedeutendste handwerklich-maltechnische Schrift des 17. Jahrhunderts verfaßt. Er hat, so würden wir heute sagen, bei den Malern seiner Zeit genau, nüchtern und kühl recherchiert. Mit *Rubens* war er bekannt. Er berichtet sehr ausführlich über die dem Maler im 17. Jahrhundert zur Verfügung stehenden Naturharze, über Sikkativierungsmethoden und vieles andere mehr.

Es war dies zufällig auch die Zeit, als Äthylalkohol und Terpentinöl von Apothekern destilliert und zu einem für Maler offenbar akzeptablen Preis angeboten worden sind. Beide Lösemittel wurden anfänglich noch als *aqua ardens*, als „brennendes Wasser", bezeichnet. Erst geraume Zeit später sind sie begrifflich und sprachlich differenziert worden. Im 13. und 14. Jahrhundert war die im Orient seit Jahrhunderten bekannte und ausgeübte Destillierkunst im Westen in Klöstern und von Alchimisten weiterentwickelt worden, nachdem sie vorher von arabischen Ärzten und Naturwissenschaftlern nach Europa transferiert worden war.

Zu der gleichen Zeit, als *de Mayerne* schrieb, als Terpentinöl und Äthylalkohol den Malern als Lösemittel relativ preiswert zur Verfügung standen, da brachten weltbefahrene Kaufleute Naturharze aus Asien, Ostindien und dem vorderen Orient in großer Vielfalt und in riesigen Mengen in die flämischen und niederländischen Häfen auf den Markt. Ich vermute, daß dieses mehr zufällige Zusammentreffen nicht bei *de Mayerne*, der den Ereignissen näher war, bei *Eastlake* aber, und *Doerner* zu der phantasievollen Hypothese geführt hat, Harz-Ölfarben mit Malmitteln aus sikkativiertem Leinöl + Naturharzlösungen in Terpentinöl + Pigmenten seien das Malmaterial der Ölmaler im 17. Jahrhundert gewesen.

Das hat am Ende des 19. Jahrhunderts dazu geführt, daß in Deutschland zwei angesehene Künstlerfarbenfabriken versucht haben, sich mit fabrikatorisch hergestellten Harz-Ölfarben der beschriebenen Art einem Malmaterial zu nähern, dessen Ursprung sie im 17. Jahrhundert vermutet haben. Nach aufwendigen naturwissenschaftlichen Bilduntersuchungen wissen wir heute, daß helle, gut sikkativierte Leinöle, die mit Terpentinöl oft erheblich verdünnt waren, das Malmittel des Rubens und seiner Kollegen gewesen ist. *Renate Keller* hat das mit ihren ausgezeichneten Rekonstruktionsversuchen bestätigt.

Alkydharz-Ölfarbe

Die von Künstlerfarbenfabriken angebotenen Alkydharz-Ölfarben enthalten als Malmittel entweder ein in Terpentinöl gelöstes, sikkativiertes, „langöliges" Alkydharz mit einem Ölanteil von 60–70 % oder der Hersteller hat das von ihm ausgewählte Alkydharz mit Leinöl verkocht, um dessen Antrockenzeit so zu verlangsamen, daß ein Maler die aus ihm hergestellte Alkydharzfarbe ohne Schwierigkeiten verarbeiten kann.

Der Maler kann sich aber aus einer reinen Ölfarbe durch Vermalen mit einem Alkydharz-Malmittel oder einem guten, hellen Alkydharzlack seine Alkydharz-Ölfabe auch selbst „maßschneidern" und sich dabei deren An- und Durchtrockenzeit so einstellen, wie er das für einen akuten Fall wünscht.

Alkydharz-Ölfarben trocknen im allgemeinen – je nach Alkydharzanteil – rascher an und besser durch als reine Ölfarben oder Harzölfarben und bilden hochelastische, selbst auf kaum saugenden Gründen hervorragend haftende Aufstriche. Einer ihrer Vorzüge ist es, wie eine reine Ölfarbe terpentinölunlöslich aufzutrocknen, so daß bei nachfolgenden Lasuren und Firnisaufträgen keine Löseerscheinungen zu befürchten sind (S. 73).

Ölharzfarbe (Lackfarbe)

▶ Eine *Ölharzfarbe*, bei der Hartharze, wie Kopal oder Bernstein, in fettem kochendem Öl gelöst werden, ist der Gefahr des Gilbens und Hautens sowie einer unangenehmen Glätte und Speckigkeit unterworfen. Diese Öllacke arbeiten einer duftig matten, pastosen Wirkung entgegen. Als „Farben alter Meister" tauchen solche Erzeugnisse manchmal auf. ▷

▷ **Harzwachsfarbe**

Harzwachsfarben kann man sich für den sofortigen Bedarf herstellen. Ein Harzessenzfirnis wird mit in Terpentin gelöstem Wachs versetzt und mit Ölfarbe, die man mit der Spachtel zumischt, vermalt. Dammaressenzfirnis, dem Wachs zugesetzt wurde, ist für diesen Zweck besonders gut geeignet. Die Farben haben eine duftige, angenehme stumpfe und matte Wirkung und sehr große Helligkeit und Klarheit. Für dekorative Arbeiten, wie Wandbilder, ist das Material sehr geeignet, viel besser als die oft benützte *Wachsfarbe in fetten Ölen*, die speckig ist, gilbt und schlecht trocknet, oder die in Ölfirnissen wie Leinölfirnis, Kutschenlack, Kopal- oder Bernsteinfirnis, während Wachsharzessenzfirnis eine vorzügliche und sehr haltbare Mischung ist (S. 137f.).

Mattfarben und mattfarbige Wirkung

Mattfarben und mattfarbige Wirkung der Bilder sind heute sehr beliebt. Durch starke Zusätze ätherischer Öle auf stark saugendem Kreide- oder Gipsgrund unter Verminderung des fetten Bindemittels wird eine solche Wirkung erreicht. Aber eine zu weitgehende Mattwirkung durch ätherische Öle hat große Nachteile für den Bestand des Bildes im Gefolge. Die Farbe wird spröde und fällt ab wegen ungenügender Bindung. Eine Farbe soll möglichst ihr Bindemittel behalten, es soll nur zum kleinen Teil abgesaugt werden oder verdunsten können. Diejenige Farbe, die in sich genügend Bindemittel hat und auf dem Grunde behält, daß sie auf lange Jahre keine Ergänzung durch Firnissen braucht, wird unbedingt am schönsten stehen und sich am besten erhalten. Mattfarbe läßt sich als pastose Farbe für dekorative Zwecke mit Erfolg herstellen durch eine Zumischung von etwas Bologneser Kreide, auch durch Tonerdehydrat, als Pulver oder in Terpentinöl verrieben zur Ölfarbe auf der Palette. Man mischt am besten jede Farbe mit der Spachtel. Man kann auch nur dem Malmittel (Wachsharzfirnis oder reinen Mastixfirnis) Bologneser Kreide zusetzen.

Schöne Mattwirkung gibt Ölfarbe, deckfarbig verwendet, mit Eiharztempera gemischt und mit Terpentinöl vermalt, ebenso Kasein.

Zugabe von Bienenwachs in Terpentinöl macht Ölfarbe ebenfalls matt.

Mischfarbe

Ölfarbe mit Tempera-Emulsionsbeimischung machen sich viele Maler heute aus selbstangeriebener Farbe, etwa wie Öltempera, um durch diese Zusätze die Ölfarbe kurz, magerer, matter und rascher und gleichmäßiger trocknend zu machen. Vor etwa 40 Jahren versuchte man allerlei solcher Mischungen. Durch die Verwendung von Schmierseife wurden damals sehr viele Ölbilder geschwärzt und ruiniert.

Die Tubenfarbe bekommt oft allerlei Zusätze. Ei, Kasein, auch tierische Leime werden verwendet, daneben verseifte Harze. Brauchbar erwies sich z. B. Eiharztempera (Ei + Mastix- oder Dammarfirnis), mit Terpentinöl statt Wasser verdünnt, als Malmittel zu deckfarbiger Ölfarbe.

Besser ist es, eine Ölfarbe magerer zu machen durch Temperabeimischung als eine Tempera durch Ölzugabe zu überfetten.

Tausend Möglichkeiten gibt es da, fast wie beim Schachspiel, aber nur der geübte Techniker erzielt Brauchbares.

Mischweiß, halb Ei- oder Kaseintempera-Kremser-Weiß mit halb Öl-Kremser-Weiß, wird sehr fest, trocknet aber sehr rasch und ist sehr pastos. ◀

Obsolete ölfarbenähnliche Systeme aus dem 19. Jahrhundert

Die Monumentalfarbe, von Prof. *Urban* war eine Wachs-Öl-Harz-Malfarbe, die mit der Lötflamme auf einen speziellen Malgrund eingebrannt worden ist.

Glasfrittenfarben waren ein Versuch, durch Zusatz von fein zerkleinerten farbigen Gläsern zu Ölfarben einen besonderen Effekt und eine gleichmäßige Trocknung herbeizuführen.

Der Maler *Gussow* versuchte, aus kochenden Kernseifen- und Alaunlösungen eine „fettsaure Tonerde" herzustellen, die mit Terpentinöl, Harz und fetten Ölen gemischt als Bindemittel für Pigmente dienen sollte. Dieses System habe sich deshalb nicht eingeführt, so wird berichtet, weil es kurze Zeit nach der Zusammenstellung so zähe wurde, daß es sich nur etwa eine Stunde lang vermalen ließ.

Die Raffaelistifte waren Ölfarben in Stiftform, deren Bindemittel Kakaobutter, Unschlitt, Japanwachs und trocknende und nichttrocknende Öle enthalten haben. Sie waren die Vorläufer der heutigen Ölpastellstifte.

Anmerkung zur fabrikatorischen Herstellung von Malfarben

In den Künstlerfarbenfabriken werden die Pigment-Bindemittel-Gemische, wie früher schon beschrieben, auf schweren Knetwerken oder in starken Hochleistungsrührwerken angeteigt und dann auf Walzenstühlen angerieben. Dabei handelt es sich prinzipiell um den gleichen Reibvorgang, den der Maler mit dem Läufer auf der Reibplatte per Hand ausführt. In beiden Fällen soll und kann nicht das Pigmentkorn zerkleinert, sondern Bindemittel und Pigment sollen homogenisiert und Luft soll ausgetrieben werden; Maschinen sind kräftig genug, um auch Pigmentzusammenballungen zu zerstören (Tafel I).

Im Handel trifft man auf die Handelsbezeichnungen „Künstlerölfarbe", „Studienölfarbe", „Akademieölfarbe" und manchmal auch noch „Dekorationsölfarbe". In den Künstlerölfarben sollten die wertvollen und teuren anorganischen Pigmente rein, unverschnitten und ungeschönt vorliegen, nur die organischen Pigmente sind mit den notwendigen Substraten, Streckmitteln und Füllstoffen, versetzt, um die Malfarbe vermalbar zu machen.

In Studienölfarben dürfen die teueren Pigmente verschnitten oder imitiert werden, was durch einen Zusatz auf dem Etikett kenntlich gemacht sein sollte. Die sogenannten „Akademie-" und „Dekorationsölfarben" werden gewöhnlich mit Streckmitteln und Füllstoffen noch stärker verbilligt. – Leider sagen die schönen Namensgebungen in der Regel aber recht wenig aus über die tatsächliche Zusammensetzung und maltechnische Zuverlässigkeit dieser Malfarben; die Maßstäbe der verschiedenen Künstlerfarbenhersteller sind verschieden streng und besitzen auch verschiedene Genauigkeiten. Jeder Maler sollte sein Material prüfen und vergleichen und ungeniert den Hersteller um Auskunft bitten, wenn ihm irgendetwas unklar erscheint. Seriöse Hersteller werden stets gerne Auskünfte geben. Einfache, leicht zu handhabende Prüfverfahren sind im Buchteil „Maltechnische Grundlagen" angeführt.

Malmittel

▶ Malmittel dienen zum Verdünnen der Ölfarbe während der Arbeit. Es muß gleich gesagt werden, daß man sie *so sparsam wie nur möglich* verwenden soll, weil die heutigen Tubenfarben ohnehin meist an Bindemittelüberfluß leiden.

Man muß ferner davon ausgehen können, daß die Malmittel in ihrer Zusammensetzung *einfach* sein sollen. Je mehr Stoffe ins Bild eingeführt werden, um so größer die Gefahr, daß sie ungünstig aufeinander einwirken.

Rasch trocknende Malmittel gehören nur in die unteren Schichten, wenn man sie überhaupt verwenden will. *Langsam trocknende Malmittel* erfordern fast nichtsaugenden Grund und die Vermeidung von Terpentinöl, weil dieses das Trocknen fördert. Das Ungeheuerlichste, was an langsam trocknenden Malmitteln dem Maler geboten wurde, war wohl *Büttners* „Rezept": Man male auf saugendem Grund mit Vaselinöl, bzw. tränke man diesen damit. Man male so beliebig lange naß in naß. Will man das Bild trokken haben, so mache man einfach einen Brei von Pfeifenton und Wasser und streiche ihn dick auf die Rückseite des Bildes. Beim Trocknen ziehe sich alles Vaselinöl in den Ton, den man dann bloß abzuklopfen brauche. Kein Wort ist scharf genug, um solchen pseudowissenschaftlichen Rat genügend zu kennzeichnen. Am besten sind *normal trocknende Malmittel*, die nicht gegen die Natur der verwendeten Öle verstoßen und deren normale Trockenzeit gewaltsam verlangsamen oder beschleunigen.

Zwischen Pigment und Bindemitteln gibt es Grenzen der Adhäsionsfähigkeit. Farbkörper muß die Hauptsache sein, nicht Bindemittel. Sehr stark verdünnte Farbe wirkt in vielen Fällen gefährlich. Um sich selbst ein brauchbares Malmaterial zusammenzustellen, muß sich der Maler die Wirkung der Bindemittel im Bilde vor Augen halten.

Ätherische Öle, wie Terpentinöl und Petroleumdestilate usw., sind Verdünnungsmittel ohne eigene Bindefähigkeit. Sie zerteilen die Farbe ungemein und wirken daher pastosem Auftrag entgegen. Im Übermaß genommen, können sie durch rasches Verdunsten Risse erzeugen.

Balsame wirken geschmeidig, sie geben Schmelz, besonders Venezianer und Straßburger Terpentin. In Verbindung mit eingedicktem Leinöl erhöht sich diese Wirkung. Zuviel verwendet, machen sie das Bild klebrig und unangenehm glatt. Kopaivabalsam sollte als Malmittel, wenn überhaupt, nur rein prima, am besten gar nicht gebraucht werden.

Die *fetten Öle* sind in den käuflichen Tubenölfarben ohnehin so stark vertreten, daß man sie sparsam in den Malmitteln verwenden soll. Nußöl gibt guten, zeichnerischen, flüssigen Strich. Mohnöl muß vorsichtig gebraucht werden; es ist fett, aber für buttrigen Auftrag geeignet. Leinöl trocknet am festesten durch, gilbt aber und gibt glattere Wirkung. Alle fetten trocknenden Öle geben der Farbe feine Verschmelzung, im Übermaß aber speckige Erscheinung.

Die *gekochten Öle* und die *in heißen Ölen gelösten Harze*, wie Kopal- und Bernsteinfirnis, auch Kutschenlack, geben zerlaufenden Strich und Glätte. Sie sind sehr widerstandsfähig gegen atmosphärische Einwirkungen. Gebraucht man sie zuviel, so hauten sie, werden sehr speckig, unangenehm glänzend und gilben stark. Sie trocknen rasch, ausgenommen Standöl. Das *an der Sonne eingedickte rohe Leinöl* ist für uns besser als die gekochten Öle, besonders in Verbindung mit Harzessenzfirnissen oder Venezianer Terpentin gibt es höchsten Schmelz. Ebenso Standöl, das länger naß bleibt als eingedicktes Öl, doch nur als Zusatz zu Malmitteln.

Die Härte der *Kopal- und Bernsteinlacke* führt über noch weichen Bildschichten zum Reißen. Alle diese Lacke gilben sehr stark und bräunen. Sie müssen, wenn überhaupt, sparsam verwendet werden.

Harzessenzfirnisse, Mastix und Dammar in Terpentinöl gelöst, machen die Farbe durchsichtig und ▷

▷ leuchtend, bei starker Verwendung aber glasfensterartig und zähflüssig durch die Verdunstung des ätherischen Öles. Sie gilben wenig oder gar nicht, geben Schmelz und erlauben gegenüber den fetten Ölen rascheres Übermalen noch nicht ganz trockener Schichten. Sie wirken rasch trocknend. Für sich allein verwendet, wären sie zu spröde, man gibt ihnen als Malmittel daher einen Zusatz fetter Öle.

Wachslösungen machen die Farbe buttrig (Malbutter), doch sind nur die Mischungen mit den Harzessenzfirnissen anzuraten, nicht die mit fetten Ölen, und auch dies nur für bestimmte Zwecke, meist dekorativer Art. Sie geben besonders luftige, matte Wirkung. Als *Medium* waren solche dicken Wachsmalmittel vor Jahrzehnten viel im Gebrauch. Sie waren desto ungünstiger, je mehr sie fette Öle und gekochte Ölfirnisse enthielten.

Ätherische Öle machen die Ölfarbe mager und dünnflüssig, gekochte Öle oder Öllacke machen sie sehr fett, Venetianer Terpentin, eingedicktes Öl und Standöle geben den größten Schmelz und emailleartige Wirkungen.

Malmittel sollen nicht erst im Palettstecher zusammengemischt werden, sondern sie sollen in einer Flasche angemacht werden, so daß für das ganze Bild das Malmittel in gleicher Zusammensetzung vorhanden ist (S. 137f.).

Das Malen

Bei der Ölfarbe ist der Unterschied zwischen nasser und getrockneter Farbe am geringsten in allen Techniken. Infolgedessen ist Ölfarbe das gegebene Material für naturwahre Darstellung, bei der es auf genaue Berechnung eines Farbtones, auf das Treffen gegebener Farbtöne bis in die feinsten Abstufungen ankommt (Valeurs). Kein anderes Material erlaubt solche Vielseitigkeit in der Darstellungsart wie die Ölfarbe. Die scheinbare Leichtigkeit der Behandlung, die rasche und unmittelbare Wirkung gibt, die leicht zu erreichende Verbindung und Verschmelzung der Töne und die Möglichkeit, über nicht Gelungenes deckend darüberzumalen, naß in naß zu korrigieren und zu ändern, ist die Ursache, daß die Ölmalerei die verbreitetste Technik geworden ist.

Es ist aber durchaus irrig, anzunehmen, daß es infolgedessen gleichgültig sei, was man für einen Grund zur Ölmalerei benütze, weil man ihn ja doch zudecke. Die Ölfarbe wird mit der Zeit durchscheinender durch die Verseifung des Bleiweißes und anderer Metallfarben, und nicht selten kommen nach kurzer Zeit darunterliegende Farbteile störend heraus.

Magerer Grund gibt schönste optische Wirkung und beste Verbindung. Sehr fette Gründe sind ungünstig, entsprechend der alten Malerregel: „Fett auf Mager", denn fetter als z. B. ölgetränkte Leinwand kann man die Malschicht nimmer machen! Klebrig sich anfühlender Leinwandgrund sollte mit Salmiakgeist abgerieben werden oder auch mit Spiritus. Sonst haftet Farbe schlecht und blättert ab. Zwiebelabreibung oder durchschnittene Kartoffel verhindern nur das Perlen, verbessern aber nicht die Haftung. Ölfarbe ist das gegebene Material für malerische Gestaltung der Form. Die Möglichkeit, sie pastos, lasierend und halbdeckend zugleich zu verwenden, Textur und körperhaften Auftrag im Gegensatz zu dünner, durchsichtiger Farbe im Bilde zu bringen, erlaubt eine in keiner anderen Technik erreichbare Vielgestaltigkeit der Darstellungsweise.

Die Aufzeichnung muß klar und sauber sein, damit der Grund nicht verdorben wird.

Kohle, Temperafarbe, Aquarellfarbe oder Tusche eignen sich vorzüglich, Bleistift ist dagegen wenig geeignet. Er kommt durch dünne Töne durch. Am allerwenigsten aber Tintenstift! Er wächst durch die dickste Ölfarbe hindurch zur Oberfläche.

Man hat natürlich größte Freiheit in der Art, wie man das Bild beginnen will.

Man malt zweckmäßig vom Dunkleren ins Hellere, nicht aber vom sehr Dunklen ins Helle, indem man sich die Möglichkeit der Verstärkung nach beiden Seiten hin, sowohl nach Hell wie nach Dunkel, offen läßt. Man setze die Farbe frisch hin, locker übereinander, nicht ineinander verrieben, ohne Rücksicht auf Einzelheiten, ohne vieles Mischen auf der Palette, ohne sie zu verquälen. Verquälte Farbe dunkelt nach. Eine gewisse Lockerheit des Vortrages ist nötig, damit beim Übereinandersetzen der Töne der untere Ton nicht durch Vermischung verlorengeht, sondern mitwirkt. Die Ölfarbe entfaltet ihren höchsten Reiz, wenn sie etwas breiig aufgetragen ist, buttrigen Charakter hat und dabei flüssig, naß in naß gemalt ist. Terpentinöl oder Petroleum, überhaupt ätherische Ölzugaben zerreißen die Farbe und nehmen ihr den buttrigen Vortrag. Es ist nicht vorteilhaft, gleich mit sehr dicker Farbe zu beginnen, das Bild wird dabei leicht arm an Tönen. Vielfach wird der frisch und kräftig hingesetzte Farbton oder ein bestimmtes Stück einer Modellierung mit der Spachtelkante wieder weggenommen – wie etwa ein zu dick gestrichenes Butterbrot –, damit die Farbe lokker wird, und dahinein Drucker gesetzt. Dabei werden oft die Umrisse mit dem Finger weich und schwimmend gemacht, wodurch sich die Form rundet, und einzelne Sachen wieder scharf daraufgesetzt. Das Rundmalen, ohne zu modellieren, sondern dabei die Malerei in der Fläche zu erhalten, läßt sich durch solche Mittel erreichen. Die unteren Schichten im Bilde sollten farbkörperreich und bindemittelarm sein, damit sie rasch und gut trocknen. Deckende Farben sind also unten im Bilde am Platz. Die unteren Schichten müssen fester werden als die ▷

▷ oberen und der Schlußfirnis. Auch hier gilt die alte Malerregel, daß man fetter über mager malt, nicht aber im Extrem etwa eine ganz magere Farbe mit einer übermäßig fetten übermalt. Man muß sich immer bewußt bleiben, daß zuviel Öl und Bindemittel überhaupt eine Gefahr im Bilde bedeuten, und muß infolgedessen sparsam damit umgehen. Im modernen Bilde spielt der deckende, körperhafte Farbauftrag eine große Rolle. Man erzielt mit ihm reizvolle stoffliche Wirkungen, gesteigerte Helligkeit und Leuchtkraft des Bildes. Im Gegensatz zu älteren Methoden wünscht man heute den Pinselstrich zu sehen, der gerade einen Hauptreiz des Bildes darstellt. Deckend gemalte Stellen sind haltbarer als lasierend gemalte, besonders die mit Kremser Weiß gemalten Stellen, wie man an alten Bildern oft genug wahrnehmen kann. Durch körperhafte, pastos gemalte Stellen im Bilde lassen sich der Umfang der Tonwerte und die Wirkung des Bildes ebenso steigern wie durch starke Farbkontraste.

Reine Ölfarbe muß in dünnen, aber pigmentreichen Schichten jedesmal über gut trockene Unterlage gestrichen werden.

Bei Harzölfarbe kann man auch ins Halbnasse arbeiten, muß dann aber mit Bindemitteln und Lasurtönen möglichst sparen. Solange man mit Bindemitteln, gleichviel welcher Art, sparsam und zurückhaltend umgeht, ist Ölfarbe ein recht zuverlässiges Material. Gefahr kommt weniger vom pastosen Auftrag als von der „Sauce“.

Mit Ölen stark vermischte Farbe kann runzeln oder hauten, sie vermalt sich speckig, noch mehr bei Verwendung von fetten Ölfirnissen.

Starkes Vertreiben der Ölfarbe führt leicht eine unangenehme Glätte herbei. Vor Jahrzehnten wurde es übermäßig betrieben und nahm den Werken alle Frische. *Rembrandt* wandte es in seinen Jugendwerken an, um in die leicht vertriebene Farbe die entscheidenden Drucker einzusetzen. Ein Vertreiben mit dem Finger wird häufig von Malern geübt. Hier besteht die Gefahr der Bleiweißvergiftung durch die Haut bei öfterer Anwendung. Zum Vertreiben gebrauchte man besonders breite Pinsel, „Dachsvertreiber“ oder auch gewöhnliche trockene Borstenpinsel.

Das Schleifen. Früher schliff man die Bilder mit Bimsstein, Ossa sepiae oder Zigarrenasche usw. glatt und wusch mit Wasser nach wie beim Lackieren. Wurde Mattwirkung angestrebt, so schliff man erst nach dem Firnissen. Viele Risse entstanden auf so übertrieben glatten Bildern. Unserer heutigen Anschauung entspricht es nicht, den Pinselstrich zu entfernen. Ein Abkratzen zu pastoser Stellen vor dem weiteren Übermalen ist dagegen empfehlenswert.

Man vermalt Ölfarbe gewöhnlich breit und breiig mit Borstenpinseln, manchmal auch mit Haarpinseln bei feiner, zeichnerisch genauer Darstellungsweise und trägt sie auch breit mit der Spachtel auf. Der Erfolg entscheidet; mit jeder Art läßt sich Gutes erreichen. Zu dick geratene Farbe zieht man mit weißem Seidenpapier ab, das man mit der Handfläche darüberstreift.

Eine lästige Erscheinung ist das *Einschlagen der Ölfarbe*, das die Farbwirkung nicht mehr richtig erkennen läßt. Ursache ist meistens das Absaugen des Bindemittels durch zu mageren, stark saugenden Grund oder durch zu magere Untermalungsschichten, aber auch verdunstende ätherische Öle auf glänzender Unterlage können das Einschlagen herbeiführen. Recht fette Farbe schützt keineswegs vor dem Einschlagen, im Gegenteil. Manche Maler glauben, es sei ein Vorteil, wenn Farbe einschlage, denn solche Farbe bleibe gut stehen. Das ist ein Irrtum. Beim Firnissen kann sich solche Farbe recht ungünstig verändern. Man soll nie aufs Eingeschlagene malen, sondern immer vorher leicht firnissen oder mit Malmittel diese Stelle einreiben.

Heute wird etwas einseitig die Ölfarbe fast nur als *Deckfarbe* verwendet. Der Deckfarbenton ist luftiger und lichter als der Lasurton. Seine Verwendung im Bilde ist sehr vorteilhaft wegen der Körperlichkeit und des stofflichen Reizes, der Textur, der feinen Grau, die sich mit ihm erzielen lassen. Die Deckfarbe zeigt den Pinselstrich, sie betont die Handschrift des Malers.

Gegen pastose Malerei wird häufig eingewendet, daß sie unhaltbar sei und rasch verderben müsse. Wenn man aber nicht bis zum Extrem geht, kann man ruhig das Gegenteil behaupten. Eine farbkörperreiche, mit Bindemittel nicht überladene Farbe ist entschieden sehr haltbar, trocknet gut durch und verträgt pastosen Auftrag. Bilder von *Rembrandt, Tizian* oder das schon angeführte Papstbildnis des *Velazquez* in Rom bestätigen diese Behauptung.

Die Harzölfarbe eignet sich am besten zu pastosem Auftrag. Je mehr man an Malmittel dabei spart, um so besser!

Halbdeckende und deckende Farben im Wechsel bieten den größten Reiz.

Der Laie meint oft, das pastose Malen sei nur ein Unfug des Malers. Er weiß nicht, daß man gewisse Lichtstärke und Stofflichkeit nicht anders erzielen kann als mit pastoser Farbe. Er verwechselt allzuhäufig und namentlich der Dilettant – Malen mit Kolorieren.

Lasur

Als *Lasur* verwendet, gibt Ölfarbe Durchsichtigkeit und Tiefenlicht, dabei größte Klarheit – Schönfarbigkeit – der Töne. Lasurtöne wirken nach vorne. Es ▷

▷ wäre darum fehlerhaft, Töne, die zurückgehen sollen, wie einen Himmel, zu lasieren. Lasur erfordert eine hellere Unterlage und, da sie selbst körperlos ist, einen körperhaften Unterton.

Man muß sich über Wesen und Zweck der Lasur im klaren sein, um sie sinngemäß und erfolgreich anwenden zu können. Wie beim Handwerk der Färberei setzt sie einen helleren Unterton voraus, der durch die Lasur gefärbt, aber dabei vertieft wird. Ein weißes Tuch läßt sich rosa oder hellblau oder beliebig färben, ein graues nur mehr in satteren Tönen, ein lichtrotes nur dunkelrot bis braun oder schwarz usw. Nach demselben Prinzip kann der weiße Unterton nach allen Richtungen hin im Bilde durch die Lasur gefärbt werden, der farbige oder graue je nach dem Grad der Dunkelheit entsprechend weniger. Auf ihm ist Lasurfarbe mehr oder minder tot. Darum war die Weißhöhung der alten Malweise die Technik, die die meisten Möglichkeiten für darübergelegte Lasuren bot. Deshalb lasiert man auch besser stufenweise, vom Hellen ins Dunkle, um sich alle möglichen Abstufungen der Farbwerte auf einfachste Weise zu schaffen.

Die Meister der Renaissance benützen ohne vorherige Weißhöhung oft nur den weißen Gipsgrund zu Lasuren, in die dünn und halbdeckend die Lichter eingesetzt wurden. Das Wesen der Lasur wird sofort klar, wenn man z. B. Ultramarin dünn mit Firnis einmal über weißen, dann auf schwarzen Grund streicht. Die eine Farbe leuchtet, die andere ist tot.

Die Lasur im alten Bild wurde flächig, als lokalfarbige Tönung oder Tönung des ganzen Bildes aufgetragen, nicht etwa der Einzelform nach gestrichen. Einfache Farbtöne wurden in mehreren Lasuren übereinandergelegt, nicht im heutigen Sinne gemischt. Die Bildwirkung wurde allmählich entwickelt.

Lasuren macht man am besten mit Harzessenzfirnissen oder wenig Venezianer Terpentin mit eingedicktem Öl, denn Öl allein wird speckig, Ölfirnisse noch mehr. *Lasur frißt Licht und Luft*, heißt es, und daran ist viel Wahres. Die Farben bekommen etwas Glasiges. Malt man mit deckenden oder halbdeckenden Tönen in die Lasur, so kann man sehr reizvoll flüssige Malweise erzielen und den obigen Fehler vermeiden. Die Lasur hieß früher „Glasur". Das deutet ihre Wirkung an.

Man muß unbedingt in die Lasur „Drucker" von Hell und Dunkel aufsetzen, sonst wirkt sie flau, und am besten flott und prima in sie hineinmalen, damit sie nicht das Bild tot oder schwarz macht.

Die Lasur ist immerhin das beste Mittel, um, wenn es nötig erscheint, Bildteile rasch umzustimmen und durch frisches Hineinmalen in die nasse Lasur mit Deckfarben oder auch schummernd zu verbessern.

Die mühsam aufgetupfte und peinlich glatt gemachte Schlußlasur der Saucenbilder war natürlich ein Greuel, wogegen sich *Leibl* mit Recht wandte.

Lasurgemalte Bilder brauchen viel Licht und verlieren leicht an Stellen, wo das nicht der Fall ist. Sie wirken dann schwärzlich gegenüber deckfarbigen Werken. Ich sah einmal ein Altarbild bei einem tüchtigen Maler, das blendend wirkte in seinem lasierten leuchtenden Rot usw. Aber die Wirkung verging, als das Bild vom Atelier in die Kirche kam, wo wenig Licht auf das Bild fiel und man zugleich Licht von Fenstern hinter dem Bild im Auge hatte. Ein Deckfarbenbild hätte mehr Oberflächenlicht gehabt und hätte darum besser standgehalten. Ein andermal kam ein Maler zu mir und klagte, daß seine Skizze im Raume hell wirke, sein danach ausgeführtes Bild aber fleckig und auseinanderfallend. Die Ursache war die gleiche. Das Bild war stellenweise mit Lasuren retuschiert. Die wirkten naturgemäß weniger licht (besonders die Lichter leiden) als die übrigen pastos gemalten und unlasierten Stellen. Die Skizzen waren frisch und deckfarbig heruntergemalt und wirkten darum einheitlich. Das Gefährlichste ist, einzelne Lichtpartien im Bilde zu lasieren, andere nicht.

Es kommt auch hier darauf an, wie man die Sache verwendet und wer sie verwendet. *Velazquez, Rembrandt, Frans Hals* und andere große Meister und Schulen, wie die Venezianer Schule, wußten die Lasur sehr wohl zu verwenden.

Die alten Meister verarbeiteten oft die Lasuren mit dem Finger oder dem Handballen, auch mit einem Lappen, um feinste Übergänge zu erzielen. Die Lasur wurde nicht nur einmal aufgetragen. Von *Tizian* sind 30–40 Lasuren bezeugt, durch die das Bild von der Weißhöhung und mit Zwischenhöhungen allmählich vertieft wurde und farbig und rätselhaft erschien. Interessant ist eine „Lasuranfeuchtung" des Hofmalers *J. Stieler*, dessen Bilder der „Schönheitsgalerie", Goethes Porträt usw. sich überraschend frisch erhalten haben. Zu einem Quartglas Mohnöl ein halbes Glas sehr dicker Mastixfirnis, dazu etwa haselnußgroß weißes Wachs, in geringer Wärme zergehen lassen.

Man kann mit allen Farben lasieren, auch mit Weiß. Die Durchsichtigkeit der Firnisse unterstützt die Lasurwirkung wesentlich.

Der Lasur nahe verwandt ist das „Schummern" mit trockneren halbdeckenden Tönen, das lockere, zusammenführende Wirkung gibt und nach geeignet vorbereiteter Untermalung ein Fertigmachen mit geringsten Mitteln erlaubt.

Es ist sehr vorteilhaft, allen Lasurtönen eine ganz geringe Menge Weiß beizumischen, was die Wirkung nicht störend beeinflußt, aber die Erhaltung des Bil- ▷

▷ des wie die Übermalungsfähigkeit solcher Stellen sehr günstig beeinflußt. Es wird dadurch auch das lästige Aufreißen des Lasurtones bei Übermalungen vermieden. Mit lasierenden Tönen das Bild zu beginnen ist selten vorteilhaft, sie rufen leicht Nachdunkeln durch Einsinken der oberen Schichten hervor, ausgenommen, man malt deckend und halbdeckend ins Nasse. Äußerst gefährlich, weil rasch zu Sprüngen führend, ist es, auf sehr glattgeschliffenem Ölgrund lasierend oder mit Terpentinöl zu beginnen, noch mehr, mit Leinöl vorzustreichen und dahinein schummernd oder schwach deckend zu malen.

Anhäufung von Lasurtönen übereinander in einem Bildteil ohne körperhafte Farbe führt zu Nachdunkeln und Rissen.

Durch schummernd dünnes Übergehen warmer und dunklerer, z. B. brauner, ockeriger oder roter Lasurtöne, aber auch entsprechenden Grundes, entstehen die sog. *optischen Grau*, hervorgerufen durch die trübenden Medien. Die alten Meister haben sie häufig in Übergängen oder Halbtönen im Fleisch ausgenützt. Sie geben Wirkungen, die man nicht direkt malen kann. Der direkt gemalte Übergangston wirkt dagegen schwer (S. 14, 18f., 127, 148f., 152).

Tonmalerei

Bei der Tonmalerei handelt es sich um eine allmähliche Steigerung der Farbe und der Form aus einheitlichem Grundton. Die Wirkung des Bildes wird z. B. durch Antuschen mit halbdeckenden Tönen, meist einem braunen oder grünen, gegeben. In diese Töne hinein werden Mitteltöne flüssig in vielfachen Abstufungen gesetzt, die das Bild reizvoll und reich gestalten. Der Grundton wirkt aber durch alle Töne und gibt dem Bild etwas Harmonisches, den großen Ton, die Einheit der Erscheinung und der Stimmung, die dadurch erreicht werden, daß eben alle Töne durch die Vermischung mit dem nassen Grundton, der früher meist braun war, etwas Gemeinsames bekommen. Die Farbe wird vorerst untergeordnet, sie erscheint erst sekundär und wird allmählich gesteigert. Das Bild erscheint anfangs gewissermaßen flau und zu flach; es wird aber durch aufgesetzte kräftige Lichter und durch kraftvolle Vertiefung der Schatten bei dieser Malweise leichter als bei irgendeiner anderen die Haltung des Bildes bestimmt, und der Reichtum an abgestuften Werten, Valeurs, gibt dieser Tonmalerei ihren eigenen Reiz, der unterstützt wird durch die Zurückhaltung von groben Effekten und von grellen Farben. Durch das Variieren einer einzelnen Farbe in feinsten Abstufungen oder Nuancen lassen sich hier besonders schöne Wirkungen erzielen. Mit kleinen Mitteln wird hier innerhalb der festgelegten Flächen oder Flecken gearbeitet, langsam und stufenweise werden die Töne gehöht, die Farbe verstärkt, und so ein Herausfallen der Töne vermieden. Der *Mittelton* ist der Träger der Bildwirkung bei der Tonmalerei. Man hat durch ihn bei der Arbeit, überhaupt beim Anlegen des Bildes in Mitteltönen und einer möglichst konsequent durchgeführten Weiterarbeit in diesen Tönen, die Möglichkeit, nach beiden Seiten mit energischen Verstärkungen in Hell und Dunkel zu arbeiten. Man verschießt sein Pulver nicht vorzeitig, vermeidet zu große Dunkelheiten und zu grelle Lichter, und diese Zurückhaltung macht sich gut bezahlt. Man ist bei genügender Durcharbeitung, wenn das Bild reich genug an Valeurs erscheint, eben durch dieses Aufsetzen der kräftigen Lichter und der tiefen Schatten, jederzeit imstande, dem Bilde Frische und unmittelbare Wirkung und Kraft zu geben. Höchste Lichter und Tiefen müssen immer frisch und am Schluß der Arbeit hingesetzt werden. Sind sie verquält, so verliert das Bild seinen Reiz. Hierher gehört auch die Malweise, in eine Antuschung von leuchtend warmem, lasierendem Braun (Siena, Umbra, Goldocker usw.) und in diese nasse Farbe die Lokaltöne frisch und kräftig anzulegen und zwar ebenfalls möglichst glühend und leuchtend, nicht stumpf. Durch Abtönungen von Grau, die auch vorgemischt werden können und je nachdem auch komplementär anklingen können, wird die Farbe stumpf gemacht, wo das nötig erscheint. Man wird sehen, daß oft nur ein Hauch genügt, um der Farbe die erwünschte Wirkung zu geben, ohne ihr das innere Feuer zu rauben. Die Grundregel ist hier, aus glühendsten Farben das Bild zu bauen und es durch trübende Medien halbdeckender Farben zur beabsichtigten Wirkung zu dämpfen.

Umgekehrt kann man erst die ganze Wirkung grauer halten und zuletzt ein paar stärkere Farben vorsichtig hineinspielen. Auf diese Weise wird die Harmonie durch den durchgehenden grauen Grundton, der dann auch in den stärksten aufgesetzten Farben nicht verloren werden darf, immer gewahrt.

Malerei aus farbigem Kontrast

Die Gestaltung des Bildes wird hier rein aus starken Farbwirkungen erreicht, indem man die Farbe gleich in vollster Stärke hinsetzt, sei es nun mit dem Pinsel oder mit der Spachtel, mit der man auch die Farbe wieder abziehen kann, so daß nur eine sehr dünne, lokalfarbige Wirkung entsteht. Die starken Farbtöne werden dann durch gegensätzliche wie z. B. komplementäre Töne oder durch Grau gebrochen. Man verfeinert die anfänglich zu groben Werte durch Übereinanderlegen (aber nicht durch starkes Zusammenmischen) von Kontrasttönen und gelangt so zur Harmonie. Es ist für den Anfänger verblüffend, wie rasch und mit wie geringen Mitteln der wärmste Ton gebrochen und ins Kühle gezogen werden kann oder die stärkste Farbe abgeschwächt erscheint. Man muß wieder von neuem daraufgehen, mit starker Farbe und wenn die Arbeit flau zu werden droht, resolut stärkste Kontraste, höchste Wärme und Kälte aufsetzen, um sie dann durch weiteres Verarbeiten einzuordnen, ohne die Fleckwirkung zu schwächen. Man arbeitet auch hier die Wirkung heraus durch ständi- ▷

▷ ges Vergleichen der großen Werte zueinander. Man kann mit dieser Malweise außerordentliche Kraft und Raschheit der Arbeit erreichen.

Während im Impressionismus Form und Lokalfarbe einer naturnahen augenblicklichen Gesamterscheinung unterzuordnen gesucht wurde, geht der Maler, der aus farbigem Kontrast sein Bild schaffen will, von der starken Einzelfarbe aus. Es reizt ihn etwa die Qualität eines starken Blau. Er sucht dazu Kontraste und baut aus dem gegenseitigen Abwägen dieser starken Farben sich sein Bild. Er probiert dabei vorsichtig die Wirkung von Kontrasten, ohne dadurch seine Arbeit und die Qualität einer Farbe durch zu ofte Änderung auf dem Bilde in Frage zu stellen. Zu dem Zweck legt er z. B. bemalte Papierstücke oder Stoffe auf einen Bildteil, um die Wirkung einer ihm vorschwebenden Farbe zu sehen.

So kann er ohne Schädigung des Bildes etwa an Stelle eines grünen Gewandes die Wirkung eines Rot probieren usw. In dieser Malerei spielen die „Valeurs", die zueinander abgestimmten farbigen Einzelwerte, eine Hauptrolle. Ihre Einordnung aus dem bloßen und groben Kontrast zur Harmonie, zum Bildganzen verfeinert die Gesamtwirkung.

Farbfleck für Farbfleck wird kritisch im Bilde auf seinen Wert und seine Notwendigkeit zum Ganzen berechnet und das Bild zusammengebaut. Feinste Wirkungen ergeben sich durch die Variation der Kontraste *einer* Farbe in Kalt und Warm, so etwa das wärmere Rot der Wangen im Fleisch gegen ein kaltes starkes Rot der Lippen.

Es versteht sich von selbst, daß ein koloristisch empfindender Maler auch hier alle Farben dem Gesamtton des Bildes einzuordnen wissen wird.

Flächenhafte Erscheinung, freskohaft matte und lichte Wirkung streben heute manche Maler an, die in solcher Art arbeiten, und sie suchen unter Verzicht auf Einzellichter und Einzelschatten usw. große, flächige und tonige Gesamtform. Helle Gründe, so Kreidegrund auf Baumwolle, oft mit ockeriger Imprimatur, kommen solchen malerischen Absichten entgegen. Flächenhaft breit wird der farbige Wert hingesetzt und mit geringsten Unterschieden oft mit spitzen Haarpinseln, möglichst naß in naß vollendet, in einem bis zwei Tagen.

Sehr dünnflüssige Malmittel, wie Terpentinöl mit etwas Mohnöl, auch gereinigtes Petroleum, gereinigtes Xylol, Terpineol, Sangajole, Dekalin und andere ätherische Öle werden von Malern verwendet, die mehr tuschend den Farbton dünn angeben. Daß man bei solcher Malerei sehr sparsam sein muß mit solchen Malmitteln, die die Farben stark zerteilen, ist klar. Viele arbeiten so, daß sie die frisch und stark hingesetzte Farbe mit der Spachtel abziehen, gewissermaßen abrasieren, um in die dünne, nun flächiger wirkende Farbe von neuem farbige Drucker einzusetzen.

Falsche Farbtöne werden ebenso weggenommen, aber nicht mit Terpentinöl herausgeputzt, weil die Qualität sonst leidet und auch Risse bei dünner Übermalung entstehen könnten.

Es hat sich die Übung bei einigen Malern herausgebildet, solche falschen Farbtöne nach dem Abziehen mit der Spachtel dünn anzuschummern mit Temperaweiß ohne Malmittel. Eitempera oder Kaseinweiß sind am besten brauchbar. Dadurch wird vermieden, daß auf den falschen Ton gesetzte Farbe verquält wird oder „ersäuft", d. h. untergeht in dem zuerst hingestrichenen Farbton unter Verlust der Helligkeit und Klarheit. Man kann sofort auf die Temperafarbe weitermalen mit dem Öl, doch am besten ohne Terpentinöl, mehr mit purer Farbe. In ähnlicher Weise wird ja auch die Weimarer Feigenmilch gebraucht. Ein körperhafter Farbton, wie Kremser Weiß oder Neapelgelb, wirkt in Tempera sehr günstig als Isolierung.

Natürlich läßt sich hier nur ein Schema geben, und jeder Maler hat seine eigene Art, die er aus seinem Wollen entwickelt.

Primamalerei

Primamalerei war im alten Bilde gewissermaßen der Schlußstein, das Meisterstück des Handwerks im künstlerischen Schaffen. Sie war die Frucht langer Vorarbeit und geschah in vollkommener Kenntnis der handwerklichen Lehre als eine geniale Abkürzung des technischen Verfahrens im Bildaufbau, die dem Meister vorbehalten blieb.

Die Primamalerei arbeitet von vornherein auf die Schlußwirkung des fertigen Bildes hin und sucht auf kürzestem Wege, möglichst direkt, diese zu erreichen. Sie muß daher Farbe, Zeichnung und Modellierung zugleich und auf einmal geben. Die Gefahr ist sehr groß, daß eines dieser Dinge auf Kosten der andern leidet, je nach persönlicher Veranlagung die Farbe oder die Form.

Das Überwiegen der Skizze ist eine Folge der Primamalerei.

Ihr Vorzug ist die Unmittelbarkeit und Frische der Darstellung, der zuliebe man manches in Kauf nehmen kann und muß.

Wenig saugender Grund ist im allgemeinen die Voraussetzung der Primamalerei, es gibt aber auch Maler, die auf stark saugendem Grund durch öfteres Übergehen ins Halbnasse ihre Arbeit fertigzustellen wissen.

Manche Maler beginnen frei, ohne Vorzeichnung, ▷

▷ und setzen Farbton neben Farbton breitflächig aneinander, um, wenn ein gewisser Bildeindruck erreicht ist, im ganzen Bilde die Werte gegeneinander abzuwägen, indem sie rücksichtslos den Gesamteindruck festhalten und vervollständigen, ihm alle Einzelheiten opfern, und erst, wenn der Gesamteindruck erreicht ist, sparsam an den notwendigen Stellen Details einsetzen. Diese können nie den Gesamteindruck verbessern und sind immer nur schmückendes Beiwerk, das an der rechten Stelle große Wirkung tut, aber alle Wirkung tötet, wenn es die großen Werte überwuchert. Man kann, wenn man seiner Sache sicher ist, auf gutem, lichtem Grunde den Farbton nur leicht und weich, nur wischend gewissermaßen aufsetzen und sofort ihn durch hineingesetzte schärfere zeichnerische Arbeiten in Hell und Dunkel prima fertigstellen.

Frisches Einsetzen in klaren, einfachen, wenig gemischten, leicht wiederzufindenden Tönen ist notwendig. Die Schatten können wärmer und heller, das Licht aber zurückhaltender in der Helligkeit und etwas kälter begonnen werden. Das nur als Beispiel!

Höchste Lichter und tiefste Schatten muß man so lange als möglich sparen; sie müssen sicher und kräftig zum Schluß aufgesetzt werden. Man darf die Trümpfe nicht vorzeitig aus der Hand geben, sondern man muß in der Lage sein, nach Hell und Dunkel hin, kräftig noch draufzugehen, so daß man erst zum Schluß die Gesamthaltung des Bildes festlegt und dem Bild damit Frische gibt. Dem entgegengesetzt ist die Art, die tiefsten Schatten wie die höchsten Lichter und die stärksten Lokalfarben zu allererst anzugeben und die Zwischentöne dann einzusetzen. Jeder muß da nach seiner Art vorgehen.

Es ist günstig, den Farbauftrag anfänglich nicht sehr dick zu halten und ihn erst zu verstärken, wenn man seiner Sache sicher ist, also mehr vorzubereiten, damit man zum Schluß mit Bestimmtheit die entscheidenden Stellen geben kann. Bestimmt hingesetzte Farbe wirkt immer gut.

Auch bei Primamalerei könnte man Vorteil ziehen aus der Idee der Weißhöhung in der Untermalung, wenn man sich anfangs farbig mehr zurückhält. Aber das wird immer Sache des einzelnen sein, dem gerade das zusagt.

Man kann den Bildteil, den man bemalen will, vorher mit Malmitteln einreiben, wobei man aber so sparsam wie möglich, namentlich mit fetten Ölen, verfahren und allen Überschuß wegwischen muß, denn auch die Primamalerei gilbt sonst. Besser aber ist es, ohne Malerei die Farben flächig und unverbunden nebeneinanderzusetzen mit unverdünnter Tubenölfarbe.

Kleine Bilder kann man unter Umständen auf einen Sitz naß in naß so fertigstellen. Bei größeren Formaten muß man, um die Malflächen naßhalten zu können, zu entsprechenden Malmitteln greifen, bei denen Nelkenöl und Mohnöl die Hauptrolle spielen werden, z. B. zwei Teile Mohnöl und ein Teil Nelkenöl *ohne* Terpentinöl. Das Ansprühen der Farbe mit Nelkenöl durch das Fixierrohr ist ein Notbehelf, der aber für das Bild nicht immer ohne Gefahr ist.

Rasch trocknende Farben wie Kobaltfarben, Umbra, Kremser Weiß, Mennige müssen für diesen Fall vermieden werden.

Alle Farben müssen von Anfang an mit Weiß gemischt, körperhaft, und dürfen nie sehr flüssig unten im Bilde sein, sonst sinken die oberen Schichten in die unteren ein und, starkes Nachdunkeln ist die Folge.

Ist die Farbschicht zu dick geworden, so nimmt man Seidenpapier, drückt es mit der Handfläche auf die Farbe, zieht es ab und malt von neuem, oder man nimmt mit der Spachtelkante die überschüssige Farbe weg. Andere Maler arbeiten stückweise das Bild gleich fertig, wie es *Leibl* machte. Er fing ohne besondere Vorzeichnung, manchmal mit leichter Untertuschung, an irgendeiner Stelle, z. B. einem Augenwinkel, an und setzte Ton neben Ton. Nichtgelungenes nahm er mit dem Rasiermesser weg. Er ersann allerhand Vorrichtungen, um das Trocknen der Öle durch Kühle, Luftabschluß und Dunkelheit hinauszuschieben. Die Gefahr bei dieser Malweise ohne Vorzeichnung ist, daß man sich zu leicht in den Großenverhältnissen täuscht, namentlich wenn man zu nahe an dem Modell zu arbeiten gezwungen ist, eine Gefahr, der selbst ein Meister wie *Leibl* nicht immer entging.

Der Primamalerei zuzurechnen ist eigentlich jede Malerei, bei der man sofort die richtigen Farben- und Formengebung in ihrer vollen Stärke anstrebt. Sie kann daher auch aus öfteren Lagen von Farbe übereinander, auch auf trockenen Unterschichten bestehen.

Gefährlich ist die Art, die Schatten dick und kräftig mit dunklen körperlosen Farben wie Schwarz zu unterlegen, die Mitteltöne ähnlich zu halten und dahinein vom Licht aus Farbe zu setzen. Solche Bilder dunkeln ganz ungemein stark nach, trotz reiner Primamalerei, weil die schweren Farben in dem leichten, nassen Schwarz versinken und dieses mehr nach oben kommt.

Die Ölfarbe soll kräftig und nicht zu dünn aufgetragen werden, denn, wie schon bemerkt, schwindet die Tubenfarbe etwas. Man will heute die Handschrift des Malers, den Strich, sehen. Höchste Lichter müssen frisch und keck sitzen; muß man sie ändern, gibt's schmierige Stellen. Man darf sie darum nur einmal hinsetzen, und das am Schluß, wie auch die größten Tiefen. Dem *Rubens* oder *van Dyck* wird ▷

▷ das Wort zugeschrieben: „Male soweit wie möglich alles Prima, es bleibt dir nachher noch genug zu tun!“ Dabei darf aber bei den alten Meistern das eine nicht übersehen werden, daß unter solchen Primaarbeiten schon eine gute, brauchbare Grauuntermalung von Gesellenhänden steckte.

Andere Maler gehen derart zu Werk, daß sie eine frische Primamalerei geben, diese mit dem Rasiermesser bis auf eine ganz dünne Schicht abnehmen, und diese trocknen lassen und so öfter übereinander verfahren, um sich die Leichtigkeit und Klarheit dünner Farbe auf weißem Grunde zu erhalten. Hie und da wird Ölfarbe auf saugenden weißen Gründen mit Terpentinöl wie aquarellierend vermalt.

Farbe im Bilde im Sinne des Malers entsteht durch Übereinanderlegen der Töne, sie wird häufig entwickelt aus einfachsten Werten.

Der dichte weiße Grund auf Holz eignet sich vorzüglich zu einer Primamalerei mit Harzölfarbe. Man erzielt dabei eine Leuchtkraft, wie sie sonst der Ölmalerei fremd ist.

Die Aufzeichnung und eine leichte Formangabe können in warmen, ockerigen, dünnen und sehr lichten Tönen gemacht werden, in denen sich vortrefflich zeichnen läßt.

Dahinein setzt man halbdeckende lichte Töne wie Weiß-Ocker, Weiß und Rot usw. Diese Farben wirken kühl und fein in den Ockertönen. Man muß mit der Farbstärke vorerst zurückhaltend sein, und ebenso setze man nicht zu früh die Hintergrundtöne bis an das Fleisch, damit man dieses nicht ausschneidet, sondern arbeite anfänglich ruhig über die leichten Umrisse hinaus.

Alle Tiefen und Härten, wie höchste Lichter und starke Farben, gibt man erst später, wenn der ganze Bildeindruck geschlossen steht. Die Schatten müssen dünn und durchsichtig bleiben, sonst geht die Leuchtkraft verloren. Im Gegensatz dazu kann das Licht pastos gearbeitet werden. Man baut das Bild aus wechselnden Schichten von Warm und Kalt übereinander auf, die man aber doch prima naß in naß aufträgt. Hat man die Farbkraft und die Tiefe erreicht, die man haben wollte, so soll das Bild auch fertig sein. Kann man die Arbeit nicht auf einen Sitz erledigen, so muß man die Malerei wochenlang austrocknen lassen, wenn man auf Qualität der Farbe Wert legt.

Häufig ist es, nach dem Beispiel französischer Maler, heute üblich, den weißen Grund auch im Ölbilde zwischen den Pinselstrichen, besonders an Begrenzung der Form, stehen zu lassen, was ähnlich prikkelnde Wirkung und flächenhaftere Erscheinung hervorzurufen vermag als das früher geübte „Aussparen“ des weißen Grundes im Aquarell. Vorbedingung muß natürlich die Unveränderlichkeit des weißen Grundes sein.

Es ist aber nötig, zu betonen, daß solche Technik nur als Beispiel hier angeführt ist und daß es immer darauf ankommt, daß der Maler sich einen Weg suche, der ihn rasch zu seinen eigensten Zielen führt.

Es ist ein Irrtum, zu glauben, daß Primamalerei unter allen Umständen haltbar und keinerlei Nachdunkeln usw. unterworfen sei. Sehr dick prima aufgetragene und besonders glatt gespachtelte Stellen gilben ungemein stark durch vermehrten Ölaustritt zur Oberfläche. Es können so Stellen im Bilde, die eine gewisse Dicke, die schon ziemlich stark sein kann, nicht überschreiten, fast völlig vom Gilben bewahrt bleiben, während derselbe Farbton im gleichen Bilde in dicker Lage sich aufs störendste verändert. Ich erlebte den Fall einmal selber besonders drastisch mit einer Hochgebirgslandschaft, bei der die einzelnen Schneeflecken verschieden dick im Auftrag waren. Auch eine Überschwemmung des Bildes bzw. saugenden Grundes mit Malmittel oder schlechter Grund kann bei reiner Primamalerei heftigstes Nachdunkeln verursachen. Sparen mit Malmitteln jeder Art muß sich der Maler zur Richtschnur machen. Guter Kreidegrund bzw. Gipsgrund oder Halbkreidegrund, nicht aber Ölgrund, ist hier erforderlich.

Untertuschung

Zur Erleichterung des Einsetzens der Farbwerte und der Vollendung des Bildes wird von vielen Malern eine Untertuschung gemacht.

Auf hellerem Grunde wird diese mit Terpentinöl verdünnter, magerer Farbe aquarellartig dünn, flächig, nicht modellierend, ausgeführt. Manche behandeln die Untertuschung einfarbig, z. B. mit grüner Erde oder braunen Tönen, andere tuschen gleich annähernd die richtige Lokalfarbe an. Malt man *sofort* in die Untertuschung deckender hinein, Kalt und Warm gut auseinanderhaltend, so verbindet sich natürlich die Farbe gut. Bei der Tonmalerei geschieht dies. Läßt man die Untertuschung gut austrocknen und war der Grund leuchtend, am besten weiß oder silbergrau, so bildet sie ein wertvolles Hilfsmittel für die Weiterarbeit.

Eine Untertuschung kann aber, wenn sie noch nicht trocken ist und z. B. am nächsten Tage dünn übermalt wird, in kurzer Zeit Risse verursachen, namentlich, wenn rasch trocknende Farben, wie Kobalt, ebenfalls in dünner Lage oben drüber kommen. Abgesehen davon ist eine halbtrockene Untertuschung auch schlecht zu übermalen, weil sie leicht aufreißt, besonders bei Verwendung von Malmitteln in der Oberschicht. Der Maler glaubt, äußerst solid vorgegangen zu sein und kann es nicht begreifen, wie ▷

▷ seine dünn gemalte Arbeit so rasch Risse bekommen kann. Auf dünner Untertuschung sollte man, am besten gleich ins Nasse, mit deckenden und pastosen Tönen weitermalen. Gut deckende Übermalung ist viel weniger oder gar nicht gefährdet.

Die Untertuschung sollte nie rein lasierend, sondern immer halbdeckend mit ein wenig Weiß vorgenommen werden und die Übermalung in Deckfarben halbflüssig, ohne viel Bindemittel erfolgen, dann werden alle diese Nachteile vermieden.

Schichtenweise Malerei

Diese alte Technik beruht auf dem Prinzip der Arbeitsteilung. Während bei der Primamalerei Zeichnung, Modellierung und Farbe zugleich auf einmal gegeben werden müssen, wodurch eine gleichmäßige Vollendung nach den verschiedenen Seiten sehr erschwert wird, wird bei schichtenweiser Malerei eine Arbeitsteilung vorgenommen, und zwar in der Weise, daß zeichnerische Vorarbeit, Modellierung und auch eine leichte Farbangabe in der Untermalung gegeben werden. Manche Maler machen eine ganz genaue Untermalung bis in alle Einzelheiten, andere geben nur in großen Flächen ohne alle Einzelheiten die ungefähre Wirkung der Flächen.

Die alten Meister bauten diese Technik logisch aus, indem sie alle Mühe der Zeichnung, die Hauptformen der Modellierung, in leichter Angabe der Flächen von Hell und Dunkel kurz: das Handwerk, nach unten im Bilde verlegten. Gesellenhände führten häufig diese Vorarbeit aus, die der Meister dann als arbeitkürzende und der Farbe nirgends vorgreifende Unterlage zu einer abgekürzten Primamalerei verwendete. So wurde die volle Frische einer Primamalerei erhalten; man kam aber weiter in der Vollendung als nach heutiger Art der Primamalerei. Mit wenigen Farbtönen ging man durchs ganze Bild, schichtenweise entweder mit warmen oder kalten Tönen, und legte andere darüber, doch so, daß die unteren nicht verlorengingen und der Grundierungston in Schatten und Übergängen oft noch mitwirkte. Aus dem Gesagten geht hervor, daß man die Arbeitsteilung in Unter- und Übermalung zweckmäßig für das Malen von Bildern und nicht von Studien verwendet, wie es auch die Alten machten.

Eine richtig ausgeführte Untermalung soll also dazu dienen, die Übermalung, die möglichst eine Primamalerei sein soll, zu vereinfachen und durch die Vorarbeit zu entlasten.

Eine Untermalung, die schon annähernd den Farb- und Helligkeitswerten der beabsichtigten Schlußwirkung entspricht, führt sehr leicht dazu, daß die Arbeit ihre Frische einbüßt. Kontrastfarbige Untermalung, z. B. eines Rot mit Grün, ist nur zweckmäßig, wenn man stumpfe Töne erreichen will, weil dadurch die Farben zum Teil gebrochen werden. Man muß bedenken, daß warme Töne übereinander sich steigern lassen, warme und kalte übereinander sich schwächen. Die Harmonie, der große Ton des Bildes, ist zweifellos leichter zu erreichen bei einheitlicher Untermalung des ganzen Bildes als bei lokalfarbiger oder lokalkontrastfarbiger Unterlage, die trennend wirkt. (Siehe auch über die Wirkung farbiger Gründe.)

Mit kleinen Mitteln, mit geringfügigen Verstärkungen und leichtem Überschummern der Töne der Untermalung das Bild fertigzumachen, erfordert Sicherheit des Könnens und Klarheit des Wollens; andernfalls erzielt man dabei ein mühsames Flickwerk, dem die Frische verlorengeht. Zu nahe Töne der Unter- und Übermalung übereinander werden eben leicht tot. Wenige, einfache, nicht stark gemischte und leichte Töne sind am besten. Lichtgraue Untermalung im Fleisch ist immer gut zu verwenden. Ist man in der Übermalung zu weit gegangen, ist die Modellierung oder die Arbeit nicht genügend gelungen, so kan man mit lockerem, scheibenförmig flachem, nicht modellierendem Aufsetzen oder Durchstricheln mit leichtem Grau von dem Tonwert der übergangenen Stelle diese wieder verbessern und einer grauen flachen Untermalung annähern. Nach gutem Trocknen übermalt man die Stelle von neuem.

Hat man kräftige, annähernd richtige Rot oder Gelb im Fleisch, überhaupt starke Farbtöne in der Untermalung, so darf man sie nur dünn, schummernd übergehen, sonst werden sie schwer und fest in der Farbe. Ein starker Farbton der Untermalung, in den man nachträglich noch hineinarbeiten muß, indem man die Form nachzuholen oder zu verbessern gezwungen ist, verliert an Wirkung und hindert die Arbeit, weil man aus Sorge, ihn zu erhalten, meist zu ängstlich um ihn herumgeht; wenn man ihn übermalt und so zweimal dasselbe tut, wird die Sache nicht besser. Darum muß man bei der Untermalung sich in der Farbe möglichst zurückhalten und sein Augenmerk lediglich auf Durchbildung der Zeichnung und der Modellierung richten.

Tiefen müssen lichter und wärmer gehalten werden, Lichter dagegen toniger und kühler – also gedämpfte Wirkung –, der es gar nicht schadet, wenn sie vorerst flau ist. Die ganze Arbeit soll flacher, nicht stark modelliert sein und im ganzen heller wirken, als das Bild beabsichtigt ist, wegen der Gefahr des Nachdunkelns der Ölfarbe.

Die Untermalung soll ja keine Übermalung sein und darf dieser nicht vorgreifen. Einzelne hohe Lichter und starke Tiefen, wie alle Einzelheiten, sind Sache der Übermalung und stören nur deren Fluß, wenn sie schon vorweggenommen sind.

Eine richtige Untermalung muß *mager* sein. Nur so ist sie gut zu übermalen. Sie muß *pigmentreich*, also ▷

▷ deckfarbig und verhältnismäßig bindemittelarm sein, so daß sie matt auftrocknet. Glänzende Farbe ist schlecht zu übermalen. Terpentinölzugabe in geringer Menge zum Malmittel macht die Farbe wohl mager, aber auch körperlos. Die Untermalung muß gut trocken sein, sonst leidet die Übermalung im Auftrag und das Bild dunkelt nach. Aus praktischen Gründen ist es erwünscht, daß die Untermalung rasch trockne. Darum gibt man ihr häufig etwas Sikkativ zu. Man darf, wie schon öfter ausgeführt, davon nur wenig, 2% des Malmittels, verwenden. Ich fand es immer viel zweckmäßiger, die rasche Trockenwirkung auf andere ungefährliche Weise zu erreichen, indem ich dem Tubenweiß noch ein Quantum, etwa ⅛ pulverisiertes Kremser Weiß auf der Palette mit der Spachtel beimischte. Dadurch wird die Unterlage reicher an Farbkörpern, da sie ja in allen Teilen deckend sein soll, und angenehmer zu übermalen. Besonders günstig wirkt diese Methode bei Porträtarbeit.

Der Forderung, daß die Untermalung mager sein müsse, kommt eine Unterlage in Tempera sehr entgegen. Sie hat den Vorteil, daß man mit ihr zeichnerisch zu Werke gehen, rasch die Arbeit anlegen kann, daß diese rasch und fest durchtrocknet und sehr bald übermalbar ist. Auch hier gilt, daß die Untermalung in Tempera, deren Schärfe namentlich im Wasserstriche der Untermalung sehr zustatten kommt, farbschwach und licht gehalten sein muß. Andernfalls platzen die gefirnißten Temperafarben stark heraus und die Ölübermalung wirkt auf ihr schmutzig. Tempera als Untermalung für Öl gibt große Leuchtkraft der Farbe.

Tempera, namentlich magere, hat den Vorteil, daß sie rasch fest wird und dabei unlöslich für die Binde- und Malmittel der Ölfarbe ist. Infolgedessen kann man eine mißlungene Übermalung leicht entfernen, ohne daß der Temperakern in Mitleidenschaft gezogen wird. Auf Bildern alter Meister kann man es oft genug sehen, daß dieser schwachfarbige aber körperhafte, kühle, graue Temperakern noch unberührt steht, während die Harzlasuren und auch die Ölfarbe darüber abgerieben sind.

Natürlich eignet sich nur Ei- oder Kaseintempera für solche Untermalung, nicht aber Gummitempera.

Aquarell als Untermalung für Öl ist nur in lichten Tönen über weißem Grund verwendbar. Sehr lichte Farbtöne, prima hingesetzt, verändern sich kaum beim Firnissen, tiefere farbstarke Töne platzen heraus und wirken zu glasig. Sie sind ungünstig zu übermalen und fügen sich dem Charakter der Ölfarbe nicht ein. Aquarellfarbe wurde früher, mit Leim überzogen, als Untermalung feiner ausgeführter Werke verwendet.

Am schlechtesten als Untermalung ist bindemittelreiche, fette Ölfarbe mit fetten Ölen oder Harzölfirnissen vermalt. Auf der „Sauce“ sitzt jede Farbe schlecht und ist der Gefahr des Reißens und Nachdunkelns auf nicht sehr trockener Unterlage besonders ausgesetzt. Die Schicht kann so fett werden, daß Ölfarbe darauf rutscht und perlt, weil die Farbe überfettet ist. Anders malen ist das Bessere!

Die Untermalung soll keine rein weißen Stellen in Ölfarbe enthalten, weil auf ihnen erfahrungsgemäß lasierende Übermalungstöne, besonders Krapp und Umbra, schlecht haften.

Übermalung

Die Übermalung soll, wie bereits gesagt, möglichst eine Primamalerei sein. Nur so ist die Frische des Bildes zu erreichen und, da die Mühe der Zeichnung und der lichthöhenden Modellierung bereits in der Untermalung gegeben sind, kann man sich hier viel freier nur der Darstellung der farbigen Wirkung überlassen. Besonders geeignet sind Harzessenzfirnisse mit fetten Ölen vermischt oder Venezianer Terpentin mit eingedicktem Öl. Vorteilhaft ist es, mit einer Tönung, einer Art Lasur, zu beginnen, in jede Farbe aber mindestens eine Kleinigkeit Weiß zugeben, damit sie sich beim Übergehen nicht aufreißt und dahinein mit kräftig aufgesetzten Farbtönen das Bild oder den Bildteil prima zu vollenden. Solche Technik, wo die pastosen Harzfarbentöne schwimmend und doch bestimmt über der schwachfarbigen aber körperhaften Untermalung liegen, sieht man am schönsten in dem Papstporträt des *Velazquez* in der Galerie Doria in Rom.

Natürlich wäre es eine ganz böse und armselige Sache, wollte man durch Lasuren allein oder annähernd das Bild vollenden. Es würde die Arbeit nicht lohnen und gerade des schönsten, malerischen Reizes entbehren.

Vorteilhaft aber ist es, in bestimmten Lagen kalter und warmer Töne übereinander zu arbeiten, denn die Klarheit wird dann eine viel größere als bei Mischung.

Die Untermalung mit Ölen einzureiben und dahinein zu malen, ist nicht zu empfehlen. Die größere Durchsichtigkeit der Harze und ihr magerer Charakter wirken viel günstiger.

Eine sehr gefährliche Sache ist das sog. „Anätzen“ der Untermalung, das darin besteht, daß man durch lösende Mittel, wie Terpentinöl oder Kopaivabalsam usw., die trockene Untermalungsschicht oberflächlich auflöst und mit dem Mallappen oder Pinsel zusammenführt zu weicherer Wirkung, um dahinein zu malen. Kein Wunder, wenn solche Bilder rapid dunkeln oder schwarz werden, denn die unteren Bildschichten werden ebenfalls in Mitleidenschaft gezogen. ▷

▷ Die Übermalung wird etwas flüssiger aufgetragen – wenigstens in der ersten Lage – als die Untermalung.

Fette Öle, wie Mohnöl, Leinöl oder auch Nußöl, werden verwendet in Verbindung mit Harzfirnissen. Die Farbschicht muß etwas fetter sein als die Untermalung, nach der alten Handwerksregel: *fett auf mager*.

Sehr pastose Stellen der Untermalung schabt man mit der Spachtelkante ab. Wie weit man hier gehen will, richtet sich nach der Feinheit der Arbeit. Schaben und Kratzen betreiben manche Maler, um die Farbe locker zu machen. Ein Abschleifen, wie das früher üblich war, ist gefährlich für die Haftung der oberen Schichten, ebenso Abwaschen mit Wasser oder gar mit Laugen.

Im übrigen gilt alles von der Primamalerei Gesagte auch von der Übermalung und besonders auch, daß frisch und zum Schluß nur einmal *kräftig* aufgesetzte Lichter und Tiefen und verstärkte Farben dem Bilde Frische und Klarheit geben.

Je besser und genauer die untere Arbeit der Zeichnung und lichthöhenden Modellierung gemacht ist, um so rascher und um so frischer und vollendeter wird die Übermalung zu machen sein. Lasuren als Schlußwirkung verderben das Bild.

Man muß sich vor Augen halten: Unten im Bilde soll die Lichtwirkung und die Modellierung, aber flach, gegeben werden. Das kann im einzelnen nach Belieben variiert werden. So wird der eine oder andere leichte Angabe der Lokalfarbe bevorzugen und dahinein mit Weiß höhen. Oder er wird das Bild in lichtem Grau aufbauen, oder in einer Farbe, z. B. Grünerde, Veroneser, leicht unterlegen usw. Der Möglichkeiten gibt's genug, wenn man nur den Grundgedanken wahrt: unten Licht und (flache) Form, oben Farbe und verstärkte Modellierung.

Zwischenfirnisse

Zwischenfirnisse dienen dazu, die trockene Farbschicht einer Untermalung anzufeuchten, um eine gute Verschmelzung und Verbindung der Farbtöne und Schichten herbeizuführen und wieder naß in naß malen zu können. Fette Öle als Anfeuchtungsmittel für sich allein zu gebrauchen, empfiehlt sich wegen des Gilbens nicht und auch nicht wegen der Gefahr des Speckigwerdens. Harzessenzfirnisse, wie Mastix oder Dammar, sehr dünn gestrichen, für sich allein oder in Verbindung mit wenig fetten Ölen, verdünnt mit etwas Terpentinöl, sind gute Zwischenfirnisse. Der Zwischenfirnis soll ungemein dünn aufgetragen, aller Überschuß abgerieben werden, und er soll möglichst wenig lösend auf die Unterschicht wirken können. Kopaivabalsam oder dessen Öl, Spiköl u. dgl. muß also unbedingt vermieden werden.

Eine dünnflüssige Auflösung von Dammar in mehrfach fraktioniertem Petroldestillat hat sich gut bewährt. Selbstherstellung ähnlicher Mittel ist möglich durch Auflösung von Dammarharz in doppeltrektifiziertem Petroleum. Nicht zu empfehlen sind aber Spirituszwischenfirnisse, oder Lösungen von Schellack mit Spiköl u. dgl., weil sie wohl rasch antrocknen, aber spröde werden und eine fremdartige Zwischenlage zwischen den Farbschichten bilden. Ebensowenig sind Hausenblaselösungen brauchbar. Es gibt jedoch heute deutsche Fabrikate, die einem guten Vibertfirnis gleichwertig sind. *Van Dyck* verwendete als Zwischenfirnis bei Porträts Venezianer Terpentin mit Terpentinöl 1:2 im Wasserbad verdünnt (nach *Mayerne*). Kleinmaler rieben die zu bemalende Stelle oft mit Speichel ein, der ja ein Emulgator wie Eiweißlösung ist. Früher verwendete man Eiweißzwischenfirnisse, die absolut zu verwerfen sind. Man trug sie auf, um das Bild in allen Teilen sichtbar werden zu lassen und doch nicht zu früh mit Harzen firnissen zu müssen und wusch mit Wasser vor Auftrag der Harzfirnisse das Bild ab. Der Eiweißfirnis wird aber durch Belichtung fest, er löst sich nicht mehr in Wasser, er wird sehr spröde und bräunt. Mit dieser Vorsicht wird also das gerade Gegenteil erzielt. Das Auskunftsmittel, noch einen frischen Eiweißfirnis über den alten zu legen und dann beide abzuwaschen, wodurch sich auch der alte löse, ist unbedingt zu verwerfen.

Die Retusche

Will man in schon antrocknender Farbe noch ein Stück, z. B. im Fleisch, ändern, so übermalt man am besten das ganze Stück bis zu günstigen Grenzen hin, damit man nicht störend herausfallende Flecke beim Auftrocknen bekommt. Lichtpartien müssen immer im ganzen Stück übermalt werden, in Schattenpartien kann man durch einzelne vertiefte Drucker usw. die Wirkung beeinflussen. Auf das schon völlig Trockene muß man Retuschen, kleine Fehlerstellen, die man überdecken will, erst sehr dünn mit Firnis oder Malmittel einreiben, allen Überschuß abwischen, deckend, aber nicht dick und dabei heller und kälter die Stelle unterlegen und entweder noch ins Nasse oder besser aufs Trockene die Farbe leicht darüber schummern. Andernfalls gilben und bräunen solche Stellen in kurzer Zeit und fallen namentlich aus Lichtflächen störend heraus. Das Herausputzen mit Terpentinöl ist wenig ratsam, man müßte trocknen lassen und dickfarbig übermalen. Vorteilhaft ist es, solche Stellen herauszukratzen oder zu schaben und mit magerer Farbe frisch zu bemalen. Neuerdings wird über noch nasse Farbe oder auch über trockenes Kremser Weiß in Eitempera dünn geschummert und darauf der neue gewünschte Farbton gesetzt, um ihn nicht einsinken zu lassen. Ähnlich wird auch die „Weimarer Feigenmilch“ gebraucht. ▷

▷ *Der Schlußfirnis*

Je länger das Bild Zeit hat zum Austrocknen, um so besser. Firnißt man Bilder zu früh, solange die Farbschichten noch nicht durchgetrocknet sind und noch arbeiten, d. h. solange der Volumenverlust der Bindemittel noch vor sich geht, so reißen die Farbschichten, Mohnölfarbschichten sind natürlich am gefährlichsten. *Der Firnis darf nicht härter werden als die Bildschicht*, sonst sind Risse unvermeidlich. Das Bild sollte so gemalt sein, daß es in absehbarer Zeit nicht gefirnißt zu werden brauchte. Es soll weder stark glänzen noch zu matt aussehen. Bilder, deren Bindemittel durch stark absaugenden Grund zum großen Teil aus der Farbschicht gezogen worden sind, müssen beim Firnissen optisch an Reiz verlieren und können Farbenveränderungen erleiden, ähnlich denen der Tempera beim Firnissen. Als Schlußfirnis für Ölbilder eignen sich am besten Harzessenzfirnisse, Mastix oder Dammarharz, die dünn in Terpentinöl gelöst (1:3 Terp.) Verwendung finden sollen.

Es ist absolut abzuraten, erst im letzten Augenblick vor dem Firnissen den Firnis mit Terpentinöl zu verdünnen, weil sich der Firnis nicht immer so rasch damit verbindet und das freie Terpentinöl lösend auf den Untergrund wirkt. Gut ist es, den Firnis bei Kälte ganz wenig anzuwärmen, aber man muß sich davor hüten, ihn etwa heiß aufzustreichen, denn heißes Terpentinöl ist ein sehr starkes Lösungsmittel und reißt nicht sehr trockene Schichten schnell auf. Keineswegs eignen sich zum Firnissen der Bilder Ölfirnisse, wie Bernsteinfirnis, Kopalfirnis oder auch Kutschenlack, der ein Kopalfirnis ist, und selbstverständlich auch nicht Leinölfirnis, obwohl auch der merkwürdigerweise manchmal Verwendung findet. Sogar Gummiarabikum fand ich über Ölbildern verwendet, wo er natürlich völlig ungeeignet ist und zerspringt. Ebensowenig eignen sich Mastix oder Dammar in Öl gekocht. Die fetten Ölfirnisse führen zu starkem Gilben, haben unangenehm speckigen Glanz, werden später braungelb und sind schwer vom Bilde wieder zu entfernen. Absolut nicht brauchbar sind die *Spiritusfirnisse*, sei es nun Mastix oder Schellack und Sandarak o. dgl., die sehr hart und spröde werden und eine häufige Ursache der Rissebildung darstellen, auch nicht mit Rizinuszugabe.

Beim Firnissen des Bildes achte man darauf, daß es möglichst gut ausgetrocknet ist. Es darf an keiner Stelle mehr klebrig sein, und je länger man dem Firnissen zuwarten kann, desto besser ist es. Man firnißt das Bild in mäßig erwärmten Raum, darf es aber nicht etwa kurz vorher aus der Kälte hereinbringen und sofort firnissen, weil sich da Feuchtigkeit auf ihm niederschlagen könnte, die, mit hineingefirnißt, Blauen hervorruft. Man muß das Bild vom Staube reinigen, mit einem trockenen weichen Tuch diesen leicht abschlagen, unter Umständen mit Brot und Knetgummi nachhelfen, und trägt den Firnis aus flacher Schale *dünn* und leicht mit breitem Pinsel auf. Der Firnis muß leicht streichbar sein und soll nicht etwa stark glänzen, denn dadurch wird die Sichtbarkeit des Bildes beeinträchtigt und ihm viel von seinem luftigen Reiz genommen. Pastose Farbe leidet, wenn man zuviel Firnis daraufbringt, sie verliert an Luft und Körper. Taucht man einen Lappen leicht an einer Stelle in den Firnis, drückt ihn aus und überfährt damit ganz locker die pastosen Stellen, so leiden diese keinen Schaden. Der Zweck des Firnisses ist, das Bild in allen Teilen gleichmäßig sichtbar zu machen und es vor den Einflüssen der Atmosphäre, schädlicher Gase und der Feuchtigkeit zu schützen, wozu die Harzessenzfirnisse in ganz anderer Weise befähigt sind als etwa die fetten Öle.

Da die ölfreien Harzessenzfirnisse viel weniger vom Luftsauerstoff angegriffen werden, schützen sie die Öle der Bildschicht vor dem Verfall. Der Glanz des Firnisses ist eine nicht immer erwünschte Zugabe, nicht aber Zweck des Firnissens.

Ein Übelstand ist das bei dunklen und glänzenden Tönen störend wirkende Blauen mancher Firnisse, was vermutlich auf Feuchtigkeitsgehalt zurückzuführen ist. Man darf darum beim Firnissen der Bilder auch nicht Zugluft machen und sollte möglichst wasserfreies Terpentinöl und trockenes Harz zur Herstellung der Firnisse verwenden. Maßregeln gegen das Blauen finden sich in dem Abschnitt „Restaurierung". Man trifft in älteren Lehrbüchern die Angabe, das Bild sei vor dem Firnissen mit Wasser abzuwaschen, ein Vorgang, der an die Technik des Lackierens erinnert und der wahrscheinlich hier wie dort auf der Verwendung fetter Öllacke beruhte, von denen Farb- oder Firnisschicht sonst schlecht angenommen werden. Neben dem Abwaschen der Ölbilder war auch das Schleifen der einzelnen Farbenschichten früher viel im Gebrauch, nicht immer zum Vorteil der Bilder.

Eine solche Methode ist heute überflüssig, ebenso wie der früher vielgebrauchte *Vorfirnis* mit Eiweiß, oder Eiweiß und Zucker, der stark dem Bräunen ausgesetzt ist, durch Belichtung fest wird und durch Waschen nur teilweise oder gar nicht vom Bilde abgenommen werden kann. Man kann dem Mastix- oder Dammaressenzfirnis etwa 2 bis 5% Rizinusöl beigeben, wenn man ihn geschmeidiger haben will. So besonders für alte Bilder.

Der Firnis soll staubfrei und im Lichte trocknen. Reiner Mastix- oder Dammaressenzfirnis trocknet in einem halben bis einem Tag klebfrei auf. Ölhaltige Firnisse dagegen bleiben oft wochenlang klebrig. Die Selbstanfertigung der Firnisse ist unbedingt anzuraten. Sie ist einfach und gibt die Gewähr, daß der Firnis nicht durch Gilben das Bild verdirbt.

Mattfirnis entsteht durch geringe Zumischung von weißem gereinigtem Bienenwachs, in Terpentinöl ▷

▷ 1:3 gelöst, zum Mastix- oder Dammarfirnis. Verschiedene Maler ziehen es vor, über den trockenen Firnis diese Terpentinöl-Wachs-Mischung dünn aufzutragen, weil sie leichter wieder entfernbar sei.

Im Wasserbad verflüssigtes Wachs wird ebenfalls als Mattüberzug auf gut trocknen Bildern verwendet. Es wird rasch stückweise mit dem Pinsel gestrichen und mit dem Lappen aller Überschuß abgerieben. Durch Erwärmung der Oberfläche können wachshaltige Firnisse eingeschmolzen werden.

Mattwirkung wurde auch durch das früher erwähnte Schleifen der Firnisschicht bei glatten Bildern erreicht. Aufstriche von Buttermilch rasch und stupfend fein verteilt, wie im Gewerbe üblich, bewährten sich. ◀

Anmerkung und einige Rezeptvorschläge zum Selbstherstellen von Malmitteln und Firnissen

Wer diese Zusammenschau alter Maler-Erfahrungen gelesen hat, der sollte sich zur Vervollständigung seiner Betrachtung des Themas „Ölmalerei“ auch noch einmal das Kapitel „Öltrocknung und Sikkativierung“ auf Seite 62f. durchlesen.

Ölfarben werden so verarbeitet wie sie aus der Tube kommen, sie werden mit Terpentinöl verdünnt oder der Maler verarbeitet sie mit einem Malmittel. Nach der alten Malerregel „Fett auf Mager“ untermalt man mit Tempera-, Acryl- oder Aquarellfarbe oder aber der Maler verdünnt seine Ölfarbe mit Terpentinöl und „magert“ sie damit, damit der nächstfolgende Ölfarbenaufstrich sich zuverlässig im Grund verankern kann. – Terpentinöl verdunstet vollständig und ohne Rückstand aus dem Aufstrich, es ist kein Malmittel, sondern ein Löse- oder Verdünnungsmittel.

Malmittel verwendet der Maler, wenn er die Trokkenzeit seiner Ölfarbe beschleunigen oder verlangsamen oder wenn er deren Filmbeschaffenheit verändern will. Die Künstlerfarbenfabriken und der einschlägige Handel bieten neben fabrikatorisch hergestellten Malmitteln und Firnissen auch alle Rohstoffe an, mit denen der Maler sich diese Malhilfsmittel selbst herstellen kann. Man tut auch hier gut daran, auf Qualität zu achten. Ein gut destilliertes, einwandfrei gelagertes Terpentinöl ist allerdings teuerer als ein Terpentinöl für Anstrichzwecke. Es lohnt sich, auch beim Einkauf der Naturharze auf Helligkeit und Verunreinigungen zu achten. Ein heller, relativ sauberer Dammar kostet leider mehr als ein dunkler und zudem von Rindenteilen verunreinigter; bei Mastix sind Preise und Preisunterschiede oft noch höher.

„Schnelltrocknendes“, d. h. trocknungsbeschleunigendes Malmittel

300 g	Balsamterpentinöl, rein
100 g	Helles Dammarharz
400 g	Dammarlösung 25%ig in Terpentinöl

Das Balsamterpentinöl wird in ein Marmeladeglas, Schraubglas o. ä. eingewogen und das Dammarharz wird in einem baumwollenen Teestrumpf/Teebeutel eingehängt. Das Harz wird nicht zerkleinert, weil zu kleine Harzteilchen und Harzpulver leicht zusammenbacken. Über Nacht ist der Dammar normalerweise gelöst. Nach vollständiger Lösung kann in einem Glastrichter durch eine zwei- oder dreifache Lage Papier-Kaffeefilter filtriert werden. Eine leichte Trübung der Dammarlösung ist normal und nicht zu beanstanden. – Auch Mastix oder Zyklohexanonharz werden so gelöst, jedoch dauert das länger. Am einfachsten arbeitet der Maler mit Dammar, wenn er sich selbst Malmittel oder Malfirnisse herstellen will.

Diese 25%ige Dammarlösung ist ein „schnelltrocknendes“, d. h. ein trocknungsbeschleunigendes Malmittel für Ölfarben. Manche Maler ziehen auch stärkere Verdünnungen vor und verdünnen dann in einer Flasche, im Palettstecker oder auf der Palette weiter.

„Langsamtrocknendes“, d. h. trocknungsverzögerndes Malmittel

1 Raumteil	25%ige Dammarlösung wie oben
2 Raumteile	Mohnöl
3 Raumteile	„langsamtrocknendes“, d. h. trocknungsverzogerndes Malmittel

Soll die Trocknungsverzögerung geringer ausfallen, kann mit Leinöl gearbeitet werden, soll sie stärker ausfallen, dann wird der Mohnölanteil erhöht.

Schlußfirnis

1,0 Raumteil	25%ige Dammarlösung
0,5 Raumteile	Balsamterpentinöl, rein
1,5 Raumteile	Schlußfirnis für Ölbilder

Je nach gewünschtem Glanz kann mit mehr oder weniger Terpentinöl verdünnt werden. – Die sog. *Retuschier-* oder *Zwischenfirnisse* sind verdünnte Schlußfirnisse, deren Verdünnungsgrad der aktuellen Bildsituation angepaßt wird.

Bienenwachspaste

2,0 Gew.-Teile	Balsamterpentinöl, rein
1,0 Gew.-Teile	Bienenwachs, rein DAB
3,0 Gew.-Teile	Bienenwachspaste

Das Auflösen des Wachses in Terpentinöl muß mit größter Vorsicht im Wasserbad erfolgen. Wachspasten dieser Art gibt es auch im Handel, z. B. unter dem Namen *Gemäldewachs.* – Die Paste wird mit einem Pinsel oder einem nichtfusselnden Lappen aufgetragen, steht mit mattem Wachsglanz und stellt gleichsam einen *Wachsfirnis* dar. Sie kann auch dem Schlußfirnis mit 5 bis 10 Gewichtsprozenten zugesetzt und gleichmäßig in den Firnis eingemischt werden. Dieser Harz-Wachs-Firnis trocknet mit höherem Glanz auf als der obige reine Wachsüberzug. – Die Bienenwachspaste allein ist übrigens auch ein vorzügliches und ungefährliches Reinigungsmittel für die Oberfläche eines verschmutzten Ölbildes.

Alkoholischer Mastix-Firnis

8,0	Gew.-Teile	reiner Alkohol
2,0	Gew.-Teile	Mastix
10,0	Gew.-Teile	Mastix-Alkoholfirnis

Das Harz wird gelöst wie vorhin beschrieben und dann wird filtriert. – Alkoholfirnisse, die auch aus alkohollöslichen, für künstlerische Arbeiten geeigneten Kunstharzen hergestellt werden können, wurden früher häufiger als Zwischenfirnisse benutzt oder auch als Retuschierfirnis, z. B. zum Herausholen eingeschlagener Stellen (S. 77).

Bei der Verarbeitung von Alkoholfirnissen muß daran gedacht werden, daß Alkohole gleichsam Abbeizmittel für getrocknete Ölfarbenfilme sind. Das Arbeiten mit einem Alkoholfirnis auf einem Ölbild will gekonnt sein, am ehesten gelingt oft ein mehrmaliger, sehr dünner Auftrag mit der Spritzpistole.

Alkydharzmalmittel
kann sich der Maler nicht selbst herstellen, weil die klebrig-zähen Alkydharze vor der Verarbeitung aufgeschmolzen werden müssen und dann – häufig mit trockenen Ölen verkocht –, erst verdünnt werden.

Temperamalerei

Hier bestimmt die qualitative und quantitative Zusammensetzung des Malmittels, der Emulsion, stärker als in jeder anderen Technik die Arbeitsweise des Malers und die optische Wirkung des Bildes. Das technologische Prinzip der Mal-Emulsionen ist auf Seite 10f. bereits besprochen worden, es braucht deshalb hier nicht wiederholt zu werden.

Als wässerige Komponenten können dienen: das Hühnerei, der Kaseinleim, tierische Leime oder Pflanzenleime. Als ölige Phase sind geeignet: die trocknenden Öle und ihre Standöle und die aus ihnen hergestellten Lacke, Alkydharzlösungen, Harzlösungen, Terpentine und auch Wachs.

▶ Seife, Glyzerin, Honig, Sirup, Kandis, die die Emulsion verbessern sollen, sind schädliche und unnötige Zutaten. Alle diese Stoffe bleiben wasserlöslich und hindern das Abbinden. Temperarezepte gibt es eine Unmasse, die meisten taugen aber nicht nur nichts, sondern sind noch direkt schädlich. Allerhand Stoffe werden da durcheinander gemengt, in Unkenntnis ihrer Eigenschaften und Wirkung, in der stillen Hoffnung, es werde schon was dabei sein, was brauchbar ist.

Das Herstellen der Emulsion

Man braucht keine Reibeschale und nicht zu reiben. Eine saubere Flasche genügt. Am besten ist eine alte Firnisflasche. Man schüttelt die zu emulgierenden Stoffe kräftig in der Flasche zusammen. Im Augenblick ist die Emulsion gemacht und geht nie fehl, wenn nur der Satz befolgt wird, daß die zu emulgierenden Stoffe *dickflüssig,* wie Eigelb, sein müssen und auch die Zumischungen, wie Harze oder Öle, am besten dick genommen werden. So z. B. Dammarfirnis, der in Tempera besonders gut ist, 1:2 statt 1:3 in Terpentinöl gelöst, oder eingedicktes Öl u. dgl.

Eine Emulsion soll einfach in der Zusammensetzung sein. Ein Öl, allein oder mit einem Harz, nicht alles mögliche durcheinander.

Eine gute Emulsion muß, auf Papier gestrichen, auftrocknen, ohne einen Fettrand zu bilden und trotz des Gehaltes an Öl darf keine Trennung von Öl und Wasser erfolgen. Sie muß in jedem Verhältnis mit Wasser mischbar sein und in Wasser ohne Ballenbildung zergehen. (Das gilt für magere Tempera.)

Emulsionen dienen als Anreibemittel für Temperafarben. Emulsionsfarben können je nachdem mit Wasser, verdünnter Emulsion oder bei fetter Tempera mit Terpentinöl oder fetten Ölen vermalt werden.

Magere, wassermischbare Eitempera

Maßeinheit ist das Volumen des Hühnereis (= 1 Raumteil).

Man gibt

1	Raumteil	Hühnerei = Inhalt eines ganzen Eies
1	Raumteil	Alkydharz-Malmittel, Dammarlösung 35%ig in Terpentinöl, Leinöl oder einen hellen, nicht vergilbenden Alkydharzlack und
1–3	Raumteile	Wasser

▷

▷ nacheinander in die Flasche unter jedesmaligem kräftigen Schütteln. Die Reihenfolge der Zutaten ist zu beachten, *zuerst Ei, dann Öl, dann Wasser,* sonst mißglückt die Emulsion.

Öle oder eingedickte Öle, Ölfirnisse oder Harzessenzfirnisse kann man in beliebig wechselndem Verhältnis zueinander, also beispielsweise an Stelle eines Raumteiles Leinöl nur ⅓ Raumteil Leinöl und ⅔ Raumteile Dammarfirnis zugeben. Mit Ölen und Ölfirnissen wird die Emulsion fetter, mit Essenzfirnissen magerer.

Mit Harzfirnissen allein würde die Tempera sehr mager werden. Sie ist dann brauchbar für ungefirnißte Tempera. Will man stärkere Bindung und geringeren Unterschied beim Firnissen, so wird man Leinöl, Standöl, eingedicktes Öl, für dekorative Zwecke auch guten Leinölfirnis oder Kutschenlack zugeben und den Wasseranteil geringer halten.

Noch kräftiger wird die Bindung, wenn man statt des Wassers 5%ige Gelatine- oder Leimlösung der Tempera zugibt. Statt des Wassers kann abgerahmte verdünnte Milch genommen werden. Um auf Gold zu malen, gibt man statt Wasser Alaunlösung (1:10 in Wasser) zur Emulsion. Will man die Tempera länger aufbewahren, so gibt man vorerst kein Wasser hinzu, sondern mischt erst vor Gebrauch Wasser, oder Leimlösung dazu.

Wir nehmen zur Emulsion das ganze Ei, Eidotter und Eiweiß, aus praktischen Gründen. Natürlich kann man auch mit Dotter allein die Emulsion machen. Nach einem gewerblichen Rezept nimmt man einen Eidotter, eine halbe Eierschale voll Leinölfirnis und ebensoviel Wasser.

Eidotter enthält mehr als die Hälfte Wasser und etwa 30% eines nicht trocknenden Öles, des Eieröles, das die Eitempera dauernd geschmeidig erhält. Vitellin, ein Eiweißstoff und ein Bestandteil des Dotters, erhöht die Emulsionsfähigkeit. Eidotter vermag noch die gleiche Menge öliger Stoffe in sich aufzunehmen.

Eiweiß enthält sehr viel Wasser, etwa 85%, und nur sehr wenig, ½%, Öl, daneben etwa 12% Albumin, den eigentlichen Klebestoff des Hühnereiweißes, von dem im Dotter mehr, etwa 15%, enthalten sind. Eiweiß wird durch Erhitzen bei etwa 70° fest, auch durch bloße Belichtung. Es ist im festen Zustand wasserunlöslich, in frischem Aufstrich kann es durch Alaunzugabe wasserunlöslich gemacht werden.

Die Frische des Eies ist entscheidend für die Güte und die Haltbarkeit der Emulsion. Die gelbe Farbe des Dotters stört manchen, besonders bei Weiß. Aber sie bleicht in wenigen Wochen aus und ist nicht weiter schädlich. Die Eiemulsion trocknet zu einer sehr elastischen Haut zusammen, die wasserunlöslich und ganz ungemein widerstandsfähig wird, viel widerstandsfähiger als die Ölfarbe.

Magere Tempera trocknet praktisch mit dem Verdunsten des Wassers, wobei sie bereits fest und übermalbar wird. Das völlige Durchtrocknen des darin enthaltenen Öles dauert, wie bei allen fetten Ölen, einige Tage. Der Maler hat es in der Hand, einerseits durch Ölzugabe, andernteils durch Wasser die Tempera fetter oder magerer zu machen.

Die altitalienischen Eitemperamalereien gehören zu den gegen äußere Einflüsse widerstandsfähigsten Bildern, die es gibt.

Würden nach dem Trocknen Ölteilchen aus dem Aufstrich austreten, so können nur Verfälschungen des Leinöles usw. schuld sein, wie Harzöl oder Mineralöle. Das Ei ist infolge von Stickstoff- und Schwefelverbindungen, die es enthält, leicht zur Zersetzung geneigt, es fault. Schwefelhaltige Farbstoffe, wie Kadmium, Zinnober und namentlich Ultramarin, können mit Eitempera in Tuben infolge der vorhandenen Feuchtigkeit Schwefelwasserstoff entwikkeln. (Nach Täuber ist Säuregehalt die Ursache.) Durch Essigzugabe die Emulsion vor Fäulnis zu schützen, ist nicht gut. Der Dekorationsmaler gibt oft erhebliche Essigmengen seiner Tempera zu, um sie dünnflüssig wie Wasser zu machen und ihr beizenartige Haftung zu geben. Versuche zeigten, daß selbst 1% Essig in der Emulsion durch seine dauernde Einwirkung Ultramarin im Bilde zu entfärben vermag. Ebenso wirkten Karbolsäure oder Phenol und andere fäulniswidrige Mittel. Essigsäure zerstört auch Bleiweiß und Zinkweiß. Ein Tropfen Nelkenöl wirkt dagegen günstig. In einer Dammarfirnisflasche hielten mir Eiemulsionen manchmal länger als ein Jahr, ohne jedes Antiseptikum. Zugaben von Alkohol, den man zweckmäßig erst etwas verdünnt und den man erst nur in sehr geringer Menge zugibt, vermögen ebenfalls das Ei zu konservieren (S. 83).

Man tut gut, die Emulsion immer möglichst frisch zu bereiten, also nur ein Ei zu emulgieren, mit dem man eine große Fläche streichen kann. Die Emulsion muß kühl und gut verschlossen aufbewahrt werden. Nach einiger Zeit verliert auch die durch fäulniswidrige Mittel vor dem Verderben geschützte Emulsion wie Leim an Bindevermögen. Faulende Emulsion hat schlechte Haftung.

Flaschen, in denen einmal eine Emulsion faulig geworden ist, kann man nicht mehr gebrauchen; jede neue Emulsion verdirbt in ihnen rasch.

Wer glaubt, die Emulsion durch Zugabe von recht viel Dotter um so geschmeidiger zu erhalten, wird sehr enttäuscht sein. Solche Tempera ist schmierig, trocknet schlecht, reißt auf beim Übermalen und springt. Sie wirkt wie zu fette, ölüberladene Tempera, die nachdunkelt. Man kann durch schwertrock- ▷

▷ nende Öle, wie Rizinusöl, die Tempera am festen Eintrocknen lange verhindern, aber da die Tempera mit dem Verdunsten des Wassers aufhört, vermalbar zu sein, hat man auf solchem Wege sich dann nur eine Art weniger gut zu verarbeitende Ölfarbe gemacht. Ich machte zu Demonstrationszwecken einmal eine solche Eitempera mit Rizinusöl, die zwei Jahre lang verwischbar, nicht aber vermalbar blieb. Damit ausgeführte Arbeiten entbehren aber des schönsten Reizes der Tempera, des mageren, luftigen und lichten Charakters. Aussichtsreicher sind die Versuche, durch Zugabe von Eiemulsion oder Kasein die Ölfarbe matt und kurz zu machen.

Bei längerem Stehenlassen, besonders bei starker Verdunstung, scheiden sich die öligen Teile ab, wie bei der Milch der Rahm, und gehen nach oben. Man muß darum jede Emulsion vor dem Gebrauch kräftig schütteln, dann verbindet sie sich wieder. Stark kalkhaltiges Wasser kann Ausflocken herbeiführen. Man nimmt dann destilliertes oder abgekochtes Wasser.

Künstlich getrocknetes Eigelb eignet sich nicht zu Emulsionsherstellung.

Die Verwendung der Eitempera geht bis in das Altertum zurück. Eigelb wurde damals wie in mittelalterlichen Rezepten, so bei *Cennini,* für sich allein, verdünnt mit Wasser, gebraucht. Man verwendete es für Tafelbilder und auf der Mauer. In altitalienischen Rezepten findet sich der Saft junger Feigentriebe, der schwach alkalisch und dadurch emulsionsstabilisierend wirkt, als Zugabe zum Eigelb, um dieses mehr zu verflüssigen, vielleicht auch zu konservieren. *Armenini* schreibt, die Alten malten auf Gipsgründen mit Ei. Diese alte Eimalerei, die sich auch auf den frühen Ikonen findet, wurde so fest, daß sie allen Restaurierungen widerstand und nur gewaltsam zu verletzen ist. Auch heute noch ist Eitempera, deren Bindevermögen durch ölige Bestandteile verstärkt wird, weitaus die am meisten gebräuchliche Tempera. Durch ihre gute Haftung auf mageren Gründen, unter bestimmten Verhältnissen sogar in nasser Ölfarbe, ist sie zu vielseitigem Gebrauch befähigt, namentlich auch in Mischung mit Kasein. Ihr Festwerden gegen Wasser macht sie wertvoll. Sie gibt geschmeidigen, weichen Strich und schwachen Glanz. Auf mageren Gründen erreicht sie ihre höchste Schönheit. *Böcklin* sagte mir, er habe die Bilder in der Schackgalerie meist mit Eigelb und Mastixfirnis gemalt.

Ölmischbare, fette Tempera

Durch starke Einschränkung der Wasserzugabe bei gleichzeitiger Vermehrung der Ölmenge, oft weit über das Maß der Ölfarbe hinaus, entstehen diese öl-, aber nicht wassermischbaren Temperafarben. Harzessenzfirnisse werden außerdem zugegeben. Die Farbe ist mit Terpentinöl oder fetten Ölen vermalbar.

Stark überfettete Tempera kann ganz der Ölfarbe gleichen, nur daß sie schwerer zu behandeln ist als diese. Sie trocknet nicht so rasch wie die magere Temperafarbe, erstarrt aber häufig gegenüber der flüssigen Ölfarbe. Doch es gibt vielerlei Möglichkeiten dieser Tempera. Zweifellos liegt in der außerordentlichen Ölmenge dieser WO-Emulsionen eine große Gefahr, der nicht so leicht zu begegnen sein wird.

Der Maler *Walter Ruhmann-Remscheid* hat die fetten WO-Emulsionen in die praktische Maltechnik eingeführt. Er nahm statt Ei Gummi arab. in Wasser gelöst im Verhältnis 1:3 und vermischt ihn für Untermalung mit 1½ Teilen Leinöl, für Übermalung mit 2 Teilen oder mit verdicktem Öl (an der Sonne eingedicktem Leinöl mit Dammarfirnis). Der Harzzusatz mache die ungefirnißte Farbe glänzend, wie *Vasari* von der van-Eyck-Farbe berichtet.

Der Maler *Richard Lindmar,* Berlin, hat 1926 ein Patent auf eine ölmischbare Emulsionsfarbe erworben, die allein echte alte van-Eyck-Farbe nach seiner Behauptung. – Er emulgierte starke Hautleimlösung mit fetten Ölen, gekochtem oder eingedicktem Öl oder Harzfirnissen, außerdem auch mit Ei, Kasein, Kirschgummi, Gummi arabicum und anderen Stoffen. Seine Farbe gilbe nicht trotz größerer Ölmenge als sie die Ölfarbe habe.

Wohl jeden Temperamaler wird es einmal reizen, die vielerlei Möglichkeiten zwischen magerer bis ganz fetter Tempera und darüber hinaus bis zur Ölfarbe zu erproben, um für sich die beste Ausdrucksmöglichkeit zu finden. Sehr einfach kann man sich durch bloßes Zumischen von Ei oder Kaseinleim oder entsprechender Temperafarbe zu der Tubenölfarbe eine brauchbare WO-Emulsion herstellen, die schon vielen Malern gute Dienste leistete.

Eiweißtempera

Eiweiß wurde im frühen Mittelalter zusammen mit Gummi oder Honigwasser von Meßbuchmalern verwendet. Eiweiß ist wasserlöslich, aber spröde und springt leicht ab, ähnlich wie Leim, man darf es nicht in zu vielen Lagen übereinander und nicht lasierend in der Untermalung verwenden. Eiweiß fault leicht.

Eiweiß, mehrmals mit einem Schwamm aufgesogen und wieder ausgedrückt, findet sich öfters als Malmittel. *Theophilos Presbyter* erwähnt den Saft zu Schnee geschlagenen Eiweißes als Anreibemittel für weiße Farbe. Ich sah, wie *Böcklin* im Bilde der Venus Genetrix die blaue Luft des linken Flügelbildes mit solchem Eiweißsaft auftrug. Das Eiweiß hatte er nach dem Rezept des *Theophilos'* zu Schnee geschlagen und den Saft davon auf einem schräg auf den Ofen gestellten Teller ablaufen lassen. Mit diesem trug er das Weiß auf. Die Farbe schäumte beim Auftrag und schien ganz weiß zu sein. Beim Ein- ▷

▷ trocknen erschien dann die satte blaue Farbe. Einzelne kleine Stellen waren ausgeblieben. *Böcklin* sagte, er müsse an dieser Stelle Wolken malen, denn das Material erlaube keine Retuschen. Malerei mit solchem Eiweiß ist keine Tempera, sondern eine Leimfarbentechnik. Es fehlt die Emulsion, die erst die Tempera schafft.

Zur Tempera nimmt man meistens das *künstlich getrocknete Eiweiß,* das in durchsichtigen Stückchen im Handel ist. Man rührt es 1:1 in kaltem Wasser an, läßt es einige Stunden stehen und treibt es dann durch ein Tuch. Man rechnet 200–300 g auf 1 l Wasser. Es kann mit fetten Ölen, Harzen usw. in gleicher Weise wie die Eigelbtempera emulgiert werden.

Infolge seiner hellen Farbe nimmt man es gern zum Anreiben des Weiß oder als Zusatz zum Anreibemittel bei Handelstubenfarben. *Blutalbumin,* aus dem Blut der Schlachttiere gewonnen, ist geringwertiger und schmutzig in der Farbe.

Eiweiß, mit Alaun vermischt, gibt eine körperhafte Farbe mit pastosem Strich. Man löst Alaun 1:10 in Wasser und gibt etwa ein Viertel dem Eiweiß von dieser Lösung zu. Die Mischung kann emulgiert werden mit Ölen und Harzen. Die Eiweißhärtung durch Zugabe von Formalinlösung ist vorzuziehen, da Alaun sauer reagiert und ein wasserlöslicher Bestandteil des Bildes bleibt. Ultramarin muß man bei Alaunverwendung durch Kobalt ersetzen.

Eiweiß mit dickem Dammar- oder Mastixfirnis vermengt, gibt ein eigenartig wirkendes, aber nicht leicht zu behandelndes Harzmalmittel für Ölfarbe.

Eiweiß wird durch Belichtung fest, d. h. wasserunlöslich, genau so wie durch Erwärmung. Ein Zusatz von Eigelb erscheint immer sehr ratsam, um die Tempera geschmeidig zu halten. ◀

Synthetische „Ei"-Tempera-Malmittel

Es ist heute möglich, vollsynthetische wässerige Malmittel herzustellen, die ähnliche Benetzungseigenschaften besitzen wie das Hühnerei und die auch über ein bemerkenswertes Bindevermögen für Pigmente verfügen.

Verwendet der Maler ein solches Produkt als alleiniges Malmittel, dann kann die entstehende Malfarbe sowohl mit Wasser als auch mit Balsam-Terpentinöl verdünnt werden. Gut abgebundene Malfarben trocknen wasserunempfindlich auf, bei mäßig abgebundenen bleiben die Aufstriche wasserempfindlich. – Bei Zusatz zu einer Aquarell- oder einer Gouachefarbe trocknen deren Aufstriche wasser*un*empfindlich auf, wenn die Zusatzmenge ausreichend war. Das muß von Fall zu Fall ausprobiert werden. – Bei einem entsprechenden Zusatz zu einer Ölfarbe und sorgfältiger Einarbeitung bis zur Homogenität, kann die Ölfarbe mit Wasser verdünnt werden.

Es ist anzumerken, daß die oben erwähnten guten Benetzungseigenschaften sich nicht nur auf die verschiedenartigen, in der Malerei üblichen Bindemittel beziehen, sondern daß sie auch deutlich werden auf schwer benetzbaren Malgründen, auf Ölgründen z. B. oder auf trockenen oder noch nicht ganz getrockneten Ölbildern. – Für unpigmentierte Aufstriche und als Zwischenfirnis ist ein Malmittel dieser Art nicht geeignet; von pastosen, pigmentierten Aufträgen ist abzuraten.

Diese Malmittel sind für alle in der Wolle gefärbten Eitempera-Maler allein schon deshalb interessant, weil sie nicht faulen und stinken können wie das Hühnerei. Ohne Zweifel werden sich dieser Kreis und auch experimentierfreudige Maler daran machen, Produkte mit solchen Eigenschaften auszuprobieren. Weil sie noch nicht lange auf dem Markt sind, ist abzuwarten, wie sie sich in der Praxis bewähren und wie sie von Malern angenommen werden.

▶ Kaseintempera

Seit den frühesten Zeiten der Kunst wurde Kasein verwendet. Frischer weißer Topfen oder Quark, der Käsestoff aus gut entrahmter Magermilch, ist eine krümelig weiche Masse, die, auf dem Reibstein verrieben, unter Zusatz etwa des fünften Teiles gelöschten Kalkes sofort fließend wird, emulgiert werden kann wie Ei und mit Wasser weiter verdünnbar bleibt. Topfenkasein ist der stärkste Leim, mit dem die Tischler seit Jahrhunderten Arbeiten machen, die im Freien halten sollen.

Der Topfen muß täglich frisch genommen werden. In 2–3 Minuten ist das Kasein fertig. Ungelöschten Kalk zu nehmen ist nicht gut, es können Teilchen im Bilde zurückbleiben, die nachlöschen (treiben) und abfallen. Topfenkasein muß sehr stark verdünnt werden, mit 2–3 Teilen Wasser. Man prüfe durch einen Farbaufstrich, der am nächsten Tage wischfest getrocknet sein soll. Auf der Mauer gibt es kein besseres Kasein als dieses alte Mittel. Kalk geht mit dem Käsestoff der Milch eine wetterfeste Verbindung ein, Kalkkasein. Auf der Mauer nimmt man nur reines verdünntes Topfenkasein, ohne Öle und Harz. Die Klebefähigkeit dieses Kaseins ist so groß, daß, wenn man es unverdünnt aufstreicht, man damit übereinandergelegte Putzschichten oder Tünchen absprengen kann. Man prüft so zu alten Putz auf seine Festigkeit für Bemalung. Topfenkasein bindet rasch und vortrefflich ab, wird sehr hart und leuchtkräftig. Als Beimischung zum Freskokalkmörtel kann Topfenkasein im Freien verwendet werden, darf aber nach Prof. *Klemmer* 5 % des Kalkes nicht überschreiten, da sonst der Mörtel klebrig würde. Das Kasein macht den Mörtel widerstandsfähiger gegen Witterungseinflüsse, die Farbwirkung aber grauer als ▷

▷ Fresko allein. Eine größere Kaseinzugabe würde das Freskomalen unmöglich machen. Ein Anreiben der Freskofarbe mit verdünntem Kasein oder abgerahmter Milch ist möglich, als Verdünnungsmittel dient nur Wasser.

Die Kaseinemulsion ließe sich auf festen Gründen, wie Holz oder Pappe, verwenden, doch nur mit Freskofarben wegen des darin enthaltenen Kalkes. Die Emulsionen mit Leinöl gilben sehr. Harzfirnisse und Wachsseife, Venezianer Terpentin oder Mohnöl können mit Topfenkasein emulgiert werden, aber nur im Innenraum oder im Tafelbild. Doch ist eine Emulgierung nicht notwendig. Kasein ist derber und wird härter als Eitempera. Grundierungen mit Topfenkasein mit 3–4 Teilen Wasser sind auf Brett sehr gut, in dünnsten Schichten übereinander und bemalt mit in Fresko haltbaren Farbstoffen.

Für das Staffeleibild nimmt man besser *technisch reines, wasserunlösliches* oder *salmiaklösliches Kasein (Milchsäurekasein),* ein grießartiges hellgelbes Pulver aus künstlich getrocknetem und vermahlenem Topfen. Das Pulver muß frisch und trocken sein und darf nicht faulig riechen, sonst wird die Emulsion rasch unbrauchbar.

Kaseinlösung

50 g technisch reines wasserunlösliches Kasein werden in 250 ccm = ¼ l Wasser angerührt und mäßig erwärmt.

Unterdessen rührt man 15 g kohlensaures Ammon (Hirschhornsalz) mit möglichst wenig Wasser an, zerdrückt alle Knollen und schüttet die Lösung in das erwärmte Kasein.

Sofort tritt ein Aufwallen ein, die Kohlensäure entweicht. Man rührt ein wenig um, und die Kaseinlösung ist fertig, sobald sie nicht mehr schäumt; die Kaseinlösung sieht weißlich trübe aus, wie Kleister. Das Kasein soll höchstens gut lauwarm erwärmt werden. Bei hartem Wasser bildet sich ein weißer Bodensatz, kohlensaurer Kalk, der unschädlich ist und entfernt werden kann. Das Hirschhornsalz muß möglichst frisch sein. Man erkennt dies an der Stärke des Aufbrausens.

Ammoniakkasein ist sehr haltbar, wenn man es unverdünnt in sauberer Flasche gut verschlossen aufbewahrt und erst vor Gebrauch mit Wasser vermischt. Die Klebefähigkeit ist auch hier sehr groß, wenn auch nicht gleich dem Kalkkasein. Es wird rasch wasserfest, so daß eine Härtung, wie bei anderen Eiweißkörpern, z. B. Leim, überflüssig ist.

Für Staffeleibilder ist es vorzüglich. Emulsionen mit Leinöl gilben stark. Mohnöl, Harzessenzfirnisse, Venezianer Terpentin, Wachsseife, helles Standöl, auch Spiköl werden mit Kasein emulgiert.

Ammoniakkasein hat den besonderen Vorzug, daß das Lösemittel völlig unschädlich ist, wird Hirschhornsalz doch als Backpulver verwendet und verflüchtigt völlig. Nicht das gleiche ist der Fall bei Soda- oder Boraxlösungen, die auf Wänden zu Ausblühungen neigen. Dagegen sind die käuflichen Kaseine meistens mit Kali- oder Natronlauge, Borax oder Soda gelöst. Diese Laugen bleiben dauernd im Bilde und zerstören bestimmte Farben. Man muß alle gelösten Kaseine des Handels deshalb erst auf Laugenfreiheit prüfen. Rotes Lackmuspapier darf durch sie nicht blau gefärbt werden.

Ammoniakkasein kann auch dadurch hergestellt werden, daß man das Kasein in gleichem Verhältnis wie oben mit Salmiakgeist (eine wässerige Lösung von Ammoniakgas in Wasser) übergießt und zugedeckt stehenläßt. Die Lösung tritt jedoch viel langsamer ein und ist auch nicht so gut wie die vorher beschriebene. Ebenso kann, nach gewerblichem Rezept, Topfen mit Salmiakgeist verrührt oder übergossen werden. Aber dieses Kasein ist weniger beständig und weniger bindefähig als Ammoniakkasein. Kupferfarben würden durch Salmiakgeist tiefblau gefärbt werden (S. 81 f.).

Kaseinmalerei

Kaseinmalerei steht am sichersten auf Kaseingründen, doch auch gut auf Brettleimgrund. Man reibt die Pulverfarben mit wenig Wasser an und vermischt sie mit 1 Raumteil Kaseinlösung und 3 Raumteilen Wasser. Man vermalt mit Wasser oder gleicher, 1:3 verdünnter Kaseinlösung. Dieses Verhältnis hat sich als bestes herausgestellt (Doerner-Institut).

Für sich allein wirkt Kaseinlösung leimartig. Sie ist in Grundierungen, namentlich auf festen Gründen, sehr gut verwendbar. Auf Leinwand ebenso in entsprechender Verdünnung. Sie wird heute auch als Zugabe zur Ölfarbe gebraucht, um diese kurz zu machen und mager, bei größerer Zugabe auch matt. Selbst als Malmittel verwenden es Techniker zur Ölfarbe. Es verbindet sich gut damit (S. 82).

Kaseintempera hat ein sehr gutes Bindevermögen, dabei große Leuchtkraft und Helligkeit. Man kann Bilder in reiner Kaseintempera malen, und sie eignet sich auch als deckfarbige Untermalung für Ölfarbe. Viele Maler ziehen sie auch wegen ihrer größeren Bindefähigkeit der Eiemulsion vor, namentlich auch in der Mischtechnik, weil der Strich flüssiger und schärfer ist als bei Ei. Man wird danach trachten müssen, mit drei Übermalungen durchzukommen, denn Kasein platzt und springt sonst wie zu starker Leim. Von einigen Malern wird fette Kaseinemulsionsfarbe mit Terpentinöl vermalt.

Kaseinweiß ist sehr hell und, wie Kasein überhaupt, gut haftend auf mageren Gründen. ▷

▷ Kasein-Kremser-Weiß mit Öl-Kremser-Weiß 1:1 oder 1:2 vermischt, gibt ein sehr pastoses, aber sehr rasch trocknendes Weiß. Da es in Tuben nur kurze Zeit aufbewahrt werden kann, stellt es sich der Maler am besten selbst her. Eine angeriebene Menge kann mehrere Tage, aber nicht wochenlang verwendet werden. Manche Maler gebrauchen es zur Ölfarbe. Kaseinfarbe ist im allgemeinen schwer in Tuben zu halten. Sie wird bald krümelig. Glyzerinartige Zusätze, wie Glykol, können das verhindern, beeinträchtigen aber bei der Farbe das Wertvollste, das Wasserfestwerden (Abbinden).

Abgerahmte, mit Wasser verdünnte Milch, Magermilch oder deren Milchwasser kann als Verdünnungsmittel für Temperaemulsionen verwendet werden. Man muß sich jedoch vor Tropfenbildung hüten, weil diese verfärben, Farbe auf ihnen schlecht hält und die Rinnen sich später störend bemerkbar machen.

Gummitempera

Gummi unterscheidet sich von den Harzen durch seine Wasserlöslichkeit und die Unlöslichkeit in ätherischen und fetten Ölen.

Arabischen Gummi, dessen beste Sorte den Namen Kordofan oder auch Senegalgummi führt, kauft man am besten in Stücken. Er wird pulverisiert und langsam in kochendes Wasser eingerührt. Man rechnet:

1 Raumteil pulverisierter Gummi auf
2 Raumteile Wasser (bis zu 3 Teilen).

Diese dickflüssige Gummilösung läßt sich in gleicher Weise emulgieren mit fetten Ölen wie die Eitempera; man kann sogar bis zur doppelten Menge des Gummischleimes Öle zugeben. Doch wird man sich hüten müssen, die Tempera zu fett zu machen. Das Öl wird durch die Gummiteilchen umschlossen, die Gummitempera erscheint trocken, wenn das Wasser verdunstet ist. Fährt man aber mit dem Finger darüber, so wird man bemerken, daß die Ölteilchen noch lange verwischbar sind; die Vermischung ist eben nicht so innig wie beim Ei, denn Gummi hat nicht wie Ei eine natürliche Verwandtschaft zu Ölen. Darum perlt oder rieselt auch die Farbe auf fettigen Gründen. Gummiarabikum und Pflanzenleim splittern auf fetten Gründen bald. Es bedarf bestimmter Mittel, wie Ochsengalle oder Abreiben mit Zwiebel, Kartoffel oder Salmiakgeist, damit die Gummitempera auf fettem Grunde angenommen wird. Aber die Haftung wird dadurch nur sehr wenig verbessert. Ich erinnere mich eines Gummitemperabildes eines Freundes, das er eben fertiggemacht und gefirnißt hatte, als ich kam. Er wusch sich die Hände, dabei spritzten Tropfen auf das Bild, das sich auf den Tropfenbahnen bis zum Grunde löste und verdorben war. Sicher war in dieser Gummitempera sehr viel Glyzerin gewesen. Darum ist es viel richtiger, der Gummiemulsion etwas Eiemulsion beizumengen oder damit die Malfläche vorzustreichen. Harzfirnis, der Gummiemulsion zuzugeben, ist nicht vorteilhaft, weil hier die Vermischung noch weniger gut vor sich geht, denn beide Teile stoßen sich ab. Die Gummiemulsion ist die einzige Tempera, bei der ein Zusatz von Glyzerin gerechtfertigt erscheinen könnte, um die Sprödigkeit des Materials aufzuheben (5% Höchstmaß).

Magere Gummiemulsionen sind sehr hell, die Farbe bekommt durch sie etwas Pastelliges und dabei Emailartiges. Gummifarbe ist spröder als Ei und neigt daher eher zum Reißen. Sie hautet leicht, besonders in Aquarell, und nimmt dann den Pinsel nicht an. Ältere Farbe in Tuben zieht Fäden und wird zähflüssig. Schwefelfarben, wie Ultramarin, Kadmium und Zinnober, reibt man mit Gummi anstatt Ei, um Schwefelwasserstoffbildung zu vermeiden.

Dextrin – Stärkegummi – entsteht aus der Stärke beim Erhitzen auf 200–290°C. Es ist minderwertig für Emulsionen. Dextrin ist spröde und in Wasser leicht löslich. Bei Wasserglaszugabe fällt Gummiarabikum aus der Lösung aus, nicht aber Dextrin.

Tragant bildet hellfarbig gekrümmte Bänder. Gelber Tragant ist besser als der weiße. Man läßt Tragant vorquellen wie Leim, in Wasser oder in Alkohol, und gibt dann erst mehr Wasser hinzu. Tragant quillt dabei zu einer schleimigen Masse, die durch ein Tuch gepreßt werden muß. 4 Teile Tragant genügen auf 96 Teile Wasser. Die Tragantlösung kann emulgiert werden mit fetten Ölen. Tragantmalereien müssen dünn gehalten werden, die Farbe verhält sich wie Leim, und sie dürfen erst spät gefirnißt werden. Versuche, durch Zusatz von Tragant zu Temperamitteln das Trocknen zu verlangsamen, hatten nicht den gewünschten Erfolg. Als Zusatz zur Stärketempera kann Tragant verwendet werden. Er dient auch zur Herstellung der Pastellstifte und ist dafür sehr geeignet.

Kirschgummi – fälschlich Kirschharz genannt – Cerasin. Verwendung findet unter diesem Sammelnamen der Gummi der Kirsch-, Weichsel-, Aprikosen- und Pflaumenbäume usw. Kirschgummi quillt nur in Wasser, wie Leim, und muß dann durch ein Tuch gedrückt werden, das man wie einen Beutel zudreht, so daß der Saft ausgepreßt wird. Frisch ausgeflossener Kirschgummi soll ohne weiteres wasserlöslich sein. Der Kirschgummi saugt viel Wasser auf. Etwa 10% Gummi genügen zu dicker Lösung. Es bleibt immer viel ungelöster Gummi im Tuche zurück, den man dann weiterquellen läßt. Man sucht möglichst reine, glatte, rindenfreie Stücke aus. Warmes Wasser beschleunigt das Quellen. Mit Salzsäure kann man Kirschgummi direkt wasserlöslich machen, aber das Produkt müßte erst wieder durch Zugabe von ▷

▷ Laugen neutralisiert werden. Von solchen Maßnahmen wird jedoch dringend abgeraten. Auch durch Kochen kann Kirschgummilösung erhalten werden. Geringe Alkoholzugabe verhindert das Faulen für einige Zeit.

Der Gummischleim kann leicht mit fetten Ölen, Balsamen usw. emulgiert werden. *Theophilos Presbyter,* der mutmaßlich im 12. Jahrhundert schrieb, erwähnt den Kirschgummi als Malmittel und dabei Zwischenschichten von Öllasuren.

Böcklin griff die Kirschgummitechnik wieder auf und vermischte den Gummi, den er in einer großen Flasche vor dem Fenster angesetzt hatte, mit Kopaivabalsam und Petroleum. Sein Kirschgummi war aber nicht gleichmäßig flüssig, weil er nicht durchgepreßt war, sondern nur teils wässerig, teils brockig gequollen. Der Kopaivabalsam kam immer wieder zur Oberfläche, wie dies natürlich der Fall sein mußte, und verband sich auf der Bildschicht nicht genügend. Man kann deshalb trotz der Kopaivabalsamzugabe diese Technik *Böcklins* als eine Gummimalerei und als keine eigentliche Tempera bezeichnen. Später bediente er sich wirklicher Kirschgummiemulsionen eines Apothekers, die aber sehr zäh waren und sich wegen ihres Harz- und Balsamreichtums schwer mit Wasser verdünnen ließen. Die Farbe blieb natürlich dauernd gegen Wasser sehr empfindlich, auch unter dem Firnis. Man sieht, mit welchen Schwierigkeiten die Pfadfinder zu kämpfen haben.

Ein Brief *Lenbachs* an *Böcklin* vom 14.1.1867 enthält ein Temperarezept: 1 Teil Traganth, 1 Teil Hausenblase, 1 Teil Kirschharz, zusammengekocht, noch warm mit etwas Weingeist vermischt, um Fäulnis zu verhüten. Diese Mischung ist keine Tempera, es fehlen die öligen Bestandteile. Sie gibt eine spröde Masse, die wenig Übermalung verträgt. – An *Böcklins* Bildern zeigte sich nachträglich, daß Kirschgummi wasserlöslich bleibt und zu verwittern scheint wie im Freien.

Kirschgummi gibt der Farbe große Durchsichtigkeit und glasfensterartigen Charakter, der auf weißem, dichtem Gipsgrunde besonders in Erscheinung tritt. Wie Leim und arabischer Gummi ist auch Kirschgummi für sich allein sehr zum Springen geneigt, besonders bei sehr nassem und oftmaligem lasierendem Auftrag. Die Kirschgummi-Emulsion haftet gut. Als Zugaben zur Ei- oder Kaseinemulsion hat sie sehr günstige Wirkung. Sie hat ganz außerordentliches Email und große Helligkeit, dabei sehr angenehme Behandlungsfähigkeit. (So z. B. Ei, eingedicktes Öl und Kirschgummi, auch Wachsemulsion.)

Emulsionsmalmittel aus tierischem Leim

Kölner Leim, Lederleim, kann dickflüssig, am besten also kalt oder lauwarm mit fetten Ölen emulgiert werden, wie dies bei der Grundierung in Halbkreide und beim Ölgrund geschieht. Leimlösung dient aber mehr als Zugabe zu anderen Temperaarten wie z. B. zu Wachsemulsionen oder Ei. Vereinzelt auch zur Ölfarbe, um sie kurz zu machen. Tierische Leime geben bessere Verbindung mit Öl als Gummi- oder Pflanzenleim. 70 g auf 1 l Wasser genügen zu dicker Lösung.

Gelatine, eine besonders feine Leimsorte, 4–6% in heißem Wasser gelöst, haftet gut, gibt pastelligen Charakter, große Helligkeit und ist gut als Zusatz zu Ei- und Wachstempera, kann aber auch für sich allein emulgiert werden. Die Gelatine des Handels ist sehr ungleich, manchmal stark sauer, oft auch aus Fischleim hergestellt. Alle diese Leime bilden natürlich für sich allein *keine* Tempera. Sie werden erst zu Tempera durch die Emulsion.

Die alten Meister verwendeten die Leimlösungen vielfach. So ist ein Rezept des *Lionardo* für dekorative Malereien bekannt, wonach die Leinwand geleimt wird und mit nur in Wasser geriebener Farbe auf die trockene Leimung gearbeitet wurde. Leimmalerei als Untermalung der Ölbilder bei alten Meistern erscheint trotz vielfacher Annahme um deswillen sehr fraglich, weil bekanntlich keine Farbe beim Firnissen oder Übergehen mit Öl sich so verändert und ihren Reiz verliert als Leimfarbe. Häufig wurden aber reine Leimmalereien nach Art unserer Guaschfarbe gemacht. Zwischen Gummisorten, Leimen und Harzen wurde in der Benennung nicht genügend unterschieden. Um das lästige Stocken der Leime zu beseitigen, werden Zusätze von starkem Essig gemacht, der aber auf manche Farbe schädigend einwirkt (Ultramarin). Durch anhaltendes Kochen verliert der Leim ebenfalls die Fähigkeit zu sulzen, aber auch zum großen Teile seine Klebekraft.

Pergamentleim (colla di ritaglio), aus den Abfällen der Haut von Lämmern und jungen Ziegen durch Verkochen bis zur Lösung hergestellt, diente als Material für Miniaturmaler. Ähnlich ist der *Handschuhleim.*

Hausenblasenleim, Fischleim, durch Verkochen von Fischblasen hergestellt, wird in kaltem Wasser gequollen und kann emulgiert werden. Fischleim ist aber wenig zu empfehlen. Er ist äußerst hygroskopisch. *Mayerne* schildert die schlechten Erfahrungen, die *van Dyck* damit machte. Alle Leime blättern leicht ab bei öfterem Übereinandermalen, besonders, wenn das Bindemittel zu dick ist und noch mehr bei lasierendem Auftrag. 2 bis 3 Schichten übereinander bilden gewöhnlich das Höchstmaß des Möglichen. ▷

▷ **Emulsionsmalmittel aus Stärkekleistern**

Stärkekleister

Reisstärke ist am besten, andernfalls ist auch Kartoffelstärke oder Weizenstärke verwendbar.

50 g Stärke werden mit etwas kaltem Wasser fein verrührt und in 350 ccm kochendes Wasser, also etwas mehr als ein Viertelliter (= 250 ccm), langsam eingerührt.

Die Lösung verdickt sich rasch kleisterartig und ist dann fertig. Die Güte des Kleisters hängt vom guten Umrühren bis zum Erkalten ab. Ein Durchdrücken des Kleisters durch ein Tuch ist zu empfehlen. Er kann mit Ölen und Harzen emulgiert werden.

Stärke ist dadurch, daß sie frei ist von Stickstoff und Schwefel, ohne Einwirkung auf Farbstoffe, haftet aber schlecht auf fetten Gründen. Sie ist darum nicht zu empfehlen in Verbindung mit Ölfarben. Sie neigt hier zum Abblättern. Stärkekleisteremulsion gibt sehr helle, guaschartige Töne. Im Handel sind viele Präparate, Kunstleime, Pflanzenleime usw., die durch Alkalien aufgeschlossene Stärke enthalten. Diese Stoffe enthalten häufig Laugen, die schädlich auf Farbstoffe einwirken können. Mit Laugen aufgeschlossene Stärke wird wasserunlöslich. Stärkekleister mit Venezianer Terpentin 3:1 oder 4:1 bildet eine Emulsion, die beim Restaurieren zum Aufziehen von Bildern auf neue Leinwand benützt wird.

Roggenmehlkleister

1 RT Roggenmehl wird in
10–15 RT kochendes Wasser langsam eingeführt.

Das Mehl wird vorher mit etwas Wasser angerührt. Der Kleister kann emulgiert werden wie Ei. Viele gewerbliche Temperarezepte beruhen auf Roggenkleisteremulsion, die man für solche Zwecke mit Leimlösung und Leinölfirnis verbindet. Interessant ist das folgende gewerbliche Rezept, das bei der Bemalung großer dekorativer Flächen verschiedenen Künstlern schon gute Dienste getan hat:

125 g Roggenmehl werden mit
50 ccm warmem Wasser angerührt.

Dazu kommen:

100 ccm kaltes Wasser; nach dem Zusammenrühren
300 ccm kochendes Wasser, dann
125 ccm Leinölfirnis. Darauf
100 ccm kaltes Wasser und nochmals
125 ccm Leinölfirnis.
Weiterhin beliebige Verdünnung mit Wasser.

Seifentempera

In der gewerblichen Praxis findet Seifentempera vielfach Anwendung. Wenn eine Emulsion nicht glückt, wird sie dort durch Seife verbessert und geht dann zusammen. Für künstlerische Zwecke muß die Zugabe von Seife zur Emulsion ausscheiden, weil diese dadurch dauernd wasserlöslich, ja sogar leicht verwischbar bleibt und anderteils die scharfen Laugen mancher nicht neutraler Seifen Farben angreifen und das Bild nachdunkelnd machen. Es gibt aber genug Temperarezepte unter Malern, bei denen ein gehöriger Zusatz von Seife vorkommt und gerade von der gefährlichsten, der Schmierseife, die die schärfsten Laugen enthält. Solche Tempera malt sich wohl geschmeidig, aber die Folgen zeigen sich leider erst später durch eine enorme Schwärzung. Venezianer Seife (= Kernseife und Olivenöl) ist ebenfalls nicht anzuraten. *Beckmanns* Syntonosfarbe enthielt Seife, Talg usw. und dunkelte darum sehr nach.

Derartige Mittel werden heute, besonders für gewerbliche Zwecke, auch der Ölfarbe beigegeben.

Der Verfasser hatte Gelegenheit, Bilder, die unter Zusatz von Seife gemalt waren, eingehend zu untersuchen. Außer starker Nachdunkelung trat – etwa 30 Jahre nach der Herstellung – ein schalenförmiges Abblättern der Farbe ein, und eine Erhaltung dieser Bilder erwies sich praktisch als unmöglich.

Es ist der Traum vieler Künstler, ein Material zu haben, mit dem man Öl und Tempera zugleich malen könnte, und hie und da hört man sagen, daß der oder jener so ein Allerweltsmittel besäße. Nichts einfacher als das! Jede Ölfarbe läßt sich durch starke Laugen, wie Kalilauge, mit Wasser vermischen und vermalen, so auch durch Seifen, die solche Laugen enthalten, wie Schmierseife. Aber das Resultat! Man hat bei solchem Material weder die Vorzüge der Tempera noch die des Öles, aber die Nachteile beider: die schwerere Behandlungsmöglichkeit der Tempera und ein stärkeres Nachdunkeln als bei der Ölfarbe. *Besser ist es, eine Ölfarbe durch geringe Temperaemulsionszusätze magerer zu machen, als eine Tempera zu überfetten.* Fette Öle lassen sich durch Laugen verseifen.

Wachstempera

Wachsemulsion (Wachsseife). 25 g weißes gereinigtes Bienenwachs werden mit 1/4 Liter kochendem Wasser geschmolzen. 10 g Hirschhornsalz (Ammonkarbonat) werden in ganz wenig Wasser eingerührt und zum Wachs hinzugegeben.

Sofort tritt starkes Aufbrausen ein (wenn das Hirschhornsalz frisch war). Man läßt weiterkochen, bis das Aufbrausen aufhört und rührt die Masse öfters um bis zum Erkalten.

Täuber hat darauf aufmerksam gemacht, daß der Kalk- und Magnesiumgehalt des Leitungswassers das Zustandekommen der Emulsion hindert. Destilliertes oder gekochtes Wasser ist in solchem Falle ▷

▷ ratsam oder reines Regenwasser. Mit 5 g Pottasche oder Soda ist die Emulsion ebenfalls zu machen, doch hat die oben genannte den Vorzug, daß das Ammoniak flüchtig ist und völlig verschwindet, während Soda und Pottasche zurückbleiben und dauernd wasseranziehend wirken. Die Pottasche müßte neutralisiert werden, sonst wittert sie, auch im Tafelbild, aus. Wachsseife ist milchig weiß und hält jahrelang. Sie kann vermischt werden mit Harzessenzfirnissen oder fetten Ölen (Mohnöl), mit Balsamen wie Venezianer Terpentin, mit Leimwasser oder Gelatine und mit anderen Arten der Tempera, so besonders mit Kasein oder Ei und Kirschgummi.

Diese Mischungen sind vortrefflich. Unter dem Namen *Cera colla* war Wachsseife mit Leimwasser ein Malmittel der byzantinischen Maler bis in die Zeit des *Giotto*. Wachsseife mit 2 Raumteilen Gelatine gebe als Überzug oder Vorfirnis über Tempera ausgezeichnete Wirkung im Sinne der Frühitaliener, schrieb mir Prof. *Czerny, Heidelberg*. Das Leimwasser muß säurefrei sein, sonst kann die Wachsemulsion auseinandergehen. Mit dem Zusatz fetter Öle muß man, besonders bei Leinöl, wegen des Gilbens zurückhaltend sein. *Reynolds* pries eine Wachsemulsion mit Venezianer Terpentin als das beste aller Malmittel. Wachsemulsion mit dickem Dammarfirnis gibt ein sehr gutes Retuschiermittel für Innenraumfresken.

K. Wehlte gibt als unlösliche Wachsseife an: 25 g Wachs in 25 g Sangajol im Wasserbad schmelzen, dann 10 g Ammoniumkarbonat in 60 ccm Wasser kalt lösen und langsam einrühren. 45 Minuten soll im Wasserbad die Masse gekocht und dann bis zum Erkalten gerührt werden. Andere nehmen Terpentinöl statt Sangajol.

Wachsemulsionen haben wunderbare Weichheit und Schmelz und auf Gipsgründen, besonders auf Holz, außerordentliche Helligkeit, die auch der hellsten weißen Wand gegenüber standhält, wo Ölbilder darauf dunkel wirken würden. Die technische Behandlung ist einfach und durch den Wasserstrich auch zeichnerisch eingehende Behandlung möglich. Man kann, wenn man will, die Farbschicht oberflächlich leicht einbrennen, wodurch sie gegenüber atmosphärischen Einflüssen glatter und widerstandsfähiger wird. Notwendig ist es aber nicht. Schöner Mattglanz läßt sich durch leichtes Reiben oder Bürsten erreichen. Die „Punische Wachsfarbe" des Maréesschülers *Pidoll* war eine Wachsemulsion mit Pottasche. Die Ansicht *Pidolls* über das Punische Wachs war irrtümlich. Dieses läßt sich nicht mehr emulgieren. ◀

Das Anreiben der Temperafarben

Vor dem Anreiben ist zunächst die Emulsion herzustellen. Bei der Ei-Öl-Emulsion (S. 138) ist das sehr einfach, weil das ei-eigene Lezithin das Emulgieren der wässerigen und öligen Anteile durch Zusammenschütteln in einer Glasflasche leicht macht.

Nicht ganz so unkompliziert ist das Herstellen von homogenen Kasein- und Gummi-Öl-Emulsionen. Hier hilft zwar ein Küchenmixer sehr, die feinste Emulsion erhält man jedoch in der Porzellanreibschale, wenn man den öligen Anteil in kleinen Portionen mit dem Kolben in den Leim einemulgiert. Die Emulsion ist fertig, wenn eine weiße, dünne Paste entstanden ist – Dann muß nur noch konserviert werden (S. 80, 82).

▶ Die alte Temperafarbe war immer frisch handgerieben für den sofortigen Verbrauch. Solche Farbe hatte etwas Körperhaftes durch das gröbere Korn. Darum rieb sich *Böcklin* seine Temperafarbe selber, ebenso *Marées,* und viele Künstler folgten ihnen hierin. *Raehlmann* fand bei seinen mikroskopischen Untersuchungen alter Bilder, daß die Temperafarben durchweg gröber gerieben waren als die Ölfarbe. In Öl unverwendbare Farbkörper, wie Auripigment, die Azure, Malachit usw., seien vortreffliche Temperafarben und zeigten hier Deckfähigkeit und Leuchtkraft durch die gröbere Reibung.

Tubentemperafarben enthalten häufig genug uns unerwünschte Zusätze, wie Sirup oder Glyzerin, um sie länger lagerfähig zu halten. Das war bei der selbstgeriebenen alten Farbe unnötig. Jeder Temperamaler wird genug Tuben besitzen, deren Inhalt hart geworden ist. Zwar kann man in heißem Wasser solche Farben großenteils wieder erweichen, aber solche Farbe bleibt minderwertig und müßte sofort verbraucht werden. Sie neigt sehr zum Springen.

Der Bindemittelverbrauch ist bei der Tempera scheinbar größer als bei Öl, doch ist ein sehr erheblicher Anteil nur Wasser. *Cennini* rät (für die frühitalienische reine Eidottermalerei), den Farbkörper mit gleicher Menge Eidotter anzureiben. Nach *P. Vercade,* Beuron, dem wir die beste Übersetzung des Cenninischen Traktates über Malerei verdanken, wird das so gemacht, daß der Farbkörper in Wasser steif angerieben und dann mit gleicher Menge Eigelb vermischt wird. Tubenfarben in Tempera sich selbst herzustellen, ist nur dann ratsam, wenn man die Farbe rasch verbrauchen kann. Man nimmt für diesen Zweck nur einen Teil Wasser zur Emulsion, damit sie stärker bindet.

Es ist ganz zweckmäßig, die Farben in Wasser vorzureiben, in weithalsigen Gläsern aufzubewahren und erst bei Bedarf mit der Emulsion zu mischen. Man hat den Vorteil, diese Farben für jede Art der Emulsion gebrauchen zu können, auch für Seccomalerei und Fresko auf der Wand. Die Gläser müssen gut verkorkt sein und man läßt etwas Wasser über der Farbe stehen. Ein weiterer Vorteil ist, daß ausgetrocknete Farbe hier nicht verloren ist, sondern ▷

▷ leicht wieder mit der Spachtel nachzureiben und mit Emulsion zu mischen ist. *Böcklin* hatte ein Tischchen mit einer Marmorplatte, auf der er die Farben mit der Spachtel kurz mit der Emulsion vermischte. Mit Trinkgläsern deckte er die Farben zu und gab einen feuchten Lappen darum, damit ihm die Farbe den Tag über vermalbar blieb. Durch Rollen an den Füßen war das Tischchen leicht beweglich und ersetzte ihm die Palette.

Die geeignetste Palette für Temperamalerei ist eine rechteckige, nicht zu kleine Palette, die am Außenrand eine Reihe von Fächern zur Aufnahme der pulverförmigen Pigmente enthält. Diese Palette wird selbstverständlich nicht in der Hand gehalten, sondern auf einen kleinen Tisch gestellt. Die heutigen Pigmente sind so fein gerieben, daß man dieselben ohne weiteres mit Temperabindemittel vermalen kann. Ein vorheriges Anreiben der Farben mit Wasser ist bei dieser Arbeitsweise völlig unnötig. Diese Palette ist speziell für den Ateliergebrauch bestimmt.

Das Malen

Der Malgrund und die Palette

Der reinste und hellste und festeste, dabei magere Grund ist für Tempera der beste. Man kann zwar mit Eitempera und Kasein auch auf Halbkreidegründen malen, aber der magere und weiße Grund gibt die schönste Wirkung. Künstliche Emulsionen haften nicht gut auf fetten Gründen. Sie müßten mindestens mit Ei- oder Kaseinemulsion vermalt werden oder in einem Aufstrich dieser Malmittel naß in naß verarbeitet werden. Der weiße Grund gibt die größte Helligkeit und läßt alle Farben zur Geltung kommen. Ein dichter weißer Gipsgrund auf Brett wäre also am zweckmäßigsten. Sehr gut sind Kaseingründe auf Holz, aber auch Leinwandgründe, Pappe, Papier, Mauer dienen für Tempera. Will man mit Wasser die Tempera vermalen, so muß der Grund gehärtet sein durch Alaunzugabe, sonst löst sich die Grundierschicht und die Leinwand quillt. Farbige Gründe, darunter auch Tonpapiere, sind nur günstig bei ungefirnißter Tempera und bei Weißhöhung. Mit Sorgfalt wird jeder Temperamaler bemüht sein müssen, sich den Grund so rein und sauber, so weiß als möglich zu halten und nicht nur bei der gefirnißten Tempera, wo sich jeder Flecken sofort rächt, auch bei der ungefirnißten ist der Grund nicht gleichgültig und wirkt später durch. Der Grund sollte auch in nassem Zustande möglichst weiß und gleichmäßig hell sein.

Die dem weißen Malgrund entsprechenden, weiß gestrichenen *Blechpaletten* mit Abteilungen oder Vertiefungen für die einzelnen Farben sind sehr praktisch, aber eine Holzpalette kann ebenfalls verwendet werden. Man kann sie mit weißem Emaillack anstreichen. Es ist nicht gut, die Farben der Palette nach der Arbeit unter Wasser zu setzen; die Farben werden dadurch ausgelaugt, trocknen heller und schwammiger auf und verändern sich entsprechend stärker beim Firnissen. Filz oder ein feuchtes Tuch, so über die Farbe gelegt, daß diese nicht unmittelbar berührt wird, tut bessere Dienste. Nur so wenig Farbe aufzusetzen, daß keine übrig bleibt, ist das beste. Die Palette und die Pinsel müssen sofort nach Gebrauch gut gereinigt werden, denn die Farben, besonders Kaseinfarben, werden sehr rasch hart.

Borstenpinsel, namentlich runde, sind für Tempera sehr geeignet, für zeichnerische Einzelheiten Marderpinsel und Schlepper. Als *Mal- oder Verdünnungsmittel* dient Wasser oder verdünnte Emulsion. Von manchen wird auch Terpentinöl verwendet, das bei natürlichen Temperasorten angewendet werden kann, aber keinen ersichtlichen Vorteil hat. Wasser ist entschieden praktischer, und aus den wiederholt angegebenen Gründen wäre es nicht vorteilhaft, eine so fette Tempera zu verwenden, daß diese sich nur mit Terpentinöl, nicht aber mit Wasser vermalen ließe.

Die Vorzeichnung

Eine *genaue Vorzeichnung* unter möglichster Reinhaltung des Grundes ist für Arbeiten, die eine gewisse Vollendung erreichen sollen, unerläßlich. Eine Zeichnung der Konturen mit verdünnter Tusche erleichtert die Arbeit. Man kann auf den trockenen Grund malen, oder den Grund mit dem Schwamm anfeuchten. Manche Maler spritzen die Leinwand von vorne und rückwärts an, daß das Wasser herabläuft, das Bindemittel aber auch, und so verliert solche Farbe ihren Halt, verändert sich stark beim Firnissen und platzt oft ab infolge des Volumenverlustes bei der Verdunstung des Wassers. Manche Bindemittel kommen auch auf diese Weise zum Faulen. Besser, aber unnötig, ist die Methode, einen genäßten Filz auf der Rückseite der Leinwand anzubringen. Übersprühen mit Wasser während der Arbeit muß vorsichtig gemacht werden, es lockert stark die Farbe und ist nicht sehr zu empfehlen. Bei mehrfacher Übermalung sollen die unteren Schichten stärker gebunden sein, nicht die oberen, sonst gibt es Risse.

Die Malweise ist natürlich eine höchst persönliche Sache, und um so besser, je persönlicher sie ist. Aber es gibt gewisse Regeln, die durch das Material bedingt werden und deren Kenntnis den Maler in seiner persönlichen Ausdrucksweise nicht behindern wird, ihm aber viel Ärger und Zeitverlust erspart und der Haltbarkeit seiner Werke zugute kommt. So sollen die folgenden Ausführungen verstanden werden, nicht als schematische Bindung.

Aus dem Kapitel der Temperaemulsionen geht hervor, welche Menge von Möglichkeiten des Materials sich ergeben, besonders wenn man bedenkt, daß ▷

▷ Mischungen dieser Emulsionen in allen Verhältnissen untereinander zu machen sind und sehr brauchbare Bindemittel liefern. *Lenbachs* Scherzwort wird da beinahe wahr: „Man kann mit allem malen, was pappt.“

Die Verwendung der Tempera gliedert sich heute in drei hauptsächliche Arten: die ungefirnißte, guaschartige Tempera, die gefirnißte Tempera und Tempera als Untermalung für Öl.

Ungefirnißte Tempera

Ungefirnißte Tempera (guaschartige Tempera) ist verhältnismäßig am einfachsten zu behandeln. Man malt mit Wasser, oder verdünnter Emulsion auf angefeuchtetem oder trockenem Grund. Man kann auf weißen, dichten Unterlagen, Papier, Leinwand, aquarellierend oder deckend arbeiten, am vorteilhaftesten aber ist die Verwendung von Tongründen (Tonpapieren), bei denen sich durch dünne halbdekkende Töne und Höhen mit deckenderen Tönen reizvolle Wirkungen erzielen lassen. Durch günstige Farbwahl und Mitbenützung der Farben des Grundes zur Wirkung läßt sich die Arbeit sehr abkürzen. Naß in Naß auf das leicht Angezogene läßt sich die Farbe besser verschmelzen und lassen sich weichere Übergänge erzielen. Aufs Trockene lassen sich pastose Töne halbtrocken, ohne Verdünnung vorteilhaft aufsetzen. Wie bei Guasch trocknen die Farbtöne erheblich heller auf und bekommen *Oberflächenlicht* statt des *Tiefenlichtes* der nassen Farbe. Sie wirken luftig und mattgrau. Ungefirnißte Tempera ist wie alle Wasserfarbentechniken an Helligkeit der Ölfarbe überlegen, dagegen in den Tiefen grauer und weniger satt. Durch Verwendung einer Emulsion an Stelle von Wasser kommt man satter Tiefenwirkung näher. Zu dick gemalte Farbe platzt leicht ab, besonders wenn sie naß gemalt wurde, weil der Farbe durch Absaugen in den Grund und Verdunstung viel Bindemittel entzogen wird. Die Töne lassen sich bei einiger Übung annähernd berechnen. Sie wirken, wie Aquarell und Guasch, beim Auftrocknen bestechender. Das Material bietet mehr zufälligen Reiz als die Ölfarbe. Mit dem nassen Schwamm lassen sich nicht gelungene Stellen wegnehmen, mit feuchtem, gut ausgedrückten Schwamm zusammenführen zu einfach großer Wirkung, in die man kräftige Drucker setzt. Auf sehr feinen Geweben wie Batist malten die alten Meister ohne Grundierung oder mit Alaunleimwasservorstrich in Wasserfarbentechniken (a guazzo). Das Weiß wurde ausgespart oder später aufgesetzt. Von *Dürer* gibt es Apostelköpfe in dieser Art in den Uffizien. Die Leinwand wurde rückwärts angefeuchtet oder über feuchte Stoffe gespannt. An Stelle von Kremser Weiß kann man in ungefirnißter Tempera besser Zinkweiß verwenden. Die Halbkreidegrundmasse wird von einigen Malern benützt als billiges Temperaweiß und kann gute Dienste tun. Ungefirnißte Tempera findet sehr viel Verwendung zur Herstellung dekorativer Arbeiten, von Plakaten, auch auf der Mauer „al secco“ (siehe dort).

Gefirnißte Tempera

Die Schwierigkeiten häufen sich in dem Moment, wo man eine Temperamalerei firnißt. In den meisten Fällen wird der vorher harmonische, angenehm matte und bestechende Farbauftrag luftlos und einzelne Farben, wie Ultramarin, Krapp, Chromoxid feurig, fallen grell, bunt und hart aus dem Ganzen. An Stelle des grauen *Oberflächenlichtes* ist lasierend, glasfensterartig wirkendes *Tiefenlicht* getreten, der Farbauftrag wird meistens fleckig. Besonders unangenehm tritt das Rot der Fleischteile heraus. Das Schlimmste ist, daß die verschiedenen Farbtöne nicht etwa gleichmäßig sich verändern, sondern in ganz verschiedenen Werten, einige fast gar nicht, andere um so mehr und bei übereinandergelegter Farbe natürlich noch unberechenbarer als bei bloßen Aufstrichen. Die meisten Maler sind eben von der Öltechnik befangen und malen die Tempera im Geiste dieser Technik gleich in voller Farbstärke, hell über dunkel, pastos und lasierend nebeneinander im Bilde und das gibt dann die besprochenen Nachteile. Man darf nicht die Art und die Wirkung des Ölbildes in der Tempera anstreben wollen, sonst macht man nur einen mühevollen, zeitraubenden Umweg (S. 14f., 18f., 126f., 151f.).

Die Schwierigkeiten liegen hier nicht etwa im Material begründet, sondern erwachsen aus falscher Anwendung.

Versucht der Maler beim nächstenmal, durch recht fette Tempera den Fehler zu vermeiden, so wird er dann bemerken, daß sich der Fehler auf diese Art nicht korrigieren läßt, sondern nur noch Nachdunkeln und speckige Wirkung hinzukommt. Tempera ist ihrer Art nach eine Wasserfarbe und muß es bleiben, wenn ihre Vorteile nicht verlorengehen sollen. Wasserfarbe ist mit dem Verdunsten des Wassers trocken und nicht mehr vermalbar. Versuche, durch Zugabe von Tragant, Zucker usw. die Bildfläche länger feucht zu halten, erwiesen sich als nicht günstig. Hat man die Sicherheit und die klare Vorstellung vom Bilde, wie sie *Böcklin* hatte, der verlangte, daß das Bild eine klare Rechnung sein müsse, so kann man jeden Bildteil prima auf weißen Grund hinsetzen, ohne ihn weiter zu berühren. So hat *W. Leibl* 1877 das Porträt der Gräfin Treuberg in Tempera gemalt. Pastose Malerei wird günstiger wirken als lasierende, die leicht durch den Firnis ersäuft wird und in starken Farbtönen herausplatzt. Man muß mit sehr lichten einfachen Tönen ohne Tiefen flach anfangen und *vom Hellen ins Dunkle* malen und darf nie, wie bei Öl, dunklere Farbe unterlegen. Vorbedingung ist ein tadelloser, sauberer Grund, am besten Gipsleimgrund oder Kaseingrund, der, wenn nötig, mit Leim oder Harzlösung isoliert werden kann. Verändert sich der Grund beim Firnissen, so ▷

▷ muß sich mit ihm die Malerei verändern. Ohne sehr guten Grund ist alle Mühe vergeblich, denn beim Firnissen wird die Farbe auf unsauberem Grunde transparenter und fleckiger, auch bei stark deckend aufgetragener Farbe, und jeder Fleck des Grundes kommt durch.

Man muß zurückhaltend sein in starken, vollen Farbtönen, einfach in den Farben bleiben, nicht „Tönchen“ malen, die alle beim Firnissen nur Flecken werden. Große Gegensätze in Hell und Dunkel, Flächen gegeneinander entsprechen dem Wesen der Tempera und im allgemeinen ein heller Charakter des Gesamtbildes. In gefirnißter Tempera ist eine dekorative Note vorteilhaft, man soll nicht auf Tonwerte, auf Valeurs und auf atmosphärische Wirkungen ausgehen, denn die erreicht man in Öl spielend, in Tempera sehr schwer. Das Material ist am besten geeignet für stilistische Wirkung, für erzählende Art der Darstellung. Man kann, wie es bei den alten Meistern üblich war, sich für einen Gegenstand, z. B. eine rote Draperie, Töne in drei Abstufungen, hell, tonig und dunkel, auf der Palette vermischen. *Cennini* setzt ein Lackrot, z. B. für einen Mantel, im Bild ein und stimmt an dieser Dominante die anderen Farbtöne.

Zwischenfirnisse

Um den Gesamteindruck der Arbeit zu sehen und eingeschlagene Stellen herauszuholen, verwendet man Zwischenfirnisse, die naturgemäß nur sehr dünn gehalten werden dürfen. Spiritusfirnisse müssen ausgeschlossen bleiben, sie bilden eine fremde, glasartige Zwischenschicht, auf der alle weitere Farbe schlecht haftet. Außerdem geben sie unangenehmen Glanz und Glätte. Auch Sandarakfirnis muß ausgeschlossen bleiben, weil wohl in den meisten Fällen noch Ölretuschen über die Tempera kommen und diese auf Sandarak schlecht haften. Am besten bewährt hat sich als Zwischenfirnis 0,5%ige Gelatine in Wasser gelöst. Dieses Mittel ist auch geeignet als Vorfirnis vor dem eigentlichen Schlußfirnis, um die Veränderungen der Temperafarbe durch diesen geringer zu gestalten. Man muß auch hier sehr sparsam sein mit solchen Zwischenlagen, ebenso mit dem Einlassen der Bilder mit Temperaemulsion, das ebenfalls viel geübt wird, weil alle solche Zwischenschichten bloßer Bindemittel ohne Farbstoff Gefahren bringen für die gute Haftung darüberliegender Farbschichten. Prof. *Czerny, Heidelberg* nimmt als Vorfirnis über Eitempera Wachsseife und Hasenleimlösung 1:2, wodurch beim Schlußfirnis mit Mastix oder Dammar nur mehr unwesentliche Veränderungen eintreten. Mastix oder Dammar in Terpentin können verwendet werden als Zwischenfirnis, ebenso verdünnter Venezianer Terpentin 1:1 in Terpentinöl. Nicht günstig sind Ölzwischenlagen. Durch ihr Gilben nehmen sie der Tempera viel von ihrem Reiz. Auch Zwischenlagen von Emulsionen allein wirken nicht günstig, sie führen leicht zum Springen, wenn man nicht in den noch nassen Auftrag deckend hineinmalt. Eiweißzwischenlagen werden sehr spröde und bräunen. Boraxschellackseife, die hergestellt wird, indem man 50 g Borax und 100 g pulverisierten weißen Schellack in einem Liter Wasser quellen läßt und nachher bis zur Lösung erwärmt – sog. Wasserfirnis –, kann verwendet und weiter mit Wasser (oder Wasser und Spiritus) verdünnt werden. Man muß sparsam sein mit Zwischenfirnissen und sie nicht alle Augenblicke, ohne Not gebrauchen. Ihre Gefahr wird wesentlich verringert, wenn man sofort in den nassen Zwischenfirnis hineinmalt. *Böcklin* firnißte die Tempera am Schluß der Tagesarbeit mit verdünntem Mastix.

Schlußfirnis

Gefirnißte Temperabilder dürfen zum Trocknen *nicht* in die Sonne gestellt werden, aber auch nicht an den Ofen! Das ist auch ganz unnötig. Auf besten Gründen kann verdünnte Gelatine als Vorfirnis dienen. Überzüge von starkem Leim oder Gummi führen zum Reißen, das beim Trocknen solcher Überzüge in der Sonne verheerend sein kann. Als Schlußfirnis für Tempera kommen nicht Spiritusfirnisse oder fette Ölfirnisse, wie Kutschenlack, sondern nur Harzessenzfirnisse, also Mastix oder Dammar in Terpentinöl gelöst, in Frage. Vorsicht ist geboten bei manchen käuflichen Temperafirnissen, die Sandarak enthalten. Sehr häufig wird man gezwungen sein, einzelne höchste Lichter u. dgl. nachträglich noch in Öl aufzusetzen. Man nimmt aber bei Verwendung des Tubenölweißes der Tempera den Charakter. Kremser- oder Zinkweiß mit einem Harzessenzfirnis steif angerieben unter Zugabe von einem Drittel Mohnöl zum Firnis, gibt der Farbe ein der Tempera mehr angepaßtes Aussehen. *Mattfirnis* wird in gleicher Weise verwendet wie bei Ölfarbe. Gute Erfolge wurden erzielt mit im Wasserbad geschmolzenem gebleichtem Bienenwachs, das heiß mit dem Pinsel aufgestrichen und mit dem Lappen sofort verrieben wurde. Wachs gibt schönen mattglänzenden und sehr haltbaren Überzug. Es kann auch mit Terpentinöl verdünnt werden 1:3. Der Maler *Edmund Steppes* rät, die Temperabilder nach gutem Durchtrocknen allein mit „punischem Wachs“, in Terpentinöl gelöst, zu überstreichen und glänzend zu reiben.

Die Tempera als Untermalung für Öl

Leimmalerei, Tempera und Grau-in-Grau-Malerei – a guazzo – war bei den alten Meistern als Vorübung für Ölfarbe in Gebrauch, wie es *Pacheco,* der Lehrer des *Velazquez,* für die Sevillaner Maler bezeugt. Die angehenden Maler lernten so alle Vorteile dieses Materials kennen. Hier ergeben sich heute ebenso häufig Konflikte wie bei gefirnißter Tempera, weil der Maler in Unkenntnis des Wesens der Tempera sie wie Ölfarbe behandelt. Die Temperauntermalung ▷

▷ darf nicht gleich das Aussehen des fertigen Ölbildes in der Farbe anstreben. Man darf also nicht die unmittelbare Wahrheit des Farbtones und die volle Farbstärke in der Temperauntermalung geben wollen. Die starken Farben platzen sonst beim Firnissen heraus, sie werden lasurartig; Zwischentöne werden fleckig und namentlich Rot im Fleisch tritt störend hervor, so daß der Maler zum mühsamen Retuschieren und Flicken gezwungen ist. Dadurch verliert die folgende Ölübermalung ihren geschlossenen breitflüssigen einheitlichen Charakter. Zu nahe Tonwerte in Über- und Untermalungen werden leicht tot, kräftig voneinandergehende Töne wirken klar und satt. Lasurtöne in der Temperauntermalung erschweren die Übermalung in Öl, denn Öltöne wirken auf ihnen schmutzig und schmierig. Man muß also bewußt auf jede stärkere Farbe in der Temperauntermalung verzichten und neutraler, lichter und deckend mit wenigen Farbtönen malen, um die nachfolgende Ölmalerei nicht zu erschweren. Man wird auf gutem, dichtem Grunde mit sehr leichten neutralen, gut mit Weiß gemischten Tönen die Zeichnung kräftig und in einfachster Weise geben, am besten in möglichst wenigen Farben oder nur in Weiß oder in lichtem Grau. Lasurfarben ändern sich beim Firnissen viel mehr als Deckfarben wie Weiß, Neapelgelb oder mit diesen stark ausgemischte Farbtöne. Halbkreidegrundmasse dient manchen Malern als billiges Untermalungsweiß. Sehr gut sind Kontrastfarben, wie z. B. Grün in Fleischteilen. Die Tempera hat zeichnerischen Charakter und man muß den Vorteil des scharfen Wasserstriches in der Untermalung ausnützen. Will man modellieren, so muß man auf einfachste Weise mit Weiß allein oder einem sehr lichten Mischton höhen, und man wird gut daran tun, alle Tiefen nur sehr leicht und licht anzugeben und im ganzen sehr hell und flächig zu bleiben, was eine große Bestimmtheit ja nicht ausschließt. Wägt man Vorteile und Nachteile der Tempera- und der Ölmalerei gegeneinander ab, so ergibt sich das folgende:

Tempera trocknet rasch und gut durch. Die Farbe ist mager und erlaubt auch körperhaften Auftrag, ohne daß sie speckig wird und ohne das Trocknen zu verzögern. Der Strich ist scharf, zeichnerisch, man kann mit Wasser arbeiten und leicht mit dem Schwamm Nichtgelungenes abwaschen. Die Temperafarbe löst sich nicht auf, wenn man mit Öl, auch mit ätherischen Ölen, darübermalt, und ist ein magerer Grund, auf dem die fettere Ölfarbe gut steht. Das ist alles für Untermalungszwecke wertvoll, da hier die Farbe mager sein soll.

Nachteilig ist in Tempera die unberechenbare Veränderung stärkerer Farbe beim Firnissen, besonders das glasfensterartige luftlose Aussehen gefirnißter Lasurtöne. Ferner die Schwierigkeit, Töne zu verschmelzen, die Härten, die sich häufig dadurch ergeben, und die Mühe, die es macht, eine Fläche in gefirnißter Tempera einheitlich zu gestalten oder farbig zu verändern. Das sind nun lauter Dinge, die gegen die Verwendung solchen Materials in der Übermalung sprechen.

Ölfarbe dagegen erlaubt es spielend, eine Fläche beliebig farbig zu tönen, ebenso leicht aber auch eine Verschmelzung der Töne. Der Hauptvorteil besteht aber darin, daß die Farbe sich durch Firnisse kaum ändert, eine Forderung, die man an ein Material zur Übermalung stellen muß. Dagegen ist Ölfarbe wenig günstig, wenn sie öfter übermalt werden muß. Sie wird leicht stumpf. Das langsamere Durchtrocknen, das Einschlagen, Klebrigwerden, das lästige Warten auf das Trocknen, namentlich bei pastoser Farbe, sowie die speckigere Wirkung pastoser Untermalung und die dadurch gegebene weniger günstige Übermalungsfähigkeit gegenüber der Tempera sprechen gegen eine Verwendung der Ölfarbe in Untermalung. Daraus ergibt sich, daß es vorteilhaft ist, Tempera als Untermalung für Öl zu verwenden nach der alten Malregel: Fett auf mager! Der Malprozeß wird abgekürzt, die Leuchtkraft und Schönheit der Farbe gesteigert, das Bild gewinnt an Helligkeit und wird weitgehend vor Vergilben und Nachdunkeln geschützt. Vorteilhaft ist auch, daß sich die Tempera nicht löst bei der Übermalung mit Öl und fester wird als die Ölfarbe.

Der Vorteil einer Temperauntermalung für ein Ölbild ist, daß solche untertuschende und auch lichthöhende einfache Temperauntermalung, die mit Wasser oder sehr verdünnter Emulsion vermalt wurde, im Augenblick trocken ist, also selbst bei einer Malerei auf einem Sitz leicht verwendet werden kann, daß die Ölfarbe auf der mageren Tempera gut sitzt und ihr in keiner Weise farbig vorgegriffen wird, so daß man breit und frei unter Mitbenützung der Tempera arbeiten kann. Temperauntermalung kürzt den Malprozeß außerordentlich ab, das Bild wird dadurch an Leuchtkraft reicher und ist vor späterem Nachdunkeln viel mehr geschützt als bei Öluntermalung. Die Temperaschicht wird rasch fest und ist dadurch gut zu übermalen gegenüber pastos unterlegter Ölfarbe, die weder an Leuchtkraft noch an Magerkeit der Farbe und an körperhafter Schönheit die Tempera erreicht. Die farbige Erscheinung kann leicht und schnell in Öl über die Tempera gegeben werden, als abgekürzte Primamalerei. Zeichnung und einfache flächenhafte Modellierung gehen in Tempera rasch und erleichtern die Arbeit außerordentlich, auch dadurch, daß man die nicht gelungene Ölfarbenübermalung mit etwas Terpentinöl leicht entfernen kann, die magere Tempera aber nicht angegriffen wird. Umgekehrt kann die wässerige Temperauntermalung (vor Auftrag des Öles) jederzeit leicht mit dem Schwamm abgenommen, auch zusammengeführt werden, wenn sie nicht genügend erscheint. Man kann in dieser Technik, namentlich in der Porträtmalerei, sehr schnell und praktisch abkürzend arbeiten, weil eine feste, sichere, stehenbleibende Untermalung in Tempera schnell zu machen und eine frische Übermalung in ▷

▷ Harzölfarben sofort darüber aufzubringen ist. So ist etwa das Papstbild des *Velazquez* in der Galerie Doria entstanden. Der heutige Maler muß sich in diese Technik erst durch Proben einarbeiten, da er von der Ölmalerei herkommt, während dies bei den Alten der Schluß der Ausbildung war.

Temperamalerei in nasse Harz-Ölfarbe (Mischtechnik)

Die Technik ist mehr für stilistische als naturalistische Arbeit geeignet, für bildmäßige Darstellung und Vollendung. Auf festen Gründen, wie Holz, sind am besten die natürlichen Emulsionen. Ei und Kasein lassen sich in nasse Ölfarbe vermalen, nicht aber Gummi oder Stärke usw. Man geht am besten mit Temperaweiß, das rasch trocknet, lichthöhend und formgebend ist, vor, und mit Harzölfarbe lasierend oder halbdeckend die Farbe darübergebend nach dem Prinzip der Arbeitsteilung im alten Bilde.

Man verquält dabei nicht die Farbe und kürzt die Primaübermalung ab, weil die Zeichnung schon da ist und nicht verwischt werden kann. Feste Gründe sind hier am besten. Auf Leinwand darf die Weißhöhung nicht zu dick gemacht werden.

Dort wurde über eine farbige Tönung, die *Imprimitur,* die in magerer Ölfarbe, besser noch mit lasierender Harzölfarbe, mit Ocker, grüner Erde usw. gelegt wurde, mit Weiß gehöht in Tempera. Da bei zu vielem Hineinmalen in die spätere Lasur der Harzölfarbenimprimitur, dort wo kein Temperaweiß darüber kam, diese aufreißen kann, ist Kasein- oder Eitempera und darüber Dammar- oder Mastixfirnis sehr zweckmäßig. Die Imprimitur bildete einen gleichmäßigen lasierenden mageren Anstrich, aller Überschuß der Farbe muß mit dem Lappen entfernt werden. Sie soll mager wie Tonpapier, nicht glänzend stehen. Man kann darauf ins Nasse oder aufs Trockene mit dem Temperaweiß arbeiten. Meist wird der Fehler gemacht, von Anfang an das Weiß zu dick aufzutragen. Man bringt sich dabei um alle Tonigkeit. Eine genaue Umrißzeichnung macht man vor der Imprimitur in Tempera auf den Gipsgrund. Bei der Weißhöhung übergeht man die Schatten dünn, so daß die Tönung durchwirkt. Das gibt die feinen optischen Grau, die in Übergängen und Schatten der alten Bilder so locker stehen und durch direktes Malen nicht in dieser Art erreichbar sind.

Man kann strichelnd beginnen mit der Weißhöhung, vom höchsten Licht aus oder schummernd, immer aber soll eine einfache, überall deckende flächige Wirkung entstehen. Die erste Lage geht gewöhnlich etwas zurück im Wert. Sie ist dadurch vorteilhaft als Mittelton für die nächste zu gebrauchen. Falsch wäre es, nur Lichthöhen zu wollen oder auch höchste Lichter in die Untermalung pastos einzusetzen. Im ersteren Falle gäbe es Löcher statt Einheit beim farbigen Übergehen, im zweiten Verlust der flächigen Wirkung und technischen Nachteil. Denn für das Allerletzte im Bilde spart man sich diese frisch hinzusetzenden Lichter auf wie auch die Drucker in den Tiefen. Die müssen frisch hingesetzt sein.

Will man eine direkte Grauuntermalung statt der optischen Grau, so muß man sich diese in zwei Tönen vormischen, sonst werden die Grau leicht rußig und fleckig. Erscheint die Form genügend, so lasiert man die Farbe lokalfarbig darüber und malt halbdeckend mit Lichtern und Tiefen, wenn möglich, gleich prima fertig. Stellt sich bei der Farbgebung die Form als ungenügend oder zu lichtschwach heraus, so höht man in die nasse Farbe weiter mit Temperaweiß. Lasuren sollen mit breitem Pinsel und rasch aufgetragen werden.

Arbeitsteilung in Form und Farbe ist der Sinn dieser Technik. Unbekümmert um die Farbe höht man die Form in der Untermalung, und man kann keine Farbe verquälen dabei, weil noch keine da ist. Umgekehrt kann man flächig lasieren oder halbdekkend, in Harzölfarbe in abgekürzter Primamalerei die farbige Wirkung rasch geben, da die Form schon da ist und nicht verwischt wird. Schlecht gelungene Farbe kann man vorsichtig wieder entfernen durch Auftupfen mit dem Lappen. Die Weißhöhung muß natürlich heller wirken als das beabsichtigte Bild. Denn Lasur verdunkelt und braucht, um zu wirken, hellere Unterlage. Zu große Schönfarbigkeit der Lasur kann leicht durch dünnes Überschummern mit Weiß oder Komplementärfarbe gebrochen werden. Man kann mit Weißhöhung und Farbgebung abwechselnd übereinander ohne Unterbrechung oder auch aufs Trockne malen. Die Tempera soll nicht überflüssig dick aufgetragen werden, die Ölfarbe noch weniger. Lokalfarbige Untermalung der einzelnen Bildteile und darüberfolgende Weißhöhung gibt härtere strenger stilisierte Wirkung, aber weniger Harmonie im ganzen.

Vom Hellen allmählich ins Dunklere zu gehen, ist ein praktischer Weg. Mit verdünnter Emulsion, ja mit reinem Wasser kann man feinste zeichnerische Einzelheiten, wie Haare oder Schmuckstücke auf altdeutschen Meisterbildern, einsetzen.

Man mischt für diesen Zweck mit der Spachtel die Farbe flüssiger als sonst und trägt sie mit Marderschleppern in die nasse Ölfarbe auf. Der Wasserstrich der Tempera sitzt außerordentlich scharf, bestimmter als jede Ölfarbe in nasser Harzölfarbe, die natürlich nicht sehr dick und nicht speckig sein soll. So lassen sich mit Kasein oder Eitempera und Harzölfarbe Wirkungen im Sinne der Flamen oder Dürers erreichen. Weißgehöhte Bilder wirken überall, auch auf weißer Wand oder im Halbdunkel, wie die Gotiker, weil sie Licht von innen haben. Das moderne Ölbild geht allzuleicht unter, wenn es nicht ▷

▷ gutes Licht hat. Gegen das Nachdunkeln bildet die Weißhöhung natürlich weitgehenden Schutz. Man braucht dadurch nicht die alten Meister in dieser Technik zu imitieren. Es beweisen heute genügend Werke in Mischtechnik, daß man darin frei schaffen kann.

Eine andere, sich aus der früheren Malweise entwikkelnde Art der Mischtechnik ist die der Venezianer. Auf dunklen Gründen zeichnet man mit weißer Kreide vor. Mit gleichen Teilen Kaseinweiß oder Eitemperaweiß und dick angeriebenem Ölweiß, die miteinander vermischt werden, kann man durch abgestuften Auftrag, dünner und durchscheinend in Schatten und Übergängen, im Licht mehrfach und stark deckend, Modellierung schaffen. Darüber malt man frisch prima in Harzölfarbe, ebenfalls mit halb Tempera, halb Ölweiß oder beliebiger Variation. Wo Form ungenügend oder nicht hell genug ist, geht man mit dem Mischweiß wieder darüber. Die entstehenden optischen Grau in Schatten und Übergängen übergeht man nur locker mit Farbe. Man kann in dieser Technik sehr rasch arbeiten, ohne ein Trocknen abwarten zu müssen. Das Weiß trocknet sehr rasch und ist sehr bald übermalbar. Dieses Weiß wird von vielen Malern, die sehr pastoses Weiß wollen, das rasch anzieht, auch mit Ölfarbe vermalt in heutigem Sinne.

Es ergeben sich stark dekorative Lichtwirkungen, wie in den Bildern *Grecos,* die man aber seiner eigenen Ausdrucksweise und seinem malerischen Wollen dienstbar machen kann. Diese Technik ist einfach und wirksam. Das Weiß wird sehr hart, man muß die Palette sofort nach der Arbeit reinigen, ebenso die Pinsel. Hellste Lichter und tiefste Drucker spart man sich bis zuletzt, damit man damit Frische und Haltung des Bildes bestimmt. Die optischen Grau, die in der Malerei der alten Meister eine so bedeutende Rolle spielten, werden heute nicht systematisch ausgenützt trotz ihrer Vorteile. Eitempera ist stumpfer und weicher im Auftrag, Kasein härter, derber und fester bindend.

Selbstgeriebene Tempera wie Ölfarbe erleichtern alle Mischtechnik ungemein. In Tubenfarben hindern oft Zusätze eine gute Vermalung. Mischungen, um die Tempera ölähnlich zu machen, sind weniger günstig als solche, die durch Ei- oder Kaseinzusatz die Ölfarbe temperaartig mager und matter zu machen suchen.

Ich möchte aber zum Schluß noch einmal wiederholen, daß Mischtechnik nicht zum Studienmalen zu empfehlen ist, sondern daß sie den Wünschen derer gerecht wird, die ein Bild aufzubauen suchen. Ein Allerweltsheilmittel ist sie nicht, sondern sie verlangt strenge Disziplin und klares, auf den Endzweck gerichtetes Denken und genaue Befolgung der handwerklichen Regeln. Sie kann auch modernen Zwekken dienstbar gemacht werden, wie viele Arbeiten in ihr beweisen, und der einzelne Maler wird sie seinen Zwecken anpassen und entsprechend verändern müssen. ◀

Pastellmalerei

Pastellmalerei ist ein Malen mit Pigmenten auf einem mehr oder weniger rauhen Malgrund, auf dem die Pigmente durch Adhäsion haften und nicht von einem Bindemittel festgehalten werden (s. Tafel IV). Adhäsion nennt man bekanntlich die Haftkraft zwischen den Oberflächen zweier verschiedener Körper.

Das sog. „Bindemittel“ der Pastellstifte soll nur die Pigmente in eine zum Malen praktische Form bringen, viele Pastellmaler haben aber auch mit Pigmentpulvern direkt gemalt. Nur weil die Adhäsionskräfte häufig nicht ausreichen, um das Pigment dauerhaft auf dem Malgrund festzuhalten, nur deshalb wird vor dem Verglasen meist mit einem extrem stark verdünnten Firnis, einem Fixativ, fixiert.

▶ Pastellfarbe hat nur reines *Oberflächenlicht*, keinerlei Lasurwirkung, und kommt im Aussehen dem trockenen Farbpulver am nächsten. Hier gibt es keinen „Saucenton“, kein Gilben und Bräunen und Reißen wie bei Öl. Dagegen hat das Material den Nachteil, daß es sehr empfindlich gegen mechanische Verletzungen ist, z. B. gegen Stoß, weil die Farbe nur lose auf dem Grunde haftet.

Herstellung der Pastellstifte

Zur Herstellung der Pastellstifte bedarf es nur sehr geringer Mengen von Bindemitteln, nicht einer Sättigung des Farbkörpers wie bei anderen Techniken, sonst färben die Stifte nicht mehr so leicht ab.

Man verwendet vielerlei Klebemittel, z. B. durchgeseihten Haferschleim, der ein sehr geringes Bindevermögen hat und darum bei Farben benützt wird, die sonst zu hart werden, wie Krapplack, Preußischblau und Kadmiumrot. Leim oder Gelatine dürfen höchstens 3% in Wasser gelöst genommen werden; Gummiarabikum (2%) macht die Farben leicht spröde und gibt eine harte Kruste. Durch Honig- ▷

▷ oder Kandiszuckerzugabe sucht man diese Sprödigkeit aufzuheben. Abgerahmte Milch, die schwach bindet, wird verwendet, besonders für Tonstifte und für Zinkweiß. Dünnes Seifenwasser, Honigwasser, verdünnte Temperaemulsionen, von denen besonders die Wachsemulsion günstig wirkt, werden ebenfalls gebraucht. Am meisten aber Tragantgummi. Man läßt 3 g Tragant aufquellen in 1 l Wasser und erwärmt die entstehende Gallerte, bis der Tragant zu Kleister wird. Man kann den Tragant auch in Alkohol vorquellen.

Für Pastell können im allgemeinen die gleichen Farbkörper verwendet werden wie für Tempera. Man muß aber alle giftigen Farben, wie Kremser Weiß, Neapelgelb, Bleimennige, Chromgelb ausschalten, weil das Einatmen des Staubes beim Arbeiten mit Pastell sehr gefährlich und schwer vermeidbar ist.

Als weiße Farbkörper dienen Ton, Schlämmkreide, Alabastergips, Leichtspat, Specksteinpulver. Ton und Gips müssen aufs feinste geschlämmt und rein weiß sein, sonst werden die Mischtöne schmutzig. Kreide eignet sich weniger gut. Deckpigmente, vor allem Zinkweiß, haben den Vorteil, daß beim Fixieren die Töne sich weniger verändern. Lithopone ist nur in lichtechten Sorten brauchbar. Titanweiß ist nach bisherigen Erfahrungen ebenfalls als deckendes Pigment hier geeignet.

Mit Gips oder Ton hergestellte Stifte brauchen nur äußerst wenig Bindemittel, je mehr Buntpigment dazukommt, desto mehr Bindemittel ist notwendig. Die mangelnde Deckfähigkeit dieser Stoffe trägt erheblich bei zur starken Änderung der Pastelle beim Fixieren. Man wird deshalb gut daran tun, diese Stoffe 1:1 oder 2:1 mit Zinkweiß zu mischen. Die auffallend gute Erhaltung der Pastelle des Rokoko ist neben dem richtigen Aufbau des Bildes in klaren Kontrasten der Verwendung eines deckkräftigen weißen Körpers zu danken. *Pernety* (1757) erwähnt Bleiweiß. Wir ersetzen es durch das ungiftige Zinkweiß. ◀

Wer sich Pastellstifte selbst herstellen will, der sollte nur die besten Künstlerpigmente verwenden und sich in Zweifelsfällen bei seinem Lieferanten versichern, daß das jeweilige Pigment auch höchste Lichtbeständigkeit besitzt. In keiner anderen Technik ist das Pigment so stark den Aggressionen der UV-Strahlen ausgesetzt wie hier und man sollte von der filternden Wirkung der Verglasung nicht zuviel erwarten. – Nur lösemittelunempfindliche Pigmente sind geeignet, sonst droht Auslaufen beim Fixieren.

▶ Das Farbpulver wird steif in Wasser angerieben, dann gibt man das Bindemittel hinzu. Man läßt die Farbe etwas austrocknen oder entzieht ihr Wasser dadurch, daß man sie auf weißes Fließpapier legt. Die Farbe muß sich wie Brotkügelchen mit dem Finger formen lassen und darf nicht mehr ankleben. Zu stark entwässerte Farbe krümelt. Man wälzt den Farbteig aus, was man mit den Händen oder zwischen sehr schwach eingefetteten und nachher gut abgewischten Glasscheiben machen kann. Man wird sich zweckmäßig dickere Stifte als die Handelsware machen. Handstücke, mit denen man auch mit der Breitfläche arbeiten kann. Ein Kneten der schon antrocknenden Masse ist nicht günstig, weil leicht Luftblasen entstehen. Andere gießen den Farbbrei in schwach eingefettete Hülsen oder pressen ihn in Formen oder durch Spritzen. Es ist immer vorteilhaft, sich zuerst einige Probestifte mit wenig Bindemittel zu machen und diese am Ofen oder in der Sonne zu trocknen, damit man rasch das Resultat sieht. Die übrigen Stifte trocknet man unter sehr mäßiger Erwärmung auf Fließpapier oder Zeitung.

Der trockene Stift muß noch begierig und leicht Wasser ansaugen. Zu harte Stifte werden wieder zerkleinert, mit Wasser ausgelaugt und mit ein wenig abgerahmter Milch versetzt. Bei *Mayerne* wird eine Spur Seifenwasser für diesen Zweck empfohlen. Bruchstücke vermahlt man mit etwas Haferschleim und formt sie wieder zusammen. Die Abstufung der Töne, die Aufhellung, wird hergestellt durch weiße Füllkörper. Die Herstellung der Mischtöne ist sehr einfach. Man teilt die Buntfarbenmenge, den Vollton, in zwei gleiche Teile. Ein Teil bleibt als Vollton. Die andere Hälfte vermengt man mit einem weißen Füllstoff; dann halbiert man diese Masse und vermischt wieder die eine Hälfte mit Weiß usw. Man kann so beliebig viele Abstufungen eines Tones und natürlich auch bestimmte Mischtöne, die man beim Malen bevorzugt, leicht herstellen. Die Abstufungen mit Schwarz sind weniger wichtig. Graue Stifte kann man noch leicht in allerhand Variationen herstellen.

Wer viel mit Pastell arbeitet, tut unbedingt am besten, sich die Farbstifte selbst herzustellen. Man braucht ja nur sehr wenige Töne zu machen und keinen besonderen Wert auf schöne Gleichmäßigkeit der Stifte zu legen. Aber man wird erstaunt sein, welche Kraft und Tiefe man mit den reinen Farbtönen erreicht. Die früheren Maler stellten sich ihre Pastellstifte auch selber her und erreichten so die Leuchtkraft und Sattheit ihrer Töne. Ich hatte einmal ein Pastellbild Napoleons von David zu restaurieren. Es war mit keinem Material des Handels möglich, die Tiefe und Sattheit eines blauen Tones zu treffen; erst als ich mir selber reines Pariser Blau „mit Kupferglanz und Röte“ (die beste Sorte) als Stift herstellte, gelang es ohne Mühe. Das ganze Handelsmaterial war gegen diese Farbe schmutzig graublau und zu hell. Man glaubt bei solchen selbsthergestellten Farbstiften ein ganz neues Material in der Hand zu haben, so ausgiebig und leuchtkräftig sind die Töne. ▷

▷ Malgründe

Als Grund für Pastellmalerei werden Papier, Pappe oder Gewebe benützt und extra präpariert. Eine gewisse Rauhigkeit des Grundes ist vorteilhaft; zu rauher Grund aber wirkt wie ein Reibeisen, schluckt viel Farbe und erschwert und verzögert die Arbeit. Diese Gründe müssen vor der Arbeit aufgespannt oder auf feste Unterlage gebracht werden, so daß sie möglichst unbeweglich sind. Jede Bewegung verursacht Abstauben und nimmt Reiz.

Den Pastellgrund stellt man folgendermaßen her: Man streicht den Grund mit Stärkekleister ein und streut feines Bimssteinpulver in den nassen Aufstrich. Durch Aufstoßen auf die Kante fällt der nicht angesaugte Überschuß weg. Der Kleister muß in dünner Lage so gestrichen werden, daß er beim Trocknen keine Pinselfurchen zeigt, weil diese sonst die Malerei störend beeinflussen. Man kann mit dem Handballen oder dem feuchten Schwamm den Kleister gleichmäßig verteilen. Solche gestrichenen Gründe halten die Farbe außerordentlich fest und geben dem Pastell größere Haltbarkeit. Bei Leinwand und Pappe wird entweder in gleicher Weise grundiert oder über die Leimung Ölfirnis dünn gestrichen und auf diesen soviel Bimssteinpulver gestreut, als er einsaugt. Der magere Grund ist fraglos besser. Ein dunkelgrauer oder beliebig gefärbter Tongrund ist vorteilhaft. Bei alten Pastellbildern findet sich manchmal aufgerauhtes Pergament als Unterlage für Pastell. ◀

Selbstverständlich eignet sich jedes gute Malpapier und jeder gute Karton mit rauher Oberfläche als Malgrund. Reizvoll können sein die sog. *Velourspapiere,* die in vielen Farbtönungen angeboten werden. Für relativ kleine Formate sind auch die Glas- oder Sandpapiere geeignet, die dem Handwerker als Schleifmittel dienen und in vielen Feinheitsstufen zu haben sind. Wichtig ist, daß man die Lichtbeständigkeit seines Malgrundes kennt, wenn man ihn mit in das Bild einbezieht.

Das Malen

▶ Was die Technik anbelangt, so hat auch hier jeder die Freiheit und die Möglichkeit, das Material auf seine Weise zu verwenden. Man kann die Farbtöne klar in kalt und warm breit und unvermittelt nebeneinander- oder übereinandersetzen, wobei ein dunkler Grund in Übergängen und Schatten vorteilhaft durchwirkend mitbenützt werden kann. Man kann die Farbtöne mit dem Finger, mit dem Pinsel oder mit einem Leder auftragen und verwischen und erzielt so ungemein weiche, samtige Töne, bei denen es allerdings mehr auf bestechende Schönheit des Vortrags als auf peinliche Genauigkeit ankommt. Die Töne lassen sich durch leichtes Verwischen mit dem Finger oder Vertreiben mit dem Pinsel zusammenführen, werden dadurch weich, und daraufgesetzte Schärfen und Drucker vollenden reizvoll und wie spielend die Wirkung.

Große Flächen behandelt man mit der Breitseite der Stifte, wozu sich die selbstangefertigten Handstücke vortrefflich eignen. Nichtpassendes staubt man ab mit einem Blasebalg. Man muß aber zusehen, den Grund nicht durch zu harte Stifte oder zu kräftiges Einreiben so glatt zu schleifen, daß er das Farbpulver nur schwer annimmt und die samtige Tiefe verlorengeht. Man kann zeichnerisch vorgehen und nur wenige Farbtöne in eine Kreide- oder Kohlezeichnung setzen oder breit malerisch in kräftigen Kontrasten aus starken Lokalfarben die Wirkung aufbauen und sie gegenseitig verfeinern. Selbsthergestellte Farbe gibt die größte Kraft. Immer aber muß die Technik leicht und reizvoll, wie spielend behandelt werden. Ein gequältes Pastellbild ist ein Unding.

Ein kräftiger, deckender Farbauftrag und rauher Grund arbeiten der Gefahr entgegen, daß das Bild bei mechanischen Verletzungen zuviel Farbstoff verliert und dann dürftig wirkt.

Kühle und helle Töne wirken in Pastell besonders günstig. Aus ihnen wird man meistens Fleischtöne aufbauen, indem man warme Töne locker darüberlegt. Der Wechsel von Kalt und Warm belebt die Wirkung ungemein. Bei warmen Fleischtönen, wie man sie in Öl gewohnt ist, entsteht leicht die Gefahr branstiger Wirkung. Günstig ist es, mit einem einfachen lichten warmen Ton, etwa einem rötlichen, das Fleisch leicht zu zeichnen und locker, mehr spielend, anzuwischen. Dann setzt man kalte lichte Töne, bläuliche oder grünliche, etwas als Übergangstöne ein und übergeht aufs lockerste damit die Lichtmasse, sie kaum berührend. Leichte kühle Töne geben die Rundung der Form. Man vertieft die Schatten, setzt warme Reflexe ein und wärmere hohe Lichter. Unter ständigem gegenseitigem Abwägen der warmen Farbwerte des Lichtes und der kalten des Schattens und ihrer komplementären Farbtöne im ständigen Kampf dieser Werte gegeneinander arbeitet man die Wirkung heraus. Die kalte Masse wird mit warmen, die warme mit kalten Tönen überspielt, bis jene gegenseitige Durchdringung entsteht, die das materiell Anstrichmäßige der Farbe aufhebt und zugleich Harmonie schafft. Aber das soll kein Rezept, sondern nur ein Beispiel sein.

Pastell eignet sich vortrefflich zur raschen Festhaltung von Farbwirkungen vor der Natur und von Ideenskizzen. Die Übersetzung in anderes Material, wie Öl, muß dann allerdings ganz frei und nicht kleinlich erfolgen, weil ja beide Techniken verschiedene Bindungen haben. Manche Maler beginnen mit Tempera oder Guasch und malen mit Pastell darüber oder auch mit den verwandten, nur härteren und fet- ▷

▷ teren Kreidestiften. Pastell wird auch verwendet, um zu schwere Töne in Ölbildern durch leichtes Überspielen mit dem Pastellstift lockerer erscheinen zu lassen. Solche Technik ist aber höchst unsolid, beim Firnissen geht aller Reiz fort, es bleibt nur beschmutzte Farbe.

Man kann, wenn man will, das Pastell auch temperaartig naß vermalen oder mit Tempera verbinden. Am besten aber wirkt jede Technik für sich allein. Die schwächlich flaue und süßliche Behandlungsweise, die man häufig bei Pastellen sieht, liegt nicht notwendig im Charakter des Materials, das großer Gegensätze in Lichtern und samtig weicher Tiefen fähig ist und an Kraft dem Ölbild wenig nachsteht.

Das Fixieren

Das Fixieren der Pastelle war von jeher die größte Schwierigkeit bei dieser sonst so dankbaren Technik. Bei ungeschicktem oder zu starkem Fixieren geht aller Reiz der Farbe verloren; die Farbe wird schwer, und alle Schwächen der Arbeit, die vorher durch den duftigen Farbreiz, der das Auge gefangennimmt und ablenkt, verdeckt wurden, treten nun doppelt stark hervor. Man liest oft genug von Pastellfixativen, die nach Angabe ihrer Erfinder geradezu ideal sein sollen, aber in der Praxis zeigt sich bald der Pferdefuß. Man muß sich über die Vorgänge beim Fixieren eines Pastells ein Bild zu machen suchen. Im Pastell liegen die Farbteilchen regellos durcheinander und locker aufeinander. Sie reflektieren von allen Seiten her. Die dazwischenliegende Luft gibt den angenehmen lichten grauen Ton, das *Oberflächenlicht.*

Fixiert man ein Pastell, so ordnen sich die Farbkörperchen anders zueinander ein. Sie saugen sich voll, sinken zusammen und bilden bei längerer Einwirkung eine mehr glatte, einem Aufstrich ähnliche Schicht. Sie verändern dabei ihre optische Wirkung, die Farbschicht wird dunkler und verliert zum großen Teil den duftigen Charakter. Statt des Oberflächenlichtes tritt *Tiefenlicht* ein. Wie schon oben erwähnt, tragen farblose Füllstoffe, wie Kreide, Ton und Gips, die beim Anfeuchten erheblich an Farbton und Deckfähigkeit verlieren, sehr viel dazu bei, daß die Veränderungen des Pastells gar so groß sind.

Im Zustand der Nässung durch das Fixativ tritt Tiefenwirkung, Lasurwirkung ein und verdunkelt das Bild, das nach dem Trocknen nur selten seinen alten Reiz völlig wiedergewinnt. Sehr schwaches Fixieren wird meist als Auskunftsmittel in diesen Nöten gebraucht und ebenso ein nochmaliges leichtes Überarbeiten des Fixierten. *Immer wird man nur schwach fixieren dürfen* und lieber ein schwaches Abfärben mit in den Kauf nehmen müssen. Man muß vorsichtig fixieren, erst neben die Arbeit und dann, nur rasch einen Augenblick, aus genügender Entfernung über das Bild kommen, damit man nicht schon durch die Gewalt des Ansprühens Farbteilchen wegbläst. Dadurch tritt schon eine leichte Bindung der Oberfläche ein. Man wiederholt dann ein zweites oder auch drittes Mal das Ansprühen. Würde man stark auf einmal fixieren, würde die Farbe „ersaufen". Man kann sich die Wirkung der Fixiermittel am besten vorstellen, wenn man sich regellos durcheinandergeworfene Zuckerstückchen denkt, die leicht genäßt werden und ineinandersinken, wenn auch natürlich der Vergleich etwas hinkt. Nach dieser Theorie müßte das Fixiermittel das beste sein, das am kürzesten einwirkt, weil es dann am wenigsten die Lage der Farbteilchen verändern wird, also das am raschesten verdunstende. Lösungen von Harzen in Äther, Benzin oder Alkohol werden am besten diese Forderungen erfüllen. Sie haben außerdem den Vorteil, daß bei ihnen keine Tropfenbildung eintritt.

Rasch verdunstende Fixative sind:
2% Mastixharz in Äther gelöst, evtl. mit Spiritus verdünnt;

Dammar (möglichst farblose Stücke), 2% in Benzin gelöst; Venezianer Terpentin, 2% in Alkohol gelöst. Echtes Venezianer Terpentin bleibt klar in Alkohol.

2% weißes Kolophonium in Benzin, Äther oder Alkohol gelöst; Zaponlack, mit Äther stark verdünnt.

Ferner das gewöhnliche Schellackfixativ, verdünnt mit 2–3 Teilen Brennspiritus, oder eine 2%ige Schellacklösung. Alle diese Mittel trocknen rasch durch Verdunstung und haben dementsprechend geringe Einwirkung. Meiner Erfahrung nach sind sie die besten, besonders Dammar-Benzin.

Langsamer verdunstende Fixative bestehen aus Verbindungen wässeriger und alkoholischer Bestandteile oder nur aus ersteren. Hierher gehören die Kaseinfixative, verdünntes Kasein mit Alkoholzugabe, Ammoniakkasein, wie bei der Tempera beschrieben, verdünnt mit 2 Teilen Wasser und 1 Teil Spiritus, der vorsichtig, in kleinen Mengen, unter Schütteln zugegeben werden muß, da sonst das Kasein aus der Mischung ausflockt.

4% Gelatine in Wasser gelöst, dazu die gleiche Menge Spiritus, bilden ein ähnliches Fixativ. Diese wässerig alkoholischen Fixiermittel bleiben länger naß als die rein alkoholischen. Der Alkohol hebt eine Tropfenbildung des Wassers auf. Durch die längere Einwirkung des Wassers wird die ursprünglich regellose Lage der Farbteilchen verändert und sie mehr oder minder in ebene Lage gebracht. Der Reiz geht verloren, die Farbe wird dunkler und schwerer.

Wässerige Fixiermittel sind verdünnte Kaseinlösungen (1:5 Wasser) und Seifenlösungen, nach einer Mitteilung des Doerner-Institutes auch wässerige Kunststoffemulsionen, wie Caparol und Immunin, ▷

▷ beide 1:5 mit Wasser verdünnt. Rein wässerige Bindemittel bleiben lange naß und wirken daher verdunkelnd, selbst reines Wasser tut dies aus den angeführten Gründen. Rein wässerige Pastellfixative haben den Nachteil der Tropfenbildung infolge der Oberflächenspannung des Wassers. Nach *Mayerne* und *Pernety* fixierte man früher Pastelle, indem man sie mit der Rückseite in stark verdünntes Gummiarabikum oder Fischleim legte und sie nachher auf einer Glasplatte trocknen ließ.

Oft wurden Versuche gemacht, den Farbstiften Stoffe beizumengen, die ohne mechanische Eingriffe ein Festwerden der Farbe bewirken. Die Tatsache, daß Eiweiß durch Belichtung oder durch Erwärmung fest wird, hat zu vielfachen Versuchen auf diesem Gebiet geführt, die aber noch kein brauchbares Resultat ergeben haben.

Beim Einrahmen der Pastelle muß darauf gesehen werden, daß das Bild nicht, wie manchmal, so von *Wirth,* angegeben, auf dem Glase aufliegt. Es soll staubdicht am Rande verklebt werden durch wasseransaugendes Fließpapier. ◀

Aquarellmalerei

(s. Tafel V)

In Aquarellfarben haben die Malmittel nur in der gebrauchsfertigen, der lagernden Malfarbe eine Funktion und auch im Zustand des Vermaltwerdens. Die Malmittelanteile haben nämlich nur die Aufgabe, beim Lagern die Verarbeitungsfähigkeit zu bewahren und beim Malen ein Gerinnen oder Flokken der Pigmente zu verhindern. Es ist geradezu ein Kriterium für gute Aquarellfarben, daß ihre Bindemittel die Pigmente weder in einen Film packen noch sie mit dem Malgrund verkleben. Nach dem Trocknen des Aquarellaufstrichs haben sie ihre Schuldigkeit getan. Sie wandern in den Malgrund, das Papier, und zwar umso vollständiger, je weniger geleimt, d. h. je saugfähiger dieses Papier ist. Das Papier saugt dabei die sehr feinen Pigmentteilchen auf, es absorbiert sie. Die Papierfaser – auf diesen Vorgang hat *Hans Wagner* hingewiesen – ist „gefärbt“ worden. So entsteht das duftige Aussehen guter Aquarelle.

Es ist überraschend, daß Aquarellfarben ein Bindemittel im Sinne unserer früheren Definitionen gar nicht besitzen, obschon ihr Malmittel nichtflüchtige Bestandteile enthält. Der Chemiker bezeichnet mit einem eleganten Fachausdruck die nichtflüchtigen Malmittelanteile, die das Flocken der Pigmentteilchen verhindern, kurz und exakt als „Schutzkolloide“ und geht auf die Bindemittelfrage gar nicht ein.

Die Eigenart der Aquarellfarben bringt es mit sich, daß ein Selbstherstellen nicht möglich ist. Künstlerfarbenfabriken verwenden neben natürlichen Netzmitteln wie z. B. Ochsengalle auch synthetische Netzmittel und sie verwenden Gummi arabikum, Traganth und seltener auch Dextrin als Schutzkolloid. Seit einiger Zeit verarbeiten Künstlerfarbenhersteller als Schutzkolloid in Aquarellfarben auch Polyglykole. Das sind vollsynthetische, wasserlösliche, wachsähnliche Substanzen, die von der chemischen Großindustrie in flüssiger und fester Form hergestellt werden. Sie sind im Gegensatz zu den natürlich gewachsenen Gummen frei von allen Verunreinigungen, sind und bleiben wasserhell, sind physiologisch unbedenklich, so daß sie als Salbengrundlagen verwendet werden dürfen. Mit dem Zusatz geringer Mengen höherer Alkohole wie Glyzerin oder Glykol oder auch von Sirup oder Zucker wird die Wiederlöslichkeit insbesondere der Aquarell-Näpfchenfarben gesichert. Früher mußten die Künstlerfarbenhersteller versuchen, durch extrem starkes Reiben auf Dreiwalzenstühlen die Kornfeinheit der Pigmente so herabzusetzen, daß zart-lasierende Aufträge möglich wurden. Das gelang manchmal nur auf Kosten der Farbschönheit. Heute stehen feindisperse Pigmente hoher Beständigkeit zur Verfügung, die in ihrer Korngröße sich dem kolloidalen Gebiet nähern und deshalb vorzüglich für die Pigmentierung von Aquarellfarben geeignet sind.

Aquarellfarben stehen dem Maler nicht nur in Pastenform, in Tuben verpackt, zur Verfügung. Die Künstlerfarbenfabriken verdicken diese feingeriebenen Aquarellfarbenpasten auch durch Austreiben von Wasser noch weiter und stellen durch Ausstanzen aus zäh-elastischen Farbkuchen oder im Gießverfahren und anschließendem Trocknen die bekannten kleinen Aquarellfarbenstücke her oder die fein geriebene Malfarbe wird schonend in Wärme im Vakuum entwässert, zum Strang geformt und vollautomatisch geschnitten. Die entstehenden Aquarellfarbenküchlein werden schließlich in Kunststoff-Näpfchen verpackt.

Bei der Aquarellmalerei, einem lasierenden Malfarbenauftrag mit stark verdünnter Malfarbe, ist das Farbenmischen besonders einfach. Es gibt Aquarellmaler, die mit einer Palette von sieben bis neun Farbtönen zu arbeiten pflegen.

Malgründe und Malgeräte

▶ Aquarellmalerei beruht auf der Lasurwirkung der Farben, die hier in dünnstem Auftrag verwendet werden.

Jede Lasurwirkung setzt einen hellen Untergrund voraus. Alles Licht kommt bei reiner Aquarellmalerei vom Untergrund, der meistens Papier ist. Pergament, Elfenbein, Seide, Batist, auch Kreide- oder Gipsgründe werden außerdem verwendet.

Dieser Grund muß so weiß und so rein und ölfrei als möglich und dabei möglichst unveränderlich sein.

Papiere. Handgeschöpfte Büttenpapiere aus Leinenhadern erfüllen diese Forderung, nicht aber Baumwoll- oder Holzpapiere. Büttenpapiere sind kenntlich an den unregelmäßigen, nicht geschnittenen Rändern. Sie haben außerdem bestimmte *Wasserzeichen,* die gegen das Licht sichtbar werden und als Kennzeichen der Echtheit dienen. *Leinenpapiere* nehmen gut das Wasser an, erlauben das Verwaschen, und die Farbe steht frisch auf ihnen.

Für Zeichenpapiere verwenden die Papierfabriken seit einer Reihe von Jahren ausschließlich Zellulose (Zellstoff), die durch die Art der Behandlung praktisch holz(lignin)frei ist. Für Aquarellpapiere wird heute meist ein großer Prozentsatz Lumpen und hochveredelter Zellulose verwendet, der der Güte alter Lumpenpapiere durchaus entsprechen soll.

Auf rauhen, gekörnten Papieren wirken die Farben optisch günstiger und haften auch besser. Die Farbe wirkt viel lebendiger und lockerer, weil der Ton in den kleinen Erhebungen und Vertiefungen Licht und Schatten fängt.

Die Papiere müssen durch die ganze Masse geleimt sein. Beim Abschaben einer Ecke des Papiers darf daraufgestrichene Farbe nicht auslaufen. Aquarellpapiere müssen alaunfrei sein, sonst gerinnt die Farbe leicht. Sie dürfen nicht fettig sein, weil sie dann Farbe schlecht annehmen. Durch Abreiben mit verdünnter gereinigter Ochsengalle oder mit verdünntem Salmiakgeist läßt sich Papier entfetten.

Aquarellpapiere dürfen nur etwa 1–1½ % Asche beim Verbrennen hinterlassen, andernfalls sind sie beschwert mit Tonerde oder anderen Füllstoffen.

Man muß die Papiere auf ihre *Lichtechtheit* prüfen. Denn eine Veränderung des Tones, ein Gilben stellt bei dem dünnen Farbauftrag natürlich die ganze Wirkung in Frage. Man legt am einfachsten die Papierabschnitte zur Hälfte in ein Buch und setzt sie etwa 14 Tage der Sonne aus. Das Papier darf dabei keinen Unterschied zeigen, wenn es brauchbar sein soll.

Die Papiere sollen nicht gerollt werden. Es entstehen leicht Knicke. Auf diesen springt Deckweiß ab und Lasurfarben sitzen ungleichmäßig. Man bewahrt die Papiere darum am besten in Mappen auf.

Aquarellpapiere sind meist beiderseitig verwendbar. Es ist zu unterscheiden zwischen normalen Mal- und Zeichenpapieren für den Bedarf der Technik und der Schulen und den erstklassigen lumpenhaltigen Qualitätspapieren für künstlerische Malerei.

Man spannt das Aquarellpapier mit Reißnägeln auf ein Reißbrett oder zieht es mit Kleister auf einen Rahmen. In letzterem Falle wird die zu bemalende Papierfläche rückseitig naß gemacht, der Rand vorher umgebogen und dann mit Kleister bestrichen und glattgedrückt. Das Papier wird beim Nässen wellig, es dehnt sich aus und zieht sich beim Trocknen glatt. Man muß darauf achten, daß man auf die Malfläche weder von vorne noch von rückwärts Kleisterstücke bringt. ◀

Zum Thema Aquarellpapier, Aquarellblock und deren Behandlung s. S. 94ff.

▶ *Pergament* dient hie und da als Grund für Aquarellmalerei. Echtes Pergament zerfällt nicht beim Kauen. Es muß, wenn nötig, wie die Aquarellpapiere vom Fett befreit werden. *Pergamentpapier* ist ein dichtes Baumwollpapier, das mit Schwefelsäure behandelt und natürlich geringwertiger ist. Eigelb und Gummiarabikum dient auf Pergament als Grund für Vergoldung.

Viel kommt auf die Güte der Pinsel an beim Aquarellieren. Rotmarderpinsel sind die besten, neben ihnen werden Fischhaarpinsel und breite sog. Verwaschpinsel gebraucht.

Der Aquarellpinsel muß eine gute Spitze haben, darf sich nicht spalten und darf kein bauchiges, sondern nur ein mehr keilförmiges Aussehen haben.

Die Pinsel müssen nach dem Waschen sofort in die richtige Form gebracht werden, damit die Spitze nicht leidet. Die Spitze muß frei liegen beim Trocknen. Spalten sich einzelne Haare ab, so darf man sie nicht abschneiden, sondern man taucht den Pinsel in Wasser und brennt die abstehenden Haare vorsichtig ab. Für sehr feine Arbeiten verwendet man auch Schnepfenfedern, sog. Schnepfengrandl (S. 185ff.).

Das Malen

Man muß vorsichtig aufzeichnen mit leichten Bleistiftstrichen und nicht viel radieren oder die Malfläche berühren, damit das Papier nicht Schaden leidet und überall gut die Farbe annimmt. Der Geübte zeichnet frei mit dem Pinsel. Man feuchtet das Papier mit dem Schwamm an, läßt das Wasser etwas ▷

▷ einziehen, so daß es nicht mehr auf der Oberfläche steht, die Fläche matt, nicht mehr glänzend aussieht, und beginnt sofort mit dem Malen. Möglichst kalkfreies Wasser, im Notfall abgekochtes oder destilliertes Wasser, ist das alleinige Malmittel. Man muß die Farbauswahl so eng als möglich halten, das Bild wird dadurch nur um so farbiger werden. Mit Indischgelb, Krapplack, Pariser Blau und Chromoxidgrün feurig wird man die meisten Töne erreichen können und nur selten andere zur Ergänzung brauchen. Man kann sofort breit und in voller Stärke den Farbton hinsetzen, wenn man seiner Sache sicher ist, und beginnt zweckmäßig vom Schatten, Ton neben Ton frisch hinsetzend, fortschreitend zu Übergängen und Licht. Auf die Frische kommt hier alles an, verquälte Farbe ist schmutzig und stumpf.

Bei der älteren Manier der Aquarellmalerei begann man mit sehr dünnen, lichten, unausgesprochenen, neutralen Tönen das Ganze anzulegen und dann allmählich zu verstärken. Durch Vertreiben und Ineinanderlaufenlassen wurden Wirkungen erreicht, die dem heutigen Geschmack nicht mehr zusagen. Lichter mußten ausgespart werden und gaben der Arbeit einen gewissen prickelnden Reiz, eine angenehme dekorative und harmonische Wirkung. Durch Auswaschen, das aber nur auf Leinenpapieren möglich ist, oder Abheben der nassen Farbschicht mit dem Pinsel oder einem Leder, mit dem Gummi u. dgl. lassen sich ebenfalls Lichter herausholen, die aber weicher und schwimmender sind als die ausgesparten. Aufs zu Trockene aufgesetzte Farbe bekommt Ränder, die sich aber auch wieder zu brauchbaren Wirkungen verwenden lassen, wenn man sie von vornherein in Rechnung stellt. Das geschieht vielfach bei der modernen Plakatkunst.

Heute wird Aquarell, dem Vorgehen holländischer Maler folgend, freier behandelt und vielfach mit aufgesetztem Weiß gemalt, das man ins Halbnasse oder aufs Trockene aufsetzen kann und je nachdem dadurch luftige, weiche oder körperhafte Wirkung erzielt. Aquarell hat sehr lichte Wirkung. In den leichten hellen Lichttönen beruht der Reiz des Aquarells. Um die grau wirkenden Tiefen satter zu bekommen, übergehen manche Maler die Tiefen mit einem Aquarellfirnis aus 1 Teil Zaponlack und 2 Teilen Alkohol. Auch verdünntes, nicht glänzendes Schellackfixativ wird als Firnis genommen.

Man muß probeweise erst einen Ultramarinaufstrich firnissen, um die Wirkung zu sehen. Besser ist es, auf solche Firnisse überhaupt zu verzichten.

Mit Aquarellfarbe lassen sich auf gutem Papier, das auf festen Grund geklebt ist, in Verbindung mit Tempera, vom Hellen ins Dunklere allmählich verstärkend, bei zeichnerischem Vorgehen stilistische Wirkungen wie die gotischen Bilder erreichen. Im allgemeinen erhält man das Weiß des Grundes und trägt nur sparsam Weißhöhung auf in Tempera. Man firnißt mit verdünntem Mastix. Hier in ölloser Technik wären auch Kunstharzfirnisse oder Zellonlacke verwendbar, soweit sie nicht gilben.

Auch *Elfenbein* findet als Grund für Aquarellmalerei hie und da Verwendung, besonders für Miniaturen. Elfenbein gilbt durch Lagern. Durch Behandlung mit Wasserstoffsuperoxid, mit dem man weißes Fließpapier befeuchtet, zwischen das man die Elfenbeinblätter legt, läßt sich das Gilben beseitigen. Elfenbein ist sehr fettempfindlich; die Malfläche darf nie direkt mit dem Finger berührt werden. Sie wird entfettet durch Benzin, verdünnten Salmiakgeist oder Ochsengalle. Die Malfläche wird glattgeschabt, mit Kork und feinstem Bimssteinmehl und Wasser oder mit dem Läufer abgerieben, in Wasser gewaschen und unter mäßiger Beschwerung zwischen reinem weißem Fließpapier getrocknet. Beim Pausen muß fettfreies Pauspapier verwendet werden und rein weiße Unterlage. Man legt die Malerei in lichten Tönen, punktierend, naß in naß, aber nicht zu flüssig an, damit es keine Ränder gibt, und läßt wie aus einem Nebel die Farben entstehen. Man malt von oben nach unten. Es gibt alte Miniaturen auf Elfenbein, bei denen rückwärts kräftige Lokalfarben mager in Öl aufgetragen sind, die durchscheinen und von vorne nur leicht zusammenlasiert und gehöht wurden. Bei einigen ist eine Silberfolie dahintergelegt, die allen Farben Sattigkeit und feines Grau verleiht.

Man kann die Lichter aussparen und die Farben vertreiben. Die Farbwirkung muß licht und locker bleiben. Wasserunechte Farben, wie Teerfarben, z. B. Alizarinkrapp, außerdem Zinkgelb und Indischgelb, dürfen nicht verwendet werden, weil sie sich in den Grund ziehen. Man macht einen Ton, der zu schwer geworden, durch Schaben oder Abheben mit einer Nadel (unter der Lupe) locker. Man beginnt mit einfachsten lasierenden Tönen. Der Pinsel muß feucht, aber gut ausgedrückt sein, nicht voller Farbe. Mit Rot muß man in Fleisch sehr zurückhaltend sein, es lieber erst zuletzt einsetzen. Vorstreichen des Grundes mit Alaunlösung 1:10 oder mit einer Spur von Glyzerin ermöglicht breiteres Arbeiten.

Guaschfarbe

An Wahrheit der Töne wird das Aquarell bedeutend übertroffen vom Guasch, der Deckfarbenmalerei. Denn hier entstehen graue luftige Töne von größtem Reiz, eine Wirkung, ähnlich dem Pastell, aber auf nassem Wege erreicht, wofür die herrlichen Guascharbeiten von *Adolf Menzel* die beste Bestätigung geben. Deckfarbige Malerei bietet viel größere Freiheit und Leichtigkeit der Behandlung als reines Aquarell.

Als Bindemittel dienen die der Aquarellfarbe. ▷

▷ Allen Farben sind hier weiße Füllstoffe, Schwerspat, Tonerde usw. zugesetzt oder Deckfarben, wie bei Aquarell besprochen.

Für deckfarbige Malerei sind Tongründe, farbige Tonpapiere, getönte Leinwand usw. günstiger als der für Lasurwirkung berechnete weiße Grund. Man verwendet am besten runde Borstenpinsel, daneben auch Haarpinsel. Man kann dünn die Wirkung anlegen, dann die Farbe verstärken und stärker decken und malt am besten naß in naß, mit oder ohne Benützung des Grundtones, der leicht gedeckt sehr brauchbare einheitliche, harmonische Töne gibt.

Das Licht setzt man pastos und halbtrocken mit sehr wenig Bindemittel auf und erzielt damit sehr günstige stoffliche Wirkungen. Lichte Gesamtstimmung kommt in dieser Technik am besten zur Geltung.

Guaschmalerei kann gefestigt und wasserunlöslich gemacht werden durch Bestäubung mit 4%iger Gelatine und nachfolgendem Fixieren mit Alaunlösung.

Guaschfarbe wird heute meist durch die vielseitiger zu gebrauchende Tempera ersetzt. Viel gebraucht wird heute *Plakatfarbe,* im wesentlichen eine Leimfarbe mit Füllstoffen, mit der sich Flächen gut dekken lassen. Unbedingte Wasserfestigkeit wird nicht verlangt.

Das Rahmen von Aquarellen

Beim *Rahmen der Aquarelle* hat man darauf zu sehen, daß das Aquarell nicht direkt auf dem Glas aufliegt, sondern genügend Abstand bleibt. Das Papier soll auch nicht auf Holz aufliegen, denn es bekommt sonst Flecken. *Eibner* wies nach, daß Zinkweiß zerstörend auf einzelne Farben wirken kann, wenn es direkt unter dem Glas liegt. Das gilt besonders für Teerfarben und bei Vorhandensein von Feuchtigkeit. Darum muß ein Abstand von mehreren Millimetern bleiben. Aquarelle werden am besten in Mappen aufbewahrt. Jedenfalls müssen sie vor direktem Sonnenlicht und vor Verstaubung geschützt werden. ◀

Acrylmalerei

(s. Tafel VI)

Acrylfarben sind wasserverdünnbare Kunststoff-Dispersionsfarben, die zu wasserfesten Filmen auftrocknen. Diese auf der Basis von polymerisierten Acrylsäureestern hergestellten Produkte sind zuerst um 1950 in den USA, später auch in Europa von Künstlerfarbenfabriken für den Gebrauch des Malers hergestellt worden. – In die Anstrichmittelindustrie haben die Kunststoff-Dispersionsfarben schon früher und in größerem Umfang Eingang gefunden. Hier sind es aber auch Bindemittel auf der Basis von anderen Polymerisatharzen, die eine Rolle spielen. Diese Dispersionsfarben haben dort auf vielen Gebieten, besonders aber im Wandanstrich innen und außen, die früher gebräuchlichen Öl- und Lackfarben fast völlig verdrängt. Anfängliche Kinderkrankheiten sind überwunden worden und heute gehören diese Anstrichmittel zum zuverlässigsten Handwerksmaterial des Anstreichers. Für künstlerische Zwecke dagegen haben sich fast ausnahmslos reine Acryldispersionen als Bindemittel durchgesetzt (S. 10f., 72, 84f.).

Selbstherstellen einer Acrylfarbe

Der Maler verarbeitet, von wenigen Ausnahmen abgesehen, fabrikmäßig hergestellte Acrylfarben. Nur selten stellen sich Maler aus einer Acryldispersion ihre Malfarben selbst her. Die Benetzungsschwierigkeiten, bei den organischen Pigmenten, bei Elfenbeinschwarz, Pariserblau usw. sind groß. In einer solchen selbst hergestellten Malfarbe treten leicht Nesterbildungen von noch nicht benetztem Pigment auf, von denen aus dann später im Bilde Malschäden ihren Ausgang nehmen.

Wer sich dennoch seine Acrylfarbe selbst herstellen will, der sollte sich möglichst auf die Verarbeitung von spezifisch schweren und deshalb meist leicht wasserbenetzbaren Pigmenten beschränken. Man sumpft sie ca. 24 Stunden vorher in Wasser ein, gießt vor der Dispersionszugabe das überstehende Wasser ab und rührt in den gut durchgezogenen wässerigen Pigmentbrei die Kunststoffdispersion gründlich und gleichmäßig ein. Schwerer benetzbare Pigmente lassen sich durch Zusatz synthetischer Netzmittel oder einen Schuß Spiritus zum Ansatzwasser leichter benetzen. Als Daumenregel kann beim Ansetzen gelten: Mischt man einen Raumteil Acryldispersion mit zwei Raumteilen Pigment-Wasser-Paste gründlich zusammen, dann trocknet ein Aufstrich dieser Mischung in der Regel wasserfest auf. Ist das noch nicht der Fall, dann sollte stärker abgebunden werden, denn auch eine Skizzenfarbe sollte mindestens wasserfest abgebunden sein, wenn man Wert darauf legt, den Charakter einer Acrylfarbe zu erhalten. Bei zu geringer Bindung ähneln solche Acrylfarben mehr den Leimfarben. – Vom Versuch, auf diese Weise organische Pigmente in Acrylfarben einzuarbeiten, muß abgeraten werden. Hier ist die richtige Dosierung Bindemittel : Pigment : Substrat, und eine homogene Dispersion aller Bestandteile so schwer zu erreichen, daß man diese Arbeit der Künstlerfarbenfabrik überlassen sollte.

Mal- und Verdünnungsmittel

Als Mal- und Verdünnungsmittel kann in der Regel Wasser dienen. Gute, fabrikatorisch hergestellte Acrylfarben sind überdies so stark abgebunden, daß selbst noch lasierende Aufträge wasserfest auftrocknen und daß auch das in der Ölfarbentechnik bei zu starker Verdünnung der Untermalungsfarbe gefürchtete „Einschlagen" hier normalerweise nicht auftritt.

Durch Aufsprühen von Wasser auf die frische Malerei oder durch Zusatz von Wasser oder wässerigen Leimen zur Acrylfarbe kann man die Trockenzeit verlangsamen. Manche Hersteller bringen trocknungsverzögernde Malmittel auf den Markt, die aus bestimmten Acrylpolymerisaten hergestellt werden, welche ähnlich wie Kasein mit Ammoniak wasserlöslich gemacht und zu Leim gequollen worden sind. Ein Leim-Malmittel dieser Art verzögert die Trocknung durch Einbringen von Wasser in den Aufstrich genau wie das ein Gummi-, Dextrin-, Stärke- oder Zelluloseleim auch täte. Nur besitzt dieses Malmittel im Gegensatz zu den wasserempfindlich bleibenden, normalen Leimen die Eigenschaft, nach Verdunsten des Ammoniaks und des Wassers wasserunlöslich aufzutrocknen. Es macht deshalb die Bildschicht nicht wasserempfindlich. – Manche Künstlerfarbenfabriken bieten darüber hinaus auch noch andere Acrylfarbenmalmittel an, die ebenfalls Verdickungsmittel sind, die aber neben der Leimsubstanz anorganische Füllstoffe enthalten, mit deren Hilfe man einer zu dünnen oder zu stark verlaufenden Acrylfarbe Struktur und Körper verleihen kann.

Das Malen

Acrylfarben trocknen von Natur aus rasch an, das ist ihre Eigenart. Sie machen es deshalb dem gewohnheitsmäßigen Ölmaler zuweilen nicht ganz leicht, sich mit ihnen anzufreunden und sich ihre Möglichkeiten künstlerisch nutzbar zu machen. Maler dagegen, die auch mit rasch trocknenden konventionellen Malfarben, beispielsweise mit Eitemperafarben, zu malen verstehen, die brauchen zur Einarbeitung in diese Technik gewöhnlich nur kurze Zeit. Die Schnelligkeit des Trocknens kommt vor allem jenen Malern entgegen, die rasch arbeiten und nicht auf das langsame An- und Durchtrocknen einer Ölfarbe warten können oder warten wollen.

Es gibt immer wieder Maler, die es reizt, die Eigenschaften der Acrylfarben auf sehr persönliche Weise zu variieren. Solange das in der vorhin beschriebenen Weise mit einfachen Leimen oder mit mittels Ammoniak aufgeschlossenen Kasein- oder Acrylharz-Leimen geschieht, lassen sich die Auswirkungen übersehen und dagegen ist nichts einzuwenden. Von einer Kombination mit Harzlösungen, Ölen oder Ölfarben sei aber abgeraten, weil dabei der auf technisch raffinierte Weise in Dispersion gehaltene Kunststoffanteil bei seiner gesunden Verfilmung gestört würde und deshalb vom Gesamtsystem keine gute Verfilmung erwartet werden kann.

Wegen ihrer raschen Antrocknung werden Acrylfarben zweckmäßigerweise nicht von der in der Ölfarbenmalerei üblichen Flachpalette vermalt. Man vermalt sie besser von einer Wasserfarbenpalette mit Vertiefungen, aus Farbschalen oder auch von einem nassen weißen Tuch, das man über eine Flachpalette gezogen hat. Auf diese Weise lassen sich die Acrylfarben leicht naß halten und länger vermalen.

Acrylfarben trocknen auf dem Pinsel, dem Spachtel und anderen Arbeitsgeräten genau so schnell wie auf dem Malgrund. Deshalb muß man Pinsel und alle anderen Geräte, die mit der Acrylfarbe in Berührung gekommen sind, sofort in Wasser stellen oder reinigen. Einmal getrocknete Acrylfilme sind unlöslich in Wasser, in Terpentinöl und in Benzin. Sie lassen sich anquellen und lösen in scharfen Lösemitteln, in Alkohol, in Estern und Ketonen, kurz in den Lösemitteln, die man gemeinhin „Nitroverdünnung" zu nennen pflegt. Verklebte Tubenverschlüsse kann man durch Eintauchen in heißes Wasser wieder gängig machen.

Manche Acrylfarben des Handels sind so glücklich zusammengesetzt – sie enthalten zuweilen nur *ein* färbendes Pigment in der Rezeptur – daß sie für lasierende Malverfahren geradezu prädestiniert sind, weil sie ungemein reine Farbtönungen zeigen. Sie sind deshalb für altmeisterliche Malverfahren, für den Aufbau eines Bildes aus Lasuren, hervorragend geeignet.

Acryldispersionsfarben sind die legitimen Nachfolger der Ei- und Kasein-Emulsionsfarben und eignen sich wie diese hervorragend als Untermalfarben für eine nachfolgende Ölmalerei. Dagegen sind getrocknete Ölfarbenfilme kein besonders guter Malgrund für Acrylfarben; auf diesem „fettigen" Untergrund wird die wässerige Malfarbe nicht gut haften. Acryl-Dispersionsfarben verschiedener Hersteller können, sie müssen aber nicht, miteinander verträglich sein. Vorversuche sind in einem solchen Fall immer richtig. Mischungen, die koagulieren oder ihre Konsistenz auffallend verändern, sollten nicht vermalt werden.

Trocknung

Beim Trocknen der Acrylfarbe schlägt ein Teil des Wassers in den Malgrund ein, der Rest muß verdunsten. Auf dem Malgrund bleiben dabei die kleinen Kunststoffpartikel zurück und fließen bei Normaltemperatur zu einem zusammenhängenden Film zusammen. Sie „verschweißen" gleichsam und lagern die vorhandenen Pigmente ein. Weil es sich bei den Acrylharzen um Thermoplaste handelt, d. h. um in der Wärme verformbare Stoffe, gibt es eine Mindesttemperatur, die zur Filmbildung, zum „Verschweißen", nötig ist. Sie liegt bei der üblichen Zusammensetzung der hier in Frage kommenden Acryldispersionen um +10°C, darunter findet keine vollständige Filmbildung statt. Aber bei solchen Temperaturen malt auch gewöhnlich kein Maler.

Filmeigenschaften

Bevor jetzt die Eigenschaften der Acrylfilme betrachtet werden, ist es gut, sich den grundsätzlichen Unterschied in Filmbildung und Filmtrocknung und den der dabei entstehenden Filmvolumina von Ölfarben und von Acrylfarben klar zu machen. Es ist dies um so wichtiger, weil die meisten heutigen Maler vom Herkommen her Ölmaler sind, und deswegen dazu neigen, die dort richtigen Vorstellungen auch auf diesen neuen Malfarbentyp zu übertragen.

Ölfarben enthalten keine flüchtigen Bestandteile; in ihrem Auftrag bleibt deshalb die ganze der Tube entnommene Malfarbenmenge erhalten. Der Film nimmt beim Trocknen sogar durch Sauerstoffaufnahme an Gewicht und Volumen zu. Das eine kann man wiegen, das andere kann man sehen, wenn beispielsweise ein Ölfarbenaufstrich runzelt. Diese Runzeln sind ja nichts anderes als Volumenvergrößerungen, die an der sauerstoffnäheren Filmoberfläche stärker sind als in den unteren, dem Sauerstoff nicht so ausgesetzten Schichten. Runzeln entstehen stets dann, wenn eine Ölfarbe zu stark sikkativiert oder wenn sie zu dick aufgestrichen worden ist. – Für Ölfarben gilt: ein pastoser Auftrag nimmt beim Trocknen an Volumen nicht ab, er fällt nicht ein, weil keine flüchtigen Substanzen vorhanden sind, die entweichen könnten.

Anders ist das bei allen wässerigen Malfarben. Sie enthalten als Quell- und Lösemittel für die natürlichen und synthetischen Leime und als Dispersionsmittel für die Kunststoffdispersionen stets Wasser, das beim Trocknen vollständig aus dem Aufstrich entweicht. Zurück bleibt nur das nichtflüchtige Bindemittel, nämlich die Trockenleimsubstanz und/oder bei Anwesenheit von Acryldispersionen der Kunststoff und zurück bleiben die darin eingelagerten Pigmente. Jeder, der einmal käufliche sog. Tempera- oder Plakattemperafarbe pastos aufgetragen hat, der kennt den Substanzverlust und die Schwundrisse, die hier beim Trocknen auftreten. – Für Wasserfarben gilt: ein pastoser Auftrag nimmt beim Trocknen deutlich sichtbar und meßbar an Volumen ab.

Aus diesen Überlegungen folgt und daran sollte der Maler denken: ein trocknungsverzögerndes Acrylfarbenmalmittel, selbst hergestellt oder gekauft, ist bei Licht betrachtet nichts anderes als ein auf Malfarbenkonsistenz verdicktes Wasser. Durch Zusatz solcher Malmittel können Hersteller wie Verbraucher die Trockenzeit von Acrylfarben fast beliebig variieren und den Preis fast beliebig verbilligen.

Diese Malmittel, und das ist die Kehrseite der Medaille, besitzen aber auch die unerfreuliche Eigenschaft, einen Festkörpergehalt vorzutäuschen, der in Wirklichkeit gar nicht vorhanden ist. Und so sind denn auch Acrylfarben auf dem Markt, deren Festkörpergehalte um 30–40% differieren. Vom Festkörpergehalt einer Acrylfarbe aber sind neben anderen Eigenschaften abhängig ihre Ausgiebigkeit und ihre Fähigkeit in pastosem Auftrag „stehen" zu bleiben, ihr Volumen zu halten. Den Festkörpergehalt will der Maler beim Einkauf von Acrylfarben bezahlen, nicht verdicktes Wasser, das kann er in Form von selbst zubereitetem oder gekauftem Leim-Malmittel selbst in der gewünschten Menge zugeben. Es ist hier wie beim Kaffeekochen: auf die nichtwässerigen Anteile kommt es an.

Die Acrylharzdispersion, aus der die Acrylfarben hergestellt werden, ist eine milchigweiße Flüssigkeit, welche die Malfarbe zuerst deutlich aufhellt. Sie trocknet aber nach dem Verdunsten des Wassers glasklar auf und läßt die Pigment-Farbtönung vollständig und natürlich herauskommen. Gute Acryldispersionsfarben mit hohem Festkörpergehalt können dick-pastos aufgesetzt, deckend vermalt und lasierend, aquarellartig verwaschen werden. Selbst extrem dicke Aufträge trocknen nach einer gewissen Zeit gesund durch und zeigen dabei im Gegensatz zu dicken Ölfarbenaufträgen kein Runzeln und kein Abrutschen.

Alle Acrylkunststoffilme besitzen eine chemische Verwandtschaft zum Plexiglas. Der Künstlerfarbenhersteller kann beim derzeitigen Stand der Technik aus chemisch verschieden konstruierten Acrylharzdispersionen, die von der chemischen Großindustrie hergestellt werden, ein Acrylfarbenbindemittel komponieren, dessen Filme fast ideale maltechnologische Eigenschaften haben. Sie haften unter normalen Bedingungen auf allen üblichen Untergründen, erlauben bei dickem Auftrag die Einarbeitung verschiedener Materialien zu Kollagen, die Filme sind nicht oxidierbar, sind und bleiben hochelastisch, sie sind alterungs- und chemikalienbeständig, sie vergilben weder im Licht noch in der Dunkelheit noch bei hohen Temperaturen, sie sind und bleiben wasserhell. Die getrockneten Filme sind wasserdampfdurchlässig, sie belassen deshalb auch den Bildträgern, z. B. Holz- und Putzgründen, ihre Wasserdampfdurchlässigkeit. Die Temperatur- und Chemikalienbeständigkeit sind natürlich auch abhängig von den jeweiligen Pigmenteigenschaften. Wie schon erwähnt, sind die getrockneten Filme unlöslich in Wasser, Terpentinöl und Benzin.

Acrylharzfirnisse

Man kann aus bestimmten benzinlöslichen Acrylharzen Firnisse mit den typischen Acrylharzeigenschaften herstellen, deren Filme lange Zeit benzinlöslich bleiben. Wenn ein solcher Firnisfilm auf einem benzin*un*löslich aufgetrockneten Acrylfarbenbild sitzt, dann kann er mit einem Lösemittel, mit Benzin z. B., abgenommen werden, das die eigentliche Malschicht weder anquillt noch anlöst. – Acrylbilder können aber auch mit Dammar-, Mastix- und Zyklohexanonharzfirnissen gefirnißt werden.

Der Bildträger und die Grundierung

„Kein Bild ist haltbarer als sein Malgrund und sein Bildträger", diese handwerkliche Binsenweisheit muß sich der Acrylmaler deshalb ins Gedächtnis zurückrufen, weil Acrylfarben mit einem ganz bemerkenswerten inneren Zug, mit „Spannung", auftrocknen. Man kann das beobachten bei allen für den jeweiligen Bildträger relativ „dicken" Aufträgen auf Papier, Pappe, Sperrholz und auch auf schweren Malleinen, die sich dann beim Trocknen mehr oder weniger stark beulen können. Die Kohäsionskräfte, die wir früher schon kennen gelernt haben, sind bei diesem Farbentyp sehr stark. Alte, mürbe Putzgründe, die nicht sachgemäß gefestigt worden sind, werden u. U. durch einen dicken Auftrag teilweise von der Wand abgelöst.

Als Malgrund eignen sich zuerst einmal alle guten, malbereiten Maltücher, Malleinen, Malpappen und Malpapiere, wie sie die Industrie herstellt und der Handel anbietet. Man kann aber auch ohne besondere Grundierung malen auf allen festen, gesunden und normal saugenden Bildträgern, wie z. B. auf Leinen, Holz, Sperrholz, Tischlerplatten und ähnlichem Material. Eine vorherige weiße Grundierung ist aber fast immer allein schon aus optischen Gründen zweckmäßig. Sie ist bei der Arbeit angenehm, weil sie für gleichmäßiges Saugen sorgt.

Stark saugende Bildträger wie manche Dämmplatten, besonders aber Gipsputz und Gipsplatten beispielsweise, müssen mehrmals mit stark verdünnter Acrylfarbe (1 Teil Acrylfarbe + 5–10 Teile Wasser) oder aber mit industriell hergestellten Grundiermitteln nach der jeweiligen Verarbeitungsvorschrift grundiert werden. Je feinporiger und je saugender ein Untergrund ist, desto stärker muß verdünnt und desto häufiger muß grundiert werden, damit das Grundiermittel richtig einziehen, den Grund festigen und sich richtig in ihm verankern kann. In diesen Grundiermitteln verwendet die Industrie oft spezielle Dispersionen mit geringer Teilchengröße der Kunststoffpartikel oder sie bietet auch tief eindringende Kunstharzlösungen an (S. 111).

Ein gesunder lufttrockener Kalkputz ist ein sicherer Bildträger ebenso wie Zementgründe, verlängerter Zementputz oder Asbestzement. Diese Gründe saugen in der Regel aber höchst ungleichmäßig und es ist deshalb auch hier zweckmäßig, wie oben beschrieben, zu grundieren und damit für gleichmäßige Saugfähigkeit zu sorgen. – Mürbe oder sandige Putzgründe sollte man meiden oder aber man muß sie fluatieren und damit festigen. Durch Fluatieren werden alkalische Untergründe gleichzeitig neutralisiert, so daß auch alkaliempfindliche Pigmente auf solchen neutralen Gründen verwendet werden können.

Die Appreturen von textilen Geweben sind stets wasserempfindlich und sollten vor dem Grundieren oder Malen ausgewaschen werden. Vor einer Acrylmalerei sollte auch nicht vorgeleimt werden, denn ein wasserempfindlich bleibender Leim ist auch nichts anderes als eine Art Appretur. Es ist besser, direkt zu grundieren oder direkt zu malen, damit unnötige Haftungsschwierigkeiten und verschiedene Spannungen im Bildaufbau vermieden werden. – Auch Metalle sind sichere Bildträger für Acrylfarben, jedoch sind Eisen- und Stahlflächen vor der Malerei gründlich zu entrosten und vor der Grundierung mit einer Bleimennige-Ölfarbe oder einer Bleimennige-Alkydharzfarbe zu passivieren.

Kritische Betrachtung

Eine solche geballte Ladung maltechnischer Stärken bei einem Malmaterial kann dazu verführen, dieses Material als den Stein der Weisen in der Technologie des Malmaterials darzustellen. Es soll deshalb hier kritisch vermerkt werden, daß Malmaterial nicht dazu da ist, Maler zu verblüffen und Maltechniker zu entzücken. Aber die ins Auge springenden maltechnischen Stärken der Acrylfarben, ihre phänomenale Haftfestigkeit auf fast jedem Material, ihre Filmelastizität und die außergewöhnliche Chemikalienbeständigkeit sind zugleich auch die Schwächen dieses Materials, weil sie manchen Maler dazu verführen, diese Eigenschaften bis zum Exzeß zu strapazieren und dann noch die Haltbarkeit zu erwarten, die bei richtiger Verarbeitung vorhanden wäre.

Wandmalerei

▶ Im Gegensatz zum Staffeleibild ist die Malerei auf Wänden eine gebundene, die ihre Gesetze nicht nur aus sich selbst, sondern von der umgebenden Architektur und den Farben und Formen des umgebenden Raumes empfängt, die im Bilde zugleich variiert und kontrastiert werden müssen.

Das Wandbild muß als Bestandteil der Wand in der Fläche bleiben. Es darf keinen Raum im Raum geben wollen, darf kein Loch in der Wand bilden. Die Fläche der Wand darf durch das Wandbild nirgends aufgehoben, nirgends ein Raum im architektonischen Raume vorgetäuscht werden. Daher bedarf das Wandbild nicht notwendig eines Hintergrundes wie das Staffeleibild und noch weniger eine Umrahmung. (Bei den Deckenbildern des Barock findet dieser Grundsatz keine Anwendung. Hier wird im Gegenteil räumliche Illusion auf die Spitze getrieben.) Umriß und farbige Flächen gegeneinander sind die Mittel zur Darstellung. Starke Modellierung hebt die flächige Wirkung auf. Einfach gestrichene Lokalfarbe oder ein einheitlicher, durchs Ganze gehender Grundton, der überall mitspricht, erhöhen die flächige Wirkung, wie besonders auch ein kräftiger Umriß.

Durch farbige Flächen allein die Wirkung hervorzubringen ist möglich, aber schwieriger als mit Hilfe gut bewegter Umrisse, allerdings malerisch wirksam.

Die umgehende Architektur verlangt einfache große Formen und dekorativ gestaltete Flächen. Das Wandbild eignet sich besonders für zeichnerisch vereinfachten Stil, für strenge Stilisierung und mehr kolorierende Technik, im Gegensatz zu der pastosen Malweise der Wand- und Deckenbilder des Barock.

Sicher ließe sich die Freskotechnik wesentlich verbessern, wenn ihr die nötige Aufmerksamkeit zugewendet würde und exakte Beobachtungen über das Verhalten verschiedener Mörtelmischungen und Farbaufträge einmal vorliegen werden. Derartige wirklich einwandfreie und brauchbare Feststellungen müßten auf alle monumentalen Techniken ausgedehnt werden. Auch die Bemalungsmöglichkeit von Beton müßte geklärt werden. Zumeist sind es handwerkliche Fehler gewesen, die die Haltbarkeit der Freskotechnik zu Unrecht in Verruf gebracht haben. Die Freskotechnik ist viel wandlungsfähiger, als man gemeinhin glaubt, und durchaus nicht bloß für altertümliche Stilisierung geeignet. Ihre Möglichkeiten sind bei weitem noch nicht ausgenützt und erlauben einen ungeahnten Umfang an Farbkraft wie an stofflicher Behandlung im neuzeitlichen Sinne, so besonders auch auf farbig getönten Wänden. Die Bestrebungen, Farbe ins Stadtbild zu bringen, sind auch der Wandmalerei günstig. Doch ohne gutes Handwerk werden die Werke bald zerstört werden und die Auftraggeber werden sich erneut abwenden von der Wandmalerei. Die Gesamtheit der Künstler hat den Schaden dann von dem Leichtsinn einzelner.

Man malt in den *nassen* Kalkmörtel *al fresco,* auf *trockenen* Verputz in Kalktünche oder mit Temperaemulsionen *al secco,* außerdem mit Leimfarben, selbst mit Ölfarbe oder in Mineralfarbenmalerei. Das Bild nicht auf die Mauer, sondern auf Leinwand zu malen und diese dann der Mauer einzufügen, ist ein wenig günstiger, allerdings bequemer Notbehelf. ◀

Dagegen lassen sich Eloxalplatten nach dem von Dr. *Jacobi* mit der Firma Siemens entwickelten Verfahren in Wandtechnik grundieren und bemalen, so daß man das fertige Bild leicht in die Wand einsetzen und bei einer Raumrenovierung wieder leicht herausnehmen kann. Nach den bisherigen Untersuchungen geben Eloxalplatten, die man auch zu großen Formaten zusammenfügen kann, die Möglichkeit, eine Secco-Wandmalerei im Atelier herzustellen.

Freskomalerei

▶ ist die Malerei in *nassen* Kalkputz (Fresco buono = gutes Fresko). Das Wasser verdunstet, und gleichzeitig nimmt der Kalk (Kalziumoxyd) unter Bildung von Kalziumkarbonat Kohlensäure aus der Luft auf. Es bildet sich auf der Oberfläche des Bildes ein glasiges marmorartiges Häutchen kristallinisch kohlensauren Kalkes, das die Farben wasserunlöslich mit dem Grund verbindet und ihnen den eigentümlichen feinen Schimmer des echten Freskobildes verleiht. Die optische Schönheit der Freskofarbe wird von keiner anderen Wandtechnik erreicht, geschweige denn übertroffen (S. 79, 100).

Im Fresko ist der Kalk nicht nur alleiniges Bindemittel, sondern auch zugleich die einzige und dabei schönste weiße Farbe. Die Technik verlangt Beschränkung in der Zahl der verwendbaren Farben, bietet Schwierigkeiten durch das hellere Auftrocknen der Töne und fordert vom Maler Klarheit des Wollens. Zum Herumprobieren wie bei der Ölmalerei ist Fresko nicht geeignet. Je sicherer man seiner Sache bis in alle Einzelheiten in Form und Farbe ist, desto leichter geht die Arbeit und desto frischer und dauerhafter wird sie. Die Arbeitsweise verlangt Vereinfachung auf das Wesentliche, da man verhältnismäßig nur kurze Zeit zur Verfügung hat. Mehr als bei jeder anderen Technik der Malerei kommt es hier auf eine gute handwerkliche Grundlage an. Sie ist geradezu die unerläßliche Vorbedingung für den Freskomaler. ▷

▷ Darum muß hier die Werkstofffrage eingehende Erörterung finden, und man wird dabei sehen, wieviel auf die genaue Beachtung ganz einfacher, nur scheinbar nebensächlicher handwerklicher Regeln ankommt – gerade soviel, daß das größte Kunstwerk bald zugrunde gehen muß, wenn sein Urheber über das Handwerk nicht im klaren war. Dem Praktiker wird manches, was er hier findet, überflüssig erscheinen. Es ist aber zu bedenken, daß Künstler oft ohne jede technischen Vorkenntnisse sich vor eine Freskoaufgabe gestellt sehen, und dann ist guter Rat teuer. Darum wurde auch besonderes Gewicht auf abweichende Regeln gegenüber der Ölmalerei gelegt. Die beste künstlerische Arbeit ist hier verloren, wenn der Grund und der Farbauftrag handwerklich unrichtig gemacht sind. Der Maler muß darum sein Material kennen, hier mehr wie bei der Ölmalerei. Er muß nicht notwendig alle Vorarbeiten selbst machen, obwohl das Beispiel Michelangelos hier anfeuernd wirken könnte, aber er muß wissen, worauf es ankommt, damit er richtig anschaffen und die Ausführung überwachen kann. Freskomalerei ist eine schöne Sache, und wer sie einmal versucht hat, wird gerade diese Technik trotz ihrer oft übertriebenen Schwierigkeiten liebgewinnen. Sie fordert den ganzen Mann. *Delacroix* sagte, der Zwang, in Fresko alles gleich fertig machen zu müssen, versetze den Geist in eine Erregung, die einen rechten Gegensatz zur Faulheit der Ölmalerei biete.

Gegen die Freskomalerei werden vielfach Einwände erhoben. In Innenräumen haben sich Freskoarbeiten durch Jahrhunderte sehr gut erhalten. Im Freien haben manche Arbeiten überraschend gut, andere nur ganz kurze Zeit gehalten, wenn eben technische Fehler gemacht wurden. Die Freskomalerei ist dadurch und auch wegen der Schwierigkeiten und Mühe, die ihr anhaften sollen, zu Unrecht in Verruf gekommen.

Man darf nur in frostfreier Jahreszeit Fresko im Freien malen und nicht an der hauptsächlichsten Wetterseite, wo Regen und Schneewasser mit voller Gewalt das Bild treffen. Es ist aber darauf zu achten, daß das Fresko *nach der Fertigstellung* noch 6 Wochen frostfreie Trockenzeit braucht. Frost bringt Farbe und Putz rasch zum Abfallen. Süd- und Westseite sind am wenigsten günstig für Malerei durch die Einwirkung von Temperaturgegensätzen, Sonnenbestrahlung und Schlagregen. – Ein weit vorspringendes Dach bietet einen gewissen Schutz. ◀

Schon *W. Ostwald* hat behauptet, daß ein Fresko in der Großstadt oder in Industriegegenden in kurzer Zeit zugrunde gehen müsse, weil die schwefelige Säure, die aus der Steinkohlenfeuerung in die Luft gelangt, die Kalksinterhaut zerstören müsse. Wir wissen heute alle, wie recht er hatte. ▶ *Ostwald* wollte an Stelle der Frescomalerei sein „monumentales Pastell" gesetzt wissen, von dem er unbedingte Haltbarkeit voraussetzte. Die Materialwirkung des Pastells ist aber eine andere, optisch dem Fresco weit unterlegene, und zudem geht der größte Reiz, lockere und luftige Wirkung, bei dem unvermeidlichen Fixieren oder Überreiben mit Paraffin verloren. Die Farbe wird dann schwerer, luftlos und fleckig im Auftrag. Viele der alten großen Meister wie *Tizian* und *Tiepolo* haben sicher die Größe ihrer Formdarstellung wie die einfache monumentale Farbwirkung zum erheblichen Teil der Erzielung durch das Fresco zu danken.

Der Kalk

Kalkstein ist kohlensaurer Kalk. Durch Brennen zwischen 800 und 1400°C verliert er die Kohlensäure. Der gebrannte Kalk (Kalziumoxid), Ätzkalk, wird mit Wasser unter Erwärmung zum gelöschten Kalk (Kalziumhydroxid). Der gelöschte Kalk gibt im Mörtel Wasser ab, nimmt wieder Kohlensäure auf und erhärtet, kehrt also wie schon der römische Baumeister Vitruv erkannte, wieder in die Urform des Kalksteins zurück. Er bindet ab, d. h. er wird wasserunlöslich. Dieser neutrale kohlensaure Kalk ist nicht mehr ätzend.

Kalk für Fresco soll möglichst gipsfrei sein. Mit Steinkohlen gebrannter Kalk kann sich beim Brennen mit Schwefel verbinden und so zum Teil zu Gips werden (Kalziumsulfat). Mancher kohlengebrannte Kalk ist gipsfrei. Holzgebrannter Kalk gilt als der beste; sehr gut ist auch elektrisch gebrannter Kalk. – Gips kann schon in geringen Mengen zum Ausblühen führen.

Der gelöschte Kalk, der mit etwa 2½ Teilen Wasser zu Brei zerfallen ist und gleichmäßig rahmig sein soll – er soll wie Leim an der Rührhacke hängen bleiben, sagt *Vitruv* – wird in gut ausgemauerte frostfreie Gruben geleitet. Nur der Boden darf nicht gemauert sein, damit das Wasser versickern kann. Hier soll er mindestens zwei Jahre einsumpfen. Er wird dadurch „butterig" oder speckig und dichter, und die die Ausblühungen verursachenden löslichen Salze setzen sich zu Boden. Maler berichteten mir von zwanzigjährigem Kalk, der sich wunderbar vermale und schimmernden Glanz gebe.

Frisch gelöschter Kalk hat keinen Körper wie der eingesumpfte und zieht sich bei der Arbeit rasch in die Mauer. Bei ihm besteht die Gefahr des Nachlöschens einzelner Teilchen im Bilde, die „treiben" und später ausfallen.

Nimmt man Kalk aus der Grube, die einen ständigen Wasserzulauf haben muß, so muß man vorsichtig die obere harte Schicht entfernen, denn diese hat Kohlensäure aus der Luft schon aufgenommen und ist wertlos. Alle Brocken aus dem darunterliegenden fetten Grubenkalk müssen sorgfältig entfernt und dürfen ja nicht zerkleinert werden. Der Kalk wird am besten gesiebt, denn diese tonigen und mergeli- ▷

▷ gen Brocken können im Bilde großen Schaden anrichten durch Nachlöschen.

Fetter Weißkalk oder *Marmorkalk* gilt als der Beste. Graukalke, Schwarzkalke, oft gelblich oder rötlich gefärbt durch Eisengehalt, sind häufig hydraulische Kalke, die durch Tongehalt zementartig sind und unter Wasser abbinden. Für das Fresko sind sie unbrauchbar durch ihr zu rasches Erstarren, wobei die Farbe wischbar bleibt. Sie z. T. dem Kalkmörtel, besonders dem Spritzwurf zuzufügen, wurde versucht. Wiener Kalk, Sackkalk, Staubkalk ist unvollkommen, mit sehr wenig Wasser gelöschter Kalk, oft auch hydraulisch. Er ist wie Karbidkalk für Fresko unbrauchbar.

Sparkalk, ein gipsvermischter Kalk, ist ganz unbrauchbar. Er gibt starke Ausblühungen.

Grubenkalk. Der fette, aus der Grube gestochene Kalk ist buttrig-pastos, der beste für Fresko.

Kalkbrei ist solcher Grubenkalk, mit Wasser verrührt und durch Sieben von Brocken befreit.

Kalkmilch entsteht durch weitere Wasserzugabe. Sie dient zum Tünchen (Kalktünche) und als letzte Freskoschicht.

Kalkwasser, Kalksinterwasser bildet sich, wenn die Kalkmilch sich zu Boden setzt und das Wasser darüber klar wird. Es dient als Anreibemittel für Freskofarben und zur Konservierung, zur Festigung wischender Freskofarbe.

Auf dem klaren Kalkwasser erscheint ein feines Häutchen von Kalksinter. Dieser ist es, der die Farbe mit dem Mörtel unlöslich verbindet beim Trocknen.

Kalkbrei geht mit abgerahmter Milch (Kasein), Leim, Zucker, Seife, fettem Öl und Harzfirnissen teilweise sehr feste Verbindungen ein, die in der *Seccomalerei* wie im *Stuccolustro* Verwendung finden. Im Fresko sind im Mörtel wie in den Farben sehr geringe Mengen von Kasein, höchstens 5%, verwendbar, aber nicht notwendig. Faserstoffe wie Werg, zerhackte Taue, Kälberhaare und Stroh wurden schon in byzantinischer Zeit (nach dem Athosbuch) dem Mörtel zugegeben, um ihn vor Rissen zu bewahren. Der Grund trocknet dadurch langsamer. Diese Stoffe müssen längere Zeit im Kalkbrei liegen. Heute wird Ähnliches nur noch bei Gewölben gemacht. Im Freien faulen diese Stoffe (S. 183).

Der *deutsche Normenkalk* ist ein fetter Kalk von großer Reinheit, dessen Anteile an Magnesia usw. unter einem halben Prozent bleiben. ◀

Der Sand

Aus Kalk und Sand wird der Mörtel hergestellt. Der Sand macht den Mörtel porös und erleichtert so im Inneren die Umwandlung des Ätzkalks in neutralen kohlensauren Kalk. Im Innern des Putzes geht der Prozeß der Festigung durch Kohlensäureaufnahme aus der Luft viel langsamer vor sich als auf der Oberfläche. Ungeeignet sind die sog. Grubensande, die viel Lehm- und Humusanteile enthalten und dadurch die Putzfestigkeit herabsetzen. Am besten sind geeignet scharfe Flußsande, die glimmerfrei sein müssen, weil sonst Auswitterungen zu befürchten sind wie man sie an den Rottmannfresken in den Hofgartenarkaden, an den Isartorfresken und den Fresken der früheren neuen Pinakothek, alle in München, hat beobachten können. – Besonders geschätzt sind Sande aus Marmor, Kalkstein und Quarz. Durch Mischung mit andersfarbigen Steinsanden aus Gneis, Granit, Porphyr o. ä. kann der Farbton des Malgrundes variiert werden.

Man prüft den Sand auf Eignung, indem man eine Handvoll in einen Behälter mit klarem Wasser wirft. Bei einem guten Freskosand darf sich das Wasser nur ganz kurz trüben. Selbstverständlich sollte der Sand während der Arbeit auch nicht auf dem bloßen Erdboden gelagert werden. – Grobkörnige, scharfkantige, doch nicht zu grobe Sande dienen für die unteren Mörtelschichten, feine für die oberen. Auch der Feinsand soll noch körnig, nicht aber mehlig sein.

▶ Gegen Traß, einen natürlichen vulkanischen Zement, der als Zuschlag zum Sande größere Härte dem Mörtel geben solle, wurden Einwände erhoben von Malern. Gemahlener Bimsstein, unglasierte, zerstoßene Tonscherben, ferner die durch Kieselsäuregehalt günstig wirkende „Neuburger Kreide", ein Tonerdesilikat, finden hie und da als Zusatz zum Sande Verwendung.

Materialverbrauch bei Fresko: Angenommen die Fläche wäre 10 qm groß, der Mörtelauftrag 4 cm, errechnen sich 40/100 cbm oder 400 l. Davon 1 Teil = 100 l Kalk, 3 Teile = 300 l Sand, von diesen etwa 50 l Feinsand. Natürlich wird man in der Praxis durch Materialverlust etwas mehr rechnen müssen.

Die Mauer

Eine Mauer, die zur Freskobemalung taugen soll, muß trocken sein, frei von aufsteigender Grundwasserfeuchtigkeit, und längere Zeit offen, d. h. ohne Verputz, an der Luft stehen. Ist alter Verputz da, so muß dieser völlig entfernt werden, und auch die Fugen zwischen den Steinen müssen noch einen halben Finger tief „ausgespitzt" werden (für Seccobemalung ist völlige Entfernung des Putzes nicht notwendig, wenn dieser noch gesund ist). Man muß eine Mauer tagelang vorher, am besten aber eine Woche lang, öfters tüchtig nässen und nachsehen, ob alle ▷

▷ Steine gut Wasser ansaugen. Solche, die dies nicht tun, dunkelrot gebrannte, die durch eine Hartglasur nicht wasseraufnahmefähig sind, müssen teilweise oder ganz entfernt werden.

Ziegel nehmen nach reichlichem Nässen innerhalb weniger Stunden je nach dem Brenngrad mehr oder weniger Wasser auf und geben die Feuchtigkeit langsamer wieder ab, so daß sie in mehreren Tagen erst die Hälfte der aufgesaugten Feuchtigkeit verlieren. Das ist ein sehr wichtiges Moment für die Freskomalerei.

Bei Ziegeln ist darauf zu achten, daß sie möglichst gleichmäßigen roten Brand zeigen, was auf gute Durchschmelzung und hohen Eisenoxidgehalt schließen läßt. Dunkelviolette Steine von der Farbe der Klinkerplatten saugen wenig Wasser an. Man entfernt sie deshalb besser. Glatte Steine (Maschinensteine) müssen aufgerauht werden. Ziegelsteine, die Kalkbrocken enthalten, sind unbrauchbar. Diese löschen nach, sie „treiben", und zerstören Stein und Putz.

Die mehr oder minder gute Bindung des Freskobildes hängt tatsächlich wesentlich davon ab, ob die Ziegelmauer bis zur Grenze ihres Aufnahmevermögens mit Wasser getränkt wurde oder nicht. Auf schlecht oder gar nicht genäßter Mauer oder besonders auf altem Putz wird der Mörtel auch, wenn er oberflächlich abbinden sollte, inwendig mürbe und leicht abreibbar. Es wird dann das Kalkwasser nach innen abgesaugt, statt nach außen zu dringen. Die Mauer soll doch Wasser abgeben an den Putz, nicht dessen Wasser schlucken, sonst wird der Putz schwammig und nicht hart durch die ganze Masse.

Mir sagte ein Freskomaler, es habe sich nie leichter gemalt, als wie er einmal die Mauer mit der Feuerspritze habe abspritzen lassen.

Auf *Haustein* braucht man weniger zu nässen als bei einer Ziegelmauer. Auf dem genäßten Grund füllt man mit *Spritzwurf* (S. 167) die gröbsten Löcher und Unebenheiten und läßt diesen etwa einen Tag anziehen. Dann rauht man ihn auf und gibt nach neuem Nässen einen 1–2 cm starken weiteren Bewurf aus Grobputz und Feinbewurf, den man etwas länger anziehen läßt vor der Bemalung als den Mörtel auf der Ziegelmauer. Darüber kann noch eine Kalktünche gegeben werden für Flächen, die sehr hell werden sollen. Sehr nasser Mörtel wird vom Haustein nicht angenommen. Feuchte oder sinternde Steine entfernt man am besten, Sand- und Tuffsteine zeigen am meisten Feuchtigkeit. Rußige fette Steine müssen „abgestockt" werden durch einen Steinmetz. Die dünne Bewurfschicht erlaubt nur ein Freskomalen in kleinen Ansatzstücken. Darum wird auf Haustein häufiger in Secco gemalt, besonders auch mit Kasein, das man in eine noch feuchte Kalktünche verarbeitet, wie bei der Seccomalerei beschrieben.

Ausblühungen und andere Schäden

Wenn sich weiße Ausblühungen, Sinterung (Salpetern), auf den Steinen zeigen sollten, müssen diese Steine unbedingt entfernt werden, ebenso feuchte Steine, weil sonst die Ausblühungen sich mit der Zeit durch allen Verputz hindurch und durch die Farbschicht zur Oberfläche drängen und das Fresko zerstören würden. Die Ausblühungen aus Mauern und Ziegelsteinen bestehen großenteils aus Gips, d. i. schwefelsaurer Kalk, schwefelsaurem Natrium oder Glaubersalz, schwefelsaurer Magnesia und erdigen Stoffen. Es kann nicht genug empfohlen werden, Steine, die Ausblühungen zeigen, vor der Arbeit zu entfernen, denn Ausblühungen auf der fertigen Arbeit stellen das ganze Fresko in Frage und die Flecken sind später selten restlos zu entfernen.

Im Notfalle kann man versuchen, durch Abbürsten mit heißer verdünnter Salzsäure die Ausblühungen abzuwaschen. Mit *sehr viel* Wasser muß dann öfters nachgeschwemmt werden, solange sich Ausblühungen zeigen, denn Gips löst sich erst 1:400 in Wasser. Ich weiß einen Fall, wo ein Maler nach dieser Behandlung die Mauer teerte. Der Teer wurde mit trockenem grobem Sand versetzt. Ein anderer nagelte Dachpappe über sinternde Tuffsteine. In beiden Fällen waren die Erfolge zufriedenstellend. Doch bleiben solche Verfahren immer unsicher. Karbidkalkmörtel nützt nichts. Glaubersalzausblühungen können entstehen, wenn die Steine mit schwefelhaltigen Kohlen gebrannt wurden. Sie werden in gleicher Weise entfernt wie Gips. Abschwemmen mit sehr viel Wasser, am besten mit der Feuerspritze, ist hier notwendig, aber immer unsicher.

Michelangelo ließ für sein Weltgericht in der Sixtina eine Vormauer mit Zwischenraum vor der eigentlichen Mauer aus ausgesucht guten Steinen aufführen. Diese Mauer wurde in schräger Richtung gebaut, so daß sie oben eine halbe Elle überhing, damit sich kein Staub ansetze und das Bild besser sichtbar sei. Der Mauerzwischenraum wirkt ventilierend. Nach *Sebastiano del Piombos* Rat war erst ein Mörtelgrund, mit Harz vermischt, aufgetragen worden, der eingebrannt und mit Öl bemalt werden sollte. *Michelangelo* ließ ihn abschlagen und malte in Fresko auf Kalkmörtelgrund.

Bei Deckenbildern muß man für Luftabzug sorgen, damit sich kein Schwitzwasser niederschlagen kann. Das ist sehr wichtig!

Die „bündige" Mauerseite, bei der die Steine in gleicher Ebene liegen, ist die zur Freskoarbeit geeignete, und vorteilhaft ist es, wenn zwischen den Steinen sich große Fugen befinden.

Auf einer von innen heraus feuchten Mauer hält weder Verputz noch Malerei. Lösliche Salze steigen aus dem Grundwasser empor, lösen das Kalkhäut- ▷

▷ chen der Freskomalerei und blühen aus. Sie bringen Malerei und Mörtel zum Abfallen. Der Maler darf keinesfalls eine Garantie für sein Werk auf solchen Mauern übernehmen. Solche Mauern müßten erst trocken gelegt werden, was nach verschiedenen bewährten Verfahren geschehen kann. Am besten bewährt hat sich das Absägen und horizontale Einfügen von Bleiplatten mit gleichzeitigem Freilegen der Grundmauern und Einbau von Luftschächten.

Mörtelherstellung und Bewurf

Man braucht eine Mörteltruhe zum Anmachen des Mörtels, eine Hacke zum Verrühren, eine biegsame Kelle, ein Glättbrett oder Hobel (am besten aus Holunderholz, auch ein Eisenhobel ist brauchbar, nicht aber die wasserabsaugenden Filzhobel), eine Richtplatte, Spitzhammer, Besen, Sieb, Senkblei und Eimer. Zur Übung kann man die Putzschichten auch in einer sehr flachen Holzkiste (Bilderkiste) oder in Holz- oder verzinkten Eisenrahmen, in die ein verzinktes Gitter gespannt ist (Rabitzverfahren), auftragen, auch auf Dachziegeln usw.

Kalkmörtel führt auch den Namen *Luftmörtel,* im Gegensatz zum Zement- oder *Wassermörtel* (hydraulischem Kalk), der unter Wasser verwendbar ist, aber nicht im Fresko.

Kalkbrei und Sand sollen möglichst ohne weitere Wasserzugabe miteinander verarbeitet und möglichst gut durchgearbeitet werden. Bequemer ist es natürlich für den Maurer, gleich Wasser zuzugeben. Aber dann ist's genau so wie bei der nassen Kelle: die Sandkörner werden nicht mehr vom Kalk umschlossen.

Alle Mörtelschichten müssen naß in naß übereinander aufgetragen werden.

Ungehindert muß das Wasser von der nassen Mauer durch alle nassen Schichten zur Oberfläche dringen können, um hier den Kalksinter abzusetzen, der die Farben bindet. Das ist eine Lebensfrage für das Fresko.

Jedes Zwischentrocknen an irgendeiner Stelle schädigt das Fresko, denn hier bildet sich jedesmal die Kalksinterhaut, die kein Wasser mehr nach oben durchläßt und auf der die oberen Schichten nur mehr lose mechanisch haften können. Der Frost sprengt an dieser Stelle diese oberen Schichten ab. Wartet man aus irgendeinem Grunde bei einem Mörtelauftrag, so muß man ihn gut aufrauhen, um den Kalksinter zu entfernen.

Nicht aber darf der Mörtel so naß als möglich aufgetragen werden. Denn nasser Mörtel schwindet und bekommt Risse. Die Maurer haben vom Fassadenputz her die Gewohnheit, eine Handvoll Gips, Zement oder Soda dem Mörtel zuzugeben. Das Fresko kann ruiniert sein dadurch – also Vorsicht! Ausblühungen und schlechtes Abbinden sind die Folge.

1. *Der Spritzwurf* oder *die Berappung* wird als erstes auf die abgekehrte und gut genäßte Mauer aufgetragen. Dazu werden 3 Teile grober, scharfer Sand mit 1 Teil Kalkbrei verarbeitet. Der Spritzwurf soll etwas flüssiger sein als die späteren Schichten. Er soll von der schräg gehaltenen Kelle gerade noch abzulaufen drohen.

Aus etwa 50 cm Entfernung wirft man den Mörtel mit einer Drehung des Handgelenkes, die gelernt sein will, kräftig an die Mauer, so daß er spritzt und der Bewurf 1–1½ cm dick wird. Vorteilhaft wirft man den Mörtel von unten nach oben an. Den Spritzbewurf trägt man am besten etwas von links, schräg nach der rechten Seite hinanwerfend, auf, nicht gerade nach vorne, weil man da leicht eine Ladung Mörtel ins Gesicht bekommen kann und weil der Bewurf sonst leichter Blasen zieht, überhaupt weniger gut haftet als der seitlich angeworfene. Kräftiges Anwerfen des Spritzbewurfes vermeidet Luftblasen im Mörtel, die abplatzen können. Der Spritzbewurf soll rauh sein, damit er die folgenden Bewürfe gut festhalten kann. Man kann auf den Spritzbewurf sofort den nächsten Bewurf auftragen, oder wenn der Spritzbewurf bei Fingerdruck nicht mehr ausweicht, sondern sich nur mehr eindrücken läßt (etwa 20 Minuten). Nicht selten kann man bei Arbeiten im Freien beobachten, daß alle Schichten bis auf den Spritzbewurf vom Frost abgesprengt wurden. Ursache ist, daß man den Spritzbewurf tagelang austrocknen ließ und die Sinterhaut nicht entfernte. Dem Spritzbewurf Zement beizumischen erscheint nicht ratsam. Er ruiniert oft das Fresko durch Ausblühungen von Ätzkalk, die an der Luft zu kohlensaurem Kalk werden und kaum entfernbar sind. Durch sein rasches Erstarren verhindert Zement die ungehinderte notwendige Wasserabgabe von der Mauer zur Oberfläche und macht die Farbe wischend.

2. *Der Ausgleichsbewurf* wird ebenfalls aus
3 Teilen grobem Sand und 1 Teil Kalk
hergestellt, aber etwas trockener gehalten als der Spritzbewurf.

In der Dicke kann er wie der vorige 1–1½ cm stark sein. Dieser Bewurf, der zur Herstellung einer ebenen Fläche, zum Ausgleich dient, wird durch Anlegen der Richtlatte, die man von unten nach oben mit leichtem Druck waagrecht hinaufführt, nach dem Auftrag mit der Kelle geebnet. Der Grund muß rauh bleiben und darf also nicht mit dem Hobel geglättet werden. Alle Putzschichten werden am besten von unten nach oben aufgetragen.

3. *Die grobe Malschicht* (Rauhputz)
2–3 Teile feinerer Sand oder Marmorgrieß und 1 Teil Kalk ▷

▷ werden wie vorher vermengt. Sofort oder wenn der Ausgleichbewurf beim Fingereindruck nicht mehr ausweicht, sondern sich nur mehr schwach eindrükken läßt, folgt (nach etwa 20 Minuten) die grobe Malschicht, etwa 1 cm dick, nach vorherigem Abkehren des Putzes. Sie wird ebenfalls nur mit der Richtlatte geebnet, falls darüber noch ein Feinputz aufgetragen wird.

Soll der Rauhputz bemalt werden, so trägt man ihn mit genäßtem Hobel auf. Viele Maler bevorzugen etwas rauheren Grund, auch für Arbeiten im Freien. Doch ist Feinputz das Übliche. Nach *Eibner* würde Feinputz, gut angedrückt, am meisten Kalkwasser zur Oberfläche bringen, also am festesten binden. Marmorgrieß statt Sand macht die Malerei und den Grund heller. Darauf kann

4. *der Feinputz* aufgetragen werden (nach Nässen und Abkehren).
Er besteht aus:
1 Teil Feinsand (oder Marmormehl) und 1 Teil Kalk, 3–5 mm stark.

Der Grund wird mit genäßtem Hobel aufgetragen und geebnet. Man führt den Hobel von unten nach oben, legt den Mörtel auf, so daß der obere Teil des Hobels nach vorne geneigt ist und man nun leicht gegen die untere Kante drückt und nach der Verteilung des Verputzes durch kreisförmige Bewegung ihn glattstreicht. Ein Filzhobel ist nicht gut, er saugt zuviel Wasser ab.

Über den Feinputz kann, wenn man sehr helle Wirkung anstrebt, noch eine Kalktünche gegeben werden.

Einige Maler glätten nur wenig, weil sie etwas rauheren Grund bevorzugen. Es gibt alte Verputze, die sehr glatt sind und dabei ausgezeichnet gehalten haben. Ein Tiroler Freskenmaler schrieb mir, er glätte den Rauhputz, den er etwas kompakter, nicht zu flüssig halte, sehr lange und sorgfältig. Er rechne dafür auf den Quadratmeter bis zu 2 Stunden, nachdem dieser oberflächlich angezogen habe. Solcher Grund, für den er fetten Kalk verwende, werde sehr hart und sei lange zu bemalen und werde durch die ganze Masse dicht. Gutes Nässen der Mauer, guter alter, eingesumpfter Kalk, trockener kantiger Sand und Auftrag aller Schichten naß in naß sind unerläßliche Vorbedingungen für die Festigkeit des Grundes und gutes Abbinden der Farben. Näßt man die Mauer ungenügend, gibt hydraulischen Kalk oder Zement in den Spritzbewurf und glättet dazu den Feinputz sehr lange, so braucht man sich nicht wundern, wenn die Farbe nicht fest gebunden wird und bald verwischt.

Moritz von Schwind malte die Wartburgfresken auf zwei jedesmal getrocknete Grobsandbewürfe und gab darüber einen dünnen Feinputz, den er selbst auf den genäßten Grund glatt auftrug. Der Sand war lehmhaltig, der Kalk band wenig ab, die Malerei war aquarellartig dünn, „wie wenn man auf einen Bogen Papier mit Lasuren malt“, und die Mauerfeuchtigkeit dazu beschleunigte die frühzeitige Schädigung der kostbaren Werke.

Muß man aus irgendeinem Grunde eine Zwischenschicht länger stehenlassen vor Aufbringung der nächsten Putzschicht, so muß sie aufgerauht und gut genäßt werden. Der Feinsand darf keineswegs staubig sein, sondern körnig, ebenso soll Marmormehl noch körnig sein. Nasse Feinsande „flennen“, sie schwitzen Wasser aus. Solcher Grund muß entfernt werden, da Farbe nicht darauf hält. Bloße grobe Putze gelten bei den Freskomalern als nicht beständig. Geglättete Rauhputze (grobe Malschicht) oder Feinputz sind am besten. Ein Bewurf allein von größerer Dicke wäre nicht haltbar. Er platzt bald ab. Man muß in Schichten übereinander arbeiten. Die obersten Putze mit feinem oder feinerem Sand werden aus Erfahrung nur dünn gehalten, 3–5 mm, gegenüber den groben Schichten, die erheblich stärker sein müssen. Die Dicke der Putzschichten wechselt sehr. Manche Maler tragen insgesamt nur 2½ cm auf. Solche Schichten binden häufig nur ungenügend ab. Das „Schlagen“ des Mörtels nach der Vorschrift antiker Schriftsteller erwies sich als nicht recht günstig. Solcher Mörtel bekommt leicht Risse und die Farbe bleibt an den Schlagvertiefungen leicht aus, weil dort Schwitzwasser austritt und die Farbe darauf nicht haften kann, genau wie bei stark eingedrückten Hobelrändern beim Glätten. Vielleicht ist mit dem „Schlagen“ ein Fachausdruck unrichtig übersetzt und in dem erwähnten langen Verreiben die Lösung zu finden. Darüber gelegte Kalktünche hebt die gefährlichen Wasseransammlungen in den Schlagrändern auf. Sie macht aber die Farben sehr hell.

Das gewöhnliche Verhältnis von Sand zu Kalk ist in fast allen Rezepten in den unteren Schichten 3:1, schon von der Antike her. In manchen Rezepten bleibt dieses Verhältnis gleich bis zum letzten Bewurf, in anderen werden die letzten Schichten kalkreicher und sandärmer, nach der alten Malerregel: *fett auf mager.* Es gibt alte Bewürfe, bei denen über den Rauhputz eine reine oder mit feinstem Sand gemengte, oft mehrere Millimeter dicke Kalkschicht liegt, die sehr hart geworden ist. Vermutlich wurde solcher Kalkauftrag lange geglättet und dadurch gefestigt. Marmormehl oder feiner Marmorsand findet sich ebenfalls in solchen fetten Oberschichten. Er machte bei den antiken Bewürfen das hauptsächlichste Material neben dem Kalk aus und wurde außerordentlich fest. Es muß aber darauf hingewiesen werden, daß Marmormehl den Grund sehr weiß macht. Wer den grauen Ton des Sandputzes wünscht, darf also kein Marmormehl verwenden. An dunklen Orten ist Helligkeit vorteilhaft. In byzantinischen und späteren Bewürfen finden sich Werg, Stroh oder Kuhhaare (*Annen-, Stroh-* oder *Haarspeis*), um dem Mörtel mehr Zusammenhalt zu ▷

▷ geben und um Risse zu vermeiden, die aber trotzdem auftreten können. Solche Stoffe müssen tagelang vorher in Kalkbrei eingeweicht werden. Das Athosbuch beschreibt die Herstellung solcher Putze, die heute sehr selten gebraucht werden. Nur auf Gewölben findet sich manchmal Ähnliches und auf Dekken. Im Freien sind solche Gründe nicht verwendbar. Sie halten hier lange Wasser fest und die organischen Stoffe faulen durch.

Bei Deckenbildern und auf Gewölben wird der Mörtel weniger naß gehalten und auch weniger dick oder man wartet bis zum nächsten Tag mit dem Malen. Dann rauht man den Grund kräftig auf, um den Sinter zu entfernen, gibt eine Kalktünche darüber und malt hinein. Feinputze können nach pompejanischem Vorbild bei genügend dicker Gesamtschicht des Mörtels in der Masse gefärbt werden. Besonders geeignet sind hier Terra di Pozzuoli und vulkanische Erden, gelbe und rote Ocker sowie Eisenoxyde. Die Freskofarben binden darauf sehr gut ab. 5% der Mörtelmasse genügen.

Kasein oder Magermilch können in geringer Menge, höchstens 5%, dem Mörtel beigemischt werden. Die Schicht wird dadurch sehr hart. Aber bei größerem Kaseinzusatz erstarrt sie zu früh. Ein geringer Zusatz von höchstens 5% des Kalkes verdünnter Magermilch zum Putz hindert das Abbinden des Freskos nicht. Zucker, der als Zugabe manchmal empfohlen wird, blüht aus. Traß, ein natürlicher Zement, bleibt mürbe und schmierig, wurde mir berichtet. Bei gutem Kalk sind alle Zusätze, auch Kasein, unnötig.

Risse. Sehr fetter und dabei nasser Verputz reißt leicht, ebenso, wenn nasser oder lehmiger Sand verwendet wurde. Er bildet zu rasch eine Sinterhaut, die das Weitermalen stört. Zu dick auf einmal aufgetragene Schicht bekommt ebenfalls Risse, wie auch sonst guter Putz auf nicht bündiger Mauerseite wegen der ungleichen Dicke. An sich sind solche sofort auftretenden Risse wenig gefährlich. Man überstreicht sie im Notfalle mit etwas Kalkmilch und drückt die Ränder zusammen, wenn der Grund noch feucht ist. Auf alten Bildern finden sie sich vielfach.

Die Haftung der Farbe ist im allgemeinen auf etwas rauherem Grunde besser. Dieser wird auch heute bei Außenfresken gewählt, weil er optisch günstiger und von lebendiger Wirkung ist und die Farbe weniger leicht durch Regen und Staub abgewetzt wird wie auf ganz glatter Schicht. Doch gehen darüber die Ansichten auseinander. Alte glatte Verputze haben oft überraschend gut gehalten, wobei allerdings die Frage noch zu beantworten sein wird, ob sie in reinem Fresko oder mit Kasein auf den feuchten Putz gemalt wurden.

Die Dauer der Arbeitsmöglichkeit hängt von der Dicke der naß in naß aufgetragenen Schichten ab. Die Gesamtdicke aller Schichten beträgt gewöhnlich annähernd 4 cm. In der römischen Antike finden sich fast doppelt so dicke Schichten neben geringeren. Je dicker die Schichten, desto längeres Malen ist möglich. Sind diese richtig aufeinander und in entsprechender Dicke naß in naß aufgetragen, so kann man je nach der Witterung 5–6 Stunden oder auch mehr, selbst tagelang, naß in naß malen. Gewöhnlich aber wird bei Fresko aus Bequemlichkeit oder Unkenntnis der Fehler gemacht, daß man nur die letzte Schicht etwa einen halben Zentimeter dick aufträgt und darauf malt, während alle anderen Schichten lange vorher aufgetragen und trocken sind. Es bildeten sich eine oder mehrere Kalkhäute dazwischen, die die Haftung verhindern. Auf solche dünne Schicht kann man natürlich nur eine halbe Stunde und nur ganz kleine Stücke auf einmal malen. Die Arbeit wird außerordentlich erschwert, während man sonst 1–2 qm bei figürlicher Arbeit naß in naß bewältigen kann. Der ganze Vorgang beim Auftragen der Putzschichten muß darauf gerichtet sein, einerseits die Neubildung von kohlensaurem Kalk, der das Bindemittel der Farben ist, zu vermehren und andernteils diese Bindung zu verzögern, damit die Arbeitsdauer eine größere wird, was durch das rasche Übereinanderauftragen der Schichten naß in naß auf feuchter Mauer und eine gewisse Dicke des Putzes erreicht wird. Zu rasches Trocknen einer Freskoschicht, z. B. durch die Sonne, verursacht Wischen der Farbe, während bei feuchtem Wetter die Farbe langsam aber fest abbindet. Daher muß die Sonne durch Tücher abgehalten werden.

Der aus der Grube gestochene Kalk muß vor Luftzutritt bewahrt werden, am besten in geschlossenen Gefäßen und unter Wasser. Über das Wasser herausstehender Kalk bindet teilweise ab und gibt Flecken im Bilde.

Vorbereitung der Malerei

Man wird sehr gut tun, einen Entwurf zu machen und ihn an Ort und Stelle vorher zu probieren, um den Lichteinfall und die notwendige Farbstärke zu studieren. Man verwende dazu nur in Fresko brauchbare Farbstoffe. An Wölbungen wird man manchmal gezwungen sein, Proportionen absichtlich falsch zu machen – damit sie, von unten gesehen, richtig wirken. Ein Modell des Raumes, das die Wirkung des Bildes zur umgebenden Architektur und den Lichteinfall erkennen läßt, ist eine große Erleichterung für den Maler.

Den Mörtel auf längere Zeit im Vorrat anzumachen ist nicht gut, denn auf ihm bildet sich natürlich auch die Kalkhaut. Vor Gebrauch müßte unbedingt diese Kalkhaut und harte Brocken völlig entfernt und der Mörtel wieder gut durchgearbeitet oder durch ein Sieb getrieben werden. Man macht ihn am besten nur auf 1–2 Tage. Alle hartgetrockneten Stücke sind sorgfältigst zu entfernen. ▷

▷ Wenn die letzte Putzschicht dem Fingerdruck nicht mehr ausweicht, sich aber noch leicht eindrücken läßt, beginnt man mit der Arbeit des Pausens. Für große Arbeiten ist es unerläßlich, für kleinere mindestens aber sehr zweckmäßig, wenn man sich vor Beginn der Arbeit einen *Karton in Originalgröße* des beabsichtigten Bildes macht. Bei größeren Arbeiten zerschneidet man den Karton in Quadrate, klebt sie mit Oblaten auf, gibt den Rand und die Teilungen an, konstruiert Senkrechte und Waagrechte und fängt oben im Bilde an, mit dem Pinselstiel die Konturen des Kartons mit schwachem Druck nachzufahren, wodurch sie in die weiche Mörtelschicht eingegraben werden. Ist die *Pause* durchgedrückt, so steht die eingegrabene Zeichnung schwach reliefartig auf der Mauer. Der Umriß fängt Licht und Schatten und wirkt lebendig. Vielfach wird dieses Eindrücken der Konturen als allein bestimmendes Kennzeichen des echten Fresko angesehen. Das ist aber irrig. Erstens werden kleinere Arbeiten oft direkt, ohne solche Vorzeichnung, auf den nassen Putz gemalt und andernteils können Seccomalereien auf Freskountersuchung natürlich ebenfalls die eingegrabenen Konturen besitzen. Falls sich Körnchen von der Mauer lösen, kehrt man sie ab. Bei sehr feinen Arbeiten benutzt man auch das *Pausrädchen* und den *Pausbeutel*, um die durchstochenen Umrisse durch Kohlestaub sichtbar zu machen. Neben dem möglichst genauen Karton, der die Zeichnung festlegt, macht man sich für größere Arbeiten zweckmäßig eine Farbskizze in deckender Tempera oder Guasch, wobei man darauf achten muß, daß man nur in Fresko haltbare Farben auch gleich in der Skizze verwendet. Immer aber muß der Grund sauber gehalten werden. Da die Arbeitszeit beschränkt ist, müssen die Vorarbeiten derart gemacht sein, daß man möglichst wenig im Malen aufgehalten wird und nicht zu Änderungen gezwungen ist. Von der Frische und Unmittelbarkeit des Vortrags hängt wesentlich der Reiz und die Bindung der Freskofarbe ab. Man muß die Arbeit durch unermüdliche Vorstudien so klar im Kopfe haben, daß man sie dann nicht mehr ängstlich, sondern leicht und frei aus dem Vollen, rasch und in aller Frische schaffen kann.

Auf altitalienischen Wandbildern findet sich hie und da eine Rötelzeichnung auf unterer Schicht, die durch Abfallen von oberen Putzschichten zum Vorschein kommt. Hier wurde an Ort und Stelle die Wirkung probiert, aber dann der Putz nicht mehr weggehauen, sondern neuer darübergetragen. Durch das dazwischen entstandene Kalkhäutchen trat nur mehr losere mechanische Haftung ein und Witterungseinflüsse sprengten hier wie so vielfach bei neueren Arbeiten schollenweise den oberen Putz ab.

Die Pigmente

Die Farbenskala ist im Fresko eine beschränkte, weil Farben, die laugenempfindlich sind, im Kalk nicht angewendet werden dürfen. Man prüft eine Farbe auf Kalkechtheit, indem man eine Probe mit etwas gelöschtem Kalk und Wasser im Glase schüttelt und einige Tage stehen läßt. Es ist, wie sich aus der Praxis ergibt, sehr notwendig, darauf hinzuweisen, daß nur gute Künstlerfarben im Fresko haltbar sein können, nicht Anstrichfarben oder die des Tünchers. So enthalten in Anstrichfarben Ultramarine und Englischrot häufig Gips, der ein Abbinden im Fresko verhindert und Ausblühungen verursachen kann. Kremser Weiß scheidet aus, da es in kurzer Zeit im Kalk zu Bleibraun wird. Ein bekannter Freskomaler verriet mir als großes Geheimnis, daß er Kremser Weiß dem Kalk zusetze. Vorsicht ist solchen Geheimnissen gegenüber am Platze. Zinkweiß wäre verwendbar, ist aber unnötig. Trotzdem verwenden es Maler mit der irrigen Begründung, daß es mit Kalk vermischt weniger Änderungen gebe beim Auftrocknen als der reine Kalk. Zinkweiß verwittert jedoch rasch im Freien. Der eingesumpfte butterige Kalk, wie er aus der Grube gestochen wird, bildet das einzige, geradezu ideale Weiß im Fresko und ist Bindemittel und Farbe zugleich. Man liest in alten Rezepten, aber auch in solchen der neueren Zeit, von allen möglichen Methoden, sich ein brauchbares Freskoweiß herzustellen. Da werden Eierschalen gereinigt, zerstoßen und gemahlen, mit Essig versetzt und an der Luft getrocknet, oder Kalk getrocknet, gemahlen und ebenfalls mit Essig behandelt und an der Luft getrocknet usw., wie es *Cennini* als Bianco di San Giovanni ausführlich beschreibt. Kreide, sogar Gips oder auch Ton werden empfohlen, obwohl diese beiden letzteren das Abbinden des Freskobildes in Frage stellen. Alle diese Mittel sind im reinen Fresko nicht nur unnötig, sondern schädlich, so sehr auch mancher Maler darauf schwören mag. Diese Mittel haben nicht, wie der Grubenkalk, neben der Farbkraft auch eine Bindekraft, sondern sie müßten erst wieder durch Kalk gebunden werden, damit sie auf dem Grunde haften. Sie sind nur im Fresko secco verwendbar, aber auch da nicht nötig. Guter Grubenkalk ist das beste weiße Farbmaterial. Empfehlenswert ist, ihn durch ein Haarsieb zu treiben, wodurch er gleichmäßiger wird, oder gut durchzureiben.

Von gelben Farben können alle Ocker, auch Terra di Siena natur verwendet werden. Amberger Gelb, ein sehr heller Ocker, wäre hier vortrefflich, ist aber kaum mehr als Künstlerfarbe zu bekommen. Kadmiumgelbe müssen im Kalk geprüft werden, die dunkleren sind die sicheren. Nur reines Schwefelkadmium ist nach Eibner verlässig. In der Sonne bräunen sie alle. Chromgelbe verändern sich so rasch wie Bleiweiß, nur orange Chromgelb bleibt im Kalk stehen. Echtes Neapelgelb hält ausgezeichnet. Leider sind nicht alle Handelssorten einwandfrei. Nach *Knoller* trotzt es Wind und Wetter. Zinkgelb wanderte auf Proben nach der am längsten naß gebliebenen Stelle, gleich 30 cm weit. Gelber Ultramarin ist im Fresko unbrauchbar, ebenso Strontiumgelb. ▷

▷ Die roten Ocker und die Eisenoxide bis Caput mortuum sind sämtlich verwendbar; bei Englischrot nur gute gipsfreie Sorten; Zinnober nur nach Prüfung auf Licht- und Kalkechtheit und nur in Innenräumen; ebenso Mennige nur in Innenräumen. Terra di Pozzuoli und andere vulkanische Erdfarben haben nach *Eibner* die im Altertum schon bekannte Eigenschaft, zementartig rasch abzubinden, so daß sie sehr fest werden, aber darüber gelegte Farben nicht binden. Es sind also natürliche Zemente. Proben Prof. *Franz Klemmers* am Nymphenburger Schloß 1933 ergaben aber im Gegenteil festere Bindung der Farben bei über 5 und 10% Terra di Pozzuoli im obersten Putz. Ziegelstaub, ein Material, das *Böcklin* sich manchmal für Temperamalerei sammelte, wäre im Fresko ein in verschiedenen Tönungen oft wertvolles und haltbares Rot. Krapplack ist im nassen Kalk unverwendbar. Kadmiumrot ist hier sehr brauchbar, doch nur im Innenraum, außen bräunt es. Als Zinnoberersatz hat sich die Teerfarbe Helioechtrot gut eingeführt. Ultramarinrot und Ultramarinviolett, an sich wenig ausgiebige Farben, sind hier verwendbar mit der Einschränkung, die für Ultramarinblau gilt. Das echte Kobaltviolett hell, arsensaures Kobalt ist im Fresko vorzüglich haltbar, dagegen wird Kobaltviolett dunkel, phosphorsaures Kobalt, in kürzester Zeit vollkommen schwarz. Wenn jedoch Kobaltviolett hell lediglich durch Streckung des dunklen Tones entstanden ist, kann es nicht verwendet werden, da es ebenso wie dieses schwarz werden würde. Manganviolett hält nicht in Fresko. Ultramarinblau ist sehr laugenbeständig und darum im Kalk haltbar. Da es aber durch Säuren sehr leicht angegriffen wird, ist es im *Freien* an Orten, wo starke Steinkohlenfeuerung stattfindet, wie in den Großstädten, nicht zu gebrauchen; es verliert völlig seine blaue Farbe und wird weißgrau. Es hält dagegen gut im Freien auf dem Lande. Ich fand zwar auch in Tiroler Gebirgstälern, fernab von jeder Industrie, Ultramarine in Wandbildern ganz weiß geworden. Hier kann wohl nur Gipsstreckung, wie bei Anstrichfarben, die Ursache der Ausblühungen sein, wenn nicht etwa Ton aus dem Ultramarin selbst ausgewittert ist.

Nach Dr. *Wagner,* Stuttgart, wurde beobachtet, daß bei anomaler Verzögerung des Trocknens durch fehlende Lüftung Ultramarin (und selbst solcher, der die Kalkprobe bestanden) im Fresko rasch zugrunde gehen könne. Grünstichiger Ultramarin sei zu vermeiden in Fresko. Rötlichblauer Ultramarin sei hier der beste. Bei Zugabe von Kalkbrei bilde sich bei Ultramarin manchmal eine graue Randzone. Werde diese weggeschüttet, so sei der Rest haltbar.

Die Kupferfarbe Bergblau wurde in alten Fresken verwendet, doch nicht in Mischung. Sie grünt erheblich. In den Fresken des *Giotto* in Assisi wurde sie im Laufe der Jahrhunderte zu Malachit umgewandelt. Smalte ist zu wenig wirksam, aber früher viel gebraucht. Es gibt heute sehr farbstarke, doch noch unerprobte Töne.

Kobaltblau und besonders auch Coelinblau sind sehr gut verwendbar, nicht aber Preußischblau oder Pariser Blau, das sehr schnell als Farbton verschwindet und nur einen rostigen Fleck zurückläßt. Mischtöne von Preußischblau, wie grüne Zinnober, sind selbstredend ebenfalls unbrauchbar.

Chromoxid feurig und matt sind vorzüglich verwendbar, auch die grünen Erden in besseren Qualitäten. Minderwertige zeigen oft Rostflecken. Veroneser grüne Erde war schon in der Antike einer der wertvollsten Freskotöne. Heute gibt es viele künstlich gemischte Grünerden, die in Fresko oft völlig weiß auftrocknen. Von Ultramaringrün gilt das gleiche wie von Ultramarinblau. Kobaltgrün ist gut. Malachit wurde im alten Fresko verwendet, ebenso andere grüne Kupferfarben, doch nicht in Mischung. Schweinfurter Grün ist in Fresko nicht gut. Kobaltgrün bläulich ersetzt den Ton.

Umbra, grüne Erde gebrannt und Siena gebrannt sind als braune Farben verwendbar. Umbra in nicht sehr guter Qualität wirkt leicht rußig. Im Freien wurde ein störendes Auswachsen des Farbtones ins Rußig-Braune öfter beobachtet. Viele Freskomaler verzichten daher auf Umbra. Siena gebrannt wird häufig dunkler im Auftrag. Als Schwarz dienen Elfenbein- und Eisenoxidschwarz, Graphit findet ganz selten Verwendung. Zerstoßene Zeichenkohle gäbe ein haltbares, manchmal gut verwendbares Schwarz und feines Grau mit Kalk. Manganschwarz ist gut, aber im Handel nicht immer zuverlässig.

Bei den Teerfarblacken muß neben der Prüfung auf Kalkechtheit noch eine Prüfung auf Lichtechtheit einhergehen. Namen wie „Kalkblau" oder „Echtblau", Echtrot, Echtviolett sind keineswegs beweiskräftig für die Haltbarkeit des Farbstoffes. Nach Eibner sind mehr als 30 Teerfarblacke im Fresko außen verwendbar – nach *H. Wagner,* Stuttgart, kein einziger! Solange die Wissenschaft hier so große Unstimmigkeiten zeigt, ist für uns größte Vorsicht am Platze. ◀

Diese Ausführungen *Max Doerners* sind Geschichte. Einmal, weil heute kaum noch natürliche Erdpigmente zu erhalten sind, dann, weil im Herstellungsprogramm der Pigmentindustrie sich vieles verändert hat und schließlich, weil man heute Pigmentechtheiten anders betrachtet, als es zu Doerners Zeiten üblich war. Chromorange gilt heute beispielsweise nicht mehr *in* Kalk sondern nur noch *auf* Kalk als beständig; es käme deshalb bestenfalls für eine Seccotechnik in Betracht. Und auch von den Kadmiumpigmenten weiß man, daß sie außen unter dem Einfluß der Luftkohlensäure weiße Schleier aus Kadmiumkarbonat bilden und würde sie heute nicht mehr nur von ihrer unbezweifelbaren Kalkechtheit her beurteilen.

Heute sieht eine Liste der für das Fresco buono geeigneten Pigmente so aus:

weiß:	Kalk
gelb:	soweit noch erhältlich: natürliche Ocker und Neapelgelb sonst: Nickeltitangelb, synthetische Eisenoxide
rot und braun:	soweit noch erhältlich: natürliche Ocker sonst: synthetische Eisenoxide
grün:	soweit noch erhältlich: grüne Erden sonst: Chromoxidgrün feurig und stumpf, Kobaltgrün
blau:	Ultramarinblau in Spezialsorten, Kobaltblau, Coelinblau
schwarz:	Manganschwarz, Eisenoxidschwarz

Das Anreiben

► Die Farben werden mit eben wieder klar gewordenem, *nicht trübem Kalkwasser* nach Entfernung des Kalkhäutchens auf der Oberfläche immer frisch angerieben. Es ist auch am besten zum Auswaschen der Pinsel während der Arbeit. Klares Kalkwasser wird am besten stets frisch gemacht. Andernfalls muß es in gut verschlossener Flasche aufbewahrt werden, sonst wird es wertlos, da sich auf der Oberfläche eine Sinterhaut bildet. (Für Konservierung dient nur ganz frisches Kalkwasser.) Wasser allein mindert die Haftung der Farben. Regenwasser oder Flußwasser zu nehmen, wie es in vielen Rezepten vorgeschrieben wird, ist deshalb nicht günstig, weil erstens die Bindekraft des Kalkwassers fehlt, zweitens aber durch Verunreinigungen Rostflecken entstehen können. Die Vorschrift stammt aus einer Zeit, in der man unsere heutigen Wasserleitungen noch nicht kannte. Außerdem wäre destilliertes Wasser besser. Streng genommen müßten dann aber auch alle Mörtel ohne Leitungswasser gemacht werden. Dessen Kalkgehalt schadet nicht. Für größere Arbeiten, Fleisch, Luftteile usw., ist es zweckmäßig, sich den Farbton in Töpfen vorzumischen, aber ohne Kalkzugabe, weil beim Austrocknen sonst Topf und Farbe verloren sind, während man andernfalls nur wieder Kalkwasser zuzugeben braucht. Andere Maler setzen beim Anreiben auf der Palette allen Farben eine Kleinigkeit, haselnußgroß, Kalk zu, um die Bindung zu verbessern. Die Farben trocknen ein wenig heller auf.

Manche Farben, wie Schwarz, besonders Rußschwarz, nehmen das Wasser schwer an; man reibt solche Farben, wie auch Veroneser grüne Erde, zuerst mit ein wenig Spiritus an, worauf sie leicht das Wasser annehmen, weil die Oberflächenspannung (Tropfenbildung) des Wassers aufgehoben wird.

Im allgemeinen trocknen die Farben heller auf, doch ist der Unterschied bei richtiger Malweise und richtigem Grund keineswegs so bedeutend, wie das oft geglaubt wird, und läßt sich sehr wohl in Rechnung stellen, wie man das ja bei Guasch oder ungefirnißter Tempera und Aquarell auch tun muß. Das Aufhellen ist ein allmähliches und langsames im gleichen Verhältnis zueinander und erstreckt sich bei richtigem Grunde auf etwa 6 Wochen. Einzelne Farben werden besonders hell, wie grüne Erde, Lichtocker und vor allem Ultramarin, der darum auf alten Wandmalereien sehr häufig mit Ocker oder Rot unterlegt ist, um den sonst stark herausplatzenden Ton zu dämpfen, so z. B. auf den romanischen Wandmalereien in Regensburg.

Sehr günstig wirken in Fresko Zusammenstellungen heller Töne im Kontrast zu dunklen Flächen. Ihr duftiger, schimmernder Reiz läßt sich in keiner anderen Technik erreichen. Kräftige Gegensätze erhöhen diese Wirkung. So kenne ich gotische Wandbilder, in denen sehr lichte Variationen von gelben Ockern und gebrannten Ockern Feldern von reinem Schwarz in wirksamster Weise gegenübergestellt sind. Erdfarben sollen hauptsächlich verwendet werden. Keine andere Farbe fügt sich besser der Wand ein. Die Raumwirkung der Farbe ist zu berücksichtigen, die Wirkung warmer Farben nach vorne usw., Harmonie und Kontrast müssen gewahrt werden (siehe dort). Dazu dient z. B. das erwähnte Unterlegen von Ultramarin mit Ocker oder Rot. Ist eine Farbe, wie Blau, zu stark in ihrer Wirkung, so wird man versuchen müssen, sie abzuschwächen, ohne daß man sie durch Übermalen etwa schwer macht. Durch dazwischen gesetzte Einzelformen, wie Sterne im Blau, Streifenmuster, flatternde Bänder, Stämme usw., muß man den zu aufdringlichen Farbfleck herunterdrücken, verkleinern. In den Regensburger romanischen Wandmalereien war große einfache Wirkung mit wenigsten Farben erzielt worden. Die Figuren waren mit Ocker und Rot in der Hauptsache auf sehr leichtem lasierten Blaugrün, wohl einer Kupferfarbe, als Hintergrund in richtigem Gegensatz von Kalt und Warm zu großer und leuchtender Wirkung gebracht. Die kräftigen Ockerkonturen unterstützen die flächige Wirkung der Form.

Sehr viel kommt es auf den Zeitpunkt des Auftrages der Farben an. Spät aufgesetzte Farben werden meist viel dunkler und schlecht vom Kalkwasser durchdrungen, haben also ungenügende Haftung. Auf schon anziehende Farbflächen oder erst gar nach Tagen aufgesetzte Korrekturen trocknen ganz unberechenbar. Die dunklen Töne wirken dann häufig branstig, hellere können fast weiß auftrocknen. So besonders Ultramarin. Wenn von *Michelangelo* berichtet wird, er habe anfänglich manchen Mißerfolg gehabt – es seien ihm die Farben eines Bildes ▷

▷ verschimmelt – und *Lionardo* das Fresko der Anghiarischlacht aus ähnlichen Gründen aufgab, so ist die Annahme nicht ungerechtfertigt, daß Farben zu spät aufs Trockne aufgesetzt wurden. Namentlich kalkgemischte Töne rufen dann ganz den Eindruck des „Verschimmelns" hervor. Ein gleichmäßiges Aufhellen aller Farben im rechten Verhältnis zueinander ist durchaus nicht störend und, wie erwähnt, bei richtiger Technik gar nicht so erheblich, nicht anders als bei Tempera. Am schlimmsten ist das Herausfallen einzelner Farben aus der Gesamtwirkung, wenn einzelne Farben im Lichte mit Kalk gemischt, andere lasiert sind. Verschiedene Maler reiben die Farben mit abgerahmter Milch an. Ein sehr geringer Zusatz ist bei schlecht abbindenden Farben, wie den Ultramarinen, den Schwarz, ganz vorteilhaft, nicht aber erheblicher, weil das Abbinden des Fresko dadurch hintangehalten wird und die Farben leicht abplatzen oder streifig werden, wenn Wasser darüber kommt. Vor Milchtropfen muß man sich hüten. Die Farben können mit Milch- oder Kaseinzusatz angerieben werden, müssen aber mit Wasser vermalt werden. Milch und Kasein höchstens 5% des Malmittels, das ist Wasser, machen die Farben stärker bindend, aber grauer in der Gesamtwirkung, jedoch sehr haltbar. Auch Leim wird zugesetzt, besonders bei dunklen, schlecht abbindenden Farben wie Schwarz. Kasein ist besser. Bei großen Tiefen und ruhigen Flächen muß man beim Gebrauch des Kalkzusatzes vorsichtig sein, da bei Korrekturen und öfterem Überarbeiten solche Fälle leicht „wolkig" werden. Aufreiben des Grundes, verquälte Farbe oder Kalk im Pinsel können ebenfalls wolkig machen. Manche Farben binden schlecht ab, Kadmiumorange, Chromorange, Cölinblau, Neapelgelb, Kobaltgrün und Schwarz haben besonders diese Eigenschaft. Sie müssen möglichst frühzeitig aufgetragen werden, wie auch alle dunklen Töne, damit ihre Haftung besser wird. Dick aufgetragene Farben binden schlecht ab. Der Farbton wirkt auch in dünner Lage am besten, besonders bei dunklen Farben, die durch dicken Auftrag neben dem schlechten Abbinden noch schwer und fest wirken wie auch im Aquarell. (Man darf diese Nachteile dicken Farbauftrages nicht verwechseln mit gutem pastosem Farbauftrag kalkgemischter Farben.)

Die Pinsel

Man verwendet gewöhnlich langhaarige Borstenpinsel, von denen sich die runden besonders gut eignen. Für sehr feine Gründe kann man auch Haarpinsel verwenden; zum Ziehen der Konturen und flüssiger Striche eignen sich Marderschlepper. Die Pinsel müssen, wenn man mit Kalk arbeitet, sofort nach der Arbeit gereinigt werden, sonst werden sie hart. Benutzt man Pinsel, mit denen man Ölfarbe vermalt hat, so muß man sie nach gutem Auswaschen in Schmierseife vor der Arbeit in Kalkwasser legen, so daß sich die Haare richtig vollsaugen. Die Farbe fließt dann besser. Vor dem Malen wird dann der Pinsel gut ausgedrückt und nur mit der Spitze Farbe aufgenommen.

Als Palette eignet sich am besten eine weißgestrichene Temperapalette mit Vertiefungen oder Abteilungen für die Farben. Sie muß ebenfalls bei Kalkmalerei sofort gereinigt werden, sonst bringt man die Kalkfarbe nicht mehr weg.

Das Malen

Freskofarbe steht leuchtender als jede andere Technik auf der Wand, je weißer der Grund, desto heller. Man kann auch in dieser Technik ganz frei zu Werk gehen, wenn man das Handwerk beherrscht. Man ist keineswegs so gebunden, wie das oft angenommen wird. Die Beschränkungen, die das Material auferlegt, schließen den Vorteil in sich, daß der Maler zu größerer Klarheit des Wollens vor der Ausführung und zur großen vereinfachten Form und Farbe gezwungen wird.

Der Wege sind viele, sie können hier nur beispielsweise erwähnt werden. Nach dem Eingraben der Konturen (S. 169) kehrt man vorsichtig freiliegende Sandkörnchen ab. Zu rauhe Stellen glättet man mit dem Handballen über aufgelegtes Pauspapier. Man kann dann die Konturen mit warmer Farbe, z. B. mit Ocker oder Rot usw. unter energischer Betonung der Überschneidungen, schnittig, nicht ängstlich, nachziehen und die einzelnen zwischen solchen Innen- oder Außenkonturen liegenden Teile halbdeckend stückweise im Mittelton der Lokalfarbe mäßig antuschen. Man geht leicht über den angetuschten Umriß durch Antuschen farbiger Flächen hinaus. Man darf ihn nicht etwa ängstlich ausfüllen wollen und setzt dann bestimmende Drucker der Innenzeichnung in den angewischten Ton. Das ist aber nur eine Möglichkeit unter vielen anderen. Wirksam ist z. B. auch kontrastierende Untertuschung – grün oder grau für Fleisch oder die Schatten und sofortiges lockeres Hineinsetzen gelblicher oder rötlicher lichter Töne, so daß der Unterton vielfach hindurchwirkt, auch über den Körper hinaus. Die Grünuntertuschung mit darauffolgender warmer lokalfarbiger Tönung im Fleisch, wobei das Grün im Schatten mitwirken soll, gibt, wie schon *Cennini* sagt, klarere Wirkung in der Farbe als das Unterlegen mit Rot und Überarbeiten mit Grün im Kontrast. Dieses wirkt leicht zu matt. Die Farbe wirkt dann wie verschimmelt. Die Farbe soll flüssig sein, aber darf nicht in Tropfen herabfließen. Solche Tropfenbahnen lassen sich kaum mehr entfernen. Man verstärkt nun den Ton, in jedem Striche zeichnerisch die Form verbessernd und setzt die Lichter auf. Man verstärkt die Umrißlinien stellenweise, so daß sie lebendig wirken und setzt zum Schluß noch Drucker in Lichter und Tiefen ein. Nur kein Verquälen der Farbe! Saftiger, *satter,* also tiefer muß die ganze Arbeit in nassem Zustande aussehen. Sehr wichtig ist es, daß man sich nach Tiefe und Licht ▷

▷ noch die Möglichkeit der Verstärkung offen läßt, um einen Bildteil zum andern stimmen zu können.

Man fängt aus praktischen Gründen oben im Bilde an zu malen, damit nicht die untere Arbeit später verschmutzt. Niemals darf man sofort nach dem Auftrag der Putzschicht mit dem Malen beginnen; alle Farbe würde im zu nassen Grund verschwinden. Das gleiche geschieht bei zu frischem Kalk. Man kann nur so lange malen, bis die Putzschicht anzieht, was man daran erkennt, daß der Pinselstrich stockend, die Farbe zäh wird. Was dann nicht vollendet ist, muß weggenommen werden. Man schneidet mit Kelle oder Spachtel *schräg nach außen* das nicht gelungene oder unbemalte Stück weg. Vor dem neuen Auftrag muß man die Ansatzstellen besonders *gut nässen.* Mit der Spachtel kann man bei einiger Übung leicht die durchgenäßte Ansatzstelle ebnen. Man wird sie möglichst an die Grenze von Hell und Dunkel, also an weniger sichtbare Punkte verlegen. An der Ansatzstelle trocknet die Schicht zuerst, man muß darum auch hier wieder zu malen beginnen. Das spätere Auftrocknen der Farben kann man in ihren Werten annähernd gleich feststellen, wenn man auf eine *Gipsplatte oder auf Bologneser Kreide, Umbrastein* usw. den Farbton aufträgt; doch ist das nicht nötig.

Die Farben müssen im Auftrag tiefer aussehen, als sie beabsichtigt sind. Große Flächen, wie Lufttöne, malt man auf einmal, aus dem Topf heraus, weil man den Ton nicht wieder genau so treffen würde, und schneidet die hineinragenden Figurenteile wieder aus, wenn man sie nicht sogleich bemalen kann. Ebenso verfährt man bei Vergoldungen, die vor der Malerei gemacht werden müssen. Im Innenraum ist Eiweiß- und Ölvergoldung möglich, im Freien nur Ölvergoldung.

Man kann die Arbeit beginnen mit einer leichten Verstärkung des Umrisses in Ockertönen und aquarellierend flächig die großen Lokaltöne des Fleisches auftragen, nach kurzem Anziehenlassen die Farben vertiefen und die Form verstärken, indem man vom Hellen ins Dunkle malt, die Lichter ausspart und lasierend verfärbt wie bei Aquarell. Diese tuschende Methode, bei der die Umrisse zuletzt verstärkt und tiefe Drucker aufgesetzt werden, eignet sich speziell für glatte, mit dem Hobel abgezogene Flächen. Die Umrißlinie im Fresko hat die Eigenschaft, die Flächenwirkung der Malerei zu betonen, und muß nach diesem Gesichtspunkt behandelt werden. Man kann mit dem nassen Pinsel Farben verschmelzen und Härten mildern. Alles muß man flächig anlegen und behandeln, auch in Fleischtönen bestimmte begrenzte Flächen suchen. Ein Untertuschen hat außerdem den Vorteil, daß nicht kleine Teilchen der Malerei ausbleiben auf lockeren Putzteilchen.

Andere Maler legen nach dem Ziehen des Umrisses gleich und kräftig flächig die Schatten an, legen nach kurzem Anziehen einen gemeinsamen Lokalton über Licht und Schatten, wobei der erste Auftrag durchscheint, setzen die Lichter auf und vertiefen den Schatten. Diese Methode wurde bei den alten Meistern angewandt und vielfach variiert. Es entstanden durch das Durchscheinen der Schatten optische Grau und lockere Wirkung. *Cennini* schrieb vor, die Schatten mit grüner Erde zu machen. *Knoller* nahm Schwarz und Siena. Häufig wurden Draperien in drei Töne zerlegt und vorgemischt, was sehr praktisch ist bei der Arbeit.

Man kann rein lasierend die Farben auftragen oder mit Kalk gemischt, wodurch sie heller und deckfarbig werden. Beide Arten haben ihre Anhänger. Man muß aber einheitlich durchs ganze Bild vorgehen. Im Freien wird mehr lasierende Technik angewandt. Die kalkgemischte Farbe muß für größere Flächen auf dem Reibstein durchgerieben werden, damit sie nicht fleckig wird. Der buttrige Kalk erlaubt pastosen Auftrag und kommt darin der Ölfarbe nahe. Auf Fresken der Rokoko- und Zopfzeit sind Kalklichter sehr häufig ungemein pastos aufgetragen und haben dabei vorzüglich gehalten. Da die Lichter sehr hell auftrocknen, bilden sie beim weniger erfahrenen Freskomaler gewöhnlich das Schmerzenskind. Und doch ist ihre Behandlung so außerordentlich einfach! Man muß eben hier sein Handwerk und sein Material kennen. Man mischt die Lichter dick und breiig aus Kalk und der Lokalfarbe der Fläche, in der sie zu stehen kommen. *Sie dürfen beim Auftrag nicht von der Lokalfarbe des Lichtes weggehen als Helligkeit, wie es ein Licht in Ölfarbe tut, sondern das Licht muß im Farbton gleich der Lokalfarbe sein,* nur pastoser im Auftrag. So wird es richtig werden beim Trocknen. Man darf die Lichter nicht gleich wie bei Ölfarbe in ihrer Wirkung sehen wollen. Die Lichter werden weich und schwimmend, wenn der Untergrund genügend naß war; auf anziehendem, halbtrocknendem Grund stehen sie hart. Man kann sie auch in einen leichten Halbton hineinsetzen, damit sie weich stehen. Zwischen Kontur und Lichtern läßt man ein wenig vom Halbton stehen, damit die Figur nicht ausgeschnitten wirkt.

Mit dem *Schwamm* lassen sich bei ausgedehnten Flächen einfache große Wirkungen erzielen. Man führt mit feuchtem, gut ausgedrücktem Schwamm die kräftig hingesetzten Umrisse und einzelne Tonwerte noch naß zusammen, sie zur Einheit verbindend. So erzielt man weicher ineinander klingende Töne als bei der Pinselarbeit und kann durch einige kräftige Drucker die Arbeit rasch vollenden und Härten verwaschen.

An vielen Fehlern bei der Wandmalerei ist der Umstand schuld, daß der Maler von heute fast ausschließlich durch die Öltechnik befangen ist und deren Anforderungen und Wesen auf fremde Gebiete wie in das Fresko übernimmt. So das Malen von „Tönchen“ im Fleisch, die nur fleckig wirken. ▷

▷ Klare Töne erzielt man, wenn man kühlere hellere lokalfarbige Töne unterlegt und allmählich zu wärmeren voranschreitet.

Man muß selbstverständlich einheitlich durch das Bild entweder lasierend oder pastos in Lichtern oder Schatten verfahren. Dunkle Farben malt man in Ton, nicht fließend, doch flüssig, Stück für Stück hinsetzend, und setzt sofort stärkere Tiefen hinein. Man kann auch in abgestuftem, deckendem Grau untermalen, darüber halbdeckende Lokaltöne legen und dahinein malen. Immer wird man gut tun, die Farbstoffe, namentlich die Erdfarben, dünn aufzutragen, damit sie gut abbinden, was ihrer pastosen Verwendung durch entsprechende Kalkzugaben keinen Abbruch zu tun braucht. Alles Licht malt man am besten pastos, sehr helle Sachen auf Kalktünche.

Es gibt Maler, die für Arbeiten im Freien den dikken, gut durchgerührten Grubenkalk pastos verwenden und ihm nur Farbe, aber möglichst wenig Wasser zumischen. Die Farbe bekommt dabei einen gewissen Glanz und gute Haltbarkeit. Es läßt sich auch Prima in voller Farbstärke malen, indem man die Kontraste kräftig angibt und zueinander abwägend sie verfeinert. Man kann breit malerisch arbeiten. Da man ja die eingegrabenen Konturen immer zur Verfügung hat, braucht man den Verlust der Zeichnung bei einiger Sicherheit nicht zu fürchten, kann über die Konturen hinaus breit und breiig flüssig die Fleischtöne auftragen, mit dem Finger vertreiben und durch letztes Verstärken der Konturen und Schatten Bestimmtheit und doch malerische Weichheit erzielen. Man kann aber auch strichelnd oder rein zeichnerisch vorgehen, Lokalfarben so vertiefen usw. Kontrastfarbige Konturen erhöhen die farbige Wirkung. Dunkle größere Flächen malt man ohne Kalk, damit keine wolkige Trübung entsteht. Dunkle Farben trägt man möglichst frühzeitig und dünn lasierend auf, damit sie gut abbinden. Allen Methoden ist aber das eigentümlich, daß man leicht und frei arbeiten muß und den Grund nicht aufreiben (sonst gibt es weißliche Flecken durch das Kalkwasser), noch die Farbe verquälen darf, denn das gibt trübe, dunkle und schwere Töne. Auf geschlagenen vertieften Stellen tritt häufig Kalkwasser aus; die Farbe fällt beim Trocknen an solchen Stellen ab, ebenso auf Sandkörnchen von der nicht nach der Pause mit dem Flederwisch oder Pinsel abgekehrten Mauer. Härten verwäscht man mit dem nassen, ausgedrückten Pinsel, ohne Kalkwasser, damit keine Flecken entstehen.

Zieht der Grund an, bekommt er gar weißlich trockne Flächen oder stockt die Farbe, so daß man sie nicht mehr flüssig vermalen kann, muß man sofort aufhören mit dem Malen. Ein Weitermalen bringt unberechenbare Veränderungen. Arbeitet man aber gar am nächsten Tage noch weiter oder macht man Änderungen, so fällt alles auseinander in der Wirkung beim Trocknen. Ist etwas nicht genügend vollendet, so schlage man das Stück lieber weg und mache es von neuem.

Ein Maler sagte mir, er male auf der Decke am liebsten, wenn die Gründe alle am Abend vorher aufgetragen seien. Er rauhe dann den Grund auf, um die Kalkhaut zu zerstören und streiche den Grund fest ein mit Kalktünche. Arbeitet man hoch oben auf dem Gerüst, so muß man des öfteren von unten die Arbeit anschauen. Da ergeben sich dann manchmal notwendige Änderungen, weil die Figuren von weitem gesehen verkürzt oder zu wenig einfach, zu stark farbig oder zu matt erscheinen.

Man kann nicht genug auf Einfachheit der Behandlung und auf flächige Wirkung achten, damit die dekorative Fernwirkung nicht leidet. Durch zu tiefes und starkes Einsetzen von Einzelformen durch schwere Schatten werden die Körper zerrissen; sie müssen einen Fleck, eine Farbfläche bilden trotz aller Arbeit und können zusammengetrieben werden durch größere Tiefen oder Lichter und weich gemacht werden durch eckige Schärfen der Umgebung. Zusammenführen mit dem feuchten Schwamm und erneutes Hineinzeichnen gibt große und rasch erreichbare Wirkung.

Fernwirkung ist wesentliche Forderung im Fresko. Diese kann nur erreicht werden durch *einfache* einheitliche Behandlung und klare Farbkontraste.

Ist ein Gegenstand übermodelliert, aber noch genügend naß, kann man sich durch ein senkrechtes oder waagerechtes Durchstricheln des Lokaltones mit deckendem Grau helfen, wodurch die flächige Wirkung wieder hergestellt wird. Dunkle, dick aufgesetzte Farben wirken schwer und binden auch schlecht ab. Fehlerhaft ist es und nicht selten die Ursache schlechten Abbindens, wenn der Maler den Pinsel während der Arbeit in Wasser auswäscht und, statt ihn auszudrücken, mit vollem nassem Pinsel weitermalt. Kalkwasser ist hier besser.

Praktisch ist es, bei Arbeiten an der Decke den Pinselstiel mit einer Papiermanschette zu umgeben, damit die Farbe nicht auf die Hand und in den Ärmel herunterlaufen kann. Bei der Nähe schwer übersehbarer Flächen arbeitet man mit Pinseln oder Bürsten an langen Stöcken, um Abstand zu haben.

Als Beispiel diene die Malweise eines bekannten Freskomalers des 18. Jahrhunderts: *Martin Knollers.* Auf eine kräftige Umrißzeichnung legte er die Schatten einheitlich und dünn mit Schwarz und Siena gebrannt. Nach leichtem Anziehen kam die leicht kalkgemischte Lokalfarbe übers Ganze. Die Schatten schienen grau durch. So entstand Form in der Fläche. Die Hauptschatten wurden vertieft, die anderen bildeten dann Übergänge. Der Umriß wurde verstärkt, Drucker in Augen, Lippen usw. eingesetzt und kecke Lichter aufgetragen. Das ▷

▷ System entspricht einer abgekürzten Grauuntermalung und ist in Fresko wie in Secco anwendbar und sicher zum Ziele führend. Es gibt einfache Behandlung und Frische der Darstellung.

Arbeitet man mit pastoser Kalkfarbe, so müssen Pinsel, Palette und Töpfe sofort gereinigt werden, sonst bringt man die Farbe kaum mehr weg.

Bei Arbeiten im Freien muß man das entstehende Bild gut vor Sonne oder Regen schützen.

Das Trocknen

Je langsamer der Mörtel zum Erhärten kommt, also: je dicker die Mörtelschicht und je besser die Mauer genäßt war, desto länger kann man arbeiten und desto besser wird die Bindung des Freskobildes. Der Mörtel schwindet durch Wasserverlust und wird poröser, die Kohlensäure dringt dadurch leichter ein. Mit Abnahme der Feuchtigkeit mehrt sich die Kohlensäureaufnahme und damit die Festigung der Freskomalerei. Solange der Vorgang sich abspielt, ist das Fresko immer noch wasserlöslich; darum darf man nicht den Fehler machen, das frisch Gemalte zu frühzeitig zu enthüllen und dem Regen oder der Sonne auszusetzen. Mindestens einen Monat lang, besser sechs Wochen, muß die Malerei noch geschlossen stehen. Das oberflächliche, scheinbar rasche Abbinden der Freskoschicht verleitet den Maler zu leicht zu dem Glauben, das Bild sei völlig trocken. Es ist notwendig, hier noch einmal darauf hinzuweisen, daß das Trocknen des Freskos etwa sechs Wochen beansprucht. Man muß den Zeitpunkt des Malens so wählen, daß kein Frost in diese Zeit fällt. Das wird leider viel zu wenig beachtet und rächt sich durch rasche Zerstörung des Grundes und damit der Malerei.

Der Freskoputz bleibt unter der Kalksinterhaut noch lange porös und weich. Es dauert viele Jahre, bis ein Fresko durch und durch hart wird. Das Bestreben muß dahin gehen, durch gute Nässung der Mauer und Auftrag aller Schichten naß in naß möglichst lange gelöstes Kalkwasser (Kalkhydrat) zur Sinterbildung an die Oberfläche zu führen. Aus dem Gesagten geht auch hervor, daß es ganz verkehrt wäre, das Fresko rascher zum Trocknen bringen zu wollen, wie es z. B. nach dem Verfahren des dänischen Malers *Mathiessen* durch Aufstellung von Koksöfen geschieht. Die Anreicherung mit Kohlensäure, die dadurch eintritt, erstreckt sich nur auf die oberste Haut und nicht auf die Bindung der inneren Schichten.

Zusätze von Zucker, Eiweiß, fetten Ölen, Seifen u. dgl. werden oft dem Freskogrund beigemischt, sind aber gefährlich, weil sie das Abbinden aufhalten können. Eine sehr geringe Zugabe von Kasein zum Mörtel bei Außenarbeiten, oder auch von abgerahmter Milch ist dagegen empfehlenswert, aber nicht unbedingt nötig. Über 5% verdünntes Kasein sollte man nicht hinausgehen. Bei 10% wird der Grund schon klebrig. Milch oder Kasein machen das Fresko zwar grauer, aber wetterfester.

Anstelle von Kalkwasser wird von wissenschaftlicher Seite Barytwasser empfohlen (20 g Ätzbaryt auf 100 g destilliertes Wasser; gut verschlossen aufbewahren); die Flasche muß mit Glasstöpsel verschlossen sein, den man leicht einfettet, sonst bringt man ihn nicht mehr heraus. Die Mischung muß öfter geschüttelt werden. Nach völliger Lösung gibt man noch einige Kristalle Ätzbaryt hinzu. Es soll sich ein leichter Bodensatz bilden. Es entsteht säurefestes Bariumkarbonat. Das Mittel soll die 20fache Bindekraft des kohlensauren Kalkes besitzen. Verwendet wird Barytwasser zum Anreiben und Verdünnen der Farben. In der Praxis gehen die Urteile auseinander. Man behauptet, daß nicht annähernd die erwähnte Bindung erzielt werde, wohl aber Schwärzung, und zieht nach wie vor Kalkwasser vor. ◀

Heute wissen wir, daß alle wasserlöslichen Bariumverbindungen gesundheitsschädlich sind. Deshalb ist von dieser Arbeitsweise abzuraten.

▶ Das *Ansprühen* („Fixieren“) der Fresken mit Kalkwasser und Spritze, um länger ins Nasse malen zu können, ist eine gefährliche Sache, weil leicht Flecken entstehen können, kann aber bei vorsichtiger Handhabung gute Dienste leisten.

Mir ist ein Fall bekannt, wo ein solches, während der Arbeit öfter mit *klarem Kalkwasser* übersprühtes Freskobild seit Jahrzehnten sehr gut im Freien gehalten hat, bei allerdings vorzüglichem Rohmaterial (Quarzsand). Andere Maler verhängen mit triefend naß gehaltenen Tüchern das bereits Gemalte, um länger arbeiten oder noch korrigieren zu können, oder, um die Sonne abzuhalten. Sonne trocknet die Schicht rasch, stört aber das Abbinden. Man muß aber sehr darauf achten, daß nicht bei Wind die Tücher in die Malerei schlagen können, sie machen sonst die Arbeit fleckig.

Kalkspritzer im Auge rufen schmerzhafte Entzündungen hervor. Zuckerwasser oder verdünnte Milch wirken schmerzlindernd, besser als Wasser. Mit Borsalbe streiche man nachher ein.

Die Retusche

Retuschen kann man erst nach dem völligen Trocknen der Freskomalerei anbringen. Das Trocknen dauert gut sechs Wochen. Um diese Zeit beginnt das Fresko Festigkeit zu bekommen. Früher aufgesetzte Retuschen müssen, selbst wenn sie genauestens getroffen wurden, später herausfallen, weil das Fresko sich bis zum Durchtrocknen immer noch aufhellt. Der Freskomaler muß beachten, ohne Retu- ▷

▷ schen auszukommen. Im Freien bedeutet jede Retusche eine Gefahr.

Mit Kalkfarbe kann man nicht retuschieren. Sie trocknet unberechenbar auf. Man nimmt gewöhnlich Topfenkasein und trägt die Farbe strichelnd, nicht flächig, auf, weil der gestrichene Kaseinton schwer und grauer wirkt im Fresko. Wachspottasche-Emulsion, mit dünnem Dammarfirnis vermengt, bewährte sich ausgezeichnet bei Innenarbeiten. Wachsammon ist noch vorzuziehen gegenüber Wachspottasche, die wasserlöslich ist. Ich vermischte die sehr dicke (wie Weichkäse), mit ganz wenig Wasser hergestellte Emulsion mit Pulverfarbe, indem ich sie mit einem alten runden Pinsel gleich auf der Palette zusammenrieb und stupfend, nicht streichend, auftrug. Als Weiß diente Zinkweiß. Diese Retuschen fügten sich optisch völlig dem Fresko ein. Man kann die Emulsion auch mit Terpentinöl verdünnen. Im Freien ist es am richtigsten, auf Retuschen zu verzichten und lieber das fehlerhafte Stück von neuem zu malen. Vielfach wird hier Topfenkasein und nachfolgende, aber bei Kasein überflüssige Fixierung mit Formalin verwendet. Auf Formalin ist besser zu verzichten. *Eiklar oder Wachslösungen* in Terpentinöl als Firnis für Fresko sind nicht anzuraten. Sie verändern den Freskocharakter, ebenso punisches Wachs in Terpentinöl.

Pompejanische Wandmalerei

(s. Tafel VII)

Der römische Baumeister *Vitruv* schildert die Herstellung des antiken Mörtelgrundes. Auf gut genäßter Mauer wurden insgesamt sechs Schichten von Kalk und erst grobem, dann feinem Sand jedesmal aufs Feuchte aufgetragen. Die oberen drei Schichten bekamen Marmorsand und Marmormehl statt des Sandes. Sie wurden dadurch sehr hart und hell. Die obersten Schichten wurden geglättet. Die letzte bekam dadurch spiegelnden Glanz, wozu nach *Vitruv* der Auftrag aller sechs Schichten nötig war. Der Mörtel wurde besonders gut und lange durchgearbeitet. Die Schichten waren dicker als beim heutigen Fresko. Über die pompejanische Technik zerbrach man sich lange den Kopf. *E. Berger* sah in diesen Arbeiten zuerst Enkaustik, später Stukkolustro, und erreichte den Glanz mit Zutaten von Seife usw. *A. W. Keim* trat für reines Fresko ein und erbrachte den Beweis, daß sich Glanz ohne Zutaten durch Durchglättung erreichen lasse.

In Pompeji finden sich Malereien auf weißem Grund und auf farbigen, roten, gelben, auch schwarzen oder blauen Gründen. Die Malereien auf weißem Grund galten immer schon als Fresko. *Raehlmann* und *Eibner* wiesen durch mikroskopische Untersuchungen nach, daß hier Fresko vorliege, bei den farbigen Gründen meist Seccomalerei, häufig Kasein. *Harzfarbenmalerei oder Enkaustik fand sich nirgends.* Durch die Konservierung mit Wachslösungen wird der Besucher Pompejis leicht irregeführt, die Malereien für Wachsfarben zu halten.

Es finden sich auch in der obersten Schicht, im letzten Feinputz, in der Masse gefärbte Gründe, meist ockerig oder rot. *Eibner* nahm an, daß auf diesen Puzzolanerden oder vulkanischen Ockern nur Seccomalerei möglich sei. Prof. *Franz Klemmers* Versuche erwiesen, daß hier im Gegenteil die Bindung und die Farbkraft in Fresko sogar besser sei als gewöhnlich.

Bei Übermalung der farbigen Gründe wurden durch dünne Lagen von Kalkweiß mit einem Füllstoff, die den Farbton durchwirken ließen, *optische* Grau erzielt, die in den Schatten mitwirkten, und die Lichtmassen dann kräftig verstärkt.

Auf weißem Grunde sind die Malereien erst konturiert und locker strichelnd über leicht angetuschte Lokalfarbe ist die Form gehöht, und mit ein paar kräftigen Druckern und verstärktem Umriß vollendet. Im Schatten ist häufig die schöne apfelgrüne Veroneser Erde verwendet. Die Malereien sind zum Teil in die Fläche eingeglättet, vielfach aber auch pastos über den geglätteten Grund aufgetragen, besonders bei den roten Feldern. Das Malen in Fresko ist nach *Keims* Versuchen auch auf geglättetem Grund möglich durch das lange Naßbleiben der dicken und durch Schlagen mit breiten Holzstücken verdichteten Schicht. Der Mörtel darf nie sehr naß aufgetragen werden, damit sie nicht schwinde und Risse bekomme. Man konnte bei *Keims* Versuchen (1911) trotz der tropischen Hitze unter dem Blechdach der Westenrieder Gewerbeschule im Juli noch nach mehr als 14 Tagen festes Abbinden der Farben erreichen. Die Unterschiede zwischen nassen und getrockneten Farben waren erstaunlich gering. Durch das lange Naßbleiben wurden im antiken Fresko Ansatzstellen kaum nötig. Man konnte größere Flächen auf einmal auftragen und bemalen.

Schwarz wurde mit Leim (Kasein?) vermischt aufgetragen, da es schlecht abbindet. Nach *Raehlmann* sind die Farbkörper in Pompeji häufig mit Marmorpulver gestreckt worden. Er fand auch eine Schicht aus Bimssteinpulver und Eiweiß unter der Malerei auf farbigen Gründen häufig angebracht (vielleicht ein Glättungsmittel oder um die Haftung zu verbessern?). Malachitgrün sei in Fresko und Tempera, Ägyptischblau dagegen nur in Secco aufgetragen worden.

Die Haltbarkeit der pompejanischen Malereien ist keine so unbedingte, wie vielfach geglaubt wird. Im Neapler Museum gibt es Ölkopien, die angefertigt wurden, weil die Originale rasch am Tageslicht verblaßten. Keineswegs finden sich überall die sechs Grundierschichten des *Vitruv,* sondern vielfach billigere Arbeit, oft wohl nur Leimfarbe. So habe ich bei ▷

▷ verschiedenen nicht konservierten Bruchstücken gefunden, daß die Farben schon bei ganz leichtem Reiben mit dem nassen Finger fast im Augenblick abfärbten. Unter günstigen Verhältnissen haben Wachs, Harze, Fresko, Tempera, selbst Leimfarbe in Resten früherer Kulturen Jahrtausende überdauert, ohne daß daraus ein allgemein gültiger Schluß gezogen werden dürfte. Der Maler *Ludwig* erzählte mir, er habe mit *Böcklin* zufällig einmal der Freilegung von Freskoresten auf dem römischen Forum beigewohnt. Die Farben seien so frisch gewesen, als seien sie eben gemalt, aber nach kurzer Zeit wurden sie grau und durch atmosphärische Einwirkung rasch vernichtet.

Glänzende, geglättete Wandbilder finden sich in Oberitalien und Südtirol noch bis in sehr späte Zeit. Akademiedirektor *Ferdinand von Miller* erzählte mir, daß auf seiner Burg Karneid ein Maurer spiegelnden Glanz durch heißes Bügeln ohne weitere Zutaten erreicht habe. Mit dem Eisenhobel seien die Schichten fest angedrückt worden und mit einer Flasche voll heißem Wasser gewalzt worden. Es sei nun, nach Erreichung des Glanzes, höchste Zeit zum Bemalen, sagte der Maurer. Alles komme auf den Kalk an, es müsse Schlernkalk (dolomitischer, also Magerkalk) sein. *Eibner* wies nach, daß diese Kalke langsamer abbinden, aber besondere Härte erreichen. Er erzielte ebenfalls den spiegelnden Glanz nur durch heißes Walzen.

Im Gegensatz dazu sagt Prof. *O. Dannenberg,* daß er bei seinen Rekonstruktionen in Stettin den spiegelnden Glanz pompejanischen Stuckes nur durch Zugabe von Magermilch zu den dick in Wasser vorgeriebenen und mit feingeriebenem Kalkbrei versetzten Farben erreicht habe (also Kaseinfarbe). Mit einem von ihm konstruierten elektrischen Bügeleisen, das mit Kraft und Gewandtheit zu führen sei, habe sich leuchtendes Tiefenlicht bei Körperhaftigkeit der Malerei ergeben. Ohne Anwendung von Wärme oder Milch, Seife u. dgl. lassen sich noch Fresken glätten durch kaltes Bügeln. Das geschieht am Tage nach der Malerei, auch schon am gleichen Tage, mit einem zweihändig von oben nach unten in langen Zügen zu führendem Bügeleisen, dessen Kante abgeschrägt wird. Der Grund wird marmorartig, die Farbe meist etwas tiefer. Man rechnet eine Stunde Arbeit für 2 qm. Prof. *Franz Klemmer* stellte so Freskoproben 1933 am Nymphenburger Schloß her.

Anmerkung. Eingehend unterrichten über antike Malerei:

Raehlmann: „Über die Maltechnik der Alten“, 1910, und „Über die Farbstoffe der Malerei“. Leipzig 1914.

Eibner: Die Werkstoffe der antiken Wandmalerei. Verlag B. Heller, München.

Seccomalerei

Seccomalerei ist Malerei auf trockenem Putz, im Gegensatz zum Fresco buono. Es gibt aber hier vielerlei Verbindungen und Übergänge. Oft wird die Untermalung in Fresko gemacht und darüber in Secco vollendet. Fast jeder Maler hat da seine besondere Art. Seccomalerei ist einfacher zu behandeln, weil man den Putz im ganzen auftragen kann oder auf schon vorhandenen Putz malen kann. Sie wird für Innenarbeit bevorzugt.

Die Mauer darf nicht von innen heraus feucht sein. Darauf hält keine Malerei. Wer darauf nicht achtet und gar noch für seine Arbeit auf Jahre garantiert, hat den Schaden. Mir teilte ein Maler mit, daß Kaseinfarbe an einer solchen Stelle schon nach Monatsfrist zerstört war. Ursache war ein feuchter Tuffstein. Man prüft auf Mauerfeuchtigkeit, indem man ein Gelatineblatt mit einer Latte glatt anlegt. Bei feuchter Mauer rollt sich das Gelatineblatt in wenigen Minuten zusammen. Sind Löcher in sonst gutem Grunde, so muß man die Stellen nässen und mit Freskokalkmörtel füllen, nie aber mit Gips zuspachteln, denn dieser treibt, er vergrößert sein Volumen, und die Farbe fällt ab. Alter Putz muß daher auf Festigkeit geprüft werden, wenn er bemalt werden soll. Man trägt unverdünntes Topfenkasein darüber auf. Lockere Tünchen springen ab. Hohlräume erkennt man am Klang beim Schlagen mit dem Holzhammer. Zweifelhafter Putz muß unbedingt herunter. Alter trockener Putz wird erst mit der Stahldrahtbürste aufgerauht, um die Sinterhaut zu entfernen, auf der die Farbe nicht fest haftet.

Man näßt den Grund tüchtig und gibt am besten noch eine Kalktünche darüber. Man kann in die nasse oder auf die trockene Tünche malen, deckend oder lasierend. Ein ganz geringer Zusatz verdünnter Magermilch (Kasein) wurde oft angewendet. Mit Öl den Grund zu tränken, ist nicht anzuraten wegen des Gilbens.

Gefährlich zu bemalen sind alte Wände, deren Löcher mit Gips ausgekittet wurden. Eine darübergelegte Kalktünche wirkt günstiger, vermag aber die Gefahr des Treibens und damit des Abblätterns nicht zu bannen.

Nach *Theophilos Presbyter* malte man auf gut genäßten Kalkputz mit kalkgemischten Farben.

Der Kalk als Farbe für Secco wurde geschlämmt, getrocknet und zerstoßen, was mehrfach wiederholt wurde. Der Ätzkalk wurde dadurch zu neutralem kohlensaurem Kalk, der auf der Zunge nicht mehr brannte. Er konnte daher mit organischen Farben, wie Krapplack, gemischt werden. Dieses Weiß, das *Bianco di San Giovanni* des *Cennini,* hatte natürlich keine Bindekraft mehr und mußte mit Ei, Kasein usw. aufgetragen werden. Eierschalenweiß, Ton, ▷

▷ Kreide dienten demselben Zweck. Man konnte damit auch in Kalk unhaltbare Farben, wie Krapp, auf die Mauer auftragen. Heute haben wir in Zinkweiß, vermutlich auch in lichtechtem Lithopone, ein deckendes gutes Weiß für Seccomalerei. Titanweiß ist noch zu wenig erprobt. Es kreidet leicht ab. Bleiweiß ist wie im Fresko ganz auszuschalten, da es schwärzt durch Schwefelwasserstoff. Natürlich ist auch Kalk gut verwendbar, aber nur mit kalkechten Farben und am besten in frischer Tünche. In der Tünche hellen alle Farben auf (S. 31).

Will man auf trockenem Kalkputz andere als Freskofarben gebrauchen, z. B. Preußischblau oder Krapplack, so muß man sich überzeugen, ob der Kalk seine ätzenden Eigenschaften verloren hat. Befeuchtetes rotes Lackmuspapier darf beim Andrücken nicht blau verfärbt werden. Natürlich muß dann auch ein Hineinmalen in Kalktünche unterbleiben. Viele Maler prüfen den Kalk nur mit der Zunge, ob er noch ätzt.

Im übrigen dienen in Secco dieselben Pigmente wie in Temperamalerei, aber nur wenn kein frischer Kalk oder Kalktünche verwendet werden. Die Anforderungen an Lichtechtheit sind im Freien natürlich nicht geringer als bei Fresko.

Die Tonunterschiede zwischen nasser und trockener Farbe sind wie bei Tempera schneller übersehbar als bei Fresko. Eine Gipsplatte zeigt den Ton sofort durch rasches Antrocknen. Mit dem Schwamm läßt sich hier rasch und leicht die Malerei zusammenführen und kräftige und doch weiche Wirkung erzielen durch kräftige Umrisse, Lokalfarbe, und dazu noch ins Feuchte aufgesetzte Lichter und Tiefen.

Retuschen können nach wenigen Tagen gemacht werden. Im Freien sollten sie unterlassen werden.

Kaseinmalerei

Topfenkasein täglich frisch angerieben, ist das gegebene Material für Seccomalerei in Innenräumen, seien es Wand- oder Deckenbilder und ist selbst im Freien an geschützten Plätzen haltbar. Zusätze von Öl, Harz, also Emulsionen, läßt man besser weg, Verbindung mit verseiftem Wachs ist nur für Innenräume geeignet. Noch frischer Kalk, sei es Freskogrund oder eben angezogene Kalktünche, gehen mit dem Kasein eine wetterfeste Verbindung ein. Die Farbe bindet ab. Nachbehandeln mit 2%igem Formalin ist unnötig, nach neueren Versuchen wurde die Schicht dadurch spröde. Kaseinmalerei in nassen Freskogrund oder in nasse Kalktünche wirkt etwas grauer als Fresko, wird aber sehr fest.

Man muß Proben machen, um den rechten Grad der Verdünnung der Kaseinfarben für den bestimmten Fall zu finden (1:3 ist das Übliche). Die Farbe muß abbinden nach einigen Tagen.

In nasse Kalktünche gemalt, ergeben sich weiche, sehr duftige deckende Wirkungen, auf angetrocknete Tünche mehr lasurartige. Zugabe von etwas Kalk zu jeder Farbe ist sehr zu empfehlen.

Mit Kalktopfenkasein, je nachdem in die noch feuchte Freskogrundlage oder auf Kalktünche, sind die zahlreichen, oft überraschend gut erhaltenen Malereien meist aus dem 18. Jahrhundert an unseren oberbayrischen und Tiroler Bauernhäuser gemalt. Auch viele Wand- und namentlich Deckenbilder der Zeit, so von *Knoller,* sind sog. „Kaseinfresken". Ein geringer Zusatz gut abgerahmter, mit Wasser verdünnter Magermilch, bis 5%, zum Mörtel oder zur Farbe verhindert das Abbinden der Freskofarbe nicht.

Die Kaseinfarben werden in Wasser steif vorgerieben und mit dem stark verdünnten Kasein (mindestens 1:3 Wasser) vermischt, vermalt. Der laugenhafte Topfenkalk wird an der Luft bald zu kohlensaurem, für Farben unschädlichen Kalk. Anders ist es mit den Laugen vieler käuflicher Kaseine, die Ätznatron oder Ätzkali enthalten, daneben noch andere unerwünschte Zusätze wie Glyzerin. Wie schädlich solche, von Friedlein so angepriesene Kali- oder Natronlaugenkaseine mit Glyzerin wirken, geht aus der Mitteilung eines bekannten Malers hervor, daß seine Arbeit an geschützter Stelle in Südtirol nach einem halben Jahr schon völlig zerstört war. Der Maler hatte, wie er mir sagte, den Eindruck, als dehnten sich die Farbschichten und zögen sich wieder zusammen wie eine Ziehharmonika. Das typische Beispiel bei hygroskopischen Malmitteln! Sie führen zu Auswitterungen und bleiben teilweise unabgebunden; das Kasein kann zum Faulen kommen. Tubentempera muß ausgeschlossen bleiben auf der Mauer wegen der Gefahr hygroskopischer Zusätze. Soda- oder Boraxlösungen von Kasein führen zu Ausblühungen.

Eine einfache, dem Fresko nahe Technik ist, auf trockenen Putz eine derbe Umrißzeichnung in Kasein zu machen und darüber eine Kalktünche zu legen. Man kann auch holzschnittartig kräftige Strichzeichnung oder auch Schraffierung anwenden, die reizvoll grau durch die Tünche hindurchwirkt. Man tüncht nur ein kleines Stück, etwa einen Kopf oder einen Arm und setzt leicht und locker Kaseinfarben darauf, solange die Tünche feucht ist, also 20 Minuten bis eine halbe Stunde. Man muß einfach dabei arbeiten, eine Lokalfarbe darüberlegen, Lichter aufsetzen, Tiefen verstärken und die Sache muß fertig sein! Für Innenräume ist das eine gute Technik für stilistische Arbeit. Eine geringe Kalkzugabe zu den Farben, etwa haselnußgroß, zu den in Wasser geriebenen Farben ist gut.

Man malt dünn, lasierend und kann Lichter aussparen oder derb aufsetzen. Mit dem Schwamm kann man Massen zusammenführen oder Härten weich machen. ▷

▷ Man kann auch mit bloßem Kalkwasser malen, auch mit Zugabe von etwas abgerahmter Milch, selbst ohne vorausgehende Kalktünche. Entscheidend ist, daß die Farbe abbindet, d. h. wasserunlöslich wird. Auf der trockenen oder nur genäßten Mauer ist natürlich die Bindung geringer.

Man muß möglichst mit 2–3mal Übermalen in Kasein fertig werden. Bei öfterem Übergehen springt die Farbe leicht, ebenso wenn viel Bindemittel und wenig Farbstoff übereinandergelegt wird. Topfenkasein ist eben eine Art Leimfarbe. Man malt locker, oft unter Mitbenützung des Mörtelgrundes als Mittelton, da festgestrichene Kaseinfarbe leicht schwer wird gegenüber dem Fresko.

Zu Freskoretuschen wird Topfenkasein viel gebraucht. Man geht dabei strichelnd vor, sonst wird die Farbe zu schwer gegenüber Fresko, und malt vom Hellen ins Dunkle.

Allerlei Kombinationstechniken sind möglich. So malte ich einmal auf trockenen Putz, da die Zeit sehr knapp war, die Umrisse großer Figuren mit Kaseinschwarz. Mit sehr stark mit Terpentinöl verdünnten Ölfarben lasierte ich darauf lokalfarbig die Flächen. Kalk verbindet sich damit gut. Mit dem Lappen muß aller Überschuß abgetupft werden. Ich verstärkte strichelnd Umrisse und gab Schatten ebenso mit Kaseinschwarz und kräftige Lichter mit Kalk. Diese Malerei ging ungemein rasch und hielt gut auf dem allerdings tadellosen Grund. Doch ist das nur ein Notbehelf.

Eigelbmalerei

Eigelbmalerei wurde früher viel auf der trockenen Mauer gebraucht. Ei und Kalk gehen eine sehr hartwerdende Verbindung ein, *Cennini* beschreibt die alte Eitechnik. Mit verdünntem Eigelb und dem Schwamm wurde die Mauerfläche vorgestrichen, manchmal auch gleich im ganzen farbig getönt. Die Farben wurden in Wasser steif vorgerieben und 1:1 mit Eigelb vermischt. Verbessern läßt sich diese Technik, wenn man auf eben anziehenden Freskogrund malt oder auf Kalktünche und namentlich, wenn man allen Farben beim Anreiben etwas Kalk beimischt. Es entsteht dann eine duftige körperhafte Malerei von großem Reiz, dem Fresko in der Wirkung sehr nahe, während die bloße Eifarbe als Lasurfarbe härter steht und leicht aus der Fläche fällt. Mit dem Schwamm kann man hier leicht locker und schnell große Flächen anlegen und zusammenführen. Diese Farbe wird steinhart. Für Innenräume ist sie jedenfalls sicher, vielleicht auch außen an geschützter Stelle.

Eiemulsion wird in Innenräumen heute auch auf der Mauer verwendet. Ein Maler sagte mir, er habe sehr große Flächen mit Eidammaremulsion bemalt auf frischer Kalktünche. Die Farbe sei schon nach wenigen Tagen so hart geworden, daß er bei Änderungen eine Stahldrahtbürste gebrauchen mußte, um die Farbe zu entfernen.

Enkaustik

(s. Tafel VIII)

Enkaustik ist eingebrannte Wachsfarbe. An dorischen Tempelfassaden ist sie bezeugt durch Inschriften. Sie diente hier zur Fassung einfarbiger, meist blauer oder roter Hintergründe hinter figürlichem oder ornamentalem Schmuck. Ebenso fanden sich an der Trajanssäule solche Wachsreste, was aber (nach *Eibner)* nicht als Beweis der Haltbarkeit für nördliche Länder und besonders nicht für Außenmalereien gelten könne. Tatsächlich hat sich ja bloße Leimfarbe oder ähnliches Material seit ägyptischer oder pompejanischer Zeit unter günstigen Umständen vortrefflich erhalten.

Plinius nennt Wachs *eine den Wänden fremde Technik* (alieno parietibus genere). Dagegen sei Wachs mit Balsam, Cera cum pice, zur Schiffsbemalung sehr geeignet und trotze hier Wind und Wetter. Jeder Fachmann weiß, welche große Rolle der Untergrund spielt für die Haltbarkeit, so daß es nicht angängig erscheint, aus der Eignung des Wachses für Holz entgegen dem Wort des *Plinius* eine solche für die Mauer herzuleiten. Es wurden auch weder auf Innen- noch auf Außenwänden Pompejis Wachsmalereien gefunden. Die Zinnoberfelder der römischen Wandmalereien sollen nach *Vitruv* mit Wachs überzogen worden sein. Als Tafelmalerei spielte die Enkaustik in Griechenland und Rom eine Hauptrolle. Das Wachs wurde auf Kohlenbecken erhitzt und mit Farbe vermengt heißflüssig aufgetragen. Mit heißen Spachteln konnte die Farbe verschmolzen und mit glühendem in die Nähe gebrachten Eisen oberflächlich eingeschmolzen werden (S. 73).

Rekonstruktionen dieser alten Technik wurden oft versucht, da die guten Eigenschaften des Wachses, nicht zu gilben, nicht zu oxidieren oder zu schwinden und gegen Wasser wenig empfindlich zu sein, nebst seinen optischen Vorzügen zu allen Zeiten die Maler anzogen. Aber durch allerlei Zusätze wurden die guten Eigenschaften des Wachses beeinträchtigt. *Fernbach* glaubte 1845, in seiner aus Wachs mit Terpentinöl, Venezianer Terpentin, Bernsteinfirnis und Kautschuk (!) bestehenden Farbe die alten Wandenkaustik der Pompejaner wiedergefunden zu haben, die es gar nicht gab.

Stadtkurat Dr. *H. Schmid* in München hat die antike Technik zu neuem Leben erweckt und ihre Anwendung erleichtert durch von ihm erfundene elektrische Heizapparate. Bildfläche, Palette und Pinsel werden erwärmt. ▷

▷ Die wachsgemischten Farben werden in Näpfen auf der Palette flüssig gehalten. Da bei größerer Hitze Wachs und Farbkörper sich entmischen würden, muß die Wärme reguliert werden. Elektrisch geheizte Spachteln ermöglichen ein Verstreichen der Farben, die zuletzt noch eingebrannt werden. Dr. Schmid setzt der Farbe für Außenwände vermutlich Harz oder Balsame zu, für Innenarbeit Nußöl, um die Streichbarkeit zu erhöhen. Der Kalkmörtelgrund für Heißenkaustik muß völlig trocken sein. Erhitzen mit der Lötflamme muß vorsichtig geschehen, da das Wachs sonst verbrennt und die Farbe verändern, bzw. absprengen kann. Geringe Erhitzung schon färbt Kremser Weiß gelb und gelbe Ocker rötlich.

Eibner nennt Wachs eine ideale Wetterfarbe selbst für die Wetterseite. In unserem Klima ist jedoch Wachsmalerei auf Außenwänden nicht haltbar, da Wachs durch die Versprödung in der Kälte abspringt.

Die Eignung von Paraffin, Ceresin und Ozokerit für Enkaustik statt des Wachses ist sehr fraglich. Paraffin trennt sich beim Erkalten vom Wachs. Carnaubawachs nimmt Wasser auf und ist minderwertig und sehr spröde. Kunstwachse mit höherem Schmelzpunkt, die neuerdings in den Handel kommen, sind noch nicht erprobt.

Die Haltbarkeit der Staffeleibildenkaustik ist bei guten mageren Gründen außerhalb jeden Zweifels.

Leimfarbe

Leimfarbe ist für dekorative Arbeiten sehr brauchbar. Etwa 40–50 g Kölner Leim werden in Wasser vorgequollen und bis zur Lösung leicht erwärmt. Man schüttet Pfeifenton oder Blanc fixe, auch Kreide oder Schwerspat, nicht aber Gips bis zum Aufsaugen in verdünntes Leimwasser. Das bildet die Grundmischung, mit der die in Wasser steif vorgeriebenen und mit obigem Leimwasser vermischten Farben verbunden werden. Pfeifenton, Kaolin, deckt am besten in Leimfarbe. Ohne Grundmischung steht die Farbe hart und glasig. Das Leimwasser soll leicht aus dem Pinsel fließen. Die angetrocknete Farbe soll wischfest sein. Bei zu viel Leim wird sie fleckig oder blättert ab, auch wenn zu viele Schichten übereinanderliegen. Drei Aufstriche gelten als Höchstmaß. Der unterste soll am meisten Leim haben, die oberen etwas weniger, sonst springt die Farbschicht. Durch Zusatz von 10% Alaun zur Trockenleimsubstanz wird die sonst leicht wasserlösliche Leimfarbe wasserfester. Wachsseife wird oft über Leimfarbe zum gleichen Zweck gestrichen. Wachsseife, mit Leimlösung heiß vermischt, war unter dem Namen cera colla ein Malmittel der italienischen Frühzeit. Durch Bürsten bekommt die Farbe Mattglanz.

Leimfarbe gibt sehr helle duftige Töne, die sich aber beim Firnissen mehr noch als Temperafarben ändern. Man läßt den Ton trocknen, bevor man wieder darüber geht. Um einen Ton wieder zu treffen, muß man ihn befeuchten. Man setzt die Farben in genügender Menge am besten in Töpfen an. Der Dekorationsmaler seift die Wandflächen vor. Dadurch trägt sich die Farbe leichter auf. Kalktünche und Seife verbinden sich zu sehr festem Grund. Zu viel Seife ist schädlich, nimmt die Farbe schlecht an und macht die Farbe tot. Abblätternde Stellen müssen gut ausgewaschen werden und dürfen nur leicht wieder übergangen werden. Trotz der Wasserlöslichkeit der Leimfarbe gibt es in Pompeji anscheinend genug Leimfarbenmalereien.

Malen mit kaltflüssigem Wachs

Kaltflüssiges Wachs, Wachsseife, Wachsemulsion wurde ebenfalls schon im Altertum verwendet. Sie kann, mit Wasser verdünnt, wie eine andere Tempera aufgetragen werden oder mit Leim oder besser Kasein vermischt. Sie steht sehr schön matt auf der Mauer. Durch Reiben mit Tüchern bekommt sie Mattglanz. Sie kann auch eingebrannt werden. Wachsammon hat hier unbedingt den Vorzug vor der Emulsion mit Pottasche, da diese hygroskopisch ist. Zinkweiß ist hier gut verwendbar. Die Technik ist nur für Innenräume anwendbar (S. 73).

Wachs in Terpentinöl oder flüssigen Balsamen geschmolzen (mit Farbe vermischt), wurde vielleicht schon in Ägypten auf Wänden und als Überzug über Malereien gebraucht. An sich wirken solche Wachsbilder matt. Durch Reiben bekommen sie Mattglanz, durch Einbrennen Hochglanz. Retuschen werden in gleicher Wachsfarbe gemacht. Je mehr fettes Öl verwendet wird, desto ungünstiger ist die Wachsmischung.

Im *Parryfresko* (Spritfresko), einer Art Harzölfarbe, wurde auf gut trockener Mauer mit einer Mischung von Paraffin, Lavendelöl, Terpentinöl mit der gleichen Menge Kopalfirnis der Grund vorgetränkt und mit gleichem Malmittel bemalt.

Wachs ohne fette Öle oder Firnisse, mit Mastix oder Dammarfirnis, wäre optisch günstiger. Alle diese Techniken sind nur für Innenräume geeignet.

Rottmann soll seine Landschaften unter den Arkaden des Münchner Hofgartens auf Freskogrundlage mit Wachskopalfirnis fertiggestellt haben, ebenso seine griechischen Wandbilder in der Münchener neuen Pinakothek, die nachher eingebrannt wurden.

Ölmalerei

Ölmalerei auf der Wand ist optisch wenig günstig, am besten noch, wenn die Farbe mager oder mit Wachs gemischt aufgetragen wird. Leinöl gilbt mit dem Kalk, wenn es reichlich verwendet wird, sehr ▷

▷ stark. Nach *Cennini* wurde im 14. Jahrhundert in Deutschland viel mit Öl auf der Mauer gemalt.

Bekannt ist, daß *Lionardos* Abendmahl mit Ölfarbe gemalt sein soll, aber schon bald schweren Schaden litt. Nach *Goethe* wurden hierbei Mastix, Pech und andere Anteile mit warmen Eisen auf die Mauertünche gezogen. Darüber kam ein Ölanstrich aus Bleiweiß und Ocker. Berichte *Armeninis* und *Palominos* bezeugen, daß man die Nachteile der Ölmalerei auf der Mauer sehr wohl erkannte. Kalkputz braucht oft ein halbes Jahr, bis er abgebunden hat, bis er fest und neutral ist. Verlängerte Zementputzgründe reagieren manchmal noch nach zwei Jahren alkalisch. Erst bei völliger Neutralität darf auf diesen Gründen mit Ölfarben gemalt werden. Wenn nötig, kann man den Zustand des Putzgrundes mit Indikator-Papieren prüfen, die man bei Firmen für Laborbedarf kaufen kann.

Ölbilder auf Leinwand, auf die Mauer geklebt mit Kasein oder Bleiweiß-Leinölfirnis (Marouflage), vermögen nie den optischen Reiz wirklicher Wandmalerei zu erreichen.

Mineralmalerei

Quarzsand mit Alkalien geschmolzen, gibt einen glasartig aussehenden Stoff, Wasserglas, der Feuchtigkeit anzieht und dabei zerfließt. Das Wasserglas ist ein mineralischer Leim, der bindet und klebt. Brauchbar ist für Malzwecke nur Kali- nicht Natronwasserglas. Mit gelöschtem Kalk, Magnesia und Zinkoxid entstehen kieselsaure Verbindungen, die in Wasser unlöslich erhärten (S. 79f.).

Wasserglas zersetzt sich, offen an der Luft stehend, es muß daher gut verschlossen aufbewahrt werden. Es dient vielfach zu gewerblichen Anstrichen, auch auf Metallen, ist schwer streichbar und die Farben stocken damit leicht; man reibt sie daher mit Milch vor. Die Farbenauswahl ist eine noch beschränktere wie beim Fresko.

Selbstherstellung von Wasserglasfarben ist dem Maler nicht anzuraten.

Die von *Joh. Nep. v. Fuchs* und Schlotthauer erfundene, noch unzulängliche Stereochromie wurde von *Adolf Wilhelm Keim* 1876 grundlegend verbessert als *Keimsche Mineralmalerei.*

Die Mineralmalerei beruht auf der Verwendung eines besonders für Malzwecke geeigneten Kaliwasserglases. Chemische Umsetzungen, Silikatbildungen, führen die Bindung der Farbstoffe herbei.

Notwendig ist ein Spezialgrund. Das Malen kann nur mit besonders zubereiteten Farben geschehen. Die Malerei muß mit einem auf Grund und Farben abgestimmten Fixiermittel bestäubt werden.

Ein Höchstmaß von Silikatbildung soll erreicht werden. Diese Verkieselung gibt der Technik die besondere Lebensdauer, die sie für Monumentalarbeiten auch an Außenwänden geeignet erscheinen läßt. Der Malgrund besteht aus dem Untergrund, einem verlängerten Zementmörtel. Darüber kommt in kurzem Abstand der Spezialmalgrund, der mit dem vorigen zusammen abbinden soll. Das Mauerwerk muß natürlich einwandfrei sein. Nach völligem Durchtrocknen wird der Kalksinter an der Oberfläche durch Ätzflüssigkeit zerstört und der Grund aufgeschlossen.

Das Malen mit den teigförmigen A-Farben erfolgt immer auf kräftig genäßten Grund. Man kann lasierend und deckend malen, vermeide aber allzu pastose Farbe.

Die Farben enthalten Zusätze, die sich beim Fixieren chemisch umsetzen.

Die Fixierung mit einer ammoniakalischen Wasserglaslösung ist von besonderer Wichtigkeit für die Haltbarkeit der Malerei.

Alle Farben müssen unverwischbar gebunden sein. Man fixiert mehrmals, bis überall die Bindung erreicht ist.

Überfixieren führt zur Verschleierung. Die Keimschen B-Farben oder Dekorfarben brauchen weder besonderen Malgrund noch Fixierung. Die präparierten Farben werden mit dem Bindemittel angerührt. Sie sind sehr gut zu brauchen für Innen- und Außenmalereien. Sie können auf zementhaltigem Putz verwendet werden.

Keimsche Mineralmalerei wirkt etwas satter im Ton als Fresko. Sie ist unempfindlich gegen die schwefeligen Rauchgase der Luft und hat sich auch im Freien als sehr beständig erwiesen.

Es muß aber betont werden, daß hier alles von der genauen Befolgung der Vorschriften abhängt. Sonst könnten sich Mißerfolge ergeben.

Die Industriewerke Lohwald, Odemer & Co., Lohwald bei Augsburg, stellen Keimsche Mineralfarbe und Malgründe her. ◀

Keim-Künstler- und Dekorfarben. Im allgemeinen versteht man unter der Keimschen Maltechnik ein Malverfahren mit Kaliwasserglas als Malmittel, das dadurch gekennzeichnet ist, daß Pigment und Bindemittel in sich und mit dem Untergrund verkieseln bzw. versteinern, ohne die Poren zu verschließen. Wie der Keim-Farbenanstrich, so sind deshalb auch Keim-Malereien atmungsaktiv, d. h. sie lassen einen

▷ geregelten Luft- und Feuchtigkeitsaustausch zu im Gegensatz zu einem dichten Film, unter dem Putz- und Mauerwerk ersticken.

Die Industriewerke *Lohwald Keimfarben* GmbH & Co. in 8900 Augsburg 31 stellen Keimsche Mineralfarben für verschiedene Verwendungszwecke her. Wer damit malen oder anstreichen will, sollte sich vom Hersteller über das Material und seine Verarbeitung genau informieren lassen und alle Zweifel klären, bevor er zu arbeiten beginnt.

Die *Keim-Mineralfarben der A-Technik* sind das Malmaterial für den Künstler. Bildträger können sein: scharfsandiger Kalkputz, verlängerter Zementputz, Asbestzementplatten, quarzhaltige Natursteine. Voraussetzung für das Gelingen der Arbeit ist, daß eine spezielle, von *Lohwald* gelieferte Putz-Grundierung für die A-Technik (Kalk-Zement-Mörtel mit scharfem groben Sand) vorschriftsmäßig aufgebracht und auf ihr gemalt wird. Dieser Spezialgrund wird in Pulverform geliefert, wird vom Maler angeteigt und auf den vorgenäßten Bildträger aufgetragen. Der getrocknete Malgrund wird in Abständen von zwei Tagen mehrmals genäßt und soll dann zwei Wochen durchtrocknen können. – Dann wird die mitgelieferte „Ätzflüssigkeit" vorschriftsmäßig verdünnt und satt auf den Putzgrund aufgetragen, der damit für die nachfolgende Malerei aufgeschlossen wird. Die Ätzflüssigkeit zerstört die auf dem Putzgrund entsandene Kalksinterhaut und macht damit dem Malmittel den Weg in das Innere des Grundputzes frei. Nach dem Ätzen wird kräftig nachgewaschen.

Jetzt wird die zu bemalende Fläche mit destilliertem Wasser vorgenäßt. Die Keim-Künstlerpigmente enthalten Zuschlagtoffe, welche die Verkieselung anregen und befördern sollen. Die werden in destilliertem Wasser angeteigt geliefert. Der Maler verdünnt den wässerigen Pigmentteig mit destilliertem Wasser nach Belieben weiter und vermalt die Pigment-Schlämme stets in Nässe.

Obschon in dieser Technik stets ins Nasse gemalt wird, ist und bleibt die Mineralfarbenmalerei eine Secco-Technik, denn es wird auf einen Putzgrund gemalt, der schon einmal vollständig abgebunden und trocken war. Erst zur Vorbereitung für das Malen ist er genäßt worden. Die Pigmente sind zunächst noch nicht auf dem Malgrund fixiert, sie haften nur durch Adhäsion. Dieser Pigmentauftrag ähnelt gleichsam einer Pastellmalerei auf sehr rauhem Grund. Der Maler kann sein Bild jetzt noch korrigieren, die Pigmente mit trockenem Pinsel oder einem nassen Schwamm ganz oder teilweise entfernen, Farbübergänge ineinanderziehen.

Der letzte Arbeitsgang ist das Fixieren der Pigmente mit dem *Keim-Fixiermittel für die A-Technik*. Damit setzt die Verkieselung ein, die nicht mehr gestoppt oder rückgängig gemacht werden kann. Das etwas dickflüssige Fixiermittel besteht aus einer wässerigen Lösung von kieselsaurem Kalium (= Kaliumsilikat) und enthält Stabilisierungsmittel, die seine Lagerfähigkeit verbessern. Das Fixiermittel wird vor der Verarbeitung genau nach Vorschrift mit destilliertem Wasser verdünnt und am besten auf die Malerei aufgespritzt. Lohwald liefert geeignete Spritzen; eine gute Gartenspritze ist auch geeignet. Das Fixiermittel ätzt stark. Deshalb: Vorsicht beim Verarbeiten; Hände und Arbeitsgeräte rasch und gründlich säubern! Auch Glas wird angeätzt und sollte deshalb geschützt werden; Spritzer müssen sofort abgewaschen werden.

Der Mineralfarbenaufstrich steht matt auf der Wand. Bildträger, Malgrund, Pigmente und das Fixativ verkieseln miteinander zu einer unlöslichen quarzähnlichen Silikatschicht, die wetterbeständig, industrie- und rauchgasfest und chemikalienbeständig ist und trotzdem wasserdampf- und luftdurchlässig ist und bleibt. Das sind übrigens die Gründe, warum Denkmalpfleger die Mineralfarbentechnik sehr schätzen.

Die Keim-B- und Keim-C-Technik sind Dekorations- und Anstrichtechniken, die auf gesundem Kalkputz, verlängertem Zementputz, auf Beton und Asbestzement ausgeführt werden können. Dazu liefert Lohwald die Pigmente trocken und in Pulverform. Sie werden mit dem Malmittel zu einer streichfertigen Anstrichfarbe angerührt, welche auf dem Putzgrund rasch zu einem wetterfesten, chemikalienbeständigen Anstrich auftrocknet. Hier kann natürlich nicht mehr wie in der A-Technik korrigiert werden: die Verkieselung setzt sofort ein.

Die Farbenindustrie bietet inzwischen auch sogenannte Einkomponentenfarben an, in denen geeignete Pigmente bereits mit Kaliwasserglas angemischt sind, und es gibt neuerdings auch pastose Mineralfarben, deren Malmittel aus einem Gemisch von Kaliwasserglas und einer Kunststoffdispersion besteht.

Sgraffito

Der Name dieser Technik, die keine Mal-, sondern eigentlich eine Kratztechnik ist, stammt aus dem Italienischen: *sgraffiare* = kratzen. In Italien kennt man Sgraffiti seit der Renaissance; die ältesten bekannten Arbeiten in Deutschland stammen aus dem 13. Jahrhundert. In Oberitalien, in Böhmen und im heutigen österreichischen Raum sind damals ganze Häuserfassaden mit Sgraffiti dekoriert worden. Für einige Jahrhunderte war das Sgraffito auch hierzulande eine beliebte volkstümliche Dekorationstechnik. Dann geriet sie außer Mode und erst seit der Mitte des 19. Jahrhunderts spielt sie bei uns wieder eine gewisse Rolle.

Träger des Sgraffitos ist ein stabiler, junger, mit scharfem Flußsand hergestellter Kalkputzgrund, der mit einem lichtechten und kalkbeständigen Pigment angefärbt sein kann. Auf diesen Träger wird naß in Naß eine zweite Kalkputzschicht aufgetragen, die ebenfalls pigmentiert werden kann. Man sollte hierbei gut färbende Pigmente verwenden und sie über Nacht in Wasser anteigen, damit sie sich leicht in den Kalkmörtel einarbeiten lassen. Die obere Putzschicht wird mit einem Richtscheid abgezogen. Aus dem Oberputz können dann mit angeschrägtem Messer, mit Stiften oder verschieden breiten Sgraffito-Schlingen oder -Kratzeisen Flächen und/oder Linien herausgekratzt werden. Dabei wird das Prinzip der Sgraffito-Technik klar: die Farbtönung des Unterputzes wird als Linie oder Fläche sichtbar.

Es ist durchaus möglich, mehrere pigmentierte Putzschichten übereinander zu legen und auszukratzen. Die Erfahrung lehrt aber, daß sich auch hier in der Bescheidung der Meister zeigt. Sgraffiti können mehr zeichnerischen oder mehr malerischen Charakter erhalten. In den noch feuchten Oberputz kann man auch al fresco oder mit Kaseinfarben hineinmalen. Die Auftragsstärken der Kratzschichten reichen von der Schichtdicke eines getrockneten Kalktüncheauftrages bis zu einem Kalkputzauftrag von maximal 4 mm Stärke. Auch beim Sgraffito muß in Tagewerken gedacht und gearbeitet werden, denn ein abgebundener Putzgrund läßt sich nicht mehr bearbeiten. Der Künstler braucht hier wie bei allen Arbeiten auf der Wand entweder selbst eine ausreichende handwerkliche Erfahrung oder er muß sich einen tüchtigen, erfahrenen Handwerker suchen, mit dem er gut zusammenarbeiten kann. Für Vorversuche braucht man übrigens nicht unbedingt eine Wand, genau wie für Versuchsarbeiten für fresco buono reicht eine große Asbestzementplatte aus.

► Die letzte Mörtelschicht eines ins Feuchte aufgetragenen Freskogrundes wird in der Masse gefärbt und ebenfalls aufs noch Feuchte zweimal kräftig mit Kalktünche überstrichen. Man paust aufs Angezogene die einfache Umrißzeichnung und schabt mit schräg nach außen geführtem Schnitt die Kalktünche ab, so daß eine flächige Wirkung in zwei Farben entsteht. Ornamentaler und figürlicher Schmuck ganzer Fassaden wurde so früher häufig ausgeführt. Der schräge Schnitt nach außen verhindert ein Verwittern der Ränder, an denen sich sonst Regenwasser sammeln würde.

Vasari gibt an, daß verkohltes Stroh zum Färben des Mörtels gebraucht wurde. Gutes Durcharbeiten des gefärbten Mörtels ist nötig,dem auch eine geringe Menge Kasein oder abgerahmte Milch zugegeben werden kann. *G. Semper* gab am Polytechnikum in Zürich dem Mörtel Steinkohlenschlacke bei, um die Festigkeit zu erhöhen. Er wird dadurch zementartig. Heute werden oft mehrere farbige Schichten übereinandergelegt. Mit Kasein- oder mit Freskofarben wird in die farbigen Schichten hineingearbeitet.

Langsam abbindender Portlandzement wird als Zusatz zum Kalkmörtel viel verwendet, ebenso Traß und Puzzolanerde, die zementartige Wirkung haben. Für Freskomalerei würden sie zu rasch anziehen. Die Arbeit muß in einigen Stunden beendet sein.

Zerkleinerte farbige Natursteine wie Schiefer, Basalt, Marmor und zerkleinerte Edelputze wie Terranova werden heute viel gebraucht. Sie müssen gut im Mörtel gemischt werden, sonst gibt's Flecken. Prof. *Lois Gruber* hat für sein Sgraffito neue formale und farbige Möglichkeiten obiger Art geschaffen, auf deren besonders große Haltbarkeit er hinweist. ◄

Stuccolustro, Stuckmarmor

Wird ein *fresco buono* (S. 79, 163) anstatt mit einer Wasser-Pigment-Schlämme gemalt mit einem Gemisch aus einer dünnen Kalkwasser-Pigment-Schlämme und einer gallertigen Lösung von Venetianer Seife, dann entsteht beim Abbinden im Putzgrund eine Kalk-Olivenöl-Seife. Wird dieser Putzgrund dann vorsichtig gebügelt mit einem abgerundeten Spezialbügeleisen, dann erhält die Malerei sofort Glanz und Tiefenlicht. Temperatur, Beginn und Dauer des Bügelns ist eine Sache der handwerklichen Erfahrung. Der seifenhaltige Auftrag bindet etwas langsamer ab als ein nomaler Auftrag. Ein Zusatz von Marmormehl zum Kalkputz fördert Helligkeit und Glanz der Arbeit. Nach vollständigem Abbinden wird eine Terpentinöl-Wachs-Paste aufgetragen und einpoliert (S. 137). Venetianer Seife ist ein schwach verseiftes Olivenöl, das man in Apotheken kaufen kann.

Handwerklich verwandt mit *Stuccolustro* ist die *Stuckmarmor-Technik,* eine Dekorationstechnik, die wir aus den Marmorimitationen der Barockzeit kennen. Damals haben die großen Stuckateure Marmorimitationen geschaffen, die echten Marmor an Farbschönheit und -vielfalt der Musterung übertreffen konnten. Zudem ließen sich diese gleichsam „synthetischen" Marmorflächen leicht in jede architektonische Situation einpassen. Guter Stuckmarmor war manchmal teurer als echter. Er hat deshalb nicht selten die Reputation des Auftraggebers erhöht.

Malzubehör

Paletten

Die braunen Holzpaletten sind ein Überbleibsel aus der Barockzeit, der Zeit, in der man oft auf roten oder rotbraunen Bolusgründen malte. Sie waren damals zweckmäßig, weil sie dem Farbton des Malgrundes einigermaßen entsprachen und eine „Übersetzung“ der Farbtönungen von der Palette auf den Malgrund erleichterten. In Konsequenz müßte man heute Paletten im Farbton der heute üblichen Malgründe verwenden, d. h. die Paletten müßten weiß oder fast weiß sein. Merkwürdigerweise haben das aber die Palettenhersteller und -händler noch nicht kapiert und so sind denn fast alle im Handel befindlichen Ölfarbenpaletten auch heute immer noch holzfarben.

Man trifft in den Malbedarfsgeschäften natürlich auch weiße Paletten aus Kunststoff, aus weißlackiertem Blech oder weißlackiertem Aluminium an, die werden aber gewöhnlich dann als Tempera-, Wasserfarben- oder Schülerpaletten bezeichnet. Wer übrigens Kunststoffpaletten zum Ölmalen benutzen will, der sollte sich vorher vergewissern, ob der Kunststoff auch den gebräuchlichen Lösemitteln des Ölmalers, dem Terpentinöl und dem Testbenzin, standhält oder ob die Palette weich wird und quillt. – Sehr praktisch und zu empfehlen sind übrigens sog. „Abreißpaletten“, die mit weißer Pappe unterlegt und mit vielen Schichten Pergamentpapier überzogen sind. Nach Beendigung der Arbeit wird das oberste Papier einfach abgerissen und damit die Palette gesäubert.

Die Palettenformen und -größen haben sich im Laufe der Zeit entwickelt von etwa handtellergroßen Kleinpaletten, wie wir sie aus Bildern und Miniaturen des 15. und 16. Jahrhunderts kennen, bis hin zu den respekteinflößenden und ungemein schwungvollen Armpaletten mit Gewichtsausgleich, wie sie für die vor der Natur malenden Impressionisten zweckmäßig gewesen sind. Auf einer solchen riesigen Armpalette – es hat Ausmessungen von etwa 50 × 75 cm gegeben – können nämlich ziemlich große Ölfarbenmengen untergebracht werden, die der Pleinair-Maler braucht, wenn er malen und nicht fortwährend Tuben auf- und zuschrauben will.

Heute werden von Malartikelgeschäften angeboten rund-rechteckige und ovale Holzpaletten in verschiedenen Größen, es gibt weiße Kunststoffpaletten und matt-weißlackierte Aluminiumpaletten mit runden Vertiefungen, es gibt rechteckige Weißblechpaletten mit vielen eingelöteten Unterteilungen und es gibt schließlich die große Reihe der weißlackierten Weißblech-Schülerpaletten, die zwar ganz und gar nicht repräsentativ aussehen, die aber immerhin etwa die Größe jener Paletten besitzen, von denen herunter die Maler vor 400 Jahren ihre großartigen Bilder gemalt haben.

Wer es sich einfach machen will, seine Holzpalette leicht sauberzuhalten, der sollte sie vor dem ersten Gebrauch mehrmals mit einem stark verdünnten, tief ins Holz eindringenden Nitrozelluloselack einlassen. Die Holzporen werden dabei geschlossen und können kaum noch Ölfarbe aufnehmen, sobald der Nitrozelluloselack mit Eierschalenglanz in das Holz aufgetrocknet ist. Frische Ölfarbenreste lassen sich dann leicht mit einem in Testbenzin oder Terpentinöl getauchen Lappen oder Papier-Säuberungstuch entfernen. Hat man die rechte Zeit zur Säuberung verpaßt, dann werden die angetrockneten Ölfarbenreste zuerst mit einem Palettenmesser oder einem Malmesser abgespachtelt. Die übrig gebliebenen Reste läßt man dann auf der Palette mit wenig Testbenzin, Terpentinöl oder einem sog. Pinselreiniger anquellen und entfernt sie nach einer gewissen Zeit mit einem Lappen. – Wasserfarbenpaletten sind natürlich leichter sauber zu halten. In die Lackierung eingedrungene Reste von feindispersen Pigmenten, wie sie insbesondere auf Aquarellpaletten vorkommen, lassen sich wenigstens zum Teil durch Spülen der Palette mit einem milden Haushaltspülmittel entfernen.

Monumentalität und Kurvenreichtum der Palette machen den Maler nicht aus. Und so haben denn auch schon ein paar Malergenerationen das Bonmot überliefert „je kleiner der Maler, desto größer die Palette“. Und sie haben damit nicht nur die Ausdehnung der Palettenoberfläche gemeint, sondern auch die Anzahl der zum Mischen gebrauchten Töne.

Malpinsel

Geschichte

Der Malpinsel gehört zu den ältesten Werkzeugerfindungen der Menschheit. Das Malen, das vergißt man leicht, ist ja nicht nur eine frühe Form des künstlerischen Ausdruckswillens, das Malen ist auch eine der ältesten handwerklichen Techniken, die Menschen erfunden und ausgeübt haben. Jedes Handwerk und jede Technik schafft sich zur rechten Zeit ihre eigenen Werkzeuge. Wahrscheinlich sind die ersten pinselähnlichen Instrumente ausgefaserte Pflanzenstengel gewesen, wie sie auch später noch in Ägypten als Stengel und gebündelte Fasern der Papyrusstaude als Malwerkzeug auftreten. Mit hoher Wahrscheinlichkeit haben die vorgeschichtlichen Maler aber bald gelernt, Vogelfedern, Fellbüschel und später auch Haare und Borsten der verschiedensten Tiergattungen als Besteck- oder Besatzmaterial für Pinsel zu benutzen. „Besteck“ oder „Besatz“ nennt man heute ganz allgemein alle für die Pinsel- und Bürstenherstellung verwendeten natürlichen und synthetischen Borsten und Haare.

Maler der jüngeren Steinzeit haben ihre Malfarben scheinbar auch schon mit pinselähnlichen Instrumenten aufgetragen. Wir wissen, daß in der ägyptischen, griechischen und römischen Wand- und Tafelmalerei neben dem „cauterium“ und dem „caestum“, den Spachteln der Enkaustikmaler, auch der „penicillus“ – aus diesem lateinischen Wort ist unser Wort Pinsel entstanden –, selbstverständliches Arbeitsinstrument der antiken Maler gewesen ist. Wir wissen auch, daß die Kollegen der mediterranen Maler, die Schreiber und Maler im Iran, in Indien und in China schon früh Pinsel benutzt haben. – Die heute noch gebräuchlichen, auch bei uns bekannten und benutzten, auf Bambus gebundenen chinesischen Pinsel haben ihre Konstruktion und Form im Laufe der Jahrhunderte kaum verändert.

Bis ins 17. Jahrhundert hinein hat der Malerlehrling in den europäischen Werkstätten das Pinselbinden genauso gelernt wie er das Anreiben der Malfarbe lernen mußte. In jener Zeit sind die ersten Feinpinselmanufakturen entstanden; Grobpinsel für Anstrichzwecke sind anscheinend schon 100 Jahre früher vom neuen Berufsstand der „pürsten-pinter“ hergestellt worden. Am Ende des 18. Jahrhunderts jedenfalls malte der europäische Maler mit Pinseln, die er nicht mehr selbst gebunden, sondern die er vom Pinselmacher gekauft hatte. Die feinen und wertvollen Haarpinsel jener Zeit waren ebenso für angesehene Tafelmaler wie für bedeutende Porzellanmaler bestimmt, für Leute, die es sich nicht selten leisten konnten, ihre Pinselstiele aus Ebenholz oder aus Elfenbein „maßschneidern“ zu lassen.

Der neue Berufsstand des Pinselmachers, jetzt in eigener Werkstatt, war ebenso ein Ergebnis der auf Spezialisierung und Rationalisierung hinzielenden Arbeitsteilung, wie es zwischen dem 15. und 16. Jahrhundert der Auszug der Rahmenmacher aus den Werkstätten der Maler und der Malbrettschreiner gewesen war.

Funktion und Konstruktion

Für den Maler ist der Pinsel ein Transportmittel, mit dem er seine Malfarben, ohne daß sie tropfen, von der Palette oder aus der Farbschale auf den Malgrund befördern will. Dabei soll der Pinsel eine gewisse Menge Malfarbe speichern und er soll es dem Maler erlauben, die Malfarbe so aufzubringen, wie er es will: scharfkantig, wie das nicht selten beim Malen mit Ölfarben erwünscht ist; in dünnen Strichen, dazu braucht der Maler feine Rotmarderpinsel; breit verwaschend, wie häufig beim Aquarellieren.

Wie ein Malpinsel nun diese Aufgaben erfüllt, das ist abhängig von Art und Qualität des Besteck- oder Besatzmaterials, von Art und Qualität seiner Verarbeitung, von den Eigenschaften der jeweils verwendeten Malfarbe und – last not least – vom handwerklichen Geschick des Malers.

Die Konstruktionsmerkmale aller Malpinsel sind gleich, ohne Rücksicht darauf, ob das Besteckmaterial aus Naturhaaren oder -borsten oder aus Synthesefasern besteht. Der für die Funktionsfähigkeit jedes Pinsels wichtigste Bestandteil ist der Besatz, der übrigens nur zu einem Teil sichtbar ist und auch nur soweit vom Maler genutzt werden kann. Ein anderer Teil des Besatzes steckt unsichtbar, verknotet und lösemittelfest verkittet in der metallischen Fassung, in der Zwinge. Der aus Besatz und Zwinge bestehende Pinselkopf wird beim Pinselmachen auf den Pinselstiel gesetzt und in diesen maschinell eingepreßt.*)

Beim Nachdenken über die Speicherfunktion des Pinsels wird klar, daß er dieser Aufgabe um so besser gerecht werden kann, je länger seine Borsten oder Haare sind und je „mikro“rauher deren Oberflächenstruktur ist. Die Zwischenräume im Borstenbündel sind ja nichts anderes als Kapillarröhrchen, in denen die flüssige Malfarbe beim Eintauchen hochsteigt und so lange gespeichert wird, bis beim Malen die Borsten gebogen und die Kapillaren verengt werden: die Malfarbe wird aus den Kapillarröhrchen herausgedrückt und fließt aus. – Es ist verständlich, daß die nur im Mikroskop sichtbare rauhe und schuppige Oberfläche der natürlichen Borsten und Haare die Malfarbe besser festhält als die glatten Kunstborsten.

Besteck- oder Besatzmaterial

Die Haare und Borsten wurzeln beim Säugetier in der äußeren Hautschicht und bestehen aus verhornten Zellen der Oberhaut. Biologisch besteht zwischen Haaren und Borsten kein Unterschied. Nur der allgemeine Sprachgebrauch nennt die steifen und kräftigen Haare der Haus- und Wildschweine „Borsten“.

Natürliche Borsten sind konisch gewachsen; an der „Wurzel“, am „Kopf“, sind sie dicker als an der Spitze. Die Borstenspitze ist mehrfach geteilt, sie besitzt eine „Fahne“, die man bei der Borstenverarbeitung zu erhalten trachtet, weil sie erheblich dazu beiträgt, die Malfarben gleichmäßig und ohne Pinselfurchen aufzutragen.

*) Übrigens sind erst in den 80iger Jahren des 19. Jahrhunderts die ersten nahtlosen Pinselzwingen aufgekommen und haben die bis dahin üblichen Borst-Kluppenpinsel und die Haar-Kielpinsel aus Enten-, Gänse- oder Schwanenfedern abgelöst.

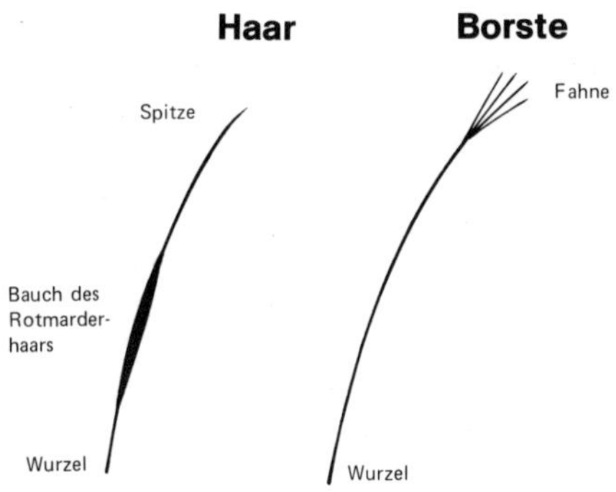

Abb. 33 Haar und Borste
Zur Verdeutlichung sind „Bauch“ und „Fahne“ in der Zeichnung überbetont.

Haare sind genau wie Borsten nicht exakt zylindrisch, sondern ebenfalls leicht konisch gewachsen. Sie besitzen keine „Fahne“, sondern sie laufen in einer feinen Spitze aus. Die wichtigsten und wertvollsten Haare der Malpinselherstellung, die Schweifhaare des sibirischen Rotmarders, sind fast gar nicht konisch, sie besitzen aber einen „Bauch“, eine Verdickung in der Mitte des Haares, ziemlich genau zwischen Haarwurzel und Haarspitze.

Das wichtigste synthetische Besatzmaterial für Malpinsel besteht aus Polyamidfasern, die unter den Handelsbezeichnungen Nylon, Perlon oder in Japan als Taklon bekannt sind. Diese Fasern werden in der Regel ungefärbt, neuerdings aber auch bernsteinfarbig-rötlich gefärbt in den Handel gebracht. Kunstfasern sind von Natur aus zylindrisch.

Rotmarderhaare

Die malhandwerklich wertvollsten Haare stammen vom sibirischen oder tatarischen Rotmarder oder Feuermarder, dessen Fell von Jägern und Fellhändlern mit dem Terminus technicus „Kolinski“ bezeichnet wird, eine Bezeichnung, welche die Pinselmacher übernommen haben und die auch Pinselkäufern ungemein exotisch in den Ohren klingt. Dabei gilt: je nördlicher und „kälter“ die Herkunft, desto besser die Haarqualität. Deshalb hat nordsibirische Provenienz den Vorzug vor chinesischer Herkunft.

Diese Tierart ist genau wie ihr Verwandter, der Zobel, schon von altersher stark gejagt worden. Die den Pinselmacher interessierenden langen Rotmarderhaare gewinnt man von der Schweifspitze. Es ist rötlich-goldfarben, hochelastisch und spannkräftig und läuft in eine sehr feine, zarte, metallisch-fahle Spitze aus. Gute Rotmarderhaare sind zwischen 5,5 und 3 Zentimeter lang; ein Marderschweif liefert zwischen 1 und 1,5 Gramm brauchbare Haare. – Es ist auch für den Maler wichtig zu wissen, daß für gute, lange Haare oft zwei- bis dreimal soviel bezahlt werden muß wie für kurze Haare.

Zurichter und Pinselmacher sind bemüht, die feinen Haarspitzen vor jeder Beschädigung zu schützen. Malartikelhändler und Maler sollten es ihnen nachtun, denn beschädigte Spitzen mindern Funktionsfähigkeit und Wert der Pinsel.

Rotmarderhaar ist ein „Börsenartikel“, sein Preis reagiert empfindlich auf Angebot und Nachfrage. Seit Jahren sind feine Sorten wegen steigender Nachfrage knapp. Das führt einerseits zu wahrhaft exotischen Preisen, andererseits zu empfindlichen Anforderungen an die geschäftliche Moral der Pinselhersteller und Pinselhändler. Ein goldener Aufdruck auf dem Pinselstiel „Echt Kolinski Super Extra“ macht aus einem Marder-Wiesel-Rindsohrenhaar-Gemisch noch keine Spitzenqualität.Maler müssen schon bei einem erfahrenen und zuverlässigen Händler kaufen und wohl oder übel gutes Geld ausgeben, wenn sie einen Rotmarderpinsel der Spitzenqualität besitzen wollen. Ein solcher Pinsel ist seinen Preis wert und durch nichts anderes zu ersetzen.

In der Familie der Marder wird zoologisch unterschieden die Gattung der „echten“ Marder, *mustela martes,* zu denen die Baum-, Haus- und Steinmarder gehören, von der Gattung der sog. Stinkmarder, *mustela puterius,* zu denen z. B. das Wiesel, der Nerz, der Iltis und das nordamerikanische Stinktier Skunk gehören.

Die echten Marder sind ungefähr 45 bis 55 Zentimeter lang, die Schweiflänge beträgt zwischen 25 und 30 Zentimeter; der Schweif der Gattung der Stinkmarder, die im ganzen kleiner sind, erreicht nie die halbe Körperlänge. Die Grannenhaare der echten Marder sind die wertvollsten.

Iltishaare, Wieselhaare

Die Schweifhaare des Iltis und des großen Wiesels erreichen zwar nicht die feine Spitze, Sprungkraft, Elastizität und Länge der feinen Rotmarderhaare, aus guten Iltis- und Wieselhaaren lassen sich aber durchaus anständige Aquarell- und Ölmalpinsel herstellen. Deshalb werden die 3 bis 4,5 Zentimeter langen Haare des sibirischen Iltis von Pinselherstellern auch geschätzt. Zum „Verschneiden“ von Rotmarderpinseln werden sie nicht selten ebenso wie Rindsohrenhaare verwendet. Beim Iltishaar, das zuweilen verballhornt auch „Fischhaar“ (vom engl. Fitchew = Iltis) genannt wird, wird eigentlich offenbar, wie schwer es für den Nichtfachmann ist, aus der Bezeichnung eines Pinsels auf das Tier zu schließen, das als Haarlieferant diente.

Rindsohrenhaare

Ausgesuchtes Material besitzt Eigenschaften, die Verarbeitung zu guten Aquarell- und Ölmalpinseln zuläßt. Geeignete, besonders elastische, langspitzige Sorten werden, gefärbt, zur Rotmarderimitation und für die Herstellung von Aquarellpinseln, runden Ölmalpinseln und Plakatschreibern verwendet.

Fehhaar

Als Fehhaar wird das feine, aber weniger elastische Schweifhaar der sibirischen und kanadischen Eichhörnchen bezeichnet. Diesen Haartyp verwendet man zur Herstellung von mittleren bis einfachen Qualitäten von Aquarellpinseln, zur Herstellung von Schulmalpinseln und Spezialpinseln verschiedener Art.

Ponyhaare

Die weißen und kraftlosen Haare von japanischen und chinesischen Ponys wurden aus unerfindlichen Gründen vor etwa 100 Jahren zum ersten Mal als „Kamelhaare" bezeichnet und sie sind diesen Namen bis heute nicht losgeworden. Es sind billige Haare für den Pinselmacher und dienen hauptsächlich zur Herstellung billiger Schulpinsel. Heute kommen diese Haare hauptsächlich aus Südamerika.

Polyamidfasern, Nylon, Perlon, Taklon usw.

In den letzten Jahren sind Polyamidfasern unter den Handelsbezeichnungen Nylon, Perlon, Taklon usw., weiß oder auch bernsteinfarbig gefärbt, unter teilweise abenteuerlichen und irreführenden Namen als Besteckmaterial für Feinpinsel verwendet worden. Je nach Faserstärke, Nachbehandlung und Art der künstlichen Anspitzung liegen ihre maltechnischen Eigenschaften zwischen denen von Haaren und Borsten.

Sie sind wegen der hohen Preise für gutes Rotmarderhaar zuerst speziell als Rotmarderersatz gedacht gewesen, können aber wegen zu großer Oberflächenglätte der Polyamidfaser weder Aquarellfarben noch verdünnte Ölfarben so halten, wie das die rauheren Naturhaare tun. Einen Vorteil besitzen sie allerdings: wegen ihrer glatten Oberfläche können Öl- und Acrylfarben selbst dann noch leicht ausgewaschen werden, wenn die Farben schon angetrocknet sind.

Borsten

Die besten und bekanntesten Schweineborsten liefern China und Rußland, wobei die „Chunking-Borste" von der Herkunftsbezeichnung fast zu einer Qualitätsbezeichnung geworden ist. Die schwarze Chinaborste wird hauptsächlich für Grobpinsel verwendet, weißgebleichte für Künstlerpinsel. Europäische Borsten kommen hauptsächlich vom Balkan und aus Polen.

Die besten Borsten werden von einem etwa 15 cm breiten Rückenstreifen des Schweines „gerauft", wobei alte Schweine die besten und elastischsten Borsten liefern. Auch hier gilt wieder: je kälter die Temperatur ist, in der die Tiere leben, um so widerstandsfähiger sind die Borsten. Schweineborsten erreichen eine Länge zwischen 4 und 20 Zentimetern. Nur die kleinste Menge und auch nur die kürzeren Borsten werden zur Herstellung von Künstlerpinseln gebraucht. Die weitaus größere Menge dient zur Herstellung von Ringpinseln und Lackierpinseln für das Malerhandwerk, zur Herstellung von anderen Borstenwaren und die längsten Borsten werden zur Herstellung von Deckenbürsten für den Anstreicher gebraucht.

Das Pinselbinden

Bevor Haare und Borsten vom Pinselmacher in die Hand genommen werden, sind sie in Zurichtereien gewaschen, desinfiziert und geordnet worden. In den Zurichtereien wird auch das lange Grannenhaar, das eigentliche Pinselhaar, vom unbrauchbaren kurzen Unterhaar, vom Wollhaar, getrennt. Größere Pinselfabriken richten ihr Besteckmaterial oft ganz oder teilweise selbst zu.

Das Pinselmachen ist ein Handwerk, das viel Erfahrung erfordert. Es wird heute noch nach überkommenen Methoden gearbeitet, an denen sich in den letzten 100 Jahren kaum etwas geändert hat, wenn man vom maschinellen Aufstielen und von der Entwicklung und Verwendung neuer Kleber absieht, die zum Verkitten des Besatzes in der Zwinge verwendet werden.

Wie beispielsweise ein Rotmarderpinsel gebunden wird, das zeigt die Bilderreihe auf Seite 189f. Nach dem Vorhergegangenen ist verständlich, daß ein Kolinski-Pinsel, der aus langem Haar gebunden ist, zu den teuersten Pinseln gehören muß, die es gibt. Hier und gerade hier steckt ja der längere Teil des Haares „publikumsunwirksam", weil unsichtbar in der Zwinge. Die Tatsache, daß damit auch der „Bauch" des Haares in der Zwinge steckt, sorgt zusammen mit der Kombination zweier oder dreier verschiedener Haarlängen in einem Pinselbund und einem richtigen „in-Form-Drehen" für eine gute und dauerhafte Spitze.

Was die Bilder auch nicht zeigen können, ist, daß die Arbeitsqualität eines Haar- wie eines Borstenpinsels neben der Wahl des Besatzmaterials sehr wesentlich davon bestimmt wird, daß die stabileren Borsten- und Haarenden, mit ihrem größeren Durchmesser, möglichst tief in die Zwinge hineingearbeitet und dort gut verkittet werden. Auf diese Weise sorgt der Pinselmacher für Flexibilität und Sprungelastizität des sichtbaren, für das Malen bestimmten Besatzes.

Gute Borstenpinsel werden oft als „Schlußpinsel" bezeichnet. Damit will man sagen, daß beim Binden die natürliche oder auch die durch Kochen über gekrümmten Schindeln künstlich hervorgerufene

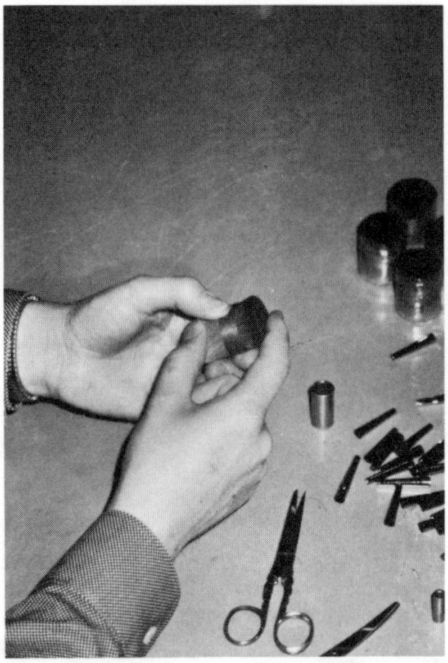

Abb. 34
Prüfung des Haares auf Spitze, Elastizität und Kraft.

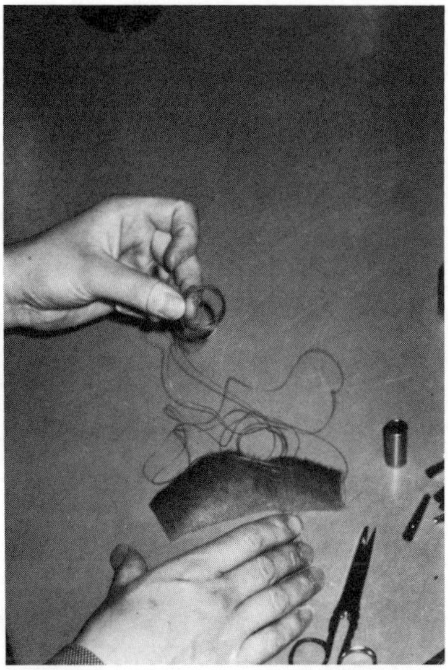

Abb. 35
Öffnen des Haarbundes.

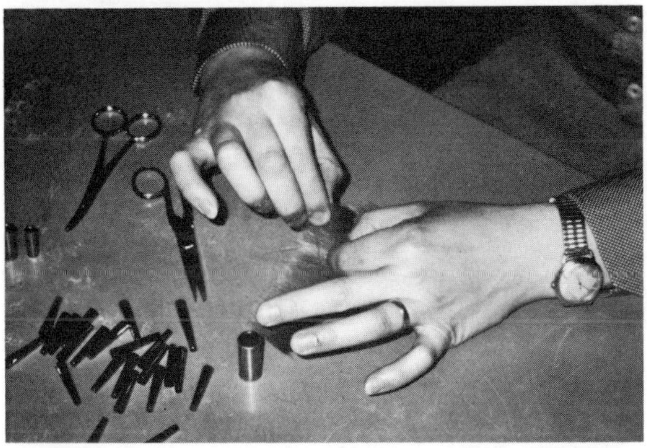

Abb. 36
Abgreifen der richtigen Haarmenge für einen Pinsel.

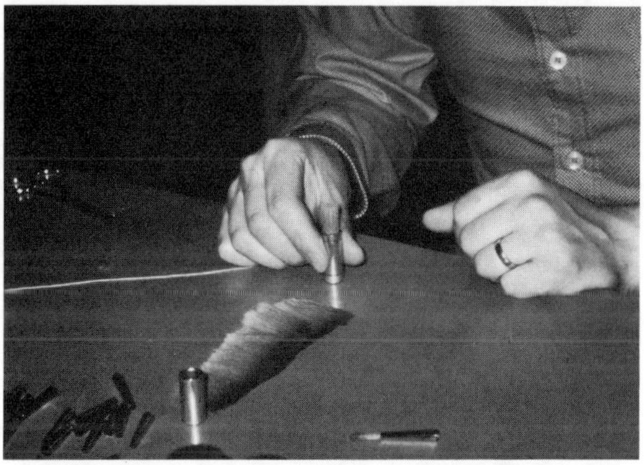

Abb. 37
Einlegen des Haares in die Aufstoßbüchse. Auf- und Zurückstoßen des Haares. Dabei werden beschädigte, gebrochene und falsch liegende Haare sichtbar.

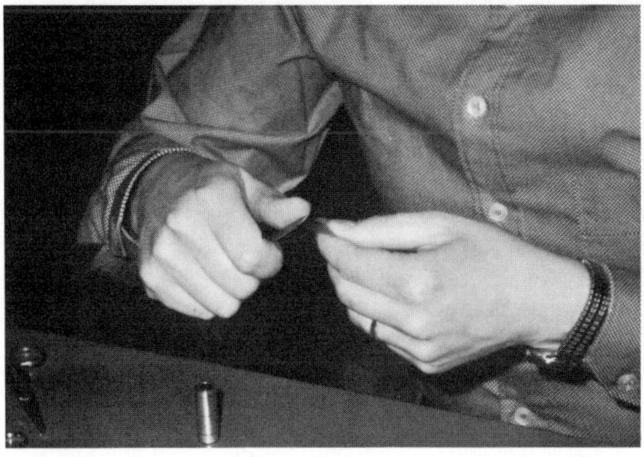

Abb. 38
Mit einem Messer werden stumpfe und verkehrt liegende Haare entfernt.

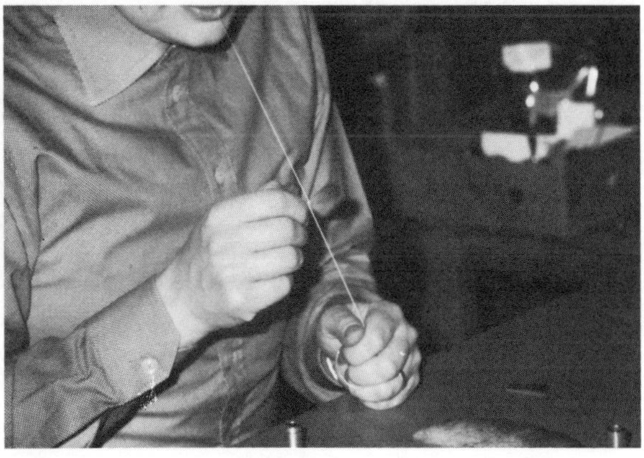

Abb. 39
Binden des Haarbundes mit Daumen, Zeige- und Mittelfinger der linken Hand mittels eines dünnen Fadens. Ein Fadenende wird dabei mit den Zähnen festgehalten.

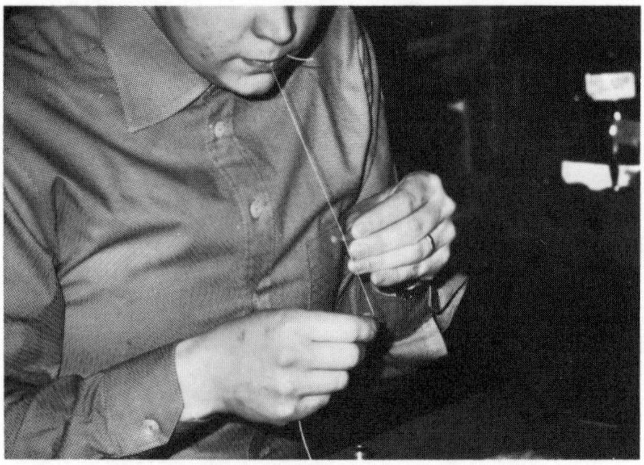

Abb. 40
„In-Form-Drehen" des Pinsels.

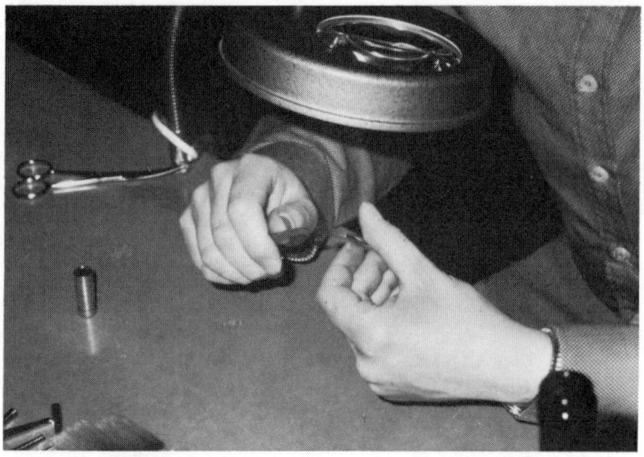

Abb. 41
Einlegen des Haarbündels in die Zwinge und „auf-Länge-Bringen".

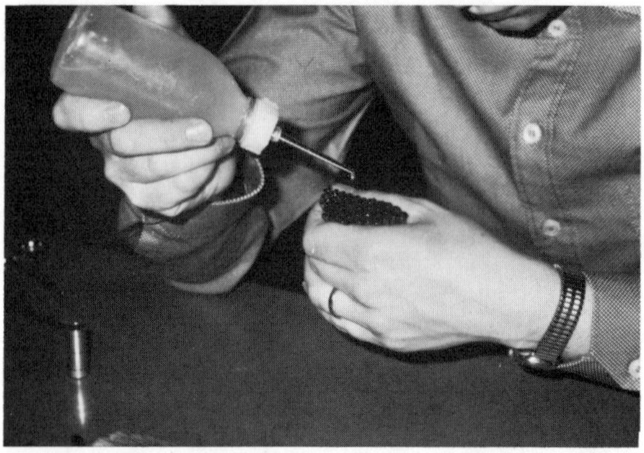

Abb. 42
Verkitten des Haares miteinander und mit der Zwinge.

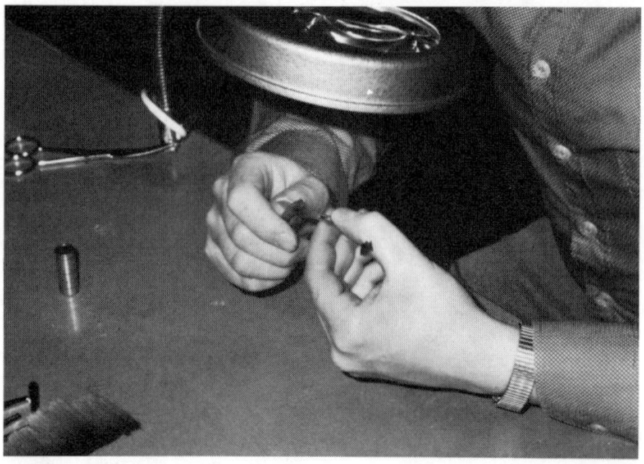

Abb. 43
Prüfung des fertigen Pinselkopfes und entfernen der losen Haare unter der Lupe.

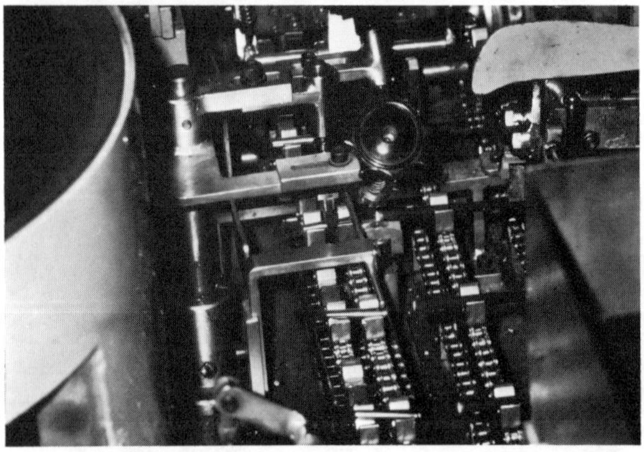

Abb. 44
Aufstielen.

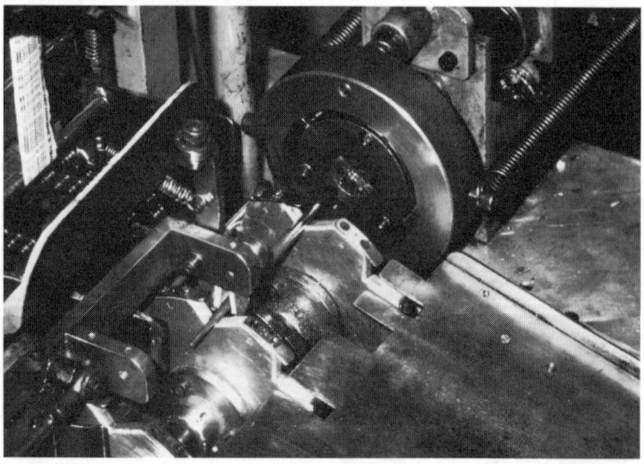

Abb. 45
Mechanische Befestigung des Pinselkopfes auf dem Stiel im Preßkopf.

Binden eines Rotmarderpinsels
Hier wird modellhaft der Gang der Pinselherstellung gezeigt. Bei der ganzen Prozedur wird auf einer Marmorplatte gearbeitet, weil diese stets kühler ist als ihre Umgebung und kühle Haare und Borsten sich besser greifen lassen.
(Werkfotos der Pinselfabrik Karl Zahn KG, Bechhofen.)

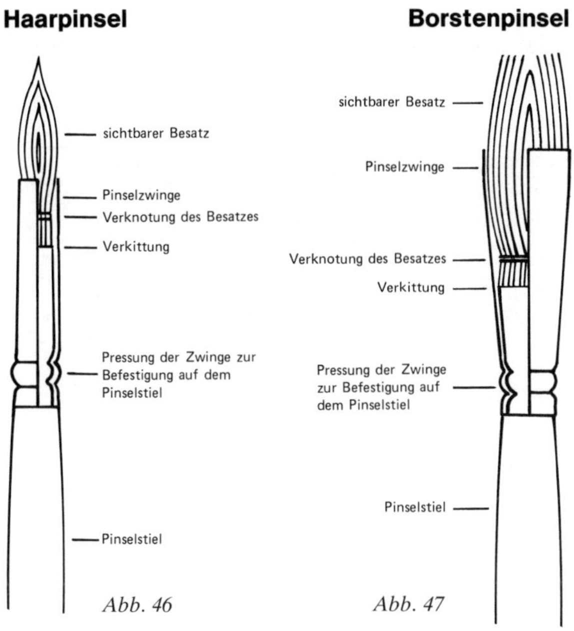

Abb. 46 *Abb. 47*

Konstruktionsschema eines Haarpinsels und eines Schlußkünstlerpinsels aus Borsten.

Krümmung der Borste so gerichtet worden ist, daß sich die Borstenspitzen am Pinselende „schließen" und nicht parallel aus der Zwinge herauskommen.

Einkauf und Pflege

Beim Einkauf von Pinseln sollte man nicht am verkehrten Ende sparen wollen. Jeder Handwerker weiß, daß gute Arbeit nur mit gutem Handwerkszeug geleistet werden kann. Wer auch nur einmal mit einem erstklassigen Schluß-Borstenpinsel gemalt und dann gesehen hat, wie die Borsten alsbald wieder „auf Schluß" gehen und wer gleich danach mit einem billigen Konsumpinsel arbeitet, dessen Borsten schon auseinanderstehen, bevor man mit ihm die Leinwand berührt, der weiß Bescheid. Genau so sieht es mit den Haarpinseln aus. Man wird es aus finanziellen Gründen sicher bedauern, aber es gibt nun einmal keinen Ersatz für einen erstklassigen Borstenpinsel und für einen echten Kolinski-Haarpinsel. Es gibt nur Näherungswerte je nach Borsten- und Haar„komposition" des Pinselmachers.

Wer gute Pinsel haben und trotzdem Geld sparen will, der sollte seine Pinsel gut pflegen. Die wichtigsten Regeln für die Pinselpflege sind:

1. Lasse Farbreste nie im Pinsel trocknen.
2. Lasse Pinsel niemals auf den Borsten oder Haaren stehen. Bewahre sie auf dem Pinselstiel stehend in einer Vase oder einem ähnlichen Gefäß auf.
3. Wasche Ölfarbenpinsel nach dem Malen mit Pinselreiniger oder Seife auf der flachen Hand gründlich aus, bis das Waschwasser sauber bleibt. Bringe die Borsten wieder in Form und laß sie trocknen. Lasse Ölfarbenpinsel nie im Terpentinöl oder Testbenzin stehen, diese Lösemittel entfetten die Borsten zu stark und machen sie frühzeitig spröde.
4. Wasche Wasserfarbenpinsel gründlich in klarem Wasser aus, dem ein Schuß Pinselreiniger oder Haushaltsspülmittel zugesetzt werden kann. Wasche, bis das Wasser klar bleibt, schleudere dann den Pinsel aus und forme vorsichtig die Spitze.

Wer diese Ratschläge beachtet, der wird lange Zeit Freude an seinen Pinseln haben und viel Geld sparen.

Spritzverfahren und Druckgasdosen

Immer dann, wenn es darum geht, Malfarben oder Firnisse streifenfrei, gleichmäßig und extrem dünn aufzubringen, immer dann ist die Spritzpistole jedem Pinsel überlegen. Das ist beim Firnissen ganz besonders der Fall. Die üblichen Malpinsel sind zum Firnissen völlig ungeeignet. Die sogenannten „Firnispinsel" sind je nach Borstenqualität brauchbar, am meisten taugt zum Firnissen aber ein sehr guter, flacher Lackierpinsel, der über die nötige Sprungelastizität verfügt, um den Firnis möglichst dünn zu verschlichten.

So hat denn in den letzten Jahren die Spritzpistole immer mehr Eingang auch in das Atelier des Malers und vor allem des Restaurators gefunden, beim Grafiker ist sie schon lange selbstverständliches Handwerkszeug.

Die Fixierspritze, der Fixateur

Die Fixierspritze ist die simpelste und zugleich billigste Form einer Spritzapparatur. Sie besteht aus zwei verschieden dicken, offenen Röhrchen, die senkrecht aufeinandertreffen und durch ein Gelenk miteinander verbunden sind. Beim Sprühen reißt der horizontal gerichtete Sprühstrahl durch Unterdruck Flüssigkeit aus dem vertikal in einer Fixativ- oder Firnisflasche stehenden dünneren Standrohr hoch und versprüht sie. – Es ist dies zwar eine einfache und billige, aber es ist auch eine etwas mühsame Sprühmethode, die „gekonnt" sein will, wenn gute Ergebnisse auf Kreide-, Kohle- und Pastellzeichnungen herauskommen sollen. Der Ungeübte erleidet oft Schiffbruch, wenn der „atembetriebene" Sprühstrahl keinen gleichmäßigen Film auf der Zeichnung hinterläßt.

Fixierspritze oder Fixateur

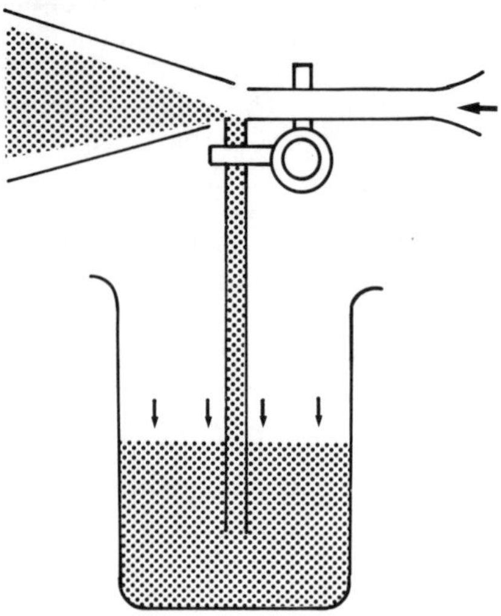

Abb. 48

Der Zerstäuber

Der Zerstäuber, wie er von Blumenfreunden zum Besprühen von Blumen mit Feuchtigkeit oder mit Pflanzenschutzmitteln gebraucht wird, ist ebenso wie der Parfümzerstäuber eine für den Maler recht brauchbare Weiterentwicklung des Fixateurs. Hier kommt die Druckkraft nicht aus der Lunge, sondern aus einem Gummiball, der zusammengedrückt wird. Die Luft strömt deshalb gleichmäßiger und das Sprühen ist weniger mühsam, die Ergebnisse sind entsprechend besser. Von der Qualität eines solchen Zerstäubers sind natürlich Brauchbarkeit und Funktionsfähigkeit abhängig.

Zerstäuber

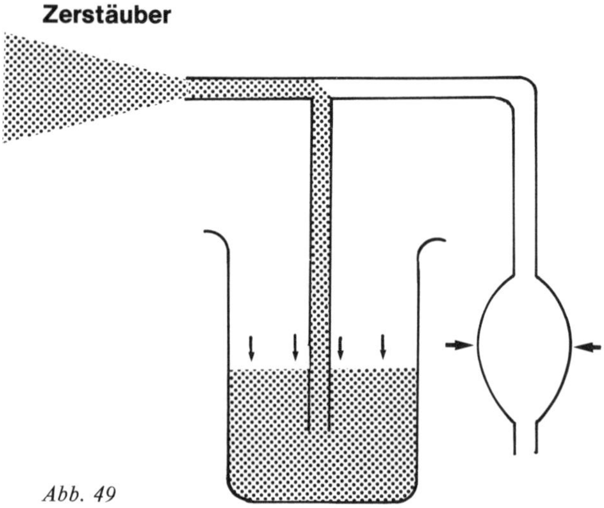

Abb. 49

Die Spritzpistole

Saugsystem, Fließsystem

Die üblichen Spritzpistolen arbeiten entweder nach dem *Saugsystem,* d. h. der Firnisbehälter befindet

Spritzpistole (Saugsystem)

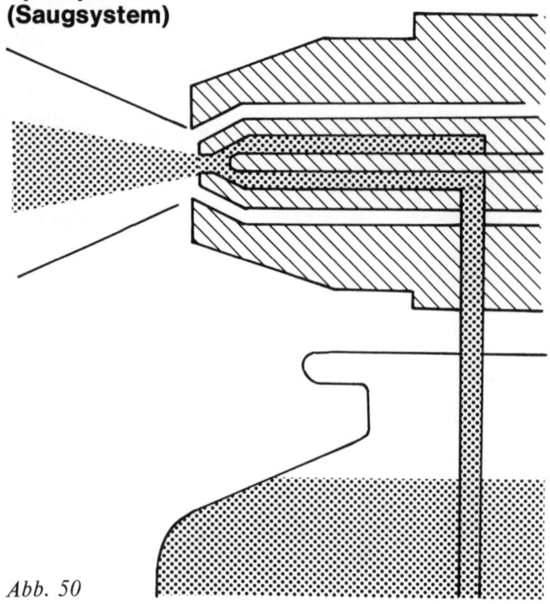

Abb. 50

Spritzpistole (Fließsystem)

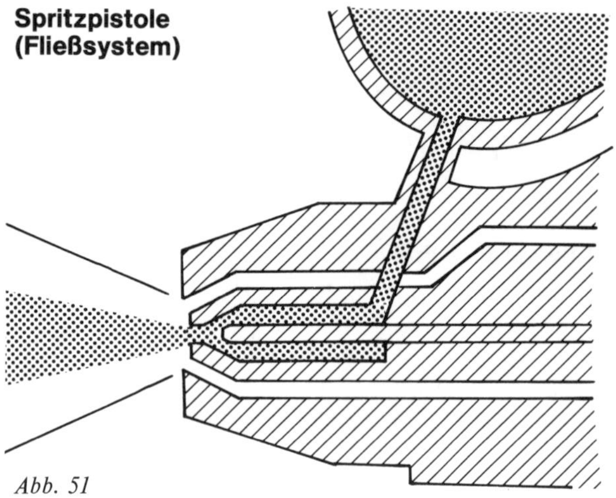

Abb. 51

sich wie beim Fixateur unter dem horizontal herangeführten Preßluftstrom, der den Firnis aus dem Behälter ansaugt, ihn mitreißt und versprüht,

oder die Pistolen arbeiten nach dem

Fließsystem, d. h. das Spritzgut befindet sich über dem horizontal herangeführten Preßluftstrom, fließt durch Eigengewicht aus dem Behälter, wird vom Preßluftstrom erfaßt und versprüht.

Das Fließbechersystem ist heute das gebräuchlichste, denn es lassen sich mit ihm universell sowohl pigmentierte wie unpigmentierte Malfarben und Firnisse versprühen. Nach diesem Verfahren arbeiten übrigens auch sog. Retuschierpistolen, die auch von Malern, Grafikern und Restauratoren benutzt werden, wenn es sich um das Verspritzen von sehr kleinen Mengen handelt. Sie unterscheiden sich von den anderen Spritzpistolen nicht im Prinzip, sondern nur durch ihr geringeres Aufnahmevermögen für Spritzgut und vor allem durch eine erhebliche Verfeinerung der Spritzdüseneinstellung. Für diese Retuschierpistolen sind kleine handliche Treibgasflaschen entwickelt worden, mit denen der Grafiker und Maler vom Kompressor und auch von den schweren gußeisernen Preßluftflaschen unabhängig wird.

Weil sowohl die Saug- wie auch die Fließtöpfe im handwerklich wie im industriell betriebenen Verfahren oft nachgefüllt werden müssen, hat das Lackierhandwerk unter Benutzung von becherlosen Spritzpistolen Druckkesselsysteme entwickelt, die bei großen Spritzgutmengen einen kontinuierlichen Farbzulauf ermöglichen, ohne den Arm des Verarbeiters über Gebühr zu strapazieren.

Die Spritzverfahren

Niederdruckverfahren

Das *Niederdruckverfahren,* das mit einem Druck von 0,2 bis 0,9 bar (atü) und einem Luftverbrauch von 40 bis 80 cbm/Stunde arbeitet, besitzt gegenüber dem Hochdruckverfahren den Vorteil einer einfacheren, billigeren und weniger störanfälligen Apparatur und eine wesentlich geringere Spritznebelbildung. Man arbeitet nämlich entweder mit einem relativ kleinen Gebläsemotor in der Art tragbarer Staubsauger oder mit einer elektrischen Spritzpistole, die den nötigen Druck selbst erzeugt. Weder diese Motoren noch eine gute elektrische Spritzpistole sind unerschwinglich teuer.

Aber bei diesem Verfahren ist die Feinheit der Zerstäubung geringer, denn hier wird eigentlich keine regelrechte Preßluft, sondern nur ein starker Luftstrom erzeugt. Für den Maler, der seine Firnisse üblicherweise mit dem mittelflüchtigen Terpentinöl verdünnt und dabei keine hochflüchtigen, rasch auftrocknenden Lösemittel benutzt, reicht beim Firnissen eine solche Niederdruckanlage oft völlig aus. Das Terpentinöl bleibt lange genug im trocknenden Film, so daß sich ein einwandfreier Firnisauftrag ausbilden kann. Bei raschflüchtigen Fixativen, bei Alkoholfirnissen und starkverdünnten Nitrozelluloselakken, spürt man in der Regel aber die Grenze des Niederdruckverfahrens bald: der Auftrag wird grob und „sandig", weil die Lösemittel teilweise schon auf dem Weg zwischen Düse und Objekt verdunsten und die Firnissubstanz zum Teil schon getrocknet auf dem Bild ankommt. – Bei diesem Verfahren verwendet man Düsenweiten von 1 mm, 1,5 mm oder 2 mm.

Hochdruckverfahren

Das *Hochdruckverfahren* arbeitet mit einem Druck von 1 bis 6 bar (atü) und braucht 8 bis 20 cbm Luft in der Stunde. Der Nachteil dieses Verfahrens ist das unvermeidliche Auftreten von Spritznebel und der wesentlich höhere Preis der gesamten Anlage.

Wer mit diesem Verfahren arbeiten will, der sollte bei den relativ geringen Mengen Spritzgut, wie sie ein Maler normalerweise verarbeitet, sich statt einer teueren Kompressoranlage mit Kompressor, Druckluftkessel, Wasserabscheider und dem gesamten Leitungssystem einfach eine Preßluftflasche mit max. 150 bar kaufen und direkt mit einem entsprechenden Reduzierventil arbeiten.

Dieses Hochdruckverfahren, und das ist sein großer Vorteil, bringt aber in bezug auf Sprühgutverteilung und -verlauf die besten Ergebnisse. Die Firnispartikelchen werden hier mit einem so hohen Druck auf die Bildfläche geschleudert, daß die vom Fachmann „Punkthaftung" genannte, weit bessere Haftung als beim Niederdruckverfahren eintritt. Sprühfeinheit und Verlauf sind hervorragend. – Große Flächen werden bei höherem Druck und einer Düse von 1,5 bis 1,8 mm gespritzt, für kleine, unterbrochene und komplizierte Aufträge wählt man eine Düse von 0,2 bis 1,2 mm und vermindert den Druck entsprechend.

Die Kunst des Spritzens besteht darin – das gilt für alle Verfahren –, in der jeweils aktuellen Situation
- das Spritzgut mit der richtigen Menge des richtigen Lösemittels zu verdünnen,
- den richtigen Druck und die richtige Düse zu wählen,
- den richtigen Objektabstand einzuhalten.

Spritzen will gelernt sein und es ist noch kein Meister vom Himmel gefallen.

Bei den sehr verschiedenartig ablaufenden Spritzverfahren – einmal bei niedrigem Druck aber einer relativ großen, durchlaufenden Luftmenge, das andere Mal bei hohem Druck mit einer relativ geringen Luftmenge pro Zeiteinheit –, ist es nicht verwunderlich, daß es keine für beide Verfahren geeigneten Spritzpistolen gibt.

Die Luftdüse der Niederdruckpistole ist normalerweise vier- bis sechsmal so groß wie die Luftdüse der Hochdruckpistole. Die Feinheit der Zerstäubung ist im ersten Fall zwar geringer, die durch die große Düse austretende Luft ist aber trotzdem in der Lage, den Firnis zu versprühen und wegzutransportieren. Bei diesem Verfahren muß das Spritzgut stärker verdünnt werden als beim Hochdruckverfahren. Deshalb hat beispielsweise ein Firnis trotz gröberen Auftrags Zeit, einen geschlossenen, glatten Film auszubilden, was bei einem Fixativ mit seinen viel rascher flüchtigen Lösemitteln zweifelhaft ist.

Die Luftdüsen der Hochdruckpistolen sind enger. Sie lassen durch den hohen Druck bedingt in einer Zeiteinheit sehr viel mehr feinverteiltes Sprühgut passieren, das sich in feinem Auftrag gleichmäßig auf der Fläche verteilt. In diesem Verfahren können auch Firnisse höherer Viskosität verspritzt werden und auch beim Verspritzen von Alkoholfirnissen, von Fixativen und Nitrozelluloselacken werden bei Einhalten des richtigen Verhältnisses von Düsenweite zu Luftdruck und bei richtigem Abstand Düse zu Objekt glatte, streifenfreie und nicht „sandige" Filme erhalten.

Strahlformen

Nun noch ein Wort zu den *Strahlformen.* Üblicherweise arbeitet man heute noch meistens mit dem Verfahren, mit dem schon die ersten Spritzpistolen gearbeitet haben, mit dem Rundstrahlprinzip. Dabei hinterläßt die Spritzpistole in einem Abstand von 25 bis 35 cm zwischen Düse und Objekt ein ziemlich gleichmäßiges Rundstrahlbild. Der Rundstrahl ist in der Regel auch die richtige Strahlform für das Firnissen von Bildern. Wichtig für den Verarbeiter ist es, Ordnung zu halten bei seinen auswechselbaren Düsen: Luftdüse, Farbdüse und Farbnadel müssen stets die gleiche Größennummer besitzen. Nur so erreicht man ein einwandfreies Spritzbild.

In Sonderfällen wird man auch mit dem Breitstrahl oder dem Flachstrahl arbeiten wollen, was besonders beim Firnissen von sehr großen Bildern seine Vorteile haben kann. Bei neueren Spritzpistolentypen kann man durch einen einfachen Hebeldruck zwei zusätzliche Seitendüsen einschalten, die den aus der Düsenmitte austretenden Rundstrahl flachblasen und damit von Rundstrahl auf Flachstrahl umschalten.

Druckgasdosen

Sehr viel einfacher und unkomplizierter zu handhaben, insbesondere, wenn man sie nur von Fall zu Fall braucht, sind die mit Firnis gefüllten Druckgasdosen, Aerosoldosen oder Spraydosen. Es sind dies druckfeste Farbbehälter aus Weißblech, die bei einer Temperatur von 50°C etwa 6,7 bar (atü) aushalten. Sie sollten deshalb auch nicht höher erwärmt werden.

Ihr Prinzip besteht darin, daß ein Wirkstoff – in unserem Fall in der Regel ein Firnis –, mit Hilfe des Treibgases aus dem Ventil herausgetrieben wird, sobald man die Zerstäuberdüse drückt. Beim Austritt verdampft das Treibgas sofort und gibt den Wirkstoff im Rundstrahl frei. Es ist demnach nicht zu befürchten, daß bei Einhaltung des richtigen Sprühabstandes von ca. 30 Zentimetern das Treibgas mit dem Bild in Berührung kommen und es beschädigen könnte.

Weil Treibgase die Eigenschaft haben, sich in der Wärme auszudehnen, ist es Vorschrift, die Dose nicht vollständig zu füllen, sondern aus Sicherheitsgründen einen Freiraum von 10–15% zu belassen. Die deutsche Fertigpackungsverordnung schreibt vor, die Füllmenge nach Gewicht zu deklarieren, so daß der Verarbeiter das Volumen der Dose nicht in einen evtl. Preisvergleich einbeziehen sollte. Die übliche mittelgroße Spraydose enthält eine Füllmenge von 300 g oder 12 oz. Größere Dosen sind schwerer zu handhaben, kleinere Dosen sind relativ teuerer.

Funktionsschema einer Druckgasdose

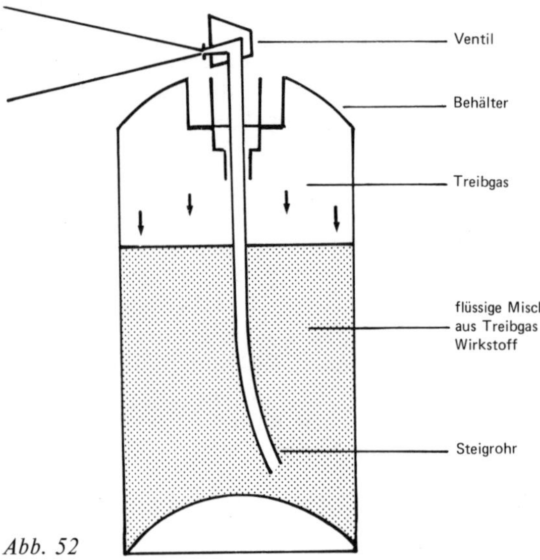

Abb. 52

Das bisher verwendete Treibgas, ein Fluorchlorkohlenwasserstoff, ist zwar unbrennbar und galt lange Zeit vordergründig als physiologisch ungefährlich. Inzwischen ist es aber gesicherte Erkenntnis, daß dieses Gas die Ionosphäre schädigt, den Ozonschutzschild, der die Welt vor zu intensiver UV-Einstrahlung schützt, zerstört und deshalb in einer ganz anderen Weise physiologisch gefährlich ist. Deshalb werden künftig die Druckgasdosen mit ungefährlichen Gasen betrieben werden müssen oder man wird Sprühdosen entwickeln, die mit der Hand betrieben werden und dabei einen einwandfreien Spritzstrahl garantieren.

Der Benutzer einer Druckgasdose sollte nicht vergessen, nach Beendigung des Sprühens, die Dose auf den Kopf zu stellen und die Düse leer zu sprühen. Andernfalls besteht die Gefahr, daß die Düse sich mit Firnis vollsetzt und verstopft.

◇

Die Kunst des Spritzens will gelernt sein, gleichgültig ob man mit dem Fixateur, einer Spritzpistole oder mit einer Sprühdose arbeitet. Hier hilft nur Übung.

Im allgemeinen wird im „Kreuzgang“ gespritzt, abwechselnd horizontal und vertikal in ruhigen, nicht ruckweisen Bewegungen. Auf diese Weise entsteht ein gleichmäßig dicker, streifenloser Firnisauftrag.

Für alle Verfahren gilt: geht man mit der Düse zu nahe an das Bild heran, dann läuft der Firnis in „Rotznasen“ ab; ist der Abstand zwischen Düse und Bild zu groß, dann besteht die Gefahr, daß ein Teil der Firnissubstanz schon trocken auf dem Bild landet und eine „sandige“ Oberfläche hinterläßt. – Der erfahrene Firnisspritzer macht hier manchmal aus der Not eine Tugend: er wählt jenen Spritzabstand, der gerade noch einen zarten Hauch bereits getrockneter Firnissubstanz auf das Bild befördert und nimmt auf diese raffinierte Weise einen zu starken Firnisglanz etwas zurück. Aber hier beginnt schon die höhere Spritzphilosophie.

Gesammelte Beiträge zur Malgeschichte, zum Malen und zur praktischen Denkmalpflege

„Malmaterial und seine Verwendung im Bilde“, das war das große Thema *Max Doerners*. Seine Gedanken und Überlegungen zum Kopieren alter und auch jüngerer Bilder und seine Ausführungen zu Restauriermaterial und dessen Verwendung beim Restaurieren und Konservieren von Kunstwerken, das war bei aller Bedeutung, die er diesen Fragen zugemessen hat, für ihn offensichtlich doch ein Randgebiet.

Bei ihm, seinen Kollegen und Weggefährten, vor allem bei *Toni Roth*, Dr. *Richard Jacobi* und in deren Umkreis, haben sich in vielen Jahren viele Gedanken, Arbeitsergebnisse und Texte gesammelt, von denen einige rekonstruierbar sind und manche trotz ihrer Zeitbezogenheit, vielleicht sogar gerade deswegen, Interesse finden werden.

Sie seien nach dem Malmaterial-Text, gleichsam als „Parerga und Paralipomena“, als „Sammlung kleiner Schriften“, hier noch einmal versammelt. *Arthur Schopenhauer* möge die Adaption freundlich verzeihen. Schließlich sind auch seine „Aphorismen zur Lebensweisheit“, seine am meisten gelesene Arbeit, auch ein Teil *seiner* „Parerga“.

▶ Hilfsmittel zur Bildkontrolle

Die alten Meister arbeiteten meist nach einem sorgfältig hergestellten Karton, der es erlaubte, das Bild in Kürze, ohne Umwege, Änderungen oder Probieren zu malen. Es gibt auch heute noch Maler, die erst nach genau durchdachtem Plane an die Malerei gehen. Aber sie sind selten geworden. Die *Photographie* vermag dem Maler wichtige Dienste zu leisten, ebenso die Projektion, so besonders dem Porträtmaler. Es ist lächerlich, wenn man da oft genug sagen hört, da sei ja nichts dahinter, *Lenbach* z. B. habe ja alles photographiert. Es hat ihm doch noch keiner besser nachgemacht. Und nur ein großer Könner kann sie so frei benützen, lediglich um sich zeitraubende Vorarbeiten abzukürzen, nicht aber als Eselsbrücke. Die modernen Kameras, die mit kurzer Brennweite ohne Mattscheibenverstellung nur auf kurze Belichtungszeiten abgestellt sind, eignen sich für diesen Zweck nicht, sondern geben perspektivische Verzeichnungen, so daß man solchen Bildern sofort die falsche Verwendung der Photographie ansieht und der Schaden größer ist als der Nutzen. Im Gegensatz zur Liebhaberphotographie erfordert die Verwendung für die Kunst ein außerordentlich photographisches Können und Spezialkameras, die der natürlichen Brennweite des Auges angepaßt sind und durch Mattscheibenverstellung das Zusammenfallen der Linien bei Photographieren nach oben und unten ausgleichen lassen. Die alten Meister machten sich nicht selten zur Veranschaulichung der Licht- und Schattenwirkung kleine *plastische Modelle* ihrer Figuren, namentlich auch bei Verkürzungen wie schwebenden Engeln usw. Sie schufen sich zu dem Zweck kleine Bühnen, um die Wirkung des Lichtes und des Raumes bei verschieden einfallender Beleuchtung auf das Ganze studieren zu können und dem Phantasiebild eine räumlich richtige Grundlage geben zu können. Um den scharfen Bruch und die großen Züge der Falten zu studieren, tränkte man dünne Gewebe mit Leimwasser und Kreide oder Gips und ordnete sie noch feucht über die Körper oder die Gliederpuppe.

Blinzeln, mit halbgeschlossenen Augen Bild und Modell zu vergleichen, gibt deutlicheren Aufschluß über die Zusammenhänge der großen Massen in Licht, Mittelton und Schatten. Der *Motivsucher* zeigt den Naturausschnitt für sich allein, abgetrennt von der Umgebung und kann proportional zur Bildgröße eingestellt werden.

Das wichtigste Hilfsmittel zur Bildkontrolle ist ein Spiegel, der so gestellt wird, daß man Modell und Bild zugleich drin sehen kann. Hier zeigt sich jede Verzeichnung und jeder Fehler gegen das Gleichgewicht, der Haltung des Bildes. Der *Schwarzspiegel,* den man sich leicht selber herstellen kann, indem man die rückseitige Fläche eines Glases mit dunkler Firnisfarbe, am besten Asphaltlack, überstreicht und verklebt, zeigt Fehler in der Tonigkeit des Bildes, weil er selber alle Farben der Natur in die Harmonie seines Grundtones taucht. Man muß übrigens bei seinem Gebrauch beherzigen, daß er leicht zu einer zu großen Zurückhaltung in der Farbe verführt, weil er die feinen Reflexwirkungen der Farben nicht zeigt, dafür aber um so deutlicher Hell-Dunkel.

Verkleinerungsspiegel zeigen die Bildwirkung konzentrierter und so auch ihre Fehler.

Ein rein *blaues,* weder violettes noch grünliches Glas zeigt an, ob die Lichtstärke der warmen Farben, die, wie Kadmium, durch ihr Glühen oft stärkere Lichthöhe vortäuschen, wirklich genügend ist. Ist sie es nicht, so wirkt die Farbe branstig. Das sieht man besonders gut bei einer Landschaft mit reifen Kornfeldern oder ähnlichen Wirkungen, in denen helle ▷

▷ Gelb eine Rolle spielen. Die Sache ist deshalb von Wichtigkeit, weil einesteils bei Reproduktionen nicht genügend lichtstarke Gelb oder Rot dunkel werden, und dann besonders deshalb, weil Bilder in solchen Farben nur in sehr günstiger Beleuchtung wirken, in minderer, wie oft in Ausstellungen, aber abfallen, weil ihnen genügend inneres Licht mangelt.

Farbige Gläser wurden von Malern viel verwendet, um das Modell unter solchen Wirkungen zu studieren. Gläser werden von manchen Malern auf eine Bildstelle gelegt, deren Farbton man sucht, und aufgestrichene Farbe, um die Bildstelle selbst nicht zu schädigen, auf dem Glas probiert. *Böcklin* half sich da mit allerhand bunten Stoffflecken, Papieren u. dgl. Farbiges Zelluloid und Gelatineblätter werden statt des Glases, wie besprochen, verwendet. Ebenso wurden durchsichtige, auf Rahmen gespannte Stoffe, wie Gaze, benutzt, um Körper in ihren Verkürzungen darauf durchzuzeichnen. *Lionardo* malte zur Kontrolle der Werte von Luft und Landschaft diese auf eine davorgesetzte Glasscheibe.

Sehr praktisch ist es, über eine zeichnerische Skizze eine Cellophan- oder Cellonhaut zu legen und auf dieser zu versuchen, die Skizze in Farbe zu setzen (nach Prof. *Ed. Löde*). So bleibt die Zeichnung erhalten. Früher verwendete man Pauspapier.

Kerzenbeleuchtung oder sonst schwaches Licht, wie die Dämmerung, zeigt Fehler gegen das Zusammengehen, gegen die Harmonie des Bildes und mangelnde Lichtstärke einzelner Teile. Das Bild muß hier standhalten, wie man es überhaupt nicht nur in günstiger Atelierbeleuchtung betrachten darf, um sich spätere Enttäuschungen zu ersparen. Hier macht sich die günstige Wirkung der Weißhöhung besonders bemerkbar. Solche Bilder kann man wie die der alten Meister überall hinhängen; auch im dunkelsten Winkel behalten sie ihr inneres Leuchten.

Senkblei, Storchschnabel beim Aufzeichnen, ein Metermaß, das man proportional zum Naturausschnitt teilt, oder auch ein *Fadenkreuz,* wie es *Dürer* und *Hans Thoma* benützten, könnten dem einzelnen gute Dienste tun. Das Fadenkreuz besteht aus einem Rahmen, dessen Durchsicht durch sich kreuzende Fäden in gleiche große Rechtecke zerlegt wird, die proportional der Bildgröße genommen werden, um perspektivische Verkürzungen des Raumes und die Größenverhältnisse der Figuren im Raume sicher kontrollieren zu können. Der *„Goldene Schnitt“* und der *„Goldene Zirkel“,* der die Maße des Goldenen Schnittes ins Bild überträgt, geben ein dem Auge angenehmes Verhältnis der Flächeneinteilung, das zur Kontrolle sehr vorteilhaft sein kann. Sehr bedingt ist der Wert der *Farbenkreise und Farbenmesser* wie der daraus abgeleiteten Farbharmonien, denn hier muß der Maler am subjektivsten schalten, rein nach eignem Empfinden, und diese Allerweltsharmonien sind doch zu grob, als daß sie den erwarteten Nutzen bringen könnten. Farbe zu messen und diese Messung dem Bilde zugrunde zu legen wie *Ostwald* es mit seiner Lehre tun will, ist für uns Maler ein so widersinniger Gedanke, daß wir ihn ohne weiteres ablehnen müssen. Ob das Blau des *Tizian* zwei Töne zu hoch oder zu tief ist, läßt uns völlig kalt. Es interessiert uns nur so, wie es ist, als das Blau, wie *Tizian* und kein anderer es sah. Eine Gleichmalerei, eine Sozialisierung des Farbsehens wäre der Tod der Malerei. Alle Arbeit und Mühe des Entstehens, alle angewandten Hilfsmittel müssen dem Beschauer des Bildes verborgen bleiben. Man soll nicht den Schweiß der Arbeit im Bilde sehen. Das Bild soll wirken wie eine geniale Improvisation, sagte *Böcklin.*

Aufstriche und Kontrollversuche

Zum Zweck der Beobachtung und Prüfung ist es sehr empfehlenswert, sich von einzelnen Farbreibungen, Malmitteln usw. in Öl, Tempera usw. Aufstriche auf Malgrund und daneben auf Glas zu machen und diese genau zu bezeichnen. Für später gibt das oft recht wertvolle Fingerzeige.

Nur muß man sich hüten, daraus verallgemeinernde Schlüsse zu ziehen. So kann man, wenn etwa eine Ölfarbe gilbt, nicht deswegen das für alle gleichen Farben behaupten, sondern eben nur für diesen Einzelfall, und hier gibt es noch sehr viel, was uns heute noch verborgen ist. So trocknete mir einmal ein Mastixfirnis mit 5% Rizinus auf der Glasplatte über Nacht, auf einem zweijährigen, ganz trockenen Ölbild erst in mehr als 14 Tagen.

Natürlich soll man Versuche immer möglichst unter den gleichen Bedingungen wie im Bilde vornehmen, sonst kommt man allzuleicht zu falschen und in der Praxis gefährlichen Ergebnissen. Erst eine Reihe gleichgearteter Versuche kann zu Schlüssen berechtigen.

Technik ist die Art, wie der Maler sein Material anwendet. Wie das geschieht, ist nicht ganz so gleichgültig, wie viele meinen. Denn es ist Tatsache, daß man mit völlig einwandfreiem Material ganz unhaltbare Bilder malen kann. Technik muß notwendigerweise subjektiv sein. In der individuellen Verschiedenheit der Behandlung des Materials, in der Möglichkeit, in tausenderlei Ausdrucksformen das Darzustellende abzuwandeln, liegt ein Hauptreiz des Bildes. Denn nicht das Schema, sondern nur das Persönliche kann Interesse erwecken. Es soll auch nicht so gemeint sein, daß der Maler bei der Arbeit ängstlich danach ausschaue, ob er nicht gegen eine Regel verstoße. Im Moment der Arbeit muß er ungehindert seinem Gefühl und seiner Eingebung folgen. Diese Regeln müßten eben, durch Gewöhnung von ▷

▷ Jugend auf, dem Maler so in Fleisch und Blut übergegangen sein, daß er frei über sie verfügt.

Technik muß aus innerer Notwendigkeit geboren sein. So, wenn *van Gogh* einmal, um die Körperhaftigkeit der Baumwurzeln zu erreichen, Farbe aus der Tube aufs Bild drückte, da er anders nicht geben konnte, was ihn bewegte. Diejenige Technik ist die beste, die dem Maler erlaubt, möglichst restlos und ohne Umweg zu sagen, was er zu sagen hat. Als bloße äußerliche Geschicklichkeit, als Virtuosenstück, ohne die innere Notwendigkeit, erweckt sie das Gegenteil von Interesse. Da nun die Technik etwas so rein Persönliches ist, ist es unmöglich, hier allgemein gültige Rezepte zu geben. Immerhin aber lassen sich große Richtlinien, handwerkliche Regeln und wissenschaftlich wie praktisch begründete Erfahrungssätze über die Anwendung des Materials aufstellen, die aber nach obigen Voraussetzungen nicht schematisch aufgefaßt werden dürfen. Ein Wort aber kann den Suchenden zur rechten Stunde treffen und ihm einen Weg zeigen; und so sollen diese Ausführungen gedacht sein.

Kunst ist nicht nur Geist oder nur Handwerk allein, sondern eine Vereinigung von beiden. Einseitigkeit nach irgendeiner dieser beiden Richtungen rächt sich. So, wenn *Cornelius* genug getan zu haben glaubte mit der Anfertigung der Kartons für die Glyptothekenbilder und Farbe und die Ausführung als nebensächlich den Schülern überließ. Die häufig geübte Geringschätzung des Technischen, namentlich von literarischer Seite, ist nicht berechtigt. Welches Material der Künstler wählt, um seine Vorstellung auszudrücken, und wie er es anwendet, ist keine zufällige Sache. Er muß mit den Ausdrucksmitteln, den Ausdrucksmöglichkeiten der einzelnen Techniken rechnen und darauf sein Werk aufbauen. Durch vollkommene Kenntnis des Materials kann er seine Ausdrucksmittel vermehren. „Je mehr Mittel des Ausdrucks man besitzt, desto besser gelingt die bildhafte Verständigung“, sagte *Hodler*. Das unscheinbarste Motiv kann durch künstlerische Gestaltungskraft zum Kunstwerk werden, ein großer Gedanke durch Unzulänglichkeit malerischer Darstellungsmittel peinliche Wirkung hervorrufen. Nur der Einklang des Wollens und Könnens im Geistigen und im Handwerklichen macht das Kunstwerk.

Der Künstler arbeitet anfänglich meist rein gefühlsmäßig. Erst im Laufe der Jahre wird durch unablässige Beobachtung und Nachdenken das Wissen und bewußtes Gestalten treten, ohne daß das Gefühl dadurch beeinträchtigt wird. So wird der Maler zum Meister. Dann wird *Hodlers* Wort wahr: „Über allen Werkzeugen des Sehens steht das Gehirn. Es vergleicht die eine Harmonie mit der andern und entdeckt so die wirklichen inneren Zusammenhänge der Dinge. Und aus dieser Tätigkeit des Gehirns zusammen mit den Erfindungen des Herzens werden neue Herrlichkeiten geboren.“

Farbige Erscheinung und Farbwirkung

Alle Farben sind Wirkungen des Lichtes.

Nach dem Newtonschen Gesetz ist Weiß die Summe aller Farben, nicht eine Einheit, wie Goethe meinte. Das weiße Sonnenlicht läßt sich durch das Prisma in Rot, Orange, Gelb, Grün, Blau, Indigo und Violett zerlegen. Diese Farben werden am schönsten im Regenbogen sichtbar. Verschiedenfarbig wirkende Lichtstrahlen haben verschiedene Wellenlänge.

Die Farben des Spektrums lassen sich wieder zu Weiß vereinigen. Es können auch nur zwei bestimmte Farbstrahlen sich zu weißem Licht ergänzen, wie rot-blaugrün, gelb-blauviolett, orange-blau. Solche Farben heißt man Ergänzungs- oder *Komplementärfarben.*

Eine Komplementärfarbe ruft bei starker Beleuchtung im Auge ihre Gegenfarbe als Kontrast hervor, z. B. Rot das Blaugrün. ◀ So erscheint z. B. ein Orange-Farbton viel feuriger, wenn das Auge zuvor auf blaues Licht eingestellt war. Wie Prof. *Doerner* erzählte, nützte ein Maler diese Erscheinung geschickt aus, indem er seine Kunden zuerst in einem ganz in Blau gehaltenen Wartezimmer warten ließ, ehe er ihnen seine Bilder mit Sonnenuntergang vorführte.

▶ Wie sich die Farben zu Weiß ergänzen können, so können sie sich unter andersgearteten Verhältnissen auch gegenseitig als Farbe auslöschen und verdunkeln, z. B. Rot und Grün im Bilde, kalte mit warmen Tönen gemischt.

Trifft ein Lichtstrahl auf einen Körper, so verschluckt dieser alle anders gefärbten Lichtstrahlen außer seiner Eigenfarbe, die er allein zurückwirft. So wirft ein roter Körper nur Rot zurück.

Bei vollständiger Zurückwerfung des Lichtes entsteht eine Spiegelung (bei glänzender Oberfläche). Rauhe Oberfläche zerstreut das Licht. Der Spiegelung verwandt sind die farbigen Reflexe, Widerscheine der Luft, des Bodens usw.

Die Farben sind als Teil des Ganzen, des weißen Lichtes, notwendigerweise lichtschwächer als das weiße Licht.

Im Verhältnis zu den Spektralfarben sind unsere Farbkörper unrein und lichtschwach. Darum sind auch die Erfahrungssätze der Optik nur sehr bedingt in der Malerei anwendbar. Die Summe aller Farben der Palette ist nicht weiß, sondern – Palettenscheps, ein schmutziges Grau.

Da wir die Lichtstärke der Natur mit unseren Mitteln in vollem Umfange nicht wiedergeben können, müssen wir übersetzen. Alle Werte eines Bildes hängen ▷

▷ voneinander ab. Übersetze ich das Weiß ins Dunklere, müssen alle anderen Töne in relativer Abstufung folgen.

Die verschiedenen Körper, wie Luft, Öl, Wasser, verändern in bestimmter Weise die Geschwindigkeit der Lichtstrahlen und damit die Farbwirkung; sie brechen die Lichtstrahlen.

Unsere Farbkörper zeigen als Pulver Oberflächenlicht. Die Farbe wirkt grauer und heller durch dazwischengetretene Luftteilchen. In verschiedenen Bindemitteln, wie Ölen und Harzen, angeriebene Farben zeigen veränderte Lichtbrechung und je nach der Durchsichtigkeit dieser Körper Tiefenlicht. Das Licht dringt bei Tiefenlicht durch die Farbe hindurch und kommt wieder zurück zum Auge. Durch den doppelten Weg erscheint es lichtschwächer und satter (Lasurfarbe). Deckende Töne werfen das Licht von ihrer Oberfläche zurück.

Eine Farbe wie Rot ist für uns Maler eine Summe von verschiedenen Farben, in denen Rot lediglich überwiegt. Andernfalls erzielt man nur einen Anstrich. Wenn *Tizian* von 30–40 Lasuren übereinander spricht, so ist es ihm ebenfalls um solches Anhäufen der Werte innerhalb einer Farbe zu tun (siehe unter: Techniken alter Meister). ◀

Beim Übereinanderlegen von Farbtönen haben wir es nicht nur mit rein oberflächenreflektiertem Licht zu tun wie bei der reinen Primamalerei, sondern das Licht wird an verschiedenen Schichten gebrochen und somit der Farbton optisch aufgebaut. Da sich rein theoretisch aus Gelb, Rot, Blau mit Weiß als Unterlage alle Farbtöne aufbauen lassen, so ist schon aus dieser Erwägung ersichtlich, daß die Mischtechnik der alten Meister mit viel weniger Farbtönen als heute die reichsten Tonabstufungen erzielte. Das Wichtigste ist jedoch, daß durch den optischen Aufbau der Farbe eine unvergleichliche Klarheit und Leuchtkraft erzielt wird. Wenn man dagegen, anstatt die Töne übereinanderzulegen, dieselben direkt auf der Palette mischt, wie es der Primamaler gewöhnt ist, so erhält man viel weniger Leuchtkraft, mehr eine stumpfe, ins Schmutzige übergehende Wirkung, und ist diese Art der Technik viel mehr dem Nachdunkeln ausgesetzt als der rein optische Farbenaufbau. Wenn man die Farbtöne handwerklich richtig übereinanderlegt, so können auch sonst unverträgliche Farben, wie z. B. Schweinfurter Grün, im Bilde Anwendung finden.

▶ *Warm* nennt der Maler alle Farbtöne, die sich dem Gelben, dem Feurigen nähern, *kalt* alle solchen, die zum Kühlen, Blauen hinneigen. Warme Töne zu warmen Tönen werden gesteigert in der Wirkung und bleiben leuchtend in Mischungen. Warme Töne können durch lockeres Dazwischensetzen oder Übergehen mit kalten Tönen (Reflexe) abgeschwächt und verfeinert werden, ebenso kalte durch warme Töne. Werden sie stark vermischt, so schwärzen sie sich. Kalte Töne mit kalten gemischt, bleiben klar. Der Wechsel warmer und kalter Töne im Kontrast gibt dem Bilde Reiz und Leben. Zuviel warme Töne wirken branstig, zuviel kalte tot. Ein (koloristisch empfundener) Farbton im Bilde ist nie nur rein kalt oder rein warm, sondern immer eine Summe von warmen und kalten Tönen miteinander. Es ist die Kunst des Malers, diese Töne so locker übereinanderzulegen, daß die unteren nicht verlorengehen und die Wirkung locker bleibt. Ein Überwiegen kühler Töne verfeinert die Wirkung des Bildes.

Warme Farben wirken nach vorne, kalte zurück. Verkürzungen wirken kühler, grauer und toniger als vom Licht voll getroffene Flächen. Starke Farbtöne wirken außerdem noch nach vorne, ebenso lasierender oder sehr pastoser Farbauftrag.

Eine Farbe im Bilde ist immer abhängig von ihrer Umgebung. Sie kann durch diese in ihrer Wirkung erhöht oder vernichtet werden. Daher kommt es, daß ein Bildteil, der gar nicht berührt wurde, seine Wirkung einbüßen kann, was dem Anfänger so unerklärlich ist. Der Maler nützt den Vorgang bewußt aus. Ein Rot im Bilde kann durch die Umgebung, durch komplementäre Farbe in der Wirkung gesteigert werden, ebenso auch durch neutrale Töne, durch farbiges Grau – aber auch durch abgeschwächtes Rot. Es kann ins Warme oder ins Kalte getrieben werden durch danebenstehende wärmere oder kältere Töne; durch ein stärkeres Rot kann es in seinem Farbwert vermindert, in umgekehrtem Maße erhöht werden. Ein rotes Haus z. B. steht für sich und zu seiner Umgebung anders als Farbe bei blauem oder bei grauem Himmel.

Darum darf der Maler nicht einen Gegenstand farbig für sich betrachten, sondern immer in seinem Verhältnis zur Umgebung. Ein weißer Kreidestrich auf schwarzer Fläche wirkt kräftig weiß, auf weißer Fläche kann er trüb erscheinen oder verschwinden. In diesem einfachen Beispiel liegt viel vom Wesen und von der Wirkung der Farben im Bilde begründet. In der Praxis wird eine Farbe nicht nur beeinflußt von ihrer Umgebung, sondern auch von ihrer Unterlage. Ein gleiches Rot auf Grün, Gelb, Weiß, Blau ist nicht dasselbe. Diese Werte wurden von den Alten in Untermalungen sorgfältig ausgenützt.

Komplementärfarben in gleicher Farbstärke und in gleich großer Fläche nebeneinandergestellt, wie z. B. Gelb neben gleich starkes Blau, wirken für feiner empfindende Augen beleidigend. Man kann den groben Kontrast dadurch verbessern, daß man die eine Farbe sehr hell, die andere viel satter nimmt und die Flächen ungleich macht. Unvollkommen komplementäre Farben wirken besser im Bilde, so z. B. ein Gelb zu Grau statt zu Blau. Schwarz wirkt als unvollkommenes Blau, ebenso in Ausmischungen mit Weiß. Dazwischengesetztes Weiß, Schwarz, Gold ▷

▷ oder Grau kann ungünstige Farbwirkung verbessern. Die gebrochenen, mehr neutralen Farbtöne, „die farbigen Grau" in Kalt und Warm fein unterschieden, sind für den Maler besonders wichtig und wertvoll. Sie machen für gewöhnlich den größten Teil des Bildes aus und sollen die sparsam verwendeten Hauptfarben tragen. Würde man jeden Farbton zum Äußersten an Farbe treiben, so würde dadurch das Bild nicht farbstark, sondern bunt und schreiend.

Komplementäre Farben, wie Grün und Rot, löschen sich in Mischungen. Die Nichtbeachtung dieser Tatsache führt bei Anfängern sehr häufig eine Schwärzung der Bilder herbei. Es kommt hier darauf an, wie die Farben aufgetragen werden. Ein Dazwischensetzen der Kontrastfarbe oder lockeres Übereinandersetzen und vor allem die Zugabe von Weiß wird den Fehler vermeiden lassen und die Absicht der Schwächung des Farbtones erreichen, ohne diesen zu töten. Der Maler nützt diesen Vorgang aus, indem er ein zu starkes Blau (gelockert durch Zumischen von Weiß) abschwächt, ohne wie der Anfänger durch zu starkes Zusammenmischen den Farbton tot zu machen.

Rein aus komplementären Farbtönen ein Bild aufzubauen, war das Problem, das sich die Neoimpressionisten stellten. Die pointillistische, tüpfelnde Art ihres Farbauftrages entsprach ihrer Absicht. Aber die Töne waren alle zu schönfarbig. Es fehlten die überleitenden farbigen Grau und die Wirkung war deshalb süßlich. Die Mischung der Farbwerte vollzog sich bei dieser Technik im Auge des Beschauers, indem gelbe neben blauen, rote neben grünen, violette neben gelben Tüpfelchen zu stehen kamen. Im Mikroskop kann man besonders bei einer photographischen Farbrasterplatte sehen, daß die Mischung zweier Körperfarben immer derart zustande kommt, daß z. B. in einem aus Blau und Gelb gemischten Grün die blauen und gelben Farbteilchen auf der Farboberfläche getrennt nebeneinanderliegen, sich also auch im Auge erst optisch zu Grün vereinigen.

Schönfarbigkeit war das Prinzip der früheren Meister. Jeder einzelne Farbton im Bilde wurde im Tiefenlicht zu größtmöglicher Klarheit für sich getrieben. So wurde ein leuchtendes Rot gegen ein Grün oder ein sattes Blau gestellt und die Schatten wenig betont. *Tizian* bereicherte im Gegensatz zu dieser Art die Malerei um die stumpfen Töne und schuf so zuerst die dämmerig malerische Wirkung großer Massen gegeneinander und den Reiz der Atmosphäre.

Die Wirkung einer Hauptfarbe im Bilde wird durch mehr neutrale überleitende Töne zur Kontrastfarbe verfeinert, so von Rot durch Graurot, Graugelb, Graugrün in vielerlei Abstufungen von Kalt und Warm, Hell und Dunkel bis zum grünen Kontrastton. Wichtig ist die Stelle, wo eine Hauptfarbe und wo ihr Kontrast im Bilde steht.

Das Bild muß schon von vornherein, in der farbigen Fleckverteilung und auch auf Entfernung, eine schlagende Wirkung haben.

Ein Überwiegen kühler farbiger Grau verfeinert die Wirkung des Bildes. Ungünstige Kontraste kann man durch dazwischengesetzte überleitende Grau, durch Einführung von Weiß oder Schwarz, in dekorativen Bildern auch durch Gold, verbessern. Komplementärfarbige Konturen dienen häufig zur Erhöhung der farbigen Wirkung.

Die Wirkung der *trüben Medien* wurde in der Malerei der alten Meister vielfach ausgenützt, so im „Sfumato" des *Lionardo,* ferner in der Weißhöhung auf dunklen Gründen, wo durch die verschiedene Dicke des Auftrages über dem warmen Grundton, durch das Durchscheinen des unteren Tones in Halbtönen und Schatten Abstufungen – *optische Grau* – entstehen, ähnlich der Wirkung von Kreide auf einer Schiefertafel, wo sich mit einer Farbe rund modellieren läßt. In den Auslagen der Metzgerläden kann man an Fleischstücken lehrreichen Aufschluß über die Wirkung trübender Medien empfangen, wenn man die Veränderungen beobachtet, die die verschiedenen Lagen dünner weißlicher und gelblicher Häutchen auf der roten Unterlage des Fleisches hervorrufen – Wirkungen, die zur Zeit der roten Bolusgründe mit Glück in gleicher Entstehungsweise nachgeahmt wurden. Es ist ein sehr lehrreiches Experiment für den Fleischmaler, einmal auf solchem blutroten Grunde durch dünnste schleierartige Lagen von kaltem und warmem Weiß übereinander Wirkungen ähnlich der Hautfarbe zu erzielen.

Kontrast, farbiger Gegensatz, belebt das Bild. Für den Maler kann es sich hier nicht bloß um die groben „Allerweltskontraste", wie Grün-Rot, Blau-Gelb, der verschiedenen „Farbenkreise" usw. handeln, sondern um feinste, von anderen noch nie geschaute ihm ureigene Farbempfindungen. Die scheinbar unmöglichsten Gegenüberstellungen kann er zusammenschweißen und, sich seiner Empfindungen überlassend, neue farbige Werte daraus schaffen. Diese Werte kann man freilich nicht errechnen und soll sie nicht nachrechnen wie eine Schulaufgabe. Für den Maler wirkt es belustigend, wenn Herr Geheimrat *Ostwald* etwa dem *Tizian* nachrechnet, er habe das Blau eines Mantels um zwei Töne zu hoch oder zu tief gemalt! – Es war eben *Tizians* Blau. Andernfalls kämen wir zu einer Sozialisierung des Farbsehens, die der Tod aller Kunst wäre.

Kontrast allein läßt das Bild hart erscheinen und grobdekorativ in der Wirkung. Zum Kontrast muß die *Harmonie* kommen, der große durchgehende Grundton, der Träger der Stimmung, der allen Farben etwas Gemeinsames gibt und sie dadurch zusammenhält zu ruhiger, geschlossener Wirkung. Ist Kontrast Erregung, so ist Harmonie Beruhigung, beide Trennung und Verbindung. Beide müssen sich im ▷

▷ Wechsel ergänzen. Bei alten Bildern unterstützt der Galerieton diese Harmonie, bei Bildern des vorigen Jahrhunderts tat es vielfach die braune Sauce, bei farbigen Gründen, wie den roten Bolusgründen oder grauen, grünen Gründen usw., schafft der mit- und durchwirkende Grundton die Harmonie der Kontraste, bei Tonmalerei der angelegte oder allen Farben zugemischte Grundton, z. B. grüne Erde bei den Bildern des frühen *Trübner.*

Man kann die Harmonie auch dadurch erreichen, daß man das farbenstark angelegte Bild einheitlich mit einer gemeinsamen neutralen Farbe, z. B. Grau oder einer anderen Farbe, die nur wenig durch die Lokal- oder auch durch eine Kontrastfarbe jeweils modifiziert wird, locker übergeht und durcharbeitet.

Das Aussparen des weißen Grundes im Aquarell, wie das Mitwirkenlassen desselben im modernen Ölbilde schafft Harmonie der farbigen Fläche, ebenso die blauen Konturen *Cézannes.* Das barbarische Abreiben mit Ziegelsteinen bei zu neu geratenen Restaurierungen von Wandmalereien diente im Grunde dem gleichen Zweck, Gemeinsamkeit und damit Harmonie zu schaffen.

Durch Schlußlasur eine Harmonie herstellen zu wollen, ist das am wenigsten günstige Verfahren, wenn man nicht in die Lasur halbdeckend oder deckend naß in naß hineinarbeiten will.

Dagegen ist es sehr gut zur Erreichung einer farbigen Harmonie, die Hauptfarben im Bilde in den andern Bildteilen in abgeschwächten Variationen wieder anklingen zu lassen, wie die Töne einer Landschaft in der Luft oder des Fleisches im Hintergrund, wodurch die Wirkung ebenfalls einheitlich und harmonisch wird und Härten verschwinden. Am besten läßt sich das Wesen farbiger Harmonie an einem Beispiel verdeutlichen. Bei Nebel würden auch die grellsten Farben in einiger Entfernung abgeschwächt und dabei harmonisch erscheinen. Sie wären nicht Farbe allein, sondern Farbe und Farbe des Nebels dazu. Würde hier ein Rot bloß rot erscheinen (auf Entfernung), so würde das als unmöglich und falsch empfunden werden.

Genau so ist es im Bilde. Alle Farbe muß in den Grundton gewissermaßen getaucht sein, teilhaben an ihm. In der Natur ist es überall so, ob im Nebel oder im goldigen Abendlicht oder am hellen blauen Mittag. Es ist schwer für den Anfänger, dies klar zu erkennen und im Bilde richtig auszuwerten. So wird auch klar, was der Maler mit „Herausfallen“ eines Farbtones meint. Das reine, absolute Rot, von dem oben im Nebelbilde die Rede war, fiele heraus, würde aber sofort Harmonie bekommen durch den Nebelton, der ihm fehlt. Farbige Harmonie aller Töne im Bilde wird auch dadurch geschaffen, wenn man, wie *H. v. Marées,* einen Grundton über die Umrißzeichnung gibt. Wenn er bei mehreren Figuren im Bilde die männlichen Körper mit gebranntem Lichtocker, weibliche mit Lichtocker als Imprimitur antuschte und dabei bei jedem Körper ein wenig variierte, bekamen alle Töne eines Aktes etwas Gemeinsames, Harmonisches und dabei Gegensätzliches zu dem anders Vorgetuschten, genau wie in der Natur jeder Fleck der Haut und der Haare von dem individuellen Pigment mitbeeinflußt, harmonisiert wird und nicht ein Stückchen der Haut eines Blonden passen würde auf die Haut eines Dunkelhaarigen. Verschiedene Abstufungen und Wiederholungen ein und desselben Farbtones, durch das ganze Bild geführt, geben feine, durch sparsame Kontrastwirkung zu hebende Harmonien. Siehe *Rembrandts* „befreundete Farben“.

Licht- und Schattenmassen, Mittelton, Kernschatten – tiefste Drucker in den Schatten –, *Reflexe und Glanzlichter* sind Wirkungen des Lichtes auf die Körper.

In primitiver Malerei wurden Körper schattenlos dargestellt, später wurde der Schatten lediglich als eine Verdunkelung des Lichtes, mehr oder minder als Farblosigkeit aufgefaßt, so von *Dürer.*

Das genaue Studium farbiger Schatten und farbiger Reflexe wie der farbigen Werte einer Einzelfarbe gegenüber einer anderen, der „Valeurs“, ist eine Errungenschaft neuzeitlicher Malerei. Besonders die genaue Beobachtung einander scheinbar naher oder gleicher Werte an Helligkeit oder in Farbe, wie z. B. eines weißen Hauses und einer weißen Wolke im Bilde, in ihren feinsten Werten zueinander gibt dem Bilde besonderen farbigen Reiz.

Reynolds verlangte noch, daß aus Gründen der Harmonie die Schattentöne farbig nahezu gleichartig sein sollten, wenn auch die Lokaltöne im Lichte verschieden wären. Natürlich ist die Herstellung einer solchen Harmonie relativ einfacher zu erreichen als mit farbigen Schatten.

Man fordert heute Farbe von allen Teilen des Bildes, nicht nur von der Lichtmasse und vom Mittelton. Das Weitere ersetzte früher häufig eine braune Sauce.

Farbe wirkt am stärksten als Fläche. Starke Modellierung schwächt die Farbwirkung.

Lokalfarbe heißen wir die Eigenfarbe eines Gegenstandes, z. B. das Rot eines Gewandes. In gedämpftem Licht wirkt die Lokalfarbe am stärksten. Starkes Licht hebt die Lokalfarbe auf, genau so wie eine starke Farbe die durchgehende Lichtwirkung teilweise oder ganz aufheben kann. Starke Farbe, auf einen Gegenstand begrenzt, wirkt hart und ausgeschnitten, was ganz natürlich ist, weil hier die harmonische Verbindung mit anderen Farbtönen mangelt. ▷

▷ Daraus ergibt sich, daß man Farbe und Lichtstärke nicht auf einen Gegenstand begrenzen darf, sondern diese entweder darüber hinausführen und zerstreuen muß oder umgekehrt etwa den umgebenden Schattenton oder dergleichen in den Körper hineinziehen muß, um obigen Fehler zu vermeiden. Das gilt für Porträt, Akt usw.

Licht überflutet die Farbe, hebt die Grenzen der Körper auf und macht den Farbton heller und vibrierend. Sehr helle Lichtmassen wirken größer als gleich große Dunkelheiten, sie überstrahlen die Umgebung. Der Maler trägt dem Rechnung, wenn er sie weich und verschwimmend, wie mit einem Lichthof umgeben, darstellt. Kleine Dunkelheiten in großen Lichtmassen werden aufgesogen, vom Licht überstrahlt. Beobachtet man das nicht genügend, so stehen sie hart und unvermittelt im Bilde. Das Flimmern, die Vibration, ist eine dem Licht eigentümliche Erscheinung, die Farbflächen auflöst und locker erscheinen läßt und der Farbe die materielle Schwere nimmt.

Schatten und Licht stehen nicht nur in dem Kontrast von Hell und Dunkel, sondern auch von Kalt und Warm. Warme Schatten bedingen kaltes Licht und umgekehrt.

Schatten- und Lichtmasse stehen außerdem im farbigen Gegensatz komplementärer Art, wie er zum Ausdruck kam in den grün unterlegten Schatten italienischer Frühmalerei gegenüber den rotweißen und ockerigen Lichtmassen. Alle Farbigkeit muß sich im Bilde der großen Einheit der Licht-Schatten-Massen unterordnen.

Bei zunehmender Entfernung wird die Lokalfarbe allmählich aufgehoben und nähert sich dem Ton der Luft. So die Ferne in der Landschaft. Man stelle sich ein rotes Dach in verschiedenen Entfernungen vor. Je mehr Luftton davortritt, desto mehr verschwindet die rote Eigenfarbe, bis sie im Ton der Ferne ganz untergeht.

Körperhafte Darstellung eines Gegenstandes ist ein sehr wesentliches Ausdrucksmittel der Bildgestaltung. Die Erscheinung stofflicher Wirkung (Textur) ist abhängig von der Stärke des Lichtes und nimmt gegen die Dunkelheit hin ab. *Rubens* verwendete diese Regel, indem er alles im Lichte körperhaft, pastos, die Schatten dagegen lasierend malte. Stoffliche Darstellung erhöht den Umfang der Wirkung sowohl von Hell zu Dunkel wie auch der Farbe im Bilde.

Der Einheitlichkeit der Licht- und Schattenmassen muß auch eine Gleichartigkeit in den Ausdrucksmitteln entsprechen, also das Licht z. B. überall pastos, die Schatten müssen dann überall lasierend im ganzen Bilde durchgeführt werden.

Die *malerische Form* ist etwas anderes als die bildhauerische Form. Wir haben es mit der *Erscheinung der Form* im Raume (nicht mit der Form an sich) zu tun, wie sie Licht und Schatten, Farbe und Atmosphäre in vielfachem Wechsel gestalten. Die Formen werden dadurch häufig direkt aufgehoben, der einzelne Körper wirkt nicht mehr für sich allein gegenständlich, sondern nur als Teil des Ganzen im umgebenden Raume. Jeder Gegenstand im Bilde muß sich an seinem richtigen Platz als Farbwert in diesen Raum einfügen.

Durch die Aufhebung der Einzelformen durch das darüberflutende Licht entstehen neue größere Licht- und Schattenmassen über die einzelnen Körper hinweg, so daß Teile eines Körpers mit der großen Lichtmasse, andere desselben Körpers mit der großen Schattenmasse verbunden sind. Die Gestaltung dieser neuen großen Formen ist Aufgabe des malerischen Sehens.

Beherrschung der zeichnerischen Form ist die Voraussetzung beim Malen. Wer zeichnen kann, wird rascher zum Ziel kommen. Er kann sich der Farbwirkung mehr widmen und wird die Farbe nicht so verquälen durch das Suchen nach der richtigen Form. Denn alle gute Farbe nützt nichts, wenn nicht auch die Form einwandfrei ist; im Gegenteil, sie kann sogar zu einem Hindernis bei der Vollendung des Bildes werden, weil man sich oft nicht mehr so rücksichtslos an die Formgestaltung traut, um nur ja die Farbe nicht zu verderben.

Dabei ist die Farbe aber nicht etwas Sekundäres im Bilde, sondern Hauptsache. Aber alle Farbwirkung im Bilde ist an eine Form gebunden, solange wir nicht bloß ein Kaleidoskopbild malen.

Das Bild ist die farbige Darstellung eines Raumes auf ebener Fläche. Rein malerische Ausdrucksmittel zur Raumgestaltung sind die farbige Fläche und die Materialbehandlung (körperhafte, stoffliche Gestaltung). Daneben kommen die zeichnerischen Mittel der Linie und der Modellierung in Betracht.

Farbe als solche wirkt am stärksten in der Fläche; starke Modellierung vermindert sie. Die Fleckwirkung der einzelnen Farbflächen muß trotz aller Modellierung gewahrt bleiben. Man müsse sich gewöhnen, sagte *Marées,* niemals einen Gegenstand für sich allein zu betrachten, sondern immer nur in seinem Verhältnis zur Umgebung, wie er sich da scharf abtrenne und dort verschwinde. Man werde durch genaues Studium dieser Dinge dahin kommen, rund zu malen, ohne modellieren zu müssen. Aufgabe des Malers ist, nach *Reynolds,* die Vereinigung der Farbe mit ihrem jeweiligen Hintergrund. Neben dem grobdekorativen Kontrast steht die Verbindung der Töne, ein Herübergreifen durch Reflexe, ein Zusammenführen durch Hell und Dunkel – für den Maler ein schwieriges Problem, wenn er die dekora- ▷

▷ tive Wirkung nicht einbüßen will – dem Laien und Dilettanten ist der Hintergrund eine scheinbar leichte Sache.

Rein gefühlsmäßig bestimmt der Maler im Anfang seiner Laufbahn die *Haltung des Bildes,* das Gleichgewicht und den notwendigen Ausgleich der einzelnen Bildteile zueinander, sei es in der Linie oder in Hell und Dunkel oder auch in der Farbe. Auf Grund gesammelter Erfahrung und daraus abgeleitetem Wissen kommt es später zu bewußter Anwendung gewisser Erfahrungssätze, aus denen er gelernt hat, wie und warum etwas gut oder schlecht wirkt.

Die *Kompositionslehre* gibt solche Regeln zum gesetzmäßigen Aufbau dem Maler in die Hand. Man muß sich vor schematischer Einseitigkeit hüten und kann dann manches Nützliche hier finden. Eine Unzahl Regeln gibt es auch hier, und es ist leichter, sie nachträglich in irgendein Bild hineinzukonstruieren, als ein Bild danach aufzubauen. Bekannt ist das Dreieck oder die Pyramidenform, in die z. B. viele von *Raffaels* Madonnen komponiert sind und die später, durch daneben gestellte Senkrechte bereichert, in italienischen Heiligenbildern häufig wiederkehrt. Ebenso bekannt ist die alte Teilung des Bildes in die drei farbig und in der Ausführung voneinander verschiedenen Pläne des Hinter-, Mittel- und Vordergrundes. Senkrechte und Waagrechte sind wichtige Mittel klaren Bildaufbaues, die fühlbar, wenn auch nicht ausgesprochen sichtbar sein müssen, um dem Bilde und der Linienführung Halt, Höhe und Weite zu geben. Wo man sie zeigen will, ist Sache des Geschmacks. Die Teilung der Flächen und Linien nach dem Gesetz des Goldenen Schnittes läßt sich fast überall nachweisen, sei sie bewußt oder rein gefühlsmäßig von seiten des Malers vorgenommen worden. *Überschneidungen* der Linien und Massen geben durch die Verdeutlichung des Vor- oder Hintereinander *Raumillusion.* Die Diagonalen und ihre Parallelen führen hinein ins Bild und schaffen *Raum.* Parallele Linien verstärken eine Bewegung, führen sie fort und geben Rhythmus, wie die Lanzen auf der „Übergabe von Breda" des *Velazquez* oder in dem Fresko von *Simone Martini* in Siena.

Symmetrie, Gleichgewicht gibt Ruhe, deren Aufhebung Bewegung. Im Gegensatz zur Symmetrie des Ornamentes handelt es sich in der Malerei um einen Ausgleich in der Verteilung der Massen von Hell-Dunkel, Kalt-Warm usw., um ein Zusammenfassen der Massen zur großen Einheit, um das Gleichgewicht im Ungleichen, wie *Goethe* sagte.

Der Maler „baut" das Bild wie eine Architektur aus farbigen Flächen zueinander auf und schafft Raum aus der Fläche.

Das Aufstrebende, Fallende, Stürzende der Diagonalen und verwandter Linien, das Bewegungsmotiv, findet seinen Ausgleich in der Ruhe und Größe und Breite der Senkrechten und Waagrechten. Manchmal, wie bei Bildern des *Jan Steen,* laufen alle Hauptlinien der Komposition auf einen Punkt mehr oder minder zusammen. Bei jeder Bewegung ist gleich auch die Gegenbewegung zu bedenken. Der *Kontraposto* der Florentiner, der in den Figuren des *Michelangelo* mit klarer Gesetzmäßigkeit zum Ausdruck kommt, war eine Lehre der Verbindung von Hauptbewegung und untergeordneter Gegenbewegung innerhalb der Figur.

Wie entsteht Wirkung? Je nachdem ich den Gegenstand hell auf dunkel oder dunkel auf hell, heller auf hell usw. stelle, wird gröbere oder feinere Wirkung erreicht, wobei der Einzelgegenstand, wie schon hervorgehoben, nicht aus der großen Masse fallen darf.

Farbflächen und Hauptfarben müssen wohl abgewogen werden im Bilde, und es ist wichtig, wohin eine solche Farbe zu stehen kommt. Die Hauptfarbe, die Dominante, muß vielfach abgestuft und verändert in den einzelnen Bildteilen wiederkehren, sonst wirkt sie hart und als Flecken.

Man wird sich klar darüber sein müssen, ob man auf Licht oder Farbe sein Bild aufbauen will. Die meisten Bilder sind Kompromisse zwischen beiden. Starkes Licht mindert starke Farben und umgekehrt unterbricht starke Farbe die Lichtführung. Die Wirkung kalter Farben, die zurückgehen, und warmer, nach vorne wirkender Töne ist zu studieren. (Lasurtöne gehen ebenfalls nach vorne.) Man muß es ausprobieren, wie zwei Farbtöne, die sich gegenseitig weh tun, durch Vergrößerung des einen Tones, durch dazwischengesetzte neutrale Töne, durch verschieden starke Belichtung oder Vertiefung oder auch gemeinsame Aufhellung oder Verdunkelung, durch stärkeres Durchklingenlassen des harmonischen Grundtones im Bilde, durch Übertrumpfen durch benachbarte stärkere Wirkungen usw. miteinander verträglich gemacht werden können, ohne daß man den Bildgedanken umwirft. So muß man auch darauf bedacht sein, wie man einen Bildteil gegen den andern ausspiele und im Wechsel interessant mache. Immer aber muß die farbige Wirkung des Ganzen, die reine Fleckwirkung der Farbe im ersten Eindruck, erhalten bleiben und durch kein Fertigmachen darf sie verlorengehen.

Licht und Schatten dürfen nicht vereinzelt werden, sondern müssen zu großen Massen zusammengeführt werden. Vereinzeltes Licht wirkt wie ein Flecken und hart. Man muß es weiterführen über die Gegenstände im Bilde hinüber in verschiedenen Abstufungen durch das ganze Bild in großer ruhiger Masse. Die Wirkung des Lichtes kann durch die Umgebung gesteigert oder geschwächt werden. Umgebende Dunkelheit erhöht die Lichtwirkung, wirkt aber grell, wenn die Kontraste zu scharf sind. Die überleitenden Töne sind hier sehr wichtig, und der Maler wird in der Natur studieren müssen, wie kleine Tie- ▷

▷ fen in einer Lichtmasse aufgesogen, aufgehellt und die umgebenden Tiefen vom Lichte an ihren Rändern überstrahlt werden, wodurch das Licht verbreitert und weich gemacht wird. Das Schwimmende, das Strahlen des Lichtes wird erreicht durch sehr nahe Werte an Helligkeit und sehr geringe Farbunterschiede und Weichheit im Lichte; man denke an weiße Wolken auf weißem Grunde. Das Hauptlicht wird man möglichst auf große ruhige Flächen zu legen suchen; unruhige oder weiter auszuführende Gegenstände, wie Hände u. dgl., wird man besser im Halbton halten, weil die kleineren Lichter die große Lichtmasse zerreißen würden. Oder man muß das Licht breit über die Gegenstände und weit darüber hinaus wegführen, so daß die Lichtmasse nicht auf den einzelnen Gegenstand beschränkt wird. Linienkomposition und Lichtführung dürfen sich nicht dekken, sonst wird die Wirkung hart und unmalerisch; das Gegenständliche tritt dann zu stark betont heraus. Wo man die Massen hart gegeneinanderstellen, wo man sie weich ineinanderfließen lassen will, hängt vom Gefühl des Künstlers ab. *Reynolds* sagt sehr richtig, der Eindruck der Echtheit einer Darstellung beruhe zum großen Teil darin, daß dasselbe Verhältnis von Schärfe und Weichheit gewahrt bleibe, wie in der Natur. Die Natur mit weitem Blick zu umfassen, in ihrem richtigen Verhältnis und gebührender Unterordnung der Einzelheiten sie zu sehen, diese Kunst und Gewohnheit sei unablässig zu vervollkommnen. Charakter und Anordnung eines Bildes seien die Hauptsache, alle feine Ausführung könne den Fehler in der Komposition nicht verbessern. *Böcklin* verlangte vom Bilde, daß es eine klare Rechnung sei.

Die Holländer ordneten die Massen von Hell und Dunkel oft in einfachster Weise im Bilde an. Eine Diagonale teilte da manchmal das Bild in eine helle und eine dunkle Hälfte, die noch dazu im Kontrast von Kalt und Warm standen. Von der hellen Seite wurden dann Teile in die dunkle Masse und umgekehrt in wechselnder Form und Größe herübergenommen. Es ist sehr lehrreich, zu untersuchen, mit wie wenig ein Ausgleich geschaffen werden kann, wie eine Senkrechte, z. B. ein Baum, ein Gegengewicht gegen die Diagonale und die Masse einer durch sie begrenzten Dunkelheit bilden kann; wie man eine Linie lang wirken lassen, sie verstärken oder sie durch Teilung scheinbar kürzen kann. Nächstes und Fernstes, Größtes und Kleinstes wurde hier nebeneinandergestellt im Bilde, um durch den Gegensatz zu wirken.

Der Maler muß sich entscheiden, das für ihn Bestimmende im Bilde, das ihn zur Idee anregte, besonders zu betonen und das zu dieser Idee Unnötige wegzulassen. Farbe, Form, Lichtführung, Linie usw. kann dieses Wesentliche sein. Was kannst du, das kein anderer kann? Das mache! sagte *Lenbach*. Das Eigene im Menschen freizumachen, nennt *Schuch* die Aufgabe des Lehrers. *Einfachheit* in Farbe und Form zu erreichen, ist das Ziel, Reichtum an Farbe und Form an Eigenem damit zu verbinden, das Höchste.

Immer muß man anfänglich ans große Ganze denken, durch klaren Aufbau in Licht-, Schatten- und Farbmassen, durch klare Raumgestaltung wird der große Gesamteindruck geschaffen. Der Grundton, der große Ton des Bildes muß gewahrt bleiben, und die ursprüngliche Idee muß konsequent durchgeführt werden. Lieber fange man sonst von neuem an.

Alle Einzelheiten müssen vorerst zurücktreten, sie hindern im Anfang nur die Arbeit, und sie sind überhaupt sparsam zu verwenden. Ruhe muß gegen Bewegung ausgespielt werden und Kontrast in allem sein, in Form, in Farbe, in Linie, in Schatten und Licht und in Stofflichkeit der Darstellung, in Fläche und in Rundung der Form und in Warm und Kalt.

Kontur gibt Flächenwirkung des Bildes und macht die Form flacher, weil eine harte Begrenzung der Form ihrer Rundung entgegenwirkt. Verschwimmen des Umrisses, im Verein mit kalten weichen Tönen ohne große Tonunterschiede, Abwesenheit jeder Härte läßt die Form zurückgehen und gibt ihr so Rundung. Das Zurückgehende, Verkürzte wirkt immer toniger und kälter und weicher als die vom Licht voll getroffene Form. Die Härte, die Wärme, scharfe Kontraste von Hell und Dunkel, starke Farben wirken nach vorne.

Man muß die Form in ihrem rechten Verhältnis zum Raum darstellen. Notwendigerweise ergibt sich daraus eine flachere Gestaltung, als wenn man es, wie der Bildhauer, mit dem einzelnen Gegenstand, der Form an sich, zu tun hätte. Übermodellierung zerstört die Bildwirkung.

Aus dem Gesagten ergibt sich das Folgende: Ursache zu greller, *herausfallender Farbe* ist der Mangel an Harmonie, an Verwandtschaft der Töne. Durchwirkenlassen, Mitklingen des großen durchgehenden Grundtones im Bilde in jeder Farbe erzeugt die Harmonie, die *Stimmung*. So wie bei dem erwähnten Nebelbild, wo alle Farben mit dem Grau vermischt sind. Hier würde eine Farbe herausfallen, die nur ihre Lokalfarbe besitzt und nichts oder zu wenig von dem Nebelgrau. Abmindern der Lokalfarbe, Durchtränken derselben mit dem großen Ton ist das Hilfsmittel gegen das Herausfallen der Farbe. Alle Farbtöne müssen teilhaben an dem *großen Ton*. Theoretisch mag man sich vorstellen, wie ein in der Nähe sehr starker Farbton mit zunehmender Entfernung durch immer mehr zunehmende Nebel- oder Luftschleier, die sich zwischen ihn und den Beschauer drängen, die Lokalfarbe allmählich aufgibt. Die Kenntnis dieses Vorganges kommt dem Maler oft zustatten.

Vereinzelte Wirkung eines Gegenstandes wird auf- ▷

▷ gehoben dadurch, daß Farbe, Licht oder Schatten nicht auf ihn beschränkt, sondern über ihn hinausgeführt werden.

Flaue, matte Wirkung verbessert man durch kräftig und zeichnerisch scharf aufgesetzte Lichter und Tiefen und Verstärkung einzelner Farben, ebenso zu schwere Töne.

Zu harte Erscheinung wird durch überleitende Zwischentöne ausgeglichen.

Mangelnder Ton wird verbessert durch Durcharbeiten mit einheitlichem Grundton.

Hier sei nochmals auf *Reynolds* gutes Wort hingewiesen, daß der Maler das richtige Verhältnis von Weichheit und Schärfe des Tones treffen müsse, wie es in der Natur sich zeige, um seinem Bild Lebenswahrheit zu geben. Man muß diesen Satz durch eingehendes Studium vor der Natur sich zum geistigen Eigentum machen, dann wird man rechten Nutzen daraus ziehen.

Verdorbene oder übermodellierte Form kann man wieder flach und grau durcharbeiten, senkrecht stricheln oder flächig und trocknen lassen, worauf sich leichter die gewünschte Wirkung erzielen läßt.

Wie die einzelnen Bildteile untereinander, ist das Bild als Ganzes abhängig in seiner Wirkung von der Umgebung. Es kann durch sie gehoben oder tot gemacht werden, was mancher Maler zu seinem Leidwesen in Ausstellungen erfahren hat, gegenüber der günstigen Wirkung des Werkes im Atelier.

Gefärbtes Licht führt zu Täuschungen über die Farbwerte. So sind alle Farben im Wald von grünen Reflexen überzogen. Bringt man dann das Bild nach Hause, so fällt es häufig auseinander, weil der vermittelnde, harmonische, scheinbar gemalte, durchgehende grüne Ton nun fehlt. Darum bevorzugt der Maler auch das neutrale Nordlicht des Ateliers.

Viele Maler tönen ihre Goldrahmen, damit sie feiner zum Bilde stehen. Man überfährt zuerst den Rahmen mit gut ausgedrücktem nassem Schwamm. Dann mischt man Naturgips oder Kreide mit Gelatinelösung (5%) oder Eitempera und ein wenig Essig und trägt diese Mischung, der man beliebige Temperafarbe zusetzen kann, breit über den ganzen Rahmen auf. Nach dem Trocknen reibt man die höchsten Lichter im Gold heraus.

Von entscheidender Wirkung für das Bild ist das richtige Treffen des Maßstäblichen in den einzelnen Plänen des Bildes zueinander.

Was in diesem Kapitel gesagt wurde, gilt nur als Anregung für den Suchenden, nicht als eine Art Kochrezept. ◀

Zum Malen bei künstlichem Licht

Beleuchtung in Sammlungen und Museen

Im Kapitel „Von der farbigen Erscheinung der Pigmente und der Lasur" ist von der Zerlegung des weißen Lichts in sein Spektrum berichtet worden, in ein Farbband mit kontinuierlichen Übergängen. Durch eine solche spektrale Zerlegung wird das weiße Tageslicht auf die einzelnen Strahlungsteile zurückgeführt, aus denen es zusammengesetzt ist. Das „normale" Tageslicht ist nun keine Konstante, die immer gleich zusammengesetzt wäre. Deshalb wechselt auch die aus Lichtabsorption und -reflexion entstehende „Farbigkeit" eines Pigmentes oder eines Bildes je nach Beleuchtungsart. Nicht nur wechselnde Zusammensetzung des Tageslichts und wechselnde Beleuchtungsstärke können einen Maler beim Betrachten seines Bildes irritieren, auch Reflexe in der Umgebung, ein farbiger Boden im Arbeitsraum, eine rote Backsteinwand, grüne Büsche oder Bäume vor dem Fenster tun das gleiche. Ähnlich störend wirken manche Arten von künstlicher Beleuchtung wie z. B. die normalen Glühlampen, die stets – verglichen mit dem weißen Tageslicht – den Rot- und Gelbanteil zu stark betonen und dementsprechend die farbige Erscheinung des Bildes besonders im Grün- und Blaubereich verfälschen.

Schon seit langem ist die lichttechnische Industrie bemüht, Lampen herzustellen, die eine spektrale Strahldichteverteilung ähnlich wie das Sonnenlicht besitzen und die bei künstlicher Beleuchtung und ausreichender Beleuchtungsstärke mindestens eine gute bis befriedigende Farbwiedergabe erlauben. Eine hundertprozentig getreue Farbwiedergabe kann nicht erwartet werden. Noch bis vor kurzer Zeit hat man empfohlen, durch Kombination verschiedener Leuchtstofflampen mit verschiedener spektraler Strahldichteverteilung ein tageslichtähnliches Licht zu erreichen. Heute stellt die Industrie aber bestimmte Typen sog. „Tageslichtlampen" her, die sich beispielsweise in Farbabmusterungsräumen der Industrie, in Pigmentfabriken, bei der Mehrfarbendruckkontrolle in Druckereien und in Operations- und Untersuchungsräumen von Kliniken sehr gut bewährt haben. Diese Lampen werden auch im Atelier dem Maler helfen, weiterzuarbeiten, wenn das Tageslicht nicht mehr ausreicht.

Gute Lösungen können bringen die Lampen L 20 W/15 oder L 20 W/19 von OSRAM, die Lampen TL W/37 oder TL W/47 von PHILIPS. Die Firmen OSRAM und PHILIPS haben in fast allen Großstädten Filialbüros, deren Lichttechniker Interessenten beraten können.

Wer beabsichtigt, sich eine künstliche Lichtquelle

zum Malen anzuschaffen, der wird sie in der Regel nicht alleine, sondern als Ergänzungsbeleuchtung zum Tageslicht verwenden wollen. Deshalb muß das künstliche Licht aus der gleichen Richtung wie das Tageslicht einfallen, es soll nicht blenden und es soll auch kein sog. „Zwielicht“ auftreten. Deswegen werden die Lampen zweckmäßig am oder über dem Fenstersturz installiert. Die richtige Beleuchtungsstärke auf der Staffelei bzw. auf dem Arbeitsplatz sollte 800 bis 1000 Lux betragen.

In einem Atelier sollte man keine Rasterleuchten verwenden, weil sie das Licht stark richten und Schlagschatten auftreten können. Besser sind klare Wannenleuchten mit eingebautem asymmetrischem Spiegel, die zweckmäßig parallel zur Fensterfläche angeordnet werden. – Die Anzahl der Leuchten kann nach der Faustregel errechnet werden: 4 Watt installierte Lampenleistung pro m^2 pro 100 Lux Beleuchtungsstärke.

Bilder in Sammlungen und Museen sollen keiner höheren Beleuchtungsstärke als 200 Lux ausgesetzt sein. Besonders lichtempfindliche Objekte wie Papierkollagen, Pastelle, Gouachen und Aquarelle z. B. werden in Ausstellungen häufig nur mit Beleuchtungsstärken zwischen 500 und 100 Lux beleuchtet.

Techniken alter Meister

Staunend und bewundernd stehen Jahr für Jahr Millionen von Besuchern in den großen Museen der Welt vor den Bildern der Maler, die wir „alte Meister“ nennen. Und unser Zeitgenosse, der ein mit Hautleim, Ei und Ölfarbe gemaltes Bild für ein vergleichsweise empfindliches Gebilde hält, der kann manchmal die Welt nicht mehr verstehen, wenn er das um 1420 gemalte „Paradiesgärtlein“ eines oberrheinischen Meisters – es hängt im Städel in Frankfurt –, wenn er dieses schönfarbige und offenbar heile Bild vergleicht mit dem betrüblichen Zustand seines vor vier Jahren lackierten Wohnzimmerfensters. Und wenn er dann in den Medien hört und liest, wie heftig der Zahn der Zeit auch an den Chorfenstern und an der Fassade des Kölner Doms nagt, dann fragt er sich, ob denn die Maler vor 500 Jahren besonders begnadete Menschen waren, ob die damals mit einem Material gearbeitet haben, das Vergänglichkeit nicht kennt.

„Mit was und wie haben die eigentlich gemalt? Das muß ja in Schönheit wie in Beständigkeit ein sagenhaftes Material gewesen sein? Gibt es heute solche Materialien nicht mehr? Oder was sagen Sie dazu?“ Das sind verständliche Fragen an Maltechniker und Restauratoren und wer da fragt, das sind durchaus nicht nur kunstsinnige Laien, das fragen oft auch junge und gestandene Berufsmaler.

Es wäre eine hanebüchene und unstatthafte Vereinfachung (und verkehrt dazu), wollte man die Ursachen nur in der handwerklichen Tüchtigkeit der „alten Meister“ suchen und in der Vergeßlichkeit der Technologen, die ja schon einmal den im Altertum wohlbekannten Prozeß des Destillierens vergessen hatten und jetzt scheinbar wieder vergeßlich gewesen sind. Nein: Die Ursachen sind komplexer Art.

Es ist schon richtig, in der Werkstatt hatten die alten Maler handwerkliche Disziplin gelernt, sie haben ihr Malmaterial buchstäblich mit den Händen „begreifen“ müssen und sie brauchten dabei nicht zu fürchten, bei dieser profanen Tätigkeit künstlerisches Ansehen bei Kollegen zu verlieren. Kräftig schwitzend hat sich der junge Maler manche Materialkenntnis erworben: beim Glühen des Lapis-lazuli-Gesteins, wenn er sich sein Ultramarinpigment herstellen wollte, auch beim Zerkleinern der Erdpigmente, schließlich beim Farbenreiben, beim Grundieren, beim Pinselzurichten und -binden. Heute in der Atomisierung zusammenhängender Arbeitsgänge, die wir stolz „arbeitsteilige Wirtschaft“ nennen, da wird oft das Verstehen durch Hektik ersetzt.

Im 17. Jahrhundert hatte man in den Niederlanden begonnen, Bilder wie Tulpen im großen Stil zu handeln, Bilder schiffsladungsweise in alle Welt zu exportieren. Die neue Betrachtungsweise der Bilder als Handelsobjekt ist nicht ohne Einfluß auf Denk- und Arbeitsgewohnheiten der Maler und Sammler geblieben. Der Maler malte nicht mehr für seinen Sammler „auf Bestellung“, er malte „auf Lager“ zur beliebigen Disposition. Es hat noch eine Weile gedauert, bis auch hier das Denken in „Aufwand und Ertrag“ Einzug hielt. Schließlich war es dann kein Wunder, daß mit der Demokratisierung der Kunstsammlungen und Museen wieder einmal eine neue Betrachtungsweise zum Zuge kam.

Der Souverän, solange er als Person auftrat, konnte nach Lust und Laune sammeln, die Sammlung erhalten, erweitern, verkleinern, vererben, verschenken, zerstören, sie verderben lassen oder sie pflegen. Der neue Souverän aber, der Volkssouverän, der schuf sich in seiner Unbeholfenheit eine Bürokratie, die auch seinen Kunstbesitz verwalten, bewahren und plfegen mußte. Und so kam es denn, daß Kunstwerke schon allein wegen ihres finanziellen Wertes nach allen Regeln der Kunst, der Wissenschaften und der Kameralistik inventarisiert, untersucht, restauriert und verwaltet worden sind, einfach deshalb, weil sie Werte darstellten, über die das Parlament vielleicht einmal Rechenschaft verlangen würde.

Gar nicht selten, so scheint es manchmal, sind Stadt- und Landgewaltige nicht einmal unglücklich, wenn durch Attentate oder Unfälle – am besten gut reparable natürlich – Schäden an den Meisterwerken entstehen, die man publizistisch auswerten kann. Die bestürzte Öffentlichkeit erhält dann Kenntnis, daß die Verwaltung pflichtgemäß handelt und mit allen zur Verfügung stehenden Menschen und Mitteln den Kunstbesitz des Steuerzahlers sorgsam pflegt und bewahrt.

Noch einmal zu unserer Frage: warum sehen manche 500 Jahre alten Bilder jung aus und scheinen wohlerhalten, warum sieht ein anderes, erst vier Jahre altes Bild aus, als sei der dreißigjährige Krieg darüber hinweggezogen?

Hier einige Antworten, die selten allein, meist miteinander verflochten, zutreffen:

- Handwerkliche Disziplin und Materialkenntnis haben einem Bild selten geschadet, meist genützt. Die „Speis der Malerknaben" ist seit Dürers Zeiten gar keine schlechte Grundnahrung für junge Maler.

- Zu keiner Zeit aber hat gutes Handwerk allein ein gutes Bild gemacht. Künstlerischer Rang und handwerkliche Qualität können glücklich, sie müssen aber nicht notwendig zusammenfallen.

- Im *struggle for life* ging und geht manches Bild zugrunde. Das ist bei Attentaten und anderen Katastrophen unvermeidlich und muß ertragen werden.

  Sogenannte Altersschäden entstehen aber *auch* aus Unwissenheit und/oder Schlamperei schon beim Malen oder später beim privaten oder öffentlichen Sammler und dort aus denselben Ursachen. Zu dem *struggle for life* eines Bildes gehört es auch, verkehrt restauriert zu werden. Dabei hat schon manches Bild für immer seine Identität verloren.

- Wenn die Betrachter eines Bildes Glück haben, dann sucht ein sensibler und kenntnisreicher Restaurator unter dauernden selbstquälerischen Zweifeln nach einer einfühlsamen und sanften Restauriermethode, die den übriggebliebenen Bestand des Bildes erhält und schont. Ein grobschlächtiger Restaurator dagegen, der donnert eine Bildruine aus dem 15. Jahrhundert so auf, daß sie aussieht wie gestern gemalt. Natürlich gibt es Leute, die das bewundern. So etwas mag auch den Fremdenverkehr zum Bild und seiner Heimatstadt fördern, es mag dem Ansehen einer Sammlungsbürokratie auch vorübergehend nützen: so aber werden Bilder für immer zerstört.

- Bilderfreunde sollten sich vor Bildern daran erinnern, daß sie Siebzigjährige oder Achtzigjährige, die in Auftreten und Kleidung wie Teenager wirken wollen, daß sie die mit Zurückhaltung, mit Bedauern, vielleicht mit leiser Trauer betrachten. Solche Gefühle sind manchmal auch vor restaurierten Bildern angezeigt.

Diesen Abschnitt, so schreibt *Max Doerner* 1921, habe er nicht für Kopisten geschrieben, sondern um dem Maler Anregungen zu geben für sein Handwerk. Obschon er manchmal so verstanden worden ist, hat er sicher nicht den Eindruck erwecken wollen, als habe er den alten Meistern über die Schulter in die Werkstatt geguckt und als wolle er seinen Lesern nun genau das schildern, was er da gesehen hat. Nein, dieser Abschnitt ist entstanden aus einer lebenslangen Beschäftigung mit Malmaterial und dem Malhandwerk, auch mit den handwerklichen Überlieferungen der Alten. Er ist geboren aus dem Wissen, daß auch Maler auf den Schultern der Väter stehen und daß es gut ist, wenn sie das nicht vergessen. Er ist das Ergebnis engagierten und nachdenklichen Malens, Kopierens und Lehrens.

Die Rekonstruktion alter Malverfahren, besonders in der Zeit des Historismus von vielen mit zäher Ausdauer betrieben, ist schwer, wenn nicht unmöglich. Auch die naturwissenschaftliche Bilduntersuchung ist eigentlich nur bei den anorganischen Pigmenten mit gewohnter Zuverlässigkeit fündig geworden. In den Fragen nach der Art der organischen Bindemittel, die ja viel interessanter sind, ist es bei alten Bildern unmöglich, exakt zu identifizieren, wenn es sich nicht gerade um Bienenwachs handelt. Nach 200 oder 300 Jahren kann man nicht mehr feststellen, mit welchen Ölen und mit welchen Harzen gearbeitet worden ist und aus welcher Leimart ein Eiweißabbauprodukt stammt. Die Bilder sind auch so ineinander gewachsen, daß man schwer lokalisieren kann. – Wer von diesen Dingen reden will, begibt sich in Gefahr, wolkig im Ausdruck und unsicher im Inhalt zu werden.

Es bleiben dem Forscher und dem Liebhaber natürlich die literarischen Quellen. Aber auch sie sind je älter desto mehr mit Vorsicht zu gebrauchen. Sie sind schon ein philologisches Problem und die Arbeit an ihnen erinnert manchmal an die moderne kritische Bibelexegese. *Lessing,* sozusagen Sonntags-Schriftsteller, im bürgerlichen Hauptberuf damals Bibliotheksdirektor in Wolfenbüttel, verstand etwas von literarischen Altertümern. Die Maltechnik verdankt ihm übrigens die berühmte Arbeit „Vom Alter der Ölmalerey aus dem Theophilus presbyter" (1774). Er schreibt im Zusammenhang mit alten Quellen einmal: „Als ob nicht auch die Alten aus Unwissenheit, aus Kinderey und wer weiß aus was sonst noch für Ursachen falsche Aufschriften hätten machen können." Das gilt natürlich nicht nur für antike Quellen, an die *Lessing* dabei gedacht hat, sondern auch für jüngere.

Wenn die handwerkliche Überlieferung fehlt, dann ist es nicht möglich, aus den literarischen Quellen und aus den Ergebnissen naturwissenschaftlicher Bilduntersuchung die alten Malverfahren exakt zu rekonstruieren. Wohl aber kann ein Maler mit gutem handwerklichen Rüstzeug und ausgerüstet mit dem, was man wissen kann, beim Kopieren einen Meister malend „begreifen" und er kann über das intellektuelle Vergnügen berichten, das er dabei empfunden hat. Ich glaube, das hat *Max Doerner* hier getan und er hat kopierend und probierend das alte, das gealterte Bild im Auge gehabt, nicht das junge. Das ist beim Lesen zu bedenken.

▶ Diese Ausführungen sind nicht in erster Linie zu dem Zwecke geschrieben, dem Kopisten zu nützen, obwohl ich das praktische Studium der Alten für sehr nützlich halte, noch viel weniger aber sollen sie eine Art kunsthistorischer Abhandlung sein.

Mein Gedanke war der, dem schaffenden Maler Wege zu zeigen, die andere vor ihm mit Erfolg gegangen sind, damit er sich dort Anregungen für sein Handwerk und vielleicht auch Bausteine für seinen Eigenbau holen möge.

Es handelt sich hier auch nicht um eine zusammenhängende lückenlose Darstellung des Handwerks der Alten, sondern um typische Einzelbeispiele.

So soll die Technik der frühen Florentiner als Beispiel einer Temperatechnik dienen, die van-Eyck-Technik als solches einer Mischtechnik, einer Verbindung von Tempera- und Ölmalerei, die Technik der Venezianer und des *Rubens* als Beispiele der Harzölfarbenmalerei auf rationeller Grundlage. Es wurde im einzelnen manchmal weiter ausgeholt, um ein geschlossenes Bild jeder Technik zu erzielen.

Heute steht der einzelne für sich. Zur Zeit der Alten aber war er das Glied einer Kette, einer festgefügten Tradition. Wissen und Können summierte sich durch Generationen und jeder Meister gab sein Eigenes hinzu. In der Werkstatt wurde der angehende Maler mit seinem Material aufs engste vertraut und lernte alle technischen Handgriffe spielend.

Damals konnte der Künstler ruhig ausreifen, man kannte weder Ausstellungen noch die Hetze von heute, die nach Art eines Varietébetriebes vom Maler mit jeder Saison eine neue Nummer, einen „Schlager" verlangt.

Logisch war das alte Bild aufgebaut, auf gründlicher Kenntnis des Materials fußend und in streng gesetzmäßiger Anwendung des Materials entstanden.

Es ist eine Täuschung oder eine bequeme Ausrede, zu behaupten, das Material der Alten sei so viel besser gewesen als das neuere, und nur dem sei die gute Erhaltung der Werke zuzuschreiben. Gewiß, die Sorgfalt der Alten bei der Reinigung der Öle, beim Anreiben der Farben, besonders aber die Selbstherstellung des Materials, das so ein alter Meister dadurch ganz anders kennenlernte, trug erheblich bei zu der guten Erhaltung ihrer Werke. Wir verfügen heute über einwandfreie Farbstoffe, wo die Alten unhaltbare Töne verwenden mußten. Ich erinnere mich an Grünspan und Chromoxidgrün feurig. Wie die alten Meister solchen Gefahren im Bilde bewußt zu begegnen wußten, zeugt von ihrem guten sicheren Handwerk.

Aber der *Aufbau des Bildes,* der aus den Gesetzen des Materials geboren war, der dem alten Bild in jedem Stadium etwas in sich Abgeschlossenes, Vollendetes gab und mit, ich möchte sagen, fahrplanmäßiger Sicherheit zum Ziel führte, der war doch die Hauptsache!

Wir werden sehen, wie sich alle großen Meister um ihr Material bemühten. Um so sonderbarer berührt der immer noch weit verbreitete Aberglaube unter Malern, man könne besser und freier arbeiten und seine Eigenart besser bewahren, wenn man einfach und unbekümmert darauf losmale, ohne sich um die Gesetze des Materials zu kümmern. Der Maler von heute muß sich der Verantwortlichkeit, die er für die Haltbarkeit eines Werkes, das er aus seiner Hand gibt, zu tragen hat, besser bewußt werden, als das leider oft genug der Fall ist. Mancher erlebt es ja noch, daß sein Lebenswerk zur Ruine wird, weil er dem Material Gewalt antat. Lehrjahre sind keine Herrenjahre; das sollte auch in der Kunst gelten. Wer nicht dran glaubt, der spürt es später am eigenen Leibe; denn es gibt, wie *Reynolds* sagte, keinen leichten Weg, ein großer Maler zu werden. Dem Anfänger muß die Technik der Alten undurchdringlich erscheinen, und auch der fertige Maler, auch der Techniker wird vielfachen Irrtümern in der Beurteilung unterworfen sein. Man kann den technischen Aufbau meist besser an den geringeren Schularbeiten erkennen als an den Werken der Meister.

Hört ein Maler, der sich für das Handwerk der Alten interessiert, zum erstenmal von dem Vorhandensein *alter Malbücher,* so denkt er sich die Sache sehr einfach: Man schaut eben nach, womit der oder jener Meister gemalt hat, und die Sache ist fertig! Hat er aber einmal einen Blick in die Bücher geworfen, so wird er, wenn er nicht schon technisch geschult ist, ▷

▷ gar nichts davontragen als eine große Verwirrung. Der Wert dieser „Quellenschriften“ ist sehr bedingt.

Da finden sich Vorschriften aller Art durcheinandergeworfen. In den frühen Werken handelte es sich zumeist um Dinge, wie sie heute ein Kirchenmaler braucht, um Vergoldungen, Mixtion usw., vielfach aber auch darum, wie man z. B. mit Safran über Stanniol gestrichen Gold vortäuschen könne; um Rezepte für Miniaturmalerei, für Anstriche zur Bemalung von Statuen usw., kurz, um alles mögliche, und der Unkundige wird irgend so ein Rezept, bei dem der Verwendungszweck nicht angegeben ist, ahnungslos für Malerei benützen und natürlich schlechte Erfolge erzielen. Die Bücher enthalten vieles, was dem kritischen Blick des Maltechnikers nicht standhält. Man muß sich überhaupt davor hüten, unbesehen alles in den Himmel zu heben, nur weil es alt ist. Die alten unsolid gemalten Bilder sind nicht mehr da, sie gingen zugrunde, nur das Gute blieb bis auf unsere Tage. Die Zeit hat eine natürliche Auslese getroffen.

Diese alten Malbücher sind oft und oft abgeschrieben worden, häufig von Nichtfachleuten, die die technischen Ausdrücke nicht verstanden und verstümmelten. Einige Rezepte sind vielfach absichtlich, aus Zunftgründen, dunkel gehalten. Viele Zutaten stammen von fremder, späterer Hand. Dazu kommt, daß die Bezeichnungen der einzelnen Materialien in diesen Werken untereinander keineswegs immer die gleichen und ganz andere wie die heutigen sind, und so streiten sich die Ausleger, was unter dem oder jenem Namen zu denken sei. Fachausdrücke gab's wohl auch damals, und wer sie nicht kennt und wörtlich übersetzt, bekommt die merkwürdigsten Dinge heraus. Man denke nur, wenn man unsere Fachausdrücke, so das „Anschießen“ der Vergolder oder das „Einschlagen“ der Ölfarben, ohne Fachkenntnis wörtlich übersetzen oder gar befolgen wollte. Zusätze von anderer Hand finden sich sehr häufig, und manchmal wird die Echtheit der Schriften überhaupt angezweifelt. Über die Zeit, der diese Manuskripte bzw. die Abschriften angehören, herrscht ebensolches Dunkel. Die Datierung ist bei vielen mehr oder minder willkürlich. Rechnet man die Schwierigkeiten dazu, die die Übersetzung von Fachausdrücken macht, so ergibt sich ein anschauliches Bild, wieviel oder wie wenig der Maler aus diesen Werken profitieren kann – *Cennini, Theophilos* und *Mayerne* etwa ausgenommen. Am schlimmsten sind die Bücher der Spätzeit, sie bringen Steine statt Brot, ästhetische Betrachtungen statt des Handwerks. *E. Bergers* „Beiträge zur Entwicklungsgeschichte der Maltechnik“, München 1901, G. W. Callwey, unterrichten näher über diese Quellenschriften.

Raehlmann hat durch mikroskopische Untersuchungen schätzenswerte Resultate erreicht, in bezug auf die Bestimmung alter Farbkörper und zum Teil auch der Bindemittel, und manches bestätigt, was in der Praxis aus Erfahrung gemacht wird. Diese Untersuchungen stehen aber noch im Anfang und geben noch kein geschlossenes Bild der Technik, ebensowenig, wie die chemische Untersuchung der Bindemittel bei sehr alten Bildern einwandfreie Resultate ergibt.

Wurde z. B. ein ansaugender Grund mit einer Firnislasur überzogen oder ein saugender Kreidegrund lasierend übermalt, so dringen die Bindemittel in die Grundierung ein, so daß eine spätere Untersuchung der Grundierung durch das Hinzukommen dieser Bindemittel zu einem falschen Resultat führt. Dazu kommt, daß alte Bilder häufig von anderer Hand übermalt wurden, daß sich die alten Ölschichten firnisartig verändern, Leime durch Gerbung verändert werden und die Bilder sehr häufig rückseitig später von anderer Hand durchtränkt wurden. Der Fehlerquellen gibt es wahrhaftig genug.

Uns Praktikern wird es darauf ankommen, ein Material und Gesetze des Bildaufbaues zu finden, mit denen man technisch Gleiches oder Ähnliches wie der betreffende alte Meister mit Sicherheit, nicht durch Zufall, erreichen kann. Dann werden wir nicht gar so weit von der Wahrheit entfernt sein. Im übrigen kann uns der Streit der Meinungen unberührt lassen.

Der heutigen Generation der Maler, von der kaum mehr Brücken zur Technik der Alten führen, muß es im ersten Augenblick unverständlich erscheinen, wie diese Meister so festgefügte Systeme ihrer Malweise aufbauen konnten, und vielleicht auch häufig, *warum* sie es taten, wo man doch mit der Ölfarbe so schön und bequem alles machen und alle Sünden wieder zudecken kann. Die Technik der alten Meister ist nicht ein und dieselbe durch alle Zeiten geblieben, wie das sonderbarerweise von manchen geglaubt wird. Die einzelnen Arten der Techniken haben sich allmählich entwickelt, sie wurden von jeder Generation den eigenen Bedürfnissen angepaßt, weitergeführt und von den großen Künstlern völlig frei behandelt, während sie auch dem Minderbegabten achtbare und vor allem *brauchbare* und *haltbare* handwerkliche Leistungen erlaubten.

Durch den Wechsel der Zeiten und Techniken geht aber das eine grundlegend und unterscheidend im Gegensatz zur heutigen Übung hindurch bis zur reinen Primamalerei: *systematischer Aufbau und die Arbeitsteilung im Aufbau des Bildes in die Formgebung und in die Farbe.* In die Unterlage, die Untermalung, wurde alle Mühe der Arbeit versteckt, genaue Zeichnung, Modellierung und die Lichthöhung gegeben, die notwendig war, um der Farbe das Leuchten und die Kraft der Klarheit zu geben und zu erhalten, sie nicht mit dem Suchen nach der Form zu verquälen. Rasch trocknende Malmittel finden wir durchgehend. Den Alten kam es darauf an, daß die ▷

▷ einzelnen Bestandteile der Bildschicht möglichst bald zur Ruhe kämen und nicht weiter „arbeiten"*). Heute ist bekanntlich eine gegenteilige Praxis sehr in Übung.

Es gab ein System, wenn man will, ein Schema. Aber man braucht ein System noch lange nicht schematisch und geistlos anzuwenden. Man muß auch bedenken, daß es sich hier um *Bilder,* um geschlossene *Werke (nicht um Studien)* handelte, bei denen das Problem gilt und gelöst ist, wie man am *Schluß der Arbeit* gewissermaßen fahrplanmäßig zu höchster Vollendung in Form und Farbe, zu höchster Klarheit und Leuchtkraft der Töne gelangen könne. Und das weiß jeder Maler, daß unsere heutigen Wege nicht so einfach und gerade zu solchen Zielen führen.

Die Technik der Florentiner Malerei des Trecento und der Trattato della Pittura des Cennini (Temperatechnik)

In *Cenninis* Buch ist uns die Kunstweise *Giottos* erhalten, die über *Taddeo Gaddi* auf dessen Schüler *Cennini* vererbt wurde.

Hier treffen wir zum erstenmal eine geschlossene Darstellung des Werdeganges eines Bildes gegenüber den früheren Manuskripten, die wahllose Sammlungen verschiedenartiger Rezepte darstellen.

Die Tafelbilder der Byzantiner hatten durch unrichtig hergestellte und übermäßig verwendete Ölfirnisse dunklen, trüben Charakter. Der Grund enthielt Seife und Öl „nach Gutdünken" und führte natürlich noch besonders zum Schwarzwerden dieser Bilder.

Die Ölfirnisse dieser Zeit waren dunkel, verbrannt, fast schwarz und sehr dick. Sie konnten nicht mit dem Pinsel aufgetragen werden, sondern mußten mit dem Handballen eingerieben werden. Das Bild wurde zum Trocknen in die Sonne gestellt. Man unterschied wohl auch zu wenig zwischen gut trocknenden und schlecht trocknenden Ölen.

Die Malerei war Tempera, eine „Glanzfarbe" aus Leim, Lauge und Wachs und daneben Eitempera. Das Bild wurde im Fleisch aus streng bestimmten Mischtönen im Kontrast von Grün im Schatten zu Rot aufgebaut, einem Prinzip, das der antiken Malerei entnommen war. Die Bilder waren hart in der Farbe und fielen auseinander. Durch dunkle gefärbte „Firnisse", wahrscheinlich durch Asphaltlasuren nach Art des Apelles, suchte man Harmonie zu erzielen.

Wandmalerei war die beherrschende Technik und das Tafelbild zeigte gleichen flächenhaften Aufbau. Gold und Goldimitation erdrückten durch ihre massenhafte Anwendung fast die Malerei.

Der Kanon war festgelegt, von dem starren Schema durfte aus religiösen Gründen nicht abgewichen werden.

Aus den Manuskripten jener Zeit, die die Malerei südlicher Länder beleuchten, seien die folgenden hervorgehoben:

Im *Lucca-Manuskript,* das aus dem 8. Jahrhundert stammt, finden sich Farbenrezepte. Das Ausziehen von Pflanzenfarben durch Laugen und Fällen mit Alaun, Vergoldungsarten, Goldschriften, Gummi und Emulsionen. Außerdem die „pictura translucida", bei der Zinnfolie unterlegt und mit Ölharzfarben, Ölbeizen lasierend übermalt wurde. Bei *Heraclius,* 8. Jahrhundert, Eiweißalaun für Miniaturmalerei und -schriften und Mitteilungen über Ölfarbe. In der *„Mappae Clavicula"* aus dem 13. Jahrhundert Angaben für Miniaturmalerei, Vergoldungsrezepte, eine Wachsfarbe mit Leim für Holz und Leinwand, Angaben für Farbmischungen und Rizinusöl als Firnis über Tempera und Leimmalereien.

In der *Hermeneia des Dionysos,* dem *Malerhandbuch vom Berge Athos,* dessen zeitliche Bestimmung schwer festzulegen ist und das von manchen sehr spät datiert wird, findet sich das strenge Schema der byzantinischen Malerei, ein Gipsleimgrund, dem Seife und Öl beigemengt wurde, Rezepte für Vergoldung und eingehende schematische Darstellung der Fleischmalerei. Die Rezepte gelten hauptsächlich für Mauermalerei. Als Grund für Leinwand wird Leim, Seife, Honig und Gips nach Gutdünken verwendet und mit Ei übermalt. Als Firnisse finden sich Weingeistfirnisse und gefärbte gelbe Firnisse, die wohl für die pictura translucida, Goldnachahmung und Tempera Verwendung fanden. Außerdem Rezepte für eine Wachsmalerei, eine Glanzfarbe, die aus Leim und Wachs mit Lauge zu gleichen Teilen bestand, also wahrscheinlich eine Kasein-Wachsseifentempera.

Bilder des *Duccio di Buoninsegna* und seiner Schule in Perugia zeigen deutlich die dunkelgrüne, halbdurchscheinend über den weißen Gipsgrund gelegte Imprimitur, den Proplasmos des Athosbuches, über das ganze Bild. Über diesen wurde in 2–3 Höhungen ▷

---

*) Namentlich in der Untermalung. Und deshalb wurden hier Wasserfarbentechniken, wozu auch Tempera gehört, verwendet, weil so die unteren Bildschichten mager wurden. Leimfarbe als Untermalung für Öl erscheint, entgegen vielfacher Annahme, deshalb wenig wahrscheinlich, weil sich kein Material beim Firnissen oder Übergehen mit Öl so verändert wie Leimfarbe und die alten Meister viel zu große *Praktiker* waren, um zeitraubende Umwege zu machen. Die Verbindung zwischen Tempera und Ölfarbe ist naturgemäß eine bessere als zwischen Leimfarbe und Öl. Es ist aber auch zu bedenken, daß unter dem Begriff Leim nicht nur jegliche Wasserfarbe, sondern auch Kasein, Käseleim, ging.

▷ die Karnation, bestehend aus Bleiweiß, Ocker und Zinnober, so gelegt, daß nach den Rändern hin und gegen den Schatten der Proplasmos durchschien, wodurch Modellierung und Abtönung durch optisches Grau erzielt wurden. Darauf kam das Wangen- und Lippenrot und mit Schwarz und Caput mortuum die Augenbrauen, Augensterne und tiefen Falten. Die Gewänder wurden vor dem Fleisch gemalt (s. a. Tafel IX).

Diese Manier hieß die kretensische oder griechische. Eigelb sowie die „Glanzfarbe", „Cera colla", die durch Reiben Glanz bekam, sind als Bindemittel dieser Zeit bezeugt. Die frühen *russischen* Ikonen sind mit Eigelb gemalt unter starker Weißhöhung und aus dem antiken Kontrast von Grün und Rot im Fleisch; Ockertöne sind in ihnen vorherrschend.

Giotto war der große Befreier der Kunst aus den Fesseln des starren byzantinischen Schemas. Sein Lehrer *Cimabue* hatte die Eitempera der Griechen nach Italien übernommen. *Giottos* Werke mußten nach den Schilderungen auf seine Zeitgenossen einen ganz ungeheuren Eindruck gemacht haben. Sie wirkten auf sie geradezu beängstigend naturwahr durch ihre lichte Farbe, durch die Freiheit der Bewegung und den geschaffenen Raum.

Cennini schildert uns das Technische der Kunst Giottos, das durch lange Zeit wirksam blieb, in seinem *Trattato della Pittura*. Es gibt eine gute Übersetzung von *P. Vercade*, Beuron.

Sorgfältig wurden nach *Cennini* die Gründe für die Tafelmalerei hergestellt und darauf geachtet, daß die Holztafel völlig fettfrei sei. Die Tafel wurde mehrmals geleimt und mit Leinwand überzogen. Ein Gipsleimgrund wurde in vielen dünnen Lagen übereinandergelegt und das Rohmaterial dazu aufs feinste zugerichtet. Die blendend weiße Tafel wurde glatt geschabt.

Weniger einwandfrei als die Art der Brettgrundierung, die auch heute noch als die beste gelten muß, war die Leinwandgrundierung. Die Leinwand wurde mit heißem Leim getränkt und darüber Leim, Stärke, Zucker und Gips dünn, nur porenfüllend gespachtelt und eine Ölgrundierung darüber dünn aufgetragen. Darum sind Leinwandbilder dieser Zeit kaum erhalten. Die Vergoldung ist ausführlich bei *Cennini* beschrieben.

Die Malerei wurde in Tempera ausgeführt. Als Mal- und Anreibemittel diente Eigelb, vermischt mit dem Saft junger Feigentriebe und Wasser. Der milchige Feigensaft sollte wohl eine Verflüssigung des Eigelbes bewirken oder Konservierung, ähnlich wie man im Malergewerbe heute Essig zugibt. Ausdrücklich und sehr richtig wird darauf hingewiesen, daß zu viel Ei sehr schädlich sei. Der Dotter der Stadthennen sei lichter und daher brauchbarer.

Die Farben wurden aufs feinste in Wasser verrieben und mit gleichviel Eigelb vermischt. Solche handgeriebene Farbe war viel körperhafter als die heutige mit Maschinenreibung.

Gewänder und Architektur wurden vor den Fleischteilen gemalt. Begonnen wurde mit dem farbstärksten Ton, z. B. einem Lackrot, damit die volle Farbkraft gleich in richtiger Stärke eingesetzt werden konnte, doch wurde das Rot auf Weißuntermalung gelegt, damit es leuchte.

Auf eine saubere und genaue Zeichnung, die mit einem grünen Mischton leicht nachkonturiert wurde, erfolgte eine Tönung mit Veroneser grüner Erde, die im Licht zweimal mit Weiß nach der Form *flächig* gehöht wurde. Der grüne Mischton (Verdaccio) bestand aus Schwarz-Weiß und Ocker. Die Schatten wurden mit Veroneser grüner Erde lasierend verstärkt. Drucker in dem grünen Mischton der Konturen verstärkten die Wirkung von Augen, Nase, Mund usw. Es wurden drei Farbabstufungen für die Übermalung des Fleisches im Lokalton gemacht. Sinope, eine helle, rote zinnoberähnliche Naturokkerfarbe aus Kleinasien, die heute leider nicht mehr zu haben ist, bildete mit etwas Weiß den Ausgangston („Cinabrese"). Der tiefste Ton wurde aus ihm und wenig Weiß hergestellt, der lichteste aus Cinabrese mit viel Weiß, der Mittelton durch Mischung von beiden genannten Tönen zu gleichen Teilen. Die grüne, im Licht weißgehöhte, Untermalung hatte ähnliche, nur vollständigere Wirkung wie die einer weißgehöhten Zeichnung auf grünem Tonpapier und wurde nun gefärbt mit den drei Tönen, indem man mit dem Lichtton die Lichtmasse, mit dem Mittelton den Tonübergang, mit dem tiefsten Ton den grünen Schatten überging, doch so, daß *das unterlegte Grün im Schatten gut durchwirkte, erhalten blieb und kontrastieren konnte zur weißrötlichen Lichtmasse*. Der tiefste Ton mußte der farbstärkste sein, weil er auf dem komplementären Unterton, dem Grün, am stärksten gebrochen wird, dasselbe gilt in schwächerem Maße für die Übergangstöne. Im Licht kann und muß das Rot schwach sein, weil hier durch das starke Abdecken mit Weiß kein Rot durch durchwirkendes Grün geschwächt wird.

Begonnen wurde mit Rot der Wangen und Lippen, das sehr farbstark aufgetragen wurde, denn der dunkelste der Fleischtöne aus Weiß und Rot sollte noch um die Hälfte heller sein als das Lippenrot. Die Töne wurden ineinander verrieben und zwei- bis dreimal strichelnd übereinander aufgetragen. Darauf folgten höchste Lichter mit fast reinem Weiß und tiefste Schatten mit Schwarz-Rot oder reinem Schwarz.

Die Draperien wurden ebenfalls und analog den Weiß-Rot-Tönen im Fleisch *in drei abgestuften Tönen* angelegt und darauf geachtet, daß der zuerst angelegte dunkelste Ton nicht zu ausgedehnt werde, sondern unter der Hälfte der Fläche der Figur bleibe. ▷

▷ Diese Abstufung in drei Töne zwischen Hell und Dunkel ist handwerklich sehr praktisch und hat sich bis in die Neuzeit erhalten. Im übrigen wurde genau so verfahren in bezug auf die Reihenfolge wie beim Fleisch. Der Umriß sei mit blasser grüner Farbe anzulegen.

Die Technik war, an der heutigen Ölmalerei gemessen, eine sehr mühsame. Man durfte nicht zu naß malen, der Pinsel sollte gut ausgedrückt, die Farbe aber flüssig sein. Es bestand die Gefahr, daß der untere Ton aufgelöst würde, wenn man nicht leicht und rasch darüber ginge.

Man konnte den Ton nur strichelnd übergehen. Die Lichtmassen waren noch leichter zu gestalten, sie blieben annähernd stehen durch die darunterliegende Weißhöhung. Jede Wasserfarbentechnik, und denen ist die Tempera zuzuzählen, erfordert hellen Grund, damit die Farbe leuchte. Darum waren Tiefen am schwierigsten klar zu malen und zu modellieren. Man half sich durch Erhaltung des grünen Grundtones und durch die vorgemischten Töne in den drei Abstufungen, die also immer wieder leicht zu finden waren. Ohne diese handwerkliche Regel wäre es unmöglich gewesen, den Ton zu modellieren und den Wert der rasch und heller auftrocknenden Tiefen wieder zu finden, ohne fleckig zu werden, wie das bei heutiger Temperamalweise häufig der Fall ist. Die Schatten mußten, wie das jede *Wasserfarbentechnik*, auch das Fresko verlangt, relativ hell gehalten werden, damit sie nicht schwer oder rußig wurden. Vertiefung des Tones wurde durch strichelndes Übergehen des helleren Untertones in sich kreuzenden Strichlagen mit der Spitze des Pinsels hergestellt.

Als Zwischenfirnis für Tafelbilder diente Pergamentleim (Schnitzelleim).

Die fertige Arbeit ließ man gut austrocknen und überzog sie erst spät mit Firnis.

Ein „flüssiger Firnis" (Vernice liquida), aus Leinöl und Sandarak bestehend, wird erwähnt. Dieser Sandarak war sicher etwas anderes als das heutige Sandarakharz, das ungeeignet ist für Tempera.

Es finden sich gekochte Öle, bis zur Hälfte des Volumens eingedickt, und ebenso in der Sonne *verdicktes Leinöl,* von dem *Cennini* sagt, *besseres gäbe es nicht.*

Die „Firnisse" hatten warmen rötlichen Ton, der den kühlen Temperabildern eine gewisse Wärme verlieh. Die Firnisse wurden mit der Hand eingerieben, um sie möglichst fein zu verteilen. Diese Methode findet sich bei Italienern, Flamen und Altdeutschen.

Von gefärbten Firnissen ist in den früheren Malbüchern viel die Rede, ihre Wirkung muß die einer Lasur gewesen sein.

Einzelne Bildteile, wie die Draperien, wurden später mit Ölfarben gemalt und ebenso in drei Tönen aufgetragen, während die Fleischteile im Ölbild noch lange in Temperamanier gemalt wurden.

Ölmalerei wurde in damaliger Zeit auf Mauern und auf Tafelbildern ausgeführt. *Cennini* erwähnte besonders, daß die Ölmalerei bei den Deutschen viel geübt werde. Nach der Überlieferung hat schon *Giotto* gelegentlich in Öl gemalt.

Die Temperabilder wirken kühl und deckfarbig, daneben aber schönfarbig und farbstark in Gewändern usw. Die Schatten sind hell, sie treten aus den angeführten Gründen wenig in Erscheinung, das Ganze macht den Eindruck zerstreuten Tageslichtes.

In die Augen fallend ist dieser Unterschied gegenüber den Altdeutschen, wo Lasurtöne in der Hauptsache neben wenigen pastosen Tönen die Haltung des Bildes bestimmen, und ebenso gegenüber den flämischen Bildern, die Körperhaftigkeit und Transparenz in sich vereinen. Es ist dieses technische Merkmal der ausgebreiteten Temperadeckfarbe über dem getönten weißen Grund gerade dasjenige, was diesen frühitalienischen Bildern ein von anderen verschiedenes, manchmal dem Fresko nahes Aussehen gibt.

Die Technik ist auch hier keine Nebensächlichkeit, weder Laune noch Zufall, sondern ein streng logisch durchdachtes Gesetz des Bildaufbaues, das alle Möglichkeiten des Materials ausnützt und seine Fehler weise vermeidet. Die Haltbarkeit dieser Temperabilder ist eine außerordentliche, von keiner späteren Technik übertroffene.

Die ganze Technik wurde von der Wandmalerei übernommen und dort finden wir sie fast ebenso wieder.

Aus 2 Teilen Sand und 1 Teil Kalk, die man einige Tage angerührt stehen ließ, wurde der Verputz auf genäßter Mauer hergestellt und darüber Ocker konturiert und mit Rötel nachgefahren.

Da über diese Arbeit nochmals ein Verputz aufgetragen wurde, konnte sie nur dazu dienen, Klarheit über den Entwurf und seine Wirkung an Ort und Stelle, über die Fernwirkung usw. zu bekommen. Sicher wurde davon eine Pause gemacht. Nicht selten ist die darüberliegende Putzschicht abgeplatzt, da offenbar der Kalksinter nicht immer entfernt wurde.

Es wurde auf dem letzten Verputz mit der grünen Mischfarbe die Konturenzeichnung wieder wie beim Tafelbild sorgfältig ausgeführt und in gleicher Weise die Arbeit vollendet.

Daneben wurden Arbeiten auf durchgehend grüner Tönung ausgeführt und mit Weiß im Licht gehöht. Merkwürdig ist es, daß man auch bei altitalienischen ▷

▷ Staffeleibildern manchmal in die weißen Gründe tief eingegrabene Umrißlinien finden kann, wie sie sonst als Kennzeichen des buon Fresko bekannt sind, so bei Werken der Mailänder Schule und *Raffaelino da Carbos.*

Die Methoden wechselten natürlich bei den einzelnen Meistern je nach deren individueller Veranlagung. Ausdrücklich aber weist *Cennini* darauf hin, daß es eine verkehrte Art sei, über die rötliche Tönung, die gewöhnlich in drei Abstufungen, aber auch nur in einem einzigen gemeinsamen Ton aufgetragen wurde, die Grünschattierung oben darüberzulegen.

Tatsächlich werden bei dieser Art die Töne schmutzig. Das gilt besonders für Fresko.

Malereien in grüner Erde wurden häufig auf Wänden angebracht. Vielfach wurde auf Freskogrundlage in Secco fertiggemalt, oft mit Mitteln, die das Werk später vernichteten. *Vasari* erwähnt ausdrücklich ein Fresko *Ghirlandajos* in einer eingestürzten Kapelle, das der Witterung ausgesetzt gewesen sei und trotzdem sich erhalten habe. Hieran sehe man, wieviel Freskoarbeiten wert seien, wenn sie verständig ausgeführt *und nicht in Secco nachgebessert würden.*

Zur *Seccomalerei* wurde das Eimalmittel verwendet. Mit Wasser verdünntes Eigelb wurde mit dem Schwamm aufgetragen, ebenso bei der Vergoldung, wo auch Veroneser grüne Erde unterlegt wurde. Daneben wurde auch das ganze Ei verwendet. Weithin, durch ganz Italien, erstreckte sich der Einfluß Giottoscher Kunst und darüber hinaus nach Südfrankreich und Spanien. Technisch gleichartige Merkmale der Florentiner Frühzeit finden sich bei den frühen Kölner Meistern, wie die Grünuntertuschung der Schatten bei *Meister Wilhelm,* die wohl hier wie dort auf byzantinische Quellen zurückgeht.

Die Technik der Frühitaliener regte häufig Maler zu Versuchen in ähnlichem Sinne an. So baute *Marées* seine Arbeit darauf auf, indem er ebenfalls die dichten weißen Gipsgründe, die genaue Zeichnung des Umrisses, die Tönung und die Weißhöhung im Lichte in freierer Weise seinen Absichten dienstbar machte. Er überging die männlichen Körper über die Weißhöhung mit einer Tönung von gebranntem lichten Ocker, weibliche und Kinderkörper mit Natur-Lichtocker. Leider zeigen die Bilder, die er später dick und oft mit Firnisölfarbe übermalte, nichts mehr von der sorgfältig gemachten Untermalung. Aber sicher haben sie dieser und dem Grunde ihre noch relativ gute Erhaltung zu verdanken.

Böcklin arbeitete vielfach in seiner früheren Zeit unter Zugrundelegung des gleichen Prinzips, der Vorarbeit in Veroneser grüner Erde, der Weißhöhung und der darüber folgenden lokalfarbigen Tönung. So sah ich bei dem Maler *Ludwig* in Rom ein Frühwerk *Böcklins*, in das er die Venus der „himmlischen und irdischen Liebe“ *Tizians* in Grünerdetönung und Weißuntermalung als Nymphe in eine Landschaft gesetzt hatte, frei nach der Technik des *Cennini.*

Die Technik der van Eyck und der Altdeutschen (Mischtechnik)

(s. a. Tafel X)

Die Temperatechnik vermochte auf die Dauer die Wünsche der Maler nicht zu befriedigen. Nach *Vasaris* Zeugnis machte man in Italien und Deutschland und anderwärts viele Bemühungen zu ihrer Verbesserung. Man beharrte aber (wenigstens in Italien, denn in Deutschland wurde die Ölmalerei auf Mauern und Tafeln nach *Cenninis* Zeugnis schon damals viel geübt) bei der Methode der alten Tempera, obwohl die Maler erkannten, daß ihr eine gewisse Weichheit und Frische fehle, daß die Farbe nur schwer zu verschmelzen war, daß man nur mühsam strichelnd arbeiten konnte und die Bilder gegen Stoß und Nässe sehr empfindlich waren.

Man war ja lange schon in Italien dazu übergegangen, einzelne Bildteile wie die Draperien in Ölfarbe zu malen, während die Fleischteile noch in der Temperamanier ausgeführt wurden.

Wir lesen von einem mißglückten Versuch *Baldovinettis,* Eigelb und Vernice liquida heiß miteinander zu verschmelzen, der natürlich zu einem verpfuschten Eierkuchen führen mußte. Man sieht aber, in welcher Richtung die Versuche der Temperaverbesserung unternommen wurden. Die Tempera sollte bindekräftiger und satter in der Farbwirkung werden, auch leichter zu verarbeiten sein. Weiß man, wie einfach es ist, eine Emulsion zustande zu bringen, so muß man sich wundern, daß es so langer Zeit bedurfte, sie zu finden. Es ist aber in solchen Dingen stets wie mit dem Ei des Kolumbus.

Temperamalerei trat, wie wir sahen, in Deutschland (und in England) mehr zurück. Wohl aus klimatischen Gründen wurde Ölmalerei bevorzugt.

Über frühe deutsche Temperamalerei unterrichtet uns das Buch des Paderborner Mönches *Theophilos, „Diversarum artium schedula“,* das erste planmäßige Malbuch überhaupt, das mindestens 100 Jahre älter ist als *Cenninis* Traktat. Es geht zurück auf byzantinische Quellen, bringt ähnliche Rezepte wie die damaligen südländischen Malerbücher über Holztafeln, ihre Bespannung mit Leinwand und die Grundierung mit Leim, Gips oder Pfeifenton und Käseleim, über Malen über Zinnfolie usw. Am wichtigsten ist das Temperarezept. Kirschgummi dient als Malmittel, für helle Farben der Saft geschlagenen Eiweißes, der sonst von Miniaturmalern verwendet ▷

▷ wurde. Es findet sich die grüne Untermalung der Schatten und die Höhung im Licht mit weißroten Tönen im Fleisch. *Böcklin* übernahm in seinen Spätjahren die Kirschgummimalerei von *Theophilos.*

Besonders bemerkenswert ist aber, daß zwischen den einzelnen Farbaufträgen der Tempera Zwischenfirnisse, und zwar Öle und Harze und gefärbte Firnisse, das sind Lasuren, aufgetragen wurden. Über die Eigenschaften der einzelnen Öle war man sich damals noch im unklaren. So berichtet *Theophilos*, daß Leinöl schlecht trockne! Er hatte vor dem Leinöl das nichttrocknende Olivenöl gepreßt und dieses nichttrocknende Öl nicht genügend entfernt.

Er meint, Öl sei nur etwas für Werke, die an der Sonne getrocknet werden könnten. Das Warten auf das Trocknen sei lästig, weil man eine zweite Lage nur auftragen könne, wenn die erste trocken sei (dem Tempera- und Miniaturmaler mußte es lästig erscheinen, denn der war fast sofortiges Trocknen der Farben gewohnt).

Man unterschied wenig zwischen den einzelnen Ölsorten. Die Firnisse waren dick und dunkel und wurden mit dem Handballen eingerieben. Daher der „flüssige Firnis", vernice liquida, als Besonderheit geltend.

So war der Boden beschaffen, auf dem *van Eycks* Erfindung entsproß.

Es kann nach dem Vorhergehenden keine Rede davon sein, daß *van Eyck* die Ölmalerei erfunden habe. Sie war Jahrhunderte vor ihm im Gebrauch.

Es ist sehr wahrscheinlich, daß die Erfindung sich überhaupt nicht auf einen neuen unbekannten Stoff, sondern auf eine folgerichtige Anwendung schon bekannter Dinge bezogen haben wird.

Der Sage nach hatte *Hubert van Eyck* ein gefirnißtes Bild in die Sonne gestellt, wie das auch *Theophilos* und *Cennini* anrieten. Er hatte das Mißgeschick, daß die Tafel in der Sonne Risse bekam, und nun suchte er nach einem Firnis, der im Schatten trockne. Nach vielen Versuchen habe er Leinöl und Nußöl als die besten Trockner erkannt.

Die weißen dichten Gipsgründe wurden beibehalten. Je leuchtkräftiger der Grund war, desto leuchtender wurde die Malerei. *Armenini* (1587) berichtet, die Flamen hätten dem Gipsgrund Bleiweiß zugemischt. (Damals gab es kein Zinkweiß). Leinwand sei über das Brett mit Leim, jedoch oft nur über die Fugen, gezogen worden. Eigelb oder dessen Tempera wurde verwendet. Es sei eine mühevolle Art, dabei trocken und herb. So malten die Oltramontani (die Flamen). *Die Modernen hätten ganz und gar auf die mühevolle und fleißige Manier der Flamen verzichtet und sich auf den Weg der vollkommenen Ölmalerei begeben.* *Paolo Pino* schreibt: „Lassen wir guazzo (gemeint ist Tempera) den Oltramontani (den Flamen), die den rechten Weg verloren haben. Wir aber malen in Öl."

Diese Stellen verlören allen Sinn, wenn *van Eyck* reine Ölmalerei betrieben hätte. Obwohl hier der Gegensatz zur Ölmalerei klar herausgearbeitet ist, tauchen immer wieder Behauptungen auf, die van-Eyck-Technik sei weiter nichts gewesen als Ölmalerei mit fetten Firnissen, Standöl oder ähnlichen Mitteln.

Diese Auffassung kommt daher, weil *Vasari* dem *Joh. van Eyck* die Erfindung der Ölmalerei zuschrieb. Er habe nach vielerlei Versuchen gefunden, daß Leinöl und Nußöl am besten trockneten. Diese habe er mit anderen Mischungen gekocht und so den Firnis gefunden, den er und alle Maler der Welt lange gewünscht hätten. Er habe gefunden, daß Farben mit dieser Art von Ölen angerieben sehr haltbar seien, vom Wasser keinen Schaden erlitten und in dieser Technik Feuer und Glanz zeigen, ohne gefirnißt zu sein. Aber das Wunderbare sei die Verschmelzung dieser Farben gegenüber der Tempera. Ölmalerei und gekochte Ölfirnisse waren aber längst bekannte Dinge, mehr als 100 Jahre vor *van Eyck.*

Der Maler *Maroger*, Paris, sieht in einem Zusatz von Hautleimlösung zur Ölfarbe das Wesentliche der van-Eyck-Technik. Die Farbe wird dadurch kurz und temperaartig mager.

Vasari sagt ausdrücklich (aber irrig), seit 1250, seit *Cimabue* habe man auf Leinwand wie auf Brettern nicht anders gemalt als in Tempera. Oft genug kann man an flämischen Bildern eine körperhafte Untermalung in Weiß oder Grau sehen. Von *van Eyck* wird berichtet, seine Totfarbe, d. h. seine Untermalung sei vollkommener gewesen als bei anderen das fertige Bild. Temperauntermalung, monochrom oder in Spuren von Lokalfarbe, erleichtert erfahrungsgemäß die lasierende Vollendung in Harzölfarbe und erhöht die Leuchtkraft ungemein. *Van Eyck* kannte doch aus Erfahrung die Vorzüge einer *Untermalung* in Tempera gegenüber dem Öl. Das rasche und feste Durchtrocknen allein schon entsprach einer allgemeinen Forderung der damaligen Zeit. Der magere Charakter ließ darübergelegte Firnisölfarbe zur höchsten Schönheit kommen. Die Wasserfarbe erlaubt scharfe zeichnerische Durchbildung der Form und die Grau- oder Weißvorbereitung nahm nichts an Farbe vorweg.

Dazu kam, daß sich die Tempera nicht löste, wenn man mit Öl darüberging. Darin liegt ein großer technischer Vorteil und ein Grund guter Erhaltung. Wohl aber wäre bei einer Totfarbenuntermalung in Öl diese Gefahr gegeben neben der Notwendigkeit sehr langen Austrocknens, also technischer Nachteile, die man den Alten kaum zutrauen kann, nachdem sie doch die Tempera kannten. ▷

▷ Die leichte Verschmelzbarkeit der Ölfarbe kam doch nur für die Übermalung in Frage. In der Untermalung bedeutete sie keinen Vorteil, ebensowenig der Glanz der Farbe. Die Wasserunlöslichkeit wird ebenso durch Firnisölfarbe in der Übermalung erreicht. Durchaus möglich ist auch, daß die oft als Leimfarbe bezeichnete Untermalung Käseleim, also Kasein war, das ja an sich schon wasserfest ist.

Im entscheidenden Gegensatz zur heutigen Malerei steht die van-Eyck- wie alle früheren Techniken durch die *Weißhöhung*. Eine bisher merkwürdigerweise nicht beachtete Stelle in *C. van Manders Schilderboek* bestätigte mir diese in der Praxis gewonnene Vermutung. Er berichtet, daß *Jaques de Baker* unvergänglichen Ruhm verdiene, weil er die Lichtpartien im Fleisch *nicht einfach mit Weiß* (und darübergelegter Lasur), *sondern gleich mit Weiß und Fleischfarbe gemischt* aufgetragen habe. Also wurde vordem nur in Weiß gehöht.

Filarete beschreibt eine Weißhöhung. Über die Imprimiturfarbe sei allen Dingen *mit Weiß gleichsam ein Schatten zu geben.* Diese Stelle war dunkel, bis sie durch die Weißhöhung klar wurde. Dünneres Weiß im Schatten, im Licht verstärkt, gibt das optische Grau durch Schattierung in der einen Farbe Weiß. *Filarete* fährt fort: Hast du menschliche Gestalten, Häuser oder Tiere zu malen, *so gib mit Bleiweiß die Form davon an.* Das setzte eine dunklere Imprimitur voraus. Darüber kam Lokalfarbe und Höhung der Lichter mit Weiß und Lokalfarbe und Drucker von Hell und Dunkel.

Die alte Tempera vertrug keinen dicken Auftrag, das reine Eigelbmalmittel platzte leicht ab, wenn es zu stark genommen wurde. Es ist sehr wahrscheinlich, daß *van Eyck* diese Malweise durch die *Erfindung der Emulsion* verbesserte. Die lag ja sozusagen in der Luft, wie *Baldovinettis* Vorgehen bezeugt und im Zusammenhang damit der Bericht, daß man in Italien, Deutschland und anderwärts sich um eine Verbesserung bemühte. Die neue Emulsion trocknete fester, war pastoser aufzutragen, verband sich leicht mit Ölfarbe und Harzfirnissen und blieb dabei doch wassermischbar in jedem Ausmaß der Verdünnung bis zum reinen Wasser.

Der Wasserstrich der Tempera aber ist der schärfste und bestimmteste Strich, der überhaupt in irgendeiner Malerei zu erzielen ist, *wenn man ihn in eine dünne Öl- oder in eine Firnislasurschicht setzt.*

Er verändert sich dabei, richtig hingesetzt, so gut wie gar nicht beim Firnissen, während die reine Tempera hier fast unberechenbar ist.

Sicher kam ein so großer Praktiker wie *H. van Eyck* bald hinter diese Tatsache, um so eher, als der Gedanke der Mischtechnik, schichtenweiser Öl- und Temperamalerei im Wechsel übereinander, ja schon zu *Theophilos* Zeiten verwirklicht war, also gut zwei Jahrhunderte früher.

Die alte Tempera hatte den Nachteil, solange sie frisch war, sich beim Wiederübergehen leicht zu lösen, ebenso der Grund und die Untertuschung. Man mußte darum strichelnd oder gitterartig die Farbe über die andere auftragen.

Durch eine ockerfarbige *Öl- oder Harzfarbenimprimitur,* einen dünnen und mageren Lasuraufstrich über die Zeichnung oder durch einen Harzessenzfirnis oder Venezianer Terpentin über die Temperaimprimitur oder Leimtönung und den festen weißen Gipsgrund, der beibehalten wurde, war die Lichthöhung in Tempera ohne Gefahr möglich geworden gegenüber der bloßen Tempera-Untertuschung. Darauf saß das Temperaweiß bestimmt und wurde sehr hart. Der Grund konnte sich dabei nicht lösen infolge der Imprimitur, auch bei Malerei mit viel Wasser nicht, wo sonst der Kreide- oder Gipsgrund gequollen wäre. Die Imprimitur konnte auch lokalfarbig für einzelne Bildteile gewählt werden. Es ergeben sich dann schärfer kontrastierende, farbig härtere Wirkungen.

Auf der Imprimitur ergab die Abstufung von Weiß durch verschiedene Stärke des Auftrages für Licht-, Schatten- und Mittelton schon eine *leichte Modellierung* nach dem Gesetz der trüben Medien. Handwerklicher Grundsatz und Notwendigkeit ist dabei, daß die Weißhöhung über das ganze Bild bis in die tiefsten Schatten, zuerst einheitlich, fast anstrichmäßig, in sehr dünner Lage, durchgeführt wird und daß keine Imprimitur hier unbedeckt auf der Bildfläche steht. Denn sonst reißt dort, wo eine neue Harzfirnislasur direkt auf die Imprimitur ohne weiße Temperazwischenlage kommt, die obere Firnisschicht die untere oft auf. Bei gefirnißter Kasein- oder Eiimprimitur ist die Gefahr vermieden.

In einer rationellen Ausnützung des Materials, in folgerichtigem Aufbau des Bildes auf Grund seiner erworbenen Materialkenntnis lag meiner Meinung nach die Erfindung *van Eycks.*

Die Verschmelzung der Oberschicht im Bilde, die Klarheit der Tiefen, das Weichmachen der Form und die Farbensattheit ist nur mit den Mitteln der Ölmalerei auszuführen und nicht mit irgendeiner noch so ölhaltigen Tempera. Das wäre nur Zeitverlust, das weiß jeder, der es probiert hat.

Die ganze Technik lief darauf hinaus, die damals allgemein gestellten Fragen, das Suchen nach vielseitigerem Material, zu beantworten. Welches Material gibt den schärfsten Strich, körperhaften und doch sofort trocknenden und übermalbaren und dazu mageren Auftrag? Sicher ist die Tempera hierin dem Öl überlegen. Das sind Vorzüge, die für die Untermalung vorteilhaft sind. ▷

▷ Welches Material gibt die klarsten Tiefen und leichte Verschmelzung und erlaubt genauestes Einsetzen und Wiederfinden des Farbtones bei Mischungen? Unzweifelhaft die Ölfarbe und ganz besonders, wenn sie mit Harzfirnissen oder Balsamen und eingedicktem Öl vermischt wird. Die früheren dunklen dicken Ölfirnisse konnten diesen Zweck nicht erfüllen, und ausdrücklich heißt es, daß *van Eyck* mit diesem Temperafirnis (der braunen Sauce) unzufrieden gewesen sei. Andernteils waren helle Firnisse, wie der „weiße Firnis von Brügge", zu *van Eycks* Zeiten schon bekannt, und man darf annehmen, daß dieser Firnis entweder ein Mastixterpentinfirnis oder ein Balsam wie Venezianer Terpentin gewesen sei. Es ist auch durchaus wahrscheinlich, daß die Erfindung nicht mit einem Schlage gemacht wurde, sondern allmählich verbessert und ursprünglich noch mit dunkleren Firnissen und gekochtem Öl gearbeitet wurde. Wenigstens sollen die frühen Bilder *van Eycks* dunkler und mehr gegilbt sein als die späteren und die der Nachfolger.

Daß an der Sonne eingedicktes Leinöl, das firnisartigen Charakter hat, allen anderen Ölen überlegen sei, erwähnte schon *Cennini,* und ich halte es für durchaus wahrscheinlich, daß es in Verbindung mit Harzen und Balsamen zu Lasuren über den Temperakern verwendet wurde. Die Lasurarbeit und ihre Wirkung mußte *van Eyck* besonders nahe liegen, denn er war ursprünglich Glasmaler. Das Malmittel habe einen scharfen Geruch gehabt, wurde überliefert. Das trifft auf die Terpentinessenzfirnisse zu, gegenüber dem vorhergehenden Ei-Malmittel oder den Ölfirnissen. Schönfarbigkeit, Klarheit der Tiefen und Weichheit wurde durch diese Lasuren erzielt, die in *Theophilos* Technik ihren Vorgänger haben.

Die Lasur allein reichte aber nicht aus, sie erforderte immer noch Lichthöhung und Verschärfung der Zeichnung, sowie die Farbe über den weißen Temperakern kam.

Spielend leicht, sicher und scharf ließ sich in magere Harzfarbenlasuren mit Temperaweiß höhen und der notwendige körperhafte helle Unterton für neue Lasur zur Verbesserung der Form und Farbe legen. Formdarstellung, so klar wie möglich, war das Ziel dieser Kunst wie überhaupt der alten Kunst. Die feinsten Einzelheiten, wie die Linien der Haare, Schmuckstücke usw., waren ohne Mühe in dieser Technik möglich, die höchste Schärfe beim Vermalen mit Wasser in die Lasur erreichte. Und wie mit Weiß war es möglich, auch mit Schwarz oder irgendeiner anderen Farbe in Tempera zeichnerisch mit einer vorher unbekannten Genauigkeit vorzugehen, ohne daß beim Firnissen Änderungen zu befürchten waren.

Jederzeit konnte die Arbeit unterbrochen oder wieder aufgenommen werden – sie hatte Glanz, ohne gefirnißt zu sein, was den Temperamalern und Illuminierern natürlich besonders ins Auge fallen mußte, wie *Vasari* ausdrücklich anführt.

Die Leuchtkraft war durch den weißen dichten Grund, die Weißhöhung auf die warme durchsichtige Imprimitur, durch die klaren Firnislasuren im Höchstmaß des überhaupt Erreichbaren und dabei auf einfachste Weise, in rationeller Ausnützung der Eigenschaften der einzelnen Techniken, erreicht worden.

Die Farbe wird beim Trocknen sofort wasserunlöslich, die Tempera, in den Firnis gemalt, wird steinhart. Auch das sind überlieferte Kennzeichen der van-Eyck-Technik*), ebenso die bessere Bindung gegenüber der gewöhnlichen Ei-Malerei auf dem Gipsgrund. Würde es sich nur um eine Ölfarbe gehandelt haben, so wäre es nicht zu verstehen, wie die Sache solches Aufsehen hätte machen können und als Neuerung galt. Denn Ölmalerei und in Öl gekochte Harze waren doch seit Jahrhunderten bekannt und Lasuren schon seit *Apelles.* Nebenbei würden die Malereien auch nicht mehr in diesem guten Zustand und dieser Helligkeit erhalten, sondern mindestens sehr stark gebräunt sein.

Gewissermaßen notariell beglaubigen lassen wird sich die allein richtige van-Eyck-Technik wohl niemals, obwohl es heute schon mehrere „allein echte" van-Eyck-Farben und -Techniken gibt. Bedenkt man nur, um einen modernen Fall herauszunehmen, welches verwirrende Bild der Technik *Böcklins* sich aus den verschiedensten Schriften über ihn ergibt, so bei *Flörke, Schick, Berger* und anderen, so wird man skeptisch über den Wert der Rezepte denken. Jeder schreibt eben von seinem Standpunkt aus, und es fragt sich immer, wieweit er das Handwerk versteht.

Dem heutigen Maler machen diese technischen Dinge natürlich Schwierigkeiten, besonders wenn er nicht von Haus aus zu stilistischer Darstellung neigt. Dazu kommt, daß mit selbstgemachter Tempera und Ölfarbe, wie sie *van Eyck* hatte, die Verbindung sich spielend erreichen läßt, während in der heutigen Tubenfarbe oft allerhand Zusätze diese Verbindung zwischen Öl und Tempera erschweren.

Ich sagte schon einmal, daß es uns Praktikern vor allem darauf ankommen müsse, ein Material zu finden, das ohne übermäßige Mühe und Spitzfindigkeiten ähnliche Werte zu schaffen erlaubt, wie es die des betreffenden alten Meisters waren. Alle kunsthistorischen Weiterungen und alle Rezepte der Handschriften treten für uns demgegenüber zurück. Der Beweis, daß es möglich ist, auf diesem Wege Wirkungen in der Art und Vollendung flämischer Meister zu schaffen, wurde durch zahlreiche Probearbeiten und durch viele originale Arbeiten von Künstlern ▷

*) Ölfarbenübermalung sei zersprungen auf einem Bild von *Rogier v. d. Weyden,* sagt *van Mander.*

▷ erbracht, und zwar in Arbeiten, die trotz feinster Durchführung volle Leuchtkraft und Klarheit der Farbe behalten haben und dauernd behalten müssen.

Der Gang der Arbeit ist etwa der folgende (vgl. Tafel III):

1. Herstellung des dichten weißen Gipsgrundes.

2. Pause und Verstärkung der Konturenzeichnung mit Tusche oder schwarzer Temperafarbe.

3. Die Imprimitur mit rötlicher oder gelbockeriger Ölfarbe und Essenzfirnis. Alle über dem Grunde stehenbleibende Lasurfarbe wurde mit dem Lappen abgewischt. Der Imprimiturton war mager und glänzte kaum. Es arbeitete sich auf ihm wie auf Tonpapier. Die Tuschzeichnung blieb vollkommen sichtbar. Sehr vorteilhaft ist eine Imprimitur in Kasein oder Eitempera, mit Mastixfirnis überzogen (oder mit Dammar), weil sie nicht aufgelöst wird durch die Lasur. Man macht ins Nasse oder aufs Trockene die:

4. Lichthöhung mit Temperaweiß, beginnend vom höchsten Licht im Fleisch, anfangs strichelnd, in den Gewänden breiter. Die Weißhöhung wird am besten in Schichten zerlegt. Der erste dünne flächige Ton, übers Ganze ausgebreitet, wird nachher im Licht verstärkt. Im Schatten scheint der Ockerton durch. Auch im Licht wird flächig gehöht, ohne höchste Lichter, ebenso ohne größere Tiefen im Schatten.

5. Nach genügend erscheinender Lichthöhung erfolgt eine Harzölfarbenlasur, verdünnt mit Firnis oder Balsam mit eingedicktem Öl in feinster Verteilung und mager gestrichen.

6. Dort wo die Form noch Mängel zeigt, wird in Temperaweiß ins Nasse gehöht, auch mit Schwarz oder Neapelgelb kann gearbeitet werden, mit ersterem am besten strichelnd.

7. Weitere Lasur wie 5., wobei auch halbdeckend in dünner Lage mit Harzölfarbe gemalt werden kann. Auch die Lasuren sollen vom Hellen allmählich ins Dunkle gemacht werden. Indem man dort vertieft, wo es nötig erscheint, entstehen dann die Zwischentöne auf einfache Weise. Auch die in Weißhöhung flache Modellierung wird nun vertieft.

Die Lichthöhung muß natürlich immer heller sein als der beabsichtigte Tonwert, den man zum Schluß erzielen will, sonst wird die Lasur nicht klar und leuchtend. Die Weißhöhung wird meist zu dick gemacht und der Maler bringt sich so um viele Reize. Färben kann man nur einen Ton, der heller ist als der beabsichtigte, weil jede Lasur verdunkelt. Lasuren wurden nach alter Art mit dem Handballen oder Finger eingerieben. Jede Ölfarbenlasur muß in sehr feiner, dünnster Verteilung aufgetragen werden. Dicke Farbe wäre hier der Tod der Leuchtkraft. Alle Ölfarbschichten müssen dünn, flüssig, aber nicht fließend, nicht etwa stark mit Terpentinöl verdünnt, und mager aufgetragen werden. Terpentinöl löst untere Schichten dort, wo die Weißhöhung offene Stellen, Löcher, ließ. Alle Lasuren werden flächig und mit einer Spur Kremser Weiß vermischt aufgetragen. So trocknen sie besser und reißen weniger auf. Auch die halbdeckenden Lasuren werden dünn aufgetragen. So entsteht ein gewisser Schmelz. Der Auftrag muß fast anstrichmäßig einfach und rasch gemacht werden, nicht verquält, sonst reißt man den Grund auf.

Die Malerei der van-Eyck-Zeit war schönfarbig. Ein Rot, ein Blau, ein Grün wurde so rein wie nur möglich aufgetragen und nach dem Trocknen durch weitere Lasuren gestimmt. Sehr oft wurde durch die Weißuntermalung, je nachdem ihr etwas Neapelgelb, Grau oder Grün usw. zugemischt war, der Lasurton darüber, z. B. ein Rot, variiert. Man probiere es nur aus, wie auf verschiedener Tönung des Grundes ein und dasselbe Rot der Lasur verändert wirken kann, warm oder kalt, violettrot oder feurig gelbrot. Kalte mit warmen Tönen in Mischung wurden vermieden. Schichtenweise wurden Töne übereinander, so auch im Fleisch, gelegt und nicht ineinander gemischt, z. B. Weiß und ein wenig Ocker, Weiß und ein wenig Englischrot usw. Es entstehen einfach immer wieder leicht zu findende Farbwirkungen; sie sind von anderer Art als die Resultate der heute üblichen Mischung vieler Töne.

Vom Schatten her wurde mit Schwarz und Spuren der Lokalfarbe verstärkt und zuletzt wurden höchste Lichter und Bestimmtheiten in hell und dunkel eingesetzt.

Mit weichen Pinseln wurden die Farbtöne weder zu naß noch zu trocken eingesetzt und Härten durch leichtes Überfahren mit einem großen, weichen, trockenen Pinsel nach Art der Vertreiber gemildert.

Es erfordert einige Übung, das Temperaweiß in die Ölfarbe einzusetzen. Man streift den Pinsel mit dem Weiß gut aus und probiert es dann, oft gelingt es durch bloßes Hinsetzen, ein andermal wird man die Farbe leicht mit dem Pinsel vertreiben. Die letzten scharfen zeichnerischen Dinge, wie Haare, macht man mit einem Marderschlepper und flüssiger Tempera, indem man die aufgenommene Farbe auf der Palette abstreift, den Pinsel gewissermaßen schleift. Spielend lassen sich so in die nasse Ölfarbe Haare, Schmuckstücke u. dgl. malen mit bedingter Schärfe, wo Ölfarbe allein zu weich würde.

Zum Schlusse werden hauchartig dünne Töne über die Lasuren gelegt, z. B. Weiß im Lichte, um etwa die Wärme zu mildern, die Form besser herauszuar- ▷

▷ beiten, ebenso tiefe Drucker im Schatten. Alle diese Töne müssen so hauchdünn sein, daß nie der untere Ton verloren geht, sondern nur verfeinert wird. Es wird ihm das zu Materielle genommen, er wird rätselhafter durch öfteres Übergehen und durch Zusammentupfen dieser feinsten Töne mit dem Finger. Härten werden gemildert, Kontraste leicht verstärkt, Harmonie und Kontrast durchs ganze Bild einheitlich durchgeführt. Diese letzten Feinheiten sind naturgemäß am meisten verletzbar und selten noch anzutreffen auf alten Bildern.

Die Technik *van Eycks* vereinfachte sich im Verlauf eines Jahrhunderts schon zur fast reinen, meist lasierenden Primamalerei. *Pieter Breughel* ließ den weißen Grund oder eine leichte Weißhöhung durchscheinen und machte so seine Farbe sehr locker. In Neapel sind zwei Temperamalereien des Älteren *P. Breughel. Hieron. Bosch* malte prima auf einen Sitz, die Bilder des *Jan Scorel* wirken fast wie reine Lasurarbeit. Die späten Meister verwandten zum Teil rötliche Imprimitur.

Die Temperaöltechnik ist sehr wandlungsfähig und kann den individuellen Bedürfnissen entsprechend leicht umgestaltet werden.

Sie eignet sich natürlich nur für Bilder, nicht für Studien, und so verwendeten sie die Alten. Sie ist keine Sache für alle und verlangt technische Schulung.

Nach Italien wurde die Technik durch *Justus van Gent* und *Antonello da Messina* verpflanzt und wir sehen sofort das Aufleuchten der Farben, den Schmelz und die durchsichtigen Tiefen in den folgenden Bildern des *G. Bellini, Perugino* und anderer zeitgenössischer Meister.

Leonardo da Vinci bereicherte die Malerei durch das Helldunkel, die Darstellung einer Beleuchtungsart, die die Form ohne zufällige formaufhebende Licht-Schatten-Wirkung aufs eingehendste behandeln und deutlich werden ließ. Die Erscheinung der trüben Medien verwendete er zur Durchbildung der feinsten Übergänge von Hell zu Dunkel (Sfumato).

Leonardo machte vielerlei technische Versuche, namentlich mit Ölen. Manche seiner Werke haben durch ein Zuviel an Ölen und die Verwendung von Grünspan in den Schatten Schaden gelitten und sind gerunzelt. Er war ein Mann, der nach neuen Erkenntnissen suchte, und da konnte es nicht ausbleiben, daß einmal etwas technisch weniger glückte. Die flämische Technik erhielt sich in mancherlei Variationen, bis sie durch die breitmalerische Darstellungsweise der Venezianer Schule abgelöst wurde.

In Deutschland fand die flämische Technik ebenso rasche Verbreitung wie mannigfache Abstufung.

Die alten deutschen Meister hatten wie die Italiener, Flamen usw. Werkstätten, ähnlich denen unserer heutigen Kirchenmaler. Bilder von verschiedenem künstlerischen Wert, von verschiedener Güte des verwendeten Materials und verschiedenen Graden der Ausführung, je nach dem Zweck, dem sie dienen sollten, wurden da geschaffen, manche nur von Gesellen, Statuen wurden gefaßt, Vergoldungen und Anstriche gemacht, kurz alles, was für die Kirchenarbeit notwendig war, und der angehende Maler mußte als Lehrling alle Hantierungen des Faches lernen und ausführen. Daraus erwuchs natürlich eine Materialkenntnis, von der wir uns heute gar keine zureichende Vorstellung mehr machen können. Die frühesten altdeutschen Bilder sind unzweifelhaft Temperamalereien. Aber bald wurden Gewänder usw. in Ölfarbe gemalt.

Ölfarbe war bei den Altdeutschen auf Mauern und Tafelbildern nach *Cenninis* Zeugnis schon frühzeitig verbreitet. Die Ölmalereien auf Mauern, wie sie am Niederrhein bezeugt werden, konnten nicht lange Dauer haben. Die Tafelbilder waren natürlich sehr unterschiedlich an Güte, manchmal nur grobe, roh konturierte anstrichmäßige Ölfarbe: „gemeine Gemähl". Daneben konnten je nach dem Zweck die feinst durchgeführten Arbeiten aus gleicher Werkstatt hervorgehen. So war es überall bei dem Werkstättenbetrieb der alten Meister, bei uns sowohl wie in Italien. *Raehlmann* fand auf Grund mikroskopischer Untersuchungen, daß das Öl bei den Altdeutschen völlig zurücktrete (entgegen *Cennini*), also bliebe Tempera und bzw. oder Harzölfarbe als das Wahrscheinlichste. Wir treffen Bilder an, die sehr pastos im Fleisch unterlegt sind in Weiß oder Lichtgrau über warmer Imprimitur, wie die *Wohlgemuts,* daneben mehr lasierend gehaltene Werke späterer Meister. *Wohlgemuts* derbe Totfarbe im Fleisch erinnert an die Notiz des *Mayerne,* daß bei jeder Arbeit die Totfarbe, die erste Anlage, dick aufzutragen und nach dem Trocknen sorgfältig auszuarbeiten sei. *Martin Pachers* Bilder zeigen den Temperacharakter oberitalienischer Schule mit Grünerdetönung, Lichthöhung in Weiß und Harzfarbenlasuren.

Den Einfluß der früheren flämischen Kunstweise sieht man am besten in *Dürers* Werken. Wir finden sorgfältig hergestellten weißen Gipsgrund*), die saubere Vorzeichung und eine meist ockerige Imprimitur. Auch die Weißhöhung zeigt sich unverkennbar an verschiedenen Werken.

Ein Hauptunterschied der früheren Schulen gegen die heutige Arbeitsweise ist die geringe Vermischung ▷

*) *Dürer* schreibt aus Venedig von einer „thafell, Sy wird Ich noch In acht Dagen ferfertigen mit Weißen und schaben" – (also ein richtiger Gipsgrund). Das Jahr darauf, 1507, er habe eine Tafel zu einem Zubereiter getan, der habe sie geweißt und gefärbet (Imprimitur). Aus: *Guhl,* Künstlerbriefe der Renaissance.

▷ der Farben in früherer Zeit gegenüber heute. Der weiße Körper wurde damals unterlegt und lediglich schichtenweise in reinen Tönen übereinander gefärbt, nicht ineinander vermischt und vor allem nicht mit kalten und warmen oder komplementären Tönen, die dann stumpf wirken. Dadurch blieb die angestrebte Schönfarbigkeit des Tones erhalten und er war geringeren Veränderungen unterworfen als in Mischung.

Dürer forderte genaueste Festlegung der Zeichnung in allen Einzelheiten vor der Malerei und verlangte, daß man davon nirgends abgehe.

In einem Brief an *Jak. Heller* vom 26. August 1509 schrieb er: „Ich weiß, da Ihr sie (die Tafel) sauber haltet, daß sie 500 Jahr sauber und frisch sein wird, *dann sie ist nit gemacht, als man sonst pflegt zu machen.*“ Und weiter im gleichen Brief: „Gemeine Gemähl will ich im Jahr einen Haufen machen, daß Niemand glaubte, daß möglich wäre, daß ein Mann tun möchte.“ Welcher Art waren wohl diese gemeinen Gemähl? Vielleicht nur mit Ölfarbe kolorierte Umrißzeichnungen? Es wurde also ein strenger Unterschied gemacht von *Dürer*, und es ist nicht denkbar, daß gerade die feine Art bloße Ölmalerei gewesen wäre. Dagegen: „Dann mit dem großen Fleiß kann ich ein Angesicht in einem halben Jahr kaum machen.“ Eigentümlich ist auch, daß unzweifelhaft in Öl gemalte alte Dürerkopien oft so gegilbt und gebräunt sind, daß sie keinen Vergleich mehr mit dem Original aushalten, so die Apostelkopien in Nürnberg.

Viele glauben, es sei einfach Öl und Lasur auf reinem Grund, womit *Dürer* gemalt habe, und die Feinheit der Ausführung sei nur durch die selbst und jedesmal frisch angeriebene Farbe ermöglicht worden. Neben der eigenhändigen Arbeit ging, wie bei allen damaligen Meistern, die Werkstattarbeit der Gesellen. *Dürer* schreibt an *Jak. Heller,* er habe die Flügelbilder entworfen und untermalen lassen, das mittlere Bild wolle er mit seiner eigenen Hand fleißig malen.

Gewiß trug die Selbstherstellung der Farbe frisch zum Gebrauch und die Sorgfalt bei der Reinigung der Öle sehr viel bei zu *Dürers* Technik. Sie war aber allen alten Meistern gemeinsam. Die Dünnflüssigkeit und der zeichnerische Strich des Nußöles, mit dem die Farben angerieben waren, war von großem Einfluß.

Daß aber eine so oftmalige flüssige Unter- und Übermalung, wie Dürer sie beschreibt, in Öl möglich gewesen sei, ohne Gilben und noch mehr einen braunen dunklen Galerieton hervorzurufen, halte ich für ausgeschlossen. Bei so vielen Lagen Öl übereinander müßte der Strich in Öl auch jene Schärfe verlieren, wie er auf *Dürers* und vieler Altdeutschen Bildern sich zeigt, eine Schärfe, die eben nur der Wasserstrich hat. Vor allem ist es auch nicht möglich, die Körperhaftigkeit solcher Striche auch im feinsten Ausmaß in Ölfarbe zu erreichen. So z. B. die dick aufgesetzten Lichter in Schmuckstücken oder die feinen Linien der Haare, die technisch so spielend einfach gemacht aussehen. Versucht man das mit Öl, so muß man sehr geschickt sein, um einige solche Striche nacheinander hinzubringen, dann gibt's einen Klecks und man kann mit der Arbeit von vorne anfangen. Terpentinöl oder gar Spiköl helfen gar nichts, sie machen den Strich nur zerlaufend und lösen die Unterlage.

Ganz einfach und ohne Schwierigkeit lassen sich aber solche Dinge in Tempera mit Wasser auftragen, sowohl in nasse wie in trockene Ölfarbe bzw. Harzfirnislasur.

Man reibt mit etwas verdünnter Eitempera Neapelgelb oder Schwarz, oder was man für eine Farbe braucht, flüssig, *unmittelbar vor Gebrauch* an, und zwar viel flüssiger als eine Tubenfarbe. Mit einem feinen Marderschlepper, einem langen Haarpinsel, wie man sie in Federkielen gefaßt zu kaufen bekommt, und dem man unter Umständen alle überflüssigen Haare bis auf die feinste Spitze wegnehmen muß, nimmt man die flüssige Farbe auf mit der Spitze des ausgedrückten feuchten Pinsels, streift nicht an der Spitze, sondern der Länge der Haare nach gegen die Spitze hin den Pinsel flach auf der Palette ab und zieht die feinen Haarstriche. Die pastos aufgesetzten, so ungemein pikanten und scharf sitzenden Lichter in Brokaten und Geschmeiden bei altdeutschen und flämischen Meistern erreicht man leicht und in gleicher Schärfe fast im Handumdrehen in dieser Methode, während das mit Öl und auf Öl eine fast aussichtslose Geduldsarbeit bedeutet.

Dazu kommt, daß hier die unausbleibliche Alterserscheinung des Öles, das Bräunen, nicht oder nur in sehr geringem Maße eintreten kann.

Was zeichnerische Schärfe hat, ist mit Tempera spielend zu geben, und wer es einmal probiert hat, wird davon überzeugt sein, daß dieser Weg zum mindesten den Originalen viel näher kommt als reine Ölfarbe.

Öl gibt leichte Verteilungsmöglichkeit der Farbe und glatten flächigen Auftrag. Dieser Vorteil wurde auch voll ausgenutzt, namentlich in Verbindung mit Balsamen oder Harzen, die die Durchsichtigkeit und das Fließende, Schwimmende der Lasur noch erhöhen und dabei nicht gilben.

Die Gefahren des Gilbens kannte *Dürer* sehr wohl, das geht daraus hervor, daß er schreibt, ein anderer als sein Firnis könne die Tafel verderben, weil sie alle gilben würden. Nachdem er doch diese Kenntnis hatte, ist um so weniger anzunehmen, daß er die ▷

▷ Gefahren reiner Ölmalerei in bezug auf Gilben in so vielen Lagen übereinander nicht gekannt hätte. Er kannte einen „weißen Firnis", das ist ein mit ätherischen Ölen hergestellter farbloser Harzessenzfirnis.

Die Lasuren wurden bei ihm, wie überall in der frühen Malerei, so dünn wie möglich aufgetragen, mit Handballen und Finger verrieben in dünnste Lagen.

Wir denken eben zuviel und zu ausschließlich aus Gewohnheit in der Technik der Ölfarbe, wir dürfen aber wohl annehmen, daß diese großen Praktiker sehr wohl die Vorteile der einen wie der anderen Technik abzuschätzen und miteinander zu vereinen wußten.

Aus *Dürers* Briefen sehen wir, mit welcher Sorgfalt dieser Meister vorging, wie auf Grundierung und Farben höchster Wert gelegt wurde. In einem Brief an *Jakob Heller,* 1508, schrieb er, er habe den Flügel des Altarbildes ganz untermalt, daß man anfängt, darauf auszumalen. Das Mittelstück habe er mit zwei gar guten Farben unterstrichen, daß er anfangen könne, darauf auszumalen. Und des weiteren: „Das habe ich in Willen, etliche vier-, fünf- oder sechsmal zu untermalen", ferner: „Ich habe sie mit großem Fleiß gemalt" und 1509 schrieb er: „Ich habe sie mit besten Farben gemalt, als ich sie habe bekommen, mit gutem Ultramarin*) vier-, fünf-, sechsmal unter-, über- und ausgemalt. Und da sie schon ausgemalt war, habe ich sie noch zweifach übermalt, auf daß sie lange währe." Und ein andermal: „Das hab ich im Willen, etliche vier- oder fünf- und sechsmal zu untermalen, von Reinigung und Beständigkeit wegen, wie auch den besten Ultramarin daran malen." Aus dieser Stelle geht deutlich hervor, daß die sechs Untermalungen und Übermalungen sich nicht etwa bloß auf den Ultramarin bezogen haben. Mit unserem heutigen Farbmaterial ist eine derartige Arbeitsweise undenkbar. Jedenfalls könnte man nicht behaupten, daß durch so häufige Übermalung mit unserer Ölfarbe das Bild länger währe.

Etwas anderes ist es aber mit der Technik in der Art der van Eyck'schen, die natürlich Dürer auch wieder seinem Zwecke angepaßt hatte, und wobei alle Farben nur über ein abgestuftes Weiß lasiert wurden. Deutlich ist übrigens der scharfe Wasserstrich auf seinen Bildern zu sehen, so besonders auf dem Baumgartneraltar. Dann heißt es weiter: „Nach einem Jahr oder zwei oder drei wollte ich sie mit einem neuen Firnis, den man sonst nicht kann machen, auf ein neues überfirnissen, so wird sie aber hundert Jahr länger stehen als zuvor. Laß sie aber niemand andern anders firnissen, denn alle anderen Firnisse sind gelb und man würde euch die Tafel verderben." Das zeigt, daß er gegenüber den üblichen Ölfirnissen, also eingekochten Ölen oder in Öl gelösten Harzen, einen Harzessenzfirnis oder -balsam kennen mußte, einen „weißen", das ist farbloser Firnis, wie er ja auch in der flämischen Malerei bekannt war. Wäre die Farbe *Dürers* Ölfarbe gewesen, so müßte sie bei so vielen Unter-, Über- und Ausmalungen längst zerstört oder mindestens stark gebräunt sein. Trotz der vielen Übermalungen wirken die Bilder außerordentlich dünn. Man glaubt oft bis auf den Grund zu sehen. Auch das ist ein Charakteristikum dieser Technik, bei der sowohl die Harzlasuren, wie auch die mit Wasser in den nassen Harzölfarben vermalte Tempera, ganz ungemein dünn, viel dünner als Öl, verteilt werden können. Mit Kaseinfarbenuntermalung kommt man der Dürerschen Farbe näher als mit Eitempera. *Dürer* soll Nußöl verwendet haben, das er durch gesiebte Kohle filtrierte, und faktisch erlaubte auch Nußöl feinste Verteilbarkeit und Verarbeitung. Bei früheren Absplitterungen zeigte sich der weiße Untergrund. Man kann deutlich an seinen Werken eine warme ockrige Imprimitur verfolgen, ebenso die Aufzeichnung mit schwarzer Wasserfarbe, und kann sehen, wie er, um optische Wirkungen zu erreichen, bei Draperien entsprechend untermalt. Beim roten Mantel des Apostels Johannes mit Gelb und Weiß, um ein feuriges Rot zu erzielen, während beim Grün, um es leuchtend zu machen, ebenfalls gelbliches Weiß unterlegt ist. Die feinen pastosen Striche der Haare, Schmucksachen u. dgl. wurden nicht auf den bloßen Grund, sondern auf eine flächenhafte Untertuschung gelegt. Der Kopf des Apostels Paulus zeigt an abgeriebenen Stellen deutlich die reine Weißhöhung über dem durchsichtigen Lokalton. Der Strich sitzt in vollster Schärfe, das Weiß ohne Gilben. Modellierung mit Ölweiß in nasse Öl- oder Harzlasur würde zu weich, zu modern, zu unscharf. Auf dem Trocknen aber würde der Ölstrich nicht fließend. Mit Temperaweiß ins dünne nasse Öl oder in Harzfirnis geht es technisch ganz leicht zu machen. Dürer sandte an *Raffael* sein Selbstbildnis, das, auf ganz feiner Batistleinwand ausgeführt, beiderseits gleichmäßig sichtbar war. Die Lichter waren durchscheinend, ohne aufgesetztes Weiß, das Ganze in Aquarellfarben gemalt und schattiert *(Vasari).*

Bei frühen altdeutschen Meistern ist die Verwendung von Kirschgummi, daneben von einheimischen Harzen und Balsam sehr wahrscheinlich.

Der Isenheimer Altar des *Grünewald* zeigt noch deutlich die Technik der Harzlasurmalerei und dabei den körperhaften Charakter der Temperaweißhöhung auch in dünnstem Ausklingen, wo Ölfarbe längst durch Verseifung verlorengegangen wäre. Die Verwendung von Balsamen wie des Straßburger Ter- ▷

*) *Raehlmann* behauptet auf Grund mikroskopischer Untersuchungen (Über die Farbstoffe der Malerei, Seemann, Leipzig 1914), daß *Dürer* vielfach ein Kupferblau, Bergblau, verwendet habe, wo er glaubte, echten Ultramarin zu benützen. Diese Farbe wie der echte Lapislazuli, exquisite Temperafarben, wie *Raehlmann* sie nennt, seien in grobkörnigem Zustande immer in Eitempera aufgetragen worden bei Italienern, Flamen und Deutschen.

▷ pentins ist hier sehr wahrscheinlich. Jedenfalls käme man mit diesem Mittel der Wirkung des Orignals sehr nahe. Sowohl *Dürer* als auch *Mathias Nithardt,* genannt *Grünewald,* dürften Öle nur in sehr geringem Umfang verwendet haben, da ihre Bilder bis heute noch keinerlei Vergilbung zeigen. Die Behauptung, daß der Altar mit Topfenkalkkasein untermalt sei, hat einige Wahrscheinlichkeit. Bilder des *Hans Baldung* zeigen den gleichen Aufbau und die Weißhöhung wie so viele Bilder anderer Meister. *Van Mander* schreibt, daß *Holbein* ganz anders vorgegangen sei als die übrigen Maler in der Anlage seiner Bilder. Wo er Haar und Bart malen wollte, habe er erst das Ganze gemalt, so wie es sein mußte, mit richtiger Wahrnehmung der Schatten und dann malte er Haar und Bart flüssig und vollkommen darüber (also die Einzelheiten auf die richtig gemalten Tonwerte, während die anderen über die Zeichnung und die gehöhten Einzelheiten tönten). Auf einem Bild von *Hans Holbein* fand *Raehlmann* bei mikroskopischer Untersuchung eine unzweifelhafte Emulsion. Er sagt, daß bis ins 18. Jahrhundert Tempera im Ölbild nachweisbar sei. Später haben sich die soliden weißen Gründe und die subtile Art der Ausführung verloren, wir finden dann bald fast nur stark gebräunte und nachgedunkelte Bilder, die unzweifelhaft Ölcharakter zeigen. Wie lange sich aber Reste der Tradition erhielten, beweist, daß *Schwind* grau in grau untermalte, ebenso *Gabriel Max,* der dazu Ölbilder ein halbes Jahr austrocknen ließ.

Die Technik Tizians und der Venezianer Schule (Harzölfarbe auf Tempera)

(s. Tafel XI)

Die Technik der Flamen, die anfänglich begeisterte Nachahmungen auch in Italien gefunden hatte, wurde später verlassen wegen der angeblichen Schwierigkeit, die sie machte. *Armenini* (1587) sprach ja von der „mühevollen, trocknen und herben“ Arbeit. Man male jetzt in Öl. Darin liegt ein indirekter Beweis, daß die van-Eyck-Technik nicht bloße Ölmalerei gewesen sein konnte.

Andere Aufgaben erwarten die Maler in dem aufstrebenden Venedig. In großen Formaten sollte seine Macht verherrlicht werden. Die neuen Aufgaben bedingten neue technische Mittel. Die flämische Technik, geschaffen für liebevolles Versenken und für Durchbilden der Form, erschwerte die Arbeit in großen Formaten.

Aber es wurde dabei nicht das Alte zerstört, sondern organisch weitergebildet, dem veränderten Wollen angepaßt und nicht die Erfahrung von Jahrhunderten weggeworfen. Statt schöner, für sich auf die Spitze getriebener Lokalfarben und der aus nächster Nähe zu besehenden Einzelheiten wurde die Einheit des Ganzen im Raume gesucht, malerische Erscheinungsform, Massen von Hell und Dunkel und unabhängig vom Gegenstand übers ganze Bild geführt. Alles wurde in einen dämmerigen großen Grundton getaucht. An Stelle des weißen, mit Lichtocker oder Lichtrot durch Imprimitur getönten Grundes auf Holztafeln trat dunkle, graue, rote bis tief schwarzrote Tönung auf Leinwand, vermutlich mit Harzölfarbe über Gipsgrund ausgeführt (die Bolusgründe). Wenigstens ist von *Bassano* wie von *Veronese* überliefert, daß ihnen Gipsgründe abgeplatzt seien, dort, wo sie zu dick aufgetragen wurden. *Raehlmanns* mikroskopische Untersuchungen bestätigen das Vorhandensein von Harzen im Grund, die wohl wie bei einem Kreidegrund aus der Imprimitur eingezogen worden waren. Die Leinwand mußte für die großen Formate sehr stark gewählt werden. Grobes Hanfleinen fand Verwendung, doch ist zu bedenken, daß durch Schwinden der Farb- und Grundierschicht das Leinwandkorn heute vielfach mehr mitspricht als ursprünglich beabsichtigt.

Auf diesen dunklen Gründen wurde kräftig mit Weiß oder Abstufungen von Weiß (Weißgrau, Grünerde) gehöht. Die Eitempera der van-Eyck-Technik wäre für diese sehr pastosen Untermalungen auf den beweglicheren Gründen nicht geeignet gewesen. Stärkere Bindungen mußten gesucht werden. Nach welcher Richtung das geschah, zeigt uns ein Manuskript der Marcianabibliothek. 1 Teil dickgeriebene Ölfarbe wurde vermengt mit einem halben Teil gleicher Temperafarbe. Diese wurde in Wasser steif angerieben und 1:1 mit Eigelb vermengt. Solches Weiß wird außerordentlich hart, ist sehr pastos verwendbar, gibt aber, schummernd verwendet, dünnste schleierartige Töne und trocknet sehr rasch und ist kaum wieder löslich. (Die Mischung von Tempera- und Ölweiß wird in verschiedenem Verhältnis von Malern angewandt, so auch 1:1.) Man kann in nassen Firnis oder in Lasur damit malen. Das ist besonders wichtig bei der Technik, die auf Lasurwirkung berechnet ist. Man kann sich die Wirkung der Untermalungsarbeit und die Absicht dabei anschaulich vorstellen, wenn man annimmt, man müsse auf einer Schiefertafel allein mit weißer Schreibkreide einen Körper in Licht und Schatten herausarbeiten. Man wird den Umriß zeichnen, die Lichtmasse kräftig decken, den Ton der Tafel dagegen als Schatten stehen lassen müssen und kann Halbtöne leicht erzielen, indem man an den Rändern der Lichtmasse mit dem Finger die Kreide so verwischt, daß die Schieferfarbe hindurchwirkt. Dieses Durchwirkenlassen des unteren tieferen Tones durch einen lichteren dünn darüber aufgetragenen Farbton ergibt die von den Alten so viel verwendeten *„optischen Grau“*. Auf diese drei Töne, Licht, Mittelton und Tiefe, wird die ganze Untermalung abgestimmt. Also: Stark gedeckte Lichter, dagegen vom Grund her durchscheinende Halbtöne, vorerst unberührter dunkler Imprimiturton stellen den Beginn der Arbeit dar. Würden die Halbtöne während der Arbeit zu sehr gedeckt, würde der Reichtum und die Locker- ▷

▷ heit der optischen Grau verschwinden und das Bild hart und bunt werden. Man kann bei dieser Technik wie bei der van-Eyck-Technik auf die Lasuren in Harzölfarbe wiederholt mit Weiß höhen und wieder lasieren.

Lasieren kann man mit Vorteil nur auf viel hellerem Grundton, denn alle Lasur verdunkelt. So wurden im weiteren Fortschreiten auch die Tiefen mit dünnerem Weiß oder Grau, Weiß und Grün übergangen, und diese Vorbereitung erlaubt breit malerische Lasuren.

Vasari erzählt von *Tizian,* seine Bilder seien früher mit unglaublichem Fleiß und Feinheit gemalt und in der Nähe wie in der Ferne gleich wirksam gewesen (solange er noch in der alten Technik malte!), später aber seien die Farben breit hingesetzt worden und das Bild sei von der Ferne vollendet, die Figuren wie lebend erschienen. Seine späte Manier, in breitmalerischen Flächen zu arbeiten und die Einzelheiten zu unterdrücken, ist wahrscheinlich durch eine gewisse Fernsichtigkeit im Alter hervorgerufen worden.

Charakteristisch ist, daß er keine bis in die Einzelheiten festgelegte Zeichnung oder Untermalung haben wollte, im Gegensatz zu *Dürer,* denn diese störe ihm nur die Phantasie und hindere ihn im Malen. Er gestaltete rein malerisch, aus der Fleckwirkung von Hell und Dunkel und arbeitete mit ganz wenig Farben wie die meisten großen Koloristen. Eine Anekdote erzählt, er habe mit Pinseln gemalt, so groß wie ein Besen, und er habe dem spanischen Gesandten auf dessen Frage gesagt, er tue es, um in einer anderen Art zu malen als *Raffael* oder *Michelangelo,* denn er wolle kein Nachahmer sein. So hat er sich im Laufe eines langen Lebens eine ganz freie und eigene, auf neuer Anschauung beruhende Ausdrucksform geschaffen und sicher kam ihm dabei sehr zustatten, daß er in seiner Jugend noch die strenge Schulung der früheren Technik genossen hatte. Nach *Vasari* malte er in jungen Jahren viel in Fresko.

„Svelature, trenta o quaranta!“ Lasuren, dreißig oder vierzig, ist ein überlieferter Ausspruch *Tizians.* Das ist nicht so zu verstehen, als habe er das ganze Bild immer wieder mit neuen Lasurschichten überdeckt. Der helle Körper der Untermalung, vielleicht ein Weißgelb als Unterlage für feuriges Rot, ein Weißgrün für kalt wirkendes Rot, wurde mit starker Farbe anlasiert. Diese wurden, wo nötig, zum Teil abgewischt oder vertrieben und durch mannigfaches Übergehen mit allerlei Farben der Umgebung durch Anklingenlassen farbiger Reflexe angepaßt. Durch das hauchartig dünne und schummernde Übergehen und erneuter Weißhöhung der hellen Stellen wurde dem Farbton die grobmaterielle Wirkung genommen und so jene rätselhafte Erscheinung erreicht, die das Auge immer von neuem beschäftigt und sich nicht ausschöpfen läßt. Zu unterscheiden ist hier zwischen den lokalfarbigen Einzellasuren und den Gesamtlasuren über das ganze Bild.

Eigenartige, in der Primamalerei unmögliche Wirkungen wurden hier erreicht durch ein Zusammenwirken von Untermalungs- und Übermalungston. So, wenn eine Krapplacklasur einmal über Neapelgelb, ein andermal über Grünerde und Weiß gelegt wurde, wodurch feurige oder kühle Wirkung entsteht. Dieser Vorgang wurde in der altmeisterlichen Technik viel ausgenützt, auch in dem feurigen satten Grün *Tizians,* wo Lasuren gelber Lacke über mit Neapelgelb unterlegtem Grün stehen. Diese Lacke wurden aber auch schichtenweise, möglichst unvermischt, mit Harzfirnissen aufgetragen und haben sich so überraschend gut gehalten. Mit Ölen wären sie sicher sehr gebräunt. Eitempera weist *Raehlmann* mikroskopisch nach bei der Verwendung der Blau, die meist absichtlich grob geriebenes Bergblau (kohlensaures Kupferoxid) seien. Meine Erfahrung beim Kopieren venezianischer Bilder stimmt mit seiner Anschauung durchaus überein, daß mit unserer heutigen allzu fein geriebenen Farbe die eigenartige Körperhaftigkeit dieser Töne nicht zu erreichen sei.

Ein anderer Ausspruch *Tizians: „Beschmutze deine Farbe!“* ist nur richtig zu verstehen, wenn man die Forderungen der vorangegangenen van-Eyck-Technik mit den neuen Zielen *Tizians* vergleicht. Dort die reine, klare Schönfarbigkeit jedes einzelnen Farbtones – nicht umsonst war *van Eyck* Glasmaler –, hier das Aufgehen der Einzelfarbe im großen dämmerigen Grundton. *Tizian* ist der Erfinder der stumpfen gebrochenen Töne, die eine so ausschlaggebende Rolle in der Malerei spielen.

Das Brechen des schönfarbigen harten Einzeltones mit Kontrastfarben, das Abstumpfen etwa eines Rot durch Grünwerte, aber auch durch andere Töne, bedeutet der obige Ausspruch, nicht aber eine Schmutzlasur. *Tizian* war ein Gegner der Primamalerei. Sie schien ihm ungeeignet zu tieferer Vollendung. Er ließ ein Bild oft monatelang stehen und opferte dann, unter dem frischen neuen Eindruck, rücksichtslos, was ihm für die Bildidee nicht notwendig erschien und wenn es noch so schmerzlich war. An dem schon fertig erscheinenden Bilde arbeitete er noch viel mit den feinsten Retuschen. Aus dem breit und kräftig hingesetzten Gerüst der Weißhöhung rundete er allmählich, hier und da mit dem Daumem ein Licht toniger verwischend oder einen Schatten vertiefend oder eine starke Farbe einsetzend, und damit Teile trennend, das Bild im ganzen und arbeitete zum Schluß oft mehr mit den Fingern als mit dem Pinsel, wie uns sein Schüler *Palma Giovine* berichtet. (Mit dem Finger zu malen, ist wegen der Bleivergiftung nicht anzuraten.) Sicher wurden auf die Lasuren, wo es nötig wurde, wieder Weißhöhungen aufgesetzt oder verwandte helle Töne, wo die Durchbildung der Form oder die Lichtführung dessen bedurfte, und in diese Massen wurde wieder ▷

▷ hineingetönt und mehrmals so verfahren. Zuletzt wurden auch wohl halbdeckend und deckend, wie prima einzelne Drucker und Farbverstärkungen gegeben. Das sieht man am instruktivsten an der „Dornenkrönung" in der Bayrischen Staatsgemäldesammlung, München. Dieselbe Körperhaftigkeit der Untermalung zeigt das Bild des Papstes Paul III. mit seinen Nepoten in Neapel, das mit ganz wenig Druckern in Harzölfarbe fertig gemacht erscheint auf einer zweckmäßigen Temperavorbereitung. Diese hohe Körperhaftigkeit, die die feinen Lasuren erst zur Geltung kommen ließ, wurde selten von ihm Nachstrebenden erreicht. Das wird fühlbar vor *Lenbachs,* in Ölfarbe gemalter, Kopie der „himmlischen und irdischen Liebe" im Vergleich mit dem Original.

Bilder, die so sehr ihr inneres Leuchten in sich tragen, müssen überall wirken, ob im Hellen oder im Halbdunkeln. Seine Nachfolger vernachlässigten zu ihrem Schaden die starke Weißhöhung auf dunklen Gründen.

Sicher sind es Harzölfarben, Mastix, an der Sonne eingedicktes Öl, Leinöl oder auch das damals viel verwendete Nußöl und Balsame, wie Venezianer Terpentin, die zur Lasur verwendet wurden. Braune und rötliche Imprimitur findet sich bei den früheren Werken, so bei der „Kirschenmadonna" in Wien, bei deren sehr unnötiger Übertragung auf neuen Grund auch zutage kam, daß *Tizian* von der ursprünglichen Aufzeichnung abgewichen war. Es ist überflüssig zu sagen, daß ein großer und freier Geist wie *Tizian* auch groß und frei die Technik beherrschte und im Laufe seines langen Lebens seinen jeweiligen Zwekken anpaßte, aber immer der Grundidee treu blieb.

An den Bildern der Schüler zeigt sich die Technik oft deutlicher als an denen des Meisters. So geben uns *Grecos* Bilder guten Aufschluß über die Art der Technik *Tizians.*

Zur genaueren Vorstellung sei die wahrscheinliche Entstehungsweise des Bildes der „Entkleidung Christi" von *Greco* in der Bayrischen Staatsgemäldesammlung, München beschrieben, wie sie sich in handwerklich folgerichtigem Aufbau schon des öfteren mit gutem Erfolge in Kopien rekonstruieren ließ.

Ein leuchtend brauner Imprimiturton ist an einigen Stellen sichtbar. Er ist so leuchtend nur zu bekommen, wenn man weißen Grund braun lasiert. Die farbige Tönung kann in Ölfarbe, mit Mastix verdünnt, aufgetragen sein, auch in gefirnißter Tempera. Auch der bei der Grundierung beschriebene „optische Grund" wäre denkbar. Die Umrißzeichnung kann schon auf den weißen Grund mit schwarzer Temperafarbe gemacht werden oder auf den braunen Ton mit weißer Kreide. Ein Mischweiß, hergestellt aus Eigelb und Bleiweiß mit gleichen Teilen Ölfarbenbleiweiß erwies sich am geeignetsten, die starke Körperhaftigkeit der Farben des Originals wiederzugeben. Kasein ist noch bindekräftiger als Eigelb und ausgezeichnet, aber bei zu starker Anwendung sprunggefährlich. Vom höchsten Licht beginnend wurde das jedesmal frisch geriebene Weiß ausgebreitet in halbdeckender Schicht über das Licht und nur schummernd und verlaufend dünn, doch ohne Malmittel über Übergänge und Schatten. So entstand die Wirkung des Ganzen in optischem Grau, das überall den Imprimiturton mitsprechen ließ. Denn das fein verteilte durchsichtige Weiß wirkt über dem Lasurbraun wie perlmuttriges Grau. Dann beginnt man wieder vom höchsten Licht, verstärkt die Lichtmasse ins Hellere und Pastose und entsprechend die Schatten, wobei man die großen Massen zueinander stets abwägend verbessert und nie die Zeichnung verlieren darf. Gut ist es, dem Weiß ein wenig Ocker beizugeben, daß es nicht zu kalt wirkt, oder mit solchem kalten und warmen Weiß die Wirkung zu verbessern.

Die große Form muß klar in den Massen stehen und das ganze Bild viel heller sein als das Original. Ganz falsch ist es, nur das Licht zu höhen, die Schatten bleiben dann tote, farblose dunkle Flecken im fertigen Bild. Aber selbstverständlich muß der Unterschied zwischen Licht und Schatten gewahrt bleiben.

Dann arbeitet man das ganze Bild erst leicht anfirnissend, mit großen Pinseln die Lokalfarben gegeneinandersetzend und die Umrisse leicht und spielend hineinziehend.

Man setzt kräftig das Rot des Christusmantels mit Krapp und Mastix- oder Dammarfirnis hin und verfeinert dann durch locker hineingesetzte Reflexe. So setzt man Farben nebeneinander, auch diese noch etwas heller als im Original. Denn sind sie so dunkel wie dort, dann müssen sie eben auch fertig sein! Stellt sich eine Form oder die Lichthöhe als mangelhaft heraus, wird Mischweiß kräftig aufgesetzt. Lasur verlangt große Helligkeit der Unterlage, wenn der Ton leuchten soll.

Man vertieft dann die Schatten einheitlich und verbessert auch dabei fortwährend Zeichnung und Rundung, indem man darauf achtet, was weich und was hart gegeneinander steht, unablässig so das Ganze nachkontrollierend.

Dann läßt man gut trocknen. Über das jetzt noch zu helle und zum Teil zu grelle Bild kommt nun die Schlußlasur übers Ganze, ein blaugrüner Ton, der das nächtliche Dunkel der Szene gibt. Vielleicht war es bei *Greco* eine Kupferfarbe, mit Mastixfirnis aufgetragen. Wir erreichen mit Chromoxid feurig und Kobaltblau und einem recht großen Pinsel das gleiche. Mit dem Lappen kann dann manches herausgewischt werden. Die Lasur nimmt den zum Teil noch zu grellen und lichten Lokalfarben alles Vereinzelte und führt sie zur großen Einheit zusammen. Sie nimmt den Farben alles Materielle und macht sie ▷

▷ rätselhaft. *Aber in die Lasur kommt nun mit aller Kraft die letzte Primamalerei,* Drucker im Licht und im Schatten, die die Haltung des Bildes erst geben.

Manchmal muß man mit dem Finger einen Übergang herauswischen, wie es von *Tizian* überliefert ist. Keiner der Übergangstöne im Fleisch oder in Gewändern ist direkt gemalt, alle entstanden optisch durch Mitwirkenlassen des Untertones und nur so ist es möglich, die Leichtigkeit der Farbgebung zu erzielen wie im Original. Alle gemalten deckenden Grau wirken neben dem optischen Grau schwer.

Handwerklich ist sehr wichtig, daß alles auf drei klar voneinander weggehende Töne gebracht wird, das starke Licht, den Mittelton und die Tiefe. Das Licht ist mehrfach gedeckt und sitzt auf dem Ton, der zu Anfang über das ganze Bild gebreitet war durch die ersten Lagen der Weißhöhung. Auch über die Färbung wird wiederholt mit Lichtmasse gegangen. Gleichmäßig starkes Decken würde allen Reiz vernichten. Das Bild entsteht, es wird fortschreitend entwickelt. Grundbedingung solcher Malerei ist, daß keinerlei Lösung unterer Farbschichten eintreten kann wie bei Öl auf Öl, sonst ist es vorbei mit der Leuchtkraft; Temperaweißhöhung zusammen mit Harzfirnisimprimitur und Harzölfarbenübermalung erfüllen diese Forderung.

Der hl. Sebastian *Tizians* in der vatikanischen Galerie zeigt starke Runzeln, dabei aber wenig Gilben, so daß vielleicht Hanföl als Malmittel in Frage kommt.

Mastixfirnis und Nußöl sind sonst als Malmittel der Schule bezeugt, und sicher nahmen die Essenzfirnisse, deren Durchsichtigkeit bei den Lasurschichten übereinander sehr wichtig war, den größten Raum ein. Venezianer Terpentin, Leinöl, Eileim, Gummi und Milch werden in Rezepten genannt.

Dabei ist aber nicht zu vergessen, daß besonders auch mit halbdeckenden Tönen, schummernd, gearbeitet wurde. Der helle Temperakern erlaubte das häufige Übergehen mit dünnen Tönen, ohne daß die Leuchtkraft zerstört wurde.

Die Erben *Tizians* waren entrüstet über die hohen Alaunrechnungen, die sie vorfanden. So wird erzählt. Alaun wurde zum Gerben des Grundes benützt, um mit Wasser in Tempera darauf arbeiten zu können, außerdem besonders zur Herstellung der Farblacke, wie des Krapplackes usw.

Goethe wies im Schlußkapitel der Italienischen Reise darauf hin, daß die Bilder, die über dunklen Grund auf weißer Unterlage mit durchsichtigen Tinten lasiert wurden, mit der Zeit eher heller als dunkler werden müßten.

Tintorettos Bilder seien zum Teil sehr dunkel geworden, sagt *Goethe* ebendort. Die Ursache sei, daß er prima oder ohne genügende Grundierung auf rotem Grund gemalt habe. Er habe die richtige Farbe gleich direkt auf einmal aufgetragen. Würde diese Farbe dunkler, so sei kein Licht von unten mehr dagewesen, das den Fehler korrigieren konnte. Am meisten schade schwacher Auftrag über rotem Grund, wo manchmal bloß mehr die Lichter stünden. Außerdem schadete der Grünspan in Öl in den Schatten. Er wurde schwarz.

Goethe hat technisch richtig gesehen. Die Primatechnik und der dunkle Grund sind, zusammen verwendet, widersinnig, wenn der Körper der modellierenden Weißunterlage fehlt oder nicht prima mitgeschaffen wird. Die Bilder wirken ersoffen, körperlos, wie die vielen Tizian-Nachahmungen und -Kopien späterer Zeit beweisen, die gleich auf die Endwirkung lossteuerten, ohne den hellen Kern der Weißhöhung unter der Farbe zu haben.

Primamalerei auf den roten Bolusgründen, die gemacht wurde, damit es schnell gehen sollte (fa presto!), durfte die Schatten nur dünn übergehen und mußte den Grundton als durchgehende Harmonie benützen. Nur die Lichter wurden stark deckend gemalt.

Die Bilder *Luca Giordanos,* des „fa-presto"-Meisters, zeigen deutlich kräftige Weißhöhung auf dunklem Bolusgrund, der in den Schatten durchwirkt, weil er dort nur leicht übergangen wurde. Die Verseifung des Weiß durch die Öle (Bleiverseifung) hob die schleierartig dünn gemalten Übergangstöne und Schattentöne, die ursprünglich sicher gut und richtig gewirkt hatten, oft völlig auf. Der Bolusgrund war „durchgewachsen", wie man in Verkennung von Ursache und Wirkung annahm.

Verschlimmert wurde das Übel durch die Manier, die roten Schattentöne des Grundes komplementär mit Grünspan zu übergehen, der, an sich schon schwarz werdend, die Farbwirkung oft völlig auslöschte, besonders, wenn eine Weißhöhung darunter fehlte.

Das Handwerk wurde geringer geachtet und trat zurück. Der Maler sei ein Herr und brauche sich nicht mit dem Handwerk seiner Kunst zu befassen, denn die hohe Kunst habe nichts mit dem Handwerk zu schaffen. So schrieb *Volpato,* und mit ihm schrieben und sagten es viele andere nach bis auf den heutigen Tag. Heute denkt man bei uns anders.

Man verließ damals die guten Gründe der Alten, malte bloß auf geleimte, oft aber auch auf ungrundierte Leinwand mit fetter Farbe. Die Folgen blieben nicht aus.

Es gibt aber Primamalereien auf Bolusgrund, bei denen das Prinzip des deckenden hellen Körpers und der reizvollen, entstehenden Abstufungen mit Glück ▷

▷ zur Geltung gebracht wurde. Namentlich auf lichtroten Gründen, die das darüber gesetzte Grau perlmutterig im Fleisch schimmern ließen und so der Form Rundung gaben, wurde in Primamalerei durch Verstärkung und etwas wärmeren und farbigeren Auftrag in den Lichtpartien rasch eine vorzügliche koloristische Wirkung erzielt, solange die Farben aus dem Grau herausgemalt wurden und nicht zu starke Töne die so entstehende farbige Harmonie durchbrachen. Entsprechend der Wirkung der Natur, wo die Haut in dünnerer und dickerer Schicht über dem Blut liegt, mußten Übergänge und Schatten das Rot durchscheinen lassen, sonst würde die Farbe schwer.

Veroneses Bilder hätten teilweise durch zu dicken Gipsgrund auf Leinwand Schaden gelitten, erzählt *Volpato.* Wo der Grund dünn gewesen sei, hätten die Bilder gut gehalten.

Goethe berichtet, er habe große Bilder von *Tintoretto* und *Veronese* gesehen, in denen die Porträts aufgeklebt gewesen seien.

Marco Boschini sagt, daß *Veronese* das ganze Bild mit einem Mittelton überstrichen (graugrün?) und aus diesem herausgemalt habe. Er habe blaue Farben „a guazzo" (in Leim- bzw. Temperafarben) in Ölbildern aufgetragen, eine Vorsichtsmaßregel, die auch *van Dyck* gegen das Gilben der Öle anwendete.

Als Weiß für die Untermalung benützte *Veronese* Venezianisch Weiß (halb Kreide, halb Bleiweiß). (Man kann sich so das Material verbilligen.) Eine Temperauntermalung ist bei seinen Bildern sehr wahrscheinlich.

Durch *Greco* wurde die Venezianer Technik nach Spanien verpflanzt, wo schon vorher italienische Rezepte, wie die des *Cennini, Alberti* usw., die Grundlage der Malerei bildeten.

Pacheco und *Palomino* überlieferten spanische Maltechniken. *Pacheco* beschreibt Gipsgründe auf Brettern nach Art des *Cennini*, aber mit Ölanstrichen über diesen Grund, und keineswegs einwandfreie Kleisterrezepte für Leinwand. Ferner einen Halbkreidegrund aus Leim, Leinöl mit Pfeifenton, der mit Ölbleiweiß überstrichen wurde. Leimmalerei sei als Vorübung für Ölmalerei in Sevilla üblich gewesen. *Palomino* schreibt über Leimung der Leinwand als alleinigen Grund „bei Eile" und über Grünspanverwendung zu Lacken und zu Schwarz. Diese Grünspanverwendung verdunkelte namentlich die Schatten spanischer Bilder und der Neapolitaner. Im übrigen hielten sich die Rezepte meist an die italienischen Vorbilder.

Velazquez bildete die Technik in freier Weise für seine Zwecke einer Primamalerei aus. Er benützte braune und rote, auch graue Gründe, seine Malerei behielt die Wirkung der Grauuntermalung auch in der Primatechnik bei. Das schönste Beispiel ist sein Papstbild in der Galerie Doria in Rom, wo in dickflüssige Harzlasuren, vermutlich über einen weißgrauen Temperakern, mit pastosen Farben prima hineingemalt und das Höchste an malerischer Wirkung erreicht wurde.

In *Goyas* Bildern zeigen sich die Vorzüge guten Handwerks. Meist sind sie auf helle, gelbrote, vermutlich über reinweiße Grundierung gestrichene Bolusgründe gemalt. Darauf wurde frei mit Weiß gehöht – unter Benützung der optischen Grau und so ein eigentümlicher Reiz perlmuttriger Töne bei der lasierend begonnenen Übermalung mit Firnisfarbe erzielt. Die einzelne Farbe wurde nie über den großen Ton hinausgetrieben, sie blieb also dadurch ständig in der Harmonie. Die Skizzen sind manchmal nur in Graumalerei auf weißem Grund gemacht und leicht mit Firnisfarbe lasiert. In Italien zeigte *Guardi* alle stofflichen Reize der Venezianer Technik in seinen Bildern.

Tiepolo war die letzte Blüte der großen Venezianer Malerschule. Seinen letzten Bildern merkt man den Freskomaler an; der Umriß spielt eine sonst in dieser Schule ungewohnte Rolle auch im Tafelbild. Feindifferenzierte farbige Grau erzielt er auf roter oder grauer Unterlage und hohen stofflichen Reiz der Farbe.

Dann kommt die Zeit langweiliger Korrektheit und schematischer Auffassung; immer mehr verliert sich das gute Handwerk und endet mit dem gänzlichen Verlust der guten Tradition.

Die Technik des Rubens und der Niederländer (Harzölfarbenmalerei)

(s. Tafeln XII, XIII und XIV)

Über die Technik des *Rubens* und des *van Dyck* gibt uns das Manuskript des mit ihnen befreundeten Arztes *Mayerne* wertvollen Aufschluß. Aber auch in diesem Manuskript sind viele Einträge offensichtlich von anderer Hand und späteren Datums. Sie sind daher mit Vorsicht aufzunehmen.

Zur Zeit des *Rubens* waren die roten Bolusgründe allgemein geworden. An Stelle der Mischtechnik erfolgte auf solchen Grundierungen eine Primamalerei, da der Wert und die Notwendigkeit der Weißunterlegung auf diesen Gründen nicht mehr verstanden wurde. *Rubens* ging dagegen zurück auf die dichten weißen Gipsgründe und wahrscheinlich auch auf den technischen Aufbau der Werke der van-Eyck-Zeit, den er seinen Zwecken entsprechend veränderte.

Holz bezeichnete er als den besten Grund für kleinere Bilder. Den dichten und blendend weißen Gips- ▷

▷ grund tönte er mit einem silbergrauen streifig aufgetragenen Überstrich, vermutlich von harter gestoßener Zeichenkohle, etwas Bleiweiß und einem Tempera- oder Leimbindemittel (wenigstens läßt sich auf diese Art das gleiche erzielen). Ohne Weiß wirkt die Kohle rußig.

Der Aufstrich muß rasch erfolgen, man darf nur einmal leicht mit breitem Pinsel oder mit dem Schwamm über die Fläche fahren und möglichst nicht mehr zurückkehren, sonst gibt es gleichmäßigen Anstrich. Die Streifen beleben den Grund und machen die darübergelegte Form locker. Man kann sie vorzüglich an den Skizzen zum Medici-Zyklus in der Münchner Pinakothek studieren. In Verkennung der Absicht des *Rubens* sagt *H. Ludwig,* die Überstreichung sei so leichtsinnig und schnell gemacht, daß man den Pinselstrich sehe.

Daß der Grund fast nichtsaugend gewesen sein muß, ergibt sich daraus, daß er an vielen Stellen in diesen Skizzen und in Bildern unverändert stehenblieb. Saugender Grund hätte beim Firnissen die Wirkung der Bilder störend verändert.

Die Leinwandgründe zeigen nicht den streifig grauen Auftrag, sondern sind dunkler grau und gleichmäßig gestrichen, wahrscheinlich mit einer Art Halbkreidegrund, der über Kreidegrund gelegt wurde. Dieser Grund mußte ebenfalls fast nichtsaugend sein, denn er findet sich überall als Übergangston ungedeckt oder nur schwach überdeckt vor.

Über die Auslegung der Stellen des Manuskriptes, die die Bindemittel betreffen, herrschen große Meinungsverschiedenheiten.

Für uns handelt es sich auch hier wieder *nur um die Praxis.* Wir lassen die Bilder sprechen. Mit welchen Mitteln ist es möglich, ähnlich geartete technische Wirkungen im Bilde zu erreichen wie *Rubens?* Nur diese Frage beschäftigt uns hier. Mit Ölen allein als Mal- und Anreibemitteln ist es ausgeschlossen, den Schmelz und den eigenartigen, manchmal sehr pastosen und dann wieder ganz unendlich dünnen Farbauftrag zu erzielen. Erstens wären die Bilder sicher stark gegilbt und gebräunt, das hätte nicht ausbleiben können, und dann hätten die feinst ausgebreiteten Lagen von Weiß durch Verseifung verschwinden und körperlos werden müssen. Diese Bilder stehen aber klar und leuchtend und sind ganz auffallend wenig gegilbt.

Für mich unterliegt es gar keinem Zweifel, daß die mit Nußöl (oder auch mit Leinöl) steif angeriebene Farbe mit Venezianer Terpentin zusammen mit an der Sonne eingedicktem Nuß- oder Leinöl als Zusatz vermalt wurde (möglicherweise mit Mastixfirnis dazu). Denn nur so lassen sich alle die technischen Merkmale Rubensscher Kunst ohne große Schwierigkeit erzielen.

Man darf dabei nicht außer acht lassen, daß die Farbe der Alten nicht in der Weise angerieben wurde wie unsere moderne Tubenfarbe, sondern flüssiger, und sich darum auch ganz anders vermalte und vor allem täglich frisch gerieben wurde.

Die Farbe des *Rubens* wurde wahrscheinlich auf der Palette mit der Spachtel flüssig mit Malmittel versetzt, wodurch sie gleichmäßiger im Auftrag wurde wie die heutige Farbe, der Malmittel durch den Pinsel aus dem Palettstecher zugeführt wird.

Vom Spiköl erwähnt *Rubens* ausdrücklich, daß Terpentinöl ihm überlegen und viel besser sei, was maltechnisch absolut richtig ist, und daß es nicht glänze. Denn Spiköl macht den Strich verlaufend und wirkt nachdunkelnd durch seine Lösekraft auf untere Schichten von Öl- oder Harzölfarbe, sowie durch sein schlechteres klebriges Trocknen gegenüber dem Terpentinöl.

Venezianer Terpentin in Steinöl oder Terpentinöl gelöst, verwarf *Rubens* nach *Mayerne* als *Schlußfirnis* mit vollem Recht, weil er zu wenig widerstandsfähig sei gegen Wasser und bald spröde werde. Das beste Malmittel werde mit an der Sonne eingedicktem Nußöl oder Leinöl gemacht (als Zusatz zu Mastixfirnis oder zum Venezianer Terpentin). Der Begriff „Firnis" in alten Malerbüchern ist noch unklarer als heute.

Es ist wichtig, hier einmal darauf hinzuweisen, inwieweit ein Malmittel die Malweise und die Ausdrucksform des Künstlers zu beeinflussen vermag, wie eben nur dieses und kein anderes beliebiges ihm gibt, was er sucht.

Prinzip des *Rubens* war, das Licht deckend aufzutragen, die Schatten aber dünn und durchsichtig zu halten.

„Beginnt damit, daß ihr leicht eure Schatten malt. Hütet euch, Weiß darin anzubringen, es ist das Gift eines Bildes, ausgenommen in den Lichtern. Wenn das Weiß einmal die Durchsichtigkeit und goldene Wärme eurer Schatten matt gemacht hat, ist eure Farbe nicht mehr leuchtend, sondern matt und grau."

„Es ist nicht dasselbe der Fall bei den Lichtern. Da kann man die Farbe nach Gutdünken aufsetzen. Sie haben Körper, doch muß man sie reinhalten. Man erzielt Erfolg, wenn man jeden Ton an seinen Platz setzt, einen neben den anderen, sie mit dem Pinsel leicht mischt und ohne Quälen ineinander übergehen läßt."

„Dann kann man über die so vorbereitete Fläche zurückkehren und *jene bestimmten Drucker aufsetzen, die immer das Kennzeichen großer Meister sind"* (nach *Descamps).* „Malt eure hohen Lichter weiß, ▷

▷ stellt daneben Gelb, dann Rot und gebraucht dunkleres Rot, wie solches in den Schatten übergeht. Dann füllt den Pinsel mit kaltem Grau, fahrt zart über das Ganze, bis dasselbe zu einem Tone abgedämpft und gesänftigt ist, den ihr wünscht. Da das Fleisch von einer sanften Natur ist, finden wir perlige Reflexe auf der Oberfläche spielen und am meisten dort sichtbar werden, wo die Farben am zartesten sind" (*Burnet* nach *Rubens*). Diese Werkstattüberlieferungen sind nicht beglaubigt als Äußerungen des *Rubens* und daher nur im allgemeinen als gültig anzusehen.

Ein Gespräch mit *van Dyck* blieb erhalten, wonach wenigstens die letzte Lage der Schatten durchsichtig sein müsse, und ferner der Rat des *Rubens* an *Teniers,* dessen spätere Bilder durch dickes Malen (auch in den Schatten) die Wärme früherer Bilder verloren hatten: er soll die Lichter kräftig, die Schatten aber dünn malen, sonst habe auch die Grundierung keinen Zweck, d. h. sie sei nicht mitbenützbar zur Wirkung. Das bezieht sich auf die Methode der optischen Grau, die entstanden, wo in Halbtönen der Untergrund nur schwach gedeckt wurde und durchwirkte. Sie geben den Originalen des *Rubens* die meisterhafte Lockerheit und fehlen in den darum hart wirkenden fast gedeckten Schulbildern.

Seine Malmittel waren dickflüssig, im Gegensatz zu denen des *van Dyck.* Daher erklärt es sich auch, wenn, wie *Mayerne* berichtet, *Rubens* während des Malens manchmal den Pinsel in Terpentinöl tauchte – aber nicht um damit zu malen!

Seine Bindemittel waren so stark, daß ein Firnissen des Bildes auf lange hinaus unnötig wurde, und sicher liegt darin eine der Ursachen der überraschend guten Erhaltung seiner Bilder. Er gab auch den Rat, nicht aufs Eingeschlagene zu malen, sondern diese Stellen erst herauszuholen. Seine Gegner unter den Zunftgenossen verschrien seine Technik, die so stark von dem Herkömmlichen abwich und so große Wirkung erzielte, als unsolide und prophezeiten, die Bilder würden mit dem Meister zugrunde gehen. Wenn irgendeine Technik, so hat gerade die des *Rubens* den Beweis ihrer Richtigkeit durch gute Erhaltung erbracht.

Der Gang der Arbeit war etwa folgender:

Auf dem weißen, streifig lichtgrau überzogenen und fast nichtsaugenden Gipsgrund der Holztafel wurde mit locker aufgetragenen Ockertönen skizziert und der Ton dabei nur hauchartig dünn angewischt, vom Schatten beginnend. Die Übergangstöne, die kühl und perlmuttrig im fertigen Bilde wirken sollten, wurden mit reinem leichten, nicht rußigen Grau aus Schwarz, Weiß, manchmal vielleicht sogar mit einer Spur Ultramarinasche oder Veroneser Grünerde leicht hingesetzt, doch so, daß der streifige graue Untergrund auch hier nicht verlorenging, und nie glatt vertrieben.

Diese Untermalung, die ungemein dünn ist, ohne Tiefen oder starke Lichter, ist wahrscheinlich mit einer mageren Tempera oder mit Leimfarbe gemacht und vertritt die Stelle der alten Imprimitur. Sie zeigt denselben streifig lockeren Charakter wie der Grund, nicht den der gleichmäßiger deckenden Ölfarbe. Die Konturen sind nur verschwimmend leicht eingesetzt, ohne der weiteren Arbeit vorzugreifen. Die Farbe ist ganz mager.

Darüber folgt ein dünner Anstrich mit Essenzfirnis oder Balsam, in dem flüssig mit Harzölfarbe die Form gebildet wird. In diesem Anstrich sitzt alle Farbe schwimmend weich und doch bestimmt. Die harzigen und balsamartigen Malmittel, wie Venezianer Terpentin zusammen mit eingedicktem Öl als Zusatz, geben der Farbe den eigenartig weichen, verschwimmenden Strich von selber, nicht ein Vertreiben der Farbe, wie *E. Berger* meint.

Die Schatten und die Zeichnung werden verstärkt mit satteren Ockertönen und einer Spur Weiß. Über die Lichtflächen im Fleisch werden helle, halbdeckende Töne gelegt wie Weiß und Rot, Weiß und Gelb, nicht aber Weiß mit Gelb und Rot zusammen. Das wirkt branstig, z. B. Neapelgelb oder Lichtokker, die in dünnstem Auftrag bis über die Schattentöne verbreitet, doch auf den warmen Ockertönen kühl und grauer wirken. Diese halbdeckenden Töne wirken flächig, glatter und verschmolzener im Auftrag als die darunterliegende Temperaschicht. Solange man nicht in starke und pastose Farbe, besonders ins Rot im Fleische und ins Dunkle geht, hat man noch alle Möglichkeit, die Form zu verbessern, behält Mittel für später und kann das Ganze leicht farbig zusammenhalten und weiterführen. Die Töne wurden im Licht verstärkt und bei weiterer Arbeit durch sehr dünnes, dabei doch körperhaftes Übergehen (wie es nur eine Harzbalsamfarbe, nie eine reine Ölfarbe ermöglicht) wurde dem Grau der Übergangstöne der perlmuttrige Schmelz und farbige Schimmer verliehen, den farbenfreudige Kopisten mit Chromoxidgrün, Blau und Violett herauszubringen sich vergeblich abmühen. Man glaubt nicht, welcher Reiz der Farbe entsteht durch solche dünne Lagen von lichtem Weiß-Ocker, Weiß-Rot usw. über ein klares, nicht zu dunkles oder rußiges Grau. Niemals sind in der Untermalungsskizze kalte Töne wie Blaugrau oder Veroneser Grün im Licht unterlegt, sondern nur in Übergängen und Schatten. Ein solcher kalter Fleck im Lichte würde störend durch alle Farbe durchwirken. Die starken Rot im Fleisch sind das letzte im Bild. Sie müssen prima in aller Frische aufgetragen sein. Ihre öftere Übermalung würde sie nur tot machen.

Solche dünnsten Lagen von Farbe können nicht durch Zugabe von Terpentinöl erreicht werden. Sie ▷

▷ würden in dem Falle in den unteren Schichten „ersaufen", sie blieben nicht stehen und verlören den Schmelz. Gerade dickflüssige Malmittel, natürlich sparsam genommen, wie Venezianer Terpentin mit eingedicktem Öl ermöglichen feinste Verteilung und dabei Stehenbleiben der Farbe.

Der Grundton wurde überall erhalten und mit zur Wirkung verwendet. Diese optisch wirkenden farbigen Grau *müssen natürlich durch das ganze Bild gehen, nicht etwa auf das Fleisch beschränkt* bleiben. *Sonst würde die Wirkung hart und ausgeschnitten wie in den Schulbildern.* Das gibt den Originalen die Harmonie gegenüber den Schulwerken, wo durch zu starkes Decken der Halbtöne und Schatten und zu rundes Modellieren Härte und bunte Wirkung entsteht.

Das Licht wurde im weiteren Verlauf der Arbeit oft kräftig impastiert, wie es eigenhändige Arbeiten z. B. der Bethlehemitische Kindermord in der Münchener Pinakothek und die Schäferszene zeigen.

Die Mischung der Farben war aber immer ungemein einfach. Schichtenweise liegen kalte Farbtöne über warmen und darüber wieder kalte, auch bei der Malerei auf einem Sitz, und so wird eine Verschmutzung der Töne vermieden. Die „Primamalerei" des *Rubens* und anderer Meister darf nicht verwechselt werden mit der heutigen Art, prima zu malen. Der Farbton wurde entwickelt aus einfachsten Tönen wie Weißrot, Lichtocker und Gelb mit Weiß übereinandergelegt, nie durcheinandergemischt wie heute. Reine Pinsel, für jede Farbe besonders, war eine unbedingte Forderung. Alle Bestimmtheit der Zeichnung im einzelnen, alle starke Farbe erfolgt zuletzt, wenn die Form, in dünnerer Farbe ohne starke Tiefen und Lichter modelliert, feststehend erscheint. So wird das Prinzip der Weißhöhung der alten Schule in geistreicher Weise hier verändert und den eigenen Absichten malerischer Gestaltung dienstbar gemacht. Aus dem Ton wird lichthöhend gearbeitet und mit durchsichtigen Tiefen nach der anderen Seite, nach dem Schatten, verstärkt.

Die starken Farbtöne der Umgebung wie das Rot einer Draperie liegen lasierend über grauer, toniger Durchbildung der Form, entstanden durch Grau aus Schwarz-Weiß bzw. grüner Erde und etwas vom Lokalton der Farbe. Auf diese Weise blieb die Farbe klar und erhielt erst gegen den Schluß höchste Leuchtkraft.

Die größere oder geringere Frische dieser Rot oder eines Blau aus der Luft und, kurz, dieser bestimmenden farbigen Töne beeinflußte natürlich die ganze Haltung und Wirkung des Bildes. Mit ihnen wurde das Fleisch und Lichtmassen zusammengetrieben in der Wirkung, es wurde grauer oder feuriger gemacht, weich oder härter, je nachdem es nötig war für die Gesamtwirkung. Am Schluß der Arbeit wurde diese höchste Farbwirkung in aller Frische und in abgekürzter Primamalerei auf wohlvorbereiteter Untermalungsarbeit erreicht. Dann folgten die Verstärkung der Schatten und jene oben angeführten letzten Drucker in Hell und Dunkel. Im Schatten kommen Töne vor, die einer Mischung von Kassler Braun und Goldocker im Aussehen entsprechen. Die Reflexe mußten, um in der warmen, durchsichtigen Schattenmasse noch leuchtend und formrundend zu wirken, mit feurigem Rot aufgetragen werden. *H. Ludwig* hielt sie übrigens nicht für Zinnober, sondern, wie er mir sagte, für stark kalzinierte (geglühte) Siena. Man sieht beim Kopieren, daß man ohne Zinnober auskommt und durch Kontrast die Zinnoberwirkung zu erreichen ist. Zuletzt lagen noch Schlußlasuren über einzelnen Bildteilen, wie über dem Blau der Lüfte oder äußerst dünne Weißockerlasuren über Fleischteilen, in den Firnis gemalt.

Die Leinwandbilder zeigen meist kühleren, „silbrigen" Gesamtton gegenüber den Holztafelbildern. Ursache ist der im Mittelton graugefärbte Halbkreidegrund, der weitgehend zur Bildwirkung mitbenützt wurde.

Auf dem grauen Grund erfolgten eine (nicht zu starke) Weißhöhung in magerer Tempera und leicht angegebene warme Umrisse. Die Schatten blieben dabei unberührt stehen, die Übergänge wurden nur schwach gedeckt und ließen das Grau durchscheinen. Im Licht wurde stärker und mehrfach gedeckt, aber nicht grellweiß, sondern noch tonig. Diese Harmonie des Grau bis ins fertige Bild zu erhalten, war die Hauptaufgabe, die dem Meister gelang, aber nur selten den Schülern. Beim Firnissen und Lasieren mit Harzölfarbe, beginnend meist mit Lichtocker, entstanden so die „optischen" Grau über die durchscheinenden Schatten und Übergänge, während das Licht kräftig in einer Art Primamalerei gedeckt wurde. Darauf kamen die letzten „Drucker" in Tiefen und höchsten Lichtern.

Der graue Grund bildet hier eine Abkürzung der Untermalung, wie sie sonst auf dunklen Gründen nötig war zur Erzielung der optischen Grau. Versucht man solche optischen Grau direkt zu malen, so wirken sie viel schwerer. Ihr Reiz geht bei stärkerem Decken verloren.

Der lichtgrau gestrichene, fast nichtsaugende Grund auf Leinwand erklärt sich als folgerichtige Weiterführung und geniale Vereinfachung des Prinzips des durch Weißhöhung über dunklen Grund hervorgebrachten optischen Grau. Schüler fertigten darüber noch die Weißhöhung im Licht und leichte warme Antuschung der Schattenmassen; der Meister malte darauf prima, oft nur mit wenigen Druckern eine Stelle vollendend. Graue Vorbereitung kann man an vielen Bildern, besonders den Porträts, erkennen. Der „Primamalerei" der Alten liegt aber in den mei- ▷

▷ sten Fällen eine zeichnerische und lichthöhende Untertuschung zugrunde. Nur die Decke ist prima. Besonders zu empfehlen ist das Studium der Hintergründe bei den Originalen des Rubens gegenüber den Schulbildern. Da bei den ersteren alles aus einer gemeinsamen gedämpften Harmonie herausgearbeitet und nur verstärkt worden ist, wirken die Figuren nicht ausgeschnitten durch den Hintergrund, wie auf so vielen Schulbildern. Bei dem wundervollen Kinderakt des Amor auf dem Bilde *„Atalante und Meleager"* in der Münchener Pinakothek kann man die Verwendung der optischen Grau in den Übergangstönen bewundern und sehen, wie diese Körper nur durch dünne, halbdeckende Lagen von Weiß-Ocker, Weiß-Rot über lichtem Grau entstanden, gewissermaßen aus dem Ton des Grundes wie aus dem Nebel herausquillt und durch eine flüssige, zuletzt hingestrichene Umrißlinie vom stellenweise mit den Übergangstönen fast gleichfarbigen Hintergrund abgehoben wird und doch mit diesem als Einheit zusammenschmilzt. *Denn er ist in den unteren Tönen diesem gleich oder nahe verwandt und nur in den obersten prima gemalten Lagen farbig auseinandergetrieben von diesem,* ohne daß die Grau des Grundes verloren gehen. So ein Rot möchte er malen können, sagte mir *Böcklin* des öfteren vor dem roten Gewand der Atalante, das so locker über einer Grauvorbereitung sitzt.

Es existieren von *Rubens* Kopien nach den Bildern anderer Meister, wie *Tizian* oder *Velasquez*. Sie sind aber alle frei aufgefaßt und mit Rubensschen Ausdrucksmitteln geschaffen.

In den Landschaften von seiner Hand, wie der Landschaft mit dem Regenbogen in der Münchner Pinakothek, sieht man die ockerigen leichten Töne über dem silbergrauen Grund, mit denen das ganze wie spielend auf eine geschlossene glühendwarme Wirkung gebracht ist, die durch darübergelegte dünne durchscheinende Grau, in denen die pastosen Lichter schwimmend sitzen, gedämpft wird, doch so, daß von den verschiedenen dünnen Lagen von Warm und Kalt übereinander keine die andere tötet, sondern alle zusammenwirken. Auch beim „trunkenen Silen" wurde aus wärmsten Ockertönen heraus die Wirkung aufgebaut, die Grau oder Graugrün nur in die Untermalung an Übergangstönen gesetzt und über die warmen ockerig weißen Untermalungstöne des Lichtes wurden die darauf grau wirkenden, rotweißen, halbdeckenden, flüssigen Verschmelzungstöne gesetzt, die das pastose Licht aus Weiß und Neapelgelb tragen. Wäre ein kaltes Grau wie in den Übergangstönen irgendwo (unten) im Lichte der Körper, so müßte der Fleck ganz falsch wirken und herausfallen, so logisch und klar ist das ganze aufgebaut (er würde als Übergangston wirken). Warm und Kalt erfolgt im streng festgehaltenen Wechsel. Warme Schatten, kalte Übergänge, warmes Licht und kalte Reflexe darauf, eingebettet in die Lichtmasse.

Zusammenfassend ergäbe sich etwa folgendes Schema handwerklichen Aufbaues: Dünnste ockerige Antuschung der Schatten und leichte graugehaltene Übergangstöne neben verschwimmend leichtem ockerigen Umriß. Diese Arbeit war in magerer Tempera am zweckmäßigsten. Darüber folgte eine Firnislasur, Lichtocker mit den bekannten Malmitteln. In diese Lasur wurden die warmen Tiefen verstärkt, ebenso der Umriß und die Lichtfläche eingesetzt in einfachsten, immer wieder zu findenden Tönen: Weiß-Rot, Weiß-Ocker und höchste Lichter Weiß und Neapelgelb – und diese dünn über Halbton und Schatten gezogen, wodurch die feinen perlmuttrigen Tonwirkungen entstanden über den reinen kühlen Grau und Graublau der Übergangstöne. Feine, sehr lichtgraue Reflextöne wurden über das Licht zerstreut und die Form damit verfeinert.

Wenn man diese lichten, nicht rußigen Grau auf der Palette in dem einfachen Weiß-Rot und Weißgelbtönen, die man im Licht gebrauchte, mischt, erhält man Wirkungen ähnlich den Originalen. Vertiefungen der Schatten mit den warmen Braunockertönen, Einsetzen der wärmsten Reflexe und Drucker von Hell und Dunkel durchs ganze Bild nebst frischem Einsetzen der starken Lokalfarben und des so empfindlichen Blau vollenden das Bild. Der Hintergrund wird dann von außen vom Bildrand her gegen das Fleisch getrieben, zuerst in Halbtönen, in denen die großen Tiefen weich sitzen und nicht hart abgeschnitten.

Größere Tiefen, die weiter entfernt, nicht hart neben dem Fleisch eingesetzt werden, lassen das Licht breiter fluten, das durch geringste Tonunterschiede schummernd weich wirkt. Ganz zuletzt erfolgt nach den Druckern in Hell und Dunkel, die dem Bild die Gesamthaltung gaben, oft noch ein hauchdünnes schummerndes Übergehen in Weiß.

Nach *Reynolds* sind die Körper in der „Amazonenschlacht" mit Weiß gehöht; *Böcklin* äußerte mir gegenüber dieselbe Ansicht und sprach sich dahin aus, daß das kleine Jüngste Gericht nicht von *Rubens,* sondern von *Teniers* gemalt sei, wegen der Schwere der Schatten.

Gegen das Gilben empfahl *Rubens* in einem Brief an *Sustermans* wegen seines Bildes „Die Allegorie des Kriegs", dieses der Sonne auszusetzen, da Fleischton und Weiß beim Transport gegilbt sein könnten.

Es wird manchmal behauptet, *Rubens* habe über die Schatten gelbgefärbte Schlußlasuren aufgetragen. Ich konnte das nie finden, es besteht aber die Möglichkeit, daß später aufgetragene Ölfirnisse durch ihr Gilben Anlaß zu dieser Meinung gegeben haben.

Van Dyck bevorzugte im Gegensatz zu *Rubens* dünnflüssige Öle als Malmittel. ▷

▷ Nußöl, mit Bleiweiß schwach erhitzt und dadurch trocknender gemacht in Verbindung mit Mastix, der 1:2 in Terpentinöl geschmolzen wurde, war sein Anreibemittel für Farbe; für Weiß verwendete er Nußöl allein (nach *Mayerne*).

Er bewahrte alle Farben trocken auf und rieb sie direkt mit dem obigen Mittel an, nur das Weiß wurde in Wasser vorgerieben, mit Nußöl nach dem Trocknen weiter verrieben und unter Wasser aufbewahrt. Er sah darauf, daß das Bleiweiß vor dem Gebrauch gut durchgewaschen sei (um den Bleizucker zu entfernen).

Venezianer Terpentin, 1:2 in Terpentinöl in der Wärme gelöst und gut verschlossen gehalten, damit das Terpentinöl nicht verdunste, wird als warm aufzutragender Retuschierfirnis des *van Dyck* erwähnt. Man muß aber alle eingestrichenen Stellen bemalen, sonst wirkt der Firnis ungünstig und wird leicht klebrig (der warme Auftrag erlaubt dünnere Verteilung). Das heutige Venezianer Terpentin ist sehr ungleich im Flüssigkeitsgrad, manchmal so dick, daß es nicht mehr fließt. Die Verdünnung muß so erfolgen, daß das Material gut streichfähig ist, also von Fall zu Fall verschieden. Der Auftrag darf nur *sehr dünn* erfolgen und höchstens lauwarm, sonst könnten sich die unteren Farben lösen. (Am besten ist der Auftrag in normaler Temperatur.)

„Leinöl sei das beste", heißt es an anderer Stelle von *van Dyck*, „besser als Nußöl, das fetter sei und besser als Mohnöl, das fetter wird und sich leicht verdickt." Alle Maler sollten danach streben, ein farbloses mageres Öl zu bekommen, zu fettes Öl verändere alle Farben.

Blau und Grün trug er in Ölbildern häufig mit Gummiwasser (Tempera?) auf, um das Gilben durch die Öle zu vermeiden. Mit Zwiebel- und Knoblauchaufstrichen verbessere man vorher die Haftung (das ist ein Irrtum, die Haftung wird nicht verbessert, nur das Rieseln aufgehoben und die Farbe besser angenommen). Er verwarf den Bernsteinfirnis des *Gentileschi* und sagte auf *Mayernes* Frage, ob dieser, da er zu dick sei, nicht mit Terpentinöl verdünnt und brauchbar gemacht werden könnte, nein, das sei unmöglich. Terpentinöl verdunstet während der Arbeit und nützt also nichts.

Der Ausspruch: „Versuche soweit als möglich, alles prima zu vollenden, es bleibt dir auch nachher noch genug zu tun", wird sowohl dem *van Dyck* wie dem *Rubens* zugeschrieben.

Anfänglich benutzte *van Dyck* die lichten streifig grauen Gründe des *Rubens*, später grau gestrichene, auf denen er, prima mit brauner Aufzeichnung beginnend, unter Benützung der durch Übergehen mit Weißhöhung oder hellerer Töne der Übermalung entstehenden optischen Grau das Bild höhte und vollendete. Der silbergraue Grund ist als Abkürzung der Grauuntermalung aufzufassen und sicher aus ihr hervorgegangen.

Van Dycks Beweinung Christi, auf Leinwand, in der Münchner Pinakothek, zeigt mit aller Klarheit die Entwicklung des Bildes aus dem grauen Grundton, der überall in Übergängen und Tiefen mitwirkt zur Modellierung des Fleisches. Er gibt dem Bilde die so einfach erscheinende, einheitlich große Wirkung. Auf den graugestrichenen Grund, der weiße Deckfarbe und zerstoßene Kohle enthält und beim Firnissen nicht rußigschwarz werden darf, ist ganz leicht mit Ocker aquarellierend dünn der Umriß aufgetragen in Harzölfarbe, verdünnt mit Terpentinöl, dazu die Schatten leicht angetuscht mit kalter grüner Erde und einer Spur Bleiweiß. Arbeitet man darauf nach dem Höhungsprinzip mit frisch angeriebenem Kremser Weiß mit Leinöl oder Nußöl und Zusatz von Mastixterpentinfirnis, so staunt man, wie scheinbar spielend und mühelos die Wirkung des Bildes zustande kommt. Man verstärkt dann nach dem Trocknen vom höchsten Licht aus, übergeht entsprechend dünner schummernd Halbtöne bis zu den Schatten und haucht gewissermaßen die Farben darüber, aber nicht, ohne wieder kecke Lichter und tiefe Drucker aufzusetzen. Diese dünnen Lagen von Firnisweiß geben das wunderbare Email dem Bilde, auf dem die optischen Grau durch das dünne Übergehen der Halbtöne und Schatten so vorzüglich zur Geltung kommen.

Vielfach zeigt sich aber auch auf dem mit Braun übertuschten Grau eine weiße Lichthöhung, gegen den Schatten abnehmend, die die Formdurchbildung trug und die prima übermalt wurde. Er warnt davor, Mennige in den Grund zu nehmen, sie springe und verderbe die Farben. Das bezieht sich offenbar auf Bolusgründe. Honig mache die Leinwand schlaff und blühe aus wie Salpeter. Versuche mit Fischleim in der Grundierung mißlangen. Der Leim blättere ab und töte in kurzer Zeit die Farben. Später stand *van Dyck* unter dem Einfluß italienischer Kunst, besonders *Tizians*. Die Untermalung wird deckend, namentlich auch in den Schatten, die vorher durchsichtig bis auf den Grund waren. Die Töne werden entsprechend gedämpfter, weniger schönfarbig, sind gegenüber den Werken des *Rubens* stärker durch den Galerieton, das Bräunen der Öle, und wohl auch durch Umbrauntertuschung verdunkelt. *Van Dycks* Einfluß wirkte bestimmend auf viele Maler, besonders auf die englische Schule.

Die Großmeister der englischen Schule, *Reynolds, Gainsborough, Lawrence* usw., verwandten die Weißhöhung in ihren Bildern in ganz besonderem Maße und erreichten damit die reizvollsten Wirkungen. Es bleibe dahingestellt, ob diese Weißuntermalungen Tempera waren oder was auch möglich ist, eine Harzölfarbe, die kurz vorher für den Gebrauch angerieben wurde. (So z. B. 2 Teile Dammar oder ▷

▷ Mastixfirnis und 1 Teil Leinöl.) Solche Farbe trocknet auch rasch an und gut durch. Sie muß genügend Farbpulver enthalten, um nicht zu glänzend aufzutrocknen.

Reynolds unterlegte oft vor Porträtsitzungen nur die Stelle des Kopfes mit kräftig weißem Anstrich, in Tempera oder Harzölfarbe. Man sieht, daß man das Prinzip beliebig variieren kann.

Er machte viele Versuche, um hinter das Geheimnis der alten Meister zu kommen, vielfach mit nicht haltbaren Farben und Malmitteln. Aber fast immer ging er davon aus, Körperhaftigkeit und Form im Sinne einer Weißhöhung, mit pastosem Weiß im Licht und abgestuften Grau oder Graublau im Schatten, zu geben und die warmen Töne, Gelb und Rot, darüber flüssig und mehr lasierend zu geben. Darauf kamen höchste Lichter und tiefste Drucker. Venezianer Terpentin mit Wachs bezeichnet er als das beste aller Malmittel. Dieselbe Härte und Weichheit wie in der Natur sei den Formen zu geben. Wer die Bilder dieser englischen Schule in Rom 1911 im Vergleich zu anderen gesehen hat, der erinnert sich mit Staunen, welcher große malerische Reiz mit solchen einfachen Mitteln geschaffen wurde.

Daniel Seghers, der Blumenmaler, verwendete Straßburger Terpentin (von der Weißtanne) und eingedicktes Nußöl als Malmittel. Es gibt kein Mittel, mit dem auch nur annähernd der Schmelz und die schwimmende Weichheit der Töne zu erzielen ist wie mit den Edelterpentinen und eingedicktem Öl. Hier sei zum besseren Verständnis der Technik der Werdegang einer Kopie angeführt, die ein Maler nach einem Blumenstück der *Rachel Ruysch* in Mischtechnik ausführte. Es war dessen erste Arbeit in dieser Art und trotzdem Materialechtheit und Farbcharakter so gelungen, daß sie Aufsehen erregte. Es war kein mühsames Flickwerk, sondern trotz genauester Vollendung wie aus einem Guß.

Ich folge den Aufzeichnungen des Malers: Eichenbrett, mit dünner feiner Leinwand bespannt. Darauf reiner Gipsgrund in acht ganz dünnen Aufstrichen. Es folgte ein Anstrich mit dunklem Caput mortuum. Über diesen ein zweiter Ton mit Ocker und etwas Kreide. Beide Töne wurden mit Eigelb gestrichen. Dieser Grund erschien beim Firnissen als durchsichtiges tiefes Braun, klarer und ohne Gefahr der Umbra. Die Zeichnung wurde gepaust und die Konturen mit verdünnter Tusche nachgezeichnet. Modelliert wurde mit täglich frisch geriebenem Kremser Weiß in Eitempera, vom höchsten Licht beginnend, wobei der farbige Grund als Tonwert benützt wurde. (Durch halbdeckende weiße Töne scheint der Untergrund und gibt so das „optische Grau", das man nicht direkt malen kann, weil es sonst zu schwer wird.) Nach genügender Weißhöhung erfolgt ein farbiger Anstrich des Hintergrundes, jedoch noch heller und kühler als der Originalton. Als Malmittel dienen hier 2 Teile Venezianer Terpentin 1:1 in Terpentinöl gelöst und 1 Teil an der Sonne eingedicktes Leinöl. Nun folgen farbige Lasuren der einzelnen Blumen usw., beginnend mit dem Mittelton, mit den gleichen für das ganze Bild benützten Malmitteln. Darauf weitere Weißhöhung in Tempera in die nasse Lasur und Einzeichnung der genauen Einzelheiten in der Weißhöhung sowohl wie in Harzölfarblasuren. Der Hintergrundton wird verstärkt zu richtiger Wirkung. Der Schattenton der Gegenstände wird verstärkt und ebenfalls zeichnerisch genauer präzisiert. Reflextöne werden mit Eitempera und Weiß aufgetragen. Dieser Vorgang wurde, wo nötig, wiederholt. Darauf erfolgte eine Höhung der höchsten Lichter mit Temperaweiß und auch mit Neapelgelb. Zuletzt wurden die Schatten mit Harzölfarbe durch tiefe Drucker verstärkt. Jede Blume war zerlegt worden in drei Töne, Mittelton und darauf aufgesetzt Licht und Tiefe. Schlußlasuren erfolgten mit etwas grüner Erde im Firnis.

Brouwers Bilder zeigen den Einfluß Rubensscher Technik in ihrem goldigen Ton und den dünnen durchsichtigen Schattentönen. Man könnte glauben, seine Tafeln seien kaum grundiert, aber das wäre ein Irrtum. Hier wie bei den holländischen Landschaftsmalern ist die Eichentafel wohl verhältnismäßig dünn grundiert; aber im Laufe der Zeit ist der Grund durch Verseifung durchscheinender geworden. Andernfalls würde sich die Maserung störend bemerkbar gemacht haben. Prof. *Wehltes* röntgenologische Untersuchungen haben das für nordische Bilder der Zeit um *Rembrandt* erwiesen. Er stellte Bleiweiß im Grunde fest, das ja der Verseifung besonders unterliegt.

In Bildern des *Vermeer van Delft* und des *Terborch* kam das bildaufbauende Prinzip und die Art der harzigen und balsamhaltigen Malmittel neben den eingedickten Ölen und kühl grauer Untermalung in gleicher Weise zur Anwendung. Ohne diese Malmittel ist der Schmelz und Auftrag ihrer Farbe einfach unerreichbar, Öl allein ist Sauce dagegen!

Fließend weich sind die Töne in manchen Bildern *Vermeers*, wie die „Allegorie der Batavia" im Haag und dabei doch von größter Bestimmtheit und Schärfe.

Vermeers Bilder zeigen feinste durchleuchtende Tonabstufungen und trotzdem starke Lokalfarbenwirkung. Die Farbe leuchtet durch ihre flächige, nicht durch Einzelformen zerrissene, Wirkung. Eigenartig sind die wie Stecknadelköpfe aufgesetzten hohen Tupfen in seinen Lichtern, die ungemein lebendig wirken. Unverkennbar ist Venezianer Terpentin in seiner Farbe, das zeigt der ganze Strich und Schmelz, das zeigt aber auch die leichte Verletzbarkeit seiner Bilder durch ungeeignete Reinigungsmittel. *Terborch* wandte in weitgehendem Maße über warmbraunen Grund das Gesetz der trüben Medien an, um durch sparsam aufgesetzte Lichter die Tonigkeit seiner Werke noch zu erhöhen und ihnen Festigkeit ▷

▷ statt Flauheit zu geben. Und so verfuhr er auch mit der Verstärkung der Tiefen.

Mit den geringsten, aber wohlabgewogenen Mitteln, mit kaltem und warmem Schwarz, mit Variationen von Graugelb und kühlem Grau dagegen, zu sparsam verwendeter starker Farbe haben Niederländer Kleinmeister die schönsten Wirkungen erreicht.

Gerard Dou allerdings wurde mit seiner Unsumme vorgemischter Fleischtöne auf der Palette ein Vorläufer jener schematischen Richtung der Mitte des vorigen Jahrhunderts, bei der man gar nicht aufs Modell zu schauen brauchte, weil man vorher genau wußte, was für ein Ton am Hals oder sonstwo zu sitzen hatte, und war's in Natur anders, so scherte man sich eben nicht um diese „Zufälligkeit", wie es *Wilh. v. Diez* seinen Schülern oft so anschaulich schilderte.

Primamaler wie *Frans Hals* zeigen deutlich ihre technische Beeinflussung durch *Rubens*. Dickflüssige harzige Malmittel mit braunen, warmen Tönen lasierend auf grauem Grund und dahinein kühlere pastose Töne mit gleichen Malmitteln aufgetragen, kennzeichnen diese Art.

Täuschung wäre es, zu glauben, diese so impulsiv hingesetzten Malereien seien prima in unserem Sinne. Es zeigt sich sehr häufig die graue Vorbereitung, die eben solch flotter Malweise die nötige Sicherheit und Körperhaftigkeit gab.

Bei Primamalereien dieser Zeit wurde das Prinzip von Warm und Kalt übereinander, wie es sich im grauen Grunde, der warmen Untertuschung und der darauffolgenden Höhung mit Weiß oder Grau zeigte, beibehalten, indem man in leuchtend warmen Tönen die Wirkung lasierend mit harzigen Malmitteln antuschte und ins Nasse hinein mit Weiß und grauer Farbe zu malen begann und die kräftigen Farbdrucker zuletzt aufsetzte, um dem Bilde Haltung und Frische zu geben. Das Grau des Grundes wurde in den Schatten mitbenützt. Man kann tatsächlich auf solche Weise in kürzester Zeit und auf einem Sitz Bilder malen, unter denen man weiß Gott was für Lasuren und Arbeit vermuten möchte. Sehr häufig steckt unter den scheinbar reinen Primamalereien eine Unterlage von Wasserfarbe oder dergleichen, in wenigen Tönen ausgeführt und wohl von Gesellenhänden gemacht.

Rembrandts Technik

(s. Tafel XV)

Das ist ein Problem, das immer des Interesses weiter Malerkreise sicher sein darf.

Man muß sich vergegenwärtigen, was vor ihm war. Die harte Buntheit der Lokalfarben, die einer großzügigen Lichtführung hinderlich war, drängte er zurück zugunsten dieser und vermied so die Klippe, die so vielen Bildern zum Verderben wird, starke Einzelfarben und starkes Licht zusammenbringen zu wollen. Denn starkes Licht schließt satte Farbe aus.

Nur ein unablässiges Studium der Natur vermochte bei aller Genialität diesen Erfolg zu bringen und rücksichtslos ordnete er alle malerischen Mittel diesem Zweck unter. Er malte so pastose Bilder, daß das Witzwort aufkam, man könne ein Porträt von ihm an der Nase aufheben und als man ihm Vorstellungen machte, daß er so holprig male, antwortete er, er sei kein Färber, sondern ein Maler. Man dürfe nicht an den Bildern riechen, der Geruch der Farbe sei schädlich, sagte er Leuten, denen die Bilder nicht genug ausgeführt waren, und die sie aus nächster Nähe besehen wollten. Das Bild sei fertig, wenn der Meister seine Absicht erreicht habe, sagte er ein andermal.

Sandrart erzählt, *Rembrandt* habe sich nicht gescheut, wider die Kunstregeln, wider die Perspektiven und den Nutzen der antiken Statuen, wider *Raffaels* Zeichenkunst, sogar wider die unserer Profession höchst nötigen Akademien zu streiten und denselben zu widersprechen, vorgebend, daß man sich einzig und allein an die Natur und keine andere Regeln halten solle. Da mögen allerdings manche Zöpfe gewackelt haben, aber das alles ist sehr cum grano salis aufzufassen, denn *Rembrandt* war gerade ein leidenschaftlicher Sammler antiker Statuen. Er wandte sich nur gegen das öde Schema zugunsten des Persönlichen.

Über das Bild der Auferstehung von ihm in der Münchener Pinakothek schrieb er in einem Briefe, es sei seine Absicht gewesen, den Dingen die größte und natürlichste Beweglichkeit zu geben. *Houbraken* erzählt, er habe, um eine Perle wirken zu lassen, eine ganze Figur wieder zugestrichen. Die Bilder der Frühzeit sind noch hart und kalt und von einer fast peinlichen Genauigkeit. Die Weißhöhung auf Grau tritt deutlich zutage. So bei dem Bild der Anne Weymers im Sixmuseum in Amsterdam. Im Simeon des Mauritshauses streiten noch die starken auf Braun und Weißhöhung gesetzten Farben mit der Lichtfärbung. Im Bilde des Jan Six (Sixmuseum) sitzt Weißhöhung auf glühendstem goldigen Lasurton, der von Goldocker zu tiefem durchsichtigem Braun variiert. Unbeschreiblich ist der Reiz der durch abgestufte Weißhöhung mit geringen Zusätzen von Lokalfarbe erreichten optischen Grau in diesem besterhaltenen Rembrandtbild. Wahnsinn wäre es, den Reiz solcher optischen Grau, die scheinbar mühelos und wie von selbst entstehen durch das Durchscheinen des warmen Ockertones, direkt malen zu wollen durch Grau. Das Bild ist flüssig hingestrichen, unverkennbar mit harzigen Malmitteln, venezianischem Terpentin, eingedickten Ölen und Mastix. ▷

▷ Es bleibt immer ein schmerzlich quälender Gedanke, daß gerade sein Meisterwerk für *Rembrandt* die Ursache von so viel Ärger und Anfeindung und seiner späteren Not werden mußte. Aber menschlich ist es erklärlich. Genau wie auf den heutigen Gruppenphotographien wollten die Vereinsbrüder auf der Nachtwache alle möglichst vorne dran und möglichst deutlich sein auf dem Bilde, während *Rembrandt* ihre Bildnisse seiner großen Bildidee unterordnete und so manche Köpfe im Halbton verschwinden ließ, um das ermüdende Einerlei gleichmäßig belichteter Porträtköpfe zu vermeiden.

Ein hoher Genuß, eine wahrhaftige malerische Feinschmeckerei ist es, die wunderbare, wie feines Gewebe und kostbares Geschmeide anmutende Textur der Lichtmassen in der „Nachtwache" in der Nähe zu studieren. Die pastosen Stellen haben zwar insofern gelitten, als sie heute infolge der vielfachen Restaurierungen im Laufe der Zeit eine Glätte angenommen haben, die sie ursprünglich sicher nicht besaßen und die viel von dem früheren stofflichen Reiz weggenommen haben muß. Trotzdem übt die Schönheit der Materialbehandlung der Lichtflächen, wie des Leutnants oder des kleinen Mädchens in Gelb auf ein empfängliches Auge die tiefste Wirkung aus. Neapelgelb ist eine Hauptfarbe von ihm, genau wie *Rubens,* die er in blitzenden Lichtern des Geschmeides, in goldflimmernder Gewandung, im Grün der Bäume, wie im lichten Fleisch anwendet. In der „Nachtwache" findet sich ein lichtblaugrüner Ton, wohl eine Mischfarbe, vielleicht Neapelgelb und Smalte. Derselbe Ton findet sich bei *van Goyen* u. a.

Mit rein malerischen Mitteln wird in diesem Bilde der äußerste Umfang der Gegensätze von Hell und Dunkel erreicht, indem dem pastosen Gefüge der Lichtmassen durchsichtige, über hellere graue und deckende Untertöne lasierte Tiefen entgegengestellt werden. So wird auch die körperhafte Erscheinung auf das Höchstmaß gebracht.

Geht man den Einzelheiten nach und beobachtet, wie das leuchtend helle Gelb des kleinen Mädchens zusammengehalten und trotz seiner vordrängenden Helligkeit auf den richtigen Raum im Bilde verwiesen wird durch die überschneidenden starken Tiefen, so wird man die Kraft der malerischen Gestaltung bewundernd empfinden. Dem Umriß solcher Lichtmassen nachzufolgen, mitzufühlen, wie sie manchmal in Dämmer verschwinden, an anderer Stelle scharf gegen Dunkelheiten stehen, woanders diese überstrahlen und immer die rechte Wirkung im Bilde tun, das läßt den ganzen Reichtum malerischer Gestaltungskraft erkennen. Einige sparsam aufgesetzte blitzende Lichter im Geschmeide machen die ganze Lichtmasse tonig. Die satteren Gelb der Uniform der Leutnants werden durch wärmere Gelb unter dem „befreundeten" Gelbrot und Braun der Umgebung in vielerlei Unterschieden hinübergeleitet bis zum Schwarz des Hauptmannes. Sie werden durch diese wärmere Umgebung wie die Lichtmasse des Mädchens ins Kühlere getrieben trotz ihrer leuchtenden Gelb und ihnen so jede branstige Wirkung genommen.

Über das Weiß *Rembrandts* müßte man ein eigenes Kapitel schreiben. Aus klaren Gegensätzen eines Grauweiß und Gelbweiß (also eines kalten und eines warmen Tones), von denen ich glaube, daß sie in sehr lichter Tönung vorgemischt waren, wurde es schichtenweise übereinandergelegt. Man muß gesehen haben, wie z. B. bei den „Staalmeesters" das Weiß der breiten Kragen zusammenfließt mit den Fleischtönen und ohne Härte übergeht in das stofflich so wunderbare Schwarz der Gewänder, um zu verstehen, welche malerische Tat das bedeutet. Es war technisch nur möglich zu erreichen durch eine einheitliche Vormodellierung in Weiß und Grau durch alle Teile des Bildes. Man kann diese hellere Vorbereitung übrigens ganz deutlich an einzelnen kleinen Stellen an den Köpfen und Händen sehen. Durch dünne, halbdeckende und schimmernde Lasuren wurden über den grauen Kern der Untermalung die trennenden Lokalfarben aufgetragen, doch so, daß nie der Unterton in seiner Wirkung als gemeinsames Grau verlorenging und in diese mit Firnis und verdickten Ölen gemalten Lasuren wurden die kräftigen Drucker in Hell und Dunkel aufgesetzt, die die Haltung des Bildes bestimmten. Die Fransen am Handschuh des rechts außen sitzenden Mannes (oft fälschlich als der Säckelwart bezeichnet) wirken unglaublich durchgeführt, bei genauem Zusehen sind sie nur mit dem Pinselstiel in die flüssige Farbe gekratzt!

Einheitlichkeit der Lichterscheinung, Zusammenhalten der Massen von Licht, Ton und Dunkelheit und Unterordnung aller Einzelfarbe ist die Richtschnur bei seiner Arbeit gewesen. Nie überwuchert dabei das Gedankliche die malerische Darstellung. Rein aus malerischen Mitteln schuf er das Bild. Er schuf ein Helldunkel, wie es weder vor ihm noch nach ihm je erreicht wurde. Nicht mehr wie *Leonardo* suchte er nach der schönen Form, sondern nach der individuellen Form.

Neben der Art seiner Lichtführung bereicherte er die malerischen Ausdrucksmittel durch den Reiz seines stofflichen Farbauftrages, wobei er pastoseste Töne mit halbdeckenden und feinsten Lasuren in einem Auftrage wechseln ließ. Seine Bilder sind nicht rasch entstanden, wenn es auch manchmal so scheinen möchte, sondern mit allem Vorbedacht in der Vorbereitung und Untermalung in öfterem Übergehen immer weitergebracht und so gewissermaßen zusammengeschweißt.

Er schuf aus vollkommener Kenntnis des Handwerklichen eine neue meisterliche und freie Malweise, anders und vielseitiger als die heutige reine Prima- ▷

▷ malerei, indem er alle Möglichkeiten der Ölfarbe im Bild ausnutzte. Seine Technik ist wahrhaftig durchgeistigtes Handwerk und ihr im Bilde nachzuspüren ist ein hoher Genuß.

Er benutzte meist lichtgraue, helle Gründe und darüber eine ockerig warme, goldig wirkende Aufzeichnung. (In Kassel fand *K. Wehlte* dünne, nur porenfüllende Grundierung der Eichenbretter bei *Rembrandts* früheren Werken.) Er bereicherte diese Wirkung, indem er in einer Art abgekürzter Untermalung durch halbdeckende und lasierende Töne optische Grau aus dem Grunde schuf. Gelb und Braun in vielfachen Abwandlungen, wie Gelbgrau, Gelbrot, Braunrot usw., unter leichter Zumischung anderer Farben im Lichte deckfarbiger, im Schatten erst glühend warm, locker übereinandergelegt, geben jene Gemeinsamkeit und Einheit „befreundeter" Farben, von denen sein Schüler *Hoogstraten* spricht. Dagegen wurden sparsam die kalten Kontrasttöne, Graublau, Graugrün usw., die sich selten zu starkem Blau steigern, gesetzt, und auch sie waren durchdrungen (weil ins Nasse gemalt oder gewischt) von der warmen Harmonie. Farbigkeit im höchsten Sinne erreicht er so ohne starke Einzelfarbe.

Seine Malmittel waren stark harziger Natur. Darin berührte er sich mit *Rubens*. Mit frisch angeriebener, etwa aus Venezianer Terpentin, Mastix und eingedicktem Öl dick angeriebener Farbe, die in wenigen Stunden fest trocknet, lassen sich technisch annähernd ähnliche stoffliche Wirkungen, pastoseste Farbe neben lasierendstem Ton, wie schwimmende Wirkung der pastosen Farbe in der Firnislasur in einem Auftrag erreichen.

Die Verwendung von Terpentinbalsam (Venezianer oder Straßburger Terpentin), Mastixfirnis und Terpentinöl bezeugt Rembrandts Schüler *Hoogstraten*. Seine Gegner warfen ihm vor, er benütze rötlich gefärbte Firnisse, wie sie sonst nur die Schreiner gebrauchten. Notwendige Voraussetzung für die Wirkung des Bildes war es, daß die Lichter so stehenblieben wie sie hingesetzt wurden, und daß vor allem kein Substanzverlust eintrat. Das erreichte er mit den dicken Harzfirnissen und eingedicktem Öl.

Auf den Bildern späterer, seinen Spuren folgender Maler, wie z. B. Edlingers, sieht man deutlich ein Runzeln zu ölreicher Farbe, ein Zusammentrocknen ursprünglich pastoserer Schichten. Man vergleiche damit *Rembrandts* Lichter auf Geschmeiden, die selber stofflich wie kostbares Geschmeide aussehen und mit ihrem Aufblitzen andere Bildteile tonig und ruhig machen.

Nur mit selbstgeriebenen, frisch für den Zweck hergestellten und sofort vermalten Harzfarben sind solche Wirkungen zu erreichen. Man kann in den Bildern seiner Spätzeit sehen, wie er das rasche Anziehen dieser dicken Firnisse zur Textur des Bildes ausnützte durch lockeres Darüberreißen der Farbe. Man kann die Farbe mit etwas Öl steif vorreiben und dann mit dem Harzmalmittel vermischen oder in Terpentinöl vorreiben, etwas anziehen lassen und sie dann mit eingedicktem Öl und Harzfirnissen oder Venezianer Terpentin vermengen. Möglichst viel Farbstoffe hineinbringen, darauf kommt es an!

Ganz zu Unrecht wird *Rembrandt* und anderen Malern heute von wissenschaftlich maltechnischer Seite ein Vorwurf aus der starken Verwendung der Harze im Bild gemacht. Auf anderem Wege hätte Rembrandt die ihm vorschwebenden Wirkungen nicht erreichen können. Er mußte diese Mittel wählen. Im übrigen ist keine Farbe leichter zu regenerieren als gerade Harzfarbe – allerdings auch keine leichter durch mechanische Eingriffe zu verderben. Aber das spricht nicht gegen Rembrandt, sondern gegen den Restaurator. Die harzige Natur der Malmittel Rembrandts und seiner ganzen Schule geht aus ihrer leichten Verletzbarkeit durch Alkohol hervor. Erscheinen dadurch manche seiner Bilder heute trübe und braun, so ist das nicht Rembrandts Schuld.

Das große Braunschweiger Familienbild stellt einen Höhepunkt seines Schaffens dar. Es ist ein Festtag für den Maler, dieses Werk und den Saal voll Meisterwerken *Rembrandts* in Kassel zu sehen.

Dunkel ist die Grundstimmung seiner Bilder und Dunkelheit nimmt in ihnen einen breiten Raum ein, im Gegensatz zum Bildaufbau des *Rubens*. Aber, wie belebt ist solche Dunkelheit! Aus glühendsten Mitteltönen von Braun und Gelb begonnen und allmählich vertieft durch Lasuren und Drucker und so unendlich reich gemalt an Werten! Mit einem Hauch von kühler Farbe ist der Wärme ein Gegengewicht geboten und ihr branstige Schärfe genommen. Mit Spachtel und Pinsel arbeitete er breit und frei und eilte in seinen letzten Werken der Zeit voraus, setzte die Farben übereinander, nicht ineinander zusammengemischt, und erzielte so frischere farbige Wirkung, so daß man den Mitteln nach glauben könnte, sie seien heute geschaffen. Sicher hat er auch viel mit Tempera untermalt und die Bilder vorbereitet. Über seinen Bildern liegen manchmal Braunlasuren. Er verwendet hier den Asphalt logischer und darum sicherer als *Makart* und seine Zeitgenossen, die diese Farbe unten ins Bild legten, wo sie Schaden anrichten mußte.

Mit am instruktivsten für *Rembrandts* Technik ist aber seine Skizze im Boymansmuseum in Rotterdam: „Der Westfälische Friede". Das Bild ist in Hell und Dunkel mit durchsichtigem Braun gegeben, die zum Teil durch darüberliegendes Grau in Kalt und Warm getrennt sind. Das Mittelstück, Reitergruppen usw. darstellend, ist fast nur mit Weiß gehöht in den verschiedensten Abstufungen und kräftig impastiert in den Lichtmassen. Die Lokalfarbe ist nur ganz leicht darübergewischt. ▷

▷ In den „Staalmeesters“ ist die Weißhöhung über dem Ockerton ebenfalls klar sichtbar. Der rote Teppich ist ebenso über Grau farbig gehöht und wundervoll im Ton durch das nur an einer kleinen Stelle aufglühende Licht, eine Wirkung, die ähnlich bei der „Judenbraut“ wiederholt ist. Wunderbar ist die Einheit seiner Werke in der gegenseitigen Durchdringung von Licht und Farbe durch alle Töne des Bildes, besonders auch in den Reflexen.

Ein Vergleich, rein vom handwerklich-künstlerischen Standpunkt aus, drängte sich mir vor *Rembrandts* Bildern auf. *Tizian, Rembrandt* und *Marées,* drei malerische Brennpunkte, berühren sich im Technischen. Alle drei nützen den Umfang der malerischen Mittel im weitesten Sinne aus. Durch die Verwendung flüssiger und feuriger Firnislasuren über körperhaft pastose Vormodellierung in Weiß oder Grau schaffen sie stofflich den größtmöglichen Gegensatz zwischen den körperhaften Lichtmassen und dämmerig-geheimnisvollen Dunkelheiten, die die Phantasie des Beschauers immer aufs neue aufreizen. Alle drei malten in mehreren Schichten übereinander, nicht prima, und malten lange an ihren Bildern. Sie suchten alle die Wirkung der Körper im Raume als das Wesentliche und bauten aus den wenigsten Farben ihre Bilder auf, die niemals die Grenze einheitlicher Wirkung, den großen Grundton überschritten.

So schuf *Rembrandt* seine farbigen Harmonien aus den „befreundeten“ Farben von Ockergelb bis Braun und Braunrot, indem er weise die Wirkung solcher durchsichtiger lasierender Töne gegen die stumpfe Wirkung der gleichen mit Weiß gemischten Töne stellte und sie alle gewissermaßen als Variationen eines großen Grundtones auffaßte und sie in das Bild einordnete. Wir wissen von *Marées,* daß er aus den wenigsten und einfachsten Farben die Wirkung gestaltete, und von *Tizian* ist dasselbe überliefert. Den stofflichen Reiz der Bilder dieser Meister erreichten ihre Schüler fast nie, soviel sie ihren Meistern auch vom Handwerk abgeguckt haben mögen. Diese feinste Blüte des Handwerklichen kann eben nicht einfach imitiert werden. Das Gefühl dafür ist selten, und nur bei ganz wenigen ist diese höchst malerische Fähigkeit zu finden.

„Nehmt den Pinsel in die Hand und fanget an“, sagte *Rembrandt* unsicher fragenden Schülern, und: „das Bild ist fertig, wenn der Maler ausgedrückt hat, was er sagen wollte.“

Wollen wir zu ähnlicher Sicherheit der Darstellung gelangen, so müssen wir wieder auf dem Boden des Handwerks aufbauen. Die Errungenschaften moderner Malerei, das Studium von Licht, Luft und Farbe dürfen dabei nicht gering geachtet werden. Aufgabe einer modernen Maltechnik müßte es sein, diese Errungenschaften auch technisch im Bilde zu sichern. Jede Zeit braucht ihre eigenen Ausdrucksmittel; einseitige Bewunderung des Alten hilft uns nicht weiter. Die moderne Malweise stellt die höchsten Anforderungen an das Material. Es ist keine leichte Sache, für das moderne Bild festbegründete Regeln zu schaffen. Es bedarf dazu vieler geduldiger Arbeit, zu der sich Wissenschaft und Praxis vereinen müßten.

Der angehende Maler kann aus den Jugendwerken der großen Meister lernen, daß genaueste Durchführung nicht schadet, sondern den Grund bildet, auf dem sich die wirklich künstlerische Freiheit erhebt. Man muß einmal etwas ganz genau gemacht haben, um es nachher frei und breit malen zu können, sagte mir einer unserer besten Maler. Man darf sich durch Modeerscheinungen und Modeerfolge nicht abhalten lassen, zu lernen, was an der Kunst erlernbar ist. Können ist das sicherste Kapital. ◀

Max Doerner hat uns hier erzählt, wie er jene Bilder kopierend malen würde, die Bilder von *Giotto,* von *van Eyck, Tizian,* von *Rubens, Rembrandt* und ihren Zeitgenossen, jene Bilder, die er gesehen und uns in glühenden Farben beschrieben hat. Wir aber sollten daran denken, daß er im Malmaterial seiner Zeit denken und auch malen mußte und nicht mit dem Material jener Jahrhunderte, in die er sich „hineinzumalen“ versuchte. Wir müssen einfach zur Kenntnis nehmen, daß er die alten, die gealterten Bilder kopieren wollte. Die jungen Bilder der alten Meister konnte er nicht kopieren wollen, die hat er nie gesehen.

Und so ist manchmal die Begeisterung mit ihm durchgegangen, wenn er nach einem bestimmten, ihm geläufigen Artikulationsmodus suchte und im Kapitel über Rembrandt fest überzeugt von „Malmitteln stark harziger Natur“ schrieb, von venezianischem Terpentin, von Mastix und von eingedickten Ölen. Heute wissen wir nach sorgfältigen naturwissenschaftlichen Bilduntersuchungen eigentlich nur gut Bescheid über die Pigmente, die Rembrandt verwendet hat und von seinen Malmitteln wissen wir, daß er mit (manchmal stark verdünnten) trocknenden Ölen gemalt hat.

So liefert die naturwissenschaftliche Bilduntersuchung manchmal Ergebnisse, beunruhigend wie die historisch-kritische Methode der Bibelexegese.

Vom Schicksal der Niederländischen Bilder

Von Dr. *Hans Sauermann*

In den Niederlanden verwendete man Holz als Bildträger, fast nur Eichenholz, von *van Eyck* bis ins 19. Jahrhundert. Von *Jan van Huysum* gibt es ganz wenige Werke auf – aus Übersee importiertem – Mahagoniholz. Rembrandt verwendete in den vierziger Jahren auch Linden und Zedernholz. Trotz der Nähe des Meeres (mit Wasserdampf gesättigte Atmosphäre) sind die niederländischen Tafeln immer plan geblieben und nicht vermorscht und verschimmelt. Daher sind die Bilder auch selten blasenkrank („blistern").

Im 15. bis ins 16. Jahrhundert hinein waren die Bretter auf der Rückseite ebenso glatt gehobelt wie auf der Vorderseite und in früherer Zeit dünner als in späterer. Trotzdem warfen und bogen sie sich nicht, weil sie nämlich mit großer Genauigkeit in den Rahmen eingefügt und vor allem rückwärts in gleicher Stufenfolge bemalt, bzw. gefaßt wurden wie auf der Vorderseite. Teils geschah dies einfarbig, teils marmoriert. Porträts wurden häufig auf der Rückseite mit dem Familienwappen oder dergleichen bemalt. Das Bemalen der Rückseite verfolgte also den Zweck, die Tafel plan zu halten.

Etwa seit der Zeit *Joos van Cleves* und des alten *Breughel* wurden die Malbretter auf der Rückseite nicht mehr farbig gefaßt.

Die Rückseite der Bilder wurde vermutlich mit heißem Leinölfirnis getränkt, um das Holz gegenüber den Lufteinflüssen abzudichten. Es ist ein Verdienst der Lukasgilde, daß sie die Herstellung der Maltafeln immer überwachte. *So war es seit etwa 1470 den Antwerpener Mitgliedern der Gilde verboten, eine Maltafel zu benützen, die nicht nur durch den Dekan der Gilde die eingebrannte „Antwerpener Hand" als Gütezeichen trug.* Im 15. Jahrhundert waren die Malbretter nicht sehr dick und rückwärts glatt gehobelt, später war häufig die Rückseite wie mit dem Beil vom Stamm gespalten, fast unbearbeitet, das Brett selbst dick, häufig sogar an den verschiedenen Seiten die Dicke verschieden, und trotzdem sind die Tafeln immer plan geblieben.

Gegen Ende des 16. Jahrhunderts wird die unbearbeitete „ungehobelte" Rückseite seltener. Mit den durch das Schnitzmesser oder den Reißhobel abgeschrägten bzw. verdünnten Seiten (während die Mitte der Tafel ihre nicht immer gleichmäßige Dicke behielt) wird eine weitere Verbesserung des Malbrettes erreicht. Solche Bretter mit den abgeschrägten Seiten bleiben vollkommen plan, auch bei starken Temperaturschwankungen.

Aus sicherer Überlieferung ist auch bekannt, daß für die Malbretter ausgesuchtes Kernholz verwendet wurde, und dieses wurde noch dazu in einem eigenen Verfahren (das sich über Jahre hinauszog) getrocknet. Im 17. Jahrhundert erreichte das Malbrett seine höchste Verfeinerung, insofern als die Bretter noch dünner wurden, dafür aber aus zwei aneinandergeleimten, schmalen Teilen bestanden, die, wie festgestellt werden kann, Teile desselben Brettes waren, immer aus dem Kernstück des Stammes in der Richtung der Jahre geschnitten. Gegen Ende des 17. und erst recht im 18. Jahrhundert, ungefähr gleichzeitig mit dem Schwinden der Macht und der Vorrechte der Lukasgilde, werden sachgemäße Malbretter seltener, besonders im 19. Jahrhundert (Verfall des Handwerks).

Außer Holz kommen als Malunterlage noch Metalle, am häufigsten Kupfer vor, besonders für kleine Bilder, bei denen man minuziöse Feinmalerei liebte. *Paul Bril* und der ältere *Jan Breughel* und andere Maler gegen Ende des 17. Jahrhunderts haben Kupfer verwendet. Nicht so häufig wie Kupfer kommt Pergament als Malgrund vor. Von *Hans Bol* und *van Goyen* sind uns einige Bilder auf Pergament bekannt. Auch Malgründen auf Zinn, Zink, Eisen, Messing, Silber, Gold, ebenso auf Marmor, Schiefer, Halbedelsteinen und ähnlich ausgefallenem Material begegnet man manchmal, bei denen aber die Malunterlage meist wertvoller ist als die Malerei selbst.

Neben Eichenholz ist *Leinwand* der wichtigste Bildträger gewesen, obwohl ihr Gebrauch erst gegen die Mitte des 17. Jahrhunderts häufiger wird, also ziemlich spät im Vergleich zu anderen Ländern. Die niederländischen Gewebe zeigen durchwegs engen, zarten und feinen Faden. Es gibt heute nur noch wenig niederländische Bilder, die nicht rentoiliert, d. h. mit neuer Leinwand hinterspannt worden sind. Originalspannrahmen mit den handgeschmiedeten alten Nägeln finden sich kaum noch vor.

Auf die Malunterlage aus Holz oder aus Leinwand wurde die Grundierung aufgetragen. In den Niederlanden war seit den *van Eycks* und wohl auch schon vorher die Verwendung eines geleimten Gips- oder Kreidegrundes allgemein. – Im 14. und 15. Jahrhundert war der Auftrag der Grundierung ziemlich dick, er ist aber im 16. Jahrhundert, ungefähr mit dem Auftreten der dicken Malbretter, immer dünner geworden, bis er dann auf dem Malbrett des 17. Jahrhunderts hauchdünn wurde. Bei Feinmalern, wie *Poelenburgh, van der Werf* u. a. ist weißer Grund zu beobachten.

Für die meisten Maler jedoch bedeutete die Grundierung bereits ein Glied im Aufbau des Gesamtbildes, insofern als sie auf die Kreidegrundierung einen bereits farbigen Grundton legten. Diese Imprimitur war aber nicht an *einen* Farbton gebunden, sondern kann bei den verschiedenen Bildern verschieden sein. Bei Bildern von *van Goyen* kann man dies gut studieren. *L. M. Molenaer* verwendete bei Interieurs durchweg braunroten Bolus mit Terra di Siena untermalt, während seine Landschaften eine mehr an ein kaltes Grau erinnernde Untermalung durchscheinen lassen.

Im Flämischen war jedoch eine Leim-Kreide-Grundierung vorherrschend, und zwar bis in das 17. Jahrhundert, so z. B. bei *Rubens*. Der Niederländer *Vincent van Gogh* untermalte ebenfalls seine Bilder und verwendete die alte Tradition frei für seine Zwecke. – *Jan Wynants* war einer der ersten in den Niederlanden, der auf Bolusgrund malte. Später, im 18. Jahrhundert unter dem Einfluß Frankreichs, wurde es allgemein. Im übrigen war das Grundieren der Malbretter in den Niederlanden einem besonderen Handwerkerzweig vorbehalten, den „Premeurdeurs". Schließlich sei noch erwähnt, daß man häufig auch präpariertes, auf Holz oder Leinwand aufgezogenes Papier als Malgrund verwendete.

Die Farbe wurde durch Verreiben der Pigmente mit einem rasch trocknenden Öl, also Lein-, Mohn- oder Nußöl, hergestellt.

Gemalt haben die Niederländer oft mit Lasuren. Keine Zeit hat die Lasur so vielseitig und in so intelligenter und vollendeter Weise gebraucht wie die der alten Niederländer. Schulbeispiele meisterhaften Lasierens mit den nuancenreichen „Braun" der bis in die tiefsten Tiefen durchsichtigen Schattenpartien sind Bilder von *Ostade*.

Ein großer Vorzug der niederländischen Farbe war jedoch, daß sie nicht so fein angerieben war wie unsere heute hergestellte Ölfarbe bei der intensiveren Leistung moderner Maschinen.

Zum Erkennen von Fälschungen oder Übermalungen sind solche Tatsachen wichtig. Unter einer halbwegs starken Lampe sind die größeren Farbpigmente der alten Farbe von der feinen modernen Farbe leicht zu unterscheiden.

Die Farben der niederländischen Maler des 17. Jahrhunderts

Als weiße Farbe wurden ausschließlich Bleiweiß, Kremser Weiß und Schieferweiß benützt. Das Weiß der Niederländer zeigt jedoch unter der Lupe den Eindruck einer beinahe kristallinischen Konsistenz, während das moderne breiig wirkt. Die schwarzen Farben waren noch die gleichen, welche schon die alten Ägypter, Chinesen und Römer in Gebrauch hatten, nämlich Ruß. Elfenbeinschwarz und Lampenschwarz wurden für kaltes Schwarz, Reben- und Beinschwarz für warmes Schwarz verwendet. Die Maler gaben häufig dem Schwarz eine kleine Menge Grünspan hinzu, um das Schwarz leuchtender zu gestalten.

Als Blau diente Lapislazuli. Bis in die Hälfte des 17. Jahrhunderts begegnet man Bergblau, Azurit und den Smalten. An Bildern von *Terborch* und *Pieter de Hoogh* findet man Indigo verwendet. Preußischblau und Kobaltblau findet man erst im 18. Jahrhundert.

Grüne Farben waren Malachit, Berggrün und Chrysocolla, genannt grüne Erde, auch als Veroneser Grün bezeichnet. Über das Vorkommen von Malachit und Berggrün liegen abschließende Untersuchungen noch nicht vor. Angewendet wurden diese beiden Farben, wenn auch nicht so häufig wie im 16. und 15. Jahrhundert.

Bei gelben Farben finden sich Eisenoxid als gelber Ocker, das hellere Masicot, ein Bleioxid, und das Bleiantimonat*), das unter dem Namen Neapelgelb heute noch bekannt ist.

In roter Farbe war die Auswahl größer: Eisenoxidfarbe, Bolus, roter Ocker, Rötel, Zinnober, Mennige, Krapplack, Cochenillelack und Karmin.

An braunen Farben gab es Kasseler Braun, Kölner Erde (van-Dyck-Braun genannt), Umbra, gebrannte Siena.

Als Bindemittel beim Malen der Bilder verwendete man in der Hauptsache Leinöl, Mohnöl, Nußöl und Harze; besonders Venezianer Terpentin und Mastix, das eine wie das andere in Terpentinöl gelöst.

Als Schlußfirnis verwendete man Mastix und Dammarharz, jedoch nur zum Schutz, also für die Konservierung des Bildes.

---

*) Nach neueren Untersuchungen handelte es sich um eine Blei-Zinn-Verbindung.

Zu Malern von Chardin bis Beckmann

Toni Roth hat nach dem Tod von *Max Doerner* die Anmerkungen zur Arbeitsweise von Malern, die ihm wichtig erschienen, noch ein Stück weitergeführt.

Aus dieser kleinen Sammlung gleichsam apokrypher, d. h. „verborgener", „nicht zum Kanon gehörender" Texte kann der Interessierte jedoch – wie bei Apokryphen üblich – wichtige Einsichten und Denkanstöße gewinnen, auch wenn die Texte nicht zu den wissenschaftlich gesichterten und belegten Quellen gehören. Aber das ist nun einmal so bei Apokryphen!

Jean-Baptiste Siméon Chardin

* 1699 Paris † 1779 Paris

(s. Tafel XVI)

„Nach der Grundierung legte er eine dünne, meist aus Weiß und Braun gemischte Schicht der Ölfarbe auf. Danach führte er zunächst die dunkleren Teile des Bildes aus, es folgten die helldunklen und schließlich die hellen Farbtöne. Zum Schluß arbeitete er an der Wiedergabe der Lichtreflexe und der Schatten. Der schlechte Zustand, in dem sich heute viele Bilder *Chardins* befinden, geht zum größten Teil auf die starken Übermalungen zurück, die seinem Streben nach größter Vollkommenheit und Genauigkeit in der Wiedergabe der Formen und des Lichtes entsprachen. Seine scharfe Beobachtungsgabe brachte ihn dahin, die Existenz reiner, d. h. solcher Farben, die nicht durch die Reflexwirkung oder durch die Nähe anderer Töne gestützt sind, fast gänzlich zu leugnen. Von den künstlerischen Erkenntnissen und Entdeckungen der späteren Impressionisten schied ihn nur die Auffassung und die Wiedergabe des Lichtes. – Das Licht, das seine Bilder durchflutete, war nicht etwa das scharfe Licht von außen, sondern das milde, verteilte Licht seines Ateliers." Chardin sagte: „Das Auge muß für die Beobachtung der Natur geschult werden. Wieviel Menschen gibt es, die sie nie richtig gesehen haben und auch nie richtig sehen werden, und das ist das große Unglück."

Aus *„Chardin"* von *Bernard Denoir*

Eugène Delacroix

* 1798 Charenton-Saint-Maurice † 1863 Paris

„Ich habe den *Velasquez* gesehen und Erlaubnis erhalten, ihn zu kopieren. Ich bin ganz erfüllt davon. Hier ist, was ich so lange suchte, ein pastoser und doch flüssiger Auftrag."

„Die badende Frau" (gemalt von *Veronese*):

„Für das Fleisch platter Lokalton. Für das Licht Venezianischrot und Weiß, dazu je nach der Stelle, wo die Lichter stehen, Neapelgelb und Weiß, Neapelgelb, Weiß und Rebenschwarz.

Die Schatten, orangegelbe Reflextöne, so warm als möglich untermalt, und stellenweise graue Schattentöne wie Weiß, Neapelgelb und Umbra usw." „Das Glänzen der Malerei beleidigt das Auge Vallends und gibt der ganzen Sache eine unerträgliche Dürftigkeit."

„Zum letztenmal das Porträt Josephines von Prud'hon gesehen. Entzückendes, entzückendes Genie! Diese Brust mit ihren Verzeichnungen, diese Arme, dieser Kopf, dieses Kleid mit kleinen Goldpunkten, alles ist göttlich! Die graue Untermalung ist sehr sichtbar und scheint überall durch." – „Es müßte praktisch sein, beim Anfang die Skala eines Bildes durch einen hellen Gegenstand festzustellen, dessen Farbe und Valeur nach der Natur genommen ist. Ein Taschentuch, ein Stoff usw."

„Um ein Bild zu vollenden, muß man es immer etwas verderben. Die letzten Striche, die die Harmonie zwischen den einzelnen Teilen herzustellen bestimmt sind, zerstören die Frische. Um vor dem Publikum zu erscheinen, muß man die glücklichsten Nachlässigkeiten ausmerzen, die die Leidenschaft des Künstlers sind. Ich vergleiche diese mörderischen Retuschen mit jenen banalen Ritornellen, mit denen alle Arien schließen, mit den unbedeutenden Passagen, die der Musiker zwischen die interessanten Partien seines Werkes setzen muß, um von einem Motiv zum andern überzuleiten oder sie zur Geltung zu bringen. Dennoch sind die Retuschen nicht ganz so unheilvoll für das Bild, wie man glauben könnte, wenn das Bild gut gedacht und mit Empfindung ausgeführt ist. Die Zeit löscht die Pinselzüge aus, die ersten ebenso wie die letzten, und gibt dem Werk seine definitive Haltung."

„Je mehr ich über die Farbe nachdenke, desto mehr entdecke ich, wie sehr der reflektierte Halbton das herrschende Prinzip sein muß, weil er es ist, der den wahren Ton gibt, den Ton, der die Valeurs ausmacht, der in dem Gegenstand spricht und ihn existieren läßt. Das Licht, dem man in unseren Schulen eine gleiche Wichtigkeit beimißt, und das man zugleich mit dem Halbton und dem Schatten auf die Leinwand setzt, ist nur eine zufällige Erscheinung. Darin beruht das wahre Kolorit, das den Eindruck der Plastik gibt und der radikalen Verschiedenheit, die ein Ding vom andern unterscheiden soll."

„Es gibt eigentlich keine Schatten, es gibt nur Reflexe. Wichtigkeit der Begrenzung der Schatten. Sie sind immer zu stark. Je jünger die Person ist, je leichter sind die Schatten."

„Technik kann man einem nur mit der Palette in der Hand zeigen. Wie wenig Aufklärung findet man darin in Büchern. Pflege des schlechten Technischen in den schlechten Schulen.
Bedeutung der wahren Technik für die Vollendung der Werke.
Je größer der Meister, desto vollendeter ist sie: Rubens, Tizian, Veronese, die Holländer; ihre besondere Sorgfalt, geriebene Farben, Grundierungen, Trocknenlassen der verschiedenen Schichten.
Diese Tradition ist den Modernen vollkommen verloren gegangen. Schlechte Erzeugnisse, nachlässige Grundierungen, schlechte Leinwand, Pinsel, abscheuliche Öle."

„Der Firnis sollte eine Art Panzer für das Bild sein und zugleich ein Mittel, es herauszuholen."

„Reflexe: Jeder Reflex spielt ins Grüne. Jeder Schatten grenze ins Violette. Die Kunst des Malers besteht darin, die Aufmerksamkeit nur auf das Wichtige zu lenken."

„Als *Rubens* im Alter von mehr als 50 Jahren als Gesandter zu dem König von Spanien geschickt wurde, verwendete er die Zeit, die ihm seine Geschäfte dazu ließen, die prächtigen italienischen Originale, die man noch jetzt in Madrid sieht, zu kopieren. – In seiner Jugend hat er ungemein viel kopiert. Durch Kopieren, wovon die modernen Schulen nichts mehr wissen wollen, verschaffte er sich sein riesiges Können."

„Kopie, kopieren, war die Erziehung fast aller großen Meister. Man erlernte zuerst die Manier seines Meisters, wie ein Lehrling ein Messer zu machen lernt, ohne seine Originalität zu zeigen. Dann kopierte man alles, was einem von Werken gleichzeitiger oder früherer Künstler in die Hände fiel. Die Malerei war zuerst ein richtiges Handwerk. Man war Bildmacher, wie man Glaser oder Tischler war. Die Maler malten Schilde, Sättel, Fahnen.

Die ersten Maler waren mehr Handwerker als wir; sie lernten erst gründlich das Handwerk, ehe sie daran dachten, sich selbständig zu machen. Heute ist das Gegenteil der Fall."

„Untermalung: Es ist schwierig zu sagen, worin die Untermalung z. B. *Tizians* bestand. Bei ihm ist der Auftrag so wenig sichtbar, die Hand des Arbeiters verschwindet so vollständig, daß die Wege, die er einschlug, um zu dieser Vollendung zu gelangen, ein Geheimnis bleiben. – Man kennt von ihm untermalte Bilder, die aber untereinander verschieden sind. – Die einen sind einfach Grisaillen, die anderen sind gleichsam mit großen Strichen und fast rohen Tönen gezimmert; er nannte das: das Bett der Malerei machen. (Gerade das geht *David* und seiner Schule vollständig ab.)"

„Grundierung: Allem Anschein nach verwendeten die alten flämischen Schulen alle die gleiche Grundierung. *Rubens* änderte daran nichts, sondern richtete sich beständig nach ihrem Vorbild. Der Grund war hell und da die Schulen fast ausschließlich auf Holz malten, glatt. Der Gebrauch der runden Pinsel überwog den der Borstenpinsel bis zu den modernen Schulen."

„Es ist die erste Pflicht eines Bildes, ein Fest für die Augen zu sein."

Aus „Mein Tagebuch" von *Eugène Delacroix,* übersetzt von *Erich Hanke*

Ernest Meissonier

* 1815 Lyon † 1891 Paris

Zu Ende des vergangenen Jahrhunderts, als die Impressionisten verlacht, verspottet und voller Nichtachtung behandelt wurden, galt die Vorliebe der offiziellen Kunstliebhaber und auch der guten Bürger der Genremalerei, insbesondere der Militärmalerei, deren wichtigste Vertreter *Eduard Detaille* und *Jean Louis Ernest Meissonier* waren. Natürlich konnte nicht mit echten Modellen gearbeitet werden ... mit Bataillonen, Kanonen, Streitrossen und im Winde flatternde Fahnen. *Meissonier* half sich aus der Schwierigkeit, indem er Puppen benutzte. Die Uniformen wurden mit äußerster Genauigkeit wiedergegeben. Kein Gamaschenknopf fehlte. Aber dieser Militärmaler ging in seiner Genauigkeit noch weiter. Als er seinen „Rückzug aus Rußland" malte, studierte er die Wirkung des Schnees dadurch, daß er in seinem Atelier Puderzucker ausstreute.

David hatte bei seinem „Sacre de Napoléon" genau so gearbeitet. „Wie vortrefflich das dem Schnee gleicht", sagte er. „Aber der Zucker zog die Bienen eines benachbarten Stockes an. Es wurde einfach unmöglich zu arbeiten. Nachher, für die „Schlacht von Eylau", stäubte ich den Boden mit einer dicken Schicht Mehl ein. Aber ach! Das brach nicht das Licht, und nachts vergnügten sich sämtliche Mäuse aus der Nachbarschaft in meinem Atelier. Jetzt benütze ich kristallisierte Borsäure, die ich mit flüssigem Gummiarabikum aufklebe." Das war eine schwierige Aufgabe und *Meissonier* beauftragte damit einen bevorzugten Schüler. Es galt ein Zeichen hoher Wertschätzung, wenn einem diese Vorbereitungsarbeit übertragen wurde.

Ein Zeuge erzählt:
Aus einer Schachtel nahm der junge Mann Kanonen, aus Kästchen Soldaten, die er für die Schlacht aufstellte. Dann nahm er einen Zerstäuber und verstreute eine Wolke von Klebstoff über das Ganze. Anschließend überpuderte er alles mit Hilfe einer Reispuderquaste, bis es vollkommen weiß war, wartete einen Augenblick und blies schließlich mit einem Blasebalg den überflüssigen Puder weg, der nicht von dem Gummiarabikum festgehalten wurde.

Das Bild Meissoniers war derart sorgfältig ausgeführt, daß der Meister seinen Besuchern eine große Lupe anbot, mit der sie die Exaktheit, auch noch der geringsten Einzelheiten bewundern konnten.

Aus „Eva im Atelier" von *Pierre Maziel*

Arnold Böcklin

* 1827 Basel † 1901 Fiesole
(s. Tafel XVII)

▶ „*Böcklin* gebrauchte Chromgelb viel und trat immer für diese Farbe ein, auch *L. Ludwig*, der aber ▷

▷ seine Bilder in Mappen verschlossen hielt, wodurch natürlich das Chromgelb sich hielt."

„Die grünen Erden sind in allen Techniken brauchbare, uralte Malerfarben, besonders der kalte Ton von der Farbe unreifer Äpfel, der im Altertum und in der frühitalienischen Malerei eine große Rolle als Mittel- und Schattenton im Fleisch spielte und damit den Grundcharakter des Bildes bestimmte. Auch *Böcklin* und *Marées* verwandten ihn in gleicher Weise. Die schönste Veroneser Erde kam vom Monte Baldo am Gardasee."

„*Böcklin* arbeitete vielfach in seiner früheren Zeit unter Zugrundelegung des gleichen Prinzips (vgl. *Marées,* S. 240), der Vorarbeit in Veroneser grüner Erde, der Weißhöhung und der darüber folgenden lokalfarbigen Tönung. So sah ich bei dem Maler *Ludwig* in Rom ein Frühwerk *Böcklins,* in das er die Venus der „Himmlischen und irdischen Liebe" *Tizians* in Grünerdetönung und Weißuntermalung als Nymphe in eine Landschaft gesetzt hatte, frei nach der Technik des *Cennini*."

„*Böcklin* sagte mir, er habe die Bilder in der Schackgalerie meist mit Eigelb und Mastixfirnis gemalt."

„Der Gummischleim kann leicht mit fetten Ölen, Balsamen usw. emulgiert werden. *Theophilos Presbyter,* der mutmaßlich im 12. Jahrhundert schrieb, erwähnt den Kirschgummi als Malmittel und dabei Zwischenschichten von Öllasuren. *Böcklin* griff die Kirschgummitechnik wieder auf und vermischte den Gummi, den er in einer großen Flasche vor dem Fenster angesetzt hatte, mit Kopaivabalsam und Petroleum. Sein Kirschgummi war aber nicht gleichmäßig flüssig, weil er nicht durchgepreßt war, sondern nur teils wässerig, teils brockig gequollen. Der Kopaivabalsam kam immer wieder zur Oberfläche, wie dies natürlich der Fall sein mußte, und verband sich auf der Bildschicht nicht genügend.

Man kann deshalb trotz der Kopaivabalsamzugabe diese Technik *Böcklins* als eine Gummimalerei und als keine eigentliche Tempera bezeichnen. Später bediente er sich wirklicher Kirschgummi-Emulsionen eines Apothekers, die aber sehr zäh waren und sich wegen ihres Harz- und Balsamreichtums schwer mit Wasser verdünnen ließen. Kopaivabalsam verklebt den Pinsel, und Petroleum, das auch in der Emulsion war, ist ebenso zwecklos wie Terpentinöl. Die Farbe blieb natürlich dauernd gegen Wasser sehr empfindlich, auch unter dem Firnis. Man sieht, mit welchen Schwierigkeiten die Pfadfinder zu kämpfen haben. Ein Brief *Lenbachs* an *Böcklin* vom 14. 1. 1867 enthält ein „Temperarezept": 1 Teil Tragant, 1 Teil Hausenblase, 1 Teil Kirschharz, zusammengekocht, noch warm mit etwas Weingeist vermischt, um Fäulnis zu verhüten. Diese Mischung ist keine Tempera, es fehlen die öligen Bestandteile. Sie gibt eine spröde Masse, die wenig Übermalung verträgt. An *Böcklins* Bildern zeigte sich nachträglich, daß Kirschgummi wasserlöslich bleibt und zu verwittern scheint wie im Freien."

„Nach *Reynolds* sind die Körper in der „Amazonenschlacht" (von *Rubens*) mit Weiß gehöht, *Böcklin* äußerte mir gegenüber dieselbe Ansicht und sprach sich dahin aus, daß das kleine „Jüngste Gericht" nicht von *Rubens,* sondern von *Teniers* gemalt sei, wegen der Schwere der Schatten."

„Auf dem Bilde „Vinum bonum" von *Böcklin* in der Schackgalerie wurden die Holzwurmlöcher mit einer asphaltartigen Masse ausgegossen, die in warmer Jahreszeit auf die Vorderseite des Bildes durchdrang und dort häßliche Flecken verursachte." ◀

Aus *Doerner*, 6. Auflage

Hans von Marées

* 1837 Elberfeld † 1887 Rom

▶ „Farbige Harmonie aller Töne im Bilde wird auch dadurch geschaffen, wenn man wie *Hans von Marées,* einen Grundton über die Umrißzeichnung gibt. Wenn er bei mehreren Figuren im Bilde die männlichen Körper mit gebranntem Lichtocker, weibliche mit Lichtocker als Imprimitur antuschte und dabei bei jedem Körper ein wenig variierte, bekamen alle Töne eines Aktes etwas Gemeinsames, Harmonisches, und dabei Gegensätzliches zu dem anders vorgetuschten, genau wie in der Natur jeder Fleck der Haut und der Haare von dem individuellen Pigment mitbeinflußt, harmonisiert wird und nicht ein Stückchen der Haut eines Blonden passen würde auf die Haut eines Dunkelhaarigen. Verschiedene Abstufungen und Wiederholungen ein und desselben Farbtones durch das ganze Bild geführt, geben feine, durch sparsame Kontrastwirkungen zu hebende Harmonien." ◀

Aus *Doerner*, 6. Auflage

Die Technik der Frühitaliener regte die Maler häufig zu Versuchen in ähnlichem Sinne an. So baute *Marées* seine Arbeit darauf auf, indem er ebenfalls die dichten weißen Gipsgründe, die genaue Zeichnung des Umrisses, die Tönung und die Weißhöhung im Lichte in freier Weise seinen Absichten dienstbar machte. Er überging die männlichen Körper über die Weißhöhung mit einer Tönung von gebranntem lichtem Ocker, weibliche und Kinderkörper mit Natur-Lichtocker. Während seine früheren Werke diesem Bildaufbau und der einwandfreien Grundierung ihre relativ noch gute Erhaltung verdanken, zeigen leider die späteren Bilder, die er dick und oft mit Firnisölfarbe übermalte, nichts mehr von der sorgfältig gemachten Untermalung, sondern welche Folgen das vielfache Übermalen mit Ölfarbe schon von der Untermalung her, haben muß: starkes Nachdunkeln,

Reißen, Runzeln, ja sogar Herabrutschen der dicken Farbschichten. Solche Bilder zeigen einen schlechten Erhaltungszustand.

Marées' Palette war außerordentlich einfach. Sie enthielt zu Beginn der Arbeit außer weiß und schwarz nur 6 Farben, nämlich: helle, Veroneser grüne Erde, dieselbe gebrannt, heller Ocker, hellen roten Ocker (Terra di Pozzuoli), hellblauen Ultramarin und Eisenrot (violettes Eisenoxid). Später kamen noch 6 Farben dazu: Goldocker, gebrannte Terra di Siena, Terra d'Umbra, dieselbe gebrannt, Krapplack, Smaragd-Grün (Vert d'Emeraude).

Aus „Aus der Werkstatt eines Künstlers", mitgeteilt von *Karl von Pidoll.*

Edgar Degas

* 1834 Paris † 1917 Paris

„Die Kunst des Malens besteht darin, einen Farbfleck, sagen wir Venezianerrot, so zu umgeben, daß er Zinnober zu sein scheint."
„Orange koloriert, Grün neutralisiert, Violett schafft Schatten."
„Farbig schaffen bedeutet, die Zeichnung mehr nach der Tiefe entwickeln."
Vollard traf einmal *Degas* mit Pastellstiften in der Hand.
„Was für eine verteufelte Arbeit, den Pastellstiften die Farbe zu nehmen", sagte der Maler.
„Ich wasche sie, wasche sie wieder und lege sie an die Sonne ..."
„Ja, aber diese ‚Tänzerinnen', die so leuchtend sind wie Blumen?"
„Wie ich das erziele?" – „Mit dem matten Ton zum Teufel!"

„Seine Ideen über den Unterricht in der Malerei waren, so eigenartig sie scheinen, im Grunde gescheit und verrieten unter ihrer paradoxen Form eine tiefe Kenntnis der Kunst und der Mittel. Als Lehrer wäre es sein Plan gewesen, seine Schüler in den verschiedenen Stockwerken eines Hauses unterzubringen, wobei er das lebende Modell nur im Erdgeschoß zugelassen hätte.
Das letzte, oberste Stockwerk hätte die Anfänger aufgenommen, die einzig damit beschäftigt gewesen wären, nach den alten Meistern (Stichen, Zeichnungswiedergaben) zu zeichnen.
Weiter unten hätte man mit dem Malen begonnen, immer nach den ausgezeichneten Vorbildern der großen alten Schulen.
Wieder weiter unten hätten sich die Lehrlinge selber an eigenen Kompositionen versucht, wobei sie sich nach und nach dem lebenden Modell im Erdgeschoß genähert hätten, das man erst nach mehreren Lehrjahren hätte zu Rate ziehen dürfen.
Je jünger, je mehr Neuling in der Schule der Eleve gewesen, um so weniger wäre er der gefährlichen Versuchung der Arbeit vor der Natur ausgesetzt gewesen."

Während der ersten Hälfte seines Schaffens (1850 bis 1880) betrachtete *Degas* die Ölfarbe als das wichtigste Mittel und akzeptierte auch die Konvention der Unterscheidung zwischen Gemälde und vorbereitender Studie.

Für die Studien verwandte er Bleistift, Kohle, Pastell, peinture à l'essence (Terpentin-Malerei) oder Aquarell, die Ölfarbe behielt er sich für das Gemälde selber vor, wenngleich er sie manchmal auch für die letzten Skizzen brauchte. Demgemäß war die Mehrzahl von *Degas'* fertigen Bildern vor 1880 in Öl ausgeführt. Anfänglich bediente er sich einer dünnen und ziemlich trockenen Ölfarbe, die er sehr sorgfältig auftrug, doch um 1880 änderte sich seine Technik.

Er wurde freier in der Handhabung seiner Mittel und begann eine reichere „matière" zu kultivieren und leuchtendere, kühnere Farben zu verwenden.

Dieser Wandel fällt zusammen mit seiner Entdekkung der erstaunlichen Effekte, die sich durch das Pastell erzielen lassen. Zwischen 1875 und 1880 benutzte *Degas* das Pastell noch in der üblichen Weise, doch schrittweise arbeitete er eine komplexere Technik aus. Wie schon im Gebrauch der Ölfarbe, begnügte er sich nicht mit der einseitigen Anwendung des Pastells; er begann zu experimentieren mit der Variierung der Struktur und der Materie des Pastells. Er überarbeitete Monotypien mit Pastell und kombinierte Pastell mit anderen Mitteln – Guasch, Aquarell oder peinture à l'essence. Zur selben Zeit machte er den Versuch, einen Teil der Bildfläche mit trockenem, pulvrigen, in der üblichen Weise aufgetragenem Pastell zu bemalen und damit andere Teile der Bildfläche in Kontrast zu setzen, in denen das durch Dampf oder Zusatz von heißem Wasser zu einer Paste verarbeitete Pastellpulver mit dem Pinsel aufgetragen wurde.

Nach 1880 wurde *Degas'* Anwendung des Pastells noch persönlicher und kühner. Vor dieser Zeit liebte er gefällige Farben, subtile Farbnuancen und vornehme Abstufungen von Licht und Schatten, die dem Pastell gemäßer sind als dem Öl. Nach 1880 aber ging er zu leuchtenderen, grelleren Farben über, in einer Reihe emphatischer Skizzen entwikkelte er seine späte freiere Pastelltechnik.

Während er früher seine Farben sorgfältig gemischt und weich und mehr oder weniger einheitlich aufgetragen hatte, suchte er nach 1880 eine gebrochene Oberflächenstruktur zu gewinnen. Ferner betonte er die Gegensätze von Licht und Schatten und schuf Atmosphäre und Tiefe durch Übereinanderlegen von Pinselstrichen in verschiedenen Richtungen und von kontrastierenden oder verwandten Farben.

Gleichzeitig mit dieser wichtigen technischen Neuerung wurde das Pastell die am häufigsten angewandte Technik.

Degas scheint empfunden zu haben, daß das Pastell ihm freiere Ausdrucksmöglichkeiten gewährte als das Öl. Seine Anwendung des Pastells war jedenfalls originell und ermöglichte ihm Effekte, die bisher nur in Öl erreicht worden waren. Diese Technik seiner späten Pastelle basierte mit Kohle, in schweren Umrissen und in ziemlich starken Farben und er fixierte sie wie üblich.

Dann aber, in völliger Mißachtung alles Bisherigen, fuhr er auf diesem Untergrund fort, in Pastell zu malen, eine Farblage über die anderen, jede fixiert, so daß am Ende, wenn er den gewünschten Effekt erreicht hatte, sein Blatt von einem schweren Impasto bedeckt war. Während jedoch eine Lasur in Ölfarbe dünn und gleichmäßig aufgetragen werden kann, ist dies im Pastell nicht möglich, da es trocken und undurchsichtig ist. Infolgedessen mußte er, um die unteren Farbschichten sichtbar werden zu lassen, die folgenden unregelmäßig auftragen, was die Unebenheit der Oberfläche erklärt, die so vielen seiner Spätwerke eigen ist.

Wie aus den Pastellen *Degas'* ersichtlich ist, war er in der Anwendung des Pastells keineswegs konsequent, das heißt er beschränkte sich in keiner seiner Schaffensperioden auf eine einzelne seiner Pastellmethoden. Er bemühte sich vielmehr, die Methode dem Motiv anzupassen. „Mademoiselle Malo" um 1876, zum Beispiel ist in der gleichen Technik ausgeführt wie „Mademoiselle Salle" von 1886. Durch seine technischen Neuerungen verlieh *Degas* dem Pastell neues Leben und bewies damit, wie vielseitig dessen Ausdrucksmöglichkeiten in der Hand eines vollendeten Künstlers sind.

De trempe à la colle (Leim-Tempera)

Dieses Malmaterial wird durch Mischung der Farben mit Knochenleim im Wasserbad gewonnen, dann wird die Farbe heiß auf die Leinwand aufgetragen.

Das Studium der primitiven Italiener weckte in *Degas* das Interesse für diese schwierige Technik. Er wandte sie für ein wichtiges Werk an, die „Tänzerinnen an der Stange" von 1876. Peinture à l'essence (Terpentinmalerei): Diese Technik besteht darin, daß der Ölfarbe durch Trocknen Öl und Klebrigkeit entzogen wird und daß sie dann mit reinem Terpentinöl gemischt wird und verdünnt wird. Mit diesem rasch trocknenden, flüchtigen Mittel malte *Degas* häufig, besonders in seiner Frühzeit. Er verwandte es in der Regel auf unpräpariertem weißem oder farbigem Papier oder auf Bristolkarton (wie nach ihm *Toulouse-Lautrec* und *Vuillard).* Er versuchte damit auch auf Papier zu arbeiten, das er vorher mit Öl abgerieben hatte. Dies ergab jedoch unbefriedigende Resultate, denn mit der Zeit verfärbte sich das Öl und auch das Papier veränderte seine Farbe. Im allgemeinen bediente sich *Degas* der Terpentinmalerei zu vorbereitenden Studien und zu ziemlich ausgearbeiteten Skizzen, besonders von Tänzerinnen und Jockeys. Immerhin fand sie auch für größere Werke Verwendung, zum Beispiel „Mädchen bei der Toilette" oder der „Ballettmeister" beide um 1875/76.

Guasch

Dies ist ein undurchsichtiger Farbstoff, Deckfarbe mit Gummilösung vermischt. Guasch wird dicker aufgetragen als Wasserfarbe. *Degas* malte kaum je ein ganzes Bild in dieser Technik; hingegen hat er sie für fast alle seine gemalten Fächer verwandt. Er benutzte sie manchmal zur Übermalung oder in Zusammenwirkung mit Pastell.

Zeichnung

In früheren Jahren zeichnete *Degas,* der Tradition *Ingres'* folgend, fast ausschließlich mit Bleistift. Doch in dem Maße, wie sein Augenlicht abnahm und es ihn anstrengte, feine Bleistiftstriche zu sehen, griff er mehr zur schwarzen Kreide und zur Kohle, bis er, nach 1885, fast ausschließlich mit Kohle arbeitete. Die Zeichnung war für *Degas* der erste, wichtigste Schritt im Werdegang des Bildes. Vor dem Modell zeichnete er mit Bleistift oder Kohle, dann wurde die Komposition nach den Zeichnungen – oder unter Benutzung von Zeichnungen aus früheren Jahren – in einer Anzahl von Studien oder Skizzen in Aquarell oder Terpentinmalerei ausgearbeitet.

Stellten sich im Laufe dieser Vorarbeiten Schwierigkeiten ein, oder war *Degas* von einem Gemälde unbefriedigt, so korrigierte er Einzelheiten in einer oder mehreren neuen Zeichnungen. Dies war seine Methode vor 1885. Später mußte er sie, wegen seines zunehmenden Augenleidens, weitgehend modifizieren. Er ließ zwar das Modell nach wie vor täglich kommen, doch war er nur darauf bedacht, Zeit und Anstrengungen zu sparen, indem er die Vorteile der nicht fixierten Kohlezeichnung immer sinnvoller auszunutzen lernte. So übertrug er jeweils die ihn befriedigenden Teile seiner Zeichnung auf ein neues Blatt und fuhr dort fort zu arbeiten; er machte auch Gegenabzüge (contre-épreuves) gewisser Zeichnungen, indem er sie auf reine Blätter abrieb und arbeitete an diesen Abzügen dann auf ähnliche Weise weiter. Beider Methoden bediente er sich zu einer Zeit, da er sich immer mehr auf eine beschränkte Anzahl von Bewegungen und Stellungen konzentrierte, die er von den verschiedensten Blickwinkeln aus, besonders auch in Umkehrung studierte und in vielen Kombinationen verwendete.

Gegen Ende seines Lebens legte *Degas* die Umrisse jeden Bildes zuerst in einer breiten Kohle-Vorzeichnung fest, eine Technik, die mit seinen früheren Monotypien verglichen werden kann.

Monotypie

Degas lehnte die Bezeichnung „Monotypie" für diese mehr oder weniger von ihm erfundene Technik ab. Eines Tages, während er seinem Drucker zusah, der die gravierten Kupferplatten für den Druck fertig machte, indem er die Tinte überall, außer den geätzten Stellen, wegwischte, kam Degas auf den Gedanken, man könne diesen Prozeß auch umkehren. Er nahm eine Kupferplatte, bestrich die ganze Fläche mit Druckerschwärze und begann mit dem Pinsel ein Motiv darauf zu zeichnen und gewisse Flächen durch Wegwischen mit einem Lappen oder Verdünnung mit Terpentin aufzuhellen.

Von dieser Platte machte er einen Abdruck auf Papier. Später malte *Degas* direkt auf die Platte mit Terpentinfarbe und sogar mit Ölfarbe, als arbeitete er auf Papier oder Leinwand. Da die Metallplatte die Farbe nicht aufsaugt, konnte oft mehr als ein Abzug gemacht werden, wovon jeder allerdings etwas schwächer ausfiel als der vorhergehende.

In der Regel ließ *Degas* die besten Abzüge in ihrem Originalzustand, sowohl die schwarzen als auch die farbigen. Die schwächeren behandelte er oft wie Bildentwürfe, die er in Pastell oder in einer anderen Technik sorgfältig ausarbeitete.

Aus „Edgar Degas" von *Hans Graber* und aus „Pastelle von Edgar Degas" von *Douglas Cooper*

Wilhelm Leibl

* 1844 Köln † 1900 Würzburg

Nach *Schlittgen* hatte *Leibls* Palette folgende Farben:

Kremser Weiß, Kadmium hell, Kadmium dunkel, Ocker licht, Ocker dunkel, Kobalt, Terra di Siena, Patentzinnober, Krapplack, Elfenbeinschwarz, manchmal auch gebrannten lichten Ocker, Goldokker, sehr selten Ultramarin, Preußischblau. – Seine übrige äußerliche Technik mag sich in folgendem darstellen. *Leibl* malte auf Malbretter und Leinwand, die er beide fast nur von *Adrian Brugger* bezog. Er grundierte mit Öl, überstrich dann den weißen Grund mit etwas Ocker und Beinschwarz, damit das reine Weiß abgetönt würde; nie arbeitete er mit Kreidegrund. Die Leinwand war warmgrau grundiertes englisches Leinen. – Die Tönung ließ er ziemlich lang trocknen und oft stellte er sich einen Vorrat von Leinwand oder Brettern her, damit die Austrocknung um so sicherer wäre. Sehr selten benützte er Siccatif de Courtrai. Ocker und Elfenbeinschwarz, das er zur Tönung gebrauchte, verdünnte er mit Leinöl; er tönte die Leinwand gleichmäßig an.

Seine Pinsel waren gewöhnlich Borstenpinsel, für ganz feine Stellen englische Marderpinsel von *A. Brugger,* sie waren lang oder mittellang und flach.

Den sogenannten Vertreiber gebrauchte er nie. Im ganzen bediente er sich selten des Malstocks, arbeitete lieber aus freier Hand. Lieber stand er beim Malen als er saß. Die Palette war eine gewöhnliche Holzplatte in mitteldunklem Ton. Kadmium, Ocker und Terra di Siena benützte er nur solche von Winsor und Newton, andere Farben zum großen Teil Nevers, auch Schoenfeld; er bezog sie alle von A. Brugger. An Temperafarben bevorzugte er die von Wurm in München.

Als Malmittel dienten ihm Lein- oder Mohnöl, letzteres gern, wenn die Farbe übermäßig dick war. Die aufgezeichneten Striche fixierte er nur auf der Leinwand, auf Brett nie, hier blies er die Kohle wieder ab. Meistens gab er mit Beinschwarz angelegte Töne auf das Brett. Er malte nur prima auf getöntem Grund, so auch das Kirchenbild. Die Ränder der fertigen Stücke feuchtete er mit Leinöl an, das vollendete Bild ließ er so lange als möglich vor dem Firnissen trocknen und stellte es meist umgekehrt an die Wand, nie direkt in die Sonne. Als Firnis gebrauchte er größtenteils französischen von Soehnée frères.

Übrigens firnißte *Sperl* alle Bilder. Vor dem Firnissen wurden sie mit nassem Schwamm überfahren und dann gut getrocknet. In späterer Zeit malte *Leibl* lieber auf Leinwand, weil er das Springen der Bretter fürchtete.

Leibl war nur Primamaler. Vom Lasieren sprach er, wie *Hans Thoma* ganz richtig ausdrückte, so, als wenn er sagen wollte, der mogelt im Spiel; bekannt ist sein Wort, das er vor einem Bilde einer früheren Kunstgröße sprach: „Ich glaube, der Kerl lasiert."

Er malte Stück für Stück fertig, begann ohne Grundierung und Vorzeichnung, z. B. mit einem Auge (bei dem Zeitungsleser mit der linken Schulter der Hauptfigur) und nur einzelne Grenzlinien wurden mit der Kohle markiert. Eine große Rolle spielte das stets bereite Rasiermesser, das er zum Herausnehmen nicht entsprechender Stücke benützte. – Jede Art der Wiedergabe beherrschte der Künstler, den Grabstichel so gut wie den Bleistift, Kreide und Feder ebenso gut wie den Pinsel.

Ein Ausspruch von *Leibl* ist: „Malen ist auch ein Handwerk, aber das feinste, das es gibt."

Aus „Wilhelm Leibl. Sein Leben und sein Schaffen" von *Julius Mayr*

Paul Cézanne

* 1839 Aix-en-Provence † 1906 Aix-en-Provence
(s. Tafel XVIII)

Emile Bernard hat die Palette des greisen *Cézanne* in Aix angegeben. Diese Palette enthielt Gelb, Rot, Grün, Blau in den folgenden Abstufungen:

Gelb: Brillantgelb, Neapelgelb, Chromgelb, gelber Ocker, natürliche Terra di Siena.

Rot: Zinnober, roter Ocker, gebrannte Terra di Siena, Krapplack, feiner Karminlack, gebrannter Lack.

Grün: Veroneser Grün, Smaragdgrün, grüne Erde.

Blau: Kobaltblau, Ultramarinblau, Preußischblau, Kernschwarz.

Im ganzen (wenn man Weiß nicht dazuzählt) achtzehn verschiedene Farben, die er fertig und in Tuben vom Farbhändler bezog. Zu diesen Farben sind die Mischungen hinzugekommen, die er selber herstellte.

Cézanne benutzte zum Malen Pinsel von sehr weichem, an Marder oder Iltis erinnerndem Haar, die er nach jedem Strich in einem mit Terpentin gefüllten Behälter säuberte.

Aus „Cézanne" von *A. Vollard*

Geoffroy, den *Cézanne* malte, berichtet, er legte das Bildnis zuerst ungefähr an und malte von den Rändern her gegen das Gesicht. Die genaue Darstellung des Gesichts, worauf es ihm auch bei diesem Bildnis ankam, behielt er sich für später vor.

„Ce sera pour la fin", sagte er, wenn *Geoffroy* ihn danach fragte.

Aus „Cézanne" von *Gotthard Jedlicka*

„... Man soll sein Handwerk erlernen. Aber man soll es hier lernen, durch sich selbst, im Umgang mit den Meistern. Ich spreche nicht von Rezepten, von der Lehre, die leider verloren ist, von all dem Tatsächlichen, das hat nichts hiermit zu tun, nicht davon, daß die gute Tradition der Gemeinschaftsarbeit, die durch diesen Umstürzler beseitigt wurde, sehr viel Zeit sparte. Das war der Segen der Werkstätten, man wird dahin zurückkommen müssen."

Aus „Über die Kunst. Gespräche mit Gasquet"

Auguste Renoir

* 1841 Limoges † 1919 Cagnes
(s. Tafel XIX)

Renoir arbeitete (nach Mitteilung des Malers *Brüne*) seine Bilder, die zum Teil mit Bleistift aufgezeichnet waren, wie aus einem Nebel in lichten, sehr dünnen Farben heraus, so daß er sich nirgends festlegte, und erst aus vielfachen dünnen Lagen übereinander ganz allmählich die emailartige Wirkung des Bildes entstand. Im Fleisch begann er mit Schwarz-Weiß in der Hauptsache, nur wenig Rot dazu verwendend und suchte Töne der Umgebung, die die Wirkung gaben, ohne daß er am Fleisch zu arbeiten brauchte und ohne das Fleisch hart zu begrenzen. Als Malmittel verwendete er Leinöl mit Terpentinöl. Ich führe dieses Beispiel hier nur an, weil daraus hervorgeht, wie ein Meister die Prinzipien altmeisterlicher Technik verstand, und wie er sie seinen modernen Zielen anpaßte. Im Jahre 1910 kam *Renoir* nach München, um im Atelier des Malers *Brüne* in Oberpfaffenhofen bei Weßling für einen Sammler das Porträt seiner Gattin und seines Töchterchens zu malen. Diese wertvollen und denkwürdigen Erinnerungen an den Besuch des großen Malers hat Maler *Brüne* aufgezeichnet und einen Teil davon am 29. 3. 1947 in der Süddeutschen Zeitung veröffentlicht. Aus diesen Zeilen können wir weitere Unterlagen entnehmen, wie der Maler bei seinen Bildern auch maltechnisch vorgegangen ist.

Brüne schreibt:

„Das Leben, das sich nun im Atelier abspielte, die Anordnung zur Sitzung, die Herrichtung des Malerwerkzeugs – alles war neu und anders. Hatte ich geglaubt oder glaube gehört zu haben, daß *Renoir* einen eigenen Farbenreiber beschäftigt, besonders präparierte Leinwand benutzt, überhaupt ein besonderes ausgesuchtes Material verwendet –, was bekam ich da zu sehen, einen kleinen Schülermalkasten mit einem Dutzend kleinen Tübchen, etliche schon recht vermalte dünne, spitze Borstenpinselchen und ein kleines Fläschchen mit gebleichtem Leinöl. – Das war der ganze Apparat. – Eine einfache mittelkörnige Ölleinwand mußte ich ihm in München besorgen, das nötige Terpentinöl entlieh er von mir.

Die Anordnungen zur Arbeit sind schnell gemacht, mit wenig Winken das Modell zurechtgestellt – ein echt Pariser Morgenrock aus weißem Tüll und rosa Schleifchen läßt schon das kommende Werk erahnen.

Mit einer langgespitzten Kohle zeichnet er mit zarten Strichen die großen Formen nach, unablässig wandert der Blick zwischen Modell und Leinwand, die Massen in den gegebenen Raum zu zwingen, immer wieder umfährt der leise Strich die Rundungen des Körpers, das Oval des Kopfes, die Fülle der Brust, so daß zuletzt das Bild in schöner Plastik sich von dem gesäuberten Grund abhebt.

Linsengroß sind die Häufchen Farbe, die man ihm nun auf die Palette setzt. Schwarz, Weiß und Zinnoberrot, nur diese drei. – Mit verdünntem Anstrich und einer Spur von Farbe, tuscht er mit etwas Schwarz in die Schattentiefen, allmählich übergehend mit etwas Weiß und Rot zu lichter Wölbung. Erst viel später erscheint ein wenig Blau und Ocker zu grünlicher und goldiger Tönung im Hintergrund.

Von Tag zu Tag ist kaum ein Fortschritt sichtbar, selbst nach 3 Wochen täglicher Arbeit erscheint die Leinwand wie eben erst begonnen – nichts ist vorgetrieben, Schritt für Schritt wächst das Werk wie eine Pflanze."

Renoir vertrat die Ansicht, daß erst die Zeit den Charme des restlosen Zusammenklingens hineintragen müsse, und daß seine früheren Bilder mit den Jahren die von ihm angestrebte Kraftfülle fast vollkommen eingebüßt hätten.

Leider treten heute bereits nachteilige Veränderungen an *Renoirs* Bildern auf, vor allem bei denen Bleistift zum Vorzeichnen verwendet wurde. Er kommt durch dünne Töne durch.

Ein Nachteil für die Erhaltung seiner Bilder ist auch die Verwendung von Ölgrund und Leinöl und daß seine Bilder, die in vielen dünnen Schichten aus Ölfarbe aufgebaut wurden, dem Nachdunkeln obliegen müssen. An dem berühmten Bilde „Das Ehepaar Sisley" ist bereits ein Zusammenziehen und Runzeln der Ölfarbe zu erkennen, die heute einige Bildteile des Werkes stark beeinträchtigen. Dies ist ein Beweis dafür, daß eben im Malgrund, im Bindemittel und in der Farbe zuviel Leinöl verwendet wurde.

Weitere wertvolle Aufschlüsse über die Malweise, Maltechnik und Gesinnung *Renoirs* bekommen wir aus dem wertvollen Buche: *Auguste Renoir* von *Ambroise Vollard,* von dem hier einige besonders für unser Buch geeignete Stellen entnommen sind.

„Renoir hat sich vor seine Staffelei gesetzt und seinen Farbenkasten geöffnet. Ich war erstaunt über die Ordnung und Sauberkeit, die da herrschte. Diese Palette, diese Pinsel, nach dem Verbrauch ausgequetschte und aufgerollte Tuben machten den Eindruck beinahe weiblicher Genauigkeit."

Das Bild „Esmeralda", das 1863 im Salon von Paris ausgestellt war, war die letzte Arbeit, die *Renoir* mit Asphalt malte.

Vollard sagte einmal zu *Renoir:* „So wäre denn die einzige technische Neuerung des Impressionismus die Abschaffung des Schwarz, dieser Nichtfarbe?"

Darauf erwiderte *Renoir:* „Das Schwarz eine Nichtfarbe? Wie kommen Sie darauf? Schwarz, das ist die Königin der Farben. Ich habe immer Preußischblau verabscheut. Ich habe wohl versucht, das Schwarz durch eine Mischung von Rot und Blau zu ersetzen, aber ich verwandte dazu Kobaltblau oder Ultramarinblau und kam am Ende doch wieder zu Elfenbeinschwarz zurück."

Ein andermal sagte der Maler: „In meinen Anfängen trug ich Grün und Gelb recht dick auf, um mehr Tonwerte zu haben. Eines Tages bemerke ich im Louvre, daß *Rubens* durch ein einfaches Hinschummern der Farbe mehr erreicht hatte, als ich mit all meinen Pasten."

„Weil die Alten ihr Handwerk konnten, besaßen sie diese wunderbare Materie und diese durchsichtigen Farben, deren Geheimnis wir vergeblich zu ergründen trachten."

Carl Schuch

* 1846 Wien † 1903 Wien

„In einem Brief sagte *Schuch,* daß er eine förmliche Konsultation abhalte, ehe er beginne. So war es tatsächlich. Lange prüfte er, um das gestellte Stilleben herumschleichend, die Farben, aus denen er es malen wollte. Hatte er es festgestellt, so begann er. Nicht wie *Leibl* mit einem Stück, sondern mit der Raumstimmung und entwickelte dann aus ihr die einzelnen Stücke. Hatte er die malerische Pointe festgestellt und war ihm die gelungen, so bildete er die anderen Stücke schlafwandlerisch sicher fast. Es war ein Vergnügen, ihm zuzuschauen, mit welch bedächtiger Delikatesse er Ton für Ton hinsetzte, die Dinge modellierend. Die Pinsel waren nur breite Haarpinsel, später, in dem ganz großen über zwei Meter breiten Bilde, benutzte er breite Borstenpinsel, doch brauchte er sie selten. Daß das Material das denkbar beste war, versteht sich von selbst. Es war ein Genuß, wie er mit seinen wohlgepflegten Händen hantierte. Die Hände im Verhältnis zum Körper klein und etwas fleischig, die Finger gepflegt und spitz, gaben dem Impuls fast zögernd nach, als fürchteten sie, zu materiell zu werden. – Es war beinahe eine feminine Art zu malen, wenn nicht die klare Vorstellung sie darüber erhoben hätte.

Er machte öfter Pausen, aber malte z. B. den Zinnkrug mit Äpfeln, jetzt in Hannover, auf einen Sitz. Häufig malte *Schuch* auch dieselben gestellten Stilleben mit einer anderen Palette, um sie noch vollkommener herauszubringen. Die großen Stücke erforderten mehr Zeit und kamen langsam vorwärts. Er ließ sie meist dann durchtrocknen, nahm sie wieder vor, und wenn ein Stück nicht gelungen war, schliff er es mit Ossa-sepia heraus, ganz glatt bis auf die Leinwand und malte solch ein Stück prima nochmals. Nur wenn Teile vollendet waren, so daß er sie nicht besser machen konnte, ließ er sie stehen. So trieb er das Ganze bis zum höchsten Grad der Vollendung. *Leibl* arbeitete ähnlich. Später, in seiner Pariser Zeit, übermalte er oft, was in der venetianischen Zeit niemals vorkam.

Die Palette war so einfach, wie auch *Leibl* und *Courbet* sie anwendeten. Zinkweiß, Lichter Ocker, Terra di Siena ungebrannt und gebrannt, Kobalt, Ultramarin, Brun rouge, Roter Lack, Elfenbeinschwarz. Zu diesen Farben fügte er bald Kadmium hinzu (als er die großen Stilleben malte, finde ich in einem Brief, daß er Asphalt gebrauchte), um den Umfang des Lichtes zu steigern."

„Immer wieder erkenne ich aus diesen Aufzeichnungen seine unglaubliche Gewissenhaftigkeit, und wenn man die Koloristik der betreffenden Bilder nachprüft, findet man, daß er nie davon abgewichen ist. Früher war die einfache Palette ein sicherer Schutz gegen koloristische Fehler, jetzt bei seiner bereicherten Palette brauchte er derartige Analysen. Seine gebräuchliche Palette in Paris war die von *Delacroix,* welche folgende Farben enthält: Weiß, Kassler Braun, Mumie, Laque Robert 8, Schwarz Laque Robert, Ocker, Jaune brillant, Brun rouge, Venezianischrot, Rosa, Indischgelb, Pariser Blau, Vermillon 2, Siena, Veroneser Grün, Kobalt."

„Das Komponieren kann in zwei Richtungen geschehen, die sich wohl ausschließen, indessen bis zu einem gewissen Grad kombinieren können. Diese zwei Richtungen sind Form und Farbe. In letzter Richtung wird der, der auf Farbe komponiert, das Gesetz der komplementären Wirkungen als etwas Positives zu berücksichtigen haben. Wir wissen, daß komplementäre Farben sich gegenseitig steigern und so eine starke, die stärkste Farbenwirkung geben.

1. Immerhin wird eine dominieren müssen.

2. Wird eine reiche Orchestrierung wieder den Gegensatz für unser Auge vermitteln müssen, das heißt, jede der beiden gegnerischen Farben müßte sich in allen sonstigen Verbindungen mehr oder weniger zeigen, besonders aber in denen, die zwischen ihnen liegen und den Übergang allmählich bilden und verständlich machen, z. B. Stilleben von Artischocken und Äpfeln, Weinglas usw.
   Also grün und rot, Vermittlung gelb mit orange. Grün bis in Blau und Violett einerseits, besonders aber ins Gelb und Orange, das die drastische Brücke bildet von einer zu andern.

3. Der neutrale weiße Grund, das Tischtuch, Porzellanteller und Silber bilden den klarsten neutralen Grund, auf dem sich diese koloristische Handlung abspielt. Dieses Weiß ist auch gleichzeitig ein zweiter Gegensatz, zwischen farblos und farbig, und steigert auch als solcher die Wirkung, Ton und Harmonie.

Bei uns verwechselt man auch Ton mit Harmonie – Sauce –. Die Franzosen zeigen, daß Helligkeit auch Ton ist – gleich Lichtstärke – auch ohne Sauce."

Aus „Carl Schuch. Sein Leben und seine Werke" von *Karl Hagemeister*

Hugo Freiherr von Habermann

* 1849 Dillingen † 1929 München

Von Habermann lehnte es ab, zu Beginn einer Arbeit eine bis ins Detail fertige Zeichnung zu geben. Er trat für eine rein malerische Art ein. Für ihn konnte eine genaue Vorzeichnung beim Malen nur hemmen. Man habe Furcht, die gute Zeichnung zu zerstören und sei in der Freiheit der Malerei gehindert. Die letzte und beste Form müsse in der Schlußmalerei naß in naß entstehen. In diesem Punkte folgt er *Tizian,* der auch nur eine Zeichnung in den großen Umrissen wollte und die Vollendung erst nach und nach durch eine schichtenweise Malerei erstrebte im Gegensatz zu *Dürer,* der eine Aufzeichnung bis in die letzte Kleinigkeit bejahte. *Von Habermann* hat auf weißgrundierter Leinwand die Zeichnung in großen Umrissen mit Kohle aufgetragen und sodann fixiert. Über die Zeichnung kam eine dünne, rötliche Imprimitur, und zwar Englischrot, mit Malmitteln so dünn aufgetragen, daß die Zeichnung gut zu ersehen war. Auf diese Imprimitur, bei der der weiße Grund durchleuchtete, wurde mit Englischrot in helleren und dunkleren Tönen zuerst die Form modelliert. Die Lichtpartien mußten durch Beimischung von Kremser Weiß pastoser behandelt werden, um der Malerei Körperhaftigkeit zu geben. Als Malmittel diente Leinöl mit Terpentinöl und etwas Sikkativ. Auf diese anscheinend rasch trocknende Untermalung wurde diese mit Malmitteln (Leinöl mit Venezianerterpentin, mit Terpentinöl verdünnt) dünn angerieben. Hierauf wurden die Übergänge von Licht und Schatten mit hellem Grau (aus Schwarz und Weiß) möglichst gitterartig eingesetzt, um die Form locker zu gestalten. Jetzt begann die eigentliche farbige Malerei, zuerst in den Lichtpartien, jedoch im Mittelton. Die Farbe wurde breit und bestimmt hingesetzt, bis annähernd die erwünschte malerische Wirkung erreicht war. Farbige Übergänge wurden mit einem sog. Vertreiber (am besten ein abgestumpfter, struppiger Borstenpinsel) nach der Form modellierend erreicht; in sie wurde dann wieder hineingemalt. Hierauf folgte nun die Malerei der Schattenpartien; sie wurden dünn gemalt, um den stofflichen Reiz der Lichtpartien zu erhöhen. Eine Forderung, die *Rubens* stellte und die auch noch bei den früheren Arbeiten *van Dycks* zu studieren ist. Zum Schlusse wurden das höchste Licht und die tiefsten Schatten in die nasse Malerei handschriftlich sicher und bestimmt eingesetzt, um der ganzen Malerei Kraft zu geben. Das eigentliche Meisterstück!

Habermann wollte, daß die Malerei in Bindemitteln schwimmt, damit man die Übergänge leichter bewältigen könne. Um allzuviel und vor allem überflüssiges Bindemittel während der Arbeit zu entfernen, empfahl *von Habermann* ein Absaugen durch Zeitungs- oder noch besser durch weißes Fließpapier. Eine nicht gelungene Malerei sollte nach dem Trocknen mit einer roten Lasur (Englischrot) versenkt werden, um in die nasse Lasur wieder frisch und prima zu malen. Dabei mußte die gesamte Malerei an einem Tag vollendet werden, um Ansätze beim Weitermalen möglichst zu vermeiden. Um schönen Farbenschmelz zu erreichen, verwendete der Meister Venezianer Terpentin mit etwas Leinöl als Malmittel. Er stellte sich ein dünneres Malmittel für den Beginn der Arbeit und ein dickeres für die Malerei des pastosen Lichtes her. *Von Habermann* erstrebte eine emailartige Wirkung bei seinen Bildern, daher griff er mit Recht nach Venezianer Terpentin, das von allen Malmitteln am geeignetsten ist, diese Wirkung und den Schmelz der Farbe zu erreichen. Auch insoweit folgte er *Rubens,* der dasselbe Malmittel verwendete. Die leuchtend rote Untermalung sollte den Maler zwingen, möglichst farbig zu malen. Seinen Schülern empfahl der Meister, anfangs mit Englischrot und Weiß zu untermalen und die farbige Malerei nur mit Schwarz und lichtem Ocker zu vollenden. Er empfahl, die Palette erst im Laufe der Zeit bei größerer Sicherheit zu erweitern. Großen Wert legte *von Habermann* darauf, daß ein Porträt oder Akt sehr gut durchmodelliert sei. Zum Anfangsstudium empfahl er Stilleben mit runden Gegenständen, z. B. Töpfe, Eier usw., damit man an den einfachen Formen modellieren lerne.

In vielem verstand es *von Habermann,* die Technik der alten Meister für seine eigene Malerei zu gestalten. Leider ist aber ein Teil seiner Bilder heute schon stark nachgedunkelt. Schuld daran ist, daß der Meister die käufliche Handelsware verwendete und daß er seine meisten Bilder mit Ölfarbe unter Beigabe von Sikkativ untermalte, wobei in die halbtrockene Untermalung die eigentliche Malerei gegeben wurde. Weiterhin liegt das Nachdunkeln darin begründet, daß der Meister zuviel an Bindemitteln verwendete. Er wollte wie gesagt, daß die Farbe im Bindemittel förmlich schwimme. Maltechnisches Gebot aber ist es, daß man Bindemittel so sparsam als möglich verwendet.

Wen bewegt es nicht, daß künstlerisch hochwertige Bilder ihre ursprüngliche Leuchtkraft und Farbigkeit schon in wenigen Jahrzehnten verlieren, nur weil einige handwerkliche Fehler unterlaufen sind? Wären die Bilder *von Habermanns* in Tempera untermalt und wäre auf diese magere Grundlage die Primamalerei gelegt, so würden sie bei dem gleichen künstlerischen Ausdruck heute noch leuchten wie ein *Velasquez* oder *Rubens.* Bei dem Studium des Meninasbildes von *Velasquez,* einem einzigartigen Höhepunkt der Malerei, drängt sich unmittelbar ein Vergleich mit *von Habermanns* besten Bildern auf. In seinen bedeutendsten Pastellbildern, die dem Nachdunkeln nicht unterworfen sind, ist die ursprüngliche Qualität seiner hohen Kunst sichtbar, viel zu wenig gewürdigt und verstanden. Seit seiner Kindheit war Prof. *T. Roth* mit *von Habermann* verbunden, an der Akademie als Komponierschüler, und seine Besuche im Atelier des Meisters gehören zu den nachhaltigsten Erinnerungen seines Lebens. Hier begegnete er einem Vollblutmaler in einem von Anregungen strotzenden Atelier.

Mitgeteilt von Prof. *Toni Roth*

Julius Hess

Zu den schönsten Stunden des Malers gehören die Atelierbesuche bei geschätzten Kollegen.

So hatte ich vor einigen Monaten die Freude, den Maler und Akademieprofessor *Julius Hess* in seinem Pöckinger Atelier aufzusuchen. An Hand seiner schönen Bilder habe ich ihn nach dem Aufbau derselben gefragt.

Prof. *Hess* betont mir vor allem die Wichtigkeit des Malgrundes. „Er ist das Instrument, auf dem man spielt, und in erster Linie bestimmend für das Gelingen eines Bildes."

Hess malt auf schwachsaugendem Halbkreidegrund und bevorzugt eine feinkörnige Leinwand, straff gespannt wie ein Trommelfell. Bretter und Pappen liebt er nicht.

Seine Palette ist denkbar klein, hier ist sie:

Kremser Weiß, Caput mortuum dunkel, Lichter Ocker, Kadmiumrot dunkel, Ultramarinblau dunkel, Chromoxidgrün feurig, bei Landschaften zusätzlich Coelinblau und Kadmiumgrün hellst.

Auf meine Frage, wie es denn möglich sei, mit einer so bescheidenen Auswahl von Farbtönen derartige Bilder zu malen, erhielt ich vom Meister die Antwort: „Ich kann mit dieser Palette alles sagen was ich möchte. Von Zeit zu Zeit allerdings probiere ich eine neue Farbe aus, um sie aber nach kurzer Zeit wieder wegzulassen."

Die vielen Mischtöne des Handels bezeichnet *Hess* als Unsinn und für völlig überflüssig.

Hess benützt als Malmittel ausschließlich reines Terpentinöl. Soweit ihm bekannt ist, sind seine Bilder weder nachgedunkelt, noch gesprungen. Er malt mit halbflachen, ziemlich langen Rindshaarpinseln, die in einigen einschlägigen Geschäften unter dem Namen „Hess-Pinsel“ eingeführt waren.

Diese Pinsel ermöglichen einerseits einen „aquarellartigen“ Auftrag der Ölfarbe, andererseits, die Farbe voll in den Pinsel genommen, ein flächiges Vermalen derselben. Die Farbe wird entmaterialisiert.

Panzol, Beizol, Xylol und wie die verschiedenen Abbeizmittel heißen mögen, sind, wie mir Prof. Hess lachend erzählt, „mein tägliches Brot“. Es werden mit ihnen nicht gelungene Stellen auf einem Bild bis auf den Grund entfernt, um dann möglichst prima neu gemalt zu werden.

„Mehr als zwei Farbschichten lege ich ungern übereinander. Auf diese Weise bleibt der Farbauftrag leicht und locker. Die Farbe kann atmen. Und noch einen besonderen Vorzug des Abbeizens“, sagt Prof. *Hess,* „will ich Ihnen verraten: Wohl infolge des Wachszusatzes, den diese Mittel enthalten, verleihen sie dem Malgrund eine wunderbare Konsistenz. Ich bestreiche häufig gekaufte Malleinwand mit sogenannten Palettenscheps, den ich dann wieder abbeize. Auf diese Weise wird der Malgrund belebt und anregend. Wichtig ist natürlich ein gründliches Nachwaschen mit Terpentinöl.“

Zum Schluß gibt mir Prof. *Hess* an einem Beispiel noch den Arbeitsvorgang beim Beginn des Bildes bekannt.

„Ich habe vor, eine Frau zu malen mit weißem Hut, rosa Kleid, auf schwarzem Stuhl, vor einem blaugrauen Hintergrund. Diesen Vorwurf zeichne ich mit spitzem Pinsel sehr genau auf die Leinwand. Da ich meine Bilder von hinten nach vorne male, beginne ich mit dem Hintergrund, und zwar so, daß ich diesen nicht nur bis an die Konturen der Aufzeichnung heranführe, sondern diese an vielen Stellen locker übermale. Im halbtrockenen Zustand ergänze ich diese Konturen und male das Weiß-Rosa-Schwarz, den graublauen Ton benützend, um die Lokalfarbe zu brechen. So spielt der Hintergrundton durch das ganze Bild und gibt ihm Harmonie. Auf die gleiche Weise gehe ich vor beim Malen einer Figur unter Bäumen. Hier wird das Grün, das Grau, das Braun des Hintergrundes mitbenutzt.“

Dieser Bericht dürfte für die Freunde einer kultivierten Malerei eine wertvolle Anregung sein.

Mitgeteilt von Prof. *Toni Roth*

Edmund Steppes

Die Masonite Tafel, mit Papier bezogen, ist der beste Malgrundträger, den er bisher kennengelernt hat. Seit Jahrzehnten habe er die allerbeste Erfahrung damit gemacht.

Einzelne Gemälde von *Hans Thoma,* auf Pappe gemalt, sind mit ihrer Rückseite auf einem Holzrost aufgeleimt worden. Dadurch haben die Bilder auf ihrer Vorderseite eine schachbrettartige Hell-Dunkel-Wirkung bekommen. Die Masonite Tafel wird beiderseitig mit starkem lichtechtem Papier bezogen. Nach dem Trocknen wird das Papier der Tafel mit feinem Glaspapier geschliffen und der Papierstaub mit feuchtem Schwamm entfernt. Darauf wird folgende Grundiermasse zweimal übereinander gestrichen, das zweite Mal nach dem Trocknen des ersten Anstriches. In ein Gefäß mit kaltem destilliertem Wasser kommt eingestreut in beliebigem Verhältnis Marmorpulver, Kaolin, Lithopone, Zinkweiß, Titanweiß, entweder von allen oder nur von einigen, so viel man braucht. Man gießt das überflüssige Wasser ab und mischt mit dem Pinsel den Brei gut durch, wonach eine räumlich ungefähr gleich große Menge dicker Kaseinlösung mit ihm innigst verrührt wird. Durch Zusatz von wenig destilliertem Wasser wird die Grundiermasse gut streichfähig. Auf einem Papierrest wird die Grundiermasse erst ausprobiert. Dies, der härteste, blendend weiße Malgrund ist für jede Tempera- und für jede andere Emulsionstechnik (so wie für Öl- und Harzfirnisfarben) geeignet. Für Leinwand ist der Grund nicht geeignet. Eine sehr brauchbare Kaseinlösung ist: 1 Teil Eidotter mit 8–10 Teilen Kaseinlösung, wobei Raumteile gemeint sind. Es ist besonders zu erwähnen, daß die Beigabe von Eiweiß mit Gefahren verbunden ist, daß also zu dieser Tempera das Eiweiß nicht in Frage kommt.

Die Tempera auf dem oben beschriebenen Grund ist die einfachste und der Fresko-Wirkung ähnlich und zwar ohne alle Nachteile der Wandmalerei. Nach guter Austrocknung wird die Temperamalerei noch mit Wachslösung überzogen. Maler *Steppes* hält sie für die haltbarste Maltechnik, die ihm bekannt ist.

Richtig gebundene Temperamalerei benötigt keinen anderen Schutzüberzug als ein Überstreichen mit sehr verdünnter Tempera. Danach, wenn dieser Überzug trocken ist, kann dem Bild ein Überzug mit Wachs in Terpentinöl (im Wasserbad 40 g reines Bienenwachs in 100 ccm Terpentinöl gelöst) nur nützen. Die Malweise ist wie folgt:

Inzwischen wurde die mit Papier bezogene Tafel geschliffen, weiß grundiert und wenn erwünscht, auch entsprechend farbig getönt. Die Zeichnung wird in Linien unverrückbar festgelegt mit der Feder; in dieselbe kommt die Untermalungsfarbe.

Seine Arbeit im Bilde schreitet stets so vorwärts, daß sie in allen Teilen gleichermaßen wächst, daß alle Teile sich in Beziehung zueinander entwickeln, wobei der Ausdruck des Ganzen in Linie, Lichtgang und Farbenmusik sich langsam immer mehr steigert bis zu den letzten stärksten Akzenten. So sieht ein Bild in jedem Zustand seiner Entstehung für den Laien schon „fertig" aus.

Malweise auf rein weißem Grunde

Sie kann beginnen mit der Aufzeichnung der nötigen Umrisse und Linien mit einer nicht allzu dunklen Untermalungsfarbe in der Feder oder dem Pinsel. Zur vollen Ausnutzung der weißen Tafel wäre nun gleich mit durchsichtigen Farben zu beginnen; alsdann Modellierung in allen Teilen mit Weiß dem Lichte zu. Darauf Vollendung mit schönfarbigen Übermalungen bis in die tiefsten Schatten hinein. Es haben sich dabei die trüben Medien von selbst mit der Weißmodellierung ins Bild hineingespielt.

Der beste Abschluß ist ein Wachsüberzug mit eingangs erwähnter Wachssalbe.

Malweise auf farbigen Gründen durchsichtiger Art

Sie beginnt mit überlegter Aufzeichnung der Linien bei helleren Gründen mit Lasurfarbe in der Feder, bei dunkleren mit dünnem Weiß in der Feder oder im Pinsel.

Alsdann beginnt die Farbeinführung deckfarbig und helldeckfarbig unter feinster Beobachtung und Mitbenützung der Farbe der Grundierung. Es kann weiterhin an allen nötigen Stellen die Deckkraft der Farbe bis hinauf ins reine Weiß noch feinstens gesteigert werden, ehe man dadurch mit durchsichtigen Lasurfarben vollendet bis in die tiefsten Schatten hinein. Abschluß mit Wachs.

Die Malweise auf deckfarbigen sowie auf medienfarbigen Gründen

Sie beginnt nach Aufzeichnung der Linien, logischerweise mit durchsichtiger Farbe, entweder in einem lasurfarbigen Untermalungston oder mehrfarbig. Die Weiterführung mit Weißmodellierung oder mit helldeckfarbiger Modellierung steigert sich bis zu den höchsten Lichtern. Der Schluß ist wieder nach reifer Durcharbeit die lasurfarbige Vollendung. Wachs schließt ab.

Der Erhaltungszustand der Bilder von *Edmund Steppes* ist seit Jahrzehnten einwandfrei.

Mitgeteilt von Prof. *Toni Roth*

Ferdinand Hodler

* 1853 Bern † 1918 Genf

Er malte mit nur 8 Farben: Krapplack, Ultramarinblau hell, Chromoxidgrün feurig, Kadmium zitron, Hellocker, Dunkelocker, Zinnober und Weiß. Er begann mit Zeichnen: die Schattenpartien prinzipiell mit Blau, die Lichtpartien mit Krapplack. So zeichnete er bis ins Detail. Er verdünnte die Farbe mit etwas Petroleum. Dann malte er den realistischen Farbton deckend darüber mit dem Pinsel, nahm mit der Spachtelkante die Farbe bis auf eine dünne Schicht weg, besonders in der Mitte der Farbflächen. So wurde die Farbwirkung locker. Gegen den Rand ließ er sie oft dicker stehen. Darauf zeichnete er wieder mit verdünnter Farbe, malte mit dem Pinsel hinein und zog die Farbe wieder mit der Spachtel ab. Soweit kam er gewöhnlich in der ersten Sitzung. In der zweiten und dritten überprüfte er nur und machte nurmehr wenig daran.

Herr *Markgraf* weist darauf hin, daß *Hodler* ein großer Freund der Temperamalerei war und die meisten seiner berühmten Landschaften, aber auch Figurenbilder, sind in dieser Technik gemalt, oft mit Pastell kombiniert. *Hodlers* Landschaften im Basler Museum strahlen noch heute in einer wunderbaren Leuchtkraft.

Mitgeteilt von *W. F. Burger*

Giovanni Segantini

* 1858 Arco † 1899 Pontresina

Die Technik bestand darin, daß der Künstler zuerst den vor dem direkten Einschlagen geschützten Kreide- und Gipsgrund mit einer dünnflüssigen rötlichen Lasur, bestehend aus einer Ockerfarbe überzog. Die Helligkeit der weißen Leinwand störte ihn so, daß er nicht imstande war, unmittelbar auf dieser seine Kompositionen auszuführen.

Erst auf dem getönten Untergrunde brachte er seine schon in allen Partien durchgearbeitete Zeichnung, immer davon ausgehend, sie so klar wie möglich festzustellen. „Um beim Malen nichts mehr ändern zu müssen", wie er mir sagte. Nach Fertigstellung der Zeichnung begann *Segantini* das Malen, und zwar so, daß er mit dünnen, langhaarigen, elastischen Pinseln die reinen ungebrochenen Ölfarben, je nach der Erscheinung des wiederzugebenden Gegenstandes auf die Leinwand setzte. Die betreffenden Ölfarben, die *Segantini* benützte, waren von der Firma Lefrance und Comp. Paris, und unter den Farben wählte er vorzugsweise die haltbarsten, meist die Mineralfarben aus.

Das Aufsetzen der Farben auf die Leinwand geschah

aus dem vollen heraus, *Segantini* nannte es summarisch.

Neben den einzelnen Strichen, die klein und ziemlich pastos (fett) hingesetzt waren, ließ er ebenso breite, kleine Zwischenräume stehen, die er, und dies war das Wichtigste, so lang eine Bindung mit dem Untergrunde und den zuerst aufgetragenen Farben möglich war – mit den entsprechenden Komplementärfarben ausfüllte. Hierdurch erzielte der Künstler keine Mischung der Farben in Wirklichkeit, wohl aber eine für das menschliche Auge, da die Netzhaut desselben so beschaffen ist, daß sie nebeneinander gestellte Farben bei entsprechender Entfernung verbindet.

Aus „Technische Mitteilungen für Malerei" von *Franz Wolters*

Amadeo Modigliani

* 1884 Livorno † 1920 Paris

Unser Künstler, der zuvor die Akademien von Venedig und Florenz besucht hatte, malte in seiner ersten Pariser Zeit nur kleinere Porträts mit dünner Farbe, zuweilen auf ganz rauhe Leinwand, oft auch auf glattere Pappen, und die Resultate, die hie und da an Lautrec erinnerten oder in ihrer graugrünen Tonalität an Whistlersche Arbeiten, schienen mir damals schon höchst interessant und künstlerisch. Um diesen Bildern Tiefe und Transparenz zu verleihen überzog sie Modigliani, wenn sie getrocknet waren, mit farbigen Firnissen dergestalt, daß solch ein Bild zuweilen mit zehn Firnisschichten bedeckt war und in seinem durchsichtigen Goldton an alte Meister erinnerte. Auch die Art seines Zeichnens fesselte sehr. Er pflegte auf dünnem Papier nach dem Leben zu zeichnen, beendete das Blatt nicht, sondern legte einen neuen weißen Bogen unter, darauf Graphitpapier und pauste die ursprüngliche Zeichnung höchst vereinfachend durch, was selten mißlang, doch häufig sehr hübsche Resultate zeigte.

Ludwig Meidner, Erinnerungen an Modigliani, aus „Wie sie einander sahen"

Olaf Gulbransson

* 1873 Oslo † 1958 Tegernsee

(s. Tafel II)

Seine Malereien, Porträts und Landschaften sind leider viel zu wenig bekannt. Mit Vorliebe bevorzugte der Meister reines Aquarell auf bestem Schöllershammerpapier. Das Leuchten des Papiers verwendete er als Weiß und erreichte mit den einfachsten Mitteln eine schlagende Wirkung.

Eine Reihe von Bildern malte *Olaf Gulbransson* mit selbst hergestellter Eitempera auf einwandfreie Gips- oder Kreidegründe, die sogar mit besonderer Sorgfalt behandelt wurden.

Die Wichtigkeit eines mit der Hand hergestellten Malgrundes wußte er wohl zu schätzen. Auch bei dieser Tätigkeit verstand der Meister den leuchtenden Grund voll und ganz auszunützen. Zum Teil überzog er die blendend weißen Gips- oder Kreidegründe mit einer farbigen Imprimitur. Als Bindemittel verwendete er selbst bereiteten Dammarfirnis. Die Pulverfarbe Kremser- oder Zinkweiß wurde mit Eitempera angerieben. Er trug das Weiß auf der farbigen Imprimitur in vielen Tonabstufungen auf und erreichte damit die optischen Grau, die mit einer Ausmischung von Weiß und Schwarz nie zu erreichen sind.

Eine leichte Lasur mit Harz-Ölfarbe vollendete bei einzelnen Werken die Arbeit. Es gibt auch Bilder, die in reiner Ölfarbe als Primamalereien durchgeführt wurden. Der Erhaltungszustand ist daher ausgezeichnet. Einige Porträts, wie das wunderbare Bildnis von *Ludwig Thoma* in der Münchener Städtischen Galerie sind mit Hilfe einer feinen Spachtel zustande gekommen.

Mit größter Aufmerksamkeit befaßte sich *Olaf Gulbransson* auch mit der Pastellmalerei. Einen tiefen Eindruck mußte es bei jedem künstlerisch interessierten Menschen hinterlassen, wenn ihm die Möglichkeit gegeben war, *Olaf Gulbransson* während der Arbeit erleben zu dürfen.

Mit einem Pastellstift rieb er einen Ton, z. B. Grün, fest auf ein Stückchen Papier. Er nannte dies seine Palette. Dann nahm er einen Papierwischer und entnahm etwas von der pulverartigen Farbe. Es wurde dann behutsam mit dem von Farbe gefüllten Wischer das Porträt angelegt. Ganz locker, rein malerisch auf dem hellen Kreidegrund. Erst als damit die Wirkung in hell und dunkel in vielen Tonabstufungen gegeben war, setzte er mit hartem und fein gespitztem Bleistift die endgültige Form hinein.

Auf diese Weise erreichte er einen besonderen Kontrast und eine eigenartige stoffliche Wirkung. Er bevorzugte helle Töne Rosa – Blau – leicht ins Violett spielend mit einem leichten, aber luftigen Grün. Er war kein Maler der Bravour. Bei ihm war künstlerischer Geist und edles Handwerk eine seltene Einheit.

Mitgeteilt von Prof. *Toni Roth*

Hans M. Purrmann

* 1880 Speyer † 1966 Basel

Wenn ich male, zeichne oder auch Kupfer radiere, so finde ich nur Gefallen an der Arbeit und an der

Eigenart des Materials, wenn die durch sie bedingten Techniken rein angewandt und nicht vermengt werden. Mischtechniken, wie sie heute vielfach von Malern ausgeübt werden, habe ich sorgfältig vermieden, ja oft sogar eine Abneigung dagegen empfunden. Ihre Anwendung setzt auch eine ganz anders geartete Malerei voraus, als sie die Art meiner Begabung zuläßt. Mischtechniken können nur mit Erfolg von Malern angewandt werden, die mit fertiger Bildvorstellung arbeiten, die sozusagen ihr Bild bereits fertig im Kopfe haben. Ich habe sie auch bei alten Meistern nicht sehr oft erkennen können und habe selbst bei einem Meister wie *Tintoretto* festgestellt, daß seine in dieser Art gemalten Werke die größten Spuren von Vergänglichkeit tragen. Dabei denke ich an seine Spätwerke. Lasuren in der Ölmalerei und bei einem Ölbilde anzuwenden, widerstrebt mir, wiewohl ich einmal den großen Maler *Renoir* nachdenklich vor Bildern von *Matisse* stehen sah und die Bemerkung von ihm hören konnte, wie schade es sei, daß sich *Matisse* nicht der Lasuren bediene. Nach *Renoirs* Vorstellung müssen also auch Lasuren ein Bild bereichern können.

Viel eher als die Anhäufung von Techniken auf einem Bilde könnte mir eine Farbe zusagen, die durch Zugabe von Kasein u. dgl. den Charakter der Ölfarbe und den der Tempera in sich zu vereinen sucht. Sie wird von einigen modernen französischen Malern verwendet und gestattet eine sofortige Übermalung frischer Farben, ohne daß sich die Unterschicht auflöst oder vermischt. Auf jeden Fall erfreut mich eine Tempera-Malerei in ihrem besonderen und duftigen Reiz genau so sehr wie die Ölmalerei mit ihrer Durchsichtigkeit und größeren Tiefe.

Meine Maltechnik ist ohne Geheimnisse. Als Verdünnungs- oder Malmittel verwende ich Terpentinöl, dem ich einen geringen Zusatz von Mohn- und Leinöl beifüge, dazu einige Tropfen Bernsteinlack, damit mir das Terpentin nicht zu sehr die Farben ausbrennt oder zum Einschlagen bringt. Dies gestattet mir, je nach dem Grad der Verdünnung, meine Malerei mager zu beginnen und immer fetter werdend zu Ende zu führen. Nach Möglichkeit verwende ich Halbkreidegründe oder auch magere Ölgrundleinwände, die ich vor der Arbeit mit Spiritus, einer rohen Zwiebel oder Kartoffel entfette. Zwischenfirnisse verwende ich nicht, überziehe jedoch, wenn nötig, das fertige Bild mit einer hauchdünnen Schicht Retouchierfirnis. Erst nach längerer Zeit überstreiche ich mein Bild mit einem stark verdünnten Bernsteinlack, zumeist mit dem Vernis d'ambre von Blocks. Das Studium englischer Maltechnikbücher und das von Blocks führten mich zu der Ansicht, daß man als ersten Firnis nach Möglichkeit dem Bilde eine schwer lösbare Schutzschicht bieten sollte, die erlaubt, spätere Firnisschichten abzulösen, ohne die eigentliche Farbe anzugreifen.

Bei meiner Arbeit versuche ich gleich von Anfang an einen Gesamteindruck zu gewinnen, so daß mein Bild in jedem Zustande fertig erscheint, um damit auch einem Sichverlieren in Details zu entgehen. Weder Hell und Dunkel noch Modellierung sollen mein Bild verwirren und komplizieren. Genau wie die Technik möchte ich auch die Bildmittel getrennt haben, so daß am Ende alles in meinem Bilde – Licht und Schatten, Modellierung und Zeichnung – mit der Kontrastwirkung der Farben erreicht wird.

Meine Palette setze ich täglich neu auf, denn ich bin unfähig, mit einer schmutzigen Palette zu arbeiten. Die Farben sind von links nach rechts in folgender Weise aufgesetzt: Elfenbeinschwarz, Krapplack dunkel und hell, Kobaltviolett, Ultramarinblau, Kobalt blau hell, Chromoxidgrün feurig und matt, Kadmiumgrün und grüne Erde, Kadmiumgelb hell, mittel und orange, gelber lichter Ocker, Englischrot und Kadmiumrot – wenn es das Bild erfordert, auch gebrannte Terra di Siena und Kassler Braun, natürlich auch Weiß, meist ein Gemisch von Kremser- und Zinkweiß.

Bericht von Prof. *Hans M. Purrmann*

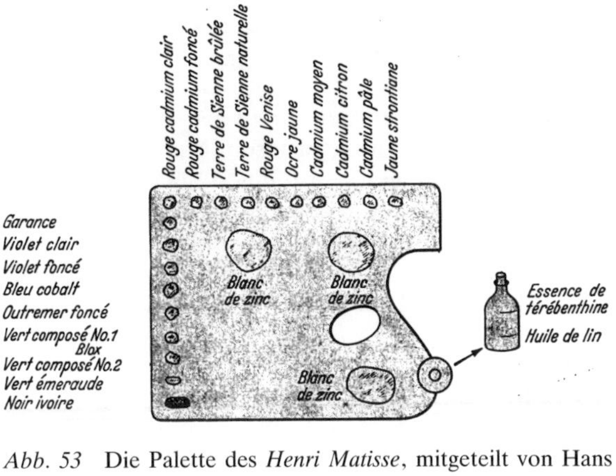

Abb. 53 Die Palette des *Henri Matisse*, mitgeteilt von Hans M. Purrmann.

Georges Braque

* 1882 Argenteuil † 1963 Paris
(s. Tafel XX)

Es ist nicht Aufgabe der Malerei, eine anekdotische Begebenheit wiederzugeben, sondern nur bildmäßiges Geschehen zu schaffen. – Man darf nicht noch einmal machen wollen, was die Natur schon vollkommen gemacht hat. Man darf nicht imitieren, wenn man erschaffen will. – Ein Maler, der nicht beunruhigt – was will er überhaupt? In der Kunst ist nur eines von Wert: dasjenige, das man nicht klären kann.

Ich weiß vorher nie, wie ein Bild werden wird, das ich in Angriff nehme. Es ist jedesmal ein Abenteuer.

Zwar gibt es wohl eine Anfangsidee, aber diese dient nur als Ausgangspunkt. Von ihr soll möglichst wenig übrigbleiben. Sie ist nur etwas Halblebendiges. Aber ich bin nicht eigentlich ein revolutionärer Maler. Die Inbrunst genügt mir.

Die Wiederholung, der man so leicht verfällt, ist der Tod aller echten Gestaltung. Es liegt mir vor allem daran, für meine Malerei, für die Malerei überhaupt neue Möglichkeiten fruchtbar zu machen. Noch immer habe ich gerade dann, wenn ich mich gehen ließ, die besten Einfälle gehabt. Ich versuche, einen Gegenstand seine gewöhnliche Funktion verlieren zu lassen. Ich nehme ihn erst auf, nachdem er nur noch für den Abfalleimer gut ist, in dem Augenblick also, wenn sein begrenzter Gebrauch ein Ende fand.

Erst dann wird das Ding ein Objekt der Kunst und erreicht universelle Qualitäten. Man mische die Form und die Farbe nicht, sie existierten nebeneinander. – Beschränkte Mittel erzeugen neue Formen, erwecken das Schöpferische in uns und bringen einen Stil hervor. – Fortschritt in der Kunst beruht nicht darauf, die Grenzen einer Sache hinauszuschieben, sondern sie besser zu kennen. Ich sehe niemals das Bild in meinem Geist, bevor ich zu malen anfange. Andererseits glaube ich, daß ein Bild nur dann fertig ist, wenn man seine Idee ganz ausgedrückt hat.

In der Malerei gibt es keine Farbe an sich, nur die Rapporte zählen. Ich kann mich, wenn ich ein Bild gesehen habe, kaum je an dessen Farbe erinnern, sondern nur an seine Rapporte. Wenn ein Bild mein Haus verläßt, so für immer. Wenn ich eines in einer Sammlung wiedersehe, glaube ich manchmal, es sei gar nicht von mir.

Man darf vom Künstler nicht mehr verlangen, als er geben kann, noch vom Kritiker mehr, als er zu geben vermag. Seien wir zufrieden, wenn wir die Allgemeinheit zum Nachdenken bringen. Versuchen wir nicht, sie zu überzeugen. Die Kunst ist da, um zu erregen, nur die Wissenschaft gibt Sicherheit.

Aus „Die Kunst und das schöne Heim“ (Heft 1, 51. Jahrgang)

„Ich habe nie für irgend etwas ein Modell vor mir“, sagte *Braque* in seinem freundlichen Ernst, „so arbeite ich auch immer an zehn bis zwanzig Bildern gleichzeitig, je nach dem Licht und der Farbwirkung.“

Einige Gemälde sind fast vollendet, andere halbfertig, dritte Tafeln zeigen bisher nur einen schwarzen Grund statt des üblichen weißen. *Braque* bemerkt dazu, daß er gern auf schwarzem Grund male, von dem er dann Stücke ausgespart im Bildganzen lasse, wie Schwarz für ihn überhaupt eine „vitale“ Farbe sei, nicht anders als irgend eine andere.

Man denkt sofort an das Stilleben der schwarzen Fische in einer Schale auf schwarzem Tischtusch vor drei schwarzen Fenstern, das er dem Pariser Museum für moderne Kunst geschenkt hat. Vor der Gefahr der Improvisation schützt Braque seine phänomenale Kenntnis und Beherrschung der Mittel und der Sinn für handwerkliche Gediegenheit, der sich nicht genug tun kann an malerischer Delikatesse.

Picasso hat gesagt: „Ich suche nicht, ich finde.“ *Braque* sucht, einst bewußt, heute intuitiv. Er sucht alle seine Möglichkeiten und ihre Vervollkommnung. Er sucht die Vollkommenheit dessen, was ihm gegeben und erreichbar ist. *Apollinaire* hat von seinem Freund *Picasso* bemerkt, er studiere, wie ein Chirurg eine Leiche seziert. *Braque* erstrebt heute die Synthese, nicht die Analyse. Sie beide, die den Kubismus begründet und ihn durchgesetzt haben, entwikkeln sich jetzt von ihm fort. *Braque* allerdings in nicht so jähen Sprüngen wie *Picasso,* aber trotzdem auf seine Art kühn und unbeirrt. Er und *Picasso* haben sich auseinander gearbeitet, ohne die alte Kameradschaft aufzugeben. *Braque* sagt dazu: „*Picasso* will die Menschen beunruhigen und vorwärts treiben, er vermeidet auch den Lärm nicht. In allem ist viel Magisches bei ihm. Ich fühle mich aber als ein Antipode.“

Ein Besuch bei *Georges Braque.* Bericht von *Herbert Günther* in der Zeitschrift „Glanz“ (Heft 3, 1949)

Max Beckmann

* 1884 Leipzig † 1950 New York

(s. Tafel XXI)

Max Beckmann malte auf Halbkreidegrund. Er malte gerne auf weißem Grund. Bei einzelnen Bildern fertigte er eine totale Untermalung in einer bestimmten für das Bild nötigen Farbe an. Als Bindemittel verwendete er Terpentinöl. Seine Palette war aus braunem Holz. Er verwendete alle bekannten Farben außer Zinkweiß. Bei Temperabildern verwendete er Wasser, kein Kasein. Auf das Handwerkliche in seiner Malerei legte *Max Beckmann* großen Wert. Er war bemüht, seinen Bildern eine möglichst lange Lebensdauer zu geben. Er ging deshalb von einer etwas pastosen Malerei vor dem 1. Weltkrieg zu einer sehr dünnen flächigen Malerei über. Er kannte auch das Buch *Max Doerners* „Malmaterial und seine Verwendung im Bilde“. Er lehnte Firnis oder einen anderen Schlußlack ausdrücklich ab, auch jeden Glanz auf der Bildfläche und pflegte zu sagen, daß *van Gogh* wohl entsetzt wäre, wenn er seine Bilder jetzt lackiert sähe. Seit *Max Beckmann* bei seinen Bildern als Bindemittel (Malmittel) nur mit Terpentinöl gearbeitet hatte (also seit 1925), sind alle Bilder trotz schwieriger Umstände unverändert in Farbe und Material erhalten. Als Pinsel verwendete er Schweinsborsten und Zobelhaar, vom feinsten bis 8 cm Breite. Von den Malern verehrte er besonders *Grünewald, Greco, Hieronymus Bosch, Piero della Francesca, Paolo Uccello, Goya, Tizian, Rembrandt, Frans Hals, Delacroix, Rousseau, Vermeer van Delft, Hogarth, Blake, Breughel* usw.; von den Modernen: *Rouault.*

Max Beckmann besuchte Galerien und Museen sehr viel und häufig. Er selbst hatte viele Schüler. Bekannt sind seine Rede über Malerei in London 1936 und Briefe an eine Malerin, Aphorismen. Zu den Kunstakademien war *Beckmann* positiv eingestellt; er sagte jedoch, es gäbe kein Dogma. *Max Beckmann* arbeitete auch mit Pastellen, die er fixierte. Ein Bild malte er bei Beginn in Gouache, vollendete es in Öl. Zu seinen Bildern machte *Beckmann* häufig vorher Zeichnungen.

Über die Farbe hat er sich wörtlich geäußert: „Die Farbe dient dem Ausdruck der seelischen Grundstimmung des Subjekts. Sie ist der Licht- und Formbehandlung nachgeordnet. Ein Überwiegen des farbigen Elements auf Kosten der Form und des Raums ist der Anfang zur zweifachen Bearbeitung der Bildfläche, also des Kunstgewerbes. Es sind gebrochene Töne und reine Lokalfarben zu verwenden."

Bericht von Frau *Q. Beckmann* vom 10. 2. 1952

Otto Dix

* 1891 Gera † 1969 Singen

Ältere Technik bis etwa 1941

Tafel wird mit Leinwand beklebt und mit Gipsgrund geweißt: ein Teil Zinkweiß, ein Teil Gips, ein Teil Leim. Karton mit Kohle und Rötel gezeichnet und mit Rötelpapier aufgepaust. Zeichnung mit Tusche gezeichnet, dabei Fehler verbessert. Imprimitur aus Mastix mit Ocker und wenig Weiß. Flächiges Aufhöhen mit Temperaweiß. Emulsion für Weiß: ein Ei, ein Teil Mastix, wenig Standöl, ein Teil Wasser. Aufhöhen in vielen Schichten, bis Körper kräftig und pastos erscheint. Darauf eine Farbschicht von grüner Erde mit Weiß ganz dünn.

Malmittel: Venezianer Terpentin und Mastix (ein Teil Venezianer Terpentin, zwei Teile Mastix). Auf die nasse Malschicht weitere Aufhöhung mit Weiß. Dann folgt nach guter Trocknung eine Lasur aus Ocker, Englischrot mit Weiß, Lasur ganz flächig, leichte Vertiefung der Schatten mit Ocker oder grüner Erde oder Rot, je nachdem es nötig (ins Nasse). Haare untermalt mit Ocker und grüner Erde. Aufhöhung mit Ocker-Weiß, aber ganz flächig, ohne Einzelheiten (schummrig).

Nachdem alles richtig trocken ist und die Schicht, wenn nötig, noch mit ganz dünner Emulsion mit geringem Wachszusatz gegen Aufreißen isoliert ist, wird der ganze Akt dünn mit Leinöl überzogen (Handballen). Es darf an keiner Stelle mehr einschlagen. Darauf kommt die endgültige Schicht. Malmittel wie oben. Krapplack, Ocker, Weißlasur.

Jetzt werden die Rötungen ins Nasse erhöht, Wangen, Lippen, Brüste, die Schatten teils mit Terra di Siena und mit Ocker, grüner Erde vertieft, bis das ganze völlig fertig erscheint. Die Hauptlichter noch einmal mit deckender Ölfarbe schwimmend eingesetzt. Farbe kühl halten. Unterdessen ist natürlich auch die andere Figur (altes Weib) daneben, sowie der Hintergrund, teils durch Lasuren, teils durch Deckfarbe auf genügende Farbtiefe gebracht. Haare-Lasur von Ocker und grüner Erde (Öl) stehen lassen bis sie angezogen ist. Darauf wurden Lichter mit frisch in Tempera angeriebenem Neapelgelb mit dem Schlepper pastos aufgetragen. Die Arbeit an der Figur muß sehr schnell gehen, da alles mit einem Zug gemacht werden muß und sehr rasch anzieht. Dies wäre der Arbeitsgang des berühmten Bildes von Professor *Otto Dix* „Vanitas".

Maltechnik nach 1941

Aufzeichnung wie beim Bilde „Vanitas". Imprimituren und sehr starke Farben (Chromoxidgrün), Krapplack usw. Diese Töne ziemlich dunkel. In diese (naß) Aufhöhung mit Temperaweiß, aber gemischt mit der Spachtel mit gleichen Teilen Ölweiß. Dieses Weiß mit Ölfarbe auf der Palette vermischt. Immer möglichst gleich in dem richtigen Ton. Trocknen lassen. Darauf weitere Farblasuren und die Lichter gleich in dem gewünschten Ton aufgesetzt. Farbe darf sich nach Überziehen mit Mastix nur ganz leicht verändern. Sehr dunkle Farben müssen wegen des Trocknens mit Tempera gemalt sein. Man kann bei dieser Technik auch dauernd Ölfarbe und Temperafarbe ineinander verarbeiten.

Neuere Technik

Grund: Kreide, Zinkweiß, Leim, teils Preßholz, teils Leinwand. Zeichnung Kohle. Starke Kontur in dunkel kräftiger Farbe, vermalt mit Mastix. Farben werden nach der Grundstimmung der Bilder gewählt. Rot bei rotem Bild, Blau bei blauem Bild, manchmal auch umgekehrt. Teile des Bildes werden schon mit Konturfarbe bedeckt um das Helldunkel zu sehen. Erste Schicht: Emulsionstempera Weiß (Kremser Weiß) halb mit Ölweiß aus Tube gemischt. Dieses mit Ölfarben vermalt. Gleich richtige Farbe, aber Farbe schwächer als beabsichtigt. Zweite Schicht: Malfläche mit Leinöl dünn einreiben bei evtl. Zusatz von Ölfarbe um abzustimmen (Lasur). Endgültige Farbwirkung mit Weiß und Ölfarbe. Malmittel Mastixfirnis. Wenn notwendig noch letzte Schicht in prima Ölfarbe.

Nach Recherchen von Prof. *Toni Roth*

Restaurierung der Tafelbilder

Dies ist das Schlußkapitel, das *Max Doerner* der letzten von ihm selbst bearbeiteten Ausgabe gegeben hat. Manches wird heute anders gedacht und anders gemacht. Die grundsätzlichen Gedanken zu Fragen der Konservierung aber, die *Max Doerner* hier entwickelt, sind nun schon von zwei Generationen von Restauratoren und Konservatoren tätig weiterentwickelt worden. Jeder Restaurator ist Doerner-Schüler.

Gekürzt habe ich das Kapitel um solche Stellen, die heute entbehrlich sind. Beispielsweise sind die Ausführungen weggelassen, die sich mit der Frage befassen, ob Röntgenstrahlen einem Bild schaden können, man weiß heute, sie schaden nicht, und es sind gestrichen worden alle Empfehlungen zur Verwendung von Kopaivabalsam in der Restaurierung, von dem man heute weiß, daß er beim Malen wie beim Restaurieren das Bild gefährdet.

► Der Abschnitt über Gemälderestaurierung*) wurde dem Buche einbezogen, nicht etwa in der Absicht, um zünftige Restauratoren heranzubilden, sondern in der Erkenntnis, daß sehr viele Maler gelegentlich einmal Bilder restaurieren und dabei aus Unkenntnis Fehler begehen, ferner deshalb, weil manche Maler später berufsmäßig das Restaurieren ausüben. Gehen ja doch weitaus die meisten Restauratoren aus dem Malerberuf hervor! Die Absicht war, einen Überblick über das Restaurierungswesen zu geben und so wenigstens die gröbsten Fehler zu verhüten. Hier soll deshalb nur das berührt werden, was mit einfachsten Mitteln, wie sie jedem Maler zur Verfügung stehen, gemacht werden kann.

Ein Maler, und sei er der tüchtigste, kann nicht ohne weiteres Bilder restaurieren. Mit einem ungefähren Ausflicken und einem annähernden Treffen der Farbe bei Ergänzungen ist's nicht getan.

Ein guter Restaurator muß das Handwerkliche der Malerei durchaus verstehen und den Bildaufbau der verschiedenen alten Schulen kennen. Er muß malen können, aber gerade darin Entsagung üben. Er muß vor allem gewissenhaft sein, Ehrfurcht vor dem Werk des anderen haben, das er wieder herrichten soll, und unermüdlich Geduld und Zeit, Geschick und Wissen an seine Arbeit wenden.

Konservieren ist die Hauptaufgabe des Bilderpflegers: die Ursache der Schäden zu erkennen, sie zu beheben und damit dem Kunstwerk möglichste Dauer zu geben. Das alte Bild soll behandelt werden wie ein Dokument, das nicht jeder Pfleger ändern darf wie es ihm gutdünkt. Denn das gleiche Recht hätte der Nachfolger auch und bald wäre dann alles Echte rettungslos dahin. Man soll kein neues „schöneres“ Bild aus dem alten machen wollen, ein altes Bild darf ruhig sein Alter zeigen. Diese Gedanken *Pettenkofers* sollte sich jeder Restaurator zu eigen machen. Doch sind wir heute, mehr als fünfzig Jahre, nachdem solche Gedanken von *Pettenkofer* ausgesprochen und begründet wurden, leider noch weit von ihrer Erfüllung entfernt. Obwohl es nur eine Möglichkeit geben sollte, nämlich die, auf Grund wissenschaftlicher und praktischer Erkenntnis die Restaurierungstätigkeit auszuüben, wird vielerorts nach eigenem Ermessen und daher überall anders restauriert. Auch an Galerien ist es so, und erst in ganz neuer Zeit ist hier an einigen Stellen der Gedanke *Pettenkofers* zur Tat geworden.

Niemand würde heute ein altes Bauwerk noch so ergänzen wollen, als wäre es unversehrt aus der Hand des ursprünglichen Meisters hervorgegangen. Niemand würde eine alte Plastik so zu ergänzen wagen – aber ein altes Bild – warum nicht! Und doch liegt die platte Unmöglichkeit auch hier auf der Hand!

Wilh. Tischbein (der das bekannte römische Goethebild gemalt hat) schreibt: „Die Harmonie der Bilder, welche die Zeit vollendet, ist leicht wegzuwischen. Denn wenn ein Unkundiger mit Seife und Lauge oder Spiritus darauf kommt, so geht nicht allein das Zarte weg, sondern auch alle Lasurfarbe, und es bleibt nichts übrig als ein Skelett und ein verdorbenes Bild, das einen betrübt. Bald wird die Zeit kommen, wo man kein so wohlerhaltenes Bild mehr sieht, weil so viele Ungeschickte sich damit abgeben, sie zu vernichten – ein Gegenstand, über den man nicht genug eifern kann, da er uns Deutschen selbst das wenige Gute vertilgt, das man uns noch gelassen hat.“

Im folgenden soll der *Gang einer Restaurierung* beschrieben werden.

Der Wert alter Bilder und ihre Echtheit sind nicht immer so einfach festzustellen. Die Fälschungen sind häufig und oft sehr geschickt und unter Ausnützung aller Mittel der Technik gemacht und Farbstoffe oft hergestellt nach Angaben alter Malerbücher. Wenn aber ein Dürerbild mit dem bekannten Monogramm auf Bolusgrund auftaucht, weiß man sicher, daß es von späterer Hand sein muß. Bedenkt man außerdem, wie oft alte Bilder im Laufe der Jahrhunderte kopiert wurden, und zwar in frühen Zeiten handwerklich so richtig, daß die Veränderungen in glei- ▷

*) „Restaurierung“ ist ein schlecht gewählter Ausdruck und besagt etwas Unmögliches. Wiederherstellen könnte nur der Autor selbst ein Werk. Es kann sich immer nur um ein Surrogat der Wiederherstellung handeln.

▷ cher Richtung wie beim Original erfolgen mußten, so wird man recht skeptisch werden. Bei der Prüfung solcher Bilder muß man äußerst vorsichtig verfahren und die alten Malweisen genau kennen. Oft genug geschieht aber das Gegenteil, und die Bilder haben Feuer- und Wasserproben zu bestehen wie zu Zeiten der Hexenprozesse. So erzählte mir ein befreundeter Maler eine tragikomische Geschichte von einem sehr schönen Porträt, das er für einen Rembrandt hielt und zur Begutachtung einer Autorität vorlegte. Die Autoritäten erklärten das Bild für sehr gut, sie konnten sich aber nicht auf die Echtheit einigen. Da machte ein Restaurator die Alkoholprobe, „wenn's das Bild aushält, ist es echt", und schüttete mitten ins Gesicht eine ordentliche Dosis Alkohol. Und siehe da, nach kurzem Reiben lösten sich erhebliche Teile und namentlich Schattenpartien gingen bis auf den Grund weg, und man kam zu dem Ergebnis, daß es doch kein echter Rembrandt gewesen sein könne. Das auf alle Fälle wertvolle Bild war natürlich zerstört. Nun kann die Empfindlichkeit gegen Alkohol gerade bei *Rembrandt* und seiner Schule keineswegs ein Kriterium der Echtheit abgeben, sondern eher das Gegenteil. Denn die Harze und Balsame, die er und seine Schule verwendeten, lösen sich eben rasch in Alkohol. Leider sind solche Fälle nicht so vereinzelt. Aber die Retusche deckt ja alle Sünden zu. *Rembrandts* Bilder wie die vieler anderer Meister sind nicht in einem Zuge entstanden, und oft sind Änderungen von der Hand des Meisters selbst vorgenommen, die „freizulegen" eine Schädigung der Absicht des Künstlers bedeutet. Allzuleicht sind die letzten Reize eines Bildes zerstört, wie die in den Firnis gemalten Lasuren, wenn man einer Sache gar zu sehr auf den Grund gehen will.

Das erste, was zu tun ist, wenn man die Restaurierung eines Bildes übernimmt, ist eine *genaue Feststellung und schriftliche Aufzeichnung der Schäden,* womöglich im Beisein des Besitzers. Denn nach vollendeter Restaurierung vermag sich der Auftraggeber sehr oft des früheren Zustandes nicht mehr genügend zu erinnern. Eine Photographie vor, zwischen und nach der Restaurierung ist bei wertvollen Werken notwendig und ein wichtiges Dokument. Über die Art der Restaurierung soll man sich ebenfalls schriftliche Aufzeichnungen machen, die zum mindesten ein nützliches Nachschlagebuch werden können. Eine Lupe ist bei feinen Arbeiten notwendig.

Man stellt fest, ob der Grund, z. B. die Leinwand, unverletzt ist, oder ob sie faltig, brüchig, vermorscht oder durchlöchert ist. Ferner, ob die Leinwand von der Rückseite durch aufgesetzte Flecke verklebt ist. Sehr oft ist zu starkes Ankeilen die Ursache von Sprüngen in Gründen und Farbschicht. Die Sprünge laufen dann quer zu den Ecken.

Bei Holztafeln muß man in gleicher Weise verfahren. Hier handelt es sich um ein Verwerfen der Tafeln, um wurmstichiges oder vermorschtes Holz. Eine häufige Ursache von Schäden ist das Hineinpressen von Keilrahmen oder Brettern in den Goldrahmen. Das Holz muß Bewegungsfreiheit haben nach allen Seiten. Sonst reißt es.

Oberflächliche Beschmutzung ist leicht zu bemerken.

Bei der Farbschicht hat man zu prüfen, ob diese noch intakt ist oder abgesplitterte Stellen oder Blasen vorhanden sind, wobei man auch darauf zu achten hat, ob nicht auch bei anderen, scheinbar festen Stellen der Zusammenhang mit dem Grunde sich gelockert hat oder die Grundierung selbst abspringt.

Chemische Veränderung kann bei neueren Bildern die Ursache der Zerstörung von Bildstellen sein, tritt aber selten auf (z. B. die Schwärzungen von Schweinfurter Grün und Kadmium oder von Zinnober und Bleiweiß). Diese farbig-chemischen Veränderungen sind nicht zu beseitigen. Das Durchwachsen einzelner Töne, wie Asphalt, kann den Bildeindruck stören, ein Gilben, Bräunen oder Schwarzwerden, oder auch ein Ausbleichen der Farbschicht, kann vorliegen. Krapplack und gelbe Lacke, besonders in Grünmischungen, sind oft ausgebleicht, so letztere in Fernen- und Baumpartien altholländischer Bilder. Mit Hilfe der Quarzlampe wird man in manchen Fällen einzelne Farbstoffe erkennen können. So leuchtet Zinkweiß hellgrünlichweiß auf, Bleiweiß sieht braun aus. Man wird sicher auf diesem Wege manche Fälschungen erkennen können. Die Röntgenbestrahlung wird heute viel verwendet, um Signaturen zu suchen und Übermalungen festzustellen. Doch befinden sich diese Verfahren noch im Anfangsstadium. Aber auch die Fälscher gehen mit der Zeit. Die Chemie vermag in vielen Fällen, besonders bei den Bindemitteln sehr alter Bilder, noch keinen sicheren Aufschluß zu geben. Sehr alte Öle z. B. werden durch Verharzung firnisähnlich und nicht sicher von diesen unterscheidbar.

Die Firnisschicht kann bei Harzessenzfirnissen eine weißliche Trübung durch Verlust des molekularen Zusammenhangs erfahren. Ölfirnisse können durch starkes Gilben, Bräunen und Undurchsichtigwerden die Bildwirkung aufs schwerste beeinträchtigen.

Man muß auch besonders darauf achten, ob nicht durch frühere Eingriffe Bildteile verändert wurden, z. B. durch Retuschen oder Übermalung, oder ob durch Unterziehen des Bildes mit neuer Leinwand das ganze Bild beeinflußt wurde. Im Sonnenlicht lassen sich Retuschen und Übermalungen leichter erkennen. Signaturen und manchmal vorkommende schriftliche Notizen auf der Rückseite, Galerievermerke usw. müssen ebenfalls genau notiert werden, falls sie verdeckt oder abgenommen werden müßten.

Zuerst wird man die Schäden des Grundes zu beheben suchen und etwaige fehlende Stellen auskitten. ▷

▷ Dann erfolgt die Reinigung, das Putzen und das Nähren der Bilder, die Retusche und zuletzt der Schlußfirnis.

Der Restaurator muß sich sein Material nach Möglichkeit *selbst herstellen, die Öle selbst reinigen, die Firnisse selber ansetzen und vor allem die Farben selber anreiben.* Nur so kann er mit gutem Gewissen für seine Arbeit und deren Haltbarkeit einstehen. Es verursachte großes Kopfschütteln, als ich diese selbstverständliche Forderung an einer großen Galerie erhob. Sie wurde als zu zeitraubend abgelehnt, obwohl ich auf *Böcklin* verwies, der sich jeden Tag seine Farbe selbst gerieben und dabei noch gemalt habe, der Restaurator aber jedesmal nur wenige Farbstoffe brauche.

Schadhafte Gründe, Rentoilieren der Leinwand, Restaurieren der Holztafeln. An vielen Beschädigungen alter Bilder ist ein ungeeigneter Blendrahmen schuld, der häufig kein Keilrahmen ist. Hier muß man, wenn nicht die Leinwand überhaupt unterspannt werden soll (und ebenso bei *Knicken und Beulen),* durch schwaches Bügeln von der Rückseite her den Schaden zu beheben suchen. Bei neuen, noch gesunden Bildern hilft ein ganz schwaches Überfahren (kein Nässen!) der Knickstelle von rückwärts mit gut ausgedrücktem feuchtem Schwamm. In allen Fällen muß man gleich darauf auskeilen, aber nur schwach!

Oft findet man den inneren Rand des Blendrahmens stark auf der Vorderseite durchgedrückt, wenn er nicht genügend abgeschrägt war. Diese Beschädigung gehört zu den am mühseligsten zu beseitigenden. Rentoilieren ist noch das beste Mittel dagegen. Plötzliches starkes Auskeilen kann quer zur Keilstelle laufende Risse im Bilde hervorrufen, besonders auch bei neuen Leinwandbildern, die auf dem Klappbrett gemalt und später auf Keilrahmen gespannt wurden. Leimsprünge lassen sich in vielen Fällen beseitigen durch dick auf die ganze Rückseite des Bildes gespachtelten Halbkreidegrund. Bei älteren Bildern wird man statt dessen rentoilieren. Leimsprünge können während des Malens eintreten und besonders bei glatter Malerei sehr störend wirken.

Bei einer großen wertvollen Arbeit, wo durch Temperaüberstriche Leimwürmer während der Malerei störend aufgetreten waren, bewährte sich die von mir angegebene Methode. Von einem Bilde des *Reynolds* ist bekannt, daß er die Stelle des Kopfes mit weißem Grunde rückwärts dick gestrichen hatte. Man glaubt vielfach, das sei zum Ölabsaugen geschehen. Ich glaube eher, daß er störende Knitterungen oder Leimsprünge der Leinwand beseitigen wollte.

Schadhafte Leinwand wurde früher oft Faden für Faden entfernt und auch die Grundierschicht noch weggeschliffen. So empfiehlt es noch *Berger* in der neuen Auflage des *Bouvier* 1910 bei dem vermeintlich schädlichen Durchwachsen der *Bolusgründe.* Es sind dies hellrote bis braunrote oder sehr dunkle, schwarzrote, mit Eisenoxyden und gebrannten Ockern oder Siena getönte Gründe, die als Mittel- und Übergangstöne verwendet und deshalb nur schwach gedeckt, den warmen Lokalton des Bildes gaben und ungemein rasches Arbeiten erlaubten. Durch das dünne Decken der Schattenpartien und das spätere Durchscheinendwerden des Bleiweißes infolge der Verseifung durch Öle, ferner durch Wegnahme der Harzlasuren bei ungeschickter Restaurierung, kam der rote Grund oft störend durch. Dadurch wurde dann der falsche Glaube erweckt, die Bolusgründe seien „durchgewachsen". Mir liegt ein Buch eines Restaurators von 1834 vor, worin dieser empfiehlt, das vorderseits mit Leinwand überklebte Bild rückseitig mit einem Wachsrand in der Höhe einer Fingerbreite zu umkneten und Salpetersäure oder Salzsäure oder Scheidewasser aufzugießen, bis die alte Leinwand Faden für Faden zerfressen sei. Man müsse das Mittel verstärken, wenn es zu langsam angreife. Nachher werde die Flüssigkeit abgegossen und das Bild mehrmals mit Wasser abgeschwemmt. Dieser Mann schrieb sein Buch, um dem Unwesen zu steuern, „daß nicht kenntnisreiche Männer restaurieren". Was taten denn wohl die andern? Meist wurden – und werden – diese Prozeduren mit dem Schleier des Geheimnisses umgeben. Kreidegrund auf Holz wurde durch heißes Wasser erweicht und mit der Spachtel nachgeholfen, nachdem das Bild vorderseitig überklebt war! Holz wurde nach dem Abhobeln in dünner Schicht genau so zerstört wie bei Leinwandbildern die Faser. Selbst Metalle entfernte man auf ähnliche Art.

Aber alle diese Methoden sind ebenso überflüssig wie schädlich. Ist eine Leinwand schadhaft geworden, so spannt man eine andere darunter. Bei neuen Bildern wäre das auch der beste Schutz der Rückseite, besser, als wenn man die Bildrückseite mit Isoliermitteln bestreicht oder Stanniol mit Schellack aufklebt. Die übelste Methode ist die, die Rückseite der Leinwand mit Öl oder Öl und Wachsmischung zu tränken, da die Leinwand dadurch erst recht brüchig wird und bräunt und das Aussehen des Bildes Schaden leiden muß. Nichtsdestoweniger ist diese Methode noch sehr beliebt.

Man sieht die Schäden am besten, wenn man die Leinwand gegen das Licht hält.

Sehr beschädigte, durchlöcherte oder brüchige Leinwandbilder werden auf neue Leinwand geklebt. Die Rückseite der alten Leinwand muß vorsichtig von allen Unebenheiten, Knoten, Leimresten, aufgeklebten Flecken usw. gereinigt werden. Ein Glasscherben kann da gute Dienste leisten. Aufgesetzte Flecken lassen sich oft ganz leicht abziehen. Jeder Knoten und jedes Körnchen der Rückseite prägt sich später auf dem Bilde stark aus, wenn es nicht rechtzeitig vorher entfernt wird. ▷

▷ Man klebt die alte Leinwand auf eine neue, gut gespannte und mit Alaunleim mehrmals vorgestrichene starke Leinwand. Gutes Klötzelleinen ist empfehlenswert. Zu vermeiden sind Halbleinen wegen ihres ungleichmäßigen Zuges. Als Klebemasse bewährt sich weißes Kolophonium, 100 Teile in 30 Teilen Terpentinöl gelöst, dazu 10 Teile Bienenwachs und 20 Teile Leinölfirnis.

Es ist ratsam, die Kolophoniumklebemasse vor Verwendung zu prüfen, da Sorten aufgetaucht sind, die schlecht kleben. Herr Konservator *Toni Roth,* München, und einige Maler machten diese Beobachtung. Schlecht klebendes Kolophonium kann nicht verwendet werden. In diesem Fall ist zum Rentoilieren Roggenmehlkleister vorzuziehen, der wie folgt hergestellt wird: *Roggenmehlkleister* wird kalt angerührt, mit möglichst wenig Wasser. Dann wird wenig kochendes Wasser eingerührt und die Masse fest geschlagen, bis sie ganz gleichmäßig ist. Sie muß frei von Knollen sein. Man läßt dann langsam aufkochen, bis die Masse glasig wird, und rührt etwa ein Fünftel Venezianer Terpentin zu beim Erkalten. Der Kleister darf kein Wasser abgeben auf Fließpapier. Je weniger Wasser er enthält, desto weniger kann er schwinden. Stärkekleister ist ebenfalls verwendbar. Kunstharzlösungen bedürfen noch der Erprobung.

Viele Bilder, namentlich aus der Zeit von 1750 bis 1850 sind ungemein empfindlich gegen Wasser. Die Leinwand solcher Bilder kann da im Augenblick um 5 cm und mehr schwinden auf den Meter. Die alte trockene Farbe kann nicht mit, steht dann dachförmig auf und fällt ab. Darum Vorsicht bei wässerigen Klebemitteln. Kolophonium allein, nur in Terpentinöl gelöst, klebt zwar momentan sehr gut, wird aber bald splittrig. Das Klebemittel kann dann wie das Holzmehl bei Wurmlöchern als Pulver herausfallen. Bei allen Klebemitteln ist darauf zu achten, daß möglichst wenig Schwund bei ihnen eintreten kann. Darum sind Wasser und Terpentinöl auf das Nötigste zu beschränken. Kautschukklebemittel wurden ebenfalls von einigen Restauratoren angewendet.

Vorteilhaft ist es, das Bild *nicht* vor dem Bügeln zu reinigen. Erstens schützt die Schmutzschicht und zweitens läßt sie sich nach dem Bügeln leichter abnehmen.

Die Klebemasse streicht man mit der Spachtel auf die Rückseite des alten Bildes wie auf die neue Leinwand. Sie muß salbenartig dick sein. Man achte darauf, daß der Grund überall gut die Masse annimmt.

Der Überspann der neuen Leinwand muß möglichst 5 cm betragen nach jeder Seite, damit man gut nachspannen kann. Man schlägt anfangs längere Nägel als sonst ein, aber nur zur Hälfte, was ein Nachspannen erleichtert. Bei sehr großen Bildern muß man oft wochenlang immer wieder nachspannen. Bei solchen Bildern müssen mehrere Personen bei der Übertragung mithelfen, denn dies muß exakt und schnell gemacht werden.

Das Bügeln. Man drückt, von der Mitte beginnend, nach den Ecken hin die beiden Leinwandstücke leicht zusammen mit einem weichen Tuch und drückt etwa entstandene Falten vorsichtig so nach außen. Man bügelt erst von der Rückseite, dann auch von vorne mit dem erwähnten Eisen, z. B. einem Bügeleisen, dessen Kanten abgeschliffen sind. Ich bevorzuge ein Stück starkes Eisenblech, in das rückwärts ein Handgriff eingenietet ist, der mit Stoff umwickelt wird, und zwar deshalb, weil man damit gut unter den Blendrahmen fahren kann. Man kann die Bilder natürlich auch auf ebener Grundlage, so z. B. einer Marmorplatte, unaufgespannt aufbügeln auf neue Leinwand. Man muß sich sehr hüten, das Eisen zu heiß werden zu lassen. Man streicht die Vorderseite des Bildes ein mit einer Wachsbügelmasse – 1 Teil weißes Bienenwachs in 4 Teilen Terpentinöl gelöst. Das Eisen wird ebenfalls eingestrichen und darf nicht zischen. Am trockenen Eisen würde bei nicht gewachstem Bild die Farbe sofort kleben, so daß die Stelle verloren wäre. Man darf nur ganz kurz an einer Stelle verweilen, bis die beiden Leinwanden fest verbunden sind und die alte Leinwand sich geebnet hat. Bei Blasen, Beulen oder Knicken muß erst eine langsame Erwärmung durch das Eisen stattfinden. Man bügelt nach Einstreichen der Wachsmasse vorsichtig von der Vorderseite und muß Geduld haben, bis sich die Stelle eben legt. Man bügelt bis zum Erkalten unter schwachem Druck, nie zu lange auf einer Stelle verweilend und muß an der Gegenseite, je nachdem, oben oder unten, einen gewachsten „Holzhobel" (ein glattes Ahornbrett mit Handgriff) anlegen und dadurch leichten Gegendruck ausüben. Die Klebemasse schmilzt durch Erwärmung und dringt in die alte und neue Leinwand ein. Bei starkem Bügeln kann sie die letztere durchschlagen, was aber nur ein Schönheitsfehler ist.

Das Eisen muß sauber gehalten werden. Auf offener Flamme rußt die Wachssalbe. *Man muß an einem Probestück stets auf den Hitzegrad prüfen.*

Bei sehr harten, beuligen Bildern, die sich schwer eben legen lassen, kann es vorkommen, daß die Klebemasse durch zu heißes Bügeln stellenweise aufgesogen wird und sich Hohlräume bilden. Man hebt an der Stelle die alte Leinwand vom Rand aus vorsichtig hoch und führt mit dem Pinsel neue Klebemasse ein. Passiert das erst nach mehreren Tagen, wenn die Bilder schon fest haften, so muß man die Rückseite der neuen Leinwand durch zwei rechtwinklige Schnitte öffnen, Klebemittel einstreichen und die Ränder gleich wieder ankleben. Pastose Stellen dürfen von der Vorderseite nicht heiß gebügelt werden. Sie würden „verbügelt" werden. Man streut feinstes Holzmehl auf, bis die Fläche eben und gut gedeckt ist, ▷

▷ drückt den Holzhobel darauf und bügelt von rückwärts. Sehr heißes Bügeln kann die Ölfarbe schmelzen und schließlich verbrennen.

Sind Nähte an der alten Leinwand, die sich rückseitig nicht ebnen lassen, so muß die neue Leinwand hier aufgeschnitten und die Naht freigelegt werden, sonst drücken sie sich nach vorne ab.

Auf der Vorderseite durch Risse austretende Klebemasse entfernt man sofort. Die Wachsbügelmasse wird mit dem ihr anhaftenden Schmutz leicht durch Watte und Terpentinöl gelöst. Nie aber darf Leinöl oder gar Leinölfirnis, überhaupt kein fettes Öl eingestrichen werden! Durch leichtes Kratzen mit dem Fingernagel kann man feststellen, ob noch Wachsreste auf dem Bilde sind. Das Wachs muß völlig entfernt werden.

Berufsmäßige Restauratoren haben allerlei Vorrichtungen, die die Arbeit des Rentoilierens erleichtern. Hier kann es sich nur darum handeln, wie ein Maler mit einfachsten Mitteln gute Arbeit leisten kann.

Manchmal gelingt es, ein Loch in der Leinwand durch einen aufgesetzten Fleck auf der Rückseite zu flicken. Häufiger aber werden von der Stelle aus nachher sich Falten ziehen. Man muß einen solchen Fleck vorher überbrühen (dekatieren) und trocknen und als Klebemittel keine wässerigen Mischungen nehmen, sondern die oben beim Bügeln angeführten Mischungen von Kolophonium und Wachs oder Leinölfirnis, eingedicktem Öl und Harzfirnissen. Halbkreide- oder Ölgrundmasse bildet ein vorzügliches Mittel zum Aufkleben solcher Flecke. Der Fleck kann in die Halbkreidemischung gelegt und so mit ihr getränkt werden. Man zieht ihn heraus und streift ihn ohne Druck mit der Spachtel ab. Auch die Stellen, auf die der Fleck kommen soll, streicht man mit dem Grund an. Man drückt von der Vorderseite leicht dagegen mit dem Holzhobel, wenn man den Fleck auflegt. Man bügelt den Fleck nur schwach auf und streicht ihn vorher von der Mitte aus beginnend, glatt nach den Enden. Die Ränder des Fleckes muß man ausfransen. Immer aber kann das Aufsetzen von Flecken nur als Notbehelf gelten. Harte, beulige Stellen in der alten Leinwand müssen durch leichtes öfteres Bügeln erweicht werden, vordem man einen Fleck auflegt oder rentoiliert.

Bretter, die sich werfen, müssen rückseitig gerostet, d. h. mit Einschubleisten nach beiden Seiten versehen werden, die konisch geschnitten sind. Sie dürfen nach der Breite des Holzes, wo die hauptsächlichste Bewegung stattfindet, nicht festgeleimt werden, damit sie die Bewegungen des Holzes mitmachen können. Ein verworfenes Brett darf rückseitig nicht genäßt und nicht gewaltsam geradegebogen werden. Man beschwert es allmählich mehr und mehr.

Blasen in der Farbe und Grundierschicht auf Holzbildern überstreicht man mit Wachslösung in Terpentin und bügelt sie vorsichtig nieder. Wenn das nicht hilft, muß man sie leicht anstechen und mit einer feinen Spritze oder einem Pinsel etwas Harzfirnis einführen und dann niederbügeln.

Kupfertafeln. Büttner versuchte bei schadhaften Kupfertafeln das Abnehmen der Bilder durch Entfernung des Kupfers auf elektrolytischem Wege. Auf Kupfertafeln steht die alte Farbe oft tadellos, bei richtiger Grundierung. Manchmal aber hat die Farbe allen Halt verloren und blättert immer wieder an neuen Stellen ab. Verdünnter Mastixfirnis, der unter die Farbschicht dringen kann, kann hier nützen. Verbeulte Tafeln wieder eben machen zu wollen, kostet fast immer Teile der Malerei.

Pappe wird, wenn beiderseitig bemalt, so bei Lenbachskizzen, oft gespalten, um auch die Rückseite verwenden zu können. Mit breiten, langen Spachtelmessern ist das oft ohne Schwierigkeit möglich, aber keineswegs immer.

Das Kitten. Sind einige Stellen des Grundes oder der Farbe an einem Bilde ausgefallen, die Leinwand aber noch intakt, so kittet man die Stellen aus. Bei größerer Beschädigung der Leinwand muß das Bild vorher auf neue Leinwand aufgezogen werden. Man muß bei der Herstellung eines Kittes darauf Rücksicht nehmen, ob das Bild nicht etwa im ganzen schon morsch ist. In diesem Falle könnte man nur solche Kitte auftragen, die nicht sehr hart werden, *denn der Kitt darf nicht härter werden als die Bildschicht,* sonst brechen die Kittstellen aus. Ferner muß man beachten, daß ein solcher Kitt möglichst wenig schwinden soll; infolgedessen muß er sehr füllstoffreich sein und darf möglichst wenige verdunstende Bestandteile, wie Wasser oder ätherische Öle, enthalten.

Ein guter Kitt ist z. B. die Halbkreidegrundmasse aus Leim und Kreide, Zinkweiß und Leinölfirnis, der man bei farbigen Gründen, wie Bolus, gleich entsprechend Farbe zumischen kann, wie man überhaupt den Grund nach Möglichkeit in der Art des Originals bei den zu ergänzenden Stellen herstellen und färben soll. Nur auf diese Weise kann man dieselben farbigen Wirkungen aufbauen. Der Grund darf also nicht wässerig dünn aufgetragen werden, er muß dick und vorher so weit verdunstet sein, daß man ihn wie Brotkügelchen formen und in etwa Erbsengröße oder kleineren Stückchen in die fehlenden Stellen mit dem Finger einstreichen kann.

Ließe man den Grund ungeebnet eintrocknen, so wäre er nachher nur schwierig zu ebnen, und beschmutzte Stellen des Bildes wären sehr mühsam und nicht gefahrlos wieder zu reinigen.

Manche Restauratoren setzen der Kittmasse etwas Wachslösungen in Terpentinöl zu und bügeln bei sehr glatten Bildern diese Stellen vorsichtig ein. ▷

▷ Die Kittmasse schwindet immer etwas beim Austrocknen. Man muß Geduld haben und eventuell ein zweites und drittes Mal kitten und ebnen, bis die Kittstelle eben mit der Bildfläche ist. Eine Zugabe von Mastix- oder Dammarfirnis zu dem Halbkreidegrund an Stelle des Leinölfirnisses ist für morsche Leinwandbilder, die aus irgendeinem Grunde nicht auf neue Leinwand aufgezogen werden dürfen, besser, weil dieser Grund nicht so hart wird. Gips im Grunde statt Kreide bietet die Möglichkeit, die Kittstelle nach dem Trocknen eben zu schaben. Hat man Bilder, bei denen sehr viele kleine Stellen nebeneinander abgesprungen sind, so würde man namentlich bei zeichnerisch schwierigen Stellen, z. B. Fleischteilen, auch wenn man den Grund schon farbig einkittet, doch ungemeine Schwierigkeiten haben, weil die einzelnen eingekitteten Teile zu hell herausleuchten und den Zusammenhang der dazwischenliegenden alten Bildteilchen, die oft nur winzig sind, schwer finden lassen würden. Es gibt Restauratoren, die der Einfachheit halber in solchen Fällen über das ganze Bild grundieren und die Grundierung von den Farbstellen wieder abwaschen. So etwas unterläßt man besser.

Man stellt sich für solche Zwecke einen farblosen durchsichtigen Kitt her, indem man frisch gefälltes Tonerdehydrat mit eingedicktem Öl und dicken Firnissen vermengt. *Tonerdehydrat* bereitet man sich dadurch, daß man Aluminiumsulfat oder Alaun 1:10 in Wasser löst und Salmiakgeist oder Pottasche, in Wasser gelöst, langsam unter Umrühren bis zur alkalischen Reaktion in die Lösung gießt, bis bei weiteren keine Verdickung mehr eintritt. Die Tonerde fällt als weiße sulzige Masse aus, die man fast eintrocknen läßt. Vor dem völligen Trocknen aber, wenn die Masse noch etwas sulzig ist, wird sie vermischt mit sehr stark eingedicktem Öl und sehr dikkem Dammarfirnis bis zur Konsistenz von Kitt. Dieser Kitt wird mit der Spachtel eingestrichen, man muß die Ränder aber sofort reinigen, weil der Kitt sehr rasch erhärtet. Die Verwendung von Leinölfirnis oder Öllacken hat den Nachteil, daß der Kitt wohl sehr hart, aber auch sehr gelb wird. Mit durchsichtigem Kitt lassen sich Bildteile, die jeder Restaurierung zu spotten scheinen, wieder einebnen, befestigen und auch die kleinsten Teilchen des alten Bildes erhalten.

Zusätze von Glyzerin, Seife, Honig u. dgl. sind für Bilderkitte ebensowenig nötig wie für eine Grundiermasse, sondern verhalten sich im Gegenteil eher zweckwidrig. Keinesfalls günstig wirkt ein Einschmieren der zu kittenden Stellen mit Öl. Bologneser Kreide, dicker Firnis und eingedicktes Öl ergeben ebenfalls durchsichtigen Kitt. *Büttner* empfahl, Risse mit Schellackpulver und entsprechender Farbe auszufüllen und Alkoholdämpfe darauf einwirken zu lassen. Ich ziehe den obengenannten Kitt vor.

Fehlen größere Stücke einer Leinwand, so kann man dekatierte Leinwandstücke gleicher Webart in die alte aufgezogene Leinwand einkleben, wenn die Leinwandstruktur im Bilde stark mitspricht, oder das Muster in die oberste Kittlage eindrücken. Bei Brettern müßte die gleiche Holzart eingesetzt werden.

Reinigung. Die erste, oberflächliche Reinigung geschieht auf trockenem Wege. Man staubt das Bild vorsichtig ab mit einem Flederwisch oder weichen Tüchern und entfernt den Schmutz durch Abreiben mit Brotkrumen oder Knetgummi. Aber selten wird sich hierdurch schon eine genügende Säuberung erzielen lassen. Es wird dann eine Reinigung auf nassem Wege vorgenommen. Diese nasse Reinigung, das Putzen der Bilder, bildet sehr häufig die Ursache schwerer Schädigungen des Bildes, des Verputzens. *Es gibt kein Putzmittel, das nicht dem Bilde gefährlich werden könnte.* Darum muß der Restaurator nicht nur geschickt sein, sondern auch über das nötige Wissen in bezug auf die Eigenschaften und Wirkungen der verwendeten Stoffe verfügen. Wie sehr es aber hier oft im argen liegt, wurde schon weiter oben ausgeführt. Hier muß ich mich gegen den Vorwurf wehren, daß ich „ungelernte Kunstmaler“ auf die wertvollen alten Bilder losließe, während diese nur den „zünftigen“ Restauratoren vorbehalten bleiben dürften, wenn nicht unwiederbringlicher Schaden geschehen solle. Soviel ich weiß, gibt es – oder gab es – an verschiedenen Galerien verputzte Bilder, und die stammten sicher nicht von „ungelernten“ Kunstmalern.

Wasser z. B. ist scheinbar das unschuldigste Putzmittel. Seine Verwendung wird daher in den meisten Büchern empfohlen, oft sogar ausdrücklich und in regelmäßigen Zwischenräumen verlangt, und auch so ziemlich an allen Galerien werden die Bilder mit Wasser gewaschen. Nur über die Quantität des Wassers ist man uneinig. Während die einen Wasser ohne jede Einschränkung empfehlen und Seife dazu nehmen (denn die gehört natürlich zum Waschen, nach Bode), danach das Bild gut abspülen, um die Seifenreste zu entfernen, und das Bild trockenreiben mit Rehleder, reiben die anderen das Bild mit angefeuchteter Watte und nur mit soviel Wasser ab, daß sich der Schmutz löst, was natürlich schwer so genau zu treffen ist. Ein frisch gemaltes unbeschädigtes Bild wird durch vorsichtige Behandlung mit Wasser weniger Schaden leiden und erst nach wiederholter Behandlung wird sich eine Schädigung bemerkbar machen. Die Ölfarbschicht ist aber auch bei einem frischen Bilde keineswegs so undurchdringlich für Wasser, wie das oft angenommen wird. *Eibners* Untersuchungen haben das bestätigt. Die Firnisschicht wird durch Feuchtigkeit angegriffen, das unterliegt keinem Zweifel. Alte Bilder sehen oft ganz intakt aus. Betrachtet man sie näher und unter der Lupe, so zeigen sie sich sehr häufig von einem Netz feinster Haarrisse durchzogen. Das Wasser dringt infolge Kapillarwirkung mit großer Kraft in diese Haarrisse ein, wenn man auch noch so rasch ▷

▷ drübergeht, und vermag den Leim der Grundierung oder der Untermalung zu quellen. Der Leim vergrößert dabei sein Volumen und ist dadurch imstande, die darüberliegende Farbschicht abzusprengen. Ich sah ein Bild von *F. v. Stuck,* das mit Wasser behandelt worden war. Die Farbe war an vielen Stellen dachförmig aufgestanden und abgefallen und zeigte überall die Neigung zum Aufstehen und nur mehr lose Haftung. Offenbar waren hygroskopische Stoffe in der Grundierung. Ich kenne Bilder des Hofmalers *Stieler,* die für eine Ausstellung gewaschen wurden. Diese vorher fehlerlosen Bilder waren nachher völlig von Sprüngen durchsetzt. Die Ränder hatten sich schüsselförmig erhoben. Die Leinwand zieht sich zusammen, die Farbe steht dachförmig auf und bricht. Das Waschen von der Rückseite her ist besonders gefährlich. Bilder des 18. und der ersten Hälfte des 19. Jahrhunderts sind hier am meisten gefährdet. Es ist ein Irrtum, zu glauben, nur von der Rückseite, nicht aber von der Vorderseite könne Wasser dem Bilde schaden. Besonders die Kreide- und Gipsgrundbilder der altdeutschen und altitalienischen Schulen sind durch solche Wasserkuren schwer gefährdet. Einzelne Farben in alten Ölbildern werden außerdem wasserlöslich, wie schon *Lionardo* und *Palomino* mitteilen (nach *Hesse*). Ich selbst konnte diese Erfahrung bei Umbra und Ockern machen. Indischgelb, Grünspan, Karmin, Zinkgelb sind bekannt als teilweise wasserlöslich. Treten Temperatureinflüsse, wie große Hitze, dazu, so können die Beschädigungen katastrophalen Umfang annehmen. Die auf die Wand geklebten Ölbilder von *Hans Thoma* im Café Bauer in Frankfurt wurden durch Waschen mit Soda zerstört.

Daß man auch nicht alten Rezepten trauen soll, bloß, weil sie alt sind, zeigt das folgende aus dem *Mayerne*-Manuskript (Kap. 120, nach *Berger*):

„Reibe und seife das Ölgemälde tüchtig mit weicher Seife und einem Schwamme ein, lasse das je nach dem Schmutz darauf. Wasche hernach mit Harn, endlich schwenke es mit viel Wasser ab, indem du es dagegenschüttest. Das Wasser sei zu Anfang warm. Dann kann man mit dem Wassereimer abschwenken."

Es hat natürlich auch keinen Zweck, wenn man beim Waschen die Bilder senkrecht stellt, wie man mir an einer Galerie entgegenhielt. Selbst wenn man das Bild auf die Decke mit der Bildseite nach unten hinge, müßte nach dem Gesetz der Kapillarität das Wasser in die feinsten Risse eindringen und nicht etwa nur herunterlaufen. Ebensowenig Zweck hat die Methode, das Bild mit keimfreier Watte abzureiben. Dadurch wird gar nichts gebessert, weil das Bild selber weder keimfrei ist, noch auf diesem Wege keimfrei gemacht werden kann. Das Abreiben des Bildes mit durchschnittener Zwiebel erscheint noch als das harmloseste Reinigungsmittel, weniger das mit Kartoffelscheiben, da hier durch Stärke Trübung entstehen kann. Aber in beiden Fällen kann Feuchtigkeit durch die Haarrisse in die Bildschicht gelangen.

Mancher Restaurator sucht durch Trockenreiben des gewaschenen Bildes mit Rehleder den Firnis wieder zu „beleben", was aber eine optische Täuschung ist. Das Bild glänzt wohl nach solcher Politur, wie jede glatte Fläche in dem Falle glänzen würde; aber daß die Firnisschicht dadurch an innerem Zusammenhang oder an Dauerhaftigkeit gewonnen haben könne, ist ein Trugschluß. Wasser zerstört im Gegenteil den inneren Zusammenhang der Firnisdecke. Dieses „Frottieren" der Bilder trägt natürlich keineswegs zu einer Festigung an sich schon gelokkerter Bildteile bei, besonders wenn Farbschichten an den Sprungrändern aufstehen. Die Leimquellung verursacht oft auch schüsselförmige Erhebung zersprungener Bildstellen, die den Bildeindruck schwer beeinträchtigen und zu Absplitterungen führen.

Wenn man in Sammlungen einerseits sorgsam die Luftfeuchtigkeit durch Hygrometer kontrolliert, andererseits aber die Bilder mit Wasser wäscht, so ist das für mich ein Widerspruch.

Von wissenschaftlicher Seite wurden inzwischen meine Bedenken gegen das Waschen alter Bilder geteilt und meine Bestrebungen unterstützt. *Eibner* nennt auf Grund seiner Untersuchungen die fetten Öle geradezu Wasserspeicher.

Es lassen sich sicher ungefährlichere Reinigungsmittel finden als Wasser, das allerdings den Vorzug hat, das bequemste und billigste zu sein.

Angesichts der Werte, um die es sich hier handelt, sollten aber diese Gründe nicht die ausschlaggebenden sein.

Wahrscheinlich würden höhersiedende, mehrfach fraktionierte Petroleumprodukte, ähnlich dem Testbenzin, ein einwandfreieres und ungefährlicheres Reinigungsmittel darstellen, als es das Wasser ist. Die Wissenschaft hätte sicher schon längst die Frage der Reinigungsmittel gelöst, wäre man nur mit konkreten Fragen an sie herangegangen. Es scheint neuerdings im *Dekalin* ein Stoff gefunden zu sein, der die Anwendung von Wasser entbehrlich macht.

Es gibt eine Unzahl von Putzmitteln, die meist Geheimnis der betreffenden Restauratoren sind. Man sollte es nicht für möglich halten, was da alles auf das Bild gebracht wird! Die schärfsten Laugen, Säuren und Lösungsmittel werden unbedenklich angewendet. Mittel unbekannter Zusammensetzung, sog. Geheimmittel, mit denen jedermann ohne Vorkenntnisse seine Bilder reinigen könne, wurden öffentlich empfohlen. Solche „Reinigung" gelingt allerdings oft nur zu gut, bis auf den Grund, und der „Restaurator" deckt in solchen Fällen mit der Retu- ▷

▷ sche seine Sünden zu. Nicht selten erscheinen solche Stellen dem ahnungslosen Publikum dann schöner als die alten. Allen Ernstes wird auch heute noch von Restauratoren behauptet, sie hätten Putzmittel, die alle neue Farbe entfernten, aber vor der echten, alten unbedingt haltmachten! Es fehlte nur noch, daß es dann klingelt, wenn die alte Farbe erreicht wird! Keine Laugen, Salze oder Säuren dürfen zur Reinigung verwendet werden, da sie dauernd auf dem Bilde zurückbleiben und auf dasselbe einwirken, wie z. B. Kalilauge, Pottasche usw. Starken Schreinerleim sehr dick und heiß auf das zu reinigende Bild zu gießen, erwähnt *Mayerne* als Rezept des Malers *Sorg,* um Bilder zu reinigen. *Mayernes* Bemerkung: „Versuche, ob es sich abnehmen läßt, ohne das Bild zu beschädigen", ist sehr berechtigt, denn oft genug wird die Farbe dabei weggerissen werden bis zum Grunde, eine wahre Kur nach Doktor Eisenbart!

Ungefirnißte Tempera und Guaschbilder, ebenso Aquarelle dürfen nur mit Brotinnerem oder Knetgummi gereinigt werden.

Gefirnißte Temperabilder, die mit Ei, Kasein oder Wachsseife gemalt sind, sind sehr widerstandsfähig gegen Putzmitel. Die Reinigung erfolgt wie bei Ölbildern. Gummi oder Leimtempera kann auch im gefirnißten Bild durch Feuchtigkeit quellbar bleiben. Hygroskopische Beimengungen befördern diese Wirkung. Darum Vorsicht!

Fehlstellen können mit Eitempera, Kasein oder Firnisölfarbe ergänzt werden vom Hellen ins Dunkle.

Lösemittel (Putzmittel) sind:

Terpentinöl ist ein Lösungs- und Reinigungsmittel, das auf alte Bilder schwach, auf frische dagegen kräftig einwirkt, besonders, wenn es im Wasserbad mäßig erwärmt wird.

Benzin, Benzol, Toluol, Xylol wirken stärker. Obacht auf gesundheitsgefährliche und schädliche Dämpfe.

Alkohol, Weingeist, Äthylalkohol. Absoluter Alkohol ist ein sehr starkes Lösungsmittel für Harze. Er löst sogar manche Kopale. Also Vorsicht! Auch sehr alte Farbschichten, die Harze enthalten, lösen sich in ihm rasch. Brennspiritus, da etwas wasserhaltig, wirkt schwächer.

Methylalkohol, Methanol. Holzgeist bewährte sich bei alten Ölbildern. Vorsicht vor den Dämpfen! Das Trinken kann zur Erblindung und zum Tode führen.

Amylalkohol wirkt ebenfalls sehr stark lösend. Seine Dämpfe sind giftig.

Trichloräthylen ist ein sehr scharfes, daher gefährliches Putzmittel, dessen Dämpfe ähnlich dem Chloroform wirken.

Schwefelkohlenstoff ist giftig, ebenso seine Dämpfe; er verdampft leicht und löst sehr stark die Harze. Er mischt sich mit den Ölen.

Butylazetat, 85–88%, wirkt ebenfalls lösend.

Azeton mischt sich mit Wasser, Ölen und Alkohol und löst Harze und Öle stark.

Chloroform löst sehr kräftig Harze und Öle. Vorsicht vor den betäubenden Dämpfen.

Alle genannten Lösemittel sind farblose Flüssigkeiten von charakteristischem Geruch.

Die ätherischen, halbflüchtigen Öle wirken lösend auf die Harze (Lavendelöl, Spiköl, Nelkenöl, Rosmarinöl).

Salmiakgeist, eine wässerige Lösung von Ammoniakgas, unterstützt sehr stark die Lösekraft von Alkohol, Terpentinöl usw. Er sollte nur in sehr geringer Menge verwendet werden.

Wasser und Seife bergen viele Gefahren, wenn sie auch den oberflächlichen Schmutz leicht wegnehmen; ihre Wirkung wurde ausführlich beschrieben.

Zugabe von fetten Ölen oder gar von Leinölfirnis zum Putzmittel, um die Wirkung zu mildern, ist direkt widersinnig. Man putzt ja meist wegen dieser vergilbten oder gebräunten Öle. Trotzdem ist diese Unsitte weit verbreitet und die nicht geringere, nach dem Putzen die Bildstelle fleißig mit Leinöl einzureiben!

Wie soll man die Reinigungsmittel auf alten Bildern gebrauchen? Äußerst sparsam und vorsichtig! Denn ehe man sich's versieht, kann man unter der Farbschicht auf der blanken Leinwand angelangt sein. Man probiere immer zuerst das schwächste Lösungsmittel, in diesem Falle Terpentinöl und immer erst an einem wertlosen Objekt, bevor man an ein Bild geht. Man befeuchtet Watte ein wenig mit der Mischung, drückt sie aus und fährt in kreisförmigen Bewegungen mit leisem Druck, nur kurz eine Stelle berührend, und erst nach einiger Zeit wieder auf sie zurückkehrend, über das Bild. Man darf nicht sofort die Wirkung sehen wollen und eine Stelle so blank als möglich putzen, denn man weiß nie, ob sich die anderen Stellen ebensoweit reinigen lassen. Darum muß man immer *das ganze Bild* auf einen gewissen Grad der Reinigung bringen und dann erst weitergehen. Wer keine Geduld hat, soll die Finger vom Restaurieren lassen. Pastose Stellen, hauptsächlich Weiß, erfordern besondere Sorgfalt, um den Schmutz aus den Vertiefungen herauszubringen. Mit einem alten, aber sauberen Borstenpinsel erreicht ▷

▷ man, stupfend oder kreisförmig reibend, am besten sein Ziel.

Nach der Reinigung, die man nicht zu lange auf einmal ausdehnen darf, erfolgt ein sehr dünner Aufstrich von Kopaivabalsam*) 1 : 1 mit Terpentinöl. Bei der nächsten Reinigung werden sich dann viele Stellen leicht lösen, die am Tage vorher nicht erweichen wollten. Erst wenn kein anderes Mittel hilft, entschließt man sich zu stärkeren Mitteln, wie einer Zugabe von Alkohol, vorerst aber nur von Brennspiritus, und zwar ein Teil Brennspiritus zu einem Teil Terpentinöl und einem halben Teil Kopaivabalsam*). Nun wird sich schon bedeutend mehr lösen. In ganz schwierigen Fällen kommt ein halber Teil Salmiakgeist dazu oder absoluter Alkohol oder eines der angeführten starken Lösungsmittel. Da braucht es äußerste Vorsicht und nur ganz kurzes Berühren einer Stelle. Verputzt ist eine Stelle allzu leicht und lange bevor die Farbe auf der Watte sichtbar wird!

Es wäre entschieden am einfachsten, von allen starken Lösungsmitteln abzuraten. Aber die schwächeren Mittel versagen in schweren Fällen, und schließlich kann *jedes* Reinigungsmittel in unvorsichtigen Händen eine Gefahr werden.

Methylalkohol. Holzgeist hat sich nach Untersuchungen des Doerner-Institutes bei *alten* Ölbildern als ein milderes als Spiritus und dabei überraschend wirksames Reinigungsmittel erwiesen. Bei sachgemäßer Arbeit gelingt die Reinigung rasch und restlos, unter Erhaltung aller Lasuren. Notwendig ist jedoch eine starke Durchlüftung des Raumes und Vorsicht, weil die Dämpfe giftig sind. Die gebrauchte Watte muß deshalb sofort beseitigt werden.

Um die Wirkung rasch sich verflüchtigender ätherischer Öle, Alkohole usw. zu verlängern, trägt man auf hartnäckigen Schmutzstellen das Reinigungsmittel in Pastenform auf, indem man es mit Kreide, Eigelb oder Wachsterpentinlösung, Tonerdehydrat usw. zu einem Brei vermengt.

Mit Harzfirnissen gemalte Bilder oder solche mit vielen Harzlasuren sind besonders leicht durch Putzmittel zu beschädigen. Sehr schwierig zu restaurieren werden einmal die modernen Bilder sein, deren Farbe Zusätze wie Kopaivabalsam enthält. Ebenso sind Bilder mit einer Asphaltuntermalung durch Putzmittel leicht verletzbar. Mohnölfarbe für sich allein oder mit Harzfirnissen vermalt, löst sich sehr rasch durch alkoholische Putzmittel.

So kann man Bilder *Rembrandts* und seiner Schule in den oft sehr dünn gemalten Schattenpartien in wenigen Minuten bis auf den Grund verputzen. Der dadurch erlaubte Rückschluß auf die harzige Art des Malmittels ist allzu teuer erkauft. Temperabilder und Temperauntermalungen widerstehen diesen Mitteln besser. Durch teilweise stärkeres Putzen z. B. der Lichtmassen kann ein falscher Bildeindruck erweckt werden.

Nur der geschulte Restaurator weiß, wie weit er zu gehen hat, und er wird lieber eine leichte Patina bestehen lassen, als die Originalstellen beschädigen.

Verputzte und abgeriebene Bilder gibt es genug. Von vielen Bildern ist nur mehr die Weißuntermalung in Tempera echt, die allen Putzversuchen erfolgreich widerstand. Alles Darüberliegende ist fremde Zutat.

Hie und da findet man Bilder, die mit nichttrocknenden fetten Stoffen durch und durch getränkt und vollständig schmierig sind, so durch Vaselinölaufstriche oder durch Butter mit Olivenöl (!), durch Wachs und Rüböl u. dgl. Ich bekam einmal ein wertvolles Bild in die Hand, bei dem das ganze Holz des Goldrahmens durchfettet war und sich um das Bild breite Fettränder bildeten. Ich hatte ein volles Jahr Arbeit. Erwärmtes wasserfreies Talkum und Leichtspat wurden vorne und rückwärts aufgestreut. Später wurde durch Aufstreuen und leichtes Bügeln das Fett noch weiter zu entfernen gesucht, und zuletzt gab es viel Arbeit, um mit Terpentinöl und Watte die letzten Spuren wegzubekommen, die das Bild trübten.

Vergilbte Ölbilder. Das Gilben wird hauptsächlich verursacht durch fette Öle, besonders Leinöl, aber auch durch Mohnöl oder Nußöl, doch nur in selteneren Fällen. Bleiweißleinöl ist dem Gilben am meisten ausgesetzt. Besonders stark gilben auch die Ölfirnisse, wie Leinölfirnis, Kopal-, Kutschenlack- und Bernsteinfirnisse und die Sikkative, außerdem auch Mastix- oder Dammarfirnisse des Handels, die fette Öle als Zusatz enthalten, und Zaponlack. Das beliebte Waschen der Ölbilder vermehrt das Gilben der Ölfirnisse in höchstem Maße.

Sehr dicker Farbauftrag und besonders gespachteltes Weiß zeigen oft starkes Gilben, durch Ölaustritt zur Oberfläche veranlaßt. Stellt man ein eben angetrocknetes Ölbild ins Dunkle (besonders noch in feuchte Wärme), so gilbt es.

Auch überfettete Tempera kann gilben. Bei ungefirnißten Bildern wird man durch wiederholtes Auflegen von weißem, mit Wasserstoffsuperoxyd getränktem Fließpapier bei starkem Licht und leichter Erwärmung meist Erfolg erzielen. Bilder, namentlich Holztafeln, in die Sonne zu stellen zur Bleichung, ist gefährlich. Tageslicht genügt häufig. *Runzeln* der Ölfarbe tritt durch Ölüberschuß auf und ist nicht zu entfernen.

Ölfirnisse, die gegilbt sind, müssen fast immer ent- ▷

*) Zu Kopaivabalsam s. S. 68f.

▷ fernt werden, besonders Kopalfirnisse und Bernstein. Sie können wie eine trübe Gelbscheibe auf den Bildern liegen, mit der Zeit und durch Waschen noch stark bräunen, so daß der ganze Bildeindruck zerstört wird. Sie sind nur schwer wieder entfernbar und selten, ohne daß die Farbschichten irgendwo in Mitleidenschaft gezogen werden. Denn sie widerstehen auch scharfen Lösemitteln meist lange Zeit. Man wird fast immer hier Spiritus nehmen müssen.

Harzessenzfirnisse, die durch Ölzugabe gegilbt sind, sind mit viel schwächeren Mitteln rasch lösbar, unter Umständen auch trocken abzureiben.

Nur *Harzterpentinessenzfirnisse* dürfen beim Konservieren und Firnissen Verwendung finden. Ihre Schäden lassen sich leicht beheben. Sie werden auch nicht so hart wie Ölfirnisse, was auf alten Bildern ein unbedingter Vorteil ist. Harzessenzfirnisse, wie Mastix oder Dammar, und Balsame, wie Venezianer Terpentin, unterliegen mit der Zeit den Einflüssen der Feuchtigkeit, sind aber ohne Eingriff in das Bild wiederherzustellen durch Pettenkofern.

Aufgabe der Firnisse ist neben dem gleichmäßigen Sichtbarwerdenlassen des Bildes, dieses vor der Einwirkung schädlicher Gase, vor Feuchtigkeit usw. zu bewahren. Das vermögen besonders die Harzessenzfirnisse. Sie bieten gegen Gase der Luft wie gegen Feuchtigkeit einen besseren Schutz als die Öle. Das Firnissen der Bilder ist eine Notwendigkeit, um die Öle vor dem Luftsauerstoff zu schützen, besonders auch vor Verschmutzung. Das „Frottieren“ (siehe unter Reinigung) vermag solches nicht.

Transportschäden. Die Firnisdecke neuer und alter Bilder wird nicht selten beschädigt durch ungeeignete Verpackung. War die Kiste nicht gut ausgeklebt und nicht staubfrei und Firnis oder Farbe noch klebrig, dann setzt sich der Staub in diese. Durch trockenes Abreiben mit dem Finger kann man die Staubteilchen nach dem Trocknen des Bildes entfernen. Häufig wird der Fehler gemacht, faserige Tücher oder Papier auf das Bild zu legen, die dann ankleben. Lange gerollt aufbewahrte Bilder lassen sich manchmal nicht ohne Gewalt aufrollen. Dadurch ergeben sich Knicke und Absplitterungen. Man legt zweckmäßig die Rolle erst einige Tage in den Keller und öffnet sie erst dann, wenn dies leicht zu machen ist. Bilder dürfen nur *mit der Bildseite nach außen gerollt* werden.

Das Blauen der Firnisse, das übrigens auch bei Balsamen auftritt, ist in seiner Ursache noch nicht einwandfrei geklärt. Feuchtigkeit im Firnis oder auf der Bildfläche scheint aber eine der Hauptursachen zu sein. Es tritt an dunklen, glatten und glänzenden Bildstellen am störendsten in Erscheinung. Abreiben mit weichen Tüchern bringt selten dauernde Abhilfe. Am besten erwies sich ein Überfirnissen mit fetterem Harzessenzfirnis, Mastix oder Dammar mit 2–5% Rizinusöl. Leinöl oder andere fette Öle sind wegen der Gefahr des Gilbens nicht als Zugabe geeignet. Es ist sehr anzuraten, das doppelt rektifizierte Terpentinöl, das man zur Selbstherstellung des Mastix- oder Dammaressenzfirnisses verwendet, zuerst durch Zugabe einer geringen Menge ungelöschten gebrannten Kalkes (etwa haselnußgroß für ¼ l Terpentinöl) zu entwässern. Damit soll das Blauen verhütet werden.

Das Erblinden der Harzessenzfirnisse. Bei stärkerer und länger dauernder Einwirkung von Feuchtigkeit kann ein Zerfall der Firnisse eintreten. Sie werden weißlich trübe und liegen wie mehliges Pulver auf der Oberfläche des Bildes. Dann werden natürlich allerhand Versuche der Reinigung von den Bilderbesitzern gemacht. So sah ich einmal einen Salon voll Lenbachbildern, die alle bis zur Mitte, so weit eben der dienstbare Geist bequem gelangen konnte, wie verschimmelt aussahen. Der Firnis war zerstört und dünne Stellen der Farbschicht weggerieben. Die Hausfrau sagte mir, sie wisse gar nicht, weshalb die Bilder so aussähen, sie würden doch alle Tage abgestaubt und öfters mit dem feuchten Lappen abgerieben. Sie war sehr erstaunt, als ich ihr sagte, daß gerade das die Ursache des Schadens sei.

Manche Farben, die Ton enthalten, wie Ultramarin, Ocker und Umbra, können durch die Verwitterung des Tones einen Zerfall der Firnisse herbeiführen. Die sog. Ultramarinkrankheit ist zum Teil eine solche Erscheinung. In Verkennung der Ursache tränkte man früher solche Stellen mit fetten Ölen und verschlimmerte das Übel. Diese erste Art der Ultramarinkrankheit ist heilbar, nicht aber die andere, die Zerstörung des Ultramarins durch Säuren, wie Essigsäure oder die Ölsäure der Malöle. Hygroskopische Stoffe im Grund oder in der Malschicht, wie Glyzerin in manchen käuflichen Leinwandgründen oder in Temperatubenfarben, ebenso Seife, Zucker, Honig usw., beschleunigen den Zerfall der Harzfirnisse. Äußere Ursachen, wie wiederholte Einwirkung von Feuchtigkeit, namentlich aber feuchte oder noch frische Wände, verursachen die Zerstörung.

Pettenkofers Regenerierungsverfahren). Pettenkofer* fand die einfache Lösung der Frage, wie solche trüb gewordenen Firnisse wieder durchsichtig zu machen seien. Er wies nach, daß die Firnisse ihren Zusammenhang verloren hatten und daß die Erscheinung der Trübung und des Mehligwerdens auf physikalischen Vorgängen beruhe. Luft tritt zwischen die Firnisteilchen und verursacht die weiße Trübung, ähnlich wie eine Glasscheibe zerstoßen als Pulver weiß aussieht, ohne daß das Glas seine chemische Zusammensetzung ändert. Dasselbe ist bei Wasser und Schnee der Fall. ▷

---

*) Siehe: *M. v. Pettenkofer,* Über Ölfarbe. Braunschweig, Friedr. Vieweg. 1869.

▷ Nach *Pettenkofers* Regenerationsverfahren wird das Bild in einer Kiste Alkoholdämpfen ausgesetzt. Das Harz quillt und bildet wieder eine durchsichtige Masse. Man befestigt zur Regenerierung einen gut saugenden Stoff auf dem Deckel der Kiste, muß aber sehen, daß keine Fäden herunterhängen und der Stoff an keiner Stelle das am Boden liegende Bild berührt, weil an solchen Stellen sich sofort bei mit Harz gemalten Bildern die Farbe bis auf den Grund löst. Es darf natürlich nichts auch von dem Alkohol, mit dem der Stoff getränkt werden muß (wozu am zweckmäßigsten Brennspiritus verwendet wird), herabtropfen können. Nach meiner Erfahrung hat es sich als viel günstiger erwiesen, das Bild auf den Boden der Kiste zu legen, als es am Deckel mit der Farbfläche nach unten zu befestigen, weil bei rasch erweichenden Bildern (bei mit Harzen gemalten Bildern) die Farbe leicht durch ihr Gewicht den Zusammenhang mit dem Grunde einbüßt und Blasen bildet. Man muß die Dämpfe nur kurz einwirken lassen und bald wieder nachsehen, daß nicht etwa ein Leinwandfaden in das Bild hineinhängt (wenn es am Boden liegt). Denn da löst sich leicht ein Streifen der Farbe.

Ein Nachteil des Pettenkoferschen Verfahrens ist, daß die Regeneration bei harzgefirnißten oder harzgemalten Bildern zwar leicht und schnell vor sich geht, jedoch bei Harzbindemitteln in den Ölfarben die Farbschicht zu sehr erweicht, wodurch der Reiz der Malerei verlorengeht und manchmal rasch wieder ein Verfall eintritt. Auch hier wäre der Wissenschaft ein dankbares Feld gegeben, eine Verbesserung des Regenerationsverfahrens zu finden. Nach Mitteilungen des Direktors der Haarlemer Galerie an den Verfasser habe sich das Pettenkoferverfahren nicht genügend bewährt. Er habe im Verein mit einem Chemiker eine viel wirksamere Sache gefunden. Näheres war darüber noch nicht zu erfahren.

Firnisabnahme. Es ist eine alte Praktik zünftiger Restauratoren, den Firnis von den Gemälden abzunehmen. Essenzfirnisse werden dadurch, daß man das Bild sofort nach dem „Pettenkofern" mit einem in Wasser getauchten Pinsel überstreicht, zum „Krepieren" gebracht. Nach dem Trocknen bilden sie einen weißlichen, leicht abzureibenden Staub. Natürlich gehen in Harzfirnis gemalte Lasuren und Harzfarben bei dieser Prozedur häufig genug auch mit fort. Der Firnis alter Bilder ist hie und da mit allerhand anderen, meist fettigen Überzügen bedeckt. Nach alten Berichten pflegte man in Italien und sicher auch anderswo vor großen Festtagen die Kirchenbilder mit Speckschwarten abzureiben. Leime und Gummi finden sich öfters. Mit scharfen Laugen, Scheidewasser (Salpetersäure) und Sand suchte man die Bilder zu „reinigen". Oft erlitten sie dabei erst wirklichen und nicht mehr gutzumachenden Schaden. Ebenso übel war das Tränken mit heißem Leinöl und das Aufbringen fetter Ölanstriche, womit man die Farbe wieder binden wollte, wenn sie nach der Laugenbehandlung an den Wattebausch abfärbte.

Auf trockenem Wege wird solch getrübter Firnis abgerieben, indem man ein Mastixkörnchen oder eine Mastixträne mit dem Finger auf der Harzschicht verreibt. Der Firnis wird dadurch an einer Stelle angegriffen und von dort aus dann aufgerieben. Bei alten Bildern gehen bei solchem Verfahren leicht auch die Firnislasuren mit, denn niemand kann sagen, wo in der Firnisschicht der Schlußfirnis aufhört und die Lasuren anfangen. Es braucht nicht besonders betont zu werden, wie unnötig und gefährlich diese Hantierungen sind. Ölfirnisse, wie Bernstein, Kopal, Kutschenlack und ölhaltige Firnisse überhaupt, sind sehr schwer zu entfernen, da die eingetrocknete Ölhaut nur mit sehr scharfen Mitteln zu lösen ist. Reiner Alkohol und Salmiakgeist wurden schon erwähnt als solch kräftig wirkende Mittel. Das Firnisabnehmen sollte nur im äußersten Notfalle vorgenommen werden, wenn dieser wirklich trüb ist, das Bild entstellt und sich nicht anders entfernen läßt.

Die Farbschicht. Ausgeblichene Farben, namentlich rote und gelbe Lacke, sind auf alten Bildern nicht selten. Dadurch, daß sie mit Harzfirnissen lasierend aufgetragen wurden, fielen sie leicht ungeübten Restauratoren zum Opfer. Man trifft auch manchmal zerstörte Farben auf alten Bildern, besonders helle gelbe Töne (wie Auripigment); an haltbaren gelben Tönen nach Art unseres Kadmiums war ja bei den alten Meistern ein Mangel. Die alten Maler waren sich der Gefährlichkeit solcher Töne wohl bewußt, sie verstanden auch, wie z. B. Grünspan weniger gefährlich zu machen ist, und richteten sich danach, indem sie diese Farben nicht mit anderen Farbstoffen im Bilde vermischten, sondern sie lasierend zwischen zwei Firnisschichten legten.

Bei altdeutschen Meistern trifft man nicht selten in dunklen, besonders in braunen, dick aufgetragenen Tönen eine Verwitterung, Harzfarbe, die borken- und inselartig, wie zusammengeronnen aussieht und an verwittertes Pech an Nadelbäumen erinnert. Sie ist durch Temperatureinflüsse entstanden. Ich fand sie auch auf neueren Bildern. Auch Kirschgummi wittert so aus. Solche Stellen läßt man am besten, wie sie sind.

Nachdunkeln und Schwärzung der Bilder durch starken Gebrauch ätherischer Öle und Balsame läßt sich nicht beseitigen, das oberflächliche Gilben aber teilweise dadurch, daß man das Bild dem Licht aussetzt. Fleckenweises Gilben wird durch Auflegen weißen, mit Wasserstoffsuperoxyd befeuchteten Fließpapieres behandelt. Störende, nicht zu beseitigende Flekken zeigen sich häufig auf mit viel Sikkativ gemalten Bildern. Wiedererweichen der Farbschicht tritt namentlich bei Mohnölfarbe und Kopaivabalsamölzusatz und besonders bei dunklen, bindemittelüber- ▷

▷ sättigten Stellen ein. Man stellt diese Bilder ins Licht.

Der Irrwahn, daß die Bilder der alten Meister einen *„Goldton“* gehabt hätten (der in Wirklichkeit zumeist nur die Folge vergilbter ölhaltiger Firnisse war), verleitete namentlich in der zweiten Hälfte des vorigen Jahrhunderts viele Restauratoren dazu, mit Farben, wie Stil de grain usw., solchen Goldton künstlich zu erzeugen. Heute sind diese Bilder branstig.

Schüsselförmige Erhebung der Ränder zersprungener Farbschichten ist stets durch wiederholte Einwirkung von Feuchtigkeit, wie z. B. durch öfteres Waschen, verursacht. Man streicht diese Stellen ein mit dickem Essenzfirnis, Mastix oder Dammar, 1:2 in Terpentinöl, und gleicher Menge Wachslösung, 1:1 in Terpentinöl. In schwierigen Fällen muß man noch 1 Tag in Wasser gequollenen Leim, etwa ein Viertel der Wachsfirnismasse (ohne Wasser) zusetzen und die vorher schwach erwärmte Masse auf dem Reibstein zu Kitt zusammenreiben. Durch warmes Bügeln werden mit der Kante des Eisen- oder des Holzhobels die Ränder in die Klebemasse eingebettet. Man muß jedoch eine Stelle bügeln bis zum Erkalten des Eisens, vielleicht sogar noch öfter nachbügeln. Die überschüssige Klebemasse wird bei der Reinigung mit entfernt.

Runzeln der Farbe, eine Weiterbildung des Hautens, bei der die Farbschicht zusammenschrumpft, wird durch ein Übermaß fetter Öle, wie Leinöl oder Hanföl, hervorgerufen. Es ist zwar nicht gefährlich, wirkt aber optisch ungünstig und ist nicht zu beseitigen. Auf Bildern der zweiten Hälfte des vorigen Jahrhunderts hat der unrichtig gebrauchte Asphalt oft Verheerungen angerichtet und ebenso die massenhaft verwendeten Sikkative. Häßliche Flecken entstellen oft diese Bilder. Ich sah einmal ein Bild, bei dem der Maler dick Asphalt unterlegt hatte, wahrscheinlich mit sehr viel Sikkativ, darüber lag eine reine Kremser-Weiß-Schicht, glatt geschliffen. Man kann einen Grund kaum unsinniger herstellen. Natürlich rutschte die ganze Farbe, wenn das Bild warm wurde, z. B. über einer Heizung in der Ausstellung, und bekam tiefe Falten. Es half nichts, als – es verkehrt aufzuhängen. Blasen in der Farbschicht müssen gebügelt und vorher mit Wachs eingerieben werden. Vielfach werden mit feinen Spritzen Harzfirnisse usw. eingeführt.

Tiefgehende Risse in der Farbschicht trifft man bei neueren Bildern, die mit unverhältnismäßig viel Bindemittel, Sikkativen oder auch mit Balsamen, wie Kopaiva, aufs nicht Trockne gemalt waren. Man probiere erst „Pettenkofern“. Ein Ausbessern hat nur Sinn, wenn die inneren noch weichen Farbschichten erst trocken geworden sind. Ungleichartige Spannungen verschiedener Schichten sind die Ursache, ebenso vielfache Übermalung nicht trockener Farbschichten, besonders bei Mohnölfarben. Sehr oft ist auch übermäßiges Auskeilen die Ursache der Risse in modernen Bildern. Manchmal liegt die Ursache in der Farbe selbst, wie bei Krapplack (siehe dort). Die feinen *Haarrisse* alter Bilder, die *„Craquelüre“*, wird man nicht auszubessern versuchen. Manche Restauratoren decken sie, indem sie das ganze Bild mit Kreideleimlösung anstreichen und dann abwischen. Typische Ölbilder zeigen namentlich in mehr lasierend gemalten Stellen die charakteristischen spinnwebartigen konzentrischen Ölsprünge. Alter Kreidegrund oder Tempera und Harze zeigen oft gitterartige Sprünge. Die Sprungbildung kann aber bei ein und demselben Material verschieden sein je nach Dicke des Auftrages des Grundes und je nach dem Verhältnis zwischen Farbstoff und Bindemittel. Eigenartig parallele Sprünge zeigt der Hintergrund des Döllingerbildes von *Lenbach* in der Münchener Neuen Pinakothek, die vielleicht auf ein paraffinhaltiges Kopalmittel zurückzuführen sind. Im allgemeinen sind weißhaltige Stellen auf alten Bildern meist besser erhalten als die lasierten. Besonders auffallend ist dies bei Zopfbildern.

Abnahme von Übermalungen. Häufig trifft man auf alten Bildern Übermalungen aus späterer Zeit, die sich durch den veränderten Farbcharakter abgesehen von der künstlerischen Leistung, bemerkbar machen.

Oft wurden auch Bilder angestückt oder kurzerhand abgeschnitten. Namentlich die Zopfzeit war in solchen Dingen sehr draufgängerisch und modernisierungslustig. Übermalungen abzunehmen bleibt immer eine gefährliche Sache, weil man nie genau wissen kann, ob noch eine alte intakte Stelle darunterstecht. So schrieb vor nicht langer Zeit ein früherer Restaurator einer staatlichen Galerie in seinen „Erinnerungen“: Er habe sich schon immer gewundert über die holprige Farbe eines Barettes in einem Rembrandtbild. Er habe sie abgenommen, es sei aber sonderbarerweise nichts darunter gewesen. Was blieb übrig, als ein Barett à la *Rembrandt* wieder draufzumalen (!). Häufig geschieht die Abnahme solcher Übermalungen aus Entdeckerfreude, in der Hoffnung, einen echten Tizian oder sonst einen Meister ersten Ranges aufzufinden. Gewöhnlich aber finden sich Fehlstellen unter den Übermalungen, und der Restaurator ist gezwungen, mehr als es gut ist, aus eigenem zu ergänzen. Oft sind Übermalungen auch vom ursprünglichen Meister vorgenommen worden. Bei Abnahme von Übermalungen geht man ähnlich vor wie bei der Reinigung. Nur sehr Geübte dürfen wagen, ein Stück völlig freizulegen, während alles andere noch übermalt ist. Oft genug sieht man selbst von zünftigen Restauratoren Stellen, bei denen sie auf Anhieb gleich der Grundierung nahe gekommen sind. Auch hier heißt es, lieber zu wenig wegnehmen als ein wenig zuviel. Bei nur einigermaßen wertvollen Bildern muß unbedingt gefordert werden, daß das Bild in verschiedenen Zwischensta- ▷

▷ dien, besonders aber nach der Befreiung von der Übermalung und vor Aufbringung jeder neuen Retusche im Lichtbild festgehalten wird, damit man auch später noch genau weiß, was Original ist und was nicht. Bei mehrfachen Übermalungen, die auch vorkommen, ist das erst recht notwendig. Röntgenaufnahmen, Quarzlampe und mikroskopische Untersuchungen sind hier sehr wertvoll geworden. *Signaturen* sind natürlich besonders vorsichtig zu behandeln. Sie kommen hie und da bei der Reinigung zum Vorschein. Leider sind sie sehr häufig falsch, und mit Vorliebe findet man da hochtönende Namen verwendet. Die Festigkeit solcher Signaturen gegen Lösungsmittel beweist nichts in bezug auf ihre Echtheit. Überfirnißte magere Tempera auf magerem Grund z. B. kann in wenigen Stunden sehr hart werden.

Die Retusche ist das umstrittenste Gebiet der Restaurierungstechnik. Zwei Meinungen stehen sich hier schroff gegenüber. Nach der älteren Ansicht sollten Fehlstellen derart wieder eingemalt werden, daß auch das geübteste Auge sie nicht erkennen könne, und so, als sei das Bild in allen Teilen unverletzt eben aus der Hand des ursprünglichen Meisters hervorgegangen. Diese Arbeitsweise wird von privaten Bestellern und vom Kunsthandel fast immer verlangt. Ihr gegenüber vertrat namentlich Pettenkofer in seiner Schrift „Über Ölfarbe" den Standpunkt, das alte Bild sei wie eine Urkunde aufzufassen, die in ihrem Zustande zu erhalten sei, aber nicht willkürlich „verbessert" werden dürfe. *Konservieren statt Restaurieren* war seine Losung. Es ist ganz klar, daß nur auf diese Weise ein altes Bild unverfälscht dem Beschauer und der Zukunft das ursprüngliche Wollen des Künstlers übermitteln kann. Es handelt sich hier darum, die Fehlstellen, als solche erkennbar, in einfach neutralen Tönen oder in der Imprimiturtönung stehenzulassen. Diese Methode sollte bei wertvollen Bildern, besonders in Galerien, die einzig zulässige sein, ist es aber leider noch immer nicht. Doch bricht sich der Gedanke mehr und mehr Bahn. Ich sah in der Hamburger Kunsthalle ein Bild des Meisters *Franke,* bei dem die sehr erheblichen fehlenden Stellen nur mit einem Imprimiturton ausgefüllt waren. Die echten alten Stellen kamen so zu erhöhter Wirkung. Ebenso sah ich in Breslau ein Bild von *Pleydenwurff* nach solchen Grundsätzen konserviert, ferner Bilder des Nördlinger Meisters *Herlin* in Rothenburg o. d. T. Ein hervorragendes Werk neuzeitlicher Konservierungstechnik sind der Altar von Milbertshofen bei München, die Holbeins im Augsburger Dom u. a. Solche Arbeiten sind ungleich schwieriger als das beliebte Zuretuschieren. Es gibt keinen anderen Weg, der Nachwelt ein wahrhaftes und ungeschminktes Bild früherer Malerei zu überliefern. Das gilt namentlich auch von der Wandmalerei.

Ein Mittelweg wird auch beschritten, nach dem die Retusche wohl farbig sich in das alte Bild einfügen, aber durch die Art der Behandlung, z. B. schraffierend, als Zutat erkennbar bleiben soll. *V. Bauer-Bolton* will die Retusche erkennbar für den Beschauer lassen, indem er die Auskittung gegen die Mitte zu etwas vertieft stehenläßt.

Ist man durch den Auftraggeber gezwungen, eine Retusche anzubringen im Farbwert des Originals, so muß nach meiner Forderung der erste Grundsatz der sein, sie so anzubringen, daß sie jederzeit leicht entfernbar ist, ohne echte alte Bildteile dabei anzugreifen. Das ist nur möglich mit Harzfirnisfarben, die sich mit Terpentinöl entfernen lassen. Solche Farbe erleidet auch nicht die störenden späteren Veränderungen der Ölretuschen. Ihre Durchsichtigkeit und farbsatte Wirkung kommt der alten Farbe am nächsten. Ölfirnisse, wie Bernstein- oder Kopalfirnis oder Kutschenlack, müssen ausgeschlossen bleiben, ebenso fette Öle. Man darf auch keine Tubenfarben des Handels dazu nehmen. Vom Standpunkt des gewissenhaften Restaurators ist solche Tubenfarbe ein Geheimmittel, dessen Zusammensetzung ihm unbekannt ist, für deren Verhalten er daher nicht einstehen kann. Wenn ein Maler wie *Böcklin* sich seine Farbe täglich frisch anreiben konnte, so muß das ein Restaurator doch noch viel leichter können. Denn er braucht – oder sollte brauchen – nur winzige Mengen Farbstoff und dazu nur ganz wenige Farben, die er sich für die Tagesarbeit in einigen Minuten, im Notfalle mit der Spachtel, zusammenreiben kann. Dann hat er ein Material, das in ganz anderer Weise dem der Alten entspricht und ihm ähnlich vermalbar ist als unsere heutige Tubenfarbe, die für andere Zwecke geschaffen und dort am Platze ist. Es ist mir jedoch bekannt, daß noch heute in einer der größten deutschen Galerien die Retuschen mit käuflicher Tubenfarbe gemacht werden. Man reibt die Farbe an mit Mastix- oder Dammarfirnis 1 : 3 in Terpentinöl und fügt höchstens bis zur Hälfte fettes Öl hinzu. Bei sehr feinen zeichnerischen Arbeiten, wie denen *Dürers,* wird ein Tröpfchen Nußöl zum Mastixfirnis gute Dienste tun. Man kann die Fehlstelle vorher mit Mastixfirnis, doch nur hauchartig dünn, einreiben.

Bloße Ölretuschen verändern späterhin sehr ihre Farbe. Man kann auf alten Bildern oft derartige Stellen sehen, von denen man annehmen möchte, der Restaurator sei farbenblind gewesen, so schwarz sind oft helle Töne geworden. Man braucht nur sehr wenige Farbstoffe, denn die Malerei der Alten war schichtenweise gemacht, wobei aus wenigen Farbtönen durch Übereinanderlegen die Farbe entwickelt wurde. Sehr vorteilhaft ist es dabei, schon die Kittstellen farbig in der Art des alten Bildes, sei es weiß, grau, ockerig oder rot usw., einzufügen, weil sich so optische Wirkungen gleicher Art wie im Bilde auch in der Retusche ergeben müssen. Man darf die Farben nicht im heutigen Sinne durcheinandermischen, ebensowenig etwa die Retusche auf solche Weise prima malen. In kurzer Zeit wäre solche Farbe sehr verdunkelt. ▷

▷ Man malt vom Hellen allmählich ins Dunkle, mit den wenigsten, aber rein übereinandergelegten Farben und muß sich vor allem hüten, warme Farben mit kalten zu mischen. So kann man etwa in einem Bild der Rubensschule auf der silbergrauen Kittstelle im Lichte anfänglich nur mit Weiß-Lichtocker die Lichtmasse eines Aktes leicht und mit magerer, nicht glänzender Farbe eintupfen. Man wird nicht auf einmal die fertige Wirkung anstreben dürfen. Vor allem darf man nicht stärkere Farbe hinsetzen, die man dann brechen will. Solche Farbe würde sehr nachdunkeln. Ein prima Ineinandermalen wäre, auch wenn der Farbton aufs genaueste getroffen wäre, das Ungünstigste, was man machen könnte. In kurzer Zeit wäre der eingesetzte Fleck verändert gegenüber der Umgebung, meist erheblich dunkler und schwärzer wirkend. Schichtenweise, mit gutem Zwischentrocknen muß, möglichst ohne zu mischen, Farbe übereinandergelegt und so allmählich der richtige Eindruck geschaffen werden, der sich dann optisch gleichartig dem alten Bilde einfügt. Erst muß die Lichthöhe erreicht werden, dann gibt man in geringem Ausmaß Farbe zu. So beim obigen Beispiel auf Weiß-Ocker etwa dann Weiß-Neapelgelb und andere warme Farben, doch so dünn stupfend, daß das Grau des Grundes noch nicht verlorengeht. Zuletzt kommen hauchartig dünne Weiß-Rot in die Fleischtöne, die in aller Frische sitzen müssen, durch Überarbeitung jedoch leicht verquält werden. Genau so bauen sich dann Übergänge im obigen Falle aus kalten Tönen, Grünerde, Schwarz-Weiß usw., auf und müssen ebenfalls rein bleiben. Warme Farben mit warmen Farben vermalt erhöhen sich und bleiben rein, kalte mit kalten bleiben ebenfalls klar; vermischt man dagegen kalte mit warmen Farben, so schwächen sie sich und werden trübe. In den Schatten stehen mehr lasierende wärmere Töne, späterhin oft nur dünn übergangen durch deckende Töne. Bei solchem allmählichem Entstehenlassen und Entwikkeln werden sich die Retuschen ganz dem Original einfügen. Über dem gegen das Original noch helleren Farbkern folgen dann die feinen Lasuren, ebenfalls in Firnisfarbe. Vielfach wird man hier bei Dunkelheiten die wärmsten Töne gebrauchen müssen, die erreichbar sind, wie Indischgelb mit Kasseler Braun und Siena, Krapplack usw., und dann erst leicht kontrastieren. Die Mischtechnik wird manchmal brauchbar sein.

Eine sehr gefährliche Sache ist das beliebte *„Austupfen“* kleiner Schäden und Zufälligkeiten oder gar der Haarrisse, das mit spitzem Haarpinsel und unter der Lupe gemacht wird. Viel Reiz temperamentvoller Malerei wird da zugunsten einer langweiligen Korrektheit geopfert. Da gibt es Methoden, die Haarrisse zu füllen, indem man Kreideleimgrund über das ganze Bild streicht, trocknen läßt und mit feuchtem Schwamm die Oberfläche säubert. Überflüssig zu sagen, daß solche Praktiken verpönt sein müssen. Aber da man in Amerika glatte Bilder haben will, wird diese Methode gern angewandt.

Unverantwortlich ist es, wenn der Restaurator, der Einfachheit wegen oder weil es seiner Auffassung vom alten Meister entspricht, das ganze Bild oder einzelne Teile zu seiner Retusche stimmt, eine Methode, der genug alte Bilder zum Opfer gefallen sind. So wurde das weltberühmte Bild des Frans Hals „Die Regenten des Altmännerhauses“ im Haarlemer Museum nach einer Mitteilung des Direktors von einem Berliner Hauserschüler „gereinigt“. Dabei gerieten ihm die Köpfe zu kreidig. Sie wurden dann nach bewährter Methode mit Preußischblau und Goldocker zusammengestimmt und natürlich mit Leinöl, wie es der Brauch der Schule war. Und ebenso erging es dem Schwarz der Gewänder. Dabei gab’s zu Zeiten des *Frans Hals* noch gar kein Preußischblau! Dem Restaurator sollte jedes Stückchen alter Farbe heilig sein. Ein Bild richtig zu konservieren ist durchaus nicht leichter als es zu „restaurieren“.

Daß in Harzfirnisfarbe ausgeführte Retuschen von unvorsichtigen Restauratoren später leicht „verputzt“ werden können, darf nicht davon abhalten, Retuschen in dieser Art auszuführen. Denn das erste Gebot muß sein, daß sie entfernbar bleiben, ohne Schaden für das Bild. „Pettenkofern“ gibt übrigens diesen Retuschen, genau wie dem Firnis, die Durchsichtigkeit wieder, ohne mechanischen Eingriff des Restaurators. Ölfirnisse und Ölfarbe dagegen sind schwer und nicht ohne Schaden zu entfernen und viel weniger regenerierbar.

Prof. *Robert Meurer,* Wien, geht einen andern Weg zur Gemäldeerhaltung. Er reinigt das Bild und befreit es von Retuschen. Er preßt das Leinwandbild auf echte, 6 mm starke Masonitplatten. Von der Vorder- und Rückseite überzieht er das Bild mit punischem Wachs in Terpentinöl gelöst. Darüber kommt eine ganz dünne Zellulosefolie, die glasklar ist und nicht gilben soll. Auf ihr werden die Retuschen angebracht und so in das Bild selbst keinerlei Eingriffe gemacht. Nach den Angaben des Erfinders hat sich die Methode bewährt. Das Bild sei allseitig abgeschlossen vor Feuchtigkeit, Staub und atmosphärischen Gasen. Die Zellulosefolie könne im Notfalle leicht abgenommen werden. Seine Erfindung ist patentiert.

Temperabilder (gefirnißte), die mit Ei oder Kasein oder Wachs gemalt sind und daher fest abgebunden haben, sind sehr widerstandsfähig gegen Putzmittel. Die Reinigung erfolgt wie bei Ölbildern. Vorsicht ist geboten bei künstlichen Temperaarten und überhaupt bei modernen Temperatubenfarben. Diese Bilder müssen wie die Ölbilder ohne Wasseranwendung gereinigt werden.

Ungefirnißte Tempera kann nur trocken, mit Brot oder Knetgummi, gereinigt werden.

Fehlstellen können mit Eitempera usw. ergänzt wer- ▷

▷ den, wobei man in ähnlicher Weise verfährt wie bei Retuschen des Ölbildes, vom Hellen ins Dunkle malend.

Restaurierung der Aquarelle. Verstaubte Aquarelle reinigt man mit Knetgummi oder Brotkrume. Abstauben mit reinem weißen Lappen und leichtes Abreiben mit weichem Wildleder wird als zweckmäßigstes Reinigungsmittel empfohlen. Verblichene Aquarelle legt man nach der Reinigung einen Augenblick flach in sehr dünne, wässerige Boraxlösung (1 Teil Borax auf 60 Teile Wasser). Vergilben wird zum Teil beseitigt durch Auflegen eines mit Wasserstoffsuperoxyd befeuchteten weißen Fließpapiers. *Church-Ostwald* empfiehlt Wasserstoffsuperoxyd in Äther, um die Aquarellfarbe nicht zu lösen. Bei einiger Vorsicht, wenn man nicht reibt, kann man ohne Gefahr mit der wässerigen Lösung arbeiten. Bei Knicken wird das Aquarell rückseitig genäßt und nacher auf einer feuchten Glasplatte ausgebreitet. Bei zerrissenen Stellen muß man das Bild mit Papier und Stärkekleister unterkleben und geschabtes oder zerfeiltes Papiermehl von dem gleichen Aquarellpapier mit ein wenig Kleister in die nassen Rißstellen einfügen und, wenn möglich, das Korn des Papiers eindrücken. Schwärzung von aufgesetztem Weiß (vermutlich Lithopone), und zwar stellenweise vollkommene, konnte ich bei Aquarellen und Miniaturen beobachten. Auflegen von weißem, mit Wasserstoffsuperoxyd befeuchtetem Fließpapier hob wohl die Schwärzung zeitweilig auf, aber diese kam nach einiger Zeit genau so wieder. In dem Falle könnte nur vorsichtiges Abschaben der Lichter und Neuauftrag mit Zinkweiß helfen.

Restaurierung der Pastelle. Wassertropfen, die auf schlecht gerahmten Pastellbildern auf der Farbfläche dunkle Rinnen hervorgerufen haben, müssen vorsichtig mit dem Federmesser aufgerauht werden, damit sie Farbe aufnehmen. Man übergeht sie strichelnd mit dem Stift, indem man aus Kontrasten den Ton aufbaut.

Auf alten Pastellen sind manchmal glatte Fleischteile fleckig geworden und die Farbe aufgerauht, besonders bei Pergament als Unterlage. Würde man hier mit dem Stift hineinarbeiten, so würde der Fleck sich nur vergrößern und die alte Farbe sich abheben. Man reibt entsprechende Farbstifte auf rauhem Papier und tupft mit dem Finger von da die Farbe ins Bild.

Stark abgestaubte Pastelle lassen sich vorsichtig strichelnd und tupfend in der Wirkung verstärken. Eine Fixierung der eingefügten Stelle unterläßt man am besten. Sie hätte unberechenbare Folgen für die alten Bildteile wie für die neuen.

Schlußfirnis. Sind die Retuschen gut ausgetrocknet, so kann man den Schlußfirnis über das Bild legen, mit dem man so lange wie nur möglich warten soll (siehe Firnissen). Man darf hier keinesfalls etwas anderes verwenden als Mastix oder Dammar in rektifiziertem Terpentinöl, etwa 1:3, dem man bei morschen oder spröden Bildern 2–5% Rizinusöl zugeben kann, um die Geschmeidigkeit des Firnisses zu erhöhen. Reines Rizinusöl gilbt nicht.

Gänzlich ungeeignet sind alle fetten Ölfirnisse, wie Kopallack, Kutschenlack, Bernsteinlack, und ebenso aber auch Mastix und Dammar in fetten Ölen geschmolzen oder mit fetten Ölen versetzt sowie Spiritusfirnisse. Es wurde schon verschiedentlich auf die Gefahr hingewiesen, daß solche ölhaltige Firnisse gilben und speziell die Öllacke schmutzigtrübe werden und schwer wieder entfernbar sind, während Mastix- oder Dammar-Terpentin-Firnisse, falls sie wirklich zerstört wurden, leicht durch das Pettenkoferverfahren zu regenerieren wären. Mattfirnis ist verwendbar, wo erwünscht.

Schutz der Rückseite. Die Zerstörung der Bilder, auch die Trübung der Firnisse erfolgt sehr oft durch Einwirkung von der Rückseite her (z. B. Mauerfeuchtigkeit). Ein Einstreichen der Rückseite mit fetten Ölen oder Mischungen fetter Öle mit Wachs ist keineswegs geeignet, Abhilfe zu schaffen. Die Leinwand bräunt, wird hart und brüchig, sie wird wie versengt. Außerdem kann der Eindruck des Bildes selbst Schaden leiden, so bei Kreidegrundbildern, die „soßig" im Charakter werden (siehe auch unter: Schadhafte Gründe). Die Rückseite ebener und trockener Holztafeln und ebenso deren Kanten kann man mit Leinölfirnis einstreichen oder mit Wachsterpentinöl.

Es ist eine oft beobachtete Tatsache, daß unter dem Holz des Keilrahmens sich die Leinwand tadellos hält, während sie an den offenen Stellen der Rückseite ganz vermorscht erscheint. Ich fand dies besonders anschaulich einmal an einem morschen Leinwandbild von 1520, wo die Leinwand unter dem Keilrahmen unberührt (und unbeschmiert!), so frisch und beweglich war, fast wie eine neue. Auch Zettel auf der Rückseite, wie Galerievermerke, halten die zerstörenden Einflüsse auf und zeigen sich an der Vorderseite als klar gebliebene Flecken in der getrübten Umgebung, wie das an einem Bilde von *Salvator Rosa* im Pitti früher gut zu sehen war.

Man kann daraus eine Lehre ziehen. Bei kleineren Bildern wird ein Holzdeckel, der über die Innenseite des Keilrahmens greift und mit Klammern oder Flügelschrauben festgehalten wird, genügenden Schutz bieten. Bei großen Bildern befestigte ich vier solcher Deckel rückseitig am Rahmenkreuz. Das ist notwendig bei Bildern, auf die besondere atmosphärische Einflüsse, wie Seeluft, aber auch feuchte Mauer, wirken.

Selbst ein über den Keilrahmen rückseitig gespanntes starkes Papier wird schon gute Dienste tun, bei ▷

▷ neueren Bildern auch Unterspannung einer ölgrundierten Leinwand. Es ist durchaus nicht ratsam, die Rückseite eines Bildes einzustreichen mit Bilderschutzmitteln, wie sie im Handel angepriesen werden. Da gibt es Mittel ähnlich dem Parkettbodenwachs, die das ganze Bild optisch verändern können und außerdem verbräunen. Am besten läßt man die alte Leinwand rückseitig unberührt. Auch Stanniol eignet sich nicht, ebensowenig irgendwelche Grundierungsanstriche. Das Bild muß im Rahmen Bewegungsfreiheit haben, sowohl ein auf Brett als auf Leinwand gemaltes, sonst kann z. B. eine Holztafel mitten durchreißen und den Goldrahmen sprengen.

Aufbewahrung und Pflege der Bilder. Die Bilder sollten in möglichst gleichmäßiger Temperatur gehalten werden. Vor allem müssen schroffer Wechsel und dauernde Zugluft vermieden werden. So wird besonders zu Beginn einer Heizperiode Vorsicht geboten sein. Am gefährlichsten hat sich die Dampfheizung erwiesen. Bilder, die Jahrhunderte überdauert haben, erleiden plötzlich den schwersten Schaden. Ganze Stücke stehen auf und brechen aus, besonders bei Holztafelbildern. Schuld ist die Austrocknung über die normale Luftfeuchtigkeit, die ein Schwinden des Holzes hervorruft. Unglasierte Tonröhren, die ein Verdunsten des Wassers gestatten, mit Wasser gefüllt und an der Heizung angebracht, haben sich als gut erwiesen. Nach *Pettenkofer* wirkt Vertäfelung oder Stoffbespannung der Wände günstig auf Bilder ein, da sie Wasser aus der Luft absaugen. Ich erinnere mich eines schönen Stillebens von *Ch. Schuch,* das ich 1921 in einem Oberlichtsaal unverletzt sah. 1923 war es in einen Nebensaal gekommen. So weit die Morgensonne daraufscheinen konnte, zu etwa drei Vierteln, war es total zerrissen. Denn der Asphalt erweicht und dehnt sich aus in der Wärme. Ohne Sonneneinwirkung wäre es heute noch intakt.

Mittlere gleichmäßige Temperatur ist für Bilder eine Lebensfrage. Darum darf man auch Bilder nicht in die Sonne stellen, weil die rasche Erwärmung und folgende Abkühlung Schaden anrichten können. Mit Asphalt unterlegte Bilder können durch Sonnenwärme ins Rutschen kommen und reißen nachher. Auch Farbveränderungen, so bei Zinnober und Lakken (Ausbleichen), sind möglich, ebenso ein Wiedererweichen von Bindemitteln. Das längere Öffnen der Fenster im Frühjahr bei Tauwetter nach strenger Kälte ist, wie man bei *Pettenkofer* lesen kann, vielen Bildern schon gefährlich geworden und verursacht erst Beschlagen und später Verwitterungserscheinungen (Ultramarinkrankheit und Zerstörung der Firnisse).

Die Bilder unter Glas zu halten ist eine neuerdings viel geübte Methode. Es ist aber keineswegs sicher, ob sie den alten Bildern zum Vorteil gereicht oder nicht vielmehr den Verfall beschleunigt. Bilder, die in geheizten Räumen direkt am Fenster oder an der Tür hängen, sind durch den starken Temperaturwechsel oder die Sonnenbestrahlung dem Springen sehr ausgesetzt.

Die Luft soll hinter den Bildern zirkulieren können, und sie sollen deshalb nicht glatt an der Wand anliegen, sondern nach oben etwas überhängen, wodurch auch ihre Sichtbarkeit erhöht wird.

Dürer schrieb an *Heller,* die Tafel solle 2–3 Finger breit oben überhängend aufgestellt werden, damit der Glanz nicht störe. Auch gegen den Staub ist das vorteilhaft. ◀

Über das Lumineszieren von Firnissen im filtrierten ultravioletten Licht

Von Dr. *Christian Wolters*

Das filtrierte ultraviolette Licht ist seit langem ein unentbehrliches Hilfsmittel naturwissenschaftlicher Gemäldeuntersuchung. Seine Anwendung ist so allgemein geworden, daß es gerechtfertigt erscheint, etwas über die Grenzen dieser Methode zu sagen.

Die Lumineszenzerscheinung kommt dadurch zustande, daß die Moleküle oder Atome des bestrahlten Stoffes zu der für ihn charakteristischen Lichtschwingung angeregt werden. Das einfallende Licht wird dabei in längerwelliges verwandelt.

Die für unsere Apparaturen herausgegriffene Wellenlänge des Quecksilberspektrums beträgt nach dem Durchdringen des Nickeloxidfilters etwa 3650 Å. Bei anderer Anregung würde sich die Leuchterscheinung ändern. Die Eindringtiefe bzw. die Rückstrahlung eines Lichtes hängt von seiner Wellenlänge ab. Kurzwelliges Licht (wie das ultraviolette) hat eine geringe Eindringtiefe und wird stark zurückgestrahlt. Langwelliges Licht (wie das infrarote) hat eine große Eindringtiefe und wird wenig zurückgestrahlt.

Es ist also weitgehend möglich, mit Hilfe der verschiedenen Strahlenqualitäten einzelne Schichten oder einzelne Eigenschaften eines Bildes herauszusondern und getrennt sichtbar zu machen.

Das gefilterte ultraviolette Licht zeigt nur die oberste Oberfläche und deren Materialunterschiede, wobei der Zustand der Firnisschicht und jüngere Zutaten, wie Retuschen, besonders ins Auge fallen. Was tiefer liegt, muß mit anderen Methoden sichtbar gemacht werden. Insbesondere gibt also die Quarzlampe keinen wirklichen Aufschluß über den Erhaltungszustand, sondern nur über die Eigenschaften der obersten Schicht. Retuschen und Übermalungen machen zwar Schäden wahrscheinlich, aber sie beweisen sie nicht und lassen auch nicht auf ihr wirkliches Ausmaß schließen.

Die Tatsache, daß gealterte Firnisse so stark lumineszieren können, daß sie darunterliegende Schichten unsichtbar machen, kann die Anwendung dieser Methode verhindern. Versuchsreihen des Doerner-Instituts zeigen, daß das Alter derartig lumineszierender Firnislagen bisher im allgemeinen überschätzt wurde.

Das Lumineszieren der gebräuchlichen Firnisüberzüge ist eine Folge der Oxidation. Alle autoxidierenden Stoffe lumineszieren, und zwar oxidieren Öle sehr viel schneller als Harze. Ein lumineszierender reiner Harzfirnis ist also älter als ein lumineszierender Ölfirnis. Je nach der Zusammensetzung, besonders wenn sie Balsame enthalten, beginnt bei letzteren die Lumineszenz bereits nach Monaten und ist nach wenigen Jahren bereits so stark, daß sie unter der Quarzlampe nahezu undurchsichtig werden.

Da völlig unberührte Bilder praktisch kaum vorkommen, ist also die einzige Schlußfolgerung, die aus einer stark lumineszierenden Firnisschicht gezogen werden kann, die, daß andere Methoden angewandt werden müssen, um die Eigenschaften der Maloberfläche deutlicher sichtbar zu machen. Bei allen naturwissenschaftlichen Gemäldeuntersuchungsmethoden gilt der Satz: Nur ein positiver Befund hat Beweiskraft, ein negativer nicht. Das heißt, was nicht in Erscheinung tritt, kann dennoch vorhanden sein.

Die Begrenztheit dieser Methode wird häufig nicht genügend beachtet und ihr Ergebnis deshalb im Positiven wie im negativen überbewertet. Diese Überbewertung läßt den verantwortlichen Kunsthandel immer wieder Klage darüber führen, daß er geradezu gezwungen sei, Bilder anzubieten, die unter der Quarzlampe tadellos und unberührt aussehen. Und zwar auch dann, wenn es sich gar nicht um verfälschte oder weitgehend geschönte Bilder handelt. Selbst durchaus vertretbare korrekte Ausbesserungen glaubt man häufig der allzu streng gewordenen Kritik verbergen zu müssen.

Die Bindemittel und Farbstoffe für Retuschen, Übermalungen und „schönende" Lasuren werden so gewählt, daß sie nicht allzusehr unter der Quarzlampe auffallen. Als Firnisse werden Stoffe benutzt, die sehr bald zu lumineszieren beginnen, oder aber sie werden, wenn nötig, so zusammengesetzt, daß sie sofort für das gefilterte ultraviolette Licht undurchlässig sind, also opak aussehen. Um den Zustand noch überzeugender erscheinen zu lassen, werden kleinere Retuschen über der lumineszierenden Schicht wiederholt, so daß sie sofort ins Auge fallen und die Kritik gegenüber den übrigen Partien verringern.

Das Gefährliche dieser Praxis liegt darin, daß Firnisse benutzt werden, die in ihrer Zusammensetzung oder in der Folge ihrer Schichten Stoffe enthalten, die schädlich für die Erhaltung der Malerei sind; sei es durch direkte Einwirkung, zu starke Spannung, schnelle Verfärbung oder durch Unempfindlichkeit gegenüber erlaubten Lösemitteln. Diese „Lumineszenzfirnisse" sind zu einer ernsten Gefahr für den Bestand der nicht im Museumsbesitz befindlichen Bilder geworden. Sie kann dadurch für die Zukunft verringert werden, daß von den verantwortlichen Stellen unter der Quarzlampe „alt" aussehende Firnisse nicht als eine gewisse Garantie für gute Erhaltung angesehen werden, sondern zu besonders kritischer Prüfung mit Hilfe anderer Methoden Anlaß geben.

Konservierung der Wandbilder

▶ Aufgabe der Bilderpflege ist es, die Ursache der Schäden zu beheben und sich aller Eingriffe, namentlich aller „Verschönerungen" oder „Verbesserungen" zu enthalten, die das Original beeinträchtigen. Erhalten und nicht neu herrichten, ist die Aufgabe und die ist viel schwerer als die der alten Restauratoren, die zu viel malten und oft ihr Werk an die Stelle des alten setzten. Der heutige Konservator tritt bescheiden zurück hinter dem Werk.

Die Erkennung, ob ein Fresko vorliegt oder Seccomalerei, ist nicht immer ganz einfach. In verdünnter Salzsäure löst sich Kalk, also auch Fresko, vollkommen unter Brausen. Aber auch Seccofarben können Kalk oder, wie *Raehlmann* zeigte auf Renaissancebildern und pompejanischen Werken, Marmorpulver enthalten, das auch braust.

Temperaschichten bleiben im allgemeinen bei der Salzsäureprobe als Platten erhalten. Auch wenn eingegrabene Umrisse fehlen, kann Fresko vorliegen. Fresco löst sich nicht in Wasser, wohl aber Leimfarbe und ungeeignete Tempera, dagegen Kasein, Ei und Wachs nicht, auch nicht in Kernseifelösung.

Kasein erkennt man beim Erhitzen durch Geruch nach verbranntem Horn, organische Stoffe verkohlen, also Temperabindemittel, Leim und Pflanzenfarbstoffe, auch Teerfarben. Wachs erkennt man durch das Schmelzen und den Geruch beim Erhit- ▷

▷ zen. Alkohol löst Harze, nicht aber Gummi, Leim, Kasein oder Ei. Schwefeläther löst Harze, Wachse und Öle, Leime und Gummi aber nicht. Kalkweiß bleibt unverändert weiß beim Erhitzen, Kremserweiß wird gelb, Zinkweiß nur vorübergehend zitrongelb. Die Analyse alter Bildreste ist schwierig und kann auch für den Fachmann allerlei Irrtümer ergeben. Alte Bilder sind im Laufe der Jahrhunderte mit allen möglichen Mitteln getränkt oder behandelt worden. Die spätere Zutat ist nicht immer so einfach nachzuweisen.

Vermutet man Malereien unter alter Kalktünche, so beklopft man diese vorsichtig und nur kurz an einer Stelle verweilend mit einem Hammer, dessen Schlagfläche mit Leder überzogen ist, oder mit einem Holzhammer. Spachtelartige Instrumente leisten oft gute Dienste beim Abheben. Manche Stellen lösen sich leicht, andere sind hartnäckig. Kaseinüberstrich erleichtert oft das Abschälen der Tünche an solchen Stellen. Äußerste Geduld ist nötig und häufig genug wird man auch dann nur Bruchstücke zu Tage fördern. Vielfach wurde alte Malerei mit dem Maurerhammer absichtlich stellenweise zerstört, um darüberliegendem Putz Halt zu geben.

Ursachen des Verfalls sind oft genug schon in Mängeln der Herstellung des Wandbildes begründet. Lösen sich z. B. einzelne Putzschichten plattenartig ab vom Grunde, so kann man sicher sein, daß hier ein Zwischentrocknen stattfand und auf der Kalksinterhaut keine feste Bindung mehr zustande kam. Der Frost sprengt an dieser Stelle den Grund. Starker Frost zerstört frischen Putz und damit die Malerei. Erst zeigen sich Löcher wie Schrotschüsse und bald fällt der Grund in Schollen ab. Sechs Wochen braucht das Fresko zum Trocknen, daran muß der Maler denken. Schlecht gelöschter brockiger Kalk löscht im Bilde nach und „treibt". Er braucht dabei mehr Platz und sprengt den Grund. Gipshaltiger Kalk blüht aus. Gips im Kalkmörtel „treibt". Er vergrößert seinen Umfang und sprengt dadurch Schichten. Zemente oder hydraulische Kalke können durch rasches Erstarren die Bindung des Freskos schwer beeinträchtigen. Ebenso ungenäßte Mauer und Weiterarbeiten auf angezogene oder zu späte Bemalung. Staub mit Feuchtigkeit kann zersetzend einwirken. Es ist klar, daß Temperatur- und Feuchtigkeitsschwankungen, hervorgerufen durch Sonne, Regen oder Wind, je nach dem Standort der Malerei mehr oder minder raschen Verfall herbeiführen können. Auf nicht entferntem Kalksinter halten keine darübergelegten Freskoputze dauernd, ebensowenig Seccomalerei. Auf dauernd feuchter Mauer hält weder Putz noch Farbe. Dauernde Wandfeuchtigkeit kann den abgebundenen Kalksinter lösen zu (löslichem) Kalziumkarbonat und dadurch das Fresco zerstören. Doch nur beim Vorhandensein von Kohlensäure. Der gelöste Kalk scheidet sich aus und wirkt getrocknet wie Schimmel. Nicht lichtechte Farbstoffe verbleichen an der Sonne, gestreckte Farben, wie sie der Anstreicher braucht, z. B. gipshaltiges Englischrot oder Ultramarin, blühen aus. Hygroskopische Stoffe werden vom Wasser abgeschwemmt. Soda und Pottasche verwittern und geben Ausblühungen.

Eine Hauptursache des frühzeitigen Verfalls mancher Werke ist ungenügende Lüftung, namentlich bei Deckenbildern, an denen sich Schwitzwasser ansetzt. Oft müssen auch Luftschächte in die Mauer rückwärts eingebaut werden. Dr. *H. Wagner,* Stuttgart, berichtet über einen Fall, wonach ein Ultramarinblau durch das Nichttrocknen des Mörtelgrundes aus Mangel an Ventilation nach zwei Monaten zerstört war. Ich kenne zwei Deckenbilder in einem Raum: das eine war stark zerstört, das andere tadellos erhalten. Auf dem Dachboden löste sich das Rätsel. Bei dem beschädigten Bild konnte eindringender Regen direkt zur Putzfläche dringen, bei dem anderen war ein Ziegelgewölbe aufgemauert. Bauschutt wurde oft auf dem Dachboden gelagert über dem Deckenbild, um eindringende Feuchtigkeit aufzusaugen und vom Bild abzuhalten. Er darf nicht entfernt werden.

Feuchte Mauern müssen trocken gelegt werden. In alten Landkirchen ist oft eine Lehmschicht die Ursache der aufsteigenden Feuchtigkeit. Durch Abgraben und Ausfüllen mit grobem Kies läßt sich der Schaden manchmal beheben. Bei einem Fresko *Slevogts* in einem offenen Pavillon wurde sofort die Umgebung des Bildes geteert und darüber verputzt. Die Feuchtigkeit hatte keinen Ausweg als durch das Bild und verursachte Schäden. Dasselbe war früher der Fall bei den Schwindfrescen der Wartburg, wo Ölfarbschichten und Wachsfarbe des Sockels der Wandfeuchtigkeit nur den Ausgang durch die Bilder ließen.

Viele Beschädigungen der Bilder kommen von unsachlichen Restaurierungen her. Man sieht nicht, was alles auf die Bilder gebracht wurde und wie sehr diese Stoffe eine Konservierung erschweren können.

In Industriegegenden kann durch die schweflige Säure aus den Rauchgasen die Sinterhaut aus kohlensaurem Kalk zerstört und zu schwefelsaurem Kalk (Gips) werden, der ausblüht. Ebenso werden Ultramarine zerstört. *W. Ostwald* malte diese Gefahr sehr schwarz. Es scheint aber, daß der Prozeß doch nur langsam vor sich geht. Der Geologe Prof. *Kaiser* aus München stellte an dichten Kalksteinen Schutzwirkung gegen schweflige Säure fest durch Bildung von schwer in Wasser löslichem Kalziumsulfit. Neutraler kohlensaurer Kalk des abgebundenen Freskos soll sich, angeblich durch Aufnahme von Kohlensäure aus der Luft, in löslichen kohlensauren Kalk verwandeln.

Wand- und Deckenbilder. Vor Beginn der Arbeit ist zuerst die Technik, in welcher das Bild gemalt ist, ▷

▷ festzustellen. Man überzeuge sich, ob die Farbe überall noch fest sitzt und nicht etwa abstaubt. Verschmutzte festsitzende Farbe wird zuerst trocken gereinigt. Man schneidet aus einem nicht zu frischen, nicht klebrigen Laib Roggenbrot (Bauernbrot) ein handlich großes Stück des Inneren heraus und führt es mit beiden Händen leicht reibend über die Fläche und wiederholt dieses Verfahren. Läßt sich nicht genügende Reinigung erzielen, so versuche man, mit einem gut ausgedrückten feuchten Schwamm sehr vorsichtig, ob sich nicht wasserlösliche Farben auf dem Bilde befinden. Sitzt die Farbe fest und ist namentlich die Sinterschicht des Freskos noch unverletzt, so kann man ruhig mit Wasser reinigen, da das Fresko wasserunlöslich ist. Am besten nimmt man destilliertes Wasser, damit nicht kohlensäurehaltiges Wasser die Freskohaut angreift. Als sehr gutes Mittel, um schwer lösliche Verschmutzung, wie fetten Kerzenruß in Kirchen, zu entfernen, erprobte ich eine Mischung von Essigäther, destilliertem Wasser und verdünnter Kernseifenlösung zu gleichen Teilen, die zum Gebrauch noch mit 3–4 Teilen Wasser verdünnt werden kann. Dieses Verfahren hat seitdem vielen Restauratoren und Malern sich als nützlich erwiesen. Es greift den Kalk nicht an. Bei hartnäckigen Fällen streicht man die Stelle mehrmals ein und läßt das Mittel einige Zeit einwirken und wäscht nach mit dem Schwamm.

Alte Ölfarbe über Fresko ist oft schwer entfernbar. Ist die Sinterkruste fest, kann man mit Schmierseife und Schwamm vorstreichen und nach einiger Zeit abwaschen. Kalk und Schmierseife ist ein noch schärferes Mittel, also Vorsicht! Sind noch Reste des Öles vorhanden, so wird das Bild beim Trocknen weißlich trübe. Man wäscht zuletzt mit destilliertem, lauwarmem Wasser nach. Panzol kann verwendet werden als Abbeizmittel. Es ist eine Salbe aus Wachs und Lösemittel, die auf diese Weise länger einwirken. Nicht ratsam ist das Abbrennen der Ölfarbe mit der Lötlampe. Es verdunkelt das Fresko.

Wasserlösliche Bilder, Leimfarbe oder Tempera, dürfen natürlich nur trocken gereinigt werden.

Sehr großen Schaden hat das früher (und heute noch!) sehr beliebte *Waschen der Wandbilder mit Salzsäure* angerichtet. Kein Zweifel, sie werden rein – aber das Fresko ist zerstört! Die Salzsäure zerstört die Sinterhaut des Freskobildes, es bildet sich Chlorkalzium, das wasserlöslich und wasseranziehend ist, dabei nicht die Deckkraft des Freskokalkes hat, sondern körperlos und durchscheinend wirkt.

Viele wertvolle Arbeiten wurden auf diese Weise zerstört, so 1901 das große Deckenbild von *Knoller* in der Bürgersaalkirche in München, das außerdem von einer Vergolderfirma Anno 1862 mit Paraffinöl getränkt worden war. Daß ein solches Mittel den Charakter der Technik vernichtet, außerdem durch sein Nichttrocknen Staub und Ruß fängt, ist klar. Genau so ungünstig wirkt Wachstränkung oder Wasserglas, die beide den optischen Eindruck der Freskomalerei zerstören. Wasserglas wittert aus. Ein verhängnisvoller Irrtum mancher Restauratoren war es, zu glauben, daß Kaseinmalereien oder „Kaseinfresken“ nicht angegriffen würden durch Salzsäure. Die Wirkung ist nur momentan nicht so augenscheinlich. Der Kalk wird natürlich genau so zerstört und die Feuchtigkeit bringt das freiliegende Kasein rasch zum Faulen und zur Schwärzung. Das erwähnte Knollerbild war in kurzer Zeit nach der scheinbar gelungenen Reinigung mit Salzsäure völlig geschwärzt, zum Teil tief in die Putzschicht, da es mit Kaseinzusatz gemalt war.

Von einer weiteren merkwürdigen Schwärzung eines Knollerbildes erhielt ich erst vor kurzem Kenntnis. In Neresheim waren 1828 die großen Bilder in der Kuppel von einem Restaurator mit *Bleiweiß* und einem wässerigen Bindemittel (Leimfarbe und Honig) „ausgebessert“ worden. Bei Leimfarbanstrichen treten bei Feuchtigkeitseinwirkung schwarze Flecken, Pilzwucherungen, auf. Hygroskopische Stoffe wie Honig, Kandis, Glyzerin beschleunigten die Wirkung. Mein Gewährsmann, der 1903 die Bilder restaurierte, schrieb mir, daß die Schicht schwarz geworden sei und sich wie der feinste Seidensamt angefühlt habe, dabei 3–4 mm hoch gewachsen gewesen sei. Mit lauwarmem Wasser und dem Schwamm gelang die Entfernung, denn die alte Malerei darunter war glashart, also Fresko.

Eine barbarische, das Fresko sicher zerstörende, früher recht häufig geübte Art war, mit Glaspapier das Fresko zu reinigen, wodurch die Sinterhaut mit Sicherheit zerstört wurde. Man malte dann lustig drauflos, „verbesserte“ und verschönerte nach Gutdünken, und wenn's zu neu aussah – nahm man einen Ziegelstein und fuhr über die Malerei herunter und machte sie „alt“! Darüber kam noch Wachs oder Paraffin! Diese Methode liegt noch gar nicht so weit zurück, ihre Ausüber wurden gefeiert und brachten uns um die herrlichen Reste romanischer Wandmalereien in Deutschland. *Tischbein* hatte recht, wenn er schrieb, solche Leute vertilgten noch das wenige Gute, das man uns Deutschen gelassen habe. Immer noch ist nötig, gegen solche Methoden zu kämpfen. Im Verborgenen blühen sie noch, so viel sich auch erfreulicherweise heute geändert hat.

Ausblühungen an Fresken sind nicht selten. Sinternde Ziegelsteine, feuchte Mauern, gipshaltiger Kalk, gipshaltige Anstrichfarben anstelle guter Künstlerfarbstoffe, unreiner Sand sind die Ursache, daneben Gips oder Soda im Mörtel. Diese Auswitterungen können die ganze Malerei überziehen und Farbe wie Grund zum Abfallen bringen. Der Ätzkalk aus dem Zement wird an der Luft zu neutralem kohlensaurem Kalk, Abtupfen mit destilliertem Wasser und Watte oder stark kohlensäurehaltigem Wasser sollen ihn lösen. Leider bleibt's hier meist bei ▷

▷ der Theorie. Gips, Glaubersalz (schwefelsaures Natron), schwefelsaures Kali und Magnesium, auch Kalksalpeter sind die Hauptbestandteile der Ausblühungen, die im Volksmund „Salpetern" genannt werden.

Es gelang einmal bei einem eben fertig gewordenen Fresko, das sich sofort wie mit Schimmel überzogen hatte, dieses wieder klar zu bekommen. Es handelte sich um Gips aus mit Steinkohlen gebranntem Kalk. Gips ist 1:400 in Wasser löslich. Unterschwefligsaures Natron wurde mit warmem Wasser auf einem Wattebausch aufgetragen und die Stellen betupft. Man darf nicht reiben und muß bis zum Klarwerden arbeiten. Gesättigte Ätzbarytlösung (7%) wurde dann darübergestrichen. Die Arbeit ist heute, nach 20 Jahren, noch ohne Fehler. Aber das ist ein ganz seltener Glücksfall.

Tränkungslacke, Harze wie Kolophonium in Benzin, würden die Verschleierung nach kurzer Zeit durch Krepieren der Harze nur vermehren.

Sinterungen aus Steinen treten manchmal erst nach Jahren zur Oberfläche, erst als feuchte Stellen, und verursachen dann Abfallen des Putzes. Tiefgehende Ausblühungen sind nur durch Abschlagen des Putzes entfernbar. Stammen sie von feuchter Mauer, so muß diese trockengelegt werden. Trübungen können schon beim Malen durch Verquälen der Farbe oder durch Aufrühren des Grundes entstehen. Auf dem alten Bilde sind häufig krepierte Harzschichten, wie Kolophonium oder Schellack, auch Wachslösungen oder schlechte Kaseine Ursachen der Verschleierung durch ungeeignete Restaurierung. Auf gutem Freskogrund sind sie durch Schmierseifenlösungen, Spiritus oder Terpentinöl vorsichtig zu entfernen. Alle Überzüge, wie Eiweiß, Harzfirnisse und Wachs, sind zu vermeiden; die Ursache der oberflächlichen Trübung muß entfernt werden. Trübung von innen heraus von sinternden Steinen ist kaum entfernbar.

Festigung. Mürbe oder abstaubende Stellen in Fresken fixiert man vorsichtig mit *klarem* Kalkwasser. Sehr stark verdünntes Topfenkasein wird häufig als Fixiermittel verwendet. Man probiert erst an einer kleinen Stelle und deckt das übrige vorher zu. 2%Dammar in Benzin wäre nur in Innenräumen verwendbar. Wasserglasfixierung ist nicht ratsam. Es bildet sich Natriumsilikat, das Ausblühungen verursacht, verwittert und optisch das Fresko verändert. Gefährlich ist dabei die oberflächliche Krustenbildung.

Niemals darf der Charakter der Technik verändert werden durch die Fixiermittel. Paraffinlösungen oder Wachs in fetten Ölen verändern die Wirkung der Freskofarbe. Prof. *Rathgens,* Berlin, empfiehlt organische Kieselsäureverbindungen (Äthylsilikate). Erfahrungen darüber aus der Praxis liegen nicht vor. Verdünnter Zaponlack wurde in Innenräumen ebenfalls verwendet, auch sehr verdünntes verseiftes Wachs (Wachsammon). Zaponlack ist nicht zu raten.

Ergänzungen. Risse und tiefe Löcher im Putze müssen gut genäßt und mit Freskomörtel ausgefüllt werden, in den man genäßte Ziegelbrocken einfügt. Die Ränder der Risse muß man sofort mit dem Schwamm reinigen. Größere solche Stellen kann man in Fresko vortuschen und mit Kasein oder in Wachsseife retuschieren. Niemals darf Gipsmörtel verwendet werden. Dieser „treibt", er vergrößert sein Volumen und stößt die Farbe ab.

Retuschen können auf Seccomalerei sofort nach dem Trocknen aufgebracht werden. Wachsemulsion, Ei, Kasein eignen sich dafür, am besten strichelnd verwendet. Im Freien verwendet man Topfenkasein. Bei wertvollen Arbeiten wird man keinerlei Eingriffe, Ergänzungen oder Übermalungen vornehmen, sondern Fehlstellen in einem neutralen, dem Gesamtton sich gut einfügenden Farbton halten. Nicht mehr darf künftig der Restaurator in solchen Fällen seinen Ruhm darin sehen, dem Beschauer die Echtheit eingefügter Stellen vorzutäuschen. Wie beim Fresko schon erwähnt, führt man Retuschen an Fresken im Innenraum am besten mit Wachspottascheemulsion und Dammarfirnis, verdünnt mit Wasser, aus. Wachs, in kohlensaurem Ammon gelöst, wäre noch besser, weil es nicht hygroskopisch ist. Die Stellen fügen sich dem alten Bild optisch so tadellos ein, daß man nach wenigen Tagen sie kaum mehr selber erkennen kann. Man muß das Mittel aber dick und nicht flüssig nehmen und stupfend, am besten mit runden, rauhen Borstpinseln und Pulverfarbe, auftragen.

Gefährlich ist es, mit käuflichen Tempera- oder Aquarellfarben Wandbilder zu retuschieren. Mir ist ein Fall bekannt, durch den ein neueres, sehr gutes Deckenbild empfindlichen Schaden auf diese Art gelitten hat. Es setzten sich auf einzelne Farben Fliegen in ganzen Klumpen fest, und zwar nur an bestimmten (eben den retuschierten) Stellen und verunreinigten stark das Bild. Man könnte den falschen Schluß ziehen, daß die Fliegen für einzelne Farbtöne besondere Vorliebe hätten – es waren aber nur Stoffe wie Honig, Sirup u. dgl. in den Farben, die die Anziehungskraft ausübten. Nebenbei leiden solche Stellen sehr durch die dauernde Wasserlöslichkeit dieser Stoffe, werden krümelig und fallen ab.

Abnahme von Fresken. Schon im Altertum wurde die Abnahme von Fresken ausgeführt, was durch Funde in Pompeji festgestellt ist. Der antike Mörtelputz war sehr fest, so daß ganze Mauerstücke ausgesägt werden konnten. Bei neueren Übertragungen, wie sie u. a. *A. W. Keim* ausführte, wurde in gewissem Abstand um das Bild der Mörtel abgehauen und ein Holzrahmen um das Bild befestigt. Das Bild wurde mit vielen Streifen aus starkem Papier mit Stärkekleister beklebt, damit nichts abfallen konnte. ▷

▷ Über die Vorderseite des Bildes wurde noch ein Drahtgitter am Holzrahmen befestigt. War, von oben begonnen, ein Stück rückwärts über den Ziegeln abgesägt, so wurde ein Eisenband eingeschoben und verschraubt, und so nacheinander fortschreitend, bis die ganze Rückseite fest eingeschraubt war. Nach andrer Methode wurde nur das Bild stark mit Leim und Papier überklebt, wodurch bei einer gewissen Dicke der Papierschicht, die durch starke Erhitzung des Raumes unterstützt wurde, die Freskohaut mit der Farbe von oben her abgesprengt wurde und sich rollte. Man zog die Schicht auf neuen Grund mit einem wasserunlöslichen Leim, am besten Topfenkasein, und erweichte vorsichtig die Papierlagen. Alle Retuschen gingen aber dabei verloren, die Bilder wirkten viel matter und manches blieb aus, besonders lasierende Töne und Ockerfarben; pastose Stellen blieben am besten erhalten.

Nach anderem Verfahren bestreicht man die Oberfläche mit dickem Leim und zieht gebrühte, mit Leim bestrichene Leinwandstücke darüber, die man an den Enden ausfasert, immer so, daß die oberen Leinwandstreifen (oder Papiere) über die Ränder der unteren Schicht zu liegen kommen. Man befestigt oben eine Holzrolle und sucht das Bild langsam von oben aus abzurollen, indem man den Putz vorsichtig lockert. Selbstredend erfordern alle diese Methoden große Übung, ebenso das Verfahren, durch längeres gleichmäßiges Beklopfen der überzogenen Stellen das Bild samt dem Mörtelputz von den Mauersteinen zu lösen.

Rabitzverfahren. Um Wandbilder transportieren zu können und sie nicht an Ort und Stelle malen zu müssen, brachte man Messingdrahtgitter oder verzinkten Eisendraht in flachen Bilderkisten an und bewarf sie mit Spritzwurf, den man antrocknen ließ und dann aufrauhte. Darauf kamen die weiteren Gründe in Fresko und in Fresko oder in Secco wurde gemalt. Es gibt verschiedene Abarten dieses Systems, Freskoplatten und dergleichen. *Rottmanns* griechische Landschaften in der Münchener Pinakothek sind auf Rabitz gemalt. ◀

Über die Abnahme und Übertragung von Wandgemälden

von Dipl.-Gemälderestauratorin *Laura von Lama*, Rom

Um eine Wandmalerei notfalls von der Mauer zu trennen, werden zur Zeit in Italien folgende Methoden angewandt:

1. Verputz-Abnahme (distacco a intonaco)
2. *Freskohaut-Abnahme (Riß-Abnahme)* (distacco a strappo)
3. Massel-Trennung (distacco a massello). Das heißt, die Mauer um das Bild wird ausgesägt. Diese Methode wird sehr selten angewendet, und zwar nur dann, wenn das ganze Gebäude abgetragen werden soll.

Bei den beiden anderen Methoden muß man – vor Beginn der Abnahme-Arbeit – vor allem prüfen, ob die Malerei abblättert. In diesem Falle muß man sie zuerst festigen. Auch bei Lasuren und Übermalungen und an den Ansatzstellen der „Arbeitstage" beim „guten Fresko" (da sich hier originale Retuschen der Künstler, die sie nicht vollkommen mit dem Verputz amalgamieren konnten, befinden) muß die Malerei fixiert werden. Gewöhnlich verwendet man dazu natürlichen, weißen Schellack in Spiritus gelöst.

Dann muß man die Gemäldefläche, wenn es möglich ist, entfetten (z. B. vom Kerzenrauch, Fettflecken, Handabdrücken, usw.); man nimmt dazu leicht alkalihaltige Lösungsmittel (z. B. Salmiakgeist), die den Schellack nicht loslösen. Bei anderen Fettlösungsmitteln (z. B. Aceton usw.) würde das der Fall sein.

Inzwischen werden die nötigen Gewebe – Baumwollgewebe (Kaliko) und Hanfgewebe – die die Malerei schützen sollen, bereit gelegt: und zwar werden beide zunächst in Wasser gelegt, getrocknet und in Stücke von 50 × 50 cm geschnitten und an den Rändern ausgefasert.

Bei der *Verputz-Abnahme* werden beide Gewebe mit einem elastischen Leim, in Italien „colletta" genannt, aufgeklebt. Das Rezept des „colletta" lautet:

1 l Wasser
1 kg Tischlerleim
250 g Melasse (um den Leim elastischer zu machen)
300 g weißer Weinessig
50 g Ochsengalle (damit das Gewebe an der Malerei besser haftet)
10 ccm Nelkenessenz (die vorher der Ochsengalle zugefügt wird, damit diese nicht in Fäulnis übergeht)

Der Leim wird gekocht, abgekühlt, in Scheiben geschnitten und auf einem Metallnetz getrocknet. Zum Gebrauch löst man etwa einen Teil getrockneten Leim in einem Teil Wasser.

Wenn die Mauer feucht ist oder Mauer-Ausblühungen von Salpeter zeigt, haftet der Leim nur schlecht. Deshalb muß der Raum geheizt werden, damit die Feuchtigkeit an der Oberfläche des Wandgemäldes vermindert wird. Bei feuchten Wänden muß auch dann die ganze Arbeit so schnell wie möglich ausgeführt werden.

Nach diesen Vorarbeiten beginnt man nun die Schutzgewebe auf die Wandmalerei zu kleben. Man erwärmt dazu die Leimlösung „colletta" (s. o.) gut und bestreicht damit die Wandmalerei. Dann werden die zwei Schutzdecken der Gemäldefläche aufgelegt; bei beiden Geweben müssen am Rand der Malerei noch 20 cm frei bleiben. Die erste Schutzdecke besteht aus Baumwollgewebe (Kaliko). Die einzelnen Gewebestücke werden in die warme Leimlösung (colletta) getaucht und auf die Wandmalerei aufgeklebt, so daß ihre Ränder sich überlappen. Die Leimlösung soll bei jedem Stück immer mit der Hand gut bestrichen werden, um eine einwandfreie Haftung des Gewebes zu erreichen. Ist nun die ganze Gemäldefläche mit Kaliko bedeckt, so läßt man den Leim einziehen und klebt dann die zweite Gewebeschutzunterlage aus Hanf darauf. Die einzelnen Stücke werden ebenfalls wie vorher in der gut erwärmten Leimlösung (colletta) – diesmal aber noch mit ein wenig Wasser verdünnt – getaucht. Beim Aufkleben müssen die Hanfstücke mit der Hand gut angedrückt werden; man erreicht das, indem man ständig darüber hinstreicht. Die Randverbindungen müssen mit denen der Baumwollstücke abwechseln.

Nun sägt man um die Wandmalerei in der Tiefe des Verputzes bis zur Mauer ab. Ist diese Arbeit getan, so legt man auf die gedeckte Wandmalerei einen hölzernen Rahmen in der Größe des Gemäldes, der entsprechend mit Latten kreuzweise verstärkt wird. Der Rahmen wird auf die Mauer befestigt und die 20 cm beider Gewebe – die am Rand der Malerei frei gelassen wurden – werden an die Peripherieachsen des Rahmens genagelt.

Die Verputz-Abnahme soll möglichst von unten nach oben vorgenommen werden, damit die Abbröckelungen die Wandmalerei nicht beschädigen. Im umgekehrten Fall würden sie sich zwischen Verputz und Mauer sammeln. Für diese Arbeit braucht man eigens dazu geeignete Metallstäbe.

Das Wandgemälde wird dann ins Laboratorium gebracht, flach gelegt, von den Schutzrahmen befreit, auf einem Tisch befestigt, so daß die Fläche der Malerei auf den Tisch zu liegen kommt.

Dann wird der Verputz mit Raspeln abgeschliffen; 3–5 mm Verputz muß jedoch erhalten bleiben, damit die Malerei ihre chromatische Intensität nicht verliert. Die Rückseite des Bildes wird dann gut abgebürstet.

Jetzt beginnen die notwendigen Arbeiten, um das Gemälde auf einen neuen Träger zu übertragen. Die meistgebrauchte Methode ist, es auf Gewebe zu übertragen, da mit dieser Methode ein neuer Eingriff erleichtert wird, wenn das Bild später eine neue Restauration benötigt.

Zuerst nagelt man die Wandmalerei, die 20 cm Rand benutzend, auf den Tisch und tränkt die Rückseite mit roher abgerahmter Milch – besser noch Kalkwasser mit ein wenig Kaseinzusatz – und läßt alles einen Tag ruhen.

Nun klebt man ein Baumwollgewebe (Kaliko) der Bildgröße entsprechend, so daß auch hier 20 cm an allen Seiten überstehen, mit Kalkkasein (caseato di calcio), welchem evtl. eine kleine Menge gekochtes Leinöl zugegeben werden kann, um den Leim geschmeidiger zu machen, auf die Rückseite der Malerei und läßt alles gut trocknen.

Nach dem Trocknen nimmt man die Nägel an den Rändern heraus und das zweite Gewebe, das aus Hanf, wird aufgeklebt, ebenso mit Kalkkasein (caseato di calcio). Die Ränder beider Gewebe werden wieder auf den Tisch genagelt und sollen gut austrocknen.

Der Leim, der für die Rückseite des Gemäldes gebraucht wird, muß immer aus anderen Substanzen (s. u.) zusammengesetzt werden, als der für die Vorderseite verwendete Leim. Die Lösungsmittel, die man für die Vorderseite verwendet, um die Schutzgewebe zu entfernen, würden sonst auch auf die für die Rückseite verwendeten Klebemittel wirken. In unserem Falle also: wasserlösliche Mittel (colletta) für die Vorderseite und wasserunlösliche (Kalkkasein) für die Rückseite.

Nun dreht man das Wandgemälde um und nimmt mit warmem Wasser beide Schutzgewebe ab, läßt wieder trocknen und montiert das Bild auf einen neuen hölzernen Rahmen. Um dem Rahmen eine passende Stärke für die Größe des Bildes zu geben, muß man ihn mit senkrechten und waagerechten Latten verstärken. Die Oberfläche des Rahmens, die dem Gewebe zugekehrt ist, muß nach innen schräg gehobelt sein, damit die Kanten sich auf dem Gewebe nicht eindrücken. Damit die auf die neue Gewebe übertragene Wandmalerei in sich steif bleibt, wird ein Band aus dem gleichen vorher angewendeten Hanfgewebe mit ausgefaserten Rändern über die Mitte jeder Zwischenlatte an dem Gewebe mit Kalkkasein (caseato di calcio) angeklebt. Der Rahmen wird mit Karbolineum angestrichen, um ihn dauerhafter zu machen. Auf die viereckigen Flächen – die in dem Rückgewebe des Bildes zu sehen sind – legt man dünnen Verputz (3 Teil Sand + 1 Teil gelöschter Kalk) mit Zusatz von wenig Kasein auf.

Durch diese Art Träger behält das Bild das Aussehen einer festen Wandmalerei.

Die Methode auf Zement zu übertragen, die früher manchmal geübt wurde, ist nicht zu empfehlen, da der Zement alkalische Substanzen enthält, die sich mit der Zeit auf die Malerei schädlich auswirken können.

Bei der *Freskohaut-Abnahme (Riß-Abnahme)* (distacco a strappo), die nur bei „gutem Fresko“

anwendbar ist, wird nur das *Häutchen* (Oberschicht) *der Malerei* (die Freskohaut) abgerissen.

Für diese Methode ist ein Klebemittel anzuwenden, dessen *Stärke* (Kontraktionsstärke) bei trockenem Zustand größer ist als die des Verputzes des Wandbildes; also im Gegensatz zum vorigen Verfahren ohne Substanzen (Melasse), die ihn elastischer machen.

Wenn man der Festigkeit der Malerei sicher ist und man die Gemäldefläche entfettet hat – wie schon im Verputz-Abnahme-Verfahren beschrieben wurde – streicht man auf das Wandgemälde eine Lage gut gewärmten Tischlerleim, dem vorher ein Antiseptikum (z. B. Phenol) beigefügt worden ist, um den Schimmel zu verhindern.

Dann klebt man auf das Bild – auch für dieses Verfahren – ein Schutzgewebe aus Kaliko, stückweise vorbereitet, die einzelnen Stücke vorher immer in warmen Tischlerleim getaucht. Wenn der Leim eingezogen aber noch nicht trocken ist, wird auf die gleiche Weise das Hanfgewebe aufgeklebt.

Die Gewebe müssen natürlich auch hier am Rand der Malerei 20 cm überstehen. Der obere Rand wird mit einer Holzlatte an der Mauer befestigt. Um das Bild wird nun der Verputz – nur wenige Millimeter tief – eingehauen.

Wenn die beiden Gewebe vollständig trocken sind (die Freskohaut beginnt selbständig sich vom sonstigen Verputz loszureißen), fängt man mit dem *Abreißen* (mit der Riß-Abnahme) der Freskomalerei an, hinaufschiebend und aufrollend.

Im Laboratorium wird die Rolle – die Malerei nach unten – auf einen Tisch flach hingelegt.

Man führt nun die gleiche Arbeit wie bei der Verputz-Abnahme-Übertragung aus, mit der Ausnahme, daß in diesem Falle eine Verminderung des Verputzes auf der Rückseite nicht notwendig ist und es genügt, die Fläche zu ebnen.

Dann wird die Malerei – immer mit der gleichen Methode – auf den neuen Träger (auf Gewebe und Holzrahmen) übertragen.

Außer der Art des früher erwähnten Trägers wurden für diese zweite Abnahme-Methode in Italien auch Eternit und Masonite erprobt; beide sind aber nicht zu empfehlen. Wenn man einen festen Träger verwenden will, dann ist die *Phaesite* (Faesite) vorzuziehen. Diese bietet in der Tat im Vergleich mit den anderen erwähnten Hartplatten den Vorteil, eine evtl. Restaurierung leichter zu ermöglichen und verleiht trotzdem dem Fresko das Aussehen eines festen Wandgemäldes.

Bei feuchten Wänden ist bei der Freskohaut-Abnahme der Tischlerleim nicht zu empfehlen; man muß deshalb, um die Schutzgewebe anzukleben, Klebemittel anwenden, die die Eigenschaft besitzen, auch im feuchten Raum gut zu trocknen.

Gute Resultate sind in diesem Falle in Italien z. B. erzielt worden mit natürlichem, weißem Schellack in Spiritus gelöst.

Hier muß man folgerichtig, um die Schutzgewebe zu entfernen, kein warmes Wasser, sondern Spiritus verwenden.

Die Abnahme der Wandgemälde ist nur in der warmen Jahreszeit möglich.

Beschreibung des Ganges einer Konservierung am Beispiel des Augsburger Domes

Von Prof. *Toni Roth*

Der Grundgedanke bei dieser Aufgabe war, das Innere des Raumes von Schmutz, Ruß und Altersschäden zu reinigen und ihm ein neues, farbiges Gepräge zu geben. Der letzte, dunkelbraune Anstrich hatte die schöne Raumwirkung gänzlich zerstört.

Man hatte nun für die Lösung der Aufgabe drei Möglichkeiten vor sich:

1. durch eingehende Untersuchungen festzustellen, ob sich unter den derzeitigen Anstrichen noch die ursprüngliche gotische oder romanische Tönung befinde und auf Grund dieser gefundenen Originaltönung den Raum neu auszumalen;
2. die Originaltönung freizulegen, dann zu konservieren und die Fehlstellen, mit Ausnahme von figürlichen und ornamentalen Malereien, einzustimmen;
3. den Raum im Sinne unseres Zeitgeschmackes neu zu tünchen und zu tönen bzw. neu auszumalen.

Vom Standpunkt recht verstandener Denkmalpflege aus war wohl kein anderer Grundsatz zu vertreten als der, den Raum zu konservieren, d. h. das Original zu erhalten. Bei einem so überragend bedeutenden Bauwerk hat man nicht das Recht, dem Denkmal eine ihm fremde künstlerische Art aufzudrängen –, man muß vielmehr mit Ehrfurcht hegen und pflegen, was uns in Form und Farbe erhalten blieb.

Gewiß kann man dem entgegenhalten, daß frühere Kunstepochen unbedenklich einen romanischen Raum gotisiert oder einen gotischen Raum im Geist der Renaissance neu gestaltet haben. Aber wie eingangs erwähnt, ist es ein Verdienst des 20. Jahrhunderts, daß man wertvolle Kunstdenkmäler unverändert läßt und sie nur durch einwandfreie Konservierung anderen Generationen zu erhalten sucht, dabei aber evtl. notwendige Neuerungen wirklich neu schafft in der Kraft und im Geiste unserer Zeit. Das Bestreben, bedeutendes Kulturgut unverfälscht zu erhalten, ist wirkliche Denkmalpflege. Hätte man etwa im 16. oder 17. Jahrhundert diesen Standpunkt gewahrt, so wäre viel mehr Kulturgut auf unsere Zeit gekommen.

Die Architekten unserer Zeit würden sich bei der heutigen Kunstauffassung schwerlich dazu entschließen, bedeutende Bauwerke zu verändern, wie sie selber auch keine Freude daran haben könnten, wenn Bauten, an denen sie ihre ganze eigene Kraft eingesetzt haben, in 30 oder 50 Jahren von anderen Baumeistern abgeändert würden.

Die Wirkung der Raumarchitektur hängt oft wesentlich von der Farbgebung ab. Man kann durch eine falsche Tönung eine Architektur gänzlich entstellen. Auch dafür gibt es eine Reihe von Beispielen.

Man ging nun also mit der Absicht, nach Möglichkeit die ursprüngliche Tönung freizulegen, an die Aufgabe heran. An verschiedenen Stellen des Raumes wurden kleine Gerüste aufgestellt, um an den Wänden, an den Rippen, an den Gewölben usw. durch Proben zu erkunden, ob sich unter den vielerlei Anstrichen noch die originale Tönung finde. Mit großer Sorgfalt wurde Tünche um Tünche abgenommen und schließlich wurde die gotische Fassung gefunden.

Im Mittelschiff konnte festgestellt werden, daß zum Teil der romanische Putz noch gut erhalten war und daß die Wände mit einem durchgehenden, prachtvollen Fries bemalt waren. Die Möglichkeit, die ursprüngliche Tönung eines ganzen Raumes einheitlich zurückzugewinnen, schien also gegeben. Und dies war nun eine Aufgabe von so unschätzbarer Tragweite, daß es sich lohnte, die Freilegung mit allen Mitteln zu erkämpfen.

Die meisten Kunstdenkmäler sind neu getönt und haben darum nicht den Reiz einer Tönung, die jahrhundertelang zusammengewachsen ist. Auch wird die Lebendigkeit des alten Verputzes mehr oder weniger durch neue Anstriche beeinträchtigt. Dabei ist aber die Unregelmäßigkeit einer Mauerfläche bei so großen Raumflächen von außerordentlicher Bedeutung, da große Flächen, wenn sie zu dick gestrichen sind, meist wie glatte Bretter oder Pappdeckel wirken.

Um zu beweisen, daß eine Freilegung gewiß keinen schmutzigen und antiquarischen Zustand schafft, und daß die tektonische Raumwirkung in keiner Weise beeinträchtigt wird, wurde nach den erwähnten Detailproben noch ein größeres Stück, vier Joche, freigelegt und die Fehlstellen eingestimmt.

Mit tüchtigen Handwerkern, die uns heute gewiß für Neutönungen zur Verfügung stehen, wäre es keine besondere Leistung gewesen, den Raum auf Grund der vorgefundenen Originaltönung neu zu streichen. Die Freilegung jedoch an Stelle der Neutünchung erforderte vom Handwerk große Erfahrung. Mit einem besonderen Handwerkszeug, das für die Freilegung eigens hergestellt wurde, wurden alle späteren Tünchschichten mit größter Vorsicht zentimeterweise abgeklopft bis zur originalen Tönung. Es wurde keine Stelle gekratzt, da man auf diese Weise den Originalputz und die daraufliegende Malerei zerstört hätte.

Nun zeigte sich, daß zum großen Teil die Originaltönung sowie die Wandmalereien gesund und kernig vorhanden waren. Besondere Beweise dafür waren

- eine 14 Meter hohe Wandmalerei, darstellend den hl. Christophorus, gemalt um 1491 (s. Tafel XXII);
- dann die betenden Frauen;
- der romanische Fries;
- die Gewölbemalereien;
- die Wappen und manches andere.

Für das Auge des Malers war es eine besondere Freude, als die graue Tönung des Westchores mit den ins gebrochene Weiß aufgemalten Quadern, im Schiff aber das tonige, farbige Weiß mit den locker und in rötlichem Ton aufgemalten Quadern zum Vorschein kam.

Alle Zementausbesserungen, besonders aber die auf den unteren Mauerflächen, wurden gewissenhaft beseitigt und mit bestem Kalkmörtel in der Struktur des Originalputzes erneuert. Dieser Verputz wurde aus altem, holzgebranntem Kalk, gewaschenem Flußsand, Quarzsand und etwas Marmorstaub hergestellt. Auf dem noch feuchten Verputz begann man die Retuschen in 4–5 Lagen von kalten und warmen Tönen übereinander allmählich der originalen Umgebung anzupassen. Für die Retuschen wurde täglich frisch hergestelltes Topfenkasein verwendet. Durch den soliden, technischen Aufbau ist ein späteres Nachdunkeln der Ergänzungen verhindert. Hätte man hingegen beim Einstimmen der

Fehlstellen deckende Kalktünchen verwendet, so wären spätere Veränderungen nicht zu vermeiden gewesen.

Die zum größten Teil erhaltene Originaltönung wurde mit destilliertem Wasser öfters gereinigt.

Grundsätzlich wurden an den freigelegten figürlichen und ornamentalen Malereien keinerlei Ergänzungen vorgenommen, sondern die Fehlstellen lediglich von berufenen Künstlern in neutralen Tönen zur Umgebung passend eingestimmt.

Mit besonderer Vorsicht ging man an die Freilegung des romanisches Frieses. In der gotischen Zeit war derselbe mit Kalktünche übergangen worden. Vor diesem Anstrich hatte man jedoch die romanischen Malereien mit einer feinen Kreideschicht isoliert. Aber die Kreideschicht verlor ihre Bindekraft durch den darübergelegten Kalkanstrich, so daß man also die Kalklage nun trocken absprengen konnte, ohne die romanischen Malereien zu verletzen.

Die Säulen des Raumes waren mit Zement geglättet und mit dunkelgrauen, dicken Kalkanstrichen verschmiert. Ebenso war es den reichen Sandsteinarbeiten und den Schlußsteinen ergangen. Mit großem Zeitaufwand wurde hier die Freilegung vorgenommen, bis der Sandstein wieder sein feines, pastellartiges Grau zeigte. die abwechslungsreichen, zum Teil ornamental und figürlich prächtigen Kapitelle und Schlußsteine bekamen wieder ihre ursprüngliche Klarheit und Schärfe.

Eine Reihe von Fachleuten konnte sich vom Gerüst aus von der aufgewendeten Sorgfalt bei der Freilegung überzeugen. An einer Wand des Kapellenkranzes und an einer Säule ist heute noch der Zustand aus der Zeit vor der Konservierung einzusehen. Man kann sich bei Besichtigung der braunen, schmierigen Kruste noch vorstellen, wie sehr die Raumwirkung beeinträchtigt war. Auch dienen diese Stücke als Beweis dafür, daß die Freilegung des Raumes künstlerisch wie technisch möglich war.

Den baulichen Dreiklang des Raumes entzückt heute wieder ein eigenartiger Farbakkord. Den Auftakt gibt der erste, in stahlgrauem Ton gehaltene Raum des Westchores mit den so locker ins gebrochene Weiß aufgemalten Quadern. In diesem farbigen Grau wirkt die monumentale Wandmalerei des riesigen Christophorus ungemein farbig und beherrschend. Das prachtvolle alte Fenster, welches in goldenen Tönen dominiert, durchglüht die drei ersten Räume des Westchores. Der Mittelraum des Westchores zeigt ein etwas wärmeres, helleres Grau. Dadurch sind die drei ersten Räume auf das Feinste differenziert und in einem kalten und wärmeren Grau aufgebaut.

An den tonigen Westchor reiht sich das Hauptschiff mit den Seitenschiffen an. Die Grundstimmung der Wände ist hier ein gebrochenes Weiß, darauf die aus dem Handgelenk heraus gemalten kühlroten Quadern.

Mit einem gewissen Recht war gegen diese Quaderbemalung von verschiedenen Seiten Stellung genommen worden. Gegen Ende des 19. Jahrhunderts wurde eine Reihe von Kirchen im Sinne einer gotischen Tönung ausgemalt. Dabei ließ man den technischen Aufbau sowie auch die künstlerische Darstellung außer acht, und eine gänzlich verständnislose, schablonenhafte Malerei mittels Lineal und anderer derartiger Hilfsmittel trat an die Stelle der künstlerischen Eigenart. Es gibt leider alte und neue Räume mit derartiger Bemalung, die mit Recht verurteilt werden muß.

In dem hier beschriebenen Raume jedoch ist die Quaderbemalung so leicht und unregelmäßig, so schön in den Verhältnissen, daß jeder, der sich einige Zeit damit beschäftigt, selbst empfindet, welch künstlerischer Reiz, welche Belebung der Wand und welcher Maßstab dadurch von den Alten erreicht wurde.

Über diese gegliederten Wände spannt sich das Gewölbe mit einem Weiß, das in allen Farben spielt, einem sehr feinen, undefinierbaren Ton, der den Charakter eines alten Emails oder eines Pergamentes trägt. Das schöne, feine Korn des kernigen Verputzes erhöht noch den eigenartigen Reiz, der durch einen Anstrich niemals zu erreichen gewesen wäre. Noch dazu hätte ein Anstrich die niederen Seitenschiffe in der optischen Wirkung um einen erheblichen Grad gedrückt.

Die Rippen sind auf Grund der Originaltönung im Charakter des Sandsteines lasierend eingestimmt und mit den aufgesetzten Fugen versehen worden. Bei dieser farbigen Einstimmung wurde jedoch in keiner Weise schablonenhaft vorgegangen, sondern mit 4–5 sich immer wiederholenden Tönen wurde der farbige Akkord geschaffen. Jede Rippe für sich wurde in 5–6 Abstufungen von farbigem Grau, bald ins warme Rot, bald in ein kühles Graublau, bald in gebrochenes kaltes oder warmes Grün verschwimmend, abgestimmt.

Von besonderer Bedeutung für die gesamte Raumwirkung sind die prachtvollen Schlußsteine mit den kreuzweise zusammenlaufenden Rippen, deren Enden in ein starkes Blau-gelb-grün-rot auslaufen. Dieser farbige Schlußakkord der Rippen, die formal eine reiche Abwechslung zeigen, ist ein entscheidendes Moment für die farbige Haltung des ganzen Raumes. Zum großen Teil ist diese farbige Haltung der Rippen noch original, im übrigen wurden die Fehlstellen mit aller Vorsicht eingestimmt, wobei man den größten Wert darauf legte, daß die so starke Farbigkeit zwar weich aber durchaus nicht süßlich wirke. So bildet das Schiff den Mittelton des ganzen Raumes.

Als dritter Hauptklang reiht sich dem Mitelschiff der Ostchor mit dem Kapellenkranz an. Er ist in einem lichten, ganz zarten Grau gehalten, die Wände ohne Quadern. Das Gewölbe spannt sich wie ein Zelt und wirkt durch den kühlen Farbton ungemein hoch. Um den Ostchor optisch in die Höhe zu treiben, scheint der Baumeister die mehr horizontal wirkende Quaderung bewußt vermieden zu haben.

Der Kapellenkranz zeigt die gleiche Tönung, nur etwas wärmer. Auf diese Weise ergibt sich ein eigenartiger Farbakkord in gebrochenen Tönen von Kalt und Warm. Da und dort sind die Wände und Gewölbe mit figürlichen, ornamentalen und heraldischen Malereien belebt.

An den monumentalen Gesamtraum reihen sich außer dem Kapellenkranz noch drei weitere Kapellen an, von denen als die bedeutendste die Marienkapelle genannt sei. Diese prachtvoll strukturierte Rokokokapelle, von Akademiedirektor *Bergmüller* um 1721 ausgemalt, steht in einem ganz eigenartigen Kontrast zu allem übrigen. Wer diese

Marienkapelle

mit ihren schablonenhaften, braunen Anstrichen aus der Zeit vor der Konservierung noch in Erinnerung hat, wird sie heute kaum mehr wiedererkennen.

Der mit vielen Lagen verständnislos überschmierte Stuck wurde auf trockenem Wege Stück für Stück freigelegt, ebenso der feine rote Grundton der Felder. Mit besonderer Hingebung ging man an die Konservierung der ungemein leicht, dünn und locker gemalten Deckengemälde heran. Unter großem Zeitaufwand wurden die Übermalungen entfernt, die Risse mit bestem Kalkmörtel ausgebessert und Retuschen, nicht aber Ergänzungen, harmonisch eingestimmt. Als Bindemittel wurde Topfenkalkkasein verwendet.

Die Risse wurden, nachdem sie gut gereinigt und eingesetzt waren, mit Mörtel, bestehend aus 2 Teilen Kalk und 1 Teil Sand, gut ausgefüllt. Wo größere Löcher oder kleine Flächen zu verputzen waren, stellte man den Mörtel aus 3 Teilen Sand und 1 Teil Kalk zusammen. (Wird für derartige Ausbesserungen der Mörtel zu fest genommen, fällt er am gleichen Tage wieder heraus. Mit 3 Teilen Sand und 1 Teil Kalk kann man kaum fehlgehen.

Der Mörtel selbst soll ohne Wasser oder mit ganz wenig Wasser, also fast trocken gemischt werden. Dies ist sehr wichtig und trägt viel zur Haltbarkeit bei. Mörtel, den man zum Freskomalen verwendet, soll auch auf diese Weise, also mit möglichst wenig Wasser hergestellt werden.

Großer Wert wurde darauf gelegt, daß die neu zu verputzenden Stellen das gleiche Korn erhielten, wie das Fresko selbst. Auch die ausgefüllten Risse wurden nicht zu stark geglättet, da sonst diese Stellen trotz der sorgsamsten Retuschen von unten zu sehen gewesen und immer sichtbar geblieben wären. Man suchte sich passenden Sand aus, so daß man nach dem Ausfüllen der Risse oder nach dem Verputzen die Sandkörner an den kleinen Flächen eindrücken konnte. Dies sind zwar Kleinigkeiten, doch spielen sie für die Schlußwirkung eine nicht unwesentliche Rolle.

Die Malerei selbst wurde mit großem, weichem Faustpinsel abgestaubt und mit destilliertem Wasser gereinigt. Teile, wie z. B. blaue oder grüne Draperien, welche stark abgingen oder wischten, wurden erst schwach mit Kalkkasein fixiert. Nach diesem Vorgang wurden die betreffenden Stellen mit Kalkkasein gehärtet, d. h. man fixierte sie öfters mit immer stärker werdendem Kasein, jedoch so, daß das Fresko keinen Glanz bekam. Durch dieses Fixieren wurde der Mörtel auch wieder hart und haltbar. (Beim Fixieren muß in den dunklen Stellen das Fixativ mit einem Tuch abgetupft werden, da sonst die Tiefen leicht grau wirken, was bei den Lichtpartien nicht zu befürchten ist.)

Beim farbigen Einstimmen der Risse wurde das Kasein ziemlich stark genommen. Erhielten die Retuschen durch das starke Kasein noch nicht den nötigen leichten, seidigen Halbglanz (ein altes Fresko hat in den meisten Fällen einen leichten Glanz), so wurden sie noch mit einem weichem Bürstchen frottiert, wodurch der Glanz dem Originalfresko im stofflichen Reiz ähnlich wurde. (Es gibt aber auch Fresken, die durch das Alter ganz matt sind. Bei solchen ist das Verfahren des Frottierens nicht nötig, im Gegenteil, man muß darauf sehen, daß die Retuschen keinen Glanz bekommen.)

Die sämtlichen hier angeführten Arbeiten in der Marienkapelle wurden ausgeführt von Bildhauer und Maler *Karl Roth*, München. Es ist selbstverständlich, daß für so verantwortungsvolle Aufgaben nur erfahrene Künstler in Frage kommen dürfen. In wenigen Stunden könnte hier durch eine unkünstlerische Hand ein Schaden angerichtet werden, der mit keinem Geldaufwand wieder zu beheben wäre. Ebenso wie man die Fehlstellen der Bergmüllerfresken einstimmte, behandelte man mit gleicher Sorgfalt die Stuckierungen und die getönten, farbigen Felder.

Die Wände des Raumes wurden, nachdem man einen soliden Untergrund geschaffen hatte, vier- bis fünfmal mit bestem, altem, holzgebranntem Kalk dünn getüncht, bis ein blendendes Weiß erreicht war. Von diesem strahlenden Weiß der Marienkapelle aus erkennt man erst die schöne Tonigkeit des angrenzenden Mittelschiffes.

Um ein gebrochenes, weiches Licht zu erreichen, brachte man an den Fenstern der Kapelle dünne, faltenreiche Vorhänge an. Die beschriebene Art der Konservierung in der Marienkapelle ist heute nicht mehr zu sehen, da sie im letzten Krieg stark beschädigt wurde.

Eine weitere Aufgabe im Rahmen der Konservierung des Innenraumes des Augsburger Domes war *die Konservierung der Einrichtung*. Die Entfernung des dünnen, plakatartigen Chorfensters war durchaus notwendig. An seine Stelle trat 1934 eine monumentale Glasmalerei von künstlerischer Bedeutung (ausgeführt von Akademieprofessor *Bernhard Bleeker*, München, und Professor *Josef Oberberger*, München).

Durch eine Reihe von Proben wurde erstrebt, schlicht sakral wirkende Beleuchtungskörper zu schaffen. Man konnte dann die für den Raum viel zu großen, wertlosen Metallüster entfernen.

Den Westchor schließt ein feines, handwerklich sehr gut gearbeitetes Gitter ab. Ebenso sind die offenen Kapellen des Kapellenkranzes durch ein Gitter zusammengefaßt. Diese Gitter waren mit Ölfarbe in steingrauem Ton überstrichen. Der Ölfarbenüberstrich wurde Stück für Stück mittels Panzol entfernt. Die kostbare alte Fassung von tonigem Weiß und Gold ist dadurch wieder freigelegt und wirkt in dem Raume, der die Kapellen abschließt, wie kostbare Spitzen.

Acht neugotische Seitenaltäre, die in dem Raumbild als störende Fremdkörper wirkten, wurden durch einfache Altäre von edler Form und Fassung (ausgeführt von *Karl Roth*, München) ersetzt. Die Raumwirkung hat dadurch wesentlich gewonnen.

Einen besonderen Wert für den Fachmann bedeutete die Konservierung verschiedener Holbeinbilder (ausgeführt von Prof. *Reinhard Lischka*, München).

Die Altäre des Kapellenkranzes bekamen eine zurückhaltende Fassung, so daß die zum Teil freigelegten Skulpturen und Bilder wieder einwandfrei zur Geltung gelangen konnten.

Der schöne Altar in der Marienkapelle zeigte nach der Freilegung eine seltene, kostbare Fassung. Die herrliche gotische Steinmadonna, das Gnadenbild dieses Altares, wurde von vielen Überstrichen befreit und in Naturstein belassen.

Zusammenfassend kann man sagen, daß die schwierige, manchmal fast unbezwingbar scheinende Aufgabe, den Riesenraum des Augsburger Domes mit allen seinen Einrichtungsgegenständen und Details zu konservieren und zu einem harmonischen Zusammenklang zu bringen, in einwandfreier, ja sogar hervorragender Weise gelöst worden ist. Fachleute, die noch die alten Ansichten des Neutünchens und Restaurierens vertraten und sich bei den Vorverhandlungen leidenschaftlich gegen die Konservierung aussprachen, mußten sich nach vollendeter Lösung der Aufgabe davon überzeugen, daß die Durchführung einer Konservierung dieses Ausmaßes einwandfrei möglich ist.

Leider konnte bei dieser Raumkonservierung nicht verhindert werden, daß eine Heizung eingebaut wurde. Vom Standpunkt der Denkmalpflege aus ist die Beheizung eines derart alten Bauwerkes nicht zu befürworten. Die für den Verputz lebensnotwendigen Luftöffnungen am Gewölbe werden in Zeiten der Heizperiode hermetisch verschlossen. Die am Fußboden angebrachten Ausströmungsöffnungen der Warmluft befinden sich sehr nahe an den Wänden, wodurch der Verputz mürbe wird.

Die Luftöffnungen am Gewölbe dürften trotz der wärmetechnischen Gründe keinesfalls ganz verschlossen werden. Man müßte sich damit zufrieden geben, die Gewölbeöffnungen zu reduzieren, beispielsweise durch lockeres Aufsetzen eines Deckels, der mit einem größeren Loch versehen ist. Wenn man diese außerordentlich wichtige Maßnahme übersieht, so setzt sich am Gewölbe Schwitzwasser an und ruiniert mit der Zeit den Verputz desselben vollständig.

Konservierung des Kreuzganges im Augsburger Dom

Mit der zeitraubenden Konservierung des Dom-Kreuzganges wurde die historische Stadt Augsburg um einen sorgsam gehobenen Schatz reicher. Er ist einer der bedeutendsten Skulpturmuseen in Deutschland.

Seit Ende des 13. Jahrhunderts bis 1805 erhielt der Kreuzgang 431 Grabmonumente, und zwar 122 Grabplatten und 309 Epitaphien, darunter 316 künstlerisch bedeutsame Epitaphien und Wandplatten. In den vergangenen Jahrzehnten zeigten sich Verfallserscheinungen. Durch atmosphärische Einflüsse litten die Sandsteinmonumente, ebenso die gotischen Fenstermaßwerke – die Marmorplatten waren mit einer starken Schmutzdecke überzogen –. Dazu kam noch, daß im Frühjahr 1945 durch eine einfallende Sprengbombe in der Nordostecke fünf Joche völlig zterstört wurden. Bauamtmann *Mayerhofer* vom Diözesanbauamt Augsburg erstellte auch die Pläne für den Wiederaufbau der zerstörten Joche. Dabei war eine Lösung zu finden, nach welcher Art die Konstruktion des Sterngewölbes seinerzeit erfolgt war und nach welchem System die Vergatterung der Rippen möglich sei. Die Rippenkelche waren zum Teil noch vorhanden. Auch die aus Sandstein bestehenden Rippengabelungen und der Rippenschluß im Scheitel wurden noch im Bauschutt gefunden. Wo jetzt die Schlußsteine fehlen, ist das

Gewölbe neu erbaut. Nun konnte der Bischöfliche Finanzdirektor *Johann Rigel* dem Summus Custos Dr. *Vierbach* die notwendigen Mittel für die einwandfreie Konservierung – nicht Restaurierung – des Kreuzganges geben. Dem Diözesanbauamt wurde die Leitung der notwendigen Bauarbeiten übergeben. Die denkmalpflegerische Arbeit übernahm *Toni Roth*, der 1934 auch den Innenraum des Domes konservierte. Die ersten Arbeiten galten der Entfeuchtung des Kreuzganges. Um den besonders gefährdeten Westflügel entfeuchten zu können, mußte der Innenhof planiert werden. Außen- und Innenputz der Wände wurde vollkommen abgeschlagen mit Ausnahme von den Teilen, die bemalt waren. Bei der Entfernung des Verputzes kamen drei kleine romanische Säulen zum Vorschein. Nun ließ man die Wände ohne Verputz gut austrocknen, dann wurden die Wände mit bestem Kalkmörtel ohne Zement verputzt; der Putz wurde dünn aufgetragen, so daß das lebende Mauerwerk noch fühlbar war. Nun begann auch die Konservierung der Grabmonumente. Kunstmaler und Konservator *Paul Werner* aus Immenstadt/Allgäu hat die monatelange Arbeit mit großer Gewissenhaftigkeit durchgeführt.

Ein führerer Mitarbeiter des Buches Dr. *Richard Jacobi* hat für die Konservierung der Sandsteinepitaphien ein Barythydrat, d. h. eine Lösung von Bariumhydroxid vorgeschlagen. Es wurde zur Bearbeitung eine Barythydrat-Kalkwasserlösung hergestellt. Da das Baryt im heißen Wasserbad sich auflöst, bedurfte es immer heißen Wassers. Der vorgeschriebenen Menge wurde eine geringe Menge gelöschter Kalk zugegeben. Die Behandlung mußte sorgfältig vorgenommen werden, um Schleierbildungen zu vermeiden. Die wertvollen Sandsteinepitaphien mußten also nach vorheriger gründlicher Reinigung wiederholt, also mehrfach (immer wieder nach dem Trocknen) mit dieser Lösung fixiert werden. Um die angegriffenen Steine nicht noch mehr zu verletzen, wurde die Behandlung im Spritz-Sprühverfahren durchgeführt. Nach 40–50facher Barytbearbeitung konnte die gewünschte Härte festgestellt werden. Zu dieser Arbeit sind die warmen Sommermonate Juni – Juli – August notwendig. Baryt ist bekanntlich ein dem Kalk verwandtes Material, da beide nebeneinander in der Natur vorkommen als kohlensaurer Kalk und kohlensaures Baryt. Die Verbindung der Barytlösung (Hydrat) hat zur Festigung den Vorteil, daß die zur Fixierung notwendigen Produkte erheblich löslicher sind als die des Kalkes; im gefestigten Zustand dagegen unlöslich und widerstandsfähiger sind als Kalkverbindungen.

Fehlende Teile wurden bei den wertvollen Epitaphien nicht ergänzt, die Stücke also nicht durch neue Zutaten entwertet. In diesem Sinne wurden 112 figürliche und 150 Schrift-Epitaphien einwandfrei konserviert.

Mit besonderer Vorsicht wurde das Sandstein-Portal von 1220 beim Eingang zum Westflügel mit Baryt behandelt. Die Fixierung war 113mal nötig, bis die notwendige Härtung zustande kam.

Eine weitere Behandlung mit Präparaten, die in dankenswerter Weise von den Farbwerken Hoechst angeboten und zur Verfügung gestellt wurden, war nicht notwendig.

Eine schwierige Arbeit war auch die Behandlung der kostbaren Marmorplatten und der übrigen Steinplatten an den Wänden und im Estrich. Sie mußten von der festen, mit dem Gestein verwachsenen Schmutzschicht befreit werden. Es war die Absicht, den Marmorplatten nicht nur nach ihrer Reinigung einen volleren Ton zu geben, sondern die Stücke auch gegen weitere Schmutzaufnahme zu isolieren. Sie wurden daher einem Wachsverfahren unterzogen. Mittels bestem Terpentinöl und reinem Bienenwachs wurde durch ständiges Erhitzen im heißen Wasserbad eine Paste gewonnen, die sorgsam dünn aufgetragen wurde, ein Arbeitsgang, der viel Zeit beanspruchte. Als Abschluß konnten die Marmorplatten mit feinem Lappen poliert werden.

Um die noch gut erhaltenen Grabplatten im Estrich vor weiterer Abnützung zu bewahren, wurden nach fast 500 Jahren 26 dieser wertvollen und historisch einmaligen Stücke aus dem Estrich gehoben und in die einzelnen Jochwände eingefügt. Die schadhafte Pflasterung wurde durch neue handgeschlagene Ziegelplatten ergänzt. Bemerkt sei noch, daß bei den Maurerarbeiten unmittelbar vor dem Ausgang aus dem Westflügel in den Dom unter dem Verputz ein fast eineinhalb Meter langer und ca. 80 cm hoher tief eingemauerter Stein aus der Römerzeit mit eingemeißeltem Rankenwerk zum Vorschein kam.

Bei der Konservierung des Domes 1934 hatte der Verfasser Gelegenheit, auch einen Teil der farbigen Originaltönung am Kreuzgang festzustellen. Es waren besonders schöne Farben, ein leichtes, gebrochenes Grau. Das Gewölbe war kühler, die Wände waren wärmer gehalten. Es wurden in reiner Kalktechnik warme und kühle Farben dünn aufeinandergelegt, so daß eine lockere Farbwirkung im Sinne der Originaltönung zustande kam.

Als Abschluß der Arbeiten wurden die Türen in einem unaufdringlichen Rot behandelt, die dem ganzen lichten Kreuzgang eine feierliche Note geben. Es ist das gleiche Rot, das sich im Dom an den Aufgangstüren zum Ostchor vorfindet. Nach dreijähriger, gründlicher Konservierungsarbeit zeigt sich nunmehr der alte Kreuzgang in seinem neuen Gewande zur Freude seiner Besucher.

Mitgeteilt von Prof. *Toni Roth*

Zur Fassung von Figuren

Die Fassungen von gotischen und Barockfiguren wurden häufig von den besten Meistern, die zugleich auch Künstler waren, ausgeführt. Nur auf diese Weise war es möglich, eine so hohe künstlerische Qualität zu erreichen. Man besitzt heute noch alte Rechnungen über das Bemalen von Figuren, denen zufolge die Bemalung oft höher bezahlt wurde als die Schnitzereien des Bildhauers. Daran sollte man sich heute ein Beispiel nehmen. Wieviele Figuren werden *angestrichen* statt *gefaßt!* Und dabei spielt die gute oder schlechte Fassung doch eine so bedeutsame Rolle. Man kann die Schönheit einer Figur durch eine künstlerische Fassung ungeheuer steigern, man kann sie aber auch durch eine unkünstlerische, anstrichartige Bemalung vernichten.

Wenn man vor die Aufgabe der Konservierung einer alten Figur gestellt ist, so muß man als erstes untersuchen, ob die originale Fassung noch vorhanden ist. Ist sie noch da, so muß sie selbstverständlich erhalten werden. In diesem Falle sollte nur der Schmutz entfernt und die Fehlstellen mit neutralen Tönen in ihre Umgebung eingestimmt werden.

Meistens finden sich jedoch nur noch Spuren der alten Fassung. In diesem Falle ist eine Neubemalung im Sinne der alten durchzuführen.

Falls keine Reste der ursprünglichen Fassung mehr vorhanden sind, muß eine neue Farbigkeit erdacht werden. Diese Farbigkeit muß sich der Umgebung, in der die Figur ihren Platz hat, anpassen. Originalfassungen von Figuren der gleichen Zeit können zu einer Neufassung wertvolle Anregungen geben.

Man sollte auch bei Figuren von nur durchschnittlicher Qualität versuchen, die Originalfassung freizulegen. Wo dies nicht möglich ist, ist es eine dankbare Aufgabe, den Wert einer solchen mittelmäßigen Figur durch eine künstlerisch bedeutende Neufassung zu heben.

Farbige Bemalungen von Skulpturen wurden schon vor mehreren Jahrtausenden ausgeführt. Die klassizistische Zeit hatte wenig Verständnis für diese Farbigkeit. Daher wurde die ursprüngliche Fassung solcher Figuren oft mit einem steingrauen Ton überstrichen.

In den sechziger und achtziger Jahren des 19. Jahrhunderts waren aber auch buntfarbige Überstreichungen durch gewöhnliche Dorfmaler an der Tagesordnung.

Es gibt auch noch eine Reihe von Fällen, in denen eine Figur überstrichen wurde, die im Originalzustand überhaupt nicht gefaßt, sondern vom Künstler in Naturholz gedacht war. Solche Fälle können nur von Fachleuten entschieden werden. Es wird darüber noch gesprochen werden unter „Freilegungsarbeiten an Figuren".

An alten Plastiken fehlen oft einzelne Teile wie Hände, Finger, Zehen, häufig auch Attribute und Teile der Draperie oder des Sockels. Manchmal fehlt sogar der Kopf. Diese Teile zu ergänzen, ist vom Standpunkt der Denkmalpflege, hauptsächlich wenn es sich um sehr wertvolle Figuren handelt, abzulehnen. Wenn jedoch eine solche Figur für Kultzwecke, z. B. als Mittelpunkt eines Altares oder an einem sonstigen Platz in einer Kirche verwendet werden soll, so kann dieselbe nicht gut als Fragment aufgestellt werden.

In diesem Sonderfall kann der Denkmalspfleger unter nachfolgender Bedingung fehlende Teile ergänzen lassen: Die Ergänzungen müssen so befestigt werden, daß man sie jederzeit wieder entfernen kann. Der Beschauer muß die Möglichkeit haben, mit wenigen Handgriffen die Ergänzungen abzunehmen, so daß die Figur in ihrem fragmentarischen Zustand als noch vorhandenes Original betrachtet werden kann.

Die übliche Firmenarbeit hat auf dem Gebiet der Restaurierung alter Figuren schon sehr viel Schaden angerichtet. Man muß bedenken, daß häufig die früheren Bildschnitzer schon bei ihrer Arbeit die farbige Fassung mitberechnet haben. Figuren, die gefaßt werden sollten, wurden härter und derber geschnitzt. Die Vollendung der Form erfolgte erst durch den über das Holz gelegten Kreidegrund. Besondere Feinheiten am Kopfe, z. B. bei den Mundpartien, die Falten an den Augen u. dgl. wurden vom Schnitzer selbst noch in den Kreidegrund geschnitten, wodurch die Plastik veredelt wurde. Auch die gravierten Musterungen mancher Gewandteile wurden vom Meister selbst in den Kreidegrund geschnitten. Es bedeutet daher eine Entwertung der plastischen Leistung, wenn man eine Figur, um sie neu zu fassen, bis auf den Grund ablaugt. Man nimmt ihr damit die letzte bildhauerische Feinheit, denn gerade die Überarbeitung des Schnitzers auf dem bereits aufgetragenen Kreidegrund bedeutete die Vollendung der plastischen Arbeit.

Es ist ausgeschlossen, daß heute eine handwerkliche Firma einen Kreidegrund mit dem gleichen künstlerischen Können auftragen oder gar nacharbeiten kann wie die Alten. Meistens werden derartige Arbeiten bei den Firmen nicht einmal vom Meister selbst, sondern von irgendeinem Gesellen ausgeführt, so daß die wesentliche Vorarbeit bei einer Figur ohne jedes künstlerische Können zustande kommt. Der Verlust der Originalgrundierung bedeutet also bereits eine Entwertung des Originals. Nur ein ebenso guter Künstler, wie der Schöpfer des Werkes selbst, kann in ähnlicher Qualität einen derartigen Grund mit der entsprechenden Nachbearbeitung ausführen, aber niemals ist dies einer Firma bzw. einem ihrer Gesellen möglich.

Ebenso wichtig wie das bildhauerische Auftragen und Nacharbeiten des Grundes ist auch das verständnisvolle Schleifen desselben. Durch ein rein mechanisches, unempfundenes Schleifen bei einer Figur kann der künstlerische Reiz wesentlich vermindert werden.

Auch die Vergoldung, das Versilbern oder der farbige Auftrag ist bei einer Figur von größter Bedeutung. Viele spätere Fassungen sind oft nichts als ein Mit-Farbe-Angestrichensein und entstellen die Plastik. Gute alte Fassungen sind ebenso bedeutend gemalt wie gute Tafelbilder.

Das einwandfreie Auflegen des echten Blattgoldes ist eine Erfahrenssache. Wer sich selten damit befaßt, wird keine klare Vergoldung zustande bringen. Besondere Geschicklichkeit und ein entsprechendes Formengefühl erfordert auch das Polieren der Vergoldung oder der Versilberung mittels Achat (S. 116ff.).

Eine ungünstige Farbenverteilung kann die Form einer Plastik wesentlich beeinträchtigen. Bei einer farbigen Fassung ist die Verteilung von Hell und Dunkel, die sogenannte Flächenwirkung der Plastik, für die plastische Gestalt und für die beabsichtigte Wirkung am Aufstellungsort mitentscheidend.

Aus all diesen Gesichtspunkten ergibt sich die Notwendigkeit, daß zumindest bei den wertvolleren Figuren all diese Arbeiten von geschulten Künstlern ausgeführt werden. Es wäre ein dankbares Arbeitsfeld, eine Schule für Denkmalpflege zu gründen. Voraussetzung wäre natürlich, daß als Lehrer nur Kräfte berufen werden, die sich auf dem Gebiet der Denkmalpflege bereits bewährt haben. Für einen begabten jungen Künstler dürfte es keine Schwierigkeit sein, sich in kurzer Zeit das notwendige handwerkliche Können anzueignen. Hingegen ist es für einen nur technisch geschulten, künstlerisch aber unbegabten Handwerker niemals möglich, eine künstlerisch wertvolle Fassung zustandezubringen.

Grundsätzlich ist zu sagen, daß bei besonders wertvollen Figuren eine Neufassung überhaupt nicht in Frage kommen sollte. Die noch vorhandenen Teile der alten Fassung sollten erhalten und Fehlstellen nur in neutralen Tönen eingestimmt werden. Ausnahmen von dieser Regel sind nur in ganz bestimmten Fällen, die später noch besprochen werden, zu befürworten.

Wenn es bei weniger wertvollen, mehr dekorativen Figuren vorkommt, daß wesentliche Teile der Originalfassung fehlen, so kann in diesem Falle eine Ergänzung der Fehlstellen vorgenommen werden. Voraussetzung ist dabei, daß die Fehlstellen in der gleichen Technik ergänzt werden, in der die Figur ursprünglich gefaßt war. Würde man eine andere Technik wählen, so wäre eine Veränderung der Ergänzung in kürzester Zeit zu erwarten.

Wenn im vergangenen Jahrhundert oft wertvolle Fassungen mit Ölfarbe überstrichen wurden, so gab die Veranlassung dazu meistens der Umstand, daß sich bei derartigen Figuren starke Abblätterungen zeigten. Unverständige Auftraggeber ließen dann solche Figuren von den jeweiligen Dorfmalern neu anstreichen. Diese Überstriche erfolgten meistens mit Ölfarbe. Da der Dorfmaler die ursprüngliche Fassung vollständig beließ und sie lediglich überstrich, so lag in diesen Fällen nur eine vorübergehende Entwertung der Figur vor.

Den Anlaß zu Übermalungen gaben aber nicht immer nur Fehlstellen. Es gibt auch eine Reihe von Beispielen dafür, daß vollkommen erhaltene und farbig wertvolle Fassungen nicht etwa farbig, sondern steingrau überstrichen wurden. Der klassizistische Zeitgeschmack konnte sich eben mit der frohen Farbigkeit der Gotik, Renaissance- und Barockzeit nicht abfinden und glaubte daher, das Recht und die Pflicht zu haben, die Figuren aus jener Zeit steingrau zu überstreichen. In Wirklichkeit wurde dadurch nur der Wert der Skulpturen herabgedrückt. Doch handelte es sich auch in diesen Fällen, wie oben, nur um eine vorübergehende Entwertung. Bekommt man eine solche Figur in die Hand, so ist der originale Zustand sorgfältig freizulegen.

Freilegungsarbeiten an Figuren. Für solche Freilegungsarbeiten hat sich Panzolpaste sehr gut bewährt. Dieselbe ist kühl aufzubewahren, und bei der Verarbeitung muß beachtet werden, daß Panzol feuergefährlich ist. Dem Restaurator stehen heute mehrere geeignete lösemittelhaltige Abbeizpasten zur Verfügung. Die unterscheiden sich durch das in ihnen enthaltene Lösemittelgemisch und damit durch ihre Aggressivität; Vorproben sind nötig.

Öl- und Lackfarbenanstriche lassen sich mit Panzol leicht entfernen. Dabei ist ein besonderer Vorzug, daß Leim- und Kaseinfassungen, sowie auch Echtgold und -silber von Panzol nicht angegriffen werden. Panzol ist nicht wasserlöslich. Die meisten alten Fassungen sind mit Leim-, Kasein- oder Eitemperabindemitteln gemalt.

Wie lange Panzol auf die Ölfarbe einwirken muß, kann nur durch Erfahrung herausgefunden werden. Manchmal wird der Ölfarbenanstrich in kürzester Zeit durch die Paste gelöst; bei sehr dickem Ölfarbenanstrich kann die beabsichtigte Wirkung jedoch oft auch erst nach vielen Stunden eintreten. Man muß bei der Arbeit bleiben und die Auswirkung genau verfolgen.

Auch bei Freskobildern, die teilweise mit Öl- oder Lackfarbe überstrichen waren, hat sich Panzolpaste sehr gut bewährt. Panzolpaste hat die angenehme Eigenschaft, daß man sie mit einem Blattpinsel nach Belieben auftragen kann, ohne daß sie zerfließt. Es wird also lediglich jeweils die oberste gewünschte Ölfarbenschicht aufgelöst, wobei der Untergrund völlig unberührt bleibt. Selbstverständlich soll die Paste nicht länger als notwendig aufgetragen werden, da sie sonst eintrocknet oder auch tieferliegende Schichten angreift.

Auch bei Tafelbildern mit starker Ölfarbenübermalung läßt sich Panzolpaste mit aller Vorsicht verwenden, doch ist es natürlich Voraussetzung, daß der betreffende Restaurator genügend Materialkenntnis besitzt. In schwierigen Fällen kann es sich hier um Sekunden handeln, die Paste im richtigen Augenblick abzunehmen. Die freigelegten Stellen sind dann mit Terpentin oder stark verdünntem Kopaivabalsam nachzureinigen.

Beim Arbeiten mit Panzol ist dringend zu beachten, daß man immer nur eine kleine Stelle in Behandlung nimmt und nicht etwa versucht, eine ganze Plastik oder ein Bild auf einmal damit freizulegen! Der Ruin des Kunstwerkes könnte die Folge davon sein. Nach Vorversuchen an kleinen und unbedeutenden Stellen ist es ratsam, jeweils nur ein kleines Stück, etwa eine Fläche von mehreren Quadratzentimetern, mit der Paste einzustreichen. In durchschnittlichen Fällen läßt man Panzol etwa 25 Minuten auf der Übermalung stehen und schabt die sich lösende Ölfarbe dann vorsichtig mit einer feinen Spachtel oder einem Modellierholz ab. Man hat bei der Arbeit mit Panzol den großen Vorteil, daß man Stück um Stück freilegen kann.

Vom Freilegen mit *flüssigen Lösungsmitteln* ist unbedingt abzuraten, da ein stückweises Freilegen dabei kaum möglich ist.

Bei sehr dünnen Öl- und Lackfarbenüberstrichen ist Panzolpaste oft zu stark wirksam. In einem solchen Fall schwächt man die lösende Wirkung der Paste dadurch ab, daß man sie mit einem Füllstoff wie Wachs, Schwerspat oder Kreide mischt.

Einstimmen von Fehlstellen. Sobald eine Plastik sorgfältig freigelegt ist, kann man mit dem Einstimmen der Fehlstellen beginnen. Bei besonders wertvollen Figuren wäre es nach den heutigen Anschauungen über Denkmalpflege dringend notwendig, die Fehlstellen nur in neutralen Tönen, der Umgebung harmonisch angepaßt, einzustimmen. Es wäre falsch, die Fehlstellen in der gleichen Technik so zu imitieren, als wäre die Fassung vollkommen intakt. Durch eine solche Behandlung verlöre die Fassung den Reiz des Originals. Dabei ist zu bemerken, daß ein geschmackvolles Einstimmen in neutralen Tönen wesentlich schwieriger ist, als ein geschicktes Imitieren. Man sollte beim Einstimmen von Fehlstellen an Figuren so genau vorgehen, wie bei wertvollen Tafelbildern.

Wenn sich Fehlstellen bis auf den Holzgrund zeigen, so müssen dieselben erst mit einem Kreidegrund ausgefüllt werden. Die gut vorbehandelte und gegebenenfalls nachgeschliffene Fehlstelle wird dann mit einem farbigen Grau im Tonwert der Umgebung eingestimmt.

Wie schon einmal gesagt, sollte für eine künstlerisch besonders wertvolle und bedeutende Plastik eine Neufassung, auch selbst auf Grund vorgefundener Teile der Originalfassung, nicht in Frage kommen. Heute sind sich die großen Staatssammlungen, bedeutende Privatsammler und der Antiquitätenhändler großen Formats darüber einig, daß die Neufassung einer bedeutenden Figur keinen Gewinn, sondern eine Entwertung darstellt. Diese wertvollen, alten Figuren sind, auch wenn sie nur noch geringe Reste der ursprünglichen Fassung aufweisen, in ihrem unberührten Zustand immer noch reizvoller, als wenn sie neu gefaßt wären. Dazu komnmt der Umstand, daß es uns heute noch sehr an Kräften fehlt, die imstande sind, künstlerisch und handwerklich hochwertige Neufassungen durchzuführen. Wie einschneidend sich künstlerisch wertlose Fassungen auswirken können, konnte bei manchen Figuren der Leinberger-Ausstellung in Landshut 1932 festgestellt werden.

Bei weniger wertvollen, mehr dekorativen Figuren kann man es im allgemeinen befürworten, daß Fehlstellen nicht nur farbig eingestimmt, sondern ergänzt werden. Wenn spätere Ölfarbenüberstriche vorgefunden werden, so sind diese mit Panzolpaste sorgfältig zu entfernen. Die Ergänzungen selbst können in der gleichen Technik wie die Fassung der Figur vorgenommen werden. Wenn wesentliche Fehlstellen der Echtvergoldung zu ersetzen sind, so kann dafür meistens das uns heute zur Verfügung stehende Blattgold nicht verwendet werden, da es zu dünn geschlagen ist. Um die Qualität und vor allem den zur Ergänzung notwendigen Ton zu erreichen, muß man sich von einer Goldschlägerei echtes und dichtes Doppeldukatengold eigens herstellen lassen.

Es können vereinzelt triftige Gründe vorliegen, daß man eine wertvolle alte Figur, entgegen der bisher aufgestellten Theorie, neufassen muß. Solche Gründe waren gegeben bei dem Vesperbild am Hochaltar der Wallfahrtskirche Maria-Kappel bei Schmiechen (Oberbayern, Bezirksamt Landsberg a. L.).

Das Vesperbild, das aus dem Anfang des 15. Jahrhunderts stammt, wurde in gänzlich ruiniertem Zustand der Restaurierungswerkstätte des Landesamtes für Denkmalpflege, München, übergeben. Nachdem man den Holzwurm getötet, das Holz gefestigt und die vielfachen Überstreichungen abgenommen hatte, mußte man feststellen, daß die Piéta, die in weiten Volkskreisen als Gnadenbild verehrt wird und als Mittelpunkt eines prunkvollen, in reichen Farben und Vergoldungen strahlenden Hochaltars dient, in ungefaßtem Zustand nicht wieder aufgestellt werden könne.

Von der alten Fassung war keine Spur mehr zu finden, und auch von der originalen Grundierung war nichts mehr vorhanden. Man entschloß sich also nach reiflicher Überlegung zu einer Neufassung.

Die neue Grundierung wurde noch in der Restaurierungswerkstätte des Landesamtes vorgenommen, die Fassung selbst dem Bildhauer und Maler *Karl Roth*, München, übertragen. Der Erfolg war ein außerordentlich befriedigender. Man kann die Neufassung des Vesperbildes als ein Schulbeispiel für eine technisch wie künstlerisch hervorragend gelungene Neufassung bezeichnen.

Ähnlich wie hier lag der Fall bei drei schönen gotischen Figuren, die im Regensburger Dom als Mittelpunkt von Altären aufgestellt werden sollten. Auch diese drei Figuren: St. Michael und St. Wolfgang in Holz und eine Madonna in Stein (neugefaßt von *Karl Roth*) sind ein Beispiel dafür, daß man mit künstlerischem Einfühlungsvermögen und Verantwortungsgefühl unter Umständen an die Neufassung einer wertvollen Figur herangehen kann. Der mit der Aufgabe betraute Künstler muß in solchen Fällen qualitativ auf ähnlicher Höhe stehen wie der Schöpfer des alten Kunstwerkes selbst. Dies möge gesagt sein über die Ausnahmen.

Die Regel sollte jedoch sein, daß nur Figuren von nicht so großem Wert neu gefaßt werden. Durch Feuchtigkeit blättert oft die originale Fassung ab, und leider wurde dann oft bei früheren Neubemalungen die alte Fassung bis aufs Holz abgelaugt. Wenn sich unter dem schlechten Ölfarbenanstrich infolge einer solchen Maßnahme keine alte Fassung mehr vorfindet, so muß der Denkmalpfleger entscheiden, ob eine Neufassung durchgeführt werden soll. In diesem Fall können alte Fassungen aus derselben Zeit wertvolle Anregungen geben.

In Fällen, wo später von unverständigen Leuten Figuren gefaßt wurden, die der Bildschnitzer ursprünglich in Naturholz belassen wollte, ist eine Neufassung grundsätzlich abzulehnen. Eine in Naturholz gedachte Plastik muß auch in Naturholz bestehen bleiben.

Farbige Fassungen auf dem weißen Vergoldergrund. Nachdem die Grundierung in der bereits beschriebenen Weise geglättet bzw. geschliffen ist, isoliert man sie mit einem stark verdünnten Spirituslack (1 Raumteil Spirituslack verdünnt mit 5 Raumteilen Spiritus). Die zu verwendenden Pulverfarben werden auf einer Reibplatte mit Wasser fein angerieben.

Als Bindemittel ist Ammoniakkasein besonders geeignet, weil es laugenfrei ist und daher alle Pigmente verwendet werden können. Zur Herstellung des Ammoniakkaseins rührt man 50 g Kaseinpulver in ein Viertelliter warmen Wassers ein, erwärmt die Lösung, ohne sie zum Kochen kommen zu lassen, im Wasserbad und gibt dazu tropfenweise eine Lösung von 12 g Hirschhornsalz in wenig Wasser. Das Wasser zur Lösung des Hirschhornsalzes soll warm sein. Sobald die Hirschhornsalzlösung in die Kaseinlösung eingerührt ist, braust das Ganze auf und ist fertig. Zum Gebrauch verdünnt man 1 Raumteil Kaseinlösung mit 2–3 Raumteilen Wasser. Meistens ist eine schichtenweise Bemalung notwendig. Die oberste Farbschicht soll etwas schwächer gebunden sein als die unteren Farbenlagen. Darum wird für die oberste Farbschicht die Kaseinlösung etwas dünner genommen.

Ammoniakkasein kann auch als Emulsion verwendet werden. Es läßt sich emulgieren mit Leinöl (neigt etwas zum Vergilben), Harzessenzfirnissen, Venezianer Terpentin, hellem Standöl, Eitempera und mit technisch einwandfrei hergestellten, alkali- bzw. pottaschefreien Wasser-Wachs-Emulsionen. Die übliche Emulgierung von Wachs mit Pottasche ist nicht so empfehlenswert, weil dadurch ein wasserlöslicher Bestandteil in die Bemalung eingebracht wird, der dauernd alkalisch, d. h. laugenhaft bleibt. Diese Art der Emulgierung beruht auf einer teilweisen Verseifung des Wachses, d. h. es liegt nicht mehr Wachs, sondern dessen Spaltprodukt, freie Fettsäure, bzw. fettsaures Salz, vor. Wenn man jedoch Bienenwachs mit gleichen Teilen des sog. N-Wachses neu der ehemligen I. G. Farbenindustrie mit heißem Wasser emulgiert (30 g reines Bienenwachs, 30 g N-Wachs neu und 270 ccm heißes Wasser), so erhält man eine alkalifreie Wachsemulsion, die auch ohne weiteres kalt vermalt werden kann. Durch die Möglichkeit, diese Emulsion mit Tempera zu verarbeiten, ist sie den bisherigen Wachsemulsionen und Wachstechniken wegen der Einfachheit der Verarbeitung weitaus vorzuziehen.

Diese Technik hat außerdem den großen Vorteil, daß man die farbige Bemalung frottieren und polieren und dadurch den künstlerischen Reiz wesentlich steigern kann. Die farbige Bemalung kann mit verdünntem farblosem Spirituslack (1 Teil Spirituslack verdünnt mit 2–3 Teilen Spiritus) oder weißem Schellack überzogen werden. Wenn man die farbige Tönung noch mehr abstimmen will, kann man über die Isolierung noch farbige Harzlasuren geben, die sich nach dem Trocknen mit einem weichen Lappen zu einem angenehmen Mattglanz frottieren lassen.

Das Malen der Fleischteile ist für eine künstlerische Fassung von besonderer Bedeutung. Es gibt noch unberührte wertvolle alte Fassungen, die der Qualität eines Tafelbildes gleichkommen.

Wenn bei einer späteren Restaurierung eine unkünstlerische Behandlung der Fleischteile erfolgt, so wirkt in diesem Falle nicht nur die farbige Bemalung selbst störend, sondern auch der vom Bildhauer gewollte Ausdruck kann ein völlig anderer werden. Nicht umsonst haben daher die Alten auf die Bemalung von Statuen so großen Wert gelegt und nur hervorragende Künstler mit dieser Arbeit beauftragt. Zum Teil wurde die farbige Fassung, wie schon eingangs dargelegt, höher gewertet als die Schnitzarbeit selbst.

Die Grundierung bei den Fleischteilen muß mit besonderer Sorgfalt und mit Verständnis für die Form aufgetragen werden, damit sie sich an die geschnitzte Form anpaßt. Ebenso ist das Schleifen des Grundes mit feinstem Formengefühl durchzuführen, damit die geschnitzte Form gesteigert und nicht etwa entwertet wird. Dieses Grundieren und Schleifen ist nur einem formenverständigen Künstler möglich.

Wenn die Grundierung nun in obigem Sinne hergestellt und getrocknet ist, so wird sie vor der farbigen Behandlung mit stark verdünntem farblosem Spirituslack (1 Teil Lack auf 5 Teile Spiritus) isoliert. Zum Fassen der Fleischteile verwendet man am besten in Wasser steif angeriebene Pulverfarben und als Bindemittel Ammoniakkasein, das mit etwas dikker Eitempera und etwas Wachsemulsion emulgiert und zum Gebrauch das Ganze mit 2–3 Teilen Wasser verdünnt wird. Auch bei diesem Bindemittel kann die Fassung zum Halbglanz frottiert und poliert werden. Zur Festigung kann man die fertige Fassung mit einer verdünnten Lösung von weißem Schellack versehen.

Herstellung von Polierweiß und farbigen Poliertechniken. Als Unterlage für Polierweiß oder farbige Poliertechnik kann nur ein geschmeidiger weißer Vergoldergrund verwendet werden. Nach sorgfältiger Entstaubung des Grundes wird eine sog. weiße Lösche über den Grund gestrichen. Zur Herstellung der weißen Lösche gibt man in eine Leimlösung von der Stärke 50 g Leim auf 1 l Wasser etwas Kremser oder Zinkweiß, das man zuvor in Wasser angerührt hat.

Zum ersten Anstrich nimmt man nur soviel Kremser oder Zinkweiß, daß das Leimwasser ganz leicht gefärbt wird. Um das Weiß geschmeidiger zu machen, kann man der Lösche auch etwas in Wasser gelöste Venezianer Seife zufügen. Die Lösche wird im Wasserbad gut erwärmt und mit einem Borstenpinsel auf die grundierte Fläche aufgetragen.

Beim zweiten Aufstrich wird der Lösche noch soviel Kremser oder Zinkweiß zugesetzt, daß der Aufstrich deckender wird.

Beim dritten Aufstrich gibt man der weißen Farbe etwas abgerahmte Milch zu. Es ist wichtig, daß jeder Aufstrich kreuzweise zum vorhergehenden und mit einem weichen Pinsel gemacht wird. Genau wie bei den Polimentaufstrichen wird auch dieses Polierweiß vor dem Aufstreichen durch einen Gazestoff gesiebt. Auch darf bei der Ausführung solcher Arbeiten in der Nähe nicht gestaubt werden. Nach dem Trocknen des letzten Aufstriches wird die weiße Fläche mit einem Leinenlappen, der mit Venezianer Seife abgerieben ist, abfrottiert und dann mit einem Achatstein auf Hochglanz poliert.

Man findet die weiße Poliertechnik sehr häufig an Statuen der Barockzeit. Das glänzende Weiß gibt neben den farbig bemalten Altären eine außerordentlich dekorative Wirkung.

Mit der Poliertechnik kann man auch sehr feine, künstlerische Wirkungen erzielen, und zwar dadurch, daß man in den Gewändern und in den Fleischteilen kaltes und warmes Weiß nebeneinander verwendet, was oft einen außerordentlich schönen, farbigen Kontrast zu der Weißtünche an den Wänden gibt.

Man kann bei Polierweißfiguren in den Säumen der Draperien und in den sonstigen Attributen auch stellenweise Farbe und Glanzgold zugeben. Zu vergoldende Teile müssen jedoch auf reinem Vergoldergrund in der bereits beschriebenen Technik ausgeführt werden.

Will man eine farbige Fassung in Poliertechnik machen, so kann man dabei vorgehen wie bei Polierweiß, nur daß man den drei Löscheaufstrichen an Stelle von Weiß die entsprechenden Farben zusetzt. Es ist dabei sehr notwendig, daß die zu verwendenden Farben in Wasser dick angeteigt und sehr fein verrieben werden. Eine in Poliertechnik hergestellte farbige Fassung ergibt eine besonders schöne, satte und emailartige Wirkung. Sie ist dort angebracht, wo der Maler im ganzen eine helle Farbigkeit beabsichtigt.

Stuck

Bei Stuckarbeiten unterscheidet man zwischen frei aufgetragenem und gegossenem Stuck. Der frei aufgetragene Stuck ist lebendiger und in der Tönung haltbarer als der gegossene Stuck, weil das Öl der Gußform nachdunkelt und dem Stuck die Farbigkeit nimmt. Es gibt Barockräume, bei denen der gegossene und der frei aufgetragene Stuck gleichzeitig verwendet wurden. Teilweise sind die Stukkaturen auch schon in der Masse gefärbt. Bei einer Konservierung darf ein in der Masse gefärbter Stuck nicht übertüncht oder neu bemalt werden, da er sonst den beabsichtigten Charakter verliert. Ehe man also Ergänzungen oder sonstige Arbeiten an den Stukkaturen vornimmt, ist festzustellen, ob der Stuck gegossen oder frei aufgetragen, ob er in der Masse gefärbt oder bemalt ist, ob die Originalfassung übertüncht und noch vorhanden oder nicht mehr vorhanden ist.

Herstellung von Stuckmörtel. Zu einem Teil holzgebrannten, alten Grubenkalks, der sehr butterig sein muß, gibt man 2 Teile feinen Sand. Der Sand muß gut gewaschen und wieder getrocknet sein. Kalk und Sand werden ohne Wasserzusatz gut miteinander vermengt. Gleichzeitig rührt man 1 Raumteil reinen, gebrannten Gips in Wasser an und gibt dazu 2–3 Raumteile des hergerichteten, dicken Kalkmörtels. Die Mischung rührt man gut durcheinander. Mit diesem nun fertigen Stuckmörtel wird aufgetragen. Nach dem Trocknen kann die Form nachgeschnitten werden. Je nach der Verwendungsart kann man dem Stuckmörtel Marmormehl, Farbe, etwas Topfenkalkkasein oder dgl. zumischen. Zum Gießen der Rosetten oder Blumen aus Leimfarben wird meistens der reine Stuckgips verwendet.

Ist eine Glanzvergoldung auf Stukkaturen angebracht, so ist diese besonders zu beachten.

Steht man vor der Aufgabe der Konservierung, so stellt man vor allem den Originalzustand fest und nimmt gegebenenfalls eine Freilegung vor. Wenn man nur Spuren der alten Fassung oder Vergoldung findet, so wird Fassung wie Vergoldung in der Technik der alten Fassung erneuert.

Glanzvergoldungen auf Stukkaturen werden auf folgende Weise hergestellt: Vor allem, der Untergrund bzw. die Stuckmasse darf in diesem Falle nicht ölhaltig sein.

Zuerst erfolgt die Tränkung der Stuckmasse mit heißem Leimwasser. Nach dem Auftrocknen wird der weiße Grund aufgetragen. Das Vorgrundieren mit grauer Steinkreide wie beim Vergoldergrund auf Holz ist hierbei nicht notwendig. Die anderen Arbeitsgänge sind jedoch dieselben, wie bei der Branntweinvergoldung auf Holz.

Wenn der Gips oder Stuck ölhaltig ist, muß man ihn (immer in kleinen Abteilungen) mit einer Schellacklösung isolieren (blonder Blätterschellack in 5 Teilen Spiritus gelöst). Solange der Schellackaufstrich noch feucht ist, muß der weiße Grund aufgetragen, d. h. hineingerieben oder aufgestupft werden. Es ist selbstverständlich, daß bei dieser Arbeit immer nur stückchenweise vorgegangen werden kann, damit die erste Grundierung eine gute Verbindung mit dem Untergrund bekommt. Die weiteren Grundierungen erfolgen wie bereits angegeben.

Auf Gips oder Stukkaturen wird auch manchmal die sog. *Mortandvergoldung* angebracht. Zur Herstellung der Mortandmasse nimmt man

1 Raumteil Venezianer Terpentin
⅓ Raumteil Standöl und
⅓ Raumteil Bienenwachs.

Diese Mischung wird im Wasserbad gut erwärmt und muß warm mit einem Pinsel auf die Stellen, die man mit Gold belegen will, aufgetragen werden. Bereits nach einer Viertelstunde Trockenzeit kann man das Echtgold auflegen und mit einem weichen Pinsel leicht abkehren. Bei Mortandvergoldung erhält das Gold ein außergewöhnliches Feuer und eine handwerklich reizvolle Wirkung.

Hat man eine neue Glanzvergoldung gemacht, so muß diese unter Umständen mit Aquarellfarbe abgestimmt werden, damit ein Herausfallen des evtl. zu grell wirkenden Goldes aus der allgemeinen Raumtönung vermieden wird.

Die farbige Tönung des Stuckes sowie dessen teilweise Vergoldung sind mitbestimmend für eine einheitliche Raumwirkung. Stuckrahmen und Stuckierung stehen meist in unmittelbarer Verbindung mit den Deckenbildern. Oft ragen Stuckornamente sogar teilweise in die Deckenbilder hinein. In letzterem Falle ist eine individuelle Tönung notwendig, weil der jeweilige Tonwert des Bildes berücksichtigt werden muß. Es ist ein wesentlicher Unterschied, ob sich eine farbige Stuckierung von einer weißen Wand abhebt, oder ob sie vielleicht in den dunkel gemalten Vordergrund eines Deckenbildes hineinragt. In einem solchen Falle müssen zweierlei Töne gewählt werden, der eine heller, der andere dunkler. Die optische Wirkung muß jedoch so sein, als wäre es jedesmal derselbe Ton. So war man bei der Konservierung der stuckierten Putten und Ornamente in der

Klosterkirche zu Altomünster gezwungen, das Rosa der Putten, die in das dunkle Deckengemälde hineinschneiden, mit Veroneser grüner Erde zu brechen. Damit wurde optisch die gleiche Wirkung erreicht wie bei den Putten, die als Hintergrund eine weiße Wand hatten.

Wenn man auf dieses künstlerische Einstimmen nicht achtet, sondern sich lediglich beispielsweise rosa oder grüne Tönung ohne Berücksichtigung der Umgebung vormischt, so wird man dabei nur eine mechanische Tönung, aber nie eine einheitliche Allgemeinwirkung erhalten.

Bei Stuckbemalungen sowie bei farbiger Behandlung von Feldern und Lisenen ist eine schichtenweise Tönung nötig, um eine wirkliche Farbigkeit zu erreichen. Eine graue Tönung ist wesentlich schöner, wenn man auf die Weißtünche zuerst ein leichtes Rosa gibt und nach dessen Trocknen eine halbdekkende Lasur z. B. von Veroneser grüner Erde auflegt. Durch dieses Brechen von Grün mit Rot entseht für das Auge ein sog. optisches Grau, das man niemals durch Ausmischen von Schwarz und Weiß erreichen kann. Wenn man die optische Farbigkeit durch Übereinanderlegen von Kontrasttönen nicht berücksichtigt, sondern über die verschiedenartigen Stuckierungen lediglich die Lokaltöne wie Rot, Gelb oder Grün aufträgt, so ergibt sich praktisch eine unharmonische Färbung als Folge der reinen Anstreicherarbeit, wofür es in der Praxis leider genügend Beispiele gibt.

Es ist weiterhin dringend nötig, daß man die jeweiligen Lokaltönungen mit einem entsprechenden Kontrastton vorsichtig und locker übergeht, damit eine im gesamten einheitliche Wirkung und ein farbiger Zusammenklang entsteht.

In den meisten Fällen soll die farbige Behandlung des Stuckes nichts anderes sein als ein farbiges Ausklingen der Deckenbilder. Nun läßt sich oft trotz sorgfältigster Reinigung der Deckenbilder die ursprüngliche Frische der Farben nicht mehr erreichen, womit aber nicht gesagt sein soll, daß diese gebrochene Farbwirkung, die noch dazu den Reiz der natürlichen Patina besitzt, etwa weniger schön wäre als die ursprüngliche Farbigkeit. Jedoch muß man, um eine einheitliche farbige Raumwirkung zu erhalten, die nach der Reinigung oder Freilegung erreichte Farbigkeit des Deckengemäldes weitgehendst berücksichtigen. Falls notwendig, muß die Stucktönung dem Deckenbild entsprechend abgedämpft werden. – Es wäre also unrichtig, auf Grund vorgefundener Farbreste die Tönung des gesamten Raumes und seiner Einrichtung so vorzunehmen, als wäre das Deckenbild noch in seiner ursprünglichen Frische vorhanden. Künstlerisch ist es vielmehr, die Farben des Raumes so abzustimmen, daß die noch vorhandene Farbigkeit des Deckenbildes immer noch dominierend wirkt und harmonisch mit den anderen Tönen des Raumes zusammenklingt.

Die üblen Methoden der achtziger Jahre des vergangenen Jahrhunderts, bei Erneuerungsarbeiten an Figuren oder in Räumen alles durch einheitlich braune Lasuren so abzustimmen, als wären die Fassungen aus alter Zeit, haben mit Denkmalpflege nichts zu tun und sind handwerklich wie künstlerisch zu verwerfen. Denn auch auf solch braune Lasuren gibt die Zeit ihre natürliche Patina noch dazu, so daß nach wenigen Jahren nur noch eine braunschwarze statt farbige Wirkung erzielt wird.

Konservierung alter Glasmalereien

Mittelalterliche Glasmalereien bestehen aus farbigen Gläsern, auf denen mit sog. *Schwarzlot* eine Zeichnung aufgemalt und eingebrannt ist. *Schwarzlot* ist ein schon bei relativ niedrigen Temperaturen flüssiges Bleiglas, das mit Eisen- und/oder Kupferoxiden geschwärezt worden ist. Es wird auf die Glasscheiben als schwarze Binnenzeichnung aufgeschmolzen, bevor die Glasstücke mittels Bleiruten miteinander verbunden werden. Übrigens bezeichnet das Wort *Schwarzlot* zugleich Farbton und Material: *Lot,* englisch lead, ist das westgermanische Wort für Blei. Wir kennen im Deutschen noch die Begriffe „ausloten" und „Lotse". In der Regel befindet sich die Hauptbemalung – bestehend aus Kontur oder Schraffur und mehrfach gestaffelten Halbtonlasuren – auf der Bildinnenseite, während auf der Bildaußenseite die Flächenmodellierung aufgebracht ist; jedoch kann sich das anteilmäßige Verhältnis von Innen- und Außenbemalung zu bestimmten Zeiten auch verschieben, so z. B. im Weichen Stil. Zusammengehalten werden die musivischen Glasteile durch geschmeidige Bleiruten mit einem Doppel-T-Profil unterschiedlicher Breite. Mittelalterliches Blei ist handgehobelt und besitzt im Kern vielfach Weidengerteneinlagen oder Rundeisen zur Stabilisierung. Das Bleirutennetz erfüllt nicht nur eine technische Funktion, sondern auch eine ästhetische, indem es nämlich gleichzeitig die Hauptkonturen der bildnerischen Gestaltung darstellt. Infolge späterer Restaurierungen, bei denen die Scheiben meistens umgebleit wurden, sind Glasgemälde mit einem originalen Bleinetz heute eine Seltenheit ersten Ranges. (Noch erhaltene Beispiele: das romantische Apostelfenster aus Kloster Marienberg bei Helmstedt, das südliche Querhausfenster des Altenberger Domes sowie zahlreiche Einzelscheiben verschiedener Zeit und Herkunft der Sammlung des Hessischen Landesmuseums in Darmstadt.)

Glas ist nicht nur aufgrund seiner leichten Zerbrechlichkeit ein äußerst diffiziles Material (Windbruch, Steinwürfe, Hagel, Düsenflugzeuge), sondern ein künstlich geschaffenes Produkt, das von Natur aus leicht zum Verfall tendiert. Dies gilt insbesondere für das mittelalterliche Glas. Während die orientalischen, römischen und rheinisch-römischen Gläser in ihrer chemischen Zusammensetzung eine aus dem Mittelmeergebiet stammende natürliche Soda zum Ausgangspunkt haben und sich daher gegen schädliche Einflüsse relativ resistent verhalten haben, sind die mittel- und nachmittelalterlichen Gläser vom 8. bis 17. Jahrhundert dagegen alle aus einheimischen Rohstoffen, gewöhnlich einem Gemenge von zwei Teilen Buchenholz- und Farnasche und einem Teil Sand, erschmolzen. Sie sind in ihrer materiellen Beschaffenheit sehr weich und daher leicht anfällig für Zersetzungserscheinungen (Korrosion). Es kommt hinzu, daß die relativ einfachen Glashüttenöfen des Mittelalters die Möglichkeit zur Erzielung hoher Schmelztemperaturen ausschlossen, die für einen bedeutenden Gehalt an Kieselsäure notwendig sind. Man bediente sich daher einer leicht schmelzbaren Zusammensetzung, die dafür einen größeren Anteil an Alkali enthielt. Stark alkalische Gläser reagieren in besonderem Maße aktiv auf atmosphärische Faktoren der Zersetzung.

In der Regel vollzieht sich der Dekompositionsprozeß wie folgt: sofort nach Herstellung des Glases beginnt die Einwirkung von Wasser auf der Glasoberfläche und führt zu einer Hydratisierung der obersten Moleküleschicht. Mit fortschreitender Einwirkungszeit geht dieser Vorgang langsam in die Tiefe. Erfolgt jetzt eine Einwirkung von Wasser – und hierfür genügt bereits die Abscheidung von Tau – so werden Glasteile, vor allem Alkalien, aus der hydratisierten Schicht gelöst und entweder fortgeführt oder nach Verdampfen des Wasserfilmes konzentriert, so daß diese Alkalilauge ihrerseits auf das Glas einwirken und die Zersetzung begünstigen kann. Schließlich dürften auch diese Alkalien einmal gelöst und fortgeführt werden, so daß eine oberflächlich dünne Kieselgelschicht hinterbleibt. Bei fortschreitender Zersetzung entstehen dann dünne Schichten von wasserhaltiger Kieselsäure, die Irisieren bzw. Blindwerden der Scheiben bewirken.

Angesichts des hohen Alters, das mittelalterliche Glasgemälde haben, kann man dieses Anfangsstadium der Glaszersetzung nur mehr an jüngeren Werken beobachten, so etwa an Renaissancescheiben, Kabinettscheiben des Barock oder auch an spätgotischen Butzen- und Mondscheiben. Die überwiegende Mehrheit unserer Glasgemälde ist bereits von einer weitaus verheerenderen Dekomposition betroffen, weil inzwischen zwei verschiedene Prozesse auf das Glas einwirken: 1. natürliche Alterung mit vermehrter Schadensanfälligkeit im Endstadium und 2. industriell bedingte Korrosion, die durch die Einwirkung von luftverunreinigenden Stoffen in Verbindung mit Feuchtigkeit hervorgerufen wird. Primär handelt es sich um Schwefeldioxid, das durch Industrieabgase, Kohle- und Ölfeuerung sowie durch die Auspuffgase der Autos in die Luft gelangt. Das bisher angerichtete Schadensausmaß ist unübersehbar; das Tempo des Zerfalls ist in jüngster Zeit derartig rapide angewachsen, daß der alsbaldige totale Zerfall der Glasgemälde vorhersehbar ist, sofern es nicht gelingt, durch rigorose Anstrengungen auf dem Gebiete der Entwicklung von prophylaktischen und konservatorischen Maßnahmen das wertvolle Kunstgut vor weiteren Schädigungen zu bewahren. Als Beispiel: die Chorfenster des Kölner Doms und St. Kunibert, Naumburger und Erfurter Domchöre, Münchner Frauenkirche, Nürnberg St. Sebald u. a. Besser erhalten in Glas und Bemalung, aber akut gefährdet, weil dieselbe durch Korrosion bereits stark gelockert ist, sind etwa die Scheiben des Freiburger Münsters, des Regensburger Doms, St.-Lorenz-Kirche zu Nürnberg u. a. Allenthalben noch als intakt zu bezeichnende Glasgemälde findet man heute nur noch in Museen oder in ganz abgelegenen industriefernen Gegenden, wie beispielsweise in einigen Tälern der Alpen. Im übrigen verteilt sich aber das Schadensausmaß fast einheitlich auf das Bundesgebiet. Echte Vergleiche lassen sich aber nur noch zwischen Scheiben ziehen, wo der eine Teil des Fensters sich noch in situ befindet, der andere aber – rechtzeitig genug, um vor tiefgreifenden Alterungs- und Industrieschäden bewahrt zu bleiben – in ein Museum gelangte, vgl. z. B. Regensburger Dom und Bayerisches Nationalmuseum München und Altenberger Dom u. a.

Vergleiche dieser Art lassen in erschreckender Deutlichkeit erkennen, 1. welchen Umfang das Schadensausmaß bereits angenommen hat, 2. wie rasch sich der Dekompositionsprozeß in unseren Tagen vollzieht.

Bei Glasgemälden, die vorwiegend durch natürliche Alterung in fortgeschrittenerem Stadium geschädigt sind, ist es oberflächig zur Ausbildung von Karbonaten gekommen, die bisweilen ein krätzig dunkelbraunes Aussehen haben können und das Glasgemälde bis zur Unkenntlichkeit verfälschen. Betroffen ist primär die dem Kircheninneren zugewandte Seite (Schwitzwasser, Kohlensäure). Die Oberfläche einschließlich der Bemalung sieht dabei vielfach noch glattglänzend aus, ist aber in Wahrheit bereits lebhaft korrodiert. Bei Scheiben, die primär durch luftverunreinigende Stoffe geschädigt sind, kommt es zur Ausbildung von Sulfaten; betroffen ist zunächst die der Außenbewetterung ausgesetzte Außenseite eines Glasgemäldes. Durch einen regelrechten Ätzprozeß wird die Oberfläche des Glases (Bemalung) mattglasartig zersetzt und nach und nach abgetragen. Die etwas dickere Konturenzeichnung wird dabei meistens von den Seiten her unterwandert und brökkelt schollenartig ab. Als Rückstand dieses Zerglasungsprozesses bleibt ein dicker, vorwiegend aus Gips bestehender Belag, sog. Wetterstein, der vielfach bereits auf mehrere Millimeter angewachsen sein kann (z. B. Köln, Regensburg, Augsburg). Dieser Wettersteinbelag bedeutet für das Glas keinen Schutz, sondern bewirkt das Gegenteil! Es sammeln sich vermehrt schädliche Atmosphärilien und Feuchtigkeit, wodurch der Ätzprozeß aktiviert wird.

In den einzelnen Stadien dieser Lochfraß- und Flächenverwitterung kommt es im Laufe der Zeit durch konzentrisches Heraussprengen von Glasteilen zu kraterförmigen Vertiefungen, in denen sich zersetzte Glassubstanz (Wetterstein) ansammelt.

Von diesen Kraterbildungen gehen im Glas zahlreiche, zunächst mit bloßem Auge nicht erkennbare Haarrißbildungen aus, die sich im Laufe der Zeit verbreitern und dann irgendwann einmal durchreißen. Im Endstadium – das Grundglas kann inzwischen hauchdünn geworden sein – zerfällt das Glas in winzige Partikel (Nürnberg St. Lorenz, Chorverglasung, s. Tafeln XXIII und XXIV).

Bereits im Übergangsstadium zum sog. Flächenfraß ist die Rückseitenbemalung erloschen oder sie läßt sich nur mehr aufgrund unterschiedlicher Tiefenverwitterung ablesen. Bei normaler Durchsicht wird sie jedoch nicht mehr wirksam. Der gleiche Zerstörungsprozeß spielt sich auf der Feldinnenseite, der eigentlichen Hauptbemalung ab, nur daß der Prozeß hier im allgemeinen langsamer wirksam wird. In fast allen Fällen ist aber dann die Bemalung schon stark gelockert und vielfach bereits partiell oder ganz abgewittert. Dies bedeutet das Ende des Kunstwerkes.

Auf Beispiele dieser Art zu verweisen, erübrigt sich. Allein ein einziger, kurzer Blick auf die ausgelaugten wetterkalkigen Außenseiten der Farbverglasungen unserer großen Dome läßt sofort erkennen, in welch erschreckendem Maße das wertvolle europäische Kunstgut der mittelalterlichen Glasmalerei in der Zerstörung begriffen ist, dies unterschiedlich gleich, ob in Köln, Chartres, Brüssel, Bern oder Wien.

Erhaltungsmaßnahmen

Man hat in früheren Jahren versucht, durch Lacküberzüge diese lockere Schwarzlotzeichnung wieder zu festigen. Man hat sich ferner bemüht, durch Nachbrennen und Aufschmelzen eines dünnen Glasflusses eine Festigung zu erreichen. Bei dieser Maßnahme ging aber die Patina, der Wetterstein, verloren, auch Farbänderungen traten ein, und obendrein besteht beim Wiedererhitzen alter Gläser immer die Gefahr des Springens und Blindwerdens.

Die Erhaltungsmaßnahmen müssen sich natürlich immer nach dem vorliegenden Schaden richten. Es gibt Fälle, wo nur wenige Gläser gesprungen sind. In diesem Falle kann man die Sprünge durch sogenannte Sprungbleie überbrücken, oder falls diese störend wirken, müssen solche gekittet werden. Dazu eignen sich Feinzemente, wie sie in der Dentalpraxis verwendet werden. Durch geringen Farbzusatz lassen sie sich dem Glas anpassen, so daß die gekitteten Gläser weniger störend wirken als Hilfsbleilinien.

Des weiteren findet man, vor allem auch in Österreich, Glasmalereien, bei denen das Glas noch völlig gesund ist, jedoch bereits eine merkliche Lockerung des Schwarzlotes eintritt. Dieses läßt sich mit organischen Siliziumverbindungen festigen, da diese an der Luft hydrolisieren und dabei feste Kieselsäure abgeben, die das Schwarzlot wieder fest verbindet. Am besten nimmt man *Essigester-Lösungen* von Methyl- oder Äthylsilikat und gibt zweckmäßigerweise etwas in Essigester durchgeschütteltes NC-Lackschwarz hinzu, damit beim Erhärten die schwarze Farbe des Schwarzlotes nicht durch die ausgeschiedene Kieselsäure verändert wird.

Glasmalereien jedoch, die schon stark angegriffen und geschädigt sind, können nicht auf einem so einfachen Weg erhalten werden. Für diese Fälle hat Dr. *Richard Jacobi,* ehemals Leiter der wissenschaftlichen Abteilung des Doerner-Instituts und früher Mitarbeiter an diesem Buch, im Jahr 1937 ein Konservierungsverfahren entwickelt, das auf Erfahrungen der modernen Sicherheitsglastechnik basiert und das seit 50 Jahren erprobt ist.

Nach diesem Verfahren wurden und werden – in der Zeit des Erscheinens dieser Auflage – die zwischen 1305 und 1310 entstandenen 15 Königsfenster im Obergaden des Kölner Domchores konserviert. Die Arbeiten an diesen 17,5 m hohen Fenstern werden noch Jahre in Anspruch nehmen. Man gewinnt einen kleinen Eindruck von den rein handwerklichen Schwierigkeiten dieser Arbeit, wenn man erfährt, daß mancher Quadratmeter Fensterfläche vor der Konservierung in 800 und mehr Glasstücke zersprungen war, die wieder zu einem Bild zusammengeführt werden mußten.

Vor Beginn der eigentlichen Konservierungsarbeit werden die Fenster herausgenommen, entbleit, die Glasbruchstücke werden gereinigt, geordnet und fixiert. Dann werden aus Fensterglas für jedes originale Glasstück zwei Deckscheiben geschnitten, eine für die Außenseite, eine für die Innenseite des Fensters. Die beiden Fenstergläser werden nacheinander bei ca. 720°C über einer Gips-Schamotte-Form den unregelmäßig geformten Oberflächen des Originalglases gleichsam wie eine „feste Haut" angepaßt.

Dann belegt man das Originalglas beidseitig mit einem weichen Acrylharzfilm und packt es in die geformten Fenstergläser ein. Zum Schluß wird neu verbleit und das Fenster wieder eingesetzt. Das Jacobi-Verfahren ist reversibel, d. h. das gereinigte alte Originalglas kann unverändert der „Fensterglaspackung" wieder entnommen werden.

Weil die originalen Glasmalereien auch Qualität und Quantität des Lichtes, d. h. die gesamte ursprüngliche Lichtführung in einem Raum bestimmt haben, muß selbst bei partiellen Neuverglasungen eines „gewachsenen" alten Raumes deren Einfluß sehr genau geprüft und überlegt werden, ob Architekturteile, Einrichtungsgegenstände, Bilder, gefaßte oder ungefaßte Skulpturen jetzt in einem neuen, vielleicht „falschen Licht" erscheinen. Den stärksten Einfluß auf die Lichtführung hat von den künstlichen Beleuchtungsarten die Nicht-Kerzen-Beleuchtung.

Nach Berichten und Recherchen von Dr. *Gottfried Frenzel,* Dr. *Richard Jacobi, Toni Roth, Hans Gert Müller*

Nachwort

Zum Handwerk des Bildermachens

„Max Doerner, seine Weggefährten und Nachfolger wußten gut, daß Material und Handwerk nur Vehikel sind, um künstlerische Formen und Inhalte darzustellen, zu transportieren, zu transzendieren. Die großen malerischen Bewegungen sind stets im Geistigen zuhause, sie verhalten sich zu purer Materialartistik wie Sekt zu abgestandener Zitronenlimonade. Doch genügt es nicht, künstlerische Vorstellungen nur zu haben, der Maler muß sie angemessen artikulieren können", habe ich im Vorwort geschrieben.

*

Maler unterscheiden sich von anderen Menschen hauptsächlich dadurch, daß sie diese, ihre, unsere Welt am liebsten durch Malen be-greifen wollen und am besten durch Malen be-greifen können. Und beim Malen, dieser ungemein altmodischen, nicht mit rationell arbeitenden Maschinen, sondern wie vor 20000 Jahren immer noch mit der Hand ausgeführten Tätigkeit, wird aus einem Häufchen farbigen Pulvers und ein paar Tropfen klebriger Flüssigkeit auf einem Stück Holz, Papier, Pappe oder Leinwand ein Bild, manchmal ein Kunstwerk. Ist auf diese Weise ein Stück Kunst entstanden, dann ist es nicht mehr nur eine Anhäufung von Farbpulver, miteinander und mit dem Malgrund verklebt. Es hat die Grenzen des naturwissenschaftlich und handwerklich Faßbaren überschritten. Eine Transzendenz ist geschehen.

Wenn der Maler sich sein Bild macht von der Welt, dann muß er sein „Kunstwollen", wie *Alois Riegl* das genannt hat, dann muß er sich in Malmaterial ausdrücken. Und dieses Malmaterial gehorcht nicht künstlerischen Gesetzen, es gehorcht auch nicht den Gesetzen eines Malertemperaments. Es gehorcht naturwissenschaftlichen Gesetzen und handwerklichen Regeln. Deshalb steckt im geistigen Abenteuer des Bildermachens immer auch ein handwerkliches, ein naturwissenschaftliches Abenteuer. Auch das will bestanden sein.

*

Die Gestalt des Kunstwerks duldet keine Trennung von Form und Inhalt. Das Ganze ist mehr als die Summe seiner Teile. Die Struktur des Malgrundes, jeder sichtbare Pinselstrich, jede Spachtelspur, jede Lasur kennzeichnet die Gestalt des Kunstwerks genau wie die auf ihm sichtbaren Linien, Flächen und Farbtönungen.

Kann die Gestalt eines Bildes bewahrt werden? Seit Kunstwissenschaftler übereingekommen sind, auch dem vollkommenen Kunstwerk asymptotischen Charakter zuzubilligen, dürfen auch Maler und Bilderfreunde zufrieden sein, wenn der Text, der äußere Bildbestand, in seiner Erhaltungsqualität sich der Vollkommenheit nähert.

Man sagt, Menschen seien von einem gewissen Alter an für ihr Gesicht verantwortlich. Sind auch Maler für das Altersgesicht ihrer Bilder verantwortlich? Welche Rolle spielen die Kunstakademien, welche Rolle sollten sie spielen, seit es keine Werkstätten mehr gibt, die in den vergangenen Jahrhunderten auch Handwerk überliefert haben?

*

Im Altersgesicht eines Menschen gibt es Falten, Kerben, Narben. Sie beweisen ein gelebtes Leben. Ähnlich sieht es bei dem gealterten Bild aus. Bei Menschen wie bei Bildern ist zu sehen, vielleicht zu bewundern, die „geprägte Form, die lebend sich entwickelt". Es gibt ein gesundes, ein physiologisches Altern.

Da gibt es im Menschengesicht wie bei Bildern aber auch Zerstörungen, Deformationen, Auflösungserscheinungen, die aus Unwissenheit, Sorglosigkeit, Schlamperei entstanden sein mögen. Es gibt auch ein pathologisches Altern.

*

In diesem Zusammenhang darf man übrigens nicht vergessen, daß es Maler, daß es Künstler gibt, Hersteller von bildähnlichen Objekten, die eine ganz andere Kunstideologie besitzen. Sie wollen nicht Dauer des Gemachten, ihre Absicht zielt vielmehr auf den Akt des Erdenkens und des Machens ab und sie betrachten nicht selten den sich verändernden Text des Kunstwerks mit spürbarer Neugier, andere mit leidenschaftslosem Interesse. – Das sind in der Kunst übrigens gar keine neuen Erscheinungen. Diese Künstler haben Vorgänger, beispielsweise in den Gartenarchitekten vergangener Jahrhunderte.

Das Spinnen solcher Gedanken gehört nicht unbedingt in ein maltechnisches Buch. Andererseits könnte vielleicht die Maltechnik dabei aber auch einen Beitrag leisten, indem sie auf Materialien hinweist, die sich unter bestimmten äußeren Umständen, Temperatur, Luftfeuchtigkeit, Zeit usw., coloristisch und/oder formal verändern.

*

Aber ein Maltechniker, zumal ein maltechnischer Lehrer, muß bei seiner Arbeit von einer ehernen Prämisse ausgehen, auch wenn der eine oder andere Maler ihm hier nicht folgen mag. Er ist Diener, er stört seine Malerpartner nicht bei deren Arbeit.

Die Prämisse lautet: Die Werkeigentümlichkeit eines Bildes fordert vom Maler, sein Bild substanziell und coloristisch so zu sichern, daß es bleibt, wie er es gewollt und gemalt und aus der Hand gelegt hat. Deshalb ist und bleibt der Wert eines Bildes, auch sein künstlerischer Wert, untrennbar verbunden mit seiner materiellen Unversehrtheit, seiner optischen und haptischen Identität. Anders kann der Text unleserlich werden oder er muß notwendig falsch gelesen werden. Bilderfreunde wollen aber den Urtext lesen, nicht restauratorische Interpretationsversuche, mögen sie auch handwerklich so gekonnt sein wie sie wollen, mag auch der kunstwissenschaftliche Hintergrund der Restaurierung oder Konservierung durch intellektuelle Brillanz Fachleute geradezu entzücken.

Es geht kein Weg daran vorbei: recht verstandenes Bewahren der Bilder fängt mit dem richtigen Malen an. Zu keiner Zeit aber hat gutes Handwerk allein ein gutes Bild gemacht. Künstlerischer Rang und handwerkliche Qualität können glücklich, müssen aber nicht notwendig zusammenfallen.

Literatur

Althöfer, Heinz: „Restauriert und neu entdeckt", Düsseldorf 1968

Althöfer, Heinz: „Moderne Kunst Handbuch der Konservierung", Düsseldorf 1980

Althöfer, Heinz (Hrsg.): „Das 19. Jahrhundert und die Restaurierung", München 1987

Baur, P.: „Die literarischen und handwerklichen Grundlagen der Rezepte und Arbeitsanweisungen von 1650–1850", Farbe und Lack 1/64, S. 5ff.

Baur, P.: „Aus der Frühgeschichte des Lackes und Gummi Fornіß", Farbe und Lack 1/66, S. 5ff.

Baur, P.: „Die Kunst des Lackmachens in der Literatur des 18. Jahrhunderts", Farbe und Lack 1/67, S. 5ff.

Berger, Ernst: „Beiträge zur Entwicklungsgeschichte der Maltechnik" Teil I–IV, G. W. Callwey, München 1901–1904

Blom, A. V.: „Grundlagen der Anstrichwissenschaft", Basel – Stuttgart 1954

Bock, E.: „Bürsten und Pinsel", Bechhofen 1983, Selbstverlag

Brachert, Th.: „Gemäldepflege", Ravensburg 1955

Brasholz, Anton: „Handbuch der Anstrich- und Beschichtungstechnik", Wiesbaden und Berlin 1978

Cennini, C.: „Il libro dell'arte o trattato della pittura", Daniel Varney Thompson, New Haven 1933.

Decker, Friedrich: „Historische Maltechniken", Dresden 1983

„Die belgische Flachsfaserbereitung", Ein geschichtliches Fragment, ohne Verfasser, ohne Erscheinungsort, ohne Erscheinungsjahr

Eibner, A.: „Malmaterialienkunde", Berlin 1909

Eibner, A.: „Entwicklung und Werkstoffe der Tafelmalerei", München 1928

Eibner, A.: „Die Werkstoffe der antiken Wandmalerei", Verlag B. Heller, München

Feldhausen, I.: „Zum technischen Aufbau der Kölner Tafelmalerei", Katalog „Die Kölner Maler von 1300–1430", Köln 1974

Feller-Stolow-Jones: „On Picture varnishes and their solvents", Cleveland 1971

Fischer, Peter: „Das Mosaik", Wien und München 1969

Gettens-Stout: „Painting materials", New York 1947

Gildemeister-Hoffmann: „Die aetherischen Öle", Leipzig 1931

Glasurit-Handbuch über Lacke und Farben, Hamburg 1963

Gnamm, H.: „Die Lösungs- und Weichmachungsmittel", Stuttgart

Goebel, J.: „Malen mit Acrylfarben", Ravensburg 1971

Hebing-Hengst: „Vergoldung und Bronzierung", München 1940

Hehn, W., Willemer, W.: „Neutral geleimte Papiere für wertvolle Objekte", Frankfurt/M. 1979, *Vittorio Klostermann* aus „Vorträge IADA" 1979

Herberts, K.: „Die Maltechniken", Düsseldorf

Herrmann, E.: „Handbuch für den Pigmentverbraucher", Hannover 1962

Hess, M.: „Anstrichmängel und Anstrichschäden", Stuttgart 1954

Hofstätter, H. H.: „Geschichte der Kunst und der künstlerischen Techniken", München

Jaxtheimer, B. W.: „Knaurs Mal- und Zeichenbuch", Münchgen 1961

Keim, A.: „Mineralmalerei", Berlin – Leipzig

Keller, Renate: „Leinöl als Malmittel", in: Maltechnik-Restauro, München 79/1973

Klopfer, Heinz: „Anstrichschäden", Wiesbaden und Berlin 1976

Knittel, H.: „Pigmente", Stuttgart 1960

Kopinski, E.: „Grundlagen des Anstrichs", Stuttgart 1962

Kühn, H.: „Farben und Farbe in der Malerei", Ciba-Rundschau 1963/1

Kühn, H.: „Die analytische Bestimmung der Pigmente auf Gemälden", Chemie in unserer Zeit 2/1969, S. 51ff.

Kühn, H.: „Erhaltung und Pflege von Kunstwerken und Antiquitäten", München 1974

Kühn, H.: „Grünspan und seine Verwendung in der Malerei", Farbe und Lack Bd. 70, S. 703ff.

Kühn, H.: „Bleiweiß und seine Verwendung in der Malerei", Farbe und Lack Bd. 73, S. 99ff.

Kühn, H.: „Blei-Zinn-Gelb und seine Verwendung in der Malerei", Farbe und Lack Bd. 73, S. 938ff.

Kühn, Roosen-Runge, Straub, Koller: „Reclams Handbuch der künstlerischen Techniken 1", Stuttgart 1984

Laurie, A. P.: „The painter's methods and materials", London

Lessing, G. E.: „Vom Alter der Ölmalerey" aus dem Theophilus Presbyter (1774), Carlsruhe 1824

Lithopone Kontor: „500 Anstrichfragen", Köln

Lüdecke, C.: „Die Wachse und Wachskörper", Stuttgart 1926

„Maltechnik-Restauro" vom 61. Jahrgang an, Callwey Verlag, München

Müller, H. G.: „Einführung in die Technologie der Malfarben", München 1964

Nicolaus, Knut: „Du Mont's Handbuch der Gemäldekunde", Köln 1979

Nicolaus, Knut: „Du Mont's Bildlexikon zur Gemäldebestimmung", Köln 1982

Ostwald, W.: „Die Farbenlehre", Leipzig 1930

Philippot, Paul: „Die Wandmalerei", Wien 1972

Raehlmann, E.: „Über die Maltechnik der Alten", 1910

Raehlmann, E.: „Über die Farbstoffe der Malerei", Leipzig 1914

Riederer, J.: „Kunst und Chemie – das Unersetzliche bewahren", Berlin 1977

Riederer, J.: „Kunstwerke – chemisch betrachtet", Berlin – Heidelberg – New York 1981

Sandner, Ingo: „Die Konservierung von Leinwandbildern", Dresden 1982

Sauber, August: „Materialienkunde für Bürsten- und Pinselmacher", Altenburg, ohne Jahr

Scheiber, J.: „Zur Frage der Leinöltrocknung", Fette und Seifen 53. Jahrg., S. 16ff.

Schramm, H. P.: „Historische Malmaterialien", Dresden 1980

Schultze, W.: „Farbenlehre und Farbenmessung"

Schwieger, H. G.: „Papier-Praktikum", PR-Verlag, Wiesbaden 1973

Siegle & Co. versch. Verfasser: „Technische Unterlagen über Pigmente“; „Pigmentinformationen“
Sponsel-Wallenfang: „Lexikon der Anstrichtechnik“, München 1965
Stock, E.: „Technik der neuzeitlichen Lackherstellung“, Stuttgart 1942
Stock, E.: „Taschenbuch für die Farben- und Lackindustrie“, Stuttgart 1953
Straub, R. E.: „Über die Erhaltung von Gemälden und Skulpturen“, Zürich 1963
Tschirsch-Stock: „Die Harze“, Berlin 1936
Vasari, Giorgio: „Künstler der Renaissance“, Hrsg. *Herbert Siebenhüner,* Leipzig 1940
„Vom Werden des Pinselmacherorts Bechhofen“, ohne Verfasser, Bechhofen 1969
Wagner-Kittel: „Taschenbuch der Farben- und Werkstoffkunde“, Stuttgart 1953
Wagner-Sarx: „Lackkunstharze“, München 1950
Wehlte, K.: „Werkstoffe und Techniken der Malerei“, Ravensburg 1967
Wyszecki, G.: „Farbsysteme“, Göttingen 1960

Register

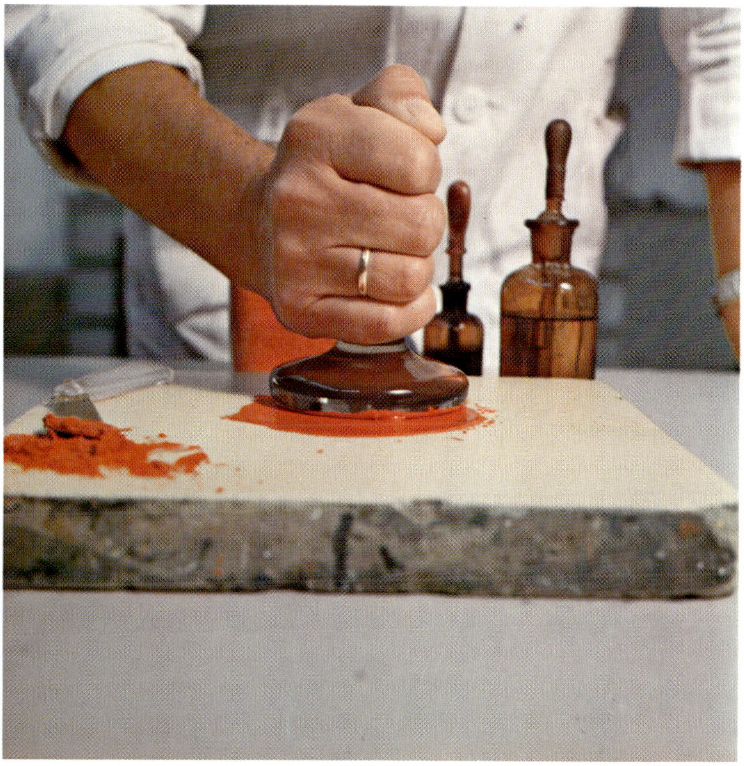

a Selbstanreiben von Malfarben mit dem Handläufer

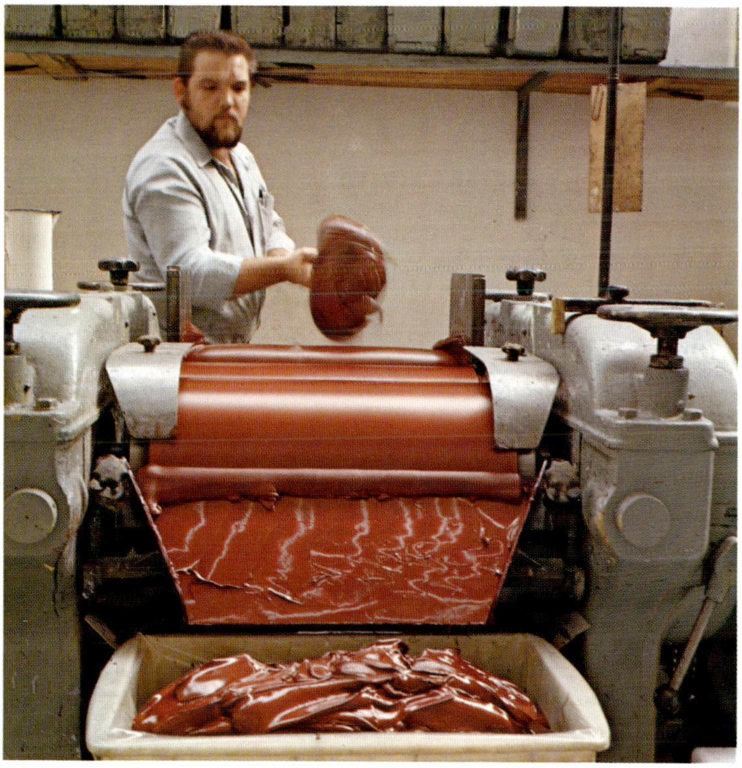

b Anreiben von Malfarben auf modernen Dreiwalzenstühlen in einer Künstlerfarbenfabrik

(Werkfotos der LUKAS-Künstlerfarbenfabrik Dr. Fr. Schoenfeld & Co., Düsseldorf)

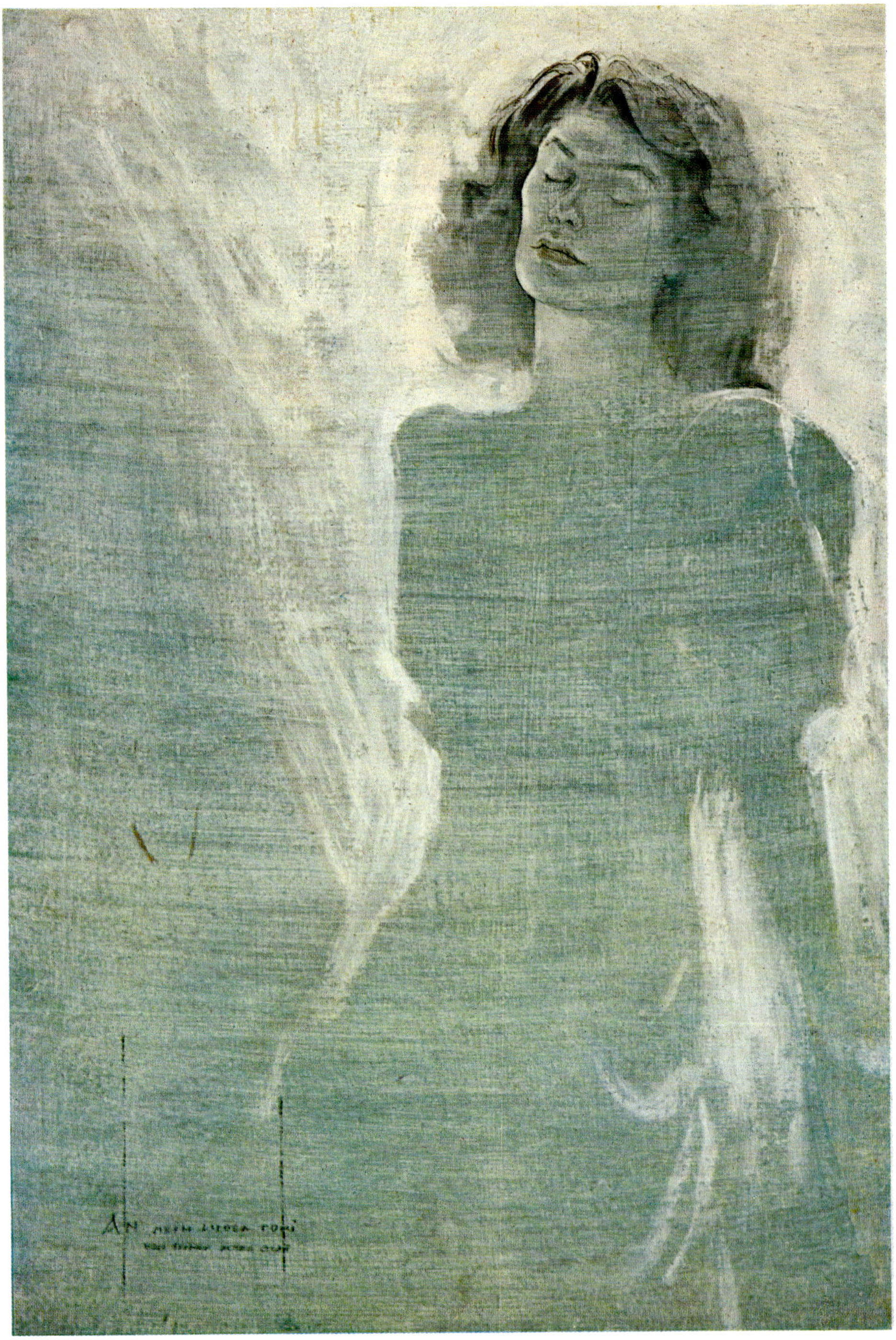

Olaf Gulbransson
1873–1958

Portrait der Malerin Martha Roth

Technik: Gipsgrund, blaugrüne Imprimitur mit Dammarfirnis, Weißhöhung mit Eitempera, optische Grau

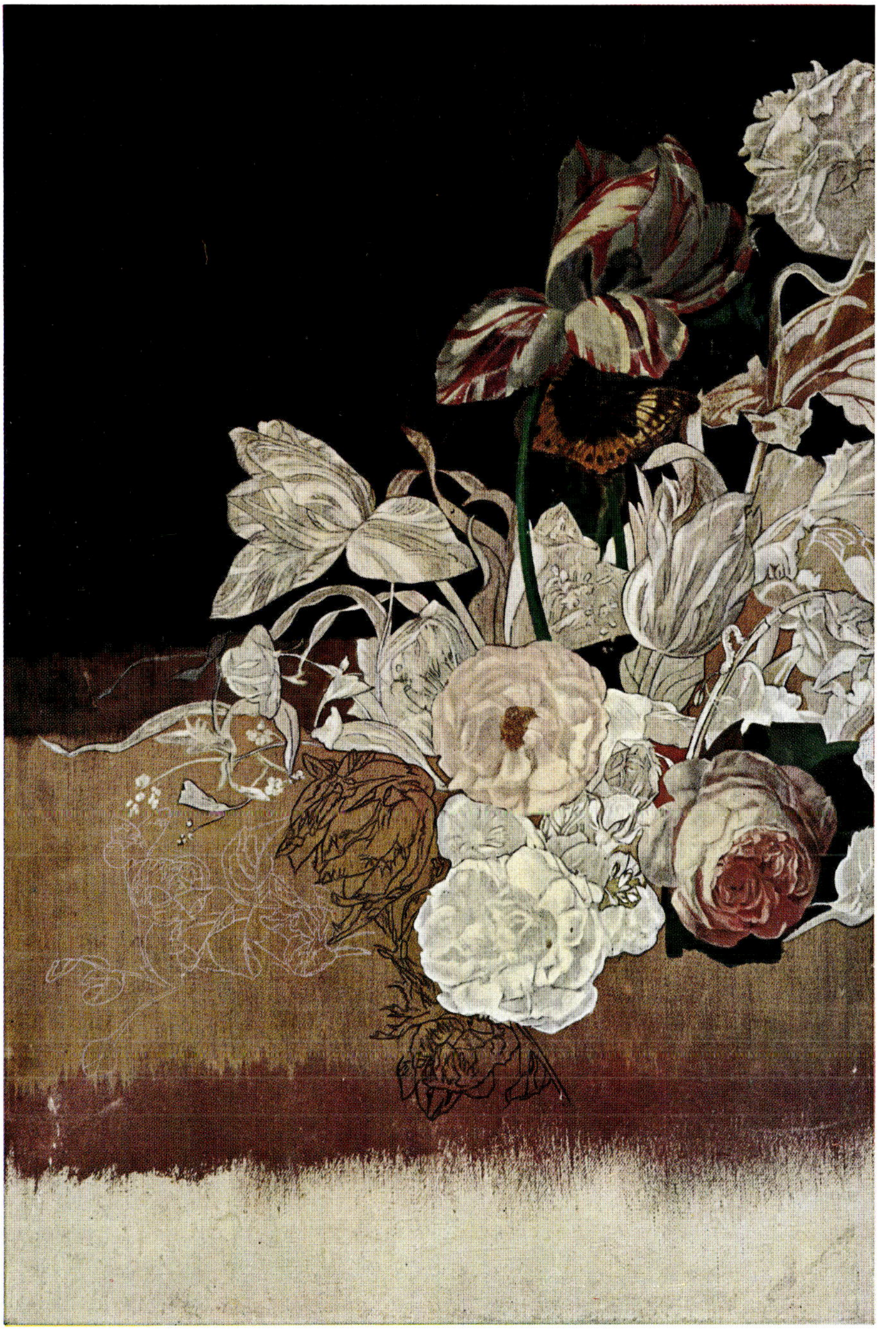

Bildaufbau in Mischtechnik von unten nach oben:

Halbkreidegrund
Imprimitur mit Caput mortuum
Imprimitur mit Ocker
farbige Lasuren mit Harzölfarbe
bei den oberen Blumen

Pause der Zeichnung,
nachgezeichnet mit verdünnter Tusche,
Weißhöhung mit Eitempera

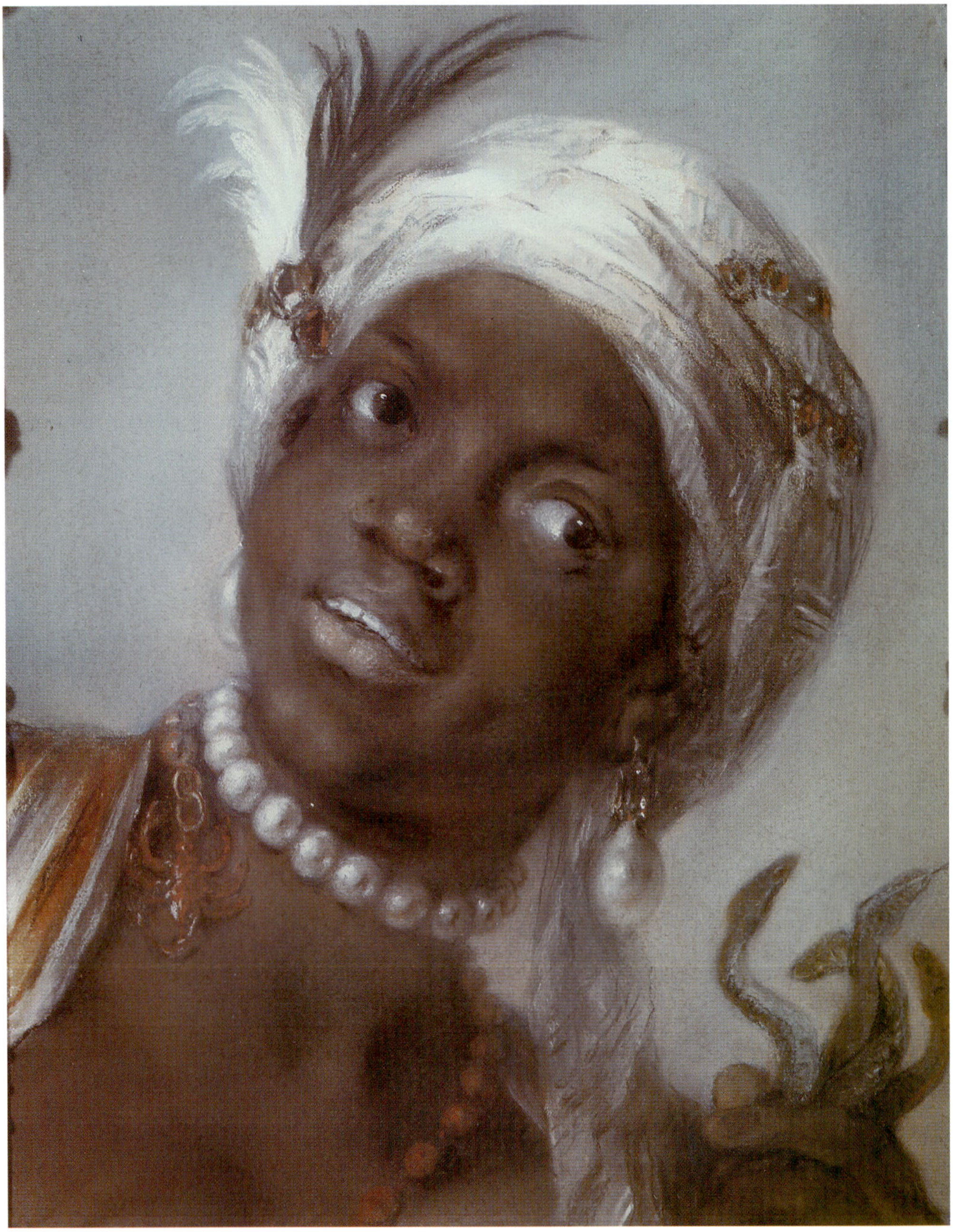

Rosalba Carriera
1675–1757

Afrika
34 × 28 cm Pastell

Staatl. Kunstsammlungen Dresden
„Gemäldegalerie Alte Meister“
(Foto Gerhard Reinhold, Leipzig-Mölkau)

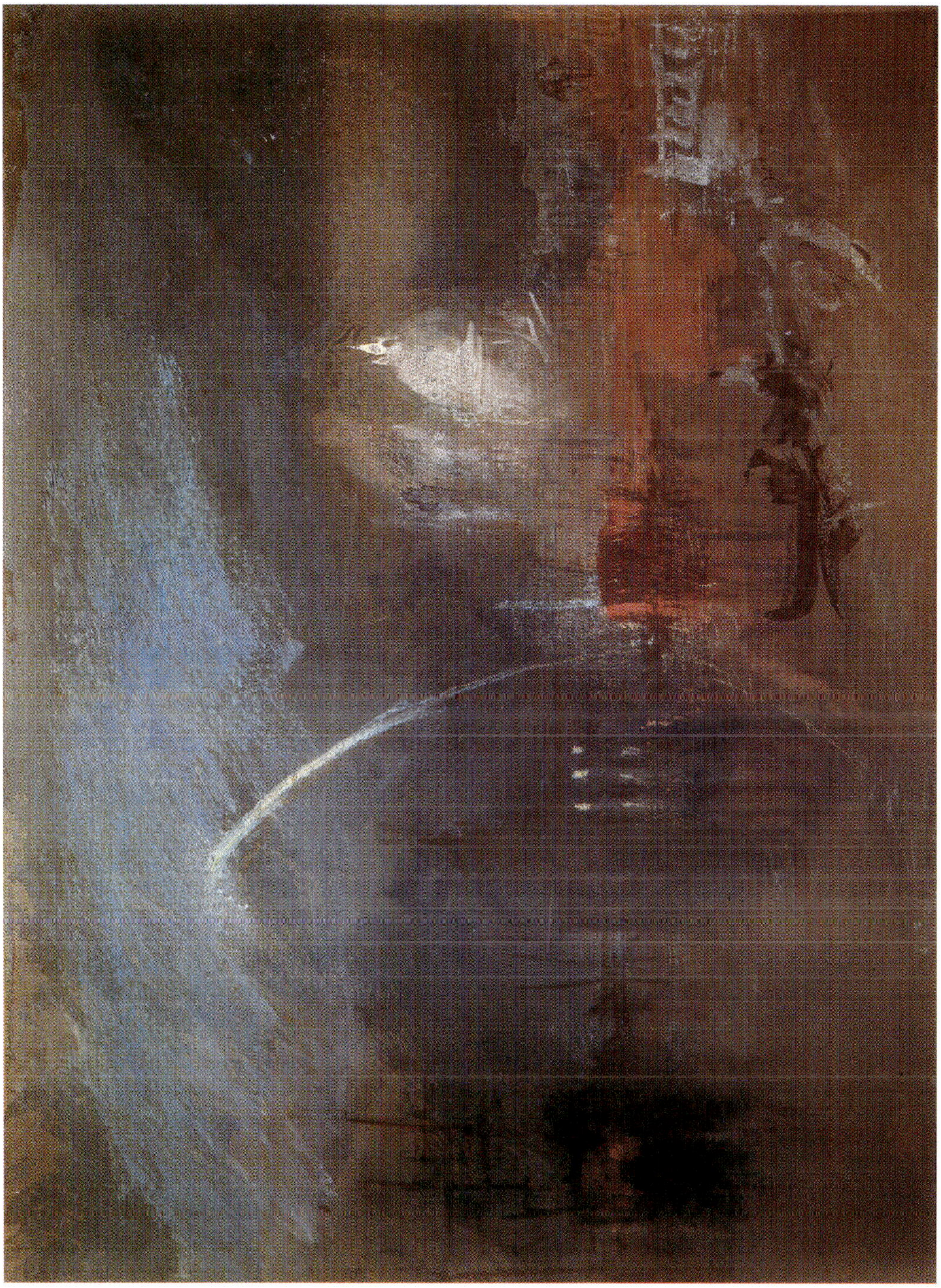

William Turner
1775–1851

Feuerwerk von Zattere
Aquarell, Deckfarbe, weiße Kreide

The British Museum London

Tafel VI

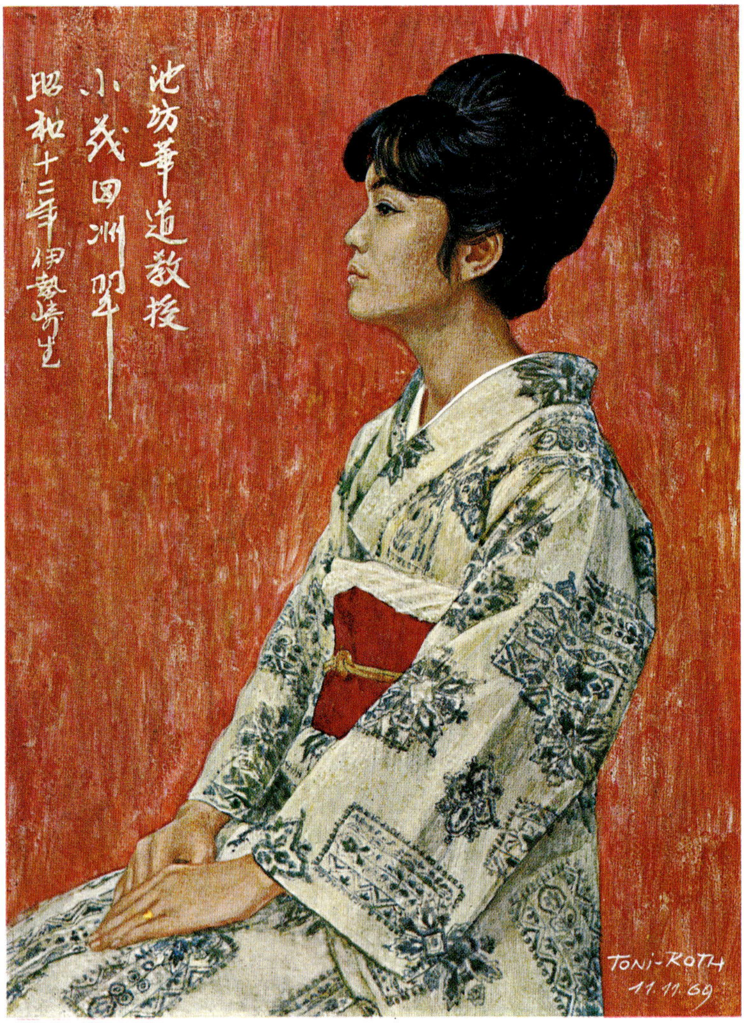

Toni Roth
† 1971

Bildnis einer Japanerin
Moderne Acrylfarbe
(Schoenfeld)

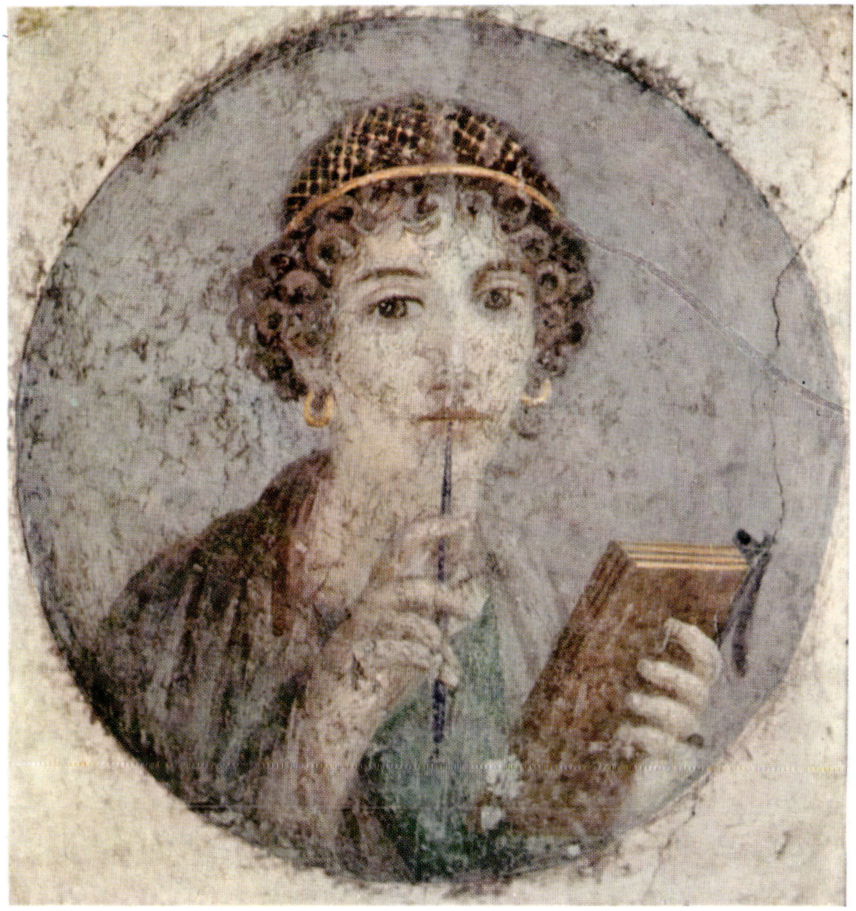

Pompejanische Wandmalerei
vor 79 n. Chr.

Bildnis einer jungen Frau
Höhe 32 cm

Soprintendenza Archeologica delle
Province di Napoli e Caserta.
Museo Archeologico Nazionale di Napoli
(Foto Museo)

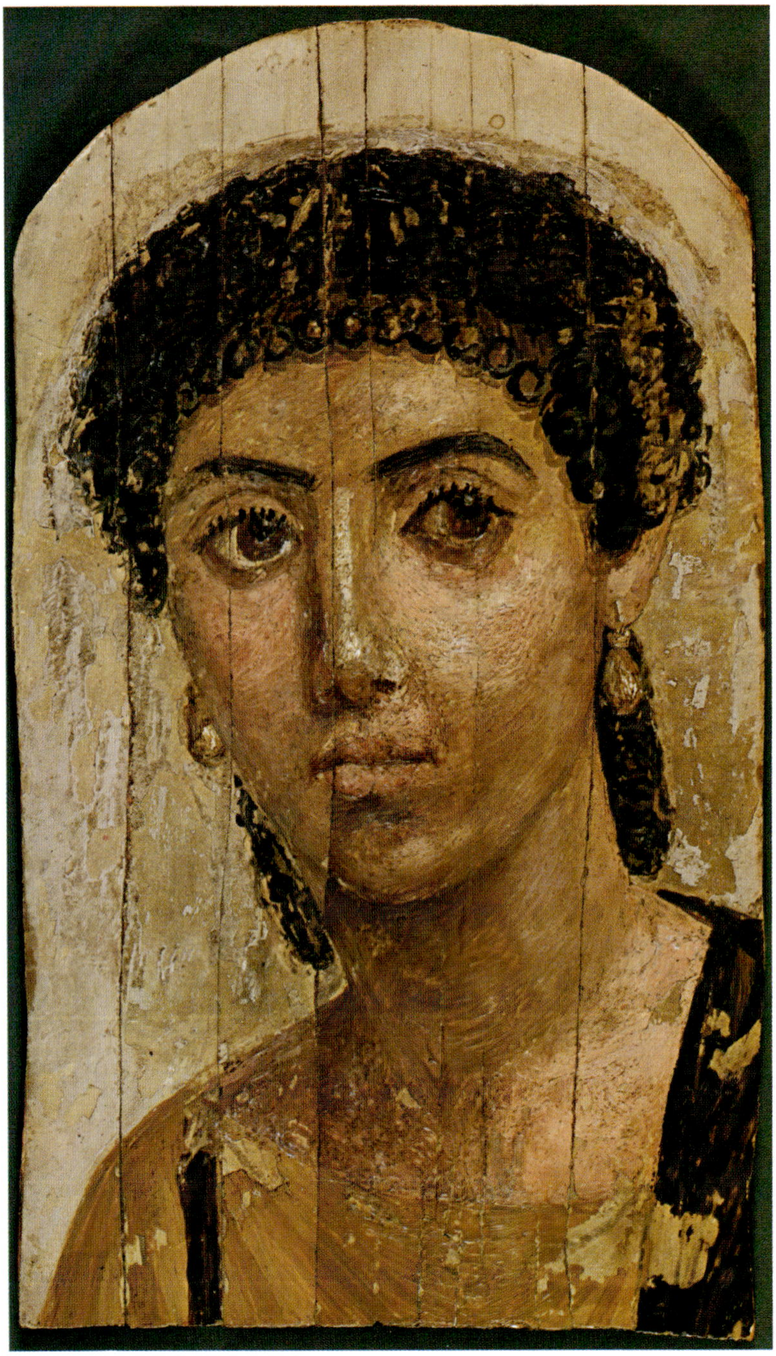

Mumienportrait aus dem Fayum
frühes 1. Jhdt. n. Chr.

Höhe: 34 cm
Enkaustik Holz

Württembergisches Landesmuseum, Stuttgart
Antikensammlung, Inv. Nr. 7.1

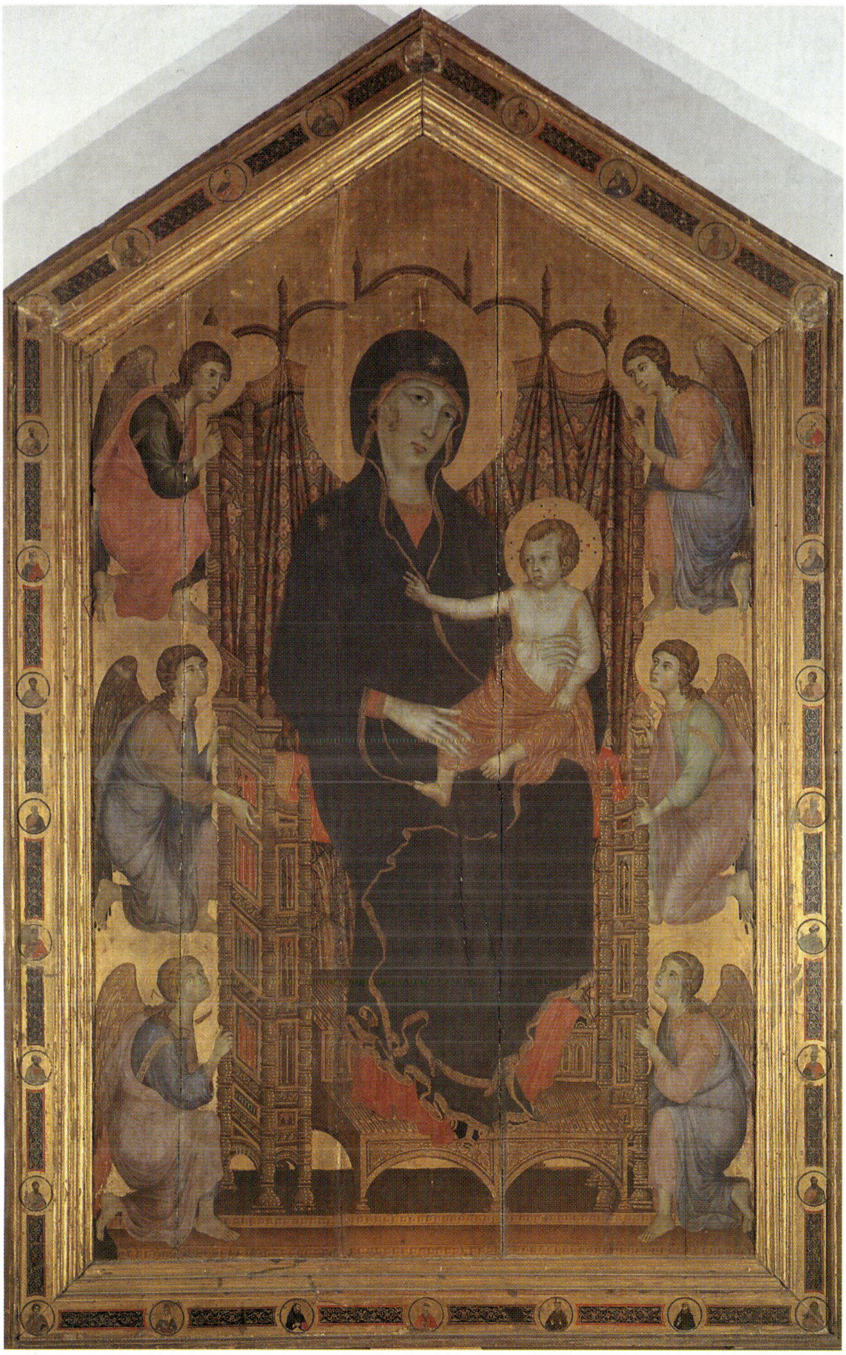

Duccio di Buoninsegna
1255–1319

Madonna Rucellai
450 × 290 cm Holz

Galleria degli Uffizi Firenze

Tafel X

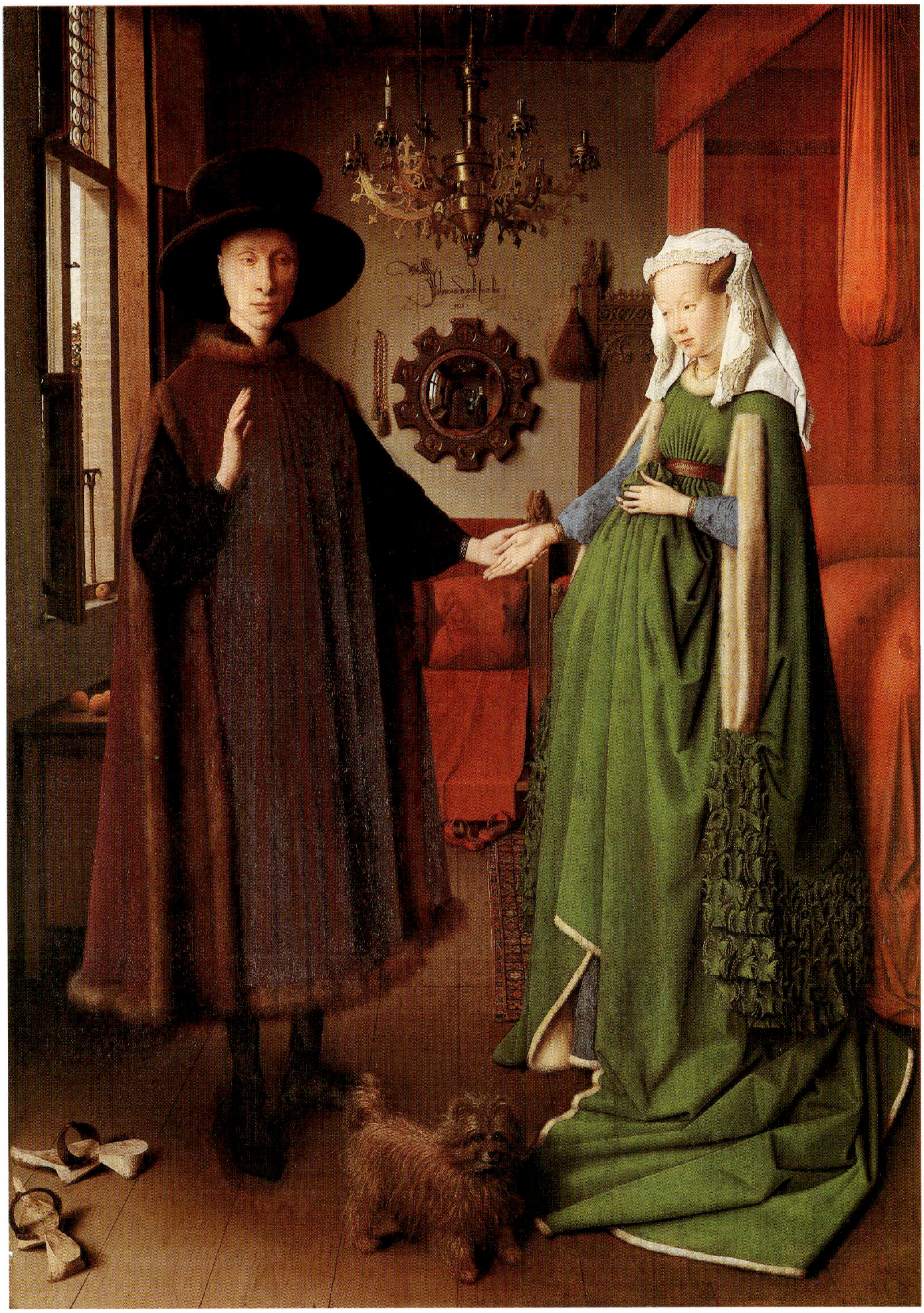

Jan van Eyck
1390–1441

Die Hochzeit des Giovanni Arnolfini und der Giovanna Cenami
82 × 60 cm Holz

The National Gallery London

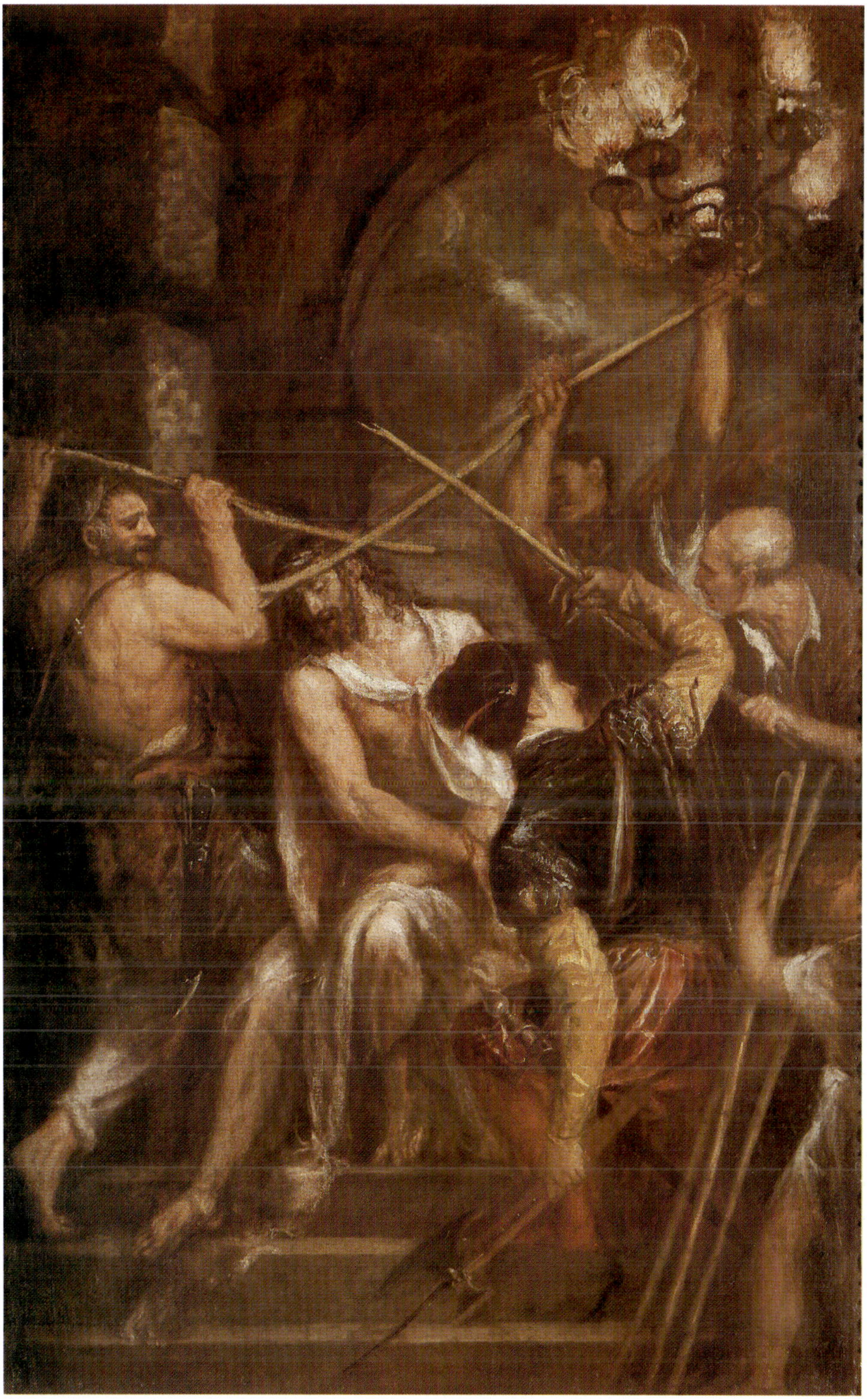

Tiziano Vecellio
1477–1576

Dornenkrönung
unvollendet
260 × 182 cm Leinwand

Alte Pinakothek München

Tafel XII

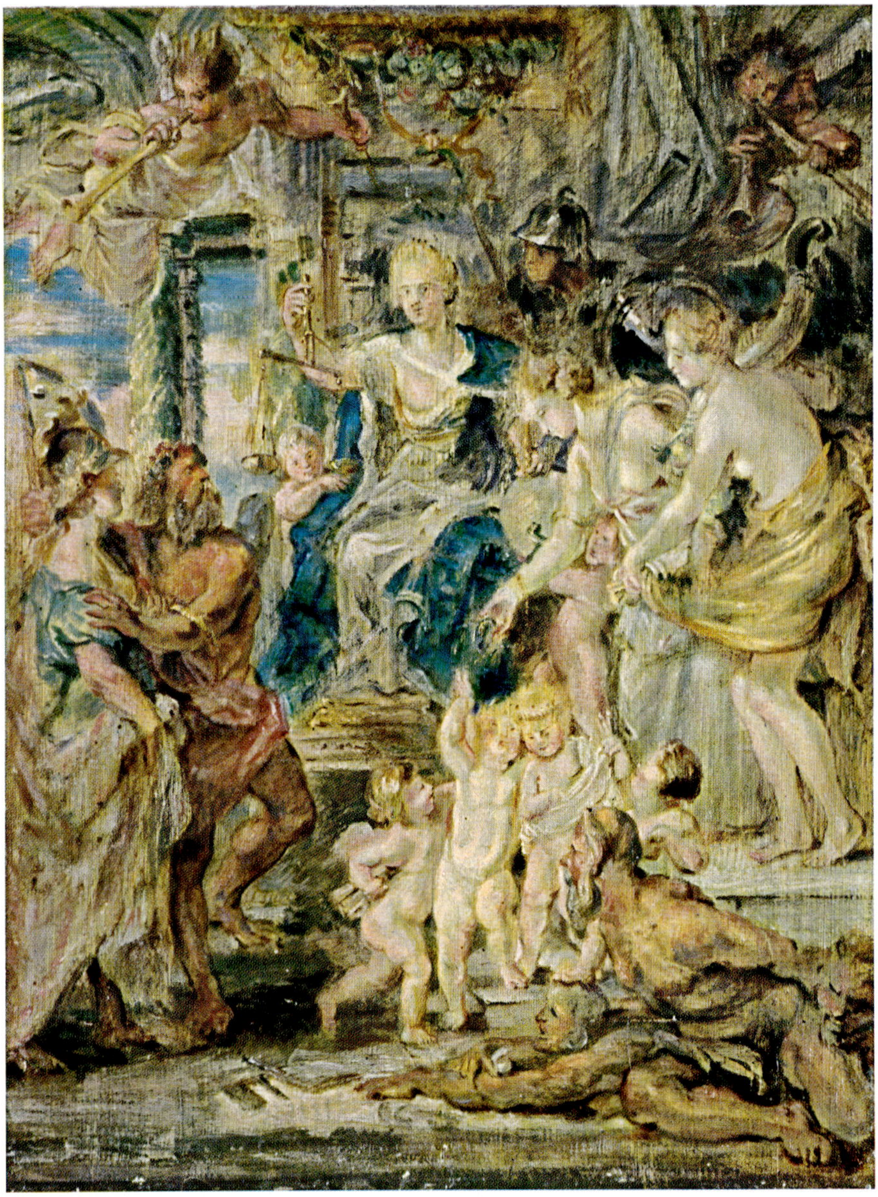

Peter Paul Rubens
1577–1640

Die glückliche Regierung der Königin Maria de' Medici
64,4 × 50 cm Skizze auf Eichenholz

Alte Pinakothek München

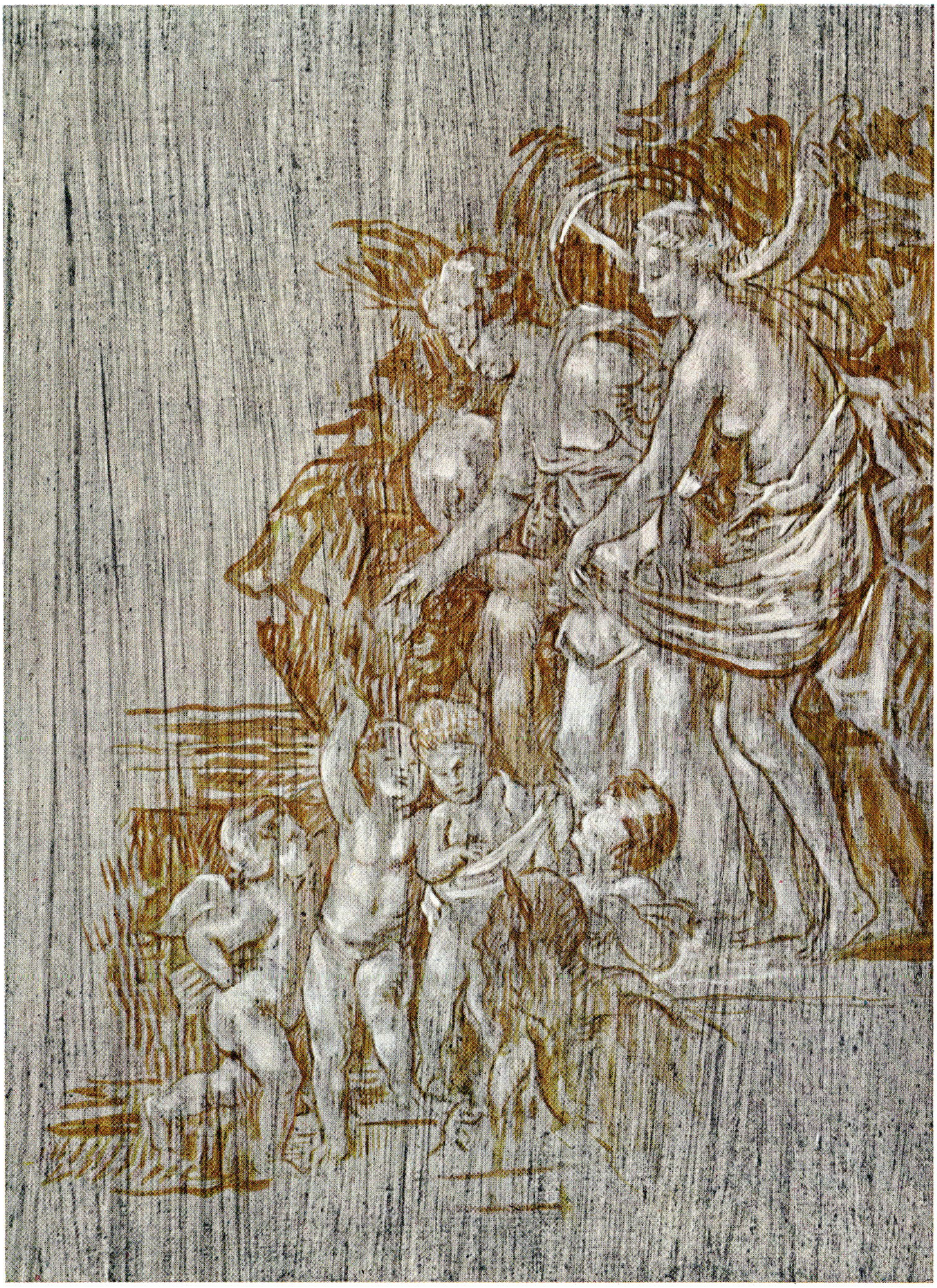

Skizze nach Rubens
zum Bild der Tafel XII

Blendend weißer Gipsgrund, streifig graue Imprimitur, Skizzieren der Form mit Ocker und leichter Weißhöhung im Licht mit Eitempera

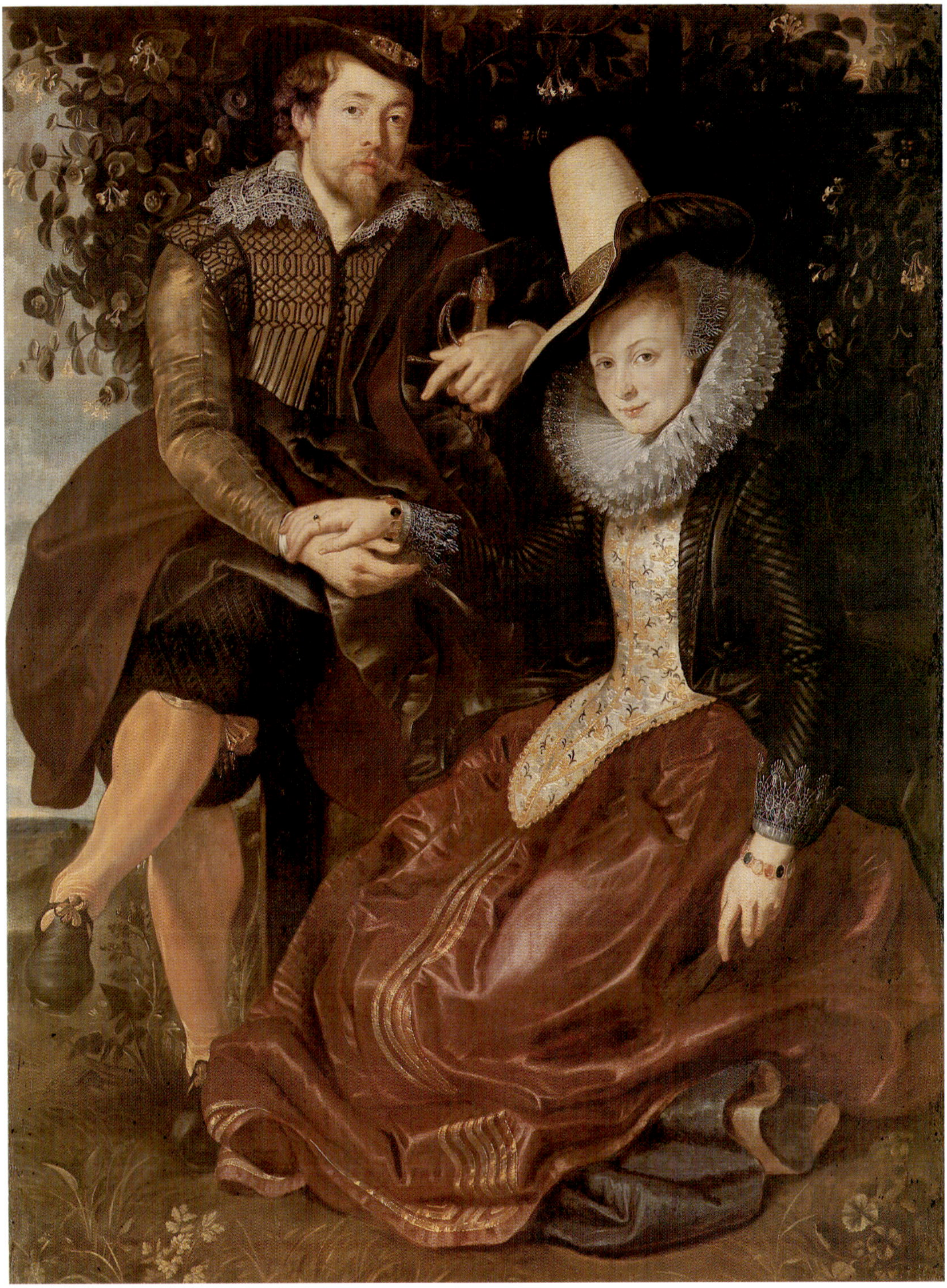

Peter Paul Rubens
1577–1640

Alte Pinakothek München

Selbstbildnis mit Isabella Brant in der Geißblattlaube
178 × 136 cm Leinwand auf Eichenholz aufgezogen

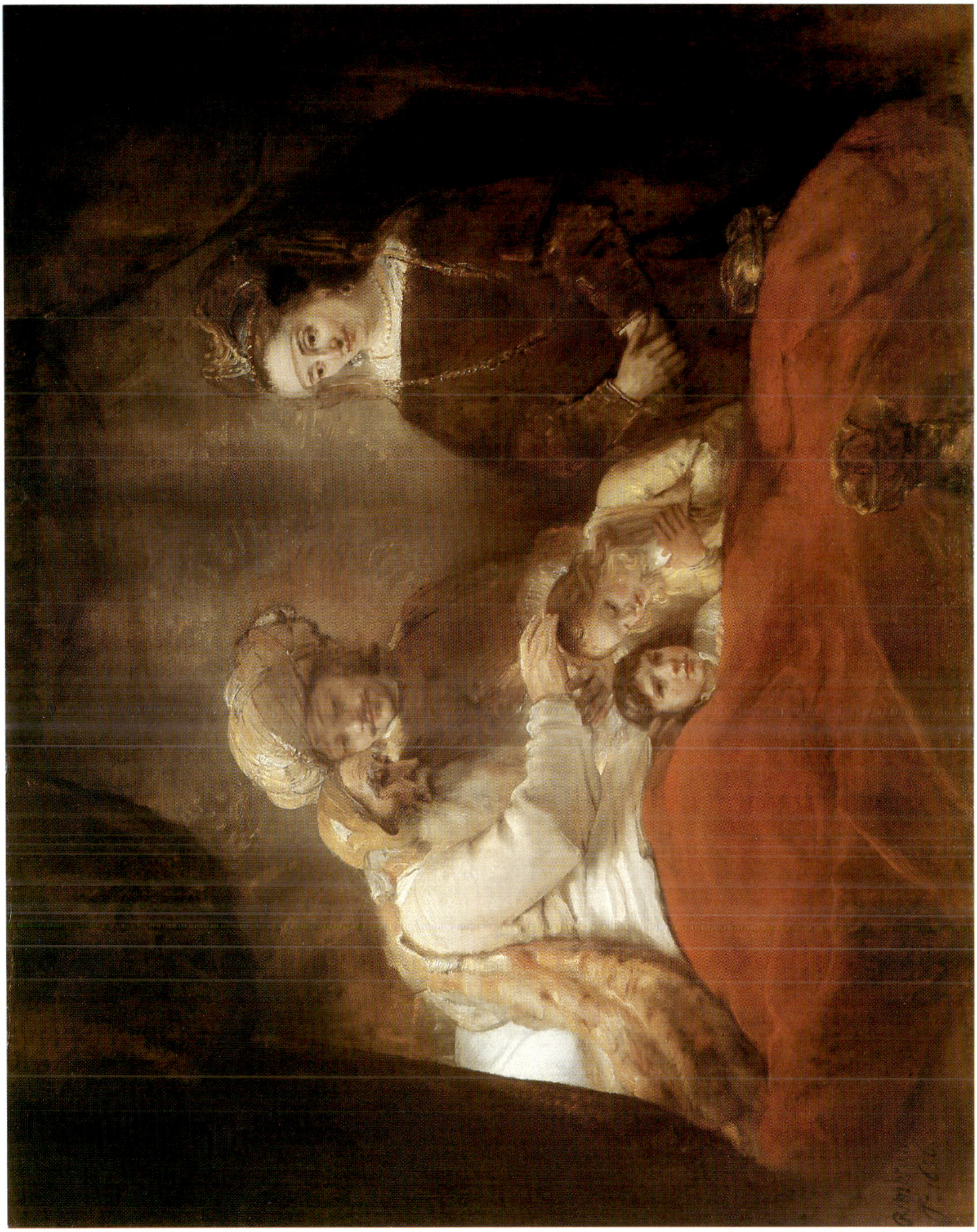

Rembrandt Hermansz. van Rijn
1606–1669

Staatl. Kunstsammlungen Kassel

Der Segen Jakobs
178 × 211 cm Leinwand

Tafel XVI

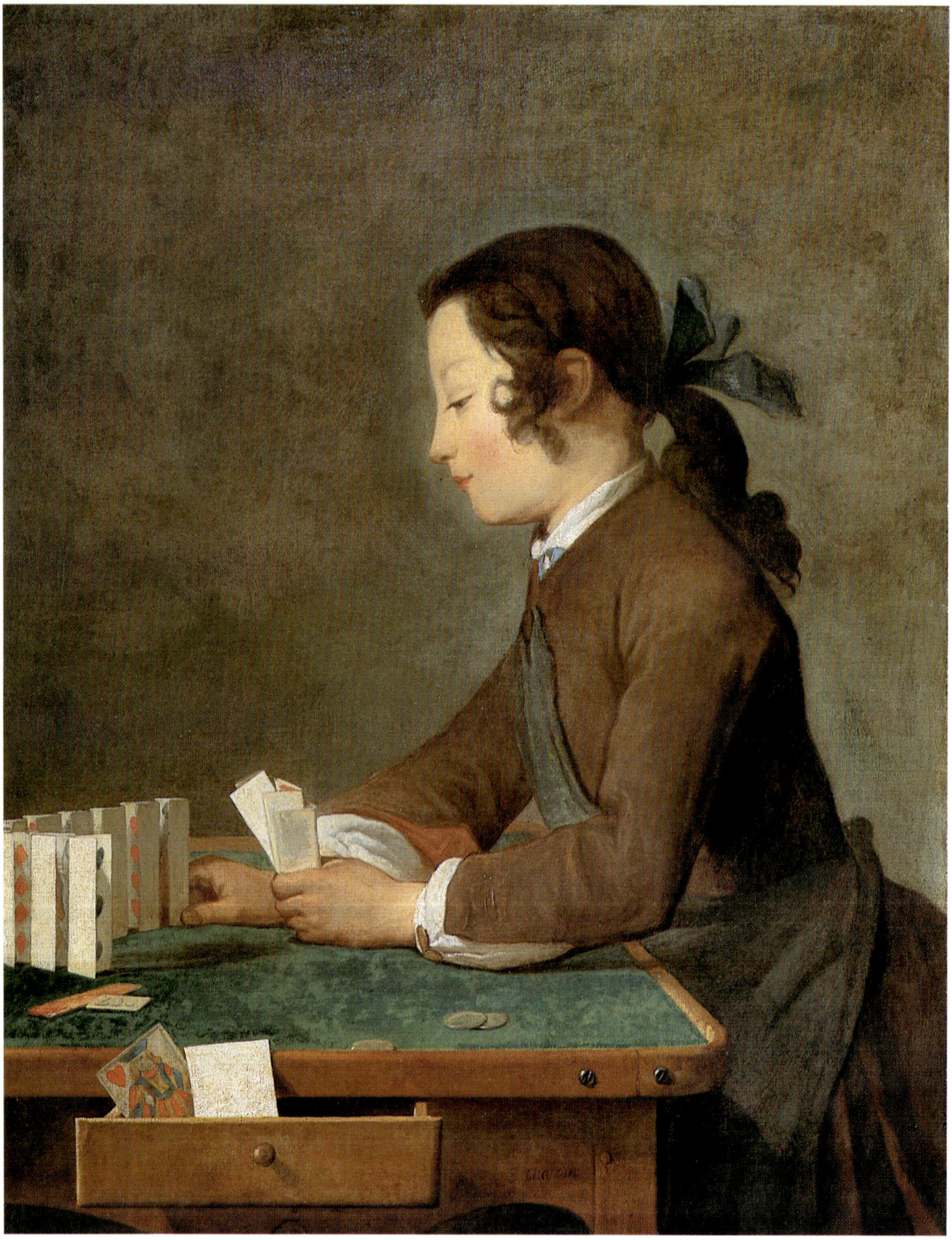

Jean Baptiste-Siméon Chardin
1699–1779

Galleria degli Uffizi Firenze

Kartenspielender Knabe

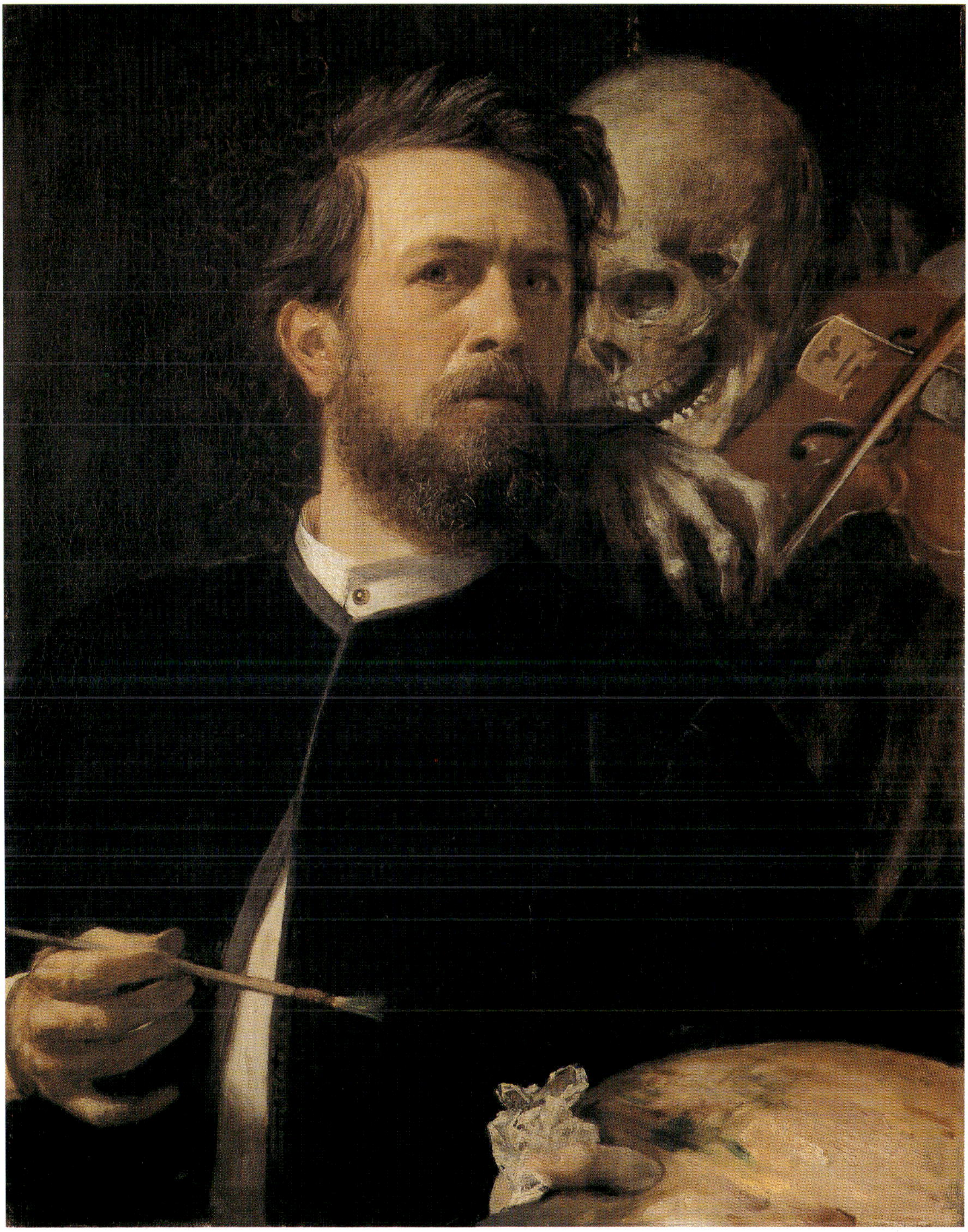

Arnold Böcklin
1827–1901

Staatl. Museen Preuss. Kulturbesitz Berlin
(Bildarchiv)

Selbstbildnis mit fidelndem Tod
75 × 61 cm Leinwand

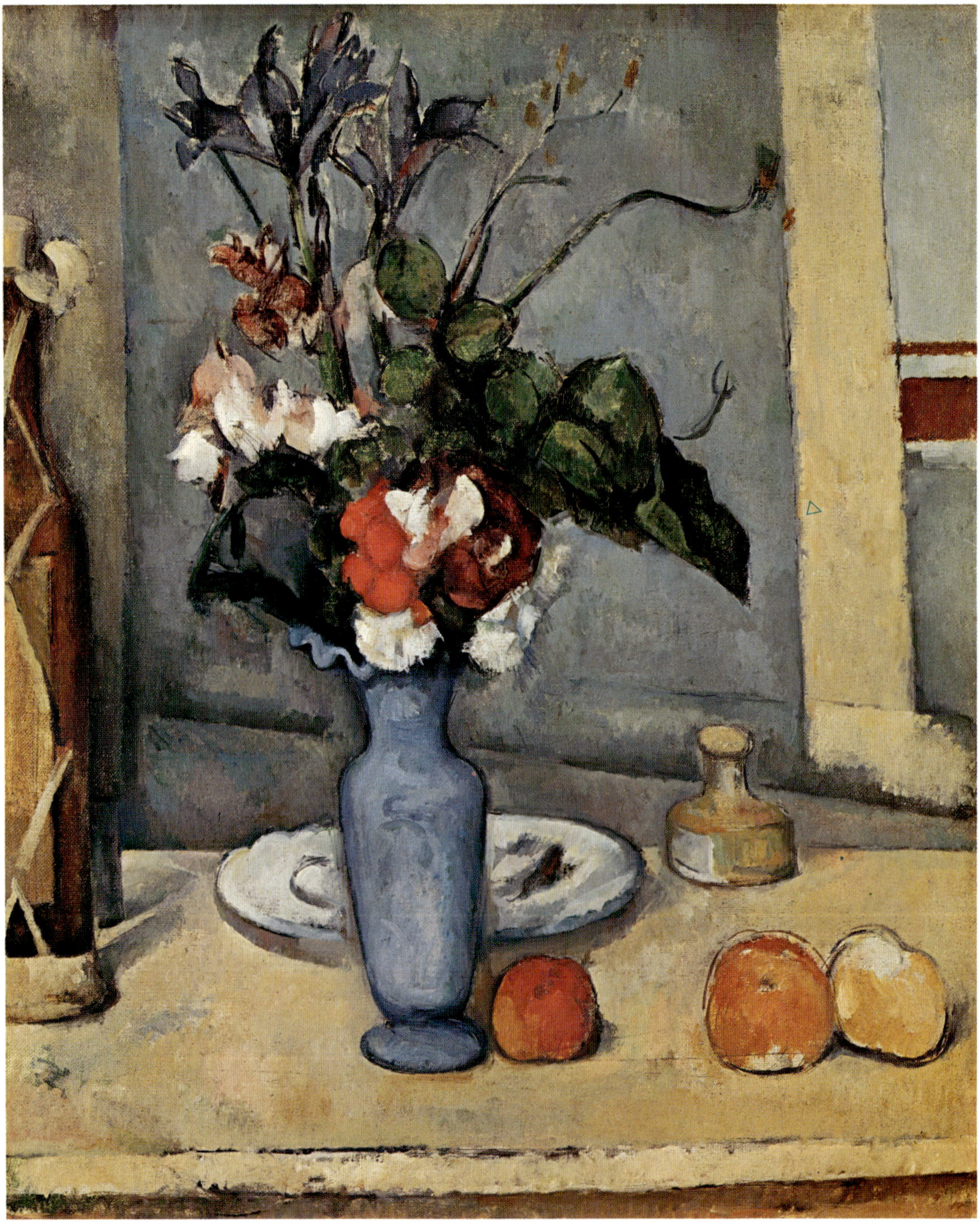

Paul Cézanne
1839–1906

Die blaue Vase
61 × 50 cm Leinwand

Musée du Louvre
(Cliché Musées Nationaux, Paris)

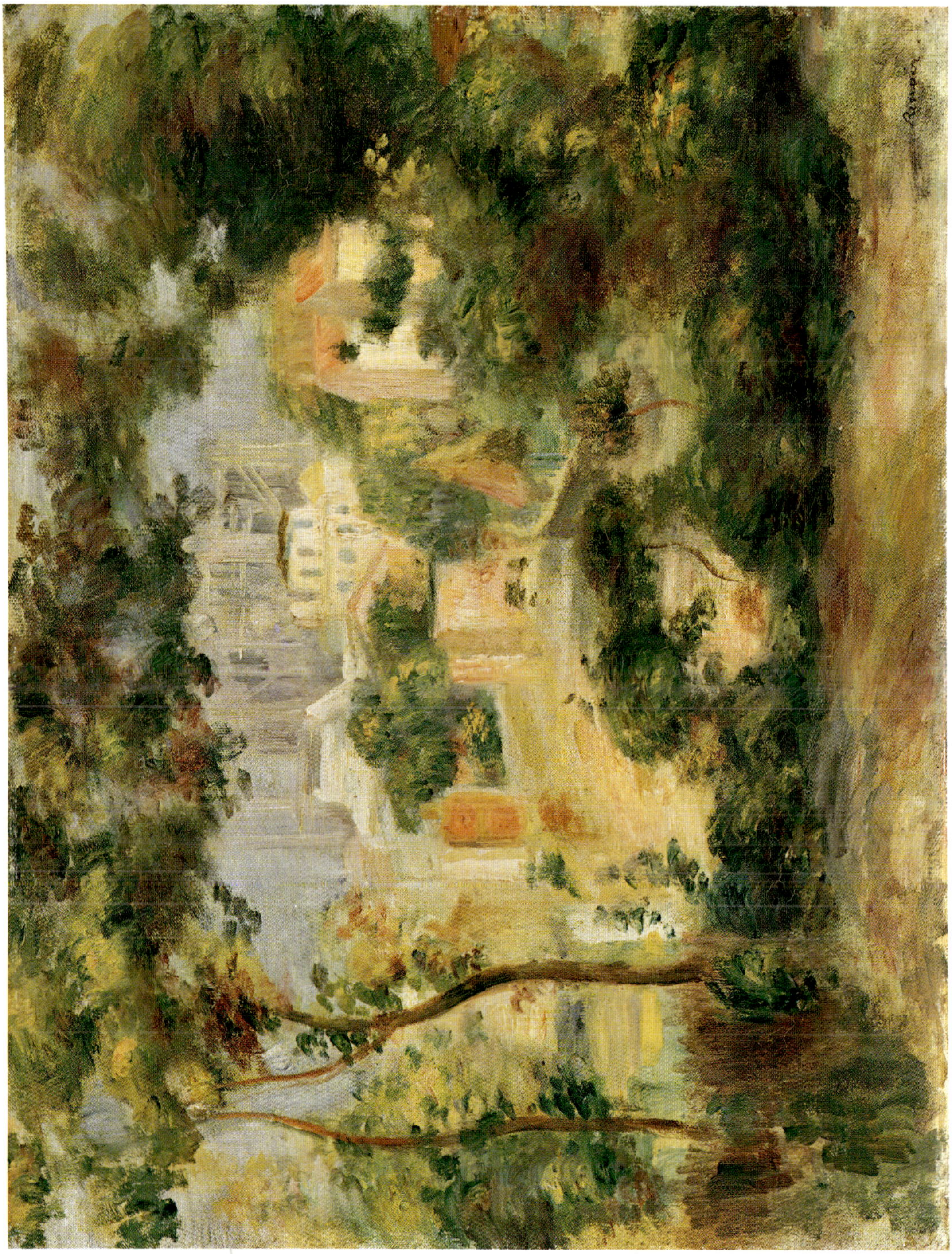

Auguste Renoir
1841–1919

Neue Pinakothek München

Landschaft mit Blick auf Sacré-Cœur
Leinwand

Tafel XX

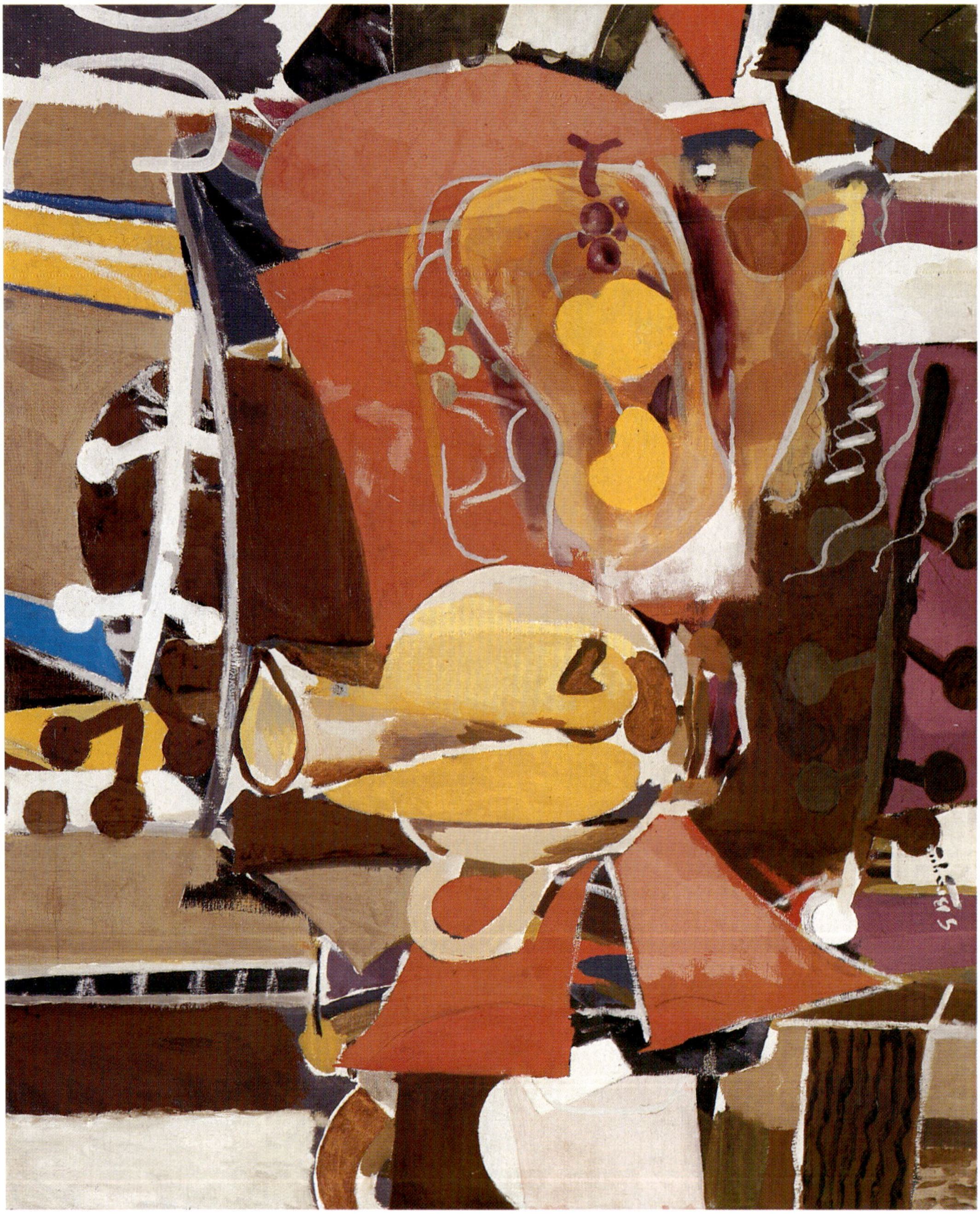

Georges Braque
1882–1963

Staatsgalerie, Stuttgart

Krug und Fruchtschale auf einem roten Tuch
73 × 87 cm Leinwand/Öl

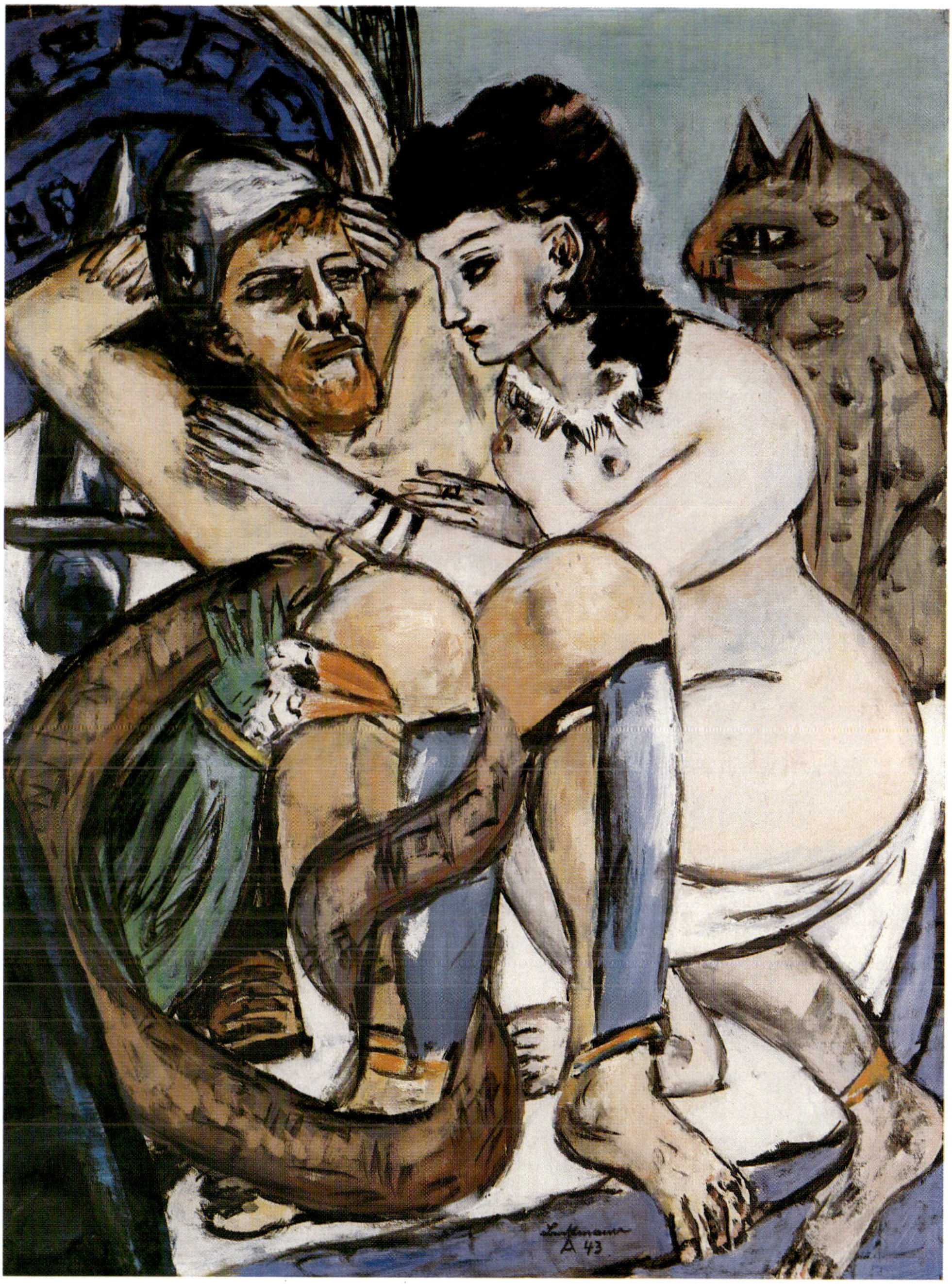

Max Beckmann
1884–1950

Hamburger Kunsthalle

Odysseus und Kalypso
150 × 116 cm Leinwand

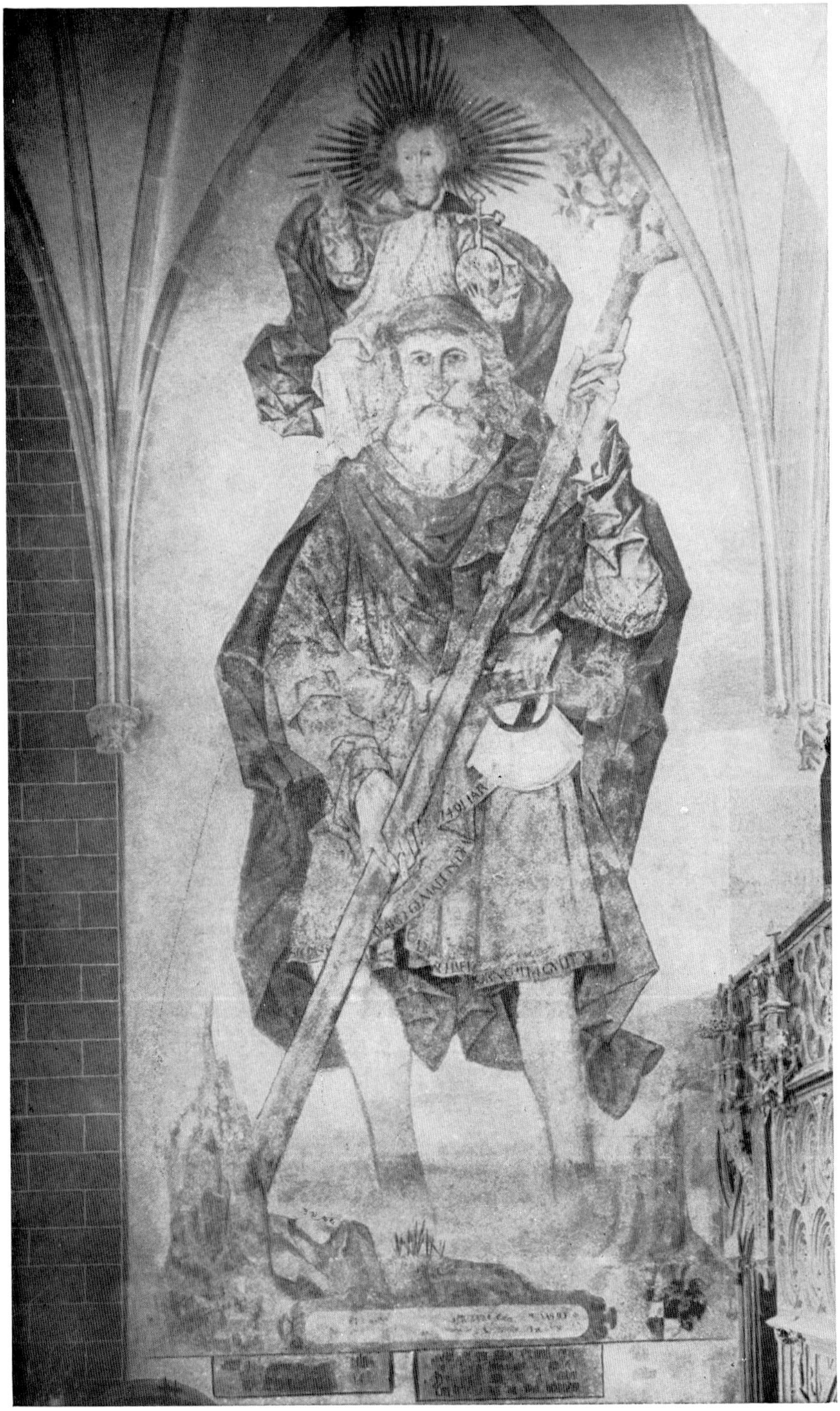

Ulrich Apt
um 1491

Christophorus
1934 freigelegte Wandmalerei
im Augsburger Dom

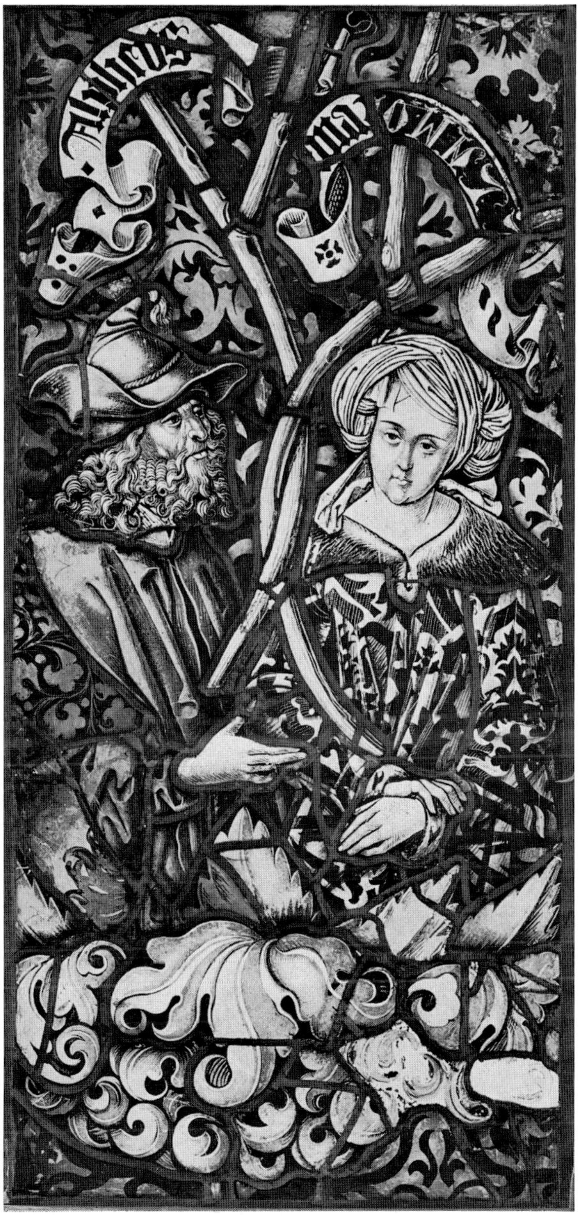

Sippenfenster, St. Lorenzkirche Nürnberg
Ein Feld um das Jahr 1840 ausgebaut und im Museum aufbewahrt. Einwandfreier Zustand

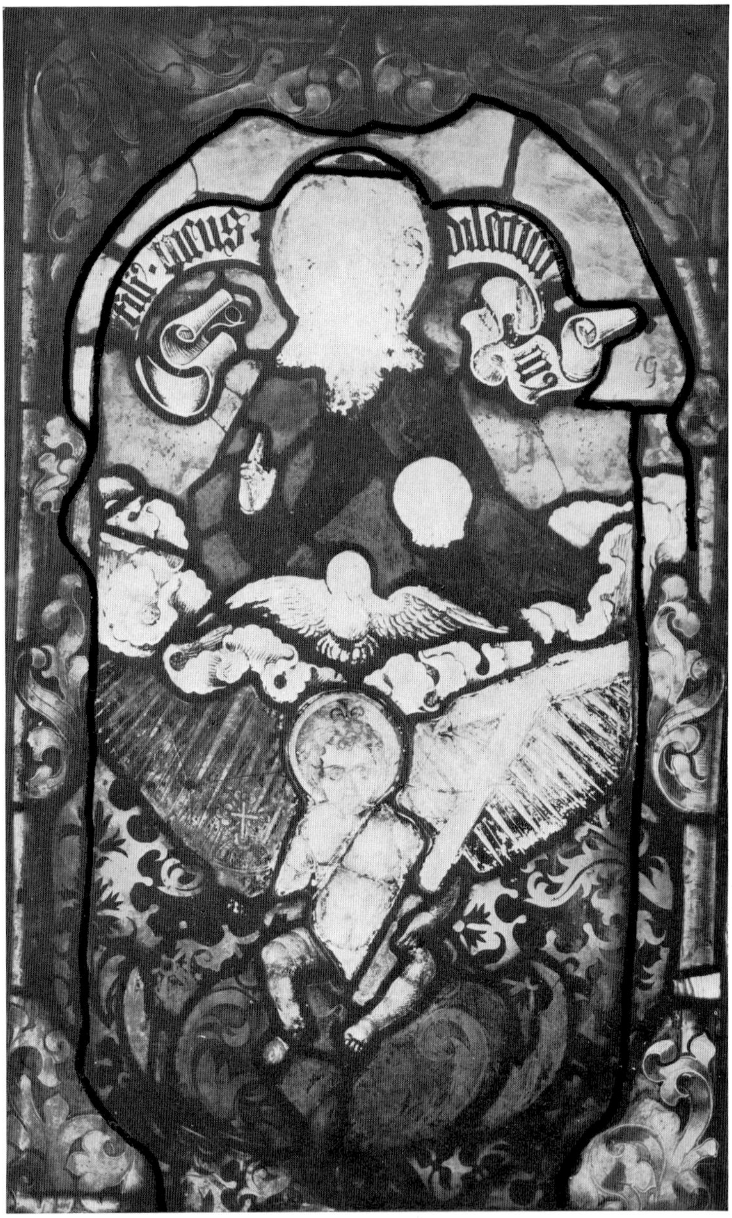

Heutiger Zustand des noch eingebauten Fensters zeigt die schädlichen Einflüsse der Industrieabgase usw. (Abbildungen zur Verfügung gestellt von Dr. Gottfried Frenzel, Nürnberg)